2019 中国高等学校城乡规划教育年会
Annual Conference on Education of Urban and Rural Planning in China

协 同 规 划 · 创 新 教 育

—— 2019 中国高等学校城乡规划教育年会论文集

Collaborative Planning · Innovative Education

— 2019 Proceedings of Annual Conference on Education of Urban and Rural Planning in China

教育部高等学校城乡规划专业教学指导分委员会
湖南大学建筑学院　编

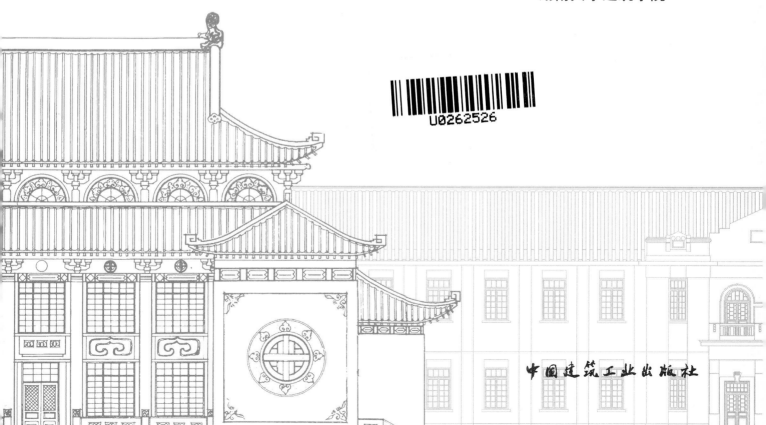

U0262526

中国建筑工业出版社

图书在版编目（CIP）数据

协同规划·创新教育：2019中国高等学校城乡规划教育年会论
文集/教育部高等学校城乡规划专业教学指导分委员会，湖南大学
建筑学院编. —北京：中国建筑工业出版社，2019.8
ISBN 978-7-112-24145-3

Ⅰ.①协⋯　Ⅱ.①教⋯②湖⋯　Ⅲ.①城乡规划-教学研究-
高等学校-文集　Ⅳ.①TU98-53

中国版本图书馆CIP数据核字（2019）第179759号

责任编辑：高延伟　杨　虹
责任校对：张惠雯

协同规划·创新教育
——2019 中国高等学校城乡规划教育年会论文集

教育部高等学校城乡规划专业教学指导分委员会
湖南大学建筑学院　编

*

中国建筑工业出版社出版、发行（北京海淀三里河路9号）
各地新华书店、建筑书店经销
北京雅盈中佳图文设计公司制版
北京市密东印刷有限公司印刷

*

开本：880×1230毫米　1/16　印张：44¾　字数：1336千字
2019 年 9 月第一版　2019 年 9 月第一次印刷
定价：139.00 元
ISBN 978-7-112-24145-3
（34650）

协同规划·创新教育
2019中国高等学校城乡规划教育年会论文集组织机构

主　办　单　位：教育部高等学校城乡规划专业教学指导分委员会

承　办　单　位：湖南大学建筑学院

论文集编委会主任委员：吴志强

论文集编委会副主任委员：（以姓氏笔画排列）

石　楠　石铁矛　李和平　张　悦　陈　天

论文集编委会秘书长：孙施文

论文集编委会成员：（以姓氏笔画排列）

王世福　王浩峰　叶裕民　毕凌岚　华　晨

阳建强　李　翅　杨贵庆　杨新海　冷　红

张忠国　陈有川　林　坚　林从华　罗小龙

罗萍嘉　周　婕　袁　媛　黄亚平　储金龙

雷震东

论文集执行主编：沈　瑶　冉　静　王　兰　焦　胜

论文集执行编委：陈晓明　向　辉　刘　赛　魏春雨　袁朝晖

金　瑞　孙　亮

序

    从 1920 年代开始，中国的大学出现了城市规划课程，1940 年代中后期至今，中国现代城市规划教育已经历了将近百年的春秋，经过几代规划人的不懈努力，为中国城市建设规划励精图治，铸就了中国城市规划专业今天的辉煌。

    中国城市规划专业教育的探索从 20 世纪 90 年代后建立了城市规划专业教育的全国指导委员会，几代规划人为城市规划专业教育体系的建构与完善不断思考和尝试。

    为了写 2019 版的序言，我又翻出来 10 年前这个教师论文系列创立时我们的谋划讨论稿，很有感触。2008 年我们思考城市规划如何满足社会需求，建设永续城市；2009 年我们关注城市的安全，规划的基点；2010 年我们关注可为城市规划专业基础教学所做的努力；2011 年城乡规划专业教育迎来了新的历史性发展机遇和挑战，经国务院学位委员会第二十八次会议审议批准，国务院学位委员会、教育部于 2011 年 3 月 8 日公布了新版《学位授予和人才培养学科目录》，城乡规划学正式提升为一级学科；在新的历史阶段，我们在 2012 年考虑人文规划和创意转型……

    随着大智移云和人工智能技术的发展，国家现代空间规划体系的建立，城乡规划面临着历史性的机遇和挑战。城乡规划的工作对象、工作过程、工作环境都必将进入长久的智化和系统化的建构过程。通过人工智能和大数据技术，对规划教育的分布、标准、评价、信息、效率、成本、职教等方便的痛点，可进行精准诊断，提出优化措施。在人工智能时代把智能技术与规划教育有机融合起来，充分发挥人—机两类智能彼此之长，打造更强的"教育合力"是时代之诉求，也会是中国城乡规划在国际规划教育学界的时代创新。

    本次教师论文集分学科建设、理论教学、实践教学、教学方法与技术、乡村规划课程 5 个方面，共汇聚了来自 49 所大学的教学一线的教师、学者的共 117 篇文章。已可见规划教育在规划知识结构完善、规划技能教育、规划价值观教育改革、创新上的初探和试验。

    诚挚感谢为中国城乡规划教育付出所有的几代师长，衷心希望中国的城乡规划学专业能够把握时代的机遇，以科技赋能创新，使规划专业和规划教育动态、健康发展。为我们的国家城乡，为世界城市的可持续发展，培养下一代优质的规划师。

2019 年 7 月
于同济校园

目　录

── 学科建设 ──

—— 理论教学 ——

—— 实践教学 ——

—— 教学方法与技术 ——

── 乡村规划课程 ──

2019 中国高等学校城乡规划教育年会

Annual Conference on Education of Urban and Rural Planning in China

协同规划 · 创新教育　　学科建设

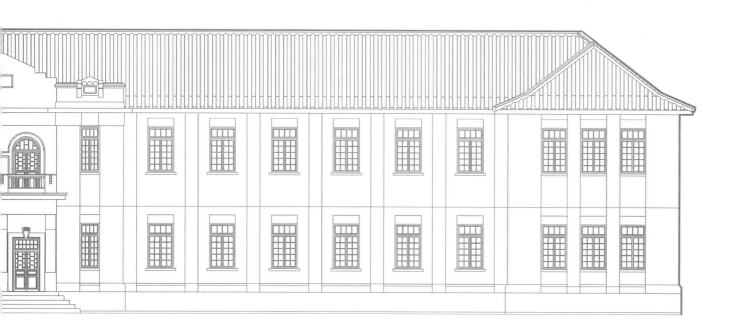

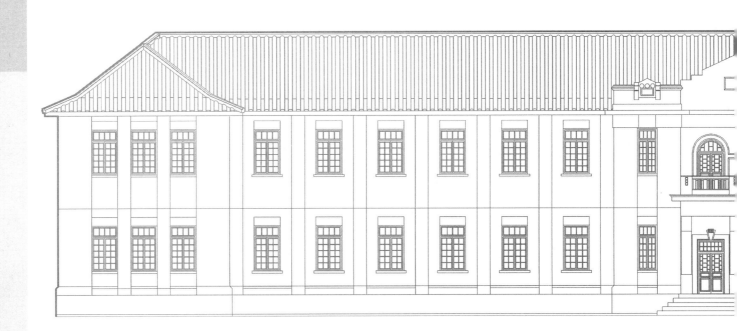

城市更新背景下规划与设计课程体系的适应性再构
—— 以同济大学城乡规划专业本科教学为例

黄　怡

摘　要：当前我国城乡正从"速度城镇化"向"深度城镇化"转型、城市建设用地从"增量扩张"向"存量挖潜"转变，城市更新成为今后相当长时期城市发展的主导模式，相应地对于城乡规划专业人才培养和教学课程体系产生重要影响。本文结合近年来同济大学城乡规划专业本科规划与设计教学实践，分析在城市更新背景下规划与设计课程体系已经开展的"适应性再构"的探索，以期为应对当前规划工作与教学实践的转型提供思路。

关键词：城市更新，规划与设计课程体系，适应性再构，城乡规划专业

1　城市更新的整体背景

城市更新与城市建设几乎是一个同步伴随的进程，只不过在城市发展的不同阶段，政策、资金、市场或是更聚焦于建设用地的扩张，或是更集中于建成地区的再开发与提升。随着我国经济由高速增长阶段转向高质量发展阶段，土地资源和环境承载力的约束推动着我国城乡正逐步从"速度城镇化"向"深度城镇化"转型，城市建设用地从"增量扩张"向"存量挖潜"转变。2015年12月中央城市工作会议指出，"要加强城市设计，提倡城市修补，加强控制性详细规划的公开性和强制性。要加强对城市的空间立体性、平面协调性、风貌整体性、文脉延续性等方面的规划和管控"；2017年3月住房和城乡建设部发布《关于加强生态修复城市修补工作的指导意见》，提出"填补城市设施欠账，增加公共空间，改善出行条件，改造老旧小区"。而"城市修补"符合城市更新的大趋势，也是城市更新的组成部分。

另据统计，我国城市现有400亿平方米旧建筑中约有1/3须进行抗震、节能、适老、节水等方面的改造，加上城市住区中现状普遍存在的市政管网老化、住宅建筑年久失修、配套公共服务设施破损严重、慢行系统缺失、停车矛盾突出、户外活动空间不足、景观品质不高、通用无障碍设计缺位等问题，以存量焕新、内涵增值为发展诉求的城市更新已成为城市转型发展与功能提升的

必要条件，成为当前乃至今后相当长时期内城市可持续发展的重要途径。

城乡规划专业院校属于为社会培养和提供城乡规划专业人才的供应方，城乡人居环境建设领域是吸纳和使用规划专业人才的需求方，供求平衡的实质是供应量及其构成要与需求量及其构成之间保持平衡。在城市更新已成为城市空间发展主导模式的整体背景下，城乡规划专业人才的从业内容与要求相应地发生了变化，这必然影响到城乡规划教育，并直接影响规划专业本科规划与设计课程体系。

2　规划与设计课程体系适应性再构的内涵

规划与设计课程体系当然要适时而变，并且需要一种"适应性的再构"。这里借用了生物学上的"适应性"（adaptation）概念，即通过生物的遗传组成赋予某种生物的生存潜力，它决定此物种在自然选择压力下的性能。适应性是遗传基础的稳定性和环境条件的变化相互作用的结果。适应具有相对性，每种生物对环境的适应都不是绝对的、完全适应的，只是一定程度上的适应，环境条件的不断变化对生物的适应性有很大的影响作用。所谓适应性再构，指的是外部环境发生变化，原有结构体系无法把环境因素纳入主体已有的体系之中所引起的内

黄　怡：同济大学建筑与城市规划学院教授

部结构发生改造的过程，必须调整原有体系，使主体适应现实环境。当环境条件出现较大的变化时，在极端情况下，适应性再构可能也行不通，必须进行重构。

城乡规划专业的规划与设计课程体系此前具有相当长期的稳定性和良好的适应性，在过去 40 年中为我国城乡规划建设培养了大批人才，但是在城市更新的整体趋势下，已经形成的适应必须相对于当下环境条件的变化相应改变，形成新的"适应性再构"。

3 同济本科规划与设计课程体系的现状构成

以同济大学城乡规划专业为例，现有的本科规划与设计课程体系本身就是持续的适应性再构的结果。此课程体系由两大部类组成（图 1），即设计基础课程和专业设计及实践课程。其中，设计基础课程又可分为：①狭义的设计类基础课程，由设计基础 I、设计基础 II、设计基础 III 和建筑设计组成；②广义的设计类基础课程的支撑课程，例如画法几何与阴影透视、设计概论、建筑概论、建设设计概论、建筑史、艺术造型、城市阅读等相关理论和技能课程。设计基础课程在一、二年级开设，并且在建筑与城市规划学院的大平台上整体贯通，城乡规划专业的设计基础课程由建筑学专业的基础教学团队承担。

专业设计及实践课程包括本科阶段高年级的所有规划与设计课程以及相关的实践环节。自三年级开始，专业设计及实践课程才由城乡规划专业各教学团队负责。

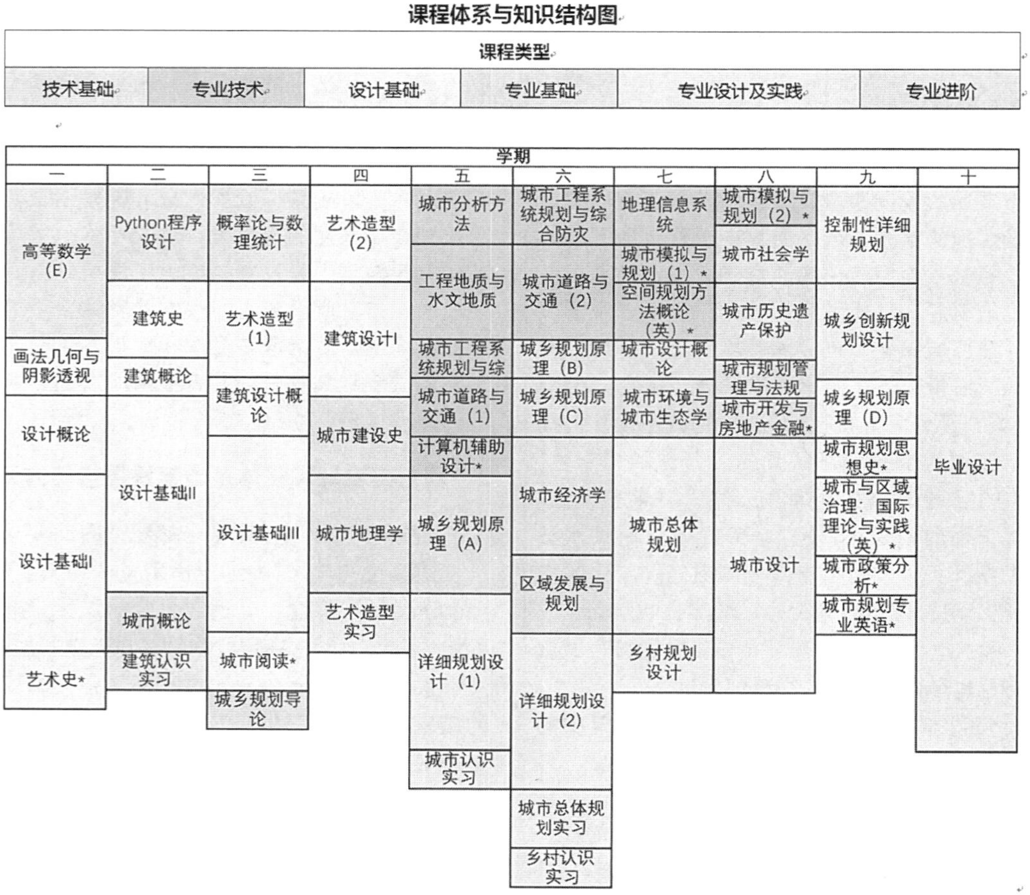

图 1 同济大学城乡规划专业本科课程体系与知识结构图
资料来源：同济大学建筑与城市规划学院本科培养方案 2018

当前本科培养方案中呈现出来的规划与设计课程体系，是历年来本科培养方案不断更新、课程体系结构不断修订的结果。自1952年创立我国最早的城市规划专业，同济城乡规划与设计专业始终遵循"把握世界趋势、保持中国特色"的基本原则，不断开拓和完善其课程体系，强化主干课程教学。20世纪80年代末、90年代初开设控制性详细规划和城市设计课程，2012年恢复20世纪50年代就已开展的乡村规划设计教学，率先开设乡村规划设计与原理课程，随后增设乡村认识实习实践环节，这些无不是对城乡规划学科发展趋势的敏锐研判，以及对我国城乡建设发展实际需求与规划实践的快速响应。所谓适应，其本质是变，被动地变，是为了生存，主动地变，是为了更好地存在。

另一方面，虽然同济规划与设计教学不断进行改革探索，但是因为教学自身的规律要求相对的稳定性与延续性，所进行的变化仍然是审慎的，在既有的体系框架中进行，是一种适应性的变革，由此形成"适应性的再构"。之所以说是再构，而不是重构，是因为，再构意味着对此前的结果或路径是基本满意的，重构意味着颠覆过去、另起炉灶，是对既有体系的全盘否定。

4 面向城市更新的本科规划与设计课程体系适应性再构

以下进一步分析同济城乡规划专业本科规划与设计课程体系在城市更新背景下是如何进行适应性再构的。表1完整呈现了迄今为止同济城乡规划专业本科规划与设计课程的设置，相比2018年培养方案中的课程体系又有新的变化。在此主要阐析"住房与社区"方向规划设计、"城市设计"以及"毕业设计"三门课程的适应性变革。

4.1 "住房与社区"方向课程的主动适应性

"住房与社区"方向规划与设计课程模块，即表1中的详细规划设计（1）、（2），由若干设计课程组成，是从基础设计向专业规划与设计过渡的系列课程。其中的"住宅区规划设计"，2005年之前名称为"居住区/居住小区修建性详细规划设计"，而名称的改变源于认识的改变。原先该设计课程的基地都是虚拟的，抽象假定基地周边功能、道路交通和自然条件，基地范围内基本空白，学生差不多是在一张白纸上进行小区规划设计。大约在2003、2004年间，考虑到上海这样的大城市住房建设的实际，除了郊区新开发项目以外，中心城区已经极少有标准小区规模的再开发项目，自此开始采取"真题实态"的做法，设计题目的选址均为中心城区的真实基地，具有真实生活场景，任务书采取"指定菜单"与"自助菜单"相结合的方式，以一份基本任务书作为参考，学生可根据选址与调查出来的实际需求，制定功能内容。这一思路也应用在"住宅与组团设计"和"社区中心设计"的教学中，整体教学效果提升显著，充分适应了现实需求。

自2015年起，随着上海推进社区空间微更新计划，"住房与社区"方向团队的教师先后被聘为上海各区的社区规划师和/或社区规划导师，在教师广泛参与社会实践的基础上，教学进行了适时改革，将原先16周学时的"住宅区规划设计"压缩和分解，增设"城市社区空

同济大学城乡规划专业本科规划与设计及实践课程设置　　　　表1

	第一学期			第二学期		第三学期		课程类型
五年级	控制性详细规划		城乡创新规划设计		毕业设计			专业设计及实践课
四年级	城市总体规划		乡村规划设计		城市设计			
三年级	详细规划设计（1）			详细规划设计（2）		城市总体规划实习	乡村认识实习	
	城市认识实习	住宅与组团设计	社区中心设计	住宅区规划设计	城市社区空间微更新设计			
二年级	设计基础Ⅲ			建筑设计Ⅰ		艺术造型实习		专业基础课
一年级	设计基础Ⅰ			设计基础Ⅱ		建筑认识实习		

资料来源：笔者自绘

间微更新设计"一门新的设计和实践课程。该课程有别于以往的封闭式课堂教学模式，强调设计的开放性，学生们在与社区居民、居委会、物业等社区多元主体的反复互动中学习提高。

由此也看出，"住房与社区"方向的规划与设计变革是对本科规划与设计课程的主动的适应性再构。

4.2 "城市设计"课程的顺应性

"城市设计"课程面向城市更新的背景体现出一种顺应性，该课程的特殊之处在于与全国高等学校城乡规划学科专业教学指导委员会组织的本科生"城市设计"课程作业交流和评优密切结合，每年课程设计的主题由专指委统一拟定，指导教师根据主题自主选择合适的基地，并经过教学小组确认。因此本科生"城市设计"课程作业交流和评优具有"风向标"的意义。从历年的竞赛主题可以梳理出较为清晰的脉络（表2）：2014年以来，"城市设计"课程作业交流和评优有了独立的主题，从主题词上可以看出，对于地域、人本、包容、复兴、共享等价值的强调。而2011年以来的主题已充分反映出城市更新与转型发展的整体趋势，特别是2019年的设计要求，

更是明确规定"选址城市中心城区，现状应包括多种功能、多种建筑类型以及采用多种更新方式的可能性"，这样的设计要求完全是针对城市更新背景来制定的。

近年来，同济城乡规划专业的城市设计课程基本按照专指委的要求在开展，在城市更新设计主题确定的情况下，只需选择恰当的基地即可。当然从另一方面也可以说，专指委的课程作业交流和评优的年度主题也整合了同济以及其他院校城市规划专业的教学意图，各院校则在规划与设计课程中顺应了专指委倡导的整体目标指向。

4.3 "毕业设计"课程的应激性

同济城市规划专业从成立之初，就将"教学为社会服务，教学与规划实践相结合"作为其专业办学的主导思想。这一点在毕业设计课程上体现得最为充分，几乎所有的毕业设计选题都依托于具体真实的实践项目。当然课题选择与带课教师的个人专业实践有很大关系，符合带课条件的教师可自主报名参加毕业设计教学。毕业设计分组接近双向选择，主要是学生选择导师、基地（城市）和设计项目类型。这也表明毕业设计课程的选题并

城乡规划专业本科"城市设计"课程作业交流和评优历年主题与设计要求　　　　　　　　表2

年份	年会主题	城市设计课程作业交流和评优主题	设计要求	
2010	更好的规划教育，更美的城市生活	围绕年会主题自定		
2011	智慧的传承，城市的创新	围绕年全主题自定		
2012	人文规划，创意转型			
2013	美丽城乡，永续规划			
2014	新型城镇化与城乡规划教育	回归人本，溯源本土	5~20ha	
2015	城乡包容性发展与规划教育	社会融合、多元共生	10~30ha	紧扣主题、立意明确、构思巧妙、表达规范，鼓励具有创造性的思维与方法
2016	新常态·新规划·新教育	地方营造、有机更新	10~30ha	
2017	地域·民族·特色	城乡修补、活力再塑	10~30ha	
2018	新时代·新规划·新教育	智慧·包容·复兴	10~30ha	
2019	协同规划·创新教育	共享与活力	15~30ha	①城市中心城区；②现状应包括多种功能、多种建筑类型以及采用多种更新方式的可能性；③成果要求中应强调城乡规划专业中城市设计的特点，突出空间管制的要素

资料来源：整理自 http://nsc-urpec.org

没有一个预设的类型比例，而是充分反映了规划与设计市场的现实需求以及研究需求。之所以提到研究需求，是因为近年来毕业设计选题出现了一些研究化的倾向，一些教师将科研课题作为毕业设计选题，这种现象的出现有其特定的成因，但仍然是基于真实案例的研究，许多学生作为准研究生已具备一定的研究能力。由此来看，毕业设计课程具有某种应激性特征，在比较短的时间内完成对外部需求的适应，基本可以反映当时的规划实践与理论研究的实际状况。

对同济城乡规划专业2013—2019年7年来的毕业设计选题汇总分析（表3），发现下述3个特点：①选题涉及城市更新性质的规划类型众多，包括：城市/城区总体设计、空间特色风貌规划、古城发展规划、片区更新城市设计；公共地区的再开发，例如滨水地区更新、开发区、产业园区、工业用地转型发展规划；城镇控制性详细规划与设计；中心城区/旧区/重点地段保护更新规划、街区/街道空间更新发展规划设计；再开发与优化设计；微更新、社区规划设计与研究；建成环境（街区/住区、轨道交通站点地区、步行环境）优化设计与研究等。②涉及城市更新的选题数量占总选题数量的比例自2013年以来持续上升，2019年高达71%；2018年因乡村与城乡融合类的选题数较多而占比突降。③六校联合毕业设计之前都是历史地段更新的主题，2019年、2018年的选题与大事件项目相关（"雄安淀镇"和"大虹桥"），但是仍可以包含更新的思路与内容。

同济城乡规划专业本科毕业设计与城市更新相关的选题概况（2013–2019）　表3

年份		2013	2014	2015	2016	2017	2018	2019
总选题数量		10	18	13	14	—	15	14
城市更新性质的	选题数量	4.5	9	7	10	—	6	10
	选题占比	45%	50%	54%	71%	—	40%	71%
	涉及省/直辖市数量	2	5	5	6	—	3	6
	涉及城/镇数量	4	7	5	7	—	3	6

资料来源：根据同济大学城乡规划专业本科"毕业设计"课程历年选题统计分析。2017年因学制调整没有毕业生

5　城市更新背景下规划与设计课程体系的适应性再构

随着越来越多的城市转变发展理念，城市未来发展的空间需求将通过存量用地的更新利用来满足，并且以往整体拆迁、大规模推倒重建所主导的单一更新模式，将日渐转向新建与修缮改造并重，乃至长期被小规模、渐进式、可持续的更新模式替代。城市更新的理念、思路、内容、方法与参与方式，都要求在规划教学中多角度、多维度、系统性地予以体现。除了增加相应的理论课程内容外，必须通过不同阶段的规划与设计课程来应对城市更新的现实需求。

从同济城乡规划专业本科规划与设计课程体系来看，对于上述要点基本都做出了回应（表4），覆盖了多种功能地区的更新类型，适用于多种更新操作方式。在经过整个体系的课程学习后，学生可以逐步深入地理解如何在正确的理念下、基于现实而具体的条件，综合地探索更加高效率、适用性强并且可持续发展的城市更新。

5.1　规划与设计课程的适应性质与体系适应性再构

在城市更新背景下，可以通过不同适应性质的规划与设计课程设置，协同完成规划与设计课程体系的适应性再构（表4）。

（1）主动适应型。在"住房与社区"方向的详细规划设计课程中，"住宅区规划设计"主要针对具有一定规模的再开发式更新，"城市社区空间微更新"、"社区中心设计"主要应对既有居住区的小微更新。高年级初期阶段的教学尚侧重基本专业技能训练，教学上有时间去主动适应包括城市更新在内的外部变化。

（2）顺应型。得益于城乡规划专业指导委员会的组织和引领作用，城市设计课程作业交流和评优年度主题的限定，可确保各院校城市设计教学紧跟城市发展趋势，并在一个统一的平台上整体带动各地规划院校的教学水准。各规划院校的城市设计课程，基本可以"顺应"城市更新的变化。

（3）应激型。毕业设计是本科最后阶段的教学，即使在课堂之外出现重大的外部环境变化，也可以通过毕业设计选题快速应对，训练学生整合已有的知识和技能，

同济城乡规划专业本科规划与设计课程与城乡更新的适应关系　　　　　表4

适应性质	规划与设计课程	更新社区	更新方式
应激型	毕业设计	多类型/混合类型	混合更新/有机更新
主动适应型	控制性详细规划	城市建成市区	混合更新
	乡村规划设计	乡村地区更新	有机更新
	城市总体规划	城市建成区	混合更新
顺应型	城市设计	公共地区再开发（滨水地区、产业园区、棕地等）	混合更新/有机更新
主动适应型	住宅区规划设计	再开发式更新	再开发式更新/有机更新
	城市社区空间微更新	既有住区的城市更新	微更新
	社区公共中心设计		
	住宅与组团设计		

资料来源：笔者自绘

适应实践领域中的挑战。毕竟外部变化是恒常的，规划学科专业自身也是发展的，本科阶段的规划与设计训练就是培养学生开拓应对的素养与能力。

5.2 规划与设计课程体系的"基因编辑"与适应性再构

城乡规划作为一门具有综合特征的应用型专业，外部需求和条件的变化对其专业教学和人才培养的影响是巨大的、毋庸置疑。但是作为一门成熟的专业，其课程体系又必须具备良好的适应性，这就要求课程体系具有特定的"基因"，使得课程体系本身拥有合理性与灵活性，而无需在接受外界某种环境刺激后才能被动地产生适应性，就好比某些生物体的一些适应特征是通过"遗传"传给子代的。对同济城乡规划来说，专业办学的主导思想"教学为社会服务，教学与规划实践相结合"就是其课程体系的基因。当然，各规划院校受其历史、地域、人文条件的影响，基因不尽相同。

新时期规划工作的转型对城乡规划教育提出了更高要求，面对已经到来的城市更新时代，无论是应对城市更新也好，或是将要应对的其他重大变化，我们在制订和修订规划与设计课程体系的时候或多或少都要学会一些"基因编辑"技术，以实现对特定DNA片段的敲除（去掉某些不适应的课程）、引入某个特异的突变（增加新的

课程），以及定点转基因，也就是预留开放位点，插入支持转基因长期稳定的表达（预留一些灵活设置的课程，比如同济城乡规划专业规划与设计课程体系中的"城乡创新规划设计"课程）。在规划与设计课程体系进行适应性再构时，外部的变化最终要通过课程体系来吸收并同化。这既包括规划与设计课程体系、也包括理论课程体系的充实调整与交叉课程的设置。

主要参考文献

［1］ 住房城乡建设部关于加强生态修复城市修补工作的指导意见 http：//www.mohurd.gov.cn/wjfb/201703/t20170309_230930.html.

［2］ 仇保兴.城市老旧小区绿色化改造——增加我国有效投资的新途径[J]，建设科技，2016（09）.

［3］ 约翰·H·霍兰，陈禹，方美琪.隐秩序：适应性造就复杂性[M].周晓牧，韩晖，译.上海：上海科技教育出版社，2011.

［4］ 黄怡."住宅与社区"方向本科课程教学的思考，传承与探索——同济大学建筑与城市规划学院教学文集[M].北京：中国建筑工业出版社，2007.

［5］ 基因编辑，https：//baike.baidu.com/item/.

Adaptive Restruction of Planning and Design Curriculum under the Background of Urban Regeneration: A Case of the Undergraduate Teaching of the Program of Urban and Rural Planning in Tongji University

Huang Yi

Abstract: Currently, China's urban and rural areas are transforming from "rapid urbanization" to "deep urbanization", and urban construction lands are transforming from "incremental expansion" to "stock potential tapping". Urban regeneration has become the dominant mode of urban development for quite a long time in the future. Accordingly, it has an important impact on the training of urban and rural planning professionals and the teaching curriculum. Based on the undergraduate teaching practice of the program of urban and rural planning in Tongji University in recent years, this paper analyses the exploration of "adaptive restruction" of planning and design curriculum under the background of urban regeneration, with a view to providing ideas for the transformation of nowadays planning work and teaching practice.

Keywords: Urban Regeneration, Planning Design Curriculum, Adaptive Restruction, the Program of Urban and Rural Planning

城乡规划研究生学位论文的问题及应对思考
—— 一个评阅人的视角

朱　玮

摘　要：研究生学位论文是研究生培养的最重要环节，其质量是评判研究生培养的最直接指标，也反映本科阶段的培养效果。但目前，城乡规划教育界对于这个环节的系统性讨论或研究开展得还很少。本文基于笔者评阅过的 50 篇城乡规划专业研究生学位论文，从研究选题和框架、文献综述、研究内容、研究方法、研究结论、研究规范 6 个方面总结问题并分析成因，最终针对性地提出 7 条教学及管理改进策略。
关键词：研究生，学位论文，问题，策略，评阅意见

1　引言

　　研究生学位论文是研究生培养的最重要环节，其质量是评价研究生培养的最直接指标；同时，也反映本科阶段的培养效果，因为论文需要学生运用诸多能力来完成，这些能力的大部分在本科就已经开始积累。笔者认为，从学生培养的角度，通过规划专业学位论文来训练学生的专业研究能力只是一个目的，更重要的是培养其一般性能力，包括发现问题的能力、理论联系实际的能力、批判和创新能力、逻辑思维能力、工具学习和运用能力、阅读能力、表达能力、行事态度、价值观等，这些能力无论对于今后从事学术工作还是非学术工作的学生来说，都是终身受用的。那么，从发现论文的问题入手，进而反思并优化研究生和本科教学，就是一项必要且重要的教学管理环节。尤其在我国影响城乡规划教育的外部环境多变的背景下，系统、持续地开展论文质量评价和相应教学改革，对于人才培养具有长远意义。但目前，城乡规划教育界对于这个环节的系统性讨论或研究开展得还很少。

　　本文是笔者在这个方向上的一个小尝试，基于笔者评阅过的规划专业研究生学位论文，从中归纳问题、探讨原因，并提出教学及管理应对思考。鉴于笔者主要从事规划方法和技术方向的教学和研究，以及有限的教学经验，在所评阅论文的选题、评价焦点、评价方法以至于评价结果上一定存在偏颇。因而，本文的目的是抛砖引玉，希望以此引发更多、更全面、更系统的学位论文评价与教学改革研究和实践。文章第二节说明分析采用的数据和方法；第三节归纳论文的问题并分析其原因；第四节针对其中的主要问题，提出教学应对方向和措施；第五节总结全文。

2　数据和方法

　　笔者从 2012 年开始，迄今一共评阅了 50 篇城乡规划专业研究生学位论文，作为本文的分析样本。在这些论文中，包括中文论文 38 篇（76%），由双学位或留学生完成的英文论文 12 篇（24%）；硕士论文 48 篇（96%），博士论文 2 篇（4%）；其中绝大多数来自本校规划专业，个别来自外校相关专业；多数论文采用定量为主的研究方法，少数论文采用定性为主的研究方法；论文选题基本覆盖城乡规划二级学科的方向。

　　采用从论文评阅意见文本中梳理具体问题，再加以分类、归纳、统计的方法，来发现问题类型的分布状况；结合个案，对问题产生的原因加以探讨。对于同一篇论文，评阅可能经历一次盲审、二次盲审、答辩资格评阅等多轮；其中某些论文在经历这一过程后，其问题被逐

朱　玮：同济大学建筑与城市规划学院主副教授

渐修正，有些问题可能到最终也未得以解决。对这类论文问题的统计，采用"出现即计入"的原则，无论其之后是否修正。

3 问题

根据本专业论文的一般范式，结合样本论文中出现的具体问题，将问题的类型归结为6类（表1）：研究选题和框架、文献综述、研究内容、研究方法、研究结论，和写作规范。每类问题包含若干种的具体问题。据统计，最多在一篇论文中存在10种具体问题，最少的只有1种问题，平均每篇的具体问题数为3.74种，中位数3种。分类来看，存在研究方法问题的论文数量最多，占82%，其次出现问题的类型依次是研究选题和框架（52%）、文献综述（44%）、研究结论（34%）、写作规范（20%）、研究内容（16%）。以下对前三类关乎论文质量的核心问题加以分析。

3.1 研究选题和框架的主要问题

论文选题的立意决定研究的价值，但总体上超过1/4的论文未能明确地阐述研究动机。出现这种问题的论文，不明确说明为什么要开展此研究，是为了解决什么规划实践问题，或者作为实践支撑的理论、方法的问题。有的论文即便说明了现存问题，也是相当笼统，缺乏对具体问题的聚焦和准确认识。例如，某论文用所谓"高精度、小尺度"数据（以POI数据为主）归纳城市商业布局特征，希望以此解决"资源配置不合理、土地浪费"的问题；该问题的范畴显然过大，目标和手段之间看不到清晰的联系路径。

这种问题的产生可能有三个原因。一是缺少问题导向思维的训练，教学过于注重讲授既成的专业知识，却疏于锻炼学生自主地发现规划实践的问题、相关的理论问题、方法问题。发现问题是研究的第一步，也是最重要一步，不仅需要对问题的敏感性，还需要证明该问题确实成为问题的能力。二是缺少实践，或者从实践问题中提炼出研究问题的能力。规划是实践导向的学科，实践是研究问题的来源也是解决问题的归宿。缺乏对实践问题的感性认识，或缺乏对支撑实践的核心理论和方法的思考，都会造成研究问题无所指向，或者偏离规划学科范畴。三是数据导向，当下数据资源以及数据分析手

论文问题的类型及比例　　表1

问题类型	具体问题	人数占总体比例	问题数占本类比例
1. 研究选题、基本概念、研究框架	1–1. 研究动机阐述不到位；缺乏对问题的聚焦、准确认识	26%	39%
	1–2. 基本概念混淆，认识错误	14%	21%
	1–3. 选题范畴过大；题目不准确，与内容不对应	12%	18%
	1–4. 缺乏创新	10%	15%
	1–5. 研究缺乏框架，结构松散	4%	7%
	本类合计	52%	100%
2. 文献综述	2–1. 文献未针对研究主题	26%	46%
	2–2. 松散罗列，缺乏归纳	16%	29%
	2–3. 缺乏总结提炼，不足以证明本研究的创新	12%	21%
	2–4. 缺少国外文献	2%	4%
	本类合计	44%	100%
3. 研究内容	3–1. 浮于表象，泛泛而论，缺乏深入调研	8%	44%
	3–2. 以资料编译、再组织为主，原创性不够	6%	34%
	3–3. 内容偏离主题	4%	22%
	本类合计	16%	100%
4. 研究方法	4–1. 概念、数据来源、方法交代不清	60%	34%
	4–2. 论证依据不充分	40%	23%
	4–3. 思路、逻辑错误	24%	14%
	4–4. 方法应用、分析不当	22%	13%
	4–5. 研究设计欠缺	20%	11%
	4–6. 缺少一手资料，样本不足	10%	5%
	本类合计	82%	100%
5. 研究结论	5–1. 总结不到位，未回应研究问题	26%	68%
	5–2. 反思缺乏针对性	8%	21%
	5–3. 随意下结论，缺乏结果支撑	4%	11%
	本类合计	34%	100%
6. 研究规范	6–1. 图文引用不规范	20%	100%
	本类合计	20%	100%

注：论文样本量为50篇

段的丰富，加上大数据、智能规划、机器学习等时兴概念和氛围，容易导致学生"先做后想"、"以料定菜"的研究方式，即根据数据来确定研究问题。这种方式并不意味着不能找到数据与研究问题的契合，但往往因为要迁就数据，更容易牺牲对研究问题的准确把握。例如，某论文用微博数据研究其时空特征，但并没有思考清楚如何让这些特征支撑规划。

混淆、错误认识基本概念的问题反映出学术严谨性训练的欠缺，例如将"城乡统筹"、"可持续发展"理念称为理论，将"规划评估"等同于"规划实施评估"。这一欠缺也是选题过大、题目与内容不符问题的原因，如题目中研究对象为"城市规划成果管理信息化"，而研究对象只是控规数据库；再如题目中研究对象为"区县总体规划评估"，而实际仅涉及其中的城镇空间结构体系和镇村体系部分。这些问题并不足以否定研究内容本身，但"看文先看题"，题文不一致、概念混淆就会产生误导和混乱。

3.2 文献综述的主要问题

文献综述类的问题中，最严重的是文献主题，或总结的内容并不针对研究主题，这种论文的比例也超过1/4。该问题尤其多地出现在以某一特色见长的论文中，作者往往喧宾夺主地突出特色，忽略了紧扣主题。例如，在一篇基于手机信令数据研究区县总规评估的研究中，文献综述仅关注基于手机数据的城镇体系研究，却忽视了大量采用传统数据的研究成果；又如，一篇论文采用铁路客运班次数据来研究长三角城市体系，其综述梳理了城市体系的各种研究方法，反倒没有总结既有文献已经将长三角的城市体系研究到了怎样的程度、具有怎样的特征，不去分析本研究对认识长三角城市体系的贡献在哪里。以上两篇论文，都是以新方法为特色的应用研究，但不是方法研究，所以文献综述的重点不应该是方法综述。分析其原因，可能是学生在探索新方法的过程中花费了大量精力在方法学习上，光顾着"低头走路"，忘记了"抬头看方向"，淡忘了研究的核心目标。如此本末倒置，难以在研究主题上获得创新，方法探索也就是去了意义。

将文献逐一罗列，如某某作者开展了某某研究……不进行系统、多视角的归纳，这种问题还是出现在16%的论文中；另有12%的论文未对文献综述加以总结，未能清晰地显示本研究相对于既有研究的传承和创新。

文献综述可能是学位论文训练中最考研学生定力和钻研精神的环节，掌握不好就不可能对研究进展形成正确的认知，也就难以实质地创新。

3.3 研究方法的主要问题

论文在研究方法上的问题在所有问题类型中最为突出。不过，其中最严重的问题并不是学生不能掌握研究方法，而是没有清晰地陈述概念定义、数据来源、数据收集过程、数据处理方法、分析方法，以及正确表达数学模型。典型的问题例如，在概念上跟随当下的一些时兴概念，如"世界级生态岛"，但未从学术的角度界定其内涵；TOD是一种规划和开发理念，但当需要实际判断一个地区是否属于TOD模式，就缺乏明确的操作性界定；在案例研究中，未充分阐述选择案例的理由和方法；在问卷调查中，未说明调查开展的过程、时间、地点、抽样方法；采用某种分析方法，但不说明选择该方法的理由、方法的原理，或缺少其中的关键要素（如分类的标准）。这基本上可以归因于教学中对此环节强调不足，以至于学生忽视了将研究方法严谨、完整、不含糊、有依据地表达出来作为保障研究可理解性、可复制性、可靠性的重要功能。

研究方法中的第二大问题是论证不充分，或缺乏足够依据的支撑，基本上有三种表现。第一种表现是研究的前提缺少支撑：如类似"城市空间结构要素与就业岗位的匹配是职住匹配的必要条件"，对这种非常识性的命题，既没有亲自论证，也没有文献支撑。第二种表现是支撑核心论点的依据不足：如某论文研究内城更新对萎缩城市的作用机制，但论证过程只是作者将感性认知的现象主观地联系起来，缺乏深入切实的过程调查；再如得到模型结果后，机械地表述哪些变量显著、不显著，参数是正的还是负的，缺少将结果在现实意义上进行解读，这不是个例。第三种表现是提出的规划建议脱离研究结论：前面分析归分析，讨论凭感觉的现象较为普遍；有些论文建立了模型，但提出的规划策略只是常识性的定性讨论，没有充分利用模型分析的优势进行规划情景分析。该问题一方面说明学生对什么是事实、什么是观点/论点区分不清，另一方面反映出论证严谨性训练的不足。

研究逻辑问题的一个典型表现是研究方法的理论基础存在问题，这在定量分析的研究中特别突出：或是模型所表达的机制缺乏理论基础，或是其中缺少关键的要素；这些作者往往在要素甄别、选择过程中缺少理论参照或思考，对定量分析的条件又缺少控制（如变量间的相关性、样本的选择），对结果缺少预期假设，将数据一股脑输入软件后得到反常的结果，再加以牵强的解释，甚至不解释……另一个典型表现是因果倒置，如根据公园的设计容量来论证因公园发生的交通需求；根据既有地下开发强度作为地下空间开发需求的下限。理论思维、逻辑思维的训练亟待加强。

分析方法误用和研究设计欠缺是两个显著相关的问题（chi-square=3.85，sig.=0.05）：误用方法的人更可能疏于研究设计，反之亦然。方法误用的具体表现有方法与数据类型不匹配（如定性变量用皮尔森相关）、样本不足、仅用单变量相关分析而非多变量分析来解释自变量对因变量的影响、错误的假定（如因变量需正态分布）等。这其中不仅有方法应用训练不足的原因，也有学生模仿文献中错误研究实践的原因。研究设计欠缺主要表现在缺乏合理的分析框架、理论假设来指导资料采集，案例选择依据不足、缺乏典型性、可比性（如用曼哈顿类比上海市域），反映出学生对研究进行规划的能力短板。

4 应对思考

针对以上研究生学位论文的问题，提出以下研究生和本科教学及教学管理应对策略：

4.1 加强实践问题导向的学术思维训练

在我国，规划实践是规划学科的"出口"，所以规划研究最终要支撑规划实践，这是研究生学位论文训练中应当把握的方向。近年来，受到国外规划相关领域的研究范式、数据科学技术急速发展等背景的影响，规划研究生论文有偏离面向规划实践的趋势：学生接触实践少了，教师参与实践也少了，必然导致师生疏远了对实践问题的感知、认识、理解，研究缺乏生命力，成为"无源之水，无本之木"。所以，在研究生和本科阶段都要加强实践教学，走出校园，接触社会，增强学生的实际问题意识。在此基础上，加强实践导向的学术思维训练，培养从实践需求提炼研究问题，建立解决研究问题的技术路线，再以研究结果回馈实践需求的能力。

4.2 加强基于理论的研究设计训练

训练学生"先想后做"、"以菜定料"，先做研究设计，再实施研究；增强其从研究问题中识别关键的理论问题，即影响要素、关系假设、机制模型，据此设计数据收集、分析、应用方案的能力。强调理论的延续性，学生必须比较充分地认识既有理论，在前人理论基础上做出自己的小贡献。

4.3 加强阅读能力和批判性思维训练

目前规划专业本科阶段学术论文阅读训练严重不足，直接拉低了研究生阶段的学习质量。以笔者的经验，规划背景研究生的文献研究能力明显逊色于地理学、自然资源管理等专业背景的学生。不掌握既有研究的进展，就难以进行研究创新。评价研究生论文不见得追求创新本身的大小，但更看中创新的过程是否走得踏实。所以，建议本科培养阶段就进行文献阅读训练，至少保证在进入研究生阶段时，不对阅读感到陌生和畏惧。同时非常重要的是，训练学生批判性思维，鼓励其有理有据地质疑既有文献、规划、学者、权威，养成反思的习惯，增强独立判断能力，能够识别既有知识中的问题，不人云亦云，谬上加谬。

4.4 鼓励植根现实的研究范式

当下多源数据的涌现给"坐在椅子上"的规划研究提供了条件，其好处是丰富了、便利了研究者认识城乡的途径，坏处是让他们疏远了城市问题发生的真实环境；同时伴随着的，是披着"机制"外衣的"关联"性研究越来越多，真正观察问题发生过程、理解过程来龙去脉的研究实践越来越少。至少，这对于学生培养，是一个不利的氛围。在以上50篇论文中，笔者评价最好的是两篇写于2013年的定性研究论文，一篇中文论文研究的是我国某瑶族聚落的文化，另一篇英文论文研究越南河内聚落的地方意识。两位作者没有采用复杂的研究方法，仅通过深入当地、观察民情、对话交流、梳理归纳，最终呈现出学术、生动、有质感的研究成果。因此在教学过程中，应当贯穿强调深入现实获得一手资料，要求首先对研究问题和对象有充足的定性认识，鼓励开展质性研究，或质性与量化结合的研究。

4.5 扎实定量研究方法训练

无论从以上的结果，还是笔者的教学经验来看，本专业学生掌握定量分析方法的程度的确很不扎实，在研究生开题阶段其定量研究思维也尚未建立，自然做不出高质量的研究计划和研究实施。所以，扎实的定量分析能力也要在本科持续培养。为了适应当下的形势，笔者所在专业的培养计划增强了定量技能课程，包括增加"概率论与数理统计"，以"Python 编程基础"代替原先的"VB 程序设计"。但即便如此，如果不在整个本科阶段持续地开展定量技能应用练习，可以预期这些低年级课程仍不会在研究生阶段留下多少痕迹。唯有在各种教学环节给予学生应用定量技能的机会，他们才能在不断实践和试错中打下扎实的定量研究基础。

4.6 从严审核论文开题

高质量的开题有如高质量的规划，为日后的实施提供可靠的蓝图。严格把控论文开题质量关，重点审查论文选题、文献综述、理论基础、技术路线，督促学生在这些重要方面作深入和充分的思考。

4.7 建立论文质量监测体系和应对方法论

如果不是笔者好用电脑写评阅意见，本文也不大可能成形。教学活动的大数据一直在产生、流逝，用适当的形式记录、存储教学活动数据，使便于及时、准确、持续地把握和分析教学动态，有着很大的潜力和价值。建议在文字评阅论文的同时，辅以标准化、结构化的评价形式（如分项打分），并以电子格式存储以便分析。因此需要建立论文质量评价指标体系；相应地，研究诊断相关教学问题的方法论，和教学及管理改进的方法论。

5　结论

基于笔者评阅过的 50 篇规划专业研究生学位论文，发现 6 方面论文问题的严重程度排序是：研究方法 > 研究选题和框架 > 文献综述 > 研究结论 > 写作规范 > 研究内容。就前 3 大问题展开分析，认为造成这些问题的教学方面原因主要是疏远了规划实践，以至于学生的实践问题导向意识淡化；数据导向思维削弱了基于理论的研究设计思维以及深入实际的调查研究范式；文献阅读及批判性思维训练不足，定量研究方法掌握不扎实等。针对这些问题，提出了研究生和本科教学及管理的改进策略。

本研究有着诸多不完善之处：样本有限、视角偏颇、主观证据，不一而足。期待建立研究生论文质量监测体系，开展更科学的研究。

Problems of the Postgraduate Theses of Urban and Rural Planning and Thoughts on the Countermeasures: A Reviewer's Perspective

Zhu Wei

Abstract: Postgraduate thesis is the most important part of postgraduate education, whose quality is the most direct measure for evaluating the education and also reflects the effects of the undergraduate education. However, this part has been rarely discussed or studied in the urban and rural planning education. Based on 50 postgraduate theses of urban and rural planning that the author reviewed, this paper summarizes 6 types of problems of the theses, including research topic and framework, literature review, research content, research methodology, research conclusion and research normative, and analyzes their causes. Accordingly, it proposes 7 countermeasures for improving the education and its administration.

Keywords: Postgraduate, Thesis, Problem, Strategy, Review Comment

城市设计课程体系建设研究
—— 以同济大学城市规划系研究生城市规划与设计课程为例

王伟强　石　慧

摘　要 在新型城镇化背景下，城市设计作为提升城市空间品质、塑造城市风貌的重要手段，越来越受到重视，这也对城市设计教育提出了更高的要求。本文立足于同济大学城市规划系研究生城市规划与设计课程教学案例，讨论近十年间课程内容演变规律与演进特征，并从师生双向反馈对教学成效进行评估，分析当前城市设计教育中面临的机遇与挑战，进而探讨城市设计课程体系建设改革的策略建议。

关键词：城市设计教育，同济大学，课程建设

1　研究缘起

在新型城镇化背景下，社会各界对城市设计工作的关注与期盼日益强烈。2015 年 12 月中央城市工作会议上提出"要加强城市设计，提倡城市修补"。2017 年 3 月住房和城乡建设部出台《城市设计管理办法》，明确"城市设计是落实城市规划、指导建筑设计、塑造城市特色风貌的有效手段"。2019 年 5 月出台的《国务院关于建立国土空间规划体系并监督实施的若干意见》明确指出"要运用城市设计、乡村营造、大数据等手段，改进规划方法，提高规划编制水平。"这对城市设计学科发展提出了更高的要求。而国土空间规划体系的建立及城乡规划的转型，使得城市设计的内涵日趋丰富，城市设计人才培养乃至城市设计教育面临诸多挑战[1]。通过回顾城市设计教育的发展历程，开展城市设计课程体系和教学成果的评价，有助于深化城市设计教学改革，促进未来学科建设的全面发展。

2　研究界定

同济大学早在 1985 年就开设了研究生"城市设计概论"理论课程，并对原有的"城市规划与设计"课程进行了系统改革，形成理论课、设计课双重驱动的城市设计课程体系。而后又经过 1997、2005 年及 2008 年的教学改革及国际合作，逐步确立了以问题为导向的城市设计课程教学体系。

本论文针对同济大学城市规划系研究生"城市规划与设计"课程（以下简称"设计课程"或"课程"），从近十年来教学选题、方法、过程，以及课程作业成果为样本，分析课程内容发展规律及演进特征；有鉴于教学相长，通过对教与学开展问卷和访谈调研，进一步剖析设计课程实施与评价的情况；并思考城市设计课程体系建设的策略建议。

3　课程作业成果分析

设计课程的作业成果是教学质量和学生能力提升的直接反映，也能看到学生运用所学知识和技能解决问题的能力，获得信息反馈以检验教与学的成效。因此通过分析作业成果，考察课程内容发展规律及影响因素十分必要。

论文选取 2008 年—2018 年十年间 132 份课程作业为样本（图 1），教学中学生通常以 3–5 人小组形式合作，样本实际覆盖参与教学的学生 490 余人，能够完整地反

---

❶　葛丹.研究型城市设计及其在教学中的应用 [D].同济大学；同济大学建筑与城市规划学院，2007.

王伟强：同济大学建筑与城市规划学院教授
石　慧：同济大学建筑与城市规划学院硕士研究生

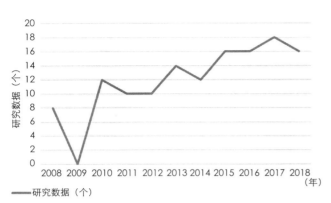

图1 课程作业样本分布

课程研究高频关键词前25位统计表
（2008-2018年） 表1

排位	频次	中心性	出现年份	关键词
1	26	0.32	2008	公共空间
2	18	0.06	2010	空间活力
3	18	0.06	2010	城市更新
4	16	0.07	2010	公共服务设施
5	15	0.09	2008	居住社区
6	14	0.17	2010	社会交往
7	12	0.02	2010	社会融合
8	11	0.02	2010	街道空间
9	9	0.02	2010	老龄化
10	9	0.04	2015	公共服务
11	8	0.12	2010	滨水空间
12	8	0.03	2015	共享生活
13	7	0.03	2016	可达性
14	7	0.03	2008	历史文化
15	7	0.01	2015	空间品质
16	7	0.01	2010	工人新村
17	6	0.01	2016	功能复合
18	6	0.01	2010	商业空间
19	6	0.01	2015	步行系统
20	5	0.01	2017	慢行网络
21	5	0.01	2017	社会隔离
22	5	0.01	2017	大数据
23	5	0.01	2017	开放空间
24	5	0.02	2016	新城更新
25	5	0.01	2011	区域联动

资料来源：作者整理

映十年间的教学信息。对课程作业的标题、关键词、摘要等信息提炼，用知识图谱捕捉每年研究热点和聚落布局，完成课程内容发展规律的动态研究；再分别与社会发展背景、师资队伍、教学机构与模式等影响因素比对，分析与课程内容发展的相关性。

3.1 研究热点词汇及演进特征

（1）研究热点词汇特征

统计关键词出现频次，研究梳理出近十年课程研究前25位热点词汇（表1）。作业成果的关键词汇涉及众多研究热点和社会议题，说明设计课程不仅关注物质空间领域，更延伸到了历史、文化、经济、环境等综合性社会议题，设计课程的内涵也变得更加细分和多元。

关键词网络中（图2）"公共空间"、"城市更新"是研究数据里最核心、持续多年的高关注度词汇。一方面设计课程始终选取高度成熟地区选题研究，表现出城市设计"城市更新"的属性，另一方面也表明"公共空间"是城市设计研究中关切的核心。此外，关键词网络中有许多向外延伸的分支或组团，它们相互联系又有区别，形成了不同的聚类。

（2）研究热点演进特征

随着城市设计学科的发展，课程研究热点呈现跳跃式变化，我们把2008-2018年分成三个阶段分别进行对比。

1）2008-2011年课程作业内容知识网络演进特征

知识网络中形成三个主要聚落（图3），这一时期课程中主要关注居住、文化、空间、生态等方面的内容。

具体来说：

①由于课程选题中心城区，在"文化""空间"聚落中突出"城市肌理"、"里弄住宅"、"历史文化"等关键词，具有鲜明的地域特色。

②在"社区""生态""社会"聚落出现"公共空间"、"公共服务设施"、"曹杨新村"、"老龄化"、"社会融合"等

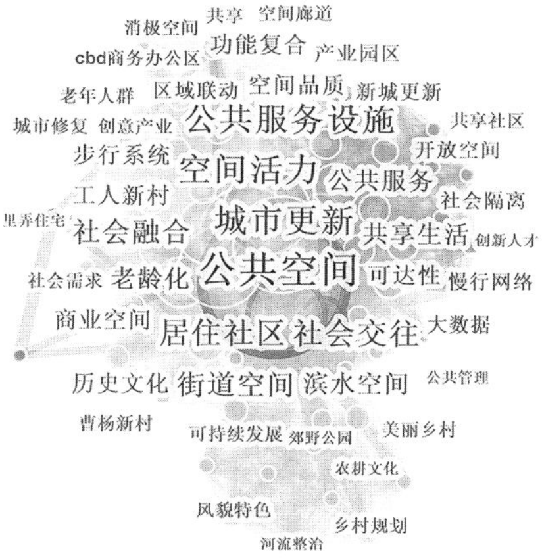

图2　课程研究内容知识网络　2008-2018年

图片来源：作者自绘

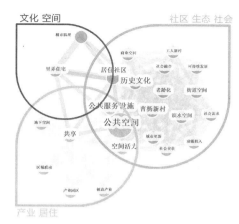

图3　2008-2011年课程研究内容知识网络

图片来源：作者自绘

关键词。课程中开始关注老龄化、社会隔离等社会问题，选题转向工人新村为代表的另一类高度成熟地区。

③在"产业""居住"聚落出现"区域联动"、"产业园区"、"创意产业"等关键词，表明课程不仅关注微观尺度空间设计，也关注区域发展与联动效应。

2）2012-2015年课程作业内容知识网络演进特征

主要形成"乡村"、"更新"、"区域"三个主要聚落（图4），"公共空间"依旧是核心研究内容。具体来说：

①在"乡村""空间""风貌"聚落主要出现"乡村规划"、"可持续发展"、"美丽乡村"、"风貌特色"等关键词。反映了2013年美丽乡村的时代声音，设计课程开始关注城乡融合、设施共享以及生态治理等方面。

②在"区域""公共"聚落出现"城市副中心"、"社会需求"、"产业发展"等关键词。由于城市副中心在经济活动的影响力逐渐扩大，课程关注如何在空间上回应这种变化。经济与产业类研究话题的出现表明了课程内容变得更加综合。

③在"更新""社区""空间"聚落包括了"城市更新"、"空间品质"、"社会生活"等关键词。反映课程内容围绕城市空间品质的提升、环境的整治改善以及邻里社会网络结构等的建设。

3）2016-2018年课程作业内容知识网络演进特征

这段时期设计课程研究内容非常多样（图5），可分为"设施""交通""管理"三大核心聚落，"城市更新"

成为这一时期最受关注的话题。具体表现：

①在"空间""设施""共享"聚落出现了"公共服务设施"、"共享社区"、"空间品质"等关键词。2017年"共享"成为社会发展的核心理念，为城市设计提供了崭新的思考。

②在"社会""管理""大数据"聚落出现了"社会融合"、"社会管理"、"归属感"、"手机信令数据"等关键词。表明学生在关注社会性议题同时，信息技术为城市设计提供了新的研究手段，设计课程中开始利用大数据来感知城市、认知城市。

③在"修复""交通""建筑"聚落主要出现"可达性"、"步行系统"、"城市修复"等研究热点。这与2015年底中央城市工作会议提出的"城市双修"有密切关系。

研究热点知识群落的演进展示了课程内容的变迁。总体上，十年间课程立足于"城市空间"，以城市问题为导向，以空间响应为手段，展现设计课程视角的多元化、多学科的交叉及向综合性演化。

3.2　设计课程与社会的相关性分析

城乡规划的变革总是依托社会活动的发展进行的，时代背景是变革的附着物和基础❶，城市设计课程研究内

❶　吴志强，刘晓畅. 改革开放40年来中国城乡规划知识网络演进 [J]. 城市规划学刊，2018，（5）：11-18.

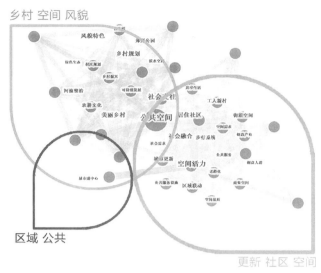

图4　2012–2015 年课程研究内容知识网络
图片来源：作者自绘

图5　2016–2018 年课程研究内容知识网络
图片来源：作者自绘

Keywords	Strength	Begin	End	2008 – 2018
历史文化	3.7368	2008	2010	
共享	3.122	2008	2011	
城市肌理	2.3546	2008	2009	
里弄住宅	3.5512	2008	2009	
曹杨新村	3.9276	2009	2010	
可持续发展	2.3442	2009	2014	
地下空间	2.3135	2011	2011	
创意产业	2.1166	2011	2011	
产业园区	2.0163	2011	2011	
区域联动	2.5947	2011	2015	
城市副中心	2.5055	2012	2012	
慢生活	1.998	2013	2014	
风貌特色	4.0388	2013	2014	
乡村振兴	1.998	2013	2014	
河流整治	3.0129	2013	2014	
绿色生态	1.998	2013	2014	
乡村规划	4.0388	2013	2014	
村庄规划	1.998	2013	2014	
农耕文化	3.0129	2013	2014	
美丽乡村	4.0388	2013	2014	
郊野公园	3.0129	2013	2014	
步行系统	3.2965	2014	2016	
城市修复	3.6499	2016	2016	
公共管理	2.1226	2017	2018	

图6　2008–2018 年课程研究内容突现词分析
图片来源：作者自绘

容也受到城市发展背景的影响，展现了城乡融合和新型城镇化发展特征。

分析十年间课程内容的突现词（图6）时间与分布，突现词是指出现频次在短时间内突然增加或者使用明显变多的词汇，对比其与城市发展大事件的时间关系（表2）。

研究表明，设计课程关注的问题与社会发展和政策走向密切相关，社会变革的背景很大程度影响了课程选题和研究方向，如2013 年提出"建设美丽乡村"；2015 年提出"城市双修"；2016 年提出《上海市 15 分钟社区生活圈规划导则》，这些热点议题，既在选题中进行了相关知识强调，也延伸到学生设计研究成果中。由于课程强调问题导向，许多社会热点也在设计课程中有活跃表现，如老龄化、社会隔离、封墙关店及公共空间品质等。

3.3　设计课程研究与教学团队的相关分析

教学团队是课程建设的根本保障。设计课程采用分组"Studio"的教学模式。在同一设计题目下学生可以自由选取学术兴趣与研究对象，教学过程中导师的引导，各个评图环节中，教师团队的评价都会影响着学生的设

课程研究内容与城市发展大事件 表2

阶段	我国城市发展大事件		城市设计课程研究内容	
	年份	内容	年份	内容
2008–2011	2007	2003 年出台了《上海市历史文化风貌区和优秀历史建筑保护条例》2005 年增加了 32 片郊区历史文化风貌区，2007 年公布了 144 条风貌保护道路	2008	里弄住宅、历史文化等
	2009	国务院常务会议审议通过《文化产业振兴规划》	2011	创意产业、产业园区等
	2010	中国人民银行会同中宣部、财政部、文化部、广电总局、新闻出版总署、银监会、证监会和保监会九部委联合发布《关于金融支持文化产业振兴和发展繁荣的指导意见》		
2012–2015	2013	2013 年 7 月 22 日，习近平来到进行城乡一体化试点的鄂州市长港镇峒山村。他说，实现城乡一体化，建设美丽乡村，是要给乡亲们造福	2013	美丽乡村、乡村振兴等
	2015	2015 年，中央城市工作会议提出，要加强城市设计，提倡城市修补。这是中央会议首次使用"城市修补"的新概念。中共中央《关于进一步加强城市规划建设管理工作的若干意见》中进一步明确要求："有序实施城市修补和有机更新"	2015	城市更新、空间品质等
			2016	城市修复、空间活力等
2016–2018	2016	2016 年 8 月上海发布《上海市 15 分钟社区生活圈规划导则》，从市民角度切实改善上海市居民生活品质，实现以家为中心的 15 分钟步行可达范围内，都有较为完善的养老、医疗、教育、商业、交通、文体等基本公共服务设施	2017	公共服务设施、步行系统等

资料来源：作者自绘

课程研究内容与指导教师重点研究领域 表3

教师姓名	重点研究领域	其指导的小组的研究内容
C 教师	城市经济学、城乡规划与设计城市经济学、城乡规划与设计	公共空间、创意产业等
C2 教师	城市网络、城镇群和大都市区空间组织、城市土地管理等	消极空间、区域发展、公共空间等
H 教师	规划历史与理论、规划管理与法规、城市开发与城市经济学、土地使用规划	社区更新、功能复合、城市更新等
H2 教师	区域和城市空间发展、城乡交通和基础设施规划、城乡规划方法和技术、城市空间与行为、地区开发与设计等	公共空间、居住社区、街道空间等
H3 教师	住房与社区规划、城市社会学、城市更新设计与研究、环境与规划、乡村规划	历史文化、区域联动、城市更新等
P 教师	城乡规划技术与方法	城市更新、土地权属、智慧城市等
S 教师	城市规划理论与历史、城市规划实施	老龄化、步行网络、乡村规划等
T 教师	城市设计、城市景观规划、城市开发与控制、社区规划	公共空间、滨水空间、区域联动等
T 教师	城市设计与理论、城市社会学，城市公共政策理论与方法、建筑设计与理论	开发模式、城市更新等
W 教师	城市空间理论、城市设计理论、城市更新理论、乡村建设理论	工人新村、公共空间、老龄化、社会融合等
W2 教师	健康城市规划与设计、城市更新、新城规划与开发、国际比较研究	健康城市、空间品质、步行系统等
X 教师	城市经济、城市开发，控制性详细规划理论与设计	乡村规划、郊野公园、可持续发展等
X2 教师	建成环境的社会、经济价值评估、社会空间分异、公平城市、社会健康	历史文化、建筑改造等
Z 教师	城乡社区研究与规划、住房与住区规划、城市社会学（城乡社会发展）、城市更新、规划评估等	居住社区、街道空间、商业空间等
Z2 教师	网络、地域与城市；交通机动性与智慧城市、城市设计与社区更新、可持续城市交通政策	城市更新、可达性、步行系统、街道空间等
Z3 教师	城市与区域发展研究、城市空间发展战略、城市空间设计	滨水空间、可持续发展等
Z4 教师	城市遗产保护规划理论与方法、城市规划历史与理论史、城市景观规划与管理	历史文化、公共空间、社会融合、公共服务设施等

资料来源：作者自绘

计走向。研究梳理了十年间教学团队的师资结构、专业背景与重点研究领域，显示在面对城市问题的研究和与学生的交流中往往具备多样的分析视角。

表3揭示了指导教师研究领域的多样性与分析视角，与其指导的学生在研究内容选择呈现出一定的相关性。此外，课程中还会邀请一些行业专家，他们通常具有丰富的实践经验，或对设计区域较为了解，也会引导学生讨论擦出火花。

3.4 设计课程建设总体特征

基于上述分析，总结近十年间设计课程发展规律及演进特征总体表现为：

（1）坚持问题导向

始终坚持"以问题为导向，以空间响应为手段"的教学要求，引导学生在设计课程中灵活运用所学的理论方法，抓取城市热点问题开展城市设计研究。

（2）努力贴近社会

从历年的研究议题演变可以看到课程内容与社会热点的关联性，贴近社会需求、紧跟学术前沿。

（3）注重启迪思维

教学采用开放式 Studio 模式，注重课堂讨论，通过学生间、师生间互动，激发学生的发散性和创造性思维。

（4）秉承开放合作

与国内外其他教学机构广泛合作，开展多样的国际合作教学模式，使得师生拥有了更好的学习交流平台，借用多国教学团队的教学资源，开阔国际化视野。

（5）培育团队精神

城乡规划工作的一个重要特征就是团队协作，这也是设计课程教学的有效方法。无论是教学团队、还是学生小组，以研究方向差异化多样化组合，通过互动协作，培育学生团队精神。

4 学生评价调研分析

对近三年参与学生群体进行了问卷调研，发放问卷 135 份，回收有效问卷 126 份，同时还对 6 名参加国际双学位的学生进行访谈。参与学生调查对象基本信息如下（图7），由于目前不支持设计课程的跨学科选课，调查对象均为城乡规划研究生。

4.1 课程结构合理性

关于课堂讨论时间与课后设计时间的关系（图8、图9）。25% 的学生每周 1 次设计课（4 课时），75% 的学生每周 2 次设计课（8 课时）。而学生课后所用的时间差异较大，平均每周在设计课程作业中花费 12.81 小时，课堂与课后设计时间比不足 1：2，学生投入不充分，这既有学生重视程度问题，也有学科分化、细化后的多样选择问题。

设计课程一般分为调研及问题分析、策略研究、案例学习及工具准备、方案及深化、成果编制等环节。虽然我们要求各环节交互推进，但调研结果显示（图10）学生普遍注重"策略研究"和"方案及深化"，而"实地调研及分析"与"案例学习及总结"所花时间较少。

4.2 课程内容适切性

课程内容（图11）与设计研究的主题选择中，59%的学生会通过小组讨论来确定，18% 的学生根据个人爱好进行选择，17% 的学生根据授课教师引导的研究主题。授课教师的有效辅导可以拓展学生对城市发展的自主认识，引导其对城市前沿问题的深入思考，帮助学生提升设计和研究能力。在设计方法的选择上（图12），近年来数字化技术在城市规划中影响力增大，约 19% 的学生会在设计研究中运用大数据的分析方法以提高设计的

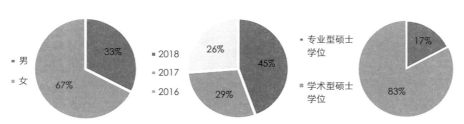

图7 调研对象性别状况、参与课程年份、学位类型统计图

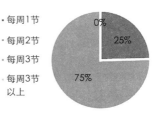

图8 调查对象上课时间

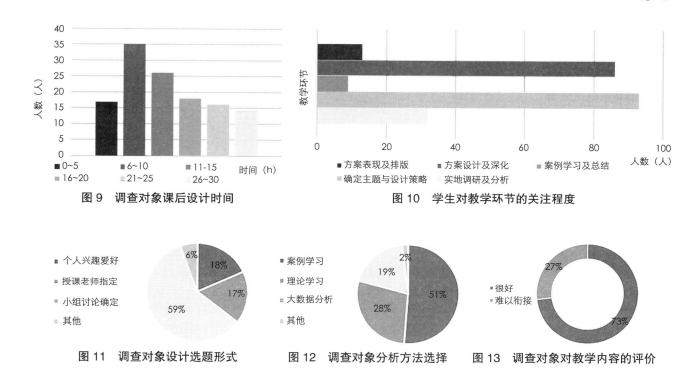

图 9　调查对象课后设计时间　　　　　　图 10　学生对教学环节的关注程度

图 11　调查对象设计选题形式　　图 12　调查对象分析方法选择　　图 13　调查对象对教学内容的评价

科学性，但案例学习依旧是大多数学生在设计学习中常用的方法，约有 51% 的学生会通过自主案例学习来提高自身的设计能力，约有 28% 的学生会选择自主进行理论学习。

学生对教学内容的评价中（图 13），73% 的学生认为城市设计课程与本科设计课程具有了良好的衔接关系，形成了良好的规划设计课程体系，62% 的学生对课程设置的内容满意度较高，32% 的学生认为比较满意，希望在基地选择上、课堂交流中有更大的开放性和灵活性。

4.3　课程评价的满意度

学习效果与进步程度方面（图 14），学生在该门课程中所取得的进步和成效，是课程教学反馈的真正体现。33% 的学生认为课程开拓了专业知识，也有 33% 的学生通过课程提升了专业兴趣，收获职业技能和专业自信的学生分别占比 18% 和 16%。课程结束后，约有 78% 的学生对城市设计表现出比较感兴趣甚至充满兴趣（图 15），但仍有约 22% 的学生对城市设计缺少兴趣。这表明随着城乡规划学科研究方向的丰富与细化，传统的设计课程重要性在下降，学生更关注其他新兴领域。同时

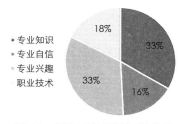

图 14　调查对象设计课程收获

图 15　调查对象对城市设计感兴趣程度

23% 的学生认为课程的考核方式不够透明，教师评分的主观性较强，不能很好地反映学生对学习目标的完成程度。

5 教师评价调研分析

研究对教学团队中的 4 名骨干教师进行了深入访谈，讨论了当前设计课程面临的困境，也交流了对未来的思考：

（1）课上教学效率不高，学生重视程度不够。

由于学科知识领域的急剧扩张，造成学生在设计课课下时间投入不足，设计思考深度欠缺，课堂讨论成效不佳。与其他理论课程不同是，设计课程仍没有完全摆脱师徒传承式教学方法，课后设计思考和讨论准备尤为重要，否则课上的教学效率不高，学生自身的设计能力难以提升。

（2）学生知识结构欠缺，理论与设计融合不足。

设计课程作为城乡规划课程体系核心之一，是学生对所学理论与实践训练掌握的综合反映，学生普遍对这一问题认知不清，理论与设计脱节，偏重表现效果，忽视其中的内在道理。此外，很多学生习惯于大尺度、区域性的分析思维，在针对小尺度城市街区空间的塑造上能力不足。

（3）教学计划与授课方法有待转变。

设计课程目前多采用"Studio"教学方式，相比本科授课有很大的转变，但由于教师辅导风格存在个体差异，如何整合城市设计课程统一的教学目标，与各组教学环节的差异尚缺少有效协调，对整体教学会产生一定影响。

（4）学生研究与分析能力有待加强。

设计课程不能"倾倒式"灌输知识，教学中更应注重激发学生的主观能动性。部分学生或者过分追求"面面俱到"而无的放矢，或者"只见树木不见森林"，或者在设计阶段无法回应前期问题分析而脱节，这暴露的不仅是设计能力、更是研究能力的不足，有待提高。

6 城市设计课程建设与改革的策略建议

为了提升城乡规划人才培养质量，结合前述分析，城市设计课程体系建设与改革中，设计课程应着重以下方面：

6.1 树立城乡规划综合性平台的意识

要树立将城市设计课程建设为各项理论课与实践课综合性运用平台，提升学生打通理论与实践之间藩篱的能力。设计课训练的不仅是设计技巧，更是培养学生综合运用各项理论知识、数理分析、新技术应用来解决空间与社会问题的能力。通过设计课程为平台，可以将历史学、经济学、管理学、生态学、社会学、交通学、系统工程学等基础理论加以综合运用，培养学生全面的分析视角以及知识储备，使所学的理论知识以能够在设计课平台上综合发挥出来。

推进设计课程国际化交流也是综合性运用平台的重要内容。实践表明，通过开展多元合作交流，推动设计课联合教学，学生更能够切身体会设计与文化多样性的关联，有效学习国际先进经验。

6.2 构建人居科学跨学科的课程平台

1956 年哈佛大学城市设计论坛的出发点就是要打破建筑、规划、景观各专业间的藩篱，培养具有城市意识的综合人才❶。目前以同济为例，建筑、规划和景观各系都独立开设城市设计课程，有必要探索建立师资交换、学生选课、评图交流、成绩互认的跨学科设计课程平台，在人居学科中促进建筑、规划、景观专业的跨学科融合，培养学生的综合知识与能力。

城市设计课程更进一步还可以与管理学、经济学、社会学等其他相关学科建立协作的课程体系，学习 AA 学院、威尼斯建筑大学，吸纳不同专业的师生，组成跨专业小组，引入多学科的理论与思想启迪讨论，扩大学生视野。

6.3 推行综合而有差异化的课程评价体系

随着城乡规划学学科的知识细分，不同研究方向的学生在设计课程所付出的精力差异越来越大，探索建立综合但有差异的评价方式越发必要。针对学生的特长与研究方向的差异，评价体系既应包括考核课程作业、阶段评图、综合成果等，又能根据学生研究方向的差异，考察其在城市设计课程中系统发挥其特定技能的研究能

---

❶ （美）亚历克斯·克里格，威廉·S 桑德斯著. 城市设计 [M]. 王伟强，王启泓译. 上海：同济大学出版社，2016：73.

力，综合的评价体系可以使学生因材施教，增进学生对城市设计方向的认识和热情。

还应建设课程后评析机制和社会反馈机制，通过课程后组织学生对教学内容与授课教师的评价，有助于改进教学方式；跟踪社会用人单位对毕业生在城市设计领域能力的评价反馈，也有利于改进教学、提升培养质量。

主要参考文献

［1］ 王伟强，葛丹.设计是研究城市问题的重要方法——浅谈研究生城市规划与设计课程教学改革 [C]// 同济大学建筑与城市规划学院教学文集：传承与探索.上海：同济大学，2007：163–174.

［2］ 谢薇薇."人居环境"学科背景下城市设计课程教学的思考 [J]. 中外建筑，2017（5）：72–74.

［3］ 葛丹.研究型城市设计及其在教学中的应用 [D]. 上海：同济大学建筑与城市规划学院，2007.

［4］ 金广君，钱芳.CDIO 高等教育理念对我国城市设计教育的启示 [C].// 第 3 届"21 世纪城市发展"国际会议论文集.哈尔滨工业大学，2009：1–8.

［5］ 吴志强，刘晓畅.改革开放 40 年来中国城乡规划知识网络演进 [J]. 城市规划学刊，2018（05）：11–18.

［6］ 刘英，高广君.高校人才培养模式的改革及其策略 [J]. 成才之路，2015（18）：19–20.

［7］ 王建国.城市设计 [M]. 南京：东南大学出版社，1999.

［8］ （美）亚历克斯·克里格，威廉·S 桑德斯.城市设计 [M]. 王伟强，王启泓，译.上海：同济大学出版社，2016.

［9］ 王伟强.城市设计导论 [M]. 北京：中国建筑工业出版社，2019.

［10］ 同济大学城市规划系研究生"城市规划与设计"课程作业，2008–2018 年.

Research on the Construction of Urban Design Curriculum System —— A Case Study on the Urban Planning and Design Course of Urban Planning Department. Tongji University

Wang Weiqiang   Shi Hui

Abstract: In the context of new urbanization, urban design, as an important means to improve urban space quality and shape the city's style, has received more and more attention, which also puts higher requirements on urban design education. Based on the teaching case of urban planning and design course in the urban planning department of Tongji University, this paper discusses the evolution and characteristics of course content in the past ten years, and evaluates the teaching effectiveness from the two-way feedback of teachers and students, and analyzes the opportunities and challenge faced in current urban design education, and then explore the strategic recommendations for the reform of the urban design curriculum system.
Keywords: Urban Design Education, Tongji University, Curriculum Construction

范式转换视角下来华留学生高等教育培养策略研究
—— 以天津大学城乡规划专业为例

李 泽 唐 山

摘 要：高等教育范式是高等教育活动中共同遵循的学术信念、学术话语与规范，它是随着高等教育实践的发展、环境的变迁而发展与转换的。近年来，来华留学生规模不断增加，我国留学生高等教育影响力逐步提升，留学生高等教育形成了全新的教育范式。本文在范式转换视角下分析留学生高等教育培养模式，并从理念、话语和技术三个方面对范式进行操作化、学科化、问题化处理，使之成为适切的概念工具。在此基础上，以天津大学城乡规划专业为例从范式应用角度分析留学生高等教育范式的内容构成与应用效果，为留学生高等教育范式的实践与发展提供借鉴与参考。

关键词：高等教育范式，范式转换，来华留学生，城乡规划，培养策略

1 引言

在经济全球化背景下，各国的政治文化交流日益密切，信息时代的到来使当今综合国力的竞争，特别是人才资源的竞争愈演愈烈。近年来，高校来华留学生人数逐年增加，留学生成为文化交流的主要载体，招收国际学生已经成为我国外交战略的重要组成部分和培养知华友华亲华力量的重要渠道，留学生教育也成为推动中外交流的重要平台。据教育部统计，截至2017 年，共有 48.92 万名来自 204 个国家和地区的各类外国留学人员在我国 31 个省、自治区、直辖市的 935 所高等院校学习，留学生人数比 2016 年增长了 10.49%，其中硕士和博士研究生共计约 7.58 万人，比 2016 年增加 18.62%。同时，留学生选择的学科领域也逐步拓展，由过去学习汉语、医学等传统学科扩展到理、工、经济、法律、艺术等多种学科门类。2017 年来华留学生学习文科类专业的学生数量占比最大，占总人数的 48.45%，学习工科、管理、理科、艺术与农学的数量明显增长，同比增幅超过 20%。来华留学生呈现高水平、多学科的发展趋势，留学生教育也呈现了规范化与专业化的发展需求。

来华留学生是在中国接受高等教育的特殊群体，他

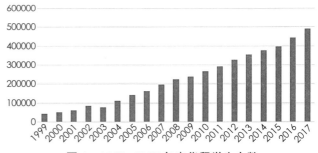

图 1　1999–2017 年来华留学生人数

们在学习特征上与中国学生存在较大的差异，这种差异性的存在必然使留学生教育在现有教育范式上变革与发展。首先，来华留学生存在跨文化冲突和学习表现上的地域差异，跨文化适应问题和教育衔接问题成为他们普遍面临的主要问题；其次，留学生的学习方式和思维模式更具独立性和批判性，他们多在西方"讨论式"和"启发式"为主的教学方式下熏陶学习，形成了独立思考、思辨性强的学习思维模式，不能适应我国传统高等教育培养方式；最后，留学生的语言能力和学科基础存在差

李　泽：天津大学建筑学院城乡规划系副教授
唐　山：天津大学建筑学院城乡规划系博士研究生

异，由于目前我国高校留学生招生环节缺乏统一的入学评价体系，来华留学生的汉语水平和专业水准参差不齐，高等教育面临多层次的教育需求[1]。在进行留学生教育时，要依据留学生的学习特征，对教育模式进行根本性的调整，积极引进国际教育的办学思路与培养目标，关注留学生的跨文化交流活动，针对不同学生的专业水准制定个性化的培养方案，制定切实可行的教学计划，采用有效的教学方法和教学内容，形成全新的高等教育范式。

2 高等教育范式的理论基础

2.1 范式与范式转换

美国科学哲学家托马斯·库恩（Thomas Samuel Kuhn）提出了范式的概念，指出范式是指，特定的科学共同体从事某一类科学活动所必须遵循的公认的'模式'。科学发展是科学革命的历史过程，科学发展的本质是常规科学与科学革命、积累范式与变革范式交替运动过程[2]。在科学研究领域，范式转换是一种范式替代另一范式的革命性过程，每一次革命都迫使科学共同体抛弃一种盛极一时的科学理论，而赞成另一种与之不相容的理论。在"范式"被引入社会学领域之后，范式的概念也逐步泛化和"世俗化"，被广义认为是某一领域中所公认的理论、研究方法、假设和标准的概念或思维模式集合[3]，社会科学领域的范式转换是社会科学理论在深度、广度和维度不断拓展的过程，它不再是更迭替换、互不通约的，而是新旧并置、传承延续的[4]。高等教育的理论范式是高等教育研究者和实践者在高等教育活动中共同遵循的学术信念、学术话语与学术规范，并由此形成了看待与分析高等教育问题共同的方式与方法。它是历史的、发展的、多元的，随着高等教育实践的发展、环境的变迁而变革，甚至因认识视角的不同而各异[5]。

2.2 高等教育范式的构成

目前，学术界对范式理论的研究囿于对纯粹学理的模式探讨，对具体操作层面的范式应用则研究较少。为实现范式理论的操作化，通过剖析高等教育结构内涵，可以将高等教育范式分为理念、话语和技术三个层次（图2）[6]。理念是范式的精神内核，是科学共同体对本质关系等基本问题的独特理解，奠定了范式研究的价值

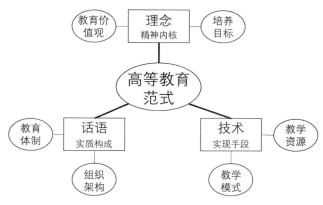

图2 高等教育范式的应用构成

基础，为进一步有序开展范式研究提供了基本保障，高等教育范式的理念包括教育价值观与培养目标两方面内容。话语是范式的实质构成，是构成范式的主体和实质性内容，高等教育范式的话语是由教育体制和组织架构构成的。技术是范式的实现手段，是工具、方法、范例、模式的总称，是支撑范式的实现可操作化的实践方法，高等教育范式的技术包括教学资源和教学模式。

2.3 高等教育范式的转换

教育范式的转换是必然的教育规律，是在新的教育环境下应对特定对象的教育需求进行的转变与调整。在全球化时代背景下，高等教育的国家民族壁垒正在逐步消解，留学生成为高校的重要培养对象。由于留学生高等教育的教育对象与目标存在一定的特殊性，国民高等教育范式不再具有理想的普适性解释力，教育范式从国民高等教育范式向留学生教育范式转换。在进行范式转换后，留学生高等教育范式在理念、话语和技术上与国民教育范式存在一定的差异（表1）。在理念上，国民高等教育价值观强调个人本位与社会本位[7]，而留学生高等教育的培养目标是知华友华亲华的高级专门人才。在话语上，国民高等教育教学制度强调工具主义以及自上而下的管理体制，而留学生高等教育则提倡人本主义以及多级弹性的服务管理体制[8]。在技术上，国民高等教育范式采用本土师资力量进行中文面授教学，留学生教育则采用国际化师资力量、课程体系和多样化的教学方法。

国民高等教育范式与留学生高等教育范式
的结构内涵　　　　　表1

		国民高等教育范式	留学生高等教育范式
理念	教育价值观	国民教育 - 精英教育	公民教育
	培养目标	提高民族素质，培养社会主义建设者和接班人、培养合格公民，全面发展和个性发展相结合	知华友华亲华，培养具有创新精神和实践能力的高级专门人才
话语	教育体制	工具主义、趋同化硬管理	人本主义、个性化软服务
	组织架构	学校监管 + 院系主管的自上而下单向管理体制	学校监管 + 院系主管 + 留学生会协助的多级弹性服务和个性化管理体制
技术	教学资源	奖学金资助体系、本土师资力量	留学生教育资助体系、国际化师资力量与教学环境
	教学模式	传统专业课程体系，中文面授教学	国际化课程体系，多样化教学方法

3　天津大学城乡规划专业留学生教育培养策略

　　天津大学是中国最早接收外国留学生的高等院校之一，已有 60 多年的留学生教育历史，为全球 150 多个国家和地区培养了 2 万余名人才。随着天津大学办学水平与综合实力的提升，越来越多的留学生来校学习。截至 2017 年，天津大学留学生总人数为 3046 人，其中学历生 1213 人，非学历生 1833 人，留学生人数占全校总人数的 8.73%。天津大学建筑学院于 1987 年开始招收外国留学生，学院一直秉承天津大学服务国家"大外交"的指导方针，以培养知华友华的国际英才为目标，不断培育和扩充教育留学生的师资队伍，积极建立全英文课程体系，不断提高留学生培养质量和国际化服务水平。

　　城乡规划专业是以技术科学为主要学科基础、以应用技术为主要专业内容、以工程应用为主要服务对象的工科代表性学科。在教学过程中注重理论知识学习与工程实践的联系，培养学生整体性工程思维。此外，城乡规划专业是一门兼具工程科学、艺术学和社会科学属性的复杂性学科门类，在学科建设上应突破单一学科框架，开展跨学科合作研究与研究生培养。在进行教育范式解读时，在重视留学生教学模式的同时，充分考虑城乡规划专业的学科特征，从范式应用角度分析教育实践中的

应用效果。

3.1　留学生教育的精神理念

　　高校的教育价值观与培养目标是随着学校的产生而形成，并随着学校的发展而变革与完善。近年来，随着教育国际影响力的扩大，天津大学就留学生教育提出了培养知华友华、具有责任感和全球视野的高素质创新型国际英才的培养目标，坚持"办特色、出精品、上水平"的办学思路和"育人为本"、"教学优先"、"质量第一"的教育教学理念。天津大学建筑学院秉承这一培养理念，在城乡规划专业教学实践中不断探索与积累留学生教育经验，积极贯彻新时期我国来华留学生教育工作指导方针，坚持开拓创新、与时俱进的精神，培养具有社会责任感、全球视野和创新精神的高素质创新人才，致力于建设"综合性、研究型、开放式、国际化"的世界一流大学与一流学科。

3.2　留学生教育的话语构成

　　在教育体制上，通过"自由教育"培养学生的"批判思维素养"，即在为留学生传授专业知识的同时，积极为留学生提供课外辅导、兴趣引导和生活指导，培养学生批判思维的意识与独立思考的能力。在管理服务体制上，天津大学建筑学院与国际教育学院共管共治，留学生联谊会协助服务。国际教育学院负责统筹全校外国留学生的招生和教学管理、生活管理以及社会管理工作，建筑学院负责提升留学生专业水平，制定留学生培养计划，组织留学生的专业教学活动，留学生联谊会辅助提高留学生自我教育、自我管理、自我服务的能力。

3.3　留学生教育的技术手段

　　天津大学建筑学院积极引进国外先进教学理念、教材和师资力量，培育了一批海外高水平教师和本土"国际"教师，形成一支具备国际化教育水平的师资队伍，为留学生提供教学支持与帮助。在进行天津大学城乡规划学科建设时，依据学科特征与专业特色，形成了以技术科学为学科基础，以应用技术为专业内容，以工程应用为服务对象的国际化专业教学课程体系，并依据不同课程的教学目标采用具有针对性的教学方法（表 2）。

天津大学城乡规划专业留学生教学模式　表2

课程体系			教学方法
通识基础课程	汉语提升课	由天津大学国际教育学院开设，提升留学生的汉语水平，增加留学生对中国的社会与文化认同，提升留学生的跨文化适应能力	文化沉浸式学习
	中国文化课		
专业理论课程	专业核心课	建筑学院教师主讲核心课程，同时引进了国外知名教授的特色课程，使留学生通过专业培养能够掌握专业基础理论知识，了解国际专业学术理论	研讨课、课程论文、讲演课、个别指导等
	专业选修课		
设计实践教学	专业设计课	以建筑学院教师教学为主，辅以国际联合设计工作坊，通过合作式教学提升留学生思维能力、团队意识与设计水平	讲演课、个别指导、自主学习、团队工作等
	专业实践课		

根据《天津大学国际化战略实施纲要（2010—2020）》及建筑学院培养方案的要求，城乡规划学科建设了由通识基础课程、专业理论课程和设计实践课程构成的留学生专业国际化课程体系。通识基础课程是由天津大学国际教育学院开设，设置了汉语提升课和中国文化课等课程，提升留学生的汉语水平和跨文化适应能力，增加留学生对中国的社会与文化认同。专业理论课程由建筑学院教师主讲核心课程，同时引进了国外知名教授的特色课程，使留学生通过专业培养能够掌握专业基础理论知识，了解国际专业学术理论，并依据培养方案要求与研究方向的差异性开设了专业核心课和专业选修课。设计实践教学包括专业设计课和专业实践课，专业设计教学以本院教师教学为主，辅以国际联合设计工作坊，通过合作式教学提升留学生思维能力、团队意识与设计水平；专业实践教学选择具有较高专业水平和国际交流能力的建筑师为导师，具有较强设计水准的合作单位为实践平台，形成国际化的实践教学团队，提升留学生的专业实践水平。

依据课程特征与教学目标，城乡规划教学采用了多样化的教学方法。文化基础课程教学突破传统的课堂式教学方法，采用文化沉浸式学习模式开展深入的文化体验，实现留学生的"语言＋情境＋情感"式浸润，在教学中创设真实的文化情境，通过讲述、实践结合的教学方式，使留学生通过这些场景体会文化和语言隐含的传统习俗、价值取向和行为规范等，加深留学生对中国传统文化、民俗特色的认知与了解，实现留学生从文化认知到情感认同的转变。专业理论课程教学采用研讨课、课程论文、讲演课、个别指导等多种教学方法，打造中英文结合、研讨式和互动式的国际化课堂，并依据留学生个体发展需求，选用特定的教学方案制定个性化的个人学习计划、科研计划。设计实践教学采用讲演课、个别指导、自主学习、团队工作的方式，在培养留学生独立创作能力的同时，提升设计水平、实践能力和合作精神，使留学生能在工作中运用专业知识解决实际问题，提升面对问题的思维能力和实践水平。

4　结语

在全球化教育理念驱动下，高等教育形成一种具有全新的话语和技术手段的留学生高等教育范式应对留学生教育面临的问题。天津大学是中国最早接收外国留学生的高等院校之一，天津大学城乡规划专业形成了独特的教学模式，在留学生教育培养方面取得了一定的成效。当前我国对来华留学生高等教育研究处于探索和起步阶段，随着国际发展形势日新月异，城乡规划留学生高等教育模式仍需持续的改革与完善，在发展中不断更新教育观念、拓展教育思路，积极探索留学生培养模式，开创高校来华留学生教育发展新局面。

主要参考文献

[1] 戴东红.来华学历留学生培养模式创新研究——基于群体学习特征 [J].广西社会科学,2017（08）：218-220.

[2] 托马斯•库恩.科学革命的结构 [M].金吾伦,胡新和,译.4版.北京：北京大学出版社,2012：85.

[3] Handa M L. Peace Paradigm：Transcending Liberal and Marxian Paradigms[C]. New Delhi：Paper presented in International Symposium on Science, Technology and Development, 1986.

[4] RITZER G. Sociology：A Multiple Paradigm Science [M]. Boston：Allyn and Bacon, 1975：7.

［5］ 高燕 . 论高等教育研究范式的三重境界 [J]. 中国高教研究，2009（11）：33-35.

［6］ 蔡宗模，毛亚庆 . 范式理论与高等教育理论范式 [J]. 复旦教育论坛，2014，12（06）：50-56+68.

［7］ 杨东平 . 试论我国教育范式的转变 [J]. 北京理工大学学报（社会科学版），2012，14（04）：1-9.

［8］ 陈丽，袁雯静，李爽 . 范式转换视角下来华留学研究生教育对策研究 [J]. 学位与研究生教育，2018（09）：45-52.

Research on Higher Education Training Strategies for International Students in China from the Perspective of Paradigm Shift
——Taking Urban and Rural Planning of Tianjin University as an Example

Li Ze   Tang Shan

Abstract: The paradigm of higher education is the common academic belief, academic discourse and norm in higher education activities. It develops and transforms with the development of higher education practice and the change of environment. In recent years, with the increasing scale of foreign students, higher education of international students in our country influence gradually improve and it has formed a new paradigm. From the perspective of paradigm shift, this paper analyzes the cultivation mode of international students' higher education, and operationalizes, disciplines and issues the paradigm from the perspectives of philosophy, discourse and technology, so as to make it a suitable conceptual tool. On this basis, take the school of architecture, Tianjin university as an example, this paper analyzes the content composition and application effect of higher education paradigm for international students from the perspective of paradigm application, and provides reference for the practice and development of higher education paradigm for international students.

Keywords: Higher Education Paradigm, Paradigm Shift, International Students in China, Urban Planning, Cultivation Strategy

新工科背景下的城乡规划学科发展及教育转型

曾　鹏　王　峤　臧鑫宇

摘　要： 新工科为我国高等教育众多学科的发展提出了新要求，依照新理念、新模式、新方法、新内容、新质量内涵深入解读新工科工程教育要点，是各学科积极应对时代变革，实现持续发展的重要工作。在新工科内涵、要求和建设战略的基础上，对应天大行动中"天大六问"的具体路径，本文从专业结构、知识体系、教育方式、激励机制、内外资源及国际竞争力方面解析了城乡规划学科面临的学科发展与教育转型要求。城乡规划学科在国家建设与发展中的作用日渐突出，由此在目前从宏观指导思想到中观策略的转化阶段，科学判定新工科背景下的城乡规划学科发展趋势，积极布局城乡规划教育转型，将为具体实施方案的深入研究提供科学基础。

关键词： 新工科，城乡规划，学科发展，教育转型

互联网、物联网、大数据、人工智能、新材料、新能源等新科技已经极大程度地改变了我们生活的传统世界。国际范围内，各国正在抢先占领新兴科技相关领域经济成果的先机，进行未来一段较长时间内依托于新兴科技相关经济的战略布局。未来的 5~15 年是新工业革命推动的传统工业化与新型工业化相互交织、相互交替的转换期，是工业化与信息化相互交织、深度融合的过渡期，也将是世界经济版图发生深刻变化、区域经济实力此消彼长的变化期[1]。国家实施的创新驱动发展、"中国制造 2025"、"一带一路"、"互联网 +"等重大发展的中国经济的崛起，一方面展现了中国的整体实力和潜力，同时也不断提醒中国应在新的产业革命中提前部署，巩固新兴科技经济支柱下的重要强国位置。

党的十九大报告指出，建设教育强国是中华民族伟大复兴的基础性工程。习近平总书记强调，"我们对高等教育的需要比以往任何时候都更加迫切，对科学知识和卓越人才的渴求比以往任何时候都更加强烈"。当今我国经济发展正在进入结构调整、转型升级的攻坚期、新旧增长动能转换的重大背景下，工程教育与产业发展紧密联系、相互支撑[2]。新产业的发展要靠工程教育提供人才支撑，特别是应对未来新技术和新产业国际竞争的挑战，必须主动布局工程科技人才培养，加快发展和建设新兴工科专业，改造升级传统工程专业，提升工程教育支撑服务产业发展的能力[3]。

1　新工科内涵与基本思路

目前，我国"新工科"建设已先后形成"复旦共识""天大行动""北京指南"，总体的思路和框架已经确定[4]。复旦共识明确了我国高等工程教育改革的迫切需求，提出工程优势高校与综合性高校、地方性高校应在新工科建设中发挥的不同重要作用，以及新工科建设需要聚合政府部门、社会、国际合作等多方力量的共同努力，加强研究与实践[2]。天大行动提出根据世界高等教育与历次产业革命互动的规律，面向未来技术和产业发展的新趋势和新要求，在总结技术范式、科学范式、工程范式经验的基础上，探索建立新工科范式[5]。北京指南进一步明确了新工科建设目标，提出工程教育的新理念、学科专业的新结构、人才培养的新模式、教育教学的新质量、分类发展的新体系即新工科建设的"五个新"，并将推动形成一批示范成果[6]。

新工科不仅指新的工科专业，还包括对工科的新要求。其是在新工科新理念、新模式、新方法、新内容、新质量内涵的基础上，以应对变化、塑造未来为建设理念，以继承与创新、交叉与融合、协调与共享为主要途径，

曾　鹏：天津大学建筑学院副教授
王　峤：天津大学建筑学院讲师
臧鑫宇：天津大学建筑学院副研究员

培养多元化、创新型卓越工程人才，为未来提供智力和人才支撑[7][4]。根据新工科建设"三步走"战略[8]（表1），"天大六问"基本上在宏观上解读了我国新工科建设模式，总结了建设新工科专业结构、知识体系、教育方式，以及改革机制、资源融合、国际竞争的重要方向与具体途径。在此基础上，无论是新兴的工科专业还是新要求下的传统工科学科，都应对照其发现机遇与欠缺，形成与高等工程教育改革的同步发展。

新工科建设"三部曲"战略　　　表1

阶段	目标
2020	探索形成新工科建设模式，主动适应新技术、新产业、新经济发展
2030	形成中国特色、世界一流工程教育体系，有力支撑国家创新发展
2050	形成领跑全球工程教育的中国模式，建成工程教育强国，成为世界工程创新中心和人才高地，为实现中华民族伟大复兴的中国梦奠定坚实基础

资料来源：根据"'新工科'建设行动路线"（参考文献[8]）绘制

2 城乡规划学科发展及教育转型的要求

对应天大六问的具体路径，城乡规划学科面临着以下变革和挑战：

2.1 问产业需求建专业，构建工科专业新结构

应对产业需求构建工科专业新结构关注的是学科在培养方向上的整体把握。城乡规划学科与工程教育要求之间的联系向来紧密。从建筑学二级学科中逐渐独立的城乡规划一级学科，近年来不断地依照国家与行业需求调整自身的研究范畴。从面向与建筑空间相对应的城市空间的蓝图式研究，到强调规划的公共政策属性，注重公众参与及管理控制，这一调整极大促进了城市设计、空间规划与城市地理、城市管理、城市经济等多学科融合发展；从集中关注城市空间，城乡二元体系分别控制，到城乡规划法下的城乡一体化规划与管理，研究对象的扩大使城市规划与风景园林等学科有了更多的交集。而新工科背景下，将是大数据、云计算、物联网应用、人工智能、虚拟现实与规划学科的新结合。在这方面，美国麻省理工建筑与规划学院迈出了第一步，从2018年秋季入学的本科生开始开设结合计算机科学的城市科学

与规划专业，这也为未来的城乡规划学科变革指明了方向。在我国，许多开设城乡规划专业的院校近年来也不断出现与相关新兴技术的交叉研究方向，并且正在成为热点研究方向。在下一步的学科发展中应当给予重点培育，支持相关实验室建设，并鼓励形成研究团队，促进其发展成为新的专业方向。

2.2 问技术发展改内容，更新工程人才知识体系

面向技术发展更新工程人才知识体系关注的是教学内容。新工科下规划学科教学内容的更新应强调以下内容：

（1）紧密结合国家政策

规划专业与国家政策关系紧密。不同类型的规划编制将作为国家落实管理的多层级工具。例如对资源环境承载力评价、国土空间开发适宜性评价的双评价，是落实生态文明建设思想的重要要求。因此规划不仅是美学意义上的城市设计，更是保障社会公平公正的重要依据。密切了解国家政策，树立正确的价值观和职业道德，强化家国情怀、全球视野、法治意识和生态意识，是提升新工科人才综合素质的核心内容。

（2）关注人才职业发展

近年来国家对注册规划师执业要求进一步严格控制，目标是未来使大部分的规划师都具有执业资格，从而规范规划行业市场。注册规划师执业资格要求的相关考核较为全面地覆盖了规划专业内容，因此规划院校的教育内容应该与注册规划师要求相匹配，便于学生在学习过程中系统全面掌握相关内容，成为一名合格的城乡规划人员。

（3）关注规划前沿与热点

在教师的科研工作中，纵向研究课题往往反映了学术研究领域中的前沿问题，而横向研究课题往往对应实际建设中的热点问题。鼓励纵横向科研与教学进行多种途径的联系，是避免教学内容僵化落后，保证教学内容持续更新的重要途径。保证纵横向课题的真题真做，有利于学生在进一步求学或就业中积累经验；同时能够有效发挥教师教学的积极性。目前纵横向课题的引入在研究生教学中较为普遍，然而在本科教育中如何适度引入，如何使其与标准化的教学环节相匹配是应该探讨的问题。

2.3 问学生志趣变方法，创新工程教育方式与手段

新工科进一步强调了教学方式与手段的三方面转

变，即从以教师教学为中心转向以学生学习为中心；从以学习结果评价为导向转为以学习结果和过程结合为导向，从以课堂为主导转变为课内外结合为主导。以此为依据，可以在学习内容、学习形式、学习评价等方面加强教学方法和教学手段的改革。

学习内容上，应给学生充分选择空间，不同类型的课程模块，供不同发展志趣、不同培养类型、不同学历层次的学生选择。提供校际间的教学合作，方便学生跨专业跨校学习，并实现成绩统一管理、学分互认、学业信息共享[4]。

学习形式上，充分利用互联网形式与资源，将线上与线下、课堂内与课堂外有机结合。进一步建设和推广应用在线开放课程，运用"慕课"等新型在线开放课程以及教师在校内网络平台进行的课程组织内容，完善课程结构和内容。当前学生基本上都有过自主学习在线课程的经历，然而此类资源和环节如何科学设置于教学过程中，其学时与学分如何与课堂内容相协调是需要进一步研究的问题。其次，除通过网络课程的课件或短视频作为教学参考以外，还可考虑开放课程的相关数据库供学生检索，如本科设计课可设置优秀设计作业图库。另外，课堂教学中的作业点评、方案指导等也应整理成为视频资料或图文资料，供学生回放观看提供借鉴参考。

学习评价上，进一步完善评价体系，提高展现自主性、探索性、创新性、批判性思维的内容在整体分数中的分值比重。积极探索综合性课程、问题导向课程、交叉学科研讨课程，鼓励学生形成提出问题、思考问题、解决问题的全生态思维，提高课程兴趣度、学业挑战度。注重学生与教师角色的重新定位，高度发挥教师的引导能力，而非传授知识能力，鼓励学生主动思考而非被动接受。广泛搭建创新创业实践平台，保证实践环节在整体过程中的重要地位，避免从书中来到书中去，而是从书中来到实践中去。

2.4 问学校主体推改革，探索新工科自主发展、自我激励机制

新工科为高校发展创造了新的发展机遇，也将提供多样化的平台。在此背景下，为承接校内学科交叉、校内校外资源融合的相关要求，应进一步破除限制学科发展人才引进的体制，唯才是用，唯才是举，扩大人才吸收渠道。与此同时，完善人才晋升规定，建立符合工程教育特点的人事考核评聘制度和内部激励机制，优化资源支持和培育有创造力、有行动力的教师，建立科学规范的人才高效发展体系。

2.5 问内外资源创条件，打造工程教育开放融合新生态

（1）校内跨学科人才培养

行业细分促进了各学科的深度发展，然而新的时代背景下需要各学科之间的相互支持，仅靠单一学科难以处理复杂问题，尤其面向城市这样的超级系统。因此，未来需要以学科群为组共同面对问题。需要在综合型大学中形成多个学科群，不仅要开展科研上的长期合作，还应建立教学的共同体系。目前综合型大学中的学院合作仅限于单个或多个教师内部的自由组合，然而从学校层面建立持久稳定的、制度化的学科群组织才能有利于多学科间的深度融合。

同时，从学生角度，我国各类人才，尤其是工程教育本科环节均存在不同程度的过分专门化、过早专门化、通识教育不足等弊端，使得本科生所学知识只限于狭窄的单一学科领域[1]。针对这一状况，应从招生环节打破专业壁垒，为各类学生提供多种选择可能。例如，天津大学近年来本科实施大类招生，并从文科专业和理科专业综合选拔本科生；研究生阶段，2020年天津大学导师团招生中新增"专项类型"，即跨学科遴选并接收本校应届本科毕业生免试攻读研究生，进一步增加了学生的选择余地，也促进学生获得多学科的知识储备与思维模式。

（2）行业部门共同培养

目前，研究生教育特别是专业硕士教育中已形成学校导师与企业导师共同指导的模式。然而，在本科教育中，校外教育资源应用得仍然较为有限。目前实施较多的基本限于本科的专业实习环节以及毕业设计环节。为了促进多种教育资源的融合贯通，应鼓励学校教育体系在多层次及在整个教育周期中均与外部资源紧密结合。例如相关途径可以包括，与学生面向的相关企业或科研院所联合，共同制定培养目标和培养方案、建设课程与开发教程、参与教学指导与评审环节、共建实验室和实训实习基地、合作培养培训师资等；积极依托行业协会参加各类学术会议、设计竞赛等。构建以学校为主体的多元协同体系，由高校、政府、企业、科研机构、行业协会等多主体共同参与，建设教育、培训、研发一体的共享型协同育人实践平台[1]。

2.6 问国际前沿立标准，增强工程教育国际竞争力

立足国际视野是增强工程教育国际竞争力的必经途径。近年来我国高校在组织学生"走出去"方面具有较大进展，以天津大学为例，规划专业学生在本科和研究生阶段可通过短期交换、工作坊、夏令营、联合设计、国际竞赛、国际会议等丰富形式参与国际交流，且学生具有较高的积极性。然而目前的交流环节还具有较强的独立性，需要进一步深入探索的是国际交流在学生学习过程中发挥的具体作用，并依此将国际交流的相关内容适宜纳入培养方案结构中，同时明确其教学目标与评价标准。

3 结语

新工科为我国高等教育众多学科的发展提出了新要求，依照新理念、新模式、新方法、新内容、新质量内涵深入解读新工科工程教育要点，是各学科积极应对时代变革，实现持续发展的重要工作。城乡规划学科在国家建设与发展中的作用日渐突出，由此在目前从宏观指导思想到中观策略的转化阶段，科学判定新工科背景下的城乡规划学科发展趋势，积极布局城乡规划教育转型，将为具体实施方案的深入研究提供科学基础。

主要参考文献

[1] 陆国栋，李拓宇. 新工科建设与发展的路径思考 [J]. 高等工程教育研究，2017（03）：20-26.

[2] "新工科"建设复旦共识 [J]. 复旦教育论坛，2017，15（02）：27-28.

[3] 吴爱华，侯永峰，杨秋波，郝杰. 加快发展和建设新工科 主动适应和引领新经济 [J]. 高等工程教育研究，2017（01）：1-9.

[4] 钟登华. 立足新时代 培养一流"新工科"卓越人才 [J]. 中国科技奖励，2017（12）：6-7.

[5] 夏建国，赵军. 新工科建设背景下地方高校工程教育改革发展刍议 [J]. 高等工程教育研究，2017（03）：15-19+65.

[6] 新工科建设指南（"北京指南"）[J]. 高等工程教育研究，2017（04）：20-21.

[7] 顾佩华. 新工科与新范式：概念、框架和实施路径 [J]. 高等工程教育研究，2017（06）：1-13.

[8] "新工科"建设行动路线（"天大行动"）[J]. 高等工程教育研究，2017（02）：24-25.

Urban and Rural Planning Discipline Development and Education Transformation under the Background of "Emerging Engineering Education"

Zeng Peng   Wang Qiao   Zang Xinyu

Abstract: "Emerging Engineering Education" has put forward new requirements for the development of many disciplines in China's higher education. It is an important work for all the disciplines to actively respond to the changes of the times and realize sustainable development through deeply interpret the key points of "Emerging Engineering Education", according to the connotation of new concepts, new models, new methods, new contents and new quality. Based on its connotation, requirement and construction strategy, this paper analyzes the discipline development and educational transformation demands of urban and rural planning discipline from the aspects of major structure, knowledge system, education mode, incentive mechanism, internal and external resources and international competitiveness. Urban and rural planning discipline has been playing an increasingly significant role in the national construction and development. Therefore, during the transition period from macroscopic guiding ideology to medium strategy stage, scientifically identifing the development trend of urban and rural discipline under the background of "Emerging Engineering Education", as well as positively arranging the education transformation, will provide foundation for the in-depth study of concrete implementation plan.

Keywords: Emerging Engineering Education, Urban and Rural Planning, Discipline Development, Education Transformation

面向新工科建设的天津大学建筑学院城市更新课程体系建构*

左 进 蹇庆鸣 米晓燕

摘 要："新工科"建设以继承与创新、交叉与融合、协调与共享为主要途径。在此背景下，城市更新课程体系的建构需要以问题为导向、从实践出发，促进多元学科的交叉与跨界整合。本文以天津大学建筑学院城市更新课程体系建构为对象，详细阐述在本科二、三、四、五年级及硕士一年级教学过程中的课程体系构建方式。以培养学生设计思维、工程思维、批判性思维和数字化思维为本，通过"设计认知"、"理论提升"与"实践应用"相结合的三大教学环节，构建循序渐进、多元协同的课程教学体系。采用"多元融合＋校企联合"的教学方法，融通线下与线上两个空间，把握学与教的关系，为培养多元化、创新型的卓越工程人才提供支撑。

关键词：新工科建设，城市更新，课程体系，多元协同

1 "融合创新"的新工科建设需求

建设中国特色世界一流大学，培养适应新时代需要的一流卓越人才，是教育发展的重大战略任务。"新工科"是基于国家战略发展新需求、国际竞争新形势、立德树人新要求而提出的我国工程教育改革方向[1-4]，通过统筹考虑"新的工科专业、工科的新要求"，实现从学科导向转向产业需求导向、从专业分隔专项跨界交叉融合、从适应服务转向支撑引领。

其中，新工科"反映了未来工程教育的形态，是与时俱进的创新型工程教育方案，需要新的建设途径"[1]。以实践为导向，对各专业课程建设提出结合办学特色，注重教学实践环节创新的要求。天津大学围绕新工科建设，取得了"新工科建设行动路线"重要成果，开展"天大行动"，通过优化配置学科资源，加强产学结合、校企合作，不断激发学生的创新意识与实践能力。

同时，复合型人才作为新时代发展背景下产业界人才需求的要点，学生的学科交叉能力和跨界整合能力是产业界对人才的新要求[5]。因此天津大学新工科建设着力推动学科专业交叉融合与跨界整合，促进科学教育、人文教育与工程教育的有机融合，通过积极探索思维综合性、问题导向性、学科融合性课程，增强师生互动，构建"融合创新"的教育新模式。

2 城市更新的现实需求和发展趋势

2.1 城市更新的现实需求

经济新常态下，城镇化发展逐渐从侧重增量开发建设过渡到存量和增量并重。城市更新中人文价值与经济价值的共生与复兴，是盘活城市空间存量的重要内容，也是激发城市创新活力的重要空间载体。深圳、上海、北京等城市相继开展了大量存量规划背景下的城市更新实践活动。针对城市更新规划和实施特点进行《城市更新管理办法》及相应《细则》[6-9]的出台及城市更新行动计划的展开，以解决城市问题为目标，以更新项目实施计划为协调工具，制定相应城市更新举措，从"旧区改造"、"城中村改造"、"工业用地转型"等多个方面进行城市更新研究与实践[10-11]。

* 基金项目：本论文研究受天津市哲学社会科学规划课题（TJGL18-021）和高等学校学科创新引智计划（B13011）等资助。

左 进：天津大学建筑学院副教授
蹇庆鸣：天津大学建筑学院讲师
米晓燕：天津大学建筑学院讲师

2.2 城市更新的发展趋势

2016 年世界"人居三"大会通过的《新城市议程》（New Urban Agenda）从经济、环境、社会、文化等多个问题领域对全球的城市规划以及城市更新工作提出了新的要求[12]。在此背景下，我国城市更新呈多元维度发展，不仅关注物质层面的更新，还包括社会、经济、文化等层面的更新[13]。基于城市更新领域的现实需求和发展趋势，未来城市更新课程体系的建设将存在更多面向，通过城乡规划学、建筑学、风景园林学、地理学、社会学、经济学、管理学、法学等多元学科的交叉与跨界整合，构建城市更新的基础理论和方法体系，搭建多学科交叉融合的学术平台，促进多专业、多学科的有机融合[14]。

2.3 城市更新领域面临的问题

城市更新是一项复杂的系统工程，常常面对土地利用粗放、空间资源紧缺、公共设施缺乏、产权复杂多元、交易成本巨大等诸多问题。产生这些问题的原因错综复杂，如何使学生全面科学理解城市更新理念，以及如何借助社会和市场力量进行教学实践与产学融合，是新常态背景下城市更新教学所面临的问题和挑战。

从城市更新课程本身来看，该课程知识覆盖面广、内容庞杂，课程容量相对较大。无法通过开设单一理论课程让学生对城市更新有全面深入的理解，需要以循序渐进的方式，让学生首先通过观察、体验城市来认知城市更新理念，再通过理论与实践相结合的方式较为系统的理解城市更新体系。因此，如何围绕实际问题循序渐进的展开城市更新的教学工作，在传授理论知识的基础上将理论、方法、实践相结合，建立一个贯穿式的教学体系是当前亟待解决的问题。

3 多元协同的城市更新课程体系建构

基于城市更新的现实需求和发展趋势，以及新工科"融合创新"的建设需求，天津大学建筑学院城市更新课程教研组（以下简称"教研组"）以培养学生设计思维、工程思维、批判性思维和数字化思维为本，通过"设计 + 理论 + 实践"相结合的三大教学环节，构建多个课程模块，覆盖本科二、三、四、五年级以及硕士一年级的相关课程，以"设计认知"、"理论提升"与"实践应用"为主干，构建循序渐进、多元协同的城市更新课程教学

体系，提升学生认知的广度与深度。

3.1 "设计 + 理论 + 实践"的课程体系建构

天津大学建筑学院城市更新课程体系（以下简称"课程体系"）包含课程类型、课程内容、课程模式、课程模块等方面，采用"N+1"的阶段教学培养模式，即本科阶段采用"设计认知"、"理论提升"与"实践应用"的递进式教学以及硕士一年级采用"理论结合实际"的综合性教学，构筑横向合作与纵向培养的网络化的培养体系（图 1）。

本科阶段第一层次的设计课程模块作为课程体系的基础，主要运用在本科二、三年级专业设计课程中，结合"城市社区中心组群规划设计"、"具有居住功能的城市存量保护与更新"等设计课程，以真实的城市老旧街区为研究对象，培养学生观察城市、体验城市的基础能力，从实际调查中凝练问题、针对实际问题开展策划研

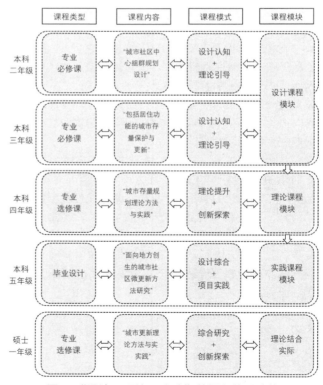

图 1 "设计 + 理论 + 实践"的课程体系建构
图片来源：作者自绘

究、基于研究进行针对性设计，使学生在设计课程中初步认知城市更新理念与方法。

本科阶段第二层次的理论课程模块在设计课程模块基础上进一步展开，主要运用在本科四年级的专业选修课程中。在设计认知的基础上，结合对社会学、经济学等多学科交叉的课程学习，面向建筑学、城乡规划学学生开设"城市存量规划理论方法与实践"理论课程。通过对城市更新的相关理论与方法的梳理，以及对北京、上海、天津、成都、厦门等实际案例的解读，在案例与实践分析的基础上进行理论与方法提升，加强学生对城市更新的理解，拓展思考理论方法在城市更新实践中的运用。

本科阶段第三层次的实践课程模块则是在设计模块与理论模块的基础上展开，主要运用在本科五年级的毕业设计中。基于当前城市更新实践开展以"面向地方创生的城市社区微更新方法研究"为主题的毕业设计（海峡两岸教师联合指导），以实践项目为研究对象，让学生深入参与到城市更新的实践当中，培养学生"设计结合

实践"的能力。同时通过积极开展"高校＋企业"的联合教学，凸显产学研结合的科学性与发展性。

硕士阶段则采用"理论结合实际"的综合性教学模式，主要体现在硕士一年级建筑学及城乡规划学的专业选修课"城市更新理论方法与实践"中。鼓励建筑、城乡规划等不同专业的学生自愿结组，以小组为单元发掘当前城市更新的现实需求和发展趋势，在课上以PPT汇报形式与设计机构的资深规划师进行深入讨论，之后再以结课论文形式进行总结，从而针对理论与实践问题进行探索与创新拓展，培养学生的思考与创新能力。

本课程体系中各课程之间相互联系，贯穿本科及硕士培养全过程，采用设计、理论与实践课程有机结合的创新教学方式，为培养多元化、创新型的"新工科"人才提供支撑。

3.2 贯穿式与多元化的教学模块建构

面向"新工科"人才培养需求，呼应城市更新的发

城市更新课程贯穿式与多元化教学模块一览表　　　　　　　　表1

年级	介入课程（学时）	性质	教学目标	介入内容	教学方法	作业与评价方式
本科二年级	建筑设计二（64学时）	设计	（1）掌握城市传统街区中建筑组群规划设计的规律与组合方式；（2）强调综合能力培养和设计体验；（3）提高对城市公共空间形态的基本认识和设计能力	城市社区中心组群规划设计	课堂讲授/互动研讨/设计指导	策划＋图纸＋模型（联合评图）
本科三年级	城市规划设计二（64学时）	设计	（1）进一步掌握居住社区和各类城市公共建筑设计的基本知识；（2）强调综合能力和设计过程；（3）训练存量和增量规划相结合的能力	包括居住功能的城市存量保护与更新	课堂讲授/互动研讨/设计指导	图纸＋模型（联合评图）
本科三年级	城市经济概论（16学时）	理论	掌握城市经济学基本理论	包括制度经济学等经济学理念	课堂讲授	无单独作业
本科四年级	城市地理概论（16学时）	理论	掌握城市地理学基本理论	基于地理信息技术，研究利用人地关系	课堂讲授	无单独作业
本科四年级	城市规划社会学概论（32学时）	理论＋实践	掌握城市社会学基本理论	观察城市，分析城市发展过程中的社会学问题	课堂讲授	无单独作业
本科四年级	城市规划管理与法规（24学时）	理论	掌握城市管理与法规相关内容	从法规角度保障城市更新有序进行，推进城市治理	课堂讲授	无单独作业
本科四年级	历史文化名城保护（16学时）	理论	掌握历史文化名城保护相关理念	历史文化名城保护要求及案例分析	课堂讲授	无单独作业
本科四年级	城市存量规划理论方法与实践（16学时）	理论	（1）了解城市更新与存量规划的基本概念，形成初步认知；（2）理解当前城市增存并行发展的现实需求；	理论讲授与案例分析，学生以小组为单元观察城市问题	课堂讲授/互动研讨	小组PPT汇报（联合评图）

续表

年级	介入课程（学时）	性质	教学目标	介入内容	教学方法	作业与评价方式
本科五年级	毕业设计（96学时）	设计＋实践	（1）培养多元视角，综合运用城市更新及其他领域知识；（2）校内外联合培养，让学生深入参与实践项目；（3）训练设计、理论、实践相结合的能力	面向地方创生的城市社区微更新方法研究	设计指导／实地教学	毕业论文／毕业设计（联合评图）
硕士一年级	城市更新理论方法与实践（16学时）	理论	（1）了解并掌握城市更新的概念与方法；（2）理解城市更新与城市发展的关系；（3）发掘当前城市更新发展过程中的问题与实际需求，总结城市更新的发展趋势	理论讲授与案例分析，学生以组为单位发掘城市更新现实需求和发展趋势	课堂讲授／互动研讨	研究论文／小组PPT汇报（联合评图）

资料来源：作者自绘

展趋势，教研组对课程体系进行模块化分类（表1），按照由浅入深、循序渐进的认知客观规律，融入由本科生到硕士生、由低年级到高年级的教学过程中。授课形式根据不同学习阶段，选择不同授课形式，通过课堂讲授、专题讲座、实践调研、规划设计以及工作营等多元化方式，提升学生的参与程度以及接受程度。

4 "多元融合＋校企联合"的教学方法

针对新工科建设对于以"融通两个空间"为手段，创新教学方法，推动实践创新；以"协调两个平台"为保障，引入市场力量，强化校企合作，实现"继承与创新、交叉与融合、协同与共享"的要求[15]，教研组提出构建"多元融合＋校企联合"的教学方法，融通线上线下空间，积极推动校企合作的协同育人模式。

4.1 多元方法、设计融合

（1）关联校内相关学科课程

教研组在城市更新校内课程体系构建方面，以城市更新理论与设计课程为主干，协同涉及地理学、社会学、经济学、管理学、法学等多专业的其他课程，广泛吸收相关专业的营养，促进传统城乡规划学科与其他人文学科、自然学科有机结合，使城市更新更加符合社会与经济规律，也培养学生认识城市更新的核心，形成不同知识间的关联（表2）。

（2）拓展研讨多专业教学

鉴于城市更新课程多学科背景和教学内容广度要求，教研组在课堂讲授基础上，增加拓展研讨板块，有针对性地邀请相关领域专家参与教学。专家根据自身的研究背景和工作成果，从城市更新理论方法与实践探索

校内相关课程设置
表2

课程内容	相关学科	与城市更新的关系
城市经济概论	经济学	存量用地再开发是产权交易和利益重构的过程，城市规划应当从基准分析和制度分析考虑[16]，以经济学原理为基础，通过城市更新策略使得土地资源得到最优化利用，推动产业结构升级，促进城市发展
城市地理概论	地理学	城市地理学主要研究利用人地关系协调以及解决城市问题，借助地理信息技术，分析地理空间利用以及人群需求，为城市更新提供策略基础，建设满足人们需求的城市网络，提供多样化服务[17-18]
城市规划社会学概论	社会学	城市社会学主要对城市研究的基本理论进行梳理与比较，为经验与应用研究提供参考指导。在聚焦的早期城市社会学理论的同时，展望当前全球化与信息化背景下，城市研究走向更加开放多元的新趋势[19]
城市规划管理与法规	法学、管理学	完善的法规机制能够保障城市更新有序进行，有利于城市土地资源整合，避免政府职能异化，推进城市治理进程[20]
历史文化名城保护	法学、管理学	作为城市更新中重要分类，保护历史文脉，延续城市传统，能够有效推动城市特色传承与发扬，激发旧城活力[21]

资料来源：作者自绘

课程相关研讨讲座简表   表3

研讨面向	讲座主题	主讲人	主讲人	内容概要
理论研究类	新型城镇化背影下城市更新的动因、探索与展望	阳建强	东南大学建筑学院教授	结合各地推进的城市更新工作，提出城市更新在注重城市内涵发展、提升城市品质、促进产业转型的趋势下日益得到关注
	城乡异变：从二元对立到二元消解	张宇星	深圳大学建筑与城市规划学院教授	聚集城乡之间从二元对立到二元消解的关系转变，提出在未来的地理空间体系中，城市和乡村将成为只存在于历史叙事中的名词概念
	台湾现代建筑与社区结合的观察	阮庆岳	台湾元智大学艺术与设计学系教授	针对台湾现代建筑与社区的结合，对整体趋势上的发展做出描述与观察
方法创新类	遥感大数据智能计算及在城乡规划中的应用	骆剑承	中国科学院遥感与数字地球研究所研究员	地理时空与遥感大数据；遥感大数据粒结构模型；AI遥感：从感知到决策；遥感数据应用于城乡规划的思考
	人工智能时代的建筑生态	杨小荻	深圳小库科技有限公司创始合伙人	以"人工智能时代的建筑生态"为主题，将人工智能应用于城市规划和建筑设计领域，构建全新的设计体系
	项目策划——重新定义	郭泰宏	黄靖联合设计机构首席策划师	何为项目策划；如何通过策划激活城市；在具体项目中运用的实例
	城市更新中的一体化设计	凌克戈	上海都设营造建筑设计事务所有限公司董事总建筑师	聚焦如何留住城市记忆的问题，提出了"脑洞大开，不拘一格"是城市更新的重要特征
	城市浮洲计划：地景采集器的建筑思考与实践	陈宣诚	台湾中原大学建筑系专任助理教授；共感地景创作主持建筑师	通过地景艺术挖掘当代城市底层的能量，并探问另一种艺术场域生成的可能
	再聚落：艺术浸润下的城市生发诗学想象	邱俊达	台湾共感地景创作策展人	以社区策展实务经验、实验建筑以及筹划中的区域型艺术祭为例，阐述城市生发诗学的构思与实践
	不是乌托邦：2018年的循环行动	王家祥	台湾Renato lab合伙人	聚焦循环经济，并与商业模式转移、建筑设计、城市更新等深度关联
实践探索类	社区空间文化线路营造——对山地城市聚落空间文化的再定义	黄瓴	重庆大学建筑城规学院教授	以重庆嘉西村等社区为例，探索重庆"营造山地城市社区空间文化线路"的重要价值
	装配式建筑在旧改项目中的适应性研究——以白塔寺实际改造项目为例	刘智斌	北京清华同衡规划设计研究院有限公司建筑分院副院长	讨论了装配式建筑在城市旧改项目中的适应性问题，并尝试提出一套完整的产业化解决方案
	大尺的原都市建筑	郭旭原	台湾大尺建筑设计主持人	通过不同的角度和多重的思维看待建筑设计与城市更新，项目执行需跨界合作与整合
	老城市，新态度	吴声明	台湾十禾设计主持人	以台北老旧公寓改造为例，提出微小建筑的介入不仅仅停留在"区域改善"层面，更要能催化"都市保育"的整体效应
	重新想象	曾柏庭	台湾Q-LAB建筑师事务所主持人及设计总监	通过建筑改造案例分享，探究如何从人文角度进行城市再造与设计
	重识价值与空间再造——以昆山中山堂地块改造规划实施为例	艾昕	弈机构（上海）投资咨询&规划设计机构总经理/合伙人	以昆山中山堂地块的改造为例，分享对遗产的价值重识与空间再造的经验方法

资料来源：作者自绘

角度讲授社会观察、信息技术、策划运营等多角度专题，促进学生对城市更新深入全面了解，有效拓展学生视野，思考不同专业与城市更新的相关性（表3）。同时，不同主题的拓展研讨增加了前沿理论创新的参与度，实现不同学科优势互补。

（3）数字时代在线学习

随着互联网媒体的普及，"互联网+"也开始运用到教学领域。"互联网+城市更新教育"不单指在教学中的互联网或移动数字技术应用，更是通过互联网技术搭建各种教学平台，拓展教学环境，推动教育资源开放共享。目前，中国城市规划学会年会、中国城市规划设计研究院技术交流会、"智慧规划.未来社区"研讨会等许多相关会议及论坛均开展了线上直播。在教学过程中，教研组鼓励学生参与线上学术活动，了解更多城市更新领域的前沿动态与实践案例，并在自主学习后在课堂上进行开放式讨论，实现互联网与传统教育的融合，推动教育资源开放共享。

4.2 校企联合、创新探索

（1）设计联合实践

教研组在城市更新课程教学体系构建的过程中，积极推进"设计联合实践"的教学方法。教研组通过与天津市城市规划设计研究院深入合作，从不同视角切入，针对天津和平区小白楼五号地、天津市河东区十五经路片区等典型存量片区展开城市更新教学训练（图2）；通过与台湾元智大学艺术与设计学系共同进行以"地方创生"为主题的毕业设计指导，针对台湾基隆老旧社区，带领学生进行实地探访，通过驻地访谈、跨域合作与参与式设计等特色实践方式，引导学生认知基地，挖掘传统社区历史人文与资源价值，探索地方创生策略，提出社区有机更新的方法（图3）；开展与台湾东海大学景观学系的本科三年级联合设计，以"双城奇谋"为主题，针对台中绿川绿空廊道与天津十五经路老旧片区两个不同历史，但具备类似地理背景的城市更新实践研究进行比较学习，促进两岸师生交流（图4）。同时教研组还邀请海峡两岸高校教师和知名事务所设计师进行设计指导，培养学生的创新思维与设计能力。

（2）课程联合讲评

在城市更新相关设计课程教学过程中，教研组主

图2 天津小白楼五号地片区更新
图片来源：作者自绘

a 社区公共空间优化

b 社区传统业态复兴

图3 台湾基隆老旧社区更新
图片来源：台湾元智大学艺术与设计学系主任陈冠华提供

要在各阶段的评图过程中以校企联合的方式邀请设计院、事务所知名设计师参与，针对设计课专题内容，学生以答辩形式阐述设计思路，形成与行业内专家的直接互动。评图专家对学生的设计与表达提出有针对性的意见，并从实践角度提出所需的专业技能和不足之处，为初步接触规划设计的学生树立"规划落地"的意识（图5）。

在理论课程教学过程中，教研组鼓励规划、建筑等不同学科背景的学生结组合作，基于城市更新发展现状与案例，探索未来发展趋势。采取"汇报+研讨"的形式，邀请来自规划设计机构、规划管理部门的不同专家，组成角色多元的专家点评小组进行综合评价并给出相应建议。通过搭建与行业专家交流的平台，激发学生更深层次的思考，也为企业探索有潜力的规划人才提供了解渠道（图6）。

（3）多元导师联合教学

在城市更新设计课程教学中，教研组通过与相关设计机构达成教学合作协议，聘请设计机构企业导师作为兼任教师。通过联合教学模式，将"研究性"与"实践性"结合，从不同关注视角、不同利益诉求、不同价值判断维度引导学生思考，提升学生专业理解力与判断力（图7）。学生在综合"多家之长"的实际指导过程中收获知识与技能，从不同面向理解城市更新的本质内涵与核心价值。

5 结语

综上所述，城市更新多元维度、融合发展的特点，与新工科建设的需求高度契合。基于此，教研组提出了以问题为导向、从实践出发的课程体系建构思路，在本科二、三、四、五年级及硕士一年级教学过程中建立贯穿式、多元化的教学模块，内容涵盖社会、经济、文化、物质环境等多元维度，促进多学科交叉与跨界整合。通过设计、理论、实践相结合的三大教学环节以及"多元融合与校企联合"的教学方法，融通线下线上空间，推进企业与高校的合作共建。在此基础上，面向培养多元化、创新型的卓越工程人才的新工科建设目标，未来课程体系的进一步建设还将存在更多挑战。

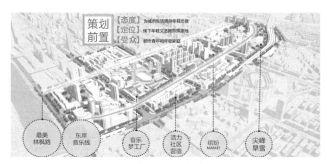

图4 天津十五经路片区更新
图片来源：作者自绘

图6 课程研讨联合点评
图片来源：作者自绘

图5 设计课程联合评图
图片来源：作者自绘

图7 企业导师联合教学
图片来源：作者自绘

5.1 加强城市更新课程体系间的关联性

在目前课程体系建设的过程中，城市更新相关课程更多是依附在城乡规划学专业课程体系的框架内。除了城市更新为主干课程外，辅以地理学、社会学、经济学等相关课程，但各类课程之间关联性需要进一步加强，否则极易形成知识碎片化等问题。因此，未来课程体系的建设需要进一步探索如何增强相关课程的衔接内容，形成更加完备的贯通式教学体系。

5.2 构建多元机构联合的开放式教学

在城市更新教学的发展过程中，亟待打破专业领域间的壁垒，搭建互融共通、多元开放的交流平台，鼓励多元机构及科研院所联合教学培养，促进城市更新与其他领域的融合，共同探索城市更新教学的新路径和新视角，达到课程体系开放灵活化的目标。

5.3 应用城市更新数字化新技术

基于当前数字化技术的快速发展，新数据环境为城市更新发展提供了新的研究视角与技术支持，弥补了传统城市更新过程中主观性强、科学依据不足的现象。将大数据分析、人工智能识别与智能计算等数字化新技术嵌入到城市更新研究、实践及教学过程中，将是未来城市更新发展的重要趋势。

主要参考文献

[1] 钟登华. 新工科建设的内涵与行动 [J]. 高等工程教育研究, 2017（3）: 1–6.

[2] 曹英丽, 许童羽, 王立地, 等. 以信号类课程为核心构建农业信息化背景下电子信息专业实践教学新体系 [J]. 高等农业教育, 2016（3）: 81–83.

[3] 郭业才, 王友保, 胡昭华, 等. 以电子信息专业类协同建设为契机, 构建人才分类培养模式: 以南京信息工程大学为例 [J]. 大学教育, 2014（3）: 53–55.

[4] 林健. 新工科建设: 强势打造"卓越计划"升级版 [J]. 高等工程教育研究, 2017（3）: 7–14.

[5] 张凤宝. 新工科建设的路径与方法刍论——天津大学的探索与实践 [J]. 中国大学教学, 2017（07）: 8–12.

[6] 深圳市规划和国土资源委员会. 深圳市城市更新办法 [Z]. 2009–12–01.

[7] 深圳市规划和国土资源委员会. 深圳市城市更新办法细则 [Z]. 2012–01–21.

[8] 上海市人民政府. 上海城市更新实施办法 [Z]. 2015–05–15.

[9] 上海市规划和国土资源管理局. 上海城市更新规划土地实施细则 [Z]. 2017–11–17.

[10] 刘昕. 城市更新单元制度探索与实践——以深圳特色的城市更新年度计划编制为例 [J]. 规划师, 2010, 26（11）: 66–69.

[11] 匡晓明. 上海城市更新面临的难点与对策 [J]. 科学发展, 2017（03）: 32–39.

[12] 石楠. "人居三"、《新城市议程》及其对我国的启示 [J]. 城市规划, 2017（1）: 9–21.

[13] 孙施文. 关注城市更新, 推动城乡规划改革 [EB/OL]. http://www.tjupdi.com/new/index.php?classid=9164&newsid=16739&t=show, 2014–12–19/2019–5–24.

[14] 阳建强. 走向持续的城市更新——基于价值取向与复杂系统的理性思考 [J]. 城市规划, 2018, 42（06）: 68–78.

[15] 陆国栋, 李拓宇. 新工科建设与发展的路径思考 [J]. 高等工程教育研究, 2017（03）: 20–26.

[16] 赵燕菁. 制度经济学视角下的城市规划（上）[J]. 城市规划, 2005（06）: 40–47.

[17] 郭生智, 张晓锋. 基于地理视角的智慧城市规划的理论研究 [J]. 居舍, 2018（29）: 103.

[18] 甄峰, 席广亮, 秦萧. 基于地理视角的智慧城市规划与建设的理论思考 [J]. 地理科学进展, 2015, 34（04）: 402–409.

[19] 吴军, 张娇. 城市社会学理论范式演进及其 21 世纪发展趋势 [J]. 中国名城, 2018（01）: 4–12.

[20] 李方方. 我国城市更新法律机制研究 [D]. 南京: 东南大学, 2013.

[21] 王承华, 张进帅, 姜劲松. 微更新视角下的历史文化街区保护与更新——苏州平江历史文化街区城市设计 [J]. 城市规划学刊, 2017（06）: 96–104.

Construction on Urban Regeneration Curriculum System for Emerging Engineering Education Plan of School of Architecture of Tianjin University

Zuo Jing   Jian Qingming   Mi Xiaoyan

Abstract: "New engineering" construction takes inheritance and innovation, crossover and integration, coordination and sharing as main approaches. In this context, the construction of Urban Regeneration curriculum system needs to be problem-oriented and practical to promote interdisciplinary and cross-border integration. Taking the construction of Urban Regeneration curriculum system of school of architecture of Tianjin University as the object, this paper elaborates on the construction mode of curriculum system in the teaching process of the second, third, fourth and fifth years of undergraduate course and the first year of master's degree. Based on the training of students' design thinking, engineering thinking, critical thinking and digital thinking, the teaching system of gradual and multi-coordinated curriculum is built through the three teaching links of "design cognition", "theory improvement" and "practice application". The teaching method of "multiple integration + school-enterprise combination" integrates the offline and online space, grasps the relationship between learning and teaching, and provides support for the cultivation of diversified and innovative outstanding engineering talents.

Keywords: New Engineering Construction, Urban Regeneration, Curriculum System, Multiple Synergies

践行"新工科"背景下天津大学城乡规划
专业教学提升行动思路

卜雪旸　曾　鹏　蹇庆鸣

摘　要：当前我国城乡规划专业教育教学正面临着城乡发展变革和行业变化引发的优化、调整需求。本文基于对"新工科"和"天大方案"的理解，通过对城乡规划专业教育教学新老课题的分析，结合天津大学城乡规划专业新一轮发展规划编制中的思考，提出促进专业教学内涵式发展的整体思路，即以巩固特色优势、建立多样化人才培养路径为导向，以释放教学潜力、激发教学活力为目标，以多学科、国际化、社会化的深度教学合作平台为支撑，以课程和教学方法优化为核心。同时，本文针对天津大学城乡规划专业发展现状特点、不足和潜力，提出了下一步行动的主要策略和措施。

关键词：城乡规划，新工科，教学提升，内涵式发展

1　对"新工科"和"天大方案"的理解

　　大国竞争归根结底是人才的竞争，而教育发展是实现高水平人才培养的基础。党的十八大、十九大相继提出推动、实现高等教育内涵式发展的目标。2017年2月，教育部高等教育司发布了《关于开展新工科研究与实践的通知》[1]。2018年，中央发布《加快推进教育现代化实施方案（2018-2022年）》明确提出发展新工科、新医科、新农科、新文科（四新），建设一流本科教育，深入实施"六卓越一拔尖"计划2.0，实施一流专业建设"双万计划"，实施创新创业改革燎原计划等一系列要求。从"新工科"相关文件、研究文献和实践行动的情况来看：

　　●　"新工科"的目标是应对"第四次工业革命"机遇与挑战，满足国家发展战略需求和国际人才竞争力需要，培养未来多元化、创新型卓越工程人才[2]。

　　●　"新工科"既是指"新的工科（创新的工程科学和技术领域）"，也是指"工科的新要求（新理念、新范式、新标准、新途径）"[3]。

　　●　"新工科教育"不是局部的教学改革，而是对教育教学目标、模式、内容、途径以及支撑平台、制度机制等的全方位"重新定位"和"方案设计"，推动工程教育范式的转变。

　　天津大学是教育部推动的"新工科教育"改革试点学校，"天津大学新工科建设方案"（以下简称"天大方案"）的核心要点是贯通、融合、交叉和创新，即CCII（Coherent-Collaborative-Interdisciplinary-Innovation），改革行动以立德树人、融合工程创新为导向，围绕核心内涵、培养平台、课程体系、质量保障四个方面展开（天津大学新工科建设方案，2019年4月25日，深圳）。"天大方案"核心内涵强调"立德树人"统领人才培养全过程，实现学生人文素质的全面培养；使学生建立宽厚的工程科学基础知识结构；提高毕业生团队合作能力和自主创新、创业能力。培养平台建设面向未来科技，鼓励跨学院、跨学科和跨校合作，鼓励校企、教研学和国际化深度合作。课程体系建设突出"通"和"融"，强调对课程体系、教学模式和培养机制（本研贯通）进行一体化设计，其中课程体系改革强调以工科大类培养为基础，通过多学科交叉课程建设、教研学深入融合、人才贯通培养等方式实现以设计-建造（创客）和研发

卜雪旸：天津大学建筑学院副教授
曾　鹏：天津大学建筑学院副教授
蹇庆鸣：天津大学建筑学院讲师

等五种项目为主体的"项目－课程群"模块化课程体系。质量保障体系建设强调建立完善的学生评价机制与全程反馈机制。

根据中央、教育部相关文件以及《天津大学新工科建设方案》的要求，天津大学建筑学院加紧推动建筑学、城乡规划、风景园林和环境设计专业的教学深化改革。各专业在深入调研、研讨的基础上，以清晰目标、明确规格、优化方案、更新课程为核心工作，逐步开展以"新工科教育"为导向的教学提升和改革行动。

2　行动方向的思考

尽管城乡规划专业不是典型的"工科专业"，但新工科行动的思想、要求和途径为城乡规划专业发展提供了重要的指导和启发。在我国规划事业和行业发展重大变革的时代背景下，规划专业教育教学需要深入思考，积极应对新变化、新需求，通过提升、优化、改革，应对"新使命"、解决"老课题"。

2.1　应对"新使命"

（1）响应新型专业人才培养的要求

"面对新时代发展的新机遇，我国工科教育必须……适应国家经济转型和产业结构调整升级对工科人才的新要求和新标准"[4]。在我国经济社会和城乡建设面临发展转型时代背景下，城乡发展需求呈现出从"量"到"质"的变化。同时，面对世界人居环境、地区发展格局以及科学技术发展的巨大变化，城乡规划领域正发生着从理论方法、管控模式到工程技术的深刻变化。因此，未来一段时期内城乡规划专业人才需求将呈现以下趋势和特征：城市设计、遗产保护传统领域的高层次设计人才需求持续旺盛，并对设计人才全面的经济、社会和人文修养提出了更高的要求；具有扎实的专业基础、突出的规划设计实践能力、沟通能力和领导能力的高端规划设计人才依然是规划设计行业激烈的人才竞争对象；空间增长型规划降温，战略规划、存量规划、行动规划成为重点，城乡空间发展与资源管理、环境工程、海洋生态等相关领域的合作愈加频繁，规划建设项目实施和管理中跨学科领域的技术集成度不断提高，对具有扎实的城乡规划专业基础同时具备开阔的学科视野、平衡的知识结构、协调能力和创新精神的新型人才需求不

断提高；城乡规划学科与当代先进的信息、交通、能源和管理技术相融合，催生出众多国际前沿科学研究领域，跨学科领域创新人才成为国家间科技和人才竞争的新热点。

（2）响应"以学生为中心"和"学术自由"的现代高等教育理念的要求

"以学生为中心"体现在很多方面，如课堂教学方式体现学生认知特点、以教学效果为核心的教学评价机制、以学生兴趣和志向为导向的选择性学习方式等。"以学生为中心"符合"学生根据自身的人生规划选择受教育途径"的现代高等教育理念。"学术自由"，即充分发挥教学团队的能动性，鼓励教师将特色化、创新性的课题融入教学，为学生提供更多可选择的课程或课程单元，既有利于特色化的专业教学方向、领域的形成，也有利于教研深度融合，促进学科发展。

2.2　解决"老课题"

（1）"规格"与"特色"的矛盾。人才培养规格是对毕业生所具备的知识、能力、素养的基本要求。《高等学校城乡规划本科指导性专业规范（2013）》（以下简称《专业规范》）对当时情况下，城乡规划专业人才培养规格的诠释。而特色，应是不同学校在人才培养方向、人才层次定位、人才具备的知识和技能特点以及培养途径等方面的个性化特点。从当前我国城乡规划专业院校发展的情况来看，尽管形成了工科、理科及人文社会科学等不同背景的几大类规划专业共同发展的态势，但某一大类中不同学校间的特点不鲜明，更多地体现在"同一规格导向下的"教学规模、水平上的差异。因此，正确理解《专业规范》制定的目的、准确把握《专业规范》对人才培养标准的导向，辩证处理"规范"与"特色"的关系，有利于释放各学校教育资源优势，促进多样化专业人才的培养。当然，在"新工科教育"导向下，《专业规范》也应适时进行必要的优化和调整。

（2）提高教学质量要求与压缩课堂学时的矛盾

城乡规划专业教学涉及知识门类多，如果片面地理解"全面知识和能力培养"，堆砌专业课程，即使每门课程蜻蜓点水也需要占用大量课时，因此，课程碎、课业负担重是当前许多规划院校普遍存在的问题。加之当前

城乡规划学科新理念、新内容、新方法的不断涌现,"课时短缺"的问题更为突出。"新工科教育"理念为解决提高教学质量要求与压缩课堂学时的矛盾提供了新的思路,即以能力培养为核心 [5](包括学习知识的能力,而不是以知识灌输为核心),在"贯通培养"的过程中合理分布知识点(梳理阶段性教育教学目标),提高课业难度(不是简单的加大知识信息量),(针对当前普遍存在的课堂讲授课时过多的情况)通过"课程挤水"合理压缩课堂授课学时、控制必修课课时比例,为学生自主学习、选择性学习创造条件。

3 整体思路

天津大学城乡规划专业在新一轮的专业发展规划和培养计划修订过程中,根据"新工科"和"天大行动"的要求,结合自身特点、潜力和短板的分析,提出了教育教学提升的整体思路。

3.1 建立多样化人才培养模式,强化优势方向,形成特色方向

明确专业发展定位和人才培养方向是制定培养计划和优化教学组织的基础。人才培养方向的选择既要客观评价自身的发展水平,又要发现进一步发展的潜力,既要认识到本专业的特色优势,又要考虑到学院、学校乃至地方资源的特色和优势。天大规划脱胎于天大建筑背景,在城市设计、空间规划、遗产保护等空间设计领域形成了一定的特色和优势,建筑学院大建筑学科多专业的平衡发展以及天津大学坚实的工程学科基础为规划专业保持空间设计领域的优势奠定了基础。从鼓励多样化人才培养的视角,在传统特色优势

方向之外,形成若干有特色的专业方向,不仅有利于满足国家对不同领域专门人才的需求,同时也使不同兴趣和能力特点的学生都能够获得相应的学习和发展机会。

3.2 优化人才知识 – 能力结构,开拓国际视野和跨学科视野

"新工科"创新人才培养对学生的国际视野、跨学科视野提出了更高的要求。从规划专业教育教学目标的角度,在未来,既需要培养更高质量的"城乡规划专业人才",也要依托多学科的深度融合,为培养"具备城乡规划专业基础的,交叉领域、创新领域新型人才"作出贡献。提高教育教学的国际化水平,有助于培养学生开阔的国际视野、交流能力和国际竞争意识。通过加强国际化教学合作,引入国际先进的教学方法和高水平教学资源,不仅有助于提高自身教学质量,也扩大了专业国际影响。

3.3 激发教学活力,激励教学投入,创造良好的"教"、"学"氛围

教育教学质量的提高,不仅要依赖于科学的培养方案、路径的设计,更依赖于教师的教学投入。在当前教师评价体系下,科研成果由于易于量化,往往被作为教师评价的"硬条件",而教学投入和教学水平由于难于量化,往往被为教师评价的"参考条件",客观上形成了不容回避的一些教师"重科研、轻教学"的现象。通过优化教学评价机制、教师晋升和评聘机制,创新对教师教学投入的客观评价方法,有利于提高教学的"内涵"水平。

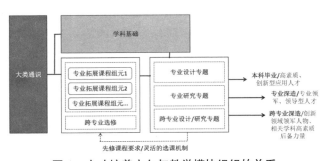

图 1 人才培养方向与教学模块组织的关系

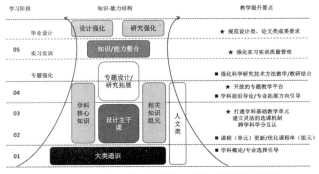

图 2 人才知识 – 能力结构形成与教学提升要点

教学活力，体现在教学活动中"教"与"学"双方的热情投入，形成热烈的教学氛围，对提高教学质量有很好的促进作用。

3.4 建立开放式教学平台，引入社会多元化教学资源

在规划学科内涵不断拓展的时代背景下，师资水平的不断提高和专业结构的不断优化是专业发展的一个重要因素。在常任师资规模受限的条件下，加强学校内、跨学校的多学科融合教学合作的同时，深挖社会资源潜力，是解决"师资相对不足"的一个有效方法，也使教学更贴近于实战。深挖社会资源潜力，既包括充分发挥行业专家的建言作用、教育专家的督导作用，也包括聘请行业专家参与教学过程的专题知识讲授、设计讨论、评图以及课题指导。

4 实现路径

4.1 服务国家重大发展战略人才需求，强化"校–地"科研教学合作

贯彻教学服务社会的意识，构建多样化的"校–地"科研与教学合作模式和合作平台；基地课堂化，充分发挥实践基地在学生专业技能、整体素质以及家国情怀、担当意识培养等方面的综合作用；课堂实战化，在课堂教学中渗透时政教育，鼓励紧密结合国家重大战略需求的、教研结合的实战化教学题目。

4.2 巩固"空间规划设计"优势，探索新知识、新技术背景下的创新型设计领军人才培养路径

继承和发扬天大规划在城市设计、详细规划、空间战略规划等领域的教学优势，进一步优化课程体系，引入新知识、新技术、新方法，持续保持传统优势教学的引领作用；补短板，加快国际一流的城市空间分析、模拟、测评专业教学实验平台建设，提高学生运用新技术辅助规划设计的实践能力；鼓励新知识、新技术背景下的课程设计探新，培养学生的批判精神和创新意识。

4.3 深化"新工科"专业教育改革，探索具有开阔学科视野的前沿领域开拓型领军人才培养路径

现代城乡规划在学科理念上已经发生很大的变革[6]。切实按照教育部"新工科"试点和"天津大学

一流本科教育 2030 行动计划"的要求，打破学科人为界限，围绕天津大学重点建设的"建筑与建成环境"综合学科发展平台，打通跨专业、跨学科教学平台，密切相关专业和相关学科教学合作，鼓励跨专业领域的启发性、实验性、探索性教学题目，鼓励跨学科、专业的联合设计指导，建设具有"新工科"特点的特色专业课程。

4.4 贯彻"以学生为中心"的办学思想，建立以"选择性学习"、"多样化培养"为导向的人才培养模式

贯彻教师引导、学生主体、个性发展的"开放式"教育理念，以素质教育为基础，以能力培养为核心，建立"共基础、多出口"的人才培养模式；夯实学科大类和专业基础，围绕城市设计、遗产保护、生态规划与城市安全等特色教学领域梳理贯通式课程板块，优化课程组元，丰富选修课程，建立多样化的课程链；健全多样化的选课、评价和（双学位、微学位）学位授予机制。"新工科教育"理念要求创新专业人才的贯通培养模式，需要本硕专业教育"一盘棋"思考，在深化本科教学改革的同时，优化专业型硕士的培养路径[7]。

4.5 进一步扩大人才培养国际合作，形成若干具有重要国际影响的特色化教学领域

进一步拓展国际化专业教学合作渠道，与国际一流专业院校共建一批具有国际影响力的特色化、常态化联合工作坊和教学实践基地，提升专业教学的国际化水平和国际影响；特色课程走出去，围绕中国特色的存量规划、遗产保护规划、乡村规划，借助全球城乡创新发展研究中心等国际化学术组织，积极参与国际化专业教学研讨和交流；国际智慧引进来，充分发挥教育部引智基地项目作用，围绕我国城乡建设的时代课题开展在地的教学科研国际化合作，加大成果转化力度。

4.6 进一步完善教学激励、管理和保障机制，提高教学热情、拓展教学资源、提升教学效果

强化对教育教学活动的规范管理、支持和引导，进一步完善教育教学相关制度建设和机制改革。内部提质

"新工科"背景下天津大学城乡规划专业教学提升行动思路　　　　　　　　　　　　　　　　　　表

"新工科"与"天大行动"目标要求	整体思路	主要途径和措施
● 满足（第四次工业革命背景下）国家和行业发展战略需求 ● 开拓创新的工程科学和技术领域／传统工科改造 ● 以立德树人为导向，以贯通、融合、交叉和创新为核心 ● 开放的教育教学平台 ● 课程体系、教学模式和培养机制的一体化设计 ● 质量保障体系的优化和完善	建立多样化人才培养模式，强化优势方向，形成特色方向	● 加强导论课程，科学引导学生发展方向 ● 高年级特色化专题训练／跨专业教学平台 ● 完全学分制／跨学科学分互认／微学位
	优化人才知识－能力结构，开拓国际视野和跨学科视野	● 完善大类通识－学科基础－专题拓展课程体系 ● 鼓励跨学科、专业教学合作 ● 鼓励学生海外研修和多种形式的国际化教学合作
	激发教学活力，激励教学投入，创造良好的"教"、"学"氛围	● 多种形式的教学评优 ● "课研组"制度／加强年级组长责权意识 ● 工作室开放日／教师指导、学生主体的"研学会"
	建立开放式教学平台，引入社会多元化教学资源	● 加强实习实训基地建设和质量管理 ● 建立"课聘专任教师"制度 ● 强化与地方政府和研究机构的科研教学合作

挖潜，通过"课研组"制度强化教学基层组织，通过教案、课件、批改评优以及学生满意度排名等方式实现教学"软成果"的客观化评价，梳理教学"软成果"与教学科研"硬指标"的比较关系，对接教师晋升、评聘机制，加大对教学投入的激励和支持力度；外部拓展资源，国际、国内行业专家学者参与教学环节常态化，创新官－学、校－企科研教学基地合作模式，针对缺口领域、创新领域建立灵活的课聘专任教师制度。

5 结语

　　城乡规划专业教育教学本就具有强调应用导向、紧跟社会需求变化的特征，多年来在不断地优化调整过程中形成了较为成熟的教学体系，但受学科分野、传统教学组织和管理机制的约束，专业特点尚未充分体现，"新工科教育"改革行动为本专业的改革、提升提供了更广阔的视野和创新的思路。当前我国城乡规划专业教育教学正面临着城乡发展变革和行业变化引发的优化、调整需求，借助"新工科"改革行动对高等教育理念、模式、途径的"整体再设计"，有望实现突破性的跨越发展。

主要参考文献

[1] 中华人民共和国教育部. 教育部高等教育司关于开展新工科研究与实践的通知 [EB/OL]. http：//www.moe.gov.cn/s78/A08/A08_gggs/A08_sjhj/201702/t20170223_297158.html.

[2] 钟登华. 新工科建设的内涵与行动 [J]. 高等工程教育研究，2017（03）：7-12.

[3] 吴岩，教育部高教司."六卓越一拔尖"计划2.0启动大会. 2019-4-29. 天津.

[4] 肖荣辉，等. 新工科建设背景下"三创"教育体系构建与实施 [J]. 教育探索，2019（2）：69-73.

[5] 李杨，等. 新工科背景下的城乡规划专业设计课程教学改革研究 [J]. 安徽建筑，2019，26（2）：148-150.

[6] 徐煜辉，孙国春. 重庆大学城乡规划学科教学体系创新与改革探索 [J]. 规划师，2012，28（9）：11-16.

[7] 王睿，等. 城乡规划学科转型背景下专业型硕士研究生培养方式的创新与探索——解析天津大学城乡规划学专业型研究生培养方案 [J]. 高等建筑教育，2019，28（2）：40-47.

Promoting Major of Urban and Rural Planning in Tianjin University under the Background of Practicing "New Engineering Section"

Bu Xueyang   Zeng Peng   Jian Qingming

Abstract: At present, the professional education of Urban and Rural Planning in our country is facing the optimization and adjustment demand caused by New Urbanization and planning industry changes.This paper is based on the understanding of "New Engineering Section" and "Tianjin University Program", through the analysis of the old and new subjects in the education of urban and rural planning, The overall idea of promoting the connotative development of professional teaching is put forward, which is guided by consolidating characteristic advantages, establishing diversified talent training paths, aiming at releasing teaching potential and stimulating teaching vitality, supported by a multi-disciplinary, internationalized and socialized platform for in-depth teaching cooperation, and centered on the optimization of curriculum and teaching methods. At the same time, in view of the characteristics, shortcomings and potential of the current development of urban and rural planning specialty in Tianjin University, this paper puts forward the main strategies and measures for the next step.

Keywords: Urban and Rural Planning, New Engineering Section, Education Promotion, Intension-Type Development

"新工科"背景下天津大学建筑学院城乡
规划跨学科教学发展探索

陈　天　卜雪旸　臧鑫宇

摘　要：教育部提出的"新工科"战略计划先后形成了"复旦共识"、"天大行动"和"北京指南"，全国开始了新工科建设的进程。本文拟通过对"新工科"的发展和天大方案进行回顾，提取"新工科"跨学科融合的特质，分析天津大学建筑学院与城乡规划专业的跨学科发展现状与可提升空间。为促进"新工科"建设进程，提出"新工科"背景下的天津大学建筑学院城乡规划专业的跨学科教学发展策略。以期促进天津大学建筑学院城乡规划学科进入国际一流行列。

关键词：新工科，天大方案，天津大学建筑学院，城乡规划，跨学科，发展策略

序言

随着中国特色社会主义进入了新的发展阶段，我国的经济发展也进入了转型升级、新旧动能转换和新经济发展的关键时刻。新技术、新业态、新模式、新产业的出现，为我国提高国际地位、提高人才竞争力提供了重要战略机遇，也对新时期高等教育的发展提出了新的挑战。《国家教育事业发展"十三五"规划》提出的总目标包括教育现代化取得重要进展，教育总体实力和国际影响力显著增强，推动我国迈入人力资源强国和人才强国行列[1]。为主动应对新一轮科技革命与产业变革，2017年2月以来，教育部积极推进新工科建设，先后形成了"复旦共识"、"天大行动"和"北京指南"。本文试图回顾新工科战略的研究发展，解读天津大学行动，提取"新工科"跨学科融合的特质，分析天津大学建筑学院与城乡规划专业的跨学科发展现状，从而探索天津大学建筑学院城乡规划专业的跨学科教学发展策略。

1 "新工科"建设和天津大学行动

1.1 "新工科"建设

2018年9月17日教育部决定实施"六卓越一拔尖"计划2.0[2]，新工科建设是其重要组成部分。为深化高等工程教育的改革创新，要求我国高校新工科研究和实践围绕工程教育改革的新理念、新结构、新模式、新质量、新体系开展[3]。"新工科"这一概念自2016年提出以来[4]，教育部就组织高校进行了深入的探讨。对于什么是新工科，学界的理解较为相似。教育部副部长、原天津大学校长钟登华[5]认为新工科应秉承继承与创新、交叉与融合、协调与共享的原则，以培养未来多元化、创新型卓越工程人才为目标。新工科的"工科"是本质，"新"是取向，把握"新"的同时不能脱离"工科"。许艳丽[6]，刘鑫桥[7]，章云[8]等专家学者也认同新工科特质是跨学科融合的创新模式，在新工科学科发展时不能简单的划分新工科专业与理科之间的界限[9]，如复旦大学常务副校长包信和院士指出"机器人研发涉及的知识包括视觉识别、智能问答、运动控制、创意设计等。这属于工科还是理科？这种新鲜的东西来了以后，你很难说是工科还是理科。"

随着新工科建设的推进，部分高校及学者已开始对新工科的具体实施进行研究。天津大学新工科教育中心主任、前汕头大学执行校长顾佩华[10]带领汕头大学进行了应用CDIO实现结果导向工程教育改革（OBE-CDIO），建立了实施路线图、模板、工具、三级项目和设计导向

陈　天：天津大学建筑学院教授
卜雪旸：天津大学建筑学院副教授
臧鑫宇：天津大学建筑学院研究员

等。夏淑倩[11]等人从产出的教育理念出发，探讨了化工类专业的新工科教育改造升级的路径和方法。杨秋波[12]等人以国家教育体制改革试点学院的"试验区"（天津大学精密仪器与光电子工程学院）为例，探索了机械、光学、信息、计算机等学科的融合，提出人才培养需坚持以学生为中心，激发学生学习的主动性和积极性，促进学生个性发展。黎海生[13]等人从电子信息类专业提出了多元化的电子信息类专业课程时间教学模式。张民[14]从新工科背景下，探讨了计算机类专业教材出版在理念转型、内容转型、形式转型和服务转型等方面的实施路径。

吸取国际上顶尖院校的工科发展经验对我国的"新工科"发展也尤为重要。肖凤翔[15]等人对麻省理工学院进行的三次工程教育改革进行回顾，总结了从现实到未来的取向，从学科和心理的分离到整合，从学科隔离到跨学科合作，从工程实践的回归到工程教育育人本质的回归等工程教育改革进程。王梅[16]等人总结了斯坦福大学工程学院跨学科研究性教学、不断优化课程资源、丰富教学途径、为学生提供多样化的工程实践项目等方式。林健[17]等人分析总结美、德、英、法的工程教育改革措施和成功经验及其对我国的启示。

1.2 天津大学行动

2018年10月，根据《天津大学一流本科教育2030行动计划》和"新工科"建设要求，天津大学开启了第一批新工科通识教育课程的试点工作[18]。此次工作旨在建设一批学科专业大类通识课及跨学科通识课，构建以"家国情怀"为引领的天津大学通识教育课程体系。2019年4月25日，天津大学提出的"天大方案"[19]，方案提出应建设开放和跨界融合的中国特色新文理教育与多学科交叉工程教育，形成高度关联、贯通融合、持续创新的新工科教育体系，为新工科建设提供"天大经验"、贡献"天大模式"。为保证"天大方案"有效实施，自2019年秋季学期开始，天津大学将启动全新的专项计划，即鼓励10个专项学科领域[20]中30个一级学科（表1）的优秀本科生跨学科保研（包括直博）[21]。此举有利于打破过去因缺乏鼓励政策、受招生名额限制等造成的学院和导师更愿意接收本学院、本学科保送生的状况，同时能够促进学校内部各个学院的跨学科交流，构建学科交叉教育体系。

天津大学专项学科领域及其一级学科   表1

"专项计划"的学科领域	一级学科名称
化工能源领域	化学工程与技术、电气工程、动力工程及工程热物理
新材料领域	材料科学与工程、力学、物理学
管理与经济领域	管理科学与工程、工商管理、应用经济学
化学与生命科学领域	化学、生物学、生物医学工程
可持续建筑与环境领域	建筑学、城乡规划学、风景园林学
建筑工程安全领域	水利工程、土木工程、船舶与海洋工程
智能制造领域	仪器科学与技术、机械工程、控制科学与工程
光电信息领域	光学工程、电子科学与技术、信息与通信工程
数据科学领域	数学、计算机科学与技术、软件工程
环境生态领域	环境科学与工程、地质学、海洋科学

资料来源：参考文献[20]

通过对"新工科"的研究发展、国内外的高校发展经验、天津大学的行动来看，跨学科融合是促进"新工科"发展的有效手段之一。

2 天津大学建筑学院的跨学科交叉现状及"新工科"探索

天津大学教育学院许艳丽教授利用UCINET6.0软件对国内4所有代表性的一流大学工科学院本科课程进行交叉网络分析（图1）。从其分析图可以清华大学建筑学院则与其他8个学院开设了跨学科课程，同济大学建筑与城市规划学院也与其他学院开设了跨学科课程。反观天津大学建筑学院仅与管理与经济学部之间开设了共同的课程，天津大学建筑学院的跨学科交叉教育基础较弱，急需从学院层面提升。

在2017年天津大学进行"双一流"高校建设时，建筑学院根据自身优势学科基础申报了"可持续建筑与环境领域"学科建设的专项计划并获批。"可持续建筑与环境领域"学科制定了"新三步走"战略，紧跟天津大学"双一流"高校建设步伐，逐步完成"可持续建筑与环境领域"的世界一流学科建设目标。同时，天津大学建筑学院开始了本科教育的改革，创造性地提出了以

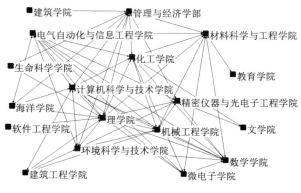

天津大学

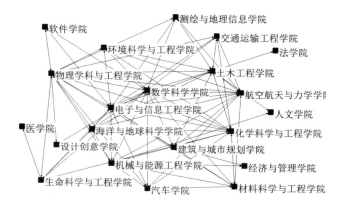

同济大学

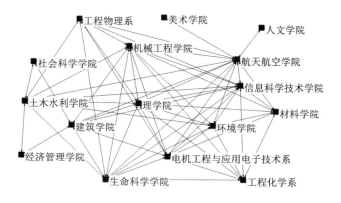

清华大学

图 1　天津大学 – 清华大学 – 同济大学学科交叉网络
图片来源：参考文献[6]

"原创性思维"为人才培养目标的建筑领域拔尖人才培养体系，推进传统的"知识导向型"设计向"研究导向型"设计转变，强调逻辑引导下的自主学习，主动获取知识。2019 年 1 月 27 日，天津大学建筑学院召开了"对话京津冀，践行新工科——一流大学城乡规划学科服务雄安新区建设研讨会"，会上规划管理部门、规划设计企业、规划研究与教育机构等专家都提出学科融合是促成"新工科"创新的必要途径，课程设置是新工科学科交叉的重要载体[22]，结合天大"新工科"教育经验，建构规划教育新模式，为雄安新区建设培养高水平的复合型人才。

3　天津大学建筑学院城乡规划人才培养现状

3.1　教学团队的科研教学背景

通过对城乡规划专业教师的科研方向进行归纳统计（图 2），不难发现，城乡规划专业教师研究方向多为城市设计及其理论、生态城市规划、地理信息系统与管理等方向。城乡规划学科与其他学科已有一定的交叉基础，主要体现在与生态学、地理学等学科的融合。但从目前的教学科研方向来看，城乡规划学科还缺少与管理学、环境水力学、生态水力学、计算机科学与技术、理学等学科的融合。由于缺少更多跨学科的教学科研经验，城乡规划专业教师无法对学生进行其他学科的基础性知识授予，学生也无法方便地了解其他学科的基础性知识。

3.2　城乡规划专业人才培养优势及不足

以城乡规划专业本科为例，2016—2018 连续三年就业升学情况达到 100%（图 3）。根据对 6 所国内升

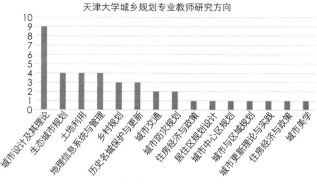

图 2　天津大学城乡规划专业教师研究方向
图片来源：作者自绘

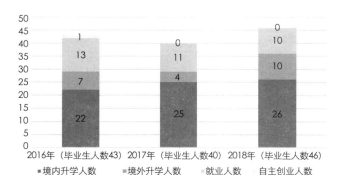

图3 2016年—2018年城乡规划专业本科就业（升学）情况
图片来源：作者自绘

学院校、10 所国外升学院校、20 家国内外顶尖用人单位对城乡规划本科毕业生的调查，毕业生满意度分别达到 100%、90% 和 100%。对城乡规划专业学生的满意度评价主要体现在：①具有良好的职业道德、扎实的规划设计基本功、清晰的规划设计理念和过硬的空间表现技能以及解决典型规划设计问题的实操能力；②学生求是务实、扎实认真、兢兢业业、尽职尽责、善于合作，综合素质强；③在满足规划设计企业对规划设计高素质"创作型"领军人才的需求方面具有明显的优势和优秀的社会声誉。

但是天津大学城乡规划专业的人才培养也有明显的不足，主要体现在：①对学生政策意识、创新能力、领导能力方面的培养目标尚不够清晰，不能充分体现天津大学及本专业应有的地位和责任担当；②在培养模式和机制方面，人才培养模式单一，体现"通专融合"、"贯通培养"导向要求的教学组织和管理机制尚不完善；③在课程和教学平台建设方面，部分课程内容陈旧、教学目标含混、授课形式僵化，课程设置未充分融合天津大学其他优势学科的综合实力和社会资源，难以满足当前及未来国家发展对专业领域"创新型"人才、跨学科领域复合型人才和科技前沿领域领军型人才的需求。

研究生培养同样秉承了天津大学"厚基础、专口径"的教育理念。培养方案虽已涉及经济、社会、人文、管理、生态、环境等相关学科，但研究生招生依然以本专业学生为主，其他学科学生为辅，以城乡规划学科核心课程为主干贯穿研究生培养过程。随着"天大方案"的实施，通过宣传，会有更多不同学科背景的优秀学生加入到城乡规划学科的研究领域中来，促进城乡规划学科与其他学科的融合。

4 天津大学建筑学院城乡规划跨学科教学发展策略

4.1 调整专业人才培养目标

围绕"六卓越一拔尖"计划 2.0、新工科建设、双一流大学建设、"天大方案"等计划、自然资源部的组建等国务院机构改革，调整城乡规划学科培养目标。为应对新时代下的国家发展需求、体现天津大学人才培养的社会担当。城乡规划学科在培养高素质的"创作型"规划设计人才的基础上，贯彻"以学生为中心"的办学思想，联动天津大学其他学院，培养跨学科的"新工科"复合型人才。不断完善城乡规划学科的核心理论体系的同时，将城乡规划学科的理论输出到其他学科，促进其他学科发展。满足国土空间规划、城乡规划设计及相关设计企业、城乡建设项目咨询策划及投资和运营企业、城乡规划建设相关行政管理部门的高素质、创新型应用人才需求。

4.2 学校内多学科交叉

多学科交叉是"新工科"人才培养的创新方式，通过对学校内的学科交叉融合，一来可以优势学科带动其他学科，二来可以转换传统单一学生培养模式为多元创新能力培养模式，提高学生创新实践能力。城乡规划学科因其涉及的知识面广而深，其理论结构模式也较为综合和复杂[23]（图4）。在此背景下，城乡规划学科可与

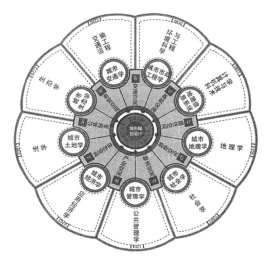

图4 城乡规划学科的理论结构模式
图片来源：参考文南 [23]

生态学、环境科学、管理学、环境水力学、生态水力学、计算机科学与技术、理学、工商管理、应用经济学、环境科学与工程等学科进行多学科交叉，共同开设公共课程。为能有效促进城乡规划学科与其他学科交叉融合，达到互促共进的目的，建议在天津大学成立以涵盖城乡规划学、生态学、环境科学、管理学等学科的"新工科"试点基地——"天津大学城市科学研究中心"，促进协同办公、协同教学、协同研究、协同科技转化等。在提升教师的跨学科科研教学经验储备、城乡规划专业学生接受跨学科培养便捷性的同时，保障"新工科"下的多学科融合有效实施。

4.3 完善复合与创新人才培养模式

主动对接国家重大发展战略需求，构建学科领域多元化的"校－地"科研与教学合作模式和合作平台。继承和发扬天大规划在城市设计、详细规划、空间战略规划等领域的教学优势，引入新知识、新技术、新方法，持续保持传统优势教学的引领作用，加快国际一流的城市空间分析、模拟、测评专业教学实验平台建设。打破学科人为界限，围绕"可持续建筑与环境领域"学科建设，打通跨专业、跨学科教学平台，鼓励跨专业领域的启发性、实验性、探索性教学题目，鼓励跨学科、专业的联合设计指导，建设具有"新工科"特点的特色专业课程。

4.4 促进产—学—研结合

工程知识创新是为了技术创新和应用，"新工科"的各种行动方案的出台已为"新工科"的建设提供了优秀的基础，但依旧缺乏"大学—产业"模式融合，而促进产—学—研结合是新工科建设成功的关键。从建筑类专业来看，部分企业由于担心技术创新研究投资成本过高，与高校的教学科研资源合作不充分，这对于企业与高校都是不利的。由于高校及科研院与企业在文化、管理、制度等方面存在的巨大差异，在创新成果产出数量、知识产权权属、利润分配、转化方式等方面容易出现产学研结合的矛盾。为减少矛盾发生，有以下几个方面可促进产—学—研结合：①在产学研同盟建立前，先根据自身资源、成果需求确定合作目标，明确各方收支比例和知识产权归属；②建立资源共享数据库，方便各方调取产学研知识资源；③搭建产—学—研人才合作平台，培养

复合型创新人才，为产学研合作创新提供协调、控制和领导型人才支持，有助于解决合作过程中的各类冲突。

5 结论与展望

本文通过对"新工科"的发展和天津大学行动进行回顾，提取"新工科"跨学科融合的特质，分析天津大学建筑学院跨学科交叉现状与城乡规划人才培养现状。为促进"新工科"建设进程，提出"新工科"背景下的天津大学建筑学院城乡规划专业的跨学科教学发展策略。以期促进天津大学建筑学院城乡规划学科和可持续建筑与环境领域学科的发展，使其跻身国际一流学科行列。

主要参考文献

[1] 中华人民共和国国家发展和改革委员会.国家教育事业发展"十三五"规划 [EB/OL]. 2017-01-10 [2019-05-023]. http：//www.ndrc.gov.cn/fzgggz/fzgh/ghwb/gjjgh/201705/t20170511_847116.html.

[2] 中华人民共和国教育部.教育部关于加快建设高水平本科教育全面提高人才培养能力的意见 [EB/OL].2018-09-17 [2019-05-23]. http：//www.moe.gov.cn/srcsite/A08/s7056/201810/t20181017_351887.html.

[3] 中华人民共和国教育部.教育部高等教育司关于开展新工科研究与实践的通知 [EB/OL]. 2017-02-20 [2019-05-23]. http：//www.moe.gov.cn/s78/A08/A08_gggs/A08_sjhj/201702/t20170223_297158.html.

[4] 吴爱华，侯永峰，杨秋波，等.加快发展和建设新工科，主动适应和引领新经济 [J].高等工程教育研究，2017（01）：7-15.

[5] 钟登华.新工科建设的内涵与行动 [J].高等工程教育研究，2017（03）：7-12.

[6] 许艳丽，周天树.基于课程设置的新工科学科交叉研究 [J].黑龙江高教研究，2019（04）：156-160.

[7] 刘鑫桥.新常态下新工科建设形式趋同的制度逻辑 [J].黑龙江高教研究，2019（04）：1-4.

[8] 章云，李丽娟，杨文斌，蔡述庭.新工科多专业融合培养模式的构建与实践 [J].高等工程教育研究，2019（02）：50-56.

[9] 李华，胡娜，游振声.新工科：形态、内涵与方向 [J].高

等工程教育研究，2017（04）：21-24+62.

[10] 顾佩华. 新工科与新范式：概念、框架和实施路径 [J]. 高等工程教育研究，2017（06）：6-18.

[11] 夏淑倩，王曼玲，程金萍，魏树红. 践行 OBE 理念，开展化工类专业新工科建设 [J]. 化工高等教育，2018，35（01）：9-12+61.

[12] 杨秋波，陈奕如，曾周末. 工科优势高校传统工科专业改造升级的行动研究 [J]. 高等工程教育研究，2018（06）：23-26+70.

[13] 黎海生，夏海英，宋树祥. 基于新工科的电子信息类专业人才创新能力培养模式研究与实践 [J]. 实验技术与管理，2019，36（04）：200-202.

[14] 张民. 基于新工科背景的计算机类专业教材出版的转型思考 [J]. 科技与出版，2019（04）：93-97.

[15] 肖凤翔，覃丽君. 麻省理工学院新工程教育改革的形成、内容及内在逻辑 [J]. 高等工程教育研究，2018（02）：45-51.

[16] 王梅，李梦秀. 斯坦福大学工程学院的跨学科教育及启示 [J]. 教育评论，2018（04）：160-164.

[17] 林健，胡德鑫. 国际工程教育改革经验的比较与借鉴——基于美、英、德、法四国的范例 [J]. 高等工程教育研究，2018（02）：96-110.

[18] 天津大学. 关于天津大学第一批校级新工科通识课程立项名单的公示通知 [EB/OL]. 2019-04-10 [2019-05-23]. http：//oaa.tju.edu.cn/zygg/201904/t20190410_312895.html.

[19] 天津大学. 光明日报头条：天津大学率先发布新工科建设方案 [EB/OL]. 2019-04-25 [2019-05-23]. http：//news.tju.edu.cn/info/1003/44613.htm.

[20] 天津大学. [校报特稿] 天津大学"双一流"建设行动计划解析 [EB/OL]. 2018-01-16 [2019-05-23]. http：//news.tju.edu.cn/info/1003/44613.htm.

[21] 天津大学. 中国教育报：天津大学优秀本科生可跨学科保研 [EB/OL]. 2019-05-23 [2019-05-23]. http：//news.tju.edu.cn/info/1003/44613.htm.

[22] 天津大学. "对话京津冀，践行新工科"——一流大学城乡规划学科服务雄安新区建设研讨会顺利召开 [EB/OL]. 2019-01-30 [2019-05-23]. http：//news.tju.edu.cn/info/1003/43202.htm.

[23] 杨俊宴. 凝核破界——城乡规划学科核心理论的自觉性反思 [J]. 城市规划，2018，42（06）：36-46.

Exploration on the Improvement of Interdisciplinary-Innovation Teaching of Urban and Rural Planning in School of Architecture of Tianjin University based on " Emerging Engineering Education"

Chen Tian　Bu Xueyang　Zang Xinyu

Abstract: "Emerging Engineering Education" (3E) was put forward by the Ministry of Education of the People's Republic of China. "Fudan Consensus", "Tianda Action" and "Beijing Guide" had been formed after the announcement of 3E and the whole country has begun the process of construction of Emerging Engineering Education. 3E and Coherent-Collaborative-Interdisciplinary-Innovation would be reviewed in this study. Cross-disciplinary would be extracted as an important characteristic of 3E. Status of cross-disciplinary of School of Architecture would be analyzed. In order to promote the construction process of 3E, improvement strategies of cross-disciplinary of Urban and Rural Planning would be proposed. This study would be aim at promoting Urban and rural planning discipline in School of Architecture of Tianjin University into the international first-class rank.

Keywords: Emerging Engineering Education, Coherent-Collaborative-Interdisciplinary-Innovation, School of Architecture, Tianjin University, Urban and Rural Planning, Cross-Disciplinary, Improvement Strategy

我国规划院校的等级与网络
—— 一项基于教师教育背景的研究

高舒琦

摘　要：教师是教育发展的核心要素，他们的教育背景在很大程度上决定了其传达先进知识的能力。在学术界的就业市场中，毕业生的教育背景，是影响他们就职的主要影响因素之一。同时，毕业生得到学术界就业市场的认可，也是衡量一所研究性高校教育水平的关键因素之一。那么，在我国的规划院校中，哪些院校的毕业生占主要的地位，以及所形成的就业网络是什么样的呢？本研究爬取了 2017 年全国第四轮学科评估中，城乡规划学一级学科（代码 0833）排名前 20 的学校，共计 500 位教师的教育背景信息。通过对这些教师的本科、硕士与博士授予单位进行分析，本研究从毕业生在高等院校就业的角度，揭示了我国规划院校所存在的鲜明等级结构与网络体系。

关键词：规划教育，教育背景，复杂网络，等级结构

1　引言

有关高等院校的建设，原清华大学校长梅贻琦曾经说过："谓大学者，非谓有大楼之谓也，有大师之谓也"。由此可见，教师队伍的培养在高等院校的发展中所起到的重要作用。一所高等院校要发展，一方面，需要从更好的高校中引进毕业生作为教师，从而提高自身的教师队伍水平，另一方面，也要努力让自己学校所培养的学生到更好的高校中去就职，从而增强声誉，以及为未来可能存在的合作打下基础。然而，如何在学术就业市场上，准确地度量一所高等院校相对于其他高校"好"多少以及"好"在哪里，是一个道不清说不明的难题。

目前，全球各国的官方机构、高校自身以及众多第三方机构给出了大量的高校与专业排名。由于这些排名所选取的指标大相径庭，因此一些高校及其专业在不同的排行榜中，名次之间的差别很大。然而，在学术界的就业市场中，却往往存在着一种现象，即无论各类排名怎么变化，有些学校的毕业生，比其他学校的毕业生，更受雇主的欢迎。其结果是，少部分高校毕业的学生，占据了大部分高校教师的岗位。以美国高校为例，

一项由 Clauset 等学者（2015）所完成的研究显示，四分之一高校的博士毕业生，占据了 71% 到 86% 的高校教职，这一极化现象在研究所涉及的三个不同学科中有所不同，历史学的极化最为严重（86%），计算机科学居中（80%），而商学相对较弱（71%）。此外，一些顶级学校之间相互输送大量己方的毕业生前往对方高校任职，形成了稳固的网络，例如计算机科学领域的"四大"：麻省理工学院、斯坦福大学、加州大学伯克利分校、卡内基梅隆大学。

在城乡规划领域，国内外研究尚未对高等院校就业的等级与网络进行充分的研究，但已经有了一些比较相关的研究。Sanchez（2013）的研究发现，前十所学校的毕业生，占据了北美 88 所规划院校中接近一半（46%）教职（表 1），同时，在这个榜单中排名越高的学校，越喜欢聘用自己的毕业生。目前，对我国规划类院校的相关研究尚处于空白之中，研究规划类高校毕业生在学术圈中的就职情况，对于了解我国规划院校的等级与合作网络，以及规划教育的发展情况，有着重要的现实意义。

高舒琦：东南大学建筑学院城市规划系讲师

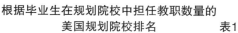

根据毕业生在规划院校中担任教职数量的
美国规划院校排名　　　　表1

院校名称	规划院校就职人数	就职排名
加州大学伯克利分校	72	1
康奈尔大学	48	2
麻省理工学院	47	3
加州大学洛杉矶分校	44	4
宾夕法尼亚大学	35	5
北卡罗来纳州大学教堂山分校	33	6
罗格斯大学	30	7
哈佛大学	30	8
密歇根大学	29	9
华盛顿大学	25	10
伊利诺伊州大学香槟分校	22	11
南加州大学	18	12
威斯康辛大学麦迪逊分校	16	13
哥伦比亚大学	15	14
俄亥俄州立大学	13	15

资料来源：Sanchez（2013）

2　研究数据与方法

　　为了对我国规划院校的教师教育背景及其网络进行研究，本文首先选取了在 2017 年学科评估中，城乡规划一级学科（代码：0833）排名前 20 的院校（表2）。选择这些高校的原因，一方面是它们代表了我国规划院校的最高的水平，对这些院校的教师群体进行研究，可以较好地反映我国规划教育界从业人员的整体情况；另一方面，这些院校中均具有较为独立的规划系，而在排名 20 之后的规划院校中，往往不具有较为独立的规划系，大量规划教师隶属于建筑系，因此很难准确将规划教师区分出来。其次，通过爬取这些规划院校的官方网站中教师的教育背景信息，本研究中获取了这 20 所规划院校中，共计 500 名教师的教育背景信息。需要在此注明的是，由于在官网上，一些教师并未提供其全部的教育背景信息，因此研究者还通过知网、百度百科、LinkedIn 等平台对这些部分缺失教育信息的研究对象进行数据补充。但是，仍然有部分教师（74 名）的教育背景信息不全（绝大多数情况为缺失本科或硕士阶段的教育信息），占到研究对象总量的 14.8%。随后，研究从这 500 名教师的教育背景信息中，识别出了 736 对"培

研究对象及其在2017年第四轮学科评估与
2012年第三轮学科评估中的成绩　　表2

学校	有效教育背景信息的教师人数	2017年第四轮学科评估成绩	2012年第三轮学科评估成绩
清华大学	36	A+	91
同济大学	50		86
天津大学	25	A−	76
东南大学	32		83
哈尔滨工业大学	20		74
南京大学	22		74
华中科技大学	26		73
华南理工大学	32	B+	79
重庆大学	36		79
西安建筑科技大学	55		76
大连理工大学	14		68
沈阳建筑大学 *	6		73
苏州科技大学 *	15	B	68
武汉大学	40		71
湖南大学	12		69
北京建筑大学	18		71
山东建筑大学 *	17		—
深圳大学	18	B−	—
长安大学 *	15		—
安徽建筑大学 *	10		—

注：标 * 的院校只在其官方网站上列举了其城乡规划学的硕士生导师，因此本研究中获取的这些学校的教师信息，与其真实的教师数量之间，可能有着较大的差异。

养学校→就职学校"的关系，并通过相关统计工具以及复杂网络分析工具 Gephi 进行了分析。

3　研究发现

3.1　我国规划院校教师的教育背景与等级性

　　研究首先发现，我国规划院校教师的教育背景非常丰富。研究对象的教育背景来自 136 所国内外高等院校，其中 79 所大陆院校，4 所港澳台高校，53 所国外院校。在国外院校中，以日本（11 所），英国（10 所），美国（9 所），法国（8 所）这四个国家的丰富性最高。

　　其次，我国规划院校中，聘用具有本校教育背景的毕业生的比例与数量均远远高于国外。在本研究所涉及

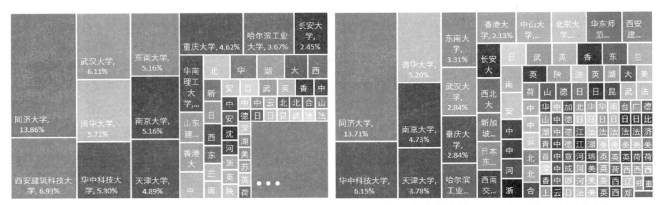

图1 包含在本校就职的20所规划院校教师的教育背景（左）与不包含在本校就职的教师教育背景（右）

的500名研究对象中，共抓取了736对"培养学校→就职学校"的联系。研究发现，高达62%的研究对象（313人），具有本校的教育背景。类似Sanchez（2013）针对美国规划院校教师教育背景的研究发现，我国学科评估排名靠前的学校，相比排名较后的学校，在教师拥有本校教育背景上的比例，来得更高。在2017年学科评估中，排名前十的规划院校，其教师拥有本校教育背景的平均比例为72%，而排名11至20的规划院校，其教师拥有本校教育背景的平均比例则只有39%。

最后，我国规划院校的教师教育背景上也存在显著的等级性。通过分析发现，在包含本校就职的条件下，60%的研究对象具有以下十所高校的教育背景：同济大学、西安建筑科技大学、武汉大学、清华大学、华中科技大学、东南大学、南京大学、天津大学、重庆大学、哈尔滨工业大学（图1）。在剔除了本校就职的情况后，剩余的189名研究对象中，46%具有以下十所高校的教育背景：同济大学、华中科技大学、清华大学、南京大学、天津大学、东南大学、武汉大学、重庆大学、哈尔滨工业大学、香港大学（图1）。对比这两个排名，可以发现，两者具有高度的重复性，且排序也基本一致。据此，可以总结出我国规划院校的等级性，即极化现象同样存在于我国规划院校的教师背景上，少部分优秀的规划院校（如同济大学、清华大学、华中科技大学、东南大学、南京大学等）的毕业生，构成了我国规划院校教师队伍的主体。

3.2 我国规划院校教师的教育背景与网络性

通过对原始数据分析所得的736组"培养学校→就职学校"联系进行网络分析，研究进一步得到了以下一系列的发现。

首先，联系网络具有鲜明的"中心——边缘"格局（图2）。传统上的规划强校，如同济大学、清华大学、东南大学、天津大学、华中科技大学等，处于联系网络的核心，且与其他院校有着极为丰富的联系，即为其他规划院校的师资队伍中输送了大量的毕业生。其中，由于拥有同济大学教育背景教师的规划院校数量（19所）远远超过其他任何一所高校，因此同济大学也自然而然地成为联系

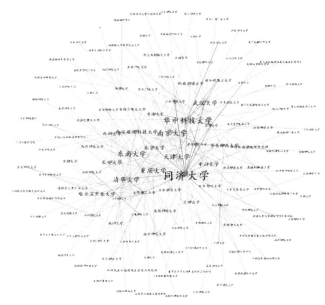

图2 我国规划院校之间由相互输送毕业生所形成的"核心——边缘"结构的联系网络

网络的重心。而一些在学科评估中排名相对靠后的规划院校，由于无法将自己的毕业生输送给较多的其他院校，同时在教师的教育背景上不具有足够的丰富度，因此只能处于联系网络的边缘位置。

再次，联系网络中，一些节点的连入院校（即"接受非本校的毕业生"）与连出院校（即"输送本校的毕业生"）之间，存在着较大的差异。一些拥有较多连出院校，如同济大学、重庆大学、东南大学等，也有着较多的连入院校，表明这些规划院校教师的教育背景较为多元化（表3）。而另一些有着较多连出院校，如天津大学，相比其他院校其连入院校的数量要少得多，表明这些院校尽管位于联系网络的核心，但是其只是单向的输出毕业生，对于其他院校毕业生的接纳程度较低。还有一些院校，尽管连出院校较少，但是连入院校较多，一般来说这些院校的排名往往相对较低，但是也有例外，如华南理工大学。

联系网络中部分高校的连入院校与连出院校对比 表3

大学名称	拥有该大学教育背景教师的院校数量	教师的教育背景来自多少所不同的院校
同济大学	19	27
华中科技大学	12	16
南京大学	11	15
东南大学	10	18
清华大学	9	19
天津大学	9	9
重庆大学	9	21
武汉大学	8	15
华南理工大学	2	24
苏州科技大学	1	20
北京建筑大学	0	17

最后，联系网络中存在着多组联系紧密的"兄弟院校"，即一些规划院校教师的教育背景中，有相当大的比例来自其他某一所高校。这种"兄弟院校"的表象最为明显的案例是"同济大学→山东建筑大学"。在本次研究所采集获得的17位山东建筑大学规划系的教师中，有9位拥有同济大学的教育背景，这一比例甚至超过了拥有本校教育背景的教师数量（8人）。其他较为显著的"兄弟院校"关系还有"华中科技大学→武汉大学"，"同济

大学→华南理工大学"，等。

4 研究启示与讨论

相比于其他的学科，城乡规划学在国内外都是一个年轻且有点"小众"的学科。说年轻，是因为，国外高校的城乡规划系相对于高等教育的发展时间而言，都相对较短。哈佛大学于1923年才创立北美第一个城市规划系，而哈佛大学早在1636年便已成立。在国内，同济大学于1952年创立了第一个城市规划系，相比于1907年的建校时间，也已过去了半个世纪（黄立，2006）。说"小众"是因为，相比于其他学科，城市规划系在高校中，仍然是一个不那么常见的系所。同时，城乡规划学也比其他学科的研究性学位授权点要少很多。在美国，一共有88所通过认证的规划院校，作为对比，美国共有150所得到认证的建筑院校以及250所得到认证的土木工程院校。在国内，全国具有城乡规划学"博士授权"的高校只有13所，而土木工程共有56所，数学共有76所。

也正因为城乡规划学科的发展时间较短且参与高校较少，导致相比于其他学科，城乡规划的学术圈中，无论在本研究所涉及的教师背景，还是在科研产出上，都更容易形成极化的现象。一些发展相对较早的院校，其思想流派以及毕业生，牢牢占据了学术与实践领域的话语权，这对学科的整体发展而言，并不是值得乐观的现象。城乡规划学科从物质空间设计主导转变为过程导向，是国内外学科发展的大趋势（Anselin，等，2013；赵万民，等，2010）。在这一过程中，需要有更多的声音以及更为多元的教育背景的教师，才能为学科的发展，不断带来新的活力。

另一方面，相比于其他学科，城乡规划专业带有极强的实践性的特征，因此高校就职仍然是一种相对小众的就业方向。但是，目前各个高校都在向研究性高校靠拢，各个学科的博士生培养数量正在不断增长。2010年，我国各大规划院校的博士生在校数量为436人，已经是2001年这一数量（221人）的两倍（Tian，2016）。而这一趋势在近年来愈发显著。2011年，《科学》新闻曾经有一篇报道，声称目前全球各类高校所培养的博士生数量，已经远远超过了学术界各类高校和科研院所的需求（Cyranoski和Gilbert，2011）。在本研究的分析过程中，

笔者也发现，相比于年龄较大的规划院校教师"先就业再读博"，近年来入职的教师早已转变为"先读博再就业"，甚至许多规划院校已经要求必须要有博士后的经历才能入职。尽管高等院校并不是规划学科博士就业的唯一去处，但是随着博士培养的数量日益增长，可以预见学术界的就业竞争压力也将越来越大。究竟我们国家的城乡规划学的研究生培养，应该走向为需求越来越小的学术界服务，还是选择以实践为导向，值得进行深入的探讨。

5 小结

本研究通过爬取了 2017 年全国第四轮学科评估中，城乡规划学一级学科（代码 0833）排名前 20 的学校，共计 500 位教师的教育背景信息，并进行分析，发现了我国规划院校存在着鲜明的等级性，以及复杂的网络。研究发现，60% 的教师具有十所高校的教育背景，即便在剔除本校就职的情况后，还有 46% 的教师出自十所高校。在规划院校的学术圈就职网络中，具有鲜明的"核心——边缘"结构，传统上的规划强校，如同济大学、清华大学、东南大学、天津大学、华中科技大学等，处于联系网络的核心，且与其他院校有着极为丰富的联系。同时，研究还发现了网络中所存在的"兄弟院校"现象，即一些规划院校教师的教育背景中，有相当大的比例来自其他某一所高校，以及一些规划院校存在着连入院校与连出院校严重不匹配的现象。

主要参考文献

[1] Anselin，L.，Nasar，JL.，Talen，E. Where do Planners Belong? Assessing the Relationship between Planning and Design in American Universities[J]. Journal of Planning Education and Research，2013，31（2）：196-207.

[2] Clauset A，Arbesman S，Larremore D B. Systematic inequality and hierarchy in faculty hiring networks[J]. Science advances，2015，1（1）：e1400005.

[3] Cyranoski D，Gilbert N，Ledford H，et al. Education ：the PhD factory[J]. Nature news，2011，472（7343）：276-279.

[4] Sanchez，T.（2013）. Who teaches planning?[EB/OL]. Planetizen，2013. https：//www.planetizen.com/simpleads/redirect/104141.

[5] Tian L. Behind the growth ：planning education in China during rapid urbanization[J]. Journal of Planning Education and Research，2016，36（4）：465-475.

[6] 黄立. 中国现代城市规划历史研究（1949-1965）[D]. 武汉：武汉理工大学，2006.

[7] 赵万民，赵民，毛其智. 关于"城乡规划学"作为一级学科建设的学术思考[J]. 城市规划，2010（6）：46-52+54.

Hierarchy and Network of Planning Schools in China : A Study of Education Background of Professors

Gao Shuqi

Abstract: Teachers are the core elements of education development，their education background largely impacts their ability of conveying knowledge. In the academia job market，candidates' education background is a major element that determines their placement. Meanwhile，good placement is also a key factor to measure a research institute and university's level. In China's planning schools，whose graduates take the major part，and what is their employment network? This study focuses on analyzing the 500 teachers from the top 20 planning schools in China. By analyzing their undergraduate，master and doctor education schools，this study reveals the clear hierarchy structure and network system in planning academia.

Keywords: Planning Education，Education Background，Complex Network，Hierarchy Structure

市县国土空间规划教学实践

熊国平

摘　要：市县国土空间规划作为落实国家、省级空间规划的关键环节，是全国市县自然资源规划部门和规划设计研究机构关注的焦点问题，也是难点问题，要求重构总体规划教学方法、教学内容，适应实践需求，转变教学方法，通过多学科融合应对全域要素统筹，通过实践理解现实需求，通过创新探索回应时代需求，调整教学内容，围绕国土空间现状评价、双评价、战略目标、总体格局、三区三线、自然资源保护与利用、基础设施支撑体系、国土综合整治与生态修复等重大现实问题，力图教学与实践同步，边实践、边探索、边完善，推动学科发展和体系重构。

关键词：市县国土空间规划，教学体系，城乡规划教育

1　时代背景

2018年3月，成立自然资源部，负责建立空间规划体系并监督实施。推进主体功能区战略和制度，组织编制并监督实施国土空间规划和相关专项规划。开展国土空间开发适宜性评价，建立国土空间规划实施监测、评估和预警体系。组织划定生态保护红线、永久基本农田、城镇开发边界等控制线，构建节约资源和保护环境的生产、生活、生态空间布局。建立健全国土空间用途管制制度，研究拟订城乡规划政策并监督实施。2019年1月，《关于建立国土空间规划体系并监督实施的若干意见》审议通过，将主体功能区规划、土地利用规划、城乡规划等空间规划融合为统一的国土空间规划，实现"多规合一"，标志着国土空间规划体系建设工作将全面实施，国土空间规划的要求和目标为发挥战略性、科学性、协调性、权威性的作用，健全用途管制，并对各专项规划起到指导和约束的作用。国土空间规划成为国土、城乡规划两大行业机构高度关注并讨论的热点话题，部分省市也陆续开展了先行先试工作，进一步探索国土空间规划编制的技术方法，包括广西、浙江以及广州、武汉等。市县国土空间规划作为落实国家、省级空间规划的关键环节，侧重实施性，如何组织开展具体的规划编制工作，

是全国市县自然资源规划部门和规划设计研究机构关注的焦点问题，也是难点问题，也要求重构总体规划教学方法、教学内容，适应实践需求。

2　市县国土空间规划教学方法

市县国土空间规划是在生态文明时代，引领高质量发展，统筹保护与发展空间，化解规划内容冲突矛盾，按照战略引领、刚性管控的要求，实现城乡融合发展，统筹全域要素配置，教学方法相应转变，通过多学科融合应对全域要素统筹，通过实践理解现实需求，通过创新探索回应时代需求。

2.1　学科群深度融合

市县空间规划目标是实现经济社会发展、城乡建设、土地利用、生态环保、林业、水利、交通、海洋等各类空间性规划的有机融合，也是对现行城市总体规划、土地利用总体规划、主体功能区规划等的传承与发展，针对市县空间规划的综合性和复杂性，构建城市地理学、城市经济学、城市生态学、城市社会学、城市管理与法规、城市地理信息系统等多学科与空间规划深度融合的理论课程群，围绕市县国土空间规划

熊国平：东南大学建筑学院副教授

设计课程开展教学，理论课教方法，设计课管实践，相互促进。

2.2 立足地方实践

市县空间规划目的是解决现阶段我国土地利用规划、城乡规划、环境保护规划等的矛盾和问题较为突出，各类规划之间范围交叉、内容冲突等规划事权问题，地方规划实践是市县空间规划发展完善的基础，规划学科作为应用型学科，规划实践是规划教学的基础，针对"多规"规划目标和思路、分类标准、分区划定方法、规划基期和期限的差异，导致"多规"的规模、空间布局等方面的突出矛盾，构建立足地方规划实践的设计课程教学，依托教师的规划实践项目开展教学，学生进工作室、进项目组、进实验室，以问题为导向，在做中学，在学中做，力图解决实际问题。

2.3 鼓励创新探究

市县空间规划从地方探索到国家试点到体系重构，不断深入，理论与方法还不完善，按照部署 2020 年底之前基本要完成从全国国土空间规划纲要到市县一级国土空间规划编制工作，如果没有创新的技术手段和思维，很难在短时间内完成这个任务，边实践、边探索、边完善是常态，必由之路就是发挥好大数据、智能化技术作用，实践创新也要求教学创新，鼓励创新探究，在国土空间规划课程探索引入大数据、智能化等技术手段，培养引领生态文明新时代的创新性人才。

3 教学体系建构

教学体系围绕国土空间现状评价、双评价、战略目标、总体格局、三区三线、自然资源保护与利用、基础设施支撑体系、国土综合整治与生态修复等重大现实问题建构，力图教学与实践同步。

3.1 规划实施评价

（1）教学内容

在梳理现版主体功能区规划、城市总体规划以及土地利用规划及其他重要专项类空间规划相关核心内容的基础上，进行规划实施情况评估，发现问题，分析原因，判断趋势，提出建议。综合现版各类空间规划目标体系，比照目标设置，分析现状与规划要求的差距，评估现行空间规划的实施目标达成情况，重点对未完成目标进行原因剖析。通过梳理比较现行主体功能区规划、城市总体规划、土地利用总体规划及其他专项类空间规划的空间布局方案，从落实生态文明理念、促进区域高质量发展的角度，分析现行各类空间规划布局方案的科学合理性，为市县国土空间总体规划的用地布局优化方案提出方向性建议。

（2）成果展示

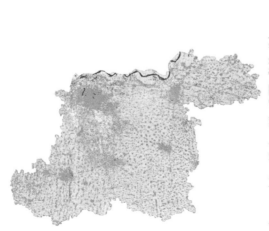

图 1　建设区识别

图 2　用地现状图

3.2 双评价

（1）教学内容

资源环境承载能力按照评价对象和尺度差异遴选评价指标，分别开展土地资源、水资源、海洋资源、生态环境、灾害等要素的单项评价。基于资源环境要素单项评价结果，开展生态保护、农业生产、城镇建设不同功能指向下的资源环境承载能力集成评价，根据集成评价结果，将相应的资源环境承载能力等级依次划分为高、较高、一般、较低和低 5 个等级。

基于生态保护、农业生产、城镇建设功能指向的资源环境承载能力集成评价结果，开展国土空间开发适宜性评价，将全域空间分别划分为生态保护极重要区、重要区、一般区，农业生产适宜区、一般适宜区、不适宜区，城镇建设适宜区、一般适宜区、不适宜区。在农业生产适宜区基础上，依次扣除生态保护极重要区、现状城镇及基础设施建设用地、连片分布的林地与优质草地、不宜作为耕地的坑塘水面、园地、耕地以及难以满足现代农业生产的细碎地块等，识别农业生产适宜区剩余可用空间。在城镇建设适宜区基础上，依次扣除生态极重要区、连片分布的现状优质耕地、现状建设用地以及难以满足城镇建设的细碎地块等，识别城镇建设适宜区剩余可用空间。

（2）成果展示

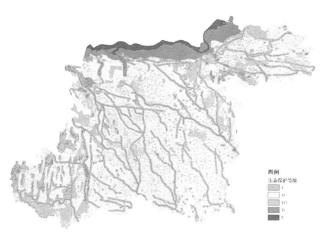

图 3　生态保护能力等级

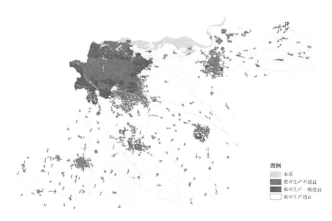

图 4　农业生产适宜性分区

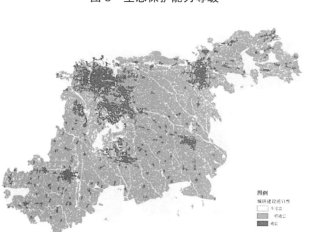

图 5　城镇建设适宜性分区

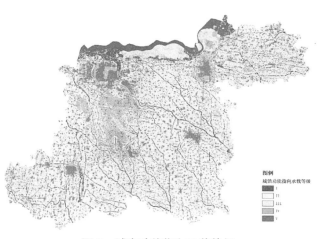

图 6　城市功能指向承载等级

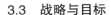

3.3 战略与目标

（1）教学内容

贯彻生态文明、高质量发展理念，落实国家和区域发展战略，以及省级国土空间规划确定的市县主体功能定位，针对市县国土空间开发保护存在的重大问题以及面临的形势，结合自然资源禀赋和经济社会发展阶段，制定市县国土空间开发和保护的功能定位、发展战略。从经济社会发展、资源环境约束、国土空间保护、空间利用效率、生态整治修复等方面提出 2025、2035 年分阶段规划目标和约束性、预期性指标，重要指标展望至 2050 年。

（2）成果展示

分项		指标	2017 年	2035 年	2050 年	分项		评价指标	2017 年	2035 年	2050 年
坚持创新发展	1	科技进步贡献率（%）	—	60	65	坚持开放发展	17	入境旅游人数（万人次）	30.9	50	70
	2	研究与试验发展经费投入强度（%）	1	2.5	4		18	外贸进出口总额（亿美元）	5.2	7.2	10
	3	万人发明专利拥有量（件）	1.4	5	10		19	实际利用外资（亿美元）	5.7	8.5	12
	4	全社会劳动生产率（万元/人）	43958	80400	—	互联网普及率	20	固定宽带家庭普及率	39.8	85	100
坚持协调发展	5	市域人口规模（万人）	523	600	660		21	移动宽带家庭普及率	—	95	100
	6	城市化水平（%）	47.4	51	55	坚持宜居发展	22	平均期望寿命（岁）	74	76.5	79
	7	城镇居民人均可支配收入（元）	28513	37000	45000		23	每万人拥有医疗床位数（张）	60	100	200
	8	农村居民人均可支配收入（元）	15568	18000	21000		24	每万人拥有医生人数（张）	18.4	25	50
	9	中心城区建设用地规模（平方公里）	181	213.5	—		25	平均受教育年限（年）	10.5	11	12
坚持绿色发展	10	细颗粒物（PM2.5）年均浓度（微克/立方米）	74	63 左右	大气环境质量得到根本改善		26	中心城区人均公共文化服务设施建筑面积（平方米）	0.14	0.36	0.45
	11	耕地保有量（万亩）	621.5	按省下达指标	—						
	12	生态控制区面积占市域面积的比例（%）	172.11	按省下达指标	—						
	13	万元地区生产总值水耗降低（比 2015 年）（%）	42.3	控制在省下达指标				五大类发展目标，创新发展类、协调发展类、绿色发展类、开放发展类、宜居发展类。			
	14	单位生产总值能耗降低（比 2015 年）（%）	15	控制在省下达指标							
	15	单位生产总值二氧化碳排放除低（比 2015 年）（%）	—	控制在省下达指标							
	16	重要江河湖泊水功能区水质达标率（%）	100	100	100						

3.4 三区三线

（1）教学内容

划定"三区三线"，是整合相关空间性规划的管控分区、统一规划基础、促进"多规合一"的重要举措，是统一各类空间性规划用途管控的核心。"三区三线"主要指生态空间、城镇空间和农业空间，以及生态保护红线、城镇开发边界和永久基本农田保护线。其中生态空间主要是针对具有自然属性、以提供生态服务或生态产品为主体功能的国土空间，包括森林、草原、湿地、河流、湖泊、滩涂等各类生态要素。农业空间主要是以农业生产和农村居民生活为主体功能，承担农产品生产和农村生活功能的国土空间，包括永久基本农田、一般农田、耕地、园地、畜牧与渔业养殖等农业生产空间，以及村庄等农村生活空间。城镇空间主要是以城镇居民生产生活为主体功能的国土空间，主要承担城镇建设和发展城镇经济等功能的地域。生态保护红线主要是指在生态空间范围内具有特殊重要生态功能、必须强制性严格保护的区域，是保障和维护国家生态安全的底线和生命线。永久基本农田保护线一般经国务院有关主管部门或县级以上地方人民政府批准确定的粮、棉、油生产基地内的耕地须划为永久基本农田保护线，主要包括蔬菜生产基地、农业科研与教学试验田，已经建成的标准农田、高标准基本农田，集中度、连片度较高的优质耕地，相邻城镇间、交通干线间绿色隔离带中的优质耕

地等。城镇开发边界是一定时期内可以进行城镇开发和集中建设的地域空间边界，是一条城镇空间管控的政策线，需要根据城镇规划用地规模和国土开发强度控制要求，兼顾城镇布局和功能优化的弹性从严划定。

（2）成果展示

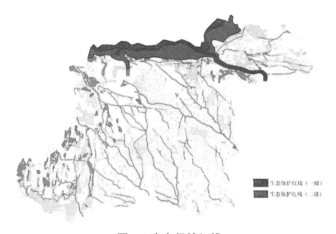

图 7   生态保护红线

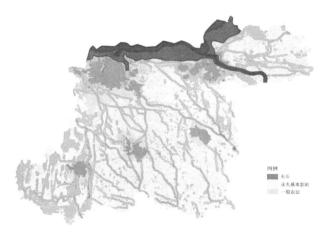

图 8   永久基本农田

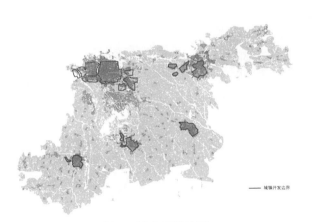

图 9   城市开发边界

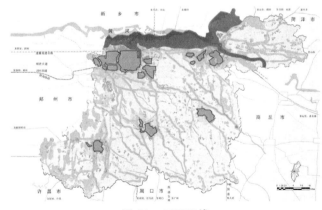

图 10   三区三线

3.5   自然资源与生态保护利用

（1）教学内容

按照"山水林田湖草海"系统保护要求，统筹市县耕地、森林、河流、湖泊、湿地、海洋及矿产等各类自然资源的保护与利用，确定自然资源保护底线和利用上线，提出各类自然资源供给总量，结构优化、布局调整的重点和方向，以及时序安排等。落实并明确市县域水

源涵养、水土保持、生物多样性维护等重点生态功能区，明确范围、布局与保护利用指引。构建市县域自然保护地体系，明确分级分类标准，提出各类保护地的保护对象、保护目标及功能定位，确定各类保护地的保护范围、总体布局与保护发展指引。

（2）成果展示

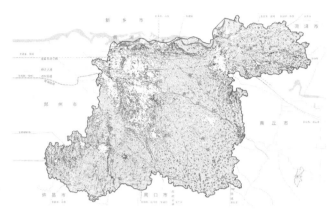

图 11　市域自然要素管控

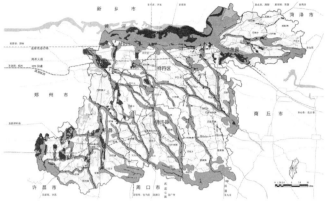

图 12　市域生态格局

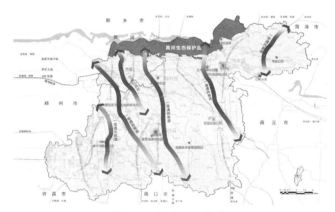

图 13　市域通风廊道

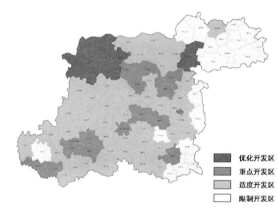

图 14　主体功能分区

3.6　国土空间格局

（1）教学内容

立足市县域自然资源本底，统筹生态、农业、海洋、历史文化等重要保护区域和廊道，分析人、地、产、城、交通关系，确定城镇、产业开发的轴带和重要节点，依托基础设施支撑体系，构建市县国土空间开发保护总体格局。合理确定市县域镇村体系以及城乡居民点体系结构，明确各类主要产业空间平台，构建市县城乡开发利用格局。明确乡镇等级结构和职能分工，形成各乡镇差异化协调发展新格局。结合市县一二三产业的发展基础与发展条件，提出一二三产业发展方向和重点；确定产业准入规则与负面清单；提出产业空间优化与整合提升的原则与措施。

（2）成果展示

3.7　城市空间布局

（1）教学内容

明确城镇发展规模、主要发展方向、空间形态与用地构成，引导内部结构和布局优化。构建公共服务设施体系，明确教育、文化、体育、卫生、社会保障等各类公共服务设施配置标准、服务人口、设施规模，明确重要公共设施空间布局。建立社区生活圈体系，明确社区生活圈建设标准，推动社区基本公共服务设施均等化、服务范围全覆盖。明确历史文化遗产保护名录，提出历史文化遗产保护整体框架与保护要素，确定保护目标、保护原则、保护范围和总体要求。保护自然山水格局，确定整

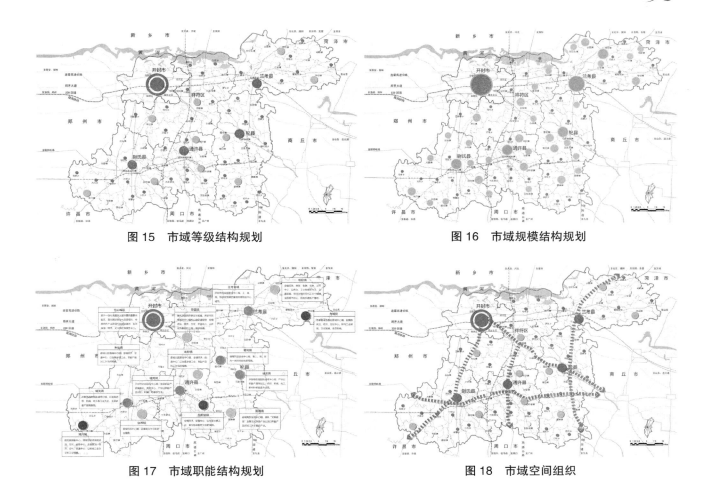

图 15　市域等级结构规划　　　　　图 16　市域规模结构规划

图 17　市域职能结构规划　　　　　图 18　市域空间组织

体景观风貌架构，明确绿地系统、主要河湖水系及岸线的布局和建设要求，构建高品质公共空间网络。针对城镇，研究总体空间格局和景观风貌特征，定位城市形象，构筑空间景观系统框架，对空间景观要素系统提出总体要求。
（2）成果展示

3.8　支撑体系
（1）教学内容

从交通、市政、安全构建支撑体系，突出城乡一体化要求，确定市县域综合交通体系，明确重要交通枢纽地区选址预控和轨道交通走向，深化区内城乡交通线网、各类交通设施与枢纽布局。市县域明确水资源配置方案，提出能源、水利、电力、信息、给水、排水、环保、环

卫等市政基础设施发展目标与规模，按照城乡融合原则确定各类市政基础设施及主要线网布局，构建市政基础设施网络。市县明确防灾减灾目标、设防标准、防灾设施布局与防灾减灾措施，划定涉及城市安全的重要设施范围、通道以及危险品生产和仓储用地的防护范围。
（2）成果展示

3.9　国土综合整治与生态修复
（1）教学内容

明确市县域生态保护修复的目标任务、策略路径、重点方向与重点区域，提出水污染防治和水生态修复、矿山环境整治与修复、土地整治与污染修复、生态环境综合修复、自然保护地生态修复等措施要求，提出生态

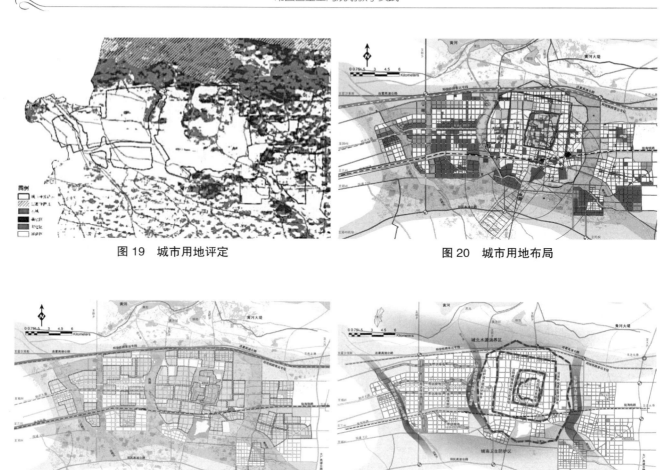

图 19　城市用地评定

图 20　城市用地布局

图 21　居住区与生活圈规划

图 22　城市绿地系统

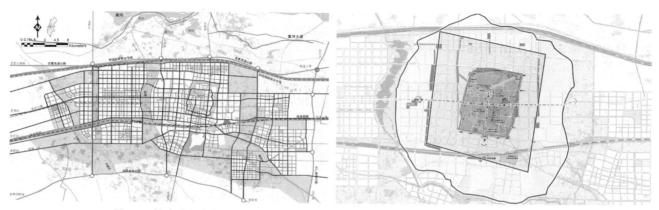

图 23　综合交通规划

图 24　历史文化保护格局

保护修复的重点工程及重点项目。明确市县全域国土综合整治的目标任务、策略路径、重点方向与重点区域，提出高标准农田、田水路林村综合整治、城乡建设用地增减挂重点工程和措施要求；进行耕地后备资源评估，明确补充耕地集中整备区规模和布局；结合现状城乡建设用地利用效率和可挖潜能力，提出城镇低效用地再开发、城镇景观风貌提升、生态环境治理、污染土地无害化利用、闲置用地处置等重点工程和实施机制；提出自然灾害防治的主要目标与措施。明确市县域城乡建设用地存量更新的目标任务、策略路径、重点方向与重点区域，加快农村宅基地、城镇工业用地、老旧小区和城中村等建设用地存量更新，提出城乡建设用地存量更新的重点工程及重点项目。

（2）成果展示

5 结语

市县国土空间规划的实践和教学仍处在探索阶段，并无统一的技术标准与规范，这对市县国土空间规划教学是个挑战，同时也提供了创新空间和可能，边实践、边探索、边完善，推动学科发展和体系重构任重道远。

新的技术教学以大数据、智能化技术为重点，通过数字化城市设计平台、城市仿真模拟平台和互联网＋规

图 25　市域生态空间修复

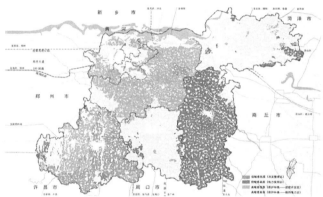

图 26　市域农业空间整治

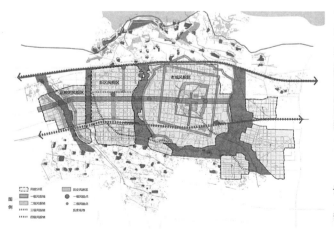

图 27　城市空间修补

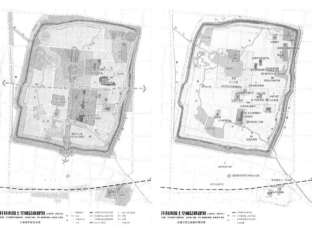

图 28　历史文化空间复兴

划协同平台，共同支撑国土空间规划。

新的教学方法要确立底线思维，以开展资源环境承载力评价和国土空间开发适宜性评价为代表的"双评价"为基础。

新的教学内容要以三区三线划定为主线，明确空间管控依据，生态保护红线、永久基本农田保护线需要从严划定，城镇开发边界线需要适应城镇发展的不确定性，注重刚性与弹性的结合，适度预留弹性。

设计小组：小组A：谭柠菡、陈乐琳、庄琪；小组B：徐能、张井芳、吴佳颖；小组C：陈源、汪岩、占焕然。技术指导老师：胡明星；交通指导老师：朱彦东；助教：颜子铭

主要参考文献

［1］ 自然资源部.资源环境承载能力和国土空间开发适宜性评价技术指南（征求意见稿）.2019年3月.

［2］ 浙江省自然资源厅.浙江省市县国土空间总体规划编制要点（征求意见稿）.2019年3月.

［3］ 湖南省自然资源厅.湖南省市县空间规划实施评估技术指南（试行）.2019年4月.

［4］ 环境保护部，国家发展改革委.生态红线划定指南.2017年5月.

［5］ 自然资源部.智慧城市时空大数据平台建设技术大纲.2019年1月.

Teaching Practice of County Spatial Planning

Xiong Guoping

Abstract: As a key link in the implementation of national and provincial spatial planning, county spatial planning is the focus of Natural Resources Planning Departments and planning and design research institutions, and it is also a difficult problem, in the whole country. It is required to reconstruct the teaching methods and teaching contents of the overall planning, adapt to the needs of practice, and change the teaching methods. Through multi–disciplinary integration, to cope with global elements co-ordination. Through practical understanding to respond real needs, through innovation and exploration to respond to the needs of the times, to adjust the teaching content. Focusing on the status quo assessment of land use, dual evaluation, strategic objectives, overall pattern, three districts and three lines, natural resource protection and utilization, infrastructure support system, comprehensive land improvement and ecological restoration, we strive to synchronize teaching and practice. While exploring and perfecting, to promote the development of disciplines and system reconstruction.

Keywords: County Spatial Planning System, Teaching System, Urban–Rural Planning Education

城乡规划专业硕士研究生培养的传承与发展

彭　翀　林樱子　王宝强

摘　要：城乡规划专业硕士研究生培养的传承与发展，是规划研究生教育需要长期关注的议题，在不同时期体现为不同的重点问题。本文回顾过去，展望未来，结合华中科技大学建筑与城市规划学院的实践从硕士研究生培养的特色传承出发，在传承历史、立足地域和力量凝聚三方面分析了专业教育和人才培养的优势基础与经验；进而从差异化分类指导、精细化过程把控和规范化质量控制对现阶段研究生的培养优化进行了探讨；最后从面向社会需求、接轨世界发展和应对未来挑战等层面提出城乡规划专业研究生培养的发展思路。

关键词：城乡规划专业，硕士研究生培养，传承，发展

　　我国的城乡规划学科起源于以建筑学为主的工程学科（孙施文，2016；杨俊彦，2018），截至 2017 年底，全国共有 14 所城乡规划学一级学科博士授权点高校、42 所城乡规划学学术型硕士授权点高校及机构、25 所城市规划专业硕士授权点高校（黄亚平和林小茹，2018）。在此过程中，各院校的规划专业研究生教育得到了长足发展，并基于不同的学科背景形成了特色化办学（杨贵庆，2013；王世福等，2017；叶裕民和邬艳丽，2017；吴志强和干靓，2019）。随着我国城镇化的推进，规划专业硕士研究生教育逐渐面临着培养类型多样、教育质量提升和学科发展转型带来的诸多挑战。本文结合华中科技大学建筑与城市规划学院的实践尝试探索其发展思路，认为首先应当基于历史积淀传承办学特色，进而在此基础上重视培养优化，最后从面向社会需求、对接世界发展和应对未来挑战三方面提出人才培养的发展转型建议。

1　特色传承

　　以历史传承为基础，形成具有基础优势的课程特色和学科方向，并立足于地域进行科研探索和项目实践，凝聚包括专业师资、学科交叉、实践平台和国际合作在内的人才培养力量。

1.1　传承历史

　　学科发展历程奠定了办学的基础优势，从学科背景

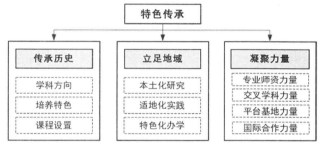

图 1　规划专业硕士研究生培养的特色传承

看，工科类以同济大学、清华大学、重庆大学等为代表，强调物质空间规划与形态设计、社会经济与工程技术的专业能力培养；理科类以北京大学、中山大学、南京大学、武汉大学及师范类大学为代表，重视城乡区域规划和地理分析，关注 GIS 及相关空间技术在规划分析与管理中的应用；农林管理类如中国农业大学、河北农业大学等，以生态研究、景观设计、资源管理等为主导进行人才培养（黄亚平和林小茹，2018；毕凌岚等，2019）。我院基于工科办学背景延续了物质空间规划的思路，并逐渐融合相关领域知识，形成了区域发展与规划、城市规划与设计、乡村规划与设计、社区发展与住房建设规

彭　翀：华中科技大学建筑与城市规划学院教授
林樱子：华中科技大学建筑与城市规划学院博士研究生
王宝强：华中科技大学建筑与城市规划学院讲师

划、城乡发展历史与遗产保护规划、城市规划管理六大学科方向与团队；在培养特色方面坚守工程实践与课堂教学的紧密结合，重视实践性人才的培养，呈现出以空间规划设计为基础、以学科领域交叉为助力、以国际开放教育为推力、以综合能力提升为导向的特征；在课程设置上既强调理论知识的强化，也注重复合能力的培养，更关注出口就业的保障，构建"专业理论 + 交叉学科 + 职业实践"的课程体系框架。

1.2　立足地域

紧跟国家改革与转型背景，并立足地域进行本土化研究、适地化实践和特色化办学。在教学方面，与地方政府合作，结合地域镇村发展特征和问题导向设置乡村规划教学实践基地和乡村人居环境联合研究创新基地；在研究和实践方面，按照国家"中部崛起"战略和"两型社会"建设要求，立足中部区域开展城乡规划科学研究与项目实践，积极探索从宏观至微观多层面多视角的相关研究，近年来的研究热点聚焦区域协调发展、长江经济带、大城市都市区 / 城市圈发展演化、面向乡村振兴的三农问题、夏热冬冷地区城市规划理论与方法等相关研究，并在此基础上逐渐形成"两型"城镇化与大城市区域化研究、地域性镇村发展与保护研究、适应气候变化的城市规划理论与方法等具有专业特色的学科方向，以教研产服一体化为目标，参与地方规划实践，服务地方规划决策，助力政府智库建设。

1.3　凝聚力量

在师资队伍方面，通过鼓励支持规划专业教师出国交流访学、引进国内外名校的海归博士教师和优秀青年教师等手段，促进师资学缘多样化，人才结构高端化和专业素质国际化。按二级学科方向，结合教师自身特长形成差异化学科团队；在学科交叉方面，一方面通过跨一级学科的课程设置实现跨学科培养，另一方面主动利用公共管理、土木交通、能源动力、资源环境等其他院系的学科基础和科研方向为研究生提供多学科交叉培养的条件；在实践平台方面，建立以国内外知名学者、知名设计院所专家等组成的兼职教授、客座教授和校外导师为主体的校外专家团队，充分探索并积极构建校外科研实践基地，发挥各类平台优势促进教学与实践；在国

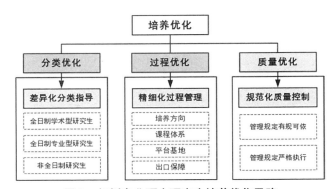

图 2　规划专业硕士研究生培养优化思路

际合作方面，通过与美、英、法、德等欧美院校实行联合培养、联合教学、联合设计等形式实现专业研究生的国际化培养。最终以专业师资、学科交叉、平台基地、国际合作的交融互促实现专业人才培养的力量凝聚。

2　培养优化

面对规划专业学科的动态发展，在传承学科特色的基础上，从分类优化、过程优化和质量优化三方面探讨硕士研究生的培养优化，实现人才培养模式的实时跟进和制度管理的精准服务。

2.1　分类优化——差异化分类指导

从 2017 年起，教育部会同国家发展改革委按全日制和非全日制两类分别编制和下达全国博士、硕士研究生招生计划❶。其中，全日制学术型研究生以科教融合为核心目标，在方向引领、课程设置和质量监控上注重学术创新能力的培养；全日制专业型研究生以产教融合为核心目标，突出培育学术思维能力、专业技术应用、和组织协调管理的能力；非全日制研究生的生源结构复杂、目标需求多样（高一华，2018），对于规划专业的非全日研究生而言，部分学生选择脱产学习，应当以实践应用能力的培养为主，注意其科研能力的补充。部分学生在完成学业的同时还需兼顾工作，应当着重培养其解决实际问题的能力。在全日制内部，学术型和专业型分类

---

❶　http : //www.moe.gov.cn/srcsite/A22/moe_826/201609/ t20160914_281117.html

培养模式是满足高素质人才多元化供给的必然需要，也已经执行近10年。三类研究生的教育培养既强调差异化又兼顾复合性，以专长培养和复合培养为抓手，着力提升其综合能力，培养具备理性和感性知识的复合人才。

研究生分类培养体系　　表1

类型	全日制硕士研究生		非全日制硕士研究生	
	学术型	专业型	脱产	在职
目标	科研型	科研实践型	实践科研型	实践型
专长培养	科研创新能力	学术思维能力实践应用能力协调管理能力	实践应用为主，科研为辅	实践应用能力
复合培养	知识更新能力、理性分析能力、沟通交流能力、图文表达能力			

2.2 过程优化——精细化过程管理

在培养方向、课程体系、平台基地、出口保障四大环节上细化研究生培养过程，从入口到出口实现研究生能力素质培养目标的实现。培养方向上综合考虑研究生入学时的分类模式、学科背景和个人兴趣等情况，依托学科团队实现学生培养方向的精细；课程建设通过基本素质教育、专业基础理论、跨学科课程、职业方向特色、综合实践应用五大模块，既强化专业理论基础的学习，也考虑知识体系的延伸，并强调就业选择的多样；平台基地方面重视搭建开放化的办学平台和实践基地，硕士研究生开展校外实习，在校外导师的引导下积累实践经验、提高专业技术、规划职业生涯，全面提升学生专业素质。出口保障方面，一方面充分利用"校内导师＋校外导师"的双导师责任制，共同指导、把控和监督学生培养，对其研究方向、学术交流、论文质量和实习管理等环节进行检查，在教学与管理上合力保障研究生培养质量，顺利完成毕业就业，实现研究生课内课外培养的全过程监督指导。另一方面采用严格的论文质量控制措施，督促学生按时按质按量完成毕业。

2.3 质量优化——规范化质量控制

（1）有规可依。学校研究生院对于研究生教学与管理有全面完整的培养管理规范，我院在此基础上，修订、细化和完善研究生的招生计划、培养方案、三助管理（助教、助研、助管）、国际交流、实践就业、学位管理、博士后研究人员管理、导师资格认定和选聘等各方面的管理规定和规章制度。如制定学院硕士研究生招生管理细则，国际化高水平课程建设的相关管理要求，研究生双导师制规定，研究生中外联合设计和联合教学工作的实施细则，建规学院研究生手册（涵盖各类奖学金和助学金评定办法与实施细则、违纪处分条例等）。

（2）严格执行。学院从严执行规章制度，强化教学管理。如按照严格的机审制度、盲审制度和会审制度控制研究生毕业论文质量，通过《关于进一步加强研究生导师责任制度的实施意见》《学院研究生导师选聘条件》等严格落实导师评聘环节。以此推进学院管理精细化，落实学院教学制度化、规范化和科学化。

3 转型引领

随着国家新型城镇化的不断推进，规划逐渐由重视单纯的物质形态规划向兼顾多元的综合科学规划发展，并进而迈向以空间规划为核心的多学科协同。由于规划本身应用型学科的属性，在面对国家战略新要求、城乡

图3　规划专业硕士研究生培养转型发展思路

发展转型新需求、学科边界变化新诉求时，院校应根据其自身传承的优势基础进行针对性的转型提升，主要在人才培养的社会需求、国际视野和工作内涵方面作出响应（石楠等，2011；罗震东，2012；黄艳等，2016）。

3.1 面向社会需求

（1）多学科协同，拓宽知识体系广度

城乡空间作为各种经济社会活动的空间载体，依靠单一学科的理论研究方法无法对其运作规律的复杂性作出相对全面的解释（彭翀等，2018）。自2014年以来中国经济发展进入"新常态"，城市发展向集约化和精细化转变。2018年国家自然资源部成立，其主要职责聚焦"对自然资源开发利用和保护进行监管，建立空间规划体系并监督实施"，规划由关注传统的开发建设规划向强调生态资源底线管控的资源管理型规划转变，如何实现资源的保护与利用成为未来城乡规划的关注重点。在这样的背景下，规划在以空间规划为核心的基础上，正逐渐向管理学、经济学、社会学、生态学、地理学、法学等领域渗透。投射到学科建设上，则要求专业知识体系在范畴上的延伸，形成多学科的高度综合集成。在课程设置上有意识地强调相关知识模块的植入，如国土资源管理与规划的融入、住区规划与协调管理的交叉、区域规划与生态管控的交叉、法律知识和责任意识的结合等，着力提高学生的综合能力和创新能力，使其知识结构、知识宽度、知识更新素质能够得到提升。

（2）多平台合作，强调综合能力培养

当前，用人单位对硕士毕业生的实践能力和理论水平提出了双重提升的需求，我院以研究生综合能力培养为目标导向，与国内外高校、院所展开多维度合作，利用"高校合作＋科研院所＋设计机构"搭建教学、科研和实践多维平台。高校合作与国际知名院校展开联合培养、学术会议、科研合作和高层互访等多种形式的交流与合作，如美国哈佛大学、麻省理工学院、华盛顿大学、伯克利大学、佛罗里达大学、英国纽卡斯尔大学等；院所合作则与科研设计机构展开长期合作，如中国城市规划设计研究院、各省市代表性规划设计研究院、规划设计企业，设立博士后创新实践基地和硕士校外实训基地，搭建工程项目合作和学术探讨交流的平台。

3.2 面向世界发展

（1）国际联合办学，突出教学接轨

以提升研究生国际化能力为目标，主要在培养模式和课程设置方面作出了有益探索。①国际联合办学、培养模式多样。与国际知名高校签订联合培养协议，如设置"4+1+1"的本硕联合培养、"1+1+1"的双硕联合培养等多元化培养模式，培养模式具有可选择性，该项目促进了研究生在专业视野、科研能力和创新能力等方面的提升；②联合教学设计、授课形式丰富。设置"国际一流课程"，植入"全英文课程"，邀请国外专家与院系教师共同教学，教学内容融合经典理论与前沿进展，授课教案与授课方式采用全英文或中英双语，满足中国学生与留学生的学习需求，在注重专业理论的同时提高研究生听、说、读、写等综合表达能力。此外，通过与美、英、法、德等欧美院校的规划师生共同组织开展中外联合设计课程，通过联合设计工作坊拓展学生的国际视野，提高沟通协调、团队合作和设计实践能力。

（2）国际学术交流，强化科研接轨

学院充分发挥前沿化讲座与课程的引领作用，鼓励举办国际国内专业相关及跨界的会议和活动，积极交流当前城乡规划领域的发展背景、热点话题与技术更新，如新型城镇化背景下的城市规划与微更新、面向信息智慧的数据处理与技术革新、空间体系规划、健康人居环境等主题。通过举办国内外会议和邀请专家作主题授课的方式营造浓厚的学术氛围，拓展规划领域视野，强化研究生吸收新理论和应用新技术的能力。研究生自身可通过参与国际学术会议、参与国际竞赛和申请赴境外的中短期交流等形式，分享科研成果，激发研究火花，了解专业动态。

3.3 面向未来挑战

（1）发展新学科方向

面对资源变化的可持续发展和面向人工智能的专业技术应用正在丰富和拓展学科方向。一方面，国内外城乡规划的学科领域和研究热点逐渐聚焦适应气候变化的城乡规划理论、技术和管理（叶祖达，2017；彭翀等，2018）。面对诸如城市洪灾、资源短缺、城市高温等现实问题时，近年来城乡规划领域不少学者聚焦"韧性区域"、"韧性城市"、"健康城市"、"污染控制"等展开相关研究，旨在探讨城市或区域在面对全球气候变化时如何消化、吸收、恢复或改善原有系统特征和关键功能的能力，提出城市空间布局优化、防灾减灾工程布局、城市生态空间保育、建筑与交通的低碳技术应用、气象灾害预警系统、城市运行维护管理等方面的关键理论和技术。

另一方面，数字化和信息化技术在城乡规划中的应用日渐深入，十九大报告中八次提到互联网，强调"互联网、大数据、人工智能与实体经济的深度融合"，指出智慧城市建设在全国广受重视，围绕城市的云计算、大数据、物联网、互联网等在城市管理和服务方面开始突显成效❶。信息技术与城乡融合的模式和形态随着智慧建设的进程发生了重大变化，呈现出数据驱动的特征。一是数据采集与整合。数字智慧使得目前多领域、多来源、多类型的海量数据得以采集、存储、加工、共享和开放，实现高度整合，构建适用于分析城市微环境、城乡空间、城市集群复杂问题的数据平台；二是动态评估与管理。通过卫星定位技术、遥感技术、云计算、VR等对资源环境、城乡交通、公众参与、规划管理实现更为精准化的城乡运行服务供给。大数据时代范式正影响着城乡规划学科的培养方向、课程设置和技能掌握要求。未来将更加注重数字化课程体系的补充与衔接，鼓励学生提高数据获取、编程语言和问题分析的能力。

（2）紧跟动态化革新

国家战略的要求响应、社会发展的阶段变化以及学科交叉的融合趋势深刻影响着城乡规划学科的知识体系、价值体系和组织方式（彭震伟等，2018），同时也决定了探索城乡规划学科领域的发展变化将会是一个动态过程。2014年3月《国家新型城镇化规划(2014—2020年)》提出"城市化水平和质量稳步提升、城市发展模式科学合理、城市生活和谐宜人"等发展目标；2015年中央城市工作会议提出"统筹规划、建设、管理三大环节，提高城市工作的系统性"；今年4月8日发改委发布《2019年新型城镇化建设重点任务》强调要"推动城市高质量发展，统筹优化城市国土空间规划、产业布局和人口分布，提升城市品质和魅力"、"加快推进城乡融合发展"。今年5月23日中共中央、国务院下发《关于建立国土空间规划体系并监督实施的若干意见》，将主体

功能区规划、土地利用规划、城乡规划等空间规划进行"多规合一"，提出了国土空间规划的总体框架、编制要求、实施监督、政策法规、技术保障等内容。国土空间规划成为国家空间发展的指南、可持续发展的空间蓝图，是各类开发保护建设活动的基本依据❷。可以看到，城乡规划从关注开发为主的增量规划向聚焦微空间更新、城市双修的存量规划转变，从关注城市空间发展优化向重视城乡统筹规划转变，从自上而下的蓝图规划向强调底线思维的资源管控规划转变，这些转变带来的是对大量管理型人才和学科交叉人才的需求，并成为未来城乡规划学科建设的重点关注和重大挑战。如何提高沟通能力实现与村民、公众的有效互动？如何更好地理解并协调政府要求、市场需求和公众诉求？如何提高规划编制的有效性和落地性？一方面在课程设置上利用学科交叉的优势注重培养管理、经济、社会等相关领域知识，另一方面可丰富校外实习基地的类型，如增加政府部门实践基地，乡镇及村庄实践基地等。

4 结语

面对不断变化的社会发展需求和发展重点，城乡规划的学科领域及内涵在不断发展中，进而决定了城乡规划专业硕士研究生培养的传承与发展是个需要持续关注的动态过程。当前，各院校需要具体结合自身的历史渊源、地域特色凝聚力量，在此基础上，持续优化培养细节，以社会需求、国际开放和学科动态为转型引领方向，实现城乡规划专业硕士研究生的高质量培养。

主要参考文献

[1] 孙施文.中国城乡规划学科发展的历史与展望[J].城市规划，2016，40（12）：106-112.

[2] 杨俊宴.凝核破界——城乡规划学科核心理论的自觉性反思[J].城市规划，2018，42（06）：36-46.

[3] 黄亚平，林小如.改革开放40年中国城乡规划教育发展[J].规划师，2018，34（10）：19-25.

[4] 毕凌岚，冯月，谢婷.城乡发展转型期人才需求导向的城乡规划教育差异性发展研究（上）[R/OL].https：//

❶ http：//www.cac.gov.cn/2018-05/11/c_1122813526.htm

❷ http：//www.gov.cn/zhengce/2019-05/23/content_5394187.htm

mp.weixin.qq.com/s/Va7whDoGdbzKuf7-rm0iYw.

［5］王世福，车乐，刘铮.学科属性辨析视角下的城乡规划教学改革思考 [J].城市建筑，2017（30）：17-20.

［6］杨贵庆.城乡规划学基本概念辨析及学科建设的思考 [J].城市规划，2013（10）：53-59.

［7］叶裕民，邹艳丽.建立"三足鼎立"的城乡规划学科结构 [J].城市建筑，2017（30）：41-45.

［8］吴志强，干靓.我国城乡规划学硕士研究生课程设置及优化 [J].学位与研究生教育，2019（01）：41-45.

［9］高一华.关于新政策下非全日制研究生教育发展的现状及建议 [J].高教学刊，2018（09）：191-193.

［10］石楠，翟国方，宋聚生，陈振光，罗小龙.城乡规划教育面临的新问题与新形势 [J].规划师，2011，27（12）：5-7.

［11］罗震东.科学转型视角下的中国城乡规划学科建设元思考 [J].城市规划学刊，2012（02）：54-60.

［12］黄艳，薛澜，石楠，叶裕民，张庭伟，邹德慈，周婕，姜晓萍，崔功豪，郁建兴，何志方，陆军，武廷海，施卫良，唐子来，吕斌，杨开峰.在新的起点上推动规划学科发展——城乡规划与公共管理学科融合专家研讨 [J].城市规划，2016，40（09）：9-21+31.

［13］彭翀，吴宇彤，罗吉，黄亚平.城乡规划的学科领域、研究热点与发展趋势展望 [J].城市规划，2018，42（07）：18-24+68.

［14］叶祖达.城市适应气候变化与法定城乡规划管理体制：内容、技术、决策流程 [J].现代城市研究，2017（09）：2-7.

The Inheritance and Development of Postgraduate Students' Training of Urban and Rural Planning

Peng Chong   Lin Yingzi   Wang Baoqiang

Abstract: The inheritance and development of master's degree training in urban and rural planning is a long-term concern in planning postgraduate education, which is reflected in different key issues in different periods. This article reviews the past and looks to the future. Based on the practice of master's degree training in our school, this paper analyzes the advantages and foundations of professional education and talent cultivation in the aspects of inheriting history, region-based and strength cohesion, and then discusses the optimization of postgraduate training at the present stage from the aspects of differential classification guidance, fine process control and standardized quality control. Finally, the development ideas of postgraduate education in urban and rural planning are proposed from the aspects of social needs, integration of the world and coping with future challenges.

Keywords: Urban and Rural Planning Major, the Training of Master's Graduate Students, Inheritance, Development

国土空间规划指导下的教学新体系探索*
—— 新教材《城市道路与交通规划》编写小结

肖艳阳　陈星安　丁国胜　彭　科

摘　要：城乡规划处于新时期国土空间规划指导的大背景转型下，城市交通规划作为城乡规划重要组成部分，也应该与时俱进。基于多年教学和实践，本论文提出城乡规划专业教学中城市交通规划教学新体系：首先重新理解城市交通规划的本质特征；其次加强城市交通与土地利用之间整体协调关系的理论学习；其三掌握城市可持续发展理念指导下的城市交通战略要点；其四熟悉基于国土空间规划原理的城市交通规划各专项内容要求；其五进行更大范围、更多节点、更密层次的城市交通规划探索和实践，使学生把握交通规划发展新趋势，促进城市可持续发展。

关键词：国土空间规划，城市交通规划，城市可持续发展，趋势，新体系

1　引言

改革开放 40 多年来，我国城市交通建设成就斐然，城市交通服务水平提升显著。但在促进和引导我国国民经济持续高速发展，加快城市化进程，以及城市机动车数量不断攀升的同时，我国城市道路与交通也出现了一些问题，特别是与城市可持续发展之间的矛盾日益显剧，城市交通问题突出。如何解决这些问题，走出一条以人为本、绿色低碳环保、健康可持续的城市发展之路，是中国城市交通规划不可回避的问题和挑战（芮海田，2017）[1]。但是过去城市道路与交通规划中偏重于用工程技术的方法，强调行车速度的提升和行车流量增大来解决交通问题的思路都越来越难见成效。

2　国土空间规划与城市交通规划发展趋势

2019 年 1 月 17 日，全国自然资源工作会议在北京召开。会议强调要围绕"统一行使全民所有自然资源资产所有者职责、统一行使所有国土空间用途管制和生态保护修复职责"，完善自然资源管理制度框架，推动自然资源领域重大改革，摸清自然资源基本状况，强化自然

资源领域重大科技创新和技术支撑，实现自然资源系统深度融合（焦思颖等，2019）[2]。

国土空间规划体系改革确定了城市交通服务于人的需求本质和组织城市可持续运行的目标，城市交通规划呈现出新的发展趋向。

2.1　城市交通网络一体化

城市交通既关注主城区通勤交通，也关注都市圈通勤交通。核心城区就业岗位和职住关系的分析，成为城市交通规划的重要基础工作。超大城市、区域中心城市的交通规划不仅要考虑安排城市内就业岗位集中区域和居住集中区域交通通道的布局（汪光焘，2018）[3]，而且还要对跨行政区域的都市圈通勤交通进行规划。

2.2　城市交通方式区域差别化

中心城与郊区、核心区与外围区越来越表现出不同的交通特征。中心城以集约化交通为主，以轨道交通为骨干的多元化、多模式的公共交通体系正在完善；城市郊

---

* 基金项目：湖南省社会科学课题基金"湖南省开放街区低碳交通治理创新研究"（XP18YBC281）

肖艳阳：湖南大学建筑学院副教授
陈星安：湖南大学建筑学院硕士研究生
丁国胜：湖南大学建筑学院副教授
彭　科：湖南大学建筑学院副教授

区则的小汽车交通正在兴起。研究表明小汽车的拥有水平表现出明显的区域化，城市中心区家庭小汽车拥有水平最低、外围区比较高，郊区最高（史纪，2014）[4]。因此城市交通规划要针对规划区、建成区域、核心城区等不同区域交通需求做出相应调整。建立城市交通复合网络的理念，探索复合网络构建和运行协同的分析方法[3]。

2.3　城市交通出行多元化

小汽车不是交通现代化标志，满足市民个性化出行的要求十分重要[4]。坚持公共交通与绿色交通优先，城市交通规划要依据城市可持续发展理念，落实城市公共交通优先发展战略，建立符合城市社会空间结构特色、公共交通与个体交通（步行、自行车、小汽车）等一体化、多元化协调发展的城市客运交通体系是大势所趋。

2.4　城市交通编制与管理创新化

信息化的发展及新技术的不断出现加强了城市交通与城市的互动力量，城市发展日新月异，城市交通新的规划理念和规划方法也层出不穷，例如欧洲的城市移动性规划（从城市、生活、公平、可持续等多角度看交通）；美国的通道规划方法（由单一网络/通道转向复合网络/通运）、情景规划方法（由预测未来转向对未来的不确定性和应对方法）等[3]。城市交通理论研究与实践工作必须应用新的交通方法、技术和工具，解决不断出现的城市新的问题。

3　城市交通规划教学新体系内容构架

"城市道路与交通规划"作为城乡规划专业的一门核心专业课，应该尽快根据城市交通规划呈现出新的发展趋向进行调整和优化。按照《城市道路工程设计规范（2016版）》CJJ—2012等最新规范，结合《高等学校城乡规划本科指导性专业规范》对"城乡道路与交通规划"的要求，在十多年城市道路与交通规划方向的教学、科研及做项目的基础上，本论文提出城乡规划专业教学中城市道路与交通规划教学新体系建议：首先重新理解城市交通规划本质特征；其次加强城市交通与土地利用之间整体协调关系的基础理论的学习；其三掌握城市可持续发展理念指导下的城市交通战略要点；其四熟悉基于国土空间规划原理的各专项规划内容要求；其五进行

更大范围、更多节点、更密层次的城市交通规划探索与实践，以促进城市可持续发展。

3.1　重新理解城市交通规划本质特征

交通规划是指有计划地引导交通的一系列行动的展开，属于交通工程学概念；城市交通规划起源于交通规划，是国土空间规划的重要组成部分，是城市经济社会发展、土地功能布局、历史人文环境、交通需求的综合反映，受政治、经济、社会、自然环境、历史、人文景观等因素的影响，同时还受到政策、法规等方面的制约，是政府根据城市的社会、经济、人口的发展需要，所确定的在一定时期内交通发展目标和实现该目标的方针、政策、途径和主要措施，与城乡规划相互作用、密不可分。

新时期国土空间规划立足《城乡规划法》城乡统筹发展的理念，从单纯注重城市发展转向更好地统筹城乡协调发展，推动城乡区域的互促共进，从片面追求经济效益转向更好地兼顾经济效益、社会效益和环境效益的综合协调发展（刘兰君等，2014）[5]。过去的城乡规划偏重要素布局，对城市交通网络的构建和运行考虑不足，例如城市土地的集约利用政策与交通先导战略之间的关系研究未给予足够的重视，加之土地投融资等相关制度尚不完善，导致土地城镇化单向加速；同时城市交通规划限定于城市建成区范围内，不能满足新时期国土空间规划更全面、更系统、更完善的考虑整体自然资源协调发展的要求。

对此提出城市交通规划本质的认知应建立三个基本视角基础上：首先是城市的视角，其次是城市移动性的视角，其三是城市交通整体系统的视角。

城市与交通是互为变量的函数，城市活动需求是城市交通组织的基础，交通空间是城市"空"的重要组成部分；同时交通技术的每一次创新都对城市空间形态的演变起着不可替代的作用（温克兵，2011）[6]。

机动性反映了公民实现必需的和可选的交通出行能力，而城市移动性的目的是实现公共服务与设施的可获得性（Accessibility），交通只是达成这一目的的手段[7]。相比城市机动性，城市移动性将关注重点转向对可达性与生活品质的追求，对经济活力、社会公平、公众健康和环境质量等多维度的问题。

城市交通系统是城市大系统中的一个重要子系统，体现了城市生产、生活的动态功能关系，具有结构的完整性、要素的流动性及使用的日常性特征。主要由城市运输系统（交通行为的运作系统）、城市道路系统（交通行为的通道系统）和城市交通管理系统（交通行为的控制与保障系统）所组成。城市道路系统是为城市运输系统完成交通行为而服务的，城市交通管理系统则是整个城市交通系统正常、高效运转的保证，三者缺一不可（王伟明，2007）[8]。

3.2 加强城市交通与土地利用之间整体协调关系的基础理论学习

城市土地利用是空间规划分析研究和实际操作中最重要的对象。随着我国城市发展由增量向存量发展转型，城市对土地利用提出了更精细化的要求。面对土地空间资源的紧缺，要倡导交通与土地综合开发相结合的模式，提高城市运作效能（卢锐等，2009）[9]。

无论城市处于哪种发展时期（增量为主或存量为主），城市土地利用与城市交通都存在相互联系、相互制约的循环与反馈的关系（图1），要了解互动关系的主要影响要素及衡量指标、城市交通与土地利用互动模式等，促进城市交通与土地利用互动关系的协调。

3.3 掌握城市可持续发展理念指导下的城市交通战略要点

城市交通战略是城市交通事业发展的纲领，它将长远的城市交通发展政策和近期的城市交通行动计划充分结合，在对城市发展历程和现状总结分析、对未来发展趋势总体预测和判断的基础上，宏观把控城市交通发展

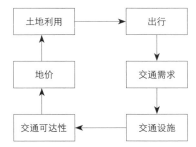

图 1　城市土地利用与交通系统互动机理图
图片来源：作者自绘

的方向，关注城市交通发展的大局，制定科学合理的交通政策和规划措施（马祥军，2009）[10]。城市交通战略的确定，不仅要以城市总体规划为依据，而且还将涉及经济、政治、文化教育、气候和环境等方方面面的内容，与一个城市所在的区域、国家乃至国际社会的综合环境都有着密切的联系（陆锡明，2006）[11]。

在中国快速城镇化、机动化发展压力下，由于受到资源和环境的制约，已经不可能单纯依靠交通基础设施建设来解决，需要构建适合中国国情的"战略 – 政策 – 规划 – 建设"有机融合的城市交通一体化对策理论体系，城市交通进入建设与管理并重的转型发展时期，如何将社会管理与交通技术系统建设有机融合，通过理性供给和动态调控，引导城市交通模式进入可持续发展轨道是当前交通发展战略要解决的重要问题。

因此，在多学科思维系统论方法指导下提出城市交通战略包括交通先导发展战略、机动交通畅达并重战略、慢行 + 公交优先战略、智能 + 低碳交通战略和可持续道路安全战略等。

3.4 熟悉基于国土空间规划原理的城市交通规划各专项内容要求

城市交通就是一个独具特色、并同样由多种类型交通组合而成的交通系统。所以对于城市的规划与建设而言，常有一个城市综合交通的概念（鲁永飞，2009）[12]。所谓城市综合交通即是涵盖了存在于城市中及与城市有关的各种交通形式，包括城市对外交通在城市中的线路和设施。城市对外交通与城市交通通过客运设施和货运设施形成相互联系、相互转换的关系。

城市综合交通规划是城乡规划的核心内容，城市中既要提高城市交通的效率又要减少交通对城市生活的干扰，创造更宜人的城市环境，因此现代城市趋向于按不同功能要求组织城市各类交通，一方面各行其道，成为各自独立的交通系统，另一方面又要在节点处相互协调，保证供需平衡、动静平衡。因此了解城市交通各分项规划十分重要。自《城市综合交通体系规划编制办法》（建城 [2010]13 号）颁布后，城市综合交通规划也被称为城市综合交通体系规划。

城市交通专项规划是主要针对城市交通的各个子系统编制的规划。主要包括：对外交通规划、城市道路网

规划、城市交通枢纽规划、城市轨道交通规划、城市公共交通规划、城市停车规划、城市自行车规划、城市步行规划、城市货运交通规划 [13]-[16]。

3.5 进行更大范围、更多节点、更密层次的城市交通规划探索与实践

国土空间规划是建立在国土整体网络和城市结构基础上的全域规划。城市是人类经济活动集聚的空间场所，是各种生产要素大规模集聚和扩散所形成的产物，它描述的是更加广泛而且深刻的城市间的联系。考虑更多要素的影响，建立更大范围的、更多节点的、更密层次的城市交通规划体系是国土空间规划的内在要求之一。

城市群、大都市圈的发展离不开城市交通网络的空间延展（图 2）。交通网络可以贯通城市群，缩短大城市与中小城市的时空距离，推动城市与城市的融合交流；可以促进商品流通和人口流动，提高资源配置效率，带动沿线经济发展（徐宪平，2013）[17]。

城乡统筹建设规划中对高效的对空间资源进行合理配置离不开城市交通规划的完善（许文江，2013）[18]。通过集中建设交通、市政等基础设施来引导产业发展，合理规划布局城市和农村建设用地，促使国土开发空间的整体高效利用，促进土地集约利用；形成合理国土开发秩序，避免造成无序竞争和空间资源浪费（郭红伟，2014）[19]。

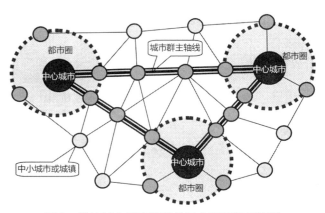

图 2 发达城市群空间结构及交通网络示意图
图片来源：赵丽珍.我国城市群交通模式选择对策 [J].
综合运输，2012

街道出行的安全、低碳、便捷等逐渐成为新型城市交通规划必须考虑的重要元素，在多元化出行趋势中，任何能够吸引人群的一个地方，一栋房屋、一个小菜摊贩点或一个交通站点，或者一个使一个毫无生气的地点生动起来的小设施，也就是所谓的将一个城市地区的复杂性有机组织起来的空间"点"，都应该考虑将它们如何连接起来，使成为既具功能性又具生动层次性的城乡交通网络体系中的一环。

4 结语

城市交通规划作为国土空间规划中重要组成部分，与城市发展密切相关。在国土空间规划体系改革背景下，城市交通规划应抓住契机，审视既有城市交通规划理论，遵循生态环境保护理念，努力探索城市交通基础理论和技术方法的变革路径。

主要参考文献

[1] 芮海田.城市交通发展的哲学思考 [D].西安：长安大学.2017.

[2] 焦思颖，乔思伟.陆昊在全国自然资源工作会议上强调抓好 12 项重点工作谱写改革发展新篇章 [J].资源导刊，2019（3）：7-7.

[3] 汪光焘."多规合一"与城市交通规划变革 [J].城市规划学刊，2018（5）.

[4] 史纪.城市交通白皮书编制研究——以苏州为例 [D].上海：上海交通大学，2007.

[5] 刘兰君，陈绍斌，贺广红.麻城市域城乡统筹规划研究 [J].建筑知识：学术刊，2014（B08）：109-110.

[6] 温克兵.轨道交通与城市土地高密度开发利用关系研究 [J].都市快轨交通，2011，24（3）：30-32.

[7] 乔瑟·卡洛斯·萨维耶，荷纳多·波阿雷托，卓健.巴西可持续城市机动性政策的实施 [J].城市规划学刊，2005（5）：104-108.

[8] 王伟明.城市交通与土地利用整合方法研究 [D].哈尔滨：东北林业大学，2007.

[9] 卢锐，邵波.基于 GIS 分析的建设用地优化与布局研究——以杭州滨江新城概念规划为例 [C].中国城市规划年会，2009.

［10］马祥军 . 都市圈一体化交通发展战略研究 [D]. 上海：上海交通大学，2009.

［11］陆锡明 . 城市交通战略 [M]. 北京：中国建筑工业出版社，2006.

［12］鲁永飞 . 石家庄市城市外围交通规划研究 [D]. 天津：天津大学，2009.

［13］徐循初 . 城市道路与交通规划 [M]. 北京：中国建筑工业出版社，2005.

［14］何世伟 . 城市交通枢纽 [M]. 北京：北京交通大学，2016.

［15］周楠森 . 城市交通规划 [M]. 北京：机械工业出版社，2010.

［16］过秀成 . 城市交通规划 [M]. 2 版 . 南京：东南大学出版社，2017.

［17］徐宪平 . 围绕推进城镇化发展 加快完善综合交通网络 [J]. 综合运输，2013（1）：4-8.

［18］许文江 . 城乡规划与城乡统筹发展探讨 [C]. 建筑科技与管理学术交流会，2013.

［19］郭红伟 . 浅谈城乡规划与城乡统筹发展 [J]. 中国科技投资，2014（A15）：1-1.

Exploration of the New Teaching System under the Guidance of National Land Planning
——Compilation of the New Textbook "Urban Road and Transportation Planning"

Xiao Yanyang   Chen Xingan   Ding Guosheng   Peng Ke

Abstract: Urban and rural planning is in the context of the transformation of the national space planning guidance in the new era. As an important part of urban and rural planning, urban transportation planning should also keep pace with the times. Based on years of teaching and practice, this paper proposes a new system of urban transportation planning teaching in urban and rural planning professional teaching : firstly, re-understand the essential characteristics of urban transportation planning ; secondly, strengthen the theoretical study of the overall coordination relationship between urban transportation and land use ; The key points of urban transportation strategy under the guidance of the concept of urban sustainable development ; the fourth is familiar with the special content requirements of urban transportation planning based on the principle of land spatial planning ; and the fifth is to explore the urban transportation planning of larger scope, more nodes and more dense levels. Practice will enable students to grasp the new trends in transportation planning and promote sustainable urban development.

Keywords: Land and Space Planning, Urban Transportation Planning, Urban Sustainable Development, Trend, New System

"新工科"建设目标下城乡规划专业本科
教育教学质量提升研究*

董 欣 路金霞 李建伟

摘 要：本文提出，在新工科建设过程中，要以问题研究为导向，加强复合能力培养；要强调学科融合，建立特色课程群；应转变指导思想，基于体验式教学，引导学生探讨设计的"真实性"；应基于"理论研究—调研分析—实习训练—工程实践"的模式，加强培养学生的工程实践创新能力。最后，提出了以多学科交叉融合、创新人才培养模式、解决复杂工程问题为核心内容，以提升教育教学质量为根本目标的城乡规划专业新工科建设实施路径与实践框架。

关键词：新工科，双重转型与双重滞后，创新驱动，文理工交叉融合，复合人才培养

1 背景与基础

在国家实施创新驱动发展、"中国制造2025"、"互联网+"等重大发展战略的大背景下，培养科学基础厚、工程能力强、综合素质高的工程科技人才，对于支撑服务以新技术、新业态、新产业、新模式为特点的新经济蓬勃发展具有十分重要的现实意义和战略意义，也是建设制造强国和创新型国家的重要前提。

目前，许多高校都在推进新工科建设行动，新工科建设是要将产业和技术的最新发展、行业对人才培养的最新要求引进到教学过程中去，更新教学的内容以及课程体系，构建满足行业发展需要的课程资源。城乡规划学是以建筑学、社会学、经济学、生态环境学、公共管理学等为基础，基于多视角来分析研究人居环境，并且越来越多利用其他学科的新方法和新技术。城乡规划的教育也从设计、工程领域扩展到社会、经济和生态环境领域，从培养工科设计为主的人才逐渐走向管理、政策等多类型人才培养模式。在我国城镇化进程不断推进过程中，城乡规划学科的发展会随着社会经济形势的变化而有所改变，这就要求专业知识体系和人才培养模式随之更新，以此适应社会经济发展的需求。近年来，结合城乡规划专业评估需要，城乡规划专业在学科体系构建、人才培养方案建设、课程体系建设、创新人才培养、实践教学方法研究等方面做了大量研究性工作，为今后"新工科"建设工作的开展，打下了基础。

1.1 形成了交叉融合的学科支撑架构

西北大学作为综合性大学，具有多样的城市科学学科群，为城乡规划专业发展提供了良好的条件。校内与城乡规划专业关系密切的专业和学科有：经济管理学院的人口资源与环境经济学、区域经济学、产业经济学、发展经济学、公共经济学；公共管理学院的行政管理、管理科学与工程；艺术学院的美术学；文化遗产学院的文物保护学、考古学及博物馆学；哲学与社会学学院的社会学；西北历史研究所的历史地理学；城市与环境学院的自然地理学、人文地理学、地图学与地理信息系统、环境科学、环境工程等，这些相关科系和研究机构为城乡规划专业的多学科交叉融合发展提供了有力的支持与保障。

* 基金项目：①西北大学教学研究与成果培育项目（JX18125，JX17023）；②西北大学本科人才培养建设项目（XM05190337）。

董 欣：西北大学城市与环境学院城市规划系讲师
路金霞：西北大学城市与环境学院城市规划系硕士研究生
李建伟：西北大学城市与环境学院城市规划系副教授

1.2　形成了"宽口径"、"多维递进"的教学与课程体系

城乡规划学本身的复杂性、综合性与实践性，决定了其理论基础必须兼容自然科学、社会科学、工程技术和人文艺术科学的理论内涵与科学方法。在教学课程体系整体优化的基础上，以基础课程建设为切入点，通过全校通识通修课程、学科平台与专业核心课程、专业选修课程三大板块，融合政治、经济、社会、文化、生态等宏观分析思想和方法，实现规划设计思想与观念根本性的转变，把物质形态规划融入经济社会发展、生态环境保护和文化传承与整合之中，使学生对城市问题及其规划解决方案有一个更加全面透彻的理解，培养具有多学科交叉融合特质的城乡规划专业人才。

依托西北大学综合型大学优势，按照"宽口径、厚基础、重应用"的人才培养思路，培养"厚基础、高素质、重协同、强实践"的"宽面通才"型城乡规划人才，在保证全国高等教育城乡规划专业指导委员会确定的核心课程教学的前提下，保持地理学和区域规划方面的教学特色，开设了自然地理学、地理信息系统应用、城市经济与产业、城市地理学、经济地理学、工业地理与规划、文化遗产概论、考古学概论、城市生态学、GIS 空间分析与应用等一系列课程，既有利于保持西北大学城乡规划专业在区域研究与区域规划等方面的优势，又进一步强化了地理学及相关知识在城市规划与设计方面的应用能力，有利于培养学生从事多学科交叉的城乡规划工作的能力。

近年来，按照学校教学改革整体思路，依据规划行业、城乡规划学科发展趋势，依托西北大学城乡规划学科的特色和优势，在课程安排上"多维递进"，将课程学习分为"大类培养、专业培养、多元培养"三个阶段、十个层次。围绕"研究能力、执业能力、管理能力"三条主要轴线，按照"专业学术、就业创业、复合交叉"三线并进的原则，在学生能力培养上形成了"多元选择、特色鲜明、功底扎实"的培养体系，学生可根据自身特点、兴趣爱好、个人发展计划，选择相关课程及重点修读方向。在通识选修、跨专业选修、跨学科选修、跨校选修等层面，学生可按照个人能力培养的侧重方向，有计划的选择需要学习的课程。这样的课程体系安排，在加强城规专业学生规划设计实践能力培养的同时，也有利于学生强化以大数据和空间分析能力为核心的科研能力及公共政策分析制定能力的培养。

2　拟解决的主要问题

2.1　响应"双重转型"与"双重滞后"对学科发展提出的新要求

一切学科发展的根本动力都源于社会需要。中国正处于前所未有的转型发展之中，响应时代需要，城乡规划也处于快速转型发展与"自我演化"过程中，由增量规划转向存量规划，由城市规划走向城乡规划，由注重规划编制到同时注重规划管理，规划方法也正在由技术理性转向同时注重沟通协商和公众参与。随着城乡一体化进程的加快和建设重心的转移，城镇化发展也进入新常态，表现出从"简单增量"到"优化存量"、从"生存空间"到"复合空间"等方面的转变，目前处于一个"双重转型"（发展阶段转型与体制转型）与"双重滞后"（政府管理滞后与社会管理滞后）的特殊时期。而在这样的大趋势下，怎样平衡城乡规划专业教育自身特征和新环境、新形势下的社会需求，是高校城乡规划专业下一步建设的重点和难点。规划学科的知识内容及其基础发展，呈现出从工程技术到与社会活动和制度建设相结合，知识体系愈加综合的趋势。未来的城市规划人才培养中，除专业教育外，更要注重非专业、非技术、非智力因素的教育。

2.2　扭转人才培养过程中传统工科过于偏重技术的局面，融入理科重分析的优势与特长

城市规划作为一门复合交叉的边缘学科，其工作内容涉及经济、社会、工程技术等领域的方面，既有自然科学、工程科学、技术科学的内容，又有社会科学、人文科学的特点。相应地，作为规划学科地基本知识体系，基于工程科学的知识体系曾经为学科的繁荣和升级提供了最有力的支撑，在快速增长时期无疑是十分有效的，也充分体现了技术理性与工具理性的价值。然而，一旦将研究的视点延伸到需求背后的关系研究，工程科学的基础理论难以响应社会需求，需要更多的知识体系，尤其是社会学、管理学、政治学的深度介入。

2.3　加快推进城乡规划学科从"封闭的现代学科"向"开放的后现代学科"转变

规划转型对其人才培养提出了迫切的需求。城乡

规划学科确立的实质是在我国社会形态向后现代社会转型过程中，由"封闭的现代学科"向"开放的后现代学科"发展。新一代规划师的培养必须反映规划工作的变化，城市的多种问题要求培养不同背景、不同知识结构的规划人才。根据学科概念和现代学科发展趋势的分析，城乡规划学科的知识生产方式应建立在不同科学共同体的团队协作基础之上。城乡规划专业教育应恪守"空间性"的专业特质，并实现从"小而全"式的精英教育转向"多专业、大而专"式的教育。传统的全才式、精英化的教育科研模式，已不能适应我国城乡社会与城乡规划学科发展对学科间深度交叉和融合的要求。专一学科的精进和不同学科的深度合作既是学科发展的必然方向，也是城乡规划设计、管理、实施中应有的组织模式。

2.4 促进学生以"服务协商者"的身份进入到规划设计中，提高创新能力

一般来说，规划师在面对增量规划时，常常会被要求建构工程增长预测模型、制定相应的空间管制规则。这实际上是要求规划师在一定程度上担任"科学家"的角色，并且很多时候还要求规划师具备物理工程技术能力。然而，当面对历史因素复杂、利益诉求多样及各方博弈的存量发展问题时，规划师仅靠物理科学技术未必就能妥善解决问题，而以"服务协商者"的角色介入其中，能够更加真实的了解各方需求，并促进各方达成共识，引导各方走向健康和可持续的方向。

3 具体举措

3.1 以问题研究为导向，加强复合能力培养

实现城市规划专业教学从传统的"师傅带徒弟"的工匠培养模式向现代"问题探究"式的研究型人才培养模式的转变，实现人才培养由应用型向研究型的跨越。通过城市规划专业研究性教学体系的建构，改变以教师为中心、以知识传授为目标的传统教学方法，建立以学生为中心、以能力培养为目标的研究性教学方法体系，促进学生的自主学习和个性化发展；通过提早参与科研工作及其项目训练，培养学生的实践动手能力和创新思维能力，实现人才培养由应用型向研究型的跨越。

3.2 强调学科融合，建立特色课程群

（1）建构文化意识，注重提升综合素质——建设交叉融合的遗产保护类课程群

依托西北大学在考古、历史、遗产保护方面的学科优势与特色，结合城乡规划专业在陕西省及西安市历史文化遗产保护（大遗址保护与利用规划、历史文化名城保护规划等）方面的丰富实践经验，以中外城市建设史（学科平台课）、中外建筑史（专业选修课）、城镇历史文化遗产保护规划（专业选修课）等课程为基础，结合其他课程教学相关环节，围绕"体验"，建立起了以文化意识建构为出发点，以案例式教学、互动式教学、探究式教学为手段，以复合能力培养为主线的特色教学体系。教学中改变传统理论教学以讲授为单一教学方法的方式，教学方法采用互动式教学——培养学生分析能力、表达能力、团队协作能力；案例式教学——培养自学能力、研究能力；探究式教学——培养学生分析能力、自学能力及创新能力。要求学生阅读推荐书目并撰写读书报告；设计研究专题并由学生选题，完成研究报告；组织小组讨论热点问题等方式，增加学生互动参与、提高学习积极性及主动性，鼓励学生采取自主学习和探究式学习等方式，以达到复合能力培养的目标。

（2）掌握分析手段，强调运用数字化技术——建设交叉融合的空间信息分析类课程群

依托城市与环境学院的学科优势与特色，依托城市与环境学院遥感与地理信息科学系在数字城市方面较为雄厚的师资力量，依托在建的陕西省空间规划技术与示范工程研究中心，城乡规划专业现开设有测量与地图学（学科平台课）、地理信息系统应用（学科核心课）、地理信息系统原理（专业选修课）、GIS空间分析与应用（专业选修课）、GS软件应用（专业选修课）等一系列主干课程。相关主干课程设置贯穿了课程教学体系的各主要层次。以此为基础，将数字化课程中的技术方法与问题应用相结合，将所有课程方向的相关课程分门别类，确定出课程的"主模块与子模块组合形式"，主模块为必修的基本专业核心课程，子模块为数字化课程体系中的衔接内容。不同规划研究方向的主模块与子模块也可交叉组合，以保持规划课程体系的基本弹性，尊重学生在教学中的主体地位，激发学生应用数字化工具分析和解决实际问题的能力，促进数字化特色教学的发展。

（3）强调"人—地"关系，贯彻"地理规划与设计"教学思路——建设交叉融合的地理学相关课程群

西北大学城乡规划专业是在地理学专业背景下发展起来的，其课程教学模式与方法保留了文理为主综合性大学课程教学的优势和特色。在规划教学过程中，今后应着重强调对"人—地"关系的全面把握。在技术手段上，与"时间—主体—客体"相关的各种方法，如空间数据管理、地图认知、社会统计分析、场地自然特征分析、可视化建模仿真、模拟技术、评价技术等，都将纳入到对城市规划问题的分析和解决的教学过程中。按照"数据采集—模拟分析—方案制定—反馈评价"的教学思路：在数据采集阶段指导学生综合人文地理、历史地理、自然地理、生态学、地貌学等学科知识，对研究对象的自然、人文要素资源进行调查，结合时间过程中的动态变化，运用地理学的理科思想和研究方法对调查资料进行分析；进行人地关系模拟、地表过程模拟以及人的空间行为模拟等分析；在此基础上，进行规划方案制定，并探索规划方案可能带来的人地关系的改变，以此进行反馈评价，指导规划设计的有效改善。

3.3 转变指导思想，基于体验式教学，引导学生探讨设计的"真实性"

（1）针对低年级学生设置入门式的真实体验训练课程

在课程中要求学生深入场地进行实地考察，现场感受场地中土地使用与产权、交通组织、经济、社会、遗产、绿植及建筑等方面的信息，并进行自主的图文表达。具体要求学生不能套用《城市居住区规划设计规范》、《城市用地分类与规划建设标准》、《城市道路交通规划设计规范》、《城市绿地设计规范》等权威规范来认识场地，而要通过实地的景观勘察、入户访谈、部门调查、居民行为跟踪、现场记录及原始资料收集等"五感体验"，来获知场地中存在的现象和问题；而在访谈、问卷的过程中，也不应是整体的宏观体验，而是将自己作为场地的一部分，深入感受围观问题，将对场地的理解从概念认识转变为具体认识，从而让学生体会到场地的复杂性和无限可能性。

（2）在教学环节中穿插植入针对"精英主义"规划实践的批判性研讨内容

倡导教师们在教学大纲、课程教案、教学过程和作业成果要求中，增加引导学生讨论现代主义大师规划实践的缺陷与成就的相关内容；鼓励教师结合具体的课程任务，带领学生实地考察当前国内外规划界大师的实践作品，切实感受规划实践作品的优缺点，形成反思性的学习报告，推动师生的规划观念向真实性方向转变。

3.4 基于"理论研究—调研分析—实习训练—工程实践"模式，培养学生工程实践能力

针对学生工程实践能力薄弱的问题，采用"理论研究—调研分析—实习训练—工程实践"模式来提高学生工程实践水平和综合素质。

（1）课堂中——教学团队开展城市规划理论、新农村整治规划理论等的特色专题讲授

教师通过结合教学大纲的要求和专业课程的设置情况，指导学生学习《城市规划原理》、《小城镇规划资料集》、《村镇建设》、相关村镇规划标准及新农村规划优秀

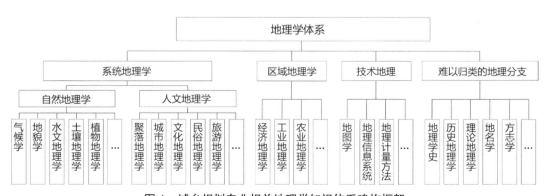

图 1　城乡规划专业相关地理学知识体系建构框架

设计方案等书籍文献，加深学生对城市规划，尤其是小城镇规划、新农村规划等理论知识的熟悉。

（2）课堂外——教师带领学生赴周边地区开展调研并参与工程实践

将理论教学、实验训练与工程实践紧密结合；突显工程教育特色，促进工程实践回归；开发复合型城市规划技术教育课程，改变城市规划专业教学内容；充分利用地方教育资源，形成区域人才培养特色。指导教师与相关部门联系，带领学生深入周边地区开展村庄建设现状的实地调研，并指导学生撰写调研报告、提出整治规划的措施与建议；同时，建立学校与行业、企业沟通的工程技术教育训练体系，聘请企业工程技术人员参与教学改革，指导教学设计，并组织学生进驻设计部门、实习基地，亲身感受和参与工程实践。新技术打破了工程职能之间的严格界限，大多发生在多学科交叉的领域，教学及实践过程中要勇于清除旧的学科界限，加强跨学科教育，使规划专业的学生能够运用跨学科的系统方法去思考和解决问题。

4 实施路径

多学科交叉融合、创新人才培养模式、解决复杂工程问题是新工科建设也是城乡规划专业本科教学改革的核心内容。因此，要重点开展教学与课程体系构建、专业创新和研究能力培养、校内外实践能力培养和实验室建设模式探索等方面的研究和建设，真正提高学生解决复杂工程问题的能力，在"新工科"目标的引领下，实现教育教学质量提升的根本目标。

主要参考文献

［1］张娴.工科城市规划本科专业教育与人文教育结合的研究 [D].长沙：湖南大学，2013.

［2］阳建强，王承慧.城市规划专业教育的转型、重构与拓展——以东南大学城市规划教学改革为例 [A].中国城市规划学会、南京市政府.转型与重构——2011中国城市规划年会论文集 [C].中国城市规划学会，南京市政府：2011：10.

［3］陈锦富，余柏椿，黄亚平，任绍斌，陈征帆，岳登峰.城市规划专业研究性教学体系建构 [J].城市规划，2009，33（06）：18-23.

［4］王纪武，张念思，顾怡川.现代学科发展视角下的城乡规划专业教育研究 [J].浙江大学学报（理学版），2016，43（01）：108-114.

［5］吕飞，许大明，孙平军.基于城乡规划专业数字化课程体系建设初探 [J].高等建筑教育，2016，25（02）：167-170.

［6］张赫，卜雪旸，贾梦圆.新形势下城乡规划专业本科教育的改革与探索——解析天津大学城乡规划专业新版本科培养方案 [J].高等建筑教育，2016，25（03）：5-10.

［7］石楠，韩柯子.包容性语境下的规划价值重塑及学科转型 [J].城市规划学刊，2016（01）：9-14.

［8］汪芳，朱以才.基于交叉学科的地理学类城市规划教学思考——以社会实践调查和规划设计课程为例 [J].城市规划，2010，34（07）：53-61.

［9］罗震东.科学转型视角下的中国城乡规划学科建设元思考 [J].城市规划学刊，2012（02）：54-60.

［10］黄艳，薛澜，石楠，叶裕民，张庭伟，邹德慈，周婕，姜晓萍，崔功豪，郁建兴，何志方，陆军，武廷海，施卫良，唐子来，吕斌，杨开峰.在新的起点上推动规划学科发展——城乡规划与公共管理学科融合专家研讨 [J].城市规划，2016，40（09）：9-21+31.

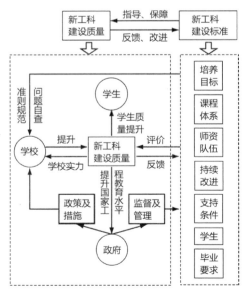

图2　新工科建设目标下的城乡规划专业本科教育质量提升路径

Research on the Improvement of Undergraduate Education Teaching Quality of Urban and Rural Planning under the Construction Goal of "New Engineering"

Dong Xin   Lu Jinxia   Li Jianwei

Abstract: This paper points out that in the process of new engineering construction, it is necessary to strengthen the cultivation of compound ability with the guidance of problem research; emphasize the integration of disciplines and establish characteristic curriculum groups; change the guiding ideology, guide students to explore the "authenticity" of design based on experiential teaching; and strengthen the cultivation of students based on the mode of "theoretical research–investigation Analysis–Practice training–engineering practice". Innovative ability of Engineering practice. Finally, the paper puts forward the implementation path and practical framework of the new subject construction of urban and rural planning specialty with the core content of interdisciplinary integration, innovative personnel training mode and solving complex engineering problems, and the fundamental goal of improving the quality of education and teaching.

Keywords: New Engineering, Double Transition and Double Lag, Innovation Driven and Interdisciplinary Integration of Arts and Technology, Cultivation of Compound Talents

适应规划体系变革的城乡规划学科教学体系改革思考[*]
—— 以内蒙古工业大学城乡规划学为例

郭丽霞　荣丽华　阎　涵

摘　要：城乡规划学科是应城乡建设发展需求而生的学科，规划教育的目的是培养适应于社会需求与学科发展的专业人才。在我国城乡建设转型时期，多元而复杂的城乡空间对城乡规划学科及人才培养提出了新要求。在此背景下城乡规划学科教学体系和培养目标必然需顺应社会转型和学科发展，适时调整教学体系、以更加完善的知识体系、专业的价值观和新技术新方法适应空间规划体系变革。

关键词：空间规划体系，城乡规划学科，教学体系，改革

前言

内蒙古工业大学城乡规划学科自 2013 年设立为一级学科硕士学位授权点，现有教学体系源于物质形态规划与建筑基础，学科发展立足于城乡规划学科发展方向与地区城乡建设实践需求，课程体系、培养模式与培养目标相配套，在运行过程逐渐形成"产学研"互促共进的培养模式，教学内容从物质形态层面的规划设计及方法逐渐向以经济、地理和生态环境与空间发展相协同的方向发展。在城乡规划学科发展与转型过程中，城乡规划教育即要坚持立足于地区城乡建设、亦需顺应变革、紧随学科发展，不断探索适宜内蒙古地区城乡规划学科发展的教学体系和培养模式。

1　教学体系改革需求分析

1.1　空间体系规划的提出与学科发展的关系

空间规划体系是中国进入社会主义新时代所提的规划体系，其目的是解决以城乡规划为主体的诸多规划在城市化进程中的空间治理能力问题。城乡规划学科教育在此变革背景下，一方面要坚守空间属性基础，另一方面需关注"三规合一"对学科知识体系的要求，更加强调城乡经济、社会、生态等结构要素的空间配置，以及资源配置与组织管理效率的管理学和行政法学等。规划学科与相关学科知识的融合、共享是未来专业教育与新时代相衔接的主要途径。同时，科学发展观、和谐社会建设和城市经济、社会、环境与空间协同发展等理念，对规划教育亦提出了更高要求。

1.2　相关学科知识体系构建的新要求

首先，城乡规划学于 2011 年从建筑学学科独立，成为一级学科，但仍很大程度延续和继承了建筑学的学科构架和教学体系，设计类课程为主线贯穿本科至研究生教育阶段，建筑类课程设置规模仅次于规划专业课程，地理学、生态学、经济学、社会学、行政管理学等课程作为相关知识虽均有设置，并以核心课程或知识要点对教学过程进行要求，但此类相关知识课程因学科发展背景，所形成的知识体系和结构中的各类知识融贯性较弱，拼贴特征明显[1]。教学中表现为相关知识与设计类主线课程联系不够紧密、不同学科的知识点难以形成良好的融合和共享关系。其次，城乡规划学学科转型发展背景下，原有以设计能力为核心的人才培养目标明显不适应社会需求。以研究、管理与决策为重的新时期，原有以规划

*　基金项目：内蒙古工业大学研究生教育教学改革研究项目（YJG2017014，YJG2018006）。

郭丽霞：内蒙古工业大学建筑学院副教授
荣丽华：内蒙古工业大学建筑学院教授

设计为主的人才培养目标愈显不足，历史、社会、文化、行政管理、技术方法类知识需尽快纳入现有体系，以适应更加全面而精细化的规划与建设需要。但是，大量的相关知识需求必然要求城乡规划学科是一个不断纳入新知识的庞大体系结构，而众多的相关学科或知识点与学科本身如何协调、融入，是新知识体系构建的关键问题。

1.3 新技术、新方法与规划教育的关系

城乡规划学在以物质空间规划设计为核心的长期发展历程中，定量化的研究内容与方法往往借鉴地理学、社会学等技术方法较为成熟的学科，近年则更为关注信息化手段，大数据的应用更是为城乡规划研究提供了更为宏观而细致的研究视角和数据基础。"互联网＋"背景下的海量、多源、开放以及可视化的手机信令数据、传感器数据、3S技术和人工神经网络技术，为城乡研究的信息收集、模拟评估和精细化管理提供了更加全面详细的数据来源与分析手段，大大提升行政决策的科学性和管理的有效性[2]。但这类全新的技术和方法因其时效性和更新速度快，在课程教学中难以实现系统和全面的学习，往往以教师引导和部分学生自学为主，未能实现如基础知识一样的普及型教育。

2 学科教学体系改革实施思考

2.1 完善课程体系，拓展教学内容

新时代空间规划背景下，现有规划学科在空间研究与分析的相关知识基础方面仍较为薄弱，地理、生态、管理学和行政法学等学科内容需逐步纳入课程体系和知识结构；基于空间规划体系的新知识、新技术关注不足，方法论等内容零散分布于各课程，缺少系统全面训练；规划价值观教育的有关内容在教育体系中体现较少，缺少系统化的教育与引导。

首先，应加强构建空间规划知识体系。因学科发展与社会需求的适应性变革，规划教育需进一步拓展是土地资源、生态环境和政策管理领域，应在现有建筑类、艺术类为主的课程基础上加强与时代需求衔接的生态、地理、管理、历史、文化和地域性研究知识内容，以适应以空间规划体系为主的规划改革与转型，以及地区发展的实践需求。

其次，加强规划技术与方法论教育。研究生阶段的

专业教育在延续本科知识体系结构的同时，因规划教育结构体系的变革，需进一步进行调整与适应新时代空间规划知识体系要求，逐步将空间研究的遥感、GIS和大数据分析等已较成熟的技术引入空间分析。在现有教育体系中以课程教学、学术训练及实践环节将该部分知识体系化和应用化。

2.2 构建"产学研"导向教学体系

城市规划教育发展具有鲜明的实践需求导向[3]，实践教学是城乡规划学科人才培养过程中的重要训练环节，保质保量的专业实习实践是提升教育教学水平的重要基础。从本科延续至研究生教学阶段的课程教学过程中采用"生产实践—课程设计题目—科研项目"相结合的教学方法，将教师科研及实践成果转化成设计题目，"真题真作"或"真题假作"，鼓励学生在学习中发现问题，以问题为导向积极参加科学研究，实现课堂教学与社会实践、科学研究的有效衔接。但囿于传统的城乡规划教学体系中偏重规划技能训练，学术研究的思路与方法、量化研究等教学内容涉及极少。且相关学科课程内容往往以传统的理论讲授课为主，教学效果较差，知识点难以有效吸收。至研究生阶段，学生在提出学术问题、科研探索和解决科学问题方面能力较弱，一定程度阻碍和制约了研究生创新实践能力的培养。

2.3 实施"永续发展"价值观教育

以健康城市、生态城市建设理念为引导，强调规划在政府管理、规划编制等方面的社会责任感，将社会公平、正义及职业道德、责任感的专业教育理念贯穿教学体系。培养学生的"大局观"，不能只顾眼前而不考虑未来、更不能只做责任区规划而不考虑区域统筹协调[4]。

3 城乡规划学科教学体系改革实践

3.1 教学体系与课程设置概况

（1）理论课程

内蒙古工业大学城乡规划学科现有教学体系可分为理论知识课程与实践实习环节两个部分。理论知识包括城乡规划专业知识和相关学科知识，城乡规划专业知识以规划设计为主，包括区域规划、社区规划、城市设计等课程内容；相关知识则涉及建筑、生态环境和历史文化等内容。

城乡规划学科理论课程设置与知识结构关系   表1

教学体系	课程设置	知识结构								
		城乡规划	建筑设计	区域地理	生态环境	历史文化	政策管理	景观设计	经济社会	方法技能
城乡规划专业知识	城市规划与设计研究	★								☆
	城市设计理论	★	☆							☆
	城市发展与政策研究	★					★		☆	☆
	历史文化名城保护理论与方法	★				★				
	城乡社区发展规划	★							☆	☆
	城市公共空间设计	★	☆							☆
	草原城镇空间环境	★		☆	★	☆			☆	
	城市与区域规划概论	★		★	☆	☆			☆	☆
相关知识	景观生态学	☆		☆	★					☆
	风景园林学					☆		★		
	城市环境工程			☆	★					☆
	艺术作品赏析及美术研究					★				
	中西建筑文化比较	★				☆				
	建筑艺术	★				☆				
	建筑美学	★				★				
	景园建筑学	★				☆		★		
	蒙古族建筑历史	★				★				
	内蒙古建筑遗产	★				☆				

注：★表示课程包含该知识；☆表示课程涉及该知识

以上课程设置与知识结构关系显示，现有的城乡规划学科研究生教育教学体系尚不完善，与空间规划体系变革及学科发展新需求还存在一定距离。

首先，与空间规划体系变革紧密相关的土地资源、行政管理和信息技术等知识体系尚不完善。如城乡规划学科现有专业课程中，《城市与区域规划概论》与本科阶段的《城市地理学》《城市经济学》等课程共同构成涉及土地资源的知识内容，但课程均以理论讲授知识为主，教学内容较为宏观，与规划专业课程衔接不足，经济学和地理学较为成熟的方法和技术知识亦难以得到有效的借鉴和共享。此类知识点的讲授需在理顺空间规划体系所需知识内容后，与空间研究需求逐步对接。

其次，与城乡规划建设管理相关的知识点深度不足。

如《城市发展与政策研究》与本科阶段的《城乡规划管理与法规》共同构成城乡规划专业的管理政策类知识内容，涉及行政管理学、行政法学、土地管理等内容，但学时相对较小，课程深度与实际需求有一定差距。

此外，经济社会、历史文化等相关知识点、专业技能训练和学术研究方法等教学内容则分散在各专业课程中，以教师分课程讲授、引导和学生自学为主；学科发展思想史类课程作为专业价值观培养的重要环节，相关内容在现有课程体系中涉及极少；发展迅猛的信息技术方法等内容尚未完整开设课程，亦需配置相应的实验教学设备及平台。

（2）实践实习

理论知识的有效应用取决于理论课程的教学效果、

也取决于教学环节中的实践实习课程设置。城乡规划学科现有的实践环节以分散与集中相结合进行设置。集中实践环节主要以在《专业实践与研究》课程中进行，以校企联合、"双导师"共同培养的模式或以科研基金为支撑进行学术研究、编著或撰写论文等方式进行，主要根据学科团队研究方向及教师科研基金来确立研究生的研究方向，以各级科研基金和研究任务，以及学位论文和学术论文来培养研究生学生研究能力。同时，文献阅读、前沿讲座、教学实践、专业竞赛等实习实践环节分散于课堂内外，以进一步提升专业学术研究能力和执业技术能力。

城乡规划学科实践实习教学模式　表2

实践实习教学	课程设置	教学模式	能力训练
集中实践实习	专业实践与研究	校企联合培养，"双导师"制	执业技术能力
分散实践实习	前沿讲座	讲授、互动交流	学术研究能力
	教学实践	导师指导学生自学	
	专业竞赛		
	文献阅读		
	科研基金或项目		
	学位论文		

3.2 学科教学体系运行分析

首先，学科相关知识课程配置与人才培养目标存在矛盾。因城乡规划学科基础建设源于建筑学，学科体系与建筑学有着良好的融合关系，但其他土地、管理、经济、社会和文化等相关知识课程尚存在开设不足、深度不够、关系模糊等问题。出现该问题的原因一方面是因研究对象的复杂性和系统性，城乡规划建设涉及了庞杂的多学科知识，规划教育过程在有限的课时和师资力量条件下，难以实现知识的全面覆盖和有效输入；另一原因则是城乡规划学科发展的实践指向性明显，现有规划教育仍停留在以设计为主线的教学理念中，与空间规划体系演进对学科实际需求不符，造成人才培养与社会需求的不对等现象。

其次，学科教学运行与教学平台之间存在矛盾。城乡规划学科与建筑学、风景园林等学科在本科阶段实施以建筑学为主的教学平台，以建筑学较为成熟的体系搭建各学科共同发展的教学平台。但随着空间规划体系转型，本科阶段的城乡规划教育在教学体系、知识结构和教学方法方面都与建筑学有着明显差异，从低年级的建筑设计至高年级的规划设计、业务实践，均缺失对学生的学术研究和创新能力培养，尤其在研究生阶段，学生的知识体系尚未完成从工程设计向空间分析的转变，学术研究和创新能力不足，成为新时期复合型专业人才培养进程中的短板。此外，城乡规划学科的多学科融合特点对于师资有新要求，一方面是师资学源结构要适应学科转型需求，另一方面教师的专业水平与教学能力亦需进一步提升。

最后，实习实践环节与社会需求之间存在矛盾。实习实践是规划专业人才培养面向社会需求的重要培养环节，"社会公平"、"永续发展"等城乡规划价值观教育亦需在实习实践环节中反复强调验证。城乡规划学科专业实践以设计院和导师指导科研为主，前者在实习过程中仍偏向专业设计能力训练，后者以参与科研为主，两者均缺失了行政管理的学习与训练内容，也缺失了管理者视角的规划价值观教育。

4 城乡规划学科教学体系改革实施策略

4.1 理清空间规划教学体系，多学科知识有机融合

以培养兼具专业技术能力与学术研究能力的复合型高级人才为目标，调整现有教学体系，合理配置相关知识课程，加强有关土地资源、行政管理和技术方法类课程。首先，确立从本科至研究生的延续型课程知识结构，将地理、生态、经济等相关知识、行政管理与社会需求、个人心理与行为等知识内容逐步纳入空间研究与规划设计。本科阶段以通识教育和构建基础知识体系框架为主；研究生阶段则以学术训练为主线，强调将本科阶段构建的知识体系与实习实践相结合。专业核心课程以集中课程讲授的方式强化其系统性和延续性，如城乡规划与设计、城乡管理、规划技术方法等知识点；部分课程需在本科阶段构建基础，研究生阶段则与实习实践相结合，加深相关知识应用，如生态环境、历史文化、经济社会等知识点；另有涉及心理行为、人际沟通等知识点可分散在本科至研究生阶段进行的毕业论文或设计、实习实践和专业竞赛过程中完成。

城乡规划学科课程知识体系结构图　　　　表3

教学阶段		教学课程知识体系															
		理论知识													技术方法		
		设计类				空间研究				政策管理		其他					
		建筑设计	城市规划	乡村规划	景观设计	土地资源	生态环境	历史文化	经济社会	行政管理	行政法学	心理行为	人际沟通	社区服务	系统工程学	计量学	信息技术
本科	低年级	▲	▲														
	高年级	△	▲	▲	▲	▲	▲	▲	▲	▲	▲	△	△	△	▲	▲	▲
	毕业设计	△	▲	▲	△	△	△	△	△	△	△				△	△	△
研究生	低年级	△	▲	▲	△	▲	▲	▲	▲	▲	△				△		▲
	高年级	△	△	△	△	△	△	△	△	△	△	△	△	△	△	△	△
	学位论文	△	△	△	△	△	△	△	△	△	△	△	△	△	△	△	△

注：▲表示课程形式集中学习；△表示非课程形式分散学习

4.2　建设教学平台，实现开放式人才培养目标

研究生培养采取导师负责制和学科指导小组集体培养相结合的方式，集中优势力量、第一，以导师工作室作为研究生培养的基地，以丰富的实践项目将理论与实践实现更好的结合，将人才培养与内蒙古与发展需求紧密相连，植根于地区、服务于地区；第二，提倡跨学科组成导师指导小组，聘请经济学、社会学和地理学、生态学生专业的兼职导师，一方面促进学科间的交叉和渗透，拓展研究生的知识体系，另一方面缓解现有师资不足对于教学体系构建的影响；第三，以"校内不足校外补"的机制，加强与各兄弟院校的合作与联系，通过"请进来"的方式，邀请本专业国内专家学者参与授课和举办专题学术讲座；组织教师及研究生"走出去"，参加各种学习交流活动，搭建更加开放的教学与交流平台。第四，通过校企联合、实践基地的建设，加强研究生的实习实践平台，邀请设计院、规划管理单位业界知名专家承担本科和研究生课程教学和校外导师，加强规划教育与社会需求的链接。

4.3　坚持服务地区建设，"产学研用"一体化发展

内蒙古地区地处我国北部边疆，服务于地区建设是城乡规划学科的立足之本。从地域性科研项目与地区实践项目，学科发展一直扎根于地区建设，并致力于为地区培养高素质的规划专业人才。现有教学体系中亦将"产学研用"与地区建设紧密相连，以地域性的实践项目作为课程教学基础，推动地区科研发展，培养适应地区市场需求的专业人才。

结语

城乡规划是以庞大的知识体系构建起来的一门系统性学科。在空间规划体系变革时期，原有规划学科将进一步融合更多相关知识，工程技术性质进一步弱化，生态文明、社会公平、治理现代化和空间协同等理念都将激发学科知识新的演进[5]，面向社会需求、科学化的学科体系正在建立。因此，现有学科的教育体系和培养目标必然难以适应和满足城乡建设和学科发展需求，规划教育必然同期经历变革与调整。"适时调整、适应变革、坚持特色"是城乡规划学科顺应社会转型和学科发展的改革路径，也是坚持以实践为导向、服务于内蒙古少数边疆民族地区建设的学科发展目标。

主要参考文献

[1] 孙施文.中国城乡规划学科发展的历史与展望[J].规划师，2016（12）：106–112.

[2] 彭翀，吴宇彤，罗吉，黄亚平.城乡规划的学科领域、研究热点与发展趋势展望[J].城市规划，2018（07）：18–24.

[3] 黄亚平，林小如.改革开放40年中国城乡规划教育发展[J].规划师，2018（10）：19–25.

[4] 彭震伟，刘奇志，王富海，等.面向未来的城乡规划学科建设与人才培养[J].城市规划，2018（03）：80–94.

[5] 罗震东，何鹤鸣，张京祥.改革开放以来中国城乡规划学科知识的演进[J].城市规划学刊，2015（05）：30–37.

Thoughts on the Reform of Teaching System of Urban and Rural Planning Discipline Adapted to the Reform of Planning System
——Taking Urban and Rural Planning of Inner Mongolia University of Technology as an Example

Guo Lixia   Rong Lihua   Yan Han

Abstract: The discipline of urban and rural planning is born in response to the development needs of urban and rural construction. In the transition period of urban and rural construction in China, the multivariate and complex urban and rural space puts forward new requirements for urban and rural planning discipline and talent training. In this context, the urban and rural planning discipline teaching system and training objectives of our school must adapt to social transformation and discipline development, timely adjust the teaching system, with more perfect knowledge system, professional values and new technology and methods to adapt to the change of spatial planning system, adhere to serve the urban and rural construction in Inner Mongolia.

Keywords: Spatial Planning System, Urban and Rural Planning Discipline, Teaching System, Reform

"竞赛嵌入"推动城乡规划专业人才培养模式
转型培育研究型、创新型人才*

董　欣　路金霞　陈　欣

摘　要：在社会发展"双重转型"与"双重滞后"对学科发展提出新的要求及高校新工科建设开展的背景下，城乡规划人才培养目标需要实现转变、人才培养模式需要实现转型。本文基于西北大学城乡规划专业"竞赛嵌入式"教学开展的经验，论证了学科竞赛在城乡规划本科人才培养过程中的显著作用。指出针对城乡规划专业人才研究及创新能力培养中目前普遍存在的问题，如何通过"竞赛嵌入式"教学、案例式、讨论式、汇报式教学方法使课堂教学走上以"探究"、"创新"等核心素质培养为主线的道路，并提出"竞赛嵌入式"教学实践过程中应该注意的一些经验和方法。

关键词：竞赛嵌入式教学方法，研究型，创新型人才，人才培养目标转变，人才培养模式转型

1　竞赛工作的推进及取得的成果

全国高等学校城乡规划学科专业指导委员会学科竞赛自 2000 年举办以来，已近 20 年时间。目前，竞赛包括城市交通创新实践、城乡规划综合社会调查作业评优、城市设计作业评优三个项目，涵盖城市交通、城乡社会综合调查分析、城市设计等三个城乡规划实践创新的主要方面。自开展以来，该竞赛受到各开设城乡规划专业高等院校的高度重视，竞赛成绩也被公认为是衡量国内高等学校规划本科人才教育培养质量的标尺，在促进高校规划人才实践创新能力培养方面发挥了不可替代的作用。有鉴于此，近年来，西部之光暑期规划设计竞赛、全国高等学校乡村规划设计方案竞赛等全国性的学科竞赛也逐步开展起来，竞赛涉及的课程覆盖面越来越广，涉及的本科教学及人才培养环节也越来越多。此外，在学校及省级"挑战杯"大学生课外学术科技作品竞赛、"互联网+"大学生创新创业大赛等竞赛中，城乡规划专业学生参与程度高，表现也非常积极。

2013 年起，西北大学将全国高等学校城乡规划学科专业指导委员会学科竞赛列为学校"竞赛推动计划"的 A 类学科竞赛，每年拨出固定经费，予以重点支持。同时，在教师教学工作量计算、竞赛成果在教师职称评定过程中的认定等方面，都在相关文件中给出了明确规定。近年来，教师指导学科竞赛的积极性有了显著提高，竞赛对相关课程实践创新环节的带动提升作用也越来越明显，城乡规划专业学生的实践创新能力也得到了显著提高。

西北大学城乡规划专业是在地理学专业背景下发展起来的，其课程教学模式与方法保留了文理为主综合性大学课程教学的优势和特色。结合城乡规划专业教育评估，按照建设部高等学校城乡规划专业学科专业指导委员会的要求，我校城乡规划专业自 2007 年开始参与专指委的城市规划社会调查作业评优竞赛，已历十个寒暑。目前，国内城乡规划专业涉及的各类全国性学科

*　基金项目：①西北大学教学研究与成果培育项目（JX18125）；②西北大学本科人才培养建设项目（XM05190337）；③中国建设教育协会——综合大学城乡规划专业实践教学模式研究（2013103）。

董　欣：西北大学城市与环境学院城市规划系讲师
路金霞：西北大学城市与环境学院城市规划系硕士研究生
陈　欣：西北大学城市与环境学院城市规划系硕士研究生

图 1 竞赛成果

竞赛，城乡规划专业每年都在学校教务处及城市与环境学院的大力支持下精心组织、积极参加。近五年来，获得全国高等学校城乡规划专业本科生作业评优竞赛奖项40 余项，其中一等奖 4 项、二等奖 12 项、三等奖 9 项、佳作奖 20 余项；获得全国高等学校乡村规划设计方案竞赛一等奖 1 项、三等奖 2 项、最佳创意奖 1 项、优胜奖 2 项；获得"西部之光"大学生暑期规划设计竞赛三等奖、单项奖等奖项共 5 项；获得省级、校级"挑战杯"大学生课外学术科技作品竞赛特等奖等奖项 7 项。根据竞赛指导所积累的教学经验，共发表相关教学论文4 篇，获得教学成果奖 2 项。在城乡综合社会调查报告及交通创新实践等竞赛成果的基础上，已形成且发表的中英文学术论文有 10 余篇，其中《城市规划》及《城市规划学刊》各一篇，SCI 论文 2 篇，在中国城市规划年会上作海报或宣讲的论文 2 篇。

2 学科竞赛在城乡规划人才培养过程中作用的凸显

近年来，通过竞赛带动，在竞赛所涉及的城市设计、城市道路与交通规划、城乡规划社会调查、城市规划创新实践等专业骨干课程教学过程中，以竞赛要求为标尺，以实践能力培养、创新意识培育为核心，以课程作业水平提升为根本目标，以教师教学团队建设和教学模式优化为主要途径，形成了一套以竞争机制为保障，以分组教学为基础，以启发式、案例式、研究式教学为主要手段，符合城乡规划专业本科教学规律及本专业实际情况、富有特色的教学方法与模式。通过在上述领域的尝试和探索，提升了相关实践类课程的教学水平。以竞赛为指向的竞争机制的引入极大地激发了学生学习的积极性，以分组教学为基础的启发式教学模式的运用切实提升了学生学习的主动性，案例式、讨论式、汇报式教学方法的大量使用使课堂教学初步形成了"研究"、"互动"的良好氛围，课堂教学走上了以"实践"、"创新"等核心素质培养为主线的道路。通过学科竞赛的推动，促进教师提高学术水平，努力站在学科研究的前沿，并及时将学科发展的最新成果融入教学之中。构造"教学–科研–教学"相结合的良性循环系统，以"创新"能力培养为主线，以教学促科研，以科研推教学，实现了城乡规划专业的"教学相长"。

2.1 响应"双重转型"与"双重滞后"对学科发展提出的新要求，推动人才培养目标的转变

一切学科发展的根本动力都源于社会需要。我国正处于前所未有的转型发展变局之中，响应时代需要，城乡规划也处于快速转型发展与"自我演化"过程中，由增量规划转向存量规划，由城市规划走向城乡规划及国土空间规划，由注重规划编制到同时注重规划管理，规划方法也正在由技术理性转向同时注重沟通协商和公众参与。随着城乡一体化进程的加快和建设重心的转移，城镇化发展也进入新常态，表现出从"简单增量"到"优化存量"、从"生存空间"到"复合空间"等方面的转变，目前处于一个"双重转型"（发展阶段转型与体制转型）与"双重滞后"（政府管理滞后与社会管理滞后）的特殊时期。而在这样的大趋势下，怎样平衡城乡规划专业教育自身特征和新环境、新形势下的社会需求，是下一步高校城乡规划专业建设的重点和难点。规划学科的知识内容及其基础发展，呈现出从工程技术到与社会活动和制度建设相结合，知识体系愈加综合的趋势。未来的城市规划人才培养中，除专业教育外，更要注重非专业、非技术、非智力因素，尤其是创新素质的教育和创新能力的培养。

城乡规划规划专业作为一门交叉复合类应用型学科，其人才的培养定位应该是既要具备相应的知识创新结构，又要掌握技术创新能力的复合型人才。因此在教育过程中，除了加强规划设计等专业能力外，也必须加强研究能力和学习能力，即提高学生的综合创新素质。

城乡规划专业的核心素养概括为了三个概念：学、识、才。"学"即学习，学习城市规划的专业知识；"识"就提高了一个层次，让学生知其然并知其所以然；"才"是培养的最高目标，学生学会了自己去创造新的理念，并把这些理念付诸实践。把学、识、才作为城市规划培养过程中的核心素养，反映了与时俱进的特点。它使得接受了该教育的学生能够从容面对社会的纷杂现象，并从中找出最合理的解决方案。通过学科竞赛提升了学生在"学、识、才"三个方面的核心素养为基本目标，以创新能力构建为核心，推动了实现人才培养目标转型的步伐。

2.2 响应"新工科"建设需求，实现人才培养模式的转型

城市规划专业一直定位于工程应用性专业，因而其长期以来秉承的是"传道、授业、解惑"的被动式教学方法，以教师为主体，学生为客体，将学生当作"工匠"来培养。这种教学模式为我国培养了大批城市规划应用型人才，基本解决了我国改革开放以来城市建设对应用型人才的急迫需求。但是，随着对城市规划学科本质和城市规划作用认识的逐步深入，人们发现城市规划的学科属性更多地趋向于工学、理学、人文社会科学的交叉，而并非工程应用性学科。城市规划专业人才仅仅具备工程应用技能是远远不够的，培养研究型、创新型城市规划专业人才是我国城市规划学科发展和城市建设实践的迫切需要。

传统专业教学模式中，教师基于自身的学术素养，重视"传授性教育"，与之相对应的学生学习方式为"接受性学习"，这种"灌输式"的教和"填鸭式"的学，教与学之间缺少互动，教师满足于既有的知识储备，学生则被动地接受教学内容，缺乏探究与创新。为充分发

图2 竞赛推动人才培养模式转型

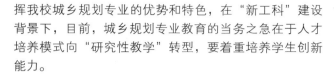

挥我校城乡规划专业的优势和特色，在"新工科"建设背景下，目前，城乡规划专业教育的当务之急在于人才培养模式向"研究性教学"转型，要着重培养学生创新能力。

3　针对问题，通过学科竞赛推动人才培育

城乡规划专业人才研究及创新能力的培养目前普遍存在以下四个问题（障碍），都可以通过"竞赛嵌入式"教学得到很好解决。

3.1　压力小，创新动力不足——"竞赛嵌入"，形成竞争机制

围绕学科竞赛，在专业教学领域内引入"竞争"机制。激发学生学习的积极性，促使教学由被动向主动转型，解决学生在繁重的专业学习压力下，学习能动性不足的问题。采取分组教学的模式，学生参赛作品从平时作业中选取，由于参赛作品有定额（城市设计3份、交通创新实践4份、城市规划社会调查5份，要想获奖对作业水准的要求更高），因此学生只有通过竞争并不断提升作业水平才能获得参赛机会，学生完成课程作业地积极性和作业质量将得到大幅度提升。

3.2　不主动，创新灵感不足——"竞赛嵌入"，形成互动机制

围绕学科竞赛，在专业教学领域内引入"互动"机制，激发学生学习的主动性，促使教学由单向灌输向互动交流转型。解决课堂教学内容死板，学生学到具体知识点，但忽视了知识获取及拓展、衔接能力的培养等问题。采取讨论教学的模式，教学过程采取课堂讲授和分组讨论教学相结合的模式，同时引入跨年级交流互动的机制，使学生养成通过互动交流（同组学生、教师、高年级学生）获取知识的意识、习惯和能力。

3.3　重结果，简单模仿太多——"竞赛嵌入"，形成启发机制

围绕学科竞赛，在专业教学领域内引入"启发"机制，激发学生学习的探索性，促使设计、实践课程教学由"结果"向"过程"转型。解决学生在此类课程作业完成过

程中，"简单模仿"、"生搬硬套"、"生吞活剥"、"知其然，但不知其所以然"等问题。采取案例教学的模式，对竞赛获奖的优秀作业进行深入、细致的分析和点评，使学生对设计、实践和作业完成过程产生更为深入的理解，基于获取参赛机会、提升作业质量的渴望，学生非常重视通过案例教学获取相关信息，案例教学取得了很好的效果。

3.4　偏技能，分析研究不足——"竞赛嵌入"，形成探求机制

围绕学科竞赛，在专业教学领域内引入"探求"机制。激发学生学习的创新性，促使教学由单一专业技能训练向综合性专业素质培养转型。解决在城市规划专业人才培养过程中，将规划师当设计师、工程师培养，虽专业基本技能过关，但创新能力不足、把握分析城乡空间的综合素质不强等问题。采取了汇报式教学的方法，学生在作业完成过程中要分阶段做多次汇报，汇报要求重点展现发现问题、分析问题的过程和思路并鼓励学生探索和展现具有创新性的构思和想法。同时对学生的语言表达和汇报交流能力提出了较高要求，并进行了有针对性的强化训练。借助上述手段，通过竞赛推动，设计和实践类课程教学在完成技能训练、培养任务的基础上，成为了提升学生专业综合素质的重要平台。

4　总结与思考

知识不是通过教师传授得到，而是学习者在一定的情境即社会文化背景下，借助学习而获取知识的过程中得到其他人（包括教师和学习伙伴）的帮助，利用必要的学习资料，通过意义建构的方式而获得。学习的质量是学习者建构意义能力的函数，而不是学习者重现教师思维过程能力的函数。换句话说，获得知识的多少取决于学习者根据自身经验去建构有关知识的意义的能力，而不取决于学习者记忆和背诵教师讲授内容的能力。本研究提倡在教师指导下的、以学习者为中心的教学方式，也就是说，既强调学习者的认知主体作用，又不忽视教师的指导作用，教师是意义建构的帮助者、促进者，而不是知识的传授者与灌输者。学生是信息加工的主体、是意义的主动建构者，而不是外部刺激的被动接受者和被灌输的对象。本研究以学生为中心，强调学生对知识

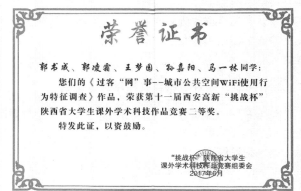

图3 竞赛成果转化

的主动探索、主动发现和对所学知识意义的主动建构，而不是像传统教学研究那样，只关注把如何把知识从教师头脑中传送到学生的笔记本上。通过学科竞赛教学实践，笔者形成了以下认识：

（1）城乡规划专业的知识结构是多层次的：科学层面、技术层面、工程层面、人文层面和技能层面，这些层面相辅相成，形成一个不可分割的整体。通过竞赛带动，利用多元教学方法，可以促成以上各层面知识结构的均衡培养和完善。

（2）对于规划专业的学生而言，复杂的创新能力结构要通过学科竞赛和各类课程中的设计、沟通、组织和研究，在学习中逐步构建。完善的能力结构应包括四项基础能力群和继续深化的十二项高端能力群：构思能力群——包括深度剖析能力，横向归纳能力，主次分辨能力；求索能力群——包括参考借鉴能力，构架完成能力，独立思考能力；团队合作能力群——包括组织负责能力，统筹全局能力，高效工作能力；综合表达能力群——包括语言表达能力，图形表达能力，文字表达能力。通过适当的竞赛组织方式、适宜的实践教学方式可以很好地推动各能力群的互动培养。

（3）从城乡规划学科的发展进程中不难发现，"规划"始于"问题"。现代城市规划学科形成与发展的目的是解决城市发展过程中的种种问题，即"城市问题"。对问题的剖析、探究，寻找解决问题的方法与途径，即是研究的过程。本科教学方法应由传统的被动接受式教学方法向接受式教学、问题探究式教学、启发式教学、案例讨论式教学等相结合的研究性教学方法转变。完整的大学本科教学过程是由接受性学习和研究性学习这两个认识发展环节基本要素所构成的，即指认识过程从接受已知到探索未知循环往复的螺旋前进。通过在"竞赛嵌入教学"的过程中运用问题探究式教学、启发式教学、案例讨论式教学等教学方法，改变以教师为中心、以知识传授为目标的传统教学方法，建立以学生为中心、以能力培养为目标的研究性教学方法体系，促进学生的自主学习和个性化发展。培养学生的创新思维能力同时，实现人才培养由应用型向研究型的跨越。

（4）加强教学研究，更好地推动"竞赛嵌入"式教学的开展。可运用的一些研究手段如下：基于学科竞赛的分阶段辅导，建立教学日记制度；基于学科竞赛成绩反馈，结合学生自我评价，进行学习绩效综合评价，对学生的学习状况进行持续监测；基于学科竞赛分组情况，利用AHP（层次分析法）分析优势，建立不同的权重指标体系，找出每组学生能力素质的薄弱环节，针对可能存在的"短板"，采取有针对性的手段予以解决；针对不同班级抽样，采取不同教学方法，依据竞赛成绩验证不同教学模式下的作业完成效果，采取定量研究方法，建立数学模型，考察其中的独立变量、依赖变量，探索竞赛成绩和教学控制手段之间的关系；基于学科竞赛指导教师团队，组建教学研究共同体；基于学科竞赛平台，整合研究性教学资源，探索城乡规划专业研究性教学方法体系、资源体系，搭建研究式教学平台；对国内外城乡规划专业相关学科竞赛组织、教学模式转型、教学方法创新方面的实践案例和理论进展做系统调查和收集，建立专门的数据库。

主要参考文献

[1] 王世福.当前城市规划学科发展的线索和路径 [J]. 规划师，2005，（7）：7-9.

[2] 陈锦富，余柏椿，黄亚平，任绍斌，陈征帆，岳登峰.城市规划专业研究性教学体系建构 [J]. 城市规划，2009，（6）：18-23.

[3] 杨靖.应用型人才培养目标下的城乡规划专业实践教学改革 [J]. 中外建筑，2016（10）：68-69.

[4] 洪亘伟，杨新海."思维＋技能＋创新"城市规划专业基础教学体系建构研究 [J]. 规划师，2011，（12）：106-110.

[5] 陈征帆.论城市规划专业的核心素养及教学模式的应变 [J]. 城市规划，2009，（9）：82-85.

[6] 吴晓，覃亚晖，姚玲玲，王晶，于小俸.地方本科院校"3S"型城乡规划建设人才培养的探索与实践 [J]. 当代教育论坛，2011，（9）：75-78.

[7] 郑杰.地方院校城市规划专业本科人才培养模式研究 [D]. 合肥：安徽建筑工业学院，2012.

[8] 张赫，卜雪旸，贾梦圆.新形势下城乡规划专业本科教育的改革与探索——解析天津大学城乡规划专业新版本科培养方案 [J]. 高等建筑教育，2016，25（03）：5-10.

[9] 罗震东.科学转型视角下的中国城乡规划学科建设元思考 [J]. 城市规划学刊，2012（02）：54-60.

[10] 阳建强.城市规划专业教育的转型、重构与拓展——以东南大学城市规划教学改革为例 [A]. 中国城市规划学会、南京市政府.转型与重构——2011中国城市规划年会论文集 [C]. 中国城市规划学会，南京市政府：中国城市规划学会，2011：10.

[11] 汪芳，朱以才.基于交叉学科的地理学类城市规划教学思考——以社会实践调查和规划设计课程为例 [J]. 城市规划，2010，34（07）：53-61.

[12] 张洪波，姜云，李孝东，张卓，王宝君.城市规划应用型人才创新素质教育培养模式研究 [J]. 高等建筑教育，2009，18（05）：36-39.

"Competition Embedding" Promotes the Transformation of Urban and Rural Planning Professional Talents Training Mode to Cultivate Research-oriented and Innovative Talents

Dong Xin　Lu Jinxia　Chen Xin

Abstract: Under the background of the new requirements for the development of disciplines and the development of new disciplines in Colleges and universities brought about by the "double transformation" and "double lag" of social development, the goal of talent training in urban and rural planning needs to be changed, and the mode of talent training needs to be transformed. Based on the experience of "contest embedded" teaching in urban and rural planning specialty of Northwest University, this paper demonstrates the significant role of discipline contest in the process of undergraduate talent training in urban and rural planning. It is pointed out that in view of the common problems existing in the research and innovation ability training of urban and rural planning professionals, how to make classroom teaching take the cultivation of core qualities such as "inquiry" and "innovation" as the main line through "contest embedded" teaching, case-based teaching, discussion-based teaching and reporting-based teaching methods. It also puts forward some experiences and methods that should be paid attention to in the teaching practice of "contest embedded".

Keywords: Competition Embedded Teaching Method, Research and Innovation Talents, Transforming Talent Training Goals, Transformation of Talent Training Mode

规划教学国际化课程建设的探索：以 Global Course 为例

秦 波 张 磊

摘 要：面向全球化、城市化交织发展的未来，为进一步提升规划教学国际化水平，中国人民大学城市规划与管理系与格罗宁根大学、华盛顿大学、纽卡斯尔大学、东京大学共同开设规划课程 Global Course：Institutional Design and Spatial Planning。课程由五所高校的老师共同授课，对制度设计的框架理论以及制度对规划实践的影响展开分析。在课堂授课和文献阅读之外，课程还要求各国参与学生分别与其他高校的同学组队，聚焦于某规划议题展开国际比较，分别提交各自国家的报告后进行交互式评阅，最终整合为小组的跨国比较研究报告。课程的组织方式、教学方法和授课内容得到欧洲规划院校联合会的高度赞赏，并被授予"2018 年欧洲规划院校联合会最佳教学奖"。本文详细介绍了该课程的设计框架与建设过程，探索 SPOC 深度学习模式的应用，从而为规划院校提升教学国际化水平提供借鉴。

关键词：全球课程，SPOC 模式，规划教学，国际化，AESOP 最佳教学奖

立足城乡规划学科建设，着力推进本科教学改革创新，提升城市规划专业学生素质，中国人民大学城市规划与管理系以国际合作课程"制度设计与空间规划"为试点，探索 SPOC 深度学习模式在高等教育中的应用与效果。

1 课程简介与教学模式创新

1.1 课程简介

本课程由中国人民大学联合格罗宁根大学、华盛顿大学、纽卡斯尔大学、东京大学等五所国际高校，在 2018 年就"制度设计与空间规划"为主要内容，展开合作联合创建的真正意义上的全球课程。

课程教学以荷兰格罗宁根大学开发的 InPlanning（www.inplanning.eu）开放平台为载体，为学生提供一个丰富的国际比较视角。课程采用虚拟课堂的形式进行教学，结合慕课（MOOC）与传统课堂教学的优势，旨在推进国际化教学，拓展学生国际视野，培养学生跨文化沟通能力；增强学生专业素质与国际化沟通能力，提高学生毕业后的适应力与竞争力。

1.2 教学模式创新：从 MOOC 到 SPOC

当今数字化、网络化、智能化的学习方式逐渐盛行，但学生的学习效果并没有由此得到实质性提高，学习过程常停留在浅层学习层面，网络学习因此被称为"滋生浅层学习的温床"。碎片化、多任务与浅层阅读，在给学习带来多样性和便利性的同时，容易导致学习深度缺乏的问题。大多数在线 MOOC 课程只能完成接收信息这一步，无法更好地教授学生如何运用和分析信息，而后者正是实体教学的内核与优势所在。

SPOC（Small Private Online Course），意即"小班专有在线课程"，由加州大学伯克利分校 Fox 教授于 2013 年首创。SPOC 是一种结合在线教育与线下实体教学的混合式教学（Blended Learning）模式，充分利用实体教学与 MOOC 课程两者的优势，避免其劣势。SPOC 中的 Small 和 Private 分别对应 MOOC 中的 Massive 和 Open，其中"Small"是指学生规模较小，"Private"则是指对学生申请设置限制性准入条件。

SPOC 是将 MOOC 教学资源（微视频、学习资料、测验评分、站内论坛等）应用到小规模实体校园（不限于校内）的课程教学，实质是将优质 MOOC 课程资源

秦　波：中国人民大学公共管理学院城市规划与管理系教授
张　磊：中国人民大学公共管理学院城市规划与管理系副教授

与课堂教学有机结合，借以翻转教学流程，变革教学结构，提升教学质量，从而充分发挥 MOOC 的优势，又能有效弥补 MOOC 的短板与传统教学的不足。

目前，哈佛大学、加州伯克利大学等高校就"软件工程"、"电路原理"、"数据结构"等课程展开了跨国合作，但皆处于课程试点或团队磨合阶段。从 MOOC 到 SPOC 的模式转变，体现了教育界对网络教学方式认知的深入和完善。《金融时报》将 SPOC 视为 MOOC 的一种竞争模式，教育学家 Rolf Hoffmann（2013）认为 "SPOC = Classroom + MOOC"，是融合了实体课堂与在线教育的混合式教学模式，并提出 SPOC 应当取代 MOOC，推动课程教学进入后 MOOC 时代。

2 课程内容与教学组织

基于长期的互动了解和科研合作，中国人民大学城市管理与规划系联合荷兰格罗宁根大学（University of Groningen）、英国纽卡斯尔大学（Newcastle University）、美国华盛顿大学（University of Washington）和日本东京大学（University of Tokyo），共同开创建设"制度设计和空间规划"国际课程。首期课程已于 2018 年 4 月初开始，2018 年 8 月到 2019 年 3 月对第一届课程进行全面回顾和检讨，进行优化之后在 2019 年 5 月进行第 2 届教学。本课程也是尝试和探索 SPOC 深度教学模式的应用。

2.1 课程内容

课程从理论和实践两个维度，介绍各国与空间规划相关的制度设计、基础理论、概念和框架。授课从两条脉络展开：一是对制度设计框架的理论论述，二是不同制度下规划实践的国际比较。

（1）关于制度本质的理论介绍。教师团队将从政治学、社会学、地理学和空间规划等角度展开讨论。该课程从广义上界定"制度"，即法律规则、政策和行为规范。制度的概念是被建构起来的，是决策过程、民主程序、集体行为和公私制度、官方和非官方制度、制度和个人行动者之间博弈妥协的结果。因此"制度"最后呈现的结果，对于那些建构或维护这个框架的社群和个人来说，具有重要意义。此外制度也受到历史文化的影响，课程

也将对路径依赖、政治经济、治理、公平、社会正义等概念进行讨论。

（2）关于不同制度下的空间规划实践。教师团队将介绍各国制度背景下的不同规划案例，并解释空间规划体系在不同制度环境中是如何建立起来的。这将有利于学生形成一个对制度进行国别比较的基础性共识。课程鼓励学生思考规划相关问题，诸如：空间规划和空间干预的最终目标是什么？在各自的国家背景下，是如何定义公共领域的？在这种意识形态的影响下，规划体系会随着时间的推移而改变吗？

为了使课程顺利进行，要求所有参与课程的同学能够互相尊重，尊重彼此传统和礼仪，创造一个更加包容、开放、多样性的教学环境，使得大家更好地接受新知识和学习。

2.2 教学目标

本课程通过跨国合作授课与"互联网+"的混合学习模式，整合全球优质师资力量，发挥课堂教学与在线教学的优点，向学生介绍相关理论、概念和实践案例，以了解不同国家背景下的制度设计框架。课程设定的教学目标包括：

· 熟读文献：从制度、规划的学科视角去理解一些具有影响力的理论著作。

· 国际视野：了解全球各国不同的制度设置和规划框架。

· 提升理论：能解释不同制度安排与规划实践之间的辩证关系。

· 反思能力：了解国外制度与国际规划实践，反思本国的制度环境。

· 沟通能力：与不同国家和文化传统的同学合作，共同完成作业、相互讨论。

· 社会认知：学会尊重他国的文化差异和制度环境。

· 提升技术：使用数字技术/虚拟教室在国际环境中进行讨论和操作。

· 挑战英语：对于母语非英语的学生来说，用英语进行学术交流，与来自世界各地的同事/同学讨论与规划相关的话题，是一次全新的挑战。

课程教学的跨国团队致力于探索这种线上教学与线下合作相结合的 SPOC 教学模式，总结课程建设以及教

学过程中存在的问题，优化课程组织与教学内容。

"制度设计与空间规划"课程是一门选修课，我们希望参加课程的学生有较高的积极性，在课堂参与和小组合作方面有优秀的表现。这有助于提高课程的整体质量。每个同学都应该承担起维护团队良好运转的责任，努力配合团队以促成成功合作，并最终产出令人信服的跨国比较成果。

2.3　课程组织

本课程旨在让学生认识到，空间规划根植于制度环境，而制度变迁也可能影响空间规划，教学过程具有较强的交互性，实行 SPOC 教学模式，即"小班专有在线课程形式"。

每所合作院校，原则上只允许 10 名学生参与课程建设和视频录制。课程教学以虚拟课堂为教学平台，因此五所高校都需要控制参与学生人数，以确保同学学习互动和国际合作的深入。不同学校采用自己的报名标准，但需尽力确保各校在参课人数上具有平等性，以便开展小组合作。

课程安排比较紧凑。在八周时间内，教师团队将进行十次授课，其中五次为制度设计框架的理论论述，另外五次将分别介绍各国不同制度下的空间规划实践。大部分课程资源会通过 InPlanning 平台（globalcourse.inplanning.eu），分享给更广泛的受众。

经过总结与优化，2019 年课程的讲座题目与主讲人如下：

讲座 1　简介：制度与规划

Dr. Ines Boavida-Portugal & Dr. Barend Wind（格罗宁根大学）

讲座 2　各国案例：荷兰的空间规划——好得令人难以置信？

Prof. Dr. Gert de Roo（格罗宁根大学）

讲座 3　理论视角：从制度经济学视角理解空间规划

讲座 4　各国案例：评估地方政府在美国的作用

Dr. Jan Whittington（华盛顿大学）

讲座 5　理论视角：从政治经济学视角理解空间规划

Prof. Dr. Mark Tewdwr-Jones（纽卡斯尔大学）

讲座 6　各国案例：制度设计和历史环境——英国

保护规划体系

Prof. Dr. John Pendlebury（纽卡斯尔大学）

讲座 7　理论视角：中国空间规划体系：结构，机构和路径依赖

Dr. Lei Zhang（中国人民大学）

讲座 8　各国案例：了解规划者在重塑中国城市景观中的作用

Prof. Dr. QIN Bo（中国人民大学）

讲座 9　理论视角：将空间规划理解为一种非正式制度

Prof. Dr. Hideki Koizumi（东京大学）

讲座 10　各国案例：日本的土地利用规划和参与式规划

Prof. Dr. Hideki Koizumi（东京大学）

讲座 X　各国案例：叙利亚

Dr. Naoras Watfeh（大马士革大学）

在课程期间，学生将以小组作业形式开展国际比较研究，从制度的角度分析空间规划问题，诸如：本国的规划制度是如何发展的？与其他国家有何不同？哪些制度变革会使系统更加有效？这项作业包括两个层次的小组合作：首先，各校学生组成小组，选择特定议题（比如城市更新、绿色交通、旅游开发等），进行合作；其次，当地小组与其他学校的小组合作，就同一议题展开对比研究。简而言之，当地小组在第一阶段需要描述自己国家特定领域的规划制度，而在第二阶段则需要对国际小组中其他学校当地小组的工作进行反思与评价，从而确保学生在进行国际合作时共同学习和相互促进。

2019 年课程的授课内容和作业的时间安排见表 1。

图 1 是小组作业的组织流程，学生不仅要总结和梳理本国空间规划相关制度设计，更要对其他国家相关领域的制度设计进行比较、评价和学习，最终要合作提交一份跨国空间规划制度设计比较研究报告。

本课程用英语授课和评分，作业也要求用英文完成。在此基础上，各校可以选择用自己国家的语言开展研讨会和考试。事实上，国际课程的学习目标之一就是使用英语作为学术语言，这为人大学生提供了在国际课堂上提高英语能力的机会。课程将从文献阅读、课堂讨论、集体作业等方面对学生进行评估。

Global Course课程内容与时间安排 表1

日期	安排	标题	学校
10-04-19	截止日期	小组编队任务	所有
17-04-19	讲课	简介：制度与规划	格罗宁根大学
18-04-19	讲课	国家概况：荷兰的空间规划——好得令人难以置信？	格罗宁根大学
23-04-19	讲课	理论视角：从制度经济学视角理解空间规划	纽卡斯尔大学
25-04-19	讲课	国家概况：评估地方政府在美国的作用	纽卡斯尔大学
30-04-19	讲课	理论视角：从政治经济学视角理解空间规划	华盛顿大学
02-05-19	讲课	国家概况：制度设计和历史环境——英国保护规划体系	华盛顿大学
07-05-19	讲课	理论视角：中国空间规划体系：结构，机构和路径依赖	中国人民大学
09-05-19	讲课	中国国家概况：了解规划者在重塑中国城市景观中的作用	中国人民大学
14-05-19	讲课	理论视角：将空间规划理解为一种非正式制度	东京大学
16-05-19	讲课	国家概况：日本的土地利用规划和参与式规划	东京大学
17-05-19	截止日期	提交国家章节供组内互评（格林尼治标准时间23：59）	所有
24-05-19	截止日期	提交互评结果（格林尼治标准时间23：59）	所有
07-06-19	截止日期	提交作业终稿（格林尼治标准时间23：59）	所有

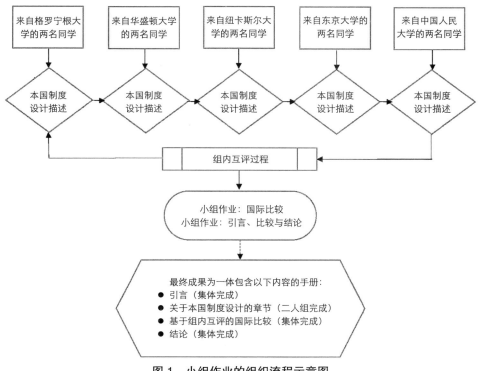

图1 小组作业的组织流程示意图

3 课程建设经验总结

特别荣幸的是，本课程的组织方式、教学方法和授课内容得到欧洲规划院校联合会的高度赞赏，并被授予"2018年欧洲规划院校联合会最佳教学奖"。该奖项面向所有的欧洲规划院校，每年只有一门课程可以获得。

在此特总结在本门国际化课程建设中的一些理念和经验，以为国内规划院校提升教学国际化水平、探索新的教学方式提供借鉴。

3.1 探索从 MOOC 到 SPOC 的教改模式创新

传统教学存在"班级批量生产"和"满堂灌"的问题；MOOC 类型教改创新又存在师生分离，学生遇到问题无法得到及时指导的问题。本课程建设过程针对以上两类问题，取长补短，探索 SPOC（小班专有在线课程）对于深度学习的实施效果。借助互联网和数字化技术，依托国际学术资源和教师团队，为学生从浅层学习向深度学习的转变提供资源、环境与理念的支持，实现翻转课堂的教学目标。

课程通过翻转课堂促进学生素质提升。运用多校联合授课、小组合作主题作业、交互式评阅及讨论等环节，变老师主动为学生主动，实现了课堂翻转。在课程学习的同时，有利于开拓学生的国际视野，提高学生理论联系实际的多层次分析能力，锻炼学生用英语沟通表达的能力和团队协作能力。

线下课程团队作业采取每个国家高校各选两名同学聚焦于一个明确研究议题的形式，共计五个研究议题。每个团队中，五所高校共十位同学聚焦于同一议题，在老师指导下展开跨国合作与比较研究，并相互展开讨论、批判与审阅。

课程将 SPOC 技术平台、教学内容、学习方式、评价手段等融入规划教学过程，并翻转传统教学流程，变革教学结构，注重学习情境、交互与反思的设计。学生经历学习准备、知识构建、迁移应用与创造、评价与批判四个循环与递进的阶段，达到对知识的深度理解与问题解决，锻炼综合素质，提升教学质量，提高高阶思维能力。

3.2 对接国际一流规划院校，创造国际化教学环境

"制度设计与空间规划"国际课程之所以获得欧洲规划院校最佳教学奖，是因为它能让学生与来自世界各地的同学进行互动交流。在这一过程中，学生可能会遇到挑战已有世界观或本国空间规划主导思维方式的新想法。本课程的目的并非宣扬某一种形式的制度设计，而是将不同形式的制度设计置于其产生的环境中去理解它们的成功与区别。

本课程由五所不同国家的高校开展跨国合作和同步教学，有利于共享科研成果、提高教学水平、增强科研能力。通过交流合作，对不同制度环境的认识有助于学生和老师更好地理解塑造各个城市制度环境的结构性力量。

3.3 提升硬件技术水平，建设高质量教学平台

高质量的教学平台是实施国际课程教学的重要支撑。荷兰格罗宁根大学管理的 InPlanning 平台实用灵活，可用于现场直播、讲座回放、在线讨论和作业发布。技术人员的支撑、网络的互联互通、服务器硬件的优化都在其中发挥了不可或缺的重要作用。

主要参考文献

［1］ Rolf Hoffmann. MOOCs–Best Practices and Worst Challenge[EB/OL]. [2013–10–10]. http：//www.aca–sec retariat.be/index.php?id=674，ACASeminar Brussels.

［2］ Fox A.（2013）. From MOOCs to SPOCs——Supplementing the classroom experience with small private online courses. Communications of the acm，56（12）.

［3］ Fox，A Patterson，B. Software Engineering Curriculum Technology Transfer：Lessons learned from E books，MOOCs，and SPOCs，Splash Education Symposium [J]. Indianapolis U.S.A，2013（10）.

An Exploration on the Internationalization of Course Teaching in Planning Education: The Case of Global Course

Qin Bo   Zhang Lei

Abstract: To prepare the planning students for an increasingly globalized and urbanized world, Renmin University of China, University of Groningen, University of Washington, Newcastle University have established a Global Course: Institutional Design and Spatial Planning. It is taught by the professors from the five universities, mainly analyzing the theories and practices related to institution design. Students are also required to write a report to illustrate the institutional system of certain planning issue on their home country, and to compare with other countries'. A final comparative study across the five countries is submitted. The course organization, teaching methodology and content are highly valued by the Association of European Schools of Planning. Therefore, the course won the Excellence in Teaching Award of AESOP 2018. This paper introduces the framework design and development process of the course, investigates the application of SPOC model in teaching, and thus offers a case for other planning institutes which aim to promote internationalization.

Keywords: Global Course, SPOC Model, Planning Education, Internationalization, AESOP Excellence in Teaching Award

基于城乡规划学与大学生双创训练深度融合的教学研究

胡振国　王秋实

摘　要：响应国家实施创新驱动发展战略，结合城乡规划学科教育发展需求，依托笔者校开展的大学生双创活动，思考相关教学研究。挖掘大学生创新创业训练与专业学科的关系，基于目前高校科技成果转化情况，反思教学课程体系问题，为大学生开展创新创业训练、专业学科竞赛提升空间，并且联系实训基地与校企联合的平台搭建给大学生创新创业训练拓宽渠道，同时也对目前双创发展对学生的整体提升进行思考。

关键词：创新驱动发展战略，城乡规划学科，大学生创新创业训练

前言

沈阳建筑大学一直坚持着实践创新与教学融合的教学态度，不断开展沈阳建筑大学大学生创新创业训练计划，进一步提升笔者校学生的创新能力和意识活动，激发学生学习的主动性、积极性和创造性，增强大学生创业能力及实践动手能力。

科技成果转化与学生参与联系紧密，在城乡规划教学核心体系中植入双创理念，将本学科的国内、国际竞赛与创业创新课程及活动紧密联系起来，形成"竞赛 – 课程 – 学术研究 – 成果转化"的有效系统，继而加深教师积极参与双创活动的科学价值和社会价值，并持续为大学生双创提供专业与商业指导。

1　大学生创新创业训练与专业学科的关系

1.1　双创的核心

李克强总理在政府一号文件中指出"大众创业、万众创新"，全国各高校、企业院所纷纷投入创新创业实践。2015 年 6 月，国务院颁布《关于大力推进大众创业万众创新若干政策措施的意见》必将点燃"大众创业、万众创新"的热情。大众创业逐渐摆脱了单一以企业为主体的创新，而是把全体社会成员作为创业的创新主体，既能够发挥政府的主导作用，亦能激发企业、个人以及社会组织的创新创业热情。然而作为高校而言，各高校纷纷设立的大学生创新创业中心，旨于培养大学生的创新创业能力。沈阳建筑大学创新创业及发展中心的培训培养计划已形成国家、省、校、院四级，形成和国家、省市多级创业创新竞赛双线培养机制。

创业创新过程中的关键技术——创业创新的质量应由大学生创新创业中心控制还是由学院学科专业教师进行把控？创业创新的根本在于强调创业这样的经济行为，还是创新这样的科学研究行为，两种行为的占比有什么关系吗？这都是值得深思的问题。习近平同志指出："谋创新就是谋未来。"笔者认为，大学生的双创训练应着重于创新而非创业。创业是一种极其复杂的商业行为，由双创训练中的企业导师进行金融层面的指导较为合适。学校的创新创业训练与实践具有较高的不可替代性，需要学校导师贡献一定的研究成果和技术成果进行部分转化。现阶段，由大学生团队主导的非技术创新型创业，投资回报比低，可替代性高，成功率普遍偏低；而依托于学校、学院研究平台，科研基地的技术成果转化可以更大程度的促成双创训练的成功。

1.2　高校科技成果转化与学生创业训练

在经济学界，创新和创业是两个既有紧密联系又有区别的概念。二者在某种程度上具有互补和替代关系，

胡振国：沈阳建筑大学建筑与城市规划学院城乡规划系副教授
王秋实：沈阳建筑大学建筑与城市规划学院风景园林系助教

创新是创业的基础和灵魂，而创业在本质上是一种创新活动。但创业和创新也是有所区别的，从现有的经济理论和研究看，创新更加强调其与经济增长的关系，比较著名的是经济学家索罗对经济增长中技术进步贡献的定量测算。

斯坦福大学设立的技术许可中心（Office of Technology Licensing）设立勤奋里程碑（Diligence Milestone）助推初创公司，允许其通过低额还款的方式获得正式转化专利、版权和其他技术的权限。初创公司每达到一个里程碑时再完成部分支付，此项举措可以缓解初创公司的经济压力实现校企双赢；帝国理工大学设立的帝国创新公司（Imperial Innovations）提供技术转化商业活动和投资活动，以保护本学校技术知识产权并推进技术发展为目标设立新公司，并与帝国理工大学成立创新实验基地，为学生团队举办路演活动；威斯康星大学设立基金会模式，通过设计附属于学校的非营利性法人组织，开展科学技术转移项目活动。依托"互联网＋"平台，集众智搞创新，厚植科技进步的社会土壤，打通科技成果转化通道，实现创新链与产业链有效对接。大学生双创训练中的创新驱动力的来源应集中于学院的指导教师，依托于学校的科研平台和科技创新支持计划。

1.3　教学改革与学生创业训练

以城乡规划学科一线教学为例，将日常教学计划的创新部分与大学生双创训练深度融合，实现创新性科研平台、学科专业竞赛与创新平台搭建、专业实践与双创融合、校企联合等方式持续为创新增加源动力。教学的本质在于培养学生的创新能力和研究能力，在教学常态化中增加学生创新的内容尤为重要。

以城市规划原理为例，首先是改变考核方式，增加20%的平时成绩，带领学生对日常生活中遇到的各类事件，以专业眼光去看待，发现问题、分析问题、发现本质。然后带领大家进行分析讲评，研究大家都聚焦了什么问题，是否属于热点前沿等，给学生加以引导。近期学生主要关注问题包括：城市交通（公共交通、共享单车、停车问题、地下通道、交通安全、慢行交通、快递小哥、设施使用情况）、城市生活（夜市、文化差异、北漂儿、外卖、书吧、地摊、节假日出游、邻里关系）、城市设施（LED屏、建筑样式、道路系统、高速公路、图书馆、古玩市场、

商圈、批发市场、书店、公园绿地、大学城）、城市经济（旅游业、经济转型、支柱产业）、城市演变（更新问题）、社会保障（养老机构、老龄化、教育资源）、大学生生活（就餐、睡眠、休闲、网购、消费、兼职、情商、择业、手机）、社会现象（补课班）、社会弱势群体（农民工、留守儿童）等；同时，注重细节，比如笔者会问学生，"你是以什么方式接触到问题和现象的？网络、图书、电视传媒，还是老师、同学、亲戚朋友，或者亲身经历"，这些会促进学生思考，提升理性训练。所有这些都给学生一个思考和介入社会的机会，对大学生双创训练提供了土壤。

2　搭建常态化教学体系创新机制

2.1　课程体系构建

城乡规划专业以工科为主导、融入多学科交叉，立足城乡社会和谐、经济发展、环境可持续，综合解决城乡发展的空间问题；适应城市规划行业面向公共政策的转型，建构学生可持续的职业发展能力，是城市规划行业人才的基础性培养平台，打造大平台、培养宽基础、优化教学资源，联手建筑学、园林与景观、生态等专业，拓展地学相关课程，宽基础、大平台、博知识、强技能，优化教育教学资源，依托校院优势，培养宽口径人才（表1）。

在该课程体系中与大学生双创训练密切相关的主要课程（如城市规划概论、城市规划原理、城市道路与交通、城市建设史、城市规划调查研究等）都处于核心地位，为学生奠定坚实理论基础。

2.2　专业学科竞赛与创新平台

各学科在本科范围内有大量专业竞赛，以城乡规划学为例，以社会需求和城市可更新发展的竞赛层出不穷。笔者校一直以学生的日常课程中增加社会调研和深度，以及社会新政策、新论断、新需求的导向性教学。为推动大学生双创训练，累积分析适合本土地域特征的选题方向，长期持续对某一个方向进行持续关注，或者进行全周期研究。比如，城乡规划学科的社会调研报告以交通类、社会类、市民生活类等方向，结合沈阳市的文化历史特点和寒冷地区市民的基本需求，设计创新性平台，对于某些新出现的事物（比如共享系列、微公交等）进行叠加，恰当使用工具、采用有效手段获取相关数据，学会用数据说话、量化分析问题；而精准则是针对笔者校地域特征关

城乡规划专业课程体系进程表　　　　　　表1

阶段划分	城乡规划理论入门		建筑设计与城乡规划理论		多学科支撑的城乡规划综合平台		城乡规划能力拓展		综合业务实践	
课程体系	第一学年		第二学年		第三学年		第四学年		第五学年	
	上学期	下学期	上学期	下学期	上学期	下学期	上学期	下学期	上学期	下学期
德育政治	思想道德与法律			中国近代史纲	马克思主义原理	中国特色社会主义理论				
体育健康军事	体育	体育	健康教育、军事理论	体育						
外语	外语	外语	外语	外语		专业外语				
数学	高等数学									
建筑设计	建筑概论、图学	建筑设计原理	(建筑模型)	建筑史、建筑构造	建筑设计规范	(城市住宅专题)				
设计课系			建筑设计A	建筑设计B	城市规划设计基础	城市调研报告、城市规划设计1	城市规划设计2、道路交通设计	城市规划设计3	综合业务实践实习	毕业设计(含毕业实习)
规划理论与法规		城市规划概论	城市规划原理1	城市规划原理2、景观与园林工程	城市建设史、城市社会综合调查	城市园林绿地规划、沈阳历史建筑	城市设计概论、村镇规划与建设	城市政策法规与管理、现代城市规划思想史		
道路市政					城市道路与交通1	城市道路与交通2	城市综合交通、城市系统工程	基础设施规划		
地理学		自然地理基础	地质学基础、地图学		人文地理概论	地理信息系统、中国经济地理学	区域分析与规划			
生态学					生态学基础	城市环境与生态学	景观生态学	生态环境影响评价		
人文社科		摄影、环境心理学			文献检索	城市社会学	城市经济学	城市开发与房地产		
实践教学	美术实习、建筑表现实习	城市认识实习		测量实习	古建筑认识实习				综合业务实践实习	毕业实习、毕业设计

系与学科特征，在生长的大环境中吸取营养，既有基础又具操作性，笔者经常问学生：你们有什么知识依托和积累？你们以现在的力量可以完成什么？这些都是笔者们在教学中不断认识和提升的，希望同学能够从"关注了、接触了、理解了、知道了、挖掘了、明悟了"中一步步走来，深入精准掌握问题或者事件的实质，挖掘本质。

2.3　专业实践与创新平台

专业实践是从感性认识上升到理性认识的必要过程，调查研究所获得的资料是社会城市各阶段、各层次工作中定性、定量分析的主要依据，使同学们了解定量和定性分析方法，掌握社会现象定量化所采用的数学方法，达到科学分析社会城市中各种现象的能力。而创新平台则提供了学生联系实际、关注社会的基础，进一步培育收集一手资料的意识和发现问题、分析问题、解决问题的能力，增强学生将工程技术知识与经济、社会、环境、法规、管理、公众参与等多方面知识加以综合思考的能力。

城乡规划学科的专业实践活动，主要包括教师带领学生共同参与实际工程项目以及学生单独组队参加国内大学生创新创业竞赛及社会实践活动。近三年来参加多项各层次竞赛，并完成实际工程项目100余项，在实践中丰富了教师队伍的工程经验，也为学生提供了理论联系实际应用平台，同时为当地城市建设和经济发展做出了较大的贡献（表2）。

城乡规划专业学生参与社会实践及
创新创业获奖一览表　　　　　表2

竞赛题目	学生姓名	获得奖项
2015 辽宁省挑战杯课外学术竞赛	刘璐	一等奖
2015 辽宁省挑战杯课外学术竞赛	闫博群　卢一娇 孙从时　张天宇　李宜霖	三等奖
2015 辽宁省挑战杯课外学术竞赛	李倩雯　白钰　王天塑 乔雪　于佳冬　杨晓棠 曹儒蛟	一等奖
2016 大学生创新创业训练计划项目	刘佳颖	一等奖
2016 "创青春"全国大学生创业大赛	刘佳颖	金奖
2017 年度辽宁省青年社会组织公益创投大赛	刘佳颖	金奖
2017 年楼纳国际高校建造大赛	闫泽明　苗鹤鹏	三等奖
2017 年辽宁省第四届大学生创业大赛	刘佳颖	一等奖
2017 奉贤南桥镇口袋公园更新设计国际竞赛	章阅　闫泽明　郝金立	提名奖
	赖皓霆　赵勇先	提名奖
	翟宇萌　蒋莹	入围奖

3 大学生创新创业训练探索

3.1 校企联合创新平台

校企联合是整个教学活动的一个重要方面，它是对理论教学的验证、补充和拓展，是以生产、科研、社会实践活动为载体的教学活动，既是教学活动，又是生产、科研、社会实践等一般性的实践活动，是对理论知识的验证、强化和拓展，具有较强的直观性和操作性，旨在培养、训练学生的操作能力和创新能力。

本着明确职责、积极主动、尊重对方、加强沟通、互惠互利、保证质量的原则，对校企联合创新平台工作统筹规划，加强管理，健全制度，规范建设，逐步扩大平台数量，不断提高质量，择优汰劣，优先考虑选择专业对口，设施完善，实习条件有保障的单位作为笔者校的实习基地，确保能满足实习计划和大纲的要求。多年来，笔者校非常重视校企联合创新平台的建设与发展，

通过召开工作会议，签订共建协议，加强与实习相互协作与交流等形式，初步实现了笔者校与校企联合创新平台的资源共享，做到互惠互利，共同提高，使校企联合创新平台处于良好的运转状态。

3.2 联合导师制的双创训练

笔者们在指导学生进行双创训练时，作为指导教师本身有时也对项目的可操作性与落地性缺乏较清晰的认知，尝试寻求校外企事业单位的帮助，带领学生走访单位与之座谈，引导学生相对清晰的去理解问题。联合导师制的建立主要是针对当前单一导师制所存在的问题，有目的、有层次地展开相应工作，区分指导程度的主次关系，明确责任分工，有的放矢地推进工作。

目前，笔者们主要针对大创的选题与技术特征条件，联合适当的社会单位共同指导学生，在突出大学的学术理论的同时，依托社会单位联合导师的市场运作经验，为学生的双创训练弥补短板，让理论真正的联系实际，打破学生低头做创新的局面，开拓思维，强化可操作性。这样进行的好处是比较多的，但同时也存在着相关的各种问题，比如与联合单位的合作较为松散，共同的利益纽带不是十分牢固，未达到共同发展的理想状态，对其衔接点的认识与理解有待进一步加强，开辟出稳定的合作单位，寻求准确的合作契合点。

3.3 创新创业训练实践

在沈阳建筑大学大学生创新创业训练实践中，本人尝试带领1组学生参加相关活动。笔者校在流程上实行双选策略，每个项目必须有一名相关学科的笔者校在职教授、副教授或具有博士学位的讲师担任指导教师，称之为第1指导教师。双选过程中需注意：①教师与学生团队已形成的项目，直接录入信息时，其中至少一位指导教师应满足上述要求；②学生团队发布的项目在反选指导教师时，应将相关学科的笔者校在职教授、副教授或具有博士学位的讲师设置为第1指导教师，其他老师设置为第2指导教师；③不符合第1指导教师要求的其他教师可直接发布选题，等待学生团队选择。但双选成功后学生团队需要补充项目信息，此时应添加一名相关学科的笔者校在职教授、副教授或具有博士学位的讲师。

本着双选原则以及多元指导的可能，笔者与1名实

验室老师组成指导小组，从各自不同角度共同指导学生，给学生眼前一亮的感觉，扩宽了学生的视野和思路。在后续的立项过程中，通过层层筛选，笔者团队的立项成功从院级突破到校级，又从校级突破到省级，最后成为国家级立项，在这个过程中，同学们付出了努力，笔者也为他们提供了更好的指导平台。在立项过程中，在市场运行以及操作性论证方面，笔者们遇到了难点，需要学生步入社会需求合作，当时可选的联合平台很多，包括政府相关管理部门、规划设计单位等，最终笔者团队在与第一太平戴维斯物业顾问（北京）有限公司沈阳市分公司的合作中取得了较好进展，给立项打开了局面，使立项顺利通过。笔者觉得，在立项的早期更早的进行联合指导可以使学生更清晰的掌握研究方向，取得更好的效果。

小结

本文结合自身的教学指导经历与经验，结合城乡规划学科教育前沿发展需求，根据教育厅及省级大学生创新创业训练计划项目工作要求及文件精神，开展的大学生双创活动，思考相关教学研究。挖掘大学生创新创业训练与专业学科的关系，反思城乡规划教学课程体系融合发展问题，希望为大学生开展创新创业训练、专业学科竞赛奠定提升空间，利用实训基地与校企联合的平台，给大学生创新创业训练拓宽渠道，同时也对目前的双创发展对学生的整体提升进行了思考。

主要参考文献

［1］ 李建强 . 创新视阈下的高校技术转移 [M]. 上海：上海交通大学出版社，2013（10）.

［2］ 王昌林 . 大众创业万众创新的理论和现实意义 [N]. 经济日报理论周刊，2015（12）.

［3］ 王军 . "双创"的核心内涵与社会价值 [J]. 中国报道，2015（07）.

［4］ 许昊 . "双创"背景下高校"非遗"创新人才培养模式探索与实践研究——以沈阳师范大学美术与设计学院为例 [J]. 艺术教育，2018（05）.

［5］ 张学亮 . "双创"视阈下大学生就业教育研究 [D]. 重庆：西南大学，2017.

［6］ 施晓秋，等 . 融合、开放、自适应的地方院校新工科体系建设思考 [J]. 高等工程教育研究，2017（08）.

Research on Teaching Method Based on Integration of Urban and Rural Planning Students' Entrepreneurship Innovation Training

Hu Zhenguo   Wang Qiushi

Abstract: Responding to the implementation of the country's innovation-driven development strategy, combined with the development needs of urban and rural planning subject education, relying on the university's innovative and entrepreneurial activities that have been carried out by our school, we will carry out relevant teaching research.Further develop the relationship between college students' innovation and entrepreneurship training and professional disciplines.Based on the actual situation of the transformation of scientific and technological achievements in colleges and universities, it reflects on the possible system problems of the teaching curriculum, and provides expandable space for college students to carry out innovation and entrepreneurship training and professional discipline competition.At the same time, the platform of the training base and the school-enterprise joint is established to broaden the channels for the innovation and entrepreneurship training of college students, and also considers the overall improvement of the students in the current dual-development.

Keywords: Innovation-Driven Development Strategy, Urban and Rural Planning Discipline, College Students' Innovation and Entrepreneurship Training

"政产学研"框架下社区规划师与公众参与模式研究*
—— 以城市社区微更新为例

吴一洲　杨佳成　王　帅　陈怀宁

摘　要：随着新型城镇化的深入发展，城乡规划的价值观和工作模式也发生着变革，"社区规划师"作为国外发达国家的一种成功的规划模式，顺应了新时期规划师角色转变需要，目前我国许多城市也开始尝试实施。本文通过对社区规划师制度和公众参与模式的国际比较，从"政产学研"视角出发，提出了高校主导的社区规划师制度的工作模式和公众参与路径，并基于杭州社区微更新的案例——广兴新村提升改造项目进行了应用与教学实践探索，最后阐述了政产学研框架下高校主导的社区规划师制度对社区改造项目、人才培育以及公众参与的重要意义。

关键词：政产学研，社区规划师，公众参与，社区微更新

1　引言：城乡规划从"管理"走向"治理"

改革开放至今，我国已从快速城镇化初期向中后期转变，从规模扩张型转向质量提升型。在此过程中，具有空间发展引导和布局功能的城市规划开始从原先注重物质空间建设的增量规划逐渐转向物质空间建设与老旧空间改造升级并重的存量规划，从垂直化和阶级性的"管理"转向扁平化和多中心性的"参与式治理"。党的十九大指出要"加强社区治理体系建设，推动社会治理重心向基层下移，发挥社会组织作用，实现政府治理和社会调节、居民自治良性互动"。社区作为最小社会基本空间单元，是实现城市治理的重要空间和场所，其科学合理的规划和发展不仅是城市规划转型的需要，同时也是实现国家治理体系和治理能力现代化的重要举措。

在此背景下，学者们也纷纷开始探索社区规划师的角色转型，提出规划师应由"技术专家"向"公共价值导向的倡导者"转变。社区规划师是指参与社区管理、推动社区发展和环境改善、解决社会问题等，最终实现

社区自治的社区基层管理者。国外许多国家实施社区规划师制度已有很长时间，但从目前的实践来看，民主程度和制度基础不同的国家在制度实施效果上也存在很大差异，在英国、美国、日本等一些公众参与基础和社会事务管理较好的国家，这一制度已成为政府实现参与式城市治理的重要工具。在国内，台湾地区较早建立了有效的社区规划师制度，一些沿海城市如上海、深圳、广州等也逐步对社区规划师制度进行探索，并陆续开展系列试点工作。作为我国转型时期和新型城镇化阶段中实现城乡治理任务的重要手段，社区规划师制度建设已成为政府管理和城乡规划等领域关注的重要课题。

2　社区规划师制度和公众参与模式的国际比较

2.1　国内外社区规划师制度比较

20世纪60年代以来，"社区运动"在英、美等发达国家兴起，"社区规划师（community planner）"也应运而生，由不同主体担任。近年来，中国大陆许多城市也开始纷纷探索社区规划师制度（吴丹和王卫城，

* 基金项目：国家自然科学基金项目（51578507）；浙江省哲学社会科学规划课题（16NDJC203YB）；浙江工业大学教改课题（JG201815）。

吴一洲：浙江工业大学建工学院教授
杨佳成：浙江工业大学建工学院硕士研究生
王　帅：浙江工业大学建工学院硕士研究生
陈怀宁：浙江工业大学建工学院讲师

国内外社区规划师制度实践比较 表1

实施地区	类型	社区规划师担任者	工作职责	工作方式	角色定位
英国	社区参与者	地区的地方委员会专职人员	为政府提供社区发展的动态信息,保证公众参与的质量和有效性	全职(社区规划合作组织(CCPS))	政府、社区与合作组织的桥梁
美国	社区经营者	社会组织(改良区域组织)人员	管理经营机构的运转,资金和监督,防止犯罪,街景建设和公共空间维护	全职(由专门的经营公司负责)	社区发展经纪人
日本	社区设计师	地方公共团体(NPO、NGO)	组织居民建设,协商取得共识,信息披露,政策沟通等	定期开展社区营造研习会	社区组织者、观察者、发掘者和教育者
我国台湾地区	社区营建师	具有专业背景的社会组织人员	提供规划专业咨询服务,协助编制社区发展计划,出席政府会议并参与研讨,维护社区规划师专属网站	全职(社区规划师工作室就近协助社区)	社区辅助管理人员
中国厦门	单元规划师	规划院设计人员	负责责任规划区规划信息维护,列席规划局关于区内重大建设项目的会审,提供技术意见,为规划局提供技术服务	定点联系,定期走访(一个规划单元一个)	地区规划编制人员
我国成都市下辖乡镇	乡村规划师	政府部门乡镇专职规划负责人	参与乡镇党委、政府规划建设的研究决策,代表乡镇政府组织乡村规划编制、修改、报批和实施监督	全职(一个乡镇一名)	政府上下级协调者
我国深圳全市部分社区	社区规划师	政府部门公务员	宣传解释规划国土政策,解读相关规划咨询,组织开展规划知识培训,培育公众参与意识。听取社区反映的问题、意见和建议,提出政府政策改进建议,跟踪解决并及时向社区反馈。推动市重大项目、规划国土重点工作在基层落实	定期走访、日常联系(一个社区一名)	政府协调与联络专员
中国上海	社区规划师	具有教授博导高工职称的专业人员	专业咨询,设计把控,实施协调,技术服务	参与社区发展与例会,定期接待社区居民(一个街道(镇)一名)	技术协调专员,政府与基层群众沟通互动的桥梁
中国广州	社区规划师	规划编制工作者、规划管理者、高校师生、热心城市规划工作的市民等	收集、听取居民对城市规划工作的意见和建议,建立协商议事平台和常态化的信息交流渠道,并落实在规划编制、规划管理、规划建设工作中	定期走访、联系	规划的宣传员和协调员

资料来源:作者自绘

2010),表1从实施地区、规划师类型、担任者、工作职责、工作方式和角色定位等方面梳理了当前主流的社区规划师实践模式(表1)。

比较国内外社区规划师制度实践,存在以下异同:①从推动主体看,国外社区规划师主要由社会组织等非政府机构担任,居民在社区规划过程中起到主体作用,是一种"自下而上"的参与式规划;而国内则大多都由政府部门人员或专家担任,政府自上而下地向社区提供规划服务。②从工作职责看,国外社区规划师具有更全面的责任,除社区规划外,还包括社区发展、运营和管理等,而国内社区规划师仍侧重于物质空间的规划与更新。③从工作方式看,国外以全职为主,国内则以定点

联系和定期走访为主。④从角色定位看,两者都起到政府和居民之间的沟通联系作用。

2.2 国内外公众参与模式比较

通过对国内外相关文献和案例的研究,目前社区规划中的公众参与模式可大致归纳为三种。图1左为我国传统公众参与模式,呈现出较强的"自上而下"的控制引导型特征,社区居民参与意识薄弱,参与深度不够,参与效果不佳,属于象征性参与。图1中为国外社区规划中较为先进的公众参与模式,各类社区组织、非政府组织等第三方是项目主导者,在规划中发挥了重要的监督和推进作用,居民的公众参与属于有实权的参与。图

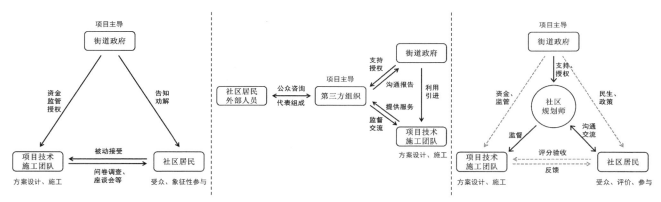

图1 国内外公众参与模式框架
资料来源：作者自绘

1右为我国近年来以上海为代表的一些城市对社区规划公众参与模式探索，社区规划师在政府、施工团队以及居民中起到协调、沟通和搭建资源等的桥梁作用，社区居民与社区规划师互动，达成合意。

然而，国内社区规划师制度实践在探索过程中也遇到了各种各样的问题，如人员和经费等问题使得其仍未成为正式的职业；地区和社区规划编制是一项部门协作的综合性工作，目前从业人员的素质有限，难以胜任；居民对规划的专业性认识不足，缺乏全局观念，社区规划师既需要良好的专业知识背景，又要擅长沟通技巧等。

因此，本文认为高校成为社区规划师中的重要组成部分是具有现实意义的。首先，社区规划师群体应由政府工作人员、社区管理者、规划设计院设计人员以及高校师生等多元主体共同组成，扬长避短，联合作战。其次，高校教师具有丰富的专业理论知识及规划经验，而学生的空余时间相对较多，可以弥补目前社区规划师制度下人员和资金的制约。再次，高校以研究为主，功利性较低，能够较好地做到规划公平，且有可能突破传统思维，引入新的理念方法。最后，高校承担着人才培养和社会服务的职能，社区规划师制度正好为"政、产、学、研"提供了一个很好的平台，有利于教师采集科研数据，学生开展课程实践，将理论与实践相结合。

3 "政产学研"框架下高校参与的社区规划师制度

根据国内外城市的实践探索经验，社区规划师应当具有以下工作职责：协助传统规划师为社区经济发展提供空间资源配置的最佳方案；统一城市整体利益与社区局部利益，维护城市空间开发过程中的权利平衡；协调、沟通，搭建资源、政府和社区之间的桥梁。本研究认为"政产学研"框架下，高校在社区规划师制度中的角色应定位应为政府部门、规划设计单位、社区管理者和居民之间共同的"沟通桥梁"，包括调查收集并分析社区基础信息和社区民意，长期动态监测社区发展状况，为规划编制和关键问题提供前期研究；发挥高校的学术资源优势，引介和普及最新前沿理念和基本规划知识，为规划设计单位提供技术创新平台等。

高校参与社区规划师制度的"政产学研"逻辑框架如图2所示，从科研主体——高校教师角度看，高校教师的日常教学和科研课题需要大量的实证数据和教学素材，因此在社区规划过程中可寻求科研热点和社区发展中重大问题的契合点，基于此组织科研和教学工作，同时也可与设计院进行技术交流。从教学主体——学生角度看，基于社区规划师制度的政产学研平台能更好地帮助学生将规划理论知识应用于实践，通过主动参与和思考，提高解决规划中实际问题的能力，帮助学生良好衔接学生和职业者的角色转换。此外，产业主体和行政主体则借助社区规划师平台，能整合更大范围的优质资源，从而更好地满足社区规划师的工作任务要求。

4 高校主导的社区规划师机制的实践应用——以杭州广兴新村微更新项目为例

广兴新村位于杭州市拱墅区南部，小河、余杭塘河

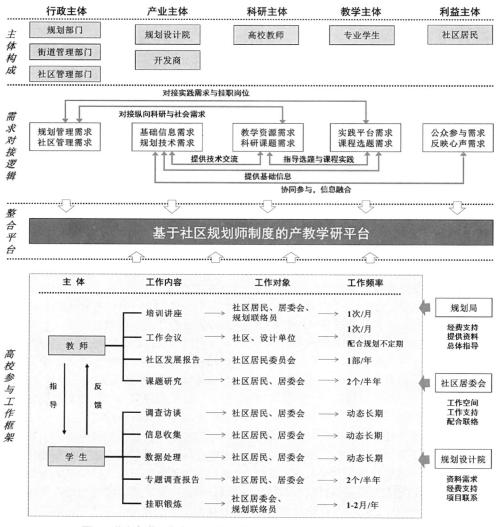

图 2 "政产学研"框架下高校参与社区规划师制度的工作模式

北线和京杭运河三水交汇处，其东北角与小河直街历史街区相对，历史文化氛围浓厚，环境优美，游客较多。小区住宅为20世纪90年代建筑，曾是广电集团单位用房，整个小区规模较小，但由于年代久远，出现了屋顶漏水，无公共活动空间等诸多问题。教师团队带领学生在进行了多次深入的现场调查、居民访谈、问卷调研等工作之后，结合浙江省发改委最新推行的"未来社区"建设行动计划，共同完成了广兴新村改造提升方案，并在整个过程中，创新公众参与方式，设计充分体现了上下层级的合意。

4.1 前期准备阶段

在方案设计前，师生团队进入社区开展现场空间调研，收集规划所需资料，发现社区现存问题。同时与街道社区主要领导，小区准物业负责人、拱宸杂志主编访谈，了解上级主体对广兴新村社区微更新的改造要求。整个前期调研工作历时一个月，包括政产学研框架下的社区规划师制度理念宣传、调研提纲准备、现场勘探、重要数据测量、部门访谈等。

图 3　拜访拱宸杂志主编（左）及现场勘探（中、右）

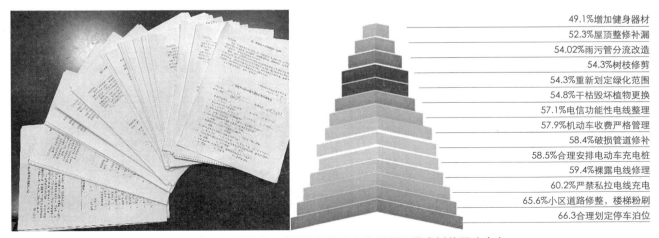

图 4　广兴新村提升改造资料收集清单（左）及调研提纲（右）

图 5　广兴新村提升改造调查问卷（左）及居民需求树状图（右）

49.1%增加健身器材
52.3%屋顶整修补漏
54.02%雨污管分流改造
54.3%树枝修剪
54.3%重新划定绿化范围
54.8%干枯毁坏植物更换
57.1%电信功能性电线整理
57.9%机动车收费严格管理
58.4%破损管道修补
58.5%合理安排电动车充电桩
59.4%裸露电线修理
60.2%严禁私拉电线充电
65.6%小区道路修整，楼梯粉刷
66.3合理划定停车泊位

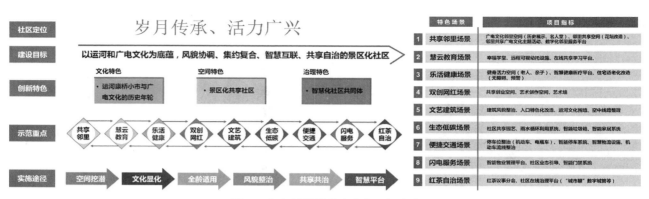

	特色场景	项目指标
1	共享邻里场景	广电文化邻里空间（历史展示、名人堂）、邻里共享文化空间（花坛改造）、数字化邻里服务平台
2	慧云教育场景	幸福学堂、远程可视幼托设施、在线共享学习平台
3	乐活健康场景	健身活力空间（老人、亲子）、智慧健康医疗平台、住宅适老化改造（无障碍、预警）
4	双创网红场景	共享创业空间、艺术创作空间、艺术墙
5	文艺建筑场景	建筑风貌整治、入口特色改造、运河文化展廊、空中线路整理
6	生态低碳场景	社区共享园艺、雨水循环利用系统、智能垃圾箱、智能家居系统
7	便捷交通场景	停车位整治（机动车、电瓶车）、智能停车系统、智慧物流设施、机动车流线整治
8	闪电服务场景	智能物业管理平台、社区业态引导、智能门禁系统
9	红茶自治场景	红茶议事分会、社区在线治理平台（"城市眼"数字城管等）

图6　广兴新村提升改造主题与内容

4.2 需求调查阶段

社区规划师组通过入户发放问卷的方式，在前期初步掌握居民对广兴新村提升改造需求，并与社区居民进行访谈交流。同时，分别在工作日和周末组织学生进入社区感受居民日常活动轨迹，了解不同年龄、不同职业类型居民在不同时间段的需求偏好，找出社区更新改造的触媒点，确保上下级主体改造方向的融合与协调。问卷发放共524份，其中有效问卷达517份。从调查结果来看，小区道路修整、楼道间美化、破损管道修补、空中线路整治、机动车停车泊位的规划与管理等几个方面

图7　居民协商议事会现场照片

是居民最为关心的改造点。

4.3 初步方案设计阶段

基于上层主体（政府部门、街道领导等）对广兴新村的改造要求，下层主体（居民）日常生活的需求，以及师生社区规划师团队现场勘探研究结论，融合浙江省最新推出的"未来社区"建设工作方向，确定社区改造提升主题与项目库。从共享邻里、慧云教育、乐活健康、双创网红、文艺建筑、生态低碳、便捷交通、闪电服务、红茶自治九大特色场景角度提出广兴新村的功能配置和建设内容。

4.4 方案公众参与阶段

师生团队创新公众参与方式，将社区规划师、促动师与社区自治活动——"红茶议事会"相结合，针对社区各个重要节点的改造方案分类召开居民协商议事会，邀请利益相关居民代表共同商议节点改造方案。一方面，师生团队用简单易懂的语言和图示，普及社区规划知识，向居民介绍专业规划方案；另一方面，与第三方专业促动师合作，共同组织推动会议进程，保证会议的有效运作，引导居民以更具效能的方式思考和互动，使得居民意见得到充分的倾听与反馈。针对会议中居民提出的意见建议综合考虑规划要求，及时给予居民回复，确保居民公众参与的实效性。

促动师是一个中立的行动学习过程设计者和研讨引导者。在整个过程中，由促动师担任议事会主持人，确定讨论规则，并将居民分成若干小组，每个小组选出组内主持人、记录员、计时员和汇报人，维护讨论秩序。

会议分成五个流程：相互认识、信息通报、问答时间、分组讨论以及成果呈报，如图8所示。

4.5 方案修改与公示阶段

收集整理居民对社区重大改造节点的意见与建议，并结合街道社区管理者的反馈，综合各方意见进行方案优化，使优化后的方案满意度最大化，既符合街道社区以及上级管理部门的要求，又能体现广大民意诉求，同时具有专业性，实现了社区规划师作为协调、沟通，搭建资源、政府、社区和居民之间的桥梁作用。最后，将优化后的方案在小区广场以及线上通过最终的公示。

4.6 方案评审阶段

组织社区规划师团队，以及社区街道管理者，一同参加修改后的方案评审会，与会人员包括行业专家、区发改经信局、截污办、城管局、公安局、残联、民政局、资源拱墅分局、交警拱墅大队等各职能部门。针对专家和部门提出的问题及建议进行方案的补充和修改，完善广兴新村提升改造提升建设的最终方案。

4.7 方案的实施阶段

在方案评审和施工招投标后，在施工过程中社区规划师团队定期走访社区，进行现场的设计对接，确保方案的落地成效。同时，在社区改造的施工阶段，通过选择简单安全的彩绘等改造点，组织学生和居民共同动手参与节点美化，使得居民充分融入社区规划和微更新的全过程，培养社区责任感与归属感，加深与社区的情感纽带，提升社区自治。

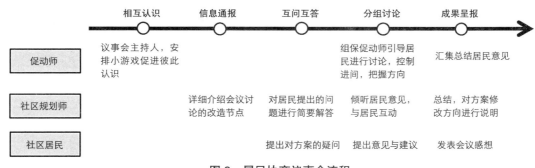

图8 居民协商议事会流程

图9　社区围墙修改前后对比方案　　　　图10　社区改造提升方案　　图11　社区屋顶漏水修复
　　　　　　　　　　　　　　　　　　　　　　　　　评审会　　　　　　工程的师生现场指导

5　政产学研框架下高校主导社区规划师机制的实践价值

社区规划师制度旨在实现城市规划工作的价值观和模式转型，从传统规划强调结果权威性转向注重过程导向，更符合公众导向的服务理念（黄瓴和许剑峰，2013）；同时社区规划师工作的复杂性和综合性也要求城市规划专业的教育目标从专才导向转向通才导向；工作模式从控制导向转向沟通导向，由技术本位特征转向服务本位特征。

5.1　对社区规划师制度建设和学科教育的意义

一方面，高校特有的学术科研资源和相对较多的学生规模能缓解当前社区规划师制度实施面临的支持经费短缺、工作量大而人员不够等问题；另一方面，社区规划师平台也为高校提供了大量的一手数据，利于学术课题的开展。此外，政产学研框架下的社区规划师制度创新了高校人才培养模式，使得学生更好地从实践中掌握知识，加深对于城市规划服务目标和运行机制的理解，帮助学生培养正确的城乡规划价值观和职业道德。

5.2　对深化规划公众参与的意义

此次政产学研框架下社区规划师制度的实践拓宽了居民参与社区规划的广度与深度，赋予了规划中公众参与的实质性意义，如图12所示。在前期调研过程中，师生团队利用时间和人员优势扎根于社区，对居民进行深度访谈和集体问卷调查，促使居民从"单项沟通"式参与向"主动对话"式参与转变。在规划方案的制定过程中，团队多次开展协商议事会，让居民了解规划的进展，献群智，出群力，保持居民参与规划的热情。在项目的未来实施建设和运营管理阶段，高校介入的社区规划师制度通过社区自建、居民自治等途径依旧能最大限度地调动起公众参与的积极性，形成良好的社区共同意识。

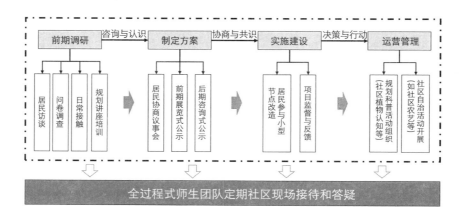

图12　政产学研框架下公众参与路径图

主要参考文献

[1] 黄瓴，许剑峰. 城市社区规划师制度的价值基础和角色建构研究 [J]. 规划师，2013，29（9）：11-16.

[2] 吴丹，王卫城. 从"政府规划师"到"社区规划师"：背景•实践•挑战 [J]. 多元与包容——2012 中国城市规划年会论文集，2012.

[3] 孙启榕. 全球地方化的论述与实践——从台北社区规划师制度谈起 [J]. 世界建筑，2009（5）：27-28.

[4] 许志坚，宋宝麒. 民众参与城市空间改造之机制——以台北市推动"地区环境改造计划"与"社区规划师制度"为例 [J]. 城市发展研究，2003，10（1）：16-20.

Research on Community Planner and Public Participation Model under the Framework of "Government, Industry, and Research"——Taking Urban Community Micro-Update as an Example

Wu Yizhou   Yang Jiacheng   Wang Shuai   Chen Huaining

Abstract: With the development of new Urbanization, the value and work mode of rural and urban planning are changing. "Community Planner", as the success work mode in the developed countries, meets the demand of the transformation of public value and planner's role. Nowadays, many cities in our country have tried to implement it. Based on the comparison between the community planner system and the public participation model, this paper proposes the working mode and public participation path of the university's intervention in the community planner system from the perspective of "government-industry-university-research cooperation". Based on the Guangxing community upgrading project, teacher and student team applied and explored it. Finally, paper expounded the significance of universities involved in the community planner system for community transformation, subject education and public participation under the framework of government-industry-university-research cooperation.

Keywords: Government-Industry-University-Research Cooperation, Community Planner, Public Participation, Community Micro Update

城乡规划跨学科技能培养体系的探索与构建

冯　月　毕凌岚

摘　要：伴随"信息化"时代的到来以及城乡规划行政管理体制的深入改革，跨学科技术的运用已逐步渗透到城乡规划各项工作中，这对城乡规划师的素质和技能提出了更高的要求。基于跨学科技能的需求构建基础教育课程体系，对培养具有宽厚的基础知识、全面的专业技能、合理的知识结构的复合型城乡规划人才具有重要的意义。本文结合西南交通大学 2019 版城乡规划本科培养计划的修订，对跨学科技能培养体系的构建进行了探讨：通过植入"技能与方法"课程体系，将跨学科的技能培养贯穿于五年制培养中；借助课程联动以实战运用来激发学生学习兴趣；提倡多元化的教师背景和学生自主学习来达到更好的教育目的。

关键词：城乡规划，跨学科，技能培养

引言

在叠加了计算机、网络和数据的今天，越来越复杂的城市空间使得规划师不得不借助新的知识和工具去认知和解决城乡问题。"大数据"、"AI"、"GIS"等成为国内城乡规划各类科研、会议及论文发表的热门词汇。新科技与传统行业的强烈结合渗透，让跨学科技术成为城乡规划制定、研究的新宠，各类分析软件、分析方法竞相登场。强调二维表达的 CAD 制图，正逐渐被 GIS、Datamap、Python 等具有强大数据处理分析能力的软件取代，这对城乡规划师的素质和技能也提出了越来越高的要求。

2018 年夏，世界排名第一的 MIT 宣布开设 Urban Science and Planning with Computer Science（结合计算机科学的城市科学与规划）专业，在探索城乡规划教育改革的道路上，迈出了领先世界的一步。这预示着机器学习、大数据处理这些新方法与技能很可能成为城乡规划师的标配。

反思我国城乡规划学科基础教育，跨学科技能的培养或将成为未来人才培养的重要方向与内容。基于跨学科技能培养构建基础教育课程体系，对培养具有宽厚的基础知识、全面的专业技能、合理的知识结构的复合型城乡规划人才具有重要的意义。

1　跨专业技能的需求与培养的错位

1.1　学科发展对技能培养提出更高的要求

事实上，一位专业的城乡规划师需要更多的跨学科技能，才能更有效率地不断自我充实，从而适应城乡规划专业工作对象的复杂、多变的现实状况。

我们所处的时代在不断发展，人们对于生活环境、周身事物、关系网络的需求都在不断深化。与之相对应的，城乡规划学科也在向着更多维的领域发展，已经不再是传统意义上的单一学科了。当传统的学科定义被打破，不同学科之间的界定也开始变得模糊，新知识的产生也更加基于多维度的学科基础。"对于学生来说，单一的学科认知虽然会带来垂直方向上的高度专业，但是过于唯一的教学与实践，不仅会阻碍学生在平行领域的发展，也会为本专业的认知带来桎梏"。打破既有知识壁垒，整合各类学科的相关知识，提升知识融合水平，再造城乡规划知识体系和技能体系是当前城乡规划发展的重要内容。

"不断地将注意力集中在同一个学科，不管这个学科是多么有趣，都会把人的思想禁锢在一个狭窄的领域之内"。过去的规划大多只是基于地理空间内的静态特

冯　月：西南交通大学建筑与设计学院城乡规划系讲师
毕凌岚：西南交通大学建筑与设计学院城乡规划系教授

征，对于变化迅速的人类活动本身的考量不足，很多规划的依据和结论往往建立在模糊的逻辑关系上。当规划师拥有许多跨学科技能，那么他就拥有了许多"工具"，可以更精准地预测动态变化中的趋势，能够尽可能地减少"惯性思维"和"偏激"而引起的错误。跨学科的技能还将帮助规划师把技术工具与城乡规划的基本技能相结合，创造出解决现实问题的创新战略和解决方案。

1.2 行政管理体制改革对专业技术人员技能的新需求

规划教育要适应管理体制改革和市场需求。1949年以来，我国规划经历了从无到有，从以国民经济计划和城市规划为主导到多部门组织、多类型规划并存的发展和演进过程。进入 21 世纪以来，随着工业化、城镇化加速发展，各类城市问题日益突出，规划工作受到有关部门和地方政府的空前重视。"空间规划"的诞生使得历经半个多世纪演变发展，日趋成熟的城市规划技术方法、技术流程及策略等又面临新的技术发展难点。这一涉及多项专业技术门类的全新技术体系，直接导致理论研究的匮乏和各部门专业技术人员短缺，这对城乡规划技能的培养提出了新的目标和紧迫的要求。

1.3 跨专业技能培养的现状

在传统的城乡规划教育模式下，城乡规划基础技能培养强调表达，这显然已经不能满足现实规划工作与学科发展的需求。特别是在信息获取、数据统计、分析研究、计算机辅助设计方面与当前的行业需求和未来发展趋势严重脱节。

近年来，很多高校对城乡规划的技能教学进行了创新研究。重庆大学从数字技术、大数据与人工智能、生态智慧、灾害风险与气候变化等方面构建规划技术体系，并与设计课体系并行穿梭，构建规划技术教学模块[1]。福州大学对 GIS 在城乡规划本科教学中的主要问题进行探讨，将 GIS 与城乡规划实践相结合。[2]西安建筑科技大

学以设计教学流程为突破口，培养学生自主应对信息的能力以形成未来在大数据环境下进行规划实践的核心技能[3]。天津大学在城乡规划基础教学中引入 VR，学生在 VR 的帮助下进行空间设计[4]。

跨学科技能培养在城乡规划本科教育中越来越受到重视，一系列的教学改革也逐步取得了成效。但目前来看，跨学科技能的培养还没有形成系统的培养方法与课程。

2 跨学科技能培养体系的构建

2.1 明确目标

历经十余年的教学实践，我们认识到城乡规划技能的习得，不可能通过一门课程完成，而是需要一个通过精心设计的技能教学系统来配合完成。要强调系统性、针对性、实际操作性，以提高学生的创新能力、横贯能力、多元识读能力等，从而帮助学生建立并发展高阶思维，掌握多种的发现、分析、解决实际问题的方法。

跨学科技能培养与城乡规划基础技能的培养在方法上基本一致，同样需要形成明确的培养目标和课程体系。在跨学科技能培养体系的构建中要明确三个问题：

首先，跨学科技能培养不能替代城乡规划学科基础技能的学习，它只是对原有技能培养的必要补充，不能忽视了学科基础技能的训练，出现本末倒置。

其次，学生无需精通各门学科。事实上，只要让学生掌握每个学科中真正与规划实践相关的部分就够了。这些内容并不算多，它们相互之间的关系也没那么复杂，只要合理安排学时，完成相应课下练习，大多数同学都能够掌握。至于高阶操作和深度原理则可以由学生自选学习。

第三，以拓宽学生视野，激发思维为核心，而不是"手把手"的教学。学习跨专业技能是为了使得学生在专业学习和工作中的表现更加出色，而非花大量的时间分心去学本专业以外的知识，使专业更加糟糕。"精"、"简"教学内容，控制学时是课程设置的基本原则。

❶ 韩贵峰，孙忠伟，叶林.新形势下城乡规划技术教学创新模式研究.2018 中国高等学校城乡规划教育年会论文集.中国建筑工业出版社，304–308.

❷ 马妍，陈小辉，赵立珍.城乡规划专心背景下的 GIS 原理课程教学实践探索.2017 中国高等学校城乡规划教育年会论文集.中国建筑工业出版社，412–416.

❸ 史宜，胡昕宇.基于大数据技术的城乡规划本科数字化设计能力培养探索.2017 中国高等学校城乡规划教育年会论文集.北京：中国建筑工业出版社，412–416.

❹ 藤夙宏，白雪海.基于 VR（虚拟现实）的空间认知与设计教学——城乡规划基础教学的教学方法改革与实践.2017 中国高等学校城乡规划教育年会论文集.北京：中国建筑工业出版社，499–503.

2.2　课程体系的构建

以我院城乡规划专业为例，我们的课程体系在系统层面上划分为三个阶段——学科基础教育阶段、专业基础教育阶段和专业深化教育阶段。在不同的教学阶段，学生学习的知识和方法是不一样的，需要掌握的技能也是不同的。因此，跨学科技能培养需要结合每一阶段教学实践的需求，由浅而深，深入浅出地逐步推进，确定每一阶段技能课程的教学内容、授课重点，以及实践课程相互配合关系。

在新高考不分文理的背景下，实施大类招生是大势所趋。就前期阶段的教育内容而言，应坚持通识教育培养，技能课程设置应以基本就业技能以及建筑大类通用技能为主，为中后期的全面发展和方向选择奠定基础。进入专业基础教育以后，跨学科技能的培养要结合学科发展的前沿与动态，选择高新技术与方法，培养和造就学生的创新思维。

结合城乡规划工作特点，我们把跨专业技能分为三个大类：表达与交流、数学计算、信息技术。大三类技能培养都将贯穿整个本科教育阶段。

表达与交流的技能简单来说，就是让学生学会把自己思想、想法和意图，用语言、文字、图形清晰明确地表达出来，让他人理解、体会和掌握。就城乡规划专业来看，图示语言和口头表达同样重要。前期阶段除城乡规划学科的基本表达训练外，在技能课程中将借助计算机软件对表达内容、表现思路、展现技法等多方面进行系统讲解。中期强调方案的可视化表达与写作技巧，从根本上提高规划方案的表现力与逻辑性。后期学生将自主选择学习深化某一项或多项表达技能，创建个性化表达。

数学计算的技能需要具备一定的高等数学基础，能够进行复杂的数据统计，运算以及简单的概率计算。这是城乡规划分析研究中的常用技能。

信息技术基本技能包括获取信息、运用信息统计与分析工具、信息化管理平台建设等。学科基础教育阶段以获取信息为授课重点，系统介绍社会调查、信息检索、大数据获取等获取信息的基本方法；专业基础教育阶段以统计分析信息为重点，学习 SPSS、GIS 等软件运用，同时还要学习运用 VR、AI 优化方案的技巧；专业深化教育阶段是高阶进级，学生将了解并自主选择学习前沿技术，如GIS 外挂软件、空间句法、Python、信息管理平台搭建等。

2.3　课程设置

一个具有整体性的教学系统需要相应的核心课程，在 2019 年新版本科培养计划修订中，"技能与方法"课程的设置正是基于这样的目的而产生，它是整个技能教学体系的关键。从城乡规划学生成长的特点及大类招生的实际来看，技能课程将贯穿二年级到五年级的专业培养，具有穿针引线的作用。城乡规划学科的基本技能主要在设计课中得到训练，而"技能与方法"课程将主要介绍和教授跨学科的实用技能。每学期课程的教学目标与总体培养计划及各教学阶段目标相配合，与知识和方法版块相对应，并结合这一阶段学生的特点进行设计。

"技能与方法"课程采用专题式教学，每个专题约 4 至 8 个学时，根据教学内容的重要性与难易程度确定授课时间的长短。每个专题有相应的课下作业，学生通过完成作业达到学习效果。

2.4　课程的协同

在培养体系框架下，对具有统一的教学理念和培养逻辑，课程关系极为紧密的课程设计联动机制，在知识、技能和方法版块三方面相互配合，实现理论课、技能课、实践课的良性互动，以达到最有效的教学效果。

围绕城乡规划学科创新人才培养目标，强化技能培养与设计系列课程、城乡规划原理与城乡规划方法等核心课程的协同建设。改变传统技能训练与知识、方法学习同步甚至落后的现象，突出技能培养的及时性、实践性，强调技能训练在前，实践课程紧跟在后，让学生可以运用刚学会的新技能解决实践课程中的问题，在复习巩固新技能的同时提升学习的成就感，激发创造性。

3　课程教学策略的制定

首先，"技能与方法"课程要与设计课的联动与协同。拥有技能是进行实践的前提，但目前的技能培养主要放在设计课程教学环节中完成。这严重制约了学生创造力的发挥，影响了实践课程的教学效果。因此将一些与新技术（计算机、网络等领域）相关技能培养从实践课中脱离出来，并在实践课之前完成教学，有利于提升专业与学科技术发展的契合度。如一年级进行基本的手绘和电脑制图训练，为二年级设计课中的草图绘制与电脑制图打下基础，避免由于表达的不熟练而局限了创造性思维。二年级可以结合公共建筑设计开展调查和分析方法的教学，为三年级规划设计的现场调研与现状分析奠定技术基础。

其次，要探索师资背景多元化。任课教师不再局限于城乡规划学科背景，多元化的教师背景可以确保授课内容的专业性，有效避免因人设课等原有体制性问题，使课程具有更强的针对性和适应性。结合教师科研课题，通过完成课下作业，可以基本实现课程教学与最新研究成果的深度融合。

最后，跨学科技能的教学要"学科化"。跨学科技能课程是一个系列，由不同的版块组成。每个版块的内容在遵循自身学科规律的基础上与城乡规划学科紧密结合，以满足城乡规划工作的需求。要向学生明确技能的实际运用范围、优势、局限性，及要达到熟练程度，使课程贴近城乡规划学科发展需求。

最后，"技能与方法"课程要结合新时期学生的特征，鼓励学习的多途径，引导教学向深度方向发展。据统计，城乡规划专业学生近年来基本没有偏远山区学生，计算机普及率及拥有率都很高。因此，学生日常接触的信息多，视野广，整体基础较好，面对新的技能、软件上手很快，接受能力较强。在技能的培养方面，已经不需要教师花费大量的课时进行灌输式教学，手把手一点一点地教。教师只需要讲重点难点关键点，以拓宽思维、开阔视野为主要任务。对具体操作的学习则可以利用翻转课堂、Mooc、课堂内外互动等多种方式完成。教师还可以给予合理的指导建议，帮助学生选择和参加社会培训，如市场上常见的手绘培训班，计算机辅助设计培训班等。既有效地利用了宝贵的课堂时间，又给予学生充分的学习自主性，深度拓展各项技能。

结语

跨学科技能培养是城乡规划学科教育的必然趋势，这是顺应学科发展与行业需求的必然结果。进一步构建具有学科群特色的技能课程体系，加强对学生跨学科实用技能的培养，有益于搭建起科学理论与生产之间的桥梁，使理论具有为实践直接服务的可能性，从而有效提高城乡规划复合型人才的培养质量。此外，高水平教师队伍建设和精细化的培养过程设计，也是构建跨学科技能培养体系不可或缺的重要因素。

Exploration and Construction of Interdisciplinary Skills Training System in Urban and Rural Planning

Feng Yue   Bi Linglan

Abstract: With the advent of the "Information" era and the in-depth reform of the urban and rural planning administrative system, the application of interdisciplinary technologies has gradually penetrated into the urban and rural planning work, put forward higher requirements for the quality and skills of urban and rural planners. Moreover, building a basic education curriculum system based on the need of interdisciplinary skills is of great significance for cultivating compound urban and rural planning talents with broad basic knowledge, comprehensive professional skills and reasonable knowledge structure. This paper combines the revision of the 2019 edition urban and rural planning undergraduate education programs of Southwest Jiaotong University, discusses the construction of interdisciplinary skills training system: Interdisciplinary skills development will be integrated into the five-year training process by embedding the "Method and Skills" curriculum system; in addition, with the help of curriculum linkage and practical combat to stimulate students' interest in learning and improve learning effect; finally, better educational goals will be achieved by promoting diversified teacher backgrounds and student self-learning.

Keywords: Urban and Rural Planning, Interdisciplinary, Skills Training

应用型高校城乡规划专业建筑史纲课程教学框架重塑研究*
—— 基于"级次·圈层"模式的基本语境

王　鹤　孔德静　耿永烈

摘　要：本文立足"级次·圈层"模式的基本语境，以"时间－过程轴"级次关系和"质量－价值圆"圈层关系，以中国建筑史纲为例在纵深和横阔两个方向重塑城乡规划专业建筑史纲课程教学框架，形成完整的教学体系和创新模式，同时积极引导城乡规划专业师生在注重逻辑性和政策性的思维惯性中指导建筑史学教学和研究，在采用让渡性和共享性策略方法中学会理解、应用建筑史学。

关键词：城乡规划，建筑史纲，"级次·圈层"，应用型，教学框架

1　引言

建筑史纲课程是建筑学和城乡规划专业基础课程，众多高校在培养方案制定时均有所涉及。针对建筑学专业而言，建筑史纲课程在理论课程中占有重要分量，这一点毋庸置疑。而对于城乡规划专业人才培养建设，不同高校则区别对待，体现在学时数量、课程命名、开设学期、是否开设等方面，出现这种现象的原因在于对专业教育的认识有所差异，遗憾的是有些高校甚至忽略建筑史纲课程对城乡规划专业教育的重要性，尤其在应用型转型发展过程中的片面理解造成对理论课程的过度削减，使应用型教育的理论基础不够扎实。诚然，在城乡规划专业重视建筑史纲课程教育的专业院校依然广泛存在，在部分统计调研中获知，如老八校中的清华大学开设中国古代建筑史纲、外国古代建筑史纲和近现代建筑史纲，东南大学开设建筑历史基础和建筑史论，同济大学开设建筑史，哈尔滨工业大学开设中外建筑史……河北省属高校中如河北工业大学开设中外建筑史，河北工程大学开设中国建筑史和外国建筑史，河北建筑工程学院开设建筑历史……尽管如此，在对开设建筑史纲课程这一问题的深层探讨中，针对城乡规划专业尚未形成成熟的教学体系、应用型高校城乡规划专业尚未制定完善的理论实践一体化模式这些问题，改善策略和途径将成为本文的关注重点。与建筑学专业教育不同，在教与学两个层面均应当体现城乡规划专业特征[1]，在教学纵深和横阔角度构建教学框架，并充分注重应用型大学转型的关键。本文将以中国建筑史纲为例进行深入探讨。

2　逻辑性 + 政策性："教"的区别

2.1　逻辑性

对于应用型大学建设而言，城乡规划专业建筑史纲课程（以下简称建筑史纲课程）的主要目的在于为设计应用提供基础，将理论转化为实践，从而产生价值。设计专业的逻辑性至关重要，相比建筑学，这一点在城乡规划专业中尤为凸显。以管理角度而言，涉及土地利用分类、多规衔接与合一、规划变更、规划全周期控制等内容；以设计角度而言，涉及前期基础资料搜集、场地踏勘、民生调研、设计理念生成、规划编制与方案设计等问题，专业人士需要具备缜密的思维意识，在繁复

*　基金项目：河北科技师范学院校级教学研究课题（JYZD2019）。

王　鹤：河北科技师范学院城市建设学院讲师
孔德静：河北科技师范学院城市建设学院讲师
耿永烈：河北科技师范学院城市建设学院讲师

的关系中厘清头绪。因此，在同样复杂的建筑史纲课程授课中，针对城乡规划专业人才的逻辑性教学更加具有实效性，对其设计素养的积累和思维模式的养成意义明确。以宫殿建筑为例，在教授建筑群的处理、布局关系、宫殿型制等内容的同时，更要注重分析礼制、思想、历史成因、发展脉络等内容，形成连贯完整的教学链条。换言之，城乡规划专业更加看重过程教育和研讨精神。要求教师应当具备深厚的建筑史学功底和科研能力，认清科研逻辑能力对教学逻辑能力的促进作用，突出逻辑性的传递和引导。

2.2 政策性

城乡规划关乎城市经济、政治、社会、文化和生态五位一体建设，以政策为导向和依据，极易受到环境影响。与建筑学关注的微观设计不同，城乡规划更注重中观和宏观领域设计。国家政策调控、行业规范标准修订、产业转型建议等都将对规划编制思路的调整具有重大影响，如"供给侧结构性改革"，"多规合一"，"小街区、密路网"，"时间生活圈居住区"，"互联网+"，"大数据"，"云计算"等新政策、新理念和新技术的提出与应用，在土地利用、规划对接融合、城市设计、居住区规划、虚拟社区发展、数据分析和应用等多个不同层面引导革新和突破。因此，应当在建筑史纲授课过程中充分灌输政策引导设计的重要原则，把建筑类型学授课模式向政策学转变，在策略中谈设计，不断养成科学有序的设计思维。政策性在中国建筑史纲中与制度、礼制相对应，如坛庙建设的"国之大事，在祀与戎"[2]、两汉时期的明堂制度[3]、宗庙昭穆制[4]、陵墓"事死如事生"[5]等，这些要求甚至直接决定了建筑或群组的空间格局和基本型制，使建筑设计和建造不仅是工程领域的事情。

3 让渡性 + 共享性："学"的区别

3.1 让渡性

建筑学专业学生对建筑史纲的理解更多强调"建筑性"，即建筑单体特征、功能属性、群组布局、空间形态、结构技术等，对建筑所处的年代时期、制度政策、城市环境、文化背景等内容有所忽视，造成"建筑是建筑，历史是历史"或"建筑史是建筑史，历史是历史"的错

位认知局面，不能将建筑与历史二者有效合而为一考虑。因此，特别针对城乡规划专业学生而言，把对建筑的单一理解让渡给建筑历史、环境和文化背景，将建筑历史看作建筑发展史、建筑文化史、建筑环境史、建筑社会史等宏观科学，这种求学意识对学好理论、做好实践具有重要意义。

3.2 共享性

在类型学指导下，多数院校依照东南大学潘谷西教授主编的《中国建筑史》目录章节授课，在古代史部分学生分章节和类型从城市、住宅与聚落、宫殿、坛庙、陵墓、宗教建筑、园林和技术构造等方面中获取知识[6]，这种脉络梳理有利于学生快速分类建筑、理解建筑，是初学者重要的学习方式。然而，仅仅以段落式开展史论学习，加之部分教师的授课内容深度不足，很容易将原本具有历史性、建筑性和创新性的课程变得枯燥乏味，弱化课程精髓。同时受到应试教育影响，多数学生会逐一记忆或有针对性选择记忆某一时期或某一类型建筑特征，在史论理解方面形成缺陷，这种情况对城乡规划专业学生而言危害更甚，极易形成片面思考和分析问题的思维惯性，出现只会背诵不能理解和应用的情况，对未来从事城乡规划工作产生不利影响。因此，需要学生在学习建筑史纲课程时把对某一时期或某一类型建筑的单一理解共享到历史发展进程中，形成逻辑性强、政策性清的史学格局。

4 教学框架之纵深："时间 – 过程轴"级次重塑

4.1 微观级次：以年代论—特定性

以建筑建造或改建年代作为建筑史纲课程的参照标准进行授课，是建筑史纲课程教学框架的最小层级，具有极强的特定性。此时的年代可被看作是一个研究坐标，既清晰存在，又能够实现历史发展中的定位作用，有利于开展独自建筑研究和多个建筑比较工作。以佛塔为例进行说明（表1）。在教学过程中，学生对"点"的知识最易掌握，对P2P的分析最易展开，教师授课也最易完成。以年代论建筑史纲课程教学是整个教学框架的基础部分，经过组织可以构成整个教学模式。因此，在此层级教学中要求教师对单点知识最大化扩展讲解，形成最大点，为上一层级的多点分析提供更多可能。

4.2 中观级次：以朝代（时期）论—共识性

以朝代或时期讲解建筑史纲课程，是打破类型学授课的措施，可以参考梁思成先生编著的《中国建筑史》[7] 和刘敦桢先生编著的《中国古代建筑史》[8] 行文思路。还原到某一特定朝代或时期探讨城市和各类建筑，能够充分理解社会、经济、文化、民生等各方面状态，把握不同朝代或时期的制度、政策和潮流，形成对历史背景的融合和依赖，易于获得特定时段对建筑的完整认知

（表2）。这种教学线条串联同时代不同建筑知识，具有极强的共识性。不同朝代或时期的教学线条相互平行，层层罗列共同构成教学水平行架，既清晰完整，又便于比对，对行架上不同线条出现的某一同类型建筑微观点进行纵向分析，可以获得建筑史纲完整的知识网络，依据网络上同类型建筑微观点出现的频率和数量可以获知所处朝代或时期的建筑主流或重要程度及其对应的变化过程（表3）。

中国建筑史纲课程中涉及的佛塔情况[6]　　　　　　　　　　　　　　　表1

佛塔名称	建造或改建年代	建筑特征概述
河南登封嵩岳寺塔	523 年	密檐式，平面十二边形，我国现在最古密檐砖塔
河南安阳宝山寺双石塔	约 563 年	单层式，平面方形，石构
山东历城神通寺四门塔	约 611 年	单层式，平面方形，四角攒尖，石构
陕西西安荐福寺小雁塔	707 年	密檐式，平面正方形，无基座
河南登封会善寺净藏禅师塔	746 年	单层式，平面八角形，单层重檐，砖砌，下设须弥座，国内已知最早八角形塔
江苏苏州虎丘云岩寺塔	959 年	楼阁式，平面八角形，我国最早采用双层塔壁的仿木砖石塔
山西应县佛宫寺释迦塔	1056 年	楼阁式，平面八角形，国内现存唯一最古与最完整木塔
山西灵丘觉山寺塔	1089 年	密檐式，平面八角形，建塔芯柱
江苏苏州报恩寺塔	1131—1162 年	楼阁式，平面八角形，双套筒式砖砌结构
福建泉州开元寺双石塔	1241—1252 年	楼阁式，平面八角形，石构
北京妙应寺白塔	1271 年	喇嘛式，凸字形台基，亚字形须弥座，覆莲与水平线脚，白色，砖石结构
西藏江孜白居寺菩提塔	1390 年	喇嘛式，形制宏巨，四隅折角的亚字形塔基，藏式平顶，塔身圆柱形，白色基调
南京报恩寺琉璃塔	1412 年	楼阁式，平面八角形，台座三重，塔身外皮用琉璃构件镶砌
北京正觉寺塔	1473 年	金刚宝座式，须弥座及 5 层佛龛构成矩形平面高台，5 座密檐方塔，我国最典型实例
北京西黄寺清净化城塔	1782 年	金刚宝座式，2 层须弥座，5 座塔（中央为高大喇嘛塔，四隅为八边形石幢式小塔）

以朝代（时期）论建筑发展（自秦至清代）[8]　　　　　　　　　　　　表2

朝代（时期）	建筑类型	部分建筑实例
秦	宫殿	信宫、甘泉宫、北宫、阿房宫
	陵墓	秦始皇陵
	军事防御	长城
两汉	宫殿	未央宫、长乐宫、北宫
	住宅	广东广州汉墓明器、江苏睢宁双汉画像石、四川成都画像砖、陕西绥德画像石、四川德阳画像砖、河南郑州空心砖等所示
	陵墓	陕西兴平县茂陵及附近陵墓、四川乐山县白崖崖墓
	军事防御	长城
三国、两晋、南北朝	都城	邺城、洛阳城、建康城
	宫殿	邺太极殿、含元殿、凉风殿、建康太极殿、东西堂、永安宫
	住宅、园林	雕刻所示、洛阳华林园、张伦宅、梁江陵湘东苑

续表

朝代（时期）	建筑类型	部分建筑实例
三国、两晋、南北朝	寺、塔、石窟	永宁寺塔、天安二年石塔、云冈第六窟塔柱、嵩岳寺塔、云冈石窟、龙门石窟、南北响堂山石窟、莫高窟、麦积山石窟、天龙山石窟
	陵墓	南京西善桥大墓、河南邓县彩色画像砖墓
隋唐、五代	都城	长安城、洛阳城
	宫殿	太极宫太极殿、两仪殿，掖庭宫，东宫，大明宫含元殿、麟德殿、宣政殿，洛阳宫城含元殿、贞观殿、徽猷殿
	住宅	敦煌壁画及其他绘画所示
	寺、塔、石窟	敦煌壁画、文献、雕刻、绘画所示，五台山南禅寺、佛光寺，西安兴教寺玄奘塔、西安香积寺塔、大雁塔、云南大理崇圣寺千寻塔、河南嵩山永泰寺塔、法王寺塔、南京栖霞寺塔、山西晋城青莲寺慧峰塔、山东历城县神通寺四门塔、河南登封县嵩山会善寺净藏禅师塔、山西平顺县明惠大师塔、敦煌石窟、龙门石窟、陕西邠县 – 河南浚县 – 四川乐山等处摩崖大像
	陵墓	唐朝十八处陵墓、南唐李昇钦陵、李璟顺陵、成都前蜀王建永陵
	桥	河北赵县安济桥
宋、辽、金	都城	东京城、西京城、平江府、临安城、南京城、中都城、扬州城
	宫殿	大庆殿、紫宸殿、文德殿、垂拱殿
	住宅	农村住宅、城市住宅、王府、官署住宅
	园林	洛阳园林（丛春园）、江南园林（苏州南园）
	祠庙、寺、塔、经幢	山西太原晋祠圣母庙、山西万荣县汾阴后土庙、河北正定隆兴寺、天津蓟县独乐寺、山西大同华严寺、善化寺、山西应县佛宫寺释迦塔、苏州罗汉院双塔、苏州报恩寺塔、杭州六和塔、苏州虎丘云岩寺塔、辽庆州白塔、泉州开元寺双塔、山东长清灵岩寺塔、河北定州开元寺塔、河南开封祐国寺塔、杭州雷峰塔、灵隐寺双塔、闸口白塔、山西灵丘觉山寺塔，河北赵县经幢
	陵墓	北宋八陵、南宋绍兴临时陵墓
	桥	北京卢沟桥、泉州万安桥
元	都城	大都城
	宫殿	大内、西御苑、兴圣宫、御苑、大明殿、延春阁、香阁、盝顶殿、畏吾尔殿、棕毛殿
	宗教建筑	护国寺、妙应寺、东岳庙、广胜寺、河北曲阳县北岳庙、水神庙、山西永济县永乐宫、萨迦寺、日喀则夏鲁万户府，大都大圣寿万安寺释迦舍利灵通塔、北京居庸关过街塔，新疆霍城吐虎鲁克玛札，北京 – 杭州 – 西安等地现存清真寺
明、清	都城	南京城、北京城
	宫苑	故宫、太和殿、中和殿、保和殿、武英殿、文华殿、乾清宫、交泰殿、坤宁宫、东西六宫、宁寿宫、慈宁宫、西苑、圆明园、长春园、万春园、静明园、静宜园、清漪园、承德避暑山庄、颐和园
	军事防御	长城、海防卫 – 所 – 堡 – 寨 – 墩 – 关隘据点
	一般城镇	西安城、苏州城、绍兴城、临海城
	住宅	浙江东阳官僚地主卢氏住宅、安徽歙县住宅、窑洞、院落式住宅、客家土楼、四合院、临河建筑、临江建筑、杭州吴宅、云南景洪县傣族住宅、广西龙胜县僮族住宅、藏族住宅、新疆维吾尔族住宅、蒙古族毡包
	私家园林	苏州、杭州、松江、嘉兴四府私家园林：如寒碧庄（今留园）
	坛庙	天坛
	陵墓	明十三陵、清东西陵
	宗教	山西洪洞县广胜寺飞虹塔、南京报恩寺塔、北京大正觉寺金刚宝座塔、北京西黄寺清净化城塔、潞西县风平熊金塔、曼殊曼塔、南京灵谷寺、报恩寺、山西太原崇善寺、甘肃夏河拉卜楞寺、西藏江孜白居寺、西藏布达拉宫，呼和浩特席力图召，承德外八庙，西安化觉巷清真寺，喀什市阿巴伙加玛札

以朝代（时期）论构成建筑史纲知识网络
（自秦至清代） 表3

朝代（时期）	都城	一般城镇	宫殿	苑囿	住宅	私家园林	宗教	祭祀	陵墓	桥梁	军事防御
秦			•						•		•
两汉			•		•				•		•
三国、两晋、南北朝	•		•			•	•		•		
隋唐、五代	•		•	•					•	•	
宋、辽、金	•		•			•	•		•		
元	•					•					
明、清	•	•	•			•			•		•

4.3 宏观级次：以衍化过程论—连续性

教学框架的最高级次追求的是一种连续性的衍化过程，包括两个层面的内涵：其一是时间推移下的类型特征衍化，主要指某一类型建筑随着朝代更迭形成的型制流变，以汉地寺院布局演变为例[9、10]（表4）；其二是类型融合下的时代风格衍化，主要指在独立整合每一时期各类型建筑特征后得到的不同朝代或时期建筑总体风格的流变，以"汉－唐－宋－元－明清"的建筑风格演化为例[11]（表5）。这种教学级次的融合性高，对引导学生形成全面的建筑史纲知识体系帮助较大。

4.4 时间－过程轴：级次关系述释

在理论分析层面，教学研究中的级次关系是独立存在的，每一级次分别对应以点、线、面的形式开展教学环节，从而对应满足建筑史纲知识的特定性、共识性和连续性特征，对指导教师授课具有价值可鉴。然而，在

汉地寺院布局演变❶ 表4

布局类型	建筑实例	布局特征
塔院式布局	东汉洛阳白马寺	以佛塔为中心，受印度佛教礼佛习俗影响的结果，佛塔作为寺院的主体，廊庑建筑围绕其展开
前塔后殿式布局	山西应县佛宫寺	佛教开始中国化，寺院布局也随之中国化，布局方式为：平面采用在中轴线上布置主要建筑，前有寺门，门内建塔，塔后建佛殿
塔殿并列式布局	日本奈良法隆寺	塔的地位进一步降低，佛殿地位提高，变成塔殿并列形式，佛塔与佛殿并重，其中分为两种，其一为佛塔与佛殿左右并列，廊庑环绕；其二为将佛塔一分为二，左右并列，中轴线偏后设佛殿，廊庑围绕
廊院式布局	天津蓟县独乐寺	塔的地位完全弱化，成为以佛殿为主的类型，塔在塔院或在寺外，形成廊院式布局

"汉－唐－宋－元－明清"的建筑风格演变❷ 表5

朝代（时期）	都城规划	木构技术	砖石技术	建筑群处理	建筑色彩
汉	宫城占主要地位，布局凌乱	直线为主，端严雄强，木构架成型	用于墓葬	以高台建筑为核心聚集式布局	朴素，暖调，红白色为主
唐	严整，分区明确，里坊制	曲线曲面为主，宏大，木架成熟	技术发展，主要用于塔、桥	平面展开，注重轴线，利用地形，增加空间层次	
宋	里坊制瓦解，街巷自由	精致，模式化，规范化		以院落组织空间	
元	集前代之大成	大木技术突变，斗栱减弱，柱网梁架自由	大量用于地面建筑，无梁殿，琉璃技术	综合利用建筑、院落、地形，序列变化丰富	金碧辉煌，青绿调子
明清		再次规范化，斗栱不起作用，举折变为举架			

❶ 参见 http：//blog.sina.com.cn/u/1981585422 [古建筑研究] 汉传佛教寺院布局的发展演变，作者整理。

❷ 参见东南大学建筑史论讲义，作者整理。

实际操作层面，教学实践中的级次关系不一定完全割裂，更不需要如此，层级之间应当相互融合—这对教学能力和方法提出了更高要求。按照时间 – 过程纵轴开展城乡规划专业建筑史纲课程教学，是教学逻辑性的根本体现，同时在过程中涉及政策性方面的考量，能够梳理教学框架的结构关系，亦为理论指导应用提供前提基础。除此以外，建筑史纲课程教学的另外关键问题在于对授课内容的主次关系和延展性的合理把握，与之上进行的级次关系研究共同搭建形成纵横交织的稳固教学体系。

5　教学框架之横阔："质量 – 价值圆"圈层重塑

5.1　内核圈层：基于历史性—文化感

建筑史纲课程教学的基础要素为历史理论。历朝历代的建筑发展均基于历史进程而展开，在文化背景中建立建筑科学。因此，历史文化构成了建筑史纲课程教学的基础圈层，也是魅力所在。离开历史文化谈建筑是无根的理论，建筑特征只是表象。要求教学过程中率先强调历史文化对建筑发展的影响，如课程开篇讲解的"燧人氏 – 有巢氏 – 伏羲氏 – 神农氏 – 轩辕氏"的发展阶段对应"用火之始 – 住屋之始 – 渔猎之始 – 农业之始 – 华夏之始"的文明进程[12]，并设法将文化概念和意识贯穿至每一级次、每一章节和每一种独立的建筑类型和建筑单体中，在内核圈层中强化建筑史纲课程的厚度，拓展课程内涵，提升教学品质。此外，内核圈层对之外的其他圈层起到决定和指导作用，应当在教学过程中进行夯实和充盈。

5.2　中控圈层：基于建筑性—技艺感

建筑史纲课程教学的核心要素为建筑理论，也是建筑历史有别于其他历史的根本。无论采用何种教学模式，对建筑功能、类型、形式、空间、结构、技术等内容的分析都将涉及，且不断加以强调。同时，贯彻"时间 – 过程轴"级次教学框架成型的连接元素是建筑性，即建筑展现的技术特征和艺术感。这一部分的圈层半径较大，范围涵盖整个建筑科学的发展进程，并随着时代的进步而不断扩大，成为中心控制圈层，调节建筑历史文化产生、遴选、发展和传承在教学环节中的合理性和有效性，决定建筑史论教育的价值和密度。换言之，把控好此圈层教育的界限和内涵，即是掌握了建筑史纲课程教育的积极方向，紧实了学科理论的根基。

5.3　外延圈层：基于创新性—时代感

建筑史纲课程教学的关键要素为创新理论。与其他理论有所区别，建筑史纲课程教育的创新空间相对狭窄，受到传承文明和既成事实的限定。对这一部分教学的创新性初探主要体现在三个方面：其一为还原历史建筑或理念在同时代社会发展中的先进性，如明初最早出现的无梁殿不用寸木之钉实现防火防震的功能，并在节省建造费用方面具有明显进步[13]；其二为引申历史建筑或理念在当今时代社会发展中的指导意义，如始建于秦朝的都江堰水利工程"外江排洪、内江灌溉"功能和飞沙堰泄洪排沙等举措，直至今日仍发挥着重要作用[14]；其三为应用型教育的时代背景下理论教学转化应用实践的新模式，如在史论教学中加入建筑复原图纸绘制和模型设计、建筑遗址和遗存考察、视频教学等内容[15]。在注重理论外延性教育的同时兼顾时代创新性，增加建筑史纲课程教学的宽度。这一部分是教学圈层的最外层，在包覆历史性和建筑性的同时，承载着向外拓展漫延的探索使命。

5.4　质量 – 价值圆：圈层关系述释

与级次关系相似，教学过程中的圈层关系并未存在明显的边界，圈层之间可以通过相互渗透作用实现溢出效应，即历史性、建筑性和创新性是交融的整体，存在内在逻辑关联，以建筑为载体进行呈现。每一圈层分别对应建筑史纲课程教学的厚度、密度和宽度，从而使史学课程具备足量的文化感、技艺感和时代感。圈层关系不是形式上的真正限定，而是对内容的有序梳理、对关系的有机整合，进而达到教学形式既有品质又富品位，教学内容既贴切主旨又丰富意义的目标要求，在教学质量和价值层面实现物质与精神的双重提升。圈层关系是建筑史纲课程教学框架的横向支撑，与纵向级次关系协同发挥作用。

6　结语

以"时间 – 过程轴"级次关系和"质量 – 价值圆"圈层关系，在纵深和横阔两个方向重塑城乡规划专业建筑史纲课程教学框架，形成完整的教学体系和创新模式，既是对城乡规划专业建筑史纲课程教学的促进和提高，又是对建筑史纲课程重要性的一次正名。特别是针对地方应用型高校建设而言，理论课程的意义不能因为应用实践而有所忽略，相反更要注重理论指导下的实践教育。

城乡规划专业建筑史纲课程教学需要以一种真正符合专业师生的模式而存在，在注重逻辑性和政策性的思维惯性中指导建筑史学教学和研究，在采用让渡性和共享性策略方法中学会理解、应用建筑史学来开展设计，在传承历史文化的过程中实现创新和发展。

主要参考文献

［1］ 吴敏．城乡规划专业中外建筑史课程教学探讨——以安徽建筑大学城乡规划专业为例 [J]．安徽建筑，2016（12）：49-50，76.

［2］ 吴怡垚，徐元勇．先秦儒家礼乐文化的内涵及现代价值 [J]．南通大学学报（社会科学版），2019（3）：123-127.

［3］ 方智果．明堂制度研究及汶上明堂的复原设计 [J]．古建园林技术，2013（9）：56-63.

［4］ 王恩田．昭穆解惑——兼答赵光贤教授 [J]．济南大学学报（社会科学版），2018（2）：139-148.

［5］ 袁胜文．宋元墓葬中的供祀——以壁饰和随葬品为中心 [J]．南开学报（哲学社会科学版），2018（2）：153-160.

［6］ 潘谷西．中国建筑史 [M]．7 版．北京：中国建筑工业出版社，2015.

［7］ 梁思成．中国建筑史 [M]．天津：百花文艺出版社，2005.

［8］ 刘敦桢．中国古代建筑史 [M]．2 版．北京：中国建筑工业出版社，1984.

［9］ 闫伟．当代汉地佛教建筑模式探析 [J]．遗产与保护研究，2018（10）：122-125.

［10］ 何蓉．汉传佛教组织的类型学：演化与机制 [J]．佛学研究，2018（7）：287-295.

［11］ 张帆．梁思成中国建筑史研究再探 [D]．北京：清华大学，2010.

［12］ 秦建明．古代文献记载的几则史前文明之谜 [J]．大众考古，2015（3）：37-41.

［13］ 赵婧．明清无梁殿建筑装饰特色研究 [J]．兰台世界，2015（1）：146-147.

［14］ 路畅．古代工程的范畴研究—以都江堰工程为例 [D]．哈尔滨：哈尔滨工业大学，2017.

［15］ 孔德静，王鹤．应用型大学背景下城乡规划专业建筑历史课程转变 [J]．才智，2016（5）：150.

Reshaping the Teaching Framework of Architectural History Course for Urban and Rural Planning Major in Applied Universities —— Based on "Grades-Circles" Model

Wang He   Kong Dejing   Geng Yonglie

Abstract: Based on the basic context of "Grades and Circles" model，this paper takes "time-process axis" gradation relationship and "quality-value circle" hierarchical relationship as an example，remolds the teaching framework of architectural history curriculum of urban and rural planning specialty in both depth and breadth directions，forms a complete teaching system and innovative mode，and actively guides teachers and students of urban and rural planning specialty to pay attention to logic. The thinking inertia of sex and policy guides the teaching and research of architectural history，and learns to understand and apply architectural history in the method of transference and sharing strategy.

Keywords: Urban and Rural Planning，Architectural History Outline，"Grades and Circles"，Application-Oriented，Teaching Framework

中央美院建筑学院城市设计课程的组织与实施

虞大鹏　岳宏飞

摘　要：本文介绍了中央美院建筑学院城市设计课程的起源、发展和教学思想，结合多年教学课题案例和教学要求的分析研究，以居住小区规划设计、步行街区城市设计、城市更新与旧城保护、新兴城市地段发展等城市设计问题为切入点展开课题研究，探索未来城市设计的学术边界和多领域学科融合可能性。

关键词：以人为本，多学科融合，城市设计研究

1　城市设计课程的起源与教学思想理念

中央美院建筑学院城市设计课程最早起源于居住小区详细规划课程，2005 年后韩光煦教授和戎安教授都曾经先后参与过居住小区详细规划设计到城市设计的系列课程教学，至 2009 年后城市设计教学团队基本稳定为由虞大鹏教授、李琳副教授、何崴教授、苏勇副教授组成的教学组。

作为中央美院建筑学院核心专业设计课程之一，教学团队希望能够通过对城市设计的多角度理解和解读，培养学生对城市公共空间敏锐的观察能力、对社会文化空间公平客观的支持态度，并能够运用丰富的专业知识和手段分析城市问题，建立和培养"以人为本"的设计理念和方法。课程设计鼓励参与者主动观察与分析城市现象，敏锐涉及城市发展动态和前沿课题，发掘城市文化背景，并以全面、系统的专业素质去处理城市问题。

基于上述教学理念和方法，教学团队在多年的教学实践中不断进行动态调整完善，根据教学要求的变化，从起初的居住小区详细规划课程，逐步发展增加步行街区城市设计、城市更新与旧城保护城市设计、新兴城市地段发展的城市设计问题研究等一系列课程。

2　城市设计系列课程教学要求与案例分析研究

每个城市设计课题，都有相对不同的侧重点，课题教师团队首先明确城市设计课题中基本的共性设计训练要求，将基本要求与不同课题的主题特色设计要求相结

合进行深入设计，从社会生态学、文化学与城市学的角度，立足空间规划的专业基础和引导"城市人"的合理行为作为基本手段，观察城市，体验社会，发现问题，提出方案。

（1）认真收集现状基础资料和相关背景资料，分析城市上一层次规划对基地提出的规划要求，以及基地现状与周围环境的关系，并提出相应的设计主题或者设计概念，选择合适基地进行规划设计。

（2）提出城市设计的整体目标和意图，确定建设容量，确定城市设计的基本要素。提出街区外部空间组织、天际线控制、景观开放空间等城市设计框架，包括建筑布局、绿地水系系统、交通系统组织和地下空间利用方案等。

（3）分析并提出本规划区内部居民的交通出行方式，布局道路交通系统，确定道路平面曲线半径，结合其他要素并综合考虑道路景观的效果，必要时设计出相应的道路断面图。确定停车场的类型、规模和布局。

（4）分析并确定本街区公共建筑的内容、规模和布置方式。表达其平面组合体型和室外空间场地的设计构思。公共建筑的配置应结合当地居民生活水平和文化生活特征，结合原有公建设施一并考虑。

（5）绿化系统规划应层次分明、概念明确，与街区功能和户外活动场地统筹考虑，必要时应提交相应的环境设

虞大鹏：中央美术学院建筑学院教授
岳宏飞：中央美术学院建筑学院博士研究生

计图。绿化种植设计应与当地的土壤和气候特征相适应。

（6）鼓励同学在基地现状进行全面分析的基础上，结合本地区的自然条件、生活习惯、历史文脉、技术条件、城市景观等方面进行规划构思，提出优美舒适、有创造性的设计方案。

基于上述共性设计要求，鼓励学生针对不同的城市设计问题，积极观察和分析城市和人群不同特点，在深入研究问题的基础上建立并锻炼解决城市设计中不同问题的能力。教学过程中强调团队合作设计的组织与协调、提高田野调查、程序规划、模型表达、交流汇报、图纸表达的综合能力。

教学由前期研究——目标策划——整合设计三个单项练习组成。前期研究要求完成基地调查报告与相关专题研究，并通过组内答辩交流的方式共享分析成果；目标策划要求学生提交设计目标与概念方案；整合设计要求通过不同比例的实体模型和设计草图推进设计发展，学生独立完成城市设计方案及重要节点设计。

2.1　居住小区系列课程

在最早的居住小区详细规划课程中，希望学生了解我国的住房制度，居住现状和居住标准，掌握居住区修建性详细规划设计的基本内容和方法，巩固和加深对现代居住区规划理论的理解以及对城市居住区和住宅设计规范的了解，培养学生调查分析与综合思考的能力，通过课程设计掌握居住小区空间结构系统、道路交通系统、绿地系统的规划设计方法以及对配套基础设施和经济技术指标的深入认识。

课程的基地基本以北京为主，北京是一个集历史和现代为一身的国际性大城市，有大量的传统住宅、文物建筑、特色空间、特殊空间等，也有大量近年建设的新标志、新建筑、新空间。随着城市的发展，北京旧城部分的改造已经成为一个必须要解决的问题。如何在满足居民现代生活需要（卫生、日照、人均面积等）的前提下，和周边环境进行对话，创造能够保留、体现北京传统文化特色、传统城市肌理、传统空间特色、传统生活特色的空间环境是设计中需要考虑的内容。

课程案例：北京太阳宫居住小区详细规划设计
课程时间：10周，每周8课时，共80课时
学生：本科4年级建筑学专业必修

图1　北京太阳宫居住小区详细规划设计基地区位图

基地选择：本课题规划用地位于太阳宫公园，占地面积约11公顷，靠近北四环与太阳宫路的交叉口，本地块面临相对比较复杂的交通问题、较大的噪声干扰，但同时又具备优质的景观资源。由于太阳宫地处望京和北京城核心区之间，交通便捷，区域人群年龄结构年轻化，在对周边环境、交通、人流动线、土地价值、社会文化、城市文脉等多方面分析基础上，寻找突破点，提出规划理念，并深入完善。

学生课题作业：田·园（作者岳宏飞），本方案规划采用系统化的设计方法，结合基地周围环境景观产生结构严谨，张弛有度，富有韵律变化的空间关系。

2.2　步行街区城市设计系列课程

随着教学要求的变化，在居住小区详细规划基础上，教学团队设计了"步行街区城市设计"课题，选择白塔寺地区面积15–20公顷地块（要求具有明确的公共属性和社会属性），能为市民提供共享的城市文化环境，进行步行街区的城市设计（可以从居住、旅游、商业等不同角度出发）。在保持原居住小区详细规划课程基本要求基础上，完成从居住小区规划到城市设计课程的转型。

课程案例：白塔寺地区步行街城市设计
课程时间：10周，每周8课时，共80课时
学生：本科4年级建筑学专业必修
基地选择：白塔寺（妙应寺）周边地区，白塔寺地区有大量传统住宅、著名的文物建筑（如历代帝王庙）以及传统的地标建筑（如白塔寺）。

学生课题作业：4400个白塔（作者封帅、田立鼎），本方案从"看"与"被看"入手，研究了妙应寺白塔与北海白塔之间的空间关系，并在观察当地居民日常行为

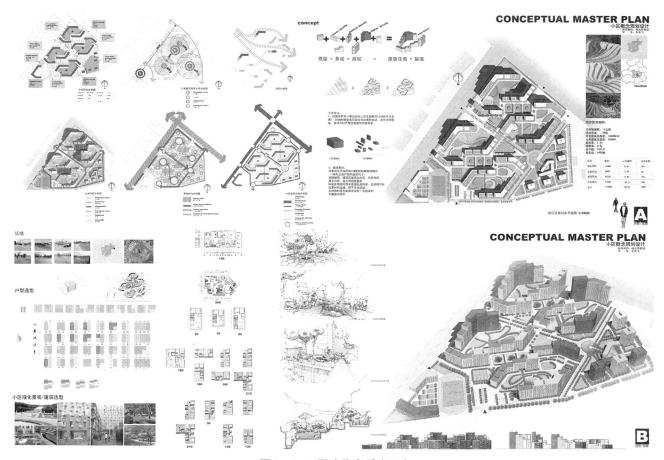

图 2　田·园（作者岳宏飞）

图 3　白塔寺地区基地区位图

活动的基础上创造了一个充满浪漫主义精神和乌托邦思想的空间意向，有强烈的美院特色。

2.3　城市更新与旧城保护视角下的系列课程

在步行街区城市设计课程基础上，以后数年教学团队先后选择了北京热电二厂地区、钟鼓楼地区、后海地区、天宁寺地区等分别就旧城核心保护区的更新与振兴、工业遗产的保护与地区复兴问题以及对于各种城市问题矛盾冲突集中地点或区域的合理化改造等问题展开课程研究。其核心问题对于近两年提出的老城更新、文化复兴等体现出了一定的前瞻性和实验性。

课程案例：北京天宁寺地区城市更新改造设计课题
课程时间：10 周，每周 8 课时，共 80 课时

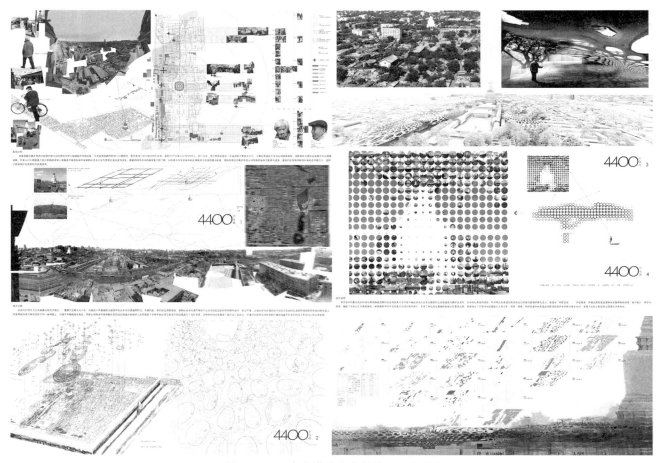

图4　4400个白塔（作者封帅、田立鼎）

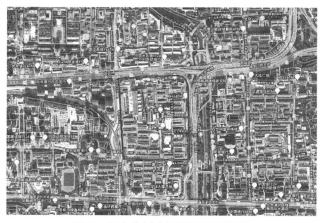

图5　天宁寺城市更新基地区位图

学生：本科4年级建筑学专业（含城市设计方向）必修

基地选择：天宁寺位于北京西二环广安门外护城河西岸北滨河路，面积约25公顷。该地区最大特点为历史悠久的天宁寺古塔与北京第二热电厂烟囱的对比，作为工业遗产与历史文化遗产的对话，是本次课题最大特点。

学生课题作业：快闪的禅意（作者赵卓然），本方案巧妙处理了历史保护建筑（天宁寺塔）与现代工业遗产（热电二厂）之间的空间关系，通过新的功能以及创意产业的注入，使这片充满冲突与断裂的区域焕发生机。

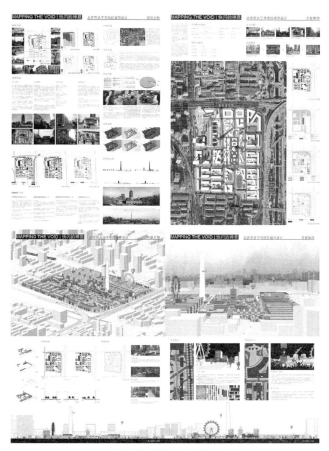

图6 快闪的禅意(作者赵卓然)

图7 望京核心区城市再设计基地区位图

2.4 新兴城市地段发展的城市设计问题研究课程

新兴城区的城市设计问题也一直在教学团队的关注之中。例如,中央美术学院所在的望京地区是北京市新兴城市副中心、亚洲最大的居住社区,经过20年的发展,目前已成为有40万左右常住人口、接近一个中等城市规模的相对独立区域,奔驰、微软等跨国企业纷纷将其中国甚至亚洲总部设置于望京。由于发展过于迅捷,望京地区的城市空间呈现明显的"独立化"、"分割化"特征,尺度上偏宏大,各个地块相对独立缺乏呼应。基于此类新兴城市问题作为研究对象,培养学生运用城市设计基本理论和分析方法发现问题和解决问题能力的训练。

课程案例:北京望京核心区城市再设计

课程时间:10周,每周8课时,共80课时

学生:本科4年级建筑学专业(含城市设计方向)必修

本次课题选择望京核心区作为研究对象。经过20年的飞速发展,望京由原来的北京城乡结合部发展成为北京高端成熟城市区域,同时已经逐步发展成为国际化、生态化、绿色健康的北京城市副中心。课题调研时,发现望京核心区域的很多公共空间并不能够发挥其公共的属性,没有聚集人群和增强交往的作用,因此课题希望通过城市设计的手段,对本区域空间进行再组织,以达到区域振兴之目的。空间研究范围为望京核心区并可以延展至望京全域,对此区域进行深入研究、调研,发现问题、兴趣点。之后对图示红线范围内区域进行深入设计(红线范围内用地面积约7公顷)。本课题的主要研究目标是新兴城区空间问题的发现和解决。

学生课程作品:运动公园(作者蔺新珏),作者对望京地区进行了深入的调查研究,发现作为新兴城区的望京需要有一些公共功能、公共空间来粘结割裂的城市空间,而"运动"就是一个强大的粘合剂。

3 课程发展与展望

城市设计的核心内容是对城市空间的梳理和组织,更侧重于各种关系的组合,关注城市的公共空间、城市的整体面貌、城市规划布局的合理性、城镇功能、交通系统、环境景观、功能策划等复杂综合性跨领域的一门学科。城市设计的过程是一种整合状态的系统设计,其研究领域既有城市规划、建筑学和风景园林等学科的交叉部分,同时具有多领域和开放学术边界的特点。因此

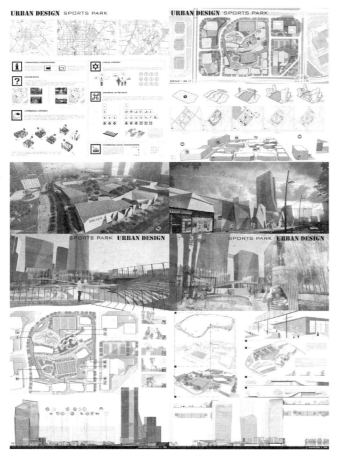

图 8 运动公园（作者蒯新珏）

在教学实践中，综合以上内容，以往的城市设计课题往往也更侧重于对空间的研究和把握，对于空间形态、开发强度、控制指标等内容的研究较为深入，但对于空间的使用者——人的行为、感受以及需求研究相对不足。基于此，教学团队也进行了基于行为分析与空间认知的城市设计课程尝试，通过行为分析以及功能策划，希望在对人们活动、需求等方面深入研究的基础上，调整或者改变所选择设计基地的建筑功能（一种假设性的调整与改变）。在完成建筑及环境的再设计之后，与基地现状空间环境进行比较和辨析，最终完成基于行为分析、空间认知基础上的建筑设计（及城市设计）全过程。同时，教学团队在教学课题中积极探索城市设计的学术边界和多领域学科融合，尝试将公共艺术切入城市设计作为新的公共空间催化剂与活力点，甚至把城市设计作为大型公共艺术行为，积极研究当代公共艺术的观念和空间、人群的互动关系，探索发展多维度、多角度、多层次，充满活力的城市公共空间。

主要参考文献

[1] 王建国. 21 世纪初中国城市设计发展再探 [J]. 城市规划学刊，2012（01）.

[2] 王建国. 现代城市设计理论和方法 [M]. 南京：东南大学出版社，2001.

[3] 王一. 从城市要素到城市设计要素——探索一种基于系统整合的城市设计观 [J]. 新建筑，2005（03）.

Organization and Implementation of Urban Design Course in School of Architecture of China Central Academy of Fine Arts

Yu Dapeng　Yue Hongfei

Abstract: This is an introduction of the origin and teaching ideas of the urban design course in the School of Architecture of China Central Academy of Fine Arts，The course takes research on residential district planning and design，pedestrian district urban design，urban renewal and protection of old cities，urban design of new cities，explores the academic boundary and multi-disciplinary integration of urban design in the future.

Keywords: People-Oriented，Multidisciplinary Integration，Research on Urban Design

地理学背景城乡规划专业人才培养模式创新实践*

李建伟　沈丽娜　刘科伟

摘　要：社会经济转型和空间规划体系改革背景下，探讨如何发挥地理学背景城乡规划的学科优势，创新学科专业人才培养模式具有重要意义。从目前城乡规划专业人才培养与社会需求不相适应的问题出发，按照"推进学科融合，对接规划发展需求"、"坚持学科优势，培养综合研究能力"和"强化实践环节，紧抓规划执业能力"的改革思路，提出了"跟踪学科前言，修订教学计划"、"改革考试形式，加强工程实践"、"优化教学环节，探索方法创新"的人才培养策略，形成了地理学背景下城乡规划人才培养的"理工融合，多维递进"的创新模式。

关键词：人才培养模式，城乡规划专业，地理学

1　引言

随着社会经济的发展，我国已经迈入城市化的后半程，社会经济的深刻转型成为当下关注的焦点，城乡规划作为调控社会、经济、文化、生态和空间发展的重要手段，其好坏决定城乡各项事业发展的效率与可持续性[1]，因而新时期高层次高校城乡规划人才培养模式的改革具有重要意义。2013 年，国家提出"建立空间规划体系，完善资源监管体制，统一行使国土用途管制职责"，2018 年，国家组建自然资源部，将主体功能区规划、土地利用规划、城乡规划、生态保护规划等的职责划归自然资源部，以构建统一高效的空间规划体系为主要目标[2]。在这样背景下，如何实现城乡规划与其他各类规划的有效衔接，并突出自身特色成为城乡规划学者研究关注的重点，也是城乡规划人才培养模式改革的方向。综合性大学城乡规划院校通过将地理学主干课程贯穿于人才培养方案中，使学生掌握了经济、生态和资源环境的基础理论与分析方法，较好地培养了学生的空间分析研究能力和文字表达能力，对于实现各类规划的有效衔接具有重要意义。然而，地理学背景下的城乡规划专业侧重于城乡区域理论研究，学生的分析研究能力和文字表达能力较强，但是设计能力和图面表达能力相对薄弱[3][4]，存在着实践性不强、应用动手能力较差的问题[5]。因此，如何改革城乡规划专业的课程体系，创新地理学背景下城乡规划人才培养的模式，培养既具有较强的分析研究能力又具

李建伟：西北大学城市与环境学院副教授
沈丽娜：西北大学城市与环境学院副教授
刘科伟：西北大学城市与环境学院教授

* 　基金项目：中国建设教育协会教改项目（2013103），西北大学教改项目（JX17023）。

❶　张国坤，林从华，卓德雄，杨芙蓉，何春玲，严世宏.高校城乡规划本科专业"卓越计划"培养模式的研究[J].高等工程教育研究，2015（04）：159–163.

❷　郝庆.对机构改革背景下空间规划体系构建的思考[J].地理研究，2018，37（10）：1938–1946.

❸　李建伟，刘科伟.城市规划专业基础课程体系的建构[J].高等理科教育，2012（06）：145–149.

❹　杨贵玲，张竟竟.以地理科学为背景的城市规划教学改革及课程体系建构——以商丘师范学院为例[J].许昌学院学报，2012，31（02）：145–148.

❺　那玉林.人文地理与城乡规划专业人文地理学课程群建设研究构想[J].阴山学刊（自然科学版），2014，28（03）：73–75.

有较强的设计表达能力的城乡规划专业人才成为当下空间规划体系改革背景下的迫切需求。

进入"十三五"以来，随着我国城乡规划事业的迅猛发展以及政治、经济和社会形势的急剧变化，配合高等教育改革，西北大学城乡规划教育教学改革势在必行。协同创新人才培养模式的改革是宏观教育改革与微观教学改革的中介，是专业教育改革的最佳切入点。应用型人才培养是我国城乡规划事业发展以及高等教育由"精英型"向"大众型"转变的迫切要求。可见，新时期专业创新型人才培养模式的研究对城乡规划教育的改革与发展意义重大。因此，我校城乡规划专业以社会需求为导向、以工程实际为背景、以工程技术为主线来深化城乡规划本科专业人才培养模式的改革，克服目前地理学背景城乡规划教育模式的不足，探索具有自身培养特色的规律和有效途径，从培养目标定位、质量规格、培养方案、课程内容、实践教学、培养方式等方面进行改革，以期为兄弟院校提供参考与借鉴。

2　人才培养模式改革的基本思路

推进学科融合，对接规划发展需求：城乡规划学本身的复杂性、综合性与实践性，决定了其理论基础必须兼容自然科学、社会科学、工程技术和人文艺术科学的理论内涵与科学方法。在教学课程体系整体优化的基础上，融合政治、经济、社会、文化、生态等宏观分析思想和方法，实现规划设计思想与观念根本性的转变，把物质形态规划融入经济社会发展、生态环境保护和文化传承与整合之中，使学生对城市问题及其规划解决方案有一个更加全面透彻的理解，培养适应国家发展战略需求和城乡规划学科发展需求的专门人才。

坚持学科优势，培养综合研究能力：依托西北大学综合型大学优势，按照"宽口径、厚基础、重应用"的人才培养思路，以培养具备"厚基础、高素质、重协同、强实践"的"宽面通才"城乡规划人才，在保证全国高等教育城乡规划专业指导委员会确定的核心课程教学的前提下，保持地理学和区域规划方面的教学特色，既有利于保持西北大学城乡规划专业在区域研究与区域规划等方面的优势，又进一步强化了地理学及相关知识在城市规划与设计方面的应用能力，有利于培养学生从事城

市规划科学研究工作的能力。

强化实践环节，紧抓规划执业能力：在保持已有的系统分析研究能力培养优势的同时，强化学生实践动手能力培养，使理论教学与实践教学紧密结合，提高学生知识的综合运用能力。一方面在理论课教学中设置一定学时的实践内容，在课程内做到理论与实践紧密结合，另一方面以课程设计、实践实习、毕业设计等形式安排集中实践环节，为学生提供丰富的实践环境，以强化理论知识综合运用能力和实践动手与能力培养。

3　人才培养模式改革实践探索

伴随着我国经济的高速增长和城镇化的快速推进，以及城乡规划学一级学科的设立（2011），按照全国高等学校城市规划专业本科评估委员会的要求，深化教育教学改革，提高人才培养质量，结合我校城市规划本科（五年制）专业的现状特点开展了一系列教学建设和实践工作，在地理学视角下城乡规划规划人才培养模式创新实践建设的基本举措包括以下几个方面：

3.1　跟踪学科前沿，修订教学计划

（1）保留地理特色，注重课程改革。针对我校地理学背景城市规划专业的特点，保留了"人文地理学"、"自然地理学"、"测量与地图学"等地理类的核心课程，以避免学生在规划设计过程中只见"蓝图"不见"基础"现象的发生，有效地坚持了地理学背景城市规划特色的建构。同时，在保留地理学特色的同时，加强对理论课程教学的改革，如将"城市规划社会调查"由理论和实践并重调整为以实践为主，理论为辅，通过调整学生在全国教学指导委员会的作业评优中屡屡获奖；将原来的"综合实习"改为"生产实习"，即由原来的城市参观认知调整为规划院真题真做的生产实习，其根本就在于进一步加强学生实践能力的提高；将"地理信息系统"改为"城市规划空间分析技术"，使培养的重点从了解认知地理信息系统相关知识层面转变为利用地理信息系统相关技术对城市规划进行分析支撑及应用的层面；将"区域分析与规划"和"城市地理学"列为学科平台课程，将"城市经济学"列为学科方向课程。

（2）提高设计比重，强化实践能力。按照整体优化、强调实践的思路，认真研究各课程之间的相互关系，在做好通修课、学科平台课、学科方向课、专业选修课和集中实践教学环节内容有机衔接的同时，提高设计课程的比重，降低理论课程的教学量。理论课程教学由原来的182学分（占总学分的80.9%，下同）调整为142学分（71.0%），实践课程的教学量适当增加，由43学分（19.1%）调整为58学分（29.0%），并且，保留了原理论课程中的实践环节，以构建适应社会要求的学科课程体系。同时对原来的设计课程也进行了相应的调整和改革，如将原来的"城市总体规划设计"和"城市市政工程规划设计"合并为"城市总体规划课程设计"，通过合并设置以符合现行的"城市规划编制办法"的相关要求，使学生能够更深入理解城市总体规划编制的框架和轮廓。

3.2　改革考试形式，加强工程实践

（1）注重基本技能，检验实际效果。在保证地理学对学生基本思想、方法培养的同时，注重对学生从建筑单体、建筑群体到城市整体空间设计的基本技能的训练和培养。针对设计类课程教学考试和学习效果不符合城市规划专业本身特点的实际问题，经过与学院、学校教务部门的多次沟通和协调，对原闭卷考试进行了彻底改革。其中"建筑设计初步""素描""色彩""工程制图""应用软件""城市规划空间分析技术""建筑绘画""居住建筑课程设计""公共建筑课程设计""修建性详细规划课程设计""城市规划社会调查""控制性详细规划课程设计""城市设计课程设计""城市总体规划课程设计""城市认知实习""写生实习""建筑测绘实习""建筑认知实习""测量实习""规划设计周""生产实践""毕业设计""学年论文"共23门课程均采用"课程任务书＋设计成果"的方式对学生的学习效果进行检验，以反映学生规划构思与设计表达水平，全面检验学生综合业务素质。目前各设计（实践）类课程的改革已经全面结束，正不断走向正轨。通过改革，不但加强了学生的工程规划设计能力，而且使口头表达能力和书面表达能力都得到了大幅的提升。

（2）针对工科特点，改革毕业论文。在毕业设计阶段，结合我校的实际情况将单一的毕业论文改为毕业论文＋毕业设计＋文献翻译，即要求学生提交的毕业设计成果包括文献阅读与翻译、规划设计及研究报告三部分内容。其中：文献综述、阅读以及翻译，英文字符不少于20000字，中文字符不少于5000字。规划设计文件要有规划说明书、现状图、总平面规划图、道路系统规划图、绿地系统规划图、用地竖向规划图、工程管线规划及管网综合规划图等文件图纸。研究报告要完成不少于5000字的论文（专项调查报告），要求文图并茂、数据分析资料真实可靠，论证充分。通过文献阅读与翻译既保证了原来毕业论文当中研究的成分，又使学生对国外研究的进展有所了解，提高了学生文献查阅技能，也为学生继续深造打下基础；规划设计部分要求学生在教师指导下针对"真题"独立完成，是对五年来的综合检查，成分体现了工程学科的性质；研究报告在文献综述的基础上，结合规划设计项目完成，保留了原来毕业论文的基本特点，同时也是地理学背景城市规划本科专业教学特点的集中体现。

（3）联手科研院所，建设实践基地。一是建立实践教学研究平台，从城乡规划专业的实践性学科特征出发，按照适应规划发展转型和提高知识运用能力的目标导向，突破城乡规划学科内部与外部学科壁垒，依托城市建设与区域规划研究中心和西安西大城乡规划与环境工程研究院有限公司（校属学科依托型实体机构），为教师参与规划设计实践提供科研平台，同时为实践教学提供鲜活案例来源。二是搭建校企协同育人平台，同广东省城乡规划设计研究院、陕西省城乡规划设计研究院、西安市城市规划设计研究院等单位先后建立多个校企合作的实践基地，为学生参与生产实践、完成毕业设计提供平台，其目的在于丰富教学内容、改革教学形式，激发学生的创造性思维，提高学生的创新能力。三是组建院校合作交流平台，与长安大学、西安交通大学、昆明理工大学、西南交通大学等西部九所兄弟院校共同组建"西部九校建筑类专业教学联盟"，与长安大学、西安建筑科技大学共同组建"丝路城乡规划专业教学联盟"，通过联合毕业设计，加强校际间交流学习，改进专业教学；同时，通过组织学生参加全国城乡规划专业设计竞赛和评优活动，培养创新意识与进取精神。

3.3 优化教学环节，探索方法创新

（1）加强教学档案管理。针对城乡规划专业实践教学比重大，课程设计任务重，学生作业、考核及课程实践成果多以规划设计方案表达、教学图档种类和数量多的学科特点，我们格外重视规范教学档案的管理制度，严格把控教学图档管理的各个环节，使本专业的教学图档管理提升到了较高的层次和水平，在城乡规划专业评估中得到了专家及同行的认可和好评。

（2）探索创新教学方法。结合地理学背景下城市规划专业教学特点，充分运用多种现代化教学手段，积极探索新的教学方法。一是注重教学成果展示，尝试开放式教学。近年来，为促进不同班级学生间的交流学习，形成浓厚的整体学习氛围，针对城市规划专业实践性强、团队合作要求度高的特点，我们长期在专业评图大厅进行学生作业、科研成果展示。同时定期在校园进行规划成果展览，在丰富校园文化的同时，也对我校其他专业学生了解城乡规划专业提供了一个信息窗口，并为促进多学科互动交流提供了良好平台。二是强化现代教学手段，探索参与式教学。针对城乡规划专业注重案例教学、强调汇报交流的特点，在多门课程的教学中，积极运用现代化教学手段，探索参与式教学的新方法。如进行多媒体教学，并要求学生对规划研究成果进行 ppt 汇报，这一方面增强了学生的口头表达能力，另一方面也强化了学生的书面表达能力，为培养素质全面的城市规划人才做出了新的尝试。三是运用分组教学手段，摸索探究式教学。针对本专业概念和原理较多的特点，我们在给学生一些规划案例、并提出相应问题的同时，注重让学生自己通过分组讨论、阅读、观察、思考、设计等途径去独立探究，进而发现并掌握相应的原理和结论。在教学环节中实现以学生为主体，让学生自觉地、主动地探索，掌握认识和解决问题的方法和步骤，研究客观事物的属性，形成自己的概念，从而强化学生的主体地位和自主能力。

4 结语

近年来，在"陕西省城乡规划人才培养模式创新实验区"的支持下，不断适应我国经济社会发展和西北大学研究型大学建设对人才培养的新要求，形成了具有鲜明地理学背景的城乡规划专业人才培养模式。在改革实践过程中，有三个方面的创新与特色：①坚持理工融合的课程体系建构理念。按照"宽口径、厚基础、重应用"的人才培养思路，在保证全国高等教育城乡规划专业指导委员会确定的核心课程教学的前提下，保持地理学和区域规划方面的教学特色，融合政治、经济、社会、文化、生态等宏观分析思想和方法，实现规划设计思想与观念根本性的转变，把物质形态规划融入经济社会发展、生态环境保护和文化传承与整合之中，开设了经济地理类、土地规划类、区域规划类、大遗址保护类、房地产开发类等一系列课程，将城乡规划学专业知识、通识基础与人格素养、跨学科复合思维能力、国际交往能力等人才培养目标细化分解，并将人才培养各环节的要求指标化，以数据和事实说话，形成了具有地理学渊源特色的城乡规划专业本科人才培养体系。②构建多维递进的实践与理论教学体系。按照适应规划发展转型和提高知识运用能力的目标导向，多维递进式的实践教学体系之间相互衔接，依次递进，形成了前后衔接、层次分明、相对独立的"基本技能实践——专业技能实验——综合性、创新性能力"培养的实践教学框架。多维递进式的理论教学体系包括开课讲座、教师讲授、热点辩论、课程设计、课程论文、科研结合、课程实践、学生讲解等八个维度的教学方法，从而突破传统理论教学课程单一的讲授模式，多角度、多方法、多系统地激励与开拓学生思维，提高了学生分析、概括、判断问题的综合能力。

Innovative Practice of Talents Training Model for Urban and Rural Planning under Geographical Background

Li Jianwei   Shen Lina   Liu Kewei

Abstract: Under the background of social and economic transformation and the reform of spatial planning system，It is of great significance to explore how to give full play to the disciplinary advantages of urban and rural planning under the background of geography and to innovate the training mode of talents. Based on the incompatibility between talent training and social needs，and according to the reform ideas of "promoting the integration of disciplines，docking the development needs of planning"，"adhering to the advantages of disciplines，cultivating comprehensive research ability" and "strengthening the practice links and grasping the planning practice ability"，this paper puts forward "following up the preface of disciplines，revising the teaching plan"，"reforming the form of examinations，and strengthening the engineering practice"."Optimizing teaching links and exploring innovative methods" of talent training strategy. Thus，a talent training mode of "integration of science and technology，multi-dimensional progressive" for urban and rural planning under the background of geography has been formed.

Keywords: Talent Training Mode，Urban and Rural Planning，Geography

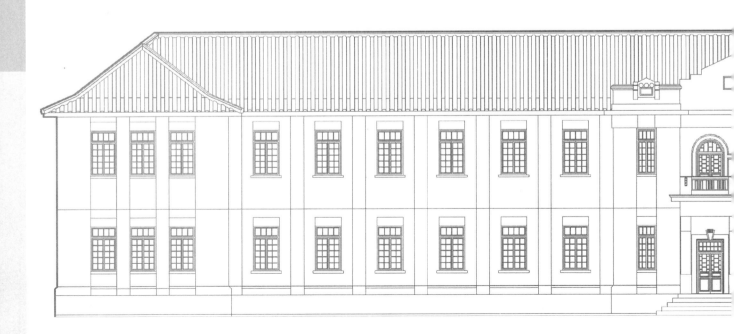

2019 中国高等学校城乡规划教育年会
Annual Conference on Education of Urban and Rural Planning in China

协同规划·创新教育　　理论教学

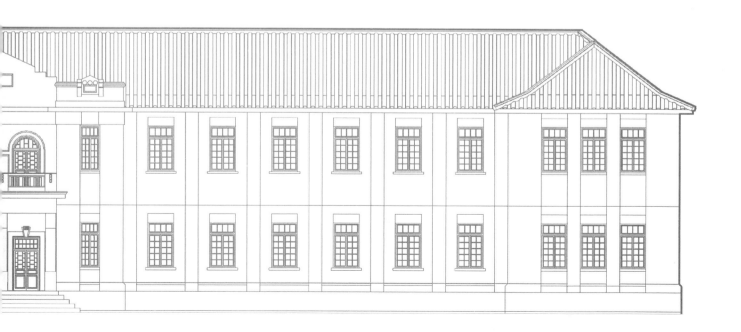

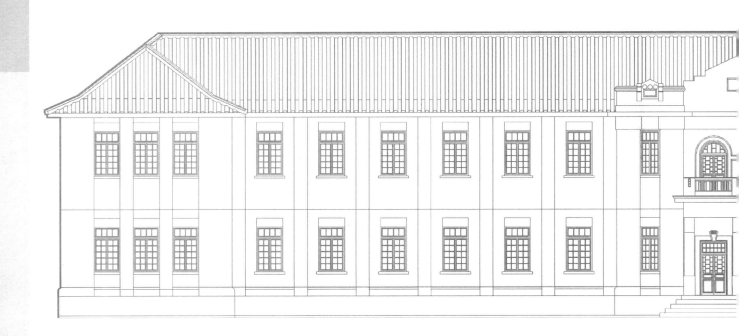

基于 MOOC 的《大数据与城市规划》混合式教学实践

龙　瀛　张书杰

摘　要：在全球化、信息化的"大数据"时代，在线教育与在线学习逐渐成为新型学习方式，为广大学子提供了高校精品课程学习的机会与平台。清华大学发起的"学堂在线"学习平台汇聚了全球优质的教育资源，成为中国课程数量和累计用户数第一的第三方在线教育机构。清华大学建筑学院开设的"大数据与城市规划"课程在连续开设两年后，受到学堂在线支持录制了在线 MOOC 课。本文主要对 MOOC 课的准备情况，以及 2018 年秋如何进行线上线下结合（线上学习 MOOC 理论方法，线下学习操作和课程研讨）的混合式教学过程进行介绍。

关键词：大数据，城市规划，学堂在线，MOOC，教学实践

1　大数据与城市规划及课程简介

1.1　课程规划背景

随着大数据在城乡规划中的广泛应用，英美部分知名高校（如麻省理工学院、伦敦大学学院和纽约大学等）纷纷开设了"城市模型"、"大数据与城市规划"以及"智慧城市"等相关课程，我国高等学校城乡规划学科专业指导委员会亦提出了相关专业增设定量城市研究内容的要求，包括纳入数据统计分析、城市发展模型、地理信息系统等诸多知识点。

虽然大数据及相关概念在我国城乡规划定量研究及应用中引起了较大的反响，但国内相关的学习课程几乎没有。如 IBM 提出的 5 "V" 特征，即 Volume（大量）、Velocity（高速）、Variety（多样）、Value（低价值密度）、Veracity（真实性）。龙瀛提出了"大数据与定量城市研究"及"大模型"研究范式，开始了多项中国城市的精细化研究（龙瀛，2014）。

课程学习方面，龙瀛在北京城市实验室（Beijing City Lab）发布了《城市模型及其规划设计响应》网络课程（中英文）[1]，涵盖大量将大数据用于城市规划领域的内容，在线课件得到了数千人的下载和阅读。在此背景下，经过调研统计，发现我校多个专业的学生都反映了对大数据与城市规划课程的广泛期待（如清华大学大数据与城市研究兴趣小组）。

1.2　课程简介

城市大数据（及开放数据）对城市物质和社会空间进行了深入的刻画，为客观认识城市系统并总结其发展规律提供了重要机遇，也是城市规划和研究的重要支撑。

本课程旨在顺应我国城乡规划的特点和国内对城乡规划教育变革的需求，集成授课教师的学术研究、工程实践以及海内外学术交流经历，开设面向相关领域的"大数据与城市规划"课程，内容涵盖线下讲课、线上交流、系列沙龙、小组实践等，结合中国城市（规划）以及技术发展特点进行讲授，秉承技术方法与规划设计并重的原则，既侧重大数据技术方法的讲解（如数据获取、处理、分析、统计与可视化），又重视城市量化研究和规划设计领域的应用（如城市系统分析，各个规划类型的应用，以及最新前沿介绍等）。紧密联系现实城市问题，实现开放性、融入性教学体验，是国内城乡规划专业首次相对完整的大数据与城市规划课程。

---

[1]　资料来源：https://www.beijingcitylab.com/courses/applied-urban-modeling/

龙　瀛：清华大学建筑学院研究员
张书杰：清华大学建筑学院博士研究生

1.3　教学成果

2016 年，龙瀛在清华大学针对研究生开设了"大数据与城市规划"课程，且多篇学生的课程论文发表于《时代建筑》《建筑学报》《CCPR》上，以及多篇论文会议宣读（如中国城市规划年会、AESOP 会议）。

2017 年秋季课程中的 11 篇课程论文，全数发表于《北京规划建设》这一建筑学院认可的建筑学一级学科重要期刊目录中的学术期刊（2018 年第 3 期）上。

2016、2017 两年度分别各有 5 篇学生论文被澎湃新闻市政厅频道选中，进行报道，通过线上媒体的方式让更多人认识大数据于城市规划设计的相关应用与实践。

2018 年秋季课程则结合 MOOC 学堂在线平台，分别从概论、技术工具、数据类型、应用案例以及未来展望五大部分，共 15 章节 58 讲的线上课程开展教学内容，并由龙瀛、毛其智编著的《城市规划大数据理论与方法》辅助教学。

课程大纲

概述篇	一、课程概论（熟悉） 二、变化中的中国城市与未来城市（了解） 三、城市大数据类型与典型数据介绍（熟悉）	数据篇	九、基于图片大数据的城市空间研究（掌握） 十、基于手机数据的城市空间研究（熟悉） 十一、基于公交卡数据的城市空间研究（熟悉）
技术篇	四、城市大数据的获取与清洗（掌握） 五、城市大数据的统计与分析（掌握） 六、城市大数据的可视化（掌握） 七、城市大数据挖掘：空间句法（熟悉） 八、城市大数据挖掘：城市网络分析（熟悉）	应用篇	十二、数据增强设计（掌握） 十三、总体规划中的大数据应用（熟悉） 十四、城市设计中的大数据应用（熟悉）
展望篇	十五、大模型：跨越城市内与城市间尺度的大数据应用（了解）		

图 1　《大数据与城市规划》2018 年秋季学期 课程大纲

2　MOOC 课程

2.1　前期准备

（1）视频录制

MOOC 课程最重要的是视频的安排与录制，需要有非常详细的计划，包括视频录制脚本、录制地点、主讲人、视频 PPT 以及视频校对等。

前期的视频录制主要包括宣传视频与课程视频两部分（图 2）。宣传视频主要介绍了大数据类型及大数据应用于城市规划等相关内容。课程视频则分为 15 章共 58 讲视频，并邀请了 5 位校外专家与其他高校教师共同录制课程视频，详细视频内容如图 3 所示。

1-1　课件视频与讲义

图 2　《大数据与城市规划》MOOC 课程宣传视频（左）与课程视频（右）

（2）数据支持

为学习课程的同学提供了一套完整的北京旧城城市空间新数据，以供同学在学习课程的同时能够同步进行练习，以增强学习效果。数据集包含 35 个共享数据（shapefile 及 gdb 两种数据形式）、常用工具箱（toolbox）、坐标系统（coordinate system）以及相关参考文献。

（3）习题设置

为帮助同学及时巩固学习内容，每章节课程之后配套设置了 5 道练习题，最终期末考试也设置了 50 道题来检测学生的学习成果。

（4）课外材料

除课程视频之外，各章节也提供了该章节的学习讲义，以及与该章主题内容相关的课外学习材料，为学生的自我复习和拓展阅读提供了基础。

（5）课程互动

MOOC 课程的学员来自五湖四海，平台也为学员提供了互动交流的平台，使距离遥远的学员之间能够交流学习。另一方面，老师及助教也会及时回复学员疑问，完成答疑。

章节	知识点
概述篇：一 概论	课程整体情况
	代表性研究机构与个人
	课程共享的基础数据（以及调研建议）
二 未来城市	城市定义以及互联网背景下的城市
	当前城市发生的变化1
	当前城市发生的变化2
三 城市大数据类型	传统城市数据
	新数据环境与数据分类
	典型城市大数据
	关于城市大数据的思考
技术篇：四 城市大数据的获取与清洗	数据获取的类别和总体思路
	结构化网页数据采集
	基于API的数据采集
	抓包工具
	影像数据采集
	数据清洗
五 城市大数据统计与分析 （建议以案例引导）	基于ArcGIS的空间分析
	基于SPSS的统计分析
	基于ArcGIS的统计分析
六 城市大数据的可视化 （建议以案例引导）	数据可视化概论
	基于ArcGIS的可视化
	基于GeoHey的可视化--极海科技
	基于"地图喵"、"年鉴汇"的可视化--量城科技
七 城市大数据挖掘：空间句法	空间句法概论及其与大数据的结合
	空间句法的主要指标
	空间句法研究与设计应用
数据篇：八 城市大数据挖掘：城市网络分析	网络分析概述
	案例：城市间网络分析（规划知识）
	案例：城市内网络分析（滴滴）
九 基于图片大数据的城市空间研究	图片数据介绍
	图片数据的已有研究介绍
	案例：街道空间品质的测度及变化识别
	案例：街道建成环境中的城市非正规性
	案例：主导城市意象识别
十 基于手机数据的城市空间研究	手机数据介绍
	手机数据应用一览
	案例：成都街道活力
十一 基于公交卡数据的城市空间研究	公交卡数据介绍及已有研究概述
	案例：北京职住平衡研究
	案例：北京极端出行研究
应用篇：十二 数据增强设计	数据增强设计概论1
	数据增强设计概论2
	理解现实场地内的城市
	借鉴其他优秀的城市
	超越建成环境，拥抱技术
	从感知到驱动-城市智能化规划方法论雏形--城市象限
十三 总体规划中的大数据应用	总规内容及大数据应用机遇
	案例：支持现状评估
	案例：支持规划实施评估
十四 城市设计中的大数据应用	城市设计及大数据应用机遇
	方法论支持：TSP模型与人本尺度城市形态
	大数据在增量型城市设计中的应用
	大数据在存量城市设计中的应用
	人本观测与街道设计-熊文
展望篇：十五 大模型	提出背景与研究范式
	跨越城市内与城市间尺度的大数据应用已有研究案例一览
	中国城市系统存在的四个问题
	腾讯采访

图3 "大数据与城市规划"MOOC 课程

2.2 课程总结

2018 年秋 "大数据与城市规划"MOOC 课程全部选课学生共 9425 人（图 4），地域分布多在中东部地区，学员学习时间集中在周四下午、周一下午以及周六晚

上（图 5）。另外，根据 MOOC 平台计算的课程健康度（图 6）可以发现，本课程的各项指标都达到了较高的水平，位于同期课程前列，如活跃率超过同期 85.64% 的课程；学习者总规模（9425 人）超过了同期 93.41% 的课程；论坛发帖回复率 87.50%，超过 88.70% 同期课程；讨论区人均互动次数超过同期 75.49% 课程；讨论区参与规模超过了同期 92.60% 的课程。2019 年春的 MOOC 课程当前选课总人数为 9795 人（截至 2019 年 5 月 7 日），课程健康度同样名列前茅。两学期的课程选修总人数已达 1.9 万人，是 MOOC 平台上 "城市规划"相关课程选修人数最多的课程。

课程热度

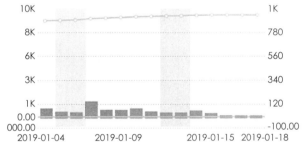

图4 2018 年秋课程热度

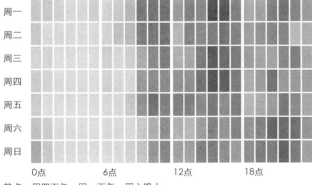

热点：周四下午 周一下午 周六晚上

图5 2018 年秋课程学员学习习惯

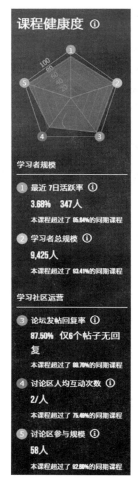

图6　2018年秋课程健康度

图7　线下课程学习课堂

以及课程汇报（分小组选题交流、终期课程作业汇报）等四部分内容。

3.2　演示手册

为了便于同学更好的掌握软件的操作方法并能够及时复习巩固，除操作课堂上由老师和助教辅助教学之外，也为同学准备了 SPSS、GIS、数据抓取、数据分析等演示手册（图8）。

3　线上线下结合的混合式课程教学

MOOC 线上视频课程注重理论知识的讲解，线下课程则注重学生实际操作技能的学习以及同学之间的讨论交流。

3.1　课程安排

2018 年秋的清华校内课程共有 31 名学生选课，约 25 名学生旁听（图7）。除每周学习 MOOC 课程理论知识之外，也在线下同步安排了理论知识讲解、软件实际操作学习课程（GIS 强化操作、数据抓取操作、统计分析操作、可视化操作）、课程讲座（案例学习、研究分享）

图8　演示手册

3.3 教学成果

课程最终成果分为 PPT 及论文两种形式。一方面学生可通过 PPT 在老师同学面前展示自己的学习研究成果，另一方面也可以提交数据研究报告。最终，约 10 篇同学的论文将在《北京规划建设》第 4 期（7 月刊）发表（图 9）。

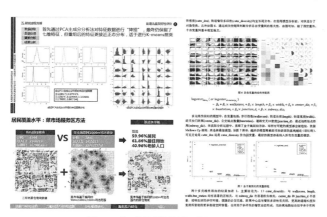

图 9　部分同学课程成果展示

4　课程反馈

为进一步提高课程，我们通过问卷收集了同学对于课程的建议及反馈。问卷包括"理论知识学习收获度"与"操作技术学习收获度"两部分内容，结果反馈如图 10 所示。

另外，同学也针对课程提出了文字性的建议，总结起来包括 9 点内容：①希望本科即能开设课程；②希望增加操作学习占比，使线下操作讲座更加系统；③希望增加其他院系同学增进交流；④希望讲授理论与实践如何结合的方式；⑤可以 2–3 个同学组成小组讨论一个方向，最终各自汇报研究成果及分析，提高同学参与度；⑥希望能够加深软件学习的教学深度；⑦希望线上线下课程能够更好的呼应；⑧希望根据课程安排课外沙龙，或者往年讲座资料的分享；⑨希望能够多次开设 MOOC 方便学习复习。

5　经验与教训

线上线下结合的教学方式有利有弊。线上课程一方面扩展了学源，使课程能够被更多的人学习，便于广泛的传播知识，但另一方面，线上课程的前期准备是漫长而复杂的过程，需要有详细的计划和充分的合作来完成。对线下课程的同学来说，则使其学习时间更为灵活，也能安排更多的实际操作课程来巩固线上的理论知识学习。

在本次教学实践中，也总结出以下几点经验和教训，以期为更多希望了解或加入 MOOC 课程的老师同学提供参考。

5.1　经验

（1）在线课程视频录制应有较强的计划性。首先应明确各章节的讲解内容，视频脚本、视频配音稿（讲解稿）以及视频 PPT（动画效果）都应有明确的章节记录。其次，视频的录制、剪辑、发布等重要时间点也应明确到月日，以防止出现平台方与录制方沟通不畅的问题。最后，应重视视频的校正工作，大至知识的正确与否，小至字幕配音，都应精益求精，以更完美的姿态面向中国的广大学子。

（2）在线课程应注重学生的互动性与问题的及时解答。平台设置的论坛版块为互动交流提供了基础，也为学生与老师之间的近距离交流提供了可能。

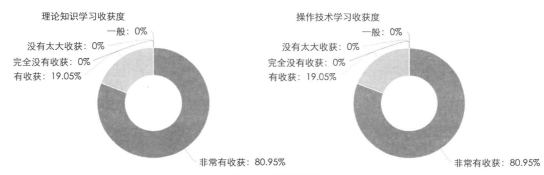

图 10　问卷反馈

（3）线上线下课程结合授课应当及时关注线下学生的在线学习情况，以便线下授课环节能够及时有效地解决同学问题。

5.2 教训

（1）对于在线课程学生来说，很难针对性的督促到个人完成在线课程学习。目前很多在线学生仅是报名了课程学习，但视频观看、习题完成、材料阅读、论坛参与甚至期末考试都存在一定的缺漏，使教学成果无法得到保障。

（2）由于 2016 年、2017 年两年课程的终期作业均为小组成果，部分小组存在分工不均的情况。今年改为个人研究之后，导致学生之间的交流与合作不足。吸取同学建议，认为可以通过小组合作讨论选题主题方向，再个人完成研究成果，最终实现合作讨论与个人研究并重。

6 总结与展望

MOOC 作为一种新型的教学方式，使远距离学生的学习成为可能，拓展了教学的地域范围。但由于 MOOC 教学属于网络式教学，即使有论坛板块以供学生与老师交流与提问，仍存在实时性与有效性不足的问题，学生的学习效果也无法保证。而传统的线下课程则将大部分时间花费在理论知识学习上，缩减了老师同学的交流时间与空间。因此，课程采用线上 MOOC 授课与线下实体授课的混合式教学，在学生条件允许的情况下，既通过 MOOC 课程充分详细的讲解理论知识，也能够通过线下课程与老师面对面交流，并通过软件实体操作学习与小组汇报讨论的方式，及时巩固 MOOC 的理论知识学习。

MOOC 使学生的学习更为灵活，也为线下老师与同学的交流与实际指导提供了更多的时间，这种线上线下的混合式教学的方式弥补了单纯的 MOOC 学习或线下学习的不足，使理论学习与实际操作、讨论交流并重，进而提高了学习效果。

在 2018 秋季学期《大数据与城市规划》课程的教学实践背景下，本文主要对线上 MOOC 课程及线上线下结合的相关实践进行了概述，总结了本次教学实践中的经验和教训，以期为日后在清华大学以及兄弟院校的相关教学工作提供参考，促进大数据与城乡规划领域教学实践的发展和深入。

主要参考文献

［1］ 龙瀛.城市大数据与定量城市研究 [J].上海城市规划，2014（05）：13-15+71.

［2］ 龙瀛，毛其智.城市规划大数据理论与方法 [M].北京：中国建筑工业出版社，2019.

Teaching Offline Course "Big Data and Urban Planning" Using MOOC

Long Ying   Zhang Shujie

Abstract: In the era of "big data", with the trend of globalization and informatization, online learning has gradually become a new way of education and provided students with opportunities and platforms for studying various quality courses in universities. The "XuetangX" learning platform initiated by Tsinghua University gathers high-quality global educational resources and becomes the third-party online education institution with the largest number of courses and accumulated users in China. After two consecutive years of the course "Big Data and Urban Planning" which was offered by the School of Architecture of Tsinghua University, the online course was recorded in the support of the "XuetangX". In the paper, we mainly introduce the preparation of MOOC courses and the teaching process of online (theories and methods learning of MOOC) and offline (discussion and operational curriculum learning) combination in 2018-Fall semester.
Keywords: Big Data, Urban Planning, XuetangX, MOOC, Teaching Practice

空间规划转型背景下全域空间管制的教学探索
—— 以上海市书院镇总体规划教学为例

耿慧志　杨旻昊　程　遥

摘　要：国家自然资源部的成立标志着统一行使国土空间用途管制的空间规划体系呼之欲出，传统城市总体规划面临全域空间规划的转型。在上海市书院镇总体规划教学中，师生共同探索如何划定城镇空间、农业空间和生态空间。本文首先指出了"三区三线"划定面临的问题和挑战，之后分析了"三区三线"划定的方法和操作方案，以及与之前总规教学的差异，最后探讨了未来教学中如何进一步改进和深化"三区三线"的划定。本科同学参与本文的写作是课堂教学的延续，有利于更深刻地理解课堂教学的知识点。

关键词：空间规划，转型，三区三线，教学，书院镇

1 空间规划转型背景下全域空间管制的要求

为统一行使所有国土空间用途管制和生态保护修复职责，着力解决自然资源所有者不到位、空间规划重叠等问题，2018年3月，国务院机构改革方案决定成立中华人民共和国自然资源部，之前归属住房和城乡建设部的城乡规划管理职责以及归属国家发展和改革委员会的组织编制主体功能区规划职责等统一划归自然资源部，统一行使国土空间用途管制的空间规划体系呼之欲出。结合2014年四部委下发的《关于开展市县"多规合一"试点工作的通知》等相关文件精神，传统城市总体规划正向全域空间规划转型。

十九大报告中指出，必须坚持节约优先、保护优先、自然恢复为主的方针，形成节约资源和保护环境的空间格局、产业结构、生产方式、生活方式，还自然以宁静、和谐、美丽。实施重要生态系统保护和修复重大工程，优化生态安全屏障体系，构建生态廊道和生物多样性保护网络，提升生态系统质量和稳定性。完成生态保护红线、永久基本农田、城镇开发边界三条控制线划定工作。

国务院印发的《全国国土规划纲要（2016–2030年）》在基本原则一节中提出，必须科学确定国土开发利用的规模、结构、布局和时序，划定城镇、农业、生态空间开发管制界限，引导人口和产业向资源环境承载能力较

强的区域集聚。

两份文件均提到了城镇空间（城镇开发边界），农业空间（永久基本农田），生态空间（生态保护红线），因此，对三大空间的划定和规划是空间规划转型背景下全域空间管制的重要内容之一。

需要指出的是，与之类似的还有一些政策文件中提出的生产空间、生活空间、生态空间的"三生空间"划定，但实践落实较为困难，尤其在倡导产城融合、城市功能适当混合的要求下，城市中的生产空间和生态空间难以划分边界，从农村来看，又面临着生态空间和生产空间混合的情况。因此，城镇空间、农业空间和生态空间的提法可以视作是"三生空间"的一种细化和提升。

2 书院镇全域空间规划管制面临的问题和挑战

此前，书院镇镇域尚未进行过总体规划编制，但在2010年编制过土地利用规划，如今已临近规划期末，可以看出，在全镇范围内，建设用地与非建设用地的实际分布情况与土地利用规划有很大差异，尤其在北部的书院社区，城镇建设用地及产业用地不足。这样的建设情

耿慧志：同济大学建筑与城市规划学院城市规划系教授
杨旻昊：同济大学建筑与城市规划学院城市规划系本科生
程　遥：同济大学建筑与城市规划学院城市规划系助教

图1 书院镇土地利用总体规划（2010—2020年）

况也导致了镇内用地零碎且混乱，非建设用地中夹杂大量碎片化的建设用地，而本应集中建设的镇区未达到规划的建设目标，不利于集约化发展。

因此，对于城镇、农业、生态三大空间的重新审视和划定是书院镇全域空间管制所面临的重要问题。（城镇空间：包括工业发展空间、服务业集聚空间和城镇居住空间。农业空间：以田园风光为主，科学分布一定数量的集镇和村庄。生态空间：主要包括各类自然保护区、水源保护区和林地。）

首先，对于城镇空间，可以看出位于书院镇中部的地铁站是影响集建区边界的重要因素，这在2010年制定的土地利用总体规划中已经有所体现，其将产业用地延伸至地铁站北侧，但并未实现。因此，在新的总规编制中，我们需要依据地铁站的辐射效应重新划定城镇空间的边界，明确并完善其周边的定位与功能。

其次，对于农业空间，我们在实地考察中调研了镇内不同作物种植的具体位置，可以看出，分布比较混乱，以水稻种植为主，导致镇内农业特色并不清晰，那么在新的总规中，我们需要考虑是否要将农业空间规划细化

图2 书院镇用地现状图（2018年）

图3 书院镇第一产业分布现状图（2018年）

到具体种植的作物，以及如何提高生产效率，提升农业空间的品质。此外，地铁站周边城镇空间新的开发建设势必伴随着农村用地的减量化，规划中也需要考虑是否需要对工业用地进行减量，来补充农业用地。

最后，在生态空间方面，虽然在浦东新区总体规划中，规划了多条高等级的生态廊道，但并未落实到镇层面。从书院镇的情况来看，无论是区级还是镇级生态走廊，在实际建设中都依然以农用地为主。可以看出生态空间的落实有一定困难。那么新一轮的规划应该如何落实生态空间的划定，是否要将其结合交通以及居民游憩等功能。

3 书院镇全域空间规划管控策略和三区划定

根据三大空间的分类方式，我们制定了对其不同的规划管控策略：

城镇空间布局结构主要为"一镇区两组团"结构：

"一镇区"是依托16号线书院站与原有镇区打造的书院镇新的发展核心，未来通过用地空间的扩展，吸纳部分南汇新城通勤居住人口及农村拆迁人口。

"两组团"是东海农场组团及老书院组团，将缩减

规模，明确组团职能，并补充镇区的公共服务。

城镇空间规划中主要依据三大目标：

凸显区域地位。即依托地铁站的交通区位优势，调整集建区范围，这对书院镇未来的发展起了决定的作用。

强化镇区辐射。即推动集约化发展，做大做强镇区，两组团整合适度发展。在近期集中建设地铁站周边，中远期将地铁站组团与原镇区连接，并将东海农场和老书院组团规模进行缩减。

推动产业升级。即持续推进减量化，促进产业集聚，扩大现有园区规模，推动产业转型升级。

生态空间的布局结构为"三廊"，即大治河市级生态走廊，及白龙港，随塘河区级生态走廊，分别设置生态林地带。

此外，镇区内的大型生态公园，是城镇空间的同时，兼具生态空间的功能。另有临港大道，两港大道两侧的，依托高等级公路建设的生态隔离绿带，这些空间不属于生态空间，但也具有生态空间的功能。

生态空间的规划主要遵循两大原则，首先，根据上海2035年与浦东2035年对生态空间的规划，有多条高

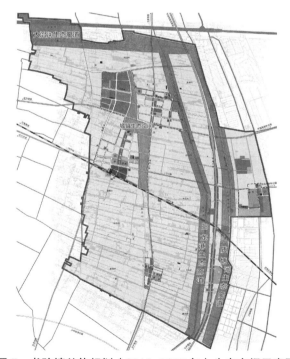

图4 书院镇总体规划（2018-2035年）城镇空间示意图   图5 书院镇总体规划（2018-2035年）生态空间示意图

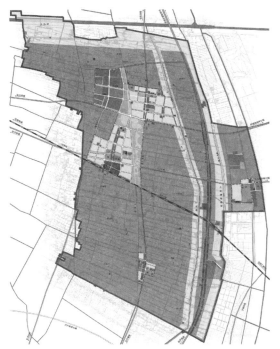

图 6　书院镇总体规划（2018-2035 年）农业空间示意图

等级生态走廊经过书院镇内，规划通过打造生态走廊，在应区域要求的同时，完善镇内生态空间结构。其次，书院镇内河道密集，但现状滨水空间与居民生活关联较弱，规划通过大型生态公园的建设，以点带面，提升全镇滨水空间环境质量，并且连接，疏通村庄河道。

书院镇农业空间集中在城镇空间和生态空间之外的12 个行政村之中。

在农村建设用地方面，由于书院镇农村"一河一田一路一宅"的带状肌理不利于集中建设农村居民点，因此以延续现有布局为主，并完善配套公共服务。

在农用地方面，规划将减量化的工业用地转化为耕地，增加耕地面积，并规划一批机耕路及村庄联系道路作为等级较高的村道，进行集中成片大田的大田流转，提高农田灌溉效率及农用地产出。另外，现状农用地以耕地为主，作物多为水稻，可在南部结合老书院组团鼓励园地种植，种植特色果蔬，充分发挥农业特色。

4　从镇域镇村体系到镇域全域管控的思考

与 2014 年嘉定区外冈镇总体规划教学相比，书院镇在规划结构、空间管制的教学内容上均有所改变。

外冈镇总体规划在规划结构中将全域空间分为集中建设区及农田生态区两大类，对集中建设区有生活片区工业片区的细分，但对农业生态区的空间结构，具体功能划分较为粗糙。而在书院镇总体规划中，首先对农业和生态空间进行了进一步细分，如将生态廊道的预留用地单独划定，进一步确定农业空间及生态空间的结构关系，并在城镇空间增加组团一级，更清晰的阐述了三大空间的关系。

空间管制方面，将四线的划定转变为三区三线，即在黄蓝绿紫线的基础上，新增了城镇生活区，农业生产区，生态保育区的概念，将空间功能的划分具体落实到了空间分布当中。

在总规教学内容基本完成之后，我们通过阅读相关案例文献，对三区三线的划定方式如何改进进行了进一步的思考。

案例一。在上海新一轮总体规划的空间管制中，三类空间划分并不是简单地"1+1+1=3"，而是互相有交叉和融合，如生态空间划分为四类进行差异化管控，其中第三类生态空间包括永久基本农田，与农业空间有交叉，第四类生态空间包括城市开发边界内的结构性生态空间，与城镇空间也有交叉。

案例二。在哈密市伊州区多规合一的实践探索中，以资源环境承载力为基础，采用自下而上和自上而下相结合的方式，首先划定生态保护红线，坚持生态优先，扩大生态保护范围，其次划定永久基本农田，考虑农业生产空间和农村生活空间相结合，最后按照开发强度控制要求，从严划定城镇开发边界，有效管控城镇空间。并且对生态保护空间功能区有更细致的划分，如禁止开发区、重点生态功能区、生态脆弱区、生态保护区等。

可以看出，三区的划分并不是完全割裂的，可进一步结合三大空间次一级的分类，引导部分融合，进一步优化空间管制。此外，三区三线的划定也非常强调环境承载能力和国土空间开发的适宜性，由此针对自然地理条件、生态敏感度、环境纳污能力、水资源开发利用潜力等需要进行更细致的研究。

因此，在未来的教学中，在实地调研及基础资料汇编阶段，可以更加注重对土地利用方面的考察与资料收集，进行资源环境承载能力评价以及国土空间开发适宜性评价，为总规编制中的三区三线划定打下更好的基础。

图 7　外冈镇总体规划（2014-2040 年）规划结构图

图 9　外冈镇总体规划（2014-2040 年）四线控制图

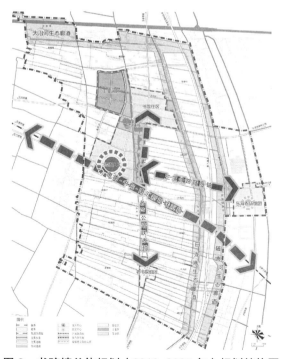

图 8　书院镇总体规划（2018-2035 年）规划结构图

图 10　书院镇总体规划（2018-2035 年）三区三线控制图

同时，本次教学的现状用地调查更侧重于对用地现状图的绘制，而与土地利用规划之间的图斑差异对比有所忽视，这也可在今后的教学中进一步完善。

主要参考文献

［1］ 习近平，中国共产党第十九次全国代表大会文件汇编 [G]，北京：人民出版社，2016.

［2］ 中华人民共和国国务院 . 全国国土规划纲要（2016-2030年）[Z]，2016.

［3］ 王颖，刘学良，魏旭红，郁海文 . 区域空间规划的方法和实践初探——从"三生空间"到"三区三线" [J]. 城市规划学刊，2018（04）：65-74.

［4］ 王晶，李阿娟，胡建飞 . 哈密市伊州区"多规合一"实践探索——"三区三线"的划定 [J]. 科技经济导刊，2017（19）：143-144.

Teaching Exploration of Space Control of the Whole Administrative Region under the Background of National Land Space Planning System Transformation
——Taking the Master Planning Teaching of Shanghai Shuyuan Town as an Example

Geng Huizhi   Yang Wenhao   Cheng Yao

Abstract: The establishment of the Ministry of National Natural Resources marks the emergence of a spatial planning system for the unified governance of land use. The traditional urban master plan faces the transformation of the spatial plan of whole territory. In the master plan teaching process of Shanghai Shuyuan Town, we explore how to divide the whole territory into urban space, agricultural space and ecological space. First, it points out the problems and challenges faced by the division, and then analyzes delineation methods of the "three districts and three lines" as well as the differences from the previous master plan teaching. Finally, it explores how to improve and deepen the delineation of the "three districts and three lines" in the future teaching. Undergraduate student's involving in the writing of this paper can be regarded as a continuation of classroom teaching, which is conducive to better grasping of the knowledge points.

Keywords: Spatial Planning, Transformation, Three Districts and Three Lines, Teaching, Shuyuan Town

TOD 开发导向下的空间与土地利用协同规划评价
—— 以浦东书院镇总体规划教学为例

沈　尧　程　遥　耿慧志

摘　要： 随着当前数据环境以及空间分析手段的不断涌现和更迭，城市各级空间规划的科学性得以不断地提高，城市未来发展中的不确定性得以降低、规划关于的精准性得以保证。在传统总体规划教学体系之上，如何妥善地使用合适的空间分析手段进行规划方案评价与优化成为本次教学研究的重点。本论文以上海市浦东新区书院镇总体规划教学为例，基于空间网络分析技术，探讨了针对 TOD 开发导向下的空间与度地利用协同规划评价的方法，包括问题诊断、方案评价、干预优化等核心步骤，展现了"人机"合作的创新规划设计模式，提供了基于空间网络分析模型的、面向未来的空间规划设计的具体路径以及相关教学的创新可能。

关键词： TOD 开发，空间网络分析，空间与土地利用协同规划，方案评价，方案优化，书院镇

1　TOD 开发导向下的空间、交通与土地利用的"精准"协同

　　随着我国快速城市化的进程的持续推进，土地资源的优化配置和集约使用成为一种可持续发展的基本策略。在新城市主义的背景下，TOD（Transit–Oriented Development，以公共交通为导向的城市开发）被提出，它提倡以公共交通为依托，发展更为紧凑、高效、人性化的城市形态来应对无序的城市蔓延[1]。虽然学术界对于 TOD 的具体内涵仍存在某些争议，但其应具有的基本内核已有共识，即开发强度应与交通服务供给能力相匹配；开发区域应紧凑、功能混合并适宜步行，以充分降低对汽车的依赖[2]。然而，对于 TOD 的核心内涵的广泛认同却并不意味着有一种规定的方式可以促成其落实。如何通过规划设计将公共交通与开发本身联系起来仍旧是模糊的[3]。

　　事实上，TOD 开发并不是人们本身的规划发明，而是来自于对于现状的"考古"。在城市发展的历程中，交通系统是人们生活的锚点，它为土地利用的聚集和再布局创造了基本的"底色"，也构建了交通与开发之间联系的媒介[4]。因此，一些学者总结了 TOD 开发的重要原则，如 3D 模式，即密度（Density）、混合度（Diversity）、以

及设计（Design），阐明了城市用地布局规划与空间设计、与交通系统三者之间的协同关系对于保证 TOD 开发的可持续性的重要作用。然而，在现实的规划场景中，不同城市的各种条件相较之而言仍有明显的特殊性，空间设计如何与交通系统规划与用地布局规划的协调模式很难精准确定，未来发展的不确定性很难被准确预估等问题都导致 TOD 开发模式的相关原则很难精准"落地"。

　　本文试图回应这一议题，探讨如何基于空间定量分析技术，构建一种耦合交通系统、空间设计与用地布局三者关系的空间规划，并对这个规划进行问题诊断、方案优化、干预评价的周期性评价以保证这三要素相互协同，降低 TOD 开发中的不确定性，保证 TOD 开发效果的落实。

2　研究框架、方法与对象

2.1　研究缘起：理论假设与问题

　　本研究基于一个基本理论假设，即 TOD 开发需要城市公共空间网络、土地利用布局网络与城市交通网络三个网络的协同作用。按照 TOD 开发的核心内涵，本

沈　尧：同济大学建筑与城市规划学院城市规划系助理教授
程　遥：同济大学建筑与城市规划学院城市规划系助理教授
耿慧志：同济大学建筑与城市规划学院城市规划系教授

研究确定了三个在空间规划评价中需要回应的对应问题：交通供给确定；空间结构支撑；以及土地利用布局协调。具体而言，这三点应包括：

①为什么研究关注的轨道交通站点周边地区具有开发的交通先决条件？

②在现状空间机构的基础上，什么样的空间结构可以支持 TOD 开发？

③什么样的土地利用布局可以与空间结构与交通站点相协调？

2.2　研究框架：诊断、评价与优化

借助于空间网络分析手段，本次总体规划课程在传统总体规划教学的基础上，提出对于课程设计进行全周期的评价，即从问题诊断、方案评价、干预优化三个步骤来进行。具体步骤如图1所示。其中，在问题诊断环节，将根据规划区域内以及周围的空间、社会经济条件以确定合理的规划目标，并明确特定规划目标所需要的边界条件；在方案评价环节，一方面将按照规划目标制定规划方案，另一方面根据问题诊断的逻辑在更广泛的城市区域中寻找具有参考价值的实证案例，并同时对设计方案与实证案例进行空间分析，对比，进而进行规划方案评价；在干预优化环节，在方案评价的基础上，根据对于参考案例的分析，确定现实中行之有效的空间干预逻辑，进而进行方案调整和优化。需要指出的是，在本次教学中我们提倡意识到诊断、评价与优化并不是一个工作流程，而是一种思维方式，它对应着科学研究中从实验设计、参数校核到结果验证的基本范式。

2.3　研究方法：多层空间网络分析

本次课程中将主要涉及三种城市要素，即城市快速轨道交通网络、城市公共空间网络、城市土地利用网络，并将其布局网络化，进行网络分析、而后叠加分析判定关联耦合关系。网络分析将主要基于空间句法理论与方法。通过将不同城市空间系统转换为对偶图示，空间句法模型成功地将平面设计的绩效评估与其对应的网络结构的拓扑属性相关联，并通过大量实证表明了这种中心性与各项社会经济表现的相互关系[5]。在本课程中传统的空间句法模型被适度改良使得其可以被应用于不同空间系统的分析，并将分析结果在空间中叠合以展现

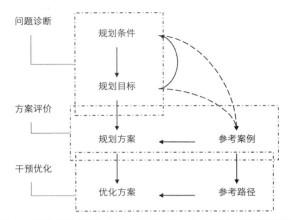

图1　总体规划教学中的问题诊断、方案评价与干预优化步骤示意

出不同空间网络在不同地点的协同作用的强弱变化，为 TOD 开发导向下的空间 – 交通 – 土地利用协同规划提供依据。

（1）地铁网络的空间句法分析

地铁网络的拓扑结构优势度通常对应着其交通承载力，因此，本研究将地铁网络拓扑结构作为研究对象，将经过研究区域的站点较之其他站点的网络优势度来确定潜在的交通区位优势的布局。通过空间句法软件 Depthmap 对于现状地铁网络进行拓扑分析，得到连接度（Connectivity）、中心度（Integration）、中介度（Choice）等图层与相关参数属性表。这三个指标在这里被赋予了不同的内涵，连接度表明站点与其邻近站点联系的强度；中心度与中介度则分别表示站点去往其他站点的难易程度以及该站点在人们出行选择换乘的可能性。

（2）街道网络的空间句法分析

对于方案研究地区，本文选取整个研究地区以及其所嵌入的区域为建模区域。对于选择的参考案例区，则以地铁站点为中心，以 2500m 为半径（1500m 为初始半径，同时为了解决分析中的边界效应问题，向外扩 1000m 作为缓冲区），画出该范围内的街道网络以及用地现状，进行空间网络分析。在分析中选择中心度、中介度两个指标作为评价指标。本文选取三种尺度进行分析，即组团（R=1000m）、镇区（R=2500m）、镇域（R=5000m），基本各自对应不同的出行方式：步行、非机动交通、机动交通。为了保证研究交叉验证一致性，

将这个尺度定义套用于其他城市区域。

（3）土地利用网络分析

城市的土地利用布局在不同尺度上可能呈现出不同的形态属性。本研究中的土地利用布局以调研的地块主导功能为主，以地块（block）或街区为基本空间统计单元，以避免可变分析单元问题使得不同分析结果可以获得对比、参照意义。与此同时，土地利用的地块表达

2.4 研究对象：书院镇

书院镇隶属于上海市浦东新区，位于临港地区东部，南临杭州湾，西隔黄浦江与宝山、杨浦、虹口、黄浦、徐汇五区相邻，并与闵行、奉贤二区接壤。书院镇镇域范围现总用地面积为54.12平方公里，其中现状建设用地合计16.17平方公里，主要分布在书院社区、老书院社区以及东海农场社区所在的集建区内；农用地合计31.71平方公里，以耕地为主，部分交错分布在集建区内；未利用地合计6.11平方公里。区别于邻近城镇（泥城、万祥），书院镇镇域内有轨道交通16号线穿过。轨道交通16号线作为一条连接临港地区的郊远线路，起始站龙阳路，终点站滴水湖，途径13站，全长58.96公里。

2.5 原始方案

在现状的充分调研基础上，书院镇的规划空间布局结构主要为"一镇区两组团"结构（图3）："一镇区"是依托16号线书院站与原有镇区打造的书院镇新的发展核心，未来通过用地空间的扩展，吸纳部分南汇新城通勤居住人口及农村拆迁人口；"两组团"是东海农场组团及老书院组团，将缩减规模，明确组团职能，并补充镇区的公共服务。城镇空间规划中主要依据两大目标：① 凸显区域地位。即依托地铁站的交通区位优势，调整集建区范围，这对书院镇未来的发展起了决定的作用。② 强化镇区辐射。即推动集约化发展，做大做强镇区，两组团整合适度发展。在近期集中建设地铁站周边，中远期将地铁站组团与原镇区连接，并将东海农场和老书院组团规模进行缩减。

3 教学研究成果

3.1 上海市地铁网络分析

在上海地铁网络共计328个站点中，世纪大道换乘度最高，为8（即该站点有4条线路经过，共8个方向）；人民广场、南京西路、徐家汇、陕西南路、上海火车站、汉中路等14个站点换乘度为6；书院站等253个（约

图2 书院镇区位、用地现状以及规划

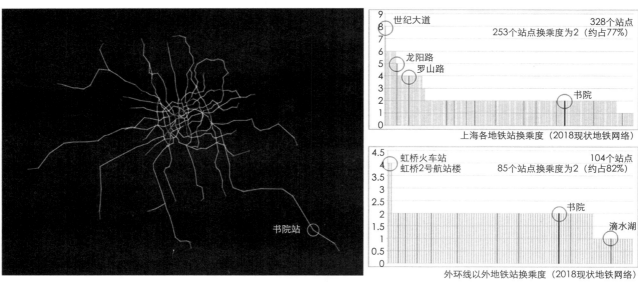

图3 上海市地铁网络的拓扑连接度分析

占77%）站点只有1条线路经过，换乘度为2。地铁16号线各站中，换乘度较高的是龙阳路站和罗山路站，换乘度分别为5和4。

从图4中可以看出，在全市地铁站中，书院站处于城市地铁网络末梢，站点中心度较低。在外环线以外地铁站中，书院站大约处于78%水平。至2020年，地铁线路的增加使上海市中心城区站点的中心度有显著提升，外环线外站点的中心度亦有一定提高。然而，书院站的中心度在数值上有所提高，但其在外环以外站点中的排位未出现预期中的明显改善。

从图5中可以看出，地铁16号线各段中介度自龙阳路站至滴水湖站依次降低。在全市地铁站中，经书院站的两段线路中介度处于较低水平。在外环线以外地铁站中，惠南东－书院与书院－临港大道两段线路分别处于57%与70%水平。至2020年，由于外环线以外站点数量增加，两段线路的排位分别提升至47与62%，相比其他外环线以外地铁站，处于中等水平。

从以上分析中可以得出，仅从地铁网络的换乘度、中心度与中介度的角度来看，书院站无论在上海全市地铁站点还是在外环线以外地铁站点中都无显著优势，至2020年，其提升情况亦不甚明显。但至2020年，16号线整体网络区位有一定改观，将来与城市的联系会有

所提升。届时，书院站作为临近站点，以及与2号线浦东国际机场、川沙等重要站点的中间站，考虑书院镇地价、房价与通勤时间优势，站点周边片区具备适量开发形成卫星镇的潜力。

3.2 上海市远郊地铁站及其周边地区空间与用地网络分析

本次研究选取了位于上海远郊的两个地铁站：白银路地铁站与安亭地铁站，欲通过对其周边街道网络与用地性质的综合分析，探究两者的内在联系，为后续书院站TOD导向开发提供一定的实证支持。

（1）白银路地铁站

对白银路地铁站周边街道网络进行空间网络分析（图6），结果表明：①地铁站在较大尺度上是区域的中心，路网对其有较好的支持，和主要交通干道相吻合。②地铁站在较小尺度上与中心度吻合程度较高，但与中介度有所偏离，后者更偏向于居住组团周边道路。这说明地铁站的区位保证了到达交通的便利，同时也保证了隐私性。

对白银路地铁站周边街道网格和各项用地进行叠合分析（图7），结果表明：①商业服务业及商务办公设施用地邻近街道中心性普遍高于其他地区，当R=1000m

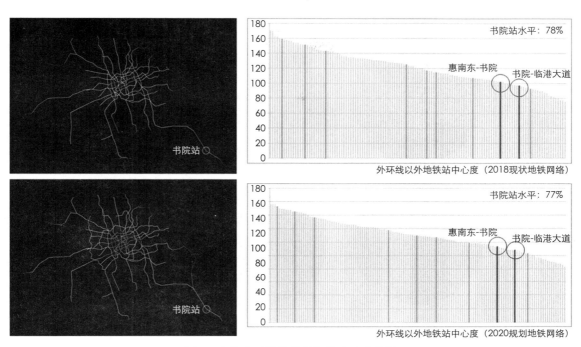

图4 上海市地铁网络的拓扑中心度分析

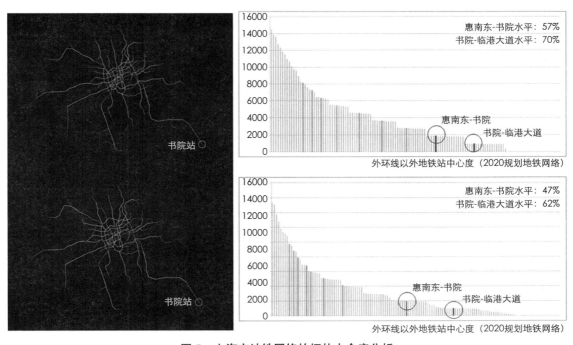

图5 上海市地铁网络的拓扑中介度分析

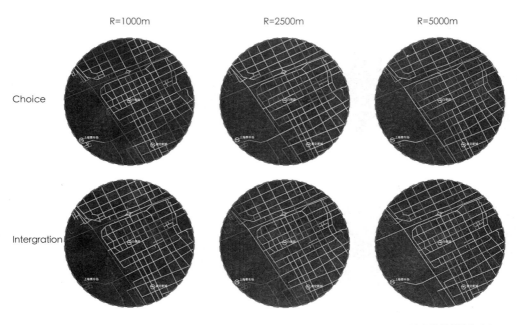

图6 白银路地铁站周边区域街道网络中心性布局

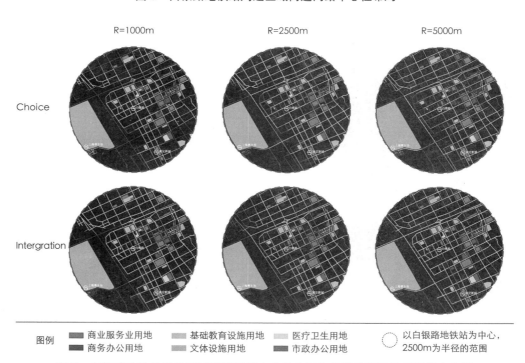

图例　■ 商业服务业用地　■ 基础教育设施用地　■ 医疗卫生用地　　　　以白银路地铁站为中心，
　　　■ 商务办公用地　■ 文体设施用地　　■ 市政办公用地　　　　2500m为半径的范围

图7 白银路地铁站周边区域街道网络中心性布局与各类公服设施用地叠合分析

时，红色部分集聚，地铁站东北方向的块状商业占主体；当 R 增长到 2500m 乃至 5000m 时，红色部分逐渐扩展开来，沿街商业的地位逐渐凸显。②除商业外的其他公共服务设施用地，邻近街道均无明显红色出现，可见这些设施对道路的中心度和中介度并无过高要求。甚至有些设施布点会刻意避开活力最强的道路，如东南方向的医疗设施用地，以保证救护车辆往来顺畅。

（2）安亭地铁站

对安亭地铁站周边街道网络进行空间网络分析（图8），结果表明：①地铁站在各个尺度都具有街道网络中心性的绝对区位优势。在较小尺度下，中心度和中介度较高的道路聚集在地铁站周边小范围内，在较大尺度下，城市干道表现出较高的中心度和中介度，且对地铁站有较好的支持。②随着分析尺度变大，中介度最高的道路（红色）出现的范围从地铁站周边向外围扩大，并且红色部分逐渐汇聚到特定几条道路上，这些道路往往是城市干道。地铁站周边城市次级道路的中介性则逐渐减弱，区域结构愈加凸显。③随着分析尺度变大，道路的中心

度可以看出明显的中心向外延展的趋势，且地铁站周边城市刺激道路的中心度并不会减弱。

对安亭地铁站周边道路网和公共服务设施用地与绿地进行叠合分析（图9），结果表明：①商业服务业及商务办公设施用地邻近街道中心度普遍高于其他地区，具体来讲，在 R=1000m 的情况下，红色道路多集中在地铁站周边较小范围内，形成红色集中区，形成地铁站周围块状商业，随着分析半径的逐渐增大，红色开始向特定道路集中，这些道路周边则多出现沿街商业。②除商业外的其他公服对道路中心度和中介度的要求不如商业高，但也有一定要求，从图上可以看出，它们出现在红色及中间颜色的道路周边的概率稍大点。

通过白银路站、安亭站进行对比分析，可以对书院镇书院站开发提出指导意见：①路网特点：白银路（较方格网，正交），安亭站（deformed 方格网，等级明确）；②中心性：地铁站皆为各个尺度上网络中心；③与商业用地关系：与商业用地关系密切、明确，地铁站获得周边路网较好支持；④与其他用地：设计理念不同，绿地

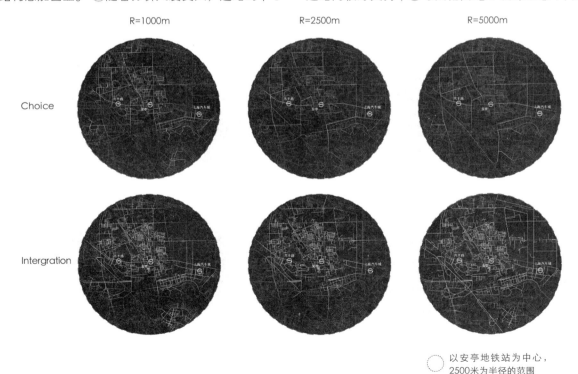

以安亭地铁站为中心，2500米为半径的范围

图 8　安亭地铁站周边区域街道网络中心性布局

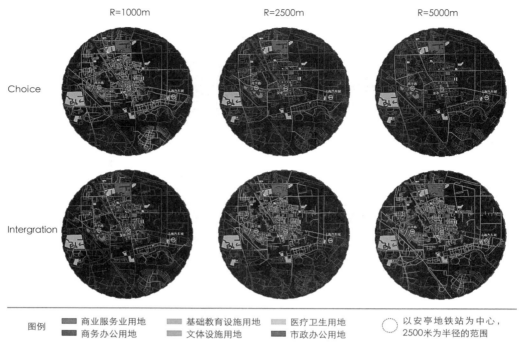

图例　█ 商业服务业用地　　█ 基础教育设施用地　　█ 医疗卫生用地　　⌒ 以安亭地铁站为中心，
　　　　█ 商务办公用地　　　█ 文体设施用地　　　　█ 市政办公用地　　　 2500米为半径的范围

图9　安亭地铁站周边区域街道网络中心性布局与各类公服设施用地叠合分析

对街道网络中心性的要求会不同。

3.3　规划方案评价及优化

本次总规方案对书院地铁站周边开发以及既有书院社区的发展均起到积极引导作用，但街道网络空间与土地利用之间的关系存在进一步优化调整的可能性。在保证各项用地指标不变的前提下，对规划方案的用地进行调整，力求通过最小变动，实现精准干预。总共列出三种方案，分别为仅调整用地，仅调整路网，同时调整用地和路网。

在场景一中（图10），新镇社区用地与街道中心性最大的矛盾在于商业街（规划道路7）的中心度和中介度都不高。通过街道空间网络分析，得出中心性最好的为规划道路以其作为主要商业轴线。同时调整临近街道周围的其他用地布局，增加用地混合度，以增强街道活力。

在场景二中（图11），通过对道路的小幅度修改来改善街道中心性和用地的不匹配，具体为：在新镇社区规划道路4的河对面新建一条道路，将规划道路2和规划道路6在此处隔河断开，各自与河两边的道路相接，

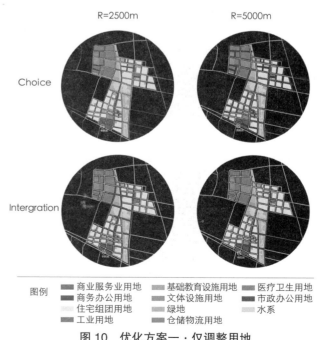

图例　█ 商业服务业用地　　█ 基础教育设施用地　　█ 医疗卫生用地
　　　　█ 商务办公用地　　　█ 文体设施用地　　　　█ 市政办公用地
　　　　█ 住宅组团用地　　　█ 绿地　　　　　　　　█ 水系
　　　　█ 工业用地　　　　　█ 仓储物流用地

图10　优化方案一：仅调整用地

规划道路7穿过河与两条道路相连,以此来提高规划道路7的中心度和中介度,提高其网络中心性。

在场景三中(图12),通过对规划道路的适当打断来改变道路网络中心性布局,强化原方案中拥有较高中心度与中介度的轴线,并将图中地块1的新镇社区商业设施布置在其两侧;在地块2配套布置广场与绿地,并设置公共交通换乘节点,配合社区TOD发展导向;将地块3改为居住与配套公共设施用地,以支持商业设施的开发。

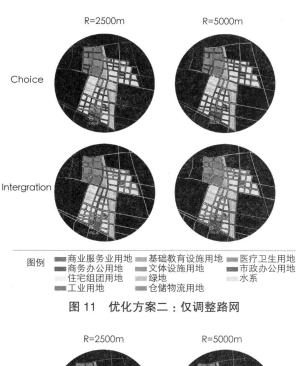

图11 优化方案二:仅调整路网

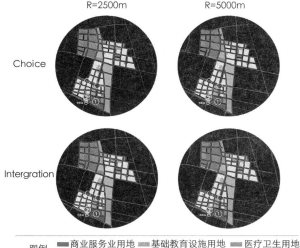

图12 优化方案三:调整路网与用地

4 讨论:面向空间分析驱动的空间规划

本次课程设计教学探讨了如何通过数据驱动的规划设计方法建立多要素协同的规划设计。对于TOD导向下城市规划,本文对于城市空间与土地利用协同规划及其评价优化提供具体路径和可能,补充了传统相关教学中可能的缺失,通过数据驱动方法促进了TOD开发的"精准落实"。整个教学过程表明新的数据与分析方法改变了认识与评价现状与规划方案的途径,但这并不意味着传统规划方法的失败;相反,在教学中我们发现,将二者妥善结合能够帮助学生更好的理解传统规划方法的精髓,并同时树立批判性的思维习惯。与此同时,通过"人机"协作,学生们能够在课下不断地试验各种可能性,并将分析结果带回课堂,作为规划设计方案的补充,也由老师的进一步教学加深了对于如何妥善试验数据、运用正确的、合适的分析工具和方法的理解。虽然本次教学聚焦在TOD开发为导向的案例中,但其中问题诊断、方案评价、干预优化的数据驱动的规划设计思路却为学生理解于未来规划设计可能的范式提供了途径。随着数据以及空间分析手段的日益完善,数据驱动的规划设计教学将更加深入地与传统教学相结合,并成为未来规划设计教学的"新常态"。本文所述尝试希望能够在日后进一步完善,以探索相关教学创新的性可能。

主要参考文献

[1] Cervero R. TOD 与可持续发展 [J]. 城市交通 . 2011,9(1):24-8.

[2] 潘海啸 . 面向低碳的城市空间结构——城市交通与土地使用的新模式 [J]. 城市发展研究 . 2010,17(1):40-5.

[3] 马强 . 近年来北美关于"TOD"的研究进展 [J]. 国外城市规划,2003,5(18):45-50.

[4] Banister, D., Transport planning : In the UK, USA and Europe[M]. Routledge, 2003.

[5] 杨滔 . 从空间句法角度看可持续发展的城市形态 [J]. 北京规划建设,2008(04):93-100.

Land-Use-Space-Interaction Planning and Its Evaluation for the Transport-Oriented Development：The Case in Shuyuan，Pudong

Shen Yao　Cheng Yao　Geng Huizhi

Abstract: As the current data environment and spatial analysis methodologies are shifting and regenerated iteratively，the scientificity and rigorousness of spatial planning across various scales are，thereafter，augmented significantly by reducing uncertainties and securing socioeconomic effectiveness. This article focuses the ways how spatial network analysis technologies can be adopted properly for evaluating and optimising the spatial planning proposals beyond the conventional master planning system. Using the master plan teaching of Shuyuan Town in Pudong，Shanghai as the example，this research explores the applications of the spatial network analysis for the Land–Use–Space–Interaction planning（LUSI），including problem diagnose，plan evaluation，and intervention optimisation，three steps towards the evidence–based spatial planning. The findings in this work illustrate the possible means in which human and 'machine' can work intelligently based on the spatial analysis methods as a novel model for the future spatial planning，thereby showing the routes for relevant teaching and practice.

Keywords: Spatial Network Analysis，Quantitative Urban Planning，Planning Assessment，Plan Optimisation，Shuyuan Town

"城市政策与规划"全英文课程建设和教学的探索与思考

李凌月

摘　要：从国家战略、人才培养和话语接轨三个方面阐述了开设全英文课程的重要意义。从国家层面来看，开设全英文课程是强国战略和实现我国高等教育走向世界内外诉求的双重结果。从人才培养来看，全英文教学有助于国际化复合型人才的培养。从话语接轨来看，全英文课程可与国际同类院校类似课程实现接轨。以"城市政策与规划"课程为例，从知识输出、知识接受和教学资源等方面探讨了全英文课程建设和教学存在的主要问题。针对这些问题，本文结合课程教学实践，认为可通过丰富课堂教学手段、调动学生学习积极性和充实多元化的素材来源提升课程建设和教学。

关键词：全英文课程，城市政策与规划，英文教学

引言

　　经济全球一体化不断深化以及我国综合国力不断提高的背景下，党中央、国务院提出了"双一流"建设（即建设世界一流大学和一流学科）的重大决策，提升中国高等教育整体发展水平和国家核心竞争力[1]。高等教育国际化是"双一流"建设的重要组成部分，成为各一流学科发展的重要目标。同济大学城乡规划专业的国际化办学历史悠久、特色鲜明。近年来，高等教育国际化不断深入发展，城乡规划国际化教学从研究生更多下沉至本科培养，开设了一系列专业英文选修课程。2019 年新开设的"城市政策与规划"（Urban Policy and Planning）便是其中之一。

　　下文在阐述开设英文课程意义的基础上，以"城市政策与规划"（Urban Policy and Planning）专业英文选修课为例，对英文课程建设和教学内容进行阐述，以期为城乡规划教育国际化发展提供一点参考。

1　开设全英文课程的重要意义

1.1　落实高等教育国际化战略

　　2010 年，教育部颁布《国家中长期教育改革和发展规划纲要（2010–2020 年）》，推进教育开放、深化国际合作、提高教学国际水平提上议事日程，纲要鼓励各

高校优势学科面向世界，建成一批享誉世界的高水平学府，显著增强我国的高等教育国际化程度和竞争力。实现高等教育国际化的主要措施之一便是通过全英文课程建设和教学实现与国际接轨的人才培养环境。不少双一流高校的专业课程已经开始采用英语授课，对落实我国高等教育强国战略产生了积极的意义。

　　目前，已有不少国际知名高校开设了"城市政策与规划"的相关课程。例如，以工程学科见长的 MIT 在其城市研究与规划系开设的五大课程方向中，将环境政策与规划纳入其中，致力于培养能够在公共、私人和非营利任职的具有问题解决能力和领导型的人才；伦敦政治经济学院的区域与城市规划研究学位中，将城市政策与规划作为必修课程之一，通过引导学生参与邻里规划项目，培养其对地方规划政策的评估能力和公共管理才能，并以此课程为媒介设与公共管理的双学位；纽约城市大学的城市规划学位和城市政策与领导力学位强调通过将理论与实践相结合为学生提供对城市规划与政策的深度学习。

1.2　培养国际化的复合型人才

　　21 世纪是人才竞争的时代，具有国际视野的高素质

李凌月：同济大学建筑与城市规划学院城市规划系助理教授

人才将会备受青睐。全英文课程将在两大方面为培养国际化的复合型人才提供支撑。首先，全英文课程有利于开拓学生的国际化视野。英文授课不仅涉及语言表达的转换，其内容也将更加国际化，省却了中间的翻译环节，能够更加直接与国际前沿技术对接。其次，英文授课提供了国际化的教学环境，有利于培养学生的英文学习思维和习惯，深化学生对于英文的熟练运用，自然强化其国际交流能力，增强其国际竞争力。

"城市政策与规划"通过英文教学，不仅阐述专业知识，也希望培养具备跨学科、批判性思维和领导力的学生。同时，使学生更容易适应未来海外求学，使其在获取国际交流和访问机会并在未来的求职和国际合作中具有更强的竞争力。

图 1 "城市政策与规划"课程培养目标

1.3 建立与国际接轨的话语体系

全英文课程的实质是以英语为授课语言向学生传授专业知识，因此在教学中更容易与国际上专业学科的最新进展进行对话，建立与国际接轨的学科话语体系。城乡规划起源于英国[2]。18 世纪末 19 世纪初，最先进行工业革命的英国出现了社会结构的急剧变化，城市中的人口膨胀、环境恶化、住房短缺，英国随即起草城乡规划法以应对日益严峻的公共卫生和住房问题。欧美发达国家的工业革命早于我国，在城乡规划领域，尤其在与规划相关的政策制定上积累了较多经验可供借鉴。以英文为授课语言，有助于形成与城乡规划国际实践经验相接轨的话语体系。

2 "城市政策与规划"全英文课程建设和教学问题

"城市政策与规划"全英文教学开课不长，仍处于摸索阶段。该课程目前主要面向城乡规划专业以及相关专业大四及以上学生，在授课过程中，我们主要发现以下一些课程建设和教学上的问题：

2.1 知识输出问题

由于授课教师并非英文专业出身，在课程内容的表达和组织上难以做到专业化的英文输出，往往是根据课程内容进行双语转码授课，语言弱势是非英文专业教师全英文授课的主要问题之一。并且，国内学生长期处于普通话教学环境中，习惯中文思维，全英文课程学习中难免有"英汉互译"的转换，需花费很大力气将所学专业知识与英文语言直接建立联系，影响了专业知识的学习。同样的学时，全英文授课的内容和信息量低于普通话授课，使得知识输出的效率降低。此外，英文课程大大增加了授课老师的备课量，很多时间耗费在语言准备上，占用了对专业知识讲解的准备。

2.2 知识接受问题

学生的英语水平制约了全英文课程教学效果，主要表现在以下方面。首先，虽然授课对象是城乡规划大四及以上学生，有一定的知识储备和英文基础，但由于周围都是中文环境，大部分课程以中文传授，学生日常交流也以普通话为主，对于英文授课的接受程度有限。其次，中国学生较为内向，加上是非母语的课堂，学生难以用英文进行逻辑表达，且学生大都习惯了应试英语和被动听课，课堂上较为沉默，参与课堂讨论的积极性不高，课堂上老师较难掌握学生的知识接受情况。再次，作为选修课，学生对于课程本身的重视程度有限，往往不能进行预习和复习，更加制约学生对课程知识理解的程度。

2.3 教学资源问题

教学资源不充分是全英文课程建设的一个重要问题，其中最为明显的一个问题是教材不足。目前并没有相适宜的国外原版教材支持课程建设，相关参考书籍词汇过多、句子较长，不易理解，学生容易产生畏难情绪。再者，就算能够引进原版教材，还涉及版权问题，成本很高，一般学生承担不起。

3 "城市政策与规划"全英文课程建设和教学实践

"城市政策与规划"全英文教学尝试建立以学生为主的课堂氛围，以培养学生自主学习能力为目标进行研究性教学。针对上述教学问题，在实践中授课教师尝试进行了如下实践：

3.1 丰富课堂教学手段

首先，通过丰富课堂教学手段提高知识输出效率。其一，通过融合多媒体等教学手段，充实课件中的趣味内容，使学生有兴趣听课，提高学生注意力。其二，通过板书辅助教学。板书是一种传统的教学手段，虽然在电脑普及的今天已其功效已经逐渐弱化，但仍不失为对课堂教学的有效补充。通过板书能够将电脑难以表达的逻辑和课程结构进行展示，且能够实时进行课堂互动，提高了知识输出效率。其三，通过中文提示辅助英文教学，降低知识输出难度。第四，通过理论联系实际，增加学生兴趣，同时，以专业英文和通用英文并重的方式活跃课堂气氛，强化知识输出效果。

3.2 调动学生学习积极性

其次，通过各种方式调动学生的课堂学习积极性，提高知识接受效率。其一，设计课程作业，贯穿课堂教学。在首次课堂布置作业并设置分组，通过课程作业与课堂同步进行，促进学生主动参与课堂互动和沟通。其二，设置随堂知识点测验，掌握学生知识接受情况，同时给予学生一定压力跟上课堂进度。通过纸质回答问题，还可以照顾部分学生内向问题。其三，通过一定的提问活跃课堂氛围。可在课程开始、中间和结束设置提问环节，帮助学生保持注意力集中。问题难度不宜过高，允许中文回答，提升学生信心。其四，以视频辅助教学，发学生参与感和兴趣。在实际教学中通过电影片段的播放激发学生对相关问题的兴趣和

思考，有一定效果。

3.3 素材来源多元化

最后，通过多元化的素材来源，为课程教学提供更丰富的资源。其一，充分利用网络资源补充教学内容。网络发达的今天，学习的渠道也不再仅限于教材课本，变得日趋多元化。通过网络上丰富的信息，可以即时、有效弥补教学资源不足的问题。其二，大部分英文课程都缺乏固定教材，可通过相关英文书籍对教学资源进行补充。其三，在英文教材还未确定之前，可通过中文相关教材进行辅助和补充。

4 结语

全英文课程建设是高校国际化战略的重要组成部分，其成效直接影响着高校的国际化进程。面对课程建设和教学现存的问题，不断改进授课内容和方式，有机会实地到国外合作高校参与类似课程的随堂听课，交流、学习、吸收国外高校好的教学理念、教学方法和教学模式。"城市政策与规划"全英文课程仍也处于起步阶段，需要多方努力，不断改进完善课程的教学模式和手段，从内容和方法上形成特色化的教学方式，在实践中不断摸索，为真正落实高等教育国际化战略、培养具有国际视野的复合型人才、建立城乡规划与国际接轨的话语体系做出贡献。

主要参考文献

[1] 教育部，国家发展改革委，财政部. 关于引导部分地方普通本科高校向应用型转变的指导意见 [EB/OL].http：//www.csdp.edu.cn/article/503.html，2015-11-16.

[2] 巴里·卡林沃思（Barry Cullingworth），文森特·纳丁（Vincent Nadin）. 英国城乡规划 [M]. 陈闽齐，译. 南京：东南大学出版社，2011.

Exploration and Reflection on English Course Teaching : Insights from "Urban Policy and Planning"

Li Lingyue

Abstract: The importance of opening an English course is explained from three aspects: national strategy, talent development and interconnection with international course system. From the national level, the opening of the English curriculum results from the strategy of strengthening the country and the realization of China's higher education to the world. Moreover, English teaching assists the development of talents at international standard. English course also manages to be integrated into the international course system in the globe. Taking the course of "Urban Policy and Planning" as an example, the main problems in the construction and teaching in English are discussed from the aspects of knowledge output, knowledge learning and teaching resources. In response to these problems, this paper combines the teaching practice of the course and believes that it can enhance the curriculum construction and teaching by enriching classroom teaching methods, mobilizing students' enthusiasm for learning and enriching the sources from diversified materials.

Keywords: English Course, Urban Policy and Planning, English Teaching

解读多元、策划共享、引导参与
—— 共享城市的规划方法教学策略思考

王世福　黎子铭　邓昭华

摘　要：规划学科密切响应着城市发展的动态和诉求，决定了规划教学具有鲜明的地方性和时代性。共享发展的新时代下，共享城市的发展目标愈加明确，共享城市的规划方法也成为了规划学科探索的热点。对共享城市的规划理念和实践方法进行梳理，发现当前共享城市的规划方法主要从制度、空间、人群和技术四方面进行切入，而国内的规划教学在相关领域尚存一定滞后。为此，提出进一步加强解读研究社会背景的能力、设计策划共享场所的能力、引导协调多元参与的能力三方面的教学改革建议。

关键词：共享城市，多元包容发展，规划理念，规划方法教学改革

1　共享城市的新时代愿景

1.1　共享发展的时代背景

"共享"并非新近发明的概念，但得益于改革开放40年来中国社会、经济、科技的发展和新时代中国特色社会主义的制度基础，"共享"在当前社会的各个领域具有了高度实现的可能。"共享发展"也成为响应中国现实国情迫切需要的五大发展理念❶之一（习近平，2015）[16]，承载包容性发展，消除贫困，共同富裕，使发展成果惠及全民的任务（高传胜，2012；倪明胜，2012；武廷海，张能，徐斌，2014；赵满华，2016；刘武根，艾四林，2016）[19][20][18][12][13]。国民经济和社会发展"十三五"规划明确提出，"共享是中国特色社会主义的本质要求，共享发展是关系我国发展全局的一场深刻变革"[17]。可见共享发展是我国"十三五"期间乃至更长时期的发展思路和发展方向，是中国特色社会主义制度下持续改革开放的创新实践。

1.2　共享城市成为发展目标

共享城市是基于共享发展的新兴城市发展理念，是社会资本充足、社会信任度高、规则意识强的"高阶"城市发展形态（陶希东，2017；赵四东，王兴平，2018）[2][10]。从国际上看，联合国"人居三"大会起草并通过的《新城市议程》就提出了一个目标：人人共享的城市（Cities for all），人人平等使用和享有城市和人类住区，促进包容性，并确保今世后代的所有居民，不受任何歧视，都能居住和建设公正、安全、健康、便利、负担得起、有韧性和可持续的城市和人类住区，以促进繁荣，改善所有人的生活质量[1]。这一目标希望保障每位公民平等共享的权利，同时也隐含着每个人对于经济发展和品质提升的责任。其背后是希望通过城市规划等手段，提高城市的社会包容性，消灭城镇化进程中的各种歧视（石楠，2018）[8]。

1.3　共享城市的内涵层次

在发展理念的层面，共享城市将让中国城镇化的空间生产回归到社会公平正义（朱春奎，2018；武廷海，2019）[9][7]。在发展内容的层面，共享城市指向物品

---

❶　2015年10月29日，习近平在党的十八届五中全会第二次全体会议上的讲话鲜明提出了创新、协调、绿色、开放、共享的发展理念。新发展理念符合我国国情，顺应时代要求，对破解发展难题、增强发展动力、厚植发展优势具有重大指导意义。

王世福：华南理工大学建筑学院教授
黎子铭：华南理工大学建筑学院博士研究生
邓昭华：华南理工大学建筑学院副教授

的共享、服务的共享、知识的共享三大方面（诸大建，2017）[11]。在发展模式的层面，共享城市不仅通过扩大规模再生产或市场交换来满足人们的需求，更强调新技术支撑下，社会在有限的生态阈值内形成可持续发展的循环经济，使人们共同享用剩余产品和服务，从而提高经济效率，推动社会公平和包容（Boyd Cohen，Pablo Muñoz，2016；陶希东，2017）[15][2]。

2 共享城市的规划理念及方法

2.1 共享城市的规划理念

作为政府重要的公共行政和公共服务职能，规划学科成为共享城市发展理念诉求的主要对象。在共享城市发展理念对公民发展权利和责任辨证统一的要求下，城乡规划的理念必有改良和创新：

第一，共享城市的发展理念是城乡规划公共性职能的深度体现和进一步延伸，它对城乡规划维护的公共利益概念形成了重构和丰富，"公"指代公有以及公平公正，"共"指代共谋共建以及共享（王世福，2019[7]），城乡规划也将因此产生扩充和保障公共利益的方法创新，例如解决居住、出行、教育甚至生计问题的超越产权控制、用途控制的共享空间和资源规划方法等等。

第二，共享城市规划需要更多的信息技术应用和智慧规划管理，例如运用先进甚至颠覆性的规划管理技术适应当前城市空间和日常生活的剧烈变革，基于互联网、物联网和大数据等新技术手段，盘活存量、增进服务、提升供给侧与需求侧精准化匹配等等。

第三，共享城市强调的以人为本、共同富裕和"一个都不能少"促使规划重新回归到对人的关注，无论是从上自下还是从下而上的规划行为，都要回归到思考如何释放个体的主观能动力上，即规划不仅是对物质环境的研究，还要关注人的心理感受和社会网络，更要关注物质环境对于人的教育和增益作用。

2.2 共享城市规划的亚洲实践案例

（1）法治完善的制度建设——韩国共享城市规划

韩国首尔市政府于2012年宣布"首尔共享城市"规划，以期依托共享项目解决例如短期住房紧缺、停车位不足、车辆过多、家庭开支上升、公共资源闲置等大量的社会和城市问题。为了实现该项规划，首尔市政府从关键的法规制度层面开展改革，从市域层面建立共享平台和支持共享经济：

首先，市政府颁布了《首尔市共享促进条例》（The Seoul Metropolitan Government Act On The Promotion Of Sharing），详细制定了共享公共资源的原则、民间组

图1 首尔共享城市规划截止自2016年实现的共享项目
资料来源：知识共享韩国.首尔共享城市：依托共享解决社会与城市问题 [J].景观设计学，2017，5（03）：52-59.

织及企业的角色、政府在行政及财务上的配合以及整体计划的统筹和协调，为共享城市提供合法性依据[2]。

另外，在共享参与主体方面，市政府负责搜寻影响共享项目或共享企业发展的规定，成立共享制度改进咨询委员会开展相关规定的修订审查工作；激励区级政府，大力推广共享教育、开放公共设施的区级特别项目；认证致力于在共享过程中解决经济、福利、文化、环境和交通等方面的城市问题的共享企业和组织，对其予以项目资金补助；鼓励社会个人参与共享项目，例如旧货交换、共享书架、工具租赁、停车位共享、各类社区活动中心的免费开放或租用等[3]。

（2）自助互助的社群建设——日本共享居住社区

第二次世界大战后，日本家庭的小型化和核心化发展迅速，使当前社会面临严峻的单人家庭数量增加、少子化、老龄化社会问题，一室公寓中的社交隔离、"孤独死"等居住问题愈加严重。在此背景下，越来越多的城市居民因租金便宜、区位便捷或渴望社交的原因选择共享住宅，即合租居住，而这一趋势也催生出更多样形式的共享住宅（筱原聪子，2016）。例如在东京，共享住宅有可容纳5~7人居住的小型独栋住宅，也有改建而成可容的50~100人居住的宿舍型共享住宅。

由于经济泡沫破裂和持续8年的人口负增长，日本空置住宅、闲置宿舍、老旧酒店商场等存量建筑空间大量出现，私人业主或开发商将其转变为共享住宅的案例也越来越常见，这些更新改造而成的共享居住成为了一种吸纳新群体并激活整个社区的手段，例如单身母亲群体的共享居住，青年组合的集体社群，还有为非血缘关系的青年和老年群体共同设置的多代共享住宅。在此过程中，日本的共享居住形成新的居住社群网络，实现了一种从公共援助走向自助互助的转变[4][5]。

（3）科技支撑的市场建设——中国共享交通出行

共享交通是共享经济在交通领域的体现，一般以互联网为实现媒介，是以盈利为目的，通过市场机制，实现交通工具使用权暂时转移的一种新的交通服务供给模式，当前的主要交通工具有自行车，电动车和汽车三类（杨宝路，冯相昭，2017）。尽管从2007年开始，我国已有地方政府主导运营的自行车租赁服务，但直到最近几年，以移动互联网技术支撑的企业市场化运作才带来了共享自行车的井喷式发展。与之相似，共享电动车、共享汽车业务也大量兴起，这些现象构成了我国共享交通发展的现状。

城市交通基础设施投资大、成本回收期长，主要由政府供给，是公共服务和环境治理成本中占比极高的部分。得益于互联网技术的发展和企业市场化的激发，我国的共享交通发展迅速，共享交通的出行方式获得快速普及。共享交通以交通工具共享使用量的增长代替私人拥有量的增长，在促进绿色出行、减少机动车污染排放等方面产生了积极作用[6]。在共享交通的发展下，市场资源配置的高效作用得以发挥，政府只需加以引导和规范（例如金融监管、空间控制等），不必直接投资建设，即可实现一定的交通基础设施与服务，实现更好的节能减排效果，降低环境治理成本。在互联网技术支撑共享

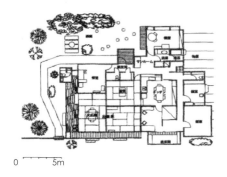

图2 可供7人居住的小型独栋共享住宅
图片来源：筱原聪子，姜涌.日本居住方式的过去与未来——从共享住宅看生活方式的新选择[J].城市设计，2016（03）：36-47.

图3 规模较大的共享住宅第四层平面图（左）及第六层平面图（右）
图片来源：筱原聪子，姜涌.日本居住方式的过去与未来——从共享住宅看生活方式的新选择[J].城市设计，2016（03）：36-47.

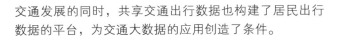

交通发展的同时，共享交通出行数据也构建了居民出行数据的平台，为交通大数据的应用创造了条件。

2.3 共享城市的规划方法

梳理共享城市的规划理念和实践案例，发现共享城市的规划方法需要并主要面对以下四个方面的内容进行制定（表1）：

（1）制度的建设，目标是建立支持共享的法律法规，确保共享城市的制度动力，例如明确资源共享的管理依据，制定共享的原则、相关主体的角色、责任和权利等；

（2）空间的设计，目标是活化创造共享的城市空间，激活共享城市的市民活动，例如识别出多元主体的不同需求，对闲置或未被善用的存量场所空间进行激活，建设大量优质有效的共享场所和设施，促进多元主体进行共享活动和开展社会交往；

（3）人群的组织，目标是发动实现共享的公众决策，促进共享城市的共建治理，例如扩展公众参与的领域，促使公众从单一的公共资源使用角色转换到进一步参与决策、建设和资源提供的角色中去；

（4）技术的支撑，目标是利用支撑共享的智慧技术，满足共享城市的共享功能，例如建设城市共享的业务体系，开发各类共享业务的技术支撑体系等。

共享城市规划方法关注的主要方面　表1

序号	方面	目标	内容
1	制度	建立支持共享的法律规章，确保制度动力	资源共享的管理依据，指定如共享公共资源的原则、民间组织及企业的角色、政府在行政及财务上的配合等法规或计划
2	空间	活化创造共享的城市空间，激活市民活动	开发存量空间，激活未被善用的场所，建设大量有效的甚至高质量的共享场所与设施，促进居民主动开展社会交往活动
3	人群	发动实现共享的公众决策，促进共建治理	公众参与的扩展，让公众从单一的公共资源使用者角色，进一步参与到决策者、建设者和提供者角色
4	技术	利用支撑共享的智慧技术，满足共享功能	建设城市共享业务体系，开发支持共享居住，共享办公、共享交通，共享游憩、共享生活服务，共享生产服务等的技术体系

资料来源：作者自制

3 规划教学的相对滞后

3.1 学科响应的总体情况

由于起源于建筑工程科学，培养规划师的工科设计能力是规划学科的核心教学目标之一。根据全国教学大纲，规划基础课教学的前期以空间设计的系列单元训练形式为主，后期教学重点才会转向更加大尺度、大规模的综合规划或城市设计教学，这是规划学科的基础教育框架。

与此同时，规划学科的教育内容与社会当前的发展阶段有紧密的联系，表现为密切响应其动态和诉求。在城乡规划知识体系越来越庞大的今天，规划学科的教育内容也越来越庞杂，学生需要学习大量的基础教育课程，例如规划设计、社会学、地理学、经济学、环境学、大数据抓取分析应用等等。在这种情况下，教育的重点需要更加突出。

共享城市规划理念的强化使城乡规划回归到以人为本、统筹提升资源利用效率、为公共利益奔走的核心价值。与其相关的公平、公正等理念教育一直存在并通常穿插在规划原理课程当中，但符合我国国情的共享城市规划理念实现条件和运作机制的教育或讨论却较少涉及。另外共享城市的规划方法如何切入、聚焦、突出在规划设计课程中，目前也尚缺乏系统实践，是值得思考的问题。

3.2 共享城市的规划教学策略相对滞后

（1）共享城市规划理念和社会认知深度不足

共享城市规划理念的教育，是关于规划师价值观的专门学习，它可以独设一门课程，也可以渗透到其他课程的内容里面，无论是哪种方式，它都应该是树立规划师价值观的重点。但目前共享城市规划理念的内容一般碎片化地出现在规划原理、规划史、社会学和城乡社会综合调研等课程内，价值观本身的内涵和本土化的共享实现条件研究不够深入。这容易导致学生出现价值观和社会认知上的偏差，尤其当教学从建筑工程尺度转向城市研究尺度的阶段，多会使其感受到知识体系难以衔接的困惑。

（2）共享场所策划设计能力的引导标准不清

共享城市的场所和空间要求规划师能够对多元主体的需求进行识别，并设计出包容兼顾这些需求的方案，无论是借助新建的场所，还是盘活闲置的空间。但在当前的规划设计课程中，美观、实用还是主导的评价标准，关于共享所需要的设计方面，教育引导显然是不足的。例如规划内容是否遵从了共享发展的内涵，设计成果是否实现了公平、公正、共建、共享，这些标准还需要进一步在学科教育中探讨落实。

（3）多元参与引导协调能力的教学实践稀缺

一般课程设置中，共享城市规划应该如何影响政府的治理手段等实践应用问题讨论极少，特别是在多元主体如何参与城市共建的领域，较难通过讲授的形式使学生充分理解。要对某一事物形成初步认识，实践感悟普遍比纸上谈兵更有效。下乡下社区的基层社会调研、设计工作坊、设计竞赛等方式促进学生接触真实场景的活动在不少高校中取得了一定的成效，但这类实践课程的教学实际上还比较稀缺（也非必修课），其设置仍可进一步鼓励和优化。

4 共享城市的规划教学优化策略

由于国内的规划教学在相关领域尚存一定滞后，提出进一步加强以下三方面规划能力的教育策略（表2）：

4.1 增强解读研究社会背景的能力

在规划学科导论和价值观引导教育上，切实地植入共享城市的规划理念：无论是单独设置一门课程还是将价值观穿插到各类课程中，其目的都是为了使公平公正的价值观和理念，牢牢扎根在规划教育体系里。例如引导学生主动思考中国的社会现象背后的制度逻辑，思考物质环境对人的心理感受、社会网络的现实影响，思考规划师在共享城市规划建设中的职责和作用等。

在解读社会背景的分析方法上，一是增强定性分析研究方法教育，例如加强对案头工作、现场笔记与观察、半结构式问卷和访谈等研究方法的教育辅导；二是增强定量分析研究方法教育，例如从简单的统计模型和数据分析入手，强化描述性统计、相关性分析、可达性评价等研究方法的应用。

在深入解读社会复杂背景的基础上，再培养识别城乡空间的现状问题、建立空间发展目标、提出空间提升策略的能力，是培养学生掌握实现共享城市目标所需规划能力的前提。

4.2 增强设计策划共享场所的能力

在具体的规划设计能力培养上，增强设计策划共享场所的能力最为重要，其中有三个重要的方面可以进一步增强：

第一，是对多元主体和其需求的识别，并将其落实到空间设计上。例如不同年龄层的人群，不同经济收入的阶层，不同风俗信仰的群体，不同社会分工的组织，不同类型的产业等不同维度的主体的需求，在规划设计前应该首先得到识别，这样空间设计才能有针对性的满足这些需求。

第二，面对多元主体可能纷繁复杂的需求，空间资源的灵活调配与功能兼容设计能力往往需要进一步加强。通过实践案例可以发现，许多共享场所或项目，都具有弹性高、功能复合的特征，例如共享交通的分时使用、社区共享服务设施的多功能性等，这些空间的策划需要规划师具有扎实的设计认识和灵活的设计思维。

第三，在存量规划时代，需要增强对存量空间共享利用策略的能力。如何识别存量空间，挖掘存量空间的发展潜力，活化设计存量空间，制定存量空间的共享机制，是规划教育必须面对的问题。

4.3 增强引导协调多元参与的能力

社会多元主体的共建共谋是共享城市的重要特征，规划教育需要增强引导协调多元主体参与城市共建共谋的能力。

首先，教育需要引导学生认识到规划师必将面临的职业分化。当其代表政府、市场企业或社区居民等不同主体时，会面临不同的思考角度和规划工作，在开展工作时，无论站在怎样的立场，都需要贯彻规划学科公平公正的价值观并寻求多元主体共谋共建的路径。

其次，是增强多元主体参与规划决策的形式与过程的教育引导。例如关于制定多元主体意见征求与确认的工作目标、工作流程、工作方法和工作内容的教学，参与式制图和公众决策等参与式规划设计的体验等，都对面向共享城市规划实践有积极的作用。

另外，近年来专指委的本科社会调研报告竞赛、城市设计竞赛，多地的"共同缔造"、"社区规划师"、"规划师下乡"等教学实践、社会实验，已在不同维度、不同程度地展开共享城市的规划教学培训。我国各地发展差

共享城市的规划教学策略优化建议 表2

序号	加强培养	教学策略
1	解读研究社会背景的能力	A 规划学科导论和价值观引导教育：共享城市的规划理念植入 B 定性分析研究方法教育： 　　a 案头工作——对风俗、宗教、社会构成、传统活动等的研究； 　　b 现场笔记与观察——多次深化现场场景记录、人物特征以及事件记录与分析； 　　c 半结构式问卷、访谈与座谈——根据特定问题制定访谈指南，并记录与分析； C 定量分析研究方法教育（从简单的统计模型和数据分析入手）： 　　a 描述性统计； 　　b 相关性分析； 　　c 可达性评价
2	设计策划共享场所的能力	A 多元主体和其需求的识别与设计落实：多元主体如不同年龄层的人群，不同经济收入的阶层，不同风俗信仰的群体，不同社会分工的组织，不同类型的产业等； B 空间资源的灵活调配与功能兼容设计：功能复合、弹性使用的设计等； C 建设存量空间的共享利用策略：存量空间挖潜，共享机制设计等
3	引导协调多元参与的能力	A 职业分化指导：政府的规划师、市场企业的规划师、社区居民的规划师的思考角度和主要工作，共享发展理念如何贯彻； B 多元主体参与决策的形式与过程： 　　a 意见征求与确认——反复多次的意见征求与契约制定； 　　b 参与式制图和决策——利益相关主体的全过程参与

资料来源：作者自制

异较大，实践中也体现出多元的地域特色、各异的发展阶段特点。因此，各地在共享城市的规划教学中，更宜因地制宜，以"共享"为理念，创新更多的规划教学策略。

主要参考文献

［1］ 新城市议程 [J]. 城市规划，2016，40（12）：19-32.

［2］ 陶希东. 共享城市建设的国际经验与中国方略 [J]. 中国国情国力，2017（01）：65-67.

［3］ 知识共享韩国. 首尔共享城市：依托共享解决社会与城市问题 [J]. 景观设计学，2017，5（03）：52-59.

［4］ 筱原聪子，姜涌. 日本居住方式的过去与未来——从共享住宅看生活方式的新选择 [J]. 城市设计，2016（03）：36-47.

［5］ 日本社群设计潮流：街区营造中的共享理念 [J]. 北京规划建设，2018（06）：149-152.

［6］ 杨宝路，冯相昭. 我国共享交通的现状、问题分析与发展建议 [J]. 环境保护，2017，45（24）：49-52.

［7］ 孙施文，武廷海，李志刚，张菁，黄亚平，袁奇峰，邹兵，王世福，王富海，段进，石楠，龙瀛，袁媛，段德罡. 共享与品质 [J]. 城市规划，2019，43（01）：9-16+57.

［8］ 石楠. 共享 [J]. 城市规划，2018，42（07）：1.

［9］ 朱春奎. 建设以人民为中心的共享城市 [J]. 上海城市管理，2018，27（06）：2-3.

［10］ 赵四东，王兴平. 共享经济驱动的共享城市规划策略 [J]. 规划师，2018，34（05）：12-17.

［11］ 诸大建，佘依爽. 从所有到所用的共享未来——诸大建谈共享经济与共享城市 [J]. 景观设计学，2017，5（03）：32-39.

［12］ 赵满华. 共享发展的科学内涵及实现机制研究 [J]. 经济问题，2016（03）：7-13+66.

［13］ 刘武根，艾四林. 论共享发展理念 [J]. 思想理论教育导刊，2016（01）：91-95.

［14］（英）伊丽莎白·A·席尔瓦，帕齐·希利，尼尔·哈里斯，（比利时）彼得·范·登布洛克. 规划研究方法手册 [M]. 顾朝林，田莉，王世福，周恺，黄亚平，译. 北京：中国建筑工业出版社，2016.

［15］ Boyd Cohen，Pablo Muñoz. Sharing cities and

sustainable consumption and production : towards an integrated framework[J]. Journal of Cleaner Production, 2016, 134.

［16］习近平 . 在党的十八届五中全会第二次全体会议上的讲话（节选）[J]. 求是，2016（01）.

［17］国务院 . 中华人民共和国国民经济和社会发展第十三个五年规划纲要 [EB/OL].http：//www.gov.cn/xinwen/2016-03/17/content_5054992.htm.2016-03-17.

［18］武廷海，张能，徐斌 . 空间共享：新马克思主义与中国城镇化 [M]. 北京：商务印书馆，2014.

［19］高传胜 . 论包容性发展的理论内核 [J]. 南京大学学报（哲学 . 人文科学 . 社会科学版），2012，49（01）：32-39+158-159.

［20］倪明胜 . 共享式改革与包容性发展——利益整合时代的现实逻辑 [J]. 天津行政学院学报，2012，14（03）：84-89.

Comprehending Diversity, Planning Sharing, Guiding Participation —— The Considerations on Teaching Strategies of Sharing Cities Planning Methods

Wang Shifu   Li Ziming   Deng Zhaohua

Abstract: Urban and rural planning closely responds to the dynamic of urban development, which indicates that education of planning is characterized by its locality and times. In the new era of sharing development, the goals of sharing cities have become clearer, and the planning methods of sharing cities have become a focus of planning discipline. By combing the planning concepts and practical methods of sharing cities, it finds that the current planning methods of sharing cities mainly have four aspects: institution, space, community and technology, while the domestic planning education still lags behind in the relevant fields. At the end, the paper puts forward three teaching reform proposals: further strengthening the ability to study social background, the ability of planning and designing sharing places, and the ability of guiding and coordinating multiple participation.

Keywords: Sharing Cities, Diversified and Inclusive Development, Planning Concept, Reformation of Planning Methods Education

国土空间规划与生态学引领下的城乡生态与
环境规划课程内容改革探讨*

李景奇

摘　要:城乡生态与环境规划课程是城乡规划专业的十大核心课程之一，随着国家经济社会发展转型、生态环境保护、国土空间规划的实施以及社会经济健康发展的诉求，论文从生态学的发展与演化、城乡规划的职能与功能、国土空间规划诉求、城乡建设诉求、生态保护诉求、城乡规划人才培养诉求及课程本身内容更新诉求等方面，进行了课程设置的理论体系、技术体系、编制体系等内容的构成框架研究。

关键词:国土空间，生态文明，城乡生态，生态规划，课程内容

1　引言

人类从游牧业文明走向农业文明、工商业文明及信息文明的过程，就是人与自然、人与土地关系的演化过程。人类从乡村建设和城镇建设过程中，在科学技术的推动下，使得人类生产、生活及娱乐方式发生了巨大变化，敬畏自然、利用自然、征服自然及被自然征服是人类生存与发展的必然结果。人类从人定惧天、人定胜天到人应顺天的生存发展经验中，正在走向以自然中心、宗教中心、人类中心、经济中心、生命中心到生态中心的必由之路。

十八大报告中建设生态文明的脉络：增强生态系统稳定性，明显改善人居环境是核心目标；构建国土生态安全格局是主要途径，具体包括：保护生物多样性、增强城乡防洪排涝抗旱能力、加强防灾避险体系建设等。并且，特别强调了生态保护应该"给自然留下更多修复空间"、"顺应自然"。

十九大报告中明确加快生态文明体制改革，建设美丽中国。习近平总书记说，人与自然是生命共同体，人类必须尊重自然、顺应自然、保护自然。必须坚持节约优先、保护优先、自然恢复为主的方针，形成节约资源和保护环境的空间格局、产业结构、生产方式、生活方式，还自然以宁静、和谐、美丽[1]。

以主体功能区规划、土地利用规划、城乡规划为三大领域的国土空间规划为城乡规划及生态规划提供给了发展与重构的重大机遇。

2　生态学发展趋势与生态学演化过程

2.1　生态学发展趋势

生态学大致经历了原始生态阶段、近代生态学阶段、现代生态学阶段及未来生态学阶段：①原始生态学（生存经验）[2]：（人神合一、天人合一，超验论、整体论）、物候学、农学、风水、医学、哲学、兵法、道教、佛教与儒家、道理、事理、义理、情理；②近代生态学（生物生态学,欧美工业化国家）:博物论（林奈）；进化论（达尔文）；控制论（维纳）、植物、动物、海洋、湖沼生态学；③现代生态学（发展生态学－生态安全格局）：生物多样性，可持续发展，全球变化;生态服务、生态胁迫、生态响应、生态建设；安全生态、循环经济、和谐社会；④未来生态学（个体与整体关系的方法学）－生态哲学：科学＋政治＋文化;哲学、科学、工学、美学、伦理学、宗教学、生态智慧。

*　基金项目：国家自然科学基金项目"基于景观基因图谱的乡村景观演变机制与多维重构研究"（项目编号：51878307），资助；住房和城乡建设部十三五城乡规划与风景园林专业立项教材。

李景奇：华中科技大学建筑与城市规划学院景观学系副教授

2.2 从术到道——生态学的演化

生态学随着人地关系、人类利益驱动及生态学本身发展的规律，从术到道，大致经历一下六大阶段：

①描述生态学 – 发现事物之间关系 – 观察 – 实验生态学

②解释生态学 – 组分、结构、功能、物质循环、能量流动、信息流

③工程生态学 – 生态规划、生态设计、生态修复、生态恢复

④管理生态学 – 从自然资产管理 – 经济生态学 – 管理生态学

⑤政治生态学 – 生态文明、生态文化、绿色 GDP、经济发展与环境生态学

⑥人类生态学 – 从心灵生态学 – 生态美学 – 生态智慧学 – 生态哲学——从道德伦理到生态价值观 – 重新安装人脑操作系统。

3 城乡规划专业的定位、社会目标与功能

3.1 城乡规划学一级学科确立的重要标志

①法理——城乡规划法

②哲理——城市规划哲学、规划人类学、城市美学

③伦理——规划伦理学

④学理——一级学科（2015）

⑤科学——城乡规划学（概念、理论、方法、实践）

⑥核心——唯一性、不可替代性

3.2 城乡规划设计的功能与目标

城市规划从平面来讲，是土地利用规划与资源配置；从空间来讲是空间资源的综合配置；从社会学来讲是公共政策与管理；从经济学来说，是提高单位土地利用率，获取比农业用地更高的价值；从文明与社会进步来讲，是提高人们生存质量；从聚落来讲，建设一个政治、经济、文化、信息、金融、交通中心的城市聚落。

城乡规划需要与国际接轨，需要规划专家引领，要加强一下体系建设：城市（乡）社会学体系；城市（乡）生态体系；城市（乡）政策、法规与管理体系；城市（乡）金融与房地产体系；城市（乡）土地与产业规划体系；城市（乡）规划与设计体系；

3.3 城乡规划（都市计划）（Urban plans）是什么？

城乡规划主要目标与任务依然是建设规划，建设人与自然和谐的人居环境。需要深入思考以下五大问题：①规划是技术工具？规划成果是政府采购，那么规划是政府的工具，御用画家？；②规划国家意志、意识形态的论述？；③规划是在政治体制之内的协议过程，是各种利益集团博弈与磋商过程；④规划不是完全中立的协议过程，这过程中的限制及调遣能力基本上是个政治过程；⑤城乡规划是国家意志与国家功能的实现。

4 国土空间规划体系建立与简读[3]

国土空间规划包括主体功能区规划、土地利用规划、城乡规划。

国土空间规划体系的改革是国家系统性、整体性、重构性改革的重要组成部分，国土空间规划归纳为"五级三类四体系"。"五级"是从纵向看，对应我国的行政管理体系，分五个层级，就是国家级、省级、市级、县级、乡镇级。"三类"是指规划的类型，分为总体规划、详细规划、相关的专项规划。四体系：按照规划流程可以分成规划编制审批体系、规划实施监督体系，从支撑规划运行角度有两个技术性体系，一是法规政策体系，二是技术标准体系。

5 国家宏观战略区划与规划

5.1 全国生态功能区划[4]——2008 环境保护部、中国科学院（生态承载力——生态服务功能——供给关系）

生态功能区类型及概述：①水源涵养生态功能区；②土壤保持生态功能区；③防风固沙生态功能区；④生物多样性保护生态功能区；⑤洪水调蓄生态功能区；⑥农产品提供生态功能区；⑦林产品提供生态功能区；⑧大都市群；⑨重点城镇群

5.2 《全国主体功能区规划》[5]——2010– 国务院

《主体功能区规划》是我国国土空间开发的战略性、基础性和约束性规划。

优化开发区域。主要考核服务业增加值比重、高新技术产业比重、研发投入经费比重、单位地区生产总值能耗和用水量、单位工业增加值能耗和取水量、单位建设用地面积产出率、二氧化碳排放强度、主要污染物排

放总量控制率、"三废"处理率、大气和水体质量、吸纳外来人口规模等指标。

重点开发区域。主要考核地区生产总值、非农产业就业比重、财政收入占地区生产总值比重、单位地区生产总值能耗和用水量、单位工业增加值能耗和取水量、二氧化碳排放强度、主要污染物排放总量控制率、"三废"处理率、大气和水体质量、吸纳外来人口规模等指标。

限制开发区域。主要考核农业综合生产能力、农民收入等指标，不考核地区生产总值、投资、工业、财政收入和城镇化率等指标。

禁止开发区域。主要考核 污染物"零排放"情况、保护对象完好程度以及保护目标实现情况等内容，不考核旅游收入等经济指标。

5.3 生态保护红线[6]（点－线－面－区域）2017——国家环保部、国家发改委

生态保护红线：指在生态空间范围内具有特殊重要生态功能、必须强制性严格保护的区域，是保障和维护国家生态安全的底线和生命线，通常包括具有重要水源涵养、生物多样性维护、水土保持、防风固沙、海岸生态稳定等功能的生态功能重要区域，以及水土流失、土地沙化、石漠化、盐渍化等生态环境敏感脆弱区域。

生态安全格局：指由事关国家和区域生态安全的关键性保护地构成的结构完整、功能完备、分布连续的生态空间布局。

勘界定标：指对已划定的生态保护红线边界进行实地勘查、测绘，核准拐点坐标，勘定精确界线，设立统一规范的界碑界桩和标识标牌的行为。

6 国土空间规划和城乡建设对城乡生态与环境规划总诉求

6.1 规划设计领域与任务——人类城乡建设动机与历史责任

围护保护－作为物质空间与生命载体的健康自然环境——地形、地貌、气候、土地、阳光、空气、水——人与环境相互依存、相生相克、相互影响——生存本底－健康生存与发展；

规划设计建设－人工设施与人工景观——依据人类发展目标，适度利用科学与工程技术，对自然资源与生态环境景观进行利用与改造——适度规模的城乡建设工程——发挥人类的能动性－建设乐居人类环境；（增量规划基本上已经到头了）

修复修理－破坏、干扰的自然环境与自然资源结构功能——区域性与流域性破坏——流域性调水工程；重大基础设施建设破坏－交通、水库、高铁、高压输电、高速公路；城乡居民点建设、矿产矿山生产；大规模农业生产－除草剂、农药、化肥以及战争核试验等等；——城乡生态环境四修（城乡修补、生态修复、产业修复、人态修复）；（存量规划成为重点——城市城市化——城镇城市化——逆城市化（反城市化））

6.2 国家规划建设战略战术的市场需要

国家城乡建设与生态环境保护的战略战术包含了从一带一路国际战略到城乡建设的各个生产、生活、游憩、交通等十二大领域及行业。

①一带一路战略——中国国际发展战略；②城镇化与新型城镇化——城乡一体化（城乡－人的城镇化）；③美丽乡村建设——美丽宜居乡村——田园综合体——特色小镇、振兴乡村；④海绵城市建设——LID低影响开发；⑤城市四修——生态修复、城市修补、产业修复、精神文化修复；⑥全域旅游发展规划——旅游基础设施导向的城乡建设与景区建设；⑦精准扶贫与乡村旅游发展——脱贫致富与城乡和谐发展；⑧气候适应型城市设计（建设）——绿色低碳节能节约的韧性城市建设；⑨国家公园体系建设——保护地规划体系；⑩公园城市建设——健康中国与城乡绿道建设；⑪公园乡村建设——国际生态村建设与乡村公园体系；⑫文明城市、生态园林城市、森林城市、旅游城市、生态城市（绿色城市、低碳城市、健康城市、可持续城市）、卫生城市、环保模范城市、历史文化名城、美丽乡村、历史文化名村、绿色幸福村、5A景区、……

6.3 规划师应对国土空间规划的生态知识结构、技术与价值观的建立的诉求；规划专业人才培养的知识结构、能力结构与课程设置诉求：

生态规划的哲学理念就是诗意栖居和天人合一，也就是人与天调，以天为本，以人为本，天人本一。规

划师必须掌握完善与建立以下 11 项知识、技术、价值观。①生物科学基础、生命科学基础、生态学科学基础；②环境伦理学、环境行为学；③人类世、生态哲学与生态美学；④城市社会学；⑤城市经济学、土地经济学、福利经济学、宏观与微观经济学；⑥政策、法律、法规、财政与税法（SWOT、PEST 分析）；⑦环境与发展经济学；⑧人与自然——天、地、人、生、神——中国易经、风水学的复兴，敬畏自然、尊重生命、利用自然、改造自然、适度消费、适度发展、适度建设……人与天调——以天为本——以人为本；⑨规划人类学、景观人类学、规划生态学、设计生态学、西方神学、东方仙学、生态文明、生态文化……；⑩空间规划理论与方法、大数据、虚拟技术、跨界、无界、混沌；⑪模糊数学与灰色系统、卫星遥感与 3S 技术、软件包应用、老三论、新三论及数学建模技术等等……

6.4 生态规划对城乡生态环境认知、调查与质量综合分析评价诉求

①城市、社会、人口、土地、产业综合分析；②乡村、社会、人口、土地、产业综合分析；③区域山水林湖草荒等生态空间综合分析；④人口与生态承载力；⑤生态敏感分析；⑥土地利用适宜性分析等。

6.5 城乡生态规划的关键技术诉求

①城乡生态功能、生态风险评价方法（城乡现实状态基础评价系统）；②城乡建设中生态规划关键技术与方法（城乡生态规划、编制体系与技术）；③城乡规划实施的生态安全格局评估与调控（规划实施、运行的评价与调控）④城乡生态修复技术（城乡区域的调整、更新与系统优化）；⑤城乡生态补偿机制与价值补偿等。

7 城乡生态与环境规划的课程框架构建

7.1 课程核心理论构架

①人口与生态承载力概论；②生态环境质量评价论；③生态哲学与生态伦理；④生态规划原理支撑理论；⑤生态规划技术支撑理论；⑥生态修复与恢复原理支撑理论；⑦生态规划编制支撑技术等。

7.2 城乡规划专业城乡生态与环境规划课程内容与章节设置

①绪论 国土空间规划和城乡生态与环境学
②城乡生态系统质量评价
③中国城乡重构与城乡生态建设
④城乡生态与环境规划术语与术语体系
⑤城乡生态规划基本理论与理论体系（生态功能区划和主体功能区划）
⑥城乡生态规划技术与技术体系
⑦城乡生态与环境规划编制体系（生态省、市、县、和生态乡镇、村规划）
⑧城乡生态环境专项规划（城乡双修总体规划、海绵城乡规划等等）
⑨城乡生态与环境规划方案与评估
⑩城乡生态安全与管理
⑪城乡生态与环境规划案例

7.3 城乡规划专业城乡生态与环境规划课程——课堂教学重点与知识点分配

①城乡生态认知、调查与评价理论；②种群与群落生态理论；③城乡生态敏感性与景观水文理论；④土地适宜性与景观地学理论；⑤生态与环境规划系统论和控制论；⑥生态与环境规划编制技术论；⑦生态哲学与环境伦理学论。

7.4 城乡生态调查报告指导书——内容（选题）

报告一 大学校园生态系统调查
报告二 城乡生态系统差异性问卷调查
报告三 居住区环境调查
报告四 城市植被类型的调查
报告五 城市树种多样性的调查
报告六 街道绿视率的测定
报告七 城乡绿道－城市道路建设对城市景观影响的实验（城市廊道效应）
报告八 城市植被生态效应的调查
报告九 农村住区生态环境调查——乡村人口、社会、产业、景观、居住、环境综合调查
报告十 城乡出行行为与共享单车运营与盈利模式调研

报告十一　乡村旅游发展对乡村振兴的贡献调查研究

报告十二　城乡老年人（退休人群）生存质量与生活质量调查与评价

主要参考文献

［1］李景奇，城市水生态系统修复与重建——海绵城市规划建设理念与关键技术的哲学思考 [J]. 上海城市规划，2019（44）：12–18.

［2］李景奇，城市生态复兴与生态智慧——天人合一的哲学思想与生态实践智慧 [J]. 城市建筑，2018（11）：35–39.

［3］自然资源部.关于建立国土空间规划体系并监督实施的若干意见.2019.

［4］环境保护部，中国科学院.全国生态功能区划，2008.

［5］国务院.全国主体功能区规划，2010.

［6］国家环保部，国家发改委.生态保护红线，2017.

Discussion on the Reform of Course Content of Urban and Rural Ecology and Environmental Planning under the Guidance of Land Spatial Planning and Ecology

Li Jingqi

Abstract: Urban and rural ecology and environmental planning curriculum is one of the ten core courses of urban and rural planning, with the national economic and social development transformation, ecological environment protection, the implementation of geographical space planning and the demand for healthy development of social economy, the thesis from the development and evolution of ecology, The obligation and functions of urban and rural planning, land and space planning claims, urban and rural construction demands, The demand of ecological protection, the demand of urban and rural planning talents training and the demand for updating the content of the curriculum itself have been studied in the framework of the theoretical system, technical system and preparation system of curriculum setting.

Keywords: Land Space, Ecological Civilization, Urban and Rural Ecology, Ecological Planning, Curriculum Content

基于 OBE 理念的城市道路与交通规划课程教学改革探讨*

王静文 李 翅

摘 要：城市道路与交通规划课程是城乡规划专业本科教学体系中的核心课程，其内容扩展迅速，知识结构日趋复杂化，并具有显著的工程实践性和体验性特征。为更好适应城市道路与交通规划课程教学特点，基于 OBE 教育理念设计其教学模型，进行教学改革探讨。以学生为中心，突出能力培养，设定教学目标；整合教学内容，构建知识模块，形成预期成果；融合多元化教学方式，提高学习兴趣，培养创新能力；基于学习成果构建评价体系，注重过程及多样性。本研究对城乡规划专业课程教学改革具有一定的借鉴意义。

关键词：OBE，教学改革，城市道路与交通规划

1 引言

城乡规划专业作为应用型学科，其存在的价值在于城乡规划实践不断满足社会的多元需求。也故此城乡规划专业培养体系具有非常强的时效性，需要在社会动态发展中不断调整以适应社会对城乡规划人才的需求。自《高等学校城乡规划本科指导性专业规范》（2013）出台以来，众多高校的城乡规划专业以此为依据制定城乡规划专业培养体系，在培养目标、培养模式和课程体系设置上都有了新的思考和举措。城市道路与交通规划课程是城乡规划专业本科教学体系中的核心课程，课程开设的目的是使本科生初步理解与掌握城市道路与交通相关的基本概念及知识、初步认识城市规划与交通规划、用地布局与道路设施建设之间的相互关系，了解城市道路交通的组成与特点、城市道路设计的基本原理与步骤以及城市交通规划的理论与方法，进而培养学生发现、分析与解决问题的综合能力。作为理论课程的城市道路与交通规划课程，通常采用课堂教学的方式授课，并很大程度上延续着传统的教育模式——一种建立在相对合理范畴内的专门化知识教育，但城市道路与交通具有显著的工程实践性和体验性特征，传统教学方式难以适应其

实践性、体验性的特点，同时面对城市交通日趋复杂且交通矛盾不断变化的新形式，传统教育模式的不适应性逐步体现出来。针对这些问题，引入更契合城市道路与交通规划课程教学目的和意义的 OBE 教育理念，对城市道路与交通规划课程教学内容与方法进行调整与创新，改变传统课堂教学中以"教师为主导的讲授 + 学生被动接收"的方式，实现以"成果为导向 + 学生为中心"的培养模式，激发学生的认知能力与创新精神，培养学生综合调查、分析、解决问题的实践能力，进而促进城乡规划专业课程建设和人才培养。

2 基于 OBE 理念的城市道路与交通规划课程教学模型设计

OBE 是成果导向教育（Outcomes-Based Education）的简称，亦称学习产出教育，该模式最早在美国和澳大利亚的基础教育改革中提出并应用。OBE 模式顺应社会需求和发展，意在探索改变现有的教育方式，由传统围绕教师主导课堂的理论教学向面向学生需求的实践能力培养转变。将社会和市场实际需求作为出发点，以应用型人才培养为导向，构建课程的目标、框架与体系。OBE 培养模式包括预期成果（目标）、学习内容、教学

---

* 资助项目：北京林业大学教育教学研究项目（BJFU 2017JY008）。

王静文：北京林业大学园林学院副教授
李 翅：北京林业大学园林学院教授

策略和学生评价四方面。与传统教学模式相比，OBE教育模式特殊之处在于行为主体、教学形式及动力机制的改变，也可以理解为从自上而下向自下而上教学模式的转变。OBE模式的应用不仅是当前国际主流的趋势，更符合中国高校对于实践型、创新性人才培养目标的要求。城乡规划专业采用这种教育理念和教学方法有利于学生专业能力与素质的培养，也有助于接轨于国际。基于OBE教学模式的城市道路与交通规划课程改革，其基本内涵即是以学生为本、立足发展的理念。根据OBE理念及中国工程教育认证的要求，结合园林学院城乡规划专业近年来在教学改革方面的实践，从教学目标设定、教学内容整合、教学方法设计以及教学评价体系构建等方面设计城市道路与交通规划课程教学改革模型（图1）。

3 基于学生专业能力培养的教学目标设定

城市道路与交通规划课程是城乡规划专业本科教学体系中的核心课程，为确保该课程教学能以学生和社会发展需求为导向，园林学院以多种形式讨论了课堂教学的开展和课程目标的设定。召开教师、学生教学交流会议，组织调研多家规划设计院，多方面听取教师、学生以及规划师对城市道路与交通规划课程培养目标的建议等。基于收集的意见与建议，在以学生为中心的指导思想下，坚持以"结果为导向"持续改正，结合新型城镇化及交通领域的发展，将最新的发展理念、内容和方法融入教学改革中，设定不同类型目标（表1），使学生能够以感性认知＋实践认识＋悟性提升的方式，熟练掌握城市道路与交通规划的理论基础和方法，并实现能力与素质的提升。

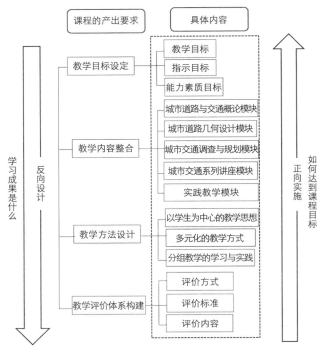

图1 基于OBE理念的城市道路与交通规划课程教学改革模型设计

4 基于目标（成果）导向的教学内容提炼与整合

城市道路与交通规划课程具有教学内容庞杂、大部分章节理论性综合性强、理论与实践相结合的特点，学生对于知识的理解和掌握存在一定难度。为此，探讨城市道路与交通规划课程各章节内容联系，基于"认知道路与交通——解读道路与交通——评析道路与交通——

基于学生专业能力培养的城市道路与交通规划教学目标设定   表1

目标类型	目标设定	专业能力培养
教学目标	理论与实践相结合，使学生系统地学习和掌握道路设计与交通规划的基本原理和基本方法，同时培养学生运用所学理论知识开展道路设计与交通规划的实践创新能力	基本技能培育（基础层）＋综合能力培育（拓展层）＋创新实践训练（升华层）
知识目标	认知城市规划与交通规划、用地布局与道路设施建设之间的相互关系，明晰城市道路与交通规划在城乡规划编制体系中的地位和作用，以及在不同规划层次阶段中交通规划的范围、内容及深度；认知城市交通与城市社会、经济、环境、管理、空间结构与形态等的关系，明晰相关城市交通政策与管理法规等	
能力素质目标	通过课程的推进使学生对城市道路与交通组织中存在的问题有准确科学的判断，并运用相关理论与方法对城市道路与交通进行优化设计和组织，独立对城镇进行系统的道路设计与交通规划，培养学生具有一定的实践能力和创新精神	

设计道路与交通——协同道路与交通"的主线，构建完整的知识体系，将城市道路与交通规划课程内容整合划分为城市道路与交通概论、城市道路几何（工程）设计、城市交通调查与规划、城市交通系列讲座及实践教学等5大模块（表2），对每一模块中的内容进行梳理与归纳，明确其联系性，有步骤、有层次地推进教学。基于OBE理念，通过模块化教学，学生完成自己的阶段性成果，主要形式包括小论文、课堂汇报展示活动、规划设计小作业等。并针对模块教学中不同的环节，引入城乡规划专业相关学科知识内容，如在"城市可持续交通"一节中引导学生深入分析"何样的城市交通才可称之为可持续？"，找出城市交通问题之根本，引入城市社会学、环境行为学、城市经济学等内容，进行多学科交叉融合，不断提高学生的创新能力。如此以在城市道路与交通规划课程教学过程中逐步培养学生具备扎实的专业知识、系统的思维习惯和一定的创新能力。

5 基于学生自主学习能力培养的教学方法设计

OBE教学模式重在从学生角度出发，培养学生的综合素质和良好的实践能力，以更好契合社会对城乡规划专业人才的需求。基于OBE理念，城市道路与交通规划课程教学方法围绕以下内容进行了设计。

（1）以学生为中心的教学思想。教学过程中，以学生为中心组织教学。通过学生课前预习、收集资料、观察调研，教师课上精讲，学生参与教学，课下进行分析总结等方式发挥学生的主体作用，学生变被动学习为主动学习，提高发现问题、分析问题能力以及锻炼逻辑思维能力和口头表达能力。例如，"道路平面交叉口设计"一节内容讲解，让学生结合自己平日出行实践，模拟行人及车辆经过交叉口情景，评价与分析学校附近的石板房道路平面交叉口所存在的诸多问题，并运用课堂所学知识对其进行渠化改造与优化设计。如此以让学生对城

基于OBE理念的城市道路与交通规划课程教学内容编排 表2

模块	引入问题	教学内容	教学方式	学习成果	效果评价
城市道路与交通概论模块	如何系统认知城市交通？ 如何理解城市交通与城市发展关系？	城市交通与城市发展关系、城市交通发展历程、城市交通对道路要求、行人车辆和城市道路交通基本知识等	讲授城市交通内涵与外延，学生课外延伸学习（文献查阅与研究）	系统性认识城市交通及其在城市发展中的重要性，掌握城市道路设计与交通规划的基本理论和相关方法	课后作业（思考题）、学生讨论
城市道路几何（工程）设计模块	如何通过城市道路设计组织交通？	城市道路横段面设计、道路纵断面设计、道路平面线型设计、道路线型综合设计、道路交叉口设计、道路慢行系统设计等	讲授道路几何设计基本原理与方法，案例展示，学生分析评价城市道路设计优缺点		课堂提问、学生讨论、课内检测、课后作业（设计小作业）
城市交通调查与规划模块	如何进行城市交通规划？ 如何理解交通规划与城市规划关系？	交通调查、城市道路网规划、城市公共交通规划（BRT规划）、城市慢行系统规划、城市停车设施规划、城市综合交通规划等	讲授道路规划基本原理与方法，案例展示，学生分析评价城市交通规划优缺点		课堂提问、学生讨论、课内检测、课后作业（规划小作业）
城市交通系列讲座模块	何样的城市交通才可称之为可持续与绿色？ （当前交通领域热点事件或案例分析）	当前交通热点问题、城市交通发展政策、交通与土地利用模型、TOD模式、城市可持续与绿色交通、城市智能交通等	外请规划院专家专题讲座，学生与专家、教师开放式交流探讨，学生课外延伸学习（文献查阅与研究）		课堂专题讨论、课后作业（小论文）
实践教学模块		城市综合交通调研报告、城市道路交通出行创新实践报告、小城镇综合交通规划等	讲授获奖案例，学生小组交流，反向式教学，规划案例展示，学生与教师开放式交流探讨	具备结合文献研究科学分析城市道路与交通组织存在的问题并予以解决的能力，具备一定交通规划实践能力	小组汇报、调研报告、规划作业

市道路交通环境主动观察，自主分析、讲评其存在问题，提出改进策略，极大提高了学生兴趣和积极参与性，较好地达到了教学目的。

（2）多元化的教学方式。课堂教学融合案例教学、研究式教学、反向式教学等多种方式，提高学生兴趣及参与性。例如，案例学习模式可以将抽象理论具体化，增强学生兴趣，提高学生对实践的认识。具体步骤如下：学生准备阶段——学生根据课堂任务，搜集典型城市道路与交通案例及相关资料，深入分析案例；展示讨论阶段——学生展示自己的案例，集体讨论；总结阶段——教师与学生进行案例内容的总结与评价。通过案例学习，内化理论知识，培养学生的创新精神与解决实际问题等能力。再例如，以某个主题（如，绿色交通、智慧交通等）为关键词，采用研究式教学方法，要求学生通过教材、国家标准（规范）、期刊网站及其它资料等各种途经查阅文献，并引导学生自主学习文献，形成自己的观点。再例如，采用反向式教学，以学生为主导，以小组为单位，选择与城市道路交通发展息息相关的趣味性项目，如海淀区五道口交通拥堵问题，引导学生进行现场调研和组内讨论，继之以教师的身份授课，并反馈调研结果和希望通过调研所获取的关键知识点等。如此通过多元化的教学方式激发学生对城市道路与交通规划课程学习的主动性和创造性。

（3）分组教学的学习与实践。所谓分组教学是在树立正确的教学观点基础上，以小组为单位，学生自主管理、自主学习的方法，如此提高学生协同意识与协作能力。城市道路与交通规划课程通常以3–4人为小组单元划分，通过小组共同面对学习与实践任务，相互启发与交流协作，完成任务。具体操作为：针对某一道路与交通知识点，学生首先要明确分工及相互衔接环节，在各自学习内容的基础上，与上、下内容联系进行衔接、讨论，最后形成小组整体意见。针对某一交通实践调查或规划任务，小组成员也需明确各自分工任务，协同完成资料收集整理、实地踏勘、调查结果分析统计以及最终调研报告的撰写及规划方案的绘制等任务。在学习与实践过程中，培养学生多思考、多交流的良好习惯，培养学生的创新能力，并逐渐培养学生形成协同意识与协作能力，如此以契合城乡规划专业对协作型人才的需求。

6 基于成果导向的多元教学评价体系构建

评价是对学习效果及学习过程的检验。基于OBE教学理念，成果是学生经过学习后（包括整体性与阶段性学习）取得的学习结果，评价应对学习过程与学习效果进行检验，注重过程性，突出应用性，强调多元化。园林学院城市道路与交通规划课程在最终学习成果的评价系统上进行多方面的积极探索，建立多元公平的评定方式和评价标准。

（1）评价方式：改变以往教师依据平时成绩和学期末闭卷考试给定分数的做法，将学生互评与教师评定相结合，综合给定最终课程成绩。

（2）评价标准：改变传统以考试分数作为单一标准的评价体系，对城市道路与交通规划课程，结合5大模块的教学内容，融入小论文、小设计、调研报告、社会实践、PPT汇报等多个子项进行评价。

（3）评价内容：综合平时各项作业成绩和期末考试成绩，考查学生理论积累的同时，更应结合实践教学模块考查学生的动手能力、交流能力、创新思维与合作精神等。建立标准化的评价模式（优、良、合格、不合格）与多元化的评价体系，综合考量学生在各个阶段的学习效果，并根据评价结果的反馈，进行教学内容的优化与教学方法和教学手段的改进，提高城市道路与交通规划课程教学质量。

7 结语

不仅强调单向的"教"，OBE教学理念更是一种启发思维、注重结果的反向式教学提升过程。作为城乡规划专业的核心理论课，城市道路与交通规划课程在专业学习中引入OBE教学理念，改革教学模式，着重体现在以下两个方面：一是要明确城市道路与交通规划课程在城乡规划专业培养体系中的地位和需要达到的目标，并根据目标进行课程教学计划、教学大纲、实践环节以及考核评价方法的制定；二是要明确城市道路与交通规划课程培养目标、培养方案等教学环节都需要以学生的学习成果和创造性思维培养为核心，并以此进行课程教学内容、方法和模式等的改革与创新。本研究结合园林学院城市规划专业课程教学实践，基于OBE教育理念设计城市道路与交通规划课程教学改革模型。以学生专业能力培养设定课程教学目标，以"认知道路与交通——解读道路与交通——评析道路与交通——设计道路与交通——协同道路与交通"为主线将课程内容整合为5大知识模块，通过知识模块训练与整体成果相结合构建课程知识体系；以学生为中心，融合多元化教学方式，引导学生兴趣与参与性，分组教学学习与实践，培养实际问题的解决能力、创新能力以及专业协作能力；在学习评价中，以成果为导向，注重过程与多样化，形成实用、具体的多元化评价体系。园林学院城乡规划专业教学实践表明，通过课程教学改革，学生分析与解决问题的能力、初步的创新能力、动手能力以及协作能力等均得到提升。基于OBE理念的教学是一项复杂的、长期的系统工程，结合城乡规划其他专业课程的特色，探索OBE教育的改革创新模式，提升专业整体教学质量，是城乡规划专业课程未来教学中值得持续探讨的课题。

主要参考文献

［1］袁奇峰，陈世栋. 城乡规划一级学科建设研究述评及展望 [J]. 规划师，2012，28（9）：5-10.

［2］高等学校城乡规划专业指导委员会. 高等学校城乡规划专业本科教育培养目标和培养方案及课程教学大纲（2013年版）[M]. 北京：中国建筑工业出版社，2013.

［3］况爱武，龙科军. 交通规划实验教学内容与方法研究 [J]. 高等建筑教育，2013（7）：20-23.

［4］顾佩华，胡文龙，林鹏，等. 基于"学习产出"（OBE）的工程教育模式——汕头大学的实践与探索 [J]. 高等工程教育研究，2014.

［5］张辉. 地方本科高校LU-OBE工程教育模式的探索与实践 [J]. 现代教育科学，2018，（1）.

［6］赵健，范士杰. 基于OBE理念的高校工程教育实践教学模式创新研究 [J]. 高教学刊，2018（20）：32-34.

Discussion on Teaching Reform of Urban Road and Traffic Planning Course Based on OBE Concept

Wang Jingwen　Li Chi

Abstract: As the core theory course of urban and rural planning specialty, urban road and traffic planning has expands rapidly in its content, and its knowledge structure has become more and more complicated, and it has remarkable engineering practical and experiential characteristics. In order to better adapt to the course teaching characteristics of urban road and traffic planning, the teaching model has been designed based on OBE educational concept, and the teaching reform has been discussed. Take the student as the center, highlight the ability training and set the teaching goal. Integrate the teaching content, construct the knowledge module and form the expected achievement. Merge the diversified teaching method, improve the study interest, and cultivate the innovation ability. Build an evaluation system based on the learning results and pay attention to the process and diversity. This research has certain reference significance to the curriculum teaching reform of urban and rural planning specialty.

Keywords: OBE，Teaching Reform，Urban Road and Traffic Planning

大变革背景下城乡道路与交通规划课程教学改革思考

靳来勇

摘　要：我国城市交通正处于大变革之中，城市交通的目标、理念、内涵、外延、体系都发生了深刻变化，城市的类型、交通特征逐步走向差异化，这需要交通应对的理念、方法和措施也及时调整。城乡道路与交通规划是城乡规划专业的核心课程之一，是学生掌握交通规划知识、形成交通专业能力的主要学科平台。通过分析城市交通变革的主要内容，对现有的课程体系存在的问题进行了深入剖析，提出了课题体系、教学重点、学生能力提升等方面的建议。

关键词：交通规划，教改研究，大变革，差异化

1　引言

城乡道路与交通规划课程是城乡规划专业的核心课程之一。本课程主要讲解城市交通的主要理论和解决问题的基本方法。通过本课程的学习，培养学生对城市交通问题有相应的理论基础和基本的实践能力。

城市交通具有显著的实践性特征，我国城市和城市交通正处于一个快速发展和变革的时期，城市交通的理念、目标、体系、方法都在发生深刻变化，其发展已经进入了一个新阶段，城市交通发展的目标已经从"满足需求"转变为"支持城市正常运行"，城市交通拥堵成为大城市的常态，城市交通供给短缺成为大城市的交通常态。作为核心理论课程之一的城乡道路与交通规划应当与时俱进，教学体系、重点应当有所变化以适应城市交通大变革和发展趋势的要求。

2　城市交通面临的变革

2.1　城市交通发展目标调整："满足交通需求"调整为"支撑城市高效运行"

一段时期以来，"超前建设，满足需求"一直是城市交通的核心发展目标，在城市快速扩张阶段，该交通发展目标有效地解决了城市快速发展过程中交通供给严重不足的问题。目前中国城市面临的发展环境和交通特征已与十几年前迥异，我国城市建成区，特别是大城市的建成区规模已经较大，基于城市空间结构调整的城市空间形态已经初步形成，城市空间发展正在从"增量扩张"向"存量优化"过渡。我国城市交通机动化仍处在较快增长阶段，如果按照"需求满足"的目标进行规划，就意味着还要建设大量的道路来满足交通需求。在城市建成区内，交通需求增长完全依靠做大交通供给已经越来越困难，交通设施建设空间、建设成本难以承受。

我国城市交通发展的目标已经在转变，从"超前建设、满足需求"为核心转变为"支持城市集约高效运行"。城市交通系统不能满足城市所有的需求，对交通需求的响应有了优先次序安排，不同优先次序下交通子系统的交通空间分配满足程度差异明显。这种交通发展目标的变化在《城市道路交通规划设计规范》GB 50220—95与《城市综合交通体系规划标准》GB/T 51328—2018两个规范中反映的非常明显，《城市综合交通体系规划标准》GB/T 51328—2018作为《城市道路交通规划设计规范》GB 50220—95的升级替代版，在其总则第一条中提出城市交通发展目标为"支撑城市的集约高效运行"，而《城市道路交通规划设计规范》GB 50220—95中提出的目标为"满足土地使用对交通运输的需求，发挥城市道路交通对土地开发强度的促进和制约作用"。

靳来勇：西南民族大学城市规划与建筑学院副教授

2.2 城市交通规划重点的变化：如何做大蛋糕调整为合理分配蛋糕

在交通增量规划阶段，规划重点是引导交通设施规划与建设，研究重点是新增交通设施，规划主要通过交通设施增量来平衡交通需求的增长，增量规划阶段是"做蛋糕"，通过设施增量来扩大交通供给能力，城市中的绝大多数人可以从中受益。存量规划阶段中，交通设施新增较少，规划主要通过城市交通系统服务和政策调整来响应需求的变化，存量规划是合理"分蛋糕"，服务和政策的调整是在既有交通资源、城市空间的基础上调整交通资源的分配关系，交通优先是以部分群体的损失为基础，交通政策和服务是否公平成为存量规划的重要内容。

2.3 城市交通内涵和范围变化：内外交通调整为区域融合、互连互通

城市活动与城市交通联系开始延伸到市域和城镇密集地区，城镇的功能布局突破了中心城区的制约，中心城区以外地区与中心城区、城市之间的交通联系日趋紧密，传统意义上界定的对外交通、内部交通的边界越来越模糊，城市中心城区外的交通成为城市内部交通、对外交通、乡村交通混杂的地区，传统的城市对外交通、内部交通、乡村交通的交通划分模式已经逐步失效。

2.4 城市交通差异化的变化：统一均质调整为差异、精细

经过几十年来城镇化的快速发展，我国城市之间发展的差距逐步扩大，人口规模差距拉大，催生了人口规模超过 2000 万的超级都市，大城市的数量迅速增加，特大、大、中、小城市的类型更加丰富。2014 年颁布的《关于调整城市规模划分标准的通知》对我国城市类型进行了重新划分，城市类型由四类变为五类，增设了超大城市，城市标准划分更加细化，将小城市和大城市分别划分为两档，同时大幅提高城市规模的上下限，比如小城市人口上限由 20 万提高到 50 万，特大城市下限由 100 万提高到 500 万。

城市规模的变化导致城市交通特征差异越发突出，不同规模、空间形态的城市在交通出行规律上显现明显差异，传统的交通规划理论、规范中，通常以空间性指标指导规划，比如道路面积率、道路密度等指标，弱化

城市之间、城市不同区域之间交通的差异性，使城市交通服务要求与设施提供错位。目前城市交通差异化已经成为城市交通规划和交通问题解决方案选择的关键，提出适应与交通需求特征相匹配的交通服务和交通响应的指标体系成为指导城市交通规划的主流思路。

3 现有课程体系存在的问题

3.1 教学内容与能力培养要求匹配度不高

《高等学校城乡规划本科指导性专业规范》（2013年版）（以下简称为"专业规范"）中列出了学生能力结构的六项主要内容，包括前瞻预测能力、综合思维能力、专业分析能力、公正处理能力、共识建构能力和协同创新能力。专业规范（2013 年版）中提出的六种能力，能够适应交通发展新阶段的要求，特别是综合思维能力、专业分析能力、共识建构能力这三种能力对城乡规划专业学生处理交通问题尤其重要。

城乡规划专业学生能力结构的主要内容　表1

能力要求	目标
前瞻预测能力	预测社会经济发展趋势的能力，对城乡发展规律的洞察能力
综合思维能力	思维能力是综合能力的核心，学会运用有效的思维方式去分析、判断、创造
专业分析能力	发现 - 分析 - 解决问题的分析和推演方法
公正处理能力	分析对各方利益的影响，并综合寻求利益的公正性，需要具备公正处理能力
共识建构能力	广泛听取意见，综合不同利益群体的需求，并在此基础上达成共识
协同创新能力	协作能力与创新能力，自主创新能力

专业规范（2013 年版）中推荐的《城乡道路与交通规划》课程知识点中，主要包括了 8 项内容，8 项内容中有 6 项是侧重于交通设施的内容，其中"道路系统"、"停车设施""对外交通"为三项需要掌握的内容，这 3 项内容均侧重交通设施。这 8 项内容中没有包括"城市交通体系协调""交通需求分析""交通政策""交通信息化"等侧重存量规划阶段关于交通服务、交通差异化、交通政策的内容，而缺失的内容则侧重于综合思维能力、专业分析能力、共识构建能力的培养。

城乡道路与交通规划知识点及推荐学时　表2

序号	知识点描述	要求	推荐学时
1	城市交通系统与城市发展的关系	了解	
2	城市交通系统与城市总体布局的关系	熟悉	
3	城市道路系统规划	掌握	
4	城市停车设施规划	掌握	64
5	城市对外交通及其用地布局	掌握	
6	城市交通枢纽规划	熟悉	
7	城市轨道交通规划	了解	
8	城市综合交通规划	熟悉	

3.2　授课内容多，课程课时安排不足

专业规范（2013年版）中对《城乡道路与交通规划》课程推荐学时为64学时，目前国内主流采用的教材为《城市道路与交通规划》（徐循初主编），该教材分上下两册，上册主要介绍道路规划设计的基本知识，更侧重道路工程设计的内容，下册主要内容为各类交通规划。专业规范（2013年版）关于该课程的知识点主要分布在教材的下册，下册内容多而杂，很多知识为需要学生掌握的内容。

以西南民族大学为例，该课程在城乡规划专业的课时安排为68个学时，分上下两个学期授课，上下学期各34个学时，上学期采用上册教材，下学期采用下册教材，整体的课程学时是满足专业规范（2013年版）要求的，但实际授课过程中，下册授课课时紧张，课堂节奏较快，影响学生的掌握。《城乡道路与交通规划》课程具有很强的实践性，受课时限制，课堂教学节奏紧张，案例讲解不能深入，学生讨论和思考的时间不足，实践环节缺乏，使得实践性很强的交通课程偏向于理论讲授，学生理解不深入。

4　教学改革的思考

4.1　增加课程内容，优化内容重点

增加课程内容，课题体系内容从现有的8项调整为12项。在课程内容中增加"城市交通体系协调"、"交通规划实施评估"、"交通调查与交通需求分析"、"交通政策"以及"交通信息化"等内容，从而突破原有的课程体系内容中重设施轻政策、重空间轻服务的不足，形成与城市交通发展新背景要求相适应的课程内容体系。

优化调整知识重点。以停车设施规划为例，目前政

城乡道路与交通规划知识点及要求调整建议　　　表3

原内容及要求			优化调整建议		
序号	知识点描述	要求	序号	内容调整建议	要求调整建议
1	城市交通系统与城市发展的关系	了解	1	城市类型与交通特征差异	熟悉
2	城市交通系统与城市总体布局的关系	熟悉	2	—	—
3	城市道路系统该规划	掌握	3	—	—
4	城市停车设施规划	掌握	4	停车发展规划	熟悉
5	城市对外交通及其用地布局	掌握	5	区域交通规划	熟悉
6	城市交通枢纽规划	熟悉	6	—	掌握
7	城市轨道交通规划	了解	7	公共交通规划	熟悉
8	城市综合交通规划	熟悉	8	交通体系协调	熟悉
—	—	—	9	实施评估	了解
—	—	—	10	交通调查与交通需求分析	熟悉
—	—	—	11	交通政策	熟悉
—	—	—	12	交通信息化	了解

府停车发展思路是将停车作为准公共产品提供，政府主导推进停车设施建设，这种发展思路已经导致停车状况逐步恶化，停车设施发展需要从明确停车市场化发展方向着手，调整停车设施的属性，不再作为城市的准公共产品，按照市场化原则推动建设，规划的作用更多体现在划定禁止停车的范围和引导停车管理政策制定上。停车规划逐步脱离设施布局属性，调整到交通政策安排上，对学生的要求也应当调整，从现有的掌握停车设施布局调整到熟悉停车发展政策。城市交通枢纽规划特别是客运枢纽规划，与城市的中心体系构建紧密相关，建议对学生的知识要求由熟悉调整为掌握。

4.2　增加课程学时，优化调整教材上下册的学时安排

以同济大学城乡规划专业本科教育为例，其《城乡道路与交通规划》课程的总学时约为 100 个，其学时数量超过了专业规范（2013 年版）推荐学时总量的 1/3。以西南民族大学为例，其每学期课堂教学周为 17 周，建议《城乡道路与交通规划》课程总学时按照 108 个学时安排，其中上册 34 个学时，下册 68 个学时，学时安排既可以考虑到教学知识点总量分布情况，同时与课堂教学周也相适应。

4.3　增加案例教学深度，鼓励学生参加交通类竞赛，提升对课程内容实践性认知和能力

案例教学具有启发性、实践性的特点，交通规划具有很强的参与性、实践性特征，案例教学方式对《城乡道路与交通规划》课程尤其适用。教学案例宜选取已实施的实际案例，从案例的方案背景、构思、方案优缺点等角度展开讨论，提升学生的综合思维能力和专业能力。

鼓励学生参加交通类竞赛，可以提高学生的综合解决问题能力，鼓励学生发现问题、查阅资料解决问题。以西南民族大学城乡规划专业为例，在《城乡道路与交通规划》课程教学中，鼓励学生参加全国城乡规划专业指导委员会举办的交通调研竞赛，在专业教师的指导下学生组成的项目小组从问题提出、问题确定、调研提纲、调查实施、方案优化等全程参与，大大提高了学生的学习兴趣和对交通知识的掌握程度。

5　结语

在城市交通快速发展与变革的时期，及时总结、反思现有《城乡道路与交通规划》课程教学中存在的问题非常必要。从规范层面，沿用了二十多年的《城市道路交通规划设计规范》GB 50220—95 已经被《城市综合交通体系规划标准》GB/T 51328—2018 所取代，城市交通规划体系、理念、目标、概念、内容、方法、指标等方面已经有了大幅的更新和调整，城市交通与城市用地紧密相关，空间规划编制体系正在逐步的探索和完善中，交通规划编制内容、体系也面临调整，交通规划本身就是理论与实践的结合，在城市和城市交通大变革的背景，如何适应外部发展环境和发展要求的变化，及时调整《城乡道路与交通规划》课程体系值得深入尝试和研究。

主要参考文献

[1] 孔令斌,陈学武,杨敏.城市交通的变革与规范(连载).城市交通 [J], 2015（1-5）.

[2] 高等学校城乡规划学科专业指导委员会编制.高等学校城乡规划本科指导性专业规范（2013 年版）[M]. 北京：中国建筑工业出版社. 2013.

[3] 城市综合交通体系规划标准 [S]. 北京：中国建筑工业出版社, 2019.

[4] 赵发兰.城乡规划专业引导式教学改革与实践的探究.教育教学论坛 [J], 2017（11）：128-130.

[5] 民族高校建筑与设计教育探索 [M]. 北京：科学出版社, 2019.

[6] 王超深, 陈坚, 靳来勇. "收缩型规划"背景下城市交通规划策略探析.城市发展研究 [J]. 2016（08）：88-91.

[7] 吴娇蓉, 辛飞飞, 林航飞.提升学生实践能力的卓越课程《交通规划》教学改革研究 [J]. 高教研究, 2012（10）：23-26.

[8] 高悦尔, 欧海锋, 边经卫.《城市道路与交通规划》课程教学困境与改革探索 [J]. 福建建筑, 2017（04）：118-120.

Reflections on the Teaching Reform of Urban and Rural Roads and Transportation Planning under the Background of Great Change

Jin Laiyong

Abstract: China's urban transportation is undergoing major changes. The goals，concepts，connotations，extensions and systems of urban transportation have undergone profound changes. The types and characteristics of cities are gradually becoming different. This requires the concepts and methods of traffic response. The measures were also adjusted in time. Urban and rural roads and transportation planning is one of the core courses of urban and rural planning，and it is the main subject platform for students to master transportation planning knowledge and form transportation professional practice ability. By analyzing the main contents of urban traffic reform，the paper analyzes the problems existing in the existing curriculum system，and puts forward suggestions on the subject system，teaching focus and student ability improvement.

Keywords: Transport Planning，Educational Reform Research，Great Change，Differentiation

《城市环境与城市生态学》模块化教学改革探讨 *

辜智慧　崔冬瑾　张　艳

摘　要：《城市环境与城市生态学》的教学过程一般存在教学内容重点难把握、理论课堂讲授模式单一、与设计主干课程缺乏融合等问题，导致学生学习兴趣不高、教学效果不理想。基于此，提出模块化实践教学方法，将《城市环境与城市生态学》的基础理论、研究方法及设计实践相结合，把课程内容分解为不同模块，采取多元教学方法，以多课程体系融合的方式，来提高学生的主观能动性和学习兴趣。实践证明，这种教学安排有效弥补了该课程从理论到实践环节的脱节，能够达到一个较好的教学效果。

关键词：城市生态学，模块化教学，多元教学方法，多课程体系

2018 年 3 月 13 日，第十三届全国人民代表大会第一次会议审议国务院机构改革方案，整合原国土等 8 个部、委、局的规划编制和资源管理职能，组建自然资源部。目前，各省区市规划和自然资源部门正式步入省级机构改革全面实施阶段 [1]。通过部门优化重构，以自然资源、国土空间规划为基础依据，基于自然资源保护与开发，协调国土空间规划，涵盖区域资源环境保护、经济社会发展等多个领域，促进自然资源及国土空间资源要素的优化配置和可持续发展。这一改革无疑给规划和自然资源行业发展带来了新变化。在此背景之下，城乡规划专业本科生核心课程之一的《城市环境与城市生态学》的教学内容设计和改革也愈发紧迫和重要。如何促进城乡规划与自然资源的保护相契合是城乡规划未来发展的趋势 [2]。

《城市环境与城市生态学》作为城乡规划的专业核心课程之一，为城乡规划本科生开设。旨在通过对城市生态学和城市环境的介绍，使学生了解城市生态、环境保护理论和城市建设发展方面的复杂关系。尝试将理论知识灵活应用于设计项目和具体的工程实践，为他们从事城乡规划领域的工作和实践打下良好的基础。然而，

由于内容繁多，课时有限，教学方法单一，缺乏实践环节等等问题，导致长期以来学生对该课程教学缺乏兴趣。王宝强等基于 12 所高校授课教师的问卷调研，提出从该课程理论、实践、方法三个维度构建课程体系改革对策：理论构建以城市生态学为基础，以城市生态环境问题为出发点，城市生态规划内容与方法为落脚点，建议增加实践环节、改变单一课堂讲授模式、多元组织教学方法等教学改革方法 [3]。然而，要在有限的课时中以理论教学授课老师一己之力实现以上各个环节的教学内容和效果，还是比较困难的。

因此，笔者基于多年《城市环境与城市生态学》的教学经验，结合参与城市设计、城乡总体规划、毕业设计等实践课程的经历，提出将《城市环境与城市生态学》的基础理论、研究方法及设计实践相结合，把课程内容分解为不同模块，采取多元教学方法，以多课程体系融合的方式，来提高学生的主观能动性和学习兴趣。而实现这一课程体系改革的关键在于多元的教学方法、多课程教学内容的融合以及多课程授课教师的合作，以应对理论授课老师精力有限、课时不足及缺乏设计实践经验等现实问题。

辜智慧：深圳大学建筑与城市规划学院副教授
崔冬瑾：深圳大学建筑与城市规划学院讲师
张　艳：深圳大学建筑与城市规划学院副教授

* 基金项目：国家自然科学基金项目（51778366）；深圳大学教学改革项目资助。

1 模块化教学内容调整

笔者多年来一直采用沈清基老师的《城市生态环境：原理、方法与优化》一书作为指定教材，该书从原理、方法、优化三个角度，对城市生态环境进行深入剖析，并提出城市生态环境生态化发展及优化规划的路径[4]。该书内容丰富，案例众多，是一本较为全面的教材用书。但由于课时有限，一般只能选取重点内容进行讲述。

在多元化教学方式和多课程体系融合的教学改革思路指引下，笔者联合生态建筑设计及城市规划设计类课程授课老师，对该书 22 个章节的内容进行了理论价值、研究价值、实践价值的评估，并最终选择了 16 个模块作为主要授课内容，如表 1 所示。这里的理论价值是指该模块的理论基础对城市生态环境的理解及设计实践是否具有重要的参考价值；研究价值，则是指这一模块对于城乡规划背景的学生是否具有研究的前景及可行性；实践价值则是指此模块的内容、方法对具体的城乡规划设计实践是否具有应用价值。受个人教学经验及学校专业发展背景局限，评估结果难免有失偏颇，在此抛砖引玉，以供参考。

尽管经过删减，《城市环境与城市生态学》的教学内容仍然较为繁杂，一些模块的理论性较强，需要通过对基本概念、原理、方法及过程的介绍来帮助学生们了解其概况和内容，如生态系统基本概念与理论、城市地质

城市生态环境课程内容评估及模块化划分　　　　　　　　　　　　　表1

角度	章节目录	理论价值	研究价值	实践价值	重点模块
原理	生态学概论及基本原理	★★★	★	★	√
	城市生态学概论及基本原理	★★★	★	★	√
	城市生态环境概论及保护与规划原理	★★	★	★	√
要素分析	城市物质	★	★	★	
	城市能源	★	★	★	
	城市信息	★	★	★	
	城市气候	★★★	★★★	★★	√
	城市地质与城市地貌	★★★	★★	★★★	√
	城市土壤	★	★	★	
	城市水文	★★★	★★★	★★★	√
	城市生物	★★★	★★★	★★	√
系统分析	城市生态分析与评价	★★★	★★★	★★★	√
	城市生态规划	★★	★★★	★★★	√
	城市环境分析	★★	★★	★★	√
	城市环境规划	★★	★★	★★	√
	生态城市理论与规划	★★	★★★	★★★	√
	城市空间结构生态化规划	★★	★★	★★★	√
	城市住区生态化规划	★★	★★	★★	√
	城市工业生态化规划	★★	★★	★★	√
	城市基础设施生态规划	★	★	★	
	城市道路交通生态化规划	★	★	★	
	城市绿地系统生态化规划	★★	★★★	★★★	√

条件的稳定性评估、建设项目环境影响评估方法等。一些模块的内容，虽然有较成熟的研究方法，但缺乏普适性的结论。如城市规划设计与局部地区微气候的关系，仍然有待研究。已有的一些研究工作也往往由非规划专业人士开展，其结果难以被规划设计类专业重视或采用。因此，让规划设计类学生了解此类研究过程，重视其结论的参考意义，是非常有必要的。还有一些模块的内容只提出了基本的理论原则，但在实践过程中需要具体问题具体分析。如住区生态化规划、绿地系统生态化规划等。此外，还有一些内容则因为专业化过强，对城乡规划设计专业的理论参考价值不高，研究门槛较高，且难以实践，故不作为重点讲述内容。如城市土壤、物质、能源等。

针对这些模块不同的内容及其特点，笔者引入了多元化教学形式以提高学生的学习兴趣，并将部分较为成熟的较易实现的生态规划方法变为专题，直接纳入到城市设计专题中讲解，以弥补课时不足的缺陷。

2 多元化教学形式设置

《城市环境与城市生态学》单一化的理论教学形式一直为学生们所诟病。笔者自2013年起即开始在课程中增设生态化社区或基础设施参观以及生态环境监测实验等项目。虽略有改观，但仍然难以激发学生们对生态学理论知识的兴趣。近年来，笔者开始在课程中设置翻转课堂教学，增加案例讲解环节，即要求学生们查找生态学相关案例进行讲解，这对学生们有一定的促进作用，但仍然无法将其与他们感兴趣的设计实践相结合。

在最近的教学改革探索中，笔者将学生案例讲解的内容进一步收缩，要求学生收集与讲解城市不同尺度下的生态设计相关案例，较大的激发了学生们的参与兴趣。相对于教材中较为陈旧的案例，学生们更愿意主动查找最新的国际应用案例，如表2所示。这在一方面减轻了

授课老师的备课压力，另一方面也促进了学生们的自主学习能力，达到了教学相长的目的。

在侧重研究的教学模块中，教师组改进了原有的生态环境监测实验，从热点问题出发，设置了与规划设计实践更加相关的实验课题。如以城市设计中较为普遍的商业综合体为例，探讨不同的城市设计对城市微气候环境的影响，并设置相应的调查问卷，调查行人在不同环境中的热舒适度。实验监测内容及选点示意如图1所示。调查问卷如图2所示。

实验设置的目的旨在让学生们了解城市生态学的基本研究方法和过程，尝试用更科学和理性的方法去看待城市规划设计与城市生态环境之间的关系。鼓励学生们在实验监测的过程中，积极思考设计与环境、人的行为活动与心理感受之间的关系。实验所有的监测数据、问卷调查数据，及相应的GIS数据、模型数据均为所有学生共享。学生们可以在此数据基础上，选择自己感兴趣的研究方向，进行各种对比分析，从而得到自己的分析成果及相应的结论。

在中期教学效果问卷中，针对理论教学、案例教学及实验教学效果进行了一个简单测评，如图3所示，可

学生主动收集的国际生态设计案例列表　表2

案例名称	应用国家	年份
城市新城代谢	荷兰 / 鹿特丹	2014
构建巢湖半岛蓝绿生态网络总体规划	中国 / 安徽	2018
弗莱士河生态修复	美国 / 纽约	2012
曼哈顿 BIG U 防护性景观规划	美国 / 纽约	2013
Oceanix City 漂浮城市	未来	2019

环境实测安排

测试人数：7组（3-4个人/组）
测试日期：2019/5/9　8:00—17:00（暂定）
所用到的测试仪器：黑球温度仪，风速仪，热
　　　　　　　　　成像仪（固定在1.5m高
　　　　　　　　　的三脚架上）
测试的气象参数：
1.空气温度　2.相对湿度　3.风速风向
4.黑球温度　5.建筑表面温度　6.地表温度

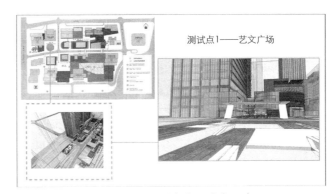

测试点1——艺文广场

图1　实验监测内容及选点示意

万象天地环境热舒适度问卷调查

1. 被调查者性别 男 / 女 年龄：18 岁以下 / 18～40 / 41～65 / 65 以上

2. 请问您是乘坐什么交通工具到达万象天地的？（ ）

 A.地铁 B.公交 C.骑行 D.步行 E.自驾 F.其他：

3. 请问您到万象天地的主要目的是？（ ）

 A.购物 B.餐饮 C.散步 D.工作 E.其他：_____

4. 请根据您对今天这里的气温感受进行打分：_____

 -3 很冷 → -2 比较冷 → -1 稍冷 → 0 刚好 → 1 稍热 → 2 比较热 → 3 代表很热

5. 请根据您对今天这里的阳光强度感受进行打分：_____

 -2 昏暗 → -1 比较昏暗 → 0 刚好 → 1 比较刺眼 → 2 刺眼

6. 请根据您对今天这里的风速感受进行打分：_____

 -2 风很小 → -1 风比较小 → 0 刚好 → 1 风比较大 → 2 风很大

7. 请根据您对今天这里的空气湿度感受进行打分：_____

 -2 很潮湿 → -1 比较潮湿 → 0 刚好 → 1 比较干燥 → 2 很干燥

8. 请根据您对今天这里的空气质量感受进行打分：_____

 -2 难以忍受 → -1 能够忍受 → 0 空气新鲜

 追问：您觉得空气质量差到难以忍受的主要原因是什么：

 _____

 （如：汽车尾气、施工粉尘、垃圾恶臭、餐馆油烟等……）

9. 请问您是从哪个方向进入万象天地的？_____ 其他：请在图中用箭头标记

10. 请问您经常在图中哪个户外空间停留休憩？_____ 其他：请在图中直接圈出

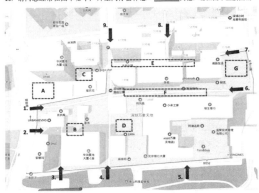

A. 您对万象天地绿化程度的期望是_____ A.减少绿化 B.维持现状 C.增加绿化

 追问：您觉得哪里需要减少/增加绿化，请在下图圈出并简单说明一下原因：

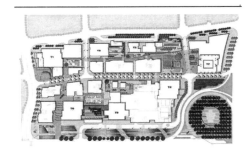

图2 行人环境热舒适度调查问卷

图3 中期教学测评结果

以看到学生们对理论教学的兴趣有较明显的提高，对案例教学也比较认同，并在课程意见中表示在案例收集、学习及讲解的过程中受益匪浅。实验教学由于开展较晚，学生们对实验结果没有明确的预期，相对评分较低，但也表现出一定的兴趣。

此外，学生们还提出一些具体的教学建议，如增加实地参观实践；在案例收集上确定专题方向，便于学生选择且避免重复；增加生态设计实践专题等。可见，多元化的教学方式让学生们对本课程的学习兴趣及参与热情有所提高。

3 多课程体系支持与融合

《城市环境与城市生态学》课程的从理论到实践，离不开多课程体系的支持和融合。尽管在教学模块设计中设置了较多的生态化规划板块，但由于缺乏规划实践环节，学生对其适用性仍然无所适从，不知从何下手。因此，笔者认为，可以选择理论基础及研究方法较为成熟且实践性较强的模块设立专题讲座，在相应的设计课程中开展教学，以帮助学生们学以致用，将生态学规划分析结果，直接纳入到中宏观尺度上的城市规划设计实践中。如城乡总体规划中，需要在收集区域数据的基础上进行"三生"空间的分析。此类分析已经形成比较成熟的分析方法，如生态适宜性分析、生态敏感性分析、用地适宜性分析等。理论课堂的教学对这一部分也有涉及，但相对比较枯燥乏味，而直接纳入城乡总体规划课程体系，在其收集相应基础数据后即开展此专题教学，可以取得更好的教学效果。

在与规划设计类授课教师的充分沟通和交流下，笔者拟对以下内容进行专题教学。其中部分理论知识已经在前期课堂教学中涉及，而实践性、操作性较强的部分，可纳入到相应设计主课程中，如表3所示。就目前开设的情况来看，专题讲座的内容有效的帮助了学生们完成城乡总体规划前期的 GIS 数据分析，并理解不同分析方法的适宜性。

生态设计专题讲座设置　　　表3

专题内容	相应设计课程	开设情况
城市生态规划	城乡总体规划	已开设
城市防灾减灾规划	城乡总体规划	已开设
城市风道规划	城乡总体规划 / 城市设计	有待完善
城市绿地系统规划	城乡总体规划 / 城市设计	有待完善

由于《城市环境与城市生态学》中实践性较强的部分还需要《地理信息系统》、《数理统计》等课程的配合，笔者希望进一步扩大多课程体系的相互支持和融合。此外，还可以借助《城乡规划社会调查实践》、"大学生科技竞赛挑战杯"、"大学生创新实践"、"乡村总体规划竞赛"等多途径教学活动，鼓励学生积极应用生态学知识，开展各类规划设计实践工作，以发挥《城市环境与城市生态学》在城乡规划设计中的积极作用。

4 结论探讨

《城市环境与城市生态学》是城乡规划学专业核心课程之一。但由于课时较少，内容繁多，且缺乏实践设计等环节，导致教学效果大打折扣。笔者基于多年的教学经验，提出模块化教学实践改革，通过对教学内容的调整和模块化，采取多元教学方式，并与其他课程实现串联融合，以求将其理论知识与实践设计相结合，提高学生的主观能动性和学习兴趣，推动该课程的不断优化，达到学以致用的教学目的。

从课程实践过程中对学生的问卷调查结果中可以发现，学生对于多元化教学方式比较欢迎，自主寻找、学习及讲解生态设计案例环节激发了他们的学习兴趣，生态环境监测实验及分析也促进了他们对生态学研究方法的理解，进而对理论知识有了更进一步的掌握和吸收。对于穿插于其他设计主干课程中的城市生态敏感性分析等专题，也表现出浓厚的兴趣。

当然，本次教学改革实践中也存在一些不足。如学生在案例收集过程中较多的集中在水环境治理上，不能广泛的涉足到不同模块内容，这在以后的教学过程中可以进一步的控制。生态环境监测实验上，为了取得更好的监测效果，主要由教师主导设计实验过程，未来可进一步引导学生们自主思考和设计实验任务及过程，并引入局部微气候模拟软件的教学。多课程体系的支持与融合仍然存在一些技术壁垒，导致能够顺利开设的生态规划设计专题较少。更合理可行的教学改革方案仍有待进一步探索。

主要参考文献

［1］ 第十三届全国人民代表大会第一次会议关于国务院机构改革方案的决定 [EB/OL]. 央视网 .2018.3.17. http://tv.cctv.com/2018/03/17/ARTIgjxiHIR8tBjs73DMtXmI180317.shtml.

［2］ 沈清基，王玲慧 .《城市生态学新发展》：解读、评析与思考 . 城市规划学刊 [J]. 2018（02）：113-118.

［3］ 王宝强，王智勇，罗吉 .《城市生态环境规划》教学理论、实践、方法三维度构建探讨——基于 12 所高校授课教师的问卷调研 . 2017 中国高等学校城乡规划教育年会论文集 [C]. 北京：中国建筑工业出版社，2017：133-138.

［4］ 沈清基 . 城市生态环境：原理、方法与优化 [M]. 北京：中国建筑工业出版社，2011.

Discussion on the Revised Method of Modular Teaching in Urban Environment and Urban Ecology

Gu Zhihui   Cui Dongjin   Zhang Yan

Abstract: The teaching process of "Urban Environment and Urban Ecology" generally has problems such as difficulty in grasping the teaching key content, single teaching mode in the theoretical classroom, and lack of integration with the main design curriculum. As a result, students' interest in learning is not high and the teaching effect is not satisfactory. Based on this, a modular practice teaching method is proposed, which combines the basic theories, research methods and design practices of Urban Environment and Urban Ecology, and decomposes the course content into different modules, adopts multiple teaching methods, and integrates with multiple courses. Ways to improve students' subjective initiative and interest in learning. Practice has proved that this kind of teaching arrangement effectively compensates for the disconnection of the course from theory to practice, and can achieve a better teaching effect.

Keywords: Urban Ecology, Modular Teaching, Multiple Teaching Methods, Multi-Course System

构建面向应用的空间规划管理与法规知识体系 *

刘 健

摘 要：城乡规划管理与法规教学存在内容枯燥、课堂沉闷、学生兴趣不大等问题，长期以来得不到有效解决。而当前又正值我国国土空间规划发生重大变革的时期，管理与法规教学一方面要抓紧解决自身的问题，另一方面要适应改革的新要求，探索多规融合下的空间规划管理与法规教学内容与方法。本文对城乡规划管理与法规教学存在的问题进行了深入分析，找到其根本原因在于知识体系不合理。提出必须面向应用、以管理为核心组织多学科知识。并进一步提出了国土空间规划改革条件下，构建空间规划管理与法规知识体系的要点。

关键词：规划管理与法规，知识体系，面向应用，国土空间规划改革

1 引言

城乡规划教学是面向应用、面向实践的教学。其应用性在于规划学科的知识体系是为规划实践服务的。因此，城乡规划"基础性的知识体系应当是围绕着对城乡发展的干预而组织起来的"[1]，无论是有关规划编制的理论、技术，还是有关规划管理的理论与方法，都不应脱离规划实践，只关注自身知识体系的完整。管理与法规是规划学科体系当中与实践关系最为密切的课程之一。因此，管理与法规的教学，不能满足于知识点的全面、完整，止步于对相关知识和理论的介绍、对现有管理事务性内容的总结归纳，而是要面向应用、面向解决空间管理中的实际问题，以空间发展干预当中的基本管理和法律问题为核心——为什么要对空间实施规划行政管理、管理的目标是什么、边界是什么、为什么要立法、立法解决空间行政管理中什么样的问题、基本的空间法律制度是什么等——重新组织和建立国土空间规划管理与法规的知识体系。

目前，正值我国国土空间规划发生重大变革的时期。自 2013 年党的十八届三次全会《关于全面深化改革若干重大问题的决定》提出"建立空间规划体系，划定生产、生活、生态空间开发管制界限，落实用途管制"以来，我国空间规划编制技术、规划管理体制都发生了巨大的变化。规划编制技术上，从"两规合一"、数据标准及平台的整合，到"多规合一"，再到"国土空间规划"；实践上从市县"多规合一"试点，到全面推进省级空间规划试点，并探索以国土空间规划替代城市总体规划与土地利用总体规划；管理体制上从"规土合一"到 2018 年正式组建国家自然资源部，全面集中空间规划职能，再到各地相继组建规划和自然资源管理机构，空间规划改革的方向逐渐清晰，改革中的问题也逐步得到解决。但是，也必须看到，改革中尚存一些未解决的问题。例如：空间规划编制体系的组成、总体层面国土空间规划和控制层面规划编制内容的划分、城市设计的归口等。在这种情况下，以往脱离规划实践、只关注自身知识体系的完整性、"自圆其说"的规划理论与方法难以为继。一方面原有的理论体系不再适用，另一方面无从推断改革的方向，只能处于停滞状态，静等国家进一步决策。城乡规划管理与法规教学更是如此，各种管理事务性活动、程序都面临调整的可能性，空间规划管理法规也面临变化。如果城乡规划管理与法规的教学还停留在对城乡规划管理事务性工作和对现行法规的介绍，将会陷入十分

---

* 基金项目：西北大学教学研究与成果培育项目（JX18125）。

[1] 孙施文 . 关于城乡规划教育的断想 . 城市建筑，2017（10）.

刘 健：西北大学城市与环境学院高级规划师

尴尬的处境。城乡规划管理与法规教学必须把握空间规划管理政策环境变化的实质，及时跟进，调整教学内容。

与时同时，城乡规划管理与法规这门课程在以往的教学当中本身就存在许多没有解决的问题，被看作规划教学中的难点。例如，管理与法规相关知识零散无序、法律条文枯燥乏味、管理事务性讲解难以支撑大学课堂等。对于这些现存的问题，还没有找到其根源，也没有找到从根本上改善的办法。在这种情况下，去研究城乡规划与其他空间规划融合的环境下空间规划管理与法规教学，显得困难重重。因此，必须首先将城乡规划管理与法规教学自身的问题研究清楚、找到解决的办法，再对针对空间规划改革，提出教学改革的思路。

2 城乡规划管理与法规教学问题的反思

长期以来，城乡规划管理与法规这门课程就被看作是一个教学中的难点。教学"内容枯燥、课堂沉闷、学生兴趣不大"❶，形成学生不愿听、教师不愿讲的状况，课程被迫退于规划教学与研究的"边缘"。在以往的教学研究中，一般将这些问题归结为因知识点庞杂、内容抽象、理论性强，以及"灌输"性的教学方式导致的结果。为了解决这些问题，教师们也提出了许多的办法，如引入案例讲解的方法、网络互动教学的方法、模拟管理的方法等等，希望借助这些方法使课堂教学更为活跃，提高学生学习兴趣，促进教学效果。然而使用这些方法取得的效果却不是很大。究其原因，是对问题的总结过于表面化，针对问题提出的方法也不能从根本上解决问题。

笔者认为，规划管理与法规教学中的根本问题是知识体系构建不合理。

2.1 管理与法规相关知识庞杂，没有形成系统的知识体系

城乡规划管理是应用多学科知识与方法解决空间发展管理的问题。涉及到城市管理、决策过程、行政管理、行政法等多学科知识领域。在教学中，往往是将这些相关学科的基础知识汇集在一起，形成多个学科"概论"进行讲解，但知识点之间缺乏联系性，没有形成针对空

间管理的统一的、独有的知识体系。浅层次、零星地讲解多个学科基础知识，自然提不起学生学习的兴趣，也无法促进教师对相关领域深入的研究。

2.2 管理部分教学中包含大量的事务性、程序性内容，无法支撑本科教学

规划管理部分教学中，关于规划管理事务性、操作性的内容占了绝对比例，例如，关于规划条件、建设用地规划许可、建设工程规划许可的概念、管理内容、程序等。这些具体的事务性内容可以作为规划管理工作人员培训的内容，也可以作为注册规划师学习和考试的必备知识，但将这些内容放在高等学校本科教学中进行教授，是不适当的。本科阶段专业教育的重点是培养学生分析问题和解决问题的能力，而不是全面学习事务性工作的操作细节。面对各个管理环节具体、复杂的管理内容，学生在学习中只知其然而不知其所以然，对所学的知识不能很好的理解，就会产生困惑甚至厌学情绪。

此外，在实践中，不同地区、不同城市在规划管理上的具体方法差别很大，管理程序、各个规划管理环节的管理内容都有所不同。并且随着国土空间规划改革的推进，规划管理内容还会发生巨大的变化。花费时间和精力学习、掌握这些具体事务性工作内容意义不大。

2.3 法规部分浅层教学，使这部分内容显得枯燥乏味

法规部分内容一般包括三个方面：一是行政法学基础知识。二是城乡规划法规体系。三是城乡规划主体法、从属法、相关法主要内容。

在有限的教学课时和庞杂的教学内容双重挤压下，法规部分教学的重点只能局限在对法学知识最浅层的介绍和对法律条款的讲解上。而没有一定程度对法理的认知，是无法真正理解和学习行政法的，也无法了解城乡规划主体法、从属法、相关法法条背后的含义，这就使法规部分的教学显得枯燥乏味，进一步加深学生不愿听讲的状况。

2.4 各部分教学内容之间缺乏联系

一是，各相关学科之间缺乏联系。行政管理与行政法的关系、决策与行政管理的关系、城市管理与行政管

---

❶ 崔红萍．城乡规划管理与法规课程教学方法研究——以地方应用型本科院校为例，《改革与探索》2017。

理的关系等等都没有触及。二是，相关学科与城乡规划管理之间缺乏联系。行政管理与规划管理的关系、决策与规划管理的关系、城市管理与规划管理的关系、行政法与规划管理的关系等，没有进行深入的探讨。而这些相关的学科、相关知识与城乡规划管理之间相关性程度也存在较大的差异，不在同一个层面上。三是，规划管理与规划法规这两个主要内容之间也缺乏联系，管理和法规两层皮。其结果就是规划管理与法规教学内容不成体系，似一盘散沙，没有针对性、无法系统地研究和教授，学生也提不起学习的兴趣。

2.5 规划管理、法规核心内容缺位

如前文所述，规划管理教学内容主要是管理事务性工作的介绍，而对于"为什么要对空间实施规划行政管理"、"管理的目标是什么、边界是什么"这样的核心问题并没有涉及，造成规划管理知识与行政管理知识不能有效衔接，各说各话。规划管理与法规教学失去了核心的线索，使各相关学科领域的知识缺乏联系、无法有序地组织在一起，形成统一的知识体系。学生在学习中"知其然，但不其所以然"，感到茫然甚至厌学。

同样的问题也存在于法规教学中。法规部分内容集中浅层面介绍基本概念和法律条款，没有关于"为什么要对空间行政立法"、"立法解决空间行政管理中哪些问题"、"基本的空间法律制度是什么"的核心原理性内容，法规知识无法与管理知识有效对接。

规划管理与法规教学中知识体系不合理的问题并不是孤立存在的，同样的问题也存在于规划学科之中和整合城乡规划工作中。长期以来，我们规划学科将规划编制技术当成了教学的核心内容，将空间的规划、设计能力当成了培养学生能力的主要方面。对作为空间公共政策的规划并没有给予足够的关注。因此，当空间政策发生变化时，规划教学无所适从，只有等待政策一一出台，规划编制办法、技术规范逐步完成。城乡规划工作中也存在以规划的技术性代替规划的空间政策性的问题，这与我国城乡规划整体环境有关。所幸的是，在规划本科教育十门核心课程之中，规划管理与法规还保留有重要的一席之地。这也体现了规划领域专家们的对学科建设的远见卓识。

笔者认为，要解决城乡规划管理与法规教学中存在的问题，就要建立面向应用的规划管理与法规知识体系。不是简单地汇总相关知识，形成自我解释的知识集合，而是围绕城乡规划管理核心，整合多学科知识，构建相互关联的、系统的管理与法规知识体系。

（1）确立管理为本的理念。

正视城乡规划作为应用学科的现实，树立面向应用的学科发展理念，即规划以管理为本的理念。规划编制以管理为目的，以管理为归宿，从以下三个方面可以说明。

首先，规划编制的目的是对空间进行管理。而不是相反。没有对空间管理的需要，就没有编制规划的必要。

其次，规划管理决定了规划编制的体系和内容，而不是相反。在计划经济体制下，我国规划编制体系是"总体规划＋重点地区详细蓝图"。社会主义市场经济下建设主体、投资主体的多元化，促生控制性详细规划的出现，导致了规划编制体系的改变，形成"总体规划＋控制性详细规划"的编制体系。这有力地说明了空间管理对规划编制技术体系的决定性作用。在现实中，这样的例子很多。

第三，规划实施是评价规划编制成果质量的标准，离开实施，规划编制成果无法自证。这一点可以从规划实施情况报告制度中得到印证。

因此，要改变过去以将规划编制技术当作规划教学核心内容的做法，而应当将对空间发展干预的空间政策作为规划教学的核心。规划编制则是空间政策的重要组成部分，因此它不仅应当具有技术上、工程上、美学上的科学性、合理性，还应当具有引导和促进经济社会发展、保护自然资源环境、平衡不同利益主体之间关系的政策性。

（2）以管理为核心组织相关知识体系。

首先，要研究和探索长期缺位的规划管理核心知识。要认识到规划管理的本质是行政权力介入空间发展。因此，规划管理教学首先应当解释为什么行政权力要介入空间发展、对空间发展进行干预，行政干预要达成的目标是什么，有哪些方面的干预，干预的方式有哪些，其结果怎样等。主要涉及到公共管理和行政管理，以及空间管理的特殊性问题。

其次，围绕规划管理核心内容，建立多学科知识体系。通过其他学科知识与规划管理的相互关系，形成针对空间管理的独特的、统一的知识体系。在这部分教学

中，可以对各地区各城市空间管理政策进行调查与研究，对现实的案例进行分析、评价，提出政策建议。这样内容无疑是有趣的、有意义的教与学的过程。

（3）从法与行政的关系上探讨有关空间的法律规范。

规划法规部分的核心内容，应当是为什么要对空间行政管理活动立法、建立了哪些关于空间发展的法律制度等内容。会涉及到法对行政权力的约束以及法与行政之间关系的变迁等内容。

3 国土空间规划管理与法规知识体系的构建

通过上文分析得出的结论是，要树立管理为本的理念，以空间管理为核心建立多学科之间的联系，形成统一的知识体系，才能从根本上解决城乡规划管理与法规教学存在的问题。那么，面对我国国土空间规划改革，应当怎样构建国土空间规划管理与法规的知识体系？首先需要分析多项空间行政管理的共同点及其存在的差异与发生的冲突，在此基础上提出构建知识体系的方法。

3.1 通过规划对空间发展实施行政干预是空间行政管理的共同点

所谓空间行政管理，就是对空间的发展、土地的使用进行行政干预。由于空间或土地使用自身的特点，对空间的行政管理往往需要先制定空间规划，再依据空间规划实施行政管理。因此也称为空间规划管理。

目前我国有多项针对空间发展、土地使用的规划管理。如土地利用总体规划、主体功能区规划、城乡规划、环境保护规划、历史文化名城保护规划、风景名胜区规划等等。这些规划管理的共同点是"对空间发展的干预"，并且有两个特点，一是以行政手段进行干预，二是以规划编制作为先导。例如，编制土地利用总体规划，是以耕地保护为核心，划定基本农田和一般耕地，实施用途管理，严格限制建设占用农用地，规划建设用地和农用地的范围，并依照规划对空间发展实施管理。其实质是对空间发展的干预。编制主体功能区规划，根据不同区域的资源环境承载能力、现有开发强度和发展潜力，划定优化开发区域、重点开发区域、限制开发区域、禁止开发区域，指导区域发展建设，逐步形成人口、经济、资源环境相协调的国土空间开发格局。其实质也是对空间发展的干预。编制城市总体规划和控制性详细规划，

规定地块的用途和开发强度，同样也是对空间发展的干预。其他规划管理亦是如此。

3.2 管理目标的差异导致空间行政管理的矛盾与冲突

不同的空间行政管理有各自不同的管理目标，进而对空间或土地的使用提出了不同的发展要求。这是我国各种空间行政管理之间存在的差异性，并由此带来空间管理上的矛盾与冲突。

由于存在多项并行的空间管理，导致对同一块土地的发展提出了不同的要求。据统计，由政府出台的各类空间规划高达80多种，其中属于法定规划的大概为20多种，空间规划对资源配置上的冲突日益突出。再加上规划相互关系模糊、协调机制缺失，各自行政权力不断扩张，进一步加剧了矛盾，直接导致多项空间规划管理的合并的结果。

3.3 建立多目标下的统一空间管理体系

将不同目标下的多个空间管理体系转变为多目标下的统一空间管理体系，是国土空间改革的关键内容。从逻辑上讲，对于同一个空间、同一块用地，其发展只应有一个规划。从现实来讲，也存在这样做的必要性和可能性。

整合应当遵循三个原则：一是，按照保护导向、发展建设导向，以及建设用地内部、建设用地以外，将规划管理要求纳入总体和控制性两个空间规划层面上，并建立相互联系。二是，整合应当以城乡规划管理内容为核心。因为只有城乡规划具备完整的资源环境保护和发展建设空间要求。第三，改革现行城乡规划管理内容，改变单纯技术性规划的倾向，增加对空间经济性的考量，平衡不同利益主体关系，向公共政策发展。

3.4 构建国土空间规划管理与法规知识体系

国土空间管理与法规知识体系的构建，除了要遵守前文提出的以管理为核心组织相关知识体系以外，还需要研究不同空间规划管理的目标，以及不同目标下对空间发展的核心管理要求及衍生管理要求。要研究将空间规划管理要求纳入两个层次空间规划内容的路径与方法。

国土空间规划改革是必要的也是现实可行的。探讨建立多目标下的统一空间管理体系，提出空间规划管理法规知识体系，是规划管理与法规教学的重要任务。

主要参考文献

［1］ 孙施文，关于城乡规划教育的断想，城市建筑，2017（10）.

［2］ 孙施文 . 中国城乡规划学科发展的历史与展望 [M]. 城市规划，2016（12）.

［3］ 王国恩 . 城乡规划管理与法规 [M]. 2 版 . 北京：中国建筑工业出版社，2009.

［4］ 耿慧志 . 城乡规划管理与法规 [M]. 北京：中国建筑工业出版社，2015.

［5］ 高早亮 . 城乡规划管理与法规 [M]. 北京：化学工业出版社，2016.

Constructing an Application-Oriented Knowledge System of Spatial Planning Management and Law

Liu Jian

Abstract: Planning Management and Law teaching are the difficulties in Urban and Rural Planning teaching. There are some problems, such as uninteresting course, dull class atmosphere, and little interest of students, which cannot be effectively solved for a long time. At present, China's spatial planning is undergoing major changes. On the one hand, management and law teaching should solve their own problems. On the other hand, it should adapt to the new requirements of spatial planning reform. This paper makes a thorough analysis of the problems existing in planning management and law teaching, and points out that the root cause of the problems is the unreasonable knowledge system. It is necessary to establish an application-oriented and management-centered multidisciplinary knowledge system. Furthermore, it puts forward how to construct the knowledge system of spatial planning management and laws under the condition of spatial planning reform.

Keywords: Planning Management and Law, Knowledge System, Application-Oriented, Spatial Planning Reform

拾"级"而上：专业英语类课程改革方案探讨*
—— 以浙江工业大学城乡规划专业为例

朱　凯　陈前虎

摘　要： 基于当前城乡规划专业的行业发展趋势和专业英语类课程的发展现状，明确以设置理念、体系框架、讲授内容为重点，兼顾地方发展特色的改革思路，建构以入门、通识、前沿、述评为逐级递进梯度的专业英语类课程体系，拟定与中文专业课程体系相匹配的《世界城市》、《专业英语Ⅰ》、《专业英语Ⅱ》、《城市发展前沿》和《城市规划评论》五门课程及其定位和讲授内容，形成改革方案。

关键词： 专业英语，课程体系，改革方案

伴随我国经济发展进入新常态，以新兴产业和新经济为代表的国家发展新导向对高校学科发展提出了新要求，尤其是对于具有高实践应用性特点的工科类学科，既要关注国际前沿进展，又要立足国内现有基础与条件，二者结合，方能及时应对实践发展的新要求。与工科类学科的整体发展态势相一致，城乡规划学科如今已走到了转型探索的十字路口，这不仅与当前信息技术、互联网+、大数据等技术手段与方法盛行的大趋势息息相关（如2018年6月美国麻省理工学院城市规划系与工学科联合设立MIT历史上第一个联合城市规划与计算机科学学士学位），而且受到了该学科自身较强的实践操作性和与城市发展阶段较高的依存性等特点影响。

1　专业英语类课程的发展现状

在学科发展大趋势下，国内高校的专业外语（以下统指专业英语）类课程，作为当前本科生课程教学计划中的必备性内容，正是帮助学生实现专业基础知识与国际接轨和快速吸收国际前沿知识的重要工具类课程，对自然科学类和工程科学类学科尤其如此，学者吴淑娟（2013）曾统计教育部对高等学校资助的双语教学示范

课程，指出工程与技术科学和自然科学是被突出关注的两大学科门类[12]。

专业英语类课程设置的必要性已被广泛证实，其适应了社会对学生知识结构调整的要求，有助于培养既掌握专业知识，又具有外向型知识能力的复合型人才和促进科技和社会的发展（张文杰，2010）[1]，且作为高校开设的主要双语课程类型，从我国高校本科教育阶段的开设历史来看，大致经历了初创期、示范推进期和分化发展期（王锦，2019）[2]。期间，关于课程教学要点的探讨一直未曾停止（唐铁军，2008）[3]，如唐英（2006）[4]、杨儒贵（2007）[5]和曹剑辉（2008）[6]分别从课程和专业角度解析了教师队伍建设、教材编制等对于该类课程建设重要性，后续又有学者进一步补充了教学定位和教学模式（梁明柳，2009）[7]、实践支撑和课程体系管理（张萍，2009）[8]等课程建设着力点，并在之后被不同学校的双语课程教学实践所检验（徐勤，2011）[9]、细化（万程，2016）[10]和调整（周蕾，2017）[11]。

具体到城乡规划学科，就目前国内高校专业英语类课程的设置情况而言，有的学校在本科阶段以"科技论文写作"、"学术前沿"等为课程名称开设了专业英语类的相关课程，如中南大学、西安交通大学、南京师范大学、

---

* 教改课题：面向新工科的专业外语类课程教学内容及体系改革研究——基于我校城乡规划专业教学实践的探讨（JG201815）。

朱　凯：浙江工业大学建筑工程学院讲师
陈前虎：浙江工业大学建筑工程学院教授

济南大学等；或是直接以"专业英语"为课程名称，如浙江大学、东南大学，但均以文献阅读或经典理论介绍为主要讲授内容。整体而言，国内高校城乡规划专业的专业英语类课程普遍存在课程内容不成体系、课程定位不明确、与中文专业课程之间缺乏匹配关系等问题，且在一定程度上滞后于学科前沿和发展实践。

浙江工业大学城乡规划专业设置的专业英语类课程共计三门，分别为《世界城市》、《专业英语》和《建筑与规划评论》，其中，《世界城市》和《专业英语》分别针对大一和大三年级的建筑大类（建筑和城乡规划专业）本科生；《建筑与规划评论》针对大五年级城乡规划专业的本科生，虽然在一定程度上兼顾了授课内容由低年级到高年级逐步深入的梯度性，但是与国内其它高校存在的问题也颇具有相似性，即在内容上未能体现出相互之间的关联性，且与中文专业课程的匹配性有待加强，加之部分课程涉及建筑与城乡规划两个专业，以至于在教学计划调整中还会出现课程的设置究竟是位于春季学期还是秋季学期、课程所针对的年级是否需要进行调整等商榷问题。

2 专业英语类课程的改革思路

专业英语类课程的定位与城乡规划专业该类课程的发展现状形成鲜明对比的同时，也提出了对于当前城乡规划专业设置的专业英语类课程进行改革的必要性与迫切性。

2.1 问题的聚焦及其破解方向

从专业英语类课程的改革要求出发，研究将前述城乡规划专业的专业英语类课程存在的问题进一步聚焦，并拟定对应的破解方向，具体如下：

其一，如何保持课程教学的前沿性。实践应用类学科的一个典型特点就是"前沿性"，专业英语类课程教学方面正是有着对接前沿性的显性优势，而当下就城乡规划学科而言，国内很多高校对该类课程的设置多有接轨国际"之名"、少有接轨"之实"，且在教学内容的前沿性方面甚至落后于中文专业课程，浙江工业大学城乡规划专业目前也存在与之相似的情况，这一问题的破解需要一方面在理论与实践课程中积极接入国内外的专业性前沿知识和地方性特色实践；另一方面积极创新教

学方式和创造教学条件，以联合教学、慕课辅导等形式直接让学生与国际前沿知识接触，教师在其中发挥引导作用。

其二，如何保证课程教学的系统性。研究认为城乡规划专业需要形成相对科学的专业英语类课程体系，并与整个专业课程体系（中文）既能够在内容上进行匹配，又能够在教学过程中进行相互之间的良性促进，核心目的都在于提高教学质量和学生的知识吸收程度。这一问题的破解需要在专业英语类课程这一专业课程子体系的设计上集思广益，尤其是集中英文课程教师之思、集学生之思，并针对集成结论通过系所教研小组进行研讨，形成科学的专业英语类课程体系及其系统内容，提高课程改革成果的实践可操作性。

2.2 改革思路的框架及其要点

与前述问题同步存在的是，一方面，当前大学生的英语语言能力较以前普遍有所提高，视野较以前也更为开阔，为丰富专业英语类课程内容及相关知识的吸收提供了得天独厚的条件；另一方面，教师主体中具有海外留学经验的比例也在逐年提升，学科背景及相关技术知识也趋于多元化，为专业英语类课程提供了良好的人才队伍支持，由此则支撑了落实前述问题破解思路、调整当前城乡规划专业英语类课程的可行性。

具体以浙江工业大学为样本，研究立足专业英语类课程发展现状和当前高校师生的基础情况，进一步解剖前述焦点问题的破解方向，提出针对城乡规划专业的专业英语类课程改革的整体思路框架（图1），即以设置理念、体系框架、讲授内容等为重点，并兼顾地方发展特色。

在课程设置理念方面，注重国际化接轨。积极回应当前城市发展的相关理念，在保留原有基础专业词汇教学训练的基础上，重视在学科发展方向和专业技术方法方面与国际接轨，为学生今后就业、升学及出国深造等能够很好地适应和了解学科前沿提供接口。

图1 专业英语类课程改革的整体思路框架

在体系框架搭建方面，注重顶层设计。专业英语类课程需要厘清与专业课程（中文）的关系，并对将要在课程内讲授的主题有整体且系统的定位，相关课程之间通过分级关联，能够建构成为城乡规划专业课程体系的子体系。

在讲授内容方面，注重逐级分层。在明确课程子体系建构的基础上，更新并明确各级课程的讲授内容，按照先易后难、由浅入深、拾"级"而上的原则，设计不同的讲授内容，适应不同年级（同时也反映了学生专业基础的不同层次）学生的专业知识认知水平。

同时，还要注重强化理论与实践结合，促进学以致用。以浙江工业大学为例，学校城乡规划专业以扎根浙江、面向全国、培育应用性人才为特色办学理念，加之学科自身较强的实践应用性，需要在专业英语类课程的设置中增加实践性的教学内容，如有针对性的选择具有浙江特色的实践对象和基地，进行调研及课程任务成果的英文表达。

3　专业英语类课程的体系方案

基于改革思路，研究针对浙江工业大学的专业英语类课程，提出对应的改革方案，以分级化的课程体系框架和教学内容为载体，并将课程设置理念和专业及地方特色融入其中。

3.1　课程体系的总体方案设计

就专业英语类课程体系的建构而言，针对当前专业英语类课程普遍存在的定位模糊的现状和浙江工业大学城乡规划专业现有的相关课程设置情况，在保证学时不减少的情况下（现有 80 个课时），进行现有课时的拆分，基本上保证每一学年都有一门 16 学时的专业英语类课程，并按照入门、通识、（专业）前沿、（专业）述评的分级递进顺序，与中文专业课程体系实现由浅入深的匹配（图 2）。

在专业英语类课程教学内容导向的梳理方面，依据前述课程体系，基础类课程以城市认知为主要内容，通识类课程以介绍专业基础内容和国内外经典理论为主要内容，前沿课程以介绍当下城市发展的国际先进理念、概念与现象为主要内容，且可以结合联合教学展开，也可以以专题性调研实践的方式展开，述评课程以对不同城市发展热点话题展开分析与讨论为主要内容。

3.2　分课程内容及其教学安排

总体方案在具体的课程设置上，形成分别针对大一至大五五个年级学生的《世界城市》、《专业英语Ⅰ》、《专业英语Ⅱ》、《城市发展前沿》和《城市规划评论》五门均是 16 个课时的具体课程，各自不同的定位如图 3 所示。

就专业英语类课程体系内部不同课程的具体讲授内容而言，《世界城市》为浅显的入门类课程，内容设计以调动学生兴趣为导向，具体讲解城市形成与发展、城市类型、国内外城市发展近况、规划行业的国际性差异等，且部分内容在大二中文专业课程中亦会进行系统化的讲解以强化记忆，课程通过介绍若干城市发展常识，使学生对城乡规划专业需要学习的知识有初步的认识。

《专业英语Ⅰ》和《专业英语Ⅱ》为基础的通识类课程，与中文专业通识类课程并行，既引导学生学习专业词汇，也帮助学生逐步认识专业基础内容及其与其他学科的关联性，其中，《专业英语Ⅰ》以引入专业基础内容为导向，具体介绍城乡规划中关注城市空间结构、交通体系、产业体系、商业体系、生态体系等内容及相关

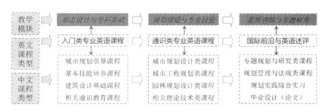

图 2　专业英语类课程体系与中文专业课程体系的匹配关系

图 3　课程名称、定位及简要内容与年级的对应关系

领域的专业词汇；《专业英语Ⅱ》以介绍当前城市发展与规划常用的关联理论为主，内容涉及城市经济学、城市社会学、城市地理学、城市管理学、城市生态学等。

《城市发展前沿》和《城市规划评论》为具有一定深度的专业类课程，其中，《城市发展前沿》的内容设计以开阔学生视野为导向，具体讲解内容强调培养学生对于城乡建设与发展中的新兴理念、概念与现象的敏感性，如城市创新区、开发区、特色小镇、未来社区、智慧城市等；《城市规划评论》的内容设计以帮助学生认知城乡规划专业国际研究中的典型分析逻辑为导向，也是对前述专业英语类课程知识的实际应用，侧重引导学生运用英语专业术语和一般评论逻辑探讨专业问题，指导其将已经具有的中文思维与表达方式进行英文的转化，并以评论语言的形式呈现。

在具体的分年级课程教学安排方面，针对当前浙江工业大学《世界城市》和《专业英语》两门既有专业英语类课程采用大类专业（包括建筑和城乡规划专业）教学的情况进行调整，在大一阶段的《世界城市》课程可以进行大班教学，但在之后的四门专业英语类课程安排需要按照专业进行拆分，以丰富不同专业学生可以获得专业知识信息，并最大限度地调动学生的积极性。专业英语类课程在不同学年的设置时间上以春季学期为主，但《城市规划评论》作为对学生专业知识的综合性要求较高的课程，且以毕业班学生为授课对象，需要设置在大五的秋季学期，为毕业设计（论文）进行铺垫，所有专业英语类课程均设置在上半学期。

此外，结合当前城乡规划专业的本科生专业英语类课程权威教材相对较少的实际情况，《世界城市》、《城市发展前沿》和《城市规划评论》等课程的教学以专业英语类课程教学小组组织编制的授课讲义为主要参考内容，整个专业英语类课程教学体系的安排在大三学年以前（含大三学年）以教师讲授为主，进入高年级后逐步引入课堂讨论的教学方式，并借助常态化的联合教学、实践调研和慕课辅导等教授途径，提高学生在教学互动过程中的积极性与参与度。

综上，研究以浙江工业大学为样本，通过设计城乡规划专业的专业英语类课程改革方案，尝试形成适应当前新工科发展趋势且相对系统科学的城乡规划专业英语类课程体系及核心教学内容，助力培育具有国际视野和扎实基础知识、能够适应当前行业发展态势和紧跟知识全球化步伐的浙江特色城乡规划专业人才。

4 结语

研究提出针对城乡规划专业英语类课程的改革思路及对应方案，尝试解决当前国内高校城乡规划专业课程体系中专业英语类课程的普遍性问题。一方面，在改革方向注重理念与技术的双更新，适应新工科国际化前沿教育的发展趋势。这一方向与当前国内高校城乡规划学科专业英语类课程存在的教学理念及内容陈旧的问题相对应，且是对当前新工科发展趋势的直接回应。另一方面，课程教学由随机到系统，实现专业英语类课程的体系化和内容的系统化。这一方向以形成分级、分层的专业英语类课程体系（专业课程子体系）为目标，有助于提高教学成效和全面发展学生的专业适应能力。

同时，研究在应对专业发展新形势和普遍问题的过程中，注重与浙江工业大学城乡规划专业的办学特色相结合，在具体课程内容方面将具有浙江特色的城市发展现象与基础知识、专业技术和前沿动态在讲授过程中进行关联，并在课程的调研与任务实践安排中进行集中体现，以浙江实践应用和检验相关理论知识，扎根浙江、走向全国、面向世界，由此也构成了本次课程改革研究的特色。

主要参考文献

［1］张文杰，王敏，杨丽丽.高校双语教学的探索与课程建设 [J]. 科技传播，2010（08）：79-80.

［2］王锦.高校双语课程建设：回顾与反思 [J]. 当代教育科学，2019（03）：24-29.

［3］唐铁军，申沛，王平祥，刘薇.关于加强双语教学课程建设的实践与思考 [J]. 高等理科教育，2008（06）：59-62.

［4］唐英，彭小奇.国家工科物理教学基地大学物理双语教学课程建设探讨 [J]. 现代大学教育，2006（03）：106-109.

［5］杨慕贵.谈谈双语教学的课程和教材建设 [J]. 北京大学学报（哲学社会科学版），2007（S2）：278-279.

［6］曹剑辉.关于双语教学课程建设及推广应用的思考 [J]. 中国农业教育，2008（04）：34-35.

［7］ 梁明柳,陆松.简析高校双语教学课程建设的关键要素 [J].中国电力教育，2009（20）：112-114.

［8］ 张萍，何丽平，陈继茬.理论研究 教学实践 科学管理三位一体 推动双语教学课程建设与改革 [J].中国大学教学，2009（03）：55-56.

［9］ 徐勤，张兢，张杰.双语教学课程建设和发展研究 [J].中国电力教育，2011（16）：86-87.

［10］ 万程.双语教学课程建设研究 [J].教育教学论坛，2016（08）：181-182.

［11］ 周蕾，刘宏燕，翟青.《城乡规划前沿与展望》双语教学课程建设与教学实践研究 [J].教育教学论坛，2017（47）：121-122.

［12］ 吴淑娟，范佳凤.我国高校双语教学示范课程的立项和建设研究 [J].大学教育，2013（11）：18-19+22.

Picking up "Grade" and Going Up : A Discussion on the Reform Scheme of Professional English Course —— The Case of Urban and Rural Planning Major in Zhejiang University of Technology

Zhu Kai   Chen Qianhu

Abstract: Based on the current development trend of urban and rural planning specialty and the current situation of its English curriculum development, this paper clarifies the reform ideas focusing on setting up concepts, system framework and teaching content, taking into account local development characteristics, constructs a professional English curriculum system with the gradient of introduction, general knowledge, frontier and commentary, and draws up the five specific courses of World City, Professional English I, Professional English II, Urban Development Frontier and Urban Planning Review which matches the Chinese curriculum system, and their orientation and teaching contents, as the reform plan.

Keywords: Professional English, Curriculum System, Reform Plan

"城市规划方法论" 课程协同式教学策略模型的构建 *

鱼晓惠　林高瑞

摘　要："城市规划方法论"是城乡规划专业研究生的专业核心课程,注重从研究方法的体系层面分析问题和解决问题,"协同式"教学以建构主义为认识论基础, 吸纳了参与性教学、研究性教学等教学理念, 是加强和提高研究生教学的一种新的教学模式。通过"协同式"教学策略模型的构建, 采取研究选题、研究组织、研究框架、集体写作四个环节的策略实施, 确立主体性的教学观念, 提高教学的参与性, 加强教学的针对性, 进一步提升教学吸引力和实效性。
关键词：城市规划方法论, 协同式, 教学策略

近年来, 中国城镇化进程高速发展, 城乡建设规模不断扩大。法制建设问题、生态环境问题、住房问题、遗产保护问题等变得越来越尖锐。在此背景下, 城乡建设需要从粗放的规模扩张向精细的质量提升转型, 传统的城市规划学科也相应面临发展的新机遇和新挑战。2008 年《中华人民共和国城乡规划法》正式施行, 意味着传统城市规划工作方法和思路在不断更新。2011 年, 城乡规划学作为独立的一级学科, 从建筑学中分离出来, 标志着学科建设进入了新的历史时代。城市规划方法论是城乡规划专业理论教学的核心内容, 在城乡建设和学科发展的转型背景下, 城市规划方法论研究也呈现了变化的趋势, 2010 年8 月出版的《城市规划原理》教材第四版中, 从城市规划的价值观到空间层面和技术层面相结合的知识体系, 从新时代的理念、方法到丰富的内容, 极大地开拓了规划教育领域内容 [1]。但是迄今为止, 城市规划方法论的课程教学仍多停留在"讲授 – 接受"的单向模式, 学生进行学科内涵与外延的探究性学习尚有不足。

1　城市规划方法论的教学内容

城乡规划学科具有研究的系统性、历时性、实践性及动态性 [2], 学生及研究者在探索和运用全面的研究方法来理解广泛的规划问题时, 有可能会忽视学科本身和在发现世界的过程中采用的研究方法之间的联系与作用。Roy 与 Healey 在城市社会学领域内提出过已有的工作及研究方法, 但是缺乏规划空间领域研究的针对性。规划学者 Bent Flyvbjerg 在 2001 和 2002 年也提出了结合规划领域的社会研究方法, 但同样缺乏具体空间实践的作用和意义。

城乡规划领域的研究方法论在于其系统性, 这有别于一般的"发现"世界的研究。它包括缜密的数据收集、清晰的指导和分析的概念性理论框架, 以及具备全面开展研究活动的严谨性和技巧。同时, 也要强调研究的互动过程和实践应用过程的相关特征。专注于空间和区域规划学科的研究方法论往往比较笼统, 并且是在不同的学科进行应用。目前多数的文献显示都是以专门的研究设计或研究方法进行描述, 仅适用于特定的学科领域。最接近城乡规划学科的研究方法论主要是借鉴人文地理学的相关内容, 二者有一些共同的基础特征, 但在具体方法的操作与应用层面仍然有较大的差异。

综合国内外对城乡规划方法论的文献, 研究主题集中于：行动的导向性；明确的规范性焦点；认可系统性的知识产生；场所特质和空间关系；规律与范式的多元性；知识产生和运用的政治制度环境认知；知识产生和

---

* 基金项目：中央高校教育教学改革专项（教育教学改革研究）——探索理论、更新理念、协同路径的"城市规划方法论"教学模式创新与实践（项目编号：300103191178）资助项目。

鱼晓惠：长安大学建筑学院副教授
林高瑞：长安大学建筑学院副教授

运用的伦理维度认知。这些研究结合规划学科的实践性，仍需要进行政治——制度背景的分析。

国内诸多高校的城乡规划专业在研究生阶段已经专门开设了方法论研究的相关课程，但是目前多是以普适性的科学研究方法、社会研究方法论为主要授课内容，也有一些高校的课程内容以人文地理学、公共管理等学科专业的研究方法为切入点进行教学组织。迄今为止，城乡规划专业研究生教学仍然存在理论方法与实践应用方法的多元化以及共存知识的异质性等问题，传统的教学模式难以使学生在多元复杂的体系中掌握方法论的具体内涵及特征。

2　协同式教学模式

协同式教学模式吸纳了参与性教学、研究性教学等教学理念，形成以建构主义为认识论基础的新的教学理念。建构主义学习理论是在研究儿童认知发展基础上产生的新一代学习理论，是认知学习理论的进一步发展，主张学习是通过信息加工活动建构对客体的解释，个体是根据自己的经验建构知识的[3]。在这个基础上，当个体认识到社会状况是人类发展的重要前提时，将会自发地参加社会认知协作以提升能力建构，在这个过程中，与他人协调行事，达成共识，并采取行动受益于其他人的观点，将会与个人知识和能力的发展高度相关，并在获得知识的基础上提升具有社会性和共存性的个人价值。社会认知协作可以而且必须发展成为一种能力本身[4]。在教学过程中，教师必须在合作环境中有效组织教学内容，并使用具体的策略来进行"协同式"教学活动的计划和安排[5]。

协同式教学突破了以往过度强调"讲授－接受"的教学程序，使学生从被动接受的学习状态转向主动探究的学习状态，体现了研究生教育教学方法改革的发展方向和趋势。在协同式教学模式中，教学过程的组织是最重要的环节，通过渐进步骤实施完整的协同教学模式，来实现教学目标。协同式教学模式并不是依靠教学的技术手段进行组织，其关键在于教学态度的转变，也是教与学关系的改变，在此基础上，教学组织转变为协同策略的计划与实施[6][7]，这种协同式的社会教学比独立的个体学习更有效果和价值。因此，在研究生的城市规划方法论课程中，进行协同式教学策略模型的构建，使教

学更加适合研究生主体性的学习需求。

3　协同式教学策略模型

"城市规划方法论"的研究生课程，是城乡规划学硕士专业的专业必修课，也是建筑学、风景园林学等硕士专业的专业选修课程之一，旨在培养学生建立城乡规划审视自身的理论与方法，从总体上把握城市这一复杂的矛盾体，使学生掌握城市与乡村聚落中的基本要素及城乡规划中运用具体方法的基本理论知识。该课程的教学目的旨在使学生们掌握科学研究方法论的基本内容，理解城市规划方法论体系的内涵。

作为广义的人类认识和学习过程，社会认知协作在适当的组织下，可以在任何社会情况下表现出来。该课程中的协同式教学模式立足于社会认知协作的方法基础，通过学生分组实施，采用协商、组织、咨询、文献学习、集体写作的步骤，从城乡规划的伦理、价值、法理入手，围绕具有普适意义的科学研究方法进行研讨，拓展学生对城乡规划价值观的认识视野，培养城乡规划研究的思维方法。教学组织通过构建教学策略模型，通过面对面的交互模式实现协同教学。

3.1　研究选题策略

教学研究选题的确定以理性交往方法为前提，通过对话、倾听、评估的教学环节进行组织，每位同学在各个环节中都能表达个人对于选题的判断、认识及观点，并通过评估来确定小组选题。

（1）链式头脑风暴

这一教学环节的目标是激发学生的表现力、自发沟通和参与。由 4 名学生自发组成小组，教师提出有关城乡规划方法论的研究课题供各小组研讨。每个学生针对研究课题进行思考，提出课题研究的关键点，并将其按顺序进行展示，每位同学讲述课题关键点的认识，其他同学根据讨论的深入，修正或完善个人对于关键问题的认识与提炼。经过多次倾听与对话，进行关键点的提炼、比较与归类，学生们可以深入认识该课题。

（2）相互评价

教学环节的目标是通过两两相互评价，激发学生的评价能力。在 4 名同学的小组内，再次细分为 2 人一组，进行课题背景研究的相互评价。每位学生根据自己的判

断，互相批改和评价另一个学生关于课题背景的书面研究报告。批改后的结果提交小组进行集体讨论。

（3）集体评价

教学环节的目标是建立集体评价标准，达成对研究课题的共识。4名学生组成的小组集体进行相互评价书面意见的比较与讨论，每位学生对所收到的意见进行辩论或回答。在集体讨论中，教师加入各小组作为集体评价成员，表达对课题研究的专家标准，以修正集体评价标准的偏差，并解决在集体讨论中可能出现的学术疑问。最终，经过小组集体比较与讨论，达成共识，确定各小组将要完成的研究选题。

3.2 研究组织策略

学习小组确定研究选题之后，通过文献研究及实证研究完成课题研究内容与活动的组织。小组内进行复杂任务的分解及工作分配，每位同学在系统化的研究活动中确定自我工作的定位与作用。

（1）文献研究

文献研究是研究生培养环节中的重要内容之一，以小组为集体进行文献研究有助于发展学生的自我组织能力，并拓展文献研究的视野，深度挖掘与辨识文献对课题研究的支持，辨析已有研究的不足或缺陷，来进一步确定实证研究的切入点。

在4名学生的小组内，根据确定的研究选题，按照选题的主要研究内容分解任务，进行工作分配，包括：① 通过互联网搜索并学习文献；② 通过书店和图书馆资源搜索文献；③ 对研究领域的专家进行访谈；④ 通过电子邮件咨询研究领域的专家。每位学生完成以上一项工作任务，并撰写相应的文献研究分析过程与结论，提交书面报告，进行小组集体讨论。通过讨论确定实证研究的切入点、实证研究的地点、实地调研计划。教师在这一环节中，作为访谈专家协同学习小组开展教学（图1）。

（2）实证研究

这一环节是更为复杂的系统性工作，4名学生组成的小组通过实地调研、数据统计与分析、处理及整合信息，完成对研究选题的深入剖析。

在4名学生的小组内，根据确定的实地调研计划，按照调研内容分解任务，进行工作分配，包括：① 实地调查，获取一手资料与数据；② 通过文献和资料收集、专家访谈获取可能的二手资料；③ 处理、分析、整合资料信息；④ 完成调研报告。每位小组成员必须至少参与以上2项工作内容，各组的调研报告在课堂进行汇报并采取专家答辩的形式进行讨论。教师在这一环节中，作为访谈专家及答辩专家协同学习小组进行工作（图2）。

3.3 研究框架策略

通过对课题研究提出的科学问题进行检查和比较，并探寻解决问题的方法、关键技术与路径，从研究主体、研究客体、研究工具（方法）三个要素进行剖析，概括课题的研究框架。

（1）内容细化

通过回顾文献研究，对实证研究的结论进行检查和比较，提高对课题研究的理解，进一步聚焦研究内容，

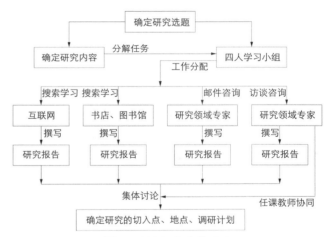

图1 研究切入点的确定

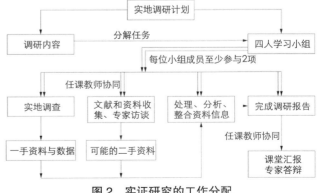

图2 实证研究的工作分配

避免出现研究偏差。在 4 名学生小组内，两两进行检查比较，进行研究内容的细化，提出针对细化研究内容的方法与路径，在课堂上进行汇报，教师进行评论。

（2）交替评估

各小组内部对细化的研究内容进行交替评估，培养学生评价问题及聚焦核心问题的能力。交替评估过程由"提问 – 回答 – 修正"进行完成，小组完成一份对研究内容的评价阐述，由教师进行最终评价，提出书面评语及完善意见，并反馈给各小组。

（3）要素分析

每位小组成员分别以研究方法论的要素对研究体系进行分析，确定研究主体、研究客体、研究方法与研究工具，各小组集中四类要素进行概念整合，生成方法论导向的研究框架。

（4）研究框架的细化

对拟定的研究框架进行细化，各小组完成研究框架的主题纲要、逻辑框图、研究路径和预期研究结论表。小组在课堂互动阐述，进行比较，通过比较结果进行补充与完善。

3.4 集体写作策略

"城市规划方法论"课程要求以小组撰写研究报告的成果形式进行学习评价，集体写作是通过前期的分组研讨、评价等过程，最终展示成果的重要环节。这一环节培养学生文本比较分析和综合论文写作能力，以 4 人小组为集体，采取任务分工，分别写作，集体整合，组长统筹的形式完成。并在课堂上进行汇报，由专家进行评价。

4 教学策略模型的实施

在具体教学过程中，通过实施协同式教学策略，重构教学环节，创新教学组织，通过教学活动的改革，体现重科学概念、重科学思维的研究生教学模式，关注城乡规划中价值观体系、生态与社会、行为科学等交叉问题，引导学生处理好个体学习与集体协同之间的关系，通过学生协同研究的程度与深度，作为衡量课堂的直观指标。

在教学组织上，拓展教学团队。应对城市规划转型方向和课程改革特点，组织教师与专家团队协同的教学与评价集体，充分发挥集体教学的优势，引入乡村规划

理论与方法、公众参与理论与方法、地理信息技术等专家或教师进行专题点评，加强学生多学科融合与交叉的研究思维模式培养。

在教学程序上，创新教学环节。注重引导学生分析问题和解决问题的能力，教学程序由"教——学——考"转变为"学 + 教——教 + 学——行"，在每个环节的教学策略中，由学生在教师的指导下自主学习和提出疑问，然后教师组织小组集体研讨和课堂答辩，最后在教师指导下小组集体形成理论与实践结合的教学成果。教学程序上的转变，突出了学生的主体性和协同性。

在"城市规划方法论"课程教学的实施中，整合现有的教学资源，优化教学团队的专业结构，组建了 6 位教师构成的教学专家团队，每位成员负责一个 4 人学生小组的研究专题，以 6 个研究主题开展协同式教学策略，包括：乡村规划理论与方法、城市规划公众参与理论与方法、生态城市规划理论与方法、城市（乡）规划价值观分析与思考、不同制度 – 社会背景下城市用地分类标准比较、环境行为分析方法的历史文化街区规划。学生的教学成果以集体文本提交，包括以下内容：理论演进与综述、主要研究方法体系阐述、研究案例（或实证）分析、自我评估。

5 结论

协同式教学策略模型的构建，是以学习者为中心的课堂教学模式，突破了单向灌输的教学惯性，是教学组织的创新，也是教学理念和教学方法的转变。

协同式教学策略的核心在于培养学生的协同式思维方式，在教学组织中采用 M∶M 的方式，也就是多对多的教学方式，在这种方式中多位教师专家和多位同学都处在同一教学过程中，根据信息传输的方向，既有单向、双向的教学互动，也有多向式的教学内容。通过多向的教学互动，实现教学中专业知识技能的互补，建立良好的交流与沟通的氛围，进行明确的分工，以及有效的组织与管理。

社会转型背景下的研究生教育教学，更需要体现教与学开放、平等、共享、协同的时代精神，协同式教学模式以高度的互动性、资源的共享性、教学方式的多元性使教学主体获得更多的交流，形成积极主动的学习环境。同时，协同式教学模式的构建和实施也面临着一系

列教学组织和教学艺术等方面的挑战，可以通过学生的参与设计来构建出多种多样的、适合学生特点的教学组织策略模型，融合吸收包括模拟实践与实地实践等多样化的立体实践教学平台，加强教学的实效性。

主要参考文献

［1］崔珩，赵炜. 转型发展背景下的城市规划原理课程教学改革 [J]. 高等建筑教育，2012，21（02）：69-72.

［2］丁国胜，宋彦. 智慧城市与"智慧规划"——智慧城市视野下城乡规划展开研究的概念框架与关键领域探讨 [J]. 城市发展研究，2013，20（08）：34-39.

［3］邹艳春. 建构主义学习理论的发展根源与逻辑起点 [J]. 外国教育研究，2002（05）：27-29.

［4］Roselli, N.. El mejoramiento de la interacción socio cognitiva mediante el desarrollo experimental de la cooperación auténtica[J]. Interdisciplinaria, 1999, 16（2）：123-151.

［5］Roselli, N.. Los beneficios de la regulación externa de la colaboración socio cognitiva entrepares：ilustraciones experimentales[J]. Revista Puertorriquena de Psicología, 2016, 27（2）：354-367.

［6］Barkley, E. F., Croos, P.；& Major, C. H. Técnicas de Aprendizaje Colaborativo[M]. Madrid：Morata, 2007.

［7］Exley, K. Y Dennick, R.. Enseñanza en Pequeños Grupos en Educación Superior：Tutorías, Seminarios yotros Agrupamientos[M]. Madrid：Narcea, 2007.

Construction of Collaborative Teaching Strategy Model of "Urban Planning Methodology"

Yu Xiaohui   Lin Gaorui

Abstract: The "urban planning methodology" course for postgraduates focuses on analyzing and solving problems from the system level of research methods. Taking constructivism as the basis of epistemology, "collaborative" teaching absorbs the teaching ideas of participative teaching and research teaching, which is a new teaching mode to improve and promote postgraduate teaching. Through the construction of the "cooperative" teaching strategy model, the strategy has four links: research topics, research organization, research framework and collective writing. These are adopted to establish the subjective teaching concept, improve teaching participation and make the teaching more targeted, so as to further enhance the appeal and effectiveness of teaching.

Keywords: Urban Planning Methodology, Collaborative, Teaching Strategy

理性视角下《城市规划概论》课程教学中学生价值观的引导*

谢 波 周 婕 魏 伟

摘　要：理性是认识事物本质的哲学方法，随着哲学思想的演变，人们对理性的认知经历了重大变化。为了辨析理性对于城市规划的价值，并在《城市规划概论》的课程教学中合理引导学生认识城市规划的本质并树立正确的价值观。本文从辨析西方古典与现代的自然之法、普世价值入手，厘清不同时代背景下哲学思想变化带来的理性认知的变化，并对理性主义与经验展主义展开比较，总结现代普世价值作用下西方现代城市规划的本质，分析其对中国城市规划的影响。提出城市规划教育应回归理性的世界观、价值观和伦理观，以"自我保存和与人共存"的普世价值引导学生树立"以人为本"的规划价值观。

关键词：城市规划，理性，以人为本，价值观

1　研究背景

　　理性是自然之法的永恒主题和不变灵魂[1]，自然之法则是最高的理性[2]。在古典自然之法向现代自然之法的演变过程中，理性呈现出不同涵义，反映了人们世界观、伦理观和政治观的变化及其对事物本质认识的差异，并对现代城市规划的价值观产生了重要影响。西方城市规划的起源原本带有鲜明的"社会主义"意识，然而在"自由民主"的普世价值影响下，成为了处理资本主义弊端的工具，却无法调和西方日益严峻的空间纷争与社会冲突。我国现代城市规划的主要理论来源于西方，然而西方现代城市规划抛弃了古典自然之法，否定了理性，产生了一系列复杂的城市问题。面向城市规划的教育，我们在《城市规划概论》的课程教学中发现学生往往存在盲目学习西方城市规划理论，批判社会现实以及理论联系实践不足等方面问题，其根本原因在于缺乏对城市规划本质的认识。本文针对该方面的问题，从西方自然之法与普世价值的演变分析入手，辨析不同时代背景下理性认知的差异，总结现代普世价值影响下西方城市规划的本质，并反思西方城市规划对我国城市规划的影响，进而探索我国城市规划的普世价值，引导学生理性认识城市规划的本质并树立正确的价值观。

2　西方自然之法与普世价值的演变及对理性的认识

　　西方哲学思想经历了从客观、绝对、以理性主义为基础的古典自然之法走上主观、相对、以经验主义为基础的现代自然之法的演变过程[3]。宗教改革前，以柏拉图、亚里士多德、奥古斯丁、阿奎那、司各脱及奥卡姆等为代表的哲学家建构了古典自然之法，他们相信"真理"存在，推崇"理性主义"[4]。宗教改革后，以洛克、格劳秀斯、普芬多夫、哈奇森和亚当斯密为代表的"经验主义"哲学家建构了现代自然之法，认为一切来自于经验，否定"理性主义"[5]。从古典自然之法到现代自然之法，伴随着"理性主义"与"经验主义"的辩驳，形成了人类对理性的不同认识。

2.1　古典自然之法与"理性主义"

　　（1）古典自然之法的理性

　　柏拉图认为宇宙是有理性的，存在"真理"，它由"形"

　　* 基金项目：武汉大学教学研究项目（批准号：2017 JG090）资助。

谢　波：武汉大学城市设计学院城乡规划系副教授
周　婕：武汉大学城市设计学院城乡规划系教授
魏　伟：武汉大学城市设计学院城乡规划系教授

与"物"组成，但两者二元分开。"形"是实质，永远不变。"物"模仿"形"，永远在变[6]。如果要认识事物的本质，需要通过理性求其"形"。亚里士多德将人类的理性与世界的本质整合为一体[7]，他认为世界是"形"与"物"的统一，"形"是本质，即"基本属性"，"物"是"数量、质量、关系"，即"偶有属性"。"变"是由"物"成"形"过程，如果要认识事物的本质，需要掌握其"基本属性"，并以理性认识由"物"到"形"的变因：质料因、动力因、形式因、目的因[8]。然而，理性并非每个人都所能掌握，大多数人都是非理性之人，其德行体现为理性失调，反映为有自制者和缺自制者（图1）。而理性之人强调绝对的原则，将伦理德行与理性德行结合，以理性应对问题。由于人们的理性认知存在差异，往往对事物"变"的动因缺乏深入分析，将"偶有属性"替代"基本属性"，形成了认知的偏差。

（2）古典普世价值的理性

以柏拉图、亚里士多德等为代表的哲学家建立了古典自然之法，它是人类道德行为必须遵守的法则，来自于永远存在的"真理"，可以被发掘，不能被创造，但可以通过理性认识（图2）。自然之法是普世价值的基础，它永远存在，而普世价值则代表了人们对自然之法的选择，随着时代的变迁发生着变化。古希腊的斯多葛派将自然

理解为理性、有目的、永恒的"秩序"，西塞罗在斯多葛派的基础上将自然之法衍生至社会整体利益。阿奎那以亚里士多德的自然之法为准则，提出了四种法和一系列基本原则，他认为自然之法本质上属理性而非习惯，包括了所有德性，必须经理性去发掘。在自然之法的基础上，阿奎那构建了宗教改革前西方社会的普世价值——"自

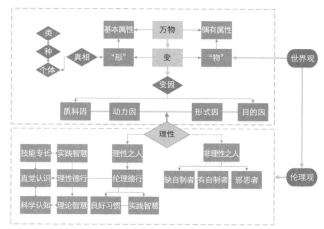

图1　亚里士多德的世界观、伦理观
资料来源：作者自绘

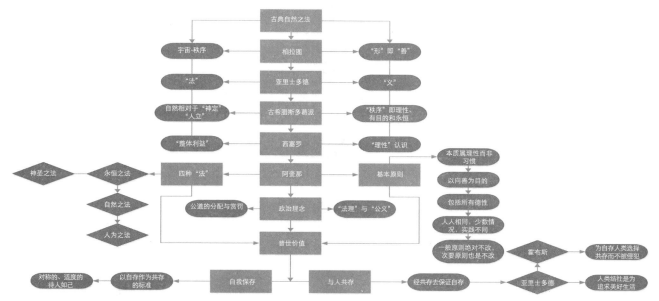

图2　古典自然之法、普世价值的脉络
资料来源：作者自绘

我保存"和"与人共存",两者一元统一在普世价值中[9],并认为在自存与共存之间寻求平衡,才是最理性的选择。

2.2 现代自然之法与"经验主义"

（1）现代自然之法的去理性化

"经验主义"产生于欧洲宗教改革后的动荡时代,1534年至1603年的70年间,欧洲的中心——英国经历了错综的宗教改革进程,从脱离罗马天主教成立英国国教,然后到复辟天主教,最终分化为以王朝为代表的天主教、以世族为代表的国教,子民分化为天主教、国教与清教徒。宗教改革带来了内战,使欧洲陷入了混乱的悲观时代,这一时期人们古典的世界观、伦理观被打碎,形成了"原则相对、妥协权益"的价值观,"经验主义"由此诞生。

"经验主义"之父洛克生长于英国内战后期,宗教改革带来的"三观分裂"促使他接受悲观,反对"理性主义",否定"真理"的存在,他认为官能是认识世界的唯一手段[10]。感知产生官能,进而带来经验,经验即物质存在,通过人们的反思产生出理念（图3）。这就是"经验主义"

的认知逻辑,人就像一张白纸,被动接受外界事物的感知,不相信有真理,也不需要以理性演绎。然而,官能接触的东西永远在变,洛克的"真"仅仅看到了事物的表面,只是一种"仿真"。休谟在洛克的基础上,进一步将"官能——经验"认知论衍生到人,他认为人是自私的感知体,理性是情感的奴隶[11],人的行为产生于欲念,而欲念来自于道德情绪的刺激。休谟的经验主义将理性在内的所有对世界的客观与主观认知归结为经验,理性原因背后的感性原因才是根本的决定因素和驱动力。

（2）现代普世价值的去理性化

以洛克、休谟、亚当斯密、穆勒等为代表的"经验主义"哲学家,批判"理性主义"的古典自然之法,认为一切来自于经验,人人经验不同、难有共识。因此,现代自然之法认为人没有意志自由,不能以理性发现"真理",每个人都有权追求私利。这就是西方现代资本主义社会的普世价值——"自由民主",它聚焦于博弈的自由,强调强者逐利的公平,以实现个体利益为根本目标,完全否定了古典普世价值中"弱者求存、个体利益与整体

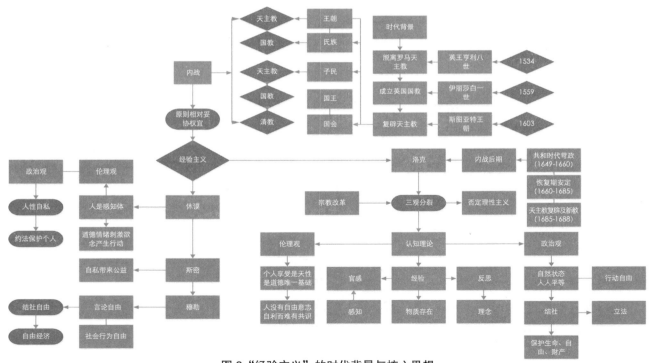

图3 "经验主义"的时代背景与核心思想

资料来源：作者自绘

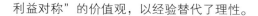

利益对称"的价值观,以经验替代了理性。

2.3 理性主义与经验主义的辨析

柏拉图、亚里士多德等将理性本体化[12],认为它是客观世界存在、变化的本源。从逻辑上来看,理性是我们在求知过程中,通过抽象的方式去发现客观存在的"真理",代表我们可以抽象地思考,用逻辑去分析,用概念去概括,用想象力去探索事物的本质。而"经验主义"也在追求"真",只是它的求真方法单凭经验,虽有反思也仅是官能内部的运作,因此具有较大的缺陷。理性带来道德并影响人们的意志,"理性主义"认为意志是理性的仆人,而"经验主义"认为理性是意志的仆人,意志支配了理性。因此,相比于"理性主义"聚焦于本体世界有关真理的绝对的、永恒的"必然之理","经验主义"则过多关注现象世界有关事实变化的"偶然之理"。

3 现代普世价值作用下西方现代城市规划的本质与反思

3.1 西方现代城市规划的本质

"自由主义"的普世价值影响了西方政治制度、经济社会的发展,对现代城市规划产生了重要影响。西方城市作为资本的象征,是追求私利自由的容器。而现代城市规划则是以保护和提升公众利益为目的,通过空间的手段实现权利的再分配,它对个人自由具有很强的约束力,带有古典普世价值"弱者求存、群体共存"的色彩。因此,现代城市规划对城市的资本运行产生了天然障碍,但在西方普世价值的约束下,它对私产的调控仍在一定范围,未能超出市场规律的约束框架[13]。因此,西方现代城市规划没有对自由经济产生威胁,其所形成的自我约束机制让西方社会在制度框架内给予了它更多的事业空间,进一步彰显了"自由为本"下"民主为用"的本质。

20世纪70年代后,随着西方社会矛盾越来越严重,城市规划被赋予的空间权利难以调和资本主义社会的内在矛盾,导致其逐渐脱离物质空间规划的本质,走向"经验主义"。这一时期的城市规划以社会科学主导,批判物质空间规划的弊端,批判规划的"理性主义",推崇体制改革,最终导致城市规划专注理论、脱离实践,无法为规划工作者提供可用的理论与实践支持;而规划工作越来越趋向官僚化、公式化、程序化,导致城市规划的专业地位下降,难以应对复杂的社会空间问题[14]。归根结

底,在于西方"自由民主"的普世价值改变了城市规划的价值观,由"公义"走向"私利",扭曲了人们的理性,造就了西方现代城市规划理论的不理性。

3.2 西方城市规划对中国城市规划的影响与反思

中国现代城市规划的理论与实践,主要以西方70年代前的物质空间规划理论为基础,并受到当代社会科学主导的城市规划理论的影响,但由于缺乏对西方城市规划本质的深入理解与融会贯通,导致我国城市规划对西方的学习仅保持了表面的相似性[15]。随着我国城市化的快速发展,城市发展水平已逐渐接近甚至部分超越了西方国家,并由于制度、经济、文化等方面的差异,导致西方传统的物质空间规划理论与现代的社会空间规划理论,已不能解释与应对我国当前面临的城市空间问题。中国城市规划的理论与实践,一方面需要反思西方扭曲的价值观、理性的缺失对我国城市规划产生的影响,另一方面也需要应对理论滞后于实践带来的困惑。

面对理论缺失带来的实践困惑,我国城市规划多是从现象与问题出发归纳总结经验以指导实践。如果按照西方"经验主义"的逻辑,实践即经验,然而把经验当作理性,就成为"经验之谈"。"经验主义"影响下的城市规划往往聚焦于城市的"偶有属性"却忽视了"基本属性",并以个体利益替代整体利益,必然产生一系列空间问题。例如,作为区域统筹的城镇群规划,由于不断增加城镇群空间范围并过度强调中心城市的极化效应,导致城镇群内部差异的扩大化[16];"多规合一"停留在"横向整合"、缺乏"纵向整合",导致"多规"的制度壁垒无法破除,仍条块分割、难以融合[17];"新城规划"屈服于"摊大饼规划",导致新城的人口、公共交通、住房等问题日益凸显[18];"增量"规划的减速相对于"存量"规划的加速,导致城市更新改造中开发强度剧增、历史风貌丧失、社会冲突加剧等问题[19];小城镇快速发展带来建设用地的大规模增加,但生态环境、就业、社会保障等问题进一步加剧[20]。

西方现代城市规划抛弃了古典自然之法与普世价值的理性,带来了自身定位的模糊、规划本质的缺失,在处理西方城市土地与空间的纷争时逐渐失去约束力。我国城市规划受到西方现代普世价值的影响产生了一系列社会、空间问题,导致学生在学习城市规划理论时难以

分辨其核心问题，理论与实践脱节并盲目批判中国城市发展中的现实问题。如何引导他们正确认识西方城市规划的本质，吸取经验教训，引导学生在城市规划基础理论学习过程中回归理性，以正确的价值观认识社会现象并掌握城市发展的客观发展规律尤为重要。

4 城市规划及其教育的理性回归

4.1 城市规划的理性与普世价值

古典自然之法认为城市发展存在"真理"，只有通过理性才能认识其客观规律。理性认识城市的途径从其本质入手，聚焦于城市的"基本属性"，而非人人不同、多元多样的"偶有属性"；美好人居是城市的目的，空间形态与环境是城市的形式，城市规划是实现城市目的、引导城市成"形"的动力。

理性的城市发展需要城市规划遵循古典自然之法，以"自我保存"和"与人共存"为普世价值，实现城市整体利益与个体利益的平衡。具体而言，城市规划应当以公平与公正为第一准则，然后再考虑效率问题[21]。首先，城市整体利益是个体利益的基础，城市个体利益的保障必须通过整体利益的维护来实现，从而体现城市效率与公平的兼顾。另一方面，城市规划应将保障个体利益作为维护城市整体利益的标准，体现城市的效率。因此，城市规划首先应体现公平，然后通过"小我优化后的大我平衡"提升效率。

总体而言，理性的城市规划是"以人为本"的规划，而非西方"自由民主"普世价值下"以个人为本"的规划。它以城市"真理"客观存在为世界观，以"个体与整体利益的对称、弱者求存与群体共存"的公平为价值观，通过空间手段实现人类普世价值下人居环境的提升。

4.2 城市规划教育的理性回归

城市规划教学与实践工作者需要面对价值观与价值判断的不确定性，以理性的价值观引导规划行动[22]。古典自然之法的伦理观指出"理性之人"不仅需要理论与实践智慧，还应当具有良好的习惯。城市规划工作者应当遵循这一普世价值，做一个"理性之人"，不仅需要熟练掌握技术专长，还要有一颗"向善之心"，明辨是非。面对城市快速发展与复杂利益群体的诉求，国内规划师需要在短时间内摸清城市问题、把脉发展路径，并将其付诸于实践。在规划过程中，规划师大量接触雇主——政府、

开发商的诉求，更容易形成倾向性思维从而影响客观判断，而与公众的接触缺乏制度程序的保障，导致规划决策大多以一般形式应对普通公众的诉求。这是典型的"强者逐利"的程序性公平，公平成为了利己的代名词[23]。面对公众利益的问题，城市规划工作者应当"自省"，以理性去思考规划，维护整体利益、协助弱小、保障公平。这不仅是一种良好的习惯，更是规划工作者的价值观。

另一方面，城市规划是一门实践科学，但实践不等于经验，实践是检验真理的唯一标准。城市规划工作者需要相信真理，通过理性的实践发现真理。面对西方多元、复杂的城市规划理论，城市规划专业的学生应当具备明辨是非的能力。不仅需要认识西方城市规划的时代背景、主流价值观，研究他们"过往"的政策、结构、模式及其演变，聚焦它们的"不成功"之处，从而看清自己、打开思路、避入歧途；还应当去粗取精，研究适合中国发展路径的规划理论[24]。城市规划教育需要以理性之光为向导，以理论智慧帮助我们科学认识城市，以实践智慧践行规划工作。通过理论指导实践，以自我保存和与人共存为原则，适时适度地开展城市规划工作。

5 结语

现代西方现代文明的价值观将理性定义为"以最小气力、最少牺牲去换取最大所需、方便、享受"，美其名为"有限理性"和"开明自利"，实为把"利己"扩大化，以满足个人的无限追求。人人利己，造就了西方社会的唯利是图、薄情寡义，以自由、竞争为法则创造效率却带来巨大浪费，最终导致城市发展与城市规划的不理性，引发了一系列社会矛盾与空间问题。吸取西方经验教训，我国城市规划教育应回归理性的世界观、价值观和伦理观，它以柏拉图的"恒"为本、亚里士多德的"变"为法，在阿奎那"普世价值"的光环下，为"以人为本"赋予了新的内涵，为发掘美好人居的"形"指明了方向，为规划工作者求"真"提供了指南针。

主要参考文献

［1］ 施向峰. 理性·人权·民意——西方限制立法的自然法哲学之维 [J]. 学海，2003（05）：29-34.

［2］ 张再林，燕连福. 理性之治与德性之治——中西政治哲学

的歧异与会通 [J]. 天津社会科学，2004（01）：34-38.

［3］ 王寅. 体验哲学：一种新的哲学理论 [J]. 哲学动态，2003（07）：24-30.

［4］ 罗狄–刘易斯. 笛卡尔和理性主义 [M]. 管震湖，译. 北京：商务印书馆，1997.

［5］ 陈修斋. 欧洲哲学史上的经验主义与理性主义 [M]. 北京：人民出版社，2007.

［6］ 梁鹤年. 旧概念与新环境（一）：柏拉图的"恒" [J]. 城市规划，2012（06）：74-83.

［7］ 姚定一. 论西方哲学古典理性主义的历史流变 [J]. 四川师范大学学报（社会科学版），1991（04）：16-25.

［8］ 梁鹤年. 旧概念与新环境（三）：亚里士多德的"变" [J]. 城市规划，2012（09）：59-69+90.

［9］ 梁鹤年. 旧概念与新环境（四）：亚奎那的"普世价值" [J]. 城市规划，2013（07）：87-96.

［10］ 梁鹤年. 旧概念与新环境：以人为本的城镇化 [M]. 北京：三联书店，2016.

［11］ 张桂琳. 理性与功利：谁是权威——休谟政治哲学述评 [J]. 政治学研究，1999（01）：67-73.

［12］ 章忠民. 古希腊哲学中理性观念的提出及其演绎 [J]. 福建师范大学学报（哲学社会科学版），2000（04）：32-39.

［13］ Harvey, David（1985）. The Urbanization of Capital[M].

Baltimore：Johns Hopkins University Press.

［14］ 梁鹤年. 可读 必不用之书（一）——顺谈操守 [J]. 城市规划，2001（05）：61-65.

［15］ 孙施文. 中国城市规划的理性思维的困境 [J]. 城市规划学刊，2007（02）：1-8.

［16］ 宁越敏. 论中国城市群的发展和建设 [J]. 区域经济评论，2016（01）：124-130.

［17］ 顾朝林. 论中国"多规"分立及其演化与融合问题 [J]. 地理研究，2015（04）：601-613.

［18］ 赵民. 国外新城发展经验借鉴 [J]. 上海城市规划，2011（05）：5-6.

［19］ 邹兵. 增量规划、存量规划与政策规划 [J]. 城市规划，2013（02）：35-37+55.

［20］ 李兵弟，郭龙彪，徐素君，李浩. 走新型城镇化道路，给小城镇十五年发展培育期 [J]. 城市规划，2014（03）：9-13.

［21］ 孙施文. 城市规划不能承受之重——城市规划的价值观之辨 [J]. 城市规划学刊，2006（01）：11-17.

［22］ 孙施文. 城市规划方法论的思想基础 [J]. 城市规划，1992（03）：14-18.

［23］ 梁鹤年. 旧概念与新环境（六）：经院派与"公平价格" [J]. 城市规划，2015（10）：98-109+112.

［24］ 梁鹤年. 人家的月亮 [J]. 城市规划，2006（04）：60-65.

The Guidance of Student's Value in the Lesson of 'Introduction to Urban Planning' from the Perspective of 'Rationality'

Xie Bo　Zhou Jie　Wei Wei

Abstract: Rationality is a philosophy method that recognizes the essence of the world. Along with the evolution of philosophy, people have significant difference on the cognition of rationality. In order to properly uncover the value of rationality on urban planning, and guide students to recognize the nature of urban planning and set up correct values in the lesson of 'introduction to urban planning', this article analyzes the classical and modern natural law, universal values, identifying the change of recognition on 'rationality' in different historical background, and comparing the concept of rationalism and empiricism. The paper suggests that it is important for urban planning education to return to rational worldview, value and ethics. We should adhere to the universal values of 'self-preservation and living with others', and direct the students of urban planning towards the goal of 'people oriented' development.

Keywords: Urban Planning, Rationality, People Oriented, Value

多学科交叉视野下的"中外城市建设史"教学设计 *
—— 以北京建筑大学为例

张 曼 汤羽扬

摘 要：本文提出基于北京建筑大学的学校定位与办学特色，以城市地理学、社会学、考古学、遗产学、环境心理学、城乡规划学等多学科交叉的视角，重新展开"中外城市建设史"的教学设计，并从教学内容安排、教学方法思考、教学考核方式三个方面提出新的教学设计技术路径。

关键词：中外城市建设史，多学科交叉，北京建筑大学

引言

"中外城市建设史"是《高等学校城乡规划本科指导性专业规范》（2013 版）中 10 门核心课程之一，也是城乡规划专业本科教育人才培养的主干基础理论课程，更是国内建筑类高校硕（博）士研究生入学考试和注册规划师考试的必考内容，可见该课程在城乡规划专业学生教育体系中的重要地位。

目前，"中外城市建设史"已有较成熟的教学模式。特别是对北京建筑大学而言，作为建筑学、城乡规划学专业同时开设的一门专业基础课程，该课程分为中国城市建设史、外国城市建设史两个部分。其教学目标是通过讲授不同历史时期社会、经济、文化、自然等因素对城市及城市规划的影响，全面阐释城市规划建设理论形成背景、价值导向和历史局限性，并辅以典型城市的案例解读，厘清城市发展特点和内在规律，从而帮助学生初步掌握基本的城市历史研究方法，形成系统的规划理论知识体系，为能够正确认识和处理城市文化遗产及其与城市建设之间的关系与矛盾，以及专业后续的城市规划设计实践奠定理论基础。

但是，随着学科壁垒的逐渐弱化，特别是近年来借助我校"北京未来城市设计高精尖创新中心"的学术平台，接触到的各个国家、行业、专业人员对于城市及城市发展的不同解读，为"中外城市建设史"等建筑学、城乡规划学专业基础理论课程的深化改革提供了绝佳的契机，也为授课老师带来了一些新的思考。

1 教学设计改革的背景

国内外对历史城市保护与发展内涵认知的不断转变与深化，以及我校优越的地缘优势以及独特的学校定位与办学特色，促使"中外城市建设史"的教学设计面临改革。

1.1 历史城市保护与发展的认知转变

在全球化和城市化的今天，城市能不能保持独有的城市文化特色，发扬城市优秀文化传统，实现城市新的文化思想，妥善处理有价值的文化资源，对于任何一座城市来说都是一个具有挑战性的课题。

中国是世界上拥有历史性城市最多的国家。由于处于快速现代化、城市化及全球化进程与社会经济转轨过程浓缩重叠在一起的特殊时期，中国也是历史性城市面临文化冲击最严重的国家。城市是既往历史在现存城市

* 基金项目：国家自然科学基金青年项目（项目编号：51808023）资助。

张 曼：北京建筑大学建筑与城乡规划学院讲师
汤羽扬：北京建筑大学建筑与城乡规划学院教授

环境中的投射、更新、重叠的结果，城市设计的本质任务是衔接未来、现实历史、当下和未来的技术、情感方法。如何开辟历史城市保护与发展的双赢道路，保持具有历史文化特色与丰富多样性的城市空间，是建设领域始终不能回避的重要课题。

整体保护是为保护历史城市在内的诸项文化遗产完整性而出现的一种系统论方法。它首次由《建筑遗产欧洲公约》和《阿姆斯特丹宣言》提出，并随着对文化遗产概念认知的转变，逐渐从单个历史性纪念物应用到区域与城市规划，乃至无形文化遗产的保护中。特别是对历史城市而言，由于人的使用居住，历史城市空间结构脆弱不堪，更需要以一种庞大的历史观与系统性的研究方法，思考历史城市保护发展的有效途径。因此，在"中外城市建设史"课程讲授中引入历史地理学、社会学、考古学、遗产学等多视角的观察与思考，无疑是帮助学生建立科学历史观与系统性研究方法提供理论支撑。

1.2 学校定位与办学特色

北京建筑大学作为北京地区唯一一所建筑类高等学校，自1907年建校来一直致力于服务国家城市建设及建筑遗产保护行业，为国家培养了大批高层次专门人才，同时也造就了一支高水平并具有创新精神的教师及科研团队。我校前辈学者如臧尔忠先生、高履泰先生、英若聪先生、王其明先生、何重义先生、业祖润先生、姜中光先生、曹汛先生等开拓性地走在全国建筑历史教学及建筑遗产保护研究的前列，使建筑遗产保护在学校诸多学科中独树一帜。凭借地处北京的地缘优势，历史城市

保护与发展，无疑在建筑遗产保护研究领域中最具特色且成果颇丰。特别是2016年"北京未来城市设计高精尖创新中心"获批成立，成为国内建筑领域唯一的高精尖创新中心。作为中心第一批重大课题的承担团队，城市历史保护与发展创新团队致力于服务首都北京建设和全国历史城市保护与发展的工作，取得大量学术与实践成果，将这些理论与实践经验转化为教学素材，不但极大丰富了"中外城市建设史"的教学内容，也在一定程度上增强了学生荣誉感及学习热情。

2 课程建设中存在的现实问题

首先是课时少，内容多，且教学要点不对等的问题。作为一门涵盖国内外不同国家及其整个历史时期的理论课程，要保证其教学体系的完整性，仅有32学时几乎是不可能完成的任务。因此传统的教学方法基本都是选取典型城市作为案例解读，并针对国内外城市发展特征，在国内城市建设史的教学环节，以讲授原始社会至明清时期或近现代城市建设为主，在国外城市史的教学环节，则更侧重对近现代之后城市建设思潮的讲解，存在两者很难权衡教学要点的难题（图1）。因此，如何利用这么少的学时实现如上所有的教学目标，并且能够加强学生对国内外城市发展谱系的整体认知，则成为教学内容调整后的最大难题。

其次是甄选典型城市作为案例的前沿性、多样性、独特性的问题。目前本课程选取的城市，特别是国内城市大多是教材中出现的，缺乏及时的更新与深入研究。然而，历史城市作为新型的世界遗产以及我国专门设置

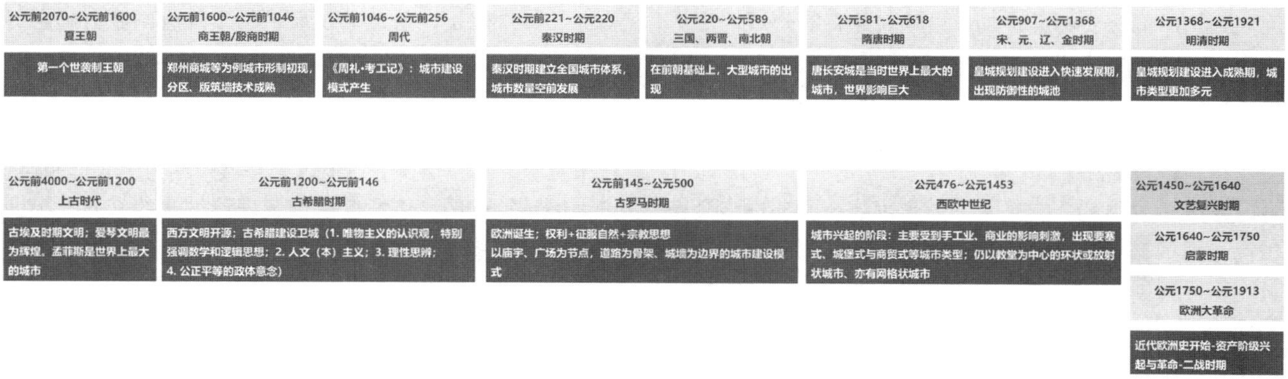

图1 中外城市发展脉络对比分析

的一种遗产类型，如查阅世界遗产名录、历史文化名城、文物保护单位等名单，会大幅度增加并丰富教学内容的前沿性与多样性。而我校承担的各项相关研究与实践工作，更是增加了选取典型案例的独特性，成为课程建设的最大亮点。

最后是学生考核机制有待进一步完善推敲。我校的"中外城市建设史"在城乡规划专业属于必选课，考核方法为考试，在建筑学专业属于选修课，考核方式为提交结题论文。这两种考核方式均缺乏对学生学习过程的阶段性及主动性的审核，在一定程度上没有达到全过程督导学生主动及被动学习的目的，因此有必要思考并完善本课程的激励考核方式。

3 教学视角的再思考

考虑到"中外城市建设史"是一门涉及地理学、历史学、社会学、建筑学在内的多学科理论专业课，同时多年积累有关历史城市保护与发展的科学研究与实践项目，亦极大丰富了教学素材，因此在课程教学设计过程中，以学科交叉的视角对教学内容进行了再思考。

3.1 以历史城市地理学的视角看待城市

历史城市地理学是历史地理学的一门分支学科，其研究对象是历史时期城市的地理空间实体，即通过研究历史时期城市的形成、发展、空间结构和分布规律，旨在从区域的空间组织和城市内部的空间组织两种地域系统来考察城市空间组织形式及其演变规律。以历史城市地理学的视角来看待城市，并作为讲授本课程的主要方法之一，就是强调要将城市选址、规模、形制等信息，回归到当时的历史语境中加以解读，阐释其形成的历史原因，并注重以历史时间为轴线，将各个时期的历史城市进行历时性的比较，总结规律，加强个性化认知。

3.2 以社会学的视角看待城市

从人类发展的历史来看，城市发展与文明进步紧密相连，城市发展的状况总与社会文明发展相对应。城市是人类文明史的伟大产物，是人类文明的象征，是社会交往的中心，也是不同文明互相交流、融合的枢纽。城市作为社会文化的写照，它反映着所处时代、社会、经济、科学技术、生活方式、人际关系、哲学观点、宗教信仰

等信息。正如德国哲学家斯宾格勒所言，"一切伟大的文化都是市镇文化，……民族、国家、政治、宗教、艺术以及各种科学都以人类的一切重要现象——市镇为基础。"近年来，社会学与建筑学、城乡规划学的学科交叉愈发密切，主要是以社会学的调查与研究方法，分析建筑、城市设计中最复杂的"人"的要素。以社会学的视角看待城市，并作为讲授本课程的主要方法之一，就是强调将城市选址、形态、职能、功能分区等信息，与当时社会背景特别是政治、宗教、美学及技术等建立关联，引导学生思考形成规律背后的主要原因。

3.3 以考古学的视角看待城市

历史上的城市目前存在状态或古今重叠，出现不同时期的遗址叠压现象，所以借助考古学，厘清各个时期城市形制与遗址遗存尤为重要。或者是现已消失无存，借助考古发掘与历史研究，是考察古城格局的必要、唯一手段。因此，学术界把通过考古方法对城市历史、空间结构和功能等所开展的研究称为"城市考古"。同时，人们也把"城市考古"理解为在现代城市范围内进行的各项考古工作。以考古学的视角看待城市，并作为讲授本课程的主要方法之一，主要是强调借助考古成果，实现对历史城市古今重叠、无存等特殊情况的信息解读，目的是帮助学生厘清历史城市的价值内涵。

3.4 以遗产学的视角看待城市

历史城市是文化遗产已具备普遍的共识。以遗产学的视角看待城市，首先就是强调以历史的观点，厘清城市的历史发展、理论基础、有影响的人物、学术流派等信息；其次就是以价值的观点，基于价值判断，确定历史城市的历史、科学、艺术、社会与文化价值。第三，强调以保护的观点，确定格局、遗址、遗存、场所、环境等历史城市的保护对象。最后是以发展的观点，看待城市更新、景观协调、价值延续、城市活力、合理利用、遗址展示等问题。以案例解读及理论方法的介入，帮助学生明确学习中外城市建设史的目的，是用于未来指导正确处理历史城市保护与发展关系的核心内容。

3.5 以环境心理学的视角看待城市

环境心理学是研究人与环境相互作用的跨学科领

域。历史上的城市是权利的象征。从选址到格局、从建造到使用，从区域到环境，无论是中国传统的顺应自然之理念，还是欧洲大陆对自然的征服与改造欲，都体现着当时统治阶级的控制力与话语权。因此，研究历史上的城市，应该透过呈现出来的"城市实体"，探究蕴含其中的"文化现象"，即先人基于环境设计对人的行为心理的引导与营造管理。从原始聚落到现代城市，城市都是人活动的场所，人的活动一方面受到城市场所、环境的影响，另一方面也对城市环境产生反作用，引导城市发展方向，这对于城市有序发展发挥重要作用。

3.6 以城乡规划学的视角看待城市

现代城市规划与传统意义上服务政治的城市规划有很大的差别，无论是苏联强调城市规划是"社会主义国民经济计划工作与分布生产力工作的继续和进一步具体化"，还是日本强调"城市规划是城市空间布局、建设城市的技术手段，旨在合理地、有效地创造出良好的生活与活动环境"，亦或是英国注重城市规划与改建的目的在于实现社会与经济目标，美国强调城市规划用于它设计并指导空间的和谐发展，以满足社会和经济的需要等观点，均是将其置于一种科学、系统的方法论支撑，指引城市可持续发展。以城乡规划学的视角来看待城市，并作为讲授本课程的主要方法之一，就是强调要以当代规范的图解、分析方法，重新解读历史城市特征，从而帮助学生建立正确的历史研究方法。

4 教学设计的技术路径

基于学科特色与研究视角的再思考，从教学内容安排、教学方法、考核方式三个方面探讨本课程教学设计的技术路径。

4.1 教学内容安排

按照教学计划安排，国内外城市建设史讲授各占16课时。本次教学改革对之前教学计划的突破主要体现在以下3个方面：一是增加总论部分，主要交代课程设置、结课要求、学习视角、概念解读与课程要义。重点是加强中外历史城市发展脉络的横向比较，帮助学生建立总体的教学背景。同时布置结课要求，作为课程全过程的跟踪设计环节，明确学习任务；二是延续国内重点讲授原始社会至

明清时期或近现代城市建设要点，国外更侧重对近现代之后城市建设思潮的讲解，但在讲授国外城市建设思潮之后，增加中外现代城市建设思潮对比的讲授，重点分析在全球化语境下，受到西方城市建设思想影响的中国城市发展，呈现的总体特征与规律，帮助学生整体把握中外城市发展新趋势。三是突破书本既有城市的案例解读，大量增加历史城市保护发展的一手资料，丰富教学内容与城市选样的多样性，突显我校在这方面的科研优势。

4.2 教学方法思考

本次改革在教学方法上，仍强调以课堂讲授为主，辅以互动式、探究式教学方法，培养学生分析、表达、团队协作以及自学、研究能力。主要实施路径：一是梳理国内外重要历史城市清单（目前整理151个历史城市），设计历史城市信息收录数据库及结题报告的编制体例；二是要求学生自主选择一个城市独立完成研究报告；三是以历史城市建成的时期阶段为划分标准，形成结题汇报小组，讨论中外城市建设史理论及热点问题。通过上述教学方法的尝试，一方面增加学生学习主动性以及独立完成科学研究的能动性，另一方面提高学生互动参与、积极讨论与团队协作的能力，达到复合能力培养的目标。

4.3 教学考核方式

作为课程改革的亮点之一，增加研究报告的书写体例要求，即题目为xxxx城规划设计思想及价值特征研究（每人一个城市，课上按学号与清单核对选出）；体例要求要以城市历史地理学、考古学、遗产学、社会学、环境心理学、城乡规划学的视角对象概况、规划思想与城市格局、价值特征进行描述与分析，并建议学生加大历史研究与现状调查的工作内容。而在结题汇报要求中，要求每组做一个PPT，每个PPT控制在5分钟。汇报内容建议以时期阶段为主题，汇报不同时期中国城市建设特征；汇报人数不超过4人。综上形成的考核成果，作为评价及验收本课程教学成果的重要准绳。

5 结语

结合北京建筑大学的定位与办学特色，凭借多年的学科积累与经验，本次提出以学科交叉的视角重新审视"中外城市建设史"的教学体例，强调拓展教学内容，并

在教学方法、教学考核方式上有所突破创新，旨在形成由理论内容和实践环节并构的教学体系，并在各个环节全过程地设计跟踪，为增强学生的学习自主性与能动性提供一种有效途径。

主要参考文献

［1］ 彭蓬，王晶，卢俊桦 . 基于激励机制的《中外城市建设史》教学初探 [J]. 广东蚕业，2018，52（07）：91+93.

［2］ 曹世臻 . 高校课程教学中的信息资源整合探讨——以 "中外城市建设史" 课程的教学为例 [J]. 教育观察（上旬刊），2013，2（09）：45–48.

［3］ 白立敏 . 以复合能力培养为目标的《中外城市建设史》课程教学改革初探 [J]. 现代营销（下旬刊），2014（07）：87–88.

［4］ 彭蓬，刘力豪，成灯华 . 基于 "整合模式" 的《中外城市建设史》课程改革 [J]. 智能城市，2017，3（04）：78–80.

［5］（英）丹尼斯·罗德威尔 . 历史城市的保护与可持续发展 [M]. 陈江宁，译 . 北京：电子工业出版社，2015.

［6］ 高丹 . 应用型本科院校《中国城市建设史》课程教学改革路径探索 [J]. 课程教育研究，2018（28）：249–250.

［7］ 杨一帆 . 中国城市建设史教学的几点思考——以早期城市为例 [J]. 高教学刊，2018（11）：79–81.

Teaching Design of "The History of Chinese Foreign Urban Construction" in Multidisciplinary Cross Perspective —— Taking Beijing University of Civil Engineering and Architecture as an Example

Zhang Man　Tang Yuyang

Abstract: Based on the current position and characteristics of Beijing University of Civil Engineering and Architecture, this paper recreate the teaching ways of "The History of Chinese and Foreign Urban Construction" with the perspectives of multi subject cross, such as urban geography, sociology, archaeology, heritage, environmental psychology, urban and rural planning and etc. and propose a new teaching method from three aspects: teaching content arrangement, teaching method research and teaching assessment.

Keywords: The History of Chinese and Foreign Urban Construction, Multidisciplinary Cross, Beijing University of Civil Engineering and Architecture

大连民族大学城乡规划导论课程组建设策略*

李　仂　魏广君　侯兆铭

摘　要：结合作者承担的《城乡规划导论》、《城乡规划体系研究》两门导论类课程形成的城乡规划导论课程组，基于专业课程体系建设需要与学生问卷调查结论，梳理两门课程内容与任务分工，使学生通过学习设置于第一学期的《城乡规划导论》、第四学期的《城乡规划体系研究》两门课程了解专业的"边界认知"与"视野认知"，为学生本科学业规划提供依据。

关键词：城乡规划专业，导论课程组，建设策略，大连民族大学

城乡规划专业历来具有专业知识体系跨度大的特征。学生在入学以及低年级阶段很难形成对专业的整体认知进而影响学生的职业规划。尤其是 2018 年以来我国国务院机构调整，住建部的城乡规划管理职责统一划归自然资源部，规划从业人员"一专多能、专业复合，迭代更新成为常态"[1]，要求从业人员具有广泛的职业适应能力与完整而开放的知识体系。为了使学生尽快适应这一变化，在大学学习中尽快进入角色，明确学习目标，大连民族大学培养方案中设定城乡规划导论课程组（以下简称导论课程组），包括《城乡规划导论》、《城乡规划体系研究》两门课程，分别设置于第一、四学期。本文结合学生调研反馈与新专业建设过程中的教学实践，尝试探索导论课程组的课程内容优化与创新。

1　专业概况

大连民族大学办学总体定位是为民族地区培养管理人才与工程技术人才，人才培养注重"来自民族地区、回到民族地区"的核心价值取向。相较于发达地区，民族地区大多专业技术人才匮乏，因此本科教育是学校的核心和重点。城乡规划专业成立于 2015 年，超过 60%

的学生为少数民族,超过 55% 的学生来自民族自治地方。由于生源特征以及专业属性，本科教学具有二重文化取向：一方面，从文化背景、文化心理、文化需求等方面出发，民族院校城乡规划教育需要传承本民族的优秀文化，注重对本民族的特色在城市建设中的继承与创新；另一方面，注重当前专业的先进思潮、研究方法与国家政策动向以保持高等教育的先进性，为民族地区的现代化建设培养专门人才。

在学生入学以及完成了一年级学习后，专业组织了针对学生专业认识与学习的问卷调研。调研面向 2016级、2017 级学生展开，覆盖 85% 学生。如图 1 所示，高考志愿填报阶段专业选择时，按预期填报、有了解填报以及无目的填报的总人数逐渐降低。在一年级学习之后，如图 2 所示，第 2）类、第 3）类以及第 1）类认为不符合预期的比例逐渐升高。说明"中介"对学生专业选择产生了积极而准确的影响。经过一年时间的学习以后，如图 3 所示，学生对专业的认知变化主要体现在课程与学习内容方面，尤其是进入二年级后，学生认为城乡规划与建筑学的差别不大且对于专业的认知仍然模糊，这说明在整个一二年级教学中对于城乡规划专业认

*　基金项目：本课题由 2019 年大连民族大学本科教育教学改革研究与实践一般项目（编号：YB2019133）以及 2019 年大连民族大学学科培育项目"建筑学类"支持。

李　仂：大连民族大学建筑学院讲师
魏广君：大连民族大学建筑学院讲师
侯兆铭：大连民族大学建筑学院副教授

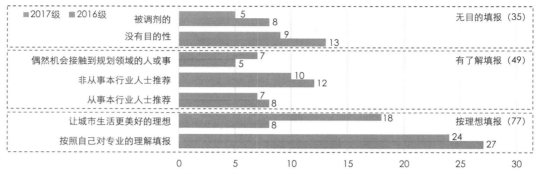

图 1　生源报选本专业缘由（多选，单位：人数）
注：本结果显示的为选择某选项的票数

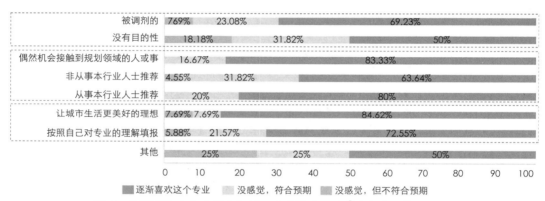

图 2　生源报选本专业缘由与学习态度转变关系❶（多选，单位：%）

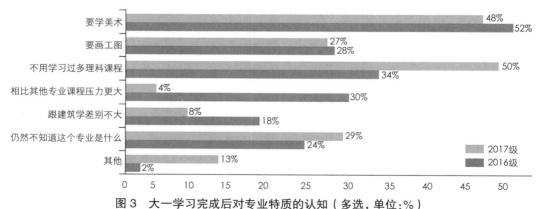

图 3　大一学习完成后对专业特质的认知（多选，单位：%）
注：本题目选项源自与学生日常交流该问题时出现的高频词

---

❶　多选题选项百分比＝该选项被选中次数 ÷ 有效答卷份数；含义为选择该选项的人次在所有填写人数中所占的比例。故选题百分比相加可能超过100%。下同。

知的引导缺失。

从上述典型问题的反馈中可以看出，学生整体上没有对专业知识体系的认知。因此在之后的教学中，对导论课程组的内容进行了系统的修订，旨在使学生在入学阶段进行专业认知框架的建构以及思维的转换。

2 导论课程组建构

由于我校五年制培养方案仍然采用建筑——规划两段制的典型培养模式，在一二年级参照建筑学专业培养模式并在二年级第二学期逐渐过渡至城乡规划专业学习。这一模式的弊端是学生在一二年级对于城乡规划与建筑学专业差异性的认知非常模糊，使学生的关注点集中于城市的空间属性及其对应的规划"空间技术❶"。因此在第一学期、第四学期两个节点的规划概论课程设置，则分别对应了学生对专业"迷茫"阶段以及"由建筑思维向规划思维"转换的两个重要节点。尽管这一认知是通过不同专业课程共同塑造的，但对于决定学生认知框架塑造的导论课程组而言，应具有更加积极的引导作用。

2.1 原则与目标

（1）原则

1）弱化技能，强化方向。调研中可知学生对于专业"是什么"、"学什么"、"做什么"认知模糊，故在导论课程组中应予以明确解答，使学生在有充分的认知基础上进行学习，明确努力方向。

2）弱化灌输，强化启发。在大学入学一段时间内无法适应自发式、引导式以及创新式的学习方式，需要在大学入学开始阶段便引导其实现思维方式的转换以快速适应大学学习，尤其是当前网课、慕课等信息源充分共享的时代背景下，"专业基础教育应能培养学生基本的规划思维"[2]。

3）面向民族，适当融合。民族类院校必须承担的责任。在导论课程中，同样要进行有效的引导，使学生对民族地区的城乡规划特殊性有所了解，增强对民族地区城市建设的关注度。

---

❶ 空间技术，即规划设计中使用以城市空间、城市形态等具有较强主观性手段解决城市问题的方式。

（2）目标

两门课程分别开设于第一、第四学期，分别强调城乡规划专业边界认知以及视野认知两大目标。其中：

1）边界认知。城乡规划专业具有涉及学科广的特点，与其他工科、理科专业不同，城乡规划专业在本科阶段最容易出现的问题是无法快速形成对专业系统而全面的认知。《城乡规划导论》则针对这一特点重点讲授：学科特征、研究对象与方法、相关学科以及体系构成四方面内容，使学生形成关于专业知识结构框架的概括性认知。

2）视野认知。在 2018 年我国国务院机构调整后，城乡规划的执业范围呈现出领域缩窄而专业综合属性明显加强的发展趋势，尤其是更加关注规划中社会问题的解决。故在第四学期，引导学生关注全球视野、历史视野、社会视野，拓展解决城市问题的视角，使学生形成相对全面的认知维度，为"空间技术"提供不同视野的分析依据。

2.2 课程内容建构

（1）边界认知——城乡规划导论

本课程开设于第一学期，共 16 学时讲解。此时学生刚步入大学，对于大学学习、生活方式都处于迷茫并逐渐适应的阶段。故课程重点不是急于向学生灌输专业知识，而是使学生对专业形成一个全面而概括的认知，使学生充分了解专业属性，最终形成了如图 4 所示的课程内容框架。

如表 1 所示，通过四个子目标 7 个章节，为学生解释大学"是什么"、专业"是什么"，为学生对自身学业与职业规划提供参考。

在完成了理论讲解后，要求学生完成结课作业。作业题目要能够调动学生积极性，使学生主动思考城市、

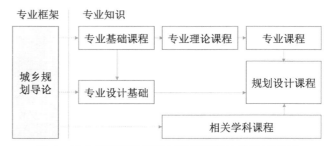

图 4 城乡规划导论课程与后续课程的关系示意图

《城乡规划导论》课程目标与内容框架一览表   表1

子目标	对应章节	内容	民族特色融入
学科特征	1）城乡规划专业	介绍学科分类、城乡规划学的学科特点，专业学习与工作特点，专业执业资格考试相关要求	否
研究对象与方法	2）什么是城乡 3）什么是城乡规划 4）理论基础	介绍我国城市与乡村的相关概念与界定标准，介绍城乡规划概念和功能，介绍世界主流规划思想与理论	否
相关学科	5）理论拓展	关联学科以及主流跨学科研究趋势	是
体系构成	6）城乡规划编制体系 7）城乡规划相关专题	介绍我国城乡规划体系以及基本的编制方法，城乡规划相关专题研究	是

城市问题，充分认识专业的复杂性、综合性。

以 2018 年为例，结课作业要求学生完成城市旅游目的地竞争力调查研究。要求学生针对大连市主城区的商业、人文、自然等各类景点，利用网络公开大数据以及现场参观与访谈的方式，对大连市主城区的各类景点进行排序与分析评价，并提出简要的竞争力提升策略。这一作业对于学生前期知识储备要求较低，但在作业完成过程中又需要进行大量的调研与大数据抓取与分析技术探讨，较适合大一学生。在作业完成过程中，学生需要制定恰当的研究方法与研究内容框架，借此使学生适应开放式的思考方式，并在完成作业的过程中逐渐加深对城乡规划学科研究内容、研究方法的了解，加深学科边界的认识。

由于学生在一年级对于城市及其问题认识相对模糊，本作业以"现象"观察为主线，给学生提出了较多"为什么"，尽管这些问题在课程中无法一一找到答案，但却

为之后课程的学习埋下"伏笔"，学生将在不同课程组的学习中逐渐找到答案。

（2）视野认知——城乡规划体系研究

城乡规划体系研究课程开设于第四学期，共 32 学时。其中 16 学时专题讲解，剩余 16 学时进行课外调研并完成对应的调研报告。本学期处于由建筑设计向规划设计转换的学期，经历了前三学期以"空间技术"为核心的课程体系后，对于城市空间形态背后隐藏的内在运行机制尽管有所提及，但学生仍然习惯依赖"空间技术"寻求解决问题的思路。故本课程需要拓展学生视野，使之以更广阔的视野分析城市与城市问题——形成对专业的视野认知。本学期课程以联合国人居署编著的《城市规划——写给城市领导者》为蓝本，揉合国内外相关城市发展与城市管理案例形成如表 2 所示的课程框架。

从不同视野对城市及其运行机制进行讲解，使学生认识到城乡规划中的"空间技术"并不能解决所有城乡

《城乡规划体系研究》课程目标与内容框架一览表   表2

子目标	对应章节	内容	民主特色融入
全球视野	1）城市格局形成	以不同国家典型城市的形成机制，介绍城市空间格局的不同可能性及其带来的城市空间与形态潜在发展路径	是
	2）城市交通管理	以不同国家典型交通解决方案，介绍城市交通的构成以及当前流行的交通处理方式以及主要交通问题	否
历史视野	3）非正式区域应对	介绍世界不同国家和地区的非正式区域发展的经验和教训，如何以恰当的态度和方式处理非正式区域发展问题	是
	4）公众参与策略	介绍不同国家在城乡规划中的公众参与方式、途径、作用及其优劣势	是
社会视野	5）城市活力塑造	以社会视角介绍城市活力产生的动因与规划应对策略	是
	6）城市安全应对	主要介绍城市犯罪的成本构成，与城市规划、社区的关系，以及城市规划的应对策略	否

问题，而恰恰是各类非空间因素有着更显著的影响。

在完成专题讲解后，为了强化学生对于非"空间技术"的理解与运用，剩余 16 学时指导学生完成结课作业。考虑本课程与《城乡规划导论》的连贯性，并与规划二年级规划设计课程相结合，布置综合性、专业性更强的城市调研作业。以 2019 年为例，作业内容为《大连城市密集区口袋公园分布与使用评价》，该题目是近年我国城市公共空间品质塑造中的热点问题之一。由于大连城市主城区的城镇化水平较高，城市建设多以更新为主要模式。而大连市的口袋公园更多是作为一种城市公共空间营造的补救性策略，其存在、发展与优化都必须基于城市发展的历史背景。这与当前我国当前由增量规划向存量规划转型的导向一致。

如图 5、图 6 所示，学生需要使用现场踏勘、走访与问卷发放（共回收 308 份有效问卷）、城市建设资料查阅、网络公开大数据抓取等多手段的综合研究。这与学生在大二所学习的其他专业课程呈现出截然不同的工作模式：在多种调研方法的中充分了解特定城区城市发展与建设脉络，极大拓展了学生的认知视野，并能够清晰地认识到城市问题的复杂性与系统性。

3 结论

正如图 4 所示，导论课程组作为学生专业学习的方向引导性课程。尽管当前有较多的城乡规划导论类教材，但大多以专业角度介绍城市规划与规划编制体系，对于学生认识专业本身属性的介绍与引导不足。尤其是对于有着面向民族地区生源构成的大连民族大学而言：在办学宗旨层面，现有的导论课程教材与授课体系不能完全适应学校的人才培养目标定位；在生源的地域来源层面，关注现代城市特色与规划思想将导致学生对地域与民族特色的淡漠，这也是本次导论课程组课程改革的根本原因。

1) 原住民　　2) 社区服务业人员　　3) 旅游服务业人员　　4) 外来游客

图 5　学生与周边相关人群访谈

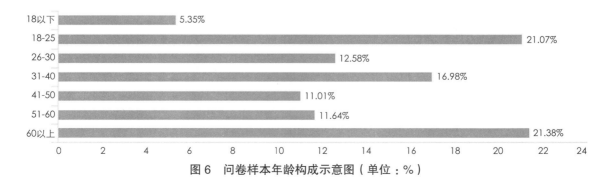

年龄段	百分比
18以下	5.35%
18-25	21.07%
26-30	12.58%
31-40	16.98%
41-50	11.01%
51-60	11.64%
60以上	21.38%

图 6　问卷样本年龄构成示意图（单位：%）

　　总之，作为整个城乡规划教学体系的先导与衔接，学生需要结合其他课程逐渐形成对城乡规划专业的清晰认知（图7）。此外，课程组仅经历一轮教学的检验，结合本文所提的策略需要在更长的教学周期中进行实践、检讨以进一步调整与优化。

图7　导论课程组与其他课程的关系示意图

主要参考文献

[1] 如何应对国务院机构改革后的规划行业？[EB/OL].2018-4-9[2019-6-30].

[2] 洪亘伟，杨新海．"思维 + 技能 + 创新"——城市规划专业基础教学体系建构研究 [J]. 规划师，2011，27（12）：106-110.

Construction Strategies of Introduction Course Group of Urban and Rural Planning in Dalian Minzu University

Li Le　　Wei Guangjun　　Hou Zhaoming

Abstract: This paper combining the introductory course group of the two introductory courses, Introduction to Urban and Rural Planning and Research on Urban and Rural Planning System, based on the construction needs of professional course system and students' questionnaire survey, carding the content and task division of two courses, enable students to understand the "boundary cognition" and "vision cognition" through learning the two courses "Introduction to Urban and Rural Planning" set up in the first semester and "Research on Urban and Rural Planning System" set up in the fourth semester, provide basis for undergraduate academic planning.

Keywords: Urban and Rural Planning, Introduction Course Group, Construction Strategies, Dalian Minzu University

文艺作品赏析在城市阅读教学环节中的运用探讨

钱　芳　刘代云　张　蕊

摘　要：通过对文艺作品的类型及其对城市空间表达手法的解析，探讨了文艺作品作为认知城市的可行性。从阅读方法的完善、授课内容的丰富、专业技能的提高论述了文艺作品赏析引入城市阅读教学的意义，并针对讲课、实践和作业三个教学环节提出文艺作品赏析在课程教学中的运用途径。

关键词：城市阅读教学，文艺作品鉴赏，城市认知

引言

城市阅读课程是大连理工大学建筑与艺术学院面向本科二年级城乡规划专业、建筑学专业、雕塑专业、建筑环境设计专业、视觉传达专业学生开设的必修课。共32学时，讲授24学时，实践8学时。

城市阅读的培养目标在于提高学生的城市认知能力。城市认知是城乡规划初步教学的重要内容。阅读是一种认知心理过程，是获取知识与信息的重要手段。城市的社会文化内涵使城市具有可读性。通过城市阅读基本内容与方法的介绍使学生能够在对城市各种信息的解读以及城市的实地体验理解城市空间形态的意义，培养学生规划设计中的城市意识。

城市认知能力培养是一个循序渐进的过程。对于二年级的学生而言，对城市的认识主要源自已有的生活经历。在这些经历中，文学、绘画、电影、照片等文艺作品对其构筑城市图景起了极其重要的作用，也是学生最容易接受和掌握的认知城市途径。

1　文艺作品中的城市空间表达

文学、电影、绘画、摄影等文艺作品可以选择性的表现城市，并对城市生活的描述形成了修辞手法和叙事方法。正如城市摄影师维克托·伯金所说，我们体验到的城市，既是真实存在的物质环境，同时又是小说、电影、照片中的城市，是电视屏幕上的城市。

绘画，是通过线条、色彩、块面等造型手段，塑造

具有一定内涵和意味的平面视觉形象的艺术形式。可以直接可视的记录人类活动及其所处环境。对城市的表达手法主要包括作为主题背景、画面表达的中心、反映特定人群生活场景的城市空间等。

摄影，是通过光线捕捉来形成视觉图像的艺术表现形式，较绘画具有更强的纪实性。对城市的表达主题主要包括建筑工程的纪录、城市空间事件的纪录等。

文学，用语言作为表现手段，主要包括诗歌、小说、散文等，表达方式是间接的，只能在读者的想象中唤起感受。借助"事实城市"、"感觉城市"、"想象城市"表达城市空间[1]。

电影，通过文字、图像、声音等多媒质载体的综合运用。表现的城市空间有两个突出特征，一是对城市空间进行多重视点表达，使人们认识到空间中的物体及其相互关系；二是对城市空间进行蒙太奇的剪辑，使人们认知到的空间的"时间节奏"[1]。

文艺作品可以通过其特有的表现手法表达人们对城市空间的感受。然而，从严格意义上讲，文艺作品的表达是主观性的参与程度较高的一种表现形式，即使具有写实性的摄影作品也有表现作者感受中的城市的能力。同时，每个认知者由于以往的生活经历的不同、专业素养的不同，也会对文艺作品有不同的理解，如表1所示。

钱　芳：大连理工大学建筑与艺术学院城乡规划系讲师
刘代云：大连理工大学建筑与艺术学院城乡规划系副教授
张　蕊：大连理工大学建筑与艺术学院，在读研究生课程助教

这些共性与个性也为探讨"城市与人"的关系这一城市认识目标提供了更多的表现形式。

2 文艺作品赏析引入城市阅读教学的意义

2.1 作为一种阅读城市的方法

方法传授是教学的核心内容。城市毕竟不是一本书，不是由字母、音节、段落构成的文本，何况城市的建筑、街道、广场的图像、轮廓和里面构成的"文本"中还有各种各样的人。但并不意味阅读城市就没有方法。关于城市阅读的方法相关学者已有了一些探讨，如表2。德国学者迪特哈·森普鲁格认为城市符号学可能是一种有效工具。从符号学的角度看，"城市空间要素就是意义和感受的载体（能指），他们指向这些意义和感受（所指）"[2]。并以中式居住小区为例阐释了城市空间、所指、能指三者的相互关系，如图1所示。张钦楠在《城市阅读》一

书中结合自身经验，认为凯文·林奇的认知地图方法、柯林·罗厄的图底关系法、阿尔多·罗西的"标志"和"母体"三个阅读城市的方法可以有效的识别城市文化特征[3]。

这些方法更易于具有城乡规划专业背景和建筑学背

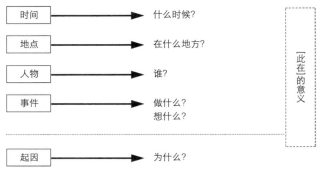

图1 解读文艺作品的问题集合

文艺作品中城市空间表达手法及人为因素影响 表1

形式	表现手段	城市空间的表达手法	认知者的视阈	作者主观意识参与度
绘画	线条、色彩、块面	画面主题的背景	绘画鉴赏能力、画家/艺术流派的了解、城市历史/社会背景的了解、生活经历	++
		画面表达的中心		
		特定人群的生活场景		
摄影	光线	建筑工程的纪录	摄影鉴赏能力、摄影家的了解、城市历史/社会背景的了解、生活经历	+
		城市空间事件的纪录		
文学	语言	事实城市	文学鉴赏修养、生活经历、对作者的了解、城市历史/社会背景的了解	++++
		感觉城市		
		想象城市		
电影	文字、图像、声音	不同时间的城市空间体验	影视鉴赏能力生活经历、对导演风格的了解、城市历史/社会背景的了解	+++
		同一城市空间的不同事件再现		

+ 数量多少代表作者主观意识参与程度的高低

城市阅读主要方法的相关研究 表2

方法	核心内容	代表人物	适用范围
城市观察法	直接观察、间接观察	赤瀬川原平、威廉·H·怀特	可以亲自去体验的城市
城市符号学	对象—能指—所指	迪特哈·森普鲁格	有助于生成所需的意义或感知
认知地图法	节点、边缘、地标、路径、区域五要素	凯文·林奇	不同类型人群的城市感知
图底关系法	实体建筑涂黑，虚体城市空间留白	柯林·罗厄	城市的历史演变及肌理特征
标志与母体	母体是识别城市的重要基础	阿尔多·罗西	对城市构成的解读
艺术经验法	科学方法外的城市认知	成砚	从表现物感知作者的城市情感

景的学生掌握。对于刚刚接触专业不久的二年级学生，特别是雕塑专业、建筑环境专业和视觉传达专业的学生而言掌握起来会比较困难。需要先传授一种更易于接受的阅读方法。

早期的城市图景构筑往往源自文艺作品。文艺作品赏析是最易接受的感知城市的方法。学者成砚在《读城——艺术经验与城市空间》中将这种方法归纳为科学方法认知以外的艺术经验，并提出"问答法"以获得对城市空间内的日常实践活动的认知。这些解读文艺作品的问题集合包括什么时候、在什么地方、谁、做什么、为什么，如图1所示。通过这些问题建立读者与作品之间的对话，进而加深人们对空间意义的把握。

2.2 弥补无法感知的时空场景体验

教学内容中的阅读方法与阅读内容需要建立在大量古今国内外城市案例的解读之上的。但很多城市都是无法带领学生亲自去感知的。对历史空间的认知有助于更好的理解现在城市之所以成为这个样子的原因，这部分的内容也不是能通过简单的语言描述就可以表述清晰的。文艺作品可以弥补这些无法感知的时空场景体验。

一方面，将城市作为艺术表达的主题或背景是全世界艺术家的偏爱，如莫奈画笔下的威尼斯、帕慕克笔下的伊斯坦布尔、艾略特·厄威特镜头下的纽约等。这些著名艺术家对不同城市场景的纪录及其场所意义的艺术呈现都为了解不同国家城市特征提供了很好的资料。

另一方面，文艺作品表现的空间与当下的空间往往存在一个时间差，其对场景纪录的"瞬间即逝"特征很好再现了历史空间场景，如托马斯·绍特尔·博伊斯镜头下的中世纪伦敦、维克多·雨果笔下15世纪的巴黎、卡斯帕·梅里安画笔下17世纪的柏林等。

2.3 有助培养学生的空间叙事能力

叙事性表达是城市空间设计的一种手法，城乡规划专业学生需要掌握的基本设计技能。空间叙事理论也是研究城市情感空间、城市空间整治、城市景观规划与设计、城市遗产地规划中的重要方法[4]。将文艺作品中所描绘的日常生活与城市实体空间特征结合来讲，可以使学生意识到空间结构与叙事结构之间的耦合关系，对空间的认知也不会仅限于形态美学层面。

此外，文艺作品赏析的融入也可以激发学生关于城市空间多利益群体的思考。在教学中可以采用作者—叙事者—叙事空间—读者构成的交互范式，融入对多元对象和利益主体的分析，如作家、艺术家、建筑师、历史学家、政治家，以及不同个人、私人与共同团体、各级政府等，激发学生对空间生成背后利益相关者的情景讨论。

3 文艺作品赏析在城市阅读教学中的运用

3.1 讲课阶段的运用

城市阅读课程的讲课阶段共24学时。6学时为概论课，介绍城市阅读的基本内容和方法；18学时城市案例解读，因循历史的脉络，介绍不同时期城市发展的典型模式，然后选取一个视角对典型城市进行解读。文学作品赏析可以用于展示和进一步解释城市空间与人类活动之间的耦合关系，如表3所示。

在概论课中，关于城市阅读方法讲授中，运用不同艺术作品赏析来诠释凯文·林奇认知地图方法，加深学生对城市空间构成要素与人的活动行为之间的关系的理解。路径中引用了F·加里·格雷导演的《偷天换日》中在威尼斯水道中的追逐场面，同时也展示了威尼斯独有的街道肌理及其沿线的生活场景；边界既是两个部分的分界线，也是可以产生许多故事的线性空间，如电影《午夜巴黎》中男主角沿塞纳河漫步的场景既展现了城市与河流的相互关系，也展示了河岸宁静而安详的城市氛围；由于电影可以聚焦城市特定区域，通过电影《华尔街》展现了当时纽约华尔街人们每天聚集在酒吧以及挥金如土的生活；节点是人们在城市中来往的焦点，其中的广场是最能体现当地市民生活特征的地方，也常常是文艺作品表达的文化背景，如印象派画家格罗斯笔下的《波茨坦广场》，伍迪·艾伦导演的《午夜巴塞罗那》中的不同广场场景。地标是一种点状的参照物，如乔恩·费儒导演的《圣诞精灵》中以历史地标洛克菲勒中心来描述每年圣诞节这里的节日气氛，而作家杰罗姆·大卫·塞林格在小说《麦田里的守望者》里则选择中央公园作为作者寻求心灵解脱的场所。

案例解读部分，先对艺术作品的创作背景进行一定的介绍，然后根据不同内容的授课需要穿插到教学内容中。例如，在介绍法国巴黎的巴黎圣母院时，不同时期

城市及其具有代表性的文艺作品　　　　　　　　　　　　　　　　　　　表3

城市	摄影作品	绘画作品	文学作品	影视作品
巴黎	Apse of Notre-Dame de Paris，C. Marville	Paris Street：Rainy Day，Gustave Caillebotte，1877	雨果，《巴黎圣母院》	Discovery，《打造巴黎市》
	Rue de Rivoli，Paris. A.Braun	乔治·修拉，《大碗岛的星期天下午》	大卫，《巴黎城记》	伍迪·艾伦，《午夜巴黎》
	Rue Glatigny，Paris，C. Marville	《圣丹尼和他的头颅》	J. 杰拉尔德·肯尼迪，《想象巴黎》	
威尼斯	—	莫奈，《威尼斯大运河》	莎士比亚，《威尼斯商人》	F·加里·格雷，《偷天换日》
柏林	—	格罗斯，《夫妻》	施滕德尔，《瞬间柏林》	文德斯，《欲望之翼》
		格罗斯，《弗里德里希大街》	德布林，《柏林：亚历山大广场》	施特劳布，《Kalldeway》
		格罗斯，《波茨坦广场》	席勒，《我的城市》	
纽约	Anthony and Compny，Central Park	John Sloan, Fifth Avenue, New York, 1909	弗·斯各特·菲茨杰拉德，《了不起的盖茨比》	乔恩·费儒，《圣诞精灵》
	Bandit's Boost, Dr. Henry G. Piffard for Jacob Riis	Willian Glackens, Far from the Fresh Air Farm	杰罗姆·大卫·塞林格，《麦田里的守望者》	奥利弗·斯通，《华尔街》
		蒙特利安，《百老汇的摇摆舞》	雷姆·库哈斯，《疯狂的纽约》	拜恩·霍华德，《疯狂动物城》

有与其相关的文学作品，包括法国历史上第一个摄影工程中关于巴黎圣母院的记录、巴黎圣母院被毁及其维克多·雨果《巴黎圣母院》的创作背景，然后再加上宗教建筑对圣经的表达、哥特式教堂的建筑风格，这些内容都可以丰富巴黎圣母院的文化内涵，使学生更好的意识到建筑作品与城市发展之间的耦合关系。

3.2　实践阶段的运用

城市阅读课程的实践阶段共 8 学时，分为两个阶段，4 学时指导学生观察校园生活，4 学时带领学生体验具有代表性的城市片区。

第一阶段（4 学时），要求学生看一部文学作品，然后在就读的学校校园中找到一个感觉类似的场所。学校是学生最熟悉的环境，通过这种方式引导学生观察自己的生活环境，从而建立起对日常生活与城市空间关系的思考。

第二阶段（4 学时），带领学生到所在城市最有代表性的区域实地感知。可以为同学推荐一些关于城市的书籍和电影，让学生训着作者的感受与叙事情节来感知城市空间；也可以对城市特定空间，通过老照片与现实景象的对比带领学生感受城市的变迁。

3.3　作业与效果

课程采取提交大作业的考核方式。作业内容与形式是以小组为单位（3-4 人），选择城市（大连）某一特定区域进行阅读，表现形式不限，要求主题鲜明、主线清晰。

从教学最后提交的作业来看，学生更愿意选择通过影像方式表达对自己的城市认知。2016 年的 6 份作品中，3 份为短片（50%），2 份为绘画作品（33.3%）；2017年的 12 份作品中，7 份是短片（41.2%），4 份为绘画（33.3%），1 份为摄影作品的拼贴（8.8%）；2018 年的18 份作品中，8 份为短片（44.4%），4 份绘画（22.2%），2 份为绘画和短片的组合（11.1%）。学生普遍认为拍短片、绘画、摄影都是自己比较擅长且更为喜欢的城市认知的表达方式。

2016 年学生作业《中山广场异闻录》，几位同学受 Coldplay 的 Up&Up 的 MV 启发，以大连中山广场为例，时空压缩为主题，通过延时拍摄、摄影拼贴与对比、短片表的的方式记录了他们对中山广场的认知与感受，如表 4 所示。2017 年学生作业《垂直城市》，通过绘画表达为主，配以照片拼贴的方式对比性的描绘了大连胜利广场地下商业街与地上开放空间同一剖面不同空间里人们的生活场景。

4 结语

随着信息时代的到来，存储与传播的功能也在逐渐增强，教学中使用媒体时的选择空间也逐渐增大，也为文艺作品赏析走入课堂提供了更多的途径。城市的复杂性与历时性决定了认知过程需要借助多种途径。文艺作品对城市事件的记录及其所赋予的场景想象都为城市阅读教学提供了丰富的教学辅助资料。文艺作品的解读要求教师具有一定的文艺鉴赏能力，如何通过科学的解读与城市认知教学联系起来还有许多难点需要去研究。

主要参考文献

［1］ 成砚. 读城——艺术经验与城市空间 [M]. 北京：中国建筑工业出版社，2004：64-67.

［2］ （德）迪特•哈森普鲁格. 中国城市密码 [M]. 童明，等译. 北京：清华大学出版社，2018：19.

［3］ 张钦楠. 城市阅读 [M]. 北京：生活•读书•新知 三联书店，2005：13-20.

［4］ 侍非，高才驰，等. 空间叙事方法缘起及在城市研究中的应用 [J]. 国际城市规划，2014（29）：99-125.

学生作业《中山广场异闻录》章节构成及其艺术表达手法　　表4

章节主题	Part 1：各向异性	Part 2：昼夜对比	Part 3：城市地质	Part 4：拼贴城市
艺术手法	延时摄影	摄影拼贴与对比	摄影拼贴与对比	摄影拼贴
短片截图				

Discussion on the Appreciation of Literary Works in the Teaching of Urban Reading Teaching

Qian Fang   Liu Daiyun   Zhang Rui

Abstract: By analyzing the types of literary and artistic works and their expression methods in urban space，it explores the feasibility of literary and artistic works as city cognition. It discusses the significance of applying appreciation of literary and artistic works to city reading teaching from perfection of reading methods, enrichment of teaching contents and improvement of professional skills. And for three teaching links including lectures, practices and assignments，it puts forward the application ways of appreciation of literary and artistic works in the course teaching.

Keywords: City Reading Teaching, the Appreciation of Literary and Artistic Works，Urban Cognitive Ability

浅谈城乡规划社会调查教学中的选题阶段指导

栾 滨 肖 彦 孙 晖

摘 要：选题指导是城乡社会调查教学的关键阶段。本文总结了大连理工大学城乡规划社会调查课程的教学实践。提出指导教师应从是否属于城乡规划范畴、是否具有足够的调研深度和研究价值、是否能够完成等三个方面对学生选题进行初步判断。并浅谈了选题五个方面的深入方法和教学指导的注意事项，使学生能够在选题阶段得到独立思考能力、人文关怀责任、城市运行规律等方面的启发。

关键词：城乡规划专业，社会调查报告，选题，教学总结

引言

城乡社会调查是城乡规划专业学生知识和方法综合运用的一次训练，笔者所在的大连理工大学建筑与艺术学院城乡规划系，近年来学生社会调查报告参评获奖作品逐渐增多（表1）。在指导过程中笔者感到，调查报告不仅体现了学生对调查、分析方法的运用，也体现了学生从人文视角对城乡社会问题的关怀和对社会发展带来的人与空间关系的敏锐发掘，而选题则是确定所要关注的特定城乡社会事物、现象或问题的关键阶段。本文结合笔者的教学实践，浅谈一下城乡社会调查选题阶段的指导。

1 课程阶段设置

城乡社会调查是我专业学生的必修课，近年来调整至三年级下学期进行，总计24学时，1.5学分，每次3课时连上，学期内进行8周。其中理论讲授2周，选题与预调研讨论汇报3周，报告编写汇报3周。在夏季小学期，另设了2学分的快题阶段，共计2周，主要进行针对城乡规划专指委年会作业评比要求的进一步调整。

从实际授课来看，这个比例安排是合适的，前两周主要进行城市社会学、社会调查和数据分析方法的一般理论讲授，与实践直接相关的理论和方法则在放在选题和预调研阶段针对性的展开介绍，这样结合调查实践，

大连理工大学社会调查报告今年获奖题目　表1

年度	获奖级别	报告题目
2017 年	二等奖	少年游——高中生通学出行情况及风险因素调研
	三等奖	狭路盍行——限行电动车政策下大连市高新园区外卖配送交通现状调研
	佳作奖	"不解风情？"——大连俄罗斯风情街街道体验差异调查
		市事无常——大连市露天菜市存留价值调查
2018 年	二等奖	溜娃难！？——大连市学龄前儿童家庭周末活动空间现状调查研究
		火车不来之后…——大连市废弃铁路再利用空间形成机制调查
		大隐隐于"室"——大连"隐形商户"营业情况及影响调查
	三等奖	一路"童"行——儿童友好通学出行环境调查
	佳作奖	菜场不能承受之"重"——基于时间地理学的老年人买菜行为研究

栾　滨：大连理工大学建筑与艺术学院城乡规划系讲师
肖　彦：大连理工大学建筑与艺术学院城乡规划系讲师
孙　晖：大连理工大学建筑与艺术学院城乡规划系教授

学生对理论的把握更加直接。选题对于一份报告的完成预期和内容深度较为重要，因此这一阶段设置 9 课时，历时 3 周，并结合预调研与教师充分探讨选题方向及具体调查结构。

2 选题初步判断

在理论讲授阶段之后，由学生自行分组讨论，课上以 PPT 形式汇报选题方向，在这一阶段，教师首先从以下三方面来进行判断和引导：

2.1 选题是否属于城乡规划范畴

有学生过于关注空间分布，而没有触及背后的人群需求，也有学生经常提出很好的社会问题，但并不是城乡规划的范畴。正如在专指委年会上，点评专家经常提到的未获奖作品"只见空间不见人"或"只见人不见空间"的现象。前一个问题较容易判断，后一个问题容易模糊，如"外来务工人员社会融入调查"、"某节日对民族文化和社会交流的传承调查"，没有发掘出现象的空间载体，容易造成学生进行到后期报告做不下去，内容失焦。在实际授课中，笔者经常让学生自我进行一下简易的判断：如果你的选题无法总结出很好的流线、分布或变迁平面图，那基本就不属于城乡规划问题的范畴。

2.2 选题是否具有足够的调研深度和研究价值

有学生提出的调研内容属于城乡规划范畴的选题，但是有些社会现象的形成动因、矛盾纠纷较为明显，或者社会对此类问题的解决路径已基本形成共识，这样的选题教师一般指出其调研深度可能不够，难以体现对城市社会问题的深入思考，并不能够体现训练目的。如"某山体公园登山情况调查"、"某小区老年人活动空间需求"、"某区域无障碍设施完善度"、"某小学周边零食摊贩调查"、"新能源汽车充电设施"、"快递自提柜对小区入口空间的影响"等问题，此类问题通过加大资金投入和城市管理可以得到较为明显的解决，或者商业经营的影响因素过于明显，容易变成空间和设施用后评价的报告，如不转变切入角度，难以形成具有足够深度的社会调查报告。还有一些选题囿于高校学生人群、学校范围，难以体现对社会多种需求与空间利益的分析，教师鼓励学生们将观察视角放大到城市范畴，将选题跳出个人"舒适圈"。

2.3 选题是否能够完成

与调研角度太小相反，有的选题过于宏大。许多学生在初期将观察到的社会问题直接纳入调研选题，缺乏必要的思考和剖析，如"大连市农民工居住情况调查"，"城市化对人群的健康效应"，这样的题目 3-4 人难以在几周内调研完成。或者调研取样范围太广，普通问卷工作难以有效反映客观情况，如"大连市民阅读行为调查"。针对这种情况，教师引导其缩小选题视角，思考明晰这一社会问题中的具体空间原因，剥离旁支现象，深入浅出的从局部讲透该社会现象的一部分，"以小见大"，而不是宏观的泛泛而谈。对于难以取得有效调研数据支撑的选题，建议及早更换，避免报告结论主观武断、以偏概全。

3 选题深入方法

3.1 关注人与空间的再组织

改革开放以来，中国城市较为迅速地发生着形态演变，网络时代之后，更是迅速的因信息传递的扁平化而重构，城市的人群和生活方式也在形成新的分类，体现出不同的活动特点。鼓励学生将人群需求、技术途径和物质空间的重构关联起来，观察其作用机制，进而反映当前城市空间再组织的特点。如关注城市转型后衰退空间的再利用《火车不来之后 ... ——大连市废弃铁路再利用空间形成机制调查》，调查当年与城市空间矛盾重重的铁路，在废弃之后是如何与城市建立关系重构，探寻其空间再利用现状，分析其利用行为模式，并提出可供城市改造和优化的初步建议。如关注城市传统功能的存废《市事无常——大连市露天菜市存留价值调查》，从城（市民）乡（菜农）两个方面调查露天市场的存留意义。又如关注传统空间的新利用《大隐隐于"室"——大连市"隐形商户"营业情况及影响调查》，即是关注互联网外卖行业火热发展背景下，居民楼里外卖商户的影响及不同人群的需求，并从政策与空间两方面提出了建议。

3.2 更精确界定人群

对传统城市人群的进一步细分和更精确的界定，关注更明确的群体，是对城市社会问题的新发掘、新贡献，也是城市社会人文关怀发展完善的必然要求。其中可以探索传统人群的进一步细化，如《菜场不能承受之

"重"——基于时间地理学的老年人买菜行为研究》，在老年人群体中细化调查买菜的群体。也可以关注城市中的新人群，如同济大学2018年获奖题目《"医"料之外——异地就医人群与收诊城市的双重负担调研》，为我们提供了新的人群关注视角。

3.3 关注综合关系中的时代新事物

对于社会新事物和空间新现象，学生有较高的热情和体验去调查这类选题，如外卖、网购、特色商业等。但此类的选题不能仅关注新现象本身，而应体现一种综合性，例如《遛娃难！？——大连市学龄前儿童家庭周末活动空间现状调查研究》，体现了时代背景下儿童活动与教育、城市人工环境与自然活动的缺失、上班族周末休息与陪伴儿童间的多重矛盾，将时间、空间、行为综合反映在报告调查中。又如《大隐隐于"室"——大连市"隐形商户"营业情况及影响调查》，即有物流配送发展的行业背景、网络点餐时代的巨大消费需求，又有难以监管到位的困境，又集中体现在居住小区这一特定空间范围中。

3.4 运用新方法分析经典现象

当然，也有一些话题和现象是经久不衰的，如老年人和儿童的空间活动、城市外来务工人员的空间需求、流动摊贩等选题。鼓励学生运用新的方法分析经典现象，以此达到训练目的。如《少年游——高中生通学出行情况及风险因素调研》《一路"童"行——儿童友好通学出行环境调查》，从青少年安全这一传统话题出发，运用了基于 Grasshopperde 最短路径模拟、基于 GIS 的上学路径分析、SPSS 相关性分析等方法，使这类话题的数据量化和成果可视化得到了提高。但方法是为了更好的分析和论证所调研的话题，正如点评专家总结的"方法只是手段，不是目的"，"不能为了方法而方法"。

3.5 关注地域行为和现象

笔者在授课中鼓励学生关注地域行为和城市特色现象，如大连市受地形和历史发展影响，形成了自身的道路特色——未设置专用非机动车道，在这一背景下的选题《狭路盍行——限行电动车政策下大连市高新园区外卖配送交通现状调研》，从限行电动车入手，调查了外卖配送行业的发展与城市空间与政策不支持之间的矛盾。《"不解风情？"——大连俄罗斯风情街街道体验差异调查》关注大连特色的历史文化旅游街道，对不同人群的体验和认知进行分析对比，探求游客、市民、商家不同视角对俄罗斯风情街体验的差异性，并提出改进建议。笔者亦鼓励学生从大连海洋文化、渔民渔村等角度进行特色选题，期待今后会有较好的报告出现。

4 指导注意事项

4.1 能够层层剖析城市现象

一个好的调查研究能够逐层深入展开。首先是空间的表象，这是我们观察调查题目最直观的印象，涉及路线、分布、比例、服务半径等物质现象。其次是发现空间表象下的人或不同群体的需求，涉及到主观选择、行为取舍、价值观及其变迁等。最终涉及到时代发展对人的需求和空间的变化是如何互相影响的，这里面可能有管理不到位、空间供给不充分的问题，也可能并没有对与错，而是一种发展带来的需求与空间的重构，随着社会的发展和磨合，将逐渐得到缓冲或转化。从宏观的视角来看，随着时间的推移，城市一直在或明显或缓慢地进行着空间重构。让学生能够把空间的重构和人的需求关联起来，观察其作用机制、时代特点，训练学生敏锐分析城市空间现象背后的社会问题，也是城市规划专业社会调查课程的题中应有之意。

4.2 要符合教学规律

在教学中笔者感到，学生发掘城市社会现象并独立思考的动力较充沛，但也带来容易固执己见，过于关注社会现象而忽视规划空间问题，如何保持学生的积极性和探索精神，并及时适当将其引导到城市社会调查报告的选题范畴十分重要。教师一方面通过历年优秀作业的获奖题目作为正向引导，另一方面要把"跑偏"的可能分析透彻，同时鼓励小组内部在课后展开头脑风暴，对选题充分讨论论证。

鼓励预调研后的调整与修正，通过预调研，许多初步调研选题可能发现更新颖的视角和方法，指导老师也需要依据学生收集的信息来判断该如何继续进行调研组构。因此，预调研后的调研结构修订和调研问卷拟定，这一阶段需要给予充分时间。

课上课下相结合，本课程大部分采用 PPT 形式分组汇报，教师分别给出建议，全班共同聆听，问题共同研讨。课后，各调研小组通过微信群与教师们随时交流沟通思路和见解。

5 结语

选题是社会调查报告的重要阶段，但又不是唯一目的。选题阶段既要鼓励学生敏锐提炼城乡社会现象中的巧妙切入点，同时又要符合教学规律，注重与下一阶段的衔接，注重对学生独立思考能力、人文关怀责任、城市运行规律等方面的启发，使学生通过选题阶段开启分析城市社会问题的大门。

主要参考文献

［1］ 李和平，李浩. 城市规划社会调查方法 [M]. 北京：中国建筑工业出版社，2004.

［2］ 汪芳，刘清愔. 问题是研究的灵魂——规划专业社会综合实践调查教学选题环节的思考. 2016 中国高等学校城乡规划教育年会论文集 [C]. 北京：中国建筑工业出版社，2016：152-157.

［3］ 赵亮. 城市规划社会调查报告选题分析及教学探讨 [J]. 城市规划，2012（10）：81-85.

［4］ 城乡社会综合实践调研报告评选小组. 城乡社会综合实践调研报告评优总结 [R]. 2018 全国高等学校城乡规划教育年会，福建：福州，2018（09）.

On the Guidance of the Selection Stage of Social Survey for Urban and Rural Planning Specialty

Luan Bin   Xiao Yan   Sun Hui

Abstract: Topic Guidance is the Key Stage of Urban and Rural Social Survey Teaching. This paper summarizes the teaching practice of social survey course of urban and rural planning in Dalian University of Technology. It is proposed that the instructor should make a preliminary judgment on the students' topic selection from three aspects: whether it belongs to the category of urban and rural planning, whether it has enough research depth and research value, and whether it can be completed. The paper also talks about five aspects of in-depth methods of topic selection and matters needing attention in teaching guidance. The purpose is to enable students to get inspiration from independent thinking ability, humanistic care responsibility and urban operation law in the topic selection stage.
Keywords: Urban and Rural Planning Major, Social Survey Report, Selected Topic, Teaching Summary

基于地域文化与国际比较下的城市更新课程教学探索

刘涟涟　高　莹　陆　伟

摘　要：当前，我国城市遗产保护与城市可持续更新发展呈现出众多矛盾和问题。在此背景下，如何开展城市更新课程教学，符合我国城市更新发展的需要成为本研究的出发点。本研究尝试探寻新型的城市更新课程教学模式，即从大连及东北地域的地理、历史和文化特征入手，结合学生自身家乡的历史文化特色，通过中欧城市遗产保护与城市更新的比较性研究，从教学内容、教学方式、参考教材和教学成果等方面，开展基于地域文化与国际比较下的城市更新课程教学探索。该研究将有助于完善城乡规划本科专业在城市遗产保护与城市更新的知识体系，提高我校城乡规划本科生在该领域的专业水平和学术能力。

关键词：城市更新，城市遗产保护，教学改革，地域文化，国际比较

1　引言

1.1　研究背景

我国城市遗产保护与更新发展的矛盾重重。特别是2019年3月，国务院通报点名批评5个重要的历史文化名城，均存在城市更新过程中存在大拆大建、拆旧建假的破坏性建设问题[1]。与此同时，大连市作为近代历史上第二大港口城市，多处具有"和式洋风"特征的近代历史街区也都面临类似的困境，并最终于2018年开始提出申报历史文化名城[2]。相比之下，以德国为代表的欧洲国家、城市，在战后经历了数十年城市历史遗产保护与城市更新交错发展的历程后，在保持城市历史文化特征的同时，也使得城市获得了可持续更新的发展。因此，本研究将基于大连及东北地区城市的地域、历史、文化背景和城市更新教育现状，结合国内外城市遗产保护与更新规划的理论与案例研究，探索更具有地域文化特征和国际化比较下的城市更新课程教学模式。

1.2　研究意义

在我国城市发展策略由盲目增量扩张转向高质量的存量优化背景下，结合当前我国旧城更新和新城开发的急速发展现状，城市遗产保护和可持续城市更新的规划教育在城乡规划教学体系中显得愈发重要。

构建具有地域特色和国际视野的城市更新课程，对大连及东北城市的地域历史文化特色保护与生态可持续更新规划建设，提供了基础性的理论与实践总结，具有重要的学术价值和社会意义。对完善城乡规划本科专业在城市遗产保护与更新的知识体系，提高我校城乡规划本科生在该领域的专业水平和学术能力具有重要的现实意义。

2　国内外相关课程教学现状

2.1　国内重点院校在"城市历史保护与更新"相关课程教学的特征

通过对国内重点的建筑与规划院校，如清华大学、东南大学、同济大学和天津大学调研发现，上述院校在"城市历史保护与更新的"本科教学体系成熟，特别是在城市历史文化保护和建筑遗产保护方面，一方面具有扎实和成熟的理论体系，另一方面，具有丰富的国内城市历史与遗产保护案例实践。因此，整体上体现出在中国城市与建筑遗产保护理论和实践上的教学优势。同时，对世界各国的城市历史保护的理论与实践发展进行了较为完整的概述。

刘涟涟：大连理工大学建筑与艺术学院副教授
高　莹：大连理工大学建筑与艺术学院副教授
陆　伟：大连理工大学建筑与艺术学院教授

综上，国内重点院校在"城市历史保护与更新"相关课程教学呈现以下特征：在本科教学内容方面，以建筑遗产保护为核心；基于丰富的国内城市遗产保护案例开展教学；世界各国的城市历史保护的理论与实践发展以概述为主。在教学课程的阶段设置上，本科阶段设置有城市历史保护与建筑遗产保护方向的理论课程；本科阶段的设计类课程包含了城市历史保护与更新相关选题；城市更新方向的系统学习一般设置在研究生阶段。

2.2　国外院校在相关课程教学特征

本研究对德国柏林工业大学和斯图加特大学的城市更新相关课程调研显示，其规划课程内容主要是根植于所在城市（如斯图加特和柏林）以及欧洲城市更新的发展趋势，开展理论与实践教学。城市更新的研究课题不固定，各院校无统一的教材，主要是根据任课教师的科研和实践课题而设置。

由此可见，在城市更新课程中汲取国内重点高校的教学经验，基于所在城市的地域、历史和文化特征，促进城市更新教学的国际化发展趋势，成为在当前时期城市更新课程教学探索的方向。

3　城市更新教学改革的需求和目标

3.1　教学需求

（1）通过对我国已有的城市遗产保护与更新的成功与失败经验的整理和分析，让学生深入认识并掌握我国在城市遗产保护与更新规划发展特征和面临的困境。

（2）通过对欧洲城市遗产保护与更新的历史、现状和未来趋势的梳理和分析，让学生认识并理解到我国在城市遗产保护与更新规划与欧洲发达国家的差异与差距。

（3）通过对大连及东北地区的地域、历史和文化特征及相关的遗产保护与更新规划的探讨，让学生学习从当前的现状出发，寻找适宜本地特征的城市历史遗产保护与更新规划方法。

3.2　改革目标

相应我校程耿东院士提出的"科研是提升教学水平的手段。"的教学理念，在《城市更新》课程建设与创新进行探索性研究。以期达到的以下目标：

（1）教学内容核心发展方向定位准确，内容构架合

理且具有创新性。

（2）教学方式具有国际一流大学城市规划专业本科相关课程的教学特征。

（3）使本科生增强清晰的地域文化认知和国际视野，提升独立、合作和主动的学术研究与实践解决问题的能力。

4　教学模式探索的具体内容

基于我国城市遗产保护与更新等相关领域前辈的研究成果，结合授课教师对以欧洲与本地城市遗产保护与更新的研究成果，构建基于东北、国内及欧洲相似地域、历史与文化特征比较的城市遗产保护与更新课程的理论教学内容；

4.1　教学内容的改革探索

（1）关注本地城市历史遗产和城市更新的发展

深化并完善对大连及东北城市的地域历史和文化特征的整体认知教学，结合实证案例，开展理论与实践相结合的研究型教学（图1）。一方面着眼于大连的港口城市、殖民城市，老工业城市、旅游城市的地域、历史和产业结构转型等特征，探讨大连及东北城市的城市遗产保护与更新规划存在的问题和发展趋势（图2）。

（2）以国际比较为导向：选取与我国案例城市具有相似城市地理、历史、文化和经济产业结构等方面具有相似特征的发达国家的城市更新规划理论与案例，对中外城市在城市遗产保护与更新的理论、法规、规划、措

图1　大连中山广场历史建筑群被破坏的整体景观

图2　大连烟台街历史街区更新改造前后的对比
资料来源：作者编辑

施和实践等方面展开比较分析与讨论。

（3）首次对城市绿色交通规划在城市历史遗产保护与城市更新过程中的作用与特征展开讲解与分析。基于欧洲城市历史遗产保护与更新规划的成功经验，将城市绿色交通规划的知识体系纳入到对城市更新的课程教学中（图3）。本次授课首次纳入以德国为代表的城市历史老城中心步行化发展，对历史老城区环境的改善，以及绿色交通为导向的新城市区可持续规划建设。特别是针对德国历史老城区的绿色交通规划，探讨其以轨道交通为主导的公共交通和非机动交通规划策略与措施。

图3　城市历史街区的绿色交通规划教学课件
资料来源：作者编辑

4.2　教材参考文献的探索

（1）基于本地区地域、历史和文化特征的认知教学要求，将与大连及东北城市地域历史文化的相关研究著作与实践案例成果纳入本课程教学参考（图4）。特别是将本学院教师的研究成果纳入教学教材中 [3][4][5][6][7]。

**图4　本校老师在城市遗产保护与城市更新方面的
部分研究成果**
资料来源：作者提供

（2）将授课教师对以德国为代表的欧洲城市遗产保护和可持续城市更新规划发展的最新学术研究成果，以及欧洲城市遗产保护与城市更新的学术著作、实践案例和最新城市公示的第一手相关信息（图5），共同构成核心基础理论教学基础资料，以对我国城市遗产保护与城市更新的相关问题开展参考性与比较性分析研究。

（3）学生自主组成的参考文献。是将学生的研究目标聚焦自己家乡，鼓励学生选择其出生地或熟知的城市与相似的国外城市开展城市历史遗产保护和城市更新规划进行相关资料的收集整理、比较和分析，将自己的研究成果学术化，成为日后课堂教学参考文献的重要组成。

4.3　教学方式的探索

（1）以学生为核心的主导思想教学

由以老师为核心的传统课堂老师讲授模式转向以学

图 5　德国城市遗产保护与城市更新发展的重要原著
资料来源：作者编辑

据信息，获取国内外典范案例的第一手教学与研究资料。例如，在教学过程中，借助网络地图信息平台，通过谷歌街景，为学生构建亲历感和浸入感的历史街区现状，便于学生理解和掌握案例教学的内容（图 9）。

图 6　战后德国城市重建的模式
资料来源：作者编辑

图 7　以学生为主导的讨论式国际化教学模式

图 8　在历史建筑内展开的学生研究报告

生为核心的主动探索式的国际化教学模式（图 7、图 8）。教学地点逐步从传统的课堂走向本地典型案例实地；教学方式逐步由老师讲授转为学生的研究汇报；教学内容由教师指定教材，逐步转变为学生的自主查找文献。

（2）单人授课向多人团队过渡

授课教师由单人向多研究领域交叉的多人研究团队转变。集合我院建筑、规划与交通领域的教授专家，针对相关教学内容，开展专家教学咨询。

（3）网络与实地相结合

实地调研与网络地图相结合，促进学生对案例城市地理、历史和文化特色的近距离认知，形成浸入式的学习模式。通过网络地图、街景，评价及其他网络开放数

图 9　谷歌街景展示的法兰克福市中心历史街区现状
资料来源：谷歌街景

4.4 改革的关键问题

（1）改变学生被动式学习模式，转入主动、合作的研究性学习模式。基于对国内外相类似城市遗产保护与城市更新案例比较，学生在课堂进行研究汇报，并最终提交研究报告。该模式意在促进学生独立、主动、合作的科研能力培养。推动本科教学由以老师课堂主讲的教学模式转向以学生为主导的讨论式课堂教学。

（2）学术研究成果向教学内容的转化，学生课堂作业成果向学术成果的转化。基于本学院各相关专业研究者在该领域的学术研究与实践成果，转化为课堂与实地教学的内容。同时，依据本课程内容框架体系，重点指导学生既独立，又具有合作精神地完成具有一定学术价值的课程研究性论文，最终择优汇编整理成课程研究论文集。

4.5 教学改革的检验

教学改革的成功与否，要对学生和老师的教学成果进行检验。对学生的教学成果检验，即要通过课堂汇报、研究论文和理论考卷三种模式：课堂汇报，促进学生的研究选题的合理性、研究思路逻辑组织与观点阐述、讨论的能力；课程论文，提高学生对案例研究的成果文字表达、学术写作与规范能力；理论开卷考试，是进一步完善学生在城市遗产保护与城市更新方面的基本理论和实践知识。

对老师的教学成果检验，即通过课程教学的主观和客观评价。在本课程结束后，针对课程讲授过程中的各主要教学内容、教学方式等方面，对学生进行主观和客观问卷调查和评价。

5 结论与展望

当前的教学进展显示，教学内容的探索获得了学生的总体认可，学生对授课教师的最新研究成果转化的教学内容吸收程度还需要进一步检验。以学生为主导的课堂汇报和讨论教学模式对学生的主动学习具有较好的促进作用；地域化和国际化的比较研究模式既加深了学生对各自家乡和大连及东北地域文化特征的认知，并促进了学生的城市更新知识体系与国际化发展的同步性；网络提供的案例城市现状场景对学生的城市遗产保护与更新规划的理解具有显著的效果；课程论文的择优出版可能性对学生对城市更新方面的研究积极性也有明显提高。

但是，教学探索还存在以下实践上的不足：一是，在学生课堂学习成果的学术化转化方面还有待完善。鉴于本科学生在研究选题、学术写作逻辑性和学术规范上还存在明显的理论与实践上不足，整理出符合学术出版标准的课程论文集还需要老师和学生在后期深入完善。课程论文集出版的资金支持和院系的支持模式还需要进一步讨论。二是，计划实地考察的现场体验式教学模式，对学生的学习积极性提升明显，但是教学效果的体现，还依赖于成熟的教学计划，这需要教师在实践中不断总结与摸索。三是，多专家构架的授课咨询团队如何形成常态化的机制，还需要授课教师与院系及主管部门的共同协助与支持。

总体上，基于地域文化与国际化比较下的城市更新课程教学，在教学内容和教学方式探索上取得了一定效果。培养掌握城市遗产保护与城市更新规划的理论知识，具有可持续城市更新规划技术，且具有国际化视野的合格城乡规划人才是该教学探索的最终目标，以期未来对解决我国城市遗产保护与城市更新之间长期存在的矛盾问题，实现我国城市遗产保护与城市更新的协调规划发展起到更多的正面推动作用。

主要参考文献

［1］ 住房和城乡建设部 国家文物局关于部分保护不力国家历史文化名城的通报 [EB/OL][2019-03-14]. http : //www. mohurd.gov.cn/wjfb/201903/t20190321_239850.html.

［2］ 大连市人民政府办公厅关于印发大连市申报国家历史文化名城工作方案的通知 [EB/OL]. [2019-03-14].http : //www.dl.gov.cn/gov/detail/file.vm?diid=101D05000180602514918061323&lid=3_4.

［3］ 陆伟, 刘涟涟, 等.大连城市中心烟台街历史街区的更新与保护 [J]. 城市建筑, 2012.

［4］ 刘泉, 梁江.近代东北城市规划的空间形态元素 [M]. 大连：大连理工大学出版社, 2014.

［5］ 邵明, 胡文荟, 等.辽宁吉林黑龙江古建筑 [M]. 北京：中国建筑工业出版社, 2015.

［6］ 于辉.大连凤鸣街：历史街区风貌测绘与基础研究 [M]. 北京：中国建筑工业出版社, 2017.

［7］ 于辉, 王洲.和式洋风：大连凤鸣街历史街区风貌解读与空间解析 [M]. 北京：中国建筑工业出版社, 2018.

Exploration in the Course of Urban Renewal based on the Regional Culture and International Comparison

Liu Lianlian   Gao Ying   Lu Wei

Abstract: At present, there are many contradictions and problems in the protection of urban heritage and the sustainable development of cities in China. In this context, how to carry out the course of urban renewal, in line with the needs of urban renewal development in China, was the starting point of this research. This study attempts to explore a new type of urban renewal curriculum teaching model based on regional culture and international comparison, which is based on the geographical, historical and cultural characteristics of Dalian and the other cities in the northeast of China, combined with the history and culture of students' hometowns, through the comparative study of urban heritage protection and urban renewal between the Chinese cities and European cities, Teaching content, methods, reference materials and teaching achievements, etc. The research will help to improve the knowledge system of urban heritage protection and urban renewal, and improve the professional level and academic ability of undergraduate students in urban and rural planning in this field.

Keywords: Urban Renewal, Urban Heritage Protection, Teaching Reform, Regional Culture, International Comparison

对应性、连续性、时效性和地域性
——《城市社会学》课程规划案例选择初探*

朱文健

摘　要： 城乡规划学专业的《城市社会学》教学目的在于引导学生建立城市社会学的问题意识与城乡物质空间规划问题的关联，以及解释与阐述社会问题和空间问题互动规律。本文总结了深圳大学城乡规划专业《城市社会学》课程在规划案例选择上的一些经验，为学生更好的学习课程和相关教学进一步改进打下基础。

关键词： 城市社会学，城乡规划，规划案例、深圳大学

1　前言

　　城市社会学、城乡规划学均以城市为研究对象，以解决城市的社会问题、促进城市的有序发展为目标，而城乡规划在很大程度上是对于社会空间资源的整合。基于学科综合与拓展的发展趋势，城乡规划学科正由偏重物质性规划向注重社会性、综合性规划的转变[1]。与偏重物质环境治理不同，社会性的城乡规划更注重深刻剖析影响物质环境发展与更新的决策背景及相关社会问题。但由于城市社会学边界的广泛性，针对城乡规划学专业学生开设的城市社会学课程内容和方法上多采用概念介绍和思辨逻辑推演等手段。有些学生们学完这门课后除了笼统地知道社会结构、地域结构、城市文化等这些概念后，实际得到的是一个白描般的城市印象，并不清楚什么是城乡规划专业的城市社会学视野，也较难建立起作为规划师对于城市社会学的问题意识。

　　深圳大学建筑与城市规划学院和城市规划系近年来开展的以围绕空间规划设计主干课为龙头、强调理论和实践联动的协作教学改革，在课程设置和教学内容中持续不断关注快速城市化地区的城乡社会发展和空间关系。《城市社会学》课程如何介入"规划"，以及规划如

何建立"城市社会学"视野，既要完成对城市规划的进一步认知，拓展规划研究的视野，又要培养一定的专项研究能力，成为《城市社会学》课程教学探索的主要目的。本文基于《城市社会学》课程近年来教学改革中的一些经验，总结出深圳大学城乡规划专业本科《城市社会学》课程教学中在规划案例选择上关于对应性、连续性、时效性和地域性的思考。

2　"社会——空间"对应性

　　国内城市社会学的教材教学内容上主要涵盖了城市社会学的渊源和研究方法、社会结构、社会问题、空间结构等基本议题，也有与城乡规划专业密切相关的如空间隔离、"贫民窟"、社区规划等内容。不是所有的城市社会学议题都能与城乡规划相契合[2]，因此在选择案例的时候，首先考虑的是"社会——空间"对应性。

　　人口问题是社会学也是城市社会学的经典议题，人口自然结构、性别结构、空间结构、社会分层、社会流动、人口迁移和老龄化属于必讲知识点。在案例上我们选择了《北京城市总体规划（2016–2035）》和《上海市城市总体规划（2017–2035）》，讨论如下问题：北京、上海城市总体规划中都对常住人口都有控制要求，分别是2020年控制在2300万和2500万人口。上述两个城市控制人口的依据和目的是什么？在调整人口空间布局、

　　* 基金项目：本文系深圳大学教学改革研究项目"基于'社会－规划问题认知'的《城市社会学》课程教学实践探索"（项目编号：JG2017024）研究成果之一。

朱文健：深圳大学建筑与城市规划学院讲师

优化人口结构方面两个城市有什么异同点。我们着重让学生理解实施人口规模控制是环境承载力、建设规模以及配套设施承载力等多重因素所导致。调整人口空间布局、优化人口结构本质上与城市的战略定位相关。对于规划制定科学合理的公共服务政策，可以发挥公共服务政策导向对人口结构的调节作用。

人口问题中诸如 20 世纪 80 年代后期乃至目前各大城市出现的"民工潮"、进入 21 世纪以来中国社会的老龄化问题，以及体制转换过程中凸现的社会保障等问题是学生渴望了解的社会现实问题。针对此类型的问题我们选择了《深圳市养老设施专项规划（2011–2020）》和《深圳市住房建设规划（2016–2020）》两个专项规划作为案例，在案例讲解上不过多介绍专项规划的编制方法以及技术手段等细节，主要强调在应对人口问题时，城乡规划专业对此的回应方式以及手段，以及规划并实施后可能对相关社会问题的缓解或加剧。让学生理解专项规划的目的是为了适应城市人口的需求，构建适应的公共服务设施体系、住房保障体系，科学合理地安排设施，预控设施用地，提高居民生活品质。案例选择的"社会——空间"对应性是为了能让规划专业学生从社会议题中快速地抓住城乡规划的落脚点。

3 "问题——规划"连续性

一个地区或城市的社会问题不是一成不变的，相同的社会议题（如人口问题、社会发展问题）在不同阶段表现形式和矛盾也不尽相同。现阶段我国社会主要矛盾已经转化为人民日益增长的美好生活需要和不平衡不充分的发展之间的矛盾。城市总体规划作为应对社会发展问题中最具代表性的具有连续性的规划，因此我们选择了一系列城市总体规划作为案例，如《北京城市总体规划（1991–2010）》《北京城市总体规划（2004–2020）》、《北京城市总体规划（2016–2035）》、《深圳经济特区总体规划（1986—2000）》、《深圳市城市总体规划（1996–2010）》、《深圳市城市总体规划（2007–2020）》等。上述两个城市的总体规划对于学生们（尤其是深圳大学学生）了解本专业的重要性不言而喻。

在分析上述总体规划时，我们尝试从"延续性"和"间断性"两个方面对规划阐述或解决的社会问题以及解决方式进行归类。案例中的北京城市总体规划，其延续

的主题之一一直是以控制城市规模为主，但实际上城市规划并没有限制经济的发展和人口规模的快速扩张，城市空间无论从平面上还是竖向上在不断突破。整体上呈现出以沿环线向外辐射的"摊大饼"式的空间扩展模式，基本符合竞租曲线模型，最终形成"同心圆"及"扇形"混合式的空间结构。间断性的方面如过往的规划提出并实施的北京周边的卫星城，以此疏散日益集中的人口和产业集聚带来的压力，但是由于中心市区与卫星城规模之间差距悬殊，仅把卫星城作为市区疏散人口的工具，疏忽了疏解后市民的生活需求，忽视产业的转移，致使居住和工作不协调，上班时间大量人口从周边向中心城集中，下班时间又从中心城区向周边转移，通勤距离的大大增加，不仅没有节省通勤时间，反而增加了居民的生活成本，带来城市交通拥堵、环境污染等问题，卫星城未能发挥应有的作用。

但我们也强调，北京城市总体规划"失调/失灵"的问题，并不是没有规划好这一简单的答案。中国的规划发展不仅需要保留工具理性以促进快速健康的城市化，而且也要解决由市场机制失灵而产生的社会问题，所面临的外部发展环境非常复杂，加上总体规划编制时间长、涉及面广等问题，使得有些时候城市总体规划出现"失调/失灵"的问题。我们选择具有"问题——规划"连续性特征的案例分析同时，更重要的是学生明白诸多规划议题和诸多社会问题其实是牵一发动全身，规划师任务艰巨也责任重大。

4 "空间——规划"时效性

课程案例选择的"空间——规划"时效性体现在两个方面。首先是结合当前关注度较多的与城乡规划能够相结合的社会学热点议题。在空间公平和空间正义章节，我们除了阐述社会保障体系以及保障体系规划的空间公平性之外，还选择了讲解近年来国内学者也越来越关注的新马克思主义关于大都市危机与空间正义问题。典型的案例城市为底特律，美国"锈带"的一个典型而极端的例子。二战后的国家政策使得产业飞速发展，带动了工业移民，使得城市中心贫民聚居区一方面为产业制造大量的廉价劳动力，另一方面也瓦解了原来的城市中心由中上层占据的局面，逃离城市中心区成为白人中产阶级的唯一选择。随着大城市中心区日益衰落，现代都市

秩序开始瓦解，出现了商业萎缩、失业严重、贫困加剧、治安混乱等一系列经济社会问题，城市郊区化迅速兴起。在过去50年中，虽然这一地区本身得到了巨大发展，但是，100万居民离开了底特律城，占该城总人口的一半。

而国内案例，我们根据近年来诸多国内规划学者关注的"收缩城市"和"死城"问题，展开引导，提请学生明晰增长和萎缩并不是截然不同的现象，他们是城市生命中必然要出现的两个阶段。清华大学的相关研究表明，通过2000-2010年的人口对比发现，中国有三分之一的国土人口密度在下降，或者是说有一万多个乡镇和街道办事处的人口在流失。"城市萎缩"离中国城市并不一定有那么遥远。对于规划专业而言，通过一系列策略来提高城市的宜居性和经济活力，通过多样化的经济活动来吸引居民和投资，人们可以阻止这一城市萎缩现象。如吴志强院士所说，中国的城市规划师不仅应肩负起"为了增长而规划"的职责，也应该准备好"为了萎缩的规划"，两者结合方能实现更健康的城市和区域发展。

另一方面，我们在社会学经典议题中选用最具时效性的规划案例。如在"地域结构"学习章节，我们选用粤港澳大湾区作为案例，通过讨论《广东省主体功能区规划（2012）》《珠江三角洲地区改革发展规划纲要（2008—2020年）》《广东省城镇体系规划（2007—2020年）》《粤港澳大湾区发展规划纲要》使得学生明晰城乡规划中所对应的地域结构中城市定位理论、都市圈理论等。区位上有竞争的城市如何利用彼此优势，互利互赢。如何发挥香港–深圳、广州–佛山、澳门–珠海强强联合的引领带动作用，深化港深、澳珠合作，加快广佛同城化建设。如何利用深（圳）中（山）通道、深（圳）茂（名）铁路等重要交通设施，以及完善城市群和城镇发展体系。

5 地域性

城市社会学的诸多理论和知识均源自西方，如何更好地将理论和知识用于解决中国国情和社会实际问题是一个难点难题。尤其是对于城乡规划专业学生，如何从社会学角度切入到规划当中去也常常不知如何下手。这些源自西方北京和文化制度的社会学各流派理论、观点的建构，离不开西方土壤，甚至其适用也是针对西方社

会实际。学习《城市社会学》这门课程的目的，并不是用西方观点来解释中国问题，而是学习看待事物的角度和切入点。因此，在课程案例选择上，除了会在介绍相关社会学理论时告知学生当时的西方城市状况和背景，在规划应对社会问题以及案例解析中主要选取的还是当前中国的社会和规划议题。

由于地处深圳，我们在课程设置和教学内容中持续关注快速城市化地区的城乡社会发展和空间关系，尤其是针对深圳和华南地区的特有城乡发展关系（如城中村）等，引入规划案例。宏观规划上，我们多选用广东省或深圳市的规划成果；微观规划上，我们主要针对深圳市的一些规划和更新项目展开讨论，目的是让学生能够快速以自己的专业角色参与到讨论中。例如我们引入了深圳华侨城OCT文娱区这一城市更新项目，以新马克思主义学者大卫哈维的观点来讨论城市更新以及当前城市规划中，规划目的与实际成效、资本博弈和社会公平之间的问题。还有近来本地的热点话题，"湖贝古村城市更新项目"自2016年5月由开发商公布以"移建、拆建、创建"等方式保护古村，被认为是名义上保护，实则全盘拆毁，引起了广泛的公众讨论。通过湖贝的案例，着重分析博弈双方的立场、观点，以及规划师在其中起的作用。

6 结语

《城市社会学》教学的首要任务是建立起规划实践与学科价值之间的认知桥梁，通过了解城市空间规划面临的社会问题，明晰城乡规划实践为社会和人服务的最终目的，增强学生对规划本质的社会性认识，从而实现其对城乡规划属性与价值认知的回归以及对规划学科理解的完整。《城市社会学》课程经过近些年不断调整与优化，已逐渐建立了一套较为成熟的并针对深圳这一特定地域的教学方法与手段，现阶段采用的"理论/问题—规划应对—案例解析"教学内容及教案编排模式，经过实际运用，学生对于城市社会学的意识有了较大的提升。《城市社会学》课程上的规划案例学习，并不是学习某一类型的规划的具体工作方法、编制手段等，而是通过规划案例和规划手段应对城市社会问题的讲解，使得学生能够明晰规划作为一门综合性较强的专业。规划设计只是规划手段的图面表达，规划手段的运用，其根源其实是为解决相关城市（社会）问题。对于当前规划热点问

题（如粤港澳大湾区）所对应的社会问题的讨论，学生在提升城乡规划专业阶段，也逐渐地提高了分析描述能力、综合能力等。对于当前社会热点问题（如湖贝古村保护）的讨论，学生也更多意识到城乡规划所面对的复杂性和矛盾性。对于规划师职业道德议题在课堂中的不断强调，以及规划师所应有的职业立场和态度，使得学生在职业道德培养方面有了一定的提升。

《城市社会学》课程原本为城乡规划专业四年级开设，在这一阶段，学生们已经对城乡规划专业有了一定的了解，开始进入专项规划设计和相关理论课程并行的规划业务提升阶段。我们在规划案例选择上，也以宏观规划（区域规划、总体规划）偏多。但现阶段随着学院整体教学系统的调整，《城市社会学》课程的学生来源变得多元化（包括规划专业四年级、三年级，建筑学专业学生），使得教学中结合社会问题谈规划专业应对时，少部分同学可能由于规划专业背景知识不足，较难理解。因此，在适合大部分同学的前提下，如何使得少部分低年级或不同专业同学能够从该门课程中获取知识，是本课程教学改革下一步需要完善的任务。

主要参考文献

［1］ 唐子来. 不断变革中的城市规划教育 [J]. 国外城市规划，2003, 18（3）: 1–3.

［2］ 罗吉，黄亚平，彭翀，等. 面向规划学科需求的城市社会学教学研究 [J]. 城市规划，2015, 39（10）: 39–43.

Correspondence, Continuity, Timeliness and Regionality: A Preliminary Study on Planning Cases Selections of Urban Sociology Course

Zhu Wenjian

Abstract: The "Urban Sociology" course for urban and rural planning majors aims to guide students to establish the relationship between the problem consciousness of urban sociology and the material space planning of urban and rural areas, and to discovery the interactive rules between social and space problems. This paper summarizes some experience in the selection of planning cases for urban sociology studies in Shenzhen University. It lays a foundation for better learning and teaching.

Keywords: Urban Sociology, Urban and Regional Planning, Case Studies, Shenzhen University

新时期城乡规划专业《城市社会学》课程教学研究*

谢涤湘　楚　晗

摘　要：《城市社会学》是城乡规划专业的一门重要基础课程，对学生了解城市社会的复杂结构、理解空间与社会的互动关系、掌握相关城市社会调查方法、树立"以人民为中心"的规划价值观，进而更好地编制出有利于促进社会公平正义的城乡规划有着重要意义。因应当前城乡规划专业的转型发展，《城市社会学》课程的教学应进一步优化教学内容与教学方式，着力于培养学生的社会空间分析能力、树立正确的规划价值观和强烈的社会责任心。

关键词：城乡规划专业，城市社会学，课程教学

前言

尽管现代意义的城市规划学是为了解决不断出现的社会问题而产生的，但仍有许多研究表明，建立在工科、建筑学学科基础上的我国城乡规划学学科社会责任感先天不足[1-2]。随着现代城市规划思想内核与理论的变迁，我国规划学科也逐渐认识到了工具理性的有限性及交往理性的重要性[3]，规划从业者的规划价值观及规划方法发生了巨大变革。首先，"交往转向"引发人们对"交往理性"、"公平正义"等方面的重视，也发展出沟通规划、协作规划和倡导规划等程序方法；此外，随着我国建设用地逐步由增量转为存量，城乡规划所涉及的利益主体和利益冲突更加复杂[4]，以及新时期"国土空间规划"取代传统规划所带来专业转型。这些都导致社会对规划师核心能力的要求越来越由重"蓝图绘制"转变为重"沟通与整合"，规划师们需要高度重视发现和满足不同市民的需求偏好，需要科学合理地分配利用空间资源，促进社会和谐发展。这对工科思维培养下的规划从业人员而言无疑是一种巨大挑战，但同时这也是一个机遇，指引着规划人才由重空间轻社会、重建设轻

人文的规划设计角色转化为更加综合、公正、高效的协调者角色和树立正确的规划价值观。在这样的背景下，《城市社会学》无疑是非常重要的一门课程。因此，如何优化整合城市社会学教学内容及教学方式，使城乡规划毕业生更好地适应社会及行业的发展需求，是本文的主要思考着力点。

1　城市社会学课程的教学目的

根据住房和城乡建设部高等教育城市规划专业评估委员会制定的《高等学校城乡规划专业评估文件》，对于《城市社会学》的教学要求是：①了解城市社会学的主要研究内容，掌握社会调查与数据处理的常用方法；②了解城市社会阶层与社会空间结构，掌握社会价值取向与构建和谐社会的关系；③了解我国城市社区建设的基本状况，了解社区发展规划的理论与方法。但是，以上针对城市社会学学科的要求仅仅是设置城乡规划专业本科（五年制）的必要依据和申请评估的必要条件。要培养顺应时代发展要求、具有更好综合素质的城乡规划专业人才，需要确定更高的教学目的。

雷诚对《高等学校城乡规划本科指导性专业规范》中对规划人才能力的六项要求进行分析，提出城乡规划专业的"五维理性思维框架"（包含空间理性、工具理性、

　　* 基金项目：广东省质量工程"城市规划专业人文地理学系列课程教学改革研究"、广东工业大学 2018 年度特色专业项目"城乡规划学"、广东工业大学 2018 年度校级专业持续改进拟建设项目"后住建部时代的城乡规划专业教学改革研究"。

谢涤湘：广东工业大学建筑与城市规划学院教授
楚　晗：广东工业大学建筑与城市规划学院

理论理性、实践理性与价值理性），认为城乡规划专业应突出"空间和工具为基础，理论与实践相统一，实现规划价值理性"的培养模式[5]。本文结合这一培养模式及城乡规划专业转型背景，认为《城市社会学》课程应当属于"理论与实践相统一"这一部分。通过本课程的教学，让学生较好地掌握城市社会学相关知识，有利于让学生认识到空间与社会的复杂互动关系，并树立起公平、正义的规划价值观。为此，本文将城市社会学课程的教学目的概括为：①使学生掌握城市社会学的基本理论、研究方法；②使学生深刻地理解空间与社会的关系、城乡规划与城市社会发展之间的关系；③引导学生树立"以人民为中心"的正确规划价值观。

2 城市社会学课程教学中的主要问题

从城市社会学教学目的的角度来看，当前城乡规划专业《城市社会学》课程的教学主要存在以下问题（图1）：①《城市社会学》课程课上教学的理论内容，部分学校重原理轻方法，部分学校重方法轻原理。这都导致学生面对课下实践应用时，比较迷惘无从下手。②课上理论与课下实践应用未能协同共进。这一方面体现为"重理论轻实践"或者"重实践轻理论"，前者通常对课上的教学内容讲授较多，对城市社会问题关注较少。学生知晓了城市社会学的原理与方法，但不善于实际应用，这不仅使学生学习的积极性降低，也使得学生在日后工作时难以系统地将城市社会学的理论与方法运用到实践当中。后者通常会学习了解到城市面临的社会问题，但在未充分掌握城市社会学原理与方法的情况下迅速让学生进行课下应用实践，不仅使得学生对现实问题的思考流

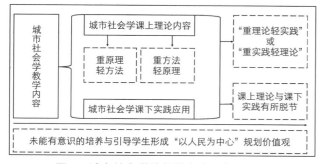

图 1　城市社会学的教学内容及主要问题
资料来源：作者自绘

于表面，不够深入，还让学生缺乏知识迁移的能力，感觉忙碌但收获较浅。另一方面，体现为课上理论与课下实践的脱节。即尽管学校对课上理论与课下实践均较为重视，但在实际操作时，学生感觉用不上自己所学的内容。因此，结合本校城乡规划专业《城市社会学》课程教学情况，提出以下建议。

3 城市社会学课程教学内容调整建议

3.1 城市社会学课程课上理论教学调整建议

城市社会学的课上教学内容主要包括城市社会学基本原理与城市社会学研究方法。本专业城市社会学科目课时安排总共32节，2个学分，其中城市社会学基本原理（包括导论及古典城市社会学理论、新城市社会学理论、当代城市社会学理论、城市社会空间结构、社区发展与规划等）占22个课时，城市社会学研究方法占2个课时，开题报告、调研汇报等占8个课时。可以发现，在本教学计划中，比较好地平衡了学生课上教学及课下实践的关系，通过分组调研及汇报锻炼了学生的实践能力及语言表达能力。

城市社会学的原理内容较为繁多，需要花费较多课时讲解与传授。但规划专业学生往往会更注重规划设计类课程的学习，对于抽象的城市社会学理论，常缺乏足够兴趣及重视。因此城市社会学的教学应当提前铺垫课程的相关理论，在不同尺度的规划设计中，让学生理解社会与空间的互动关系及规划所涉及的不同利益主体间的关系，如在学习城镇体系规划时，介绍城乡融合、社会结构变化等问题；在学习总体规划时，介绍社会分层、社会空间结构、城市文化等问题；在学习城市更新改造或社区规划时，介绍社会资本、社会排斥、空间正义等问题；在学习公园、广场规划时，将社会群体行为心理、"街道眼"等理论与空间规划结合。要通过课程让学生认识到，空间不是空无一物、千篇一律的、抽象的、自然的；空间是政治化的、资本化的，同时也是社会化、情感化的地方；城乡规划本质上是公共政策，其主要目的是空间资源的分配与利用，进而影响到社会各阶层的福利与权利。

另一方面，城市社会学研究方法是连接城市社会学原理与实践应用的桥梁，主要包括质性研究方法与量性研究方法，不同的调研方式对应着不同的分析方法。这

不仅涉及学生课下如何进行城市社会学的实践应用，也关系到学生在规划之初如何认识地方、了解地方，甚至直接关系到学生在规划过程中能不能够全面的收集到多方资料。但是研究方法的教学往往被忽视，从而导致学生难以开展比较科学系统的研究，学生对如何开展深度访谈，如何制作一份合格的问卷或访谈提纲，如何分析调研所得来的数据无从下手。本文认为，对于这方面内容，可以采用"框架梳理＋经验介绍"的方法进行教学，即前一部分由老师进行研究方法的框架梳理及解释，后一部分则可以针对具体的调研作业进行案例介绍。在对深度访谈、问卷调查、民族志方法、扎根理论、SPSS 分析等方法熟悉之后，能够使学生更明确地知道自己该从哪里入手，以及具体调查分析时应该注意什么。

此外，《城市社会学》课程中的"社区发展与规划"内容宜删除，并单列为一门课程。因为随着我国城市发展越来越强调精细化治理、强调"共建共治共享"，加强社区建设、治理与规划将成为必然，因此，社区发展与规划的课程非常需要单列出来。《城市社会学》理论教学还应当善于运用课堂讲座、案例研讨、文献讨论、情境创设等多种方式让学生更好地理解城市社会学理论，分析社会空间问题，为课下应用实践做准备。

3.2 城市社会学课程课下应用实践调整建议

尽管有部分院校在城市社会学教学过程中没有安排课外应用实践板块，但很多老师已经认识到理论与实践相结合的重要性。如王国枫提出体验式立体化教学[6]，米娜娃.莫依明提出对照教学法[7] 等，都强调课下应用实践对于城市社会学课程的重要性。本文非常认同在掌握较好基础原理及研究方法的前提下进行课下学生分组调研及汇报的教学模式，但目前，一方面理论教学还有许多要改进的地方，另一方面更重要的问题是很多大四学生的调研实践任务非常繁重。这是因为，许多高校城乡规划专业的理论课程大多采用调研实践的方式进行考核。这导致学生进行社会调查及分析数据资料、撰写调研报告都感觉很大压力，不少学生反映难以保证问卷调查、深度访谈应有的数量和质量，从而导致一些学生的调研出现数据造假、编造杜撰等。这无疑偏离了应用实践教学的初心。

针对这种现象，本文认为应用实践的教学，可以采用专题化板块的形式进行：各科目老师可以商量一个共同的案例地，让学生针对同一案例地，从不同课程的角度开展社会调研。这一方面可以减轻学生的任务负担，另一方面可以让学生从不同角度了解案例地的特性，从而不仅有利于让学生更全面地理解案例地、更科学合理进行规划，也可以让学生理解不同课程不同教学内容之间的内在联系。除此之外，用多种调研方法进行资料收集也是一个比较好的解决方式，如某部分内容更适合问卷量化，另一部分更适合质性访谈等。综合使用调研方法可以避免大量不必要的调查工作，节省时间精力，同时也可以让学生在实践中进一步了解质性研究、量性研究、空间研究等方法之间的相同与不同。

3.3 将"以人民为中心"的规划价值观贯穿教学始终

当下学术界对我国的规划价值观尚存在明显分歧。有学者认为重"效率"轻"公平"的价值观是导致我国城乡规划面临困境的根本性原因，规划者关注的应该是如何让城市运转得更好而不是更快，效率应当是公平后的第二准则[8]；同时也有学者认为"效率"和"公平"是矛盾统一的关系，对于当下中国国情而言，最大的社会问题是发展问题，不能一味强调以"社会公平公正"为主导，要看到经济发展与社会发展矛盾的内在统一性，把握二者的尺度并"渐进式改革"[9]。随着中国从高速度发展转向高质量发展，城市的发展从增量扩张转向存量更新，城乡规划的目标也应着眼于精细化治理，解决当前存在的"发展不平衡、不充分"的问题。因此，在《城市社会学》的教学中，应着力培养学生"以人民为中心"规划价值观的形成，关注社会问题，体察不同人的利益需求，要让学生认识到规划过程就是利益博弈的过程、空间资源分配的过程，要让学生认识到，社会各阶层、不同人的利益取向差异很大，规划的过程就是谈判、妥协的过程，好的规划是各利益主体普遍能接受的规划。这就不仅需要课堂上老师结合案例对学生进行潜移默化的知识灌输，还需要在调研实践中，让学生了解到社会的复杂性、社会与空间的互动性，培养学生具备更强的社会责任心。

4 城市社会学课程考核内容调整建议

本课程考核形式一般包括考试或考察两种，采用考试考核的学校往往更重视课上的理论教学，较少安排学生进行课下应用实践。我校城乡规划专业城市社会学课程的考核，主要包括调研汇报与调研报告撰写两部分，PPT汇报由又包括开题报告、中期报告、终期报告三部分。为了检验学生调研后对城市社会中不同现象的认知及是否善于运用社会学理论解释这些现象，将调研心得作为终期报告的一部分。而调研报告则是另一非常重要的考核内容。同时遴选出好的调研报告，参加专指委的"社会调查竞赛"。考核的分值比例如图2所示：

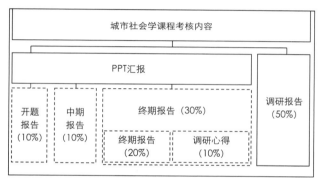

图2　广东工业大学城市规划专业城市社会学的课程考核内容
资料来源：作者自绘

5 结语

我国传统的以建筑学为基础的城乡规划教学体系培养出来的毕业生较难进行参与式、协商式规划以及不善于与利益相关者共同思辨及建设城市[10]。近年来我国城乡规划体系和规划价值观都发生了巨大变化，从过往注重物质空间的规划设计，到注重市民的获得感幸福感和生活满意度与社会公平正义，从专家、领导"一言堂"到重视规划过程中的沟通与谈判。在这种背景下，让城乡规划专业的学生了解城市社会的复杂特点、空间与社会的互动关系以及什么是正确的规划价值观就非常必要，而这正是《城市社会学》课程的主要职责。当前，《城市社会学》课程的地位需要进一步提高，教学内容及教学方式还需要不断调整优化，以培养学生灵活运用城市社会学知识理解、分析城市发展机制的能力，教授学生提高运用社会学调研方法对社会空间现象进行剖析的能力，引导学生树立"以人民为中心"的正确规划价值观和强烈的社会责任心。

主要参考文献

[1] 邰艳丽.培养能够读懂城市、治疗城市的综合型管理人才[J].城市管理与科技, 2016, 18 (05): 14-17.

[2] 罗吉, 黄亚平, 彭翀, 刘法堂.面向规划学科需求的城市社会学教学研究[J].城市规划, 2015, 39 (10): 39-43.

[3] 曹康, 王晖.从工具理性到交往理性——现代城市规划思想内核与理论的变迁[J].城市规划, 2009, 33 (09): 44-51.

[4] 吴可人, 华晨.城市规划中四类利益主体剖析[J].城市规划, 2005 (11): 82-87.

[5] 雷诚, 毛媛媛.强化工具理性的城乡规划思维训练体系探索与实践[J].规划师, 2017, 33 (08): 138-143.

[6] 王国枫.调查体验式立体化教学模式改革新探——以《城市社会学》为例[J].新西部, 2018 (20): 157-158+93.

[7] 米娜娃·莫依明.对照教学法进行城市社会学教学的模式研究[J].成人教育, 2013, 33 (12): 118-119.

[8] 孙施文.城市规划不能承受之重——城市规划的价值观之辨[J].城市规划学刊, 2006 (01): 11-17.

[9] 王勇, 李广斌.对城市规划价值观的再思考[J].城市问题, 2006 (09): 2-7.

[10] 周江评, 邱少俊.近年来我国城市规划教育的发展和不足[J].城市规划学刊, 2008 (04): 112-118.

Teaching Research of Urban Sociology Course for Urban and Rural Planning Major in the New Times

Xie Dixiang   Chu Han

Abstract:《Urban sociology》 is an essential course to Urban–Rural Planning major. It deepens students' comprehensionof complex structure in urban society, which allows them to acquire knowledge of interaction between space and society, mastering relevant methods about investigation and setting up the values of "People Oriented". And then they can compile better plans to promote social equity and justice. In response to the transformation of urban and rural planning specialty, the teaching of Urban Sociology course should further optimize the teaching contents and methods, focus on training students' ability of social space analysis, establish correct planning values and strong sense of social responsibility.

Keywords: Urban–Rural Planning, Urban Sociology, Course Teaching

面向综合的城市地下空间规划课程建设

汤宇卿

摘 要：城市地下空间规划已经成为当今规划领域的热点之一，但是课程建设尚嫌薄弱。本研究以此为突破口，以综合为主线，从资源评估、空间管制、纵向综合、横向综合、时空综合等多个层面整合多学科相关地下空间规划领域的知识体系和实践方法，形成鲜明的学科框架和结构。在此基础上，又对面向国土空间规划体系的城市地下空间规划进行探讨，使学科建设更好地服务于未来国土空间规划体系编制、管理和实施的人才的培养。

关键词：综合，城市，地下空间，规划，课程建设

1 引言

伴随着我国城市土地资源的日益稀缺和空间价值的全面提升，向地下要空间已成大势所趋。城市地下空间规划已经成为当今规划领域的热点之一。但是我国城乡规划课程之中，城市地下空间规划课程建设尚嫌薄弱，目前其知识点往往散见在各大课程之中，如本人主讲的"城市道路与交通"对隧道等地下线性交通空间和地下停车场库等地下块状交通空间规划进行介绍。当然，"城市工程系统规划"课程中的给水、污水、雨水、电力、通信、燃气、供热等系统和综合管廊等规划也涉及城市地下空间，城市公共设施规划课程中也涉及到城市地下商业、文娱等设施的规划。

虽然，还有不少课程也或多或少涉及地下空间规划知识点的讲解，但是，由于"城市地下空间规划"课程建设的相对滞后，使学生对于地下空间的认识往往是片段的，缺乏全面的考量。另一方面，规划课程设计重地上，轻地下，如在居住区规划课程设计中，学生往往在总平面图上仅标注地下车库出入口，由于缺乏对地下车库的整体规划，导致出入口设置往往出错，其他课程设计也有类似的情况。如若不重视这方面知识和能力的培养，规划专业的学生毕业很难适应日趋复杂的上下一体的空间规划。

因此，城市地下空间规划的课程建设势在必行，受我院委托，组织团队全面开展该课程建设。在过程中充分吸取上部空间规划相关课程的理论和实践，把各课程中散见的地下空间规划的相关知识加以整合，形成面向综合的地下空间规划课程。

2 面向综合的城市地下空间资源评估和空间管制

总体规划课程中明确在规划编制之初，需要通过用地评价，划定"三线四区"。如城市地下空间利用规划仅仅作为总体规划地下部分的深化和细化，只需秉承这一管制的划定向下延伸即可。但是在课程中需要明确告知学生，这样的延伸往往存在一定的偏差。如泉城济南，"济南城市地下空间开发必须与泉水保护协调发展，要摸清在泉水保护前提下不同开发深度内可利用的地下空间资源量及其适宜性"（秦品瑞，2017）。这就意味着在总体规划划定为适建区或已建区地下一定深度的区域，实际上可能是禁建区或限建区，如果盲目进行开发，则可能导致泉城济南的趵突泉无泉可喷。因此，通过这些案例，在地下空间规划课程的一开始，就要让学生清楚地理解地下空间资源评价的重要性以及和地面相关评价的异同。

但是这一评价内容庞杂，并非规划专业学生能全面掌握，为此，需要让学生对地下空间资源评价和空间管制有一个全貌的了解，并让学生知晓哪些部分可以通过

汤宇卿：同济大学建筑与城市规划学院城市规划系副教授

哪些既有资料，由哪些专业共同协作来完成，让学生明白许多工作并非规划师单打独斗能够胜任，规划专业往往需要全方位协作，了解整个架构非常重要。

如以自然要素为重点，包括岩土体工程地质、地形地貌、水文地质、地质灾害、生态敏感性等条件等。每一要素条件又筛选确定多个相关性质指标作为评价要素。以其中自然要素中工程建设最为关注的岩土体工程地质条件为例，根据基础地质调查的实际积累，主要选取岩石强度、承载力、压缩模量、粘聚力、内摩擦角五项工程力学性质指标作为评价要素。根据岩土体各评价指标对地下空间开发利用的作用机理和影响，结合评价准则体系，对浅层及中层地下空间的适宜性影响进行分级划分，如图2所示。

虽然这些评价并非规划专业能够完成，但是需要让学生读懂这些图表达的信息，与其他专业人士能够交流。利用 ArcGIS 空间分析功能，将上述各评价要素图层进行空间叠加、权重赋值，分析与统计，形成各评价单元最终评价，按照不同的深度开发层次，最终形成地下空间资源自然环境条件适宜性综合评价图，如图3。通过案例讲解和实践，也训练了学生相关软件和分析方法使用的能力。

综合考虑以上因素，参照规划空间管控的要求，把城市集中建设区范围的地下空间分为：禁止建设区、限制建设区、适宜建设区和资源储备区。如图4所示，这样，通过单项评价——综合评价——空间管制，让学生又一次对规划分析过程展开训练，也综合了以往所学的知识

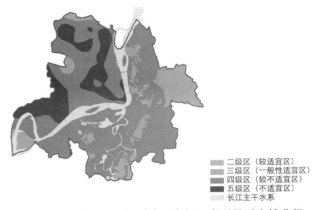

图2　某城市岩土条件对地下空间开发利用适宜性分级
（浅层：0~ –10米）

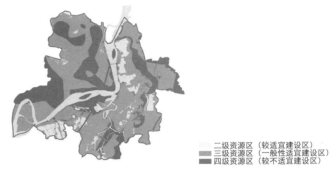

图3　某城市地下空间资源自然环境条件适宜性综合评价
（浅层：0~ –10米）

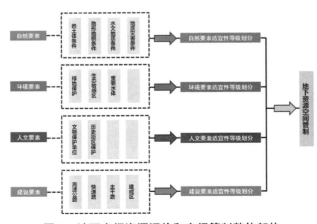

图1　地下空间资源评价和空间管制整体架构

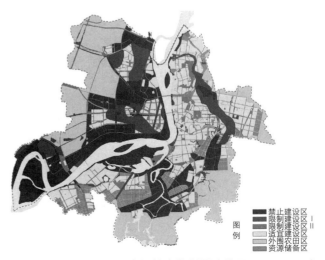

图4　某城市地下空间资源综合管制图（浅层：0~ –10m）

和技能。

3 面向综合的城市地下空间纵向规划

地下空间规划是一个纵横复杂联系的整体，为了便于学生理解，需要从纵向、横向、纵横、时空等诸多方面综合讲解。

3.1 经济社会发展规划的全面贯彻

经济社会发展规划直接影响城市地下空间规划的整体定位。通过2018年7月我国全面提高申建地铁城市的标准的讲解，让学生了解其主要原因是避免过度超前建设加重地方财务负担，这直接影响城市地下空间规划的规模和布局，也是城市各类地下空间的开发可行性的基础，通过这一方面的讲解，让学生了解经济社会发展规划作为其他各类规划依据的首要地位。

3.2 生态环境保护规划的纵向落实

进行地下空间资源综合管制就是希望构建基于生态环境保护的规划，"城市地下空间开发利用应注重对地质环境、地下水环境、大气环境和植被的保护，避免对城市生态环境的破坏。"（城市地下空间规划标准，2019）。一方面，城市地下空间的开发把大量原先在地面的功能置于地下，留出更多空间用于绿化以提升城市生态环境；另一方面，从环境保护角度出发，地下空间开发宜适度。部分区域，尤其是城市重点地区，地下空间开发规模过大、覆盖率过高，导致暴雨期间水无法顺利向下渗透，从而引发城市内涝，形成所谓"雨岛"。因此，地下空间开发并非越多越好，这样的利弊关系必须让学生有一个全面的认识。

3.3 国土空间总体规划的纵向延伸

城市地下空间利用规划是国土空间总体规划中城市集中区范围之内空间向地下延伸部分的深化和细化，如上部为居住用地，下部一般为停车和人防；上部为商业、服务业设施用地，下部一般为商业、停车和人防等。但是，仅仅自上而下是不够的，还需要让学生了解地下空间也将自下而上进行反馈，如结合地下轨道交通的走向和站点设置，在站点周边纳入中高端用途并进行较高强度开发，以体现TOD的理念。

另一方面，要让学生了解建设用地规划控制和管理也要向地下延伸。《物权法》第136条规定："建设用地使用权可以在土地的地表、地上或者地下分别设立"，在此基础上，各地纷纷开展地下空间分层出让。但是分层出让需要有规划依据，因此，需要让学生从原来平面为主的规划深化到三维空间，树立地下空间，尤其是重点地区地下空间分层规划、分层出让，综合研究和管控的思路。

3.4 其他各专项规划的纵向综合

与综合交通规划的综合。仅仅靠地面空间来解决城市交通问题，对于大城市，尤其是其中心区，是远远不够的，需要借助于地下空间。地下空间开发量最大的是交通空间，包括地下快速通道、步行通道、车库联络道等在内的地下道路系统；地下轨道交通、常规公共交通系统在内的公共交通系统和地下停车系统等，共同担负城市交通问题的解决。

与公用工程设施规划的综合。给水、排水、电力、通信、燃气、供热等公用工程设施均有其专项规划，其管线一般设于地下，有管网综合规划解决其相互之间的矛盾，但是其与其他地下空间的协同关注不够。此外，由于地下综合管廊是新鲜事物，各地全力推进；变电站、污水处理厂等设施具有邻避效应，如设于地下可确保其对周边环境影响大为降低。通过这些问题的讲解，鼓励学生开展相关问题的探究。

与公共管理与公共服务设施规划的综合。该项设施也适时向地下拓展，如地下档案馆更利于实现恒温恒湿；展览空间主要利用天光，规划于地下更有利于空间资源的节约；部分教育设施、体育设施，甚至宗教设施都可以安排于地下，这样可以大大开拓学生的视野。

与商业服务业设施规划的综合。地下负一层的商业价值至少是地面的一半，与地面二层相当，通向地下轨道交通站点的商业空间价值更高，而且可以通过地下商业街，联系各大地面商业设施，这些理念的树立有助于学生应对复杂的城市空间规划设计。

与物流系统规划的综合。城市物流系统包括物流运输和配送通道和仓储物流节点，这些空间尽可能设于地下，把面对阳光和空气的上部空间更多留给人，从而让学生确立以人为本的规划理念。

4 面向综合的城市地下空间横向规划

纵向综合解决了社会经济发展规划、生态环境保护规划和国土空间总体规划及其各专项规划向地下的延伸，但是盲目延伸，相互之间协调不好，就会产生诸多矛盾。因此，在纵向综合的基础上，城市地下空间横向综合又是一大重点。

通过调研，让学生了解一般地下轨道交通、地下道路、地下公用工程设施、地下综合管廊、地下商业街和地下人行通道等往往位于城市道路之下，构成了公共地下空间的主体。而地块下部的地下空间构成了单位地下空间，其主要功能为停车、商业服务、物流仓储等。

横向综合往往基于道路下的公共地下空间，一方面，构建完善的地下步行系统，联系单位地下空间下部的商业服务等空间和公共地下空间下部的商业街市、轨道交通站厅等空间；另一方面，构建完善的车行系统，联系单位地下空间下部的停车设施和公共地下空间下部的车库联络道或地下快速路。而其联通的关键在于规划地下空间接口的坐标和标高的全面确定。另一方面，也要让学生了解，部分地下空间功能可以共享，如地下道路系统、地下轨道交通或地下综合管廊服务于地下物流系统的构建，以实现1+1>2的目标。

为了让学生能够更好地理解这一方面的内容，一是组织学生对轨道交通站点等地下空间纵横联系进行调研，二是讲解国内外的成功案例，从而使学生形成全面的空间规划的认识。

5 面向综合的城市地下空间时空规划

我国城市原先进行地下空间开发主要满足人防要求，目前在城市综合防灾规划等课程中，主要讲授通用做法，即按照地面空间的开发规模，根据设防城市等级，根据相应比例配建人防地下室，而人防地下室可结合地

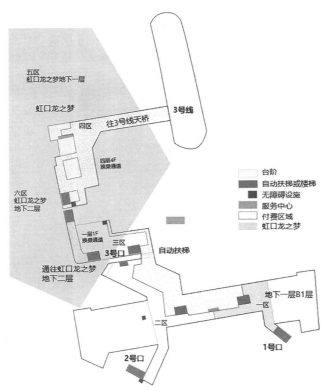

图5 组织学生调查绘制的上海轨道交通虹口足球场站周边地下步行空间联系图

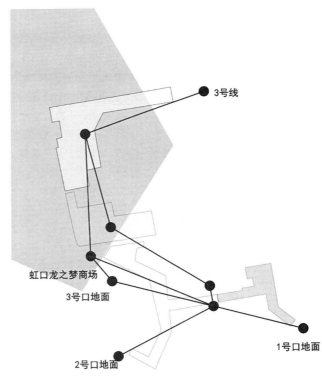

图6 组织学生绘制的上海轨道交通虹口足球场站周边地下步行空间拓扑结构

下停车库或地下商业设施设置，从中看到地下空间利用与人防工程已经进行了初步综合。但是初步综合是不够的，各个片区按照指标配置了人防地下室，规范是满足了，但是由于缺乏人防联系通道，仅仅是"孤岛式"的人防地下空间。从而导致战争时候使用效率低下，无法在重要战略目标遭到攻击时，从各个片区的地下人防空间，利用地下人防通道，到达被袭目标进行守护或扑救。如果单独建人防联系通道，平时则存在浪费。

通过以上讲解，让学生发现问题，究其原因是地下空间规划主要考虑和平时期，而地下人防工程规划重点考虑战争时期。目前迫切需要借地下空间开发之势弥补目前人防联系通道不足的问题。这样，面向综合的地下空间规划不仅仅关注三维地下空间，更需要引入时间这一第四维度，从平时和战时全方位进行规划研究。首先需要保证战时人防功能的满足，如城市地下轨道交通选线不仅仅需要满足平时的客流，更需要考虑联系主要人员掩蔽、医疗救护工程等人防设施和重要战略目标，同时需要按照人防工程的标准进行建设，战时利用轨道交通通道作为人防联系通道。

如前所述，并非所有城市都能达标建设地下轨道交通，不达标的城市就需要利用其他线状地下空间作为人防联系通道，包括地下综合管廊、地下商业街、地下车行道路等。尤其是地下综合管廊，作为国家主推的项目，开发量大、覆盖面较广。部分城市，如金华市已经开展了地下综合管廊与人防联系通道结合的工作，与沿线邻近的地下人防工程互联互通。让学生理解虽然造价有所增加，但是其投资远低于分别建设综合管廊和地下人防通道。从长远来看，这种结合实现全方位的综合。

结语与展望

通过多方努力，城市地下空间规划课程建设已经初见成效，从资源评估到空间管制，从纵向综合到横向综合，从空间综合到时空综合，基本搭建了课程框架，并在此基础上完成了慕课，组织了多期讲座，反馈完善课件。教材也在不断完善，通过知识体系传授和工作方法训练，让学生越来越体会到上下一体、多规合一的综合思想的重要性。

伴随着我国顶层机构的改革，面向国土空间规划，城市地下空间规划也应与时俱进。一方面，需要从城市

地下空间规划拓展到国土地下空间规划，落实地下生态空间、资源空间和建设空间，当然这方面的课程建设也需要综合其他多专业的知识和方法并全方位跟进；另一方面，将进一步深化城市地下空间规划这一国土地下空间规划的重点之一，指导学生如何更科学地编制规划并服务于规划管理和实践。

主要参考文献

[1] 中华人民共和国住房和城乡建设部. 城市工程管线综合规划规范 [S]. 2016.
[2] 中华人民共和国住房和城乡建设部. 城市地下空间规划标准 [S]. 2019.
[3] 刘俊. 城市地下空间与人防工程的规划结合 [J]. 建筑与文化，2017：187-188.
[4] 奚东帆. 城市地下公共空间规划研究 [J]. 上海城市规划，2012：106-111.
[5] 管含硕，汤宇卿.《地下空间开发及利用——利用地下空间的复兴营造丰富的生活环境》导读 [J]. 上海城市规划，2016：138-139.
[6] 汤宇卿，周炳宇. 我国大城市中心区地下空间规划控制——以青岛市黄岛中心商务区为例 [J]. 城市规划学刊，2006：89-94.
[7] 王洋，赵景伟，彭芳乐. 城市地铁沿线站域地下空间开发控制要素探讨 [J]. 规划师，2014：70-75.
[8] 吴飞. 我国城市地下空间管理探讨 [J]. 重庆科技学院学报（社会科学版），2011：82-83.
[9] 徐循初，汤宇卿. 城市道路与交通规划 [M]. 北京：中国建筑工业出版社，2005.
[10] ZHANG C，CHEN Z，YANG X. The study about the integrated planning theory of surface and underground urban space. Procedia Engineering [J]，2011（21）：16-23.
[11] DMIRAAL H，CORNARO A. Why underground space should be included in urban planning policy – and how this will enhance an urban underground future. Tunnelling and Underground Space Technology[J]，2016b，55：214-220.
[12] LI X，LI C，PARRIAUX A，etc. Multiple resources and

their sustainable development in Urban Underground Space. Tunnelling and Underground Space Technology [J], 2016b, 55：59-66.

[13] LI H, LI X, SOH C K. An integrated strategy for sustainable development of the urban underground：From

strategic, economic and societal aspects. Tunnelling and Underground Space Technology [J], 2016a, 55：67-82.

[14] GOEL R K, SINGH B, JIAN Z. Underground Infrastructures [M]；2012.

The Course Construction of Urban Underground Space Plan Facing Synthesis

Tang Yuqing

Abstract: Though urban underground space plan has already been one of the hotspot in the field of planning nowaday, the course construction of it is seemed to be weak relatively. The thesis takes this situation as impetus and sets synthesis as a principal line. The knowledge systems and practical methods from relative courses will be synthesized from the multi-aspect concerning resource evaluation, space control, vertical integration, horizontal integration, space-time integration and so on. Therefore, the distinct framework and structure of urban underground space course can be constructed. On this basis, urban underground plan facing national space plan system can be discussed and the course construction will better service the personnel training on planning formulation, administration and implementation facing this system in the future.

Keywords: Synthesis, Urban, Underground Space, Plan, Course Construction

教涯跬步："青椒"简论城市总体规划课程中的"拿来主义"*

黄　旭　柳意云

摘　要：城市总体规划课是本科教育的核心课程，教学实践中多根据实际的案例城镇编制总体规划方案。结合初次参与总体规划教学的经历，笔者观察发现：学生们在方案设计的初始阶段能够充分发挥想象，提出原创性的规划设计理念；但是随着方案深化推进，学生们更倾向于模仿职业规划师的编制范式，或者是相互学习其他组的亮点内容。而这几种类型的"拿来主义"使得学生成果逐渐丧失了方案特色和创新性。因此，笔者深切感触到，如何协调好"借鉴已有范式"和"鼓励个性创新"之间的平衡，成为初入教涯的青年教师的难题。

关键词：青年教师，城市总体规划，拿来主义

1　导言

2016 年笔者（作者一）完成博士学业回国，入职于国内某高校地理学院。2019 年春季学期，笔者第一次承担城市总体规划课程（下文简称总规）的教学任务。严格意义上说，也是第一次承担完整课程的教学，之前只是在其他老师的课堂"客串"。作为一名经验少、资历浅、不熟悉学生的"青椒"，实在惶恐。

幸运的是，由于学生较多（60 余人）且总规课程以做规划设计方案为主（"假题真做"，每周四课时连堂），需要分成三个小班上课，所以有两位资深教师"保驾护航"。教学计划、教学方案、"假题"的案例地选择、资料准备等等，事无巨细，两位资深老师一一关照，笔者只要"拿来主义"（鲁迅先生言）就可以了，实在教涯之幸。

然而，年轻就是要交学费的。第一堂课，两位资深老师建议笔者向学生们介绍一下教学理念以及对于总体规划的理解。笔者也就厚着脸皮再次"拿来主义"，努力回忆硕士期间学的"整体主义规划方法论"[1]，然后，如文学家王力所说"两肩承一口"，笔者也仗着能跑火车的口才，就上了讲台。结果，东扯扯西拉拉说不清楚，

学生们自然是一脸懵。幡然醒悟，拿来主义要不得，真知此事要躬行。于是，从第二周项目现状调研开始的，笔者处处琢磨，反复体会，也终于真的有话要说，尤其是对于学生分组做方案的过程中，学生们的拿来主义，这一教学方法的体会，在此拙文分享于诸位大家，是为导言。

2　课程概况及案例地

本次课程选取的案例地为沿海地区 A 镇。A 镇辖区面积 90 多平方公里，下辖 20 多个行政村、2 个社区居委会，常住人口约 20 万，是全国文明镇、国家卫生镇、全国重点镇、全国宜居小镇、省教育强镇、第三批全国发展改革试点城镇、省名镇和市特大镇。

本次选取的案例地具有以下特点。首先，A 镇有广阔的发展前景。A 镇作为区域打造具有世界先进水平综合服务枢纽的主要功能区，在区域"双区"建设中承担着重要责任。根据《区域新区发展规划》，A 镇作为区域新区北部组团重要组成部分，将以高铁交通枢纽为依托，规划 2020 年前建设成为一个拥有 30 万人口、服务区域国家新区开发建设的创新型综合新市镇。其次，A 镇具有得天独厚的区位和交通优势。镇内遍布轨道交通、高

*　基金项目：中山大学本科教学改革与教学质量工程"本科教学改革研究"项目：基于地理学的城乡规划专业人才培养模式改革。

黄　旭：中山大学城市与区域规划系副研究员
柳意云：中山大学城市与区域规划系高级讲师

速公路、城市主干道等交通枢纽网络。依托其发达的交通枢纽条件，A镇基本上半小时可达都市区中心，一小时可达区域主要城市中心及机场，形成了水、路、轨道、航空议题的综合交通网络体系。再者，A镇经济蓬勃发展，具备良好的工业、服务业、农业、旅游业发展环境。独具特色的水乡风情也让其乡村旅游生态快速发展。最后，案例地具备完善的基础设施配套。全镇建有自来水厂、工业污水处理厂、生活污水处理厂和垃圾压缩中转站以及高压变电站，能满足居民生活和工农业生产的各项需求。在教育、医疗和公共文体设施方面，全镇设有中小学、成人文化技术学校和幼儿园，教育资源相对丰富；此外，全镇有一级甲等医院和全覆盖的村卫生站，基本实现"10分钟医疗圈"*。

截至目前，该课程已过大半，通过对调研地的课前资料查找、课堂资料分析、多次实地调研、课外延请相关管理和规划人员讲座分享等工作，现在课堂也已进入后期的方案构思和完善阶段。在前期的准备与调研阶段，需要先准备调研案例地的地形图和航片图，并就图片了解整个镇的区位、地形地貌、交通网络、水系分布等大致情况。主要分为三步走，先是现场的总体探勘与土地利用现状调研，学生们在老师的带队和当地政府工作人员的带领下，先对A镇来了一趟初体验，主要参观和游览了镇上最具代表的城市发展和建设地点。然后，为了更加深入的了解当地的土地利用现状，全班成员按照区域与规划分析、人口与公共服务、道路交通系统、村庄发展、居住与房地产、经济发展级产业现状分析、土地利用、绿地与开敞空间8个专题分成了八个大组，由每个专题组确定本专题在调研过程中需要记录的内容和要点。实际调研过程中，又需要根据地形图将整个镇划分成了十个地块，将专题组学生打散另组十个地块小组，每组负责相应地块的调研工作。所以，土地利用现状调研过程中，同学们通过一天的"暴走"用脚丈量了A镇的每块土地。调研回来后就是紧张的资料整理和成果汇报过程，由于时间比较紧凑，一方面需要各个土地小组汇报调研的成果和问题，另一方面专题小组也需汇总各自专题相应的资料，还要准备下一次对村委和村民的访谈提纲，所以一时间"哀鸿遍野"，同学们加班到深夜更是常态了。最后一次调研主要包括村委访谈和村民问卷调查两个部分。村委访谈内容包括村庄发展历史、人

口情况、村民收入、村集体收入、村庄改造和整治情况、危房改造、公共设施及使用情况、交通问题和村庄发展设想与发展机遇和困难这些方面；村民问卷则主要包括日常出行和活动、生活环境与设施满意度、对村庄发展的看法等。经历多次的调研、总结汇报下，前期的准备工作才告一段落。接下来便是分组进行方案初步设计阶段了。

3 分组方案规划设计

3.1 小组方案：三种原创性思考

根据课程计划，从第七周开始，笔者所带小班21名学生分成6个小组，每组3-4人做手绘小方案，主要是侧重规划理念、目标定位和发展战略，然后根据小组方案的立意构思，将6个小组再合并成3个大组，每组7人开始做最终的大方案。

果然，龙生九子，各有神通。在6小组阶段，学生们的方案构思各有侧重，且充满想象，差异主要体现在对于交通枢纽，及其人工智能产业园的建设对于A镇的影响上。总的来说，有三种大的思路：

（1）一种是笔者称之为"涟漪效应"：即新的大型交通枢纽的建设及其附近的产业园外来投资，类似于往池塘掷入的石子，泛起阵阵涟漪进而影响到已有的用地空间和产业类型，而已有的部分产业如传统的汽配业、渔业等，也会加大投入，升级转型，类似于新的石子形成新的涟漪，和交通枢纽涟漪效应共振，使得整个湖面碧波荡漾，进而呈现"外联内化"的规划图景。基于这一理念，学生们总结出了6大产业（人工智能、机械制造、服装纺织、珠宝业、种业、渔业），而笔者的评价是，希望这两个小组并且针对每个产业发展进行SWOT分析，并分析其相互关联性，充分体现规划理念中的内化部分，落地在具体的用地空间。

（2）第二种称之为"炸弹效应"：交通枢纽的建设及其附近的产业园外来投资规模达到千亿级别，估计其外部效应也可达到类似规模，在如此强的外力扫荡之下，好比是"雷管炸鱼"，既有产业只能是"顺我者昌，逆我者亡"，意味着不能和新进入产业协同发展的传统产业只能慢慢消亡。2小组学生基于这种预演，规划理念侧重转移已有的传统产业，配套上马人工智能、智能家电等新产业。因此，主要针对这些新型创新性产业进

行 SWOT 分析，并落地在空间单元。笔者给出的建议是，需要深入分析外来投资带来的衍生效应，进一步估算量的概念，并且针对专业转移、城市空间更新提出发展策略。

（3）第三种称之为"渔网效应"：2 小组学生认为，尽管高铁枢纽能够产生巨大的外来投资，但是主要是对于整个区域来说的重要产业，与本地产业的关联性不强，然而，规划中更多地需要关注本地内生性的产业发展并惠及本地人口，基于这种考虑和价值判断，本次规划好比在鱼塘之上拉起了一方渔网，无论是石子还是炸弹都无法落入鱼塘之中，本地产业和居民福祉均被规划产生的作用所屏蔽。因此，应该是本地区的农业、渔业以及结合农业的旅游业等生态型产业的发展。笔者给出的建议是，主要分析的农业、渔业、种业、旅游业具体发展的门类，并且需要测算产业增长的附加值，需要投入产出分析，才能具有说服力。

各小组公开展示方案过后，基于这三大理念，笔者将 6 个小组合并成 3 个大组，希望将三个理念继续做深化下去。学生们也感觉找到了规划理念上志同道合的队友，开展下一阶段的方案设计。

3.2　从小组方案到大组方案：三种类型的拿来主义

两周过后，3 个大组汇报大组方案。然而笔者惊讶地发现，3 个小组并没有按照笔者建议，将三大理念深化下去，而是彼此借鉴，彼此拿来，把上一轮公开展示过程中其他大组的汇报成果。具体来说，

（1）"涟漪效应组"认为分析 6 大产业（人工智能、机械制造、服装纺织、珠宝业、种业、渔业）的外部效应以及彼此之间的关联性太过复杂，工作量太大，并没有深入下去。当然由于其能力，能够通过各种框图其对于外联内化的解读，但是缺乏有力的数据实证和具有说服力的分析。相反，其更多的借鉴师兄师姐做的往届作业，或是规划设计院的职业规划师成果，转而分析不同产业的空间发展时序以及国土空间规划背景下的土地适宜性评价。笔者将这种拿来成为向外拿来，这种"向外拿来主义"主要有两个原因：这也是由于各年级之间学生交流更加频繁，自然而然会想到"借鉴"往届学生作业；第二个原因是有一些成绩优异的同学已经开始在规划设计院参与各类项目实习（或者参与学校老师的横向

课题），这使得他们有很多机会接触到"看起来很职业"的规划成果，自然也会想到从中吸取精华。

（2）"炸弹效应组"也没有遵从笔者的建议，而是似乎被"涟漪效应组"上一轮汇报中提到的六大产业的大而全所吸引，逐一 SWOT 分析了"涟漪效应组"上一轮汇报中提到的六大产业，并给出了六大产业各自的发展策略，6 大产业都有可能发展，却不再继续思考充满想象力的炸弹效应。笔者将这种拿来主义称为向内拿来主义，顾名思义就是向别的组学习，把别的组做的好的部分拿来，生怕"人有我无"。除了这种心理因素以外，由于各小组汇报都是公开的，"涟漪效应组"上一轮次的汇报效果不错，自然其他两组会自然向他们看齐，这一点很容易导致其他两组丢掉了自己原本的特色。

（3）"渔网效应"同样，没有遵从笔者建议，针对农业、渔业、旅游业深入分析，并且其拿来情况更加夸张，可以说是混合型拿来主义，有啥就拿来。既从职业规划成果、往届学生作业，又学习其他两组上一轮成果中的优秀部分，仅这轮汇报就拼凑了 150 多页的 ppt。并且另立旗帜，提出了"农业 +"的概念，总之就是啥都可以往里面"加"，反正做了这么多 ppt，这么多观点、分析、策略，总有一款能打到得分点。可以说是拿来主义的集大成。

4　结语："拿来主义"的利与弊

当然，无论是哪种拿来，不得不佩服现在学生们的学习和模仿能力。尤其是对于职业规划成果的借鉴，这种拿来主义从实用的角度上看，无疑是很有效率的。学生能够很迅速的掌握职业规划的范式（或者说是套路），可以想象，拿来主义掌握得好，学生们未来能够很迅速的适应从校园到职场的转换，适应学生到实习生再到规划师的职业转换，这一点无疑是拿来主义可能带来的最大收益。

然而，如果培养学生的目的不是以本科毕业从事职业规划师为导向，或者说而是要以培养"大规划师"为己任。那么"拿来主义"的弊端明显。以此次课程为例，原本在小组阶段，学生们刚开始接触总体规划，从现状调研出发，结合自己的想象，创造性地（同时也是朴素的）构思规划方案的理念。但是随着课程的深入，学生们从各种渠道接触到了越来越多的职业规划成果，以及向上

一级的师兄师姐课程作业，以及在汇报中汲取别的小组的亮点部分。而对于自己原初的、朴素的、看起来和职业规划成果“很不像”的理念构思，越来越没有自信了，也就在越来越多的拼贴中，越来越“像”职业规划成果，换句话说，“作料”加得越多，也就越来越油腻了。

面对“拿来主义”的利与弊，对于教师来说，同样面临着教学理念和价值观的选择，并且也会由于以及学校、学院本身的定位和发展理念不同而做出不同选择。并且，作为青椒的笔者，即使理想的鼓励学生开拓、创新，但是“拿来主义”总归是相对简单的，即使是对于笔者自己，而自主的思考，并且是不断地深入的自主思考是困难艰涩的一件事情，恐怕只有小部分学生能够最终形成个模样，而对于大多数学生来说，恐怕还是相对标准化的职业规划教育能够更有成效。所以，何种理念为佳，

对于笔者这棵青椒来说，教涯任重而道远，答案却未可知，只能借陆游诗以感怀：古人学问无遗力，少壮工夫老始成。拿来主义要不得，真知此事要躬行。

致谢：本文特别感谢中山大学地理科学与规划学院沈静副教授对城市总体规划课程的指导与帮助；特别感谢袁媛教授对于规划教育类文章写作提供的意见与帮助；特别感谢课程助教研究生张雪编写的案例基础材料。

主要参考文献

［1］ 王红扬. 人居三、中等发展陷阱的本质与我国后中等发展期规划改革：再论整体主义 [J]. 国际城市规划，2017，32（1）：1–25.

"Copycat Doctrine" in the Master Plan Course：
The View of a Junior Lecturer

Huang Xu   Liu Yiyun

Abstract: The Master Plan course is the core curriculum of the planning category of undergraduate education, and students usually do a program design based on a certain case area in the course. Combining with the experience of initial participation in teaching, the author observes that: Students can give full play to the imagination and propose original planning and design concepts in the initial stage of program design；however, as the program deepens, students are more likely to imitate the planning paradigm of professional planners, or to learn from each other the highlights of other groups. And these types of "copycat doctrine" make students gradually lose the features and innovation of the program. Therefore, the author deeply felt that how to coordinate the balance between "drawing on the existing paradigm" and "encouraging personality innovation" has become a difficult problem for junior lecturers at the beginning of the initiation.

Keywords: Junior Lecturers, Master Plan, Copycat Doctrine

低碳背景下《城市基础设施规划》课程教学的思考
—— 以中南大学为例

罗　曦

摘　要：随着低碳城市规划研究的深入，城市规划的理念和方法不断创新，城市基础设施是低碳城市规划和建设的重要内容。《城市基础设施规划》作为城乡规划专业的必修课程之一，通过该课程的学习，要求学生掌握城市基础设施规划的基本知识，具备城市基础设施规划设计和管理的能力。本文基于低碳城市规划与建设背景，对该课程教学目的、教学内容、教学过程组织、教学方法等内容进行探讨，提出对该课程教学的思考。

关键词：低碳城市，城乡规划，城市基础设施规划，教学思考

引言

城市基础设施对城市运行具有重要的支撑作用，其作为城市开发建设的重点内容，对城市运行具有较大的影响，良好的城市基础设施对城市发展具有促进作用，反之则会扼制城市的发展与运行。当前中国已进入新型城镇化和经济转型时期，对城市发展提出了低碳节能要求，低碳理念已深入城市规划和城市建设中。随着城市规划中低碳理念研究的深入，低碳城市基础设施规划成为了低碳城市规划的重要研究方向之一，对城市基础设施规划理念、技术、方法、内容等均提出了新的要求。

1　城市基础设施规划教学现状

1.1　教学概况

中南大学城乡规划专业创办于 1993 年，2001 年本科专业学制从 4 年制升格为 5 年制，2009 年通过教育部本科专业教学评估，2013 年、2017 年分别两次通过复评。目前 2016 年版教学大纲中将原《城市工程系统规划》课程更改为《城市基础设施规划》，课程性质为必修，课程学时由 32 学时调整为 64 学时，其中理论教学和专业实践各 32 学时，教学内容亦同步做了调整。该课程具有涉及面广、应用性强、规范性强等特点，对学生能力的要求相对较高，是城乡规划专业中一门重要的基础专业课。

1.2　教学现状

（1）现有教学安排及教学内容

现有《城市基础设施规划》课程教学分为理论教学和课程设计两个环节进行，教学时数均为 32 学时。理论教学环节主要教学内容包括城市基础设施规划综述、城市交通、给水排水、能源、防灾、通信、环卫等工程设施规划以及城市基础设施综合规划，以专题形式讲解各部分内容，并在专题讲授中引入实践案例，以提高学生的学习兴趣，巩固学习效果。课程设计环节安排实践设计内容，通常结合其他相关课程设计，完成相应阶段的基础设施规划，以巩固学习知识点和提升实践操作的能力。

（2）现有教学中存在的问题

1）法定城乡规划层次多，无法在该课程教学中进行全面实践

现行的法定城乡规划包括城镇体系规划、城市规划、镇规划、乡规划、村庄规划五种类型，在城乡规划本科专业教学大纲中，课程安排顺序是从微观到宏观逐步递进，目前该课程安排在第三学年下学期，同学期同步开设的专业课程为村镇规划，因此，考虑到学生的知识基础，城市基础设施规划课程设计任务结合村镇规划课程设计作业下达，难以在该课程教学过程中对所有法定规

罗　曦：中南大学建筑与艺术学院讲师

划层次进行相应的实践安排。

2）设计作业以分组完成，学生难以得到知识的全面巩固

受该课程教学时数的限定，在课程教学内容较多的情况下，通常采用分小组完成课程设计的方式，小组内再进行设计任务分工，教学组织中则通过设计作业汇报形式让其他同学了解所有的设计内容。因采用分工与合作相结合的方式，学生难以全力参与到各类基础设施规划实践中，难以使学生对该门课程所学知识进行全面的练习和巩固。

3）课程实践性较强，课堂教学难以让学生对工程实际进行现场理解

城市基础设施规划课程实践性强，而在城市建设过程中，大部分管线均作了隐蔽埋地处理，学生在现实中较难直观观察认识到管线的敷设及系统构成，课堂教学中虽可利用图片、照片、视频等辅助讲解，但学习效果不如实地现场认知。因各类管线涉及到不同的主管部门，教学过程中实地考察认知的难度加大。

4）行业发展快，课程教材建设滞后于行业发展实际

目前，本专业较为通用的教材是《城市工程系统规划》（第三版）和《城市基础设施规划与建设》，分别出版于2015年12月份和2016年12月，《城市工程系统规划》系统的介绍了八类工程系统规划的原理、要点及布局，通常作为该课程本科教学的主导教材[1]。《城市基础设施规划与建设》总结了六大类城市基础设施规划布局原则与要点，但基本的原理介绍较少，通常作为本科教学中的辅助参考书[2]。因该课程内容涉及多个行业，新技术发展速度较快，各类新的规范和设计理念经常更新，教学过程中需要实时关注各类新规范、新理念。

2 城市基础设施规划的发展形势

2.1 规划内容的综合化

随着基础设施规划理念和技术的革新，对城市基础设施规划提出了新的思路和方法，使得其规划内容更趋于综合化。如城市电力、燃气、供热系统相互之间存在一定的转换与替代关系，而在现有本科教材中，将城市能源系统规划内容划分成电力、燃气、供热三个独立的系统，各系统仅考虑自身的规划内容，未能相互协调与配合，能源系统欠优化，规划内容缺乏综合化，与城市

实际用能之间存在一定的偏差。

2.2 建设目标的低碳化

随着低碳城市规划建设理念的深入，有关低碳城市规划建设的理论逐步加强，并同时进行了多个低碳城市建设的实践，通过总结已有理论研究和实践成果，对城市基础设施规划提出了低碳化的新要求。目前部分城市确定了低碳城市建设目标，并在各层次规划中将低碳城市建设目标进行了分解和细化，如城市总体规划阶段提出碳排放总量、能耗总量等控制要求，城市控制性详细规划阶段提出了各地块的碳排放、综合能耗等控制指标。因此在城市基础设施规划编制过程中，应加强对低碳城市内容的研究，针对用水量、用电量、用能量、清洁能源等进行定性和定量研究，形成具体量化控制指标，纳入各层次规划设计中，以实现城市规划总目标[3]。

2.3 供应系统的复合化

随着基础设施技术的进步，当前各类城市基础设施规划系统更趋于复合化。如城市能耗具有实时变化的特性，各类能源用户在时间上呈现出不同的规律，并非简单的最大值叠加，在城市能源规划中，应考虑用户端的能耗特征，能耗的时间分布特征，形成动态预测和模拟，并通过综合能源规划实现时空动态平衡。规划中应对各子系统做出合理的预测、布局和安排，对整个系统进行优化设计，同时城市能源系统又与城市用地、交通、政策等子系统关系密切，城市能源规划时应注重与城市其他系统之间的协调与结合。

3 关于《城市基础设施规划》课程教学的思考

3.1 明确课程定位

城市基础设施规划作为城乡规划专业的一门重要的基础课程，其与村镇规划、城市修建性详细规划、城市控制性详细规划、城市总体规划、区域规划等专业主干课程联系紧密，因此在城市基础设施规划课程教学中，应把握住各层次规划设计的要点和特点，分层次、分阶段介绍城市基础设施规划的内容和重点，让学生掌握各层次规划中城市基础设施规划内容的差异与联系，建立起与城乡规划体系相衔接的城市基础设施规划知识脉络。

3.2 加强课程实践

城市基础设施规划课程设计对掌握该课程知识点具有重要作用，应依据培养方案结合各类设计课程作业安排实践内容，结合其他相关课程设计，开展各阶段、各类型城市规划阶段的城市基础设施规划，如分别结合修建性详细规划、控制性详细规划、城市总体规划等展开，完成相应阶段的城市基础设施规划方案。因此，应将城市基础设施规划内容相应纳入相关课程的课程设计中，通过在不同层次规划课程设计中强化各阶段城市基础设施规划的学习，达到全面学习该课程的效果，并加强课程设计中对设计现场的认知和理解。

3.3 强化课程内容

该课程具有综合性强、涉及面广、应用性强、规范性强、专业性突出等特点，在课程教学内容安排上充分考虑该特点，突出对学生实践操作能力的培养。理论课程教学中应系统讲授各基础设施规划的基本知识、介绍探讨其发展趋势，在课程教学中应重点关注新技术、新材料、新理念、新规范的应用与适用条件。实践设计课程中，应重点引导学生充分调研现状情况、查阅各类设计规范、了解各类新技术，使得设计方案具有一定的实践性和创新性[4]。

3.4 多样课程考核

结合该课程综合性强、涉及面广的特点，对该课程实行多环节考核，理论课教学过程中，可要求学生结合所学内容进行相关知识收集，并通过多媒体汇报等形式展示汇报，并对汇报内容进行相应的成绩评定。实践课程主要考察设计过程和设计成果，设计过程重点考察设计思路、对各类设计资料的熟悉程度、对设计现场的认识与了解、对问题的解决能力，设计成果重点考察设计的规范性、内容的完整性、方案的合理性等[5]。

3.5 多种师资配备

结合该课程应用性强、规范性强、专业性突出的特

点，该课程教学中，除正常配备的专业教师外，还可以邀请具有资深设计经验的设计院相关专家，以专题讲解的形式进行学术报告或专题讲座，亦可依托实践教学基地，参与实践工程项目设计，基于实践工程项目展开交流探讨，以拓展学生的知识面，提高学生对城市基础设施规划的实践操作能力[6]。

4 结语

新型城镇化、新技术发展、新设计理念，对城乡规划教学内容、教学方法、教学成果等提出了新的要求，基于当前新型城乡规划的变革，立足城乡规划专业实践性强的特点，本文结合中南大学城乡规划专业《城市基础设施规划》课程教学现状，总结了该课程教学过程及现状特点，分析了现状教学中存在的相关问题，依据当前城市基础设施规划发展形势，提出了该课程定位、强化实践、课程内容、考核方式、师资配备等方面的思考及建议。

主要参考文献

［1］ 戴慎志.城市工程系统规划 [M].3 版.北京：中国建筑工业出版社，2015.

［2］ 戴慎志，刘婷婷.城市基础设施规划与建设 [M].北京：中国建筑工业出版社，2016.

［3］ 罗曦，郑伯红.低碳城市规划体系中的能源规划思路 [J].求索，2016（12）：133-137.

［4］ 高维维.对《城市工程系统规划》课程的教学思考 [J].教育现代化，2018，5（47）：166-167.

［5］ 卢璟莉，杨光杰，范学忠，李涯丽."城市工程系统规划"课程教学改革探索 [J].教育教学论坛，2017（28）：104-105.

［6］ 王晶.核心素养理念下高校课程改革实践探讨——以城乡规划专业《城市市政工程系统规划》课程为例 [J].智能城市，2017，3（03）：346-347.

Teaching Thinking of "Urban Infrastructure Planning" in the Context of Low Carbon
—— Taking Central South University as an Example

Luo Xi

Abstract: With the deepening of the low-carbon urban planning researches, and the constant innovation of concepts and methods of urban planning, urban infrastructure has become an important part of low-carbon urban planning and construction. As one of the compulsory courses in the college major of urban and rural planning, students are required to master the general knowledge of urban infrastructure planning and cultivate the ability for urban infrastructure planning and management by learning "Urban Infrastructure Planning". Based on the background of low-carbon urban planning and construction, this paper is aimed at discussing the teaching objectives, teaching contents, teaching organizations and teaching methods of the courses, in addition, puts forward some thoughts on it.

Keywords: Low Carbon Cities, Urban and Rural Planning, Urban Infrastructure Planning, Teaching Thinking

应对需求多元分异的城乡规划教学模式响应*

李 洋 孙 贺 石 平

摘 要：城市化进程的推进使城乡规划行业的变革速度加快，幅度加大。这对城乡规划高等教育的挑战日益凸显。针对行业需求呈现工作能力差异化、工作视角综合化、工作方法数据化的分异特征，提出教育主体、教育目标、教育方法的变革取向，构建供需耦合、互动培育、协同反馈三个维度的教学模式响应机制。重点从多元主体参与的产教融合模式构建和顺应社会需求的教学特色培育两个方面，阐述城乡规划高等教育应对挑战，求变求新的策略。

关键词：城乡规划教育，社会需求，产教融合，教学特色，人才培养

诺贝尔经济学奖获得者斯蒂格利茨指出，中国的城市化和美国的高科技将深刻影响 21 世纪世界发展进程。1981 年中国城镇化率只有 20.1%，2016 年达到 57.4%。高速的城镇化催生出城乡规划行业分工的进一步细化，行业对人才需求呈现多元化趋势。与此同时，城乡规划学科融合了建筑学、地理学和管理学三大学科知识架构发展为一级学科，城乡规划教育招生规模快速扩张，但其教育体系与行业变化匹配相对滞后，扁平化的教育因特色缺失，越来越无法满足不同分支的个性化需求。毕业生一次就业率下降，入职后需要较长时间再学习以适应新的工作岗位的需求[1]。《国家中长期教育改革和发展规划纲要（2010—2020 年）》指出：树立科学的质量观，把促进人的全面发展、适应社会需要作为衡量教育质量的根本标准。因此，研究城乡规划教育与行业分异匹配方式是提高教学质量的迫切要求，也是城乡规划行业长期可持续健康发展的动力保障，具有重要的现实意义。

近年来针对教育与社会需求匹配的相关研究较多。部分学者针对本科院校[2]、民办教育[3]、成人教育[4]等不同阶段教育与社会需求结合的教学调整措施进行研究；有的学者侧重对社会需求的梳理，陈媛媛等重点对多家企业招聘信息进行统计分析，从而明确企业对学校教改的诉求[5]。郭娇等通过就业率、专业相关度、平均月收入、就业满意度四个就业指标，分析了 23 个工学本科专业的就业状况近三年的变化，由此反映与之相关的社会需求变化[6]；更多的学者研究侧重教育供给的匹配，李兆东通过完善教育体制改革，从教育供给来源、培养目标、学科定位、专业课程等角度探索与社会需求的匹配程度[7]。孙进等尝试探索学生就业能力与社会需求契合的方式方法[8]。本文在上述研究的基础上，分析城乡规划专业的社会需求分异特征，探索教育的调整取向、响应机制和响应措施。

1 行业需求多元分异特征

城乡规划行业对于人才需求呈现多元化分异倾向。这种分异一方面是由于用人单位的行业分工细化，对人才专业技能、工作能力和利益落脚点的要求更加离散化

* 基金项目：2018 年度辽宁省教育科学规划课题："开放式、研究型"硕士课程教学模式探究——以"西方城市设计理论与方法"为例（JG18DB160）。2018 年度东北大学本科教学质量工程项目：建筑类专业本科"开放式"教学模式研究与实践（02160021301002）。2017 年度中央财政研究生教改课题"社会需求导向的建筑学科研究生教学模式研究"（02160021302001）。2017 年度东北大学江河建筑学院教改项目："虚拟现实技术植入的城乡规划教学范式研究"。

李 洋：东北大学讲师
孙 贺：东北大学副教授
石 平：东北大学副教授

和个性化。同时，也与我国独特的城市发展阶段导致的城乡规划从业者工作视角的分异有关。这些分异变化呈现变化频率逐步加快，变动幅度逐步加大的特点，导致城乡规划教育匹配失当的问题，给城乡规划高等教育提出了新的要求（图1）。

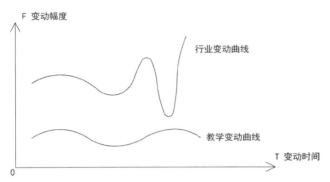

图1　行业与教学变动特征曲线

1.1　工作能力差异化

城乡规划专业毕业生就业岗位可大致分为设计单位、开发单位、施工单位、政府职能部门、科研单位五个主导就业方向[9]。各个从业领域对毕业生核心能力需求、专业技术素养架构差别非常大（表1）。反观各校城乡规划高等教育，虽然设置了一定数量的选修课和社会实践课程，但学生的兴趣和就业意愿反映在培养过程中较少，缺少应对行业需求的针对性训练。

1.2　工作视角综合化

工作视角的综合化其一体现在城乡规划工作导向从"增量规划"演变成"存量规划"甚至"减量规划"；其

二，体现在规划客体的范畴增加，从单纯解决城市问题逐步走向城乡统筹；其三，体现在要解决的城乡问题日益复杂，从纯粹的空间规划设计到城市经济、生态、空间、社会公平等要素的综合治理。脱胎于建筑学的城乡规划教育体系更强调空间设计技术手段和蓝图式愿景规划。尽管已经有高校尝试建立与行业发展适应的新教育模式，然而教学培养计划实施的滞后性决定了当前教育尚不能与"存（减）量规划、城乡统筹、综合治理"三个综合化的工作视角转变相匹配。

1.3　工作方法数据化

城乡规划行业的数据环境发生变革。从静态的空间数据到动态的时空数据。城乡规划行业借助关系数据库、数据仓库、联机分析、数据挖掘、数据可视化等信息技术逻辑性地走向计量化，使城乡规划学的理性内核得到强化[10]。与之相对，城乡规划高等教育往往按照提前制定培养计划进行，教学硬件建设、课程体系构建、教学内容更新需要周期长，还不能与快速迭代的数据环境和工作方法适应。

2　城乡规划教育模式调整取向

2.1　教育主体：从"高校主导"到"多元互动"

目前城乡规划高等教育由高校主导，校外多元主体对教学活动参与欠缺。这是导致教学和生产实践脱节的重要原因。部分高校为此采取外聘教师、客座教授、组织社会生产实践的方式加强产教融合，但由于高校外主体只能片段式参与教学环节，未能对整体教学体系有所改变，学生对行业技能新要求如同盲人摸象。因此，应构建"三位一体"高等教育参与模式，即将"高等学校、用人单位、学生就业"的诉求进行整合，加强高校外主

行业能力与素养需求谱系表　　　　　　　　　　　　　　　　　　　　　表1

	设计单位	开发单位	施工单位	政府部门	科研单位
核心能力排序	C、D、H	B、G	G、H、B	F、A、G	I、D、E
技术素养排序	a、c、g、i、m、o	b、e、l、m	h、i、e、g	b、f、g、k、l	o、n、k
专业能力谱系	A 人文道德素养、B 综合知识能力、C 综合思维能力、D 前瞻预测能力、E 持续学习能力、F 公正处理能力、G 共识建构能力、H 团队协作能力、I 协同创新能力				
技术素养谱系	a 方案设计、b 方案评价、c 方案优化、d 规划管控、e 经济核算、f 人文关怀、g 设计表达、h 工艺构造、i 施工管理、g 规划实施、k 文字写作、l 语言沟通、m 团队协作、n 团队外信息汲取、o 科技创新				

体对教育教学活动参与的广度和深度，促进其参与包括培养计划制定，课堂教学，实践教学，课程评价，毕业设计等人才培养全过程，从而加强教学与实践的对接，培养学生适应社会发展的能力。

2.2 教育目标：从"技术灌输"到"能力培养"

随着城乡规划专业学科体系内涵和外延不断丰富，从社会发展的趋势看，城乡规划教育体系必须从过去工程技术人才的培养目标向研究型综合型人才的培养目标转换[11]。传统的以"技术灌输"为主的输血式教育方式可以使学生熟悉规划设计、管理的基本技术，是培育城乡规划人才的必要不充分条件。未来的就业环境多变，如何把课堂学到的技术灵活的运用到就业岗位中去，使理论知识在实践中发挥最大效能，需要学生具有很强的举一反三的能力，形成"造血式"学习能力。

2.3 教育方法：从"理论讲授"到"理论＋实践"

城乡规划学科的实践性非常强，其很多重要理论和方法都是在城乡规划设计和建设的实践中产生、深化和延伸的。"理论讲授"和"创新实践"在学生综合能力提高上同样的重要，又有着互相促进的作用，二者不可偏废。学生通过多种形式的实践环节训练，可以更好的理解城乡规划理论形成的背景、适用范围、运作机制，将理论同规划实践结合。同时又可通过实践检验学生知识理论体系完善程度，发现难点、重点，形成良好的反馈机制。加强创新实践环节在城乡规划培养体系中的权重是教学模式变革的必然趋势。

3 城乡规划教育与行业需求响应机制

3.1 供需耦合机制

城乡规划高等教育供给应和社会需求形成动态协调的系统，并建立相互依存相互促进的耦合机制，两者之间是相互依赖、相互关联、协同耦合的关系，能够使高校与时俱进地对社会实践变动做出动态响应。促进对社会实践过程及需求的了解，使高校培养更有针对性地对实践过程中遇到的重要工程技术难题进行科技攻关，对实践中人才需求予以订单式的训练培训和能力塑造。同时社会实践也是检验高校教育体系合理性、教学质量高低的重要标准。

3.2 互动培育机制

城乡规划教育与行业需求形成及时的互动响应，在高校教学活动中打破其内向封闭性，引导更多的企业资源参与课程设计、作业点评、认知实习等教学环节。另外，学生作为教学的客体不应被动的接受，而是根据各自就业目标和能力需求主动参与教学体系和评价标准的制定。从而形成校内校外互动、主体客体互动的多方互动培育机制。

3.3 协同反馈机制

社会实践过程应与城乡规划教育形成畅通的协同反馈机制。构建高校、行业协会、就业单位等多主体参与的协同平台，使各个主体之间有充分的信息沟通交流机会，从而了解彼此的工作内容、保障机制、未来发展动向等信息。这些信息反馈作用于城乡规划教育过程，使学校不断随行业变化，对课程体系、教学方式、评判标准等方面进行调整，将人才培养方向同行业需求同步，防止高校教学与学生就业能力需求脱节（图2）。

4 城乡规划教育对行业需求的响应措施

4.1 产教融合——多元主体参与的教学模式构建

党的十九大报告提出"产教融合、校企合作"的教育发展模式。此模式在国外实践较早，以德国的"双元制"、美国的"合作教育"、英国的"工读交替"、日本的"产学合作"和澳大利亚的TAFE等模式为世人所称道[12]。培养大量符合行业发展需求的工程技术人才，为国家经济发展提供人才保障。

在我国，产教融合的教学模式早已应用于职业技术教育领域，而对于普通高等学校应用案例较少。城乡规划学科具有重视培养学生动手实践能力和理论转化能力的教学特点，相较于其他学科更适合开展产教融合教学。国内部分建筑类院校如东北大学江河建筑学院、苏州科技大学金螳螂建筑与城市环境学院等在其专业教学中打破校企鸿沟，将学生培养和企业生产紧密结合，打造企业与学校共同参与的人才培养平台。

（1）多元化教师资源介入。教师在办学体系中扮演着特殊的角色，是教学活动的直接实施者。首先，城乡规划教学中应注重教师的"学缘背景"多元化。2015年中央城市工作会议强调，城市发展要推进"多规合一"，统

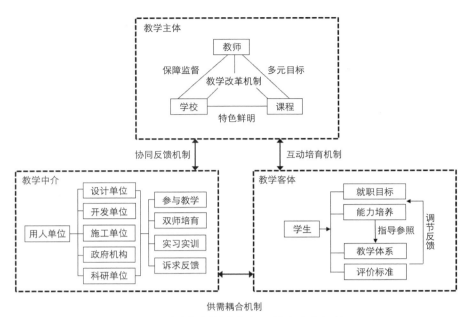

图2 城乡规划教育与行业需求响应机制

筹土地利用、环境保护、城乡规划、国民经济和社会发展规划等各类规划，构建一张蓝图的规划体系。这意味着传统城乡规划编制、管理、实施体系的都有非常颠覆性的调整。要求毕业生具有统筹处理城乡规划、土地管理、国民经济发展等多维度问题的能力。教学中可以从社会中聘请土地管理学科、城市经济学科、人文地理学科等"学缘背景"的技术人员充当外聘教师，才能引导学生理解城乡规划在"多规合一"中的作用，做好城乡规划与土地利用规划、国民经济和社会发展规划的协调，培养学生从多学科视角考虑问题、处理问题的能力。其次，城乡规划教学中教师的"业缘背景"应多元化。教学中应加强设计单位、施工单位、开发企业、政府职能部门、行业协会等不同行业执业的专业技术人员参与到学校理论课程讲授、设计指导、实习实践、课程评价等教学环节。城乡规划设计是不同矛盾主体相互博弈、相互妥协，最终得到大多数利益集团共同认可的资源配置方案的过程。教师"业缘背景"的多元化可以促进学生了解各个利益群体的诉求，并据此发现化解社会矛盾的规划处置方式。再次，高校外聘企业技术人才授课的同时，也应鼓励高校教师定期到多种类型的单位中轮岗交流，了解城乡规划编制、管理、实施的具体流程、方法和发展动态，提

升教师理论与实践结合能力，发现和弥补教学中与社会实践不匹配的问题，不仅可以提升教学的质量，还可以促进科研成果在实践中的转化，可以说一举多得。

（2）建立可参与教学交流平台。首先，建立专家咨询会制度，提高培养计划的可参与度。城乡规划教学的培养计划决定各课群的学分比例、课程内容、课程时间安排、课程考核等决定了学生能力培养的方向和教学质量的优劣。在制定培养计划过程中应建立专家咨询会制度，优先聘请城乡规划各行业从业专家参与。对已经执行结束的培养计划做出绩效评估，及时发现教学目标、教学内容、教学环节、教学成效等方面存在的问题。针对各行业对规划人才的要求，形成毕业生能力清单，成为制定新版培养计划的依据，形成"订单式培养"机制。其次，建立便于企业从业人员参与的教学周期安排。企业外聘教师多为在岗兼职教师，需要兼顾企业生产时间安排，教授长周期课程时间上无法保证。针对这一问题，可考虑将传统的秋、春两季"1+1"型周期变为秋、春、夏三季"1+1+1"型教学周期。增加的夏季学期集中安排4-6周短周期设计课程或社会实践类课程。如学期调整调整有困难，可以采用"1+1+集中周"型，在秋、夏学期中安排2周集中周，统一安排产教融合类课程。

方便企业在生产之余充实学校师资力量，提高学生实践能力（图3）。再次，建立校外实习基地，提高实践类课程比例。在设计单位、施工单位、开发单位、政府相关部门中建立校外实习基地。学生可以参与规划项目从立项到审批施工的全设计周期。了解规划项目在设计和实施过程中工作价值取向，遇到的实际问题能方便的与企业指导教师讨论解决，最大限度发挥企业培养学生实际操作能力的作用。最后，建立产教协同反馈机制，不断依据社会需求完善教学活动。教学质量的提升同样符合客观事物"实践——反馈——再实践——再反馈"的螺旋上升发展规律。教学效果反馈和教学实践同样重要。应依托各地校友会、校外实习基地、行业协会等交流平台，建立学校和用人单位之间沟通渠道，深入了解企业对毕业生的评价，不断完善教学体系，提高教学质量。

4.2 度地、审势、因人——顺应社会需求的教学特色培育

"幅员辽阔，地区发展不均衡"的城乡发展现状决定各地城乡规划发展遇到的问题千差万别。城乡规划培养的毕业生就业在就业地域、就职行业上都呈现离散状态，一个学校教育培养体系要满足所有社会需求既不必要也不可能。因此，在强化基础知识教学的基础上突出教学特色尤为重要。做到"度地、审势、因人"施教，形成地域性、信息化、个性化的教学特色。

（1）度地所需——地域性特色培育。城乡规划类院系应结合所处地域形成鲜明的办学特色。这样防止各地规划教育培养目标、授课内容扁平化，学生综合素质趋同。也使学生在求学期间就能对本地域发展中遇到的问题进行思考，毕业后能够更好的助力地方经济社会全面发展，将办学特色转化为毕业生核心竞争力。办学特色的构建方式可以灵活多样，可侧重于当地的自然地理环境，如哈尔滨工业大学寒地城市设计，华南理工大学亚热带城市规划研究。可侧重于独特人文地理环境，如同济大学高密度人居设计，西安建筑科技大学西北贫困地区人居研究。亦可聚焦于城市发展亟待解决的问题，如东北大学对工业遗产保护的研究。

（2）审势利导——信息化特色培育。随着数据时代的来临，手机信令数据、交通数据、人口实时分布数据等动态时空数据使城乡规划的决策环境发生了颠覆性变化。这些变化已经对规划行业的各个领域产生广泛影响并成为发展趋势。高校教学对这一变化有一定的滞后性，应尽快对数据驱动的城乡规划设计教育体系加强研究，探索课程构建、核心内容、技术应用的构架。在教学中加入数据挖掘模块，数据分析模块，可视化表达模块，数据应用模块，VR虚拟现实模块等。尽可能利用开源数据，如地理空间数据云、百度API（Application Programming Interface）、腾讯宜出行数据等，教学硬件上应配备搭载地理空间数据库的服务器，具备共享信息、数据上传、快速运算、虚拟现实等功能。

（3）因人施教——个性化特色培育。城乡规划毕业生就职岗位对能力要求差异很大。故课程的设置应增加学生根据择业意向个性化选择的可能性，培养方案实施做到"刚柔并济"。这里的"刚性"是指全国高等学校城乡规划学科专业指导委员会建议的十门核心课程，学校应设置为必修课程，夯实专业基础知识。"弹性"是指在课程目录中大量增加选修课数量和类型，使被培养者也

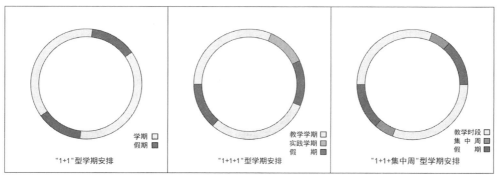

图3　教学周期调整模式图

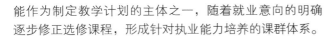

能作为制定教学计划的主体之一，随着就业意向的明确逐步修正选修课程，形成针对执业能力培养的课群体系。

5 结论

综上所述，城乡规划行业需求变动频率提高、变动幅度加大已成为发展趋势。规划教育只有与之保持同步，甚至适度超前的变动才能保证对城乡规划实践的人才支撑。通过多元化"学缘背景、业缘背景"的教师资源引入，搭设校企间可参与的教学交流平台，构建产教融合的多元主体参与的教学模式，培育富有地域性、顺应规划发展趋势、满足个人就业意向的特色化培育体系，才能促进高校教育与行业需求的匹配和融合。

主要参考文献

[1] 顾康康，储金龙，张红亚.新形势下地方高校城乡规划专业特色办学路径探索——以安徽建筑大学为例 [J].高等建筑教育，2016，25（3）.

[2] 张秀杰.基于社会需求的新建本科院校教育管理模式创新研究 [J].中国成人教育，2017（12）.

[3] 李爱香，基于社会需求的民办高校教育管理模式创新 [J].教育与职业，2016（12）.

[4] 杨智.社会需求导向：成人教育学专业硕士培养的新思路——基于学科专业发展的视角 [J].成人高等教育，2017（9）.

[5] 陈媛媛，董伟.社会需求导向下图书情报专业毕业生就业技能分析 [J].图书情报工作，2017，61（19）.

[6] 郭娇，王伯庆.工程教育本科专业社会需求发展趋势分析——基于中国大学生就业数据的实证研究 [J].高等工程教育研究，2017（05）.

[7] 李兆东.审计高等教育与社会需求的契合度研究 [J].财会通讯，2018（7）.

[8] 孙进，陈馥强.大学生就业能力与社会需求的匹配性研究 [J].中国成人教育，2016（22）.

[9] 沈惠新.地方高校城市规划专业应用型人才培养模式构建——以宿迁学院资源环境与城乡规划管理专业为例 [J].地理教育，2012（2）.

[10] 朱海玄.大数据时代城乡规划学走向计量化的机遇与挑战 [J].城市发展研究，2012（2）.

[11] 王志远，廖建军，李涛.以市场需求为导向的五年制城乡规划专业本科教学方法体系构建 [J].教育现代化，2012，9（39）.

[12] 丽敏.国外校企合作办学模式的分析与研究 [J].高等职业教育，2006（12）.

Response of Urban-Rural Planning Teaching Model to the Change of Social Demand

Li Yang   Sun He   Shi Ping

Abstract: With the progress of urbanization, the change of urban and rural planning industry is getting faster and larger. The challenge to urban and rural planning higher education is becoming more obvious. Industry demand characteristics present "work Ability demand differentiation, working perspective comprehensiveness, working method digitization". This paper put forward the reform of teaching subject, teaching goal and teaching method. Constructing the teaching model of Supply-Demand Coupling, Interactive Cultivation and Synergetic Feedback. Research on the strategies of teaching reform from production-education integration and teaching characteristics.

Keywords: Urban and Rural Planning Education, Social Needs, Production-Education Integration, Teaching Characteristics, Personnel Training

基于国土空间规划体系的城乡生态与环境规划课程研究

王　琼　赵敬源

摘　要： 2019 年《关于建立国土空间规划体系并监督实施的若干意见》规划编制的时间表和路线图出台，使城乡生态规划学科的重要性更加凸显。城乡生态与环境规划课程是高等院校城乡规划方向的专业基础课程，是建立在生态学以及城乡建设专项规划基础上，并有较为丰富的课程内容设置。本文根据《意见》对课程教学内容进行调整和优化。基于国土空间规划体系的整体性以及对于不同生态功能区从空间尺度、空间密度的多层级研究，配合 "多规合一" 的执行，在课程中调整、平衡和优化城乡生态理论与城乡环境规划实践两部分教学内容设置。通过梳理城乡生态现象，采用城市环境物理方法解释其形成机制，并设置学生参与的科学实验，将城乡生态与环境规划课程所包含的教学内容从定性向定量细化，使学生通过规划流程和技术措施等知识结构体系提高对本课程的了解和掌握。

关键词： 城乡生态规划，国土空间规划，多规合一，学科融合，教学方法

1　背景

2013 年《中共中央关于全面深化改革若干重大问题的决定》提出了建立空间规划体系，2014 年《生态文明体制改革总体方案》要求 "以空间规划为基础，以用途关注为主要手段的国土空间开发保护制度"。2018 年 3 月住房和城乡建设部的城乡规划管理职责划归自然资源部，空间规划重叠，以自然水生态为基础的空间体系规划。2019 年 1 月通过《关于建立国土空间规划体系并监督实施的若干意见》，提出："将主体功能区规划、土地利用规划、城乡规划等空间规划融合为统一的国土空间规划，实现多规合一……全面提升国土空间治理体系和治理能力现代化水平，基本形成生产空间集约高效、生活空间宜居适度、生态空间山清水秀，安全和谐、富有竞争力和可持续发展的国土空间格局。" 的要求从生产、生活、生态等方面地域城乡规划提出了生态环境的要求。2019 年 5 月颁布《关于建立国土空间规划体系并监督实施的若干意见》[1]，对规划体系编制的时间表和路线图提出要求："到 2020 年基本建立国土空间规划体系，逐步建立多规合一的规划……到 2035 年……基本形成生产空间集约高效、生活空间宜居适度、生态空间山清水秀，安全和谐、富有竞争力和可持续发展的国土空间格局。" 在由住建部到自然资源部的城市规划向城乡规划至当代的国土空间规划体系的发展中，城乡生态与环境规划的重要性日益凸显。在培养规划学科人才的高等院校的规划专业，也经由 2007 年城市规划法到城乡规划法之后的 2011 年，由国务院学位委员会对城乡规划学科随之调整，并 2013 年制定的《高等学校城乡规划本科指导性专业规范》[2] 中，对于城乡生态与环境规划作为核心课程出现在教学环节。在国土空间规划体系对城乡生态体出现的要求时，课程的教学任务和内容也随之调整优化。

2　城乡生态与环境规划的教学现状及特点

城乡生态学与环境规划课程是高等院校城乡规划方向的专业基础课程，建立在生态学与城乡建设中所出现的各类专项规划基础上，有着丰富的课程内容设置，涵盖了生态规划、生态功能区、生态城市规划、城乡绿地生态规划、景观生态规划、乡村生态规划、保护区规划等等内容。对于开展城乡生态学的课程的高等院校，都根据院校特点设置了各具特色的教学理论以及解穴内

王　琼：长安大学建筑学院工程师
赵敬源：长安大学建筑学院教授

容。沈清基教授（2012），提出的基于城乡生态效益关联度类型、关联性和共生性、协调性分析来促进介绍城乡生态环境一体化规划的框架的学科基础研究[3]。北京林业大学殷炜达（2016）从城乡生态环境与绿地系统规划角度展开生态学课程的教学[4]。刘兴诏,叶菁等（2018）提出在城乡生态教学中引入不同生态尺度展开层次化处理并学习[5]。基于国家中长期教育改革和发展规划纲要（2010-2020年）要求，长安大学在2010年列入教育部"卓越工程师教育培养计划"[6]之后，根据原有教学大纲以及学科建设需求，结合高校人才培养目标，设定了城乡生态与环境规划的课程内容，并在2013年结合《高等学校城乡规划本科指导性专业规范》进行了修订调整。课程总课时48学时，为生态规划基础理论知识和城乡环境物理与区域环境物理测试三部分构成（表1）。为"理论——实践"的双环节教学过程。对教学工作提出，创新与系统性解决规划方案和全过程参与。在教学中重点根据不同规划类型中的类型展开教学，（生态规划对应复合生态系统，城乡生态规划对应城乡生态系统中的内在机理和发展趋势等），并通过对于不同生态位在规划和尺度的层级中进行宏观、中观、微观梳理，教学工作中针对各类规划的构成要素环境特点（地形、地貌、水、大气、噪声、土壤、局地微气候等）的交叉关系，通过城市环境物理的方法[7]，对于城乡生态环境在不同区域所具有的综合性、整体性、协调性、区域性、层次性和动态性等特点进行要素分析。进行城乡生态与环境规划的关键性技术与方法的讲解。目前的课程设置能够使学生较好地理解生态以及城乡建设对生态的影响，但在生态规划与土地生态规划、生态规划与社会经济规划、生态规划与空间体系规划之间的关联度仍有进一步阐述及深入开展整个城乡生态系统结构、功能、关联度的空间。

3 城乡生态学教学对国土空间规划体系要求的响应

目前，本专业授课为总时长为48学时，其基本分类比例以城乡生态学基础知识和城乡功能区生态特征以及生态评价为基本理论框架部分，以城乡环境物理及区域环境物理测试为应用和实践部分。本次国土空间规划体系中，提出了生活、生产、生态三个空间体系对应城镇建成区、乡村生态区、自然保护区。在城乡生态与环境规划课程授课环节中针对不同的生态区域采用分类别的方式授课，自然生态学理论从空间异质性、区域尺度效应，生态过程关键因子、生态动态演替的驱动因子、生态敏感性分析等方面进行生态学的课程讲解。对于城镇和乡村建设区，是针对空间格局的分布特征在设定的范围内，进行综合手段下的城乡结构、城市规模、功能、环境、绿化、资源配置、人居环境适宜度等方面的授课过程。而在国土空间领域，三者的关系是相互渗透的并且相互作用的，是围绕着资源环境和环境资源这两者作为一个群落体系存在并协作的（表2）。在国土空间规划体系的《意见》中，围绕环境资源的承载力和国土空间开发的适宜性评价[8]，分析两者的相互作用。随着国土部门、城乡建设部门等并入自然资源部，原有城市规划编制体系下的顶层的三大空间规划转变为多规合一。发

长安大学规划专业城乡生态学课程设置　　　　　　　　　　表1

课程设置	知识点		要求
	生态规划	生态学基本知识	掌握
		生态评价	了解
		功能区生态规划（居住、工业、基础设施等）	了解
	城乡环境物理	空间布局与热、湿环境	掌握
		风环境	掌握
		交通规划及声环境	掌握
		大气环境	掌握
		光环境	掌握
		环境测试物理实验	掌握

城乡生态与环境特征   表 2

国土空间区域类别	城乡生态与环境特征							
	人口密度	交通密度	建筑密度	人工植被密度	城乡环境物理	自然植被密度	自然资源密度	自然环境保持
城（生活）	▲	▲	▲	▲	▲	▽	▽	▽
乡（生产）	▽	▽	▽	○	○	▲	▲	○
自然（生态）	▽	▽	▽	▽	▽	▲	▲	▲

符号特代：高特征值▲；低特征值▽；两者皆存在，但均不显著○

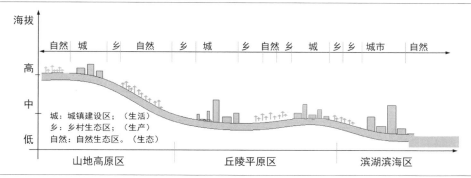

国土空间规划体系中的生活、生产、生态空间，对应于城乡生态环境中的城镇建设区、乡村生态区、自然生态区。其中：山地/高原区城镇建设区分布松散，农业区大，生态区分布区域广。丘陵/平原区的城镇建设区分布紧凑，乡村生态区被压缩，出现城市群所在区域的乡村生态区直接毗邻过渡的情况。滨水滨海的自然生态区域的是一条沿着建设/自然分界的线性分布。在产业结构因素的驱动中，通过对不同区域的资源环境与空间的利用，以串联在交通区划的一系列相互作用、相互协调的功能区块构成该区域的城乡生态与环境。

改委国民经济与社会发展规划，自然资源部多部门整合后的多规合一（主体功能区规划、城乡规划管理、水资源管理、森林、湿地管理、草原资源管理、海洋、测绘）通过城乡统筹一体化的方式解决当前空间规划重叠突出地现象。利用城乡生态与环境规划进行层级和尺度梳理，达到集约优先、保护优先。城乡生态与环境规划是一项与政策、社会、经济、空间、生态各方面关联性的综合性技术。目标是能够统筹，协同、统一、绿色，做到资源最优化配置。对整个生态空间由建设向保护的转变。在课程中除了常规的理论知识外，学生需要更多的了解建立在在集合多部门的空间参数控制的基础上资源信息（GIS，大数据等），建构城乡生态的数据平台，以前瞻性、科学性、具有实际操作性的要求，提出可行的城乡空间参数控制，确定城乡保护性空间区域确定、开发区域边界、城市规模控制。

随着乡村振兴的提出，乡村生态规划不再是地域性概念，可以视为城乡生态规划多中心、网络化的一部分，而不是直接将城市生态或建设经验引入乡村建设。将城乡的生活功能、生产功能利用群落式，圈层化、达到区域协，促进空间优化与治理过程。基于上述过程对于教学目标进行调整。调整了城乡生态学与环境规划中的理论基础与实践基础两部分的内容与比例。在原有的城乡生态规划的基础上城市环境物理、区域生态适宜性评价以及实验方法和实践的专项教学内容。提高了实践环节的内容，使学生在理论过程中，通过对生态现象的梳理以及形成机制了解，并结合大量的城乡生态特征区的物理实验，达到理论与实践的均衡。通过课程体系和环节的调整，结合国土空间规划体系的对于城乡生态和绿色可持续的要求，课程配套的专项规划教学任务中的规划由自然资源的利用向自然环境保护转变。在多层次、复合化的基础上，全面通过培养与教学体系，梳理不同功能区特征、不同尺度、不同密度的城乡建成区对自然生态的影响的形成机制和量化评价方法。引导学生逐步建立规划设计、规划管理中的城乡生态保护的科学视野。

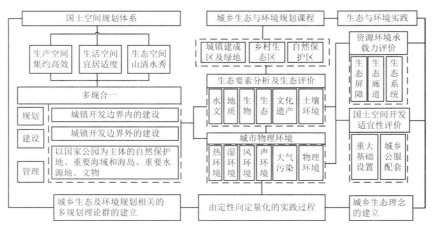

图1 国土空间规划体系与城乡生态学课程

教学内容的变化，课程体系优化调整中的内容，通过"国土空间规划体系政策——城乡生态及环境规划相关理论群的建立——由定性向定量化的实践过程——城乡生态理念的建立"

4 总结

随着国土空间规划体系的确立以及多规合一的推进，课程的发展目标是让学生了解并理解城乡生态与环境规划是建立在功能区、产业、交通及公共配套基础设施和空间的协同过程中的综合性国土空间规划体系的一个环节，本次根据《意见》对课程教学内容进行调整和优化，基于国土空间规划的体系化的整体性和对于不同生态功能区的空间尺度、空间密度的层级需求，课程将城乡生态理论与城乡环境规划实践相结合，平衡了理论与实践的教学内容分配，并通过梳理生态现象，解释形成机制，配合科学实验将城乡生态的科学化评估从定性和定量相结合，以提高学生对本课程知识结构体系的掌握。

主要参考文献

［1］ 中华人民共和国自然资源部.中共中央国务院关于建立国土空间规划体系并监督实施的若干意见 [EB/OL]. http：// www.mnr.gov.cn/dt/ywbb/201905/t20190523_2413001. html，2019-05-23.

［2］ 高等学校城乡规划学科专业指导委员会.高等学校城乡规划本科指导性专业规范 [M]. 北京：中国建筑工业出版社，2013.

［3］ 沈清基.城乡生态环境一体化规划框架探讨——基于生态效益的思考 [J]. 城市规划，2012，36（12）：33-40.

［4］ 殷炜达."城乡生态环境与绿地系统规划"课程教学内容和模式的研究 [J]. 中国林业教育，2016，34（03）：70-72.

［5］ 刘兴诏，叶菁，周沿海，郑玮锋.基于生态理念多尺度渗透的"城乡生态与环境规划"课程教学内容优化 [J]. 中外建筑，2018（08）：83-85.

［6］ 国家中长期教育改革和发展规划纲要（2010-2020年）[M]. 北京：人民出版社，2010.

［7］ 刘加平，城市环境物理 [M]. 北京：中国建筑工业出版社，2011.

［8］ 樊杰.资源环境承载能力和国土空间开发适宜性评价方法指南 [M]. 北京：科学出版社，2019.

Research on Urban and Rural Ecological and Environmental Planning Curriculum based on Land Space Planning System

Wang Qiong   Zhao Jingyuan

Abstract: The timetable and road map for the preparation of the "Opinions on Establishing a Territorial Spatial Planning System and Supervising its Implementation" in 2019 have made the subject of urban and rural ecological planning more important. Urban and rural ecology and environmental planning courses are professional basic courses in the direction of urban and rural planning in institutions of higher learning. They are based on ecology and special plans for urban and rural construction, and have a relatively rich curriculum content. This paper adjusts and optimizes the course content according to the opinion. Based on the integrity of the territorial spatial planning system and the multi-level study of the spatial scale and spatial density of different ecological functional areas, the implementation of "multi-regulation integration" is coordinated. Adjust balance and optimize urban and rural ecological theory and practice of urban and rural environmental planning in the curriculum. By sorting out urban and rural ecological phenomena, using urban environmental physics methods to explain the formation mechanism, and setting up scientific experiments involving students, the teaching content contained in urban and rural ecological and environmental planning courses will be refined from qualitative to quantitative. To improve students 'understanding and mastery of this course through the knowledge structure system such as planning process and technical measures.

Keywords: Urban and Rural Ecological Planning, Land Space Planning, Integration of Multiple Plans, Subject Integration, Teaching Methods

"以人为本"视角下的基础通识平台课程思政教学方法探索*

李　璇

摘　要：城乡规划基础通识平台课程正在进入思政教学的课程改革阶段，要实现从"可有可无"，到必不可少，再到特色突出的发展过程，还有很长的路要走，本文提出了"以人为本"的基础通识平台课程思政教学改革思路，通过"一带三心"的教学架构，将"以人为本"的主线，贯穿到设计观念培养、设计方法训练、设计思维形成的三个大环节中，形成了更加完成的教学框架，同时将社会主义核心价值观有机融入课堂教学中。

关键词：以人为本，课程思政，基础通识平台，教学方法

1　引言

十八大以来，习近平总书记关于高校思想政治工作发表了一系列重要讲话，多次强调：要把做人做事的基本道理、把社会主义核心价值观的要求、把实现民族复兴的理想和责任融入各类课程教学之中。2018 年开始，河北工业大学开展了一系列的课程思政推进工作，建筑与艺术设计学院基础通识平台设计课程，作为引导新生设计思维的设计基础课程，不仅要训练学生的设计思维与设计方法，还应将课程思政的内容融入到教学的环节中。"以人文本"是社会主义核心价值观，也是城市发展思想与城市规划设计的出发点，在设计的初始就向学生传递以人为本的设计理念，并将其贯穿在设计方法与设计思维训练等一系列教学环节中，从"以人为本"的视角探索设计基础通识平台的课程思政教学方法。

2　以人为本的价值观传递

"以人为本"的思想在东西方均由来已久，古希腊的神话传说与英雄故事，文艺复兴时期将人看做一切事物的前提与本质，孔子与孟子的民本思想等均有诸多体现。当代中国将"以人为本"作为社会主义科学发展观的核心内容，并明确了以人为根本，为主体，为目的，为动力的重要内涵。城市规划同样需要将"以人为本"的理念贯穿设计的始终，要将全体人民的利益作为设计的出发点与落脚点，而这种思想理念在设计的初始，就应传递给学生，形成设计的源动力。

本文中所谈到的在教学过程中传递"以人为本"的价值观，包涵三个方面内容：

（1）设计应当满足个体人的需求。要充分考虑和满足人的物质和精神需求、促进人们身心健康发展，在公平原则下城市每位居民都应能享受到平等、自由的权利和轻松、安全、舒适的生活工作环境"。[1]城市空间始终是为人服务的，人是空间的主体，在规划设计中以人的行为需求与精神需求为出发点，是设计中重要的逻辑出发点。[2]

（2）设计应当考虑人与环境之间的关系。"以人为本"不是"以人为中心"，以人为本的价值原则在强调人的主体性意义和目的性意义的同时，并不反对其他物种、其他自然元素的独立价值，要在关怀人、尊重人的需求的同时注重人与自然的和谐可持续发展。[3]

（3）设计过程中应当关注人与人之间的关系。物质环境虽然不是影响人与人社会交往的直接原因，但是通

---

*　基金项目：2018 年省级研究生示范课程建设项目，景观设计方法研究，编号：KCJSX2018020。

李　璇：河北工业大学建筑与艺术设计学院讲师

过规划设计，可以引导人们观察与倾听，相遇与交流。因此，"以人为本"的设计还需思考，如何创造引发社会性活动的交往场所。[4]

在"以人为本"的基础通识平台设计课程教学过程中，应将个人存在，人与环境，与人交往作为课程设计关注的重心，在城市规划系新生入学伊始就引导学生树立正确的设计观，在设计的过程中要从人民的利益出发，要关注人民的生活环境，关注城市中不同类型的人，要在人的需求上下功夫。

基础通识平台设计课的第一阶段是设计思维与认知导入，是对学生设计思维的训练，在这一阶段中，除了对学生进行思维发散、洞察力等的训练，还会向学生介绍重要的人本主义规划理论家及其思想；分析我们生活的周边非人性化的设计"障碍"；传达社会公平和人与自然和谐发展的设计观点。让学生在学习专业知识与技能之前，首先建立正确的设计观念，让正确的设计观指导后续的专业学习。

3 以人为本的设计方法训练

通过几年的探索，设计基础通识平台课程选题包括固定选题与变化选题两部分，教研组根据每次设计教学过程中存在的问题以及新的思路将设计选题逐渐完善。

作为新生入学后的第一个设计课，"以人为本"的

基础通识平台课程思政的教学目的与内容，围绕着如何激发学生关注真实的生活及人在环境中的行为展开，作为久居象牙塔的规划新生，大一设计课对于他们来说是新鲜的，让学生们走出校园，去重新认识城市中真实的公共生活，去发现人在公共空间中的行为是课程教学的重要部分。直接观察是了解城市了解公共生活最基本、直观的方法。《麦克米伦在线词典》（Macmillan online dictionary）将"观察"定义为"为发现某些事物，认真而仔细地去观察或者研究场景中的某些人或者某些事"。认真而仔细地观察城市生活是一个城市规划师具备的基本素养。[5]以"坐行为城市观察"选题为例，让学生进入到城市范围内各种类型的区域中，如校园、公园、居住区、商场、酒店、车站、机场、商业步行街、历史保护街区等等。通过观察，运用拍照、画图、文字等形式对坐行为及环境特征进行记录，并观察思考影响行为产生的因素。并将观察的重点放在环境中的人，人的坐行为，环境特征等类似基本问题上，让学生通过观察了解人们在公共空间中产生不同行为的一些基本知识，及某些特定活动的相关知识，如：在公共空间中男性与女性分别喜欢坐在什么位置，什么样的环境会吸引更多的人活动，人们喜欢坐在椅子上还是台阶上等等。让学生通过坐行为观察，意识到在设计过程中分析人与环境的特征及人与环境间关系的重要性。

图 1　城市坐行为观察

4 以人为本的设计思维形成

在城市观察与思考的基础上，对观察到的行为进行整理，按照环境特征与行为特征将观察到的信息分类归纳，并通过小组讨论对不同类型的行为产生的原因，以及城市坐具设计的优缺点进行分析与讨论，最终，将设计对象集中于小组同学感兴趣的场景及人群。在此基础上对目标人群及环境进行二次深入调研，除了观察以外，还要与目标人群进行访谈与交流，明确该人群的行为特征、文化背景、基本特征等个体与群体特征，还要明确选定的环境特征，包括空间尺度、人体尺度、空间围合、形态与色彩等。让"以人为本"的观念渗透到整个课程设计当中，并将课程最终成果以坐具展 party 的形式呈现，让学生向其他人推荐自己的作品，并让学生及参观者在

不同坐具中激发创造性的行为，使学生深刻体会到，设计与人的紧密关系。

5 总结

设计基础通识平台的思政教学方法目前仍在探讨与改革中，已初步形成"一带三心"的基本架构，通过"以人为本"的教育理念，将设计观念、设计方法、设计思维的教学内容整体串联起来，将原本相对分散的内容通过"以人为本"的内核整合贯通，形成了更加完整的教学框架。

主要参考文献

[1] 宋昆，赵劲松.英雄主义归去来[J].建筑师，2004（03）：76-81.

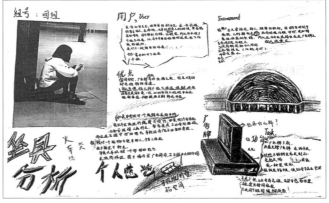

图 2 城市坐行为分析

图 3 坐具展 party

图 4　学生与成果坐具互动

［2］　段德罡. 我国城乡规划专业基础教学的研究与探索 [D]. 西安：西安建筑科技大学，2015.

［3］　秦红岭. 追求以人为本的城市规划 [J]. 城乡建设，2009 （9）：48-49.

［4］　扬·盖尔. 交往与空间 [M]. 何人可，译. 北京：中国建筑工业出版社，1992：6.

［5］　扬·盖尔，比吉特·斯娃若，赵春丽，等. 公共生活研究方法 [J]. 建筑师，2017（2）：113.

Exploration of Ideological and Political Teaching Methods of Basic General Education Platform Courses from the Perspective of "People-Oriented"

Li Xuan

Abstract: urban and rural planning basic general education platform course is entering the course reform stage of ideological and political teaching, there is still a long way to go to realize the development process from "dispensability" to "essential" and then to prominent characteristics. This paper puts forward the "people-oriented" basic general education platform course ideological and political teaching reform idea, through the "one belt and three hearts" teaching structure, the "people-oriented" main line, through the design concept training, design method training, design thinking formation of three big links, formed a more complete teaching framework, at the same time the socialist core values into the classroom teaching.

Keywords: People-Oriented, Curriculum Thoughts and Politics, Basic General Education Platform, The Teaching Method

系统思维主导下的"城市规划原理"课程教学探究

姜　川

摘　要：随着中国城市化进程的深入，建筑学等城乡规划相关专业人才的培养不再局限于其所涉及的工程项目领域本身。具有城市视野、了解城市发展规律和城市规划理念并且能够与规划专业高效协调沟通的复合型人才越来越被社会所需要。系统思维是城市规划学科的基本特点。"城市规划原理"作为普通高等院校建筑学专业为数不多涉及城市内容的课程，以系统思维贯穿课程始末，一方面使学生初步具备从宏观和整体思考城市问题的系统思维能力，另一方面能够使学生了解城市规划分析和解决问题的方法，为学生今后向城市规划领域的学习和研究的拓展或者参与城市规划相关的工作提供思维基础。

关键词：系统思维，城市规划原理

1　引言

城市化是中国经济发展的重要引擎，城市开发建设与改造的过程涉及到经济、社会、环境方面的诸多领域。因此，城市规划的工程实践和研究范围涵盖十分广泛。同时，诸多专业的学习与研究都会运用到城市规划学科的专业知识以及相应的理念及方法。对于本科阶段的城市规划专业学生而言，城市规划原理课程涉及的内容有诸多相应的课程进行前后衔接，例如，中外城市建设史、城市经济学、城市规划技术方法、城乡规划管理与法规、居住区规划设计、城市设计原理等相关课程。而在一般高校的建筑学等城市规划相关专业的课程设置中，由于城市规划学科内容的学习时间安排有限，通常把城市规划相关的理论知识集中在"城市规划原理"这门课程中进行讲授。在实际操作中，根据自己专业的需要进行授课内容的取舍。建筑学专业的城市规划原理课程时长一般为 32 课时。据笔者对多所高校建筑学专业城市规划原理课程授课状况的初步了解，授课内容主要有 3 个方面：讲授和建筑专业报建相关的控规和修详规的实践内容以及相关法规规范；讲授与建筑设计直接相关（把建筑设计的范围扩大到城市）的城市居住区规划设计或者城市中心区设计；以建筑学的基本理念和方法去认知和分析城市空间。这种以建筑学的学习内容和方法为中心

的学习往往形成的结果就是，关于城市规划的知识过于注重实用层面，对城市规划的原理与方法本身理解不深刻，并且过于具体实际层面的知识点之间缺乏相互联系，很容易遗忘，对将来工作或者研究的应用效果不佳。

以上问题究其根本原因，就是没有从城市规划学科的基本规律出发去进行学习。城市并不是建筑在尺度上的简单扩大，也不是建筑体和各种如道路、植被等要素的简单叠加。当一块基地范围内的建筑，扩大到一个街区，或者一个城市以后，对其进行认识、分析、理解的过程和方法，以及涉及到的其他方方面面，同时会发生巨大的变化。不顾"城市"的特点以及城市规划学科的基本学习研究规律，简单地从建筑学学习内容出发，将城市规划的知识碎片化、工具化，对城市规划的认识有如盲人摸象，这不应当是非城市规划专业学习城市规划原理课程的方式。在城市化进程日趋成熟的今天，我们国家的城市发展早已经度过了"物质空间城市化"的初级发展阶段，城市发展过程中面临的经济、社会、环境等诸多方面问题，远远不是通过硬件设施建设就能够解决的。将城市规划作为建筑设计延伸的理念和做法也早已经不合时宜。经过两年多的高等学校专业教学经验，笔者认为，建筑学专业的城市规划原理课程的

姜　川：海南大学土木建筑工程学院建筑系讲师

教学改革，应强调以对城市规划学科的基本特点和规律的认知为中心，强调城市规划学科的系统性特点，使得学生能够对城市规划的学科内容和学习研究方法有一个整体的认知，将来无论是涉及到进行建筑工程项目实践中与城市规划管理部门进行协同，或者往城市规划方向研究，都能够比较顺利地融入城市规划学科的具体语境中。

2 教学理念和思路

按照《高等学校建筑学本科指导性专业规范》的建议，建筑学专业的"城乡规划原理"课程中，要求的知识点主要集中在城乡规划的实践领域，包括城乡规划的概述、编制要求、控规的内容和控制指标、修详规的内容等几个方面，而基本不涉及城市化的历史、城市规划理念与思想的发展、城市规划的影响要素作用机制等内容。这样的学习内容设置固然可以在较短时间内了解城市规划的具体实践内容，但却难以把握城市规划学科分析解决问题的基本方式和出发点，在今后的工作或研究中，也就难以从城市规划学科的角度出发进行跨专业的协调沟通或者解决问题。鉴于此，笔者在对2018—2019上半学年建筑学专业本科四年级学生讲授城市规划原理课程的时候，本着引导学生进入城市规划学科讨论语境的目的，在教学中始终将两个基本问题贯穿始末：

（1）为什么会存在城市规划这个学科？对一个城市或说者一个一定尺度的区域进行规划的必要性或者意义在哪里？

（2）城市规划发挥作用的机制和过程是怎样的？对于同样一个地块的建设，从建筑学和城市规划学科出发的思考内容与方法有什么不同？城市规划的控制和引导内容有哪些？为什么是这些内容？

通过以上两个基本问题的思考，笔者以城市作为一个系统的动态性、整体联系性、结构性等特点出发，在课堂上通过梳理世界城市发展的基本脉络，引出现代城市规划思想形成的起源；通过现代产业经济的发展、生活方式与社会结构的变动、交通通信等技术的发展、人类聚居对环境的影响等方面内容的综合分析，引导学生自发思考城市规划可以在城市化的进程中可以发挥的作用，也就是城市规划学科对于解决城市化过程中出现的

相关问题的意义和城市规划的必要性在哪里。最终，通过本课程的学习，要求学生加深对城市、居住、产业、社会结构、生态与空间布局等问题的综合理解，初步培养系统、宏观、全面的城市规划观念和思想方法，理解建筑设计与城市规划的相互关系和作用，提高系统分析问题的能力。在此基础上，让学生初步关注在具体建筑项目中，控规的各个指标的控制与引导能够发挥的作用和意义。

3 具体教学过程中系统思维的体现

本课程在教学结构上大致可分"对城市规划必要性的思考"和"城市规划发生作用的机制"两个部分。其中，对城市规划必要性的思考主要对应城市规划的"总体规划"层面，而对城市规划作用机制的思考则主要对应城市"详细规划"层面。在两个部分的教学过程中，笔者从系统的角度把握和理解城市和城市规划，将城市看作一个动态的、开放的整体，对其发展的影响要素、城市发展的动因和机制进行分析，并进而阐述城市规划的具体手段和措施对城市发展过程中的综合作用。以下列举几个系统思维运用的具体教学场景。

3.1 运用系统思维的动态性理解城市起源与发展过程

城市作为一个动态发展的事物，理解其起源和发展过程对于理解城市规划的意义非常重要。在教学过程中，笔者始终把城市作为动态系统来加以考察和把握。在分析城市起源与发展的过程中，始终把握住城市发展的动因。城市作为系统，有其生成、发展和灭亡的过程，随时间不断地变化。在变化过程中，把握住城市系统演化过程中的"控制项"，对于理解城市的演变动因和过程十分重要。"生产与劳动分工"就是城市系统形成与发展过程中重要的控制性因素。随着劳动分工的变化，出现私有制，阶级分化，物质交易、政治与军事等一系列事物，这些变化导致城市聚居形态的出现以及城市的规模与形态的变化。因此，在讲解城市的起源和发展中，笔者把握住生产与劳动分工这个控制性因素，对每一次劳动生产分工过程中，例如随着农业的出现，商业的出现，手工业的出现，军事防御的出现，所导致的城市社会阶层的演变，从而导致相应的城市类型与聚居形态的演变，进行剖析。与此同时，城市作为生产力发展的结

果和社会结构的物质载体，对新的生产力发展和劳动分工变化起到正面或负面的反馈作用，而适应新的生产和劳动分工方式，就成为认识城市规划方法和理念的一个重要线索。

3.2 运用系统思维的整体性了解城市规划的机制

现代城市规划的机制是理解城市规划必要性的关键。市场机制作为重要的分配社会资源的高效机制，在社会资源配置中起到的是基础作用。因此，城市规划作为自上而下的干预过程，其存在的必要性就来源于市场失灵的情形。在引导学生理解市场失灵的原因时，笔者把各个方面的因素放在一个大的系统之内进行整体分析。例如，分析城市交通问题的市场失灵，就把城市交通问题作为一个系统来考察，并且把城市交通这个系统纳入城市整体空间资源分配的大系统中去考察，从而分析并指出，市场经济难以发挥作用的道路交通拥堵问题，需要通过城市规划，统筹考虑其他各类用地的分配，合理配置道路交通空间资源和安排好各种交通方式及其比例，协调好各种交通方式的连接关系和确立各个交通方式的优先等级，才能够达到空间资源的整体优化和城市运行效率的整体提高。

3.3 运用系统思维的结构性介绍控规的控制指标

控制性详细规划中，地块中各个要素的控制指标，是与建筑物的设计条件直接关联的内容。控制指标本身是具体而分散的。如果单独介绍每一个控制指标具体的控制内容和实践操作方法，学生就难以充分理解控规的控制目的和效果。所以，在对控制性详细规划的控制内容和控制方法的教学中，笔者主要通过对不同类型城市的不同地块的特点进行分析，引导学生去关注，控规是如何针对这个地块的特点，通过一系列的控制方法，使得地块的综合利用效率达到最大化的。在介绍控规的控制指标时，笔者没有单独拘泥于每个指标控制内容的具体介绍，而是以地块的使用功能和开发目标为基础，在对地块控制的整体分析中，阐述控规对一个地块充分利用所发挥的作用。例如，对纽约曼哈顿的不同时期的控规（zoning）的控制结构进行比较，在自由市场经济为基础的前提下，其初期侧重于对建筑物涉及到的物权的界定，其控制体系体现为对地块开发和建筑建造的限制性；后期则侧重于增强城市公共空间活力，制定多种引导性和奖励性措施。而纽约、旧金山、休斯敦、斯图加特、北京等世界各地城市的控规，基于其城市发展阶段、城市性质、发展目标、社会背景、法律制度、自然条件和建设现状等一系列因素的不同，其控规的控制结构也大相径庭，有的完全由市场经济中的竞争和制衡发挥作用，几乎没有针对地块开发的控制条件；有的以法律条文和负面清单为基本框架进行控制；有的以"定量指标＋定位图则"的形式进行控制；有的则对建造的最终物质空间及形体效果甚至街道环境的细节要素进行引导或规定。在了解了不同城市的不同类型地块的控制结构之后，在对具体地块的控制指标进行分析时，学生就很容易从地块综合特点上去理解这个地块要控制这个要素的目的和意义是什么，以及这个控制指标在这个地块的控制结构体系中的位置和作用是怎样的，从而避免了对控规控制指标的孤立的、片面的解读。

结语

随着新的规划理念和方法不断涌现，城市规划的具体实践内容在快速变化更新，城市规划原理课程作为建筑学专业所涉及的规划相关课程，固然应根据社会的需求不断地进行知识调整、完善和补充，但更重要的则是以不变应万变，学习城市规划学科思考问题的基本方式和充分认识城市规划学科的目标和存在的必要性，为学生未来接触城市规划领域的实践或者研究奠定基础。

Study on the Teaching of "Principles of Urban Planning" Under System Thinking

Jiang Chuan

Abstract: With the deepening of China's urbanization process, the cultivation of architecture is no longer limited to the engineering projects. Composite talents with urban vision, faculty of understanding urban concept and effective coordination are increasingly needed by society. System thinking is the basic characteristic of urban planning discipline. As one of the few curricula of Architecture Specialty which involves the urban level in colleges, Principles of Urban Planning runs through the whole course with system thinking. On the one hand, it can advance system thinking, which makes students have the ability to think about urban problems from the whole. On the other hand, it can give the methods of urban planning for analyzing and solving problems, so as to provide the students with the possibility to do research for urban planning or participating in the work related to urban planning.

Keywords: System Thinking, Principles of Urban Planning

基于建构主义学习理论的《中外城市建设及发展史》教学探索

苏　勇

摘　要： 本文首先指出了《中外城市建设及发展史》课程的重要性，以及目前在《中外城市建设及发展史》课程教学中普遍存在的问题，接着介绍了中央美术学院中外城建史教学过程中借鉴建构主义学习理论提出的文化为线、换位思辨、真实体验、空间重构四位一体的教学思想和方法，最后总结了《中外城市建设及发展史》课程的未来发展方向。

关键词： 中外城市建设及发展史，建构主义学习理论，文化为线，换位思辨，真实体验，空间重构

引言：《中外城市建设及发展史》课程的意义

进入 21 世纪以来，伴随着中国经济的快速增长和城镇化发展战略的实施，我国城市面貌发生了日新月异的变化，成就斐然。根据国家统计局 2019 年 2 月颁布的数据，2018 年我国的城镇化率已达 59.58%，[1] 与发达国家普遍 75% 以上的城市化水平相比，这意味着未来 15 年除北上广深之外的我国广大地区仍将处于快速城市化阶段。而与此同时，中国加入 WTO 所带来的全球化浪潮，使趋于雷同、缺乏个性的千城一面现象开始席卷全国，城市如何挖掘和保留自己特有的地域环境、文化特色、建筑风格等"基因"，传承城市文脉与文态，处理好传统与现代、继承与发展的关系，充分体现城市的地域特征、民族特色和时代风貌，已经成为当今城市建设和发展必须面对的问题。而一座城市的个性与特色又与它的历史和文化紧密联系在一起，"一座城市没有了历史，就失去了记忆；一个城市的发展缺了正确指引，就会迷失路途"，[2] 因此研究和学习《中外城市建设及发展史》（以下简称中外城建史），对于加强城市核心竞争力，提高一座城市的软实力，建构一种可持续发展的新模式都具有重要的意义。

同时，《中外城建史》作为城乡规划、建筑学、风景园林等专业学生的专业基础课程，对于增强学生专业知识、提高学生人文素养有着非常重要的作用。从学科发展角度讲，任何一门学科都不可能是突然产生的，都

有着自己独特的发展历史，要真正掌握它就必须既了解它的现在，又了解它的历史。因此，无论从城市建设角度，还是学科发展角度，学习《中外城建史》都有着及其重要的意义。

1　目前《中外城建史》课程普遍存在的问题

1.1　教学以城市物质形态为主，与之相关的经济文化背景交代不足

新中国成立之后百废待兴，我国经济建设急需培养大量工程技术和科技人才，我国的高等教育体系于 1952 年开始全面向前苏联学习，建筑学、城市规划等专业被划归到工学学科体系下，其应用型学科的定位导致了上述专业的教育体系偏重于工程技术型人才的培养。因此，《中外城建史》课程的教学内容也一直偏重于对中外历史城市空间的建设情况和成果进行介绍。授课方式一般是将中外城建史分为中国城建史和外国城建史两大部分，按时间先后顺序分别讲述典型城市建设情况和规划理念；这种按照工程师思维模式进行的教学，具有条理清晰、简单易懂的优点，但由于教育的目标在于工程和应用，导致在教学内容上往往过于侧重介绍各个时期典型城市物质形态的建设状况，既缺乏对城市建设所处时代社会经济背景的交代，又缺乏对于城市同期的相关经济、政治制度的沿革及变迁的探讨，以及对城市人文社

苏　勇：中央美术学院建筑学院副教授

会风貌的剖析,使教学内容变成只见城市不见生活的"无人化"城市形态史,以及断断续续的城市建设案例介绍。

1.2 教学以教师讲授为主,学生课程参与度不足

对《中外城建史》教学而言,时间跨越几千年,地域跨越五大洲,它所涉及的各个地区和时期的代表性城市众多,在有限的课时限定下,目前的教学往往只能侧重教师讲授,依据书本和图像对重点城市进行分析,缺乏课堂讨论和在场的体验教育,使学生的学习往往停留在被动接受和死记硬背的抽象数据、大尺度的总平面图、局部的典型图片,而缺乏深入思考与城市建设紧密相关的城市生活。

1.3 教学考核以知识点记忆为主,缺少理论与实践的结合

课程考核是检验课程教学效果与教学目标达成的重要手段,对于《中外城建史》这种理论课程而言,考核一般采取试卷考试方式,往往分别从中国城建史和外国城建史提取知识点进行考核,这种单一的考核模式,使学生把主要学习放在知识点记忆上,缺少理论思辨,其教育的结果就是理论与实践脱节,学生学到的是割裂的空间、拼贴的历史。

以上问题的存在,使《中外城建史》的教学容易变成一盘面面俱到的拼盘,内容繁多但研究粗浅,很难激发学生们的学习热情。因此,我们认为需要从教学内容、教学方法及教学理论体系构建等方面对《中外城建史》的教学进行有效的改革。

2 基于建构主义学习理论的中外城建史教学探索

建构主义学习理论源自关于儿童认知发展的理论,由于个体的认知发展与学习过程密切相关,因此利用建构主义可以比较好地说明人类学习过程的认知规律,即能较好地说明学习如何发生、意义如何建构、概念如何形成,以及理想的学习环境应包含哪些主要因素等等。

建构主义学习理论的基本内容包括"学习的含义"(即关于"什么是学习")与"学习的方法"(即关于"如何进行学习")两个方面。

关于"学习的含义",建构主义学习理论认为学习是获取知识的过程,知识不是通过教师传授得到,而是学习者在一定的情境即社会文化背景下,借助其他人(包

括教师和学习伙伴)的帮助,利用必要的学习资料,通过意义建构的方式而获得的。

关于"学习的方法",建构主义学习理论提倡在教师指导下的、以学习者为中心的学习,也就是说,既强调学习者的认知主体作用,又不忽视教师的指导作用,教师是意义建构的帮助者、促进者,而不是知识的传授者与灌输者。学生是信息加工的主体、是意义的主动建构者,而不是外部刺激的被动接受者和被灌输的对象。

教师要成为学生建构意义的帮助者,就要求教师在教学过程中从以下三个面发挥指导作用:首先,激发学生的学习兴趣,帮助学生形成学习动机;其次,通过创设符合教学内容要求的情境和提示新旧知识之间联系的线索,帮助学生建构当前所学知识的意义;最后,为了使意义建构更有效,教师应在可能的条件下组织协作学习(开展讨论与交流),并对协作学习过程进行引导使之朝有利于意义建构的方向发展。引导的方法包括:提出适当的问题以引起学生的思考和讨论;在讨论中设法把问题一步步引向深入以加深学生对所学内容的理解;要启发诱导学生自己去发现规律、自己去纠正和补充错误的或片面的认识。[3]

正是基于对《中外城建史》目前教学存在问题和建构主义学习理论的双重认知,中央美术学院《中外城建史》教学方法从提示新旧知识之间联系的线索——文化为线、激发学生的学习兴趣——换位思辨、创设符合教学内容要求的情境——真实体验、组织协作学习——空间重构四个方面进行了初步地探索:

2.1 提示新旧知识之间联系的线索——文化为线

"城市是人类社会物质文明和精神文明的结晶,也是一种文化现象。"[4] 对《中外城建史》教学而言,它的主要研究对象城市形态往往是当时的社会制度与思想文化背景的物质反映,兼具物质和观念两个属性。但在实际教学中,人们往往舍本逐末,只见物质不见观念,文化这一城市的本质内涵总是被忽略。为此,我们尝试《中外城建史》的教学从城市的本质内涵—文化入手,这样既能抓住城市的核心本质,又能在内容庞杂的中外城建史各部分内容之间建立起内在和有效的关联性,进而串联起各个时代不同地域的城市和区域的发展历程与现状,最终激发学生主动探究城市发生和发展的一般规律

与特殊表现的兴趣，既有利于学生掌握本课程所要求的基本内容，又有利于学生理解和熟知相关的人文知识，进一步地与哲学、文学、艺术等领域触类旁通，举一反三。可见，《中外城建史》的教学如果从文化的层面切入，就能起到事半功倍的作用。[5]

例如，在中国城建史讲授之前我们会首先提纲挈领地介绍中国传统文化的精髓——天人合一的哲学思想和对立统一的整体思维，以及由此产生的因地制宜的建设方针、持续发展的思想观念、朴素和谐的生态意识、融入自然的心理需求、烘托主题的造型手法、顺应时代的功能分区、防患未然的减灾措施等思想。在外国城建史讲授之前，我们会简要介绍作为西方思想体系源头的古希腊思想与文明内核——唯物主义的认识观、人文主义的思想、理性思辨的逻辑思维、公正平等的政体意念等，[2] 这些文化的思想和观念将在后继的史料讲解中不断闪现，并将这些史料串联为一个连续、生动、鲜活的历史。

2.2 激发学生的学习兴趣——换位思辨

对《中外城建史》教学而言，中外城建史所涉及的教学内容时间、地域跨度很大，所涉及的各个时期各个区域的代表性城市其规划思想和建设情况内容繁多，如何避免学生陷入死记硬背、脱离实际这种知行分离的怪圈，是我们在城建史教学中思考的一个另一个重要问题。

为激发同学们主动学习的热情，我们在授课之初与之间都十分强调学生要学会"设身处地""换位思考"。即要求学生用"换位思考"的方法"设身处地"的思索古人在城市建设的过程中为何这么选择？当自己面临同样的环境时会如何作出抉择？这种学习历史的方法，把主观融入客观，重视的不是历史的"记忆"，而是历史的"思辨"。从"史"到"论"的转变有效地激发起学生超越史实，探究其表面下诸多原因的学习兴趣和动力。从"要我学"到"我要学"，枯燥的城建史因为学以致用从而鲜活起来。

2.3 创设符合教学内容要求的情境——真实体验

从建构主义学习理论角度讲，知识是学习者在一定的情境下，借助他人的帮助，利用必要的学习资料，通过意义建构的方式而获得的。通过书本了解的观念的文化只有通过对物质层面文化的真实体验才能够被真正掌

握。因此，我们在课堂教学的基础上特别从宏观和微观角度增加了两种城市体验课程：

（1）宏大叙事的体验——"穿越7.8，步行体验中轴线"

自上而下的宏大叙事始终是中国传统城市建设的主流，为了使同学们从规划者角度了解物质和观念层面的这种中国传统城市规划思想，我们设计了"穿越7.8，步行体验中轴线"的教学活动。穿越活动选择"全世界最长，也最伟大的南北中轴线"——北京中轴线，南起外城永定门，经内城正阳门、中华门、天安门、端门、午门、太和门，穿过太和殿、中和殿、保和殿、乾清宫、坤宁宫、神武门，越过万岁山万春亭，寿皇殿、鼓楼，直抵钟楼的中心点。这条中轴线连着四重城，即外城、内城、皇城和紫禁城，全长约7.8公里。（图1、图2）为实践"设身处地""换位思考"的教学理念，我们假设自己回到明清时代，以步行方式进行穿越体验，在穿越活动中，师生们边走边讲解，在真实的空间体验中讲解和探讨中国传统城市规划思想的要点，并与现代城市规划思想进行对比。例如，关于选择城址的区位原则，我们会谈到"择天下之中而立国"的思想；关于选择城

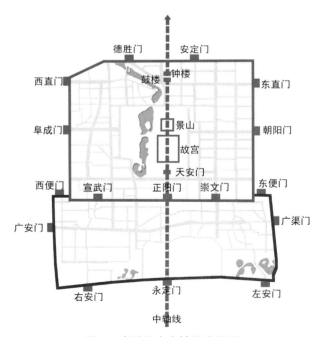

图1 穿越北京中轴线路线图

址的自然背景原则，我们会讲到"凡立国都，非于大山之下，必于广川之上"等经验；关于城市的总体布局原则，我们回顾了《周礼·礼工记》中"匠人营国，方九里，旁三门。国中九经九纬，经涂九轨。左祖右社，面朝后市，市朝一夫"的记载，站在景山的万春亭上南北眺望，现场印证了以宫为中心的南北中轴成为全城主轴，

祖庙、社稷、外朝、市场环绕皇宫对称布置的总体布局；关于道路布局原则，我们会讲解《周礼·礼工记》中"经涂九轨，环涂七轨，野涂五轨"的含义，这种根据车流和人流密度，区分城市道路不同等级的思想对于指导我们的城市道路体系建设依然具有极强的借鉴意义；关于城市规模等级体系原则，我们会讲解"国都方九里，公

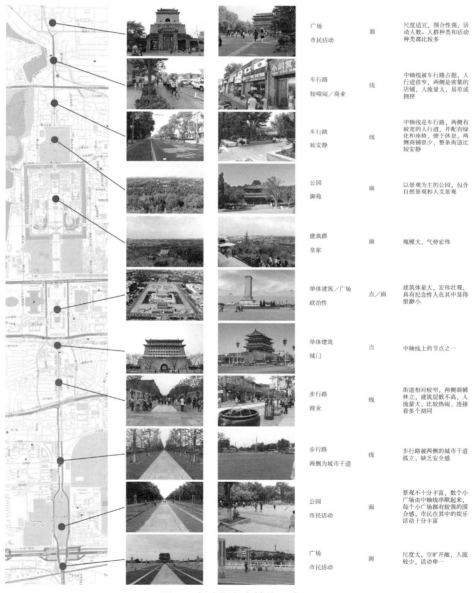

图 2　穿越北京中轴线示意图

国方七里，侯、伯方五里，子、男方三里"的含义，并与现代城镇体系规划原则进行了对比。[6]

（2）微观叙事的体验——"城市公共空间使用调查"

要真正了解一个城市，仅仅从宏大叙事的规划者角度理解还远远不够，因为作为城市使用者的老百姓他的体验是微观的、局部的，所以，要评价一个城市建设的好坏，我们还应从微观叙事角度，让同学们以"换位思考"的方式，变身一个使用者，以使用者的视角去体验微观层面的城市规划思想。

而对于一个城市而言，它的公共空间是城市社会、经济、历史和文化等诸多现象发生和发展的物质载体，蕴含着丰富的信息，是人们阅读城市、体验城市的首选场所。它既包含公园绿地、滨水空间等自然环境，也包含广场、街道等人工环境。

为此，我们在这一教学环节中，会让学生根据自己的兴趣选择一处北京中轴线沿线地区城市公共空间进行POE（使用状况调查）分析，分析的方法包括，非参与式的客观观察（包括现场勘踏、拍照、行为轨迹图、定点观测记录、数据统计分析），以及参与式的主观访谈、问卷调查等。通过汇总以上主观、客观的记录数据，绘出各种数据分析图，根据性别、年龄、活动类型等进行使用人数的比较。然后确定出哪些是影响公共空间使用的重要因素。数据分析图和汇总后的公共空间使用图可以让人很快地了解到整个公共空间的使用情况，并使复杂的观察结果更易于让研究者和读者理解。[7] 最后将上述成果整理成城市公共空间使用调查报告，作为我们微观叙事体验课程的作业。（图3-图8）

图4 钟鼓楼广场行为记录1

图3 钟鼓楼广场平面图

图5 钟鼓楼广场行为记录2

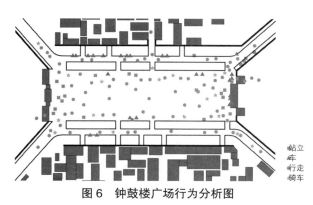

图6 钟鼓楼广场行为分析图

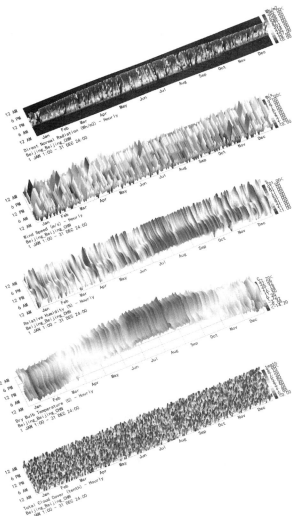

图7 北京大栅栏片区 eqw 数据的五类可视化图解

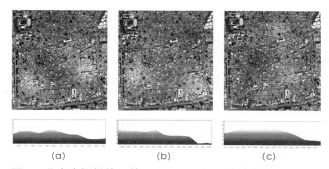

图8 北京大栅栏片区基于 Archigis 断面的城市天际线分析

2.4 组织协作学习——空间重构

建构主义学习理论强调理论结合实践是学习的有效方法。要深刻掌握在《中外城建史》所学原理，就不能只停留在观察分析层面的学习，还要让学生主动将所学城市设计原理运用在设计实践中，通过实践来验证理论。为此，在课程作业中我们要求参加"穿越7.8，步行体验中轴线"教学活动的同学们组成联合设计团队，并根据真实体验阶段完成的城市公共空间使用调查报告，对自己选择观察的中轴线沿线城市公共空间进行空间重构设计，特别强调了相邻地区的协同设计观念，最终形成作业3——"北京中轴线城市公共空间重构"设计方案（图9– 图12）。

通过对北京中轴线沿线城市公共空间使用状况的观察分析以及提出改进建议和空间重构设计，让同学们建立起城市规划和设计的两个基本观点：一是人才是城市的真正主人，它的需求才是决定城市建设的最关键因素，而使用状况的好坏则决定着城市建设的质量：二是公众参与是城市规划思想真正得以实现和维育的关键。

3 中外城建史课程的未来展望

"城市的主要功能是化力为形，化能量为文化，化死的东西为活的艺术形象，化生物的繁衍为社会创造力。"[8]然而在经历了工业化、全球化、信息化和科技化洗礼后今日之城市，对看得见的现实的物质环境建设的关注已大大超越对看不见的历史的城市文化研究的关注，城市正在逐渐异化为无数汽车、高楼大厦、宽大马路、城市管网等物质集合体，而城市真正的主人——人和文化却被逐渐边缘化和淡忘。也许这就是今日诸多大城市病的病根。

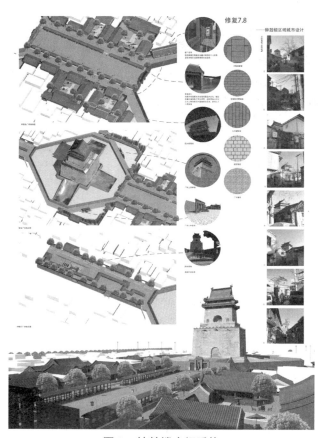

图 9　钟鼓楼广场重构

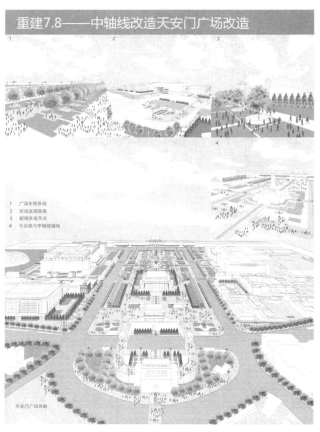

图 10　天安门广场重构

图 11　北京大栅栏片区樱桃斜街空间重构

图 12　北京前门大街空间重构

刘易斯·芒福德认为"城市史就是文明史，城市凝聚了文明的力量与文化，保存了社会遗产。城市的建筑和形态规划、建筑的穹顶和塔楼、宽广的大街和庭院，都表达了人类的各种概念。"，"用建筑和艺术展现城市的发展，首先关注的是社会问题，而不是美学问题。城市的基本问题是城市是否满足人的基本需要，城市的设计是否促进人的步行交通和人与人的面对面交流。"[9]他深刻指出了城市文化兼具物质和精神的双重属性。

因此，《中外城建史》教学的切入点就应该从过去侧重于具体史料的讲授上升到重点探讨影响城市发展的内在动力——文化和当时当地人的需求，并且在教学中强调激发学生的学习兴趣的"设身处地""换位思考"，创设符合教学内容要求情境的"真实体验"，以及组织协作学习的"空间重构""学以致用"的建构式教学方法，如此就可以在中外城市发展复杂的表象下找到隐藏的共同发展规律，将原本庞杂枯燥的书本知识系统化、逻辑化、立体化，使学生主动将中外、前后城市建设的思想和实例进行对比和贯通，从而大大提高学生的学习兴趣和积极性。

主要参考文献

[1] http://www.stats.gov.cn/tjsj/zxfb/201902/t20190228_1651265.html.
[2] 张京祥.西方城市规划思想史纲[M].南京：东南大学出版社，2005.
[3] 高文，徐斌艳，吴刚.建构主义教育研究[M].北京：教育科学出版社，2008.
[4] 董鉴泓.中国古代城市二十讲[M].北京：中国建筑工业出版社，2009.
[5] 向岚麟，王静文.《中外城市建设及发展史》教学改革的文化路径[J].规划师.2014（11）.
[6] 李允鉌著.华夏意匠[M].天津：天津大学出版社，2005.
[7] 克莱尔·库珀·马库斯 卡罗琳·弗朗西斯.人性场所[M].俞孔坚，孙鹏，王志芳，译.北京：中国建筑工业出版社，2001.
[8] 刘易斯·芒福德.城市发展史[M].宋俊岭，倪文彦，译.北京：中国建筑工业出版社，2005.
[9] 刘易斯·芒福德.城市文化[M].宋俊岭，李翔宁，周鸣浩，译.北京：中国建筑工业出版社，2009.

Teaching Exploration of History of Urban Construction and Development Based on Constructivist Learning Theory

Su Yong

Abstract: First, this paper points out the importance of the history course of Chinese and foreign urban construction and development, and the problems existing in the history course of Chinese and foreign urban construction and development, then Based on Constructivist Learning Theory introduces the Four in one teaching method based on constructive theory in the history course of Chinese and foreign urban construction and development of the Central Academy of Fine Arts: the penetration of culture, transpositional consideration, real experience, space reconstruction. finally summarizes the future development direction of the history course of Chinese and foreign urban construction and development.

Keywords: the History of Chinese and Foreign Urban Construction and Development, Constructivist Learning Theory, Culture Line, Transposition Thinking, Real Experience, Space Reconstruction

《城市经济与产业》实训式研究型课程教学模式的探索与实践*

朱海霞　权东计

摘　要：本文根据实训式研究型教学模式含义和对城乡规划专业《城市经济与产业》课程的性质特点，强调用实训室研究型课程教学模式进行《城市经济与产业》课程建设，并详细介绍了通过实训式研究型课程教学模式构建《城市经济与产业》课程教学内容体系和在《城市经济与产业》教学中实施实训式研究型课程教学模式的过程，在此基础上，对实训式研究型课程教学模式的作用和要求进行深入思考，并提出了相关建议。

关键词：实训式研究型，课程教学模式，城市经济与产业，城乡规划专业

引言

西北大学现为首批国家"世界一流学科建设高校"，国家"211工程"建设院校、教育部与陕西省共建高校，其发展定位是研究型大学，研究型课程教学模式是西北大学课程教学模式改革的基本方向。顺应教改方向和国家一流学科建设要求，实训式研究型课程教学模式的探索最早在2013年城乡规划专业上半年开设的《城市经济学》课程教学中，曾在2013年教育部和住建部组织的西北大学城乡规划专业教学评估中，经历了现场听课检查，其教学模式特色受到了评估专家华晨教授的重要肯定和表扬。自2013年以来，实训式研究型课程教学模式持续在《城市经济学》课程教学中实施，并陆续拓展在《城市经济学前沿问题》、《区域开发与规划》、《区域发展与规划研究前沿》等研究生课程教学中。在2017年，教育部和住建部组织的西北大学城乡规划专业教学评估中，《区域发展与规划》实训式研究型课程教学模式又接受了评估专家的现场听课和实训作业检查，又受到评估专家的重要肯定和表扬。在2014年西北大学城乡规划专业本科人才培养方案调整时，将《城市经济学》课程调整为《城市经济与产业》课程，而《城市经济与

产业》课程属于全新课程，在校内同类专业中没有开设过，在校外同类专业和非同类专业中也从未开设过，也未见到任何一本同名教材或专著参考书，这为教学工作带来了很大不便。因此，亟待进行《城市经济与产业》课程的教学内容体系和教学组织方式的探讨。本文将以往教学中探索的实训式研究型课程教学模式应用到《城市经济与产业》课程的教学内容体系和教学组织方式的探索中，取得了初步的成效，也引发了一些重要思考和建议。本文将通过介绍其探索与实践过程及成效，以抛砖引玉，与同行讨论。

1　实训式研究型课程教学模式的含义

在"专业教育＋素质教育"人才培养要求的新时代，实训式研究型课程教学模式是新时代研究型大学培养各层次人才的特质。实训式研究型课程教学模式强调在进行专业基本素质教育的同时，依托实战课题，设计实战研究内容，并将其以特定的教学组织模式，融入专业基本素质教育过程中。在专业实践问题研究过程中，不仅全方位注重专业规范性训练，而且也同时注重做人做事态度和品德的文明规范要求与引导，打造具有"优秀的做人素质，强硬的专业素养，敏锐的实践研究创新能力"三位一体的高级专业人才[3]。

---

* 教改项目：西北大学人才培养建设项目教学成果培育类"实训式研究型课程教学模式的探索与实践——以城乡规划专业为例"。

朱海霞：西北大学城市与环境学院教授
权东计：西北大学城市与环境学院教授

2 城乡规划专业《城市经济与产业》课程的性质特点分析

在高等学校城乡规划专业指导委员会编制的《高等学校城乡规划本科指导性专业规范》（2013版）规定的城乡规划专业的知识体系、核心知识领域、核心知识单元和知识点中，《城市经济与产业》是《城市与区域发展知识领域》的六大知识单元之一[1]。在西北大学城乡规划专业本科人才培养方案（2014版）中，设置《城市经济与产业》课程，总课时为54学时，其中理论讲授45学时，实践训练9学时，该课程为城市规划专业的专业方向指定选修课。该课程教学的主要目的是想让学生了解或掌握《城市经济与产业》的基本理论知识和学术研究前沿，为本科生从事城乡规划相关方面的规划实践或学术研究打下扎实知识基础；主要任务是结合城乡规划中涉及的城市经济与产业问题，重点讲授城市经济与产业的基础理论知识；要求采取讲授、研讨、自学、实践训练相结合的方式组织教学。本课程采取课堂理论教学、案例分析、专题调研、撰写小论文或专题研究报告等相结合的方式组织教学。

3 通过实训式研究型课程教学模式构建《城市经济与产业》课程教学内容体系[2][3]

多年《城市经济学》实训式研究型课程教学模式的实施，已经构建了相对稳定的《城市经济学》教学团队。通过团队讨论，构建《城市经济与产业》课程教学大纲和教学实践指导书，并决定将实训式研究型课程教学模式推广应用到《城市经济与产业》课程教学中。

《城市经济与产业》课程的教学内容由理论教学和实践教学两大模块组成，理论教学的主要内容包括：绪论、①经济学的概念常识及基础理论、②城市经济学的基础知识、③城市经济与城市产业的关系、④城市经济增长、⑤城市产业经济、⑥城市空间经济、⑦城市文化经济与文化产业园区发展、⑧智慧城市经济与城市产业发展、⑨田园城市经济与城市产业发展、⑩城市更新与城市创意产业发展、⑪城市空间扩展与城市边缘区产业发展、⑫城市经济与产业发展的支撑体系规划等十一章内容，其中第①－⑥章内容为城市经济学课程中讲授过的内容，有具体教学内容。而第⑦－⑫章为新拟定的前沿

内容，没有具体的教学内容，需要探索性建设。对探索性建设部分，采取实训式研究型课程教学模式进行。例如，以《城市经济与产业》教学大纲中超出城市经济学基础理论之外的新增专题内容为实训议题，在2017级和2018级城乡规划专业硕士研究生的《城市经济学前沿问题》课程教学中拓展应用实训式研究型教学模式。通过改进的实训式研究型课程模式的实施，形成《城市经济与产业内容体系建设》专题研究报告两份。在两次专题研究报告和原有城市经济学讲义的基础上，构建了一套《城市经济与产业》课程讲义，并完善了《城市经济与产业》实践教学的实习指导计划书。

《城市经济与产业》实践教学的主要目的是，通过《城市经济与产业》在具体城市区域的实践应用教学，巩固《城市经济与产业》的应用基础理论知识，体会理解《城市经济与产业》知识的重要价值，掌握《城市经济与产业》知识在城市规划实践应用中的基本技巧，提高学生的分析问题、解决问题的实际应用能力。《城市经济与产业》实践教学的基本要求是，采取全员参与与分组作战相结合的教学与考核模式，要求每个学生完成每个环节的教学任务，在时间安排方面，根据实际情况合理安排实践教学环节，可在理论教学环节时间安排中进行实践教学环节时间安排的适当穿插，以解决实践教学环节时间供给不足的问题。实践教学的基本条件包括：① ArcGIS、SPSS、CAD、Photoshop等软件；②对象城市区域；③来自于科研项目的《城市经济与产业》系列议题。实践教学的主要内容及其实践要求与目标如表1所示：

4 在《城市经济与产业》教学中实施实训式研究型课程教学模式[2]

在2017年下半年，根据制定的《城市经济与产业》课程内容体系和教学实习指导书，实施《城市经济与产业》实训式研究型课程教学模式，并以曲江新区二期建设区域为研究区域，以曲江新区产业发展现状分析与曲江二期区域产业发展规划专题研究为议题，设定《城市经济与产业》课程的实训专题为：①曲江新区文化资源空间分布特征与文化产业优化发展策略探究；②西安曲江二期文化创意产业发展的空间格局探析；③杜陵考古遗址公园建设与运营对三兆村产业发展转型的影响分析与规划对策；④杜陵考古遗址公园建设对周边城市产业

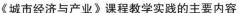

《城市经济与产业》课程教学实践的主要内容　　　　　　　　　表1[3]

序号	实践项目	学时	实践类别	实践内容	实践要求与目标
1	实践议题说明与实践动员	1	基础	对象区域及其《城市经济与产业》系列实训议题确定说明、研究区域概况介绍、实践动员会、分组定题	掌握 Google Earth 基本查询与数据采集与对象区域现状卫片观察能力，正确解读研究议题
2	基础数据库构建与开题讨论	2	综合应用	资料查询与整理、研究议题的科研进展状况分析报告写作、ppt 开题汇报讨论	掌握资料查询与整理的基本方法、基础数据库构建方法及内容、研究综述的写作方法、PPT 开题报告的制作要求
3	现场调查与数据库完善	2	综合应用	深入对象城市区域及议题研究相关部门进行实地调查，进一步完善议题相关数据库	掌握针对议题收集实地调查资料的内容与调查方法
4	数据分析与报告撰写	2	综合应用	应用 ArcGIS、SPSS、CAD、Photoshop 等软件进行数据分析、图件制作、PPT 制作等	掌握相关软件的基本应用技术、研究报告撰写规范、PPT 制作展示技巧
5	研究成果汇报与考核	2	综合应用	分组 PPT 汇报、讨论与综合考核	掌握 PPT 应用技术及汇报展示技巧

空间发展格局的影响分析；⑤以杜陵考古遗址公园为中心的曲江二期区域现代产业体系建设研究；⑥杜陵考古遗址公园建设与运营中的科技、文化、产业融合策略研究。通过参观、实地考察调研、分组汇报讨论修改等实训研究活动，形成《城市经济与产业》实训专题研究报告 1 份。在 2019 年上半年，以汉长安城遗址区为研究区域，以基于特色文化空间构建的汉长安城遗址文化产业集群规划模式研究为实习议题，实施《城市经济与产业》实训式研究型教学模式，设定《城市经济与产业》课程的实训专题为：①汉长安城遗址区历史文化空间解析、新时代文化空间构建目标和城市产业化策略研究；②基于汉长安城遗址特色文化空间构建的东部区域城市产业优化发展策略研究；③基于汉长安城遗址特色文化空间构建的南部部区域城市产业优化发展策略研究；④基于汉长安城遗址特色文化空间构建的西部区域城市产业优化发展策略研究；⑤基于汉长安城遗址特色文化空间构建的北部区域城市产业优化发展策略研究。通过实训研究活动，形成《城市经济与产业》实训专题研究报告 1 份。在实施实训式研究型课程教学模式的同时，还与实习单位协议建立了西北大学城市与环境学院教学实习基地。

5　思考与建议[2]

（1）实训式研究型教学模式在城乡规划专业教学中的实施应用，有利于克服传统教学模式的严重缺陷，有利于促进实训式研究型教学团队建设，促进教学与科研有效结合，增强课程教学内容的实用性，提高学生综合素质和社会适应能力。同时，该模式应用产生的专题研究成果是科研项目成果最终形成的重要资料。

（2）实训式研究型教学模式的实施有利于实训课程教学内容体系的构建和教学方式的持续改革与不断完善。例如，《城市经济与产业》课程体系的设置就体现出三个明显的特点：①紧密结合新时代环境特点和现代城市产业体系建设的未来趋势设置《城市经济与产业》课程的知识体系，这种课程内容体系的设置完全打破了一般教材建设中的传统内容框架结构；②紧扣城乡规划专业学科特点，并将城市经济与产业规划的基本要求融入《城市经济与产业》课程的理论教学中，使该课程的理论价值、学术价值和实用价值和更加凸显；③不仅理论与实践紧密结合，而且将实训式研究型教学实践模式引入《城市经济与产业》的实践教学中，使得教学模式方面更具有创新性。

（3）实训式研究型课程教学模式对实训课程建设提出了更高的要求。首先要树立课程教学中"六结合"的现代理念，即"学校课堂与校外实践有效结合；系统理论学习与科研实训有效结合；单一学科教学与交叉学科综合训练有效结合；个人素质培养与团队合作训练有效结合；单课程教学与城乡规划相关核心问题有效结合；基础知识考核与综合能力考核有效结合"。其次，要求任课教师必须有高水平的科学研究与社会服务项目，从而能够调动教师申请科研项目的积极性。再次，要求任课教师团队必须精通城乡规划专业的知识体系，而且交叉学科知识积淀深厚，从而改变多年教学内容不更新、知识陈旧的不良作风，促进团队成员养成针对实战议题不断学习、拓宽知识面的好习惯。最后，要求学生按照规定的流程和考核制度全面参与其中，从而促进学生接受专业素质训练的同时，还要同时接受做人素质的训练，最终促进学生做人做事素质的全面提高。

（4）在实训式研究型教学模式推行实施中，发现研究区域的实践单位非常欢迎，都给予大力支持，因此建议，与实践单位联合，建立各种类型、各种城市区域特色的实训教学示范基地，保证实训式研究型教学模式持续有效和高质量实施，促进课程教学模式的进一步改革与完善。

（5）在相关条件具备时，实训式研究型教学模式是一种优于传统教学模式的一种创新教学模式，不仅在城乡规划专业《城市经济与产业》课程教学中继续推行与实施具有必要性和可行性，而且，也可以在该专业其他相关类型课程中推行实施。推行实施该种教学模式，有助于从整体上提高城乡规划专业的研究型教学水平，从而提高本科生和研究生的整体创新研究能力，同时也更有助于体现每门课程学有所用的实质意义。

主要参考文献

［1］ 高等学校城乡规划学科专业指导委员会编制. 高等学校城乡规划本科指导性专业规范 [M]（2013 版）. 北京：中国建筑工业出版社，2013.

［2］ 西北大学教学成果报告，2019 年 5 月。

［3］ 朱海霞自己为西北大学城乡规划专业制作的《城市经济学》、《城市经济与产业》课程教学 PPT 和实践教学实习指导书。

Exploration and Practice of Practical Research-Oriented Teaching Model in "Urban Economy and Industry"

Zhu Haixia   Quan Dongji

Abstract: Based on the meaning of the practical research-oriented teaching model, the characteristics of the "Urban Economy and Industry" course of urban and rural planning major, this paper emphasizes the use of the practical research-oriented course teaching mode to carry out the course construction of "Urban Economy and Industry". In addition, it introduces in detail the construction of the teaching content system of "Urban Economy and Industry" through the practical research-oriented course teaching mode and the process of implementing the practical research-oriented course teaching mode in the "Urban Economy and Industry" teaching. On this basis, the role and requirements of the practical research-oriented course teaching mode are deeply considered and relevant recommendations are put forward.

Keywords: Practical Research-Oriented Type, Teaching Mode, Urban Economy and Industry, Urban and Rural Planning Major

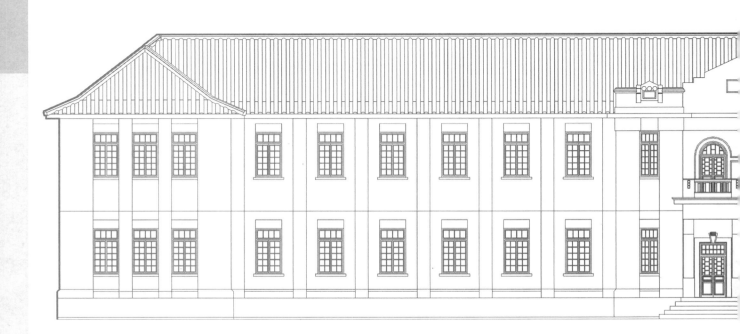

2019 中 国 高 等 学 校 城 乡 规 划 教 育 年 会
Annual Conference on Education of Urban and Rural Planning in China

协 同 规 划 · 创 新 教 育

实践教学

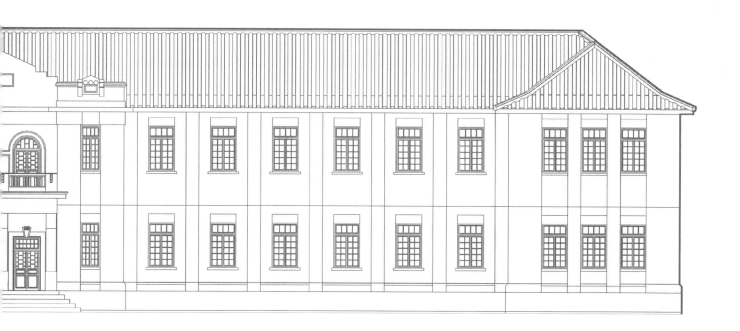

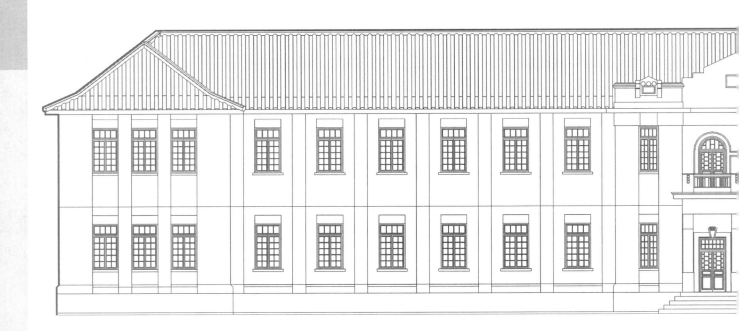

国土空间规划背景下控制性详细规划教学转型的思考

田宝江

摘 要：国土空间规划背景下，控制性详细规划教学必须针对新的空间规划体系要求做出转型与应对，具体包括教学理念的转变、教学内容与方法创新和控规成果创新三个方面。教学理念的转变体现为：以生态文明建设为总目标；从单一对土地使用控制到对自然资源的全要素管控；从空间管控手段上升为资源管控的法制平台；作为落实国土空间规划的底层设计；从刚性与弹性并重转为更加强调底线意识和刚性思维；控规从制度工具转变为制度本身。教学内容与方法创新主要包括补短板、强优势和重融合；在控规成果创新方面，主要包括与上位规划和法规对接、体现规划的刚性以及数字化整合平台上的成果集成。

关键词：国土空间规划，控制性详细规划教学，转型

控制性详细规划（以下简称"控规"）随着我国经济体制改革及土地制度改革的发展逐步发展完善，是现行我国城市规划体系的核心，起到承上启下的枢纽作用，既要落实总体规划的原则和意图，又要对具体的建设项目提出引导和控制要求。2008 年颁布的《城乡规划法》中进一步明确了控规的法定地位，作为国有土地出让和规划建设的前置条件，控规的地位空前提高。因此，在各高校城乡规划专业的教学中，控规也作为核心主干课程受到重视，控规教学体系、教学内容也日渐完善和成熟。

当前，在国土空间规划改革的背景下，整个城乡规划学科面临历史的机遇和挑战，规划的地位、学科边界、编制理念、技术方法等诸多方面都面临转型的压力，作为城乡规划体系中具有核心地位的控规也面临转型。作为知识创新和人才培养的高校，对控规教学做出适应时代发展的变革也实在必行。目前，国土空间规划内容体系的大框架基本确定，控规作为国土空间规划五级三类中的一类，是具体的规划落实环节和层次，但在新形势下控规编制的具体要求尚不明朗，因此更需要我们厘清一些关键问题，为控规教学改革与转型做好准备。这些关键问题主要包括教学理念转变、教学内容和方法创新以及教学成果创新这三个方面：

1 教学理念转变

1.1 基于生态文明建设，规划理念从开发导向到保护导向转变

在生态文明的时代背景下，规划首先要改变"工程思维"定势，树立"生态思维"（庄少勤，2019）。所谓生态思维就是树立生态优先理念，城市建设开发必须服从生态安全和可持续发展的大前提，实现自然资源的保护与合理开发利用，确保生态底线。传统的城乡规划职能被划归住建部，可以看出基本的逻辑是"建设规划"，引导土地合理使用，提高土地的效益，这里说的效益也基本上是指经济效益，环境效益常常是被忽视的。最典型的例子是总体规划中的土地适宜性评价，将城市用地分为适建区、限建区和禁建区三类，城市用地规划布局就在适建区内进行，而禁建区往往因为"不适宜建设"而不被考虑，甚至在用地总图上都不予表达。而我们知道，禁建区往往就是城市的山体、水体、林地、湿地等生态敏感区，既是生态资源最为集中的地区，也是城市的自然基础和依托。这种用地布局方式不仅割裂了城市与自然环境本底的关系，更为严重的是从规划布局初始

————————
田宝江：同济大学建筑与城市规划学院副教授

阶段，就忽视了对生态环境的保护和修复，只见土地不见其他自然资源，只重开发建设而忽视了生态环境承载力和敏感性。由于控规是总体规划的下位规划，总体规划的用地布局和功能划分，乃至开发强度要求等都将传导至控规层面，并通过控规的土地使用细分，将这种要求转化为控制指标来引导项目开发建设，从这个意义上说，控规的理念也延续了总体规划的基本导向，从而将经济技术指标转变为开发建设指标和导则，因此仍然是基于经济合理性和经济效益最大化的工程性思维模式。

在国土空间规划背景下，控规的理念要实现从工程思维向生态思维的根本转变，从开发导向转变为保护导向。

基于此，控规教学理念的转变，首先要让同学树立生态保护理念，坚持人与自然和谐共生，坚持节约优先、保护优先、自然恢复为主的方针；其次要坚持绿色发展理念，规划引领下的空间格局、产业结构、生产和生活方式都要以节约资源和保护环境为前提；最后，要树立人地和谐理念，通过控规将空间开发强度管控和主要控制线落地，达到重质量、重存量、重特色、重生态的国土空间规划理念转型。

1.2 控制要素实现从单一土地使用控制转变为自然资源全要素管控

现行控制性详细规划"控制"的核心是土地使用，土地使用方式主要包括用途（用地性质）、强度（容积率）和空间环境要求（退界、限高等）三个方面。在国土空间规划背景下，要求规划实现对自然资源要素全覆盖，包括山、水、林、田、湖、草等系统的整体统筹、保护和修复，控规作为国土空间规划体系中的底层规划，要落实国土资源的管控要求，就必须实现从过去单一的土地使用控制到自然资源全要素管控的转变。这种转变也对规划专业知识和技能提出了更高的要求，因为很多领域已经超出了传统城乡规划的范畴，控规指标体系也面临扩容，在原有土地使用、强度容量、建筑建造、城市设计、交通组织、设施配套这六个方面的基础上，要增加生态资源承载力、建设适宜性、生态敏感性、生态保护、生态优化、生态修复、绿色发展、韧性城市等方面的指标和内容。

1.3 控制手段上从空间管控手段转变为法务平台

尹稚认为，随着国家空间规划体系的建立，空间规划不仅是简单的建立空间秩序的规划，更核心的包括：一是如何把资源变成有效资产，保护资产背后权利人的利益、资源利用底线的利益、市场活力的利益、基本公民权利的利益；二是如何建立一套有效谈判、达成共识的机制；三是如何形成带有明确产权信息、带有明确相关法律权益约定的控规。只有如此，传统的空间规划才能真正在社会经济生活中发挥更大的作用，控规提供的才是以产权为核心的法律基本平台，这个平台会跟一系列比规划法更高层级的法律建立起有效联系和接口，只有这样才能发挥法务平台的作用。

在我国现行的规划体系中，控规的具有法制性和实践性相统一的特征十分显著，也最容易转变为法律实施，如深圳的法定图则就具有法律特征。在国土空间规划背景下，控规的法律特征将更加凸显，作为协调资产性资源使用的依据，将三区三线在空间上落位的同时，还要进行产权的确权，这样才能更好地协调各方利益，也使得规划的权威性得到保障。

因此，在控规教学中，也要贯穿控规作为自然资源管控的法制平台的意识。实际上，给我国控规最大借鉴的美国ZONNING就是区划法律，我国控规在形成过程中较多地吸收和借鉴了ZONNING关于土地使用控制的理念和方法，但对于其法律特征的借鉴是不足的，这次国家层面的空间规划体系改革，正是促成控规法制化、法务平台化的最好契机。这种转变必须在教学实践中加以体现。

1.4 从规划体系上看，要认识到控规作为"底层设计"的角色定位

从五级三类国土空间规划体系来看，控规作为详细规划，处在规划体系的末端，是落实和体现整体空间规划原则和意图的重要手段。国土空间规划的核心是实现对自然资源的管控，实现的手段是将三区三线等重要功能区划和控制线在土地和空间中具体落位，这个落位的工作只能由控规（详细规划）来完成。笔者认为，随着新的空间规划体系的建立，控规的角色定位也将发生很大变化：在原有的规划体系中，控规是承上启下的枢纽地位；而在新的国土空间规划体系中，控规处在体系的末层，是实施性的底层设计。在此背景下，修建性详细规划可能会被建筑的总图设计所取代，或者纳入建筑学下的二级学科城市设计中，不再作为规划的层级。

1.5 控规的特征，从刚性与弹性并重逐步转向更强调规划的刚性

现行的控规一个主要的特征就是刚性与弹性并重，体现为控制指标分为规定性和引导性两类，这种特征也被认为是控规的重要优势。具体来看，规定性的指标主要涉及土地的使用性质、开发强度等，而引导性指标主要是资源、生态和环境要求。一方面，静态的用地指标难以适应动态的市场需求，使得控规陷入频繁调整和修改的境地，另一方面，对自然环境的引导性指标由于不具有强制性而常常被忽视，造成了城市生态环境的破坏。在国土空间规划背景下，土地使用和建设开发，必须在生态安全和生态保护的基础上进行，控规控制和引导的要素主次关系发生了转换，生态文明建设被提到了首要地位，因此生态环境指标将从引导性指标转变为强制性指标，而涉及土地开发的指标，则应在生态指标的控制下，为市场和未来发展留有一定的空间。比如，上海的控规对于一般开发地区，已经不要求进行每个地块的导则控制，而是整个控规单元用一张普适图则进行管控，每个地块也不再要求进行绿地率指标的控制等，从单一地块控制转向街坊乃至控规单元的整体控制，一些指标可以在街坊和控规单元内进行调节，增加控规的适应性。

同时，由于控规将具有的法务平台特征，也要求控规更加强调规划的刚性管控。要做到这一点，就必须强化控规自身是科学性与合理性，其刚性的保证主要体现在两个方面，一是基于生态安全的底线保障，将底线保障转化为控制指标，由于底线是不能突破的，也就保证了规划的刚性；二是作为法制平台的政策性，用法律的形式保证规划的刚性。从这个意义上说，规划也实现了从制度工具向制度本身的回归。

2 教学内容与方法创新

基于教学理念的转变，控规在教学内容和方法上也必须做出新的应对与创新。具体包括以下几个方面：

2.1 补短板

现行的控规总体而言是基于工程思维的开发控制规划，其内容和方法仍是以物质空间为核心，以土地使用为载体。这种模式很难适应国土空间规划对自然资源要素全覆盖管控的要求，为此，控规必须在新的空间规划

和生态文明建设的总目标要求下，补上短板，丰富控规的内容体系，优化提升控制手段和技术。因此，在控规教学中，也要补上相应的短板，具体内容包括：

（1）社会工作方法：包括沟通社会各阶层、各利益相关者，进行协调、达成共识、制定相关政策的方法和能力，只有具备了这些能力，才能更好发挥控规作为城市治理政策和法务平台的作用。

（2）资源环境领域相关的知识与技术：如自然资源双评价技术与方法，自然资源分析与分类，利用大数据和新技术进行资源基础数据采集与分析、自然环境热、风、噪声等数据模拟、污染分析预测等。

（3）控规指标体系的扩容：在原有控制体系的基础上，增加可以量化的生态保护、生态优化、生态修复、韧性城市等方面的指标。在这方面，雄安新区起步区规划中做出了一定探索，在规划指标中增加了绿色生态管控的内容（表1），但仍处于比较初级的阶段。在国土空间规划背景下，应尽快修定和扩容控规控制体系和指标。在这方面，作为知识创新和人才培养的高校应是责无旁贷，率先进行探索和实践，为新空间规划体系创新做出贡献。

雄安新区生态建设指标　　表1

	10	蓝绿空间占比（%）	≥70
	11	森林覆盖率（%）	40
	12	耕地保护面积占新区总面积比例（%）	18
	13	永久基本农田保护面积占新区总面积比例（%）	≥10
	14	起步区城市绿化覆盖率（%）	≥50
	15	起步区人均城市公园面积（平方米）	≥20
	16	起步区公园300米服务半径覆盖率（%）	100
绿色生态	17	起步区骨干绿道总长度（公里）	300
	18	重要水功能区水质达标率（%）	≥95
	19	雨水年径流总量控制率（%）	≥85
	20	供水保障率（%）	≥97
	21	污水收集处理率（%）	≥99
	22	污水资源化再生利用率（%）	≥99
	23	新建民用建筑的绿色建筑达标率（%）	100
	24	细颗粒物（PM2.5）年均浓度（微克/立方米）	大气环境质量得到根本改善
	25	生活垃圾无害化处理率（%）	100
	26	城市生活垃圾回收资源利用率（%）	>45

资料来源：《河北雄安新区规划纲要》

2.2 强优势

在补短板的同时，也不要忘记控规具有的优势。现行控规的既有优势，可以在新的国土空间规划体系中发挥更大作用：这就是控规具有可操作性的空间转译能力。控规的最大职能就是将土地使用控制原则和要求，转译成控制指标和导则，从而实现城市开发控制要求在土地和空间上的落实。国土空间规划的核心内容是三线三区管控，管控的实现必须依赖于相关空间分类和控制线在空间和土地上的落实，这个工作控规具有先天优势。作为空间规划体系的底层，其任务就是将资源管控的内容以指标的形式进行分解和落实。在土地使用规划、城乡规划、主体功能区规划、生态环境规划等多规融合的国土空间规划体系中，控规（城乡规划）是最能承担这一任务的规划类型，只是在内容转译的过程中，不再是单一的土地开发控制，而是包含了自然资源全要素管控的内容。

2.3 重融合

由于国土空间规划比以往的规划涵盖了更广泛的内容和更深的内涵，"既不是土地利用规划，也不是城乡规划"（陆昊，2018），是多规融合，其规划的内容和边界已经超出了城乡规划的专业范畴，我们一方面要认识到城乡规划在新的国土空间规划体系中的具有实务性的重要作用，另一方面也必须主动进行学科交叉和融合，特别是与管理学、社会学、生态学、资源科学等的交叉融合显得尤为重要和迫切！在实际教学中，在有限的学时和专业选修的限制条件下，现阶段比较可行的方式是，在控规原理讲授过程中，邀请规划以外的相关专业的教师进行专题讲座，补充相关领域的知识。未来可以鼓励学生跨专业选修课程、学分互认，鼓励规划专业学生兼修第二学位等；另一方面，可以在控规教学的前一学期，安排学生利用假期到规划和自然资源管理部门进行实习或挂职，将有助于提升学生在法制、政策制定与规划管理方面的认识和体会。

3 控规编制成果的创新

现行控规的编制成果主要由规划文件（文本、说明书）和规划图纸（系统图纸和图则）两部分组成。在控规教学实践中，针对初学者，各校往往注重内容的完整

性和规范性，目的是让学生了解控规成果的组成，通过学习达到"会编"控规的要求。因此，普遍存在重形式、轻内涵的现象。很多学生的控规成果都是参照现成的控规成果来完成：对于文本和说明书，基本上是填空式或者改变相应地名的方式进行撰写；对于图则也是"依葫芦画瓢"，但对于图则中很多控制线及图例的含义却是一知半解。在国土空间规划背景下，对控规成果也提出了更高更全面的要求，要落实空间规划对自然资源全要素管控的目的，控规成果也要做出应对和创新。具体应该体现在三个方面：

（1）规划成果必须能与上位规划有机衔接，包括在技术上实现自然资源全要素管控，纳入国土空间统一管控技术平台；在法制上实现与相关上位法律有机衔接，成为基于生态文明建设的基本制度及法务平台的有机组成部分。

（2）控规成果必须体现规划的刚性。在生态底线保障和政策法律保障的基础上，突出资源的资产性质，保障生态效益及产权权益，控规成果的深度要满足确权、确定管控边界、确定政府和市场各自的职能和权利范围的需要。

（3）基于数字化平台的"一张蓝图"。新空间规划改革背景下，控规成果要落实国土空间规划对自然资源全要素管控，规划的"一张蓝图"是发展引领、底线保障与用地空间控制的统一与融合，是生态底线、项目建设、城市治理的有机统一。当前，基于大数据和新技术的数字化平台为这种融合和统一提供了技术上的支撑。控规教学必须对新技术条件下的成果内容、形式、数据集成等做出应对，并对技术的实施做出努力和探索。

结语

国土空间规划背景下，生态文明新时代对城乡规划学科提出了新的要求，学科面临转型、蜕变的机遇，也面临重构、裂变的风险，控规作为新空间规划体系中的底层设计层次，承担着分解、落实自然资源全要素管控的任务，控规的转型实在必行。作为知识创新与人才培养的高校，在控规教学实践中也需做出应对。具体应在教学理念转变、教学内容与方法创新、控规成果创新等方面进行探索，本文就上述内容提出思考和建议，以期对国土空间规划背景下控规教学的改革创新提供参考和借鉴。

主要参考文献

[1] 石楠. 新时代城乡规划学转型升级的思考 [J]. 城市规划学刊, 2019 (1): 3-5.

[2] 尹稚. 控规——空间规划的法务平台 [R]. 2018年中国城市规划学会控制性详细规划学术委员会年会主旨发言, 重庆, 2018.

[3] 詹运洲. 浅谈国土空间规划的三个关键词 [R]. 2019复旦国土空间规划论坛, 上海, 2019.

[4] 林坚. 论空间规划体系的构建——兼析空间规划、国土空间用途管制与自然资源监管的关系 [J]. 城市规划, 2018(5).

[5] 孙施文. 关于空间规划体系建构的认识与思考 [J]. 城市规划学刊, 2018 (4).

[6] 樊杰. 加快建立国土空间开发保护制度 [N]. 人民日报 (2018-05-23).

[7] 张晓玲. 强化国土空间规划对专项规划的指导约束作用 [R]. 2018清华同衡学术周首日论坛, 北京, 2018.

[8] 谢映, 段宁, 江叶帆, 等. 机构改革背景下长沙市级空间规划体系探索 [J]. 规划师, 2018 (10): 38-45.

[9] 吴良镛. 空间规划体系变革与人居科学发展 [R]. 2018中国城市规划年会, 杭州, 2018.

[10] 庄少勤. 新时代的规划逻辑 [R]. 第一届全国国土空间优化理论方法与实践学术研讨会, 北京, 2018.

[11] 孙安军. 完善城市总体规划改革, 适应国家空间规划体系的建立 [J]. 城乡规划, 2018 (2).

[12] 袁奇峰. 构筑统一而又有弹性的"空间规划体系" [J]. 北京规划建设, 2018 (3).

[13] 杨保军. 体制变革, 学科稳进 [J]. 人类居住, 2018 (4).

[14] 耿虹. 空间规划体系改革, 学科发展及教学与实践的转型思考 [J]. 城市规划学刊, 2019 (1): 8-9.

Thinking about Transformation of Regulatory Plan Course Teaching based on Territorial Spatial Planning

Tian Baojiang

Abstract: Under the background of territorial spatial planning, regulatory plan course teaching must make a transition to adapt to the new spatial planning system, which is mainly reflected in three aspects: the change of teaching concept, the innovation of teaching contents and methods, and the innovation of regulatory plan achievements. The change of teaching concept including: taking the construction of ecological civilization as the general goal; and it is necessary to achieve a single control of land use to the full control of natural resources; it is important to realize the transformation of the space management from a single method to a legal platform; the regulatory plan is the underlying design of the territorial spatial planning; From the point of view of characteristics, it should be more to strengthen the bottom line awareness and rigid thinking, rather than think rigid and elastic are equally important; the regulatory plan should be changed from institutional tools to the system itself. The innovation of teaching contents and methods mainly includes improving weak links, strengthening the advantages and emphasis on integration. In terms of the innovation of regulatory plan achievements, it mainly includes the connection with master plan and regulations, reflecting the rigidity of planning and the integration of achievements on the digital integration platform.

Keywords: Territorial Spatial Planning, Regulatory Plan Course Teaching, Transformation

特大城市远郊地区地铁车站的出行特征和规划应对
—— 以上海市书院镇总体规划教学为例

程　遥　朱佩露　沈　尧

摘　要：随着我国城镇化进程的不断推进，尤其是大城市、特大城市的发展，越来越多的乡村地区已经连入城乡一体化的设施网络。在总体规划教学中，这一类乡镇地区区别于传统的农业乡镇，尤以交通和公用设施的调研最为突出。本论文以上海市书院镇总体规划教学为例，探讨在特大城市远郊地区，应对连入城市轨道交通网络的乡镇，在总体规划实习和镇总体规划设计教学中，所进行的教学创新尝试。

关键词：书院镇，特大城市远郊，轨道交通，出行特征，规划对策

1　上海市书院镇的基本概况

书院镇隶属于上海市浦东新区，位于临港地区东部。书院镇下辖 13 个行政村、5 个居民区❶。镇域总面积为 54.12 平方公里，其中城乡建设用地 16.17 平方公里，农用地 31.71 平方公里，未利用地 6.11 平方公里。2017 年，户籍人口 5.2 万，外来人口 2.6 万。户籍人口中，农业人口占 44.1%；60 周岁以上户籍老年人口占 31.9%。

长期以来，书院镇在上海城乡空间发展战略中都占据着特殊的地位，在上海 1999、2017 两版城市总体规划中，书院镇被划入上海的新城之一，临港新城（后更名为南汇新城）的城镇集中建设区范围内，是新城未来产业和居住功能的主要承载区之一。得益于此，虽然作为远郊乡镇，但书院镇域内有轨道交通 16 号线穿过，该线作为一条连接临港地区的远郊线路，起始站龙阳路，终点站滴水湖，途径 13 站，全长 58.96 公里。书院地铁站承接惠南东和临港大道，共设有两个出入口，距镇区约 2.7 公里，并且有龙芦专线、龙新芦专线、芦杜专线等多条公交线路可供换乘。

2　书院地铁站调研设计

考虑到书院镇的特殊区位，尤其是链入特大城市快速轨道交通网络的远郊乡镇这一区别于一般乡镇的突出特征，在总规实习教学环节，除了常规的部门访谈、现场踏勘外，实习教学还组织学生对书院站地铁出行进行了系统的问卷调研。

调研分为四个时段，分别是周末、工作日早高峰（7:00－9:00）、工作日晚高峰（17:00－19:00）、工作日平时（工作日早晚高峰之外的时段）。每个时段分别随机调研 110 名出行者，对其出发地、到达地铁站的出行方式、出行目的地、出行目的、出行频率等进行调研。

根据问卷调研统计结果，共获得有效问卷 461 份，其中男性 228 人，女性 233 人。就出行者的年龄结构而言，划分为四个等级：少年（17 岁及以下）、青年（18－34 岁）、中年（35－59 岁）、老年（60 岁及以上），统计各年龄等级的人数，依次为 38 人、89 人、185 人、149 人。

为验证所抽取样本的合理性，将以书院站为中心的 3 镇（书院、泥城、万祥）常住人口的实际性别比例和年龄结构与调研样本的性别比例和年龄结构进行横向比

---

❶　其中居民区包括书院社区（新欣居委、丽泽苑居委、新舒苑居委）、老书院社区、东海农场社区；行政村包括中久村、外灶村、李雪村、桃园村、塘北村、洋溢村、路南村、四灶村、洼港村、余姚村、棉场村、新北村、黄华村。

程　遥：同济大学建筑与城市规划学院助理教授
朱佩露：同济大学建筑与城市规划学院本科生
沈　尧：同济大学建筑与城市规划学院助理教授

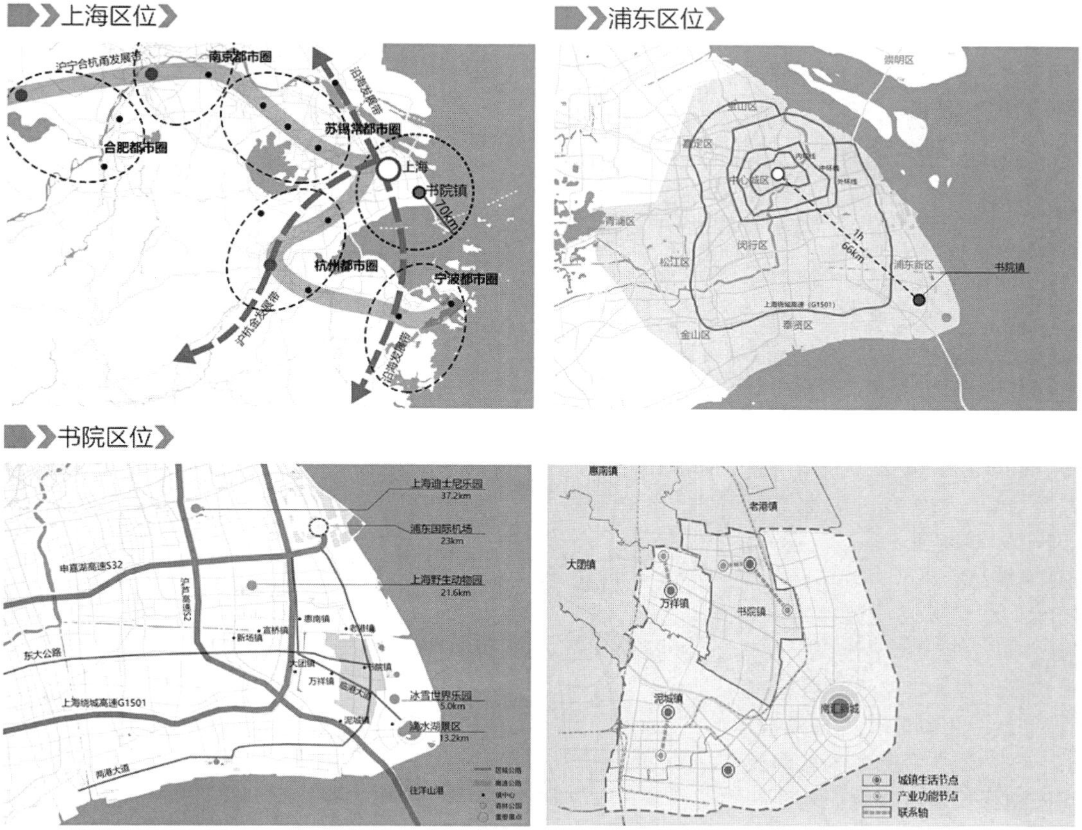

图 1　书院镇区位分析图

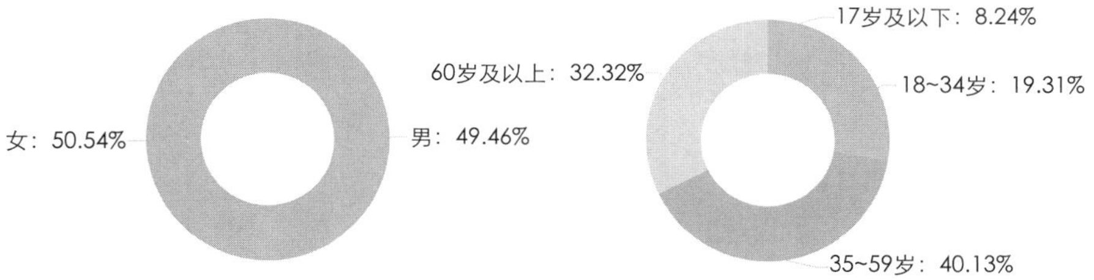

图 2　书院站调研样本的性别比例和年龄结构环形图

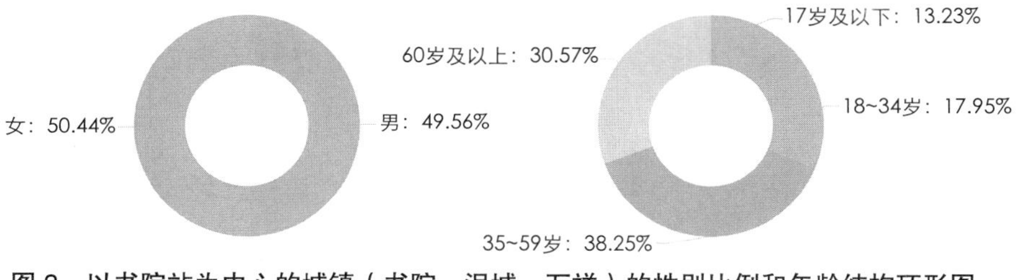

图 3　以书院站为中心的城镇（书院、泥城、万祥）的性别比例和年龄结构环形图

资料来源：上海市浦东新区统计年鉴，2018

307

较，发现两者基本保持一致。故问卷结果具有较高的可信度和有效性。

3 书院地铁站出行特征

3.1 整体出行特征

（1）基本情况

1）出发地

根据本次调研，58% 从书院站出发的居民来自书院镇域，尤其以城镇社区居民为主。其中，书院社区（新舒苑社区居委、新欣居委、丽泽苑社区居委）占 14.6%，老书院社区占 12.0%，东海农场占 2.9%；各农村社区也有少量占比，为 0.76%-2.64% 不等。

从万祥镇和泥城镇出发的居民分别占比 20%、13%；从其他城镇（如大团、老港、惠南等）出发来书院站的居民共占 9%。

2）到达地铁站的出行方式

对出行者到达地铁站所选择的交通方式进行研究，结果表明超过 40% 的出行者选择公交车；超过 34% 的出行者选择私人汽车，其中包括自驾车和出租车（网约车），两者占比相近；其次，选择助动车的约 14%、步行 6%、自行车 5%；共享单车的占比最少，仅为 0.6%。

根据调研结果，出行者前往地铁站的交通方式以公共交通为主。选择自驾车、出租车（网约车）主要为出发地距地铁站较远的出行者。出租车（网约车）的供应量大、操作便捷。

选择助动车、自行车、共享单车的居民则主要为出发地距地铁站中短距离的出行者。书院地铁站两侧均设有非机动车停车场，可容纳 900 辆非机动车。但由于地处郊区，共享单车的投放量少，"最后一公里"问题仍待解决。

3）出行目的地

书院站的居民出行目的地主要为惠南镇中心（惠南站占比 16%），相当高比例乘客选择乘坐 16 号线后换乘其他轨道线（罗山路占比 19%、龙阳路占比 48%）。其中，龙阳路是转乘轨道线到达中心城区的主要换乘站，是近一半书院镇乘客的目的地。从换乘乘客的最终出行目的地来看，换乘乘客普遍出行距离较远，大比例集中在中心城区，如人民广场、南京东路、徐家汇、世纪大道等；也有部分远途出行，如嘉定、松江等；以及各交通枢纽站，如虹桥火车站、上海火车站、上海南站等。整体交通时

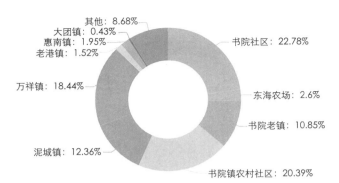

图 4 调研样本的出发地构成

图 5 调研样本到达地铁站的出行方式占比环形图

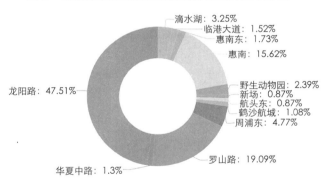

图 6 调研样本在地铁 16 号线的下车（换乘）情况占比环形图

间较长，出行距离较远，平均 90 公里以上。书院站作为南汇新城，尤其是书院、泥城、万祥 3 个远郊镇联系中心城区的重要交通门户的特征显著。

4）出行目的和出行频率

从书院站出行者的出行目的和出行频率来看，相当部分的出行为通勤出行。根据统计，出行目的中工作的占比最大，超过 30%；其他个人事务占比 25%，以回家

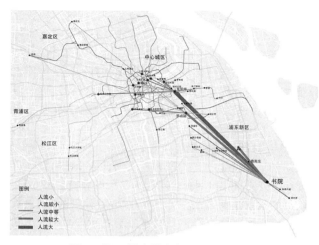

图7 调研样本的出行目的地 OD 图

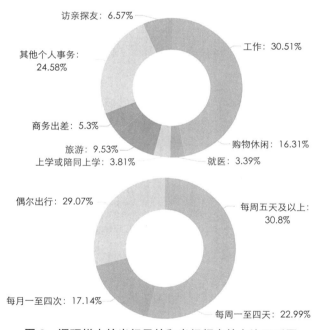

图8 调研样本的出行目的和出行频率的占比环形图

为主；购物休闲和旅游各占 16% 和 10%；也有少数人群以探亲访友、商务出差、上学或陪同上学、就医为目的。

出行者的出行频率最高的为每周五天及以上，占比超过 30%，与工作出行的比重基本相符。其次是每月少于一次的偶尔出行。

（2）交叉分析

1）出发地与出行方式

书院镇域内，书院社区、老书院社区皆距地铁站较近，多数人选择公交车，部分自驾车和出租车（网约车），也有人选择非机动车和步行方式；东海农场距地铁站最远，以出租车（网约车）和助动车出行为主，而选择公交出行的很少，和东海农场内公交站点和公交线路布置不完善密切相关。

从泥城、万祥等相邻城镇或周边其他城镇出发的人群，以公交出行为主，其次是私家车，包括自驾车和出租车（网约车），部分选择非机动车，极少数选择步行。

总体而言，公交车为主要出行方式，可能会根据各出发地公交配置现状有所不同；而对于其他交通方式的选择，与出发地同地铁站之间的距离、出发地的规模等级、出行者自身的年龄经济条件等具有一定联系。

2）目的地与出行目的

以商务出差为出行目的的人群，主要在龙阳路地铁站进行换乘：换乘地铁 2 号线至虹桥火车站、上海火车站等交通枢纽和南京东路、南京西路等金融中心，或换乘地铁 7 号线至杨高南路、锦绣路等商务办公集聚地；少数在罗山路地铁站换乘地铁 11 号线至上海南站。

以工作为出行目的的人群，工作地为远距离的较多，其中主要在龙阳路地铁站换乘，有些前往陆家嘴、南京西路、静安寺、人民广场等金融中心，有些前往张江高科、

图9 地铁 16 号线书院站调研样本的出发地与出行方式交叉分析

图 10　地铁 16 号线书院站调研样本的目的地与出行目的交叉分析

芳华路、广兰路等小型商务办公点；部分在罗山路地铁站换乘 11 号线至徐家汇以及松江新城、迪士尼等新开发片区。

以购物休闲为出行目的的人群，多数经龙阳路地铁站换乘至南京东路、人民广场、静安寺等中心商圈；部分在惠南地铁站下车至弘基商业中心；少数前往滴水湖休闲中心。

以旅游为出行目的的人群，多数经龙阳路地铁站换乘至虹桥火车站或浦东国际机场进行长途旅行，或前往朱家角、豫园、南京东路等热门景区进行上海市内一日游；也有一部分到附近的野生动物园和滴水湖；少数经罗山路和惠南地铁站换乘至迪士尼、上海动物园等景区。

以上学（陪同上学）为目的的人群，部分通过龙阳路地铁站换乘至世纪大道，部分到达惠南，少数通过罗山路地铁站换乘至上海西站或南站至省外上学。

以就医为出行目的的人群，部分选择惠南、滴水湖、临港大道等区级医院就医，部分在龙阳路、罗山路、华夏中路等地铁站换乘，至东方体育中心、上海儿童医学中心等市级医院就医。

3.2　不同时段出行特征分析

基本情况

1）出发地

从分时段出行特征来看，各乡镇在各时段的出行分布相对均衡，皆有较高比例的人群集中在工作日早晚高

峰出行，除万祥镇外其他乡镇早晚高峰出行的人数并没有显著高于其他时段。与中心城区或近郊地区早晚高峰集中出行的特征有所区别。

单独分析书院镇内部，可以发现城乡社区的出行差异较大。城镇社区出行人数明显高于农村社区。这一差距在周末尤为显著，揭示了城乡生活、工作方式的差异性及其在居民出行特征上的反映。

2）到达地铁站的出行方式

从到达地铁站的方式来看，工作日早高峰至工作日晚高峰，公交车和出租车（网约车）所占比重显著提升，自驾车的比重逐渐降低。一方面，早高峰时段时间更紧迫，面临着可能会上班迟到的压力；另一方面，考虑到候车或打车所消耗时间的不确定性以及公交车的不稳定性，故人们更乐于选择突发状况少、可自己掌握时间的自驾车出行。而晚高峰时段，人们下班回家，时间稍微放松，此时倾向于选择公交车或者相对舒适便捷的出租车（网约车）。

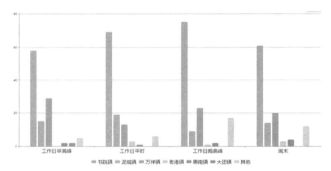

图 11　四个时段调研样本的出发地对比柱状图（以镇为单位）

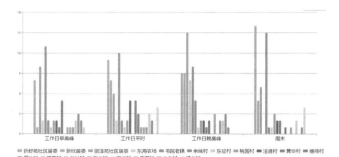

图 12　四个时段调研样本的出发地对比柱状图（以书院镇内居委、村为单位）

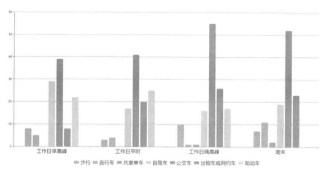

图 13　四个时段调研样本到达地铁站的出行方式对比柱状图

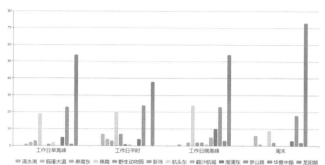

图 14　四个时段调研样本的出行目的地对比柱状图

周末助动车锐减，可能与出行性质的改变有关。由工作日的单人出行变成周末的家庭出游，交通方式也由助动车变成自驾车或者出租车（网约车）。

3）出行目的地

分析不同时段的出行目的地，去往龙阳路、罗山路、惠南的人数都占有绝对优势，再次印证了书院站与区域中心所处的惠南以及换乘站的罗山路和龙阳路关系紧密。尤其是在周末，80% 以上人群前往龙阳路，这其实侧面反映了远郊地区购物、娱乐、休闲等设施的缺失，大多数人群选择周末"进城"享受城市的商业和公共服务，也反映出当前远郊地区人口生活方式的转变。

即使是工作日早晚高峰，仍有近一半在龙阳路换乘，约四分之一在罗山路换乘，四分之一在惠南下车。可见书院站出行的人群远距离就业的比重较多，多数在中心城区。

4）出行目的和出行频率

从分时段出行目的来看，工作日早高峰工作目的占主导地位；工作日平时的活动最为丰富多样，各类出行

目的相对均衡分布；工作日晚高峰和周末都是以回家为主，但有所差别，前者是从工作地点回家，后者通常是青年看望父母后回到自己生活的家。同时，工作日晚高峰伴随着短时间的购物休闲和访亲探友，而周末旅游的比重显著提升。

与出行目的相匹配的，书院站工作日具有显著的早晚高峰特征，偶发出行往往选择工作日错峰出行或周末出行。

3.3　书院站的出行特征总结

通过上述出行调查，并指导学生完成调研报告，能够帮助学生加深对远郊地区居民出行特征，甚至工作、生活方式的认识。

总的来说，书院地铁站作为服务上海远郊乡镇的轨道交通站点，其服务范围要远超出其所在乡镇（书院镇），还包括了周边的万祥、泥城两个邻近城镇，同时对周边更远距离的城镇也有一定吸引能力。其服务半径远大于城镇地区地铁站的服务半径。

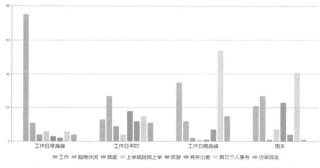

图 15　四个时段调研样本的出行目的对比柱状图

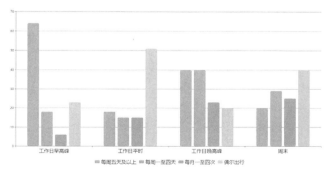

图 16　四个时段调研样本的出行频率对比柱状图

其二，书院站的出行距离普遍较远。地铁 16 号线作为一条远郊地铁线路，目前看来更主要的是承担联系远郊地区与上海市区的功能，而非建立远郊城镇之间的联系。从这一意义上，无论是工作抑或娱乐，书院站出行人群的主要目的地之一都是换乘中心城区的龙阳路和罗山路。相对地，书院所在的地区中心，惠南站反而吸引力不如这两个站点；且在周末，这一出行的特征更加显著。这说明，书院镇及其周边乡镇的出行人群已经不再是日出而耕、日落而息，活动范围局限于周边地区的农民，而是工作、生活高度依赖中心城区的市民。

而从到达地铁站的交通方式来看，虽然会根据各出发地公交可达性、与地铁站距离等条件的差异有所不同，但总体上以公共交通方式为主——这实际上对地铁站与公共交通的接驳提出了较高的要求。

4 特大城市轨道网络连结的远郊镇空间规划对策

4.1 书院镇规划模式探讨

基于地铁站出行调研中所揭示的城镇发展与地铁站的关系，本次总体规划教学中进一步鼓励学生围绕该议题进行方案设计，并提出了三种模式，分别为优先发展地铁站片区、优先发展书院社区、集中发展书院社区和

地铁站片区，主要区别在于如何处理地铁站片区与当前镇区的关系。

（1）模式一：书院站 + 公共服务中心

该模式强调书院站作为区域内重要交通节点对书院镇整体发展的带动作用。针对远郊地区缺乏商业和公共服务设施，居民娱乐购物等活动高度依赖中心城区的特征，围绕书院站重点开发商业和公共服务功能，将书院站周边变为书院、泥城、万祥 3 镇的共同服务中心，并适当配置住宅。

（2）模式二：书院站 + 远郊居住社区

该模式强调书院站作为远郊居住向上海中心城区通勤门户的职能。依托书院站开发大片居住功能，打造远郊依托快速大运量公共交通站点的通勤社区，并结合适当配置商业服务设施。

（3）模式三：书院站 + 书院社区一体化发展

该模式规划将书院社区（当前镇区）和地铁站片区进行一体化开发，书院社区和地铁站联合片区形成以中心绿地相连的三个组团。

4.2 静态结构与动态结构的耦合关系探讨

结合书院站出行特征调研，书院站的服务范围远远

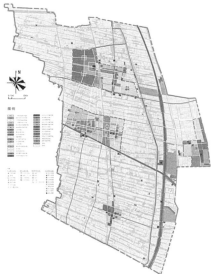

模式一：书院站+公共服务中心　　　　模式二：书院站+远郊居住社区　　　　模式三：书院站+书院社区一体化发展

图 17　三种模式下的书院镇用地规划图

超出了镇区，而是周边3镇、甚至是更大的空间范围。地铁站的主要接驳方式为公共交通，且以常规公交为主。根据该特点，除了不同发展情景下的用地规划方案响应，总体规划教学中还加入了交通结构与用地结构耦合的知识点教学。具体包括：

（1）TOD开发模式

以地铁16号线书院站为中心，800m范围内进行用地TOD开发，形成居住社区。

在地铁站附近设置公交站点，公交主干线穿过核心区域。将商业、办公、公共开放空间设置在地铁站点步行可达的范围内，使公共空间成为建筑导向和邻里生活的焦点，居住区内各建筑通过适宜步行的街道网相互联系。

（2）多级换乘体系

书院镇原本由地铁、公交等穿过镇域，通过公交在镇内运送人流。规划增加BRT系统，在地铁和公交之间增加一级，服务周边3镇的地铁接驳。打造多层次、复合型换乘体系。

同时针对早晚高峰出行特征，可设置到达书院地铁站的大站快车，对内连接书院社区各居委、东海农场社区、老书院社区，对外在泥城、万祥镇等客流量大的站点靠站停车。与普通公交车不同的是，大站快车可以有选择性地、只在大站经停，首先通过减少停靠站点来提高速度，条件允许时可通过绕行提升速度。

（3）打造BRT和普通公交多级接驳系统

多级接驳系统包括地铁–BRT、地铁–机动车、BRT–公交、公交–非机动车。在总体规划教学中，结合道路断面设计，帮助学生理解公交站点与其他交通方式整合设计的基本思路和要求，并根据不同交通接驳组合，提出道路断面设计方案。

结语

随着我国特大城市的发展，越来越多的远郊乡镇连入城市快速轨道交通网络，从根本上改变了当地居民的生活、就业和出行方式，也改变了城镇发展的路径和城

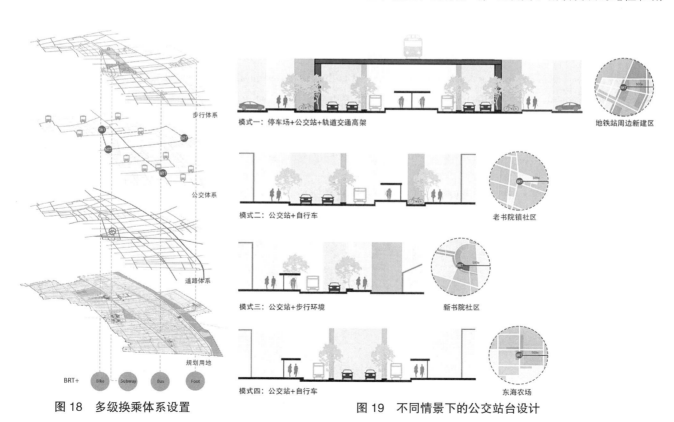

图18 多级换乘体系设置

图19 不同情景下的公交站台设计

乡空间结构。在此背景下，传统教学中以"中心地"等经典为理论依据，将镇域视为一个相对封闭的单元，镇区服务镇域，镇区公共设施、交通设施、公用设施等的供给对象仅限于镇域的逻辑受到较大挑战。以书院镇为例，书院站的服务范围和能级远远大于镇区的服务能级，可以辐射周边3镇甚至更远的地区；而反过来，通过书院站出行的人群高度依赖中心城区的就业岗位和生活设施。在这一意义上，书院镇的城乡空间规划，尤其是围绕地铁站点的规划设计绝不应孤立考虑书院镇域，而是应该将其放置于更大的区域进行探讨。在规划教学中，需要引导学生通过上位规划的梳理、出行调研、部门座谈和现场走访等途径，了解连入特大城市地铁轨道网络的远郊乡镇发展和交通出行特征，并指导其在方案设计、交通设施设计、公共设施配置规模计算等方面做出规划响应。

Travel Characteristics and Planning Response of Metro Stations in the Outer Suburbs of Megacities：Takes the Master Planning Teaching of Shuyuan Town in Shanghai as an Example

Cheng Yao   Zhu Peilu   Shen Yao

Abstract: With the continuous advancement of China's urbanization process，especially the development of large cities and megacities，more and more rural areas have been connected to the urban and rural integrated facilities network. In the overall planning teaching，this type of township area is different from the traditional agricultural towns，especially the survey of transportation and public facilities. This paper takes the master planning teaching of Shuyuan Town in Shanghai as an example to explore the towns in the outer suburbs of megacities and connected to the urban rail transit network. In the overall planning practice and town master planning design teaching，we have made practical attempts to innovate in response to actual needs and characteristics.

Keywords: Shuyuan Town，Outer Suburbs of Megacities，Rail Transit，Travel Characteristics，Planning Countermeasure

生态文明背景下的小城镇城市设计探索
—— 同济大学 2019 城乡规划学本科六校联合毕业设计

匡晓明　刘　冰

摘　要：本文以同济大学 2019 城乡规划学本科六校联合毕业设计的实践教学为例，阐述了本次毕业设计教学小组在学生性格养成、价值观树立、全局性系统性思维和问题探究式研究教学方面的教学创新。并对在此理念指导下的同济毕业设计小组在雄安新区两镇一乡规划中以"淀镇共生、命运交响"为主题立意的毕业设计成果作简要介绍。

关键词：联合毕业设计，教学理念，雄安新区，小城镇城市设计

"城乡规划学本科六校联合毕业设计教学活动"由清华大学、同济大学、天津大学、东南大学、西安建筑科技大学和重庆大学六所高校与和中国城市规划学会联合主办的。自 2013 年始，六年间对六个城市具有代表意义的地区进行规划设计探讨，已经成为国内城乡规划专业具有重要影响力的联合毕业设计教学活动。第一届由清华大学于 2013 年召集，此后由其他五个学校轮流主办，2018 年首轮在同济大学收官。2019 年主办权再次回到清华，开启第二轮。

六校联合毕设教学活动选题紧扣城乡发展中的热点问题，以主办高校所在城市中的特定发展区域为对象，涉及了城市更新地区、历史风貌地区、文化创意地区、商务中心地区等多种类型（表 1）。2019 年设计选题将目光聚焦于国家重要战略地区的小城镇规划设计，结合地区热点雄安新区和地区难点小城镇发展，选址新区东部两镇一乡——赵北口镇、鄚州镇和圈头乡，探讨在雄安新区发展背景下，白洋淀中及淀边的乡镇的发展图景和发展路径。

1 城乡规划实践教学理念转变

进入生态文明新时代，区域发展的主要任务和主要矛盾发生了根本性的变化，国家空间治理体系和空间规划体系也面临着重大的改革和重构。新时代空间规划是要解决空间的不平衡不充分发展问题，构建人与自然生命共同体，空间规划的理念也将转变为重质量、重协调、重存量、重特色、重生态、重治理。作为国家空间规划

2013-2018城乡规划学本科六校联合毕业设计选题汇总　　表1

时间	主持院校	地点	主题	场地特征
2013	清华大学	北京宋庄	宋庄·创意·低碳	北京宋庄地区文化创意产业集聚区域
2014	东南大学	南京中心城区	南京城墙内外—生活·网络·体验	以城墙和秦淮河为核心的南京市老城区南部周边约为21平方公里的片区
2015	西安建筑科技大学	西安中心城区	传统界域、现代生活	西安古城墙所在的历史地段
2016	重庆大学	重庆渝中区	更好的社区生活	重庆的母城渝中区下半城片区城市更新规划
2017	天津大学	天津中心城区	轨枕之间	天津市中心城区环线铁路周边长约65公里的老工业区更新发展规划
2018	同济大学	上海虹桥商务区	大虹桥，新空间	上海2035总体规划确定的虹桥城市副中心虹桥商务区拓展片城市设计
2019	清华大学	河北雄安新区	淀镇新境—大雄安，小城镇	雄安新区内东部两镇一乡，赵北口镇、鄚州镇和圈头乡

资料来源：作者根据网络资料整理

匡晓明：同济大学建筑与城市规划学院副教授
刘　冰：同济大学建筑与城市规划学院教授

体系的重要组成部分，城乡规划从单纯物质空间角度谋划城市空间升级向以生态本底控制为基础，从生态、经济、社会、环境、管理、公共政策等多个角度来揭示城市空间内在的发展规律的综合资源管理型规划转变[1]。

在此规划变革背景下，城乡规划教育也应在规划空间属性的基础上，向关注经济要素空间配置的空间经济学、生态环境保护的空间生态学、社会利益格局重构的空间社会学、资源配置及组织效率的空间管理学、操作层面规划公共权力合理运用的政治学及公共行政知识，注重正当程序及实体正义的法学等相关学科知识领域进行拓展[2]。

本科生毕业设计是城乡规划专业本科阶段最后的教学实践环节，也是对教学工作的全面检阅，是学生五年本科学习知识的系统总结及运用。毕业设计环节需要引导学生学生开拓视野，持续关注人类命运、国家大事、当下城乡发展的热点问题和前沿领域，对城乡现状发展特征和未来发展趋势进行前瞻性思考，在本科阶段技术方法论的技术上，加强对学生普世价值观的树立。同时还应特别关注过程研究和逻辑推理，使得设计成果具有现实可行性。

2 课程选题的时代性：我为雄安做规划

2017年4月，中共中央、国务院设立河北雄安新区，这是深入推进京津冀协同发展作出的一项重大决策部署，也是继深圳经济特区和上海浦东新区之后又一具有全国意义的新区，是重大的历史性战略选择，是千年大计、国家大事。

雄安新区是北京非首都功能疏解集中承载地，与北京城市副中心形成北京发展新的两翼。2018年底，《河北雄安新区总体规划（2018—2035年）》获国务院批复，新区规划历时近两年，凝聚了全国以及世界规划专家的智慧，用最先进的理念和国际一流水准规划设计。以雄安新区作为选题，有利于学生了解学科实践的最前沿。

伴随着雄安新区的发展，小城镇的发展模式成为地区发展中的难点问题。本次毕业设计对象是雄安新区起步区外围的赵北口镇、鄚州镇和圈头乡。这两镇一乡自然环境各具特色，历史资源丰厚。圈头乡位于白洋淀淀中，四周环水，沟壕纵横相通，村民出行乘船荡舟，过着水村渔家的生活。赵北口镇紧临白洋淀东岸，古御道、十二联桥、乾隆行宫等历史遗存较多，文化底蕴丰厚。鄚州镇位于白洋淀东部，位处交通要冲，自古为争战鏖兵之地，

图1 两镇一乡的区位示意图

有"天下大庙数鄚州，北京人全，鄚州货全"之美誉。

在难得的历史机遇与严峻的现实挑战下，这些小城镇应何去何从？它们的未来图景和发展路线会是什么样的？理想的空间环境应当如何塑造？本次毕业设计希望六校同学们"为雄安做规划"，对相关问题进行研究，提出相应的战略构思和规划设计方案。

每个学校学生的成果包含3个层次：①在宏观尺度上，这几个镇所在地区提出理想的小城镇与生态环境的空间模式；②选择2-3个镇做镇区城市设计；③对镇区中的特殊地区进行片区城市设计。

3 重交叉、注交流的毕业设计联合教学程序

六校联合毕设是六校师生不同价值理念和思想碰撞交流、多种技能手段相互提高和多种教学方法彼此借鉴的大平台。毕设课题场地调研由学校间指导教师与学生混合分组调研模式，极大促进了各校间老师与学生的交流。开题和汇报答辩由六校教师、知名专家及规划管理人员组成，对学生汇报评审从多个专业角度进行点评。答辩会对学生的汇报能力、临场表现有大幅提升，也开阔了学生的视野。

毕业设计联合教学程序主要分为设计选题、开题、中期汇报以及最终答辩四个核心阶段构成。

设计选题会出席的是各学校资深教授与设计指导教师，主办院校提供多个设计课题供选择。会议就选题的规模、特点以及难易程度展开激烈讨论，并最终明确毕业设计课题。2019年1月初，六所大学的14名教师赴河北雄县、容城等地进行现场踏勘，对联合毕业设计选题进行讨论。

2019年3月5日，联合毕设开幕，场地调研后分组制作调研成果，并在最后汇报交流成果内容，并由各

学校混编的指导教师点评调研成果。教师和专家结合选题从专业角度提出了建议和期许。

2019 年 4 月 20 日，基于对两镇一乡整体空间构想为重点的规划研究，六校师生在清华大学进行联合中期评图，邀请了规划学会、设计院、规划局等多名行业专家参加。专家对同学们的研究和规划设计工作进行了精彩点评，就相关问题进行了互动交流。

2019 年 6 月 1 日在东南大学举行本次联合毕业设计教学活动的最终成果进行展示并答辩。

4 同济毕业设计小组教学理念与模式创新

4.1 价值观与实践力的融汇

毕业设计实践教学是对学生完成本科学习走向社会或继续深造所具备的专业素质、能力和知识的一次综合演练。在要求学生学习和掌握基本的要求：即空间分析和城乡问题归纳能力，融贯规划理论知识与规划设计实践及独立设计研究和团队协作能力外，同济大学城乡规划专业六校联合毕业设计团队特别注重培养学生价值观与实践力的融汇，注重学生性格养成和普适价值观念的正确理解。

首先，城乡规划专业学生的价值取向决定了其对于城乡规划领域的基本判断，进而影响其在规划设计决策时的结果。城乡规划设计的实践对象以公共领域为重点，具有强烈的公共政策属性，因此需要将社会价值观和职业素质的建立融入到实践教学当中[3]。训练学生从生态环境、社会文化、经济发展等多各方面关注什么是社会公共利益，树立正确的公共价值观和社会公共意识，以促使学生能够做出经得起考验的专业判断。

其次，城乡规划设计教学还应以空间为基本手段，引导学生将公共价值观融贯于空间形态的建构当中，并转化为适当物质空间环境控制规则或政策，建立价值观与空间实践之间的转化方法。

结合本次毕业设计选题特点和时代背景，毕业设计小组经讨论确定了如下在规划设计中应该遵循的基本价值观：①生态优先的价值观，强调对小城镇在地生态环境的保护和修复。②保护与发展均衡的价值观，强调淀与镇的和谐共生，均衡发展。③尊重历史与文化的价值观，强调对传统文化的延续，承载居民乡愁。基于上述价值观，毕业设计小组协商制定了相应的规划原则并将其落实于城镇空间规划之中。

4.2 全局性与系统性的规划思维培养

城乡规划工作需要全局的眼光和系统的思维。教学过程中特别注重培养学生站在全局的高度来看待规划设计对象与大区域范围内城镇的关系，用系统的思维对规划设计对象的各个方面进行系统性认识。

主讲教师在教学过程之初就开展了针对京津冀城市群和雄安新区规划为主题的讲座，引导学生将两镇一乡的发展纳入京津冀协同发展和北京非首都职能疏解的全局性背景中进行考虑，梳理其在区域空间格局和城镇功能中的定位，并结合两镇一乡的优势资源与发展潜力，重点强调城镇间的整体协同，确定主导功能与总体布局。

教学过程中引导学生从生态、经济、历史、社会人文、环境等多个角度对两镇一乡发展进行系统性认知和综合性判断。结合学生个人兴趣选题，分别开展了"新型城镇化背景下的淀东三镇空间协同发展策略"、"基于生态人文承续的小城镇特色风貌塑造策略"、"小城镇绿色智慧交通网络构建"、"人口变动背景下的淀东小城镇社区营建"、"基于乡土文化传承的淀东小城镇空间规划策略"、"以生态价值为导向的淀镇一体化空间模式初探"、"以产业活化为特色的临淀村落空间规划策略"，促使学生的规划思维走向"空间规划设计＋"，包括"＋经济""＋社会""＋环境""＋生态""＋管理""＋公共政策"等。

4.3 研究性教学探索

研究性教学的目标是培养学生具有独立探究精神，学生不仅需要锻炼发现问题解释现象的能力，还需要培养应用理论解决实际问题的能力。本次毕业设计通过加强教学和研究之间的多层次关联可以促进学生由被动的知识消费者转变成为积极的知识创造者[4]。

本次毕业设计课程特别注重在传统"师傅带徒弟"的培养模式基础上，有意识的强化"问题探究式"的研究性教学，将专题讲座、分组讨论、汇报交流相结合，采用组员相互协商的方式进行规划决策，使教师成为教学组织者和引导者而非决策者。课程教学过程中注意启发学生在现场调研、公众访谈、部门探访当中发现城镇发展的问题，在学生不明白时予以适当点拨，诱导问题探究的方向。指导教师引导学生探寻问题背后的深层次原因，厘清社会经济文化是如何作用于空间的具体机制，采用开放式讨论方式达成共识。同时让学生站在政府、居民、开发企业、专家学者等不同角色立场进行思考，促使学生以利益平衡者角度思考。学生思考和结论反馈于空间规划设计当中，以此明晰为什么要"画"这样的"图"以及画出来的"图"有什么用。

5 同济毕业设计小组教学成果

5.1 主题立意——淀镇共生，命运交响

天地与我共生，万物与我为一。漫漫历史长河中，是人类的水利工程和对自然亲密接触的向往塑造了白洋淀，同样是白洋淀柔美而壮阔的淀泊风光塑造了世世代代的白洋淀人。从农耕时代的淀镇原始共生到现在因大量工业生产和污染造成的淀镇对立，为了保障白洋淀的生态环境，是否只能选择将居民迁往淀外，退镇还淀？同济大学毕设小组通过人淀关系的思考和国内外案例研究，以瑞典"温特瑞克"湿地社区案例为启发，确立了"人不离淀、人不损淀、人淀共融"淀镇关系，规划的主题立意为"淀镇共生，命运交响"。适当退镇还淀，但仍保留淀镇紧密相依的空间关系，将镇视作白洋淀生态系统重要一环，人类的生产等活动重新编入整体生态体系，并通过生态技术发挥人类改善白洋淀生态环境的主动性，构建起临淀生态缓冲环，原有的水生文化也能得到更好的延续，构建淀镇"生命共同体"。

5.2 以共生为理念的协同发展

教学过程中启发学生站在全局的高度，从雄安新区视野思考两镇一乡现状同质化的发展如何破解，未来发展如何差异化协同。学生从首先通过生态承载力分析、农业适宜性评价、城镇适宜性评价等多个维度分析对两镇一乡整体空间进行管控（图2）。确定淀中小镇圈头还淀退绿、淀边小镇赵北口西退东拓、近淀小镇鄚州取水连镇的空间发展策略（图3）。

5.3 以生态为骨架的空间重构

在镇区规划层面，启发和引导学生讨论，生态文明背景下的这一特殊生态敏感区域的城镇空间架构能否跳出传统小城镇沿路蔓延式发展的模式，形成城与淀共赢的发展格局。毕设小组将生态作为空间重构的骨架，在老镇区与新镇区间、新组团之间以生态骨架相连，约束城镇蔓延（图4）。生态骨架还承担生态保护和居民游憩的重要功能，体现人淀的亲密互动（图5）。

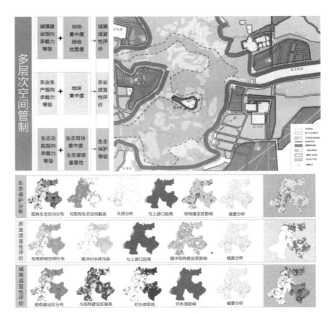

图2 两镇一乡空间管控

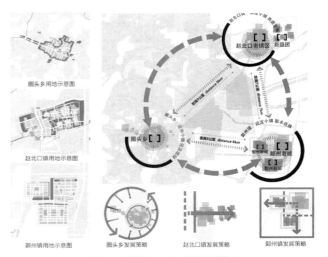

图3 两镇一乡空间发展策略

5.4 以文化为脉络的场所链接

文化空间作为乡愁的承载，对居民具有积极的心理意义，也是城镇具有可识别性和地方化特色的重要基因。毕设小组将文化作为重塑集体记忆的重要脉络链接镇区具有文化价值的场所，通过传承地域燕赵文化、淀泊水乡文化和红色文化，保护与恢复地方风貌和习俗；创新现代文化，培育苇编、泥塑等民间手工艺产品，形成创

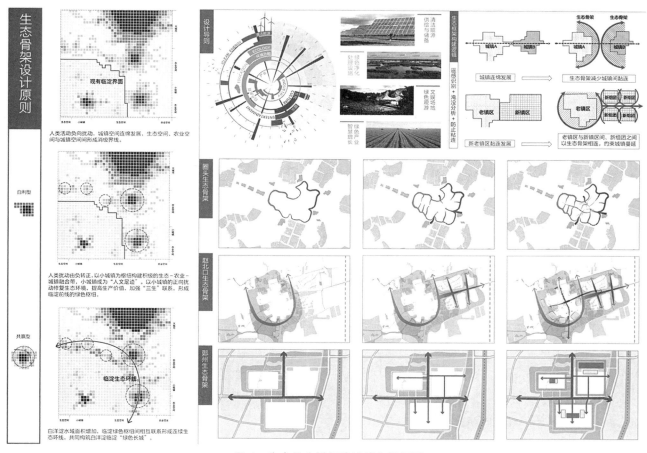

图4 生态作为骨架的城镇空间规划

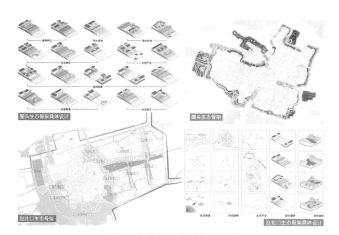

图5 生态骨架的详细设计

新文化空间。通过文化脉络将场所链接起来，巩固和重塑小城镇的文化价值观（图6）。

5.5 以实施性为导向的空间振兴

本次毕业设计要求毕设小组的同学积极思考什么样的功能策划和空间方案在发展动力较为欠缺的小城镇具有较好的可实施性。学生需要从经济可行性、各方利益协调等多个角度考虑新开发项目（如文化酒店、产业园）、公共性的更新项目（如村民中心、养老院等）、居民自发的更新升级（如民宿）之间的平衡，并在此基础上塑造有辨识度和本地文化特色的空间（图7），使得规划图纸能够真正成为城镇发展蓝图。

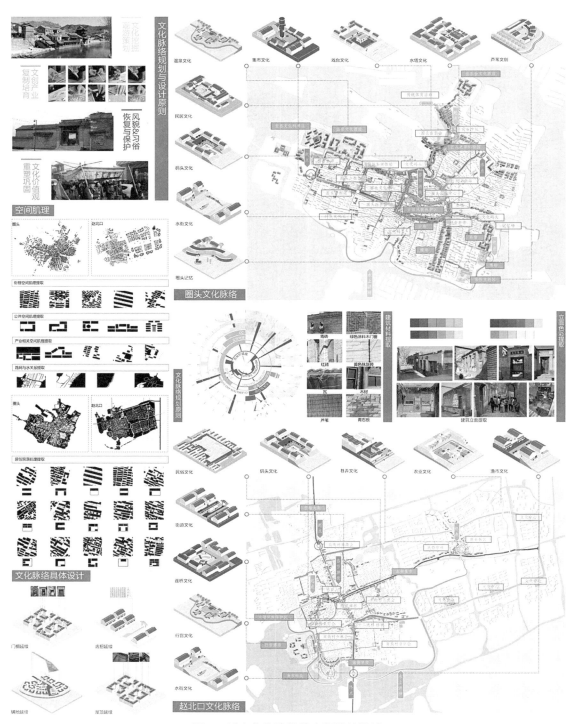

图6 以文化为脉络的空间链接设计

图 7   圈头乡详细设计

6 课程总结思考

六校联合毕业设计是各高校城乡规划专业提高教学质量的有效途径之一，其在院校及师生之间搭建了取长补短、学术交流、提高专业水平的宝贵平台。同济大学毕设小组在本次课程教学当中注重了以下几个结合：

首先是核心价值观和规划方法论的结合。本科教育阶段在教会学生技能方法的同时，需要加强对学生性格养成和普适价值观的培养。将城乡规划领域核心价值观的塑造融于规划方法技能的教学过程中，潜移默化的塑造学生将公共利益置于首位的职业规划师素养。

其次是城乡规划与空间规划相结合。国家空间规划体系面临重大改革，传统城乡规划，尤其是城市设计未来在空间规划体系中将处于什么位置？能发挥什么作用？这应该城乡规划学界共同思考的问题，也是学生即将面临的一次职业生涯的重大调整，本次毕业设计引导学生在规划实践当中进行前瞻性的思考，并谋划可行性的路径，为已经到来的变革做一定的准备。

最后是规划理论和建设实践相结合。做实用的、管用的、好用的规划，必须要将规划理论和建设实践结合起来，规划图纸的背后是对经济、社会运行规律的洞察，对规划实施各个环节的充分考量，对各个相关利益方的综合平衡。唯有如此，规划的蓝图真正成为实施的蓝图。

注：文中图片均引自同济大学六校联合毕业设计小组教学成果。

同济大学毕业设计小组成员：来佳莹、刘卿云、林旭颖、谭逸儒、汪滢、吴怡颖、姚瑶

指导教师：匡晓明、刘冰、肖建莉

主要参考文献

[1] 黄亚平，林小如.改革开放40年中国城乡规划教育发展 [J].规划师，2018，34（10）：19–25.

[2] 吴燕.新时代国土空间规划与治理的思考 [J].城乡规划，2019（01）：11–20.

[3] 李惟科.论职业后教育中城市设计观的培育 [J].城市建筑，2018（27）：23–27.

[4] 钟声.城乡规划教育：研究性教学的理论与实践 [J].城市规划学刊，2018（01）：107–113.

Urban Design of Small Towns under the Background of Ecological Civilization
—Six Schools Joint Graduation Design of Urban and Rural Planning of Tongji University in 2019

Kuang Xiaoming   Liu Bing

Abstract: Taking the example of joint graduation design of 6 universities for undergraduates majoring in urban and rural planning, the paper expounds the teaching innovation of graduation design teaching group in students' personality development, values establishment, overall and systematic thinking and problem–inquiry teaching. The paper also briefly introduces the graduation design achievement guided by this philosophy, finished by the Tongji graduation design group: the planning of two towns and one county in Xiong'an New District, which is on the theme of "the Symbiosis between Lake and Town, the Sympathy of Destiny".

Keywords: Joint Graduation Design, Teaching Philosophy, Xiong'an New District, Urban Design of Small Towns

社会调查方法在城市设计教学中的应用*

杨 辰 刘 超

摘 要："空间的社会性与社会的空间性"让我们认识到城市设计教学引入社会调查的必要性。存量时代的城市设计不仅是美化空间、更是调整社会关系的重要手段——空间资源的合理分配可以在一定程度上调节不同收入水平的社会群体在获取公共资源方面的能力差异，让各阶层在公共空间中相互沟通、理解和适应。在城市设计教学中，我们尝试从历史文脉、人口特征、经济活力、政策治理四方面对基地展开社会调查，为空间设计提供坚实基础。

关键词：社会调查，城市设计教学，存量规划，教学组织

经过了三十多年的快速发展，中国城镇化的目标开始从"量的增长"转向"质的提升"。北上广深等大都市纷纷提出了限制城市扩张或建设用地零增长的目标，通过产业结构的调整、以城市更新为手段，对城市存量土地进行系统的改造与置换。与传统的扩张型规划不同，存量规划面对的是高密度城市建成环境，地块面积小、功能多样、产权复杂，涉及利益群体众多，在实施更新之前，往往需要对基地及周边地区的发展历史、功能业态、居民生活和生产方式以及需求进行深入调研。因此，在设计之前，如何借鉴社会学、人类学以及新技术方法（网络数据分析等），展开"面向空间规划"的社会调查成为当前的热点问题，也是本次城市设计教学改革的初衷。

1 引入社会调查的必要性

传统基于建筑学的城市设计教学以空间形态为研究对象，重点关注地区功能、交通组织、公共空间、建筑体量和密度，以及景观视线、绿地率、贴线率等物理指标的控制，城市空间背后复杂的社会因素长期未受到应有的重视。

空间是社会的产物。"任何一个社会或任何一种生产方式都会产生出它自身的空间"（列斐伏尔，1991）。从古代城邦的集市、到工业时代的商场、马路市场、专业市场，再到今天的会展和交易中心、甚至是适应各种网购形态的物流快递中心的出现，都是人类社会不断适应和重构空间的结果。

社会也具有空间形态。"任何社会关系、组织和机构都具有空间形态，这是由人群和空间环境的基本关系决定的……当涉及一家工业企业、证券交易所或者政治生活中的一个组织，如果我们不能把它们放入空间中加以考察，那么我们只能从这些机构身上得到一个抽象的概念。这些机构必须与土地联系在一起……所有的物质要素、人类活动与惰性物质、肌肉和骨骼、建筑、房屋、地域、空间外貌等等。人们可以对这些空间中的事物进行描绘、形容、测量，计算出它们的组成元素，辨识它们的发展方向、迁移动向，评估它们的增长和衰退。"（哈布瓦赫，1938）

"空间的社会性与社会的空间性"让我们认识到城市设计教学引入社会调查的必要性；存量时代的城市设计不仅是美化空间、更是调整社会关系的重要手段——空间资源的分配可以在一定程度上调节不同收入水平的社会群体在获取公共资源方面的能力差异，让各阶层在

* 基金项目：国家自然科学基金面上项目，"基于社会网络分析（SNA）的城乡社区更新方法与技术应用研究"（批准号：51778434）。

杨 辰：同济大学建筑与城市规划学院城市规划系副教授
刘 超：同济大学建筑与城市规划学院城市规划系助理教授

公共空间中相互沟通、理解和适应。在城市设计教学中，我们尝试从历史文脉、人口特征、经济活力、政策治理四方面对基地展开社会调查，为空间设计提供坚实基础。

2　调研内容与方法

本次城市设计教学基地选在上海市普陀区的曹杨新村街道，占地2.14平方公里，户籍居民3.2万户，10万余人。作为上海工人新村的典型代表，曹杨社区当前面临着人口结构老化、中低收入居民集中、房屋老旧、公共服务设施亟待升级等诸多问题。社会调研从以下四方面展开：

2.1　历史文脉梳理

通过历史档案、历史影像和居民口述史三种方式，学生们获得了三方面的重要信息：

建造历程——始建于1952年的曹杨新村是新中国第一个工人新村，居民大多来自长宁、普陀、闸北三区的大型国企一线工人，很多还是厂里的劳动模范和先进工作者。在这里，人民政府为上海工人第一次建造了公园、浴室、文化宫、电影院、医院、小学、幼儿园等公共设施，是二十世纪五十年代新中国"工人阶级当家做主"的体现。从一村到九村，从"邻里单位"到"居住区"，曹杨新村出现了各类户型的公房，是上海三十年社会主义建设的缩影（图1）。

新村工人的生活方式——历史影像（档案、电影）和居民口述帮助同学们还原了那个时代新村工人独特的生活方式，包括："先生活后生产""舍小家为大家"的职住关系、基于"邻居＋同事"双重联系的集体生活以及接待外宾的宣传窗口。重点记录和分析了当时的集体生活是如何在新村各类场所发生的（如集会广场、单元家务院以及合用厨房等）（图2）。

历史遗存和记忆场所——通过访谈，同学们还找到了半个世纪前的一些历史遗存（铁路、食堂、集市、合作社等），特别是在第三代居民儿时记忆中的那些重要场所（如河浜、红桥、老虎灶等），这为城市设计中新村文化线路的设想提供了可能。

2.2　经济活力

虽然曹杨新村以居住为主，缺少就业岗位，但不乏经济活力。这种活力体现在高密度的商业和POI，充足的轨交和公交站点，以及高房价和高物业费。设施老旧与经济活力之间并不矛盾。实际上，作为近70年的老旧社区，这里有着成熟的商业网络、高质量的中小学、便捷的公共交通（三条地铁线交汇），吸引了大量的外来人口和商业机构。为了获取活力数据，调查小组对街道办事处、物业公司和居委会进行了系列走访，通过链家和百度数据的抓取制作了曹杨街道的活力地图。通过居民调查问卷，我们发现现有的经济活力与居民实际需求之间仍有一定的错位，这为城市设计中的业态调整提供了依据。

图1　曹杨新村建造历程（1951–1977）

图2　曹杨新村1950年代的历史影像
（左：欢迎劳模入村；右：外宾参观）
资料来源：网络

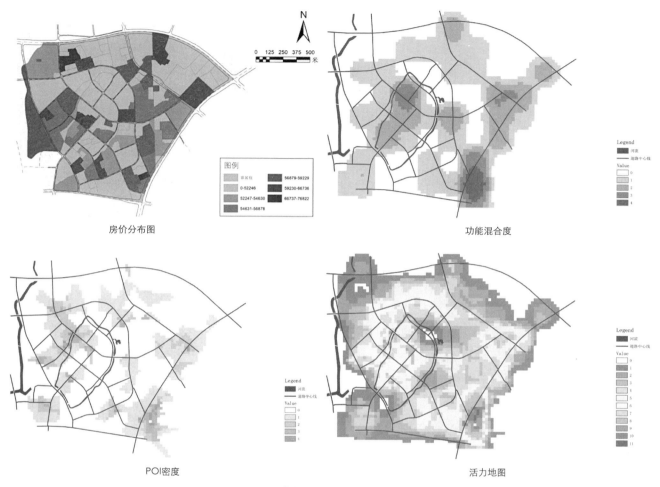

房价分布图

功能混合度

POI密度

活力地图

图3 曹杨新村的活力地图调查
资料来源：作者自绘

2.3 民行为特征

本次社会调查的重点是要了解居民的生活生产方式和社交行为特征，真正的从使用者而不是规划师的角度来制定城市更新的策略。鉴于此，我们通过问卷和访谈两种方式，选择曹杨新村街道三个不同收入水平❶的社区进行了居民调查。与一般的社调不同，面向城市设

计的社会调查更加关注各类行为和社会关系的"空间属性"。在传统的"个人信息""社区环境评价""需求调查"问题之外，增加了"居民出行与社会交往"的系列问题：请居民绘制日常出行轨迹、停留点及主要交往内容——目的是了解不同收入和年龄段居民的活动范围、活动内容，以及哪些公共空间和公共设施为居民（特别是不同收入水平的居民）提供了交往可能。这些分析为学生理解"社会的空间性和空间的社会性"提供了极好的视角，同时也呼应了本次城市设计关于"活力与共享"的主题。

❶ 本次调查采用房屋售价／租金（链家数据）和物业管理费（街道提供）来衡量社区居民的平均收入水平。

图中是三个不同收入社区居民日常出行轨迹的拼合图，线条越宽，代表通过该路段的人次越多（N=196）

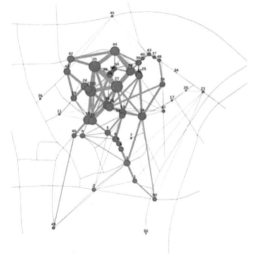

图中是对三个不同收入社区居民的日常出行停留点记录，圆点越大，代表停留在该点的人次越多（N=196）

图4　曹杨新村居民行为和交往方式调查
资料来源：作者自绘

2.4　社区治理与社区规划师

社会调查的最后一部分是关于社区治理和街道全面推广的社区规划师制度评价。2015年以来，曹杨新村街道为贯彻市政府1号文件精神（街道退出商引资，进一步强化社区服务职能），提出了由社区规划师牵头的"三个美丽"行动（美丽街道、美丽家园、美丽楼道）。学生们重点考察了治理行动中不同尺度的更新点位以及居民

评价。目的是了解当前快速推进的社区更新在哪些方面满足了居民的需求，哪些方面还存在差距。

四方面的调研极大拓宽了学生对基地和对本次城市设计任务的理解，对于社会因素（历史文脉、经济活力、生活方式、治理政策）如何形塑城市空间也有了直观的认识。社会调研的多元方法（档案、历史影像、数据爬取、行为地图、问卷、访谈等）进一步提升了学生"掌握并综合使用城乡规划原理和城市社会学理论解决实际问题"的能力。

3　教学组织

3.1　时间安排——社会调研模块的植入

在为期16周的城市设计课程中，社会调研作为平行教学单元嵌入现有体系中（表）。调研分为三个阶段：基础调研（1-6周）、补充调研（7-9周）和个性调研（10-11周）。基础调研是主体，同学们采用分组形式、用4-5周时间收集曹杨新村的历史文脉、经济活力、生活方式和社区治理方面的信息，对不同收入水平的三类代表社区进行实地走访、问卷调查和座谈。在对信息进行分析整理的基础上，各组同学要求选择15-30公顷的工作基地、初步确定设计主题。在经过快题设计和小组集体评图后（第6周），同学们要针对指导教师的意见进行补充调研和方案修改。在中期评图（第10周大组交流）之后，学生还要根据更多专家意见及方案深度需要，选择针对各自方案的关键问题进行个性调研（针对某类居民或特殊空间节点的使用情况）。三个版块中，基础调研为集体成果，其余两个为小组独立成果（表1）。

3.2　人员安排

本次城市设计教学共有本科四年级学生10名，分为五个调查组（2人一组）。在"基础调研"阶段，前四组分别负责历史文脉、经济活力、生活方式、社区治理四大主题，第五小组负责整个街道的交通组织与公共设施空间信息的收集和图纸绘制。对于三个重点社区的问卷（发放210份，回收有效196份）和居民调查则重新分组（保证每个社区有4-6名同学）。第二、三阶段调查（补充调研和个性调研）由各小组自行安排（图5）。

社会调研版块植入现有教学体系　　表1

周数	教学阶段	社会调研内容	主要版块
1	布置题目	基地讲解； 社会调研步骤、方法、进度安排	
2	现状调研	历史文脉、经济活力调查； 重点社区 I 走访	（1）基础调研
3		生活方式调查； 重点社区 II 走访	
4		街道座谈、三美治理行动调查； 重点社区 III 走访	
5	方案构思	调查问卷分析、基地选择、主题确定	
6	快题设计	小组评图	
7	总体设计	补充调研，方案修改	（2）补充调研
8		补充调研，方案修改	
9		总体方案及系统设计	
10	详细设计	中期评图	（3）个性调研
11		分项设计（针对性补充调研）	
12		分项设计	
13		总体优化	—
14	最终成果表达	方案整合	
15		成果制作	
16		成果制作；期末讲评	

资料来源：作者自绘

4 教学效果

　　针对社会调研是否对城市设计教学起到了支撑作用，我们进行了随堂调查。对于问题一（你认为本学期社会调研的哪些内容对理解基地问题和引导设计策略有帮助？），选择"历史文脉"有6位、"经济活力"有5位、"居民行为"有9位、"社区治理"有3位（N=10）。其中6位同学认为"居民行为"调查"最有帮助"。对于问题二（社会调研在哪些方面对城市设计有支撑？），选择"发现问题"有10位、"概念生成"有6位、"基地选址"有7位、"功能定位"有4位（N=10）。其中认为"支撑作用最明显"的是"发现问题"（9位）和"基地选址"（7位）（表2）。

社会调研模块对城市设计教学作用的
随堂调查（N=10）　　表2

问题一：你认为本学期社会调研的哪些内容对理解基地问题和引导设计策略有帮助？（多选）		问题二：社会调研在哪些方面对城市设计有支撑？（多选）	
A. 历史文脉	6	a）发现问题	10
B. 经济活力	5	b）概念生成	6
C. 居民行为	9	c）基地选址	7
D. 社区治理	3	d）功能定位	4
—		e）形态设计	1

资料来源：作者自绘

图5　学生分组对社区居民的现场调查
资料来源：作者自摄

从中期成果来看，社会调研对于"发现问题 / 概念生成"以及"基地选址"产生了显著影响。各小组根据关注的不同问题选择了差异性主题，在同样的研究区域中（曹杨新村街道）也划定了各自的设计基地（图6）。

5 学生心得（节选）

社会调查的四个方面对认识基地都很有帮助，但我认为"居民行为"方面最为重要，它能最直接反映现状基地使用者的需求，最直接发现基地现状的问题，直接影响了我们设计的范围与选择的节点（…）社会调研对"发现问题、概念生成、选址"都有帮助。我们通过前期的调研发现基地内存在活力点可达性差、人口结构单一、

公共空间功能不齐全等问题，得出"串联活力点 引入青年人"的主题概念，最终依据潜在活力点确定选址。（组1、组2）

我觉得A历史文化、B经济活力、C居民行为这三方面对认识和理解基地有帮助。A可以了解基地的特殊性，C是获得基地设计抓手的有利信息，而B可以获得地区的宏观定位，把握地区发展的大方向。对于城市设计来说，社会调研在a发现问题和c基地选址方面最有帮助，不仅让我们感受到了基地的现场氛围，也可以从居民的角度寻找出有意思的空间。（组4）

经济活力和居民行为对理解基地的帮助较大，两者结合能够概括出基地内居民的生活轨迹，提炼现状公共空间和设施的缺陷以及居民的期待，对随后的设计有启

五组基地选址

方案1曹杨之心，活享绿浜

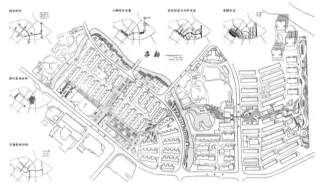
方案2串廊

方案3 全龄社区

方案4铁轨新生

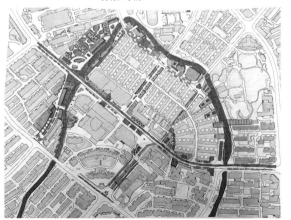
方案5 间隙

图6 基于社会调查的各组基地选址与主题
资料来源：学生提供

发（…）历史文化对理解基地过去到现在的发展脉络有帮助，但比较缥缈，应用在设计中有一定困难。社会调研在发现问题、概念生成、选址和功能定位方面对设计有帮助。主要帮助是发现现存的问题和潜在的机遇（…）社会调研是方案一切逻辑构建的基础，但形态设计灵活多变，与社会调研的直接关系不明显。（组3，组5）

6 总结

十八大以来，中央对城市规划改革提出了"以宜居为目标，将扩张型规划转变为品质提升型规划，实现城市发展方式转型"的要求，"加强城市设计，提倡城市修补"成为转型的必经之路。除了完善城市交通、市政、公共服务、居住和就业功能，城市修补还要"特别关注社区功能的修补"（黄艳，2016）。

本次教学改革就是对时代发展需求的一次回应。通过引入"社会调查"教学模块，我们验证了"社会调查"给予城市设计教学的支撑作用，探索了"以空间规划为导向"的社会调研的方法和实施路径（区别于一般的社会调查）。同学们充分意识到了理解"空间－社会"互动机制的重要性：城市空间的形塑过程总是受到政治、经济、文化和社会因素的影响。反之，城市规划师的每一次介入、每一次行动都会创造出新的空间，这些新空间必将对现有的社会关系和生活方式产生持续的影响。这是规划师职业被赋予的权力更是责任。

受时间所限，社会调查模块对城市设计教学的影响主要集中在前、中期（发现问题、概念生成、基地选址和功能定位），对于最后一步——"形态设计"，仅有1位同学认为有直接影响。这说明"空间－社会"在微观尺度上的互动机制仍需进一步探索，这也是下一阶段继续完善"社会调查教学模块"的重点和难点。

主要参考文献

［1］ Halbwachs M.. Morphologie sociale [M]. Paris：Armand Colin，1938.

［2］ Henri Lefebvre. The Production of Space[M]. Trans. Donald Nicholson–Smith. Oxford：Wiley–Blackwell，1991.

感谢上海市普陀区曹杨新村街道办事处与同济大学城市规划系四年级10位同学对于本次教学改革的积极配合与参与。

Application of Social Survey Method in Urban Design Course

Yang Chen　Liu Chao

Abstract: "Sociality of space and spatiality of society" let us recognize the necessity of introducing social surveys into urban design course. Urban design in the urban re–development planning era is not only a beautifying space，but also an important means of re–defining social relations. The rational allocation of spatial resources can，in some way，reduce the imbalance of the different social groups in their ability to acquire public resources，so that all social groups can communicate，understand and adapt to each other in the public space. In urban design course，we try to give strong support to physique design by using social survey，composed by four aspects of historical context，demographic characteristics，economic vitality，and policy of governance.

Keywords: Social Survey，Urban Design Course，Re–Development Planning，Pedagogical Organization

基于现象学方法的城乡规划设计创新路径探索*

李　晴

摘　要：随着我国经济和社会的快速全面发展，创新比以往任何时候都显得更为紧迫。本文拟结合现象学理论对城乡规划设计创新进行一定的探索。论文首先概述现象学基本概念，强调现象学意向性的被给予性、全能性和构造性三个特征，然后分析城乡规划设计借鉴现象学的三种思考方法：悬置与去蔽、词源考古和"运思"；进而依托意向性的三大特征和现象学的思考方法，提出相应的城乡规划设计创新路径，可概述为：寻找自明性开端、范畴直观及塑造诗性空间，同时结合教学案例予以一定阐释。

关键词：现象学方法，城乡规划设计，创新路径，诗性空间

改革开放以来，我国高等教育逐步迈上正轨，教学质量取得长足进步，专业排名在国际上稳步提升。伴随着大国崛起，我国在科技和教育等领域从对世界先进国家的追赶模仿开始趋向与之"并驾齐驱"，直至进入"无人区"，在这个时间节点上，创新比以往任何时候都显得更为紧迫。然而，创新从哪里来？创新的路径是什么？如何摆脱思维定式和"平庸"？这些议题需要深入探讨。创新有很多方法，现象学方法就是其中之一。然而，在城乡规划设计领域，关于现象学的讨论非常少，由此，笔者拟结合教学思考，结合现象学理论对城乡规划设计创新进行一定的探索。本文首先概述现象学基本概念，然后分析城乡规划设计可借鉴现象学的三种思考方法，最后探讨基于现象学方法的城乡规划设计创新路径。

1　现象学的基本概念

现象学是关于体验和知觉结构的哲学，关注于对各种现象及其显现方式予以解释和分析。"现象"有两层含义，"现"指事物显现的动态过程，包括动力、过程和结果，"象"指事物呈现出来的样子，合起来即是"象"呈"现"出来。"意向性"是现象学的一个重要概念，揭示意识总是"关于某事物的意识"（胡塞尔，1996）。意向性存有三大特征：①被给予性，即事物只有被给予才能存在于人的意识之中；②全能性，任何意识追求对事物的直观占有，抵达明鉴，充实化，意识具有能动性，会走向事物的深处；③意识的构造性，世界"产生"于意识的超越性鉴力，意识活动有阶段性、层次性，通过纵深追溯，把事物丰富的层次和历史过程呈现出来。现象学领域有很多著名领军人物，本文主要依托胡塞尔及其学生海德格尔两人的理论。

现象学之父埃德蒙德·胡塞尔认为，人们在认识事物时，存在两种态度，即自然态度和现象学态度。自然态度是"缺省"状态下人们自发地生成并指向事物的那种关注；现象学态度又称为超验态度（transcendental attitude），是人们对自然态度以及发生在自然态度之中的所有意向性进行反思之时所持有的那种关注，向现象学态度的转变称为现象学"还原"，即"回到事物本身"（胡塞尔，1996）。海德格尔继承和发展了胡塞尔的现象学，他指出存在就是存在者的显现，也就是现象学意义上的现象（吴增定，2018）。现象学并不关心存在者本身是什么（was），而是仅仅关心存在者"如何"（wie）存在或"如何"显现，"存在"就是现象学所说的"现象"（海德格尔，1987，2009）。

*　基金项目：国家自然科学基金（批准号：51378359）、上海市高峰计划（0100121006）和上海同济城市规划设计研究院基金（KY-2015-ZD8-B01）的部分研究成果。

李　晴｜同济大学建筑与城市规划学院城市规划系副教授

2　现象学导引下的城乡规划设计思维方法

依托于现象学的基本理念，本文提出城乡规划设计在思维上可借鉴现象学的三种基本方法：悬置与去蔽、词源考古和"运思"。

2.1　悬置与去蔽

现象学"还原"意指将各种自然意向中立化，这种中止也称作"悬置"，即把世界以及世界之中的万物都加入"括弧"，存而不论，保持对象在自然态度之中的表现状态和方式。首先，"悬置"存在，切断存在的各种关系；其次，对现有知识和经验加括号，回到知识的原点。通过中立化，把自己暂时进入没有倾向、态度和是非的状态，这样才能实现从经验表层向经验本质的还原，从而回到自明的开端，形成合理和可靠的知识。现象学"还原"的主要目标在于：获得一个新的、其特性未被划定的存在区域，即"纯粹体验"。从给予给我们的体验连续流出发，特别的自我感知可能就会"奇特地"显露出来，这个特别存在的意识就是"现象学剩余"，即经过去蔽的事物本质。通过这种悬置，打开一个绝对的存在区域，通过显示和可能的"意向构造"将实体宇宙包含在意识之中。

对于城乡规划设计的学生来说，运用现象学思考就是要回到思考原点，寻求事物的本来面目。例如，如果遇到某甲方提出对城市某片区进行色彩控制，可以先将关于色彩的专业知识进行悬置，然后进入规划片区现场，在直面事实本身时沉思：这个城市的色彩有何特质？这种特质是如何体验到的？色彩特质的构成是什么？产生的机制如何？新区存在这种机制吗？色彩机制建构的准备条件是什么？等等。

2.2　词源考古

词源考古就是"揪"着语言和词语不放，追根溯源，从而获得明鉴。为了阐释存在论和现象学之间的内在关联，海德格尔澄清"现象学"（Phanomenologie）是由"现象"（Phanomen）和"逻各斯"（Logos）两个希腊文词根组成，"现象"的本义是"就其自身显现其自身者，敞开者"，存在者"自身被带入到光亮之中"。现象同"假象"和"显象"有着根本区分，"假象"是指存在者并非显现为其自身，而是显现为他者；"显象"意味着存在

者的显现不是自身显现，而是"指引"着某种自身不显现者或自身不在场者。"逻各斯"（Logos）的本义是"言谈"，将所涉及的东西公开出来，"让人看见"。据此，逻各斯并不是后世哲学家所说的命题、理性、原因和根据等，而是对于现象或一切自身显现的描述和表达。因此，现象学的含义："让人从显现的东西本身那里，从其本身所显现的那样来看它"（海德格尔，1987）。海德格尔在谈到"真"的问题时，特别强调了"真"的希腊文本义，"真"的原本含义是"去蔽"（a-1etheia）。换言之，"真"首先意味着需要克服或摆脱某种"被遮蔽状态"（海德格尔，1987），"真"意味着此在（Dasain）的自身显现或现象摆脱了被遮蔽状态，得到敞开。

在与城乡规划设计的联系上，词源考古意味着不能轻信某个名词或概念。例如，江南某镇欲打造"时尚"特色小镇，依据词源考古就要分析："时""尚"的词源性含义是什么？"时"的当下性如何反映？"尚"的过去是如何生产出来的？"尚"什么？如何"尚"？真"时尚"与伪"时尚"如何辨别？通过这些细致的分析，才能明辨这个小镇是否真的需要打造"时尚"小镇，以及是否存在打造"时尚"小镇的有效路径。

2.3　"运思"

"运思"就是对存在的特性发出原始惊问，对知识进行"异乎寻常"追寻。如：存在之外并无非存在；存在是一，存在与思维同一；又如：人不能两次同时踏入同一条河流；上坡路和下坡路是同一条路等等。如此一般，通过追问，开启现象学的钥匙。词源考古就是一种"运思"的方式，海德格尔阐释"存在"（Sein）不是某种现成的实体或存在者（Seiende），不是可以用任何理论和对象化的方式加以认识和思考的对象，依此提出"存在论区分"，进而对古希腊2000多年以来的形而上学进行令人折服的批判。

"古希腊意义上的最高理智"乃是"反思力"，一种让一切在其本身中纯粹地闪现且在场重新闪现出来的能力。"运思"可以帮助人们回到事物的端点，回到原始的意识现象，描述和分析观念（包括本质的观念和范畴）的构成过程，以此获得有关观念的规定性意义和实在性的明证。通过忧心者的运思，可以切近事物隐匿着的神秘。

3 基于现象学方法的城乡规划设计创新路径

基于意向性的三大特征及现象学的思考方法，笔者将基于现象学方法的城乡规划设计创新路径概述为：寻找自明性开端、范畴直观和塑造诗性空间三个层面。

3.1 寻找自明性开端

胡塞尔认为本质就在现象之中，开端一定是事物与意识相统一的。人类具有理性，凭借这道理性之光，能够揭示事物的真相（truth），明见对象的本质，获得本质直观。什么是真知？真知的产生意味着世界开始被"生产"，作为起源，原初统一的现象就可以构成自明性开端。通过原初统一、直观和自明性开端，才能形成生活世界的意义

获得自明性开端的最基本方法即前文所述的现象学"还原"，"悬置"或者"中止"判断，使得一切对象作为且仅仅作为显现者显现，去除主观一切经验的先入之见，回到事实本身。例如，笔者今年带学生毕业设计，基地选在越南顺化，顺化道路上有很多小型摩托车，有时会造成短暂的拥堵。的确，道路拥堵是因为小型摩托车，但是我们不能简单地下定论，以应对小型摩托车问题，而应该思索：路上摩托车为什么很多，越南人主要的出行方式是什么？为何会有这种出行方式？是公共交通落后还是国民经济不够发达？居民的居住方式如何？居住地的道路及服务的组织方式？摩托车如何实现城乡之间的交通联系？以及小型摩托车带来的弊病和长处等等。

在城乡规划设计领域，自明性开端可以依托体验，成为规划设计的切入点。从现象学的观点看，每个体验都会涉及对象某个特有的、可直观把握的本质，可以在对象自为的特性中寻找这个本质或特质。例如，一位在越南顺化的泻湖区域调研的赵学生，发现泻湖区域的渔民拥有十几种捕鱼的方法，由此产生好奇，进而对这些方法进行了较为深入的研究（图1），通过梳理捕鱼的多种生产形态与之相伴随的渔民多种生活形态，整理出"鱼–网–渔–舟–水–田–蟹–牛–鸟"的关联链，从这一点出发，构成赵学生泻湖渔村规划设计的切入点。当然，对于城乡规划设计还需注意特定性（specific）和一般性两者的关系，对特定性问题的思索并不排斥对一般性问题的解决。

图1 渔网形态及其与之伴随的渔民生活形态
资料来源：同济大学规划系本科生赵一夫，指导教师李晴（下同）

3.2 范畴直观

范畴是人的思维对某个领域事物的本质性概括，是一种反映事物本质性的概念或命名。概念是意向性活动的产物，是具体性事物的抽象，是一种全能性与创造性的转换，没有概念就没有意识活动的完成。概念本质上是由意义来确定，意义的需求产生概念，没有概念，就没有事物为何物，即现象本质的规定性。直观意味着明见性，亦即当下的、直接的把握。直观包括感知和想象，感性感知扩展到范畴感知，感性直观也就相应地扩展到了范畴直观。把大地的沉默翻译出来，用恰当的语词表达，这就是概念或命名。通过命名本质之物，词语把本质从非本质那里分离出来。

范畴直观运用在城乡规划设计上就是要通过对事物的反思和在地性特质的提炼，进行意向性命名，提出相应的设计概念（李晴、田莉，2015）。命名活动具有初始性，语词是来擦亮的，擦亮就是去蔽，就是创造，好的设计一定是擦亮了某些东西。在此基础上，可以深化意向性命名的质性、质料和代现性内容；质性是指事物的内在规定性，质料是质性的内容或材料，代现性内容是指对事物进行解读的含义。例如，在今年越南的毕业设计中，赵同学经过对现场的观察和反思，很快提出"渔寨迷舟"的规划设计概念。在意向质料上，关注于"渔"、"寨"、"舟"；在意向质性上，对复杂且不利于渔业可持续的捕捞方式进行改造，保护因过度放养而污染的水环

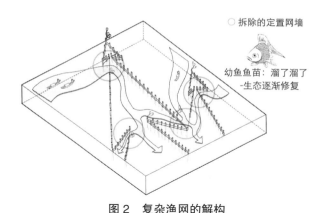

○ 拆除的定置网墙

幼鱼鱼苗：溜了溜了
-生态逐渐修复

图2　复杂渔网的解构
资料来源：同上

境，提高产业的附加值（图2）；在代现性内容上，渔寨摇身一变，成为游客进行"科学"探寻的"迷乱"之旅"胜地"。

3.3　塑造诗性空间

海德格尔区分了德语中关于诗的两个词"Dichtung"和"Poesie"，前一个词是德文本生，后一个是拉丁外来词。海德格尔一般使用"Dichtung"，"Dichtung"有筹划、设计、构造成型等意义，是对"存在"的揭示、命名、创建、开启，它源于存在而达于真理。诗承担了三重主题：诗创造了一个自由的空间，使"真"得以在其中发生；诗为人提供了与存在建立始源性关系的最佳场所；第三、诗的诗意栖居时空之所决定了其乃是人—神游戏的存在

本质（周倩平，2012）。人即此在，作为特殊的存在者，是"在—世界—之中—存在"，此在的存在或自身显现同时意味着世界的自身显现，由此，此在需要对天地神人四者担责（海德格尔，2009）。海德格尔提醒我们学会诗意地栖居，脱离"沉沦"的时代，栖居于本源之地，让人本真地存在。

在城乡规划设计的空间意向表达上，需要努力追求人性与自然的统一并保持自我操持的明澈性（图3、图4），回返本真存在状态。一方面，反应人类生命的自发性和精神自由，作为一个具有创造性的此在，表达自我个性；另一方面，人的主体性须在规定的自由范围内与世界和谐相处，带入天地之间，获得还乡的喜悦。

4　结语

现象学认为"现象"的基本含义是使"象""现"，依靠直观可获得事物的本质。"悬置"是进行现象学还原的最基本方法，即对自然态度加上括号，暂时中止；此外，词源考古和"运思"也是现象学还原的方法，后两者偏重于从解释学视角上对事物进行还原。通过还原，就可以获得本真。现象学还原的效用源自意向性的三大特征，即意识的被给予性、意识的全能性和意识的构造性，意识总是"关于某事物的意识"。基于这些解读，本文提出借鉴现象学方法的城乡规划设计创新路径：第一步，寻找事务的自明性开端，即以类似"婴儿般"的状态感知被遮蔽的"现象"，体验事物如其存在那般显

图3　鱼寨迷舟意向1
资料来源：同上

图4　鱼寨迷舟意向2
资料来源：同上

现，如其所是地表现自身，依托在场直观，捕捉对象的特质以获得规划设计的切入点，从而获得澄明和自在；第二步，范畴直观，对事物进行命名，直观对象特质的一般性特征，获得规划设计的"设计概念"，通过命名把物从不在场变成"被召唤的""在场者"，使物向世界显现，揭示事物的内在联系；第三步通过体验规划设计对象的"本真"，推演出符合对象的规划设计策略，进而创造出一种原初本真状态的诗性空间，人诗意地栖居于大地。

现象学作为一门复杂的哲学门类，学者之间争议较大，这些争议不是本文关注的焦点。由于篇幅所限，本文所示的创新路径还只能算作是一种框架，需要进一步深化。实际上，在实际教学过程中，许多城乡规划设计的教师可能自觉或者不自觉地运用了类似的现象学方法，启发同学关注在地特质及创意创新，本文只是意图将其更系统化。当然，现象学还涉及其他很多精髓性的思想和方法，如何将现象学思维与城乡规划设计创新结合，需要更多的关注和探索。

感谢同济大学王鸿生教授给本文撰写所带来的灵感。

主要参考文献

[1] （德）海德格尔. 存在与时间 [M]. 陈嘉映，王庆节，译. 熊伟校. 北京：生活·读书·新知三联书店，1987.

[2] （德）海德格尔. 荷尔德林诗的阐释 [M]. 孙周兴，译. 北京：商务印书馆，2000.

[3] （德）海德格尔，存在论：实际性的解释学 [M]. 何卫平，译. 北京：人民出版社，2009.

[4] （德）胡塞尔，纯粹现象学通论 [M]，李幼蒸，译. 北京：商务印书馆，1996.

[5] （德）胡塞尔，现象学的方法 [M]，倪梁康，译. 上海译文出版社，1996.

[6] 李晴，田莉. 基于现象学视角的城市设计概念生成框架研究：以上海金山城市生活岸线规划方案课程教学为例 [J]. 城市规划学刊，2015（6）.

[7] 吴增定. 存在论为什么作为现象学才是可能的？——海德格尔前期的存在论与现象学之关系再考察 [J]. 同济大学学报（社会科学版），2018（3）.

[8] 周倩平. 诗、运思、语言和道路：存在主义的哲学图式，海德格尔诗歌的解读 [J]. 南开大学学报（社会科学版）2012（4）.

Exploring of the Innovative Path in the Field of Urban and Country Planning and Design Based on the Methodology of Phenomenology

Li Qing

Abstract: With the fast development of China in the domain of economy and society，the innovation has now become more urgent than the past. The paper tries to explore the innovation in the field of urban and country planning and design by combining the theory of phenomenology. It first briefs the basic concept of phenomenology，stressing the three features of the intentionality：given，totipotency and constructivity. Then，it analyzes the three methods in terms of phenomenology for urban and country planning and design：suspending and uncovering，etymology archaeology and operational thought. Finally，given the three features of the intentionality and the thought methods of phenomenology，it proposes the relevant innovative path：seeking the beginning of self-evidence，categorizing intuition and creating the poetic space. Also，it interprets them with the teaching cases.
Keywords: the Methodology of Phenomenology，Country Planning and Design，the Innovative Path，the Poetic Space

专业规划沟通能力的培养
—— 以社区微更新教学为例

赵 蔚

摘 要：随着城市发展向存量优化的转变，规划专业需要面对更多的利益主体去协调他们的空间，这是一个规划师完成专业视角与利益相关者视角结合的过程，也是作为专业人员如何听取需求、进行专业思考并将专业意见转译成通俗语言形式的过程。对一个专业规划师而言，能够让受众理解并接纳你的专业意见比做一个『漂亮』的规划设计更具有实际价值。本文希望通过实践课程探索如何培养学生专业的规划沟通能力。

关键词：规划沟通，语汇转译，沟通理念，实践

1 规划教育的发展端及差距

1.1 需求端：存量规划与既有利益的均衡需要规划的良好沟通

随着城乡发展阶段的转变与和谐社会的建构，城市发展方向从规模扩张向集约发展转变，存量优化更新成为规划的重要内容，也涉及到更多的既有利益格局的改变。在这一过程中，职业规划师除了应当具备良好的专业技术外，还应注重有效的规划沟通，以体现规划的公平与公正。

1.2 供给端：规划的专业沟通理念和方法滞后

现有的规划专业教育中对规划沟通的教学理念和方法与二十年前并无很大差异。规划仍然没有让更多试图了解和希望参与进来的人能够理解和看懂，职业规划师也仍然更倾向于在专业的范围内交流。从城乡发展趋势及社会进步来看，规划的可持续推进不再仅仅依靠少数人的努力，而需要得到更多人的理解和参与，"群策"是未来智慧城市和共享社会的趋势。规划的专业沟通能力的培养目前处于滞后的状态，亟待受到重视，以和当前的发展趋势相匹配。

2 规划沟通的必要性

2.1 沟通式规划简要回溯

沟通式规划 communicative planning 理论源于哈贝马斯 Habermas1979 年提出的『交往理性』（Communicative Reason），主张建立在主体之间相互理解基础上，动态、双向或多边交流的理性。1960 年代大卫多夫提出的倡导规划理论（Advocacy Planning Theory）为沟通规划奠定了多元主体的思想基础，1989 年 John Forester 将德国社会哲学家 Habermas 的『沟通行动理论』（Theory of Communicative Action）引入规划领域，『沟通行动理论』成为沟通式规划的直接理论依据。这期间西方城市规划逐步完成了由理性系统主导向沟通互动的转变，沟通式规划为产权复杂多元情况下的规划提供了一条可行的路径。此后规划沟通越来越受到青睐，往往和『治理』『参与』『对话』『协商』等主题共同构成了规划过程的重要组成部分。

与沟通式规划相近的还有协作式规划（Collaborative Planning），根据 Thomas Gunton 和 JC Day 的观点，协作规划是一种"基于公民的规划模型"，它直接向受影响的利益相关者制定规划，也称为"共同决策"（shared decision-making）或"交流计划"，这种方法侧重于使用协作的、基于共识的实践来设计从治理系统到环境监管，物理基础设施和社区可持续性的所有内容。

赵 蔚：同济大学建筑与城市规划学院城市规划系讲师

2.2 规划专业沟通的特征

对规划专业而言，沟通的方式主要由沟通的参与方（participants）决定，除参与者之外，往往还受到沟通环境（environment and manners）、规划决策的话语权（power）、规划信息（information）、沟通方式以及利益角度的影响。规划沟通的专业性正体现在这些影响因素的组合和控制基础上。我们可以从规划沟通的目标出发来梳理沟通的导向特征。

（1）目标一：达成多方共识

沟通特征：循序渐进、定标协商

规划目标的达成是一个渐进的过程。其中最重要的是沟通过程，以及意见反复反馈后共识的持续推进，最终形成阶段性的决策。这一过程在成熟地区的存量规划中表现得尤其明显。

在这一过程中，既有的利益相关者往往代表自身的利益在维护自己的权益，他们之间的关系微妙而复杂，可能由于共同的目标而联合形成利益联盟，也可能因为意见分歧而相互对立，并且这种联盟和对立常常会发生转换。因此，规划沟通对象的选择是一个很有挑战的议题。一般情况下除涉及主体很少情况下需要全员参与外，规划沟通参与会按照利益相关的程度框定特定的对象范

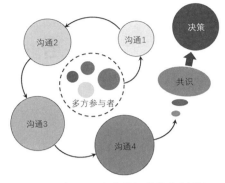

图1　沟通 – 达成共识的往复过程

围。针对利益相关程度的不同和推进阶段，沟通内容和方式需要有所区别。

参照目前典型的规划采用的沟通及参与方式（图2），沟通的对象范围随着目标的逐渐聚焦而缩小，沟通内容也趋于具体。

（2）目标二：帮助更清晰地表述需求或意见

沟通特征：多种方式沟通

对很多参与者而言，他们身处被规划的环境中，这其中有他们切身的利益，他们知道自己要什么，不要什

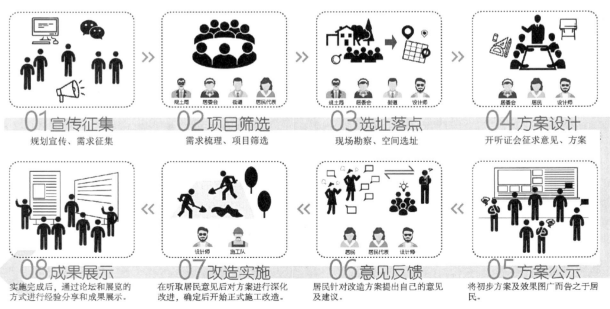

01 宣传征集　规划宣传、需求征集

02 项目筛选　需求梳理、项目筛选

03 选址落点　现场勘察、空间选址

04 方案设计　开听证会征求意见、方案

08 成果展示　实施完成后，通过论坛和展览的方式进行经验分享和成果展示。

07 改造实施　在听取居民意见后对方案进行深化改进，确定后开始正式施工改造。

06 意见反馈　居民针对改造方案提出自己的意见及建议

05 方案公示　将初步方案及效果图广而告之于居民。

图2　规划参与及沟通程序

么。但规划对他们是一个陌生的领域，他们可能很难理解专业图纸中的表达，或者对图纸中方案的实际尺度没有更感性的概念，以至于方案阶段的沟通其实并未起到应有的作用，最后在实施中随着方案落地－结果显现，使用者对实施后的空间有了感性认识才意识到这和实际需求不吻合，需要修改。

某微更新案例：

在社区活动广场坡道的更新过程中，由于一开始未与居民充分沟通，更新刚刚落成投入使用时给周边居民的日常生活造成不便，导致居民自发联合去破坏更新成果。后经沟通和协调，设计师根据居民意愿修改了方案才得以继续（图3）。

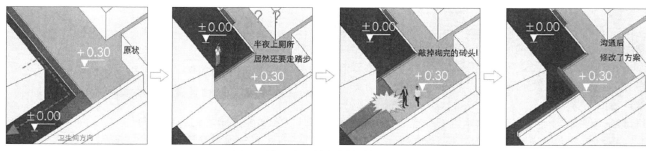

图3　缺乏沟通的规划实施遇到阻力

上述案例是比较典型的沟通不充分引起的冲突，其磨合过程如果放在方案实施之前，有可能可以避免实施中的冲突和返工。当然，也存在不可调和的冲突也需要在前期沟通中让多方的信息对称，了解更新的意图和结果。随着技术的完善，这一过程如果增加更多的感性认知成分，例如通过模型或3D虚拟感知技术，帮助参与沟通者建立比较真实的体验感，是完全可以减少甚至避免认知错位的。

（3）目标三：说服参与者接纳专业意见

沟通特征：专业语汇的通俗转译

在快速建设时期，规划方案汇报能力一直是一项被忽视的专业核心能力。实践中，规划方案汇报及沟通不仅反应出规划师对方案的把控和理解力，同时还反应方案是否能精准地触及各类需求并取得一个良好的平衡。针对汇报对象的不同，语汇的转译应随语境的不同而改变，以最大程度地使受众能接收到更完整而准确的信息。

此外，参与者在沟通过程中也能够获取一些对规划专业及其相关知识点了解，规划在某种程度上需要通过不断的沟通来培育参与者的治理能力，从而达成规划的可持续推进。这是一个规划普及和规划参与能力培育的过程，职业规划师不是依靠高深晦涩的专业图纸和专业词汇来震慑公众，而应当以通俗易懂的语言与受众沟通，帮助大家理解并更好地接受，减少规划可能产生的外部效应。

3　规划沟通能力的培养

3.1　规划沟通能力培养要点

规划沟通是为了避免认知偏差，几方之间形成比较一致的认知和价值导向。作为一种民主的体现，这或许不是非常有效率的一个过程，甚至可能使规划因为意见不一致而半途而废，但这并不成为放弃规划沟通的理由，随着中国整体社会经济的进步，制度的成熟完善，公平公正成为规划中必须考虑的最基本问题，通过何种途径来真正实现规划的公平公正？多方沟通是众多『坏』方法中不那么『坏』的一种。

规划的专业沟通与一般的沟通有一定的相同点，也存在一些不同。

（1）相似点一——尊重对方、积极倾听。这是建立良好沟通的基础，善于倾听别人的需求和意见是规划沟通的一种基本礼貌，这使参与者觉得倾听者很尊重他的意见，从而更乐意表达自己的诉求。

（2）相似点二——实事求是、正视现状。这是规划沟通的基本原则。

（3）相似点三——需要根据沟通对象来调整你的沟通方式。

（4）不同点一——需要在群体沟通过程中梳理出与专业相关的诉求，规划师根据相关者的诉求，平衡不同相关者的利益，梳理出均衡合理的方案。

（5）不同点二——需要尽量多的倾听，有选择性地筛选，在倾听中筛选有效的信息。

（6）不同点三——规划的沟通存在单项沟通和双向沟通。陈述是一种单项规划沟通，旨在向对方表达规划意图；大多数沟通是双向的，双方互动越强，沟通越充分。

在规划沟通实践学习中，需要辅以理论和体验式的学习。双向沟通人数不宜过多，要求专心积极倾听每个参与者的声音，让每个人尽量把意思表达完整，不要一再打断；同时也要避免沟通过程中过于『安静』『冷场』。

不论是单向沟通或是双向沟通，表述要清晰简洁。让信息尽可能易于掌握，减少产生误解的可能性，帮助其他人快速了解你的目标，而不是用长而详细的句子说话。应该将你的信息精简到其核心意义，尝试传达最必要的信息。

练习同理心。了解沟通对象的感受、想法和目标。

在对话中应始终保持尊重。保持平稳的语气并为你的论断提供合理的理由，帮助其他人接受你的想法。

保持冷静和一致。当存在分歧或冲突时，尽量不要将情感带入沟通中。在工作场所与他人交流时保持冷静很重要。注意肢体语言，保持一致的肢体语言并保持均匀的语调有助于得出更为接近事实的结论。

3.2 沟通能力培养的教学建设

在现有的课程体系和知识结构中穿插规划沟通的训练环节。

课程体系及知识结构的沟通训练板块内容　表1

课程教学类型			
设计基础	专业基础	专业设计及实践	专业进阶
—强化语言表达能力 —教学环节可增加教师与学生的翻转教学共情体验 —增加同学之间的方案沟通环节 —设计答辩要求时间控制和打分	—增加沟通理论与方法内容	在第一栏『设计基础』课程上增加 —沟通实践环节 —图纸及汇报的沟通语汇转译	—根据主题设计沟通场景 —主持沟通现场

资料来源：作者根据教学可能课程体系整理

4 教学实践：以社区微更新教学为例

4.1 沟通能力培养的目标导向

由于城乡规划教学课程大纲及课时的限制，规划沟通能力的培养融入规划日常教学的体系性和连贯性比较弱。本次教学实践属于『专业设计及实践』课程，利用社区微更新实际真题让学生走进社区、接触社区中的各类利益相关者，了解他们的真实需求、倾听真实的声音，进行现场沟通教学，将规划沟通能力的培养转移出课堂，在实际情景中融入规划沟通专业能力的培养。

4.2 教学的过程控制

整个教学过程主要由两类沟通组成。一类是和利益相关者（包括街道领导和工作人员、社区工作人员、居民）的互动沟通，目的是了解诉求、征求方案意见、沟通方案、落实利益诉求；第二类是偏单向沟通的规划，需要每一位设计者直接面对受众，用简洁易懂的图示和口头语汇介绍方案，要求图纸所有人都能看得懂，介绍每个人都能听得懂。

图 4　现场沟通——座谈
资料来源：作者自摄

图 5　现场沟通——访谈
资料来源：作者自摄

图6 现场沟通——访谈
资料来源：作者自摄

图7 现场意见征集
资料来源：作者自摄

图8 现场方案沟通
资料来源：作者自摄

图9 各家各户的利益空间格局

图10 各家各户的空间格局

微更新案例为一处老式花园住宅院落，建于1920年代，原为一户人家，有花园假山和后院。后几经调整，现居住了19户人家，在人口逐渐增加的过程中，生活空间的外溢逐步侵占了原来的花园和院落空间，各家应基本生活需求搭建了厨房、卫生间、储物空间等。在微更新之前呈现的是"72家房客"大杂院的状态。每个空间角落都隐含着看不见的各家各户约定俗成的空间界限，比如储物空间、停车空间等，只有摸清这些空间使用的格局，才有可能在此基础上进行合理的空间重构。

在微更新教学过程中，强调沟通和了解需求痛点，整个教学过程（包括部分课余时间）基本在现场进行，几乎周末每天都需要直接和居民及居委进行沟通，居民和居委对大家的工作态度表示认可，并逐步建立起和规划师同学们的信任感，表达了很多由衷的愿望。

	前院	后院	总计
自行车	6	4	10
助动车	5	7	12
摩托车	1	0	1
总计	12	11	23

通过访谈调研需确定所有车位的停放位置，以提供方案调整依据，避免在方案中引起居民的纷争。

从规划沟通的效果来看，经过几轮的交流和沟通，各方对规划方案的肯定及理解程度都有明显的提升，居民普遍关心的空间使用问题得到了较为妥善的解决，对微更新的结果满意度较高。并且在整个过程中，居民对公共空间的理解和使用都有了令人欣喜的提升，这对于后续进一步更新具有非常积极的作用。不过由于没有相关理论及方法课程内容的支撑，整个教学过程中的沟通

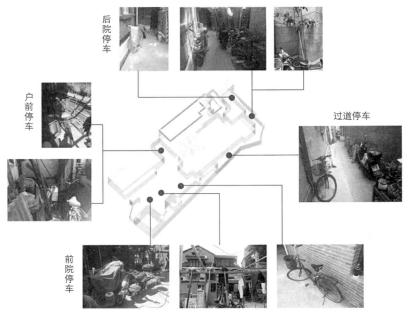

后院停车

户前停车

过道停车

前院停车

图 11　院落停车空间利益格局

内容和形式需要指导教师现场控制和指导。

5　结语

　　通过社区微更新教学实践中实际沟通的练习，学生普遍对规划师这一职业角色有了更深刻的认识，并且在课程进行过程中，增进了学生对空间中利益格局的理解，形成与当事人或利益相关者的共情，促进学生良好专业精神的形成。

　　但规划沟通专业核心能力的培养不是一次专业规划实践课程可以做到的，由于课时及规划课程内容限制，沟通类型还局限于比较微观的层面，没有涉及更复杂的规划沟通。

主要参考文献

［1］ Hanna Mattila. Habermas revisited：Resurrecting the contested roots of communicative planning theory[J]. Progress in Planning，2019.

［2］ Diller，Hoffmann，Oberding. Rational Versus Communicative：Towards an Understanding of Spatial Planning Methods in German Planning Practice[J]. Planning Practice & Research，2018，33（3）.

［3］ 胥明明. 沟通式规划研究综述及其在中国的适应性思考[J]. 国际城市规划，2017，32（03）：100–105.

［4］ Janaki M Torrence，Carolyn R Baylor，Kathryn M Yorkston，Kristie A Spencer. Addressing Communicative Participation in Treatment Planning for Adults：A Survey of U.S. Speech-Language Pathologists[J]. American Journal of Speech-Language Pathology（Online），2016，25（3）.

［5］ 周国梁. 论公共政策视角下城市规划的价值取向 [J]. 城市观察，2014（03）：134–140.

［6］ Ridwan Sutriadi，Agustiah Wulandari. Towards a Communicative City：Enhancing Urban Planning Coordination by the Support of Information and Communication Technology. Case Study Bandung Metropolitan Area，Indonesia[J]. Procedia – Social and Behavioral Sciences，2014：135.

［7］ 王丰龙. 马克思主义视角下沟通式规划理论的回顾与批判 [A]// 中国城市规划学会，重庆市人民政府. 规划创新：2010 中国城市规划年会论文集 [C]. 中国城市规划学会，重庆市人民政府：中国城市规划学会，2010：15.

Training of Professional Planning Communicative Ability : Case of Teaching and Learning in Community Micro-Renewal Planning

Zhao Wei

Abstract: With the transformation of urban development to stock optimization, the planning profession needs to communicate with more stakeholders to coordinate their space. This is a process in which a planner completes the professional perspective and the stakeholder perspective, and also as a professional to listen to the needs. The process of professional thinking and the translation of professional opinions into popular language forms. For a professional planner, it is more practical to make the audience understand and accept your professional advice than to do a "beautiful" planning design. This article hopes to explore how to develop students' professional planning and communication skills through practical courses.

Keywords: Planning Communication, Vocabulary Translation, Communication Idea, Practice

应对不确定性的规划研究结合设计
—— 城乡规划六校联合毕业设计教学探索

梁思思　赵　亮　吴唯佳

摘　要：在城镇化转型时期，多种因素综合作用下，对未来规划情境的预测具有很强不确定性。如何在城乡规划设计课教学中，特别是城市设计中，融入对城市不确定性发展的综合思考 / 认知 / 分析 / 乃至运用的训练，是当前规划设计教学面临的一大挑战。基于此，清华大学城乡规划系尝试在综合设计训练环节中，引入对不确定性的综合分析方法，以"研究 + 设计"的综合视角，结合具体的规划设计予以空间上的解答。

关键词：城乡规划毕业设计，不确定性，教学探索，研究结合设计

1 研究缘起：城乡规划设计教学需应对当前城市发展的不确定性

　　城市是一个复杂巨系统，城市规划是对城市未来资源的统筹安排[1]。决策者与规划师判断城市未来愿景、选择城市发展路径，在此过程中应用了各种理论与方法对未来进行分析和预测。随着认识的提高和技术的进步，预测未来发展趋势的模型越来越复杂，多情景路径的增多使得不确定性进一步提升。另一方面，我国经历了快速大规模的城镇化进程，城市人口增长、用地变化和建设开发强度的幅度变化剧烈远超想象，加之近年来增速减缓、城市发展制约因素增多，使得对未来规划情境的预测更加具有不确定性。

　　面对城市发展的不确定性，专家学者提出诸多应对策略，如不确定性的目标 / 方法分类认识、情景规划主导的规划范式、人工智能决策平台、弹性动态实施机制、自组织规划、数理模型推演、不确定性评价方法等等[1]-[10]。但是相关研究均侧重影响因素、机制建立、理论范式、方法前沿的探讨，与具体的规划实践案例的结合探讨较少，因此规划设计教学较难进行参考借鉴和应用。

　　反观当前大多数院校的城乡规划设计教学，囿于知识容量储备、教学时间局限、技能培养导向、研究范畴进阶等若干方面的制约，仍较多关注传统确定性思维导向下的规划方法和空间形态塑造能力的培养，

这一模式虽有利于学生从零开始逐步进阶的空间设计的思维训练和技法基础搭建，但是却逐渐无法应对当前日益复杂的城市发展情景，也无法满足学生面向就业和深造的综合多元的方向需求。如何在城乡规划设计课教学中，特别是城市设计中，融入对城市不确定性发展的综合思考 / 认知 / 分析 / 乃至运用的训练，成为规划设计教学面临的一大挑战。基于此，清华大学城乡规划系尝试在综合设计训练环节中，引入对规划不确定性的综合分析方法，并结合具体的规划设计任务予以空间上的解答。

2 课程概况：跳出传统模式的 2018 六校联合毕业设计

2.1 课程概况

　　面对当前城乡规划行业的诸多挑战与变化，我们选择了综合毕业设计训练这一对学生综合能力的培养和应用环节展开教学尝试。自 2013 年起，由清华大学、东南大学、西安建筑科技大学、重庆大学、天津大学和同济大学共同发起、依次承办，与中国城市规划学会一道联合组织了"城乡规划专业六校联合毕业

梁思思：清华大学建筑学院副教授
赵　亮：清华大学建筑学院副教授
吴唯佳：清华大学建筑学院教授

设计"。该毕业设计重在培养复杂环境下针对现实城市问题的空间分析能力；注重对学生融会贯通理论知识，进行物质空间规划设计的技能培养；注重对学生综合思考社会、经济和环境问题，关注生态环境和文化传承的价值体系的培养；强调运用以人为本的设计理念，营造具有地域特色、文化底蕴和创新氛围的城市空间；注重学生的团队意识和独立设计能力的锻炼，尤其是运用现代信息技术、公众参与技术，探索新时代的职业实践创新模式[11]。

2018年的六校联合毕设是第一轮的收官，由同济大学组织。这次选题一改之前毕业设计题目中关注历史文化传统建筑遗存和存量更新的路径，另辟蹊径地将上海虹桥商务区拓展片作为设计地段选址，该基地工作范围达10.4平方公里、研究范围扩展达86平方公里，选题极富挑战：基地内物质遗存不多，无法沿用常规从可见现状入手认知了解基地的方法；另一方面上海作为国际化大都市转型发展的新时代命题，和虹桥作为面向"长三角"区域整体发展的核心区这一重要角色，又对该地段定位和发展提出很高的要求。因此，教学需要从发展模式、功能模式、空间模式等作出面向未来不确定性的判断与探索，这种应变能力也是学生面对未来行业和职业发展的不确定性所必须具备的素质。

2.2 难点与需求分析

回溯教学的整体过程，学生在选题讨论和规划分析中，面临的最大难点之一就是如何应对大虹桥商务拓展片区未来发展的潜在不确定性。主要体现在以下几个方面：

（1）产业发展决策的不确定性。地段中目前初步意向将入驻的企业有腾讯电竞、国际康养医学中心等，但是对于是否依托这几个龙头企业，就能撬动整片产业链，以及什么样的人群入驻，存在极大不确定性。给定的即将入驻产业与未来发展趋势之间存在不确定性，需要通过理性的决策和综合的分析，探讨地段中未来的可能功能，使得产业发展的类型、定位、规模、空间形态等有据可依。

（2）空间布局的不确定性：基于上位规划，基地已有初步的骨架结构，但是，空间结构布局之下的各个分片区在细化路网布局和功能指向上均存在不确定性。比

如，片区组团是混合功能还是单一类型？如果混合，混合到何种程度？具体的功能类型是产业办公、商业活动、公服设施还是居住？更加精细化来看，何种类型的办公、商业和居住类型？

（3）设计评价的不确定性：在形成初步的城市设计方案构想后，由于周围限制条件的相对缺乏而存在不确定性，需要通过相应的定量科学方法进行模拟评价，进行修正反馈。

（4）开发时序的不确定性：从时间维度上看，基地建设开发受种种因素制约，存在极大的不确定性。当然，作为毕业设计题目（真题假做），对经济制约的考量相对弱化，在此基础下，对开发时序优先级的考量主要关乎规划建设的价值判断，有待对学生进行相应引导。

3 整合"理性－弹性－定量－人本"四个维度的策略与回应

在不确定性的同时，又存在规律的内容。比如，尽管产业门类发展存在不确定，但企业对空间的需求有规律可循，功能板块、功能混合等有规律可循；又如，虽然未来居住人口具有不确定性和多样性，但各类居住人群的生活方式及其发展趋势有规律可循，各类人群画像的生活需求有规律可循；再如，受到地铁等基础设施、市场条件等的制约，开发节奏存在不确定性，但是交通条件、景观环境、公共服务等对土地开发价值的影响有规律可循，对于远期看不清楚的还可以战略留白，等等。

因此，如何把握规律，应对不确定性，成为毕业设计教学的综合能力培养目标之一，指导教师团队在此次教学过程中通过"理性决策－弹性布局－定量反馈"四个维度的整合创新，从多维角度回应如何在规划设计教学中实现规划不确定性读解和空间设计目标的融合。

3.1 理性决策：多源信息数据的综合研判

基于上位规划，南虹桥基地基本确定了未来向现代服务业发展的大趋势，但是具体细分产业、相应的类型功能、使用者类型以及对空间的需求充满了不确定。教学团队指导学生结合多个方面的信息资源展开综合研判分析。多源信息包括：本地潜力挖掘、历史沿革动力分析、内外对标比较、先进案例借鉴、文献阅读学习等。在本

次教学中，具体呈现为未来功能趋势、空间需求和人群画像三个层面的分析解读。

在未来功能趋势方面，结合枢纽溢出和产业更迭理论，新一轮南虹桥基地发展的动力来源有三个方面：上海中心城区特定服务业的溢出；虹桥枢纽作为辐射大中华地区的航空枢纽和服务长三角、全国的铁路枢纽的交通吸引力；苏州河沿线特色文化产业的聚集发展。结合动力源，和特定产业的发展苗头，学生展开国际国内同类产业的规模、类型和特色对标。比如商务方面，虹桥商务区已聚集了大量国际化企业的大中华区总部，核心区商办百分之百的出租率证明枢纽周边的商办需求仍然很大，有溢出趋势；比如康养方面，上海乃至长三角庞大的医疗养老需求催生大健康产业，新虹国际医学中心入住南虹桥，为南虹桥国际医疗、康复疗养、养老等产业的发展创造了条件，等等。所有的产业趋势研判分析均基于多源信息的综合整合，使得学生在分析过程中有据可依。

虽然商务、研发、医疗和泛娱乐是可能的发展方向，几类产业发展的总体前景仍存在未知数，未来细分产业更是层出不穷，难以预计。但从城市设计角度来看，这些产业对于办公空间的需求，仍有规律可循。因此，研究重点不在于分析产业细分，而是探索其空间需求特征。首先，企业经营各环节逐步去中心化，呈现出网络化和独立化倾向，南虹桥的企业受成本的限制，大概率将其经营重心转移到市场、研发等环节，因此就业者需要终身学习的机会。其次，现代企业寿命缩短，不稳定性增加。为了降低成本风险，企业的办公用房趋于少持、少长租，甚至有的企业80%员工没有固定工位，而是自己寻找心仪的办公场所。再次，南虹桥的就业者对办公空间的时空灵活性的需求将增加，特别是随着零工经济兴起，从城市到楼层平面各个尺度的第三空间的需求将大幅增长。因此，方案提出，办公空间将以办公街区、办公楼宇、联合办公、孵化器、众创空间、办公社区、第三空间共7种形式存在于基地，并融入周边优良的城市环境（图1）。

空间使用主体是人，但现状居民基本已搬迁。因此在教学过程中，重在指导学生结合产业和空间需求，勾勒基地"新移民"的人群画像。人群画像勾勒来自两个方面考量，一是上海市民的居住郊区化溢出，二是南虹

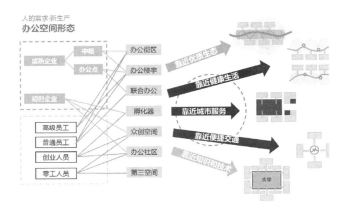

图1　三面向新产业的七种办公空间形态
绘图：李云开等

桥自身产业发展带来的就业人口。对于前者，展开翔实的通勤OD识别和交通分析，并结合需求提出通勤线路的增设构想。对于后者，依据产业判断使用主体，分别探讨商务人群、创新技术人群、康养疗养人群、地段原住民各自的生活方式、活动内容和可能行动路径（图2）。

3.2　弹性布局：多因素权重探索混合布局和多情景模式

在教师引导下，学生根据本地土地出让数据和地段开发建设条件进行估算，发现基地大约每年可出让50公顷，全部建设完成需要20年，这意味着城市建设发展是一个长期的过程。因此他们对建设流程和开发时序有了大致的直观了解，主动开始介入讨论应对不确定性的弹性发展路径研究。结合设计，探索研究方法包括：①因子叠加评价确定规划单元差异发展；②混合用地布局模拟评价及修正；③基于用地适宜性分级评估的性质细化；④白地举措预留弹性。

（1）因子叠加评价确定规划单元差异发展（图3）。在已知条件下，根据三条生态绿廊和上位规划的主次路网，基地总体可划分为六大组团。学生以此作为规划单元，综合考虑影响地段各类产业用地比例的策略后，重点提取已批产业地块、大运量公交路线和生态绿地体系三个因子进行评价和叠加分析。在此基础上，确定了每个规划单元不同的公建用地和居住用地的适宜比例，以及可以浮动的用地比例（图4），并指向差异化的用地策略，使之成为破解不确定性的第一步。

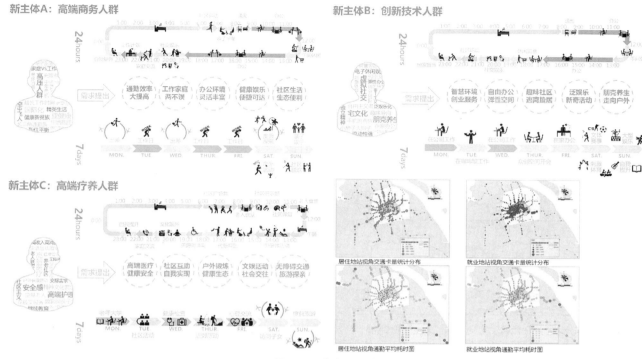

图2 四类人群画像
绘图：陈婧佳等

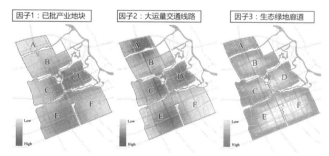

图3 三大用地比例影响因子对六个组团影响强度图示
绘图：吴雅馨等

（2）混合用地布局模拟修正（图5）。通过借鉴成熟城市相似用地案例的格局分析，学生进一步归纳提取了公共和居住用地的三种混合模式：分散型、带型和聚集型，并就不同的混合布局模式分别适用于哪一类公建／居住比例的用地类型进行了模拟，从模拟结果中提取户外活动、噪音、交通、就业可达性等若干指标进行结果评价。初步判断，居住和公共用地比例为7：3的情况

图4 南虹桥各组团公建、居住用地适宜比例及浮动比例
绘图：刘杨凡奇等

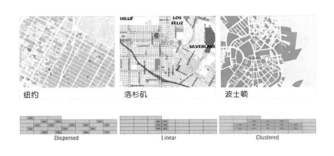

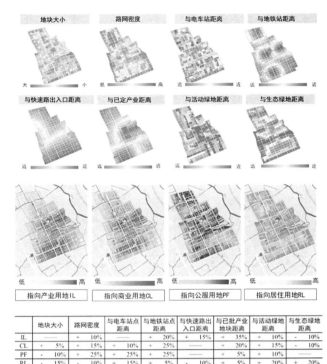

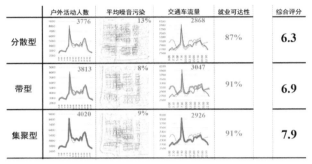

图 5　三类土地混合利用模式及某组团混合模拟评价
绘图：邓立蔚等

	地块大小	路网密度	与电车站点距离	与地铁站点距离	与快速路出入口距离	与已批产业地块距离	与活动绿地距离	与生态绿地距离
IL	-	+	10%	+	20%	+	15%	+	35%	+	10%	-	10%
CL	+	5%	+	15%	+	10%	+	25%	——	+	5%	+	15%	-	10%
PF	-	10%	-	25%	+	25%	+	25%	——	+	5%	+	10%	
RL	-	15%	-	10%	+	15%	+	5%	-	10%	+	5%	+	20%	+	20%

备注：IL-产业与办公用地、CL-商业活动用地、PF-公共服务与设施用地、RL-居住用地

图 6　八大地块评价因子与四类用地性质耦合适宜性评价
绘图：张东宇等

下，适宜采用集聚型的混合模式；居住用地比例为 30% 左右时，适合采用分散型的混合模式。这一研究，为不同用地比例的规划单元，因地制宜地确定了混合模式和混合的度。

（3）基于用地弹性分级评估的性质确定（图 6）。在确定了公建 / 居住混合比例和混合布局后，参考土地利用研究分类，将公建用地细分为产业与办公用地（IL）、商业活动用地（CL）、公共服务与设施用地（PF）三类，加上居住用地（RL），作为四大用地导向分类，通过适宜性评价的方法探讨在细化地块划分之后每个地块用地功能属性指向性，作为地块功能布局的依据。学生参考生态用地适宜性评价的方法，提取了八个影响四类用地功能属性导向的评价因子：地块大小、路网密度、地块与中运量站点间的距离、地块与地铁站点的距离、地块与快速路出入口间的距离、地块距离已批产业地块的远近、地块距离活动绿地的远近和地块距离生态绿地的远近。归一处理后，根据正负相关性和权重进行加权叠加分析，得出每个地块对四类用地性质的指向性高低。

（4）白地举措预留弹性。进而，参考新加坡"白地"规划中的举措，制定"定－混－留"三个层级的用地布局策略。比如，针对明确地指向某一特定用地属性的地块，采用"定"的策略，落位相应的用地性质；针对有 2 到 3 个用地属性指向性的地块，考虑土地功能兼容发展，首先评估地块所指向各个功能的兼容性，在确保互不冲突、功能互利的基础上，结合各组团用地浮动比例，将多指向性地块合理划定为混合功能地块；参考"白地"的分类管控方法，仅明确地块的各个功能指向、但不拍定各功能的配比关系，在地块内部由市场机制自发调节、实现弹性混合；第三，针对各用地属性发展条件相对均衡、指向性不明确的地块，参考"白地"的"冻结"方法，结合组团用地浮动比例，将"均好"、"均差"的地块先预留起来，避免在不确定的情况下的低效率开发和资源浪费，为未来新发展机遇因子的出现留足潜力空间。最终形成南虹桥层级分明的弹性留白用地布局。

3.3 定量反馈：基于仿真模拟的方案修正

基于研究判识出的产业类型、混合布局和弹性开发，学生形成初步方案布局。在此基础上，基于人本导向的宜居评价，结合生态因素的仿真模拟，对空间方案进行模拟评价。既有研究显示，城市风廊的规划与设计对城市风环境的改善有显著的作用，同时结合上海市的气候特点，评价重点关注有效缓解热岛效应的通风效率。

综合基地地段尺度及蓝绿资源潜力，学生在方案中首先创建了三级风廊体系，其初步构想是实现从宏观到微观，逐级改善的地段微气候循环（图7）。其通风效率评价也是基于三级风廊体系逐步展开分析。

一级风廊在10平方公里尺度上协调考虑。基地至苏州河间的生态绿地，属于城郊气候过渡带，也是郊区活风导入城市片区的优质进气通道。作为主要进气通道，需与夏季主导方向呈一定偏角，并且进气口应呈布局开敞的风闸以提高引风效率。因此，根据基地调研，设计选取现状可利用的低矮植物与较宽的河道分布区域，整合出与夏季东南风呈20-30°偏角的三条绿廊，沿苏州河生态绿地伸入地段，其宽度设置需与平均风速、通风面积成一定比例，最终确定在180-

200m之间。

二级风廊主要由建筑组群和公共空间组成，目的在于提升城市街区中人群的体感舒适度。学生研究了街区模型风洞实验相关研究文献，从规划指标中，提取出建筑覆盖率和建筑组群高度变化两项，发现其对城市街区中的通风效率有显著影响。比如，同容积率下的建筑组群，高度越高，覆盖率值越低，街区中通过的风速越高；而对于同容积率下的同建筑覆盖率的建筑组群，高度变化越丰富，通风效率提升越高。因此，学生结合初步方案构想，对容积率较高的中央组团建筑群，进行了集体高度优化，沿主导方向增设大量开敞空间，同时适当提高建筑高度，拉大组群间建筑高度间的差异，提高其通风效率（图8）。

三级风廊主要依赖街区建筑群的细化形态构成。学生将已经构建了一、二级通风廊道的方案放入软件模拟，识别出方案中仍存在诸多通风效率低下的点。重点进行底层架空等特殊建筑形态设计，引导区域局部通风效率提升（图9）。

图7 三级风廊体系
绘图：李静涵等

图9 建筑形态三级风廊修正
绘图：李静涵等

实验1：同容积率(500%)+不同建筑覆盖率

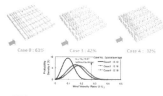

结论：同等容积率下，建筑覆盖率越低，建筑越高，街区内部的风速越高，且提高幅度很大

实验2：同容积率(500%)+同建筑覆盖率(63%)+不同建筑组群高度变化

结论：高度变化可使得空气沿高层建筑下沉，利用空气回流，形成建筑后部风速的提高，垂直通风

图8 城市组群二级风廊修正
绘图：李静涵等

4 教学过程与教学组织

在综合毕业论文训练的教学过程中，"研究"和"设计"始终密不可分，研究需要以设计为目标导向，设计需要依托研究进行推演。回顾教学过程，在面对规划不确定性这一问题中，教师首先引导学生通过现状分析，产生解答问题的主观能动性和学习兴趣，进而结合具体进度安排，分成七个阶段：专题学习（研究）、调研分析（设计）、专题学习（研究）、空间构想（设计）、新重点专题分析（研究）、深化设计（设计）、成果表达（研究设计展现）。每一次的专题研究都以小组打散重新组合的方式进行，使得学生在各方面的专题知识学习都得到充分锻炼。

5 小结：成果收获与创新意义

5.1 成果收获

一个学期的综合毕业论文训练强度高、效率高，也得到了学生较好的反馈。比如，同学反映"体会到了思维过程的重要性，加强了自己从厘清思路到选择解决问题的技术手段与空间首发再到落实到空间设计的全过程的能力"，又如"加深了对规划关键问题的思考，系统学习了应对城市规划和发展不确定性时候的研究方法和空间设计应对能力"，以及"理性对待规划、热情倾注于设计"的感慨。

学生的毕业成果也获得了较好的反响。在毕业设计基础上完成的"虹桥一家人"城市设计作业获得2018年度第六届台湾TEAM20两岸建筑与规划新人奖的优等奖（大陆地区第一名），是历届参赛大陆院校学生获得的最好成绩。在毕业设计论文答辩中，学生吴雅馨的《应对城市开发不确定性的南虹桥弹性规划策略集成研究》获得2018年度清华大学优秀本科毕业论文。

5.2 创新意义

回顾六校联合毕业设计的教学过程，所有学校的教学指导团队都致力在以下三个方面进行教学创新的尝试。一是应对选题：出题方同济大学给出了极富挑战的新颖选题，这使得每个设计团队都必须跳出传统的规划设计的思维"套路"，而是要依据真实的基地情况，作出既不同于存量更新，又易于增量开发的路线选择和判断；二是教学方法：纵观所有学校，均尝试将科研训练融入规划设计，鼓励学生以问题为导向，综合多源信息展开分析，采用多种分析方法解决问题，并提出空间构想；三是城市认知：规划师的角色、责任和定位虽然并不作为单独篇章出现，却始终贯穿整个教学过程，比如，对于城市发展和地块开发是由政府统一安排还是市场导向；人群画像勾勒是以精英主体还是兼顾移民和原住民；空间构想中的场景营造是重视生产还是重视生活，等等。

5.3 下一步改进

囿于教学时间紧，任务重，"研究 + 设计"的模式，需要学生有很强的课下学习的能力，特别是对于文献归纳整理、方法提炼、软件应用学习等各个方面，均不可能在课堂上进行详细讲解。因此，学生的自身能力也会对教学成果高低形成很大影响。为此，需要从整个规划本科培养体系中进行知识点的纵向梳理，并进一步明确训练的知识重点。

其次，应对不确定性的规划研究绝不仅仅限于上述所阐述的几点。基于设计教学为目的的分析研究仅仅触及到的是规划不确定性的若干现象，而非其本质根源的探索。在教学过程中，学生也发现了很多单纯靠空间设计构想难以应对和表达的方面，如分期时序建设等。因此，如何聚焦"设计能解决的"、重视"设计背后的故事"，进而启发学生在未来深造和执业生涯中的研究兴趣，也是毕业设计需要考虑的一点。

主要参考文献

[1] 赫磊，宋彦，戴慎志. 城市规划应对不确定性问题的范式研究 [J]. 城市规划，2012，36（07）：15-22.

[2] 屠李，赵鹏军，张超荣，蔡亦青. 面向新一代人工智能的城市规划决策系统优化 [J]. 城市发展研究，2019，26（01）：54-59.

[3] 衣霄翔. 城市规划的动态性与弹性实施机制 [J]. 学术交流，2016（11）：138-143.

[4] 贺关平. 城市规划决策中不确定性的认知及应对方法 [J]. 山西建筑，2016，42（14）：1-2.

[5] 付予光，李京生. 国内城市规划关于不确定性研究综述 [J].

上海城市规划，2010（03）：1-5.

［6］于立．城市规划的不确定性分析与规划效能理论 [J]. 城市规划汇刊，2004（02）：37-42+95.

［7］孙施文．规划的本质意义及其困境 [J]. 城市规划汇刊，1999（02）：6-9+81.

［8］胡健,王雷．土地利用规划的刚性与弹性控制途径探讨 [J]. 规划师，2009（10）.

［9］余柏椿．城市局部用地定性"非定论"模式 [J]. 城市规划，1996（03）.

［10］赵珂,赵钢．"非确定性"城市规划思想 [J]. 城市规划汇刊，2004（02）.

［11］中国城市规划学会．大虹桥·新空间：2018 城乡规划六校联合毕业设计 [M]. 北京：中国建筑工业出版社，2018.

Urban Planning Research and Design Strategies on Uncertainty : Pedagogy Innovation in Joint Graduation Urban Design

Liang Sisi   Zhao Liang   Wu Weijia

Abstract: The transformation of urbanization has witness uncertainty in the field of urban planning, especially in anticipating urban development vision in the future. This has brought huge challenge to urban design studio in terms of a series of planning skills involving urban understanding, spatial analysis, design strategy development, etc. Taking joint graduation urban design studio as example, Tsinghua teaching group intended to integrate research with design strategies together in teaching process to solve the uncertainty, and finally deliver spatial blueprint based on reasonable and logical approaches.

Keywords: Joint Graduation Urban Design Studio, Uncertainty, Pedagogy Innovation, Integration of Planning Research and Design

基于"知识统筹·尺度关联"的小城镇规划设计 studio 探索

于涛方　吴唯佳　武廷海

摘　要：本文在多年小城镇规划设计 studio 课程教学探索基础上，归纳出新时期小城镇 studio 教学的挑战及理念，并通过典型教学案例展现了从理论到理念再到规划设计训练的教学组织和教学设计。

关键词：小城镇规划设计 studio 教学，知识统筹，多尺度，空间规划，城乡二元

1　新时期小城镇 studio 教学面临两大挑战

第一，新时期小城镇规划教学改革面临小城镇角色分化挑战。有些小城镇开始成为都市区和城镇化地区的一个组成部分，积极发挥着生活、生产和生态的功能，有些小城镇则开始相对回归乡村，发挥着居住和基本公共服务提供的职能。第二，新时期小城镇规划教学面临制度和组织框架安排。从纵向尺度层级关系来看，从国家到省、地级市、县级市（区）的空间规划他变革日益清晰；内容上，越来越注重底线思维、指标管控和考核。然而小城镇在规划方法论和技术工具尚有许多探讨的地方。

传统小城镇规划编制主要是基于城市总规的方法和内容。重镇区、重建设、重生产、重用地扩张；轻乡村、轻非建设、轻生活和生态，轻用地的集约。同时，小城镇面临蓄水池社会目标下的资源配置失灵问题、面临经济发展目标导向下生态环境日益恶化问题。这些都为 studio 教学带来了挑战：方法论和规划设计知识跨学科原理的"知识统筹"的挑战；小城镇与乡村、小城镇与县城、小城镇与核心城市，小城镇与区域等"尺度关联"层面的挑战。

2　"知识统筹.尺度关联"理念下的小城镇规划设计 Studio 教学探索

国内各高校城市规划设计专业课程基本上都是围绕着"知识结构"、"能力结构"来进行课程设置和教学组织❶。在清华本科规划教育中，为了突出"知识结构"框

架完善和"能力结构"的完善，在"规划设计表达"的核心技能基础上，也突出了"尺度递进和联动"和"知识循环累积"的教学组织特色，如图 1。

2.1　小城镇规划设计 Studio 教学目标和安排

清华《小城镇规划设计 Studio》设在四年级上学期，总教学课时为 16 周 128 学时。其教学主要是以传统的总体规划为基础，来统筹规划理论知识的融会贯通，认识小城镇尺度的规划设计和规划管理问题。在《小城镇规划设计 Studio》之后是本科毕业设计和研究生《空间规划 studio》和《总体城市设计 studio》。

2.2　"知识统筹"和"尺度联动"的 studio 教学框架探索

小城镇规划设计教学是一个培养"知识统筹能力、尺度联动思维"的关键环节。对于规划学习者而言，小城镇是一个重要"五脏俱全的小麻雀"和小白鼠。其规划设计教学对于统筹教学中的规划理论方法等核心能力，对于统筹社会、政治、经济、工程等相关知识是一个重要的对象平台。

（1）"小城镇规划设计 studio"教学理念四象限示意

以"知识统筹"为研究训练脉络形成了"方法论"和"规划原理"二分法作为四象限的纵轴，以"尺度联

❶《高等学校城乡规划本科指导性专业规范》，2013 年版。

于涛方：清华大学建筑学院城市规划系副教授
吴唯佳：清华大学建筑学院城市规划系教授
武廷海：清华大学建筑学院城市规划系教授

		城乡规划基础平台				城乡规划专业平台			
		1年级		2年级		3年级		4年级	
设计系列课程	调整方案	设计基础1 建筑与空间类型 城市构成空间单元	设计基础2 建筑与空间类型 环境应对功能应对	规划基础1 建筑组群与场地 居住建筑公共建筑	规划基础2 建筑组群与场地 建筑群落场地设计	规划设计1/2 住宅住区（更新+新建）	规划设计3/4 城市设计（设计+详规）	规划设计5/6 空间规划（城乡+总规）	规划设计7 毕业设计
	现行方案	建筑设计1 空间构成空间单元	建筑设计2 环境应对功能应对	建筑设计3 别墅设计建筑改造	建筑设计4 幼儿园建筑系馆	规划设计1/2 场地设计住宅住区	规划设计3/4 城市设计（设计+详规）	规划设计5/6 小城镇总体规划	规划设计7 毕业设计
专业基础课程	调整方案 历史课程 专业课程 技能课程	外古建史 空间基础 美术-1	中古建史 建筑设计原理 城市规划原理 美术-2	中国城市史 外国城市史 人文地理学	场地规划设计 城市社会学 规划经济学	住区规划与设计导论 城市交通与道路 房地产概论	城市设计概论 城乡基础设施 土地开发利用与管理 空间信息技术导论	城市制度与管理 城市文化历史保护 城市生态与环境	综合论文训练
	现行方案	外古建史 美术-1 空间基础 设计基础(1)	中古建史 美术-2 人居基础 设计基础(2)	近现建史 美术-4 建筑概论 人文地理学	建筑原理 CAAD 规划原理 城市社会学	场地规划与设计 住区规划与设计 城乡基础设施 中外城市规划史	城市设计概论 城市规划经济学 空间信息技术导论 土地开发利用与管理	城市制度与管理 城市文化历史保护 城市生态与环境 房地产概论	综合论文训练
实践环节		原建造实习	美术-3转系补 城市认知外语强化 新增	空间信息采集 传统村镇测绘	原测量 原美术6	城市社会调查 空间信息技术应用		新增	规划院/规划局实习

图1 清华本科生城乡规划学专业课程设计框架内容和改革

动"为设计训练脉络形成了"基于地方的设计"和"基于区域的设计"二分法作为四象限的横轴，据此：①形成方法论层面的"规则统治"和"目标统治"研究判断认识和规划设计指导；②形成理性综合思维（实证主义、结构主义等）和现实主义人文主义相协调的方法论；③形成"底线思维"和"愿景展望"的规划设计原则和思维能力训练；④进行"问题、机制、目标和路径"的整体和综合能力系统化训练，如图2所示。

通过前两者来判断和确定规划"科学"问题、确定规划设计的基本价值判断和情景模式选择；初步了解规划的多元思潮；了解规划的过程性——如不同治理主体在规划编制和实施中的角色发挥和过程。通过后两者来进行"地方-区域"设计中的原理和方法的取舍权衡训练。包括运用新古典经济学和制度经济学等进行小城镇在区域中的比较优势和边际转折判断，运用公共经济学等进行小城镇层面的生态、公共设施、文化遗产、环境、社会等公共问题判断，运用资源管理学进行土地经济、山水林田湖资源配置关系判断等。

在经过几年的教学探索，在上述理念下，教学按照"专题讲座和小城镇认知（前三周）-田野调研-专题研究（4周）-尺度联动空间规划-设计和行动策划"等环节展开（图3）。

（2）聚焦"方法论和原理知识统筹"的规划研究和设计前提战略判断

任何一个成熟的学科，其方法论和原理都是其核心知识构成。如经济学的核心课程是"经济学原理"和"经济学思想史"，而城乡规划学，"城市规划原理"不断进步和成熟的同时，"城市规划思想史"也日益得到关注。

"规划"的多元知识构成和"聚落"的多维知识构成共同形成一个复杂的知识"矩阵"体系。正是由于这样一个复杂的交织体系，使得小城镇规划设计教学受到不小的挑战。在训练中，关于人口预测、产业分析、生态分析等的基本方法和原理都有了一定的积累和理解，但是人口到底是目标还是手段，产业到底是内生的还是外生的，生态学中的生态和规划学中的生态意义，等等很多问题都没有纳入到一定的方法论前提下来进行训练。

因此，一方面，对于小城镇规划设计的教学，其不仅仅是规划原理和设计方法的训练，而且尤为重要的是

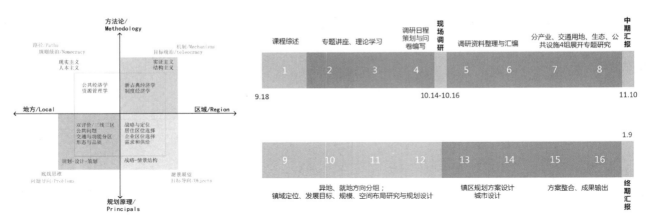

图2 基于"知识统筹–尺度联动"的小城镇总体规划框架构建

图3 小城镇规划设计 studio 教学课程组织架构示意

还要借此来强化方法论的了解、熟悉，进行相应的训练。包括：小城镇是什么的实证性认识？小城镇应该是什么，规划怎么做的规范性认识？小城镇规划的"目标统治"和"规则统治"的认识？以及基于理性科学的精细化系统谋划实证主义方法论？镇域底线思维基础上和市场资源配置基础上的现实主义"法无定试"弹性应对？小城镇的地方特色塑造和设计再强化？

（3）聚焦"地方–区域尺度联动"的规划设计链教学

一方面，聚焦小城镇地方与区域的尺度联动内在机制和规划设计应对，聚焦小城镇内部村、社区、镇区以及山水林田湖等内在差异性；另一方面，重视从战略到总体规划、专项规划、详细设计等为主题的规划设计链条整体性教学。

3 京畿地区的两个小城镇 studio 教学案例：北京周口店镇和保定石佛镇

从典型性和特殊性、区域意义和地方特色、教学共同体等出发，2017、2018 年的教学地区是：河北保定安国市石佛镇以及北京房山区的周口店镇（图 4 和表 1）。两个镇既有共同话题，如京畿地区、非建设用地空间配置、产业转型、结构调整和动力不确定性，也有各自独特之处。

第一，2017 年的保定安国市石佛镇。教学兴趣点有：①京津冀协同发展和雄安新区规划大背景，以及②流域生态环境治理，③全球经济危机下受到影响的传统产业

集群转型发展（镇域内泵机企业近 500 家，是三北地区最大的工业泵生产基地，承担了 9000 余名的从业人员，有"草根化"的适应市场体制、主体动力强劲的企业家精神）；④高铁和高速公路等规划建设。

第二，2018 年的北京市房山区周口店镇。教学兴趣

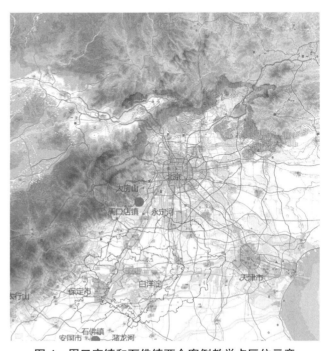

图4 周口店镇和石佛镇两个案例教学点区位示意

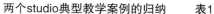

两个studio典型教学案例的归纳　　表1

	保定市石佛镇	北京市周口店镇
区位条件	畿辅地区：白洋淀上游潴龙河畔；安国博野之间	首都地区：西山浅山区；距离北京市中心60公里；毗邻城关镇和燕山石化功能区
地形地貌	华北大平原	太行山深山区－浅山区－平原区
经济产业	泵机企业集群	传统水泥、采矿停止，新产业逐步形成
文化遗产	相对匮乏	国保单位3处、世界文化遗产1处
交通条件	现状可达性较差	京昆高速和建设中的轨道交通
教学难点	城与乡、演进与断裂、紧凑与分散、地方与区域、现状问题解决与长远目标实现等多方面不确定性	空间规划变革中小城镇规划设计方法；存量规划、文化遗产、生态等稀缺性和中心城市和轨道交通导向下的阿隆索空间模型—依附还是中心打造；山水林田湖非建设用地管控
教学重点	小城镇的公共问题；小城镇的产业－居住－公共服务功能分化逻辑；阿隆索空间模型；小城镇城乡（国野）二元性认识和应对	生态都市主义、文化都市主义等理念；生态－生产－生活空间逻辑；内部异质性和分化；小城镇发展与区域政治经济学等机制；山水林田湖管控探讨；小城镇详细规划和特殊性设计应对；战略－规划－设计－策划－运营全链条（5个1体系）
教学－科学共同体	安国市、石佛镇政府、中城院	周口店镇政府、北规院
学生数量	9/17人	6/12人

点有：①新一轮北京总规和空间规划变革下小城镇规划探索；②山水林田湖草和聚落多元性；③建制镇拥有世界文化遗产和3处国保单位；④有房山最高峰；⑤传统产业衰落和新产业兴起；⑥存量规划探索、功能人口疏解下的小城镇发展；⑦在北京市、房山区、燕山石化等作用下周口店镇的形态结构和功能面临多重动力影响。

3.1　经济学等方法论在地方－区域逻辑、特质判断及战略趋势方面的训练

方法论层面一方面突出规划的目标统治和规则统治及与经济学关联关系，规则统治突出公共经济学思维，目标统治突出政治经济学和新古典经济学等相关思维和工具。教学中突出各美其美：规则统治目标统治；美美与共：规则和目标统治相结合的理念；另一方面，突出

理性综合（实证主义、结构主义等）思潮的同时强调人文主义思潮，来认识和探索小城镇发展和规划的机制和路径。应用于区域尺度方面，探索了新古典经济学、资本累计循环的应用，同时探索了战略定位、区位选择、供需关系的空间结构逻辑。地方尺度层面，注重生态－城乡、文化遗产－空间、公共服务设施－聚落、山水林田湖等类似"公共池塘资源"的空间资源配置和资源管理。

（1）新古典经济学等进行小城镇和产业机制分析：石佛镇教学尝试

第一，模型构建解释产业和城镇发展动力。教学鼓励学生通过资本土地劳动力以及内外供需关系进行石佛镇的泵机企业产业演进和城镇发展的逻辑模型构建和解释（图5、图6）。同学采用了短期生产函数描述石佛镇泵机企业发展，表2。

第二，模拟生产函数要素模型模拟城镇产业未来可能趋势，图7－图12。

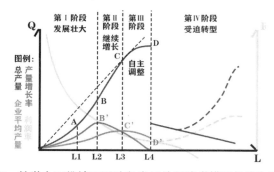

图5　教学中石佛镇不同阶段发展的经济学模型构建和解释－短期生产函数

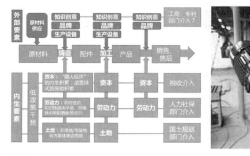

图6　石佛镇泵业的生产函数分析之生产流程模型：初级要素驱动发展的市场

生产函数视角对石佛镇泵机产业发展演变的解释 表2

大概时间	需求侧因素	供给侧因素	泵及产业增长特点
阶段一 （1980年代－ 1990年代）	改革开放初期，长期被"短缺经济"压抑的巨大需求亟待释放	①外部竞争——国内泵业供给国营为主，市场灵活性较低下，石佛在中低端市场面临的外部竞争条件较少；②石佛内部来看，Ⅰ上级政策"束缚"较少、Ⅱ廉价、勤劳的剩余劳动力；Ⅲ廉价易得的土地	①总产量递增；②产量增长率递增；"滚雪球效应"——越来越多的乡亲意识到泵业的盈利性，加入生产；③平均产量递增；伴随着生产门类的丰富化，零散配件→整泵
阶段二 （1990年代－ 2008年）	快速城镇化进程，带来对通用设备的持续需求	①外部竞争——东南沿海泵业集群崛起明显，开始与石佛争夺份额；②石佛内部：Ⅰ廉价、勤劳的剩余劳动力；Ⅱ廉价易得的土地	①总产量递增，外部需求不饱和；②产量增长率减少；外部市场竞争与石佛企业间竞争两方面的作用；③平均产量递增；增长趋势较第一阶段为缓（新增企业的影响）
阶段三 （2008-2014）	金融危机对实体经济冲击；经济刺激计划对通用设备需求提振。	①外部竞争——东南沿海泵业集群与石佛镇泵业持续争夺份额；②石佛内部——Ⅰ廉价劳动力（价格趋增）；Ⅱ廉价易得的土地（价格趋增）	①总产量出现边际效应递减；②增长率持续减少；外部市场震荡，石佛企业家自我调整、内部优化、提质增效；③平均产量略降；在外部市场维持刚需的情况下，牺牲一定产量保障总收益
阶段四（2014-）	京津冀环保要求（死命令）	①市场外部竞争持续；②石佛内部：要素驱动模式转换困难。劳动力和土地价格趋增、研发创新条件不足	总产量和企业平均产量"断崖式下降"

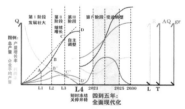

图7 生产函数要素模型模拟城镇产业未来可能趋势（一）

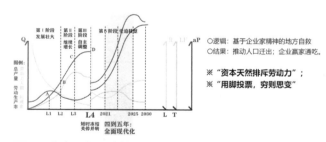

图8 生产函数要素模型模拟城镇产业未来可能趋势（二）

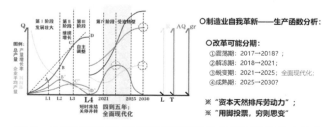

图9 生产函数要素模型模拟城镇产业未来可能趋势（三）

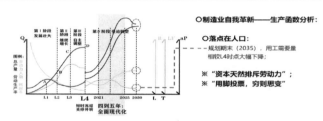

图10 生产函数要素模型模拟城镇产业未来可能趋势（四）

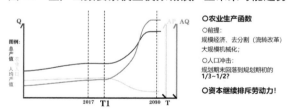

图11 生产函数要素模型模拟城镇产业未来可能趋势及结论（一）

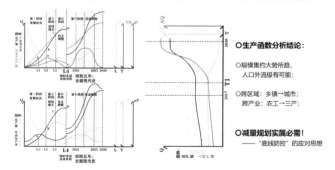

图12 生产函数要素模型模拟城镇产业未来可能趋势及结论（二）

周口店小城镇发展在政治经济等综合框架的认识　表3

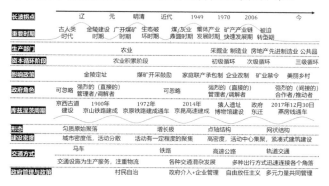

长波拐点	辽	元	明清	近代	1949	1970	2006	今
重要时期	古人类时代	金陵建设时期	广开煤矿时期	生态破坏时期	煤/灰业鼎盛时期	集体产业发展时期	矿产产业链快速发展时期	被迫转型期
生产部门	农业				采掘业 制造业 房地产 先进制造业 公共品			
资本循环阶段	农业积累阶段				初级循环	次级循环		三级循环
影响政策	金陵定址		煤矿开采鼓励	家庭联产承包制	企业典制	矿业禁令	美丽乡村	
政府角色	可忽略	强烈的(直接的)管理者/调解者		可忽略	强烈的(直接的)管理者/调解者		强烈的(间接的)合作者/推动者	
库兹涅茨周期	京西古道建设	1900年 房山铁路建成	1972年 京原铁路建成通车	2014年 京昆高速通车	猿人遗址 博物馆建设	政府东迁	2017年12月30日 燕房线通车	
形态	匀质原始聚落		增长极		点轴结构		网状结构	
建设密度	城市密度低,活动分散		活动有一定程度的聚集		高密度;活动中心集聚,紧凑式建筑建设			
交通方式	马车		铁路		高速公路		轨道交通	
政府管理与政策	村民自治		政府介入+企业管理		自由放任主义		多元力量共同管理	

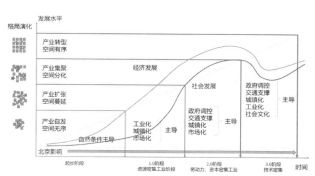

图13　不同演进阶段主导政治经济等动力与空间演化特征的对应关系

（2）政治经济学等突出小城镇"地方–区域"机制逻辑：周口店镇尝试

1）规划设计镶嵌在政治经济的框架中的认识和知识统筹训练

2）周口店和北京的"地方–区域"机制深入训练：资本三级循环模型等

①一般性教学基础目的：周口店镇本身的资本循环的认识和解析

周口店的多维视角演进路径–新马等视角　表4

	1.0阶段	2.0阶段	3.0阶段
聚落模式			
空间特征	生产、生活、工业空间"三位一体"	类以工业园区的空间生产出现,城市生活向乡村的渗入,出现消费型空间	空间开始呈现出多样化的特征
主导产业	采掘业	制造业、房地产业	生态文化产业
城市密度	城市密度低、活动分散	活动有一定程度的聚集	高密度、活动中心集聚,紧凑式建筑建设
交通状况	交通设施为生产服务,注重物流	各种交通混杂发展	交通方式多样化,多种出行方式,迅速快捷的连接城市各个角落
环境保护	忽视环境问题	低效率的资源利用方式	重视环境、保护资源,合理高效的使用资源
居住条件	以小产权房为主	商品房出现,房地产开始发展	建设满足不同层次生活、生产需要的住房
基础设施及土地利用	基础设施欠缺,土地功能分散	围绕资源开发土地	强调可持续的基础设施,并提高公共设施可达性

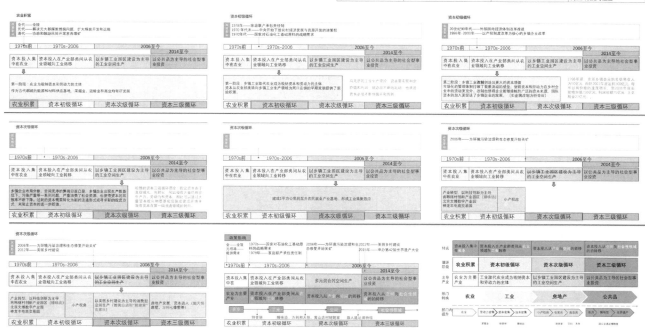

图14　周口店镇空间发展驱动力的三次资本循环模型分析

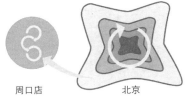

特点	资本投入集中在农业	资本投入在产业部门间从农业领域向工业转移	资本投入从产业向空间的转移	资本投入从空间向社会性领域的的转移
循环阶段	农业积累	资本初级循环	资本次级循环	资本三级循环
主导产业	农业为主要产业	工业取代农业成为吸纳资本和劳动力的主体	以乡镇工业园区建设为主导的工业空间生产	以公共品为主导的社会型事业投资
部门转换	农业	工业	房地产	公共品
部门内提升	农业 采掘业 特色游 健林地	劳动力密集 资本密集 技术密集	小产权房 农家乐 商品房 娃娃鱼 万科 天铁	政府 博物馆 世界遗产 周口店遗址博物馆

图 15　周口店镇发展演变的资本循环积累模型构建和解释

图 17　地方－区域的资本循环耦合：周口店与北京大区域

周口店　北京

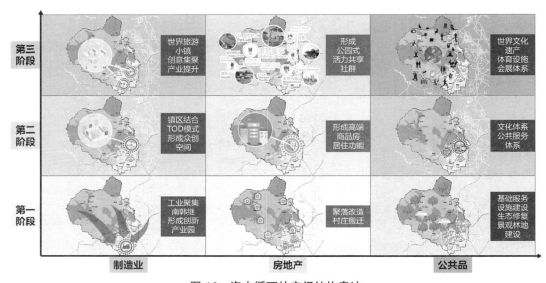

图 16　资本循环的空间结构表达

②特色性教学探索：周口店资本累积循环与大区域循环的耦合。周口店的发展历程基本符合哈维的资本三级循环理论，但是也有一些矛盾和特殊性。教学探索结果是：北京作为都城对周口店产生的影响不可忽略，周口店地区的发展是在首都圈层内的特殊的资本循环过程，图 17、图 18。

（3）公共经济学思维突出小城镇"公共品"、"公共问题"

①从底线思维土地评价到积极的生态景观都市主义

②从文化遗产到文化都市主义

③公共问题与公共品供给：蒂伯特模型等

④空间经济学等教学训练：土地地租模型等的应用

第一，区域多中心下小城镇地租模型模拟：石佛镇

探索。通过阿隆索土地地租和空间经济模型，表征租金关系从县城中心向外的逻辑；以安国、博野县城为辐射中心，建构"国野地区"统一的经济联系，其目的能够理清区内统一配置资源的市场逻辑，图 26、图 27。

第二，区域多中心和地方特质资源双重机制下土地地租模型模拟来指导空间结构：周口店镇探索，图 28。

第三，存量土地资源管理和规划：从上位指标到原理、谱系、规划。通过卫星影像及上位存量分布图，摸清了周口店现有存量情况。根据房山分区规划中工业用地 5：1 采矿用地 20：1 级宅基地不超过 20% 的要求，计算出了三类用地一共可置换新用地面积 396 万平方米，总体拆占比 1：0.33，远低于全市规模的 1：0.7-1：0：5,远期结合建设需求需考虑指标转移。而建筑面

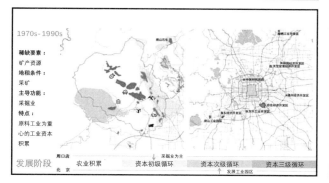

图18　不同时期北京市资本循环积累和周口店循环积累的耦合关系

积上,抽样了各处的宅基地,测算出宅基地容积率在0.45左右,停产及改造后的工业地统计率正在0.7左右,废弃地容积率按0处理,以此得到各类用地的现状建筑面积,一共是341万平方米,图29。

3.2 "地方区域":战略 – 总体 – 专项 – 详规 – 设计 – 行动的空间规划教学探索

第一,区域层面的战略趋势结构规划。突出战略和结构(注重区域关系、注重空间逻辑、阿隆索土地经济学)、

及重大基础设施和边际性转折点等内容,图30、图31。

第二,地方小城镇层面的国土空间规划体系教学探索。地方尺度训练主要有两个层面。镇域层面主要训练空间规划体系:强调三区三线 – 土地适应性评价、非建设用地(山水林田湖)、文化遗产 – 公共设施等与城乡发展的关系;注重城乡二元性(走向城市,还是回归农村);在镇域层面形成五个一的规划内容:一本账、一张图、一个体系、一套方法、一个项目库等,图32所示。重点片区(镇区、特色区等)层面主要训练详细规划和

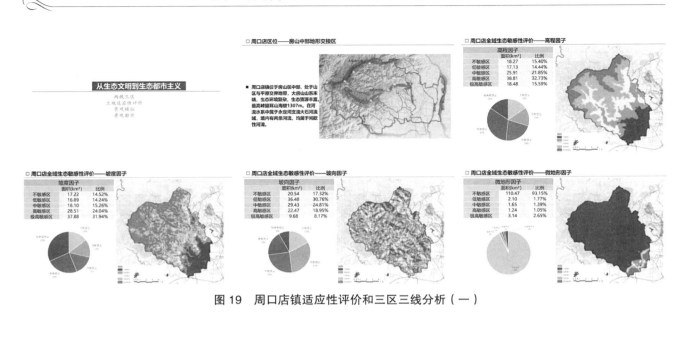

图 19 周口店镇适应性评价和三区三线分析（一）

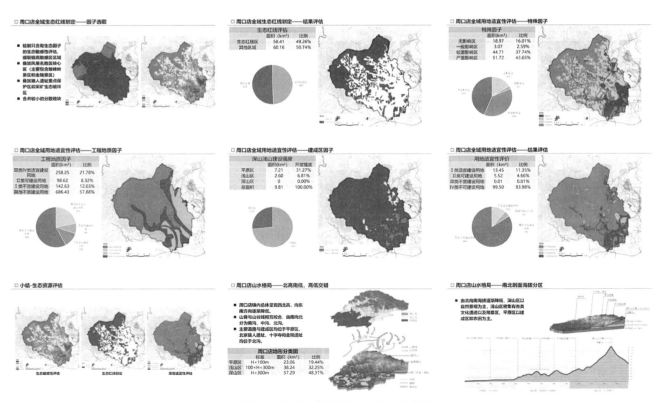

图 20 周口店镇适应性评价和三区三线分析（二）

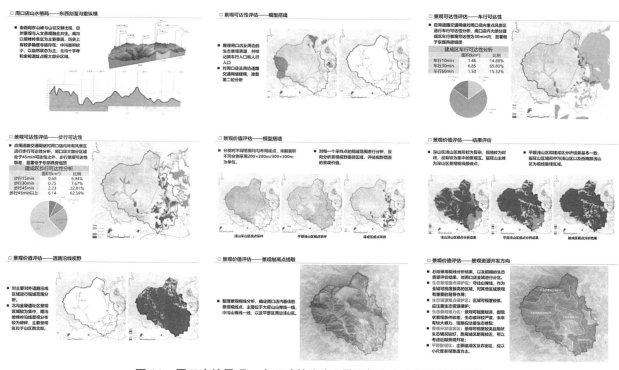

图 21　周口店镇景观 – 人互动的生态 / 景观都市主义规划设计训练

图 22　从文化遗产到文化都市主义的探讨（一）

□ **文化专题：从物质文化遗产到全要素文化生境**

定位房山八景

燕京八景
■ 道陵夕照

房山旧八景
■ 金陵佳致
■ 贾岛遗庵

房山新八景
■ 红螺三险
■ 金山香水

《大房山选胜图》
■ 甲子峪（贾岛峪）
■ 松棚（红螺上险）

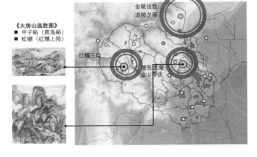

□ **文化专题：从物质文化遗产到全要素文化生境**

理清文化结构

■ 平原区：以一村一寺的结构形成主要的生活宗教商业带，串联起城关街道和韩河村，文化融合。
■ 北沟：从云峰寺通向金陵和十字寺，体现了皇家文化，中有贾岛峪分叉。
■ 龙骨山北：有三个重要的寺庙，为民民上香的通道。
■ 龙512峪：曾经也有寺庙，但明清以后，私人煤矿多，采矿运输成为重要功能。
■ 南沟：深山有众多寺庙，明清修行和养老为主导功能。

□ **文化专题：从物质文化遗产到全要素文化生境**

划定核心文化区

金陵文化景观区
■ 点：金陵、十字寺
■ 线：北沟、调陵道

猿人遗址文化景观区
■ 点：猿人遗址——博物馆、贾岛遗庵/木岩寺文化、永寿禅寺
■ 线：贾岛峪

红螺三险文化景观区
■ 点：红螺三险、玉虚宫、药师寺
■ 线：南沟

□ **节点分析：金陵**

■ 主陵区内部的空间要素，包括石桥、神道、两侧碑亭、大小宝顶、墓葬等。这些是规划中重点保护、复原、修缮的部分。

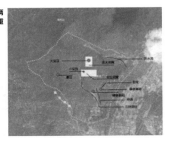

□ **周口店节点分析：车厂村**

■ 金、元成村。因地属金代陵寝区，为金代皇室调陵停存銮舆之处，故名车厂（场）。
■ 周口店镇的车厂老村是三条古道的汇合处，该村曾有西、东、南三座臸门，如今只存西、南两座臸。
■ 迎风坡老村东坡尚存的一段古道，关帝庙-老爷庙，在该古道上，反映了不仅仅是调陵古道，也是商业古道。因为关帝往往是被商人崇拜的。

车厂村内部古道图（资料来源：新浪博客——基于对车厂村的探寻）

□ **周口店节点分析：金陵与金中都的联系**

■ 从古代志书记载和现存的行宫我们可以大致描绘出金中都去往金陵的调陵路线。
■ 磐宁宫作为整个陵路线上的最后一座行宫，而云峰寺更衣沐浴临寝之处。是周口店的重要文化资源。
■ 古道贯穿了周口店镇的东部与北部，无论是古代今代，都起到了重要的作用。

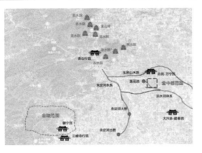

□ **周口店节点分析：北京猿人遗址**

■ 周口店北京猿人遗址位于周口店镇中部，遗址面积0.24平方公里，核心区1.2平方公里，保护区2平方公里，环境影响区6平方公里。
■ 周口店遗址作为中国首批的世界文化遗产，在保护与传承的道路上，进行了不断地探索和实践。2003年，周口店北京猿人遗址管理处委托中国文物研究所和北京建筑工程学院城市研究所编制《周口店遗址保护规划》。
■ 《保护规划》重新规划了遗址范围，保护范围由现在的0.24平方公里扩大到4.8平方公里，其中包括重点保护区0.4平方公里和一般保护区4.4平方公里，建设控制地带为8.88平方公里。规划分近期2006-2010年；中期2011-2015年；远期2016-2020年三期实施。

□ **周口店节点分析：北京猿人遗址**

■ 目前存在的主要问题
■ 1. 原生地形地貌的破坏和现代建筑设施的不协调。周口店遗址自明清以来经历开山、取石、修路、农耕，发生了很大改变。
■ 2. 周边环境的污染，遗址区周边的煤矿、灰厂、采石场、水泥生产线等产生的粉尘烟雾和污水等严重影响了环境。
■ 3. 遗址保护资金短缺。
■ 4. 旅游开发不甚景气。经调查了解，在周口店被列为"世界遗产"的初始阶段，年均游人十余万人次，其中1986年参观人数达到十四万人左右；而到2000年仅四万左右。2010年附近，接待参观人数约八万余人。经济效益不佳导致内部运营困难。近年来参观人数约十五万人左右。

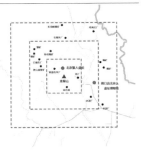

图23 从文化遗产到文化都市主义的探讨（二）

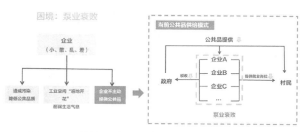

图24 石佛镇公共问题存在和公共品提供的模式
困境机制分析

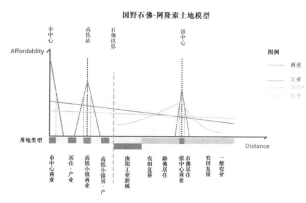

图26 石佛镇"地方－区域"地租模型模拟

机遇一：新建工业园区

《石佛2008-2020总体规划》："在现有良好的石佛和路景水泵产业基础上，主要发展石佛的水泵产业，使新建水泵工业集中进入镇区工业小区，实现集中管理，集中布置公用设施"

工业区	位置	用地规模（hm²）	主要产业
石佛工业园区	镇域东北部	19.11	水泵制造业
南阳工业园区	镇域西部	13.33	水泵制造业
南章工业园区	镇域中部	10	水泵制造业

机遇综合作用 ➡ 公共品质提升

图25 石佛镇公共品提供困境解决的切入点机制分析

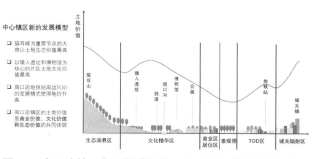

图28 在可达性－舒适性等条件下的周口店镇空间规划结构

设计策划等。重点片区涵盖了镇区（图33、图34）、特色聚落区、非农建设用地中的大遗址区，并借鉴《农业区位论》等做了农田开敞空间的功能区位安排。

4 结论：小城镇规划设计 studio 教学中两个其他问题

虽说小城镇建设更大程度上是实践问题而非学术问题，但其 studio 教学则需明确的方法论和科学性。因此

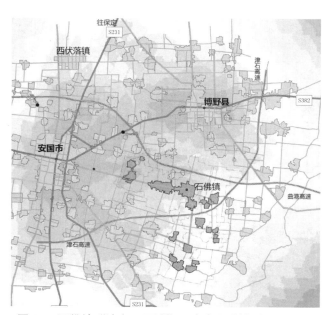

图27 石佛镇"地方－区域"阿隆索土地模型 GIS 模拟

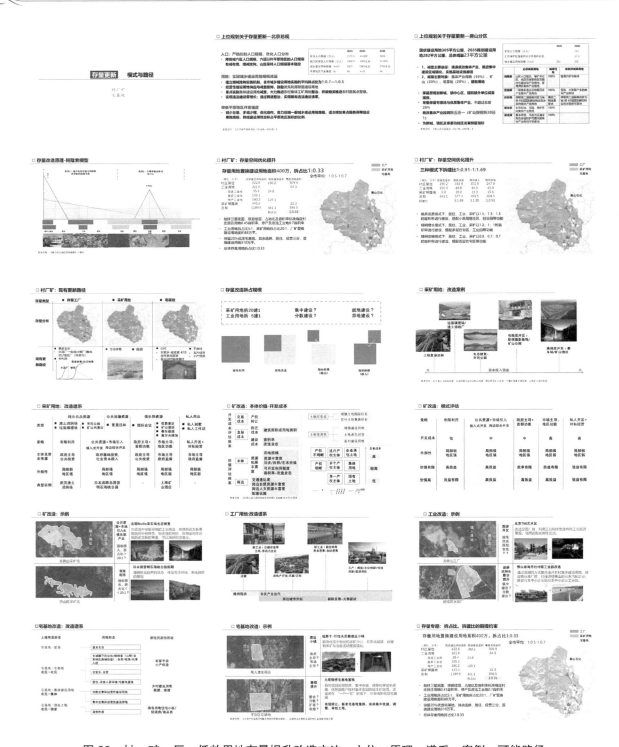

图29　村-矿-厂-低效用地存量提升改造方法：上位、原理、谱系、案例、可能路径

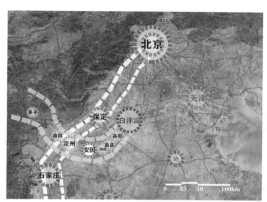

■ 纵轴：**京畿模式**
■ 瞄准首都，寻求突破
■ 横轴：**山川模式**
■ 放眼流域，发掘特质

"京"的模式	"山"的模式
首都功能；	非首都功能，地方功能；
规模集聚经济， 专门专业分工	自发经济集聚， 初级要素导向
空间模式：指状拓张	空间模式：鼎状延伸
政治影响：自上而下	政治影响：自下而上

图 30　地方区域规划设计战略判断：京畿模式和
山川模式下的石佛发展逻辑

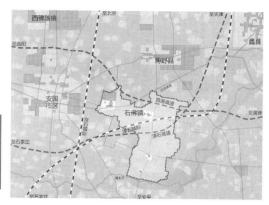

图 31　据阿隆索模型进行的区域逻辑和空间结
构选择 – "国野之城方案"

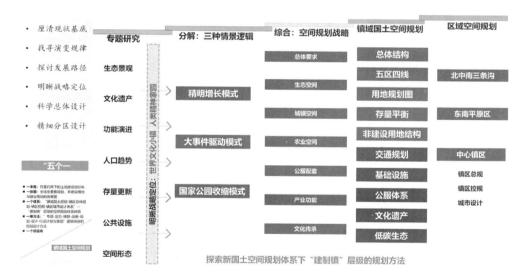

图 32　探索小城镇层面的国土空间规划规划体系

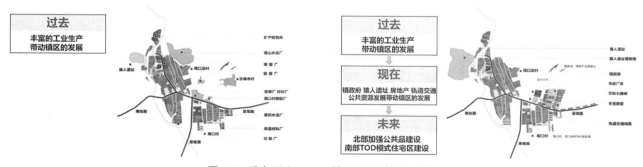

图 33　重点区之一——镇区层面的控规训练

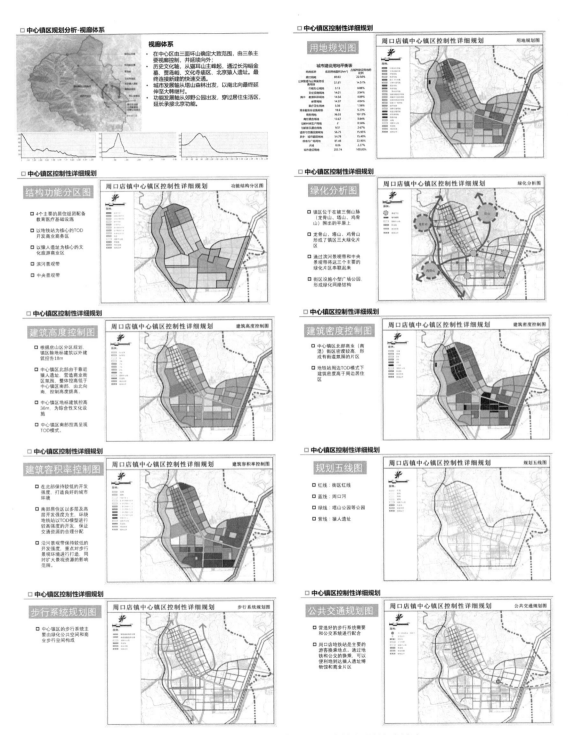

图33 重点区之———镇区层面的控规训练(续)

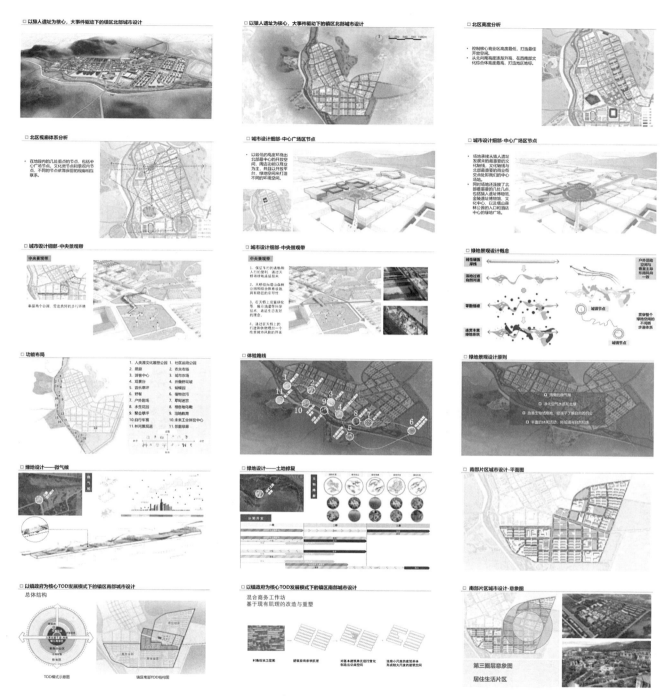

图34 重点区层面的城市设计训练和探索

在教学中，强调了"方法论－原理"的知识统筹，和基于"地方－区域"的尺度联动等框架体系的组织。除此以外，如下两个问题在本小城镇规划设计studio中着重加强了训练。

第一，定与不定的思维和训练：规则统治－目标统治下的各美其美和美美与共。地方的定与不定规划设计应对：情景方法应对不确定性；突出地方化经济和地方比较优势及公共品等确定问题。①规则导向强调底线思维和确定规则；而目标统治强调规律性和愿景目标的把握。②小城镇规划中的区位和时位选择问题。因地制宜的区位分析——区域的视野。因时制宜的边际分析——从新古典经济学到多重经济政治的视野，如图35、图36。

第二，亦城亦乡认知——小城镇层面的特殊性认识和教学训练。小城镇在中国有特殊功能和地位。一方面，小城镇与农村之间存在紧密的天然关系。另一方面，小城镇在城乡互动中具有纽带作用。如果从大中城市的高效益、高辐射力、高聚集力来看，小城镇不能与之相比，但是，若从它贴近农村，在居民体系中处于中间环节，具有城乡二元特征，是"城市之尾"、"乡村之首"，能推动乡村工业化和城市化的作用来看，则是大城市不能比拟的，图37。

主要参考文献

[1] Alexander, E. R., L. Mazza, and S. Moroni . "Planning without plans? Nomocracy or teleocracy for social-spatial ordering." Progress in Planning 77.2 (2012): 37-87.

[2] 阿维.弗里德曼.中小城镇规划 [M].武汉：华中科技大学出版社，2016.

[3] 约瑟夫.E.斯蒂格利茨.公共部门经济学 [M].北京：中国人民大学出版社，1999.

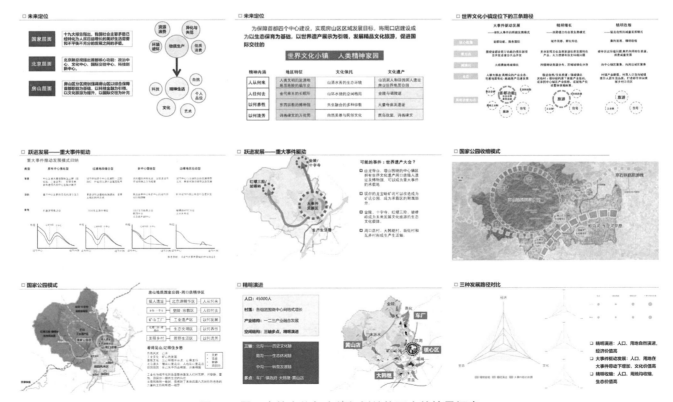

图35　周口店的定位与空间规划结构不定的情景探索

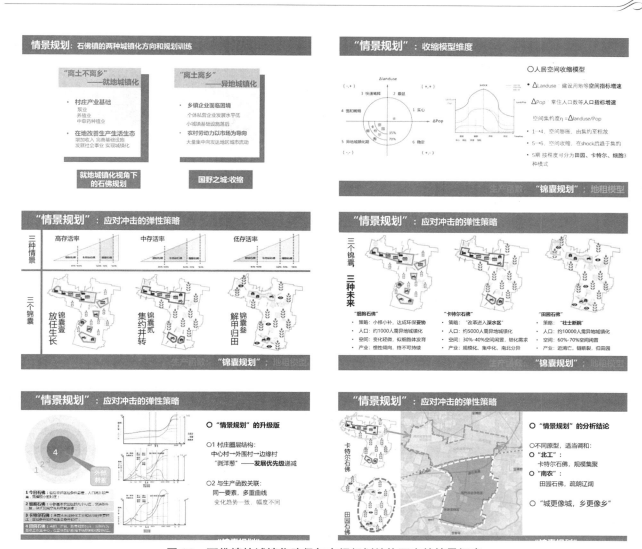

图36　石佛镇的城镇化路径与空间规划结构不定的情景探索

图37　石佛镇关于城乡二元性的认识和规划设计训练

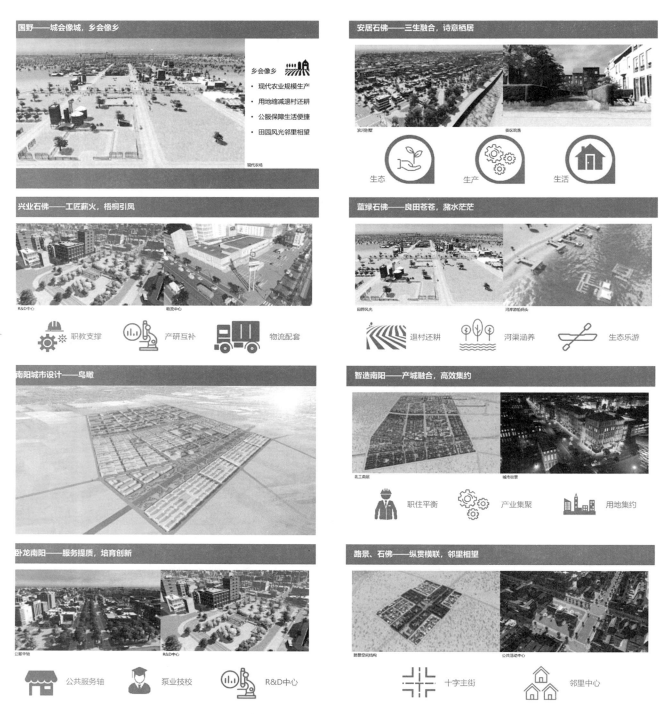

图 37　石佛镇关于城乡二元性的认识和规划设计训练（续）

图 37　石佛镇关于城乡二元性的认识和规划设计训练（续）

Small Town Planning and Design Studio Exploration in Tsinghua

Yu Taofang　Wu Weijia　Wu Tinghai

Abstract: On the basis of years' of studio course in small town planning and design, this paper sums up the challenges and corresponding concepts of studio teaching in the new era, and shows the teaching organization and design from theoretical practice to concepts and to Planning & Designing training through typical cases.

Keywords: Small Town Planning and Design Studio, Knowledge Integration, Multi-Scale, Spatial Planning, Urban-Rural Duality

清华–MIT 城市设计工作坊国际联合教学新模式：
多元参与支持下的深度合作与经验共享

唐 燕 刘 健

摘 要：针对城乡规划学科的专业学习特点与新时代的社会新需求，通过城市设计联合工作坊的形式开展国际合作教学，提升研究生的规划设计技能、国际交往能力及综合专业素养的做法，目前已经成为很多建筑类高校城市规划专业培养的重要一环。论文基于"清华–MIT"两所国际知名院校开展了为期近30年的城市设计联合工作坊在2019年的国际合作教学实践，探讨了在科技升级和城市转型的新时期背景下，如何通过"引进来–走出去"的双向互动，在地政府、研究机构与开发企业等的参与合作，中外师生的混合交叉教学指导，线上线下沟通授课等创新模式，建设多方参与、深度合作、经验共享的国际合作教学新路径。

关键词：城市设计，联合工作坊，国际合作教学，清华，MIT

1 基于城市设计国际联合工作坊的合作教学模式的普及与挑战

在研究生培养阶段，针对城乡规划学科学生的专业学习特点与新时代的社会新需求，不断创造平台和机会，让学生能够通过参与城市设计国际联合工作坊来提升他们的规划设计技能、国际交往能力及综合专业素养的做法[1]，目前已经成为很多高校城市规划专业培养的重要一环，也是国内高校加大自身国际化建设的重要平台和契机[2]。

然而由于国内外高校的教学周期不一致、教学目的和目标不尽相同、出国互访的经费高昂、学分无法实现互认等一系列问题，导致城市设计国际联合工作坊的推进力度和推进效果总是因为这样那样的原因而大打折扣。如何基于各高校的不同特点和资源条件，探索符合自身情况的城市设计国际联合工作坊的创新教学模式和课堂组织方法，已经成为亟待破解的教学改革议题。

本研究基于清华–MIT两所国际知名院校开展了为期近30年的城市设计联合工作坊在2019年的国际合作教学实践，探索在科技升级和城市转型的新时期背景下，如何通过"引进来–走出去"的双向互动，在地政府、研究机构与开发企业等的参与合作，中外师生的混合交叉教学指导，线上线下沟通授课等创新模式，建设多方参与、深度合作、经验共享的设计课程教学新路径。

2 城市设计国际联合工作坊合作教学的常见类型

对国内代表性建筑院校的调查表明，不同规模和类别的建筑类高校在条件许可的情况下，基本都利用研究生教育平台开展了不同形式、不同主题的城市设计国际教学，而国际联合设计工作坊则是其中最为主要的一种形式。各高校合作的国际对象非常多元，主要涉及欧美等发达国家的规划与建筑类院校。根据这些国际教学中合作交流的深度差异与时长区别，当前城市设计工作坊国际联合教学主要采用的模式和运作特点可以划分为以下三种：

（1）浅度交流的国际工作坊。国内外高校师生团队选择相同或者不同的地段分头开展设计，双方师生没有集中在一起开展实质性、混合性的方案生成指导和交流探索教学，主要通过约定时间点的互访、共同评图和共

唐 燕：清华大学建筑学院副教授
刘 健：清华大学建筑学院副教授

图 1 清华 –MIT 城市工作坊的教学成果与教学现场
资料来源：参考文献 [3]，照片为清华大学建筑学院师生自摄

同考察等来实现浅层次的城市设计国际交流；

（2）中度交流的国际工作坊。国内外高校师生选择一个国家的一个场地，开展为期 10 天左右的共同在地设计工作，就场地特征提出现状调研思考和初步设计成果，合作双方或多方之间有较为深刻、具有一定时长的设计沟通与经验交流。这种工作坊由于一般采用单向访问的模式进行，使得某一方或几方高校师生没有借此获得外出开展国际调研与考察等机会。清华 –MIT 国际工作坊在本次教学改革探索之前采用这种模式。

（3）深度交流的国际工作坊。深度交流的国际工作坊因时间和经费等教学限制，目前在国内基本还处于运作探索期，因此成为本文教改期望达成的目标。深度交流的国际工作坊在时间上应该保证三个月以上，本文针对的清华 –MIT 国际工作坊为期一个学期（6 个月）；在合作上应该实现充分的"在地"和"异地"交流并保证双方互访，清华 –MIT 的工作坊通过混合教学、互联网技术等系列教学组织创新将此落实。

由此可见，探索深度交流的城市设计国际工作坊教学新途径，不仅对于清华和 MIT 意义非凡，同时对于国内其他高校的城市设计国际联合教学的模式升级都具有重要的研究、试点和示范意义。

3 清华 –MIT 城市设计国际联合工作坊的三十年发展与新变革

"清华 –MIT"城市设计国际联合工作坊项目始于

1985 年，至今已延续 30 余年，是国际化合作教学的成功典范，开创了国内外城市设计联合教学的先河。该合作项目聚焦于中国城镇化发展进程中的热点问题，在全国范围内选址进行规划设计及研究工作，形成了一批独具国际前沿视野的项目成果。工作坊项目每两年举办一次，两校分别有 2-3 位教师负责指导，各自有 10–15 名学生参与研究、规划与设计。Gary Hack 教授是工作坊的 MIT 方重要发起人，他与 Dennis Frenchman 教授长期担任 MIT 方的项目负责；清华大学毛其智教授、张杰教授长期担任项目的中方负责人。在工作坊开展的 20 周年和 30 周年纪念之际，两校在北京规划展览馆举办了研讨会和展览，全面展示联合教学的相关成果，并发行出版物（图 1）。

在本次教改探索之前，清华 –MIT 城市设计国际联合工作坊的教学因受各种条件制约，主要采用 MIT 学生到访中国，与清华学生共同完成为期十天左右的设计任务的形式开展，没有学分和学时，处于一种临时召集的"非正式"状态。2019 年，清华 –MIT 国际联合工作坊首次与正式的课程教学结合起来，依托研究生一年级的"城乡规划设计系列课 2：总体城市设计（80001224）"全新开展（表 1）[4] [5]，学生选课可以获得相应的学时和学分。新的清华 –MIT 城市设计国际联合工作坊为探索同类型设计教学的课堂组织安排提供了重要创新契机，借助教学改革提升和完善了课程教学，特别是探讨了基于多元参与的深度合作与经验共享的教学新模式。

2019清华–MIT城市设计工作坊国际联合教学的课程概况　　　　　　　　　　　表1

工作坊依托课程名称与编号	城乡规划设计系列课2：总体城市设计（80001224）	工作坊负责教师	刘健、唐燕
课程学分与学时	4学分，64学时	课程授课语言	英文 + 中文
清华 –MIT 城市设计国际工作坊的教学团队构成			
清华大学		麻省理工学院	
刘健 副教授 清华大学建筑学院副院长(主要研究方向：城乡规划设计、城乡规划管理、城市更新和国际比较研究) 唐燕 副教授（ 主要研究方向：城市设计、城市更新、城乡规划管理） 祝贺（ 课程助教 博士研究生) 硕士和直博研究生 10 名		Brent Ryan 副教授 麻省理工学院城市设计与发展课题组负责人（ 主要研究方向：收缩城市、去工业化和气候变化背景下的城市设计政策) Lorena Bello Gomez：副教授（ 主要研究方向：大尺度地区的基础设施建设、设计对于城镇化的作用) 裘熹（ 课程助教 博士研究生) 研究生 9 名	
备注：合计 26 人；教师 4 人；助教 2 人；研究生 19 人			
课程大纲要点			
◇ 课程内容：在研究生现有学科理论知识、本科城市设计和研究生空间战略规划专题训练的基础上，针对特定城市或大尺度城市综合性片区开展总体城市设计训练。 ◇ 课程目标：深化对城市设计理论和方法的掌握与运用，了解和掌握大尺度城市空间的认知表达和城市设计理论方法，能够对总体城市设计范围内具有代表性和热点关注特征的城市现象和城市环境开展详细研究，并针对特定地段进行深化设计。 ◇ 课程组织：①对选择的设计地段进行现场调研，完成场地踏勘和相关调研分析（踏勘 4 天，共 2 周）；②组织集中性的知识讲授和专题报告（ 5 次，共 3 周）；③学生按照 2–3 人组成小组，分组完成总体城市设计作业成果（ 10 周）；④中间阶段和课程临近结束时段安排中期评图 1 次和最终评图 1 次			

4　清华 –MIT 城市设计国际联合工作坊的教学改革新举措

2019 年全新出发的清华 –MIT 国际工作坊针对新时期我国城市发展转型的特殊背景，将设计地段选址于唐山陡河以东地区，教学改革的内容和重点涉及 "服务地方 – 多元参与 – 双向互动 – 沟通共享 – 多维成果" 五个关键维度：

（1）教改探索一：设计教学如何服务中国地方实践，以国际视野聚焦中国城市发展转型的时代议题。工作坊以 "转型中的唐山：陡河东区" 为题，针对中国传统工业城市的转型发展困境进行深入的规划设计思考[6]。唐山作为中国现代工业诞生的摇篮、震后重生的英雄城市和国家重要的重工业基地，目前正在经历艰难的转型升级[7]，同时也面临着京津冀协同发展的时代机遇。工作坊基于地方政府和地方规划设计院的需求和建议聚焦唐山陡河以东地区，在教学过程中融入地方政府领头调研、地方专家和在地企业参与式研讨等方式，探索如何汇聚清华 –MIT 两校师生的创新思维和规划设计来服务地方，

为唐山的转型发展和高品质的后工业城市空间塑造提供思路和智慧贡献。

（2）教改探索二：推进社会力量参与课程教学，创建国内外高校、地方政府、地方企业、公众等多元角色走进课堂、共享共治的教学新方法。工作坊将课堂大门打开，积极引入地方政府、高等院校、专业机构与开发企业、社会公众等多元力量共同参与教学（图3），从而将理论与实践结合起来，将 "假" 设计与 "真" 行动结合起来，这即提升了国际工作坊的社会认知度，为工作坊创造和模拟了更加真实的规划设计环境，也全面增强了工作坊成果的设计实用性。唐山市自然资源和规划局在设计地段选题、规划资料提供、场地调研与设计建议上为教学提供了充分的保障；唐山昱邦房地产开发有限公司通过其成立的昱邦公益基金会为工作坊提供资金支持，并从开发商的角度提出差异化的设计理念和设计要求，丰富了学生设计的思考维度；来自北京、上海、天津和唐山本地的高等院校和专业机构的专家，在课堂讲座、专家研讨会等上分享了各自的真知灼见和研究成果；唐山的社会大众是规划设计场地的长期使用者，对他们

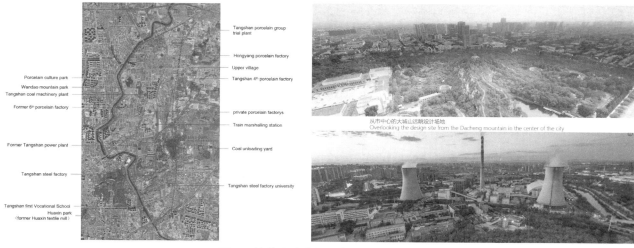

图2 教学选址地段：唐山陡河东区

图3 地方政府、地方企业、专家与公众参与的学术研讨及调研

图4 "走出去–引进来"的清华–MIT师生两国互访（北京–唐山、波士顿–卢韦尔）

的调查和访谈构成了设计理念与构思的坚实基础。

（3）教改探索三：如何建立"引进来–走出去"的双向互动国际教学模式。工作坊的教改探索还意在解决传统城市设计国际联合教学工作坊中普遍存在的国内外高校之间，教学计划、教学时间等难以匹配而导致的合作困境问题，确保参与双方都能充分实现"走出去"和"引进来"，通过清华与MIT的双向合作互访和多频次、有深度的现场共同工作来共享经验、共同提升（图4）。工作坊在征得双方师生一致同意的基础上，针对清华建筑学院研究生学习鲜有考试课程的特点，充分利用寒假前考试周、五一春假、暑假前考试周这三个重要"储备性"时间段，开展两校师生面对面的现场调研、集中设计和设计评图等活动。通过见缝插针、跨学期的弹性教学周期安排，工作坊打破了传统16周设计课程的教学时间局限，使清华与MIT的教学日程得以合理匹配，从而在长达一个学期的时间维度上实现双方开展深入合作交流的可能。基于此，两校教师通过充分的前期接触和精心准备，制定完成双方契合度均好的课程教学计划与日程安排。

（4）教改探索四：如何利用教学组织和互联网技术等，有效实现混合交叉指导与线上线下的交流与共享。为了持续加强工作坊的国际合作深度，课题探索了多样化的交流共享途径。一方面，在双方师生开展"共同在地工作"时，通过两校学生混合分组完成研究和设计任务、两校教师共同或交叉分组指导等，来充分实现教学组织上的混合与合作；另一方面，工作坊借助先进互联网技术，在教学过程中探索了在线视频评图、大小规模网络会议等途径的"异地共同工作"模式。由于工作坊建立了同时涵盖"在地"与"异地"的共同工作方法（图5），使得国际联合教学的广度、深度与高度得到新的提升。工

图5　清华–MIT工作坊的线上（左）线下（右）交流

作坊十分注重如何充分利用两校师生在中国和美国为期近两周的两次"在地"工作时间，在设计方案讨论与推进之外，一方面通过安排来自双方教师、专业规划人员、政府管理者的城市更新理论与实践讲座，丰富学生们对于中美两国城市更新的认识和了解；另一方面将调研从场地本身扩展到对相关城市、代表案例等的综合学习上，包括对北京首钢工业区更新、唐山南湖公园转型、波士顿及其周边传统工业城市的城市建设与工业升级等的综合考察上，为学生进行国际比较研究创造条件。

（5）教改探索五：丰富课堂教学成果的形式与内容，走出传统的设计图纸导向的单一化成果要求。一个组织良好的国际教学工作坊的成果产出可以是多层次、多维度、多类型的。本次工作坊期望达成的成果内容构成是一个"成果束"，不仅包括传统的学生规划设计方案（以图纸和模型为载体），还包括了教学方法变革、专题学术研讨会、规划设计成果展、公众宣传与教育、地方学术共同体等更为丰富的内容。工作坊传承了过去近30年清华–MIT联合设计的优秀传统，同时力图突破创新，以追求更为切合时代需求、更加丰富多元的教学成效。

5　教学改革的执行与目标达成

教学改革的执行渗透在城市设计工作坊的各个进程环节中，不同环节改革的重点和期望达到的教学改革目标及成效各有不同。总体上，教学改革探索分为五个阶段加以实施，其中第一、二阶段是教学过程中的改革实践；第三阶段是教学实践成果的总结、展示和得失分析；第四阶段是在已开展的改革探索基础上，优化提出新年度的城市设计工作坊教学计划和教学方案，具体详情参

教学改革的执行阶段与内容安排　　　　　　　　　　　　　　　　　　　　　表2

阶段	执行要点	主要内容
第一阶段 （2019年1–2月）	场地调研＋多元参与＋学术交流	■ 双方师生在京听取有关收缩城市、京津冀协同发展、唐山城乡发展和重点项目的讲座报告，参观首钢工业区更新改造的最新进展； ■ 赴唐山进行实地调研，听取唐山市自然资源和规划局的相关规划信息介绍，并详细踏勘设计地段及其周边情况； ■ 学生完成调研分析及初步设计构想，并组织第一轮设计评图； ■ 清华大学、麻省理工学院以及唐山市自然资源和规划局和昱邦基金会共同主办题为"城市转型：国际经验与地方实践"的学术研讨会
第二阶段 （2019年3–6月）	线上线下交流＋设计成果＋混合评图	■ 清华同学与MIT同学在各自高校分头推进城市设计的成果进程，确定和完善各小组规划设计方案； ■ 借助线上线下的多种交流途径，各小组选取不同的设计主题，按照单位大院、景观和采矿、工业遗产、基础设施等专题形成设计方向； ■ 国内外教师采用"分""合"结合的多种方法加以指导，推动同学的方案深化。通过视频会议方式，双方师生在线完成中期评图和方案深度交流； ■ 5月劳动节期间清华大学师生出访MIT，在波士顿进行在地共同工作，并开展工业城市转型考察、课堂讲座及举办终期评图会
第三阶段 （2019年7–12月）	教学总结＋教学成果展示＋教学成果传播	■ 听取学生心得，对已经完成的初次教学改革的过程和方法进行得失总结，找到成功以及不足所在，并形成教学总结报告； ■ 将教学取得的成果通过多种途径加以展示，具体包括清华–MIT教学成果展、清华–MIT教学成果讨论会、教学成果集结出版准备等； ■ 工作坊的设计成果提交给唐山市自然资源与规划局，从而支持和影响地方的规划建设实践
第四阶段 （2020年1–5月）	教学检讨＋新年度教学计划与教学方案设计	■ 充分利用两年一次的课堂间隙，全面思考首轮改革试水的得失状况； ■ 清华授课教师与MIT授课教师充分持续沟通，共同完成新一年工作坊的课程设计与教学安排，提出清华–MIT城市设计工作坊教学方案的2.0版本

见表 2。清华 –MIT 的城市设计国际工作坊每两年开展一次，这为教学改革检讨和下一轮改革方案与教学计划的准备提供了充分的消化和提升时间。

工作坊的第一阶段教学开始于 2019 年 1 月下旬，双方师生在京听取了有关收缩城市、京津冀协同发展、唐山城乡发展和重点项目的讲座报告，参观了首钢工业区更新改造的最新进展，随后赴唐山进行实地调研。在唐山期间，清华大学、麻省理工学院以及唐山市自然资源和规划局和昱邦基金会共同主办题为"城市转型：国际经验与地方实践"的学术研讨会，邀请来自美国以及京沪和唐山本地的专家学者、设计人员、管理人员和房地产从业人员，分别从不同角度对城市的产业转型和城市更新进行探讨，为唐山的未来发展建言献策。返京之后，参与工作坊的 19 名同学混合编组，针对设计地段进行资料汇总和地段分析，形成第一阶段的现状调查研究成果，成果汇报获得包括清华大学建筑学院朱文一和毛其智教授、中国科学院大学建筑学院张路峰教授等专家的积极肯定。

在第二阶段美国时间 5 月 2 日举行的联合评图中，针对 11 平方公里的唐山陡河以东设计地段，清华团队分为四组分别围绕景观生态（Green+X）、社群组织（DANWEI 2.0）、教育培训（Colleges in City）、基础设施（Development Triggered by Infrastructure）四大主题（图 6），阐述了通过不同维度激发唐山城市复兴和地区工业转型的规划设计方案思考。MIT 团队则分

别选择唐山热电厂、唐山钢铁厂、地段北部已拆迁城中村三个不足 1 平方公里的具体地块，分三组汇报了基于地段认知、功能策划、形态塑造、工业遗产保护和利用等的详细设计方案（图 7）。16 位来自学界和业界的顶级专家对两校学生的设计成果进行了点评和建议，其中包括该项目前两任负责人——MIT 荣退教授、宾夕法尼亚大学设计学院前院长 Gary Hack，MIT 房地产研究中心主任、Design X 项目负责人、城市设计与开发项目原主任 Dennis Frenchman，以及 MIT 规划系主任 Eran Ben Joseph，哈佛大学 Raymond Garbe、Peter Row、Martin Bucksbaum、Joan Busquets 等教授，Sasaki 规划与设计公司合伙人 Dennis Piertz 等。第二阶段的成果交流为第三、第四阶段两校学生继续完善设计成果、举办设计展览、组织成果出版、优化教学方案等奠定了坚实基石。

6　总结

综上所述，城市设计的国际联合工作坊在国内外都已经成为通用的教学工具和教学平台[8]，其作用不仅在于能够将教学与实践实现更好的互动与衔接，提升学生的专业技能和综合知识，而且可以极大扩展跨文化、跨领域、跨角色的交流与思考。清华 –MIT 工作坊的相关探索，一方面结合线上线下途径，在教学安排上实现了国内外学分与学时的有效对接和实操性安排；另一方面更是充分探讨了国内外高校、社会企业、地方政府、行

图 6　清华学生的大尺度城市设计成果

图 7　MIT 学生的工业区改造城市设计成果

业专家、城市公众等多角色之间的深入沟通交流和渗透合作路径，改变了传统"闭门教学"的单一象牙塔模式。清华–MIT 工作坊的教学改革在尝试搭建不同文化之间、不同利益主体之间、不同理论与实践之间、学生学习与真实项目之间的桥梁方面迈出了积极有益的一步。国内外学生和教师通过吸纳和借鉴多元化的学科优势及思维方法，从使用者和地方管理者的需求角度将城市转型诉求与社会经济分析融进城市设计中，实现了国际化与地域性的统筹兼顾，有助于推动符合时代发展特征的高校课程教学改革的途径建设。

主要参考文献

[1]　石坚韧，郑四渭，舒永钢. 构建国际化城市设计工作坊体验式教学模式［J］. 实验室研究与探索，2011（6）：99–103.

[2]　方馥兰. 跨文化城市规划与设计：国际工作坊的本土反应［J］. 南方建筑，2010，30（1）：8–11.

[3]　张杰，等. 清华–MIT 城市设计联合课程作品集（2008–2014）［M］. 北京：中国建筑工业出版社，2017.

[4]　钟舸，唐燕，王英. "4+2"本硕贯通模式下的研究生城

市设计课程教学探索：大尺度快速城市化地区的总体城市设计［M］//全国高等学校城市规划专业指导委员会. 2012 年全国高等学校城市规划专业指导委员会年会论文集. 北京：中国建筑工业出版社，2012：178-185.

［5］ Tang Yan, Gary Hack. Transforming Urban Design Education at Tsinghua University. Urban Design and Planning［J］, DOI：http：//dx.doi.org/10.1680/jurdp.16.00007. 2016.10（in English），2017.7.30，170

（DP3）：107-120.

［6］ 扈万泰. 唐山市城市设计工作的思考［J］. 规划师，2000（3）：55-57.

［7］ 李博韬. 城市设计导向下资源枯竭型城市转型中的空间重构［D］. 重庆：重庆大学，2013.

［8］ 叶宇，庄宇. 国际城市设计专业教育模式浅析——基于多所知名高校城市设计专业教育的比较 [J]. 国际城市规划，2017（1）：110-115.

A New Mode of International Joint-Teaching of Tsinghua-MIT Urban Design Studio：Deep Cooperation and Experience Sharing Supported by Multi-Actor Participation

Tang Yan   Liu Jian

Abstract: According to the characteristics of urban and rural planning education and the new social needs in the new era, international joint urban design studios have become a significant tool for architecture schools to improve the planning and design skills, international communication ability and comprehensive professional quality of their graduate students. Based on the international urban design joint studio carried out by two renowned universities of Tsinghua University and MIT for about 30 years, this paper takes the teaching reform chance of the 2019 studio to explores how to establish a new teaching path for design courses featuring multiple sharing, experience exchange and in-depth integration under the new era background of technological upgrading and urban transformation, which focuses various approaches such as the two-way interaction of "import-go-out"; the participation of local governments, research institutions and real estate enterprises, the mixed and cross-country guidance for students, and the online and offline communication and teaching innovation.

Keywords: Urban Design, Joint Studio, International Cooperative Education, Tsinghua, MIT

"微主题式"教学方法在设计类课程中的应用探讨

权亚玲

摘　要: 为了破解传统设计类课程的当代难题,尝试将"微主题式"教学方法嵌入设计类课程,在形成若干围绕"微主题"研究—设计单元的同时,与纵向沿时间序列展开的设计教学过程共同构建网络化"微主题"教学体系。通过互动式"微主题"教学内容设计、研究型"微主题"教学过程组织的实践,对实现设计课向多样型"微主题"教学模式的转变进行了教研讨论和新思路的探索。

关键词: 设计类课程,"微主题式"教学方法,网络化,互动式,研究型

1　问题提出

作为城乡规划专业培养的核心课程,设计类课程长期保持着相对传统而独特的教学方式。全年级(在低年级,常常涵盖建筑、规划和景园等不同专业)使用统一的任务书,以设计方案深度的递进安排教学进程,强调对最终教学成果的要求以及实现较为统一的教学目标。这种教学方式在当前体制改革的背景下表现出明显的局限性:

(1)以设计能力的培养为核心,对问题思辨与综合研究能力的训练不足;

(2)与经济、社会、体制等多要素环境相脱节,对复杂多变环境背景的应对不足;

(3)以教师为主导,重经验传授,重师徒传承,学生作为"教学主体"的地位不强;

(4)在教学课时有限的情况下,若不能有效地引导和激发学生的自主研学,则不利于建立更为完整、开放和灵活的知识体系。

综上四方面的问题,设计类课程传统的教学方法已难以满足新时期城乡规划体制改革背景下对创新型规划人才培养的需要,难以适应复杂多变的规划设计课题的要求,需要从教学方法上进行提升与改进。为了破解传统设计类课程的当代难题,笔者在近几年的设计课教学中尝试引入主题式教学方法,将若干经过审慎选择的"微主题"分阶段嵌入到设计课的教学过程中,从而形成了一些可供借鉴和讨论的探索经验。

引入主题式教学的积极意义

所谓主题式教学,是指打破通常教学设置的章节体系,选择核心知识点为单元构建的教学模式。这种以"教学过程"为导控、以"教学主体"为出发点的教学方式,教师除了对主题进行有重点的教学讲解外,在围绕主题的讨论交流中会起到更为重要的引领作用。这一教学方法的积极意义表现在:

(1)引发更有深度的学习

将知识与能力融入"主题",强化对关键知识点的理解和掌握,实现开放式、探究式的教学。围绕对"主题"的探究,使学习不只是浅层的接受和储存知识,更包括对深层的问题分析研究、技术方法应用和综合技能的提高。

(2)强化学生的主体地位

从教师"指导型学习"转变为学生"自导型学习",教师的角色从学习引领者逐渐转变为探索型学习及研究的顾问,从而最大化地激发学生自主学习的兴趣和热情。

(3)实现更高效的教学

通过嵌入和组合相关知识点,实现更加高效的教学组织,有效缓解当前大学课程普遍存在的教学课时有限、教学内容不断激增的客观矛盾。

权亚玲:东南大学建筑学院讲师

2 "微主题式"教学的内涵与基本特征

受常规主题式教学的启发，笔者尝试将主题式教学方法嵌入设计课程之中，由于每个主题的时长较短，均在1-2周以内，且在一个设计课题中往往包含一系列主题，围绕这些主题再形成若干逐渐推进的设计单元。鉴于上述原因，本文特别称其为"微主题"。

"微主题式"教学具有以下基本特征：

（1）在理论层面上，"微主题式"教学表现为静态维度与动态维度的结合。引入"微主题式"教学方法，使设计类课程教学在传统动态维度的基础上复合了静态维度的特征。从动态维度看，设计类课程教学主要表现为沿纵向时间序列展开的教学过程，呈现为形态单一的线性、历时性的推进特征。而静态维度的引入，是在横向上嵌入若干"微主题"，以这些"微主题"为次轴，形成组织并联结各类教学要素的教学结构，具有共时性和系统性的特征。静态维度的加入使教学最终呈现为三维立体复合的系统特征，纵向的教学过程与横向的"微主题"教学交汇融合为一个有机整体。

（2）在教学内容上，"微主题式"教学实现了对设计类课程的整体转型。每一个"微主题"教学均包含教学目标与要求、主题内容、技术方法、讨论交流和成果要求的设定，所有教学内容都转变为围绕"微主题"展开，以"微主题"去表达教学目标和具体教学要求，以"微主题"去刺激和满足学生的认知发展需求。基于"微主题"的设计课被分解为若干相对独立、彼此推进且相互反馈的设计研究单元，这种设计课教学内容的整体"微主题"化转型促使学生在不断地探究和合作交流中解决问题，最终实现知识、方法与技能的多重建构，即更接近于"教学应为学生创造有意义的学习体验"（美，Dee L. Fink）的终极目标。

（3）在教学主体上，"微主题式"教学促成了"教"与"学"主体的交互与协同。"微主题式"教学时空实现了从"有限封闭"向"无限开放"的转化，"教"与"学"的主体性不再固化，而是交互的，更多的观点、信息、数据被整合进来，协同形成一个更为开放的、互馈的教学系统。教师与学生能够在预设的"微主题"情境中，共同创生一系列"事件"，共同构建教学的内容和意义。

3 "微主题式"教学方法在设计类课程中的应用实践

3.1 网络化"微主题"教学体系构建

传统设计类课程教学体系由前期构思、方案形成和深化表现三段式构成，沿纵向时间流程呈线性渐次展开，并因其能够适应几乎所有的设计类课程而具有通用型的特征。"微主题式"教学方法的引入，使其教学体系呈现出完全不同的网络化结构，以二年级建筑设计课程——青年旅舍为例。

图1 "通用型"线性结构的设计课教学流程

通过对通用教案的研究和梳理，以"青年旅舍"为题的设计课教学目的包括：

（1）学习单元空间的设计与空间组织方式；

（2）学习在特定环境——历史街区肌理中的建筑内、外空间组织的方法；

（3）研究青年人行为方式，以及由此衍生的空间基本需求和对于空间的独特感受；

（4）理解结构对空间的限定及组织作用，掌握"空间"、"形"与"建构"之间互动的设计方法。

基于以上教学目的，确定"青年旅舍"设计的四个主题词为：场地、空间、使用、结构。结合具体的设计场地与任务书要求，可以进一步发展出相应的四个"微主题"，分别是：城市历史街区场地的问题与挑战、青年集体生活行为方式及空间需求、单元空间的设计及其组织方式、"空间－形式－结构"之间互动的设计方法。

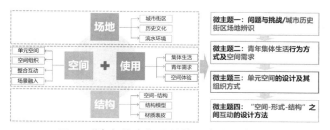

图2 "青年旅舍"设计的四个"微主题"

图3 "主题型"网络结构的设计课教学流程

从教学过程来看，原本单一的设计—时间纵轴由于"微主题"横轴的加入而得以拓展，每个"微主题"时长为1周（8学时），这期间的教学活动皆围绕"微主题"展开，从场地调查、历史文脉梳理、居民意见征询、问题研判、典型案例研究、设计策略以及方案生成、交流研讨等，"微主题"中既包含设计本身，又强调与设计紧密相关的分析研究、解决问题的逻辑过程。当"微主题"的成果有效地反馈到设计—时间纵轴并继续推进时，网络化的教学体系便形成了。

3.2 互动式"微主题"教学内容设计

"微主题"教学内容源于设计类课程内容又高于课程内容，是教师以既定的课程内容为基础结合宏观发展背景及环境（场地）特殊挑战进行课程再设计的结果。宏观政策的调整、环境背景的差异、学生设计切入点的不同均会影响到"微主题"研究重点甚至研究方向的选择，因此，"微主题"教学内容的具体设计具有明显的互动性。

（1）与宏观政策背景的互动

设计类课程是典型的应用型课程，其课题设计也会带有明显的时代特征，特别是高年级的规划设计课程，通常会面临更多来自经济社会、体制政策、发展理念、发展战略与区域格局等宏观环境背景的影响与挑战，其"微主题"的设计需要对相应背景的变化做出适时的反应。以2019年春季学期四年级总体规划课程为例，在国家机构调整和空间规划体系重构的双重背景下，总体规划教学中增加了新时期国土空间规划体系解读、总体规划的演变历程与变革方向、上版总体规划实施评估、"双评价"与三区三线划定等四个"微主题"，引导学生对宏观政策背景的调整做出及时的解读与应对，为规划编制的调整做充分的准备。

（2）与课题特殊环境背景的互动

同一个设计课程，由于依托课题的不同，在"微主题"内容选择上也会有明显的差异。例如在2019年春季学期的澜沧拉祜族自治县国土空间总体规划中，教学小组根据澜沧县"少数民族、高原坝区、边境县、国家级贫困县、绿色产业示范区"等突出特征选定了包括拉祜文化特色、高原坝区城市、开放发展与区域协同、绿色产业等四个"微主题"，引导学生聚焦课题的重点、做深入而有针对性的研究与探索。

（3）与学生主体参与的互动

"微主题"的设定还应充分体现"以学生为中心"的原则，学生的兴趣与设计切入点也是决定各小组"微主题"选择的重要因素，相较于前两类"微主题"，这部分的选题是经过教师和学生的充分讨论、双主体互馈的结果，带有鲜明的小组个性色彩，也是方案特色的重要体现。同样以2019年春季学期的澜沧拉祜族自治县国土空间总体规划为例，有的小组关注贫困与城乡差距问题，选择"精准扶贫与乡村振兴"做主题研究；有的小组聚焦地震断裂带与高原坝区生态安全问题，选择"城市安全保障与自然灾害应对"做主题研究；有的小组侧重景迈古茶园和非物质文化遗产保护问题，选择"文化遗产保护与传承"做主题研究等等。教学实践显示，此类"微主题"更具开放性、灵活性，更有利于调动学生自发、主动探究的积极性，使学生能够更好地融入到主题式的教学过程中。

3.3 研究型"微主题"教学过程组织

"微主题"教学过程大致分成以下三个阶段，三个阶段工作重点不同，但均具有鲜明的研究型特征，即"研究＋设计"。

（1）前期准备阶段

首先，针对设计任务进行"微主题"学习和研究目标的分析，通过教师集中讲授知识框架、提供可供检索学习的背景材料等方法，促进学生明确研究目标，解决"为什么做"的问题。其次，由师生共同设计并确定"微主题"技术框架，鼓励学生根据宏观任务背景、场地环境特征等确定个性化的研究方向与重点，解决"重点做什么"的问题。

由于主题式教学模式的教学效果与学生对相关专业知识的理解和掌握密切相关（刘强和等），前期准备阶段是基础，其教学效果对"微主题式"教学成效具有决定作用。

（2）设计研究阶段

通过教师讲授、学生自主探究、小组协作等多种方法与途径，同步推进实地调查与分析、设计方法学习、经典案例解析和设计任务完成等不同内容模块的教学活动，作为设计课程学习的核心，"微主题"教学方法更加注重引导学生思考"为什么这么做"的问题，鼓励在空间规划设计与发展战略落实、解决实际问题之间建立紧密的逻辑关联，更加兼顾设计能力的培养与设计价值体系的建构。

（3）优化拓展阶段

各种类型的成果汇报与讨论是"微主题"教学极具特征、不可或缺的组成部分，一方面训练并提升学生强有力的陈述表达能力；另一方面使学生对自己的成果持有开放、发展的态度，通过参与各阶段、不同小组成果汇报的观摩与讨论，不断反思，再根据教师评价与学生互评对成果进行优化完善，并反馈到空间规划设计方案中。

从设计课程整体来看，还有一个问题需要解决，即系列"微主题"任务之间的关系？如何衔接和整合？如何避免出现各任务之间分割、缺少逻辑联系、难以有效落实设计方案等问题？较为有效地解决方法是将设计教学内容进行围绕"微主题"的螺旋式优化，既考虑每一个"微主题"教学内容的相对完整性，又必须兼顾相关"微主题"教学内容之间的逻辑关联。随着"微主题"任务的逐个完成，学生的设计成果也伴随任务的复杂度提升不断循环而变得丰富，由此形成一系列教学内容的循环（反馈）圈，逐级优化完善，并最终促成完整设计成果的形成。教师是解决这一问题的核心与关键，在"微主题"教学组织中应始终坚持"面向完整设计成果的教学设计"思想，即每一个"微主题"任务的成果均应以不同形式及逻辑关系被有机地整合进最终成果，步步为营、循序渐进。

3.4 多样型"微主题"教学模式转变

"一对一"师徒式、单一型的教学模式是传统设计课所特有的，在设计课中嵌入"微主题"的教学方法，对教师和学生均形成了一系列全新的挑战，提出了更契合时代需求、更具体、更全面的规划设计要求，对知识容量、综合能力的要求也随即迅猛扩展。最终形成以"微主题"为核心，以"要点讲授—小组合作—自主研学—交流讨论—设计反馈"为主要教学步骤的、多样型教学模式的转变。当然，教学模式的组合因"微主题"不同可能存在较大差异。教学实践中可以根据每一个"微主题"的特点和教学需要，对要点授课、小组合作、自主研学、交流研讨、设计反馈等几种教学组织模式进行灵活组合。教学模式的转变会进一步衍生以下两方面的变化：

（1）从"指导"到"自导"——学生学习的主体地位被放大

在"微主题"教学中，除了集体讲授，其余教学组织模式都对学生的自主学习提出较高的要求，使得规划设计从以教师指导为主的学习转变为学生自导型的学习。伴随着"微主题"任务实时性、复杂性的增加，教师的指导也由传统的"手把手"改图逐渐发展为基于目标的战略选择和基于问题的策略指导，如规划设计中理念、思路与技术框架等的指导，教师付出的基于具体形式的技能指导越来越有限，教师的角色从技术引领者逐渐转变为策略顾问，甚至有可能发展为师生平等合作、互喻型的"同行"交流者，而相应地，学生的学习则需要更多地转向自主探究和设计方法创新。

（2）从单一封闭型到混合开放式的学习环境

围绕"微主题"的所有教学活动的实现依赖于良好的促进共同成长的学习环境。除了课堂上师生"一对一"的交流讨论之外，小组合作及持续的、更为开放的交流讨论贯穿于"微主题"教学始终。同时不定期开展小组或班级阶段成果的汇报，在推进阶段成果的同时，锻炼学生的逻辑表达能力，并通过进一步的组间讨论促进相互交流与整体提高。

另外还有基于网络的在线共同学习的平台，便于教学资源共享、实时讨论（QQ群）、信息及时更新（微信群、公众号等）。通过构建实时、动态信息化的主题式学习网站（或讨论群），营造"现实—虚拟"混合的学习平台，将教学过程向课外延伸，即时分享、答疑讨论，从而使教与学的时空得以有效拓展。

3.5 过程化"微主题"教学成果与考核

传统设计类课程的考核通常以最终提交的设计成果（图纸或文本）及终期答辩为主，这种侧重结果的考核及评价体系通过"微主题式"教学得以优化。每一个"微主题"完成之后，学生（组）需要提交阶段成果并进行相应的成果汇报,经过师生讨论形成对这一"微主题"的评价和反馈,进而起到正向推进下一个"微主题"任务的作用。这一阶段成果和汇报讨论过程均会被纳入学生(组)的成绩考核系统中。除了小组成绩,每位同学的工作成果还会在小组内互评,以区别个体成绩的差异。

因此,在学生完成最终设计成果并提交答辩时,他们已经拥有 50%–60% 的成绩,每一个"微主题"以不同的权重(一般不低于 10%)被计入最终的成绩考核之中。这种侧重过程考核的最大特点是成绩构成的复合化和评价的活动性,即将评价与考核融合在教学活动全过程中来体现。

4 结论与探讨

作为一种探索,"微主题式"教学方法被应用于规划专业二——四年级的设计类课程中,包括建筑设计、城市设计和总体规划。从近几年的教学实践来看,"微主题"的引入使学生的设计课学习更加高效、学习兴趣与热情明显提高,知识边界得以放大,特别对规划设计课题所面对的复杂问题的理解、对专业知识与技能的应用与掌握均得到了显著强化。与此同时,"微主题式"教学对设计课任课教师的综合能力也提出更高的要求,需要教师对设计课教案及"微主题"进行更为精细的设计、对教学过程进行更为清晰的把控。

"微主题式"教学在实践中遇到的最突出的问题是如何与相关理论、技术类课程实现整合与协同。例如建筑设计中与结构设计的互动,总体规划"双评价"对数据处理与 GIS 应用的迫切需求等等,都需要相关课程教师参与到"微主题"指导和设计讨论中。如果建立在不同课程、教师之间的合作与对话能够普及、常规化、甚至制度化,不但能促进相关理论知识、技术方法在设计类课程中的应用,还可以间接减轻学生的课业负担。

主要参考文献

[1] 刘强和,耿宛平,雷迅,等.对主题式教学方法的评价与学习效果的相关性分析[J].湖南医科大学学报(社会科学版),2008(2):186–187.
[2] 金旭球.基于技能形成的——"主题式"教学设计初探[J].中国电化教育,2016(11):100–105.
[3] 袁项国,朱德全.论主题式教学设计的内涵、外延与特征[J].课程·教材·教法,2006(12):19–23.
[4] 东南大学建筑学院 2016、2017、2018 年度二年级建筑设计任务书.
[5] 东南大学建筑学院 2017、2018、2019 年度四年级国土空间(城镇)总体规划任务书.

Discussion on the Application of "Micro Thematic" Teaching Method in Design Courses

Quan Yaling

Abstract: In order to solve the contemporary problems of traditional design courses, "Micro thematic" teaching method has been try to introduced to the design courses. According to our teaching practices, a new networked structure with several "Micro thematic" research–design units has chance to be built based on traditional design teaching along a time series. By means of designing interactive teaching and research–based teaching process with "Micro thematic", we have achieved partly the transfer to "Micro thematic" teaching model for design courses. Some correlative teaching–research ideas are discussed in this paper.
Keywords: Design Courses, "Micro Thematic" Teaching Method, Networked Structure, Interactive Teaching, Research–based Teaching

新工科发展指引下的城市设计教学模式探索*

侯 鑫 王 绚

摘 要： 近年来我国教育部启动双万计划，大力发展新工科、新医科、新农科、新文科，全面振兴本科教育。论文结合天津大学城市设计教育的经验，提出在新工科发展指引下，城市设计本科教学的整合措施。论文首先回顾了我国城市设计教育的发展历程；其次提出了在课时压缩的情况下，将城市设计教育融入本科设计教学不同阶段的方法；再次，结合新工科需求，提出了城市设计如何注重四种能力培养的天津大学经验。

关键词： 新工科，城市设计教学模式，本科教学组织，新技术

引言

2017 年 2 月，围绕"中国制造 2025"国家战略实施，教育部发布了《教育部高等教育司关于开展"新工科"研究与实践的通知》，"新工科"开始进入公众视野，之后陆续形成了"复旦共识"、"天大行动"和"北京指南"，新工科建设成为我国高等教育的主要发展方向之一。

2018 年 4 月 9 日，天津大学新工科教育中心正式揭牌成立，此为全球首个新工科教育教学研究、培训、交流基地。天津大学系统的提出了新工科建设的路线图，其指导原则凝练为"天大方案"❶。总的来说，新工科要求积极应对产业变局、调整学科布局、促进学科融合、改变教学模式，其目标是增强工程教育国际竞争力，为中国成为科技强国提供国际一流的人才梯队（图 1）。

因应新工科方向、同时面向新时期的城乡规划学科发展，我们认为城乡规划专业人才需求将呈现以下趋势和特征：①城市设计、遗产保护传统领域的高层次设计人才需求持续旺盛，并对设计人才全面的经济、社会和人文修养提出了更高的要求；②具有扎实的专业基础、突出的规划设计实践能力、沟通能力和领导能力的高端规划设计人才依然是规划设计行业激烈的人才竞争对象；③空间增长型规划降温，战略规划、存量规划、行动规划成为重点……相关领域的合作愈加频繁……技术集成度不断提高，对具有扎实的城乡规划专业基础同时具备开阔的学科视野、平衡的知识结构、协调能力和创新精神的新型人才需求不断提高；④城乡规划学科与当代先进的信息、交通、能源和管理技术相融合，催生出众多国际前沿科学研究领域，跨学科领域创新人才成为国家间科技和人才竞争的新热点。——引自《天津大学建筑学院城乡规划专业发展规划（2018-2023）》

城市设计是我国城乡规划编制和管理的热点，也是城乡规划专业教育的核心课程，然而，在新工科发展的背景下，以往的经验是否能够更有效服务于行业发展和国家建设？是否能参与到更高层级的国际本科教育竞争之中？经过了城市设计从零基础引入到兴盛发展的三十多年历程，我们有必要回顾与反思城市设计教学中的经验与教训，重装上阵。笔者在天津大学城乡规划系从事

* 基金项目：国家自然科学基金项目（项目号 51778400）。

❶ "天大方案"可概述为：1. 探索建立工科发展新范式。2. 问产业需求建专业，构建工科专业新结构。3. 问技术发展改内容，更新工程人才知识体系。4. 问学生志趣变方法，创新工程教育方式与手段。5. 问学校主体推改革，探索新工科自主发展、自我激励机制。6. 问内外资源创条件，打造工程教育开放融合新生态。7. 问国际前沿立标准，增强工程教育国际竞争力。

侯 鑫：天津大学建筑学院副教授
王 绚：天津大学建筑学院副教授

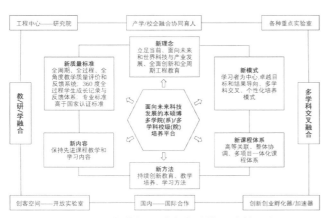

图1 天津大学新工科方案的协同培养平台

城市设计教学十余年，在教学中积累了一些经验，本文主要内容是这一过程的总结和反思。

1 概述我国城市设计教学体系发展历程

1.1 我国城市设计教育的发展历程

以1926年在美国创立的区划法规和1947年在英国设立的《城乡规划法规》为代表的现代城市的建设管理法律体系，在发展过程中暴露出城市风貌管理和空间塑造方面的不足，城市设计对城市空间形态有较强的管控能力，因而蓬勃发展起来。城市设计在美国发展尤为突出：1982年旧金山正式编制了城市设计法规，并逐步建立了完备的市域——区级——邻里三级城市设计体系，为旧金山城市风貌的塑造和保持起到积极作用。当前，美国已经有一千座以上的城市采用了城市设计的方法进行城市空间管控。

我国规划界引入城市设计始于改革开放之后：1980年，中国建筑学会第五次代表大会上周干峙院士发表了《发展综合性的城市设计》的文章，在国内才开始了现代城市设计的研究。不少学者通过翻译国外有影响力的书籍著作，如1989年黄富厢、朱琪翻译的《城市设计》比较全面系统的介绍了美国的城市设计系统，以及通过派出学者和联合教学等的方式，如赴美学习城市设计的学者金广君、王建国先生等，均对城市设计的引入起到了重要的作用。1998年SOM公司为深圳福田中心区2-22、2-23地块编制的城市设计中，采用城市设计导则作为设计成果和管理依据，引起业界广泛关注。同年

深圳举办的城市设计学术交流会对其理论和实践方面做出阶段性总结。当前，我国很多省市都将城市设计作为城市规划管理的重要手段。

我国城市设计教育的发展与规划行业基本同步，较早的思想溯源可探寻到20世纪40年代，而正式创立始于20世纪80年代末，可分为4个阶段：（表1）

我国城市设计教育的发展阶段 表1

发展阶段	时间	标志性事件	意义
萌芽期	1940年代末	梁思成先生提出"体形环境（physical environment）"办学思想，未能实现	国内较早提出的城市设计教学理念
初创期	1985年	建设部向美国麻省理工学院派出五位访问学者系统学习城市设计	国内城市设计方向课程设置的原点
发展期	1990年	我国几所著名建筑高校的本科建筑教育开设城市设计理论课程，设置城市设计研究方向	国内城市设计课程建设正式启动
	1999年	建设部高等城市规划学科专业指导委员会成立，决定每年结合详细规划课程设计进行学生作业交流评优	城市设计教学成果交流机制建立
兴盛期	2007年	在专指委年会会议纪要中，正式采用"城市设计作业评优"字样	城市设计的名称得到确认
	2013年	我国城乡规划本科指导性专业规范中，明确了规划专业的10门核心课程，详细规划与城市设计（128学时）隶属其一	城市设计教学的核心地位确立
	2014年	专指委年会数据显示，全国设立城乡规划专业的学校约200所，其中参与城市设计作业评优的院校达77所	城市设计教学体系较成熟
	2018年	专指委年会数据显示，参与城市设计作业评优的院校达109所	城市设计教学体系迅速发展

资料来源：高源，马晓甦，孙世界.学生视角的东南大学本科四年级城市设计教学探讨.城市规划，2015（10）.

1.2 当前城市设计教学的问题

我国现行的城市空间管控法规是部分参考美国区划法和前苏联的相关法规构建起来的，其本质是对土地开发强度的控制。而城市设计的关键要点在于从空间形态角度进行城市规划设计，它以三维空间作为分析的着眼点，将三维空间管控作为实施的目标，起到管理和塑造

城市风貌的作用，因此，与法定规划体系相比其着眼角度有较大不同，教学重点上也各有侧重。

从法律法规体系分析，在美国，由于其立法权下放至市议会，城市设计和区划法具有相同的法律地位，可分别独立或者共同对城市规划起作用；而在我国，尽管中央文件中强调了城市设计的作用，但始终未能纳入法规体系之内，城市设计发挥实际作用，需要依托现行规划法规体系进行。由于上述特点，欧美从学科上已有城市设计独立于规划专业的先例，而在我国难以脱离现行法规体系进行城市设计教学组织。从实际教学内容上，相当于将两门比较独立的学科融入一个教学体系进行组织，其难度可想而知。当前城市规划专业指导委员会将"详细规划和城市设计"列为十门规划专业的核心课程之一，但是城市设计的体系庞杂，单以一门课无法涵盖教学内容，如何在有限的教学内容中体现城市设计的核心思想和完成基本训练，需要教师巧做安排。

2 在教学结构调整背景下，将城市设计教学体系融入设计教学全过程

2.1 新工科背景下的城市设计位置提升

《天津大学一流本科教育 2030 行动计划》中提出："结合社会发展的新需求、学科交叉融合的新趋势、科学研究的新成果，打造传统学科专业升级版。转变'学科导向'的单一专业设置模式，拓展传统专业的内涵和建设重点"。当前业界对城市设计的重视已经得到官方背书，但是由于教学计划调整的滞后，现有的城乡规划教学体系中，城市设计的占比远小于社会发展需求。新工科建设对教学体系的调整提供了机会，然而在灵活学制、学时，促进交叉学科发展的背景下，总的设计学时难以增加。如何将城市设计的教学内容融入教育体系，需要院系教学负责人"螺狮壳里做道场"，将教学阶段更精细划分。

2.2 因应新工科发展趋势，将城市设计思维融入设计教学全过程

天津大学在规划课程设置中，尝试不增加设计课时，将城市设计思维融入教学全过程，一年级通识教育中增加城市设计教育，二年级融入存量规划意识。从三年级开始，教学组在每个法定规划教学环节中都要求跟进城市设计，具体包括：三年级的居住区详细规划设计和配

合专指委城市设计竞赛的中小地块城市设计课程、四年级的控制性详细规划、总体规划课程，都要求将城市设计作为最终成果之一。五年级通过特色版块教学和毕业设计，对城市设计感兴趣的同学能够得到更精深的学习机会。下面概述这一教学流程：

一年级的设计和理论课程是面向建筑大类的通识教育，由于城市设计融合规划、建筑、景观学科的综合性，更适合在通识课中进行介绍，因此，在通识课的原有授课内容：尺度认知、建筑认知和城市认知之外，可增加城市设计的内容。结合"空间设计"和"实体建造"的设计课程，配合理论课着力强化概论和导论课程的建设，高屋建瓴地为新生讲述研究方向和学科热点。

二年级将存量规划理念融入教学中，并将"策划前置、设计定制"作为设计出发点，培养学生对基地的分析、评估、提供发展策略的能力。在 2019 年春季学期，与重庆大学建筑城规学院规划系开展针对"城市社区中心建筑设计 / 组群规划设计"的联合教学，两校教师开展教学互访讨论、教研课题讲座、联合教学评图等一系列教学合作。

三年级上学期，以居住区规划和存量规划为两个设计节点，其中以存量规划展为核心，减化图纸成果要求，将模型成果作为最重要的设计成果，并采用设计展的形式，引入公众参与打分的方式。三年级下学期，设计内容包括公园设计和专指委组织的城市设计竞赛。其中公园设计要求图纸手绘，重点培养学生徒手画能力，使其成为沟通、方案推敲、快速设计等的得力工具。城市设计竞赛是天津大学的传统优势，也是集中进行详规层面的城市设计思路与技巧指导的规划设计课程（表2——据统计，近五年来在国内高校中获奖数量和质量稳居第一）。与大多数兄弟院校不同，我们将其安排在大三下学期，秉承空间概念（大一）——建筑形体（大二）——群体空间（大三）——空间环境（大三）——法规图则（大四）——宏观城市（大四）的教学逻辑。

四年级的设计内容为：村庄规划、控制性详细规划、总体规划，为保证城市设计思想与法定规划体系的融合，在这些课程中分别设置了 1–2 周的城市设计成果要求，这样，在设计学时不扩充的前提下，将城市设计思想延续到宏观城市分析与控制中，保证了中国特色城市设计体系的完整教学过程。

天津大学近五年参加专指委城市设计课竞赛获奖情况 表2

时间	作品名称	学生	指导教师	获奖等级
2014	溯归泮水 薄采其菁	耿佳 许宁婧	陈天 曾鹏 闫凤英	二等奖（一等奖空缺）
2014	茗香梵意 栖院田居	王美介 张李纯一	蹇庆鸣 张赫 闫凤英	三等奖
2014	墙续厢缝 端城循遗	姚嘉伦 尤智玉	曾鹏 王峤 蹇庆鸣	三等奖
2015	城塬复睦，窑厢呼应——多重融合激活策略引导下的米脂老城保护更新规划	赵雨飞 李渊文	曾鹏 陈天 蹇庆鸣 张赫	二等奖
2015	日新粤彝——基于文化生态原理的传统岭南村落适应性城市设计	董韵笛 奚雪晴	侯鑫 曾鹏 蹇庆鸣 闫凤英	二等奖
2015	城市基因酶——上海市五角场城市创意廊道设计	代月 贺妍	陈天 曾鹏 侯鑫 王峤	佳作奖
2016	渔韵港循源，山融湾复兴——基于老城渔港重塑和社区活力再造的舟山市衢山镇旧渔港地区更新规划	谢瑾 张宇威	蹇庆鸣 许熙巍 曾鹏 左进	一等奖
2016	城市编织——基于文化加交通激活土地之复合策略下工业遗产地再复兴规划	汪梦媛 石路	陈天 曾鹏 侯鑫 张赫	一等奖
2016	新芯向融，社群永续——基于文化圈层理论的佛山小布村村落更新与产业升级	王雯秀 徐秋寅	侯鑫 左进 闫凤英 陈天	二等奖
2017	水泮御马，溯运循遗——遗产修复挖掘复兴视角下漕运古镇的开发模式探寻	李金宗 王晶逸	陈天 蹇庆鸣 闫凤英 侯鑫 王峤	一等奖
2017	峰峦坞谷，湖湾人家——基于多维激活效应的太湖蒋东村乡村更新修复设计	于传孟 李子琦	曾鹏 闫凤英 陈天 王峤 张赫	二等奖
2017	粤瑶古韵，驿路新貌——基于文化多样性理论的乳源瑶族自治县老城更新城市设计	韩泽宇 李嫣	侯鑫 王峤 曾鹏 闫凤英 张赫	二等奖
2018	多源激活，链式联动——基于触媒理论的天津原日租界地区保护与复兴规划	王新宇 李鸿基	陈天 李泽 侯鑫	一等奖
2018	雄安汇智，水淀复兴——基于生态安全及修复理论的白洋淀传统社区可持续更新设计	牛迎香 张一凡	侯鑫 左进 王峤 闫凤英	三等奖
2018	盐马千古，一江诗和——基于文化包容、智慧共生的传统藏区村庄复兴城市设计	叶珩羽 夏成艳	李泽 陈天 侯鑫 王峤	佳作奖

五年级设计课是特色版块设计和毕业设计，采用教师公布研究题目、学生自主选择的方式，使学生有机会结合自己的兴趣参与到教师的科研中去。那些有意在城市设计领域深入探索的学生，可以将对这一领域的兴趣持续到整个大学阶段（图2）。

3 面向新工科要求的天津大学城市设计教学特色

"问产业需求建专业"——新工科强调以生产为导向，因此需要按照社会和产业发展的导向、规划设计单位的需求重新梳理核心能力。天津大学在城市设计教学中，长期坚持设计导向，在教学中注重四种能力的培养：坚持徒手画技能培养、强化学生协作沟通综合能力培养、城市设计导则意识培养和新技术新方法的培养。

3.1 坚持手绘能力的培养

教学中强调脑眼手的同步训练，重要的手段之一是手绘图技能的训练。因为手绘图是最直观的将人的思维与设计结合起来的方法，也是规划师推敲设计方案的基本手段，至少在当前的技术水平下是无可替代的。目前由于计算机分析和表现技术的影响，城乡规划专业学生普遍存在手绘水平下降的问题。为应对这一影响，在教学成果中强化了对手绘图的要求：在三年级下学期的第一

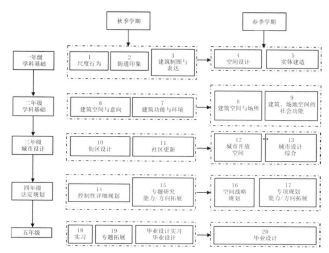

图2　天津大学城乡规划专业主干（设计）课板块序列

个城市设计教学单元——公园设计中，要求学生用手绘形式完成一张零号图的设计图作为最终成果；在三四年级每个设计作业周期中，我们都会安排至少一次草图训练，以此来提高学生的手眼同步思维的能力。通过上述课程设计，学生的手绘图能力普遍得到提高，教学组还将历年累积起来的学生优秀手绘作业集结出版，至今已经出版4部。2019年三年级公园手绘作业展览得到中国城市规划学会的肯定，在官方微信平台上做推送（图3）。

3.2　强调协作沟通综合能力的培养

对于规划专业学生，设计中的沟通协作能力、调研分析能力、语言表达能力等综合能力是专业必备素质。在城市设计教学过程中通过课程设置，集中培养学生上述能力，最为突出的是在三年级上半学期为期六周的存量规划设计教学。在这一设计中，城市设计教学组要求

图3　2019年三年级公园手绘作业展览海报及优秀作业

学生采用总平面图加模型的形式来完成设计成果。学生需要在六周的时间内完成基地调研、方案设计、模型制作、图纸绘制的一系列工作，其中对于图纸的要求降低，只要求学生完成一张包括总平面图以及必要的分析图和说明的设计图纸，但是要完成一号图底板大小的模型作为主要成果。由于教学成果比较直观，每年提交作业时又恰逢新年伊始，教学组就采用公开展出的方式面向社会展示教学成果，同时还引入了公众参与和校外评委联合打分的方式对作业进行评分，通过一个设计，系统培养了学生调研分析能力、协作能力、三维空间能力、沟通能力等（表3、图4）。这种教学方式，我们已经坚持四年，取得了很好的教学效果，对社会的影响也在扩大。

历届存量规划展情况简表　　表3

届次	展览时间	展览地点	选址区域	选址面积	选址特点
第一届	2016.1.9－2016.1.17	天津规划展览馆	天津"食品街"街区	规划面积3.2公顷	临近传统商业街区的居住区改造
第二届	2017.1.5－2017.1.10	天津大学建筑学院	天津"音乐街"周边地块	研究面积90公顷规划面积20-30公顷	融合工业遗存与特色商业街区周边的居住区改造
第三届	2018.1.6－2018.2.10	天津大学郑东图书馆	天津体育学院旧址	研究面积56公顷规划面积20-30公顷	城市中心区高校旧址的改造利用
第四届	2019.1.12－2019.1.16	天津规划院	天津原日租界片区	研究面积92公顷规划面积20-30公顷	历史街区的文化遗存保留与利用

3.3　城市设计导则意识的培养

城市设计的实施必然要经过诸多管理部门的空间管控，只有综合考虑到实施管理过程的各种条件和可能性，兼顾弹性与刚性，据此进行针对性的城市设计导则编制，才能将优美的城市设计愿景实现。导则的编制方法，需要针对不同区域的地方特点和管理方式进行灵活设计，导则本身也是城市设计的重要成果。在天津大学的城市设计教学中，教学组给学生介绍不同国家和地区的导则编制方式和特点，鼓励学生针对具体规划范围进行城市

图 4　存量规划展现场照片

设计导则的创新性设计。目前，我国一些省市纷纷出台政策，给予城市设计法定地位，但是囿于城市设计导则的这种灵活性和不确定性，笔者认为类似控规那种普适性的编制原则和指标体系很难统一用于全国各地的城市设计导则编制之中。

在教学中，教学组引入了国外尤其是美国的城市设计导则编制方式作为案例，并在教学中通过教学环节的设计，让学生实际验证导则的管控能力。在 2019 年毕业设计中，笔者指导学生采用美国"精明准则"空间准则编制方式，引导学生将控规中的核心空间控制要素转化成导控原则，再分别组织两组学生以导则为依据对该地块进行城市设计，从完成的城市设计方案中可以看出，尽管设计思路不同，但是空间管控的核心要素：开敞空间、路径、高度等都得到了很好的保持。通过这种实验性课程的设置，帮助学生理解城市设计导则在城市规划管理中发挥作用的途径和方式，取得了明显的效果。

3.4　城市设计新技术新方法的培养

新工科要求"适应新技术、新产业、新业态、新模式发展需要，推动学科跨界整合，强化专业类间、类内交叉融合，培养交叉复合型创新人才"。当前随着计算机和网络信息技术的发展，新的城市空间分析技术层出不穷，对城市认知和分析提供了新的手段，天津大学在城市设计教学中常用的技术手段或软件系统有：以空间句法、UNA 为代表的空间可达性分析；以 ARCGIS 为代表的地理信息系统分析技术；以 Excel 和 SPSS 为代表的数理统计分析技术（这是个专业程度高的庞大学科，仅教学中常见的量化分析方法就有二十多种）；基于 ECOTECT 的建筑与城市生态模拟；以 AIRPACK、Phoenix 为代表的风环境流媒体分析模拟；城市网络开放数据的使用等。先进技术手段的采用丰富了我们对城市的认知，趋近了我们对城市真相的掌握，因而在设计

中尤其是设计前期的基地分析中，我们鼓励学生从多角度深化对城市问题的认知（见图 5）。

4　结语

新工科顺应学科交叉发展趋势和社会需求，为教学体系的调整提供了新的契机，为学生综合能力的培养和专业研究的深入探索提供了广阔空间。同时也应看到，新工科提升了学生发展的"上限"，但是对"下限"的控制也是教师的重要职责。无论教学改革如何深入，其实质都在于发挥师生的主观能动性，因此，教师的责任心与职业精神在教学中至关重要。本文是对近几年天津大学城市设计教学工作的一点总结，也以此文向诸位老师们致敬，苦乐自知，与大家共勉！

（感谢天津大学建筑学院城乡规划专业本科三年级设计教学组：陈天、卜雪旸、蹇庆鸣、李泽、张赫、王峤老师，本文相关内容和教学成果是团队的教学积累。）

主要参考文献

［1］　曹宇斌 . 局部城市设计导则的导控内容和表达方式研究 [D]. 哈尔滨：哈尔滨工业大学，2013.

［2］　Vogiatzis K，Remy N. Soundscape Design Guidelines Through Noise Mapping Methodologies：An Application to Medium Urban Agglomerations[J]. Noise Mapping，2017，4（1）：121-135.

［3］　王晓川 . 精明准则——美国新都市主义下城市形态设计准则模式解析 [J]. 国际城市规划，2013（6）：82-88.

［4］　庄惟敏 . 开放式建筑设计教学的新尝试 [J]. 世界建筑，2014（7）：114.

［5］　天大校发〔2018〕1 号（关于印发《天津大学一流本科教育 2030 行动计划》的通知）.

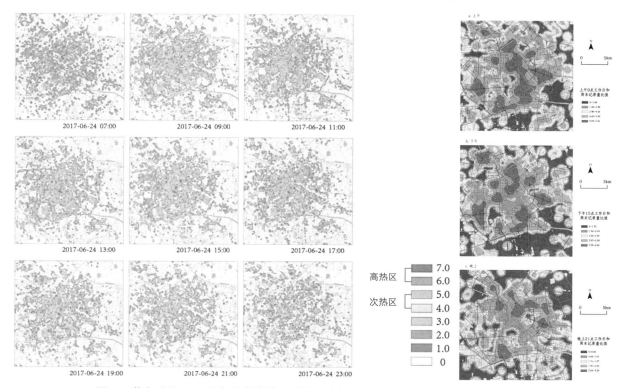

图 5 学生采用 GIS 平台完成的基于网络开放数据和微博签到数据的城市空间分析

Exploration of Urban Design Teaching Model under the Guidance of New Engineering Course Development

Hou Xin   Wang Xuan

Abstract: In recent years, the Chinese Ministry of Education has launched the double million plan to vigorously develop new disciplines, new medical disciplines, new scientific disciplines and new liberal arts, and comprehensively revitalize undergraduate education. Based on the experience of urban design education in Tianjin University, the paper puts forward the integration and improvement measures of undergraduate teaching of urban design under the guidance of the development of new engineering course. Firstly, the paper reviews the development process of urban design education in China; secondly, it puts forward the method of integrating urban design education into undergraduate design teaching in different stages under the condition of class time compression; thirdly, it puts forward how to combine general education, production-oriented and new technology-oriented experience of Tianjin University with the needs of new subjects.

Keywords: New Engineering Course, Urban Design Teaching Mode, Undergraduate Teaching Organization, New Technology

"空间－社会"协同的旧城更新型城市设计教学模式探索*

顾媛媛　邢　忠

摘　要：应对城市更新表象背后存量资本重构、社会公平、空间正义等深层次问题，城市更新型的城市设计教学模式需要适应性转变。洞察深层社会环境问题，贯彻以人为本的城市空间设计，适时转变教学目标；物化空间硬件及非物质空间承载软件的协同及逻辑关联是教学内容转变的关键环节；以空间承载生活，以空间模式折射生活方式，并以此引导学生空间生成逻辑；空间设计植入复合的社会、经济与环境考量，空间形态、业态、生态融合；实景体验、学习讨论是有效的补充教学方式；兼顾"显性"与"隐性"设计内容表达、高效的沟通交流是能力训练的重要内容。最后，论文尝试归纳出基于核心教学环节的适应性城市设计教学模式。

关键词：旧城更新，城市设计，"空间－社会"协同，空间逻辑生成，教学模式转变

20 世纪 60–70 年代后，社会学理论的"空间转向"是的"空间"的概念得到极大的丰富与发展（何雪松，2006）。社会学家在研究空间问题时，切入点多是通过分析空间和空间属性来研究社会；社会是他们关注的主体，空间是用来研究社会的手段之一。而列斐伏尔、福柯、齐美尔、索亚等社会学家纷纷"转向"关注空间问题，研究人类社会与空间的关系问题。列斐伏尔的空间生产理论认为城市空间是时、空、人、物的流转及其背后权力架构之组织与管理规划，所有资本主义关系通过城市空间组织作为载体实现再生产；福柯的权力空间理论是从政治中统治技术的角度来谈空间与人的关系，认为权力借助空间发挥作用而空间又展开它自身特有的权力实践；齐美尔的空间社会学发现了社会行动与空间特质之间的交织；而索亚则为空间注入了历史和社会维度，是对之前研究的深化（车玉玲，2012；高峰，2007；汪民安，2006）。在"空间－社会"问题研究中，初期的研究者将空间与社会截然对立，认为空间作为社会生活的产物，作为具体的物质形式可以被感知、被把握；发展到将空间视为社会关系的容器，将观念投射到经验世界；再到将空间的物质维度和精神维度同时概括在内。

20 世纪 60–70 年代后期，西方社会将城市更新作为一种空间重构的政策工具，美化后的空间物质形态、公共设施和都市生活固定在旧的场所和空间上，同时又产生绅士化、居住空间分异、社会网络断裂等一系列社会问题（张京祥，胡毅，2012；张京祥，陈浩，2012）。不同于西方社会，解决城市更新表象背后的城市发展与存量空间及社会资本重构、社会公平、空间正义的冲突与矛盾等深层次问题，是我国城市建设从业者的使命和迫切任务；未来的规划师必须具备洞察和解决这些问题的能力，并以此引导空间生成逻辑，通过空间规划解决社会问题。对此，城市更新型的城市设计教学模式需要适应性转变。

1　城市发展转型与设计时代诉求

1.1　城市发展转型

（1）城市空间向内涵式空间发展模式转变

当前，中国城镇化开始进入"去库存化"过程，政府进一步供给和扩张空间的动机和能力都在下降。内涵式发展是发展结构模式的一种类型，是以事物的内部因素作为动力和资源的发展模式（高文柱，2004）。内涵

---

*　基金项目：国家自然科学基金青年基金（51708275），国家自然科学基金面上项目（51678087）资助。

顾媛媛：重庆大学建筑城规学院讲师
邢　忠：重庆大学建筑城规学院教授

式城市空间发展模式意味着在关注空间土地利用显性特征的同时，特别是在城市更新地区，需要更加注重空间内含的隐性资本，意即提升土地利用绩效，存量物质空间再利用与环境、历史、文化资源活化相结合，从大拆大建转向小微更新，于点滴空间的修复与织补中传递生活的本质需求。

（2）建设活动从工程需求转向人本主义关怀

空间不单是反映经济模式的工具和方法，更是经济模式的生产力量（列斐伏尔，1991）。城市空间不仅自身是生产的资源，同时也是各种生产要素的汇聚地；另一方面城市空间本身就是生产的目标——高品质的城市空间应该成为高端知识人才向往之地，为产业的创新发展提供相应的空间支持。技术和社会需求会有更大突破，网络社会、智能社会、环保社会、健康社会、社会化社会、个性与多元化追求与消费的社会，将会成为现实，但所有上述技术、思潮的改变，本质是围绕人的需求，空间的健康性、公共性和社会性、品质等诸多"人"的理性需求将在新时代、技术背景下得到更加充分表达，"人"必然会取代"土地"，成为创新经济时代城市最重要的资产。城市空间设计从传统的关注物质空间形象转向人本关怀的空间品质。

（3）规划设计的时代关键词

2015年12月的中央城市工作会议首次在国家层面提出将城市设计纳入制度建设，"要加强对城市的空间立体性、平面协调性、风貌整体性、文脉延续性等方面的规划和管控，留住城市特有的地域环境、文化特色、建筑风格等'基因'"，进而提出"全面开展城市设计"。2017年住房和城乡建设部《城市设计管理办法》的通过标志着全面开展城市设计工作从中央会议精神落实到法规层面，并将进一步影响到所有城市的建设与管理。

要做好现代城市设计，需要深刻理解当代城市生活所产生的各种问题，并用空间设计的技术和手段予以解决，做到建筑、社会、生态、景观、空间有机融合，硬件空间与软件生活匹配，空间建设传递社会价值。当代规划设计相关关键词值得城市设计教学密切关注，梳理相关政策、文献资料后可分为空间设计与社会价值导向两大类，空间设计导向关键词包括：绿水青山、城市双休、微更新、存量空间资本等，社会价值导向类包括：生态文明、文化自信、全民友好、以人为本、包容、乡愁等。

1.2 针对设计问题的城市设计教学设计

（1）针对问题

城市设计（Urban Design）一词，于1950年开始出现。查尔斯·埃布拉姆斯（Charles Abrams）认为城市设计是一项赋予城市机能与造型的规则与信条，其作用是保障城市或邻里内各建造物间的和谐与风格一致；乔纳森·巴内特（Jonathan Barnett）则认为城市设计乃是一项城市造型的工作，它的目的在展露城市的整体印象与整体美；富兰克·艾尔摩（Frank L. Elmer）认为城市设计是人类诸般设计行为的一种，其目的不外在将构成人类城市生活环境的各项实质单元，如住宅、商店、工厂、学校、办公室、交通设施以及公园绿地等加以妥善的安排，使其满足人类在生活机能、社会、经济以及美观上的需求。这种物质空间营造主导的城市设计价值观，逐渐显现出有违时代诉求的问题。在城市设计教学环节主要表现为：设计能力训练中重设计步骤、轻内在逻辑，重案例借鉴、轻学术研究；设计对象上重物质空间、轻社会载体；设计内容上重空间形态、轻生活生产和生态功能，重设施布点、轻文化和活动组织，重设置流线、轻人的活动规律和使用过程；价值观上站在精英视角、鲜少试图理解城市中不同群体的诉求；方案表达上重绘图、轻语言组织和口头表达。

在新的时代背景下，城市设计被赋予了新的意义，城市设计是提升城市空间品质的一种方法，新时期的城市设计更需要关注人性尊严，要以人为本，其思路应从关注功能转向关注生活，让城市成为市民美好的生活家园（杨保军，顾宗培，2017），城市设计的目标在于塑造清晰的城市格局和创造宜人的空间场所（庄宇，卢济威，2016）。

（2）城市设计教学课程描述

体现上述城市教学过程中种种问题，结合近年来的教学实践，针对时代诉求，重庆大学建筑城规学院规划系城市设计教学组❶（下文简称教学组）提出适应性城市设计教学方法（图1），对于城市设计课程描述归纳如下：

强化学生对城市设计方法和设计过程的控制，在更大的尺度上训练学生的理性研究能力；需要帮助学生更

---

❶ 笔者为重庆大学建筑城规学院规划系城市设计课程教学大纲主要撰写者。

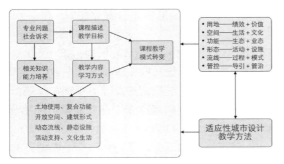

图1　适应性城市设计教学方法模型

资料来源：作者自绘

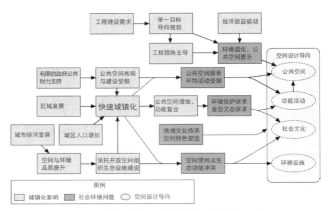

图2　城市空间设计逻辑生成模型示例

资料来源：作者自绘

加深刻和全面的理解城市，不仅聚焦视觉、功能、土地、交通等传统角度，还需要引导学生将注意力拓展到生态、社会、产业中，切身体会城市中各种利益诉求；最终以空间为抓手，解决城市问题，为"人"创造更好的空间场所，对不同社会群体提供不同的发展框架与路径、行为准则等。课程强调理论联系实践，结合实地踏勘和田野调查的基础上，注重城市问题分析与诊断，学会抓主要矛盾，并综合专业学习与跨学科的思维训练，强化专业工作者的社会公正、公平意识，将公共政策思维和空间规划工具结合起来，完成完整的课内教学理论方法训练和课外实践训练。

2　课程教学转变

应对问题，需要适时转变教学目标、教学内容与教学模式，并对学生施以相应的能力培训。

2.1　教学目标

在强化硬件空间设计能力的同时，教学组编写教学目标注入了空间承载软件的挖掘与逻辑表达等内容：

知识贡献：掌握城市设计的理论、方法、规划程序、实施过程、评价体系；强化对空间形态的认知、设计、控制的能力；强化设计过程中的理性逻辑能力。

能力贡献：建立城市发展的价值观体系；熟练掌握城市设计原理及方法。掌握与城市设计直接相关的空间设计能力，重点解决土地、空间、交通与环境等问题；关注生态、自然的规划理论和技术方法，关注城市经济、产业；关注社会和市民对空间极其品质的需求；了解城市空间政策与空间实现的过程。

素质贡献：熟悉国家关于城市设计和相关城市规划的方针、政策和法规；了解城市规划学科发展的理论前沿和发展动态；掌握文献检索、资料查询的基本方法，具有一定的科学研究和实际工作能力；具备良好的表达能力（图纸表达和语言表达）；鼓励学生采取新的技术方法（例如大数据）分析和解决城市问题。

2.2　教学内容转变

（1）总体教学内容认知

空间承载生活，空间模式折射生活方式，物化空间硬件及非物质空间承载软件的协同及逻辑关联是教学内容转变的关键环节。为此，需要了解城市设计中社会、环境、经济背景关联领域知识（图2）；理解空间意图表达、空间使用行为方式，空间关联非物质要素、环境与交通设施规划、业态空间分布等相关知识；掌握设计逻辑生成、空间分析与设计专业知识。

通过课程的学习，提升对城市空间的社会经济属性分析能力，提升城市空间形态支撑目标功能的设计能力，提升口头、文字及图纸表达能力。通过学习，要求学生了解城市空间硬件系统构成及可承载软件系统特征，提升学生综合分析专业素养，提升贯彻空间背后相关社会、环境、经济目标的专业素养。

理解城市空间构成及其对所承载物化空间硬件及非物质空间软件的适应性，理解城市空间与承载功能的逻辑关联，体验不同价值取向下城市公共空间的可能使用方式及设计工作可能的潜在作为，掌握①复合功能条件下城市公共空间利用主题植入逻辑分析方法，硬件空间与软件活动的匹配分析方法，②绿化、交通等空间设施支撑可能行为方式的分类设施布局方法，③特定设计目标下分类空间系统组织方法与空间形态设计方法，④软硬兼备的语言、文字与图纸表达空间意图的技法。

（2）四大设计核心环节教学适应性内容植入

如何在教学过程中，于传统空间设计植入复合的社会、经济与环境考量，是城市设计教学转型的重要环节，核心是硬件空间与软件载体互相支持，相得益彰，这其中物化空间与社会环境诉求之间的逻辑表述是教学重点（图3）。

空间设计：公共空间、物化公共产品植入公共生活、地域文化理解硬件空间背后的软件生活诉求及地域文化价值观，学会以空间表述概念的方式，养成尊重地域文化的设计习惯。

功能设计：使用功能植入复合功能，形态、生态、文态、业态统一理解空间的功能构成，摆脱单纯的使用功能束缚，尝试洞察生态、文态、业态对功能的支撑方式与空间表述渠道。

形态设计：物化空间形态植入场所营造软件要素匹配影响分析尝试走出就形态论形态的设计方式，掌握物化空间形态植入场所营造软件要素匹配影响分析方法，并运用于形态设计过程。

流线设计：物化流线空间植入活动过程分析与生态过程分析拓展流线概念，物化流线空间植入活动过程分析与生态过程分析，深刻理解流线的空间构成与使用过程，解析流线对基址生态过程的潜在贡献。

2.3 教学模式转变

适应教学内容转变，需要学生切实感受到空间植入内容的必要性与真实性，并能主动运用于设计过程。为此，设计教学模式需要相机转变。

（1）实景体验

空间、环境与人的活动复合体验——理解空间、环境与人的活动互相影响关系。通过城市空间的实景体验，帮助学生理解空间、活动、过程之间的关系，不仅要体验传统的空间尺度，更要体验空间对使用者诉求的适应性支撑，逐步体会空间软件载体与硬件空间的相互塑造与影响。

物化空间的复合功能体验——理解三维要素空间、空间设施与地域文化、生态功能复合的可能性。在实景中体验空间的复合功能，体验空间设计功能赋予、实际功能转变及潜在功能变化的关系，更加深刻理解功能的意义与实现路径，理解功能的复合性特征。

（2）学习讨论

1）学习领域

专业学习领域：包含城市设计理论与方法、空间组合论、街道空间、空间句法等内容。课程理论教学与课后阅读相结合，以课程教学为主。

关联学科领域：包括社会、经济、环境相关学科知识学习，课程学习明确学习方向，以学生课后阅读为主，结合学生方案展开相关主题的课堂讨论。

2）讨论学习类型

经典学习：学习城市设计、空间形态等经典著作。

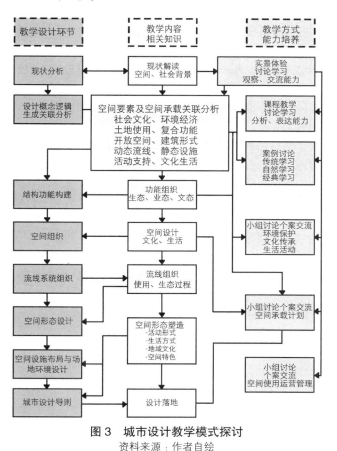

图3 城市设计教学模式探讨
资料来源：作者自绘

规范学习：了解居住区规划、建筑设计、道路交通、消防等相关规范，学习城市规划管理条例等相关内容。

前沿学习：了解学界时代命题、学科讨论热点、社会关注话题等相关内容，结合个案展开课堂讨论。

3）讨论学习方式

案例学习：通过案例解析学习相关城市设计理念及空间形态生成逻辑，辨析空间形态特征，剖析场所精神、自然过程等空间承载。

互相学习：小组互挑毛病，小组共话主题。

2.4　应对能力训练

城市设计教学过程重视分析、设计、表达三大能力综合训练。突出各环节能力训练重点：

分析能力：硬件分析与软件分析，重在存量硬资源与软资本的双重挖掘。强调方法学习，如文化分析挖掘方法，数据分析方法，生态分析方法。

设计能力：硬空间设计＋软载体的综合设计能力，重在训练匹配二者关系的设计能力。

表达能力：设计构思的技术生成逻辑与空间表达，重在训练"显性与隐性"设计内容兼顾的表达方式。

3　学生易显问题与教学反思

3.1　教学内容硬软匹配与设计准备

将学生从低年级以形态为主的空间设计转向"空间－社会"协同的城市设计，需要在设计选题及教学内容上予以支持，纳入更多的社会、经济、环境背景资料，为设计学习做好储备。空间生成逻辑是始终贯穿城市设计过程是教学难点，需要不断提醒学生空间的使用者与使用方式，提升空间形态对空间承载的适应性。

在学生刚接触设计任务的初期，常用的设计方法是问题导向型的方案解决，设计过程为"调研－分析－总结出机遇和限制因素－形成概念－设计深化"，而在设计的中后期，当学生进行空间深化和图纸表达时，易出现的问题是前期分析讨论与后期设计脱节，为分析而分析，不自觉落入传统空间设计状态。近几年的教学实践中，反复强调设计中的"逻辑性"、根据深化后的方案再次凝练或再表达"机遇和限制因素"，即通过较为成型的方案倒推出基地分析，以结论倒推原因的方法帮助学生理清设计逻辑——是什么、为什么、如何做（what–why–how），

以解决前期分析与后期设计的脱节问题，保障整个设计过程中空间生成逻辑的顺畅和严密。经过设计前期从分析生成方案，到中后期从方案反推分析，最终呈现在图纸上的分析、概念生成、方案设计和表达的高度一致性。

3.2　沟通交流

学会与不同受众的沟通与交流，通过学生分组讨论，角色模仿讨论增强学生主动交流能力，学会从不同角度看问题，适应公众参与。易出现问题主要表现为主观表述单向设计思路，缺少换位思考，交流流于形式。让学生总结角色交流心得，并反馈于空间设计逻辑生成过程，在空间设计中深度体现不同利益群体的诉求，是避免为交流而交流的有效方式。

4　结论

应对城市更新表象背后存量资本重构、社会公平、空间正义等深层次问题，城市更新型的城市设计教学模式需要适应性转变，让未来的规划师具备洞察深层社会环境问题的能力；"空间－社会"协同意味着以人为本的城市空间设计，适时转变教学目标，关注城市人的生活，并以此引导空间生成逻辑；空间承载生活，空间模式折射生活方式，物化空间硬件及非物质空间承载软件的协同及逻辑关联是教学内容转变的关键环节；于空间设计植入复合的社会、经济与环境考量，核心是硬件空间与软件载体互相支持，空间形态、业态、生态融合；适应教学内容转变，需要学生切实感受到空间植入内容并能主动运用于设计过程，实景体验、学习讨论是有效的补充教学方式；城市设计教学过程重视分析、设计、表达三大能力综合训练，重在训练"显性与隐性"设计内容兼顾的表达方式；加强与不同角色参与人的沟通交流，并贯穿于城市设计教学过程，有助于提升学生对城市设计问题的深层思考。

主要参考文献

［1］　何雪松. 社会理论的空间转向 [J]. 社会，2006，26（2）：34–48.

［2］　车玉玲，袁蓓. 空间的多重维度——作为政治与资本表达的空间 [J]. 社会科学辑刊，2012（2）：18–22.

［3］ 高峰.空间的社会意义：一种社会学的理论探索 [J].江海学刊，2007（2）：44-48.

［4］ 张京祥，胡毅.基于社会空间正义的转型期中国城市更新批判 [J].规划师，2012，28（12）：5-9.

［5］ 张京祥，陈浩.基于空间再生产视角的西方城市空间更新解析 [J].人文地理，2012（2）：1-5.

［6］ 高文柱.内涵式发展 [J].出版参考，2004（z1）：4-4.

［7］ Henri Lefebvre. the Production of Space [M]. trans, Donald Nicholson-Smith. Cambridge, Basil Blackwell, Inc, 1991.

［8］ 杨保军，顾宗培.审时度势：对当前开展城市设计工作的几点认识 [J].北京规划建设，2017（04）：6-9.

［9］ 庄宇，卢济威.城市设计：两种实践范式的讨论 [J].城市设计，2016（03）：72-77.

Urban Design Teaching-Method Discussion Within the Context of Old City Revitalization on the Perspective of Space-Social-Coordination

Gu Yuanyuan   Xing Zhong

Abstract: On the front of substantial issues inclusive of existing capital restructure, social equity, and spatial righteousness, which embedded behind city revitalization practice, it is necessary to match the teaching method of urban design corresponding with transformation. Transforming teaching goal accounting for insightful social and environmental issues, addressing human-based urban design principles; pairing physically spatial hardware with carried software and finding potential logic correlation, which being of key points of teaching contents; reflecting living style and pursues in the way of adaptive spatial model, which employed to guide the spatial production logic drafted by students; projecting composite consideration of socio-economic and environment aspects to spatial design, space form fitting for industrial and ecological features on site. Experience of scenes in realty and study discussion are effective supplemented teaching fashion. Design achievement expression is critical exercised capability to students including exposing-and-recessive design contents and efficient intercommunion as well. Lastly, the paper tends to conclude the adaptive urban design teaching method based on core teaching process.

Keywords: Old-City-Revitalization, Urban Design, Space-Social-Coordination, Spatial Production Logic, Teaching Method Transformation

强化规划专业培养体系中《城乡社会综合调查研究》课程媒介作用的教学改革与实践

李　昕　赵渺希　向博文

摘　要：《城乡社会综合调查研究》课程的目标是培养学生调查分析城市问题的能力以及运用多种社会科学研究方法完成数据的采集、分析及解读的能力，无论在教学内容上、能力训练上、还是时间节点上都在城乡规划专业培养体系中发挥了承上启下的课程媒介作用。本文对华南理工大学本科四年级《城乡社会综合调查研究》课程的教学改革与实践进行梳理，通过在教学内容、教学方法以及教学成果发展等三方面的措施实践，在设计、研究及教学方面取得的成果，讨论其在规划专业培养体系中所发挥的媒介作用。

关键词：社会调查，科学研究方法，教学改革，城乡规划专业，课程体系

1　引言

当前国家及社会的发展对学科教育提出了新的要求和挑战，城乡规划学教育需要在新的行业发展形势下做出转变与调整。教育与研究的整合作为当前高等教育机构的重要问题，一直是国内外学者研究的热点（Angela Brew，2010；Mick Healey，2006；刘献君，2010；别敦荣，2012）。而中国城乡规划的定位逐渐由过去促进经济发展的空间载体与技术控制工具，向具有综合社会属性的公共政策转变（张京祥，陈浩，2014），以自然资源系统为整合对象的机构制度改革以及国土空间规划体系的尝试，均对规划教学改革中的研究型教学环节提出了更深刻的要求。城乡规划作为多学科综合特征的应用型社会学科，关注社会热点问题，更应重视教育与研究的衔接，提升学生的综合素质和能力（钟声，2018）。

《城乡社会综合调查研究》（以下简称"社会调研"）是全国高等学校城乡规划专业指导委员会规定的城市规划专业本科生 10 门核心课程之一。课程重视培养学生调查与分析城市问题的能力，主张让学生通过对城乡空间的观察和思考自主选择研究题目，并运用多种地理学为代表的社会科学研究方法，完成调查报告（汪芳等，2010）。相较于一般的城乡规划原理性课程，《社会调研》作为帕特里克·盖迪斯所倡导的"调查—分析—规划"

的首要环节，在理论环节之外，首先更加关注社会实践调查（隗剑秋，2018），让学生了解和掌握开展设计工作中的实地调研，学得调查研究的基本方法，教学重点针对社会发展和城乡规划与建设，组织学生采用观察、访谈、问卷、案例分析等各类调查研究方法去发现问题、分析问题和解决问题，为之后的规划设计环节打下扎实的专业基础。其次关注研究的科学性，由创新的、具体的、可行的科学研究问题的提出（汪芳，2016）、科学研究方法的设计到数据的科学分析与解读，全程充分体系了社会科学范式的要求。这种对实践能力、研究能力的培养和强调，以及课程设置在四年级这个时间节点，无论在教学内容上、能力训练上、还是课程体系上都在城乡规划专业培养体系中发挥了承上启下的课程媒介作用。

目前，国内关于《社会调研》课程的研究多将重心放在课程设计、课程实施、课程评价等微观方面，例如教学不足的分析（隗剑秋，2018）、教学模式的探索（张帆，2014；刘冬，2015）、课程在社会实践中的拓展与应用（孟杰，2018）等，包括 2018 中国高等学校城乡规划教育年会中多篇关于《社会调研》的教学论文多在

李　昕：华南理工大学建筑学院讲师
赵渺希：华南理工大学建筑学院教授
向博文：华南理工大学建筑学院硕士研究生

讨论课程在教学方法、技术运用及定位导向上的探索，较少从宏观上将课程置于整个城乡规划教育课程体系中去考虑。研究表明，从课程结构或教育体系上去考虑课程建设，会更有利于课程活动的展开及教育成果的实现（王姣姣，2018）。本文即对华南理工大学本科四年级《城乡社会综合调查研究》课程的教学改革与实践进行梳理，通过在教学内容、教学方法以及教学成果发展等三方面的措施实践及在设计、研究及教学方面取得的效果（见图1），讨论其在规划专业培养体系中所发挥的媒介作用。

2 课程建设介绍

2.1 课程建设背景

（1）国内各高校《社会调研》课程设置情况

作为与全国竞赛挂钩的专业核心课程，其课程设置类型和教学组织方式非常关键。纵观国内有代表性的各大规划院校，《社会调研》课程设置和教学组织情况可分三类（表1）：

1）无独立课程，嵌入式教学：此类高校未在培养计划中设定相应课程，但教学内容嵌入其他必修课学习。例如同济大学其专业培养计划和课程表中均并未出现《社会调研》课程，这部分内容在第7学期的《城市地理学与城市社会学》课程中完成，并择优参加当年的专职委竞赛；而西安建筑科技大学与南京大学则把教学内容嵌入必修课《城市社会学》的课程中，其中南京大学将课程名称改为《城市社会学与社会调查》。此类课程设置与其他专业课程联系紧密，但教学力度和教学覆盖面较低。

2）独立课程，嵌入式教学：此类高校中《社会调研》为专业培养计划中的独立必修课，但教学往往和课时最多的设计课结合开展。例如哈工大在第6学期开设《城市综合调研》，学时72学分4.5，与设计课同步开展；而我校则在第8学期开设《规划专题调研》，教学以设计课小组指导的形式在整个学期与城市设计同步开展。此类课程教学力度和教学覆盖面较为灵活，由具体指导老师决定。

3）独立课程，独立教学：此类高校中《社会调研》在专业培养计划中为独立必修课程，教学计划也安排独立课时和学分。例如东南大学的专业培养计划中将《城市社会综合调查研究》设定为研究型课程，在第6学期开设必修课，32学时2个学分。而华中科技大学则分别在第5学期和第6学期开设《社会调查研究方法》、《社会调查实践》两门课程，分别为24学时1.5学分，教学力度和覆盖面都能得到保障。而北京大学则将《社会综合实践调查》设置为第8学期的选修课，授课人数10-20人，重点进行专职委竞赛报告的辅导教学。

华南理工大学的《社会调研》课程设置与教学组织属于第二类，有独立学分课时但实行嵌入式教学，在同期的《城市规划设计（二）》中同步进行，作为其教学实践环节，教学组织以设计课小组为基础开展，教师的教学质量评估结果也在《城市规划设计（二）》中体现。与设计课的紧密联系一方面为《社会调研》提供创新选题

各大规划院校《城乡社会综合调查研究》课程设置及教学组织情况 表1

高校名称	课程名称	课程设置	教学类型	开课学期	学时/学分
同济大学	城市地理学与城市社会学	无独立课程	嵌入式教学	7	32/2
西安建筑科技大学	城市社会学	无独立课程	嵌入式教学	7	32/2
南京大学	城市社会学与社会调查	无独立课程	嵌入式教学	8	32/2
华南理工大学	规划专题调研	独立课程（必修）	嵌入式教学	8	2周/2
哈尔滨工业大学	城市综合调研	独立课程（必修）	独立教学	6	72/4.5
东南大学	城市社会综合调查研究	独立课程（必修）	独立教学	6	32/2
华中科技大学	社会调查研究方法＋社会调查实践	独立课程（必修）	独立教学	5+6	48/3
北京大学	社会综合实践调查	独立课程（选修）	独立教学	8	36/2

注：由笔者调查整理。

图1 华南理工大学《社会调研》教学成果发展阶段及重要成果

及实地调研的机会，但在教学组织和教学质量保证上都带来一定局限性。

（2）对原有教育体系的反思

1）专业教育方向较为狭隘：面向国家多元化的城乡发展战略与形势，传统的城乡规划教育方向较为狭隘，过于专注工程技术和规划设计能力培养，毕业生的学习和思考能力不足，不能充分地适应社会需求变化，缺乏理性思维能力。

2）培养模式单一限制人才发展：以往的培养标准与专业出口方向单一，人才发展方向较为局限，忽视了差异性人才的培养要求，与后期研究生培养中的学术研究方向和要求衔接不良，协作型专题研究教学环节缺乏，忽视团队意识培养，学生思辨创新能力不足。

3）规划设计与学术研究能力培养联系不足：传统课程体系与教学方式固化，过于专注规划设计课程，学生学术研究能力不足，对国家社会的发展动态关注不足，缺乏观察研究社会现象的能力，毕业后适应行业和社会变化的能力不足。

2.2 课程建设的定位、目标与特色

（1）课程定位：关注社会问题，理论联系实际

本课程是培养城乡规划专业本科生联系实际、关注社会问题的学术态度，发现问题、分析问题、解决问题的研究能力，增强学生将工程技术知识与经济发展、社会进步、法律法规、社会管理、公众参与等多方面结合的意识及综合运用能力培养学生进行专题研究的能力的综合调研课程。

（2）教学目标：在工程技术学习基础上提高社会问题研究能力

培养城乡规划专业学生关注社会问题的职业素养，增强学生理论联系实际，将工程技术知识与经济发展、社会进步、法律法规、社会管理、公众参与等多方面结合的专业意识，以及培养学生发现问题、分析问题、解决问题的研究能力，提升学生文字表达水平和综合运用的能力。

（3）课程特色

通过一系列教学改革实践，本课程具备如下特色：

1）特色一：科学研究方法的系统训练。以科学研究方法系统训练为导向对课程内容、教学组织方式、教学环节进行全面调整，提高学生整体研究能力，在社会

调研报告竞赛中继续保持佳绩。

2）特色二：社会调研与城市设计主干课程的有效衔接。探索社会综合调查研究与城市设计这两大主干教学内容的有效衔接教学模式，做到以研究促设计的专业特色，提高城市设计方案的逻辑性与研究性。

3）特色三：承上启下良性互动的教学组织。课程与第6学期的《城市社会学》、第9学期的《城市总体规划》相衔接，在教学组织上与《城市规划设计（二）》（城市设计）同步开展，多门课程前后顺接、良性互动，凸显其在城乡规划专业培养体系中的媒介作用。

4）特色四：集中分散相结合和交互参与式主导的教学方式。改革传统设计课以小组评图为主的授课方式，探索集中分散相结合、交互参与式主导的师生良性互动的综合教学方式，整合教学资源，提高教学效率。

5）特点五：专业教材与科学研究方法的总结。编写科学研究方法专用教材，并将优秀作业集结出版，为本专业科学研究方法论训练的多点铺开提供素材准备。

3 强化课程媒介作用的主要措施

《社会调研》课程在华南理工大学建筑学院本科的第8学期与《城市规划设计（二）》同步展开，采用分散集中式教学相结合的教学方式。以课程的社会实践性及科学研究性的特点为基础，为了进一步优化《社会调研》在专业培养体系中的课程媒介作用，做到以研究促设计、以研究促研究、以研究促教学，团队在课程教学内容、教学方法、考核内容方面进行系统梳理，在教学体系中作为媒介为其他专业课程提供方法论训练。

3.1 教学内容上，研究方法教学内容的植入与前置

（1）科学研究方法训练的植入

①举办科学研究方法训练营。以问题为导向在课程中举办集中教学的科学研究方法训练营，聘请校外专家进行讲学，以更为活泼的方式进行科学研究方法的系统训练。②编写专用教材。对城乡规划学生的科学研究方法已有知识进行调查摸底，针对学生专业情况有针对性的编写教材。侧重研究设计、内部外部效应、定量/定性分析以及科研道德规范等方面的知识普及，对学生较为熟悉的问卷、访谈及案例研究等数据收集方法进行更为系统性、科学性的教学。

图2　科学研究方法训练营海报及教学现场

（2）科学研究方法训练的前置

①教学内容前置：在《城市社会学》课程进行部分科学研究方法论教学，内容包括科学研究问题的提出、研究设计、数据收集方法、数据分析等，内容2学时，由课程主讲老师和本课程负责老师共同完成。②报告选题前置：结合《城市社会学》课程作业社会调查报告的撰写，在选题上鼓励学生关注社会问题，增强学生理论联系实际、将工程技术知识与经济发展、社会进步、法律法规、社会管理、公众参与等多方面结合的专业意识，在选题时进行讨论与引导。③考核方式激励：参考多个规划院校的经验，将《城市社会学》课程作业择优异者参加竞赛，由此激励学生的学习热情（图3）。

3.2　教学方法上，创新教学方法的运用

①在教学环节上，深化改革与设计课同步教学、小组评图为主的原有授课方式，探索集中分散相结合、交互参与式为主的师生良性互动的综合教学方式，将课程划分为选题、调研开展、成果交流、报告撰写等多个环

节，在时序安排、内容设置方面，与城市规划设计（二）中城市设计作业的场地选址、一草、二草及交图等各环节紧密衔接，结合《城市规划设计（二）》课程考试改革探索，开展多次集中教学及交流，探索社会调研报告与城市设计授课无缝衔接的教学模式（图4）。②在教学方法上，在选题、成果交流等环节，采取以学生小组汇报、教师点评的形式进行翻转课堂，并在课堂外重点辅导1-2次，鼓励研究性学习方法的运用，教师在选题、研究设计、数据分析、报告撰写等各个环节把关。③突破传统社会综合调查方法、注重各类多源数据采集、GIS分析等创新能力的培养；④建立专家库，聘请相关领域的专家来进行重点辅导。结合选题领域，针对城市规划管理、社区发展、城市更新等不同方向聘请院内相关专家进行辅导，交通出行创新报告还聘请土木交通学院的专家进行重点辅导。

3.3　教学成果上，搭建研究成果拓展深化平台

①构建社会调研报告获奖成果库。基于提升竞赛成绩的考虑，广泛收集往年获奖报告，在研究对象、研究主题、研究方法等多个方面进行归纳统计，总结趋势，为学生调研开展及报告撰写提供指导。②注重衔接专业培养体系中各类社会调查研究类作业成果的延续，同时结合"学生研究计划"、"挑战杯"竞赛、暑期"三下乡"社会实践等各类课外活动，在同一选题下持续深化，丰富调研方式、增加资料收集途径、扩大调研范围、深化研究成果、扩大报告成果的社会影响。③以教师研究团

图3　科学研究方法训练的前置与拓展

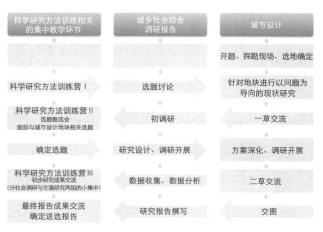

图4　社会调研与城市设计主干课程的有效衔接

队为基础、开展例会沟通为渠道的互动交流模式，并在各个教学环节邀请其他课程主讲教师、活动组织教师参与，搭建研究成果拓展深化平台，实现教学相长。

4 课程改革的应用与成效

4.1 《社会调研》教学效果显著，竞赛成绩全面提升

以本科生课程作业参加"全国高等学校城乡规划专业社会综合实践调研报告课程作业评优"以及"城市交通出行创新实践竞赛评优"，是本课程建设的重要推动力，也是教学效果的重要考核指标。团队结合华工规划专业学生动手实践能力强、问题意识突出、社会观察敏锐的特点，通过全面系统强化学生在社会科学研究方法上的训练，竞赛成绩在 2014 年之后获得显著的、全面的提升，尤其是在"社会实践"单项竞赛中连年获奖率都超过 80%，明显高于全国兄弟院校平均水平（图 5）。5 年获得奖项累计达 20 个，位列全国城乡规划专业高校之首；"交通创新"单项累计获奖 12 项，全国排名第四。

4.2 《社会调研》成果培育机制形成

团队有意识、有计划地对以往社会调研报告成果进行培育，丰富调研方式、增加资料收集途径、扩大调研范围、深化研究成果，利用各种方式搭建调研成果培育深化平台，以调研促学术。2015–2017 年，以社会调研报告为基础的、分别以集体土地养老保障功能、流动人口聚集地开放空间的社会网络、基于网络信息的旅游模式以及高密度混合用地停车泊位共享等为题的多项成果得以培育拓展，并获得以国家挑战杯竞赛一等奖为代表的一系列丰盛成果，形成良性机制。

例如，在 2015 年社会调研三等奖获奖报告《老人

图 5　2011–2018 年华南理工大学《社会调研》课程作业参加专指委竞赛获奖情况

与土——广州城郊 3 村的土地养老调研报告》的基础上，王慧芹、莫海彤等学生在团队赵渺希老师指导下将调研范围由广州 3 个村扩展到广州、深圳、东莞、顺德、惠州、中山等六个城市 15 个村，调研对象扩展到 1012 个 55 岁以上的老人，形成《珠三角地区集体土地养老支持的区位差异及政策探索——基于珠三角 15 个村 1012 位老人的实证研究》报告，通过问卷访谈，采用分层抽样和非参数检验等统计方法来探索农村 3 种养老方式的区位差异及成因，并重点探究长者养老对土地收益的依赖度和不同区位土地养老保障功能的强度。成果先后获得 2017 年华南理工大学第十五届"挑战杯"大学生课外学术科技作品竞赛一等奖，"挑战杯"广东省大学生课外学术科技作品竞赛特等奖，"挑战杯"全国大学生课外学术科技作品竞赛一等奖。

同期培育的成果还有三项，以 2015 年"交通创新"调研二等奖获奖报告《广州市中心区停车泊位错时共享模式探究》为基础的《高密度混合用地停车泊位的共享模式探索》获得 2016 年教育部国家级大学生创新创业训练计划资助，成果发表论文 1 篇申请专利 1 项；同样获得教育部资助的《流动人口聚居地开放空间的社会网络研究》亦是以调研报告为启发，最终参加广东省第十四届"挑战杯"竞赛并获得特等奖；《走走停停，智慧旅行——基于网络信息的旅游模式探究》获得广东省"挑战杯"一等奖、全国"挑战杯"竞赛"智慧城市"专项赛一等奖。

调研成果培育机制已形成并持续发挥作用。2019 年基于 2017 年三等奖获奖社会调研报告形成的《特色风貌营建中的乡镇治理结构研究——基于广东省 3 镇 12 村的研究》刚获得华南理工大学第十六届"挑战杯"大学生课外学术科技作品竞赛特等奖，并积极准备广东省赛。通过科学研究方法训练的前置，2018 年《城市社会学》课程作业也参加华南理工大学挑战杯并获得 5 个奖项，其中团队李昕老师指导的《基于共享单车时空数据的城市骑行需求及骑行设施改进研究——以广州市荔湾老城区为例》获得一等奖，成果提升作用显著。

4.3 《社会调研》成果取得良好社会影响

《社会调研》的选题尤其关注国计民生，其设计成果和研究成果通过拓展培育，积极参与社会事务，取得良好社会影响。例如团队教师指导的学生作品分别获得

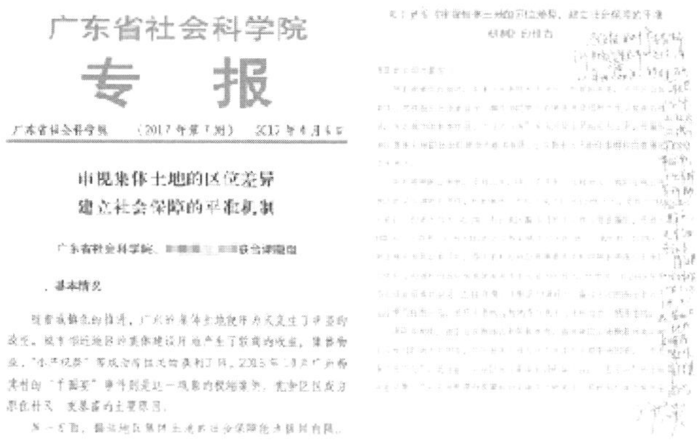

图 6 《社会调研》发展出的研究报告发表在社科院专报并获领导批示

首届广州市城市更新设计竞赛二等奖、广州第一届城市公共空间创新大赛三等奖。而《集体土地养老保障功能的区位差异及治理对策探索——基于珠三角 15 个村 1012 位长者的实证研究》关注新型城镇化建设中如何制定集体土地的针对性政策问题，依托研究平行开展实践活动，该项目衍生了探索城乡关系的 7 篇论文（3 篇 SSCI 论文）和解决城乡问题的 4 个发明专利；研究实践获得社会和政府的支持，包括社科院专报的发表和广东省副省长亲笔批示（图 6）。

5 结论与讨论

华南理工大学建筑学院城乡规划学的专业定位是夯实基础，立足华南，面向国际，建设具亚热带地域和岭南文化特色，学科方向完备，国内一流、国际知名的城乡规划学一级学科。经过历年的改革与创新，规划专业培养体系中《社会调研》的课程媒介作用不断强化，教学实现了诸多创新：实现"以调研促设计"的教学创新目标；搭建研究成果拓展深化平台；同时形成以研究促教学的良性机制。

但应认识到确保单个课程在课程体系中的定位环节只是设计课程时需要考虑的一个方面（Jenkins，1998）。未来应当基于宏观的教学体系思想，微观细致地研究各个课程在教学体系中的定位及课程之间的关系，加强课程之间的衔接，推进教育与研究的联系，以整体的、系统的思想进行课程建设。

主要参考文献

[1] Angela Brew（2010）Imperatives and challenges in integrating teaching and research，Higher Education Research & Development，29：2，139-150，DOI：10.1080/07294360903552451.

[2] Healey M，Jenkins A. Strengthening the teaching-research linkage in undergraduate courses and programs[J]. New Directions for Teaching & Learning，2010，2006（107）：43-53.

[3] Jenkins，A. Curriculum Design in Geography. Cheltenham：Geography Discipline Network，University of Gloucestershire，1998.

[4] Rubie-Davies C，Hattie J，Hamilton R. Expecting the best for students：Teacher expectations and academic outcomes[J]. British Journal of Educational Psychology，2011，76（3）：429-444.

[5] 别敦荣. 研究性教学及其实施要求 [J]. 中国大学教学，2012（08）：10-12.

[6] 程兴国，高华丽，李慧勇. 转型背景下建筑学专业城乡规划课程教学研究 [J]. 教育与职业，2013（33）：152-154.

[7] 隗剑秋，陈可欣，杨珺. 城乡社会综合调查课程教学反思——以学生调研报告质量为审视角度 [J]. 教育教学论坛，2018（30）：63-64.

[8] 刘献君，张俊超，吴洪富. 大学教师对于教学与科研关系的认识和处理调查研究 [J]. 高等工程教育研究，2010（02）：35-42.

[9] 石楠，翟国方，宋聚生，陈振光，罗小龙. 城乡规划教育面临的新问题与新形势[J]. 规划师，2011，27（12）：5-7.

[10] 王姣姣. 从课程结构的视角构建教师培训课程体系——以"国培计划"乡村教师培训团队研修项目为例 [J]. 吉林省教育学院学报，2018，34（08）：32-35.

[11] 懋元. 新世纪高等教育思想的转变 [J]. 中国高等教育，2001（Z1）：23-25.

[12] 汪芳. 刘清愔. 问题是研究的灵魂——规划专业社会综合实践调查教学选题环节的思考 [C]// 高等学校城乡规划学科专业指导委员会，西安建筑科技大学城乡规划系. 新常态·新规划·新教育——2016 中国高等学校城乡规划

教育年会论文集．北京：中国建筑工业出版社，2016：152-157.

［13］汪芳，朱以才．基于交叉学课的地理学类城市规划教学思考 [J]．城市规划，2010，34（07）：53-61.

［14］张京祥，陈浩．空间治理：中国城乡规划转型的政治经济学 [J]．城市规划，2014，38（11）：9-15.

［15］钟声．城乡规划教育：研究型教学的理论与实践 [J]．城市规划学刊，2018（01）：107-113.

Improvement and Practice of Reinforcing Intermediation of <Comprehensive Investigation and Study of Urban and Rural Society> in the Urban Planning Curriculum

Li Xin   Zhao Miaoxi   Xiang Bowen

Abstract: The targets of the course，comprehensive survey of urban and rural society，include cultivating students' ability of investigation and analysis of urban problems as well as using a variety of social science research methods to realize the collection，analysis，and reading of data. No matter in the teaching content，ability training，or curriculum system，this course plays a medium role in the training system of urban and rural planning specialty. This article combs the teaching reform and practice of the course of comprehensive survey of urban and rural society in the fourth year of the undergraduate course of South China University of Technology；it also discusses this university's practice about the content，methods and achievement of teaching as well as the fruit in the design，survey and education. Basing on these analyzes，the author discusses this course's role of medium in planning professional training system.

Keywords: Comprehensive Investigation and Study，Social Science Methodology，Educational Reform，Urban Planning Education，Curriculum System

城乡规划专业本科城市更新教学实践与探索*

任云英　尤　涛　白　宁

摘　要： 如何适应新的时代背景下的城乡规划专业的能力培养是城乡规划本科教育的常态。本文结合城乡规划专业本科城市更新教学实践，提出"应对转型，回归本源"的目标，聚焦城市更新这一主线，从城市空间的规划设计和建设管理人才需求出发，培养学生从通过对城市空间的感知到理性认知，进而进行理性分析，了解空间属性、空间秩序并进行空间建构，将城市更新融入到"城乡规划专业教学模块矩阵"。贯穿5年10个学期，形成3个主次递进的能力培养平台：综合基础模块、专业基础模块和深化拓展模块，并通过课程选题、教学组织以及课堂创新的模块化教学体系的探索与实践。

关键词： 城乡规划，专业教育，本科，城市更新，教学实践

随着我国城镇化进入新常态，城乡规划在面临城镇化转型的同时，面临着规划内涵、外延以及范式转型的背景，创新驱动的国家战略以及专业发展的新形势，对城乡规划人才创新能力和专业综合素质教育也提出了新的要求，城乡规划教育何去何从？如何适应新的时代背景下的城乡规划专业的能力培养是城乡规划本科教育的常态。因此，"应对转型，回归本源"是规划教育的担当，对于城乡规划本科人才的能力培养，其核心依然是城市空间的规划设计和建设管理，需要培养学生从城乡空间的感知到理性认知，进而进行理性分析，了解空间属性、空间秩序并进行空间建构。而这一感知到认知的对象即城市建成区，尤其是老城区，具有独特的时空属性，自然成为城乡规划设计教学所关注的对象，更是城市更新聚焦的地区，因此，西安建筑科技大学城乡规划专业教育中，城市空间规划设计能力的培养伴随着城市更新这一永恒的城市议题，而城市更新教学实践贯穿了本科5年的教学实践。

1　培养目标和教学方案

城市更新的目的是对城市中某一衰落的区域进行拆迁、改造、投资和建设，以全新的城市功能替换功能性

衰败的物质空间，使之重新发展和繁荣。它包括两方面的内容：一方面是对客观存在实体（建筑物等硬件）的改造；另一方面是对各种生态环境、空间环境、文化环境、视觉环境、游憩环境等的改造与延续，包括邻里的社会网络结构、心理定势、情感依恋等软件的延续与更新。因此，物质空间认知和城市空间场所营造成为城市更新贯穿在城市规划教育、教学的整个过程的一个递进的主线。因此，教学环节循此主线循序展开。

1.1　教学目标

以空间认知和设计能力为核心：从空间认知入手，学习和掌握空间属性和类型、空间解析和建构，并掌握空间组织、设计、表达的图式语言；由空间入手，由浅入深，逐层深入，逐渐在不同教学阶段和环节中，植入文脉、社会、经济、形态的相关理论和方法认知，逐渐认识、熟悉和掌握城市规划设计中从空间更新到城市社会的深刻领会，建构空间认知到空间建构的逻辑框架（图1）。

---

* 基金项目：本课题为陕西省一流专业建设项目成果。

任云英：西安建筑科技大学建筑学院教授
尤　涛：西安建筑科技大学建筑学院副教授
白　宁：西安建筑科技大学建筑学院副教授

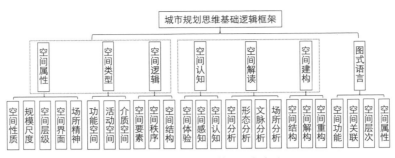

图 1　城市规划思维基础逻辑框架

1.2　教学方案

城市更新课程体系由综合基础、专业基础、深化拓展等三个阶段，以理论、设计及实践环节和创新课程三条主线并行，即"三主线、三阶段"的教学体系，构成由浅入深的梯级教学模块，形成人才培养的主干方向；其次，结合特色学科方向支撑，形成相应的特色方向教学模块，包括五个能力方向，构成多元化能力培养方向，城市更新是五个多元化方向之一，即"以城乡规划历史"、大遗址保护以及城市更新课群模块支撑下的"遗产保护与城市更新"方向（图 2）。

每一个阶段，结合城市空间规划设计能力的培养需求，以相应的规划设计理论、课程设计和实践环节，以及相关知识课群，形成各个阶段相对完整和独立的教学单元，满足对于学生该阶段能力目标的培养。

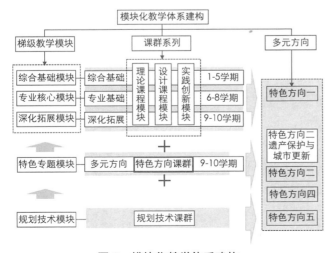

图 2　模块化教学体系建构

2　教学组织

2.1　教学组织方式

教学组织方式包括课程首席教师负责制、以班级为单位的分组制和教研团队 Studio 模式等三种：

（1）课程首席教师负责制

结合城乡规划核心课程体系和相关课群，设定课程负责教师，负责教师依据教学实践和教学研究的成果和能力通过答辩，经由教学委员会组织答辩进行遴选。首席教师负责教学团队建设，课程的大纲编制、教改实践、课程组织、教材建设、教学法活动等，并负责课程的质量。通过组织选题环节答辩论证、课程中期答辩检查以及结课答辩实现过程管理和反馈机制，确保教学质量。首席教师有培养青年教师的职责，除负责课程外，参与其他相关课程的教学工作。

（2）以班级为单位的分组制

班级负责教师为课程教师团队骨干，负责专业班级的教学组织和管理，负责课程的进展、内容、深度以及成果的总体把握，并负责指导小组负责老师的课程质量管理。

（3）教研团队 Studio

以教研团队组织教学，主要在城市公共中心设计课程中，采取师生双选制：首先由教师申报选题，经审定后挂牌限 6-8 生 / 人，由学生自由选择，学生人数超出的部分，在挂牌教师第一次选择后，进行第二次选择，确定教学指导小组。教师可以合作或独立挂牌。

2.2　环节管理

环节管理包括：课程选题、教学文件、教学过程、教学成果、成绩评阅和作业存档等六个方面。首先，课程选题，由具有任课资格德教师，根据教学大纲要求并结合实际课题进行选题申请，由首席教师负责、规划系召集，通过选题答辩确定选题；其次，首席教师负责组织、讨论并准备教学文件，包括教学大纲、教学日历、教学任务书和指导书；第三，是教学过程管理，包括中期答辩，结题答辩环节，由非任课专业教师，结合学生德方案介绍，提出意见和建议，以便学生修改完善；第四，教学成果要求按时提交，并满足大纲和各阶段成果德要求；第五，成果提交后需要教学组进行评图，并横向对比评分标准，进行最后成绩评定，提交成绩评定文件；成果提交后需要教学组进行评图，并横向对比评分标准，进行最后成绩评定，提交成绩评定文件；最后，以教学组为单位，和专人对接，学生作业存档。

3 梯级教学模块矩阵

应对新型城镇化发展趋势及规划范式的转型趋势，回归本源，结合人才培养的目标集，并应对本科生源的"零基础、多元化"，遵循认知规律，提出梯级、模块化教学模式和课程模块体系，强化综合基础教育，注重教学模块的梯度衔接，强调教学规律、采用菜单式课程模块，建构了相应的"梯级模块化课程方阵"，在强化专业人才能力培养的同时，提升教学组织和管理的动态适应性：

首先，是综合基础模块，在第1学期，设立规划思维基础课程，采取"零基础"带入，通过空间行走、空间解析以及空间设计的"沉浸式"模式，建立规划思维基础，并在2–5学期通过规划初步、规划基础等环节，通过以小尺度空间及建筑环境为对象，不断进行空间认知和分析能力的提升。

其次，是专业基础模块（6–8学期），主要通过居住环境规划设计和公共中心规划设计，从空间母题重复的空间认知和分析、建构，到公共中心空间的多元化认知、分析，通过解构、重构，建构复合型空间认知的专业能力。

第三，深化拓展模块，通过跨校、跨地域的多校联合毕业设计，打破地域局限性，强化对于复杂城市问题的认知、分析和建构能力。最终，形成以理论、设计、实践为主线，以综合基础模块、专业基础模块和深化拓展模块为梯级的逐次渐进的能力培养平台（图3）。

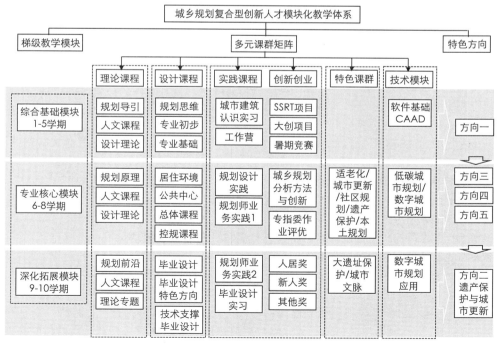

图3 城乡规划专业教学模块矩阵

3.1 综合基础模块

"零基础，渐入式"的专业思维基础课堂模块：从感知到认知的空间秩序与设计思维逻辑建构。面对生源多元化、"零基础"的困境，以空间认知为导向，结合课堂创新，选择城市历史地段作为空间认知的对象，以规划思维基础为起点，建构空间感知、空间认知、空间分析和空间逻辑建构的规划思维逻辑，规划设计图式语言、分析方法和设计表达；结合人类需求层次理论，结合空间调查，初步建立城市更新的理念和基本方法，逐渐融入情景交融的城市品质空间设计基础。"零基础"带入，结合空间行走、空间解析以及空间设计的"沉浸式"，并结合翻转课堂的交流、讨论、汇报及点评等环节，使学生树立专业意识、明确专业方向、建构专业基础（1–5学期）。

3.2 专业基础模块

在专业核心模块和拓展深化模块等教学环节，采取STUDIO教学模式，通过师生双向选择、选题审查等环节，强化开放性的教育平台，将传统的讲授转化为相互对话的师生团队关系，提升了教学质量，提升了教学质量。

以"重衔接，层级式"的能力培养Studio模块建构为目标，从社区空间到城市中心的公共空间价值和能力建构。结合梯级教学模块，在专业核心模块，通过从微观、中观到宏观的城市尺度及其设计深度的逐次递进，以及从空间设计到政策属性的规划范式的过渡，不断的强化和深化学生从城市空间设计能力到基于政策属性的规划能力，奠定坚实的专业基础，并不断强化其专业学习能力、思辨能力和表达能力（6–8学期）。

根据近三年的城市公共中心课程选题统计，该课程涉及的对象包括：城市中心区、历史地段、老工业区、城市重点地段、产业园区以及乡村空间等，城市更新规划设计方法从目标导向、方法导向，到注重城市发展趋势，城市品质和空间社会性等的价值保护和微更新、织补及适应发展等有机更新的路径和设计方法。通过模块化教学，理论、实践和设计课程相互配合，一方面使得城市更新专业基础模块的不断深化；另一方面通过不同的选题和教学环节的交流，进一步促进了教学改革的质量。

近3年城市公共中心规划设计选题一览表 表1

年度	城市公共中心规划设计选题	学期/学时
2017年度选题	西安道北地区城市更新——尚武门至安远门地段规划设计	8/80+K
	"秦岭里的山城故事"——佛坪县城核心地段更新改造规划	
	关于幸福林带的N种未来—基于城市文脉的西安老工业区更新规划设计	
	"问脉·寻脉·把脉·续脉"——陕西华阴西岳庙历史地段更新规划	
	隍庙城事——韩城历史文化街区更新规划设计	
2018年度选题	网络·生活·体验——基因传承视角下的襄阳老樊城核心区空间修补	8/80+K
	秦岭里的小城故事——佛坪城区核心地段更新改造规划	
	运城·城韵——运城老城中心地段保护与更新规划设计	
	在城市中成长——西安碑林动漫产业园更新设计	
	城市·守望·社区——西安高新区甘家寨地段城市更新设计	
	花为媒——西安朱雀花卉市场及周边地段城市更新设计	
2019年度选题	在城市中成长Ⅱ——汉长安城南郊礼制建筑遗址区暨中钢厂区更新规划设计	8/80+K
	城市折叠——多元导向下的青龙寺地段城市再生计划	
	城市书厅——西安明城区书院门地段更新规划设计	
	小社会·大家园——西安明城区西仓地段更新规划设计	
	世遗·时异·城东旧忆——平遥古城东关片区更新规划设计	
	丝路·长安·156——西安丝路板块构建下的西郊"电工城"核心地段更新规划设计	

3.3 深化拓展模块

以"重创新，强实践"的空间规划能力培养为目标，从总体到管控的基于城市公共政策属性的教学实践。深化拓展模块，结合跨校联合设计全覆盖，突破地域制约，以毕业设计和实践为整合、深化、提升环节，全面提升学生的综合、创新及专业学习能力和自我学习能力（9–10学期）。同时贯穿5年的教学安排，结合SSRT创新创业

近3年部分毕业设计选题一览表　　表2

年度	毕业设计选题	毕设类型	学期/学时
2017	轨枕之间——天津中心城区铁路环线周边地区更新发展规划	学会六校	10/16K
	重庆沙磁文化片区城市设计	UC4	
	集市的演进——西安明城区西仓片区概念城市设计	非联合毕业设计	
	岐山梁星源祠保护与周边区域更新改造规划设计		
	传统村镇的再生与发展——秦岭五台古镇概念规划与设计		
	大数据驱动下西安典型地段低碳式更新规划设计		
	西安大麦市街区更新改造规划设计		
	UIA2017SEOUL-International idea competition		
2018	大虹桥、新空间——上海虹桥商务区拓展片城市设计	学会六校	10/16K
	守护与发展——韩城古城片区城市设计	UC4	
	"运河上的城市"苏州吴中区运河段片区更新城市设计	东部"7+1"	
	西安幸福林带老旧工业区更新设计	西部联盟四校	
	地铁改变城市——西安友谊路沿线地区更新发展规划	丝路三校	
2019	雄安新区周边典型小城镇城市设计	学会六校	10/16K
	转型与整合——哈尔滨三马地区城市设计	UC4	
	"美丽中国"视野下的景中村微改造规划设计	四校乡村	

计划和大学生创新创业计划项目、西部之光等竞赛项目，采取暑期工作营等模式，拓展学生的创新意识和能力，培养其思辨能力。

在毕业设计阶段，实现联合毕业设计全覆盖：一方面，利用联合教学平台，创新专业教育教学方式，以突破西北地域制约；另一方面，设立地方性毕业设计教学联盟，针对地方问题、地域实践，探索出一条基于地域因素制约下应对新型城镇化多元化发展路径的专业培养模式。

以城市更新毕业设计选题涉及一线城市的老旧社区连绵带或城市功能核心区，也涉及一些典型历史城市如苏州等，也涉及一些典型镇村的更新。毕业设计在选题的难度、深度都对教学提出了较高的要求（表2）。通过空间属性、空间类型、空间逻辑、空间认知、空间解读以及空间建构等内在逻辑关系，强调为主题导向、目标导向以及资源导向等的方法引导，并通过强化图式语言的表达能力，建构并强化城市更新规划涉及方法，结合选题的复杂性进行问题的条分缕析，从时间线和空间界的维度，形成从现状、问题、分析、对策、方案、导则、详细涉及等的研究逻辑和方法逻辑，通过空间问题、机遇和策略的分析，对原有空间结构进行解析、重构，建构基于时－空场域认知和分析的理念和方法，并建构对于城市更新地段的本质的分析和认识，进而建构从地段价值认知、文脉价值解读到场所精神重构的认知、分析和建构方法体系。综合学生五年的理论、方法和实践，进行综合、提升和凝练，提高学生的专业素养和能力，并通过不同的选题拓展教学的多元化尝试和总体教学质量的提升。

4　结论

近年来，人文城市理念与城市传统文化复兴，成为城市修复的重要课题。城市空间规划设计中，结合城市建成区的特点，建立城市更新理念、策略、路径和方法，通过规划设计逻辑、方法体系的建构，培养学生认识城市历史文化和社会经济价值的核心，将城市更新融入到"城乡规划专业教学模块矩阵"贯穿5年10个学期，形成3个逐次递进的能力培养平台：综合基础模块、专业基础模块和深化拓展模块，并通过课程选题、教学组织以及课堂创新，通过多年的实践，在学生城市认知、分析、建构及创新能力方面成果显著，同时在城市更新教学和理论方法的探索都具有重要的意义。

主要参考文献

［1］　任云英，张沛，白宁，黄嘉颖.创新性人才需求导向下地域城乡规划培养模式的探索 [J]. 中国建筑教育，2016，09（14）.

［2］ 任云英，吴锋，陈超 . "新常态" 下地区城乡规划教育的思考 [C]// 高等学校城乡规划学科专业指导委员会，西安建筑科技大学城乡规划系 . 新常态·新规划·新教育——2016 城乡规划高等学校教育年会论文集 . 北京：中国建筑工业出版社，2016.

［3］ 任云英，尤涛，张沛 . 创新理念·创新教学·创新平台——城乡规划一流专业建设的创新教学模式反思 [C]// 高等学校城乡规划学科专业指导委员会，内蒙古工业大学建筑学院 . 2017 城乡规划高等学校教育年会论文集 . 北京：中国建筑工业出版社，2017.

［4］ 任云英 . 新时期的发展定位和本科教育模式探讨——对西安建筑科技大学发展战略的思考 [J]. 西安建筑科技大学学报（社会科学版）. 2006（06）.

［5］ 任云英，付凯 . 城乡规划学科背景下城市规划历史与理论教学探讨——地区语境下的城市规划教育思考 [C]. 新型城镇化与城乡规划教育——2014 全国高等学校城乡规划学科专业指导委员会年会论文集 . 北京：中国建筑工业出版社，2014：153-158.

［6］ 张峰，任云英 . 城市规划基础理论教育教学改革实践探索 [J]. 建筑与文化，2009（06）.

［7］ 张峰，任云英 . 知识建构·思维解构·能力重构——以创新能力培养为核心的开放式城市规划理论教学研究 [C]. 全国高等学校城市规划专业指导委员会——2009 全国高等学校城市规划专业指导委员会年会论文集 . 北京：中国建筑工业出版社，2009.

Practice and Exploration on the Urban Renewal Teaching for Undergraduates Majoring in Urban and Rural Planning

Ren Yunying   You Tao   Bai Ning

Abstract: How to adapt to the needs of the new era for the ability training of urban and rural planning specialty is the normal condition of undergraduate education of urban and rural planning. Based on the teaching practice of urban renewal for undergraduate students majoring in urban and rural planning, this paper puts forward the goal of "coping with the transformation and returning to the origin". Focusing on the main line of urban renewal, starting from the needs of urban space planning, design and construction management personnel, students are trained to understand the spatial attributes, spatial order and spatial construction through rational analysis from the perception of urban space to rational cognition, so as to integrate urban renewal into the "teaching module matrix of urban and rural planning specialty". This module matrix runs through 5 years and 10 semesters, forming three capacity-building platforms, namely comprehensive basic module, professional basic module and deepening expansion module, and exploring and practicing the modular teaching system within the course topic selection, teaching organization and classroom innovation, etc.

Keywords: Urban and Rural Planning, Professional Education, Undergraduate, Urban Renewal, Educational Practice

城市小型公共空间设计中场所、行为与建构的规划与营造*
—— 城乡规划专业·设计基础Ⅲ 课程教学改革与规划设计实践

邸 玮 张增荣 陈 超 朱 玲

摘 要：随着中国城市化发展水平的日益增长，城乡规划行业对于规划专业人才培养多元化需求愈加突出。西安建筑科技大学的城乡规划专业课程体系进行了一系列积极应对，其中第五学期"城市规划设计基础Ⅲ课程"作为本科专业教学体系中专业基础阶段的总结课程，历经了八年教学实践与三年教学改革，通过明确当前专业教学目标与课程定位、教学内容更迭、教学方法改革、完善实践等环节，教学组从城市建成环境出发，提出以场所营造理论为支撑，形成以"场所"·"行为"·"建构"为核心并相互穿插的设计环节，培养学生建立"生活行为组织－场地环境布局－建筑空间设计"三位一体的认知与设计观念，进而在课程优化和设计实践中取得了有效的反馈成果与积极的教学经验。
关键词：场所营造理论，场所身份认知，行为映射分析，空间建构方法

1 教学改革理念的创新与传承

伴随着城乡规划学列入一级学科，西安建筑科技大学城乡规划专业多年来始终坚持本科专业基础课程的多元化培养探索与实践，基于人文关怀背景，结合规划专业理性思维与艺术表达要求，搭建专业基础知识与专业技能培养课程体系，通过专业基础课程建立学生对单一增量规划专业基础认知转向多元存量提升专业基础知识和空间应对策略等能力的培养。

我校城乡规划专业基础平台中规划设计系列课程是由规划设计初步系列、规划思维训练与规划设计基础系列共同构成，课程分布在第一至第五学期（图1）。第五学期的专业设计课程——"城市规划设计基础Ⅲ"是规划专业本科教学的第一个整合环节的总结，也是开启中高年级规划专业设计的重要前序课程，该课程在本科专业素质与能力培养具有承前启后的关键作用。

"城市规划设计基础Ⅲ"课程教学改革聚焦于研究建筑空间与城市场所的关联，探索"空间建构"与"场所营造"在规划设计课中的综合运用，将培养城乡规划专业的基本素养纳入城乡规划专业本科设计基础训练。

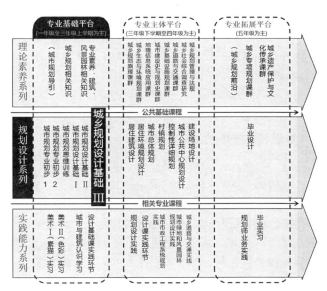

图1 城乡规划专业本科素质与能力培养框架
资料来源：作者自绘

邸 玮：西安建筑科技大学讲师
张增荣：西安建筑科技大学学生
陈 超：西安建筑科技大学讲师
朱 玲：西安建筑科技大学讲师

---

* 基金项目：本课题为陕西省一流专业建设项目成果。

同时在本课程中继承我校城乡规划专业办学以来一致秉持着尊重人文和回应场地的专业教学特色。在课程设置中引导学生尝试运用场地特征，以来自场地更适应场地环境与精神特征出发，通过梳理相关要素，总结载体规律并以一种抽象凝练与总结进而完成空间设计。

2 当前教学改革的主要特色

场所中的"行为"拥有各自的"容器"——建筑与环境，这是本门课程设计的核心内容。"城市规划设计基础Ⅲ"教学改革围绕"场所·行为·建构"核心概念，以贯穿场所营造理念与方法，逐步通过"境地认知、观念设计、空间建构、展示"等环节学习，建立地域文脉主义和人文关怀的规划观，重点强调场所营造方法、行为映射法、观念设计、空间建构等规划设计方法。

· 从场所出发，通过时空梳理，寻找基地场所精神，提取场所身份。

· 以需求为导向，对使用者及其行为的观察，自下而上发现实际问题。

· 继承观念设计的传统设计入手方法，完善观念设计指导各环节的把控，通过 MAPPING 方法落实场所策划、空间侧写（Profile）及行为建构。

· 运用空间建构（Space tectonic）的设计方法，实现从场所到空间的一体化规划设计。

3 本课程教学中的关键环节

本门课程从场所出发，通过时空梳理，寻找基地（site）的场所精神，提取场所特质（Place Identity）——该概念指代表某一特定场所要素的统称，是场所形成、延续、发展的缘由和生命力所在。这些要素是经过长期的演化组合形成，比如：区域、路径、建筑、空间、肌理等物理元素，也有可能是某类型人群或某种行为活动等人文元素。在调研中对行为进行观察和总结，识别场所内的行为现状、分析要素间存在的有序结构、得出评估结论并形成总体策划，这一成果是展开规划设计的重要基础。

3.1 综合专业基础成果，衔接专业主体课程

从专业基础教学体系的完整性出发，本课程教学核心内容注重前后专业设计课程之间的有机衔接。在空间设计教学中融入城市规划专业内容与城市设计实质的思考——要求学生了解城市规划管理的相关要求，解读城市设计对建筑设计的影响，分析制定观念设计，制定建筑设计任务书，并在此基础上进行建筑设计；掌握中小型建筑设计的方法、程序

3.2 强调场所整体布局与局部空间设计相结合的设计方法

强调专业的认知规律与人类习惯的学习规律之间的衔接——从学生学习知识的角度来说，课程体系由易到难的安排符合人类学习知识、掌握知识的基本规律，因此以专题形式展开建筑设计入门教育，在较短的时间内使学生理解建筑设计的实质。但城市规划是一个系统性、综合性非常强的学科，其所涉及专业知识面宽广，体系庞杂。对城市的认识一般遵循从整体到局部、由高层面到低层面、由表及里、自上而下的规律，这样才有利于系统的、整体的把握城市。合理的将"自下而上"和"自上而下"在教学中结合起来。

3.3 注重城市设计思维与建筑设计思维之间衔接

每个教学环节都包括了场地（场所）和建筑设计两部分内容，让学生从城市规划专业角度对城市设计与建筑设计的关系能有一个整体的认识，能够去理解建筑设计实质上是在场所营造下展开的创作。这两种思维在设计过程中是相互制约、相互补充的。对于一个成熟的设计师来说有能力同时驾驭这两种思维，但是对于初学设计的学生来说，有一定的难度，因此要把握好课程设计的深度与难度，不能强求面面俱到。

3.4 恰当的用地选择与分工组织

一方面，选题必修满足对应存量规划问题的城市公共空间，考虑三年级课程训练要求，用地规模需控制在约3-4公顷，位于城市发展核心地区。

另一方面，选题对应分组，2-3 人一组共同完成基地调研、分析、提出问题并制定整个场地的总体解决方案等，个人结合小组总体方案承担基地内空间设计的局部地段，包含详细的建筑及环境设计，通过个人与小组协同工作，认知建筑与建筑、建筑与环境的关系，初步建立规划观，最终成果包含小组与个人两部分，更强调整组方案的完整性及个人方案与其关联性。

3.5 强调空间建构的设计方法与场所营造的逻辑性

强调场所营造、空间建构的建筑设计，常导向多样化的发展趋势，落实在空间设计中会产生多种不同类型的建筑设计方向，在一个教学环节中需同时平衡主动确定设计类型与避免学生盲目选定的两个极端，这对辅导教师的能力及经验是极大的挑战，也需不断拓展对相关专业领域认识的广度与深度。

4 "教学的计划"与"设计的展开"

本课程教学分为前后两个阶段：第一阶段场所认知与观念设计，包括两个环节，时长 4 周 12 次课；第二阶段场所营造与空间建构，共包括四个环节，时长 11 周 22 次课和 2 个设计周。

【第一阶段】

第一阶段（环节一）场所身份·行为映射

该环节包括两个部分，第一部分为认知规划设计对象并进行场所身份的提取，第二部分为进一步分析规划设计对象的构成要素，并进一步以"行为映射法"为导向，对现状空间进行研究。

1-1-1 场所身份提取

【场所是三维空间的物化形态，是人们集体记忆和情感的归属。调研的目标是寻找能够代表人们集体记忆和情感归属的要素点，需要细致的观察，找到关键要素，从而进一步扩展形成对规划设计对象的认知基础。】

➤ 基地初步认知 —— MAPPING 分析方法

为形成对场地整体认知的架构，需从格局、视野、肌理、人群、潜力五个角度出发，总结出"冲撞、隔绝、通达、丰富、生长"五个关键词。罗家寨位于西安市雁塔区雁塔西路路段，研究范围整体呈"三横三纵"格局。

【结合感性的认识，回归到理性分析，对基地真实存在的特征性元素进行整理，探索发现并总结提炼这些要素之间存在某种联系，从而完成对场地的整体认知。】

1-1-2 以行为映射为导向，分析行为轨迹网络，认识现状空间载体

【基于对场所精神的整体认知，以"行为映射法"为导向，对具体空间内的特定人群进行跟踪访问，在深化的场所认知中，尝试寻找日常生活中一直存在但极易被忽视的人群与其行为轨迹，完成深入观察并记录梳理

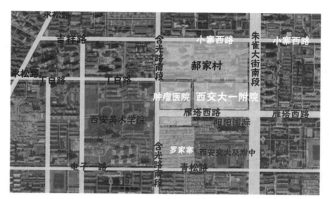

图 2 罗家寨区位概况
资料来源：作者自绘

罗家寨片区SWOT研究　　　　　　　表1

S（优势）	W（劣势）	T（机遇）	W（劣势）
街区内存在艺术产业萌芽，街区地处小寨商圈，街区内土地租金廉价	基础服务设施不完善，经济结构单一，缺乏活力，缺乏对新经济增长点的把控	政府对街区改造逐渐重视，街区毗邻美院，利于发展艺术产业	人员结构复杂，改造与居民存在有冲突

资料来源：作者自绘

形成关系网络，自下而上对现状空间进行分析与研究。该环节认知成果便是规划设计对象的调查报告。】

➤ 相关要素的观察记录

【初步划分场地后，要求逐一进行场所精神提取。尝试寻找与以往认知不同的现象、要素、载体与地点】

"场所精神"是个颇为抽象的概念，无论从区位或人群构成等方面来分析都相当复杂，在教学环节中反复探讨与沟通，将场地要素"拆解"，以行为映射为导向，整理最有代表性的场地，逐一以行为导向进行分析，寻找到最具有典型性和发展潜力的要素、地点及其范围。

➤ 调研深化·场地隐藏的线索和规律

【重新发现日常生活中被忽略了的"故事"，分析与整合过程是颇为有趣的。使用 Mapping 工作方法揭示要素之间的联动关系。完成分析结果落实绘制，抽象的行为活动被概括成为图纸上相互关联的点线面。】

A. "艺考热"与"象牙塔"的现象

艺考是一段艰辛的旅程，加之艺术类专业报考人数

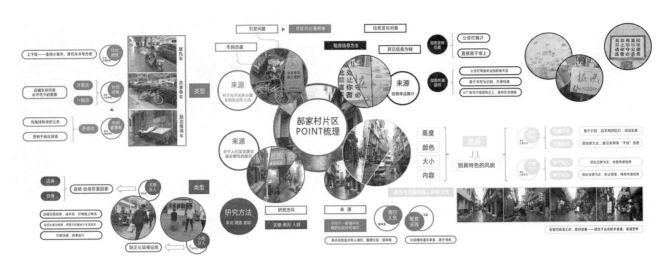

图 3　第一阶段·环节一　作业 1·场所身份认知
资料来源：作者自绘

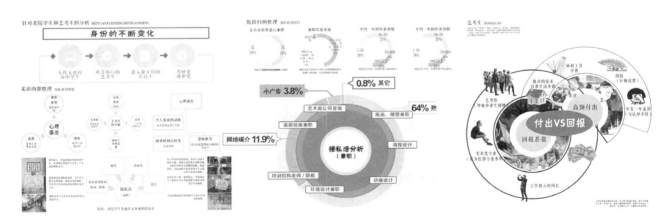

图 4　第一阶段·环节一　作业 2·行为映射分析——场所人群及其行为特征
资料来源：作者自绘

逐年上升，形成这一现象。

B.美院辐射带动下的周边产业链

基于现象要素，发现美院周边的艺术与艺考培训等辐射产业，结合生产商、店家、人力、顾客资源等要素形成了复杂关系网，而场地内该类活动便是这个关系网中重要的链接线索。教与学从发现逐个现象到揭示要素关系，确认"场所精神"，是鲜活存在在世界上而被忽视的"故事"。

整合调查与分析成果，可以确定罗家寨是该地段冲突与矛盾的重要激发区域，同时也是片区内最有活力的场所，因此确定将罗家寨作为设计对象。与此同时，观察到环罗家寨周边要素之间的关联性和融合性

【整合阶段成果，确定小组及个人最终规划设计场所及对象，并提出小组及个人规划设计原则与目标。】

第一阶段（环节二）观念设计与规划逻辑的建立

该环节包括两个部分的内容，第一部分以场所认知为基础，对各组确认的规划设计对象进行观念设计，第二部分以观念设计为发展方向，从而引导学习进行载体

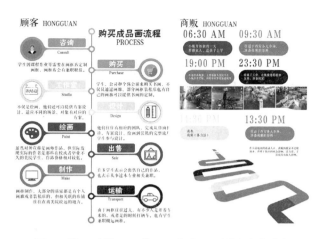

图5 第一阶段·环节一 作业3·周边产业分析
资料来源：作者自绘

空间侧写练习，并理性总结侧写要点，完成规划设计任务书的制定。

1-2-1 观念设计

【观念设计要求在空间设计之前提出对设计思路、目标、原则及手段的构想，包含了定性、定位、定量、定型（结构性问题）等四个方面内容的分析与图文表述。】

完成场所感性认知与行为轨迹分析环节后，完成前期调研的梳理与整合。将各种点子、想法以及关联性要素绘制分析，并用思维导图将核心概念、事物与相关概念、事物形象要素等进行重组关联。将多层次多类型复杂要素的概念、信息、数据进行串联展现。形成阶段成果，并作为下一步空间设计的依据。

【运用 Mind Mapping 将概念与关系的图形化，将各种想法及其关联性以图像视觉的景象呈现，并将核心概念与空间载体组织起来，以清晰、完整的图示呈现。】

1-2-2 空间侧写与任务书的制定

通过思维导图的方法进行任务书制定与空间侧写。并将多层次多类型复杂要素不断拆解与再组织，最终展现未来发展的描述，形成空间侧写。

【第二阶段】

第二阶段（环节一）观念设计

该环节通过分析进一步建构观念设计，确定规划边界及基本要素，形成总体布局概念方案。

2-1-1 从概念到策划的形成·以宅基地为核心的改造模式

【通过上一阶段的调研，场所内人群的行为路径、分析要素间存在的有序结构、得出评估结论并形成总体策划。以此作为本阶段规划设计的基础，开始进行空间具象化的设计，结合现实和情感，探讨适宜的更新改造模式。】

首先，场地现有格局为城中村自组织形成，为场地置入附加功能和活力的同时，减小对场地内原有居民行为实态的影响。

其次，"改"或"不改"的尊重原住民的意志。在

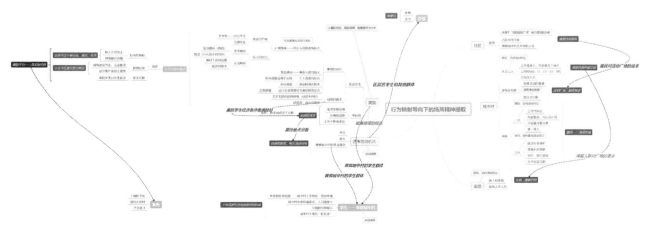

图6 第一阶段·环节一 作业4·行为映射分析下的场所精神要素提取及其关联性分析
资料来源：作者自绘

图7 第一阶段·环节一 作业5·空间侧写·制定设计任务书
资料来源：作者自绘

避免对原有居民生活产生负面影响的同时给场地注入活力，最大限度的利用现状价值。

第三，利用罗家寨周边的各类要素之紧密的关联性和交融性，改变被隔绝在城中村外围城的正面影响，加强内部资源有效利用。

为达成上述目标，需再次回归场地进行空间层面的策略架构。

第二阶段（环节二）空间建构

该环节包括三个部分：从基地现状空间入手，探究其是否存在能够被整合的秩序；将具体空间与第一阶段形成的场所认知结合，对空间模式及理念进行梳理并建构框架；重构典型场所及其精神载体的空间与环境，深化并完成方案设计。

2-2-1 策略探究·"宅基地"主导的改造模式架构

【本环节要求以设计边界和要素出发，以手工模型方式推进设计研究，得到深化的空间与环境方案。引导学生基于整体观念设计，探讨现状宅基地内是否存在某种可以被整合的秩序，为模式化改造提供依据。】

A. 片区宅基地情况梳理（整体层面）

从现实因素出发，以土地使用产权为依据，选择宅基地作为基本改造单元。从规模、形态、区位、尺度等角度出发，对宅基地现状进行整合与分类，并试图架构更新策略，为模式化的更新改造提供依据。

B. 基地内建筑及场地类型梳理（微观层面）

首先探究单一宅基地的改造策略，以及宅基地之间的组合更新策略。

①单体宅基地改造模式研究——典型宅基地单体（20m*50m）

②两个典型单体宅基地组合改造模式研究

对两个相同尺寸宅基地的组合策略进行架构。

③岔路口·宅基地群的更新改造模式

对岔路口三个及三个以上宅基地的更新模式进行研究。

④多个宅基地组合模式

多个宅基地拼合形成较大规模更新基底，在其中置入大体量功能。

⑤宅基地结合绿化模式

尝试架构绿化植入宅基地的微更新策略。

2-2-2 空间模式及理念梳理

【结合空间建构环节制定的改造策略，基于场所精神和人群行为轨迹，从观念设计环节梳理的改造意象中，选择有价值被置入宅基地的改造策略，进行细化整理，

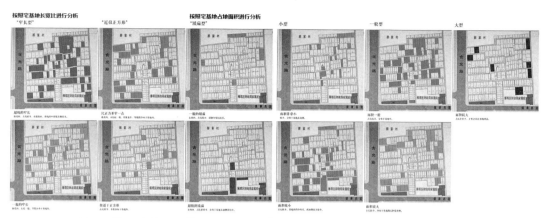

图 8　第二阶段·环节二　作业 6·策略探究·场地构成基本单元类型梳理
资料来源：作者自绘

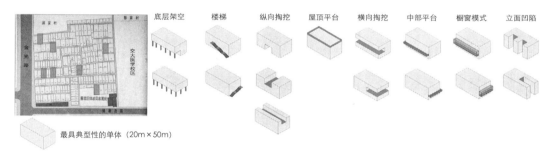

图 9　第二阶段·环节二　作业 7·策略探究·单一宅基地改造模式研究
资料来源：作者自绘

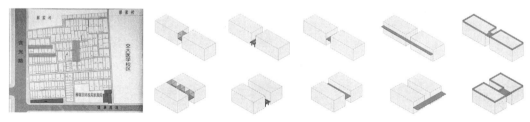

图 10　第二阶段·环节二　作业 8·策略探究·宅基地组合模式研究
资料来源：作者自绘

为后续典型宅基地改造方案的深化设计提供依据。并引导学生结合宅基地现状，从整体策略层面进行架构，探讨改造模式所遵循的普遍规律与操作手法。】

➤ 理念梳理

基于对场所精神和行为轨迹的研究，整合两个环节的设计意象与改造策略。

①以场所精神为导向，确认改造方向

提取最有发展潜力的更新方向，形成全面的改造设计目标。

②探索改造模式的发展可能性

基于场所与"人"的经济社会行为活动，形成特有的发展更新策略与模式。

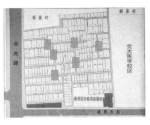 

图 11 第二阶段·环节二 作业 9·策略探究·宅基地群
组织模式研究
资料来源：作者自绘

更新分期构想：第一阶段——重点地段以单一宅基
地为单元逐个更新；第二阶段——多个单元合并更新；
第三阶段及未来，其他区域自发加入改造，完成整个基
地功能置换与活力提升。该"自生长"模式在不干预村
民现有生活的前提下，调动更新改造的动力，从"点"
到面，完成场地更新。

➤ 空间模式梳理·典型单体宅基地改造模式梳理

从形态、区位、场所精神、置入功能等方面入手，
多角度思考并建构起模式化改造的思维策略。选取最具
典型单元进行改造模式研究，以居民生活和场地更新为
主体进行细化设计。

2-2-3 建构发展过程·典型宅基地的建筑设计方
案深化

【选取最具典型的单体宅基地和置入功能进行改造，
以居民生活和场地营建为主体进行设计。对居民生活等
等细节进行细化的研究，完成设计的深度与课程目标中
对于空间细节处理的学习。】

A. 方案一·工作室

图 12 第二阶段·环节二 作业 10·空间模式及理念梳
理·场所精神导向下的置入整理
资料来源：作者自绘

定位：针对美院及周边附属产业。
区位：罗家寨外围，隔城市主干路与西安美院相望
B. 方案二·旅社
定位：针对游客以及有短期租住需求的学生、病人
家属。
区位：罗家寨外围，中心路段旁
第二阶段（环节三）场所营造
该环节包括两个部分：场所回溯及组织，进行步考
虑开放与封闭空间内外各要素行为的衔接关系；总平面
设计及表达，完善场所内外的连接关系，深化并落实设
计概念。整合前期调研与空间设计，形成完整系统的规

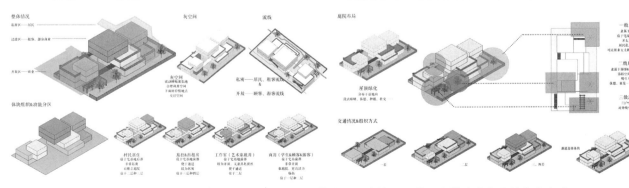

图 13 第二阶段·环节二 作业 11·空间模式及理念梳理·单一宅基地改造设计方案生成
资料来源：作者自绘

416

划设计方案。

2-3-1 场所回溯及组织

【回溯场所及环境的设计要点，梳理不同级别的、类型的"行为"与出入口、交通流线、节点及场地、绿化与景观等组织内容。进一步考虑开放与封闭空间内外各要素行为的衔接关系。】

➤ 场地现状整理

回顾场地现状，对建筑与路网进行"拆、改、留"评估，架构更新策略。

从路网和开敞空间两个角度对基地现状进行梳理，场地内原有的开敞空间吸引自发聚集并对周边产生辐射，此类场所尽可能保留并将其改造与场所要素结合。

➤ 场地重组·街道概念设计

结合"拆、改、留"评估结论与观念设计，对街道进行更新定位。

2-3-2 总平面设计及表达

【整合课程设计各要素，在社区尺度进行改造策略架构与方案深化，完成总平面设计及表达规范的训练|目标。】

在社区尺度进行场地秩序的重组与细节深化，重在形成完整的场所营造中的规划设计逻辑。在规划设计范围中完成总平面布局，对场地内建筑物、构筑物、交通运输、设施、绿化等要素进行布置，使之成为一个有机的整体。

➤ 场地秩序重组

梳理场地出入口、周边道路、建筑要素，完成场地环境设计的策略架构，结合人群的行为活动模拟进行场地内交通重组。

➤ 典型模式置入

确定典型改造方案，对区位、周边人群等因素的模拟分析，完成改造后场地的布局形态。

➤ 空间设计生成

在具体空间层面完成场地更新的空间形态方案。

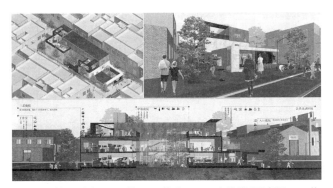

图14 第二阶段·环节二 作业12·建构发展过程·工作室设计方案
资料来源：作者自绘

图15 第二阶段·环节二 作业13·建构发展过程·民宿设计方案
资料来源：作者自绘

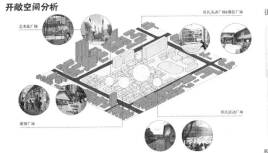

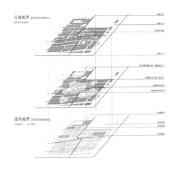

图16 第二阶段·环节三 作业14·场所回溯及组织·场地现状再整理
资料来源：作者自绘

场地内道路布局设计定位整合　　表2

名称	创意街	记忆街	艺术巷	左右巷	老城巷
位置	东西向街道、场地中部偏北	东西向街道、场地中部偏南	东西向街道、场地中部偏北	东西向街道、场地南侧	南北向街道、场地西侧
定位	展览、销售	酒店、青旅	艺术、文创	特色餐饮	生活服务
改造主题	艺术品展览和销售	酒店、青旅	定位基本维持原状	定位基本维持原状：餐饮	定位维持原状：生活服务
原有业态	艺术培训机构、餐饮	住宿、餐饮、洗发购物等生活服务	画材销售、书画装帧	餐饮	生活服务
服务对象	西安市民	美院及周边高校学生、患者家属等	美院及周边高校学生、市区居民	所有居民	所有居民
宅基地数量	北侧38个、南侧32个	北侧34个、南侧25个	北侧15个、南侧23个	北侧18个、南侧16个	西侧49个

资料来源：作者自绘

图17　第二阶段·环节三　作业 15·总体布局与空间方案
资料来源：作者自绘

第二阶段（环节四）发展综述

【从"行为映射"–"总体策划"–"布局概念"–"空间建构"–"环境设计"，完整梳理形成最终方案的"逻辑推进"程序和过程与步骤，形成最终成果方案。】

城中村作为当代城市更新中的焦点与难点，研究其更新模式具有重要价值。为此，课程重在从现状认知与分析出发，深化对城中村及周边特有场所精神的理解，准确把握客观现状及亟待解决的问题。

通过环环相扣的场所分析、人群及行为研究与空间发展探讨，提出基于宅基地为更新单元的微更新策略。以"宅基地"为基本单元，综合考量包括村民在内的多类型使用者的特质与需求，提出不同的改造模式以承载未来多元生活的组织与城市发展要求，使城中村的发展由"点"到面，引导村民参与自主更新，实现具有弹性的与动态可持续的存量提升规划。

最终回归场地进行更大尺度空间建构与细节的落实，整合改造策略，完成此次课程设计。

5　城市小型公共空间设计教学改革的总结

综上所述，通过梳理城市规划设计基础 Ⅲ 课程中教学与设计的过程，总结教学改革与创新实践的效果与成果，三年来随着教学改革中课程目标与方法、教学手段与环节不断的清晰明确，该课程已形成较为完备的整套"场所·行为·建构"教学方法，对课程定位、教学内容、实践环节做了系统规划，综合了专业基础课程的能力培养，改善同质化的教学向多元化的专业培养转型，加强与后续专业主体课程的衔接，强化整合环节，对高年级规划专业及拓展教学奠定了坚实基础。

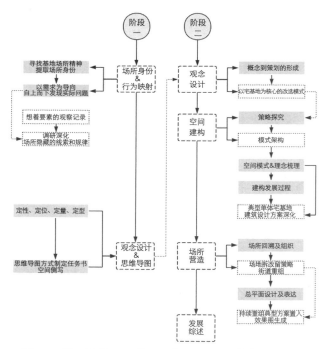

图18　第二阶段·环节四　作业 16·总体发展综述·逻辑框架
资料来源：作者自绘

主要参考文献

[1]（美）凯文·林奇. 城市的印象 [M]. 项秉仁，译. 北京：中国建筑工业出版社，1990.

[2] Corner, J.（1999）. The Agency of Mapping：Speculation, Critique and Invention. In D. Cosgrove, Mappings（pp. 213-252）. London：Reaktion Books.

[3] 詹姆斯·康纳. 地图术的力量：反思、批判与创新 [A]. 童明，等译. 园林与建筑 [M]. 北京：知识产权出版社，2009.

[4]（挪）诺伯舒兹. 场所精神——迈向建筑现象学 [M]. 施植明，译. 武汉：华中科技大学出版社，2010.

[5] 顾大庆，柏庭卫. 空间、建筑与设计 [M]. 北京：中国建筑工业出版社. 2011.

[6]（丹麦）扬·盖尔，比吉特·斯娃若. 公共生活研究方法 [M]. 赵春丽，蒙小英，译. 北京：中国建筑工业出版社，2016.

[7] 朱玲，尤涛，陈超. 立足地域、回归生活——地域传统视角下"城市规划基础三"课程 [C]// 高等学校城乡规划学科专业指导委员会，西安建筑科技大学城乡规划系. 新常态·新规划·新教育——2016. 中国高等学校城乡规划教育年会论文集. 北京：中国建筑工业出版社，2016.

[8] 杨黎黎，贾铠针. 成长的烦恼——城乡规划专业基础教学中关于合作能力培养的教学随笔 [C]// 高等学校城乡规划学科专业指导委员会，西南交通大学建筑与设计学院. ——中国高等学校城乡规划教育年会论文集. 北京：中国建筑工业出版社，2015.

[9] 陈超，邱玮，朱玲. 场所·行为·建构——基于场所营造方法的城市规划设计基础 [C]. 中国高等学校城乡规划教育年会论文集. 北京：中国建筑工业出版社，2015.

Planning and Creating of Place，Behavior，Tectonic in the Design of Urban Small Public Space ——Teaching Reformation and Design Practice of Basic of Urban Planning- Ⅲ

Di Wei Zhang Zengrong Chen Chao Zhu Ling

Abstract: The demand for diversified training of Planning professionals in the Urban and Rural Planning industry stands out with the deepening Urbanization in China nowadays. Accordingly, Xi 'an University of Architecture and Technology has made a series of positive responses to the curriculum system of Urban and Rural Planning major. In the fifth semester，"Urban Planning and Design Fundamentals Ⅰ Curriculum" is the last course in the basic professional stage of undergraduate professional teaching system. Based on the development direction of the industry，eight years teaching practice and three years teaching reform，the current professional teaching objectives and curriculum orientation，the change of teaching contents，the reform of teaching methods，and the improvement of practice and other links，the teaching team，starting from the Urban built environment，proposed to form an inter-crossed design link with "place"，"behavior" and "construction" as the core which is supported by the theory of place construction. The design link aims to cultivate the students a trinity of cognition and design concept of "life behavior，organization of place environment layout，architectural space design"，thus the teaching team can obtain effective feedback results and positive teaching experience in curriculum optimization and design practice.

Keywords: Place Construction Theory，Place Identity Cognition，Behavior Mapping Analysis，Space Construction Method

城市设计理论课中的实施制度与信息技术教学创新
—— 以"城市设计概论"课程为例

林　颖　洪亮平　任绍斌

摘　要：加强城市设计理论课程中实施运作制度与信息技术应用的教学工作，是当前专业教育应对存量规划建设态势与信息技术发展的必然趋势。在城市设计本科教学体系中，城市设计理论课程作为系统全面介述理论与方法的教学环节，更加需要对城市设计的前沿发展作出应对，对此，笔者结合所在高校的城市设计课程体系及所承担的"城市设计概论"理论课进行探索：一是实施制度教学方面，在讲授理论与实践案例基础上，引入情景模拟教学方法，让学生进行利益相关方角色扮演，对既往设计作业进行实施场景模拟；二是在信息技术教学方面，兼顾理论课课时有限性、前置性和系统性的特点，按照工具易用性、结果有效性与数据易获取性的考量甄选新技术方法进行讲授指导，并结合课后调研作业提高学生对传统技术与新技术互为补充的认识，从而达到理论课深入浅出、系统引导、培养兴趣的目的。

关键词：城市设计，理论教学，实施制度，信息技术

1　应对新时代形势下城市设计理论课程教学的两个强化

1.1　强化城市设计实施运作制度的教学工作，应对存量规划建设态势

新型城镇化战略下，城市更加重视以人为本和高品质的质量发展，存量规划成为规划建设工作的重心，现阶段的存量规划，实际是面向存量建设用地的规划，聚焦于以建设低效土地的再开发和闲置土地的再利用（邹兵，2017）。在国家政策层面，2015 年 12 月中央城市工作会议号召"加强城市设计，提倡城市修补"，住房与城乡建设部启动城市"双修"工作，推动了存量背景下的城市设计发展。近年来，城市设计专业教学在此影响下，面对多样的存量土地对象（图 1），旧城更新、棚户区改造、工业遗产再利用等带有明显存量规划特征的设计选题比重也越来越大，显然，思考存量规划背景下的城市设计教学创新日趋重要。

存量规划不同于增量，由于建设用地使用权是散落在各地块使用者手中，政府不能随意处置土地，政

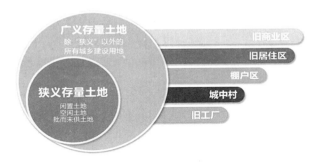

图 1　存量土地内涵及涉及的规划建设类型
资料来源：恽爽等，2017

府计划模式在增量规划中难以主导开发进程，市场经济特征更加凸显。在再开发地区的城市设计中，需要探索政府、公众和企业主体协商参与、照顾各方利益、共同互动的协议规划方法，内容不仅包括传统的物质空间设计，还包括市场评估、经济测算、财务分析等

林　颖：华中科技大学建筑与城市规划学院讲师
洪亮平：华中科技大学建筑与城市规划学院教授
任绍斌：华中科技大学建筑与城市规划学院副教授

图2 存量空间资源的各类价值
资料来源：恽爽等，2017

等涉及到土地本身及其附着物的各类价值的重新分配和利益协调问题（图2），实施效果要求照顾到利益共享，责任共担。城市设计服务对象的多元化，带来的难点在于利益再分配，单纯实施空间设计难以解决实际问题，更需要的是一种制度设计层面上实施策略。因此，加强城市设计理论课程中设计运作制度的教学内容，是当前专业教育应对存量规划建设态势的必然趋势。

1.2 强化城市设计新技术应用的教学工作，应对信息技术发展趋势

在日新月异的科技发展社会，制度创新正在潜移默化地影响我们的生活，而技术创新往往能成为划时代的推动者。在大数据、人工智能、移动互联网、云计算等信息技术的迅猛发展背景下，城市设计面临新的转型，过去难以获取的复杂城市规律也因此变得可能，对此，王建国院士提出了 "第四代城市设计" 的概念，经历第一代——注重物质空间的传统城市设计、第二代——注重城市功能的现代主义城市设计、第三代——注重生态优先的可持续城市设计，如今正在迈入注重人工智能的数字化城市设计时代（王建国，2018）。

目前，上述技术的研究和应用，已经在城市规划学界和业界形成了大量成果，一是在城市设计编制阶段，通过定量化分析技术，实现是对城市现状、城市运行规律的挖掘（图3），例如通过互联网大数据量化评价城市街道活力（龙瀛，周垠，2016）等；二是在城市设计管理阶段，通过构建数字化、可视化的管理辅助决策支持系统，以此实现规划管理管理工作的高效化、科学化，2017年上海数慧与东南大学共同发布《城市设计数字化平台白皮书》（图4），进一步推动了平台在实践

- 成都三环内，火车北站、成都理工大学人口密度高，但商业气息相对较低
  - 大众点评密度=街道所有的评价总量/街道长度
  - 人口密度=街道缓冲区内阿里LBS数据对应的总人数/街道长度
- 可以初步表征街道活力的指标：手机信令、常住人口密度（普查）、微博签到、点评次数

图3 运用手机信令、常住人口、微博签到、点评次数等互联网数据进行的成都市街道空间活力评价
资料来源：龙瀛，北京城市实验室，2017

图4 城市设计数字化平台界面
资料来源：上海数慧、东南大学《城市设计数字化平台白皮书》

工作中的实施。因此，未来新晋研究人员和从业人员的专业技能必须应对新趋势学习新技能、达到新要求，如果说城市规划的设计类课程主要训练学生的形态能力和设计素养，那么理论类课程在定量化分析方法的培养上就更加责无旁贷。强化城市设计理论课程中新技术应用的教学工作，是当前专业教育应对信息技术发展的必然趋势。

2 华中科技大学城乡规划本科城市设计的课程体系与理论课概况

为了适应经济社会发展和城乡建设转型的新要求，适应科技创新发展的新趋势，适应国际城乡规划专业教育的新方向华中科技大学城乡规划专业不断推进教学计划和课程体系优化调整，在城市设计方面逐步完善，形成了多学期循序培养课程联合、设计类大课程与精细化专题课程结合的课程体系（图5）。

基于城市详细规划设计课程基础上，在第六学期设置《城市公共空间设计（含公园设计）》课程，设计城市微观尺度的广场、公园、景观结点、公共建筑群等公共空间，培养学生基于功能法则、生态法则、行为法则的物质空间形态设计能力；在第七学期设置《城市设计概论》课程，较全面和系统地讲解国内外城市设计理论与实践的发展、现状及趋势，各种设计思想和设计方法，介绍城市规划各阶段城市设计内容；在第八学期设置《城市设计》课程，结合城市规划专指委组织的全国大学生规划设计作业评比的相关主题和要求进行教学组织，系统性开展城市设计教学，重在培养学生的综合设计能力和创新设计能力。在第八学期和第九学期分别设置《城市设计专题》和《城市设计 STUDIO》两个精细化选修课程，前者以专题讲座的形式介绍城市设计领域的相关前沿方向和新的技术方法，后者采用集中性的中外联合教学的方式，旨在通过与国外师生的面对面交流与碰撞，促进学生对城市设计思维与技术方法的创新性理解。

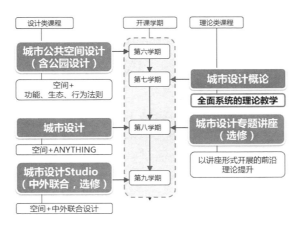

图5 华中科技大学城乡规划本科城市设计的课程设置

笔者所教学的《城市设计概论》是城市设计课程体系中的核心理论课程，在课程体系的时间序列上处于中期，对上承接城市公共空间设计，对下传启城市设计及各精细化设计课程。该课程体系安排，为理论课的教学内容建立了很好的互动教学基础，既能检验学生的初期城市设计初始认知，结合城市公共空间设计作业让学生更好的理解城市设计的理论与方法，又能在城市设计主干设计课程开始之前，让学生先进行城市设计理论与方法的系统全面学习，为设计课程的实操奠定基础。也正因为如此，《城市设计概论》课程也首当其冲地需要对新时代、新形势下的新要求提出及时响应和应对，做到与学术和实践前沿的不脱节、不掉队、不滞后，基于此，笔者针对前述的两个强化，进行了一系列教学创新的思考和尝试。

3 对于两个强化需求的城市设计理论课程教学创新

笔者承担的《城市设计概论》课程采用课上知识讲授与课后调研指导结合的方式进行，以课程内容考试 + 调研报告汇报的方式进行综合考查。2018 年秋季学期（第七学期，本科四年级上学期）的该课程调研区域选取武汉市江汉区唐家墩社区，以存量改造和公共空间品质提升为目的，运用城市设计方法任选其中 4-8 公顷范围进行调研，识别现状问题，提出改造策略，旨在以调研方式进行互动教学，实现理论与方法的具体化和实践化教学，让学生能够更好地理解理论、掌握方法。

3.1 城市设计实施运作制度的教学创新

（1）城市设计实施运作制度的教学知识结构

城市设计实施，指在城市开发建设活动中落实整体设计原则和行为框架，以实现在具体的项目开发中指导下一步设计工作和工程实践的过程。为了形成系统性教学，并且让学生对城市设计物质形态空间的关注点转换到对实施运作制度的关注点上来，课上知识讲授从基础的城市设计过程理论入手，包括引导学生阅读国内外城市设计实施与运作的相关文献，逐步讲授我国城市设计实施的运作机制、路径及未来可优化方向（图6）。

1）国内外基础理论教学。这部分重点讲授城市设计实施运作的理论基础——以实施为导向的城市设计过程理论。通过美国、英国、澳大利亚、中国等国内外学

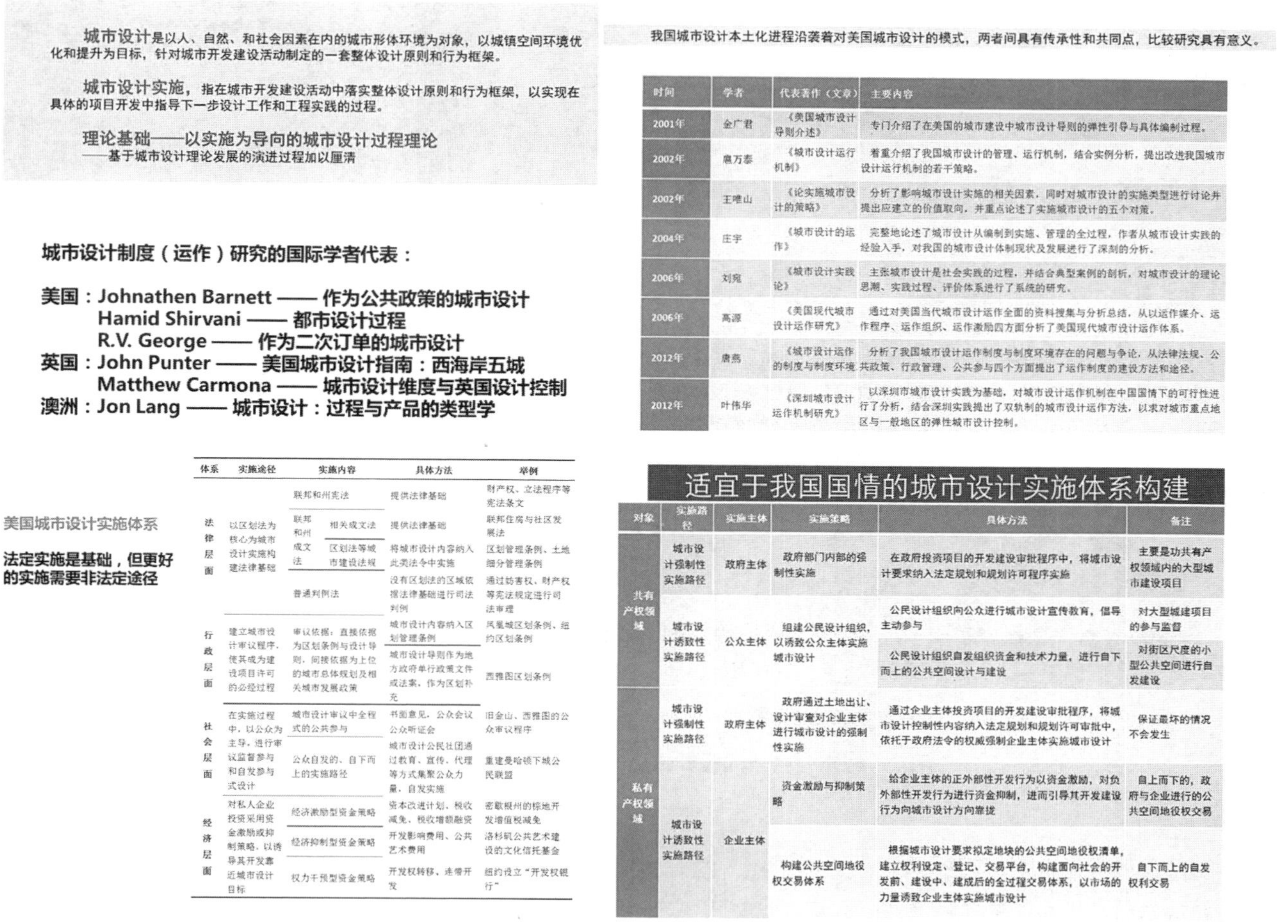
城市设计是以人、自然、和社会因素在内的城市形体环境为对象，以城镇空间环境优化和提升为目标，针对城市开发建设活动制定的一套整体设计原则和行为框架。
城市设计实施，指在城市开发建设活动中落实整体设计原则和行为框架，以实现在具体的项目开发中指导下一步设计工作和工程实践的过程。
理论基础——以实施为导向的城市设计过程理论
——基于城市设计理论发展的演进过程加以厘清
我国城市设计本土化进程沿袭着对美国城市设计的模式，两者间具有传承性和共同点，比较研究具有意义。
城市设计制度（运作）研究的国际学者代表：
美国：Johnathen Barnett —— 作为公共政策的城市设计
Hamid Shirvani —— 都市设计过程
R.V. George —— 作为二次订单的城市设计
英国：John Punter —— 美国城市设计指南：西海岸五城
Matthew Carmona —— 城市设计维度与英国设计控制
澳洲：Jon Lang —— 城市设计：过程与产品的类型学
美国城市设计实施体系
法定实施是基础，但更好的实施需要非法定途径
适宜于我国国情的城市设计实施体系构建

图6 城市设计实施运作制度教学部分课件

者对过程理论的研究历程介绍和理论要点介绍，让学生理解“无论怎样的城市设计项目，都需进行合理、谨慎、适当的决策，并融合在一个整体的过程当中，以此使城市设计实践活动落到实处”（王建国，2001）。通过基础理论教学，首先给学生建立城市设计实施工作的过程性、协调性、连续性思维，改变单一的城市物质空间环境设计思维，进一步以美国为例分析中美城市设计实施路径的差别，让学生理解设计师角色与管理者、投资者、协商者角色思维的不同，进而引导学生关注多元利益主体的多元诉求对城市设计的最终影响。

2）我国城市设计实施路径教学。我国城市设计现行的实施机制主要存在两条途径，一是将城市设计纳入法定规划实施，例如总体规划或控制性详细规划，进而对下一层次的规划编制或管理工作提出要求，二是将城市设计内容直接纳入规划管理的相关条款中，例如土地出让条件，从而控制城市建设行为，优化城市空间环境。为此，教学知识结构围绕《城市设计管理办法》，对于第一条实施途径，通过理论讲授为学生理清城市设计编制内容与城市总体规划、控制性详细规划等各级规划层次之间的关系；对于第二条实施途径，重点介绍以一书三证为核心的城市规划开发控制体系，进一步分析将城市设计要点纳入规划条件的流程和不同城市特色案例，包括武汉市用地空间论证程序、深圳市法定图则管理程序等，最后运用制度经济学方法对实施过程中利益相关方

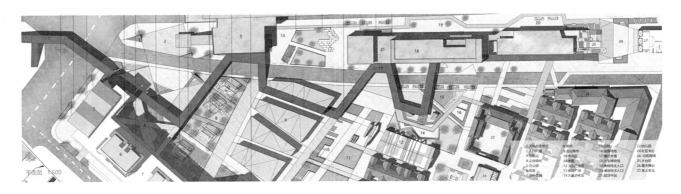

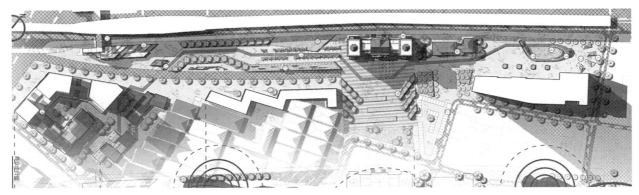

图7 城市公共空间设计作业（上图为A组，下图为B组）

的行为逻辑进行分析，强化经济、政治、法规、管理等方面的教学内容，为学生展现存量规划建设背景下城市设计的多线程任务、多元利益主体、多目标诉求等复杂系统特征，进一步解读城市设计实施的本质、难点与优化方向。

（2）以课程作业为案例进行城市设计实施的情景模拟教学

在知识讲授基础上，为了更好地激发学生主动思考、发现问题、掌握理论，作者在课堂上采用情景模拟的教学模式，以学生上一学年（第六学期）完成的《城市公共空间设计》作业为案例进行城市设计实施场景分析。

以武汉市汉口京汉大道大智路地铁站至大智门火车站旧址南侧沿线区域为案例，两组学生针对该区域分别完成了城市公共空间设计作业（图7，上图为A组，下图为B组）。首先，请各组学生按照该区域的建筑功能等现状分析（图8），理清该区域内的利益相关方；然后，

根据方案确定建筑整治方案，其中A组已进行了相关分析（图9），B组尚未进行而选择了在课堂上口述表达，进行简要的方案经济效益评估（限于学生数理经济基础，可仅需要计算涉及到各利益主体的拆建比）；其次，由全班同学分别组成各利益相关方角色模拟组，包括区域内各建筑所有权业主、政府、潜在开发商，通过两组同学的方案宣讲，分别以角色所代表立场对方案的可实施性发表意见；最后，让AB两组同学分别尝试进行利益平衡的设计方案协调，从而能够身临其境地认识到城市设计实施的本质、难点和优化方向。

情景模拟教学方式具有实践性、互动性、协作性的特点，更重要具有趣味性。通过情景模拟，课程将城市规划与建设实践中的困境场景搬到了课堂中来，让学生亲自体会到开发商与政府之间可能发生的权力寻租、设计师与开发商之间可能发生的金钱绑架、普通公众对于利益受到侵害的种种无奈、公共空间"不

建筑功能   建筑年代   交通现状   商业分布

| ■ 底层商铺住宅   ■ 里分   文化建筑   轻轨 | ■ 1850-1950   ■ 1950-2000   ■ 2000以后 | ■ 主干道   次干道   ■ 轻轨   人行流线 | ■ 餐饮业   文化业   ■ 零售业 |

西边的多层住宅社区中有大量人流穿行，因此内部一层也被开发为商用，里分相对封闭，北面为展馆和轻轨站。

值得保护的是曾属于法租界的里分和路口的老汉口火车站，西边是20世纪八十年代的老旧住宅。

基地相邻着长江隧道口的大智路，北面建有轻轨的京汉大道。高层居住区内部道路是受周边居民喜爱的捷径。

商业以餐饮业为主，多为小吃，供行人 "过早"，生意兴旺。文化业分布在大舞台周边，零售业是南边数码城的延续。

图8 设计区域的建筑功能、年代等现状分析

建筑整治分析   图例

| 保留修缮建筑 | 完全拆除建筑 |
| 保留改造建筑 | 拆除重建建筑 |

根据对基地范围内公共空间的重构造，结合建筑功能、现状及质量确定以上建筑类型，其中保留修缮建筑主要修复里分立面及加固，改造建筑将对其建筑功能进行调整，加大使用强度，拆除重建建筑将重构其建筑功能，使其满足居民的住宅和生活需求。

图9 设计方案的建筑整治分析

患寡而患不均" 的共识困境等现实现象，在有限的理论课程教学期，让学生对存量规划时代所急需的城市设计实施运作理论与方法得到深入认识，从而引导其主动关注、积极思考，实现设计能力、协调能力、多视角认知能力的复合提升。

3.2 城市设计新技术应用的教学创新

（1）城市设计新技术应用的教学知识结构

1）新技术应用于城市空间分析技艺的知识更新。在课程主要参考书目《现代城市设计理论与方法》（第二版）（王建国，2001）中，第六章第五节阐述了城市设

计中城市空间分析技艺的具体方法，包括基地分析、心智地图、标志性节点空间影响分析、序列视景分析、空间注记分析、空间分析辅助技术和电脑分析技术等。除电脑分析技术外，其他分析方法都具有稳定、有效的操作特点，在国内外城市设计研究和实践中一直沿用至今，称得上城市设计师必须具备的基本功。电脑分析技术则随着迅猛发展的信息技术在不断地更新迭代，从计算机辅助设计到虚拟仿真模拟，再到当前的第四代数字化城市设计发展范式，需要不断为学生更新知识。为此，综合工具易用性、结果有效性、数据易获取性的考量，笔者重点为学生讲授了空间句法模型、POI 兴趣点地理信息模型、交通 OD 流模型在城市设计中的应用技术，并结合课后调研作业的方式实现互动教学，让学生真正掌握上述方法。

2）教学知识点的工具易用性、结果有效性与数据易获取性。空间句法模型具有极大的工具易用性，其采用的 Depthmap 软件能够轻量化安装，界面友好，容易上手，通过学生自带笔记本电脑共同上机教学的方式进行，能够有效让学生理解城市设计中的空间拓扑形态以及穿行度、整合度等一系列量化参数；同时其结果能够有效反映空间形态特征，数据通过自行绘制获得，适宜于中小尺度城市设计的应用。

POI 兴趣点地理信息模型与交通 OD 流模型主要依靠 GIS 软件工具，数据通过爬取获得，随着数字化城市设计的研究与实践增多，目前可免费获取的数据与操作工具也逐步增多，笔者通过北京 BCL 实验室、城市数据派等机构为教学准备了实验数据，同时利用操作简单、界面友好的地理大数据云平台 GeoHey 进行"数据 + 可视化工具 + 数据分析工具 + 业务应用"的一站式教学（李苗裔，2018），实现在理论有限课时条件下的快速知识讲授、方法掌握和思维提升；在结果有效性方面，POI 数据通常在大尺度城市设计中应用广泛且可信度较高，但在中小尺度城市设计中往往失真，因此在教学中强调了学生需在大数据分析后，采用空间注记、抽样调研等传统城市设计空间分析技艺进行校正，既能提高结果可信度，也能实现两种方法的比较，为学生提供更为客观的认识。

（2）以课程调研报告进行城市设计新技术应用实操

课程调研区域为武汉市江汉区唐家墩社区，通过课上知识讲授，学生在其调研过程中运用上述方法进行了

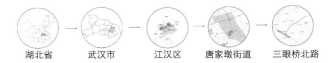

图 10　武汉市江汉区唐家墩社区的三眼桥北路区位分析

相关分析。以某组学生作业为例，其选址位于武汉市江汉区唐家墩社区的三眼桥北路沿线地区（图 10）。

首先，通过 POI 数据点分析了唐家墩社区内的设施分布情况（图 11）；然后利用 Depthmap 进行了整个唐家墩地区的空间句法分析，绘制道路轴线模型分析了各道路的通达性程度（图 12），并对三眼桥北路进行了深度值分析，对调研路段对各设施分布集中点的可达性有了初步认识；再次，在前两者分析基础上，结合现有各类型 POI 分布及实时热力图的截取，对地区内以三眼桥北路附近居民进行 OD 出行模拟，主要的出发点为三眼桥北路调研地段及周边的主要居民区，根据热力图参考预估其出行人口规模，与热力集中的商业服务业场所、交通设施、公司等相连接作为模拟的 OD 连线，将模拟的 OD 连线投影在唐家墩地区的道路交通网络上，以模拟 OD 出行交通量的大小（图 13）。

通过新技术应用，学生快速识别了唐家墩社区范围内其所选的三眼桥北路调研地段的总体交通便捷程度、设施可达性等特征。随着调研深入，学生逐步认识到互联网数据难以实现中小尺度城市空间的精确识别，在比

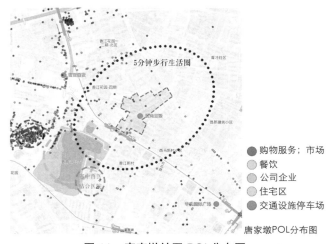

图 11　唐家墩社区 POI 分布图

空间句法分析

通过DepthMap软件对整个唐家墩地区的道路轴线模型进行空间句法分析，得到其空间整合度如图所示，颜色偏暖红色越整合度越高，相对可达性较好的空间通透性越好。由图可以看出整合度最高的几个路段为市干路，与之相交的三眼桥北路等通道性也具有较好的通达性。工人新村的部分共有西南、东南、东北三个出口，通达性次之。

图12　唐家墩地区的空间句法分析

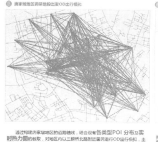

OD出行分析

通过构建唐家墩地区的道路路线网，结合各类型POI分布及实时热力图的获取，对地块内以三眼桥北路近居民进行OD模拟。主要的出发点为三眼桥北路地段及周边的主要居民区，根据热力图参考到其包其出人口密集，与热力集中的商业服务业场所、交通设施、公司等相应操作与模拟的OD连接。

将校拟的OD连续投影在唐家墩地区的道路交通网络上，以模拟OD出行交通量的大小。蓝色线条重复次数越多说明其使用率越大。由图可以看出所选地段为较大趋势，三眼桥北路、香港路及唐家墩的使用率较高。

图13　基于POI数据的唐家墩地区OD出行模拟分析

较数据获取与实际调研的时间成本后，认识到传统城市设计空间分析技艺和方法仍然不可或缺。

随即，该小组大量使用空间注记的方法进行了实地调研。首先对整条三眼桥北路的D/H进行连续记录分析（图14）；选择宽高比连续大于1的地段为微空间详细调研地段，针对微空间地段进行了详细的空间注记（图

15），并加入时间因素进行记录，对居民行为轨迹和场所空间变化进行了时空分析（图16）；该组学生自行学习运用了延时录像的记录方法，统计该地段早中晚三个代表时间下使用及通过人群的特征，最终结合以上分析结论对该路段空间场所感差异的原因进行了总结。

通过上述一系列教学方法的尝试，笔者试图在城市设计理论课程中增强城市设计实施运作制度与新技术应用教学内容的讲授。存量规划时代和大数据时代背景下，教育界对两者在城市设计教学体系中的强化已形成大量共识（田宝江，2018；肖彦等，2018），本文侧重于在城市设计理论课程中，考虑到课程的课时有限性、课程前置性和总体系统性，如何有所甄别地选择最有效的教学内容和教学方法，从而达到理论课深入浅出的教学效果，更多是对学生的引导性讲授，推动学生关注城市设计实施运作的经济学、管理学、政治学知识和城市设计新技术的前沿应用，提高学生课外了解跨学科知识、阅

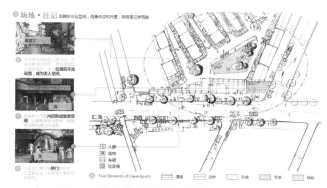

图15　选定微空间地段进行场所空间注记

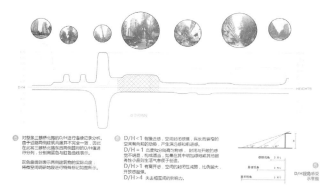

图14　三眼桥北路的D/H进行连续记录分析

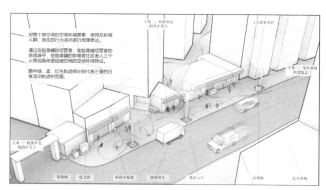

图16　居民行为轨迹和场所空间变化的时空注记分析

读多领域数据的兴趣，从而在后续的设计大课程体系中充分发挥主观能动性，呈现出更好的作业成果。

主要参考文献

[1] 邹兵.存量发展模式的实践、成效与挑战——深圳城市更新实施的评估及延伸思考[J].城市规划,2017,41（1）：89-94.

[2] 恽爽，刘巍，吕涛.面向存量的规划转型研究（EB）.清华同衡播报，2017（04）.

[3] 王建国.基于人机互动的数字化城市设计——城市设计第四代范型刍议[J].国际城市规划，2018（1）：4-10.

[4] 龙瀛，周垠.街道活力的量化评价及影响因素分析——以成都为例[J].新建筑，2016（01）：52-57.

[5] 上海数慧系统技术有限公司，东南大学智慧城市研究院，城市设计数字化平台白皮书（EB），2017.

[6] 王建国.现代城市设计理论与方法[M].2版.南京：东南大学出版社，2001.

[7] 李苗裔，吴丹，陈小辉，沈振江.附能——基于地理大数据云平台的城乡规划本科空间思维训练与数字技术应用支持[C].2018中国高等学校城乡规划教育年会论文集.北京：中国建筑工业出版社，2018：292-296.

[8] 田宝江.定量分析方法在城市设计课程教学中的应用[C].2018中国高等学校城乡规划教育年会论文集.北京：中国建筑工业出版社，2018：285-291.

[9] 肖彦，栾滨，沈娜.存量语境下的城市设计课程教学与思考[C].2018中国高等学校城乡规划教育年会论文集.北京：中国建筑工业出版社，2018：217-221.

Implementation System and Information Technology Teaching Innovation in Urban Design Theory Course —— "Urban Design Introduction" Course as an Example

Lin Yin   Hong Liangping   Ren Shaobin

Abstract: Strengthening the teaching of implementing operational systems and information technology applications in urban design theory courses is an inevitable trend of professional education to cope with the situation of stock planning and information technology development. In the urban design undergraduate teaching system, the urban design theory course as a comprehensive teaching system of theory and method, more need to respond to the frontier development of urban design. In this regard, the author explores this research combining the urban design curriculum system of the university and the "Urban Design Introduction" theory course: On the aspect of the implementation of institutional teaching, based on the teaching of theoretical and practical cases, the author introduces scenario simulation teaching methods, allowing students to play the role of stakeholders and make simulation of the implementation of the previous design work. On the aspect of information technology teaching, taking into account the limitations of the theoretical class, predecessor and systemic characteristics, according to the usability of the tool, the validity of the results and the accessibility of the data, a series of new technical methods are selected for teaching guidance. The class includes after-school research work to improve students' understanding of traditional technology and new technology, so as to achieve the purpose of theoretical class in simple, systematic guidance and interest development.

Keywords: Urban Design, Theoretical Teaching, Implementation Institution, Information Technology

思维启建·量质引介·专题示范·前沿评述*
—— 论华中科技大学"城乡规划研究设计与方法"研究生课程的首次教学尝试

单卓然　王兴娥　李鸿飞

摘　要：在华中科技大学城市规划系新一轮教学改革背景下，研究生课程教学需回应三方面行业变化（①规划决策过程的知识结构逐步多元化、专业化；②政府部门对规划工作严肃性认识提高；③城乡规划管控日趋集约化、精细化）及三方面系内发展诉求（①增强研究生科学研究能力；②进一步提高学位论文质量；③增进研究生课程间衔接）。为此，城市规划系于 2018 年新增"城乡规划研究设计与方法"的研究生课程。该课程用 6 次课共 24 个学时开展教学，由 5 位教授分四项内容授课：①建构城乡规划研究思维；②概述城乡规划定性定量研究方法；③方法实践的专题运用示范；④国际城乡规划科学研究前沿选题。课程教学采用了参与互动式教学、公开讲座和青年教师对话、综述式教学等特色方法，采用非结构式访谈等评估了教学成效，以期助力城乡规划学研究生课程教学体系的完善。

关键词：城乡规划研究设计与方法，教学改革，授课内容，特色教学方法，教学成效

1　增设"城乡规划研究设计与方法"研究生课程必要性

1.1　城乡规划行业外部变化

（1）规划决策过程的知识结构逐步多元化、专业化

转型时期，城乡规划越来越不是一项单纯的技术领域工作[1][2][3]。从广度上说，经济产业、社会历史、生态环境、地理信息、交通工程、数学统计等多行业介入，正推动规划建设决策者的知识结构走向多元。从深度上讲，随着规划学科多年来的知识普及和高校毕业生不断深入行业组织，城乡规划编制、审批及管理环节的专业化程度不断提高[4]。决策过程中多元化和专业化的知识结构要求规划教育植入更多的科学性和研究能力培养环节。

（2）政府部门对规划工作严肃性认识提高

与早期"墙上挂挂"、"一届领导一届规划"、"许可证"等成果应用模式不同，新时代政府部门对规划工作的严肃性认识正日益增强。"全域一张蓝图干到底"指导思想和"多规合一、三区三线"等实践行动的深入，要求规划成果具有更加完善的前瞻预判水平、落地可实施水平、和弹性动态适应水平，均依赖于规划工作者科学研究、科学编制、科学管理能力升级。

（3）城乡规划管控日趋集约化、精细化

随着我国新型城镇化进程迈入新常态，粗放式的用地组织和空间管控正逐步迈向集约型精细化[5]，由此对规划全过程的严谨性、实用性、高质量提出更高要求。规划工作除回答"应该怎么做"之外，还被要求回答"为什么如此做"、"按此做之后的效用如何"[6]等一系列问题。解释上述问题均需要运用研究思维并借助合理的技术方法。

1.2　华中科技大学城市规划系内专业发展诉求

（1）增强华中科技大学研究生科学研究能力

随着我国经济发展进入新常态，城乡规划教育的改

---

*　基金资助：华中科技大学教学研究项目（2018070）；国家自科基金重点项目（51538004）；国家自科基金项目（51708233）；国家自科基金项目（51708234）。

单卓然：华中科技大学建筑与城市规划学院副高级研究员
王兴娥：华中科技大学建筑与城市规划学院硕士研究生
李鸿飞：华中科技大学建筑与城市规划学院硕士研究生

革与发展面临着新型城镇化、存量发展、大数据技术应用、多规合一等专业领域的重大变革[7],华中科技大学以物质形体美学和工程设计为内核的人才培养方式不足以完全适应当前城乡规划社会实践对复合人才的需求[8],城市规划系的研究导向型规划设计模式日渐增多。"先研究后设计"、"边研究边设计"、"设计后评估研究"等工作类型要求我系学生同时具备创意设计能力、工程制图能力及科学研究能力。其中,对增强科学研究能力的诉求最为迫切。

（2）进一步提高华中科技大学城乡规划研究生学位论文质量

华中科技大学城乡规划研究生学位论文质量有着优良传统,在多次学科评估和专业评估中受到肯定。但是,近年来也不乏出现:研究选题前沿创新性不够显著、研究设计思维不够多元、定性定量研究方法使用边界不够清晰、熟练度有限等问题。众多硕博研究生导师反映,部分学生到二年级下学期才正式较系统地梳理相关研究领域的技术方法,个别学生直至学位论文开题前夕才首次撰写研究设计。按照华中科技大学要求,自2019年秋季入学开始,研究生学位论文开题已提前至二年级上学期,如果除去研究生一年级的课程教学,留给学位论文前期研究和准备开题的时间非常有限。若不能在入学后尽快培养学生建构科研思维、明晰研究设计过程、通晓前沿选题、了解学科主要定性定量方法,那么研究生学位论文质量将可能受到影响。

（3）增进华中科技大学城乡规划研究生课程间衔接

华中科技大学城乡规划专业研究生教学体系的一大特点是按方向开设专题式课程,授课模式通常结合教师个人研究内容及实践经验。由于专题式课程并无明确的主线串联,各课程授课时间和授课也并无定式,因此对于刚刚进入研究生环节的学生们而言存在一定接收难度。尤其是部分学时较短的理论性课程,学生很难在短期内吸收优质教学内容。为解决这一问题,近年来华中科技大学城市规划系试图不断增进研究生课程间衔接,主要手段是在各专题式课程中国融入类似教学环节:通常包括精细化调研、基础研究分析、创新性设计或竞赛式设计等。而达到上述要求的前提正是研究生必须具备基本的科学研究思维与研究方法储备。

针对上述行业外部变化和我系学科发展诉求,城市规划系决定于2018年首设"城乡规划研究设计与方法"的研究生课程,探索路径、积累经验。

2 教学安排及课程内容框架

《城乡规划研究设计与方法》课程始于研究生第一学期第二周周五,止于第十周（表1）,除去第5周及第7周不上课,其余时间每次课4学时,课程共计24学时。开设第一年选本课程的学生共60人,占本专业学生的92%。

有意安排课程在第一学期前期,是希望学生能够在读研阶段尽早建构研究意识。在各类专题式课程和学位

华中科技大学城市规划系2018–2019学年度第一学期研究生课程安排 表1

	周一	周二	周三	周四	周五
1–2节 3–4节	《区域与城市总体规划研究》	《环境行为与社会研究》	①《环境行为与社会研究》 ②《城市历史遗产保护与更新》	①《住区规划与社区规划》 ②《城市规划设计1》 ③《城乡规划技术与应用》	①《中西方城市设计比较研究》 ②《现代城市规划理论与方法》
5–6节 7–8节	《景观生态规划》	①《城市规划编制实务》 ②《城市规划设计2》	《园林艺术继承与创新》	N/A	《城乡规划研究设计与方法》
9–12节	N/A	N/A	N/A		

资料来源:作者自绘

注:深色灰块表述为本论文所述课程. N/A表示该时段无课程安排

华中科技大学《城乡规划研究设计与方法》课程教学组织框架　　　　　　　表2

课程框架	学时	周次	任课教师	具体授课内容
城乡规划研究思维建构	4 学时	第 2 周	单卓然 副研究员	科学研究的一般步骤 基于科学环的研究设计
城乡规划定性定量研究方法概述	4 学时	第 3 周	单卓然 副研究员	典型定性及定量研究方法
				定性研究与定量研究的差异
方法实践的专题 领域运用示范	12 学时	第 4 周	黄亚平 教授	基础相关概念 选取课题讲授各课题内容 举例讲述论文写作一般思路
		第 6 周	何依 教授	如何做研究型项目 如何撰写学术论文
		第 8 周	陈锦富 教授	学科定位、研究对象、关注点、学科实现的 5 大维度
国内外城乡规划 科学研究前沿选题	4 学时	第 10 周	彭翀 教授	规划设计到研究的跨越
				城乡规划学研究领域与现状态势
				研究选题的寻找
				文献阅读与文献综述写作

资料来源：作者自绘

论文写作之前，大致了解研究设计一般过程和本学科研究方法的大致框架及其在不同领域的应用路径。

本课程分四部分讲授："城乡规划研究思维建构"、"城乡规划定性定量研究方法概述"、"方法实践的专题领域运用示范"、"国内外城乡规划科学研究前沿选题"，具体课程安排见表2。

3　教学内容及教学手段

3.1　基于科学环的"建构城乡规划研究思维"教学内容

该门课程用四个学时讲述科学研究的一般步骤，重点讲授了基于科学环的研究设计逻辑。首先，科学研究的一般步骤按照："选择研究课题"、"基于科学环的研究设计"、"搜集资料"、"整理分析"和"得出结论"逐一介绍了各研究阶段的主要内容。

其次介绍了科学环，科学环引述自美国社会学家华莱士在其名著《社会学中的科学逻辑》一书中阐述的社会研究的逻辑过程[9][10]。其所概括的这一过程如图 1 所示。

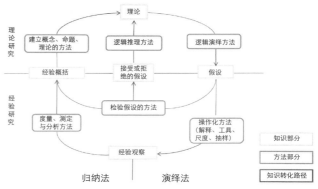

图 1　科学环：社会研究的逻辑过程
资料来源：作者根据科学环改绘

在科学环中，黄色表示知识部分，蓝色表示方法部分，中间箭头表示知识转化的路径。中心线右边是理论演绎过程，采用的是演绎法，演绎法的一般过程见图 2，左侧是理论构建过程，采用的是归纳法，归纳法的一般过程见图 3，横剖线的上侧是理论研究，下方是经验研究。

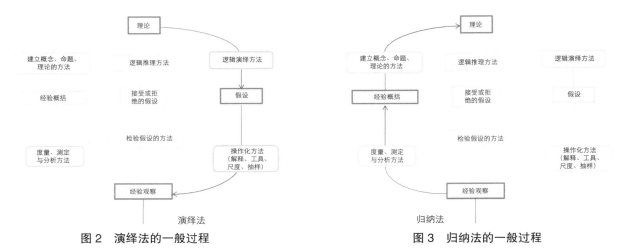

图2 演绎法的一般过程　　　　　　　　　　图3 归纳法的一般过程

资料来源：作者根据"科学环"改绘

3.2 "概述城乡规划定性定量研究方法"教学内容及特色教学方法

（1）"概述城乡规划定性定量研究方法"教学内容

该部分内容主要概述了定性研究方法：扎根理论、撰写民族志、观察法、访谈法、文献研究法、专家调查法及头脑风暴法。先总体介绍了定性方法及定量方法在科学环上的位置（图4、图5），再具体介绍每种方法的含义、特征、使用流程及在科学环上运用的具体位置（图6），其中，对观察法、文献研究法及访谈法的分类及适用范围也进行介绍。

概述了定量研究方法的含义、特征、适用的3大范畴（调查法、相关法和实验法）和各范畴优点与局限性，给出了十大常用定量分析方法，最后，从6个维度（哲学基础，理论贡献，善用语言，复制能力，研究特征及研究者的知识）介绍了定性方法及定量研究方法的差异。

（2）"概述城乡规划定性定量研究方法"特色教学方法

采用互动式教学方式进行课堂讨论学习，具体实施步骤如下：

1）授课教师精选3篇文献：课前由授课教师从核心期刊中挑选典型描述性研究文章、解释型研究文章及探索性研究文章各1篇。

2）准备纸签及编号。课前准备60张纸签，分别编

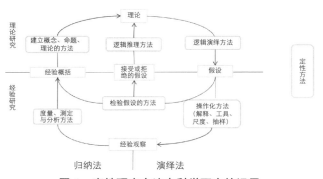

图4 定性研究方法在科学环中的运用

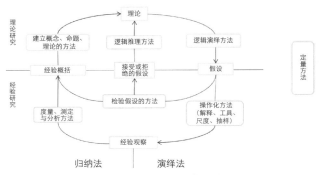

图5 定量研究方法在科学环中的运用

资料来源：作者根据"科学环"改绘

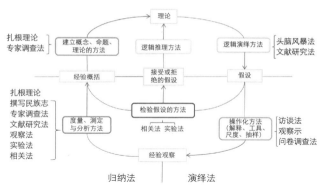

图 6　定性定量研究方法在科学环的具体应用位置
资料来源：作者根据"科学环"改绘

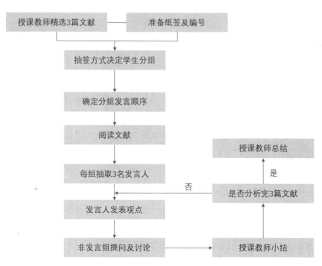

图 7　互动式教学讨论流程
资料来源：作者自绘

号 1A、1B、1C，2A、2B、2C……20A、20B、20C。

3）抽签方式决定学生分组：由每位同学依次上台抽取纸签，抽到 A、B、C 的同学自动成为一组，共三组。三组学生分别分析描述性文章、解释型文章及探索性文章。其中编号为 1–7、7–14 和 15–20 的同学分别结合科学环分析文章的研究类型（描述型、解释型及探索型）、研究逻辑及研究方法。

4）确定发言顺序。

5）阅读文献：给学生 15 分钟时间阅读文献。

6）每组抽取 3 名发言人：由非发言小组从发言小组的 1–7、7–14 和 15–20 各抽取一个号码进行发言。按照 A、B、C 的顺序依次发言。

7）发言人发表观点。

8）非发言组提问及讨论。

9）授课老师小结：授课老师结合自由讨论情况进行总结发言，再一次讲解文章的研究类型（描述型、解释型及探索型）、研究逻辑及研究方法。

授课老师小结之后，再进行第二、三篇文章的讨论，三篇文章交流完成后由授课教师进行最终总结，此互动式教学讨论的流程见图 7。

3.3 "方法实践的核心领域运用"教学内容及特色教学方法

（1）"方法实践的核心领域运用"教学内容

该部分共 12 个学时，采用动态主讲人专题式讲授的方式，由我院三个研究方向中的代表教师结合自己的研究领域进行教授。

黄亚平教授主要结合其研究方向（城市、区域空间发展与规划）选取两大研究领域进行讲授：领域 1：区域城镇化及城市区域研究。领域 2：大城市发展及空间规划研究。其中"区域城镇化及城市区域研究"先选取论文案例按：研究内容，研究目标，拟解决的科学问题，技术路线，项目特色与创新的顺序讲授了论文写作的一般思路，其次介绍了该领域的一些基础相关概念。"大城市发展及空间规划研究"主要以该领域相关研究课题为基础进行讲授，介绍了各课题的内容。

陈锦富教授采用四个学时从城乡管理与空间管制角度讲授了城乡规划学在 12 个学科门类中的定位，学科研究对象，学科的关注点（空间资源配置）及学科实现的 5 大维度：社会生活维度，经济发展维度，政治理念维度，领域关系维度及时间演进维度。

何依教授采用四个学时讲授了如何做研究型项目及撰写学术论文。其中如何做研究型项目主要从 5 个方面讲授：①研究方向—城乡历史遗产保护 ②写作源流—来自实践，高于实践，指导实践 ③理论体系 ④规划实践 ⑤总结做研究型项目的 4 个要点；如何撰写学术论文主要分析了 6 种类型论文的研究及写作方法：①寻找论文学术点；②借用社会学进行创新；③深度剖析一个案例④在区域社会中进行演绎和归纳；⑤理论型论文写作；⑥关于思辨型论文写作。

图8 公开讲座和青年教师互访对话教学
资料来源：作者自摄

（2）"方法实践的核心领域运用"特色教学方法

该部分教学过程中，何依教授在学术报告厅采用公开讲座和青年教师互访对话形式进行讲授，讲座邀请了六位青年学者参加，在讲座结束后邀请六位学者一同上台面对面交流。首先学者们对何依教授的讲座作评价及建议，其次，何依教授及各青年学者就研究生论文写作回答在场同学提出的问题（图8）。

3.4 "国内外城乡规划科学研究前沿选题"教学内容及特色教学方法

（1）"国内外城乡规划科学研究前沿选题"教学内容

这一部分由彭翀教授采用四个学时分四部分内容进行讲授：

1）研究基础—规划设计到科学研究的跨越。该部分主要讲授四个方面的内容：①阅读与综述；②实践与拓展；③方法与技术；④思考与沉淀。该部分内容主要讲授了从实践型规划设计到科学研究需要做的思想转变、基础知识储备及方式方法掌握。

2）研究选题—学科领域到科学问题的凝练：该部分主要讲授四个方面的内容：①熟悉学科领域；②做实基础科研；③面向社会需求；④凝练科学问题。该部分内容主要讲授本专业的学科热点、发展趋势及行业需求。

3）研究设计—确定路线到研究工作的执行：该部分主要讲授四个方面的内容：①选题背景意义；②研究进展述评；③研究目标与内容；④研究方法与技术；⑤结论与创新点。该部分以一篇硕士论文开题报告为例重点讲述了科学论文写作的一般框架及步骤。

4）研究产出—研究报告到学术发表的升华。该部分主要讲授四个方面的内容：①总结研究重点；②选取特色视角；③论文正文撰写；④投稿期刊选取；⑤投稿改稿发表。该部分内容重点以2015年数据分析为基础，提出本专业投稿期刊选取建议及投稿注意事项

（2）"国内外城乡规划科学研究前沿选题"特色教学方法

本部分采用综述方式对城乡规划的科学领域、研究热点与发展趋势进行总结，并对现阶段国内外最新的科研论文、重大科研项目、近三年国家自然科学基金项目及近三年来城市规划年会及高水平会议主旨发言题目进行综述，助于学生掌握本专业总体发展局势及学科热点，利于较早形成专业全局观。

4 教学成效评估

4.1 学生课后反馈结果积极

课后通过非结构式访谈对学生学习情况进行采访，了解学生对科学研究一般过程及对研究设计的理解程度，了解学生通过这门课的学习，是否转变传统的工程项目型研究思维，对科学研究产生新认识，是否掌握研究设计的过程。由学生反馈结果来看，学生对这门课的教学成果予以肯定，认为这门课的开设有助于：

①改变以往不规范的研究逻辑思路，培养了科学研究思维，认识到其与实际项目的区别；

②通过这门课的学习，对于规划行业的热点、发展趋势有了宏观的把握，有助于在今后的学习中抓住课程重点。

同时，也有同学给出建议：由于课程内容局部较为晦涩，建议增加课时并进行随堂练习。

4.2 研究设计考察成果乐观

本课程结课方式不同于以往常用的论文考察，改为"撰写研究设计"，重点考察学生的研究过程及技术方法选取合理性。研究设计要求：每位学生参考三位教授研究领域或依自己的研究领域，任选话题，完成一篇研究设计。研究设计的撰写须包括以下内容：研究题目，研究背景，科学问题，研究内容，国内外已有研究评述、代表性参考文献，基础资料，研究方法，研究技术路线及预期创新点。

学生作业按方向分给 5 位任课教师批阅，由助教统计学生成绩并制定成绩分布表格（表 3），83% 的同学取得优秀及良好成绩。五位指导老师讨论认为，大部分学生能掌握科学研究一般过程，初步具备开展科学研究的理论认知与技术储备。

"城乡规划研究设计与方法"课程学生成绩分布　表3

分数段	学生人数	比例
≥ 90	6	10%
80（含）-90	44	73%
70（含）-80	10	17%
< 70	0	0
合计	60	100%

资料来源：作者自绘

4.3 协调关联各门课程效果明显

由于我院研究生课程许多为分专题分方向式讲授，各课程研究逻辑不一，联系不足，学生很难自行理解并串联各门课程。城乡规划科学研究方法加入研究生教学课程之后，能够为各门课程提供一个连结点，一定程度加深各课程间联系，对研究生各课程教学成果产生直接或间接促进作用。

5 讨论与展望

作为华中科技大学城市规划系新一轮教学改革的首批重要尝试，研究生城乡规划科学研究设计与方法，将

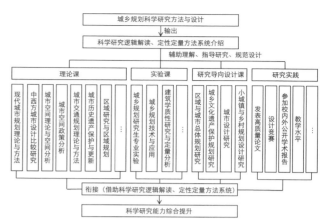

图9　本课程与城市规划系其他研究生课程的知识关联
资料来源：作者自绘

在 2019 年秋季学期继续开设。目前课程教学组认为应在吸收前述教学内容及组织方法的优点之上，探索解决三方面问题：（1）学时的配置略显紧张，导致教学内容的简化和压缩；（2）专题讲授逻辑与科学研究环讲授逻辑还需磨合和一致化；（3）在广泛研究方向中遴选专题进入课程教学的流程有待进一步细化。同时，在此课程中听课的 60 位研究生将于 2020 年 6 月完成学位论文开题，届时，华中科技大学城市规划系将更新此课程教学思路并跟踪学位论文开题质量，以期不断地助力城乡规划学研究生课程教学体系的完善。

主要参考文献

[1] 陈秉钊. 中国城市规划教育的双面观 [J]. 规划师，2005，21（7）：5-6.

[2] 宇宙. 浅谈美国城市规划教育的发展历史与现状 [J]. 城市规划，2000，24（5）：45-46.

[3] 彭翀. 关于加强规划教育中规划研究教学内容的思考 [J]. 城市划，2009，33（09）：74-77.

[4] 李苗裔，王鹏. 数据驱动的城市规划新技术：从 GIS 到大数据 [J]. 国际城市规划，2014，29（06）：58-65.

[5] 闫芳，王峰玉. 职业导向下的人才培养模式研究——以郑州航院城市规划专业为例 [C]. 2017 中国高等学校城乡规划教育年会论文集. 北京：中国建筑工业出版社，2017：

69–73.

［6］姜云，王宝君，李孝东，张卓，张洪波.城市规划应用型人才培养课程体系总体优化研究 [J]. 高等建筑教育，2009，18（05）：66–69.

［7］任云英，尤涛，张沛，雷振东，白宁.创新理念·创新教学·创新平台——城乡规划一流专业建设的创新教学模式反思[C].2017 中国高等学校城乡规划教育年会论文集.北京：中国建筑工业出版社，2017：30–33.

［8］李和平，王正，肖竞.面向一级学科建设的城乡规划专业课程体系创新与实践 [J].2017 中国高等学校城乡规划教育年会论文集.北京：中国建筑工业出版社，2017：3–10.

［9］范广军.科学环的断裂：科社与国际共运学科的理论建构与理论检验 [J]. 科学社会主义，2007（02）：49–52.

［10］曹伟.理论概念反思与应用性社会科学研究逻辑重构 [J]. 甘肃社会科学，2014（02）：13–17.

Thinking Enlightenment，Quantity and Quality Introduction，Thematic Demonstration and Frontier Comments——First Teaching Trial of the Graduate Course of Urban and Rural Planning Research Design and Method in HUST

Shan Zhuoran   Wang Xing'e   Li Hongfei

Abstract: In the context of teaching reform in the urban planning department of HUST，postgraduate courses need to respond to three changes in the industry and three requirements of the department. As a result，the department added a postgraduate course named Research Design and Research Methods for Urban and Rural Planning in 2018. The course is taught in 6 classes with 24 hours，and is taught by five professors in four parts：part one is to construct the logical thinking；part two is to outline the qualitative and quantitative research methods；part three is to apply the core areas of methodology practice；part four is to select the frontier research topics. In the teaching process，interactive teaching，open lectures，exchange visits of young teachers，dialogue and summary teaching are adopted，and the teaching effect is evaluated by non-structured interviews.

Keywords: Research Design and Research Methods for Urban and Rural Planning，Teaching Reform，Teaching Content，Characteristic Teaching Method，Teaching Effectiveness

城市有机更新背景下的毕业设计教学
—— 以 2019 "长沙历史步道" 联合毕业设计为例

余 燚 沈 瑶 苗 欣

摘 要：城市有机更新对城乡规划、建筑学专业的处理复杂现状背景、条件的综合处理能力要求更高，适于作为研究型专项设计课题在毕业设计中练习。本文以 2019 "长沙历史步道" 联合毕业设计为例，介绍其选题、教学过程及部分成果、经验，尝试在城市有机更新背景下，通过联合校、政、商、社各方参与联合毕设建设交流平台，在校际促进研究与设计联合与跨专业联合等，旨在通过联合毕业设计探讨城市有机更新工作的方向，并为联合毕业设计教学的多元发展提供借鉴。

关键词：联合毕业设计，城市有机更新，跨专业联合，专项设计

随着我国的城镇化发展转型，城市有机更新类型建设占有更大比重、更强的重要性。对规划师、建筑师的历史文化保护观念、对复杂现状背景、条件的综合处理能力[1]、对物质空间规划设计的深入尺度等，都有更高要求。在这一背景下，城乡规划、建筑学专业的设计课程已经出现重视学生相关能力训练的趋势。就对应主题的实践教学来说，本科毕业设计在时间周期、学生素质技术基础、教学资源调动等方面相对其他课程设计更适合进行深入、完整的综合训练[2]。

1 选题背景与意义

1.1 选题立意

本次 2019 "长沙历史步道" 联合毕业设计的题目就选定了以长沙历史步道为专项规划背景和城市定位坐标的有机更新实际题目。长沙市正在规划设计建设历史步道❶，同时长沙市的有机更新工作与之结合紧密地分片区推进。2018 年完成了西园北里、潮宗街等片区的有机更新建设[3]。选择这样的设计背景，能为作为设计对象的片区提供城市中的定位坐标，吸收先前同类项目工作的经验教训，同时展望后续实践。

而且此次参与的院校均来自历史城市，师生在日常工作学习生活中，基本都会面对或接触有机更新这一共同课题，却又因为各自的地域性而各有差异。围绕这一主题的校际交流与探讨有助于拓宽师生们的视野和思路。加上本次毕设联合了城乡规划和建筑学两个专业，更有助于师生们在跨专业交流中细化着眼点、深推设计尺度。

1.2 题目拟定

设计方案的基地是位于长沙中心城区的西长街片区——历史步道示范段从中穿过（图1），同时长沙市下一步的有机更新工作即将在该片区展开。具体范围西至西长街，东至黄兴中路，北至中山路，南至五一大道，基地面积 0.24 平方公里。分为城乡规划和建筑学两个专业拟定了毕业设计任务书。

城乡规划专业的设计对象即为西长街片区。

---

❶ 按照长沙市历史步道规划要求，步道拟分示范线、近期线、远期线 3 期建设。总长约 6.4 公里，连接长沙市中心城区内主要的历史文化街区和历史地段及其他历史文化要素，逐步形成东西南北贯穿的历史步道大环线，预计 2020 年完成建设。

余 燚：湖南大学建筑学院助理教授
沈 瑶：湖南大学建筑学院副教授
苗 欣：湖南大学建筑学院助理教授

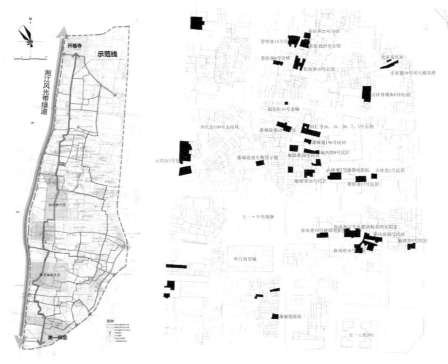

图1　西长街片区与历史步道的关系（左）
资料来源：长沙市城乡规划局提供
图2　西长街片区内历史建筑分布图（黑色部分）（右）
（湖南大学浦钰婷绘制）

2019"长沙历史步道"联合毕业设计城乡规划专业任务书　　　　　　表1

项目名称	长沙市历史步道西长街片区更新设计			
项目位置	中山路和黄兴北路交汇处西南角			
用地性质	现状	三类居住 R3	用地面积	总用地面积	242328.02m²
	规划	二类居住 R2		净用地面积	可设计后确定
		商业 B			
		公共服务设施 A			
控规有关经济技术指标	容积率：0.05-8.1（参考具体地块控规）		建筑密度：0-45%（具体建筑密度参考具体地块控规和历史步道规划设计导则）		
	绿地率：30%-80%（参考具体地块控规）		建筑限高：0-150 米（具体限高参考具体地块控规和历史步道规划设计导则）		
交通要求	道路设计符合《长沙市城市规划技术管理规定》和控规要求，并要充分考虑片区位于长沙市核心商圈 – 五一商圈的交通流复杂性，对其内外交通组织进行详细分析与预测，优化片区内的交通组织，提高步行舒适度				
专业规划要求	1. 该片区为历史步道规划中的示范片区，方案应重点关注历史步道两厢建筑的修缮与利用，空间设计与环境整治、交通优化、业态定位。同时鼓励在老年关爱、儿童友好、社区治理等领域进行专题研究并积极展开设计。 2. 该片区为长沙市示范性的历史街区，必须优先保护历史文化遗产保护，明确保护的历史元素与对象并提出保护利用方案，修复有历史价值的片区，确保整体的历史风貌，街巷肌理，空间格局上有历史城区的特征。 3. 该片区也位于长沙市最为核心的五一商圈内，规划设计优先考虑其在城市中的功能定位，在对现有业态及居民生活、周边交通进行详细调研的基础上确定片区的主导业态和居住、商业空间的更新方式，并优化片区内的交通组织。 4. 由于目前控规图则并未细化，本方案可在依据控规指标的前提下对控规图则进行细化设计。 5. 退道路红线距离，退用地红线距离：按照《长沙市城市规划技术管理规定》执行 6. 该方案应明确片区内建筑的"拆改留"的规划方案，并说明理由，设计部分应达到修建性详细规划的方案深度				

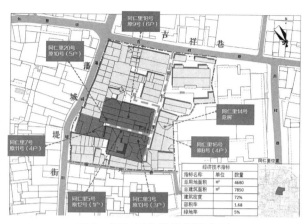

图3 同仁里公馆群设计范围
资料来源：湖南大学设计研究院有限公司提供

建筑学专业的设计对象为西长街片区中历史步道藩城堤巷东侧一处非常重要的历史建筑——同仁里公馆群，共6栋（图3）。均为两层高、占地面积150平方米左右的砖木结构坡屋顶建筑。同仁里公馆群既是长沙市不可移动文物点，也是2002年长沙市公布的"近现代保护建筑"。

2 教学目标及要点

2.1 教学目标

本次毕业设计的教学以"研究型专项设计"为纲，以专项规划和特殊类型的建筑设计工程的实际题目作为

手段，训练学生调查复杂基地和现状、在通识问题的基础上识别、解决专项问题的能力。

2.2 教学要点

城乡规划专业的教学要点如下。

通过本次毕业设计，除检验学生本科期间所学规划知识的综合掌握程度和相关设计能力，增强学生对各类规范熟悉程度之外，还结合本次基地"历史街区"、"存量规划"的属性特点，重点关注了以下几个方面的教学要点：

（1）引导学生从"历史建筑保护"，"社区共同缔造"、"集市改造"，"儿童友好"，"老年关爱"等视角出发围绕基地开展专项调研，充分调研基地社会、经济的发展状况，房屋权属和居民需求，结合调研中发现的问题展开"拆改留"方案的规划，避免大规模的大拆大建，做出一定的可行性的空间更新设计。

（2）要求学生的设计方案方案能紧密承接上位规划和相关导则，并能与历史建筑的更新保护利用紧密结合，其设计更新策略能够贴近社区内活动人群行为需求，并能激活居民的持续的社区参与。

（3）鼓励学生与规划管理部门和社区居委会，社区能人等多方人群开展设计交流，做出有创造性并接地气的空间拆改留方案，思考设计的实施所需要的更新政策与行动策略，提高学生的社会服务意识，为其以后步入行业和社会打下基础。

2019"长沙历史步道"联合毕业设计建筑学专业任务书 表2

项目名称		长沙同仁里公馆群修复与适应性再利用设计	
项目位置		长沙市开福区通泰街街道轩辕殿社区吉祥巷同仁里8–13号	
设计任务	1. 保护规划	1）西长街片区的城市设计方案（合作）	西长街片区历史风貌保护基本策略，同仁里公馆群的建筑功能，同仁里公馆群用地范围内的容积率、绿地率等经济技术指标范围，同仁里公馆群用地范围内藩城堤街东侧建筑的高度和外形，同仁里公馆群用地范围内的交通方案
		2）同仁里公馆群的历史建筑保护规划方案	划定同仁里公馆群的缓冲区范围并说明，对同仁里公馆群保护范围、缓冲区范围、用地范围内的建筑分别确定干预的类别与主要方法
	2. 历史建筑修复设计	根据保护规划，对同仁里公馆群保护范围内的建筑进行前期调研与修复设计	历史调研（合作），照片汇编（合作），建筑测绘与材料、残损调研（合作），修复设计概念（合作）
	3. 建筑适应性再利用设计	根据保护规划，对同仁里公馆群用地范围内的建筑进行适应性再利用设计，参照初步设计要求。对公馆群中单栋进行设计深化，参照施工图设计要求	

联合毕业设计工作进度流程 表3

初期调研	设计初稿	中期交流	设计深化	终期答辩
时间：第1周		时间：第8周		时间：第13周
湖南大学开幕式，解题。		西南交通大学中期汇报		湖南大学终期汇报
跨校跨专业集中调研		分校汇报		分专业汇报
	时间：第2-7周		时间：第9-13周	

建筑学专业的教学要点如下。

通过本次毕业设计，综合检验学生本科期间所学建筑学知识（如砖木建筑结构与构造）、技能（如建筑测绘）的掌握程度和面对具体限制、挑战（如就历史建筑本体修缮、适应性再利用）的设计能力，和理解、应对上位规划的能力，提高学生的设计水平和实践经验，鼓励学生在尊重文化遗产保护基本原则的前提下，兼顾关注社区的空间微更新，提高其建筑人文意识，为其将来的工作或研究提供实践、实验基础。

综合起来，核心教学要点包括以下方向：

（1）调查该片区的建筑与街巷空间特征、历史与变化，分析现状的历史原因与社群要素，形成设计基础。

（2）长沙市有机更新的基本原则是尽量保留原有居民，在区区0.24平方公里的基地上两个社区、1.13万人口❶的问题具有很强的特殊性，也非常具体，是本课程设计的难点。要求学生从保护、创新的角度思考，提出适宜的设计策略。

（3）调查基地文脉特征。基地现有的历史文化资源在历史步道的建设中非常重要，如何串联成网络；具体的历史文化资源如同仁里公馆群如何在有机更新的背景中更好地得到利用。要求学生本着尊重、顺应历史文脉的态度对该片区的建设项目提出可行性设想。

---

❶ 根据西长街片区的两个社区——轩辕殿与盐道坪社区2019年2月提供的数据总结。

3　教学环节与进度

本次联合毕业设计主要由5所高校26名学生和XXX名指导教师参与，在一开始的调研阶段要求学生跨校、跨专业组合，团队协作完成对基地的前期调研报告，包括规划概念和历史建筑保护规划设想。2月24日在湖南大学开营时，除了专业教师的讲座指导，地方政府的相关负责人也以专题讲座形式为学生们介绍了实际工作中的背景、困难和展望。全员历经了一周时间集中的现场踏勘，与社区代表座谈，与文化产业商界代表交流，至3月5日，学生们以4至5人小组分析总结问题，提出初步的设计概念，后续在此基础上各自深入。毕业中期汇报于4月16日在西南交通大学进行，学生们以所在学校为单位进行西长街片区的修建性详细规划方案和同仁里公馆群修复设计前期的历史调研、摄影调研、测绘调研的成果。5月26日，终期答辩在湖南大学举行，同学们分专业进行完整的毕业设计答辩，主题分别为西长街片区的更新设计和同仁里公馆群的修复及适应性再利用设计。点评专家除了指导教师以外，还邀请了国内外和本地规划、建筑专家共同参与评审。

4　设计方案释义

湖南大学城乡规划专业的设计方案认为，西长街片区是长沙核心商圈内典型的历史城区，有深厚的历史底蕴和码头商业的文脉，同时几经历史变革，基地内的历史文脉、房屋产权、人群类型、商业类型等也凸显出罕见的复杂性,湖南大学的团队在充分考虑保护现有历史建筑的基础上,在进行了基地建筑现状（含密度、风貌、历史建筑、年代、产权等信息）、市政设施、公共服务设施与公共空间、交通空间现状,社区居民访谈等基础调研后,最终选择"菜市场改造","老年活动与就业空间","共生""共创共享""城市集市","公共健康"六个视角做城市专项调研,并根据此6个调研主题延展出基地的更新设计方案,回应基地存在的菜场空间杂乱,老龄化,居住极化,产业混杂,市井交流活跃,公共卫生等代表性问题与特征,同时注重与城市总体规划、长沙历史步道等上位规划的衔接,街区更新设计均积极回应考虑了历史步道的文化旅游价值,以及基地的商圈价值。以浦钰婷同学设计的"菜街慢步"项目为例,专题做了基地中菜市场所在街巷的经营状况、分布位置,客源,销售行为特点等方面的调查,并了解了其与城市层级大型市场的关系,并结合其功能需求与特点,从菜市场中选择改造节点,以节点带动菜街与社区活力,以菜街为漫步轴线,打造特色片区,结合历史步道,联动周边片区,为不同人群提供公共活动的空间,打造集日常与旅游于一体的人行漫步体系。同时针对基地的复杂居住人群和经营体的特征,提出了"利益共同体"的更新机制策略,尝试为菜市场的有机更新提供政策支持,方案实现了从"专题问题 – 设计理念 – 驱动机制"三层次递进的规划设计思考,检验了学生以空间设计为依托,综合解决复杂基地问题的能力。

建筑学方面,湖南大学团队的同仁里公馆群修复与适应性再利用设计以董文涵同学的方案为例,从建筑历史、使用现状、建筑质量、内部空间特征、上位规划等

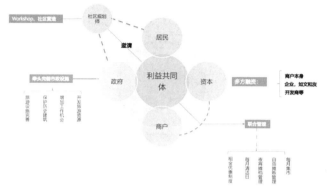

图6　基地更新机制图
资料来源:湖南大学浦钰婷绘制

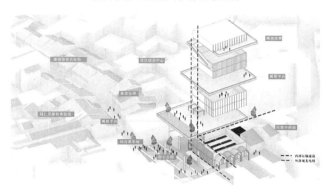

图7　同仁里公馆群附近片区更新改造设计
资料来源:湖南大学浦钰婷绘制

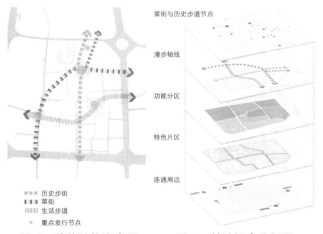

图4　功能结构方案图　　图5　基地概念分析图
资料来源:湖南大学浦钰婷绘制　　资料来源:湖南大学浦钰婷绘制

图8　同仁里公馆群更新改造效果
资料来源:湖南大学浦钰婷绘制

方面分析同仁里公馆群建筑适应性再利用的设计依据，并通过设计解答如何回应城市问题、现代生活需求、历史建筑保护、历史文化资源利用等多向度的限制与挑战。

首先，通过对建筑历史和结构现状的分析找出必须解决的问题，并提出最低限度的干预措施方案（图9）。接着，通过对建筑使用现状和产权等相关因素进行解析，梳理需要提质改造的设施与空间并综合考虑产权性质进行干预类型归纳：完整保存；保护性修缮；内部设施更新；拆除与部分新建。然后，以历史步道规划为背景，以城乡规划专业同学的西长街片区更新设计为上位规划，结合片区更新后同仁里周边的场地环境和社区需求分析，找出公馆群再利用可能的使用人群和功能性方向（图10）。最终得出建筑单体的适应性再利用设计方案（图12）。

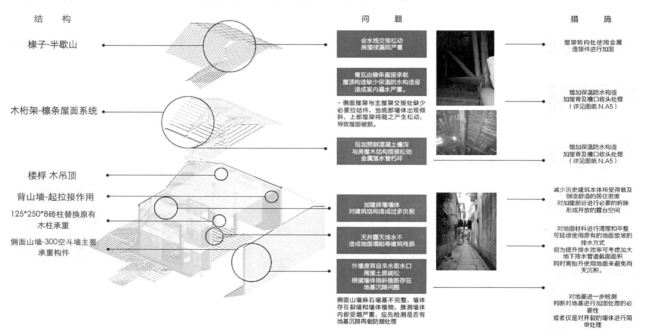

图9 同仁里公馆建筑结构现状、问题分析与相应措施

资料来源：湖南大学董文涵绘制

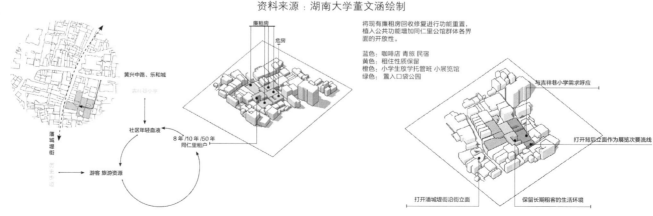

图10 根据上位规划分析同仁里公馆群使用人群

资料来源：湖南大学董文涵绘制

图11 同仁里公馆群基本更新策略

资料来源：湖南大学董文涵绘制

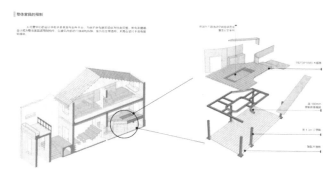

图12　同仁里公馆群部分适应性再利用设计方案
资料来源：湖南大学董文涵绘制

5　思考与启示

在城市有机更新背景下实践毕业设计教学,在开放性、研究性、实践性上有更高的要求。本次跨校跨专业的联合毕业设计,具有如下特点,引导出了相应的思考与启示。

5.1　校、政、商、社共同缔造

现阶段的城市有机更新,一定是需要多方参与的。2019"长沙历史步道"联合毕业设计就打通了一个院校、政府职能部门、文化产业企业、社区居民四方沟通的平台。在毕业设计从筹备、调研、初稿到深化、完成的过程中,四方都积极地配合、分享信息、交流意愿,使得设计方案在同时考虑可行性和优化的进程中逐渐饱满。终期答辩后,5月28日湖南大学团队也受邀参与区政府组织的有机更新工作会议,进行方案汇报。这一沟通平台搭建完成后,在后续的西长街片区有机更新工作中,院校的毕业设计方案将起到沟通工具的作用,职能部门代表的政府意志、文化产业企业代表的民间资本、社区居民代表的大众意愿,都可以通过不同的设计进行交流。具体操作的方法可以采用"workshop（工作坊）"的公众参与形式。

5.2　设计、研究交流

在这次多校联合毕设中,还包括有香港大学可持续高密度城市实验室的研究队伍。由于学制不同,港大的师生没有直接参与本科毕业设计,而是以研究生课题的形式参与进来。他们的研究聚焦在西长街片区的步行空间的城市物理环境,通过一系列场地环境测评、用户体验问卷、手机大数据和城市意象图像处理的数据采集,

软件模拟等技术手段去发现各类物理环境因子对城市步行空间中人群活动的影响,从而分析并提出提高空间品质的策略和设计解决方案。除了成果共享以外,其他学校师生在辅助调查的过程中也更好地了解了城市物理环境作为设计依据的技术路径。研究和设计得以就同一对象进行具体交流。如果可以优化安排研究与设计的执行时序,二者的互动效果将更好。

5.3　城乡规划与建筑学专业联合

跨专业联合毕设的执行难度较高。在任务书设计的过程中就试图将两专业学生在调查研究、合作城市设计的工作中结合起来,但在具体实践中各自的着眼点还是落在了不同层面。加上专业属性在同一设计对象中毕竟有时序上的先后顺序,因而成果衔接的操作上暂时采用的是建筑学学生挑选某一规划学生的方案作为上位规划推进自己的建筑设计方案。跨专业联合的具体方式仍有待探讨。

6　结语

2019"长沙历史步道"联合毕业设计已经落下帷幕,这段为期三个月的设计课程具有如下特点。首先,各校师生以及点评嘉宾均一致认为选题尽管与惯常的毕设题目的基地或建筑面积相比面积小得多,非常有挑战性,难度很大,对学生们的综合专业素质和能力要求很高。其次,该类型的有机更新课题要求学生对基地现场、周边、文脉、社区,以及非物质空间要素等的了解的理解更充分,锻炼了学生现场调研的能力。再次,现状情况复杂的课题要求学生打开思路,在已有的有机更新经验基础上,从学科交叉和转项深入的角度寻找切入点,尝试解决具体场地的具体问题。

主要参考文献

[1]　李波,马杰.浅析"存量规划"背景下有机更新的创新路径 [J]. 建筑与文化,2019（03）：75-76.

[2]　李翔宇,胡惠琴.以"研"促"教",面向研究型建筑设计的教学模式探索——以2018大健康领域第一届联合毕设为例 [C]. 2018中国高等学校建筑教育学术研讨会.北京：中国建筑工业出版社,2018.

[3]　徐辉,邹伟,陈焕明,等.历史步道串起老长沙记忆 [N]. 长沙晚报,2018-05-15（要闻（A01）.

Joint Thesis Design Studying Urban Organic Renewal —— Taking 2019 *Changsha Historical Pathway* Joint Thesis Design as Case Study

Yu Yi　Shen Yao　Miao Xin

Abstract: Urban organic renewal requires better integrated capabilities in dealing with complicated background and conditions of the site for professionals in planning and architecture. This paper takes 2019 *Changsha Historical pathway* Joint Thesis Design as a case, introduces its selected topic, process and partial outcomes, trying to build a communicative platform among academies, governments, enterprises and communities, and to unite research and design work in 2 majors and multi-academies. The aims are discussing the possible directions of urban organic renewal through the thesis design, and offering references for pluralistic developments of joint thesis designs in future.

Keywords: Joint Thesis Design, Urban Organic Renewal, Major-Joint, Specialized Design

以城市空间设计能力培养为导向的城市设计课程过程引导

向 辉 姜 敏 严湘琦

摘 要：作为城乡规划专业的核心课程之一，城市设计的课程要求学生有较强的空间设计能力。然而作者在教学过程中发现，学生在一个较长的设计周期内，往往难以形成连贯的设计思维，在设计过程中难以把握自己的设计方向，最终虎头蛇尾，无法形成令人满意的设计成果。文章针对学生容易出现的问题，概念模糊，设计表达不一致，空间设计能力差等问题，提出分阶段明确设计要求，引导学生思维完成设计。分阶段的过程引导一方面开放学生的想法与思维，另一方面引导学生在各个阶段明确需要解决的问题，避免过分发散的思维，形成完整的设计逻辑，从而提升学生的空间设计能力。

关键字：城市设计课程，空间设计能力，过程引导

1 城市设计课程中的特点

城市设计课程是城乡规划专业本科教学阶段非常重要的城市空间设计训练，也是最为"复杂"的一个课程设计。一方面，学生要综合运用本科阶段前序学习的各种知识，无论是对城市的系统分析，还是落实到空间上建筑设计的各种要素，对学生尚不完备的知识体系是一个巨大的考验。另一方面国内高校普遍参加专指委的城市设计作业评优，每年的概念都有所变化，有较大的不确定性，包括：基地用地选择不明确；学生概念立意不明确；进度推进方向不明确；学生个体程度不明确；设计成果要求不明确，对教学过程挑战较大。

教学实践过程中，学生的共性问题主要反映在：概念与成果不对应；结构与内容不对应；思维与表达不对应。为了解决这个问题，我们参阅了大量国内外高校的教学要求与控制手段，并对其进行分析整合和修正，形成了我们自己的城市设计课程教学环节与阶段控制。将教学环节分解为：现场调研，空间分析，形成概念，空间设计，深化表达五个阶段。每个阶段重点关注不同的内容，前后形成完整的逻辑链条，形成倒三角的思维模式，引导学生形成正确的设计思维，帮助学生按照自己的逻辑不断深化设计，并且能够完成城市设计空间解决方案，培养学生的城市空间设计能力，避免学生的设计与概念及场地脱离。

2 过程引导的阶段与内容

2.1 调研阶段的区分主客观

调研阶段，最为重要的是从认识场地开始，引导学生能够客观地进行有效的设计分析，并且能够得出对后续设计具有指导性的结论，是调研阶段的重点。学生在调研阶段最主要的问题有两个方面，一是调研问题过于发散，容易形成"正三角形"的思维模式，导致越调研问题越多，问题越多越需要调研，形成无头绪的思维，无法推进设计，停留在思考阶段。所以，在此阶段能够引导学生在有效的范围内思考，初步解决问题，逐渐清晰思路。

对基地的认识分为两个部分，首先指导学生了解城市设计课程中选择基地的自然背景。并理解怎样去阅读基地的自然特征。理解地形，自然环境／植物，水文地理是怎样影响城市开放空间的保护的。学习怎样通过网络或者其他资源找到测绘信息。第一个练习是大范围的分析而不是直接的观察，学生将要考虑更大范围的自然背景。

向　辉：湖南大学建筑学院城乡规划系助理教授
姜　敏：湖南大学建筑学院城乡规划系副教授
严湘琦：湖南大学建筑学院助理教授

首先，运用景观生态学关于地块和通廊的概念来确定场地现存的自然环境。包括：水流通廊，公园，花园，铁路和输电线走廊等等。分为专题地图来确定基地周边的开放空间（像对其他的地区一样运用学生自己的判断）。然后把这些抽象出来放到每一个地块和通廊。完成一份基地周边开放空间系统的图解。

第二，利用现有地图资源，确定基地周边水文特征和水文系统。这其中应该包括洪泛区和湿地，永久水源，比如河流，湖泊包括主要的沟渠和排水管网以及分水岭的边界。这里，地形地图学生所要找的是这片地区天然的和人为的排水系统。完成一张基地周边水文系统的图解。引导学生完成图纸，综合运用原有的知识与技能，使用 CAD 或 GIS，进行场地分析。

更为重要的一个工作是要求学生在一天以及一个星期的不同时间去到基地查明使用者和使用行为的变化。描述学生所见到人群以及他们当时的行为，他们为什么会出现在这里？他们为什么会产生这些行为以及他们在这个环境里是否舒适？并提供依据。试图在人们对那些与基地有联系的问题上的态度和行为中寻找证据。这里的交通是怎样的？它是怎样影响步行者的？这里有没有威胁感或者这个地方很受欢迎？引导学生用独创力和想象力来发现其他的观察点。要求学生带上相机并且画一些草图来解释所注意到的事情。但是要求学生要画的东西一定要很有选择性。每画一张图都要有一个目的。在这个过程中，学生往往先入为主的进行了自己的判断，然后在物理环境中寻找支撑自己观点的客观事实，变成盲人摸象。所以在引导过程中，要求学生能够区分自己的主观意识和客观事实，引导学生跳出自己的主观判断，反思自己的思维模式。在练习过程中，结合一些技巧的使用，引导学生正确的思维尤为关键。例如，在调研记录的过程中，用一条竖线将一页纸分成两半。一半记录所观察到的东西，尽可能具体和客观，不带评论和解释。（举例："油漆斑驳、有破窗户的商店"，而不是"状况糟糕的商店"或者"商人忽略了商铺的维护"）在竖线的另一边写下解释，猜测和疑问，这些将成为以后调查的根据或者在后续的调查中会得到解答。（举例："这种状况是显示了糟糕的经营状况，还是故意破坏的艺术行为？"）一些全局性的看法但不确定什么具体的情况能促使它，就把它们在另一

表1

环境要素	任务要求	重点难点
街道类型	识别并且画出一个学生在基地调查的各种街道类型的外形（剖面或者平面）。用图示语言（景观、宽度、建筑高度、公共交通、道路中线、退让等等）来记录街道的特征。在基地的总平面图上指出每一种街道类型中一条街道的位置	目的不在于记录每一条街，而是少数（3~4 个）主要的街道类型。徒步丈量典型的街道来获取宽度的感受（测量学生的步长）。数层数来推算建筑的高度
街区类型	识别该地区的典型街区类型。画出显示基本尺度的街区的平面（包括人行道）和通常情况下的街区土地分割（即：划分的典型宽度是多少？存在一个这样的典型宽度吗？还是随街区宽度不同而改变？）。画出这些街区类型的横截面。在总平面图上指出每一种街区类型中一个街区的位置	只要识别典型的例子而不是每一个街区——学生要试着从复杂的网络中提取仅仅几个典型的类型
建筑类型	识别出该地区的主要建筑类型。同样的，可能只有屈指可数的几种不同的建筑类型。考虑以下的标准：建筑规模、连接的 / 分离的、和街道的关系等等。在总平面图上大致指出每一种建筑类型中一个建筑的位置	记住，建筑类型指的是一座建筑内在的结构而不仅仅是它的风格或者功用。试着把学生调查的建筑简要提取成几类
开放空间	在地图上用图表画出该地区主要开放空间的位置和类型，牢记不同的类型	
用地布局	用标准的规划填色体系制作一张图表大致表述该地区的土地利用情况（居住、商业、零售、工业、等等）	不在于区分每一个建筑（或者甚至每一条街道）而在于找出在城市的不同部分土地使用大致上的土地利用类型。画一张平面图来大致表明各种不同土地利用类型的位置
交通流线	在一张图上画出所在区域和周围邻近区域的主要的交通运输节点。记录临近区域的土地利用情况。从主要的活动区域到这些交通节点有多远（以步行时间计）	区分交通类型：公共交通，车行交通，步行交通
主要骨架	在一张图上画出主要的场所和街道。把它们作为这一地区的最重要的地方来考虑	提交成果：每一张图表（辅以非常短的注释），关注一个主题（7 页图表和场所行为记录）

张纸上单独列出来。物理载体上的区分,有助于学生形成:客观事实——主观判断——进行验证的思维。

2.2 空间分析阶段的分层次思维

引导学生以一种更为抽象化的、带有分析的方式记录学生看到的有关物理环境的内容,目的是观察物理环境对于人们使用空间的方式有什么影响。目标是引导学生通过分析城市的各种建筑机理的组成部分来了解它们各自对于人们在城市中的行为方式有什么样的影响。学生要评估这些组成部分,并且试图理解什么特性支持活动的发生,而什么不支持。通过列举说明哪些种环境特性是积极的而哪些种不是。针对以下每项组成部分用一页图表来表示,做每张图表时要时刻关注每一组成部分的物理环境是如何影响到环境质量的。这个联系与学生前序空间设计课程联系最为紧密,也是完成度较高的一个部分。在过程中引导学生增加空间体验。用体验的方式进行空间感知,明确要求。避免学生天马行空,逐渐收束学生的思路。

2.3 概念形成阶段的可操作性

调研阶段结束以后,关键是问题的梳理与结论,应该对设计具有指导性和针对性。一方面学生较容易把问题归结到单方面,试图从单方面的改变解决所有问题;另一方面,结论会指向一些无法在空间上做出较为明确地回应的社会人文等方面的问题。所以分析阶段应该引介给学生设计的思维和一整套方法。让学生先从较为清晰的角度思考,避免纠缠式的思维。充分利用前面调查确定的利益相关者和可实现的设计抉择之间的关系。综合优先事项纳入计划,提出一个可执行的开放空间建议。有利于将学生的思维路径明确化,并能够将空间与人群建立直接的联系。这阶段引导学生在每一个阶段和方面,只进行必要的思考,排除弱相关要素。各阶段的要求应该明确控制。指引学生以组为单位工作,为基地内的开放空间做一份计划。建议按照下列程序进行:

1)确定利益相关者。首先根据人群分析确定一长串的利益相关者名单——可能是在周边的开放空间的使用者,也有可能是会受到城市开放空间网络引入影响的一个群体。

2)引导学生分辨优先事项。充分考虑每个利益相

关人群关注的优先选项。单一人群的考虑有利于学生从较为复杂的思维中脱离出来,理清自己的关注重点。引导学生试着考虑6至8种不同方法来建立一个开放的空间网络,这个网络要使每个利益相关者集团至少可以支持其中一个办法(可能不止一个)。对于每一个想法,思考起推动作用的设计特点应该是什么,以及学生可以提供的各种类型开放空间的位置与价值。尝试确定使用要素线性的公园,操场,广场,社区花园,邻里公园,城市公园,街区公园,非正式的空间,私人花园等等。引导学生考虑以下关于开放的空间网络设计的办法:

表2

设计切入点	设计主要内容
自然系统	根据自然系统(排水,生态,栖息地)
交通流线	最大限度地整合现有的交通流线体系
现有的开放空间	最大限度地发挥现有的开放空间网络
均衡 / 需求	依照需求在区域上达到城市平衡
人群活动	根据用途(自行车,操场,遛狗道)进行优化
市场机遇	优化可行性和 / 或土地的可利用性最大限度地提高土地价值,发展机遇
其他方面	

3)引导学生通过构建一个矩阵。在利益相关者(成行)和方法(成列)之间,建立一个可能与之匹配的矩阵,并且把学生认为利益相关者会支持的办法加以灰色阴影——比如:开放空间的设计方法。

2.4 设计阶段的逻辑思维

经过上面的分析,使学生能够有较为清晰的思路,并且能够形成自己切入城市设计的概念。这个阶段也是最容易出现反复的一个阶段,学生经常踌躇满志的提出自己的概念,很多概念都有深化设计的可能性,而学生往往缺少解决问题的决心与手段,遇到问题后会认为自己的概念出现了问题,殊不知每个概念都会有自己的问题,最终导致自己的设计无法推进,一直徘徊在各种概念之中。

在此阶段我们引入了设计大纲概念:设计大纲是一系列清晰组织的手写说明与清楚阐述学生设计目的和场地发展潜力的表格。手写说明用来明确表达一个设计者对于一个特定空间进行的操作期望。设计大纲要求学生

表3

	自然系统	交通流线	开放空间	均衡 / 需求	人群活动	市场机遇	其他方面
房主和租房者							
休闲的人们							
政府部门							
交通使用者							
环保组织							
大小企业主							
开发商							
研究机构							
有孩子的人们							
体育爱好者							

以场地分析为基础，包含学生的规划目标。说明具体应该含有空间 / 结构位置的目标，尺度，形态，活动和感受的质量。比如："保持自然表层的排水和河岸植被。使用地块作为散步的小径和娱乐之用。设计应当回应自然条件，保持节制和维护乡村风格。"表格应当含有一个表单和不同场所 / 便利设施 / 建筑构筑物的描述，它们的具体面积，它们的数量，理想位置和设计考虑。

在设计大纲的指导下，按照设计的进程指导学生逐步深化设计，重点解决城市结构与平面布局的问题，指导学生把握主要的空间结构关系，调整功能布局与建筑群体之间的功能关系。并且指导学生形成初步的总图方案。

在此阶段，学生尚能够与概念较好的联系，把握整体结构，具体的空间设计尚未完全展开。设计在强调结构的过程中，容易丧失场地特色，变成放之四海而皆可的设计，学生缺少大尺度与小尺度之间转化的能力。在这里我们引入案例教学，让学生针对自己的设计定位与表达，选择对应的案例，并深入解析案例的概念，手法与表达，形成自己可以学习借鉴的结论，避免泛泛而谈的案例教学。

2.5 深化阶段的设计表达

深化设计阶段，学生最大的问题就是设计概念与设计表达上的分异；场地内各种要素混杂，空间分布混乱。

在这个阶段指导学生调整整体及局部结构关系，调整结构元素，充分考虑场地内各功能要素：建筑元素——建筑物、建筑群；空间元素——街道、广场、空地；植物元素——树木、绿化、绿地。学生往往在设计过程中，希望将自己想到看到的各种要素充分表现，全部体现在一个设计当中。因此，我们在这个阶段经常引导学生进行减法设计，在要素选择与空间秩序上，要。

同时强调工作模型的重要性，工作模型可以采用简单的材质进行快速制作与推敲，很多设计并不是画出来的设计，而是在模型制作阶段摆出来的设计。同时，工作模型能够有效地引导学生将设计从二维平面向三维空间进行过渡。同时，在深化图纸的阶段，解决图纸的工程性是较大的一个问题，学生越来越趋向于概念本身而忽视了成果与实践之间的联系。此时，我们既要鼓励学生深化设计，也要提醒学生走出自己的概念，面对现实。

3 结语

通过几年的尝试与摸索，在这样的阶段引导下，我们在我们取得一个二等奖，三个三等奖的成绩。当然，阶段引导并不是尽善尽美。按照我们的阶段引导，有效地提高了整个班级的图纸完整度，提高了授课班级的平均水平。但是针对竞赛，在突出特点，以及在概念和图纸工程性方面的平衡仍然要进一步摸索。

Urban Design Course Guidance Guided by Urban Space Design Ability Training

Xiang Hui   Jiang Min   Yan Xiangqi

Abstract: As one of the core courses of urban and rural planning specialty, the course of urban design requires students having strong ability in spatial design. However, in the process of teaching, the author finds that it is difficult for students to form a coherent design thinking in a long design cycle, and difficult to grasp their own design direction in the process of design as well, which is impossible to form a satisfactory design result at last. In view of the problems that students are prone to have, such as vague concepts, inconsistent design expressions and poor spatial design ability, this article puts forward to clarify the design requirements by stages, guiding students to think and finish the design. Phased process guides students to open up their thoughts and thinking. On the other hand, guiding them to identify the problems which need to be solved at all stages, avoid excessive divergent thinking, and form a complete design logic, in order to enhance students' ability in space design.

Keywords: Urban Design Courser, Space Design Ability, Process Guidance

规划改革新形势下的"循证实践"教学模式探究*
—— 以设计生态学课程设计为例

毕　波　李方正　李　翅

摘　要：生态文明建设背景下大部制改革将城乡规划职能并入自然资源部，带来专业教育目标、内容、模式等多方面变革。未来的规划设计教育将更多建立在生态学理论与方法基础之上，并与相邻学科展开合作。源自医学领域的"循证实践"为生态规划设计教学理论结合实践提供了有益借鉴。以北京林业大学的设计生态学课程设计为例，阐述其课程内容、核心环节、教学组织、进度安排及考评体系等方面的"循证"特色，以期对空间规划设计教学改革带来启发。

关键词：空间规划，循证实践，教学改革，设计生态学

1　面向生态文明建设的城乡规划专业教育

1.1　生态文明建设背景下的规划体系改革

伴随着我国城镇化发展到高级阶段，改革是近十年来规划领域和行业的主题词。根据十九大的生态文明建设指导思想，2018 年 3 月全国两会组建自然资源部，负责全国 960 万平方公里陆地和 300 万平方公里海洋上所有土地、矿产、湖泊、河流、湿地、森林、草原、海洋等自然资源的监测评价、确权登记、空间规划、用途管制与保护修复，将城乡建设与山水林田湖草系统治理共同纳入国土空间规划体系。

大部制改革背景下，各地挂牌国土空间规划局、规划与国土资源管理委员会、规划与自然资源局等，统筹原有分部门的主体功能区规划、土地利用规划与城乡规划职责。城乡规划角色、功能、范畴相应变化：从粗放式的建设龙头转向精细式的管理平台；从传统的城乡空间建设转向自然资源的空间维护与管控；从土地利用开发转向人居环境与生态系统关系的协调修复。专业教育的社会需求基础也相应变化。

1.2　改革新形势下的城乡规划专业教育

在此背景下，传统城乡规划业务重心发生前移和后移：一是面向自然资源部、厅、局的国土资源宏观管控规划，要求科学划定生态保护红线、合理明确资源开发目标与上限；二是面向资方与社会的微观方案设计，强调问题解决途径的智慧化和绿色化。城市存量更新与历史文化保护、蓝绿空间与景观系统、城郊边缘区、城市韧性规划、小城镇与乡村发展等成为热点内容，需要从业者具备生态优先的价值观和综合的生态规划设计能力。

对于政府管理者，资源的开发或保护决策更多立足于科学理性判断、社会需求分析而非经济利益导向；对于学术研究者，设计结合自然不再只是"纸上谈兵"，要求科研与实践关系更为紧密；对于职业规划师，多元的背景知识和创新能力成为必备，以灵活适应分化的就业市场。知识领域的扩大、理性要求的提高、复合能力的需求等都对城乡规划专业教育形成新的挑战，新形势下的规划设计教学模式探索也势在必行。

2　基于"循证实践"的规划设计教学思考

城乡规划是顺应社会发展需求的实践性学科[1]。考

*　基金项目：中央高校基本科研业务费专项资金资助（BLX201812）；北京林业大学建设世界一流学科和特色发展引导专项资金资助（2019XKJS0319）。

毕　波：北京林业大学园林学院城乡规划系讲师
李方正：北京林业大学园林学院讲师
李　翅：北京林业大学园林学院城乡规划系教授

虑到未来自然资源保护的要求提高、人类建设空间进一步压缩、单一理性视角被削弱，规划设计教育应有两方面改进：一是规划处理人工与自然系统关系时更多重视吸纳生态学思想；二是设计走向可持续与精细化时更多以实证的逻辑依据为基础。人居环境的生态和谐正如人体的健康状态。为在规划设计过程中更好的协调生态、生产、生活空间，尊重、理解、顺应、保护生态系统，来源于医学领域的"循证实践"（evidence-based practice，EBP）提供了启发性的工作思路。

2.1 "循证实践"内涵及相关应用进展

（1）"循证实践"的方法与意义

"循证"理念始于上世纪末的循证医学，提倡医学实践遵循严谨的研究方法及可靠的科研成果；"循证实践"亦为循证学，主张"基于证据的实践"及在实践中慎重、准确和明智的运用证据；最初指医生"整合当前所获最佳研究证据、自身专业技能及患者价值观进行治疗" [2]，此后从医学向心理学、教育学、社会学、建筑及景观学等学科渗透，形成数十个新领域。

其方法倡导将多种研究证据纳入实践视野，平衡个人经验；提供实践中各种证据的评价标准，如权威性、信度、效度、情境适用性等；整合研究证据、实践经验与相关政策，制定总结工作的共同框架 [3，4]，对规划设计教学理论结合实践具有指导意义。尽管每一步实践以实证支撑是理想化的，存在夸大技术权威的可能，但其思路值得引入借鉴。

（2）生态规划设计中的"循证"进展

实际上，对人类发展与自然环境之间互动关系的探究古已有之。古希腊医学之父希波克拉底（Hippocrates，460-375BC）在其名著《空气、水和场地》中指出：人的生命，无论生病还是健康，都与自然力量息息相关；自然是不可抗拒和征服的，必须了解它的规律，尊重它的忠告，把它当作盟友来对待 [5]。直到 20 世纪 50-60 年代，这一思想在风景园林学科的规划设计领域生根：伊恩·麦克哈格、菲尔·刘易斯、朱利斯·法柏斯等先驱者将生态学知识和地理学分析技术引入规划设计方法，开始在区域尺度上求解与自然环境相关的土地使用和城市发展问题 [6]。

近年来，在建筑设计和景观规划领域，传统以美学

和设计理论方法为核心的经验设计正逐步向以科学解释和客观可度量的"循证设计"转变，特别应用于医疗建筑、康复景观、环境设计等前沿研究，即"探寻证据、运用证据、总结成果" [4]。以美国风景园林学科为例，当下科研发展势头最好的是自然科学与规划设计实践两方面结合紧密的领域，如可持续设计、生态规划设计、水资源管理等；不仅学术科研投入较高，其成果应用实践也较普遍（图 1） [6]。这种趋势也一定程度上与当前我国城乡规划专业教育需要审慎而远见的改革方向相符。

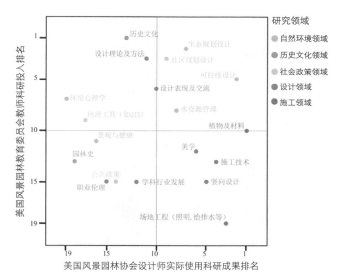

图 1 美国风景园林学科 5 大领域 19 个方向学术投入及科研成果实际应用排名

资料来源：参考文献 [6]

2.2 传统城乡规划设计教学问题反思

（1）对生态学理论方法重视不足

传统规划设计课程一般在教学目标、内容主题或地段选取方面更多关注人工系统内部的经济社会问题，较少具备生态学视野或将生态问题视为重点，最多将其视为并行方面，更少关注生态系统的运行机理及分析方法。一个重要的问题是生态相关设计依据不足。就笔者接触过的一些规划设计课程而言，对于特定的基地本底和地情，学生理解的生态规划设计容易陷入表面文章，以低密度开发、绿色制造、生态建筑为包装，无暇顾及生态过程的内在规律。

（2）偏向工程思维下的任务导向

传统规划设计教学一般以布置任务类型，如居住区规划设计、滨水地段规划设计、历史街区改造等使学生获得经验。给出的任务书包括具体的用地性质、各部分功能比例及相互关系，甚至包括具体的风貌设计要求等。这种方式容易使学生停留于工程思维，以完成任务为导向，形成区位、场地分析、方案构思、总平面图、鸟瞰表现的八股文；成果求全、求满、套用案例或形式大于内容，缺乏对规划设计目标、原理和依据的主动思考，不利于创新潜质的挖掘。

（3）成果考核评价维度相对单一

城乡规划设计教学旨在培养学生理性分析、创新设计、团队合作的综合能力[7]。而相对单一的成果考评维度，重视其中的经验技能表达，而非设计过程的合理性，则可能错误的将设计能力简化为画图、做 PPT 和方案汇报的能力，忽视过程中的设计思维、方法与素材积累。这很大程度上是受教师时间精力和知识结构所限，与相邻学科合作交流较少也是一个原因。而"循证实践"更重视分析构思过程，即使未直接形成成果也计入工作量，引导学生对设计生态性的充分思考。

3 "设计生态学"课程设计的"循证"特色

基于"循证实践"理念对以往教学问题反思，以北京林业大学"设计生态学"为例进行课程改进，注重生态规划设计的意识启发、思维训练和能力融贯。依托风景园林学一流学科建设，绿色空间与景观规划设计是其城乡规划专业教育的特色方向。课程面向本科高年级城乡规划、风景园林、和园林设计专业学生开设，为 40课时 2.5 学分的选修实验课。采用"授课 + 项目制"的教学方式，以城市存量地区修补、蓝绿空间保育开发、小城镇与乡村建设等为设计主题，目标是使学生了解生态学基础的规划设计理论、方法、案例等，树立人居环境的系统观，具体有以下特色。

3.1 教学内容将理论与实践相结合

理论与实践相结合是探索性的开设生态学结合规划设计课程的初衷。教学内容整体遵循理论与方法储备、实践情境考察、实践问题确定、根据问题检索证据、实践之后即时总结的"循证"过程组织。为期 10 周的教学安排分为理论、规划与设计三部分。前 2 周理论部分引介生态规划设计相关的理论、发展脉络、案例、数据和方法等，并外请专家进行专业讲座，点明实践模块的工作对象。后 4 周规划部分则以真实的环境营造任务启蒙，分组开展专题调查研究，确立合理的设计依据。在此基础上组织 4 周设计教学，以自然生态潜力、限制条件和影响分析等"循证"内容指导实践。

3.2 以专题调研的理性分析为先导

寻求有关人居与生态系统之间相互作用机制依据，进行"循证"基础上的分析研究是整个课程设计的核心。在理论和方法引介之后，规划专题调研环节的主基调就是数据量化分析和设计逻辑推演。通过问卷调研、数据实测、文献资料和互联网检索等手段，学生在基地环境、生态问题、人类活动等方面建立认识并收集各个专题基础数据；尝试应用 FRAGSTATS 等景观格局分析软件；通过 GIS 分析建立生态过程、潜力、格局、敏感性等空间评价，并进行必要的三维建模。整个分析研究过程是开放循环式的，为后续规划设计奠定较为扎实的基础（图2）。

3.3 以混合工作坊组织体验式教学

课程在规划设计阶段鼓励规划、景观和园林不同专业背景的同学混合结组，打破大教室教学模式，采用教师负责的设计工作坊组织体验式教学。理论教学伊始公布各个调研主题，进行教师与学生组的双向选择。工作

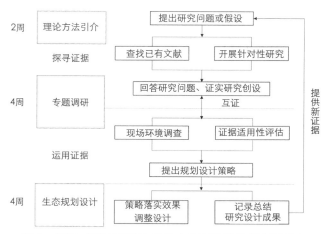

图 2 基于"循证实践"的生态规划设计教学步骤框架
资料来源：作者自绘

坊使学生角色相对固定、拥有既定方向的同时又有共同的工作平台，增加多元的交流机会，有利于团队意识和科学精神的培养。同时，教师也可以根据研究进展阶段性的调整教学重点，允许学生交叉参与讨论，培养综合能力又挖掘个人特长，充分强调"一专多能"。

3.4 教学进度安排突出"循证"过程

为培养学生良好的工作习惯，避免成果导向下的突击，在教学安排中合理控制工作进度十分重要。课程将10周教学过程分为目标与问题（2周）—寻求证据（4周）—规划设计与总结答辩（4周）三重节点，前两次组织团队间的交叉交流答辩，期末设置聘请校内外学者专家参与的终期答辩。学生针对不同节点的进度和深度要求总结学习成果，讲解规划设计要点、特色和疑问，并由跟踪教师和专家总结点评。这一过程强调以问题为导向，步步为营，而非片面追求成果尽善尽美，促进证据的共享交流并注重规划设计方案对证据的响应。

3.5 考核兼顾团队成果与个人能力

学生最终成果考核政策是教学课程的指挥棒，在"循证"过程的综合能力培养目标下，课程得分计算分为平时成绩（20%）、中期答辩成绩（30%）和最终成果成绩（50%）三部分，结合各人在规划分析和设计全过程之表现有5%的上下浮动。这种评分体系不以几张图纸作为学生最终的评价依据，而是突出考察学生整个教学过程中的学习效果。团队评分强调合作容让的团队精神养成，浮动评分则强化对个人学习过程中独立思考和逻辑分析能力的鼓励。

4 走向"循证实践"的规划教学改革方向

尽管"设计生态学"课程尚未正式开设，但"循证实践"思想已部分应用于系内其他设计课和毕业设计辅导：通过将生态学分析与规划设计相结合的密集训练，增进学生问题意识和思维能力、拓展其分析和表达技能，形成一些成果，例如基于区域生态格局、水文分析的生态型特色小镇规划设计（图3）。当然，"循证"教学也可能面临授课内容关注点分散、实证与设计不易衔接等问题。但笔者认为，以下创新性特色仍是未来空间规划设计课程应持续改进的方向。

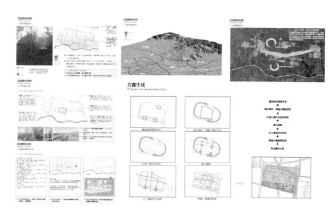

图3 侧重于区域条件证据分析及使用的设计成果
资料来源：相关课程资料

4.1 将生态学纳入规划设计本质思考

基于"循证"理念，新的规划设计教学引导学生从生态学角度主动思考规划问题及设计本质，将人居环境视为处于自然环境变化中的系统之一而非全部对象，思考方案"为何而做"和"应当怎样做"，而非仅仅知道"怎样进行创作"。引入生态学理论方法教育，使学生建立较高的视野，思考人类发展的本质问题；通过共同研讨任务书的分析制定，使学生理解设计意义、目的及其怎样指导设计创作，并从中建立选择研究依据和方法的评判标准。

4.2 从经验八股文向科学方法论转变

新的规划设计教学不以任务类型组织课程内容，而是以规划设计方法的学习研究作为核心。在教学不同阶段，按照任务的不同层面依次展开与强化。首先以应用为导向的理论讲解作为规划设计指引；其次以专题调研形式展开方法论教育，使学生在较短时间内，理解生态系统中土壤、空气、气候、水、动植物等要素与人居环境之间的关系；最后是立足于研究依据、场地分析、对象需求及个人经验的方案逻辑生成。

4.3 从知识技能传授向实验式教学转变

新的规划设计教学将方法论教育建立在有客观度量标准的、系统的"循证"知识基础上，是教学相长的互动学习过程，也可称为实验式教学模式，即允许并鼓励大纲以外的自主学习。"任何一门科学的真正完善在于数学工具的广泛应用"。以生态学理论方法为基础的规划设计，将特别注重定量分析预测的理性方法路径；学生学习不可能完全依赖师徒传授。这种模式也支持以角色转换的方式审视方案。

5 结语

新时期的生态文明建设与大部制改革为城乡规划学科带来新的挑战。未来的城乡规划专业将更多服务于整个国土空间规划的科学编制与落实，贯彻生态文明尊重自然、理解自然、顺应并保护自然的理念原则，以生态、生活、生产空间协调为己任，构建人居生态和谐的空间网络体系。这也为依托风景园林学一流学科建设、以绿色空间和景观规划设计为特色的城乡规划专业教育带来新的机遇。

可以预见，面向生态文明建设的城乡规划设计教学更加重视城乡发展过程中人与自然生态关系的改善。来自医学领域的"循证实践"理念为以科学证据支撑规划设计实践的课程框架建立提供了有益借鉴。以北京林业大学"设计生态学"课程设计为例，本文介绍了基于"循证"理念的规划设计教学改进思路。城乡规划设计知识由经验知识转向"循证"知识，是适应时代发展需求的一个趋势，也将带来教学内容、目标和模式等多方面变革。由于实践时间较短，本文提出的规划设计教学改进思路仍待进一步检验，同时也期待更多适应规划改革新形势的规划设计教学模式探索。

主要参考文献

[1] 刘博敏. 城市规划教育改革：从知识型转向能力型 [J]. 规划师，2004，20（4）：16-18.

[2] Archie Cochrane. Effectiveness and Efficiency：Random Reflection on Health Services[M]，London：BMJ Publishing Group Ltd，1972.

[3] 朱黎青，高翅. 从风景园林评论到循证设计 [J]. 中国园林，2016，32（11）：50-54.

[4] 郭庭鸿，董靓，孙钦花. 设计与实证 康复景观的循证设计方法探析 [J]. 风景园林，2015（9）：106-112.

[5] 麦克哈格. 设计结合自然 [M]. 芮经纬译. 北京：中国建筑工业出版社，1992.

[6] 陈筝，帕特里克.A. 米勒. 走向循证的风景园林：美国科研发展及启示 [J]. 中国园林，2013（12）：48-51.

[7] 杨俊宴，高源，雒建利. 城市设计教学体系中的培养重点与方法研究 [J]. 城市规划，2011，35（8）：55-59.

Exploration of Evidence-based Practice Teaching Model Adapted to the New Planning System Reform in China
—— Taking the Course Design of Design Ecology as an Example

Bi Bo   Li Fangzheng   Li Chi

Abstract: The recent ministry system reform in China under the background of ecological civilization incorporates the function of urban and rural planning into the scope of natural resources planning, thus bringing about the reform of professional education in terms of aim, content, teaching mode and so on. Future education on planning and design will be based on ecological theories and methods and cooperate with neighboring disciplines more than before. "Evidence-based Practice"（EBP）derived from the medicine field provides a beneficial model for integrating theory with practice in ecological planning and design courses. Taking the course design of Design Ecology in Beijing Forestry University as an example, this paper expounds the EBP features of its curriculum content, the core process, teaching organization, scheduling and evaluation system, so as to inspire the future teaching reform of urban and rural planning and design.

Keywords: Spatial Planning, Evidence-Based Practice, Teaching Reform, Design Ecology

基于专业技能实践需求下的教学回应*
——城市控制性详细规划课程中快速方案练习

麻春晓　　毛蒋兴

摘　要: 在城乡规划项目实践中,需要高效、直接、快速地对项目进行现状要点、规划重点、空间构想、方案设计的分析、表达和制图,这种必备的专业技能在本科专业教育阶段如何实现有效培养和教学组织,是专业教改和实践的重要方向。文章以城市控制性详细规划课程教学中的快速方案训练为教学实践,选择从易到难、从小到大、从新区到旧城、从单一性规划到复合型规划等多个项目让学生进行快速方案练习,循序渐进,通过对图说话、方案练习、方案汇报、点评讲解等多个教学流程进行教学组织,有效地提高了学生方案设计能力、快速分析和快速表达等专业核心能力。

关键词: 专业技能,快速方案,控制性详细规划,教学实践

1　控制性详细规划课程教学中面临的困难和问题

城市控制性详细规划是城乡规划专业的核心课程,通过本课程的学习,学生应掌握"控制性详细规划"编制的内容和方法。在理论知识层面,在贯彻执行国家建设部颁布的控制性详细规划编制办法的基础上,了解控制性详细规划在城乡规划体系中的地位和作用,了解和掌握控制性详细规划的编制程序、编制办法、指标体系和控制内容,了解城市设计与控制性详细规划的关系以及如何在控制性详细规划中纳入城市设计内容考虑;在专业技能层面:掌握基本的控制性详细规划基础资料收集、现状调研、资料分析、形成现状调研报告的基本技能,掌握控制性详细规划方案设计和分析图绘制的能力,制作完整文本的能力,同时为其他专业课程的学习打下坚实的基础。

在理论知识层面的学习中,学生已经在前续课程如《城市规划原理》、《城市总体规划》、《区域分析与区域规划》等课程中了解或掌握了基本的规划布局原则和常规性规划内容(包括基本的文本结构、规划流程、分析方法、分析图绘制、说明书编写等),特别是受到《城市总体规划》课程的影响,历届学生普遍对控制性详细规划与总规的不同表示困惑;在实践技能层面中,比如控制性详细规划课程开设在完成《城市总体规划》大作业之后,学生控制性详细规划方案与总规方案在深度和表达上没有差异,对地块的认知陷入"都是针对某片区域的规划,不就是划分路网填充色块,完成土地利用性质的布局"这样的思维陷阱;用地布局方案的设计思维和方法单一、单薄,做出来的规划方案"扁平化"、"雷同化"。任课老师针对以上问题,在课堂上反复强调控制性详细规划的涵义、特征、编制内容深度与成果要求等课程内容,似乎"收效甚微",在如何更好的将知识内核传导给学生并培养学生独立自主思考能力,成为一个"相当头疼的问题"。

2　快速方案练习在控制性详细规划课程中的引入

针对青年教师教学技能的提升和培养,学校实施青年教师导师制,对青年教师配备学术带头人等经验丰富、能力较强的"老教师"一对一指导,发挥有经验教师的传帮带作用。毛蒋兴教授对笔者指导指出(2011),

　*　基金项目:广西教育科学"十二五"规划课题《新型城镇化背景下人文地理与城乡规划专业课程教学改革研究与实践》(2015C380)。

麻春晓:南宁师范大学地理科学与规划学院高级城市规划师
毛蒋兴:南宁师范大学地理科学与规划学院教授

"规划行业是一个很特殊的行业，这个背景很复杂，所面临的问题也非常多。城市规和规划实践是一个很大的问题，要真正讲清楚很难。大学的规划教育更重要的是应教会学生如何去学习，让学生有一种很好的方法论指导。"笔者于 2015 年参加广西教育厅针对青年教师基础能力提升组织的武汉大学随堂听课，观摩了武汉大学城市设计学院牛强老师《城市经济学》。授课教师先给出湖北省某市某工业区控制性详细若干个规划方案（图 1、图 2），截取其中同样的地块作为"空白地块"让学生做方案练习（图 3、图 4），学生需考虑在不同的规划方案中，如何给"空白地块"功能定位、如何与周边地块相衔接等问题，并在课堂上讲解自己的规划方案（图 5）。授课老师对多个学生方案练习进行总结，再给出城市经济学角度下若干个用地布局结构模式讲解（图 6）。

笔者受到如下几点启发：①"小作业"比"大作业"更具有"短、平、快"的优势，可以给学生进行多个项目的练习，挤占课外时间不多，学生较容易接受；②学生需要对方案进行讲解，在没有制作相应分析图、说明文本或 PPT 汇报文件的情况下，如何用口语"对图

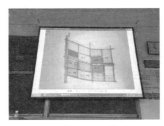

图 3　学生练习方案 A

图 4　学生练习方案 B

图 5　学生讲解练习方案

图 6　牛强老师讲解城市经济学角度下的规划结构

说话"，简明扼要的表达方案思想和重点规划内容，对学生的语言组织能力和逻辑思维能力是个挑战。③手绘图的制图方法，和规划快题"异曲同工"，是精简版的快题设计，同样可以达到训练学生手绘表达能力的教学目的。④以实际项目为以引导给学生进行动手训练，更有利于将学生引入到具体工作情境中，培养学生独立思考能力和处理复杂对象的兴趣。⑤方案设计能力和手绘表达能力是贯穿专业培养全过程的核心能力，与多个专业课程兼容性良好。笔者结合所上的《城市控制性详细规划》课程，对 2015/2016/2017 级本科生进行了持续三年的教学改革实践，将快速方案练习引入到课程中。

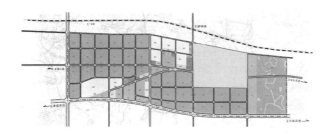

图 1　湖北省某市某工业区控制性详细规划方案 A

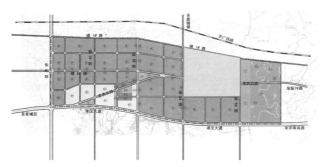

图 2　湖北省某市某工业区控制性详细规划方案 B

3　快速方案练习在控制性详细规划课程中的教学实践

3.1　基础手绘表现技法训练——前序课程

由于笔者同时担任《建筑与规划表现技法》课程的教学任务，结合《控制性详细规划》课程引入快速方案联系的要求，《建筑与规划表现技法》作为前序课程，改变基本形体的透视造型与明暗素描的绘图方式，侧重于用钢笔线条加彩色铅笔和马克笔练习街景透视图、园林透视图、城市鸟瞰图、规划分析图、规划平面图等规划设计绘制的相关图纸和内容的表达[1]。在

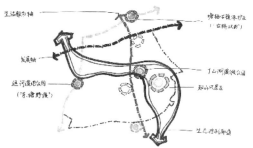
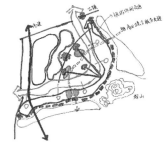
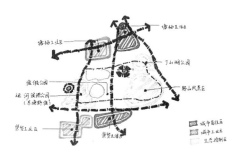

图 7　学生手绘分析图作业

图 8　某市某片区历年 Google 图

图片来源：网络

进入《城市控制性详细规划》课程学习之前，为学生先掌握必要的线条绘制能力、规划分析表达能力、马克笔上色能力等打下基础。在此阶段，主要是通过授课老师提供范例（范例来源教材、网络等），学生临摹为主（图 7）。

3.2　场地分析与逻辑思维训练——看图说话

在《城市控制性详细规划》课程一开始，授课老师将某市某片区 google 图片（图 8）在课堂上组织学生思考和讨论，要求学生分析地块位置、空间结构、道路交通系统、建筑肌理、城市意象等特点或问题，在黑板上根据学生讨论结果，列出各要点，并引导学生按照"从大到小"、"从整体到局部"、"从主要问题到次要问题"、"开头一句话概括、中间分层剖析、结尾要点总结"的思路和表述方式对研究对象进行解读；授课老师要求在剖析中，不能没有观点，至少要求写三点内容，再相应进行扩充。在教学实践中发现，这种没有所谓"标准答案"的讨论，课堂活跃度较高。

"看图说话"没有相关信息或背景资料提供，需要学生自己读图、提取研究对象特点并进行语言表述，通过思维方式的引导，学生对自主思考特别是深度分析有了进一步认识和体会，为后阶段的快速方案作业打下思辨能力和分析能力基础。

3.3　小规模功能明确地块训练——工业区中心快速方案练习

在给学生布置快速方案练习作业伊始，授课老师采用随堂听课上的案例给学生练习，一是考虑地块规模较小易于绘图，二是更容易让学生自己找到差异和不足。在刚接触快速方案练习时，可以非常明显的看出学生基础能力水平的较大差异（图 9），部分学生绘图规范或有方案亮点；而部分学生对用地规划方案缺乏概念，干脆直接摆房子或简单切割地块填涂"了事"。在这个阶段，授课老师引导学生在《建筑与规划表现技法》课程上习得的基本绘图能力运用到实际项目中，实现绘图技法从临摹样本到自我运用的转变；鼓励方案的差异性，鼓励学生独立思考和创造，不以图面表达和方案深度为评价标准。

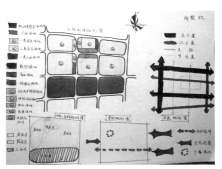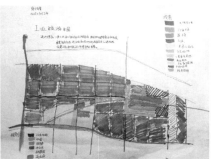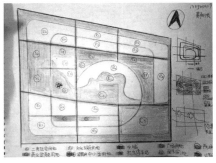

图 9　某工业区中心组团控制性详细规划快速方案练习学生作业

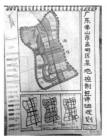

图 10　某城市新区组团控制性详细规划快速方案
练习学生作业

图 11　某城市滨水地区控制性详细规划快速方案
练习学生作业

3.4　大尺度复杂地区项目训练——滨水地区和新区组团快速方案练习

接下来在大尺度复杂地区快速方案练习中，授课老师选择选取规划范围较大、在城市中处于多种复杂要素影响的真实项目，给出总体规划结构图、总体规划用地布局图和规划用地现状用地图等必要前置信息，再学生完成作业后再进行完整项目文本的案例讲解。与小尺度功能定位明确地块相比，这一阶段的快速方案练习对学生深入思考功能定位、准确把握空间尺度、细分用地布

局等方面提出了更高的要求，同时授课老师要求学生加入城市设计的方法，进一步考虑地块空间形态方面如开敞空间、景观廊道、街道空间等方面的可能性（图 10、图 11）。

在这一阶段练习中，大部分学生对控制性详细规划方案的深度和成果表达有了更进一步的认识，以及部分学生对方案的创造性和发散性思维以及个人风格的绘图表现表现能力让人惊喜。大部分学生很容易出现划定地块尺度过大、用地布局简单、不能充分利用场地已有资源条件如水网系统等问题。针对这部分学生方案"扁平化"问题，授课老师引导学生以开发商的身份"挑选地块"思考各个地块的优缺点，理解规划方案规划结构、布局等对"平面地块""属性"的"添加"和"再造"；再反过来推导方案，增强区域整体景观环境、交通可达性的均好性，强调不同地块与周边差异性，提升整个城市的土地价值。

3.5　语言组织与口头表达能力训练——方案汇报

除了要求学生"静态"的手绘作业之外，授课老师也在课堂中组织学生走上讲台汇报快速方案思路过程和规划要点。从历年的教学效果来看，课堂上逐渐减少了类似"台上学生汇报、台下学生睡觉"的沉闷状态，上台汇报的学生逐渐重视方案口头汇报能力的训练，并逐渐认可"把自己的方案推销给别人"的"实际工作目标"，下面坐着的学生给予热烈的掌声鼓励及认可，课堂氛围较好。

4　教学反思和总结

快速方案设计能力贯穿整个规划设计过程并与多个课程兼容。在《城市控制性详细规划》课程中引入的快速方案练习，从历届教学效果来看，对促进学生手绘能力、方案思考能力、口头表达能力、逻辑思维能力和进一步理解城市土地利用价值和城市空间形态的关系，起到了积极、有效的作用。然而快速方案练习与后续课程的联系紧密程度不足，特别是没有在《城市设计》课程中得到贯彻，不失为一种遗憾。在未来的教学实践中，授课老师将思考、探讨并实践快速方案练习在《城市设计》课程中的运用，然而从城市设计在三维立体空间、场地设计、建筑尺度、建筑形态、建筑组合、空间意向等方面的侧重，与控制性详细规划在土地"定性、定位、定界、定量"方面的侧重有较大差异，在快速方案构思、方法、表达方式等方面应有着较大的不同。授课老师如何在《城市设计》课程中，引导学生转换思维方式，改进作业内容和练习方向，融入城市设计手法，将是在多个规划类型和层次中系统性构建快速方案练习教学方法的重点和难点问题。

主要参考文献

［1］ 麻春晓，毛蒋兴. 建筑与规划表现技法课程教学改革与实践 [J]. 高等建筑教育，2018（01）：103-110.

［2］ 卜雪旸. 对快速城市设计训练教学的思考 [C]// 全国高等学校城市规划专业指导委员会，福州大学建筑学院，福建工程学院建筑与城乡规划学院. 新时代·新规划·新教育——2018 中国高等学校城乡规划教育年会论文集. 北京：中国建筑工业出版社，2018.

［3］ 唐燕. 控制性详细规划的设计课程教改创新："校企联合"与"城市设计 - 控规"结合的整体教学方法探索 [C]// 全国高等学校城市规划专业指导委员会，福州大学建筑学院，福建工程学院建筑与城乡规划学院. 新时代·新规划·新教育——2018 中国高等学校城乡规划教育年会论文集. 北京：中国建筑工业出版社，2018.

Teaching Response based on the Needs of Professional Skills Practice —— Quick Program Practice in Regulatory Detailed Planning Course

Ma Chunxiao Mao Jiangxing

Abstract: In the practice of urban and rural planning projects, it is necessary to efficiently, directly and quickly carry out the analysis of the status quo, planning focus, space concept, program design analysis, expression and drawing of the project. How can this necessary professional skills be effective in the undergraduate professional education stage? Training and teaching organizations are important directions for professional education reform and practice. The article takes the rapid program training in the Regulatory Detailed Planning course as the teaching practice, and chooses many projects from easy to difficult, from small to large, from new district to old city, from single planning to compound planning. The program practice, step by step, through the teaching organization of graph teaching, program practice, program report, comment explanation and other teaching processes, effectively improve the professional core competence of students' program design ability, rapid analysis and rapid expression.

Keywords: Professional Skills, Rapid Program, Regulatory Detailed Planning, Teaching Practice

详细规划原理课程的动态辅助式教学探索与实践

王纪武　董文丽

摘　要：在新型城镇化、城市双修、社区生活圈等的指引下，城市详细规划原理课程的教学方案需要及时调整才能培养适应社会需求的专业人才。以原理知识的"不变"和城市发展需求的"变"相结合，改变传统的原理类课程单向知识传递的教学方式，设计模块化和动态辅助教学相结合的教学方案。采取教师指导下的自主学习、课堂汇报、实地调研、课程答辩相结合的综合教学模式，实施分目标、模块化教学与管理，实现专业知识、实践能力、职业素养的同步培养并取得了理想的教学效果。具体教学的思路、模式和方法可为提升相关专业课程的教学质量提供借鉴。

关键词：详细规划原理，模块化，动态辅助教学，浙江大学

引言

目前，我国社会经济发展正经历转型发展的关键阶段。在复杂的发展背景之下，我国城市的发展路径与建设模式也面临着重大的转型。新型城镇化、城市双修、社区生活圈、创新发展等一系列重大战略、方针的实施对城市规划的理论研究和实践指明了转型发展的方向。同时，也为城市规划专业人才的培养工作提出了新要求[1]。城市规划的原理类课程，既要保持"原理"的"基础性"，使学生了解并掌握必要的规划原理基本内容、方法和要求，具备从事城市规划科研、实践的基本专业知识和素养；同时，还要与时俱进以培养适合社会经济转型发展条件下具有"适用性"的专业人才[2]。因此，在新形势下适时探索、建构具有适用性、针对性的规划原理类课程的教学方法，对于培养适用性的城市规划专业人才，支撑我国新型城镇化等重大战略的实施具有重要意义。

1　课程架构的思路与设计

基于原理类课程教学的基础性特征以及社会经济发展对专业人才的要求变化，本课程的教学设定了以下几项基本教学原则：原则一，基础性教学。保证对"原理"学习的系统性、深入性，切实为学生打下扎实的专业知识基础。原则二，能动性教学。以调动学生的能动性，提升教学质量为目标，实施全过程的动态辅助教学。原则三，适用性教学。结合当前规划学科与专业实践领域的新发展，进行原理的教学，提升学生对原理的理解、应用能力[3]。

据此，本课程针对不同的教学目标，设计了模块化的教学内容，并将课程分为课堂讲解、学习汇报、案例调研等3个相对独立、逐层递进的教学环节，以合理有效的控制课程进度、实施动态管理（图1）。

2　教学模块的主要内容

2.1　原理讲授模块

城市详细规划原理的教学中，保证学生对"原理"的充分理解和掌握既是构筑学生专业知识结构的重要基础内容，同时又和上一层级的规划知识密切相关[4]。因此，

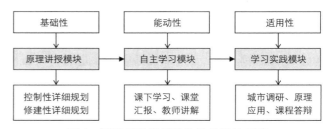

图1　课程教学的模块化结构设计示意

王纪武：浙江大学城市规划与设计研究所副教授
董文丽：浙江大学城市规划与设计研究所副教授

在这一模块的教学过程中，以"核心内容讲授＋多层级规划融合"为原则，同时邀请学科实习基地（浙江省规划院）的高级工程师的案例讲解和学生自学相结合，已达到"掌握、理解原理的核心内容，了解、认识原理的实践应用"的教学目的（图2）。具体主要包括以下几点内容：

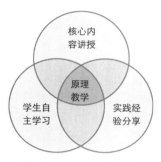

图2　教学模块构成示意

（1）核心原理内容的讲授。以控制性详细规划、修建性详细规划的关键概念、基本方法、主要内容的讲解为主体，以帮助学生对核心内容的正确掌握。讲课内容以"详细规划为原点"，纵向注重对总体规划、空间规划的衔接，横向强调与同类型规划（如城市设计、景观设计）等的融合。同时，提出相应的参考教材和专业读物，要求学生对核心内容之外的相关专业知识进行自主学习，并在课堂上进行答疑。

（2）实践经验和案例的分享。邀请学科实习基地的高级工程师对具体规划编制案例（包括：控规、修规）以及新型规划类型（例如：空间规划）进行讲解。从实践经验角度，强化学生对原理的理解和应用并增加学生从事专业理论和技能学习的兴趣。

2.2　自主学习模块

自主学习模块的设计建立在教师对核心概念和内容讲解的基础上，以确保学生自主学习内容的合理性、针对性。即，由教师在课堂上指明"学什么？怎么学？"的问题，并通过课堂答疑的方式由教师辅助学生完成自主学习的内容。进一步，结合当前城市规划领域的新趋势、新变化，设计课余学习作业，起到督促自主学习、强化理解原理的目的，并将原理类的课程从"课堂抽象讲解"向"实际问题思考"的转变。具体内容为：

（1）课余学习作业设计。设计了"《城市居住区规划设计规范》与《城市居住区规划设计标准》对比分析"的作业。要求学生对上述两个文件进行对比分析。一方面居住区规划设计标准中的内容是"详细规划原理"的重要和基础性内容[5]，通过对比学习，既督促了学生的自主学习又加深了学生对"新标准"的理解。另一方面，通过对比学习使学生了解了当前我国城市详细规划的重要发展方向以及城市发展的趋势。

（2）课堂汇报与讲解。选择具有代表性的学生作业，安排学生进行课堂汇报，即以PPT的形式展示自己的作业并提出相应的思考和问题。既有效促进了同学之间的横向学习又锻炼了城市规划学生的汇报、沟通能力。同时，教师对学生作业进行适时的讲解、分析，即加深学生对详细规划原理的理解并培育了"关注城市问题"的专业责任感和意识。

2.3　学习实践模块

在系统学习和体会了详细规划原理的基础上，以分组的形式设计"学习实践模块"。即，要求3个学生一组，在《城市居住区规划设计标准》的基础上，开展城市社区生活圈的调研，并提出问题和对策。具体是在城市中心区、城区、城市边缘区分布分别划定一个区域（在地铁线路上，方便学生出行调研），由学生选择具体的居住区，进行调研。

（1）绘制居住区的"控规图则"。要求学生按照控规分图则的要求，通过实地调研，完成"分图则"的绘制。一方面进行了控规图纸绘制规范性的训练，另一方面也加深了学生对控规指标以及各类"控制线"的理解。

（2）绘制社区生活圈。学生以"社区居民"的身份，通过实地调研，分别绘制出相应社区的5分钟生活圈、10分钟生活圈和15分钟生活圈（图3）。并通过问卷或访谈的形式，了解居民的社区生活特征以及社区生活圈的影响因素。

（3）提出并回应社会生活圈存在的问题。通过相应社区生活服务设施的分布分析进一步优化5分钟生活圈、10分钟生活圈和15分钟生活圈。总结社会生活圈的形成规律、典型问题并提出对策措施（图4）。

（4）课程答疑。要求学生从规划原理的角度，描述、解释并介绍各组的调查研究的成果。实现了"城市中心

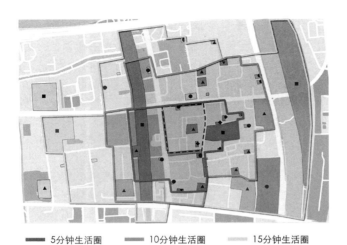

5分钟生活圈　　　10分钟生活圈　　　15分钟生活圈

图3　学生作业示意：社区生活圈的空间范围

▲ 文化教育设施
● 医疗卫生设施
★ 休闲娱乐设施
◆ 运动休闲设施
◇ 养老服务设施
▽ 便民商业设施
■ 吸引力高
▨ 吸引力较高
▩ 吸引力一般
□ 吸引力低

图4　学生作业示意：社区生活区形成机制分析

区、城区、城市边缘区"不同区位社区生活圈调研成果的分享和交流，也进一步锻炼学生的汇报交流能力。

　　通过这一环节的教学，完成了"规划原理——城市空间"以及"城市空间——规划原理"的循环演进式的学习。以模拟方案汇报的形式，邀请学科的其他老师共同参加课程答辩。

3　教学特色与创新

　　"规划原理"类的课程通常以教师的课堂系统讲授为主要教学模式，专业知识的流动过程表现为"一（教师）对多（学生）的单向知识传递"。学生需要在课堂上学习并尝试掌握大量抽象的概念、原理、方法和内容。单向、抽象的专业知识传递使学生对专业知识的消化吸收受到影响。同时，作为应用学科的城市规划也应强调对原理

的理解应用以及对城市现实问题的关注。因此，从改善教学方法、提升教学质量以及强化理论与实践相结合的角度，对本课程的教学方法和内容进行了改革。

3.1　教学特色

　　（1）以核心内容的深入讲解和自主学习相结合，实现原理类课程教学的基础性、规范性和能动性、应用性的结合。教学过程中，以核心概念、关键内容为主轴，为原理的学习构建扎实的基础。通过提供课程学习参考书目、设计课程作业等方式，激活、促进学生自主学习的能动性和积极性，以达到"纲举目张、活学活用"的规划原理教学的目的。

　　（2）以"对比分析"的学习为基础实现详规原理的动态学习，加深了学生对规划原理和我国城市发展趋势的理解。突出应用学科的特点，以当前专业领域的新变化、新趋势为指引，设计了"《城市居住区规划设计规范》与《城市居住区规划设计标准》对比分析"的作业，使学生在完成作业的过程中，通过自学和教师答疑的路径获得对重要原理知识、学科以及城市发展趋势的理解。

　　（3）以"原理＋实践"的方式，使原理课走出课堂，提升学生应用原理知识发现、解释、应对实际城市规划问题的能力。在课堂的原理基础教学和比较研究作业的基础上，进一步设计了"城市社区生活圈调查研究"的教学环节。在夯实原理知识学习的基础上，锻炼学生应用原理知识以认识、分析和应对城市问题的实践能力。

　　（4）以适合学生学习习惯的方式，激发专业学习的能动性并积极推广学习成果，为低年级学生提供示范和学习的内容。以浙江大学城市规划专业本科生成立的"规划学会"为平台，在学生适应的交流语境中，积极推广教学成果，促进不同年级本科生的纵向交流和学习，起到了专业知识学习的"传、帮、带"的作用。不但锻炼了本课程学生的问题凝练、文字表达的能力，也为低年级学生了解、学习本课程打下良好的基础（图5）。

3.2　教学效果

　　（1）掌握、应用详细规划原理方面。通过讲课、作业、调研三个逐层递进的教学环节设计，从不同层次、不同

城规原理Ⅱ作业 | 城市居住区"生活圈"的调查研究

原创：浙小规 浙大城规学会 2天前

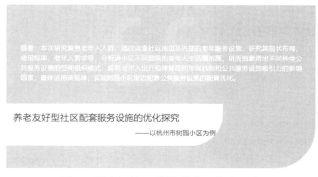

摘要：本次研究聚焦老年人人群，通过调查社区周边及内部的老年服务设施，研究其现状布局、使用频率、老年人需求等，分析该小区不同层级的老年人生活圈范围；进而抽象得出不同种类公共服务设施的空间组织模式；解释老年人出行处停背后的形成机制和公共服务设施吸引力的影响因素；遵循适用规律，实现树园小区周边配套公共服务设施的配置优化。

养老友好型社区配套服务设施的优化探究

——以杭州市树园小区为例

图5 学生语境下的教学成果推广示意
资料来源：微信截图

方向开展围绕"原理"（靶心）的全方位教学和，使学生扎实的掌握了详细规划原理的核心内容，并具备了一定的城市详细规划绘图、编制的能力以及研究、解决城市问题的能力。

（2）培育学生的自主学习能力方面。以教师辅助为基础、促进学生的自主学习，有效调动了学生的学习积极性。以小组为单位的调研环节的设计，培养了学生的团队合作精神和专业责任感。使本课程不仅很好地完成了专业知识的教学，同时也启动了职业精神和素质的教育。

（3）课程学习成果的横向交流方面。课程设计了两次汇报展示，第一次为"对比研究"作业的展示，由学生个体完成；第二次为"调查研究"的汇报，由学生小组完成。不同阶段的展示、汇报既起到了有效控制学习进度的作用，同时创造了学生横向学习的机会和平台。例如，在调查研究的教学环节，虽然每个小组只能完成一种类型社区生活圈的调研，但是总体上形成了对"城市中心区、城区、城市边缘区"不同区位社区生活圈的调研成果。使学生对城市整体的发展规律获得了统一的认识。

4 结语

当前，我国社会经济正在新型城镇化战略的指引下经历重大的转型发展阶段。城市规划专业领域的发展同样也在经历重大的变化。关注人的城市化以及提高城市发展质量成为我国城市规划工作的重要内容，并为城市规划专业人才的培养提出了新要求。作为应用学科的城市规划，其专业人才的培养必须适应社会经济发展的现实需求和发展趋势，及时、准确的做出调整，才能为我国新型城镇化战略供给适用的专业人才。

本课程基于上述考虑，结合社会发展需求、课程属性特征、学生学习习惯等因素，改变了传统的课题讲授的单向知识传递的教学方式。以核心知识为基础，围绕重要现实问题，采取动态辅助式的教学方法，设计了多环节的、学习与实践相结合的教学内容，在专业知识学习与应用、职业素质与精神的培养等方面都取得了理想的效果。具体教学方案和内容也为城市规划专业相关课程的教学提供了借鉴。

主要参考文献

［1］ 赵万民，赵民，毛其智，等.关于"城乡规划"作为一级学科建设的学术思考 [J]. 城市规划，2010（6）：46-54.

［2］ 王纪武.互联网条件下知识流动方式的改变与城市规划教学改革研究 [C]. 新常态新规划新教育——2016全国高等学校城乡规划学科专业指导委员会年会论文集 [C]. 北京：中国建筑工业出版社，2016：86-89.

［3］ 杨贵庆.城乡规划本科生能力结构与职业规划师核心能力的对照分析 [C]. 新型城镇化与城乡规划教育——2014全国高等学校城乡规划学科专业指导委员会年会论文集 [C]. 北京：中国建筑工业出版社，2014：3-6.

［4］ 赵万民.新型城镇化与城市规划教育改革 [J]. 城市规划，2014（1）：62-68.

［5］ 朱玲，张倩，惠颉.求同存异、归本溯源、营居塑境——城市更新中居住空间单元规划与设计教学探索与实践 [J]. 住区研究，2014（4）：133-137.

Exploration and Practices on Dynamic Assistant Teaching in Detailed Planning Principles

Wang Jiwu   Dong Wenli

Abstract: Under the guidance of new urbanization, urban Double-course and community life circle, the teaching plan of the course of urban detailed planning principle needs to be adjusted in time to train professionals who can meet the needs of society. Combining the "invariability" of principle knowledge with the "change" of urban development needs, the traditional teaching mode of one-way knowledge transfer in principle courses is changed, and the teaching scheme combining modularization and dynamic assistant teaching is designed. The integrated teaching mode, which combines self-study, classroom report, on-the-spot investigation and course reply under the guidance of teachers, is adopted to implement sub-objectives, modular teaching and management, and to achieve the simultaneous cultivation of professional knowledge, practical ability and professional quality and achieve ideal teaching results. The specific teaching ideas, modes and methods can provide reference for improving the teaching quality of relevant professional courses.

Keywords: Detailed Planning Principle, Modularization, Dynamic Assistant Teaching, Zhejiang University

浅析城乡规划学本科三年级短学期村庄规划实践教学 —— 以大理茶马古道沿线村庄调研与保护规划研究为例

王　连　史学瑞　郑　溪

摘　要：新时期下的城乡规划学专业发展，越来越多的要求面向城乡融合、乡村文化振兴以及生态可持续发展等方面转变和加强，作为云南省地区级重点高校，昆明理工大学建筑与城市规划专业在城乡规划学本科教学社会实践环节中结合地区传统文化的保护与发展的实际需要，联合地方企事业单位参与实际规划设计项目，配合地方政府文保、规划及旅游部门对大理市洱西片区茶马古道沿线的传统白族村落展开调查研究，用以实际规划项目带动专业教学的方法，引导学生回归以人为本的规划理念和设计手段，并尝试将研究成果转化到项目实践行动中来，带动地方村镇层面的传统文化保护与传承。文章内容来源于教学与实践工作中的走访记录与部分研究成果，介绍白族地区传统历史村落相应的保护措施及规划方法，借以唤醒人们对这段文化及历史的重视。

关键词：乡村规划教学，茶马古道，传统村落，要素与保护

1　背景

　　滇藏茶马古道始于我国中原唐朝时期，云南地区南诏时期，是古代中国云南到西藏的一条重要商业通道。茶马古道的诞生导致了汉、白、藏三种文化在大理地区的交流与融合，由于大理地区海拔较高、多山，相对封闭的地形在民族文化融合的过程中白族完好的保存了自己的文化主体。随着茶马古道沿线的繁荣，南诏时期在其沿线产生了大量的居民点，并设立了都城。明清时期茶马古道及沿线的商业发展、城市建设均达到了一个鼎盛时期。到了上个世纪初，随着铁路、公路以及机场等现代化交通的建设，茶马古道及其马帮文化逐渐没落，渐渐地消失在城市快速发展的浪潮中，尤其是近二三十年的城市发展和旅游开发，让大理洱海地区进入到一种几乎不可控制的高速建设状态，各种风格的商业开发建筑大量涌现，蚕食着苍山洱海之间的山水田园等自然传统风貌，部分历史村落要么消失要么被新村建设运动完全遮盖起来，难以寻觅。中本文将以茶马古道沿线两个保存尚好、较有代表性的村落为主，解读洱西片区茶马古道沿线白族传统村落空间建筑特征和相应的传统文化的关系，并介绍结合教学活动，研究村庄的保护措施及

规划方法，以经验交流和工作总结的方式，探讨城乡规划本科教学与传统村庄保护在实践过程中的协作关系。

　　按照昆明理工大学建筑与城市规划学院 2017 年版教学大纲要求城乡规划学本科在三年级阶段利用暑假短学期集中周（三周集中教学时间）期间了解并初步掌握乡村规划理论及方法和传统民居建筑及村落规划特色。为避免过于理论的课堂教学，经系教研组决定用理论结合实践的方式带领规划系本科学生（约 30 人）到项目实际村庄中去，现场学习和研究村庄及传统建筑的规划建设方案。

　　自 2016 年暑期开始，连续三年赴云南省大理州，以茶马古道沿线重要的历史文化村镇为研究对象，进行传统村落测绘及规划方法研究教学活动，其中：

　　2016 年赴大理州剑川县沙溪镇（3 周），测绘传统村庄一个（黄花坪村），传统民间建筑 8 栋，测绘及研究成果集一册；

　　2017 年赴大理州剑川县沙溪镇（3 周），测绘传统

王　连：昆明理工大学建筑与城市规划学院城乡规划系讲师
史学瑞：昆明瑞方规划设计咨询有限公司城市规划师
郑　溪：昆明理工大学建筑与城市规划学院城乡规划系讲师

村庄七个（涵盖沙溪坝区主要行政村），测绘及研究成果集一册；

2018 年赴大理州大理市下关镇（3 周），测绘传统村庄四个（洱西茶马古道沿线白族传统村落），历史街区两处（龙尾关、凤阳邑）。

本文重点以第三次调研活动为例，介绍大理市下关镇及喜洲镇两个传统村落的研究内容及成果，以及在配合地方部门的工作合作中的经验总结。

2 村落特色及研究价值

大理下关凤阳邑村曾是茶马古道沿线上的一个驿站，至今仍存留着长约 700 米，宽约 3 米的古道路段，也是茶马古道滇藏线在大理地区的唯一遗存。村庄在 20 世纪 80-90 年代之间曾发生过较严重的自然灾害，自此村庄中的多数人搬离了村庄，导致村庄内现代化的建设较少，村庄内的一些传统街道和院落得以保留。同时，村庄靠近原南诏都城太和城遗址，属于早期白族文化较为繁盛的区域。因此该片区对研究白族传统空间布局和地方文化有重要的历史价值。

庆洞村隶属于大理市喜州镇，茶马古道在村庄中穿过。每年的农历四月二十三至农历四月二十五期间，大理白族地区会举办盛大的游春歌舞集会"绕三灵"，其中"三灵"之一的神便位于庆洞村，因此该地区白族传统文化氛围较为浓厚。并且由于地形较为平缓，庆洞村内的传统院落更加规整，设施更加齐全，更便于空间特征的研究。

总体而言，以上两个村落都属于洱西片区空间保存较好，文化特征明显的村落，在同类型的村落中具有相当的代表性。同时，大理地方政府也率先选择这两处村落作为洱西片区茶马古道沿线白族村落保护规划的试点，希望发掘村庄的保护价值，整理出具有代表性、规范性，并可复制的传统村落保护与规划发展方法。

3 教学方式及实用价值

因为与实际项目相结合的原因，项目合作方为学生调研活动提供了适当的便利条件，如提供现场办公场所及厨房后勤保障，解决了学生出行人数较多情况下的后顾之忧。教学工作安排采用前紧后松的方式，现场调研工作两周时间，统一安排、集体活动，吃住在现场；之后返校后工作一周，总结完善调研成果。教学内容方面以实际动手操作的方式引导学生接触并了解传统村庄建筑与规划层面的特点，总结出有规律性的要素；结合与规划编制单位、政府部门的实际交流，总结出有可实施性的规划及管理方法。

总结下来，经过短暂而又丰富多彩，紧张而又高密度的集中教学及实践活动，学生们的学习积极性极大的被调动起来，工作内容及成果也较为丰富。主要包括几个方面：

（1）对地域代表性的白族民居传统建筑与茶马古道沿线传统村落的规划建设特点有了较为详实的了解，并以传统村落保护要素的方式加以提炼，总结出地域范围内具有共性和代表性的价值点，有利于整个地区的传统村庄保护与发展，有利于学生对专业领域在乡村特色规划方面的知识掌握和深入学习。

（2）对传统建筑的建造方法有了较为系统的学习和掌握，通过建筑与街巷空间的现场测绘，以及在过程中与当地村民、工匠、手工艺人以及地方政府专家和学者的交流，让学生体会到村庄生活的朴素与艰苦，学习到建筑因地制宜的建造方式和传统构造原理。其总结的成果以村庄及重点建筑测绘图的形式保留下来，即对专业教学在技术和方法传承方面有重要的参考价值，也为地方政府在村庄建设方面提供重要基础资料有直接的帮助。

（3）在现场及后期交流学习过程中，借鉴和总结的村庄保护与规划方法，对地方政府在村庄管理实践中起到一定的借鉴和指导作用。如在项目中地方政府主要委托的规划编制单位是具有瑞士联邦理工大学（ETH）高校背景的瑞士 LEP 规划咨询事务所（中国子公司：昆明瑞方规划设计咨询有限公司），教学活动的成果与瑞士专家有过多次的交流和探讨，以邀请瑞士规划专家赴学院来做专题讲座的方式，将国际较为流行的历史传统建筑保护办法以及传统村庄规划方法教授给同学们，并利用瑞方的规划管理办法运用到村庄调研中来，如详实的村庄建筑分类及分析办法和以院落为单元的普查登录方法，这些学习到并运用到实践工作中的调研成果，间接地指导了地方政府在村庄保护项目实施过程中，建立保护区（核心区、控制区、协调区等）、划分保护等级及明确保护对象、优化村庄管理制度等发面的工作。

4 教学成果总结及思考

4.1 传统村落保护要素梳理

经研究发现，大理洱西片区的白族传统村落及民居建筑有诸多统一的特点和地域性的特色，既代表了整个大理白族民居文化传统，又体现出苍洱地区的村庄发展演化的特色。归纳起来有几个方面：村庄选址及公共设施布局；传统文化及院落布局；建筑及宅门设计。这些要素共同组成白族村落的"图腾"。

（1）村庄选址及公共设施布局要素

大理洱西片区白族村落的选址以及村庄内部常见的空间场所具有明显的地域特色，从宏观的角度归纳总结传统村落的规划建设要素，解读大理白族地区村落的构成及村庄中具有普遍意义的文化生活。

（2）院落布局要素

院落是传统村落的居住单元和家庭单元，白族传统院落能够体现白族以家族为中心的传统文化以及家庭生活方式，根据家庭结构和组成大小，院落布局多种多样，包括一正一厢、一正两厢、三房一照壁、四合五天井、六合同春等多种院落布局形式。

（3）建筑构筑物类型及文化要素

大理洱西民居常用作正房的形式有带厦楼房、走马楼、土库房，吊柱楼房常用作耳房或是厢房，挂厦楼房则是最主要的商铺门面房形式。建构筑物的多样性也体

院落布局要素 表2

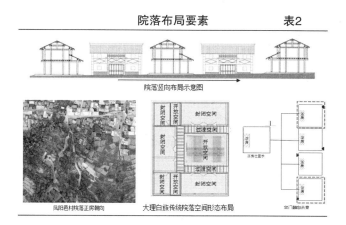

院落竖向布局示意图

凤阳邑村落正房朝向　　大理白族传统院落空间形态布局

建筑构筑物类型及文化要素 表3

文化要素	本主文化	庆洞村绕三灵	神都鸟瞰图
	佛教文化	圣源寺正殿	
	建筑要素		

村庄选址及公共设施布局要素 表1

	凤阳邑村	庆洞村
村庄选址	建在苍山山麓上的凤阳邑	建在苍山山麓上的庆洞
公共设施布局要素	凤鸣邑村南部入口处的广场位置示意图	庆洞村北部广场位置示意图

现了生产生活的多样性以及传统观念中的等级机制。

4.2 传统村落及建筑测绘总结

作为城乡规划专业的本科生，掌握基本的绘图技能是必不可少的教学环节。在实践教学环节中，带领学生实地测量民居建筑、道路及街巷空间、重要公共活动空间是主要教学工作内容。为学生准备的测绘工具也较为丰富，既有传统的皮尺、卷尺、竹竿、绘图板、水准仪等传统工具，也有激光测距仪、无人机等较为现代化的测量辅助工具，因传统村庄道路及院落空间狭窄，传统的测绘手段起主导作用，利用无人机从空中拍摄作为村庄整体布局测绘和建筑区位校对，综合使用传统和现代化的测绘工具及校对方法，可以保障测绘成果满足村庄布局及建筑单体现状图的绘制要求。

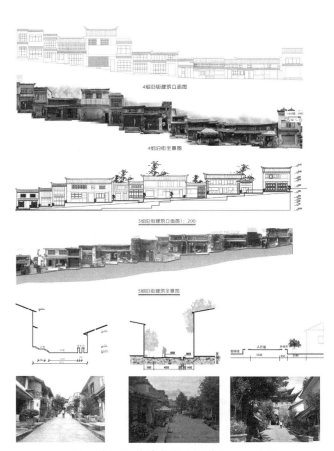

图 1 大理下关镇龙尾关街巷立面测绘图

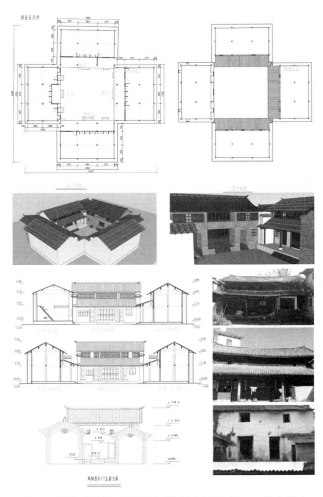

图 2 凤阳邑村白族民居测绘图（原四合五天井建筑）

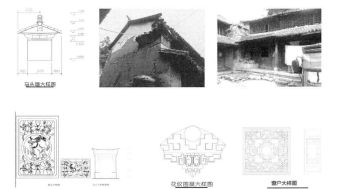

图 3 建筑细部大样测绘图（窗花图案）

4.3 传统村落保护及管理调研总结

通过现场调研以及后期的学术交流活动，针对少数民族地区传统村落的保护与规划管理总结出三个重要方法，其一是完善的村庄建筑档案录入管理制度，其二是传统建筑保护时序评价措施，其三是配套的监控管理机制。

经研究，在进行古村落保护规划及历史文化区域的保护规划中，将区域内的院落及建筑以档案的形式记录是开展后续工作的基础，并且涉及到的建筑并不只能局限于需要受到保护的历史建筑，也要关注到区域内需要进行风貌整治的现代建筑，这一风貌不协调的状况在当今农村地区非常突出。因此，院落、建筑档案的录制是传统村落最基本的工作，建筑档案中不仅包括建筑和院落要素特征，也包含院落的现状情况以及院落负责单位或个人的基本信息，这些信息既方便规划区的建筑管理，也能为后期规划的实施提供相应的技术支持。

现将本次研究用于记录传统院落、建筑的档案表格附于此处供未来从事相关工作的人员作为参考。

表4

大理茶马古道沿线传统村落的保护及发展规划
庆洞村历史传统建筑档案
Consultancy Support for Preservation & Protection Plan and Development Concept for Traditional Village along Ancient Tea & Horse Road
Inventory File of Historical Buildings of Qing Dong Village

院落编号 Courtyard NO.	A-04	院落类型描述 Courtyard Typology
权属 Ownership	□国有 □集体 ■私人	1. 格局：两向两坊
户主编号 Household NO. 名称 Name	未知	2. 完好程度 院落目前为两向两坊院落，院落中的建筑相对保持完整，建筑全部保持为原有的传统样式。院落现无人居住，整个院落现用作仓储及饲养，处于半闲置状态。院落中正房厢房处于荒废状态，建筑整体状态良好。院落中建筑没有大的结构
用地性质 Land Use	村民住宅用地 V11	上的损坏，院落铺地保持为传统石板铺地。质量和风貌均保持较好。
院落面积 Plot Area	680.01m²	3. 主要特色 院落为典型的大理白族合院类型。院落方向为东西朝向，正房坐西朝东。院落
建筑基底面积 Footprint Area	399.23m²	内没有大的后期建设及改动，院落风貌完全保持原有的传统造型。院落虽然为两向两坊形式，但院落预留有充足的拓建空间。院落现无人居住，部分建筑用
保护等级 Protect Level	□省保 □州保 □市保 ■历史建筑 □文物普查点	于饲养和仓储。 4. 存在问题 尚未发现问题。
位置示意图 Location		院落示意图 Courtyard Layout

鸟瞰
Bird Eye

图例： ▭ 院落范围线 ▮ 老建筑

宅门所属院落编号 Gate NO.	A-04	宅门类型描述 Gate Typology
宅门方位 Direction	■东 □南 □西 □北	
宅门风貌 Feature	■传统 □协调 □不协调 □重大负面影响 □无	
宅门质量 Quality	■好 □中 □差	
宅门风格 Style	□中式传统出阁式 ■中式传统平头式 □中式传统混合式 □西式 □中西合璧式 □其他	
宅门形式 Structure	□屋宇式大门 ■三滴水墙垣门 □一滴水墙垣门	该宅门位于院落东北角，宅门的样式为三滴水平头式宅门，门上用挂枋托着上面的门头，门头出檐依靠层层挑出的砖石支撑，梁枋、檐下用砖雕和泥灰塑造各式装饰形象，表面涂有彩绘。门楼构建多用砖石。两侧的墩柱顶部也建造两个小屋顶，墩柱檐下及宅门门廊两侧有雕刻并绘有壁画。中槛上安有两个四边形的门簪，宅门底部安装有门槛。门框门板均为木质。
门板材质 Material	■木 □金属 □石 □其他 □无	
屋顶 Roof	□中式单面坡屋顶 ■中式双面坡屋顶 □无	
下槛 Threshold	■有 □无	
照壁 Zhaobi Wall	□平头一字型影壁 ■三叠水式影壁 □无	
屏壁 Pingbi Wall	□有 ■无	

备注 Remark：

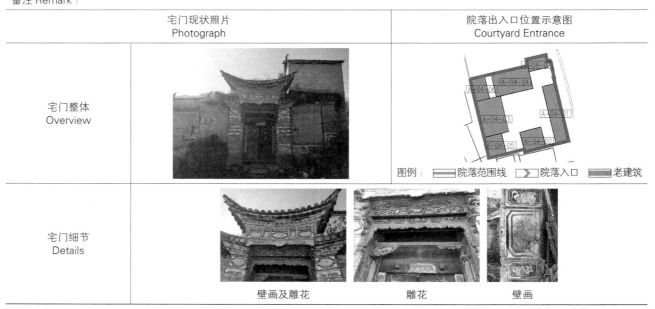

	宅门现状照片 Photograph	院落出入口位置示意图 Courtyard Entrance
宅门整体 Overview		图例：▭院落范围线 ▷院落入口 ▬老建筑
宅门细节 Details	壁画及雕花	雕花　　壁画

建筑编号 Building NO.	A-04-04	建筑类型描述 Building Typology
建筑基底面积 Area	86.54m²	
建筑风貌 Feature	■传统 □协调 □不协调 □重大负面影响	
建筑质量 Quality	□好 ■中 □差	1. 完好程度 建筑整体保持完好，主要结构体没有损坏，门窗、墙体壁画、瓦面有部分损坏，但门窗仍保留为原有的传统形式。建筑整体质量一般，风貌保持完好。
建筑结构 Structure	■木结构 □夯土 □砖混	
建筑材质 Material	■土 ■木 ■石 □砖 ■瓦 □草 □其他	
建筑层数 Storey	2 层	2. 主要特色 该建筑为独立的三间两层带腰厦楼房，一层正中作堂屋，两侧次间均做卧室。建筑现已荒废无人居住，用作堆放一些杂物。二层用作堆放杂物。腰檐下有宽敞的走廊，称为"屋檐台"。

建筑色彩 Color	■ 棕色	▨ 浅灰色	□ 白色	一层明间为六扇腰木雕窗，两侧次间为大面积的木质板壁和木质门及方窗。二层窗子明间为木格条窗，两侧为窗板和木质方窗，建筑立面造型呈对称样式。山墙、屋檐为改进后的封火墙檐。腰檐两侧设有包子头，右侧的包子头与西侧正房相连，也称为转角马头。墙体主要为土基墙。建筑左侧山墙绘有壁画，上写有"福"字，作为宅门内的照壁。建筑为院落厢房。
	▨ 土黄色			
	建筑屋顶为浅灰色。墙体以白色，土黄色为主。门窗、柱等木质结构为土黄色。			

建筑年代 Age	□ < 50 年 ■ 50-100 年 □ > 100 年
建筑屋顶 Roof	■瓦 □茅草 □石棉瓦 □平顶

备注 Remark ：

建筑现状照片 Photograph	建筑位置示意图 Building Location

建筑整体 Overview	 建筑立面	 图例：□ 院落范围线 ■ 建筑轮廓线 ▨ 老建筑 ▷ 院落入口
建筑细节 Details	 包子头　 壁画　 门　 外墙壁画	

4.4 传统村落调研的思考

通过连续三年的本科三年级短学期村庄规划实践教学活动，让学院师生对大理地区茶马古道沿线的村庄历史、现状以及未来的发展有了直观的认识和较为全面的了解，在教育教学方面做了一些探讨性的研究与尝试，为云南省高校城乡规划学专业教学的方法研究提出借鉴性意见。

首先，三年级本科生正处于思维较为活跃、心理趋于稳定、专业取向逐渐明朗化的重要时期，在完成一二年级必要的专业基础教学情况下，适当的利用假期，主动带领学生走出校园、走进乡村、走向社会，是对学生对所学专业产生兴趣、提高学习积极性、并引导学生由传授式被动教学向吸取式主动教学转变的一种很适宜的方法。尽管这样的教学方式存在着实际项目来源少、时间短、组织管理不易协调等方面缺点，但给老师学生们带来的机会是非常难得的，经毕业生反馈，村庄调研及测绘实习活动，是他们大学期间最为值得怀念的几个经历之一。

其次，村庄规划实践教学活动让同学们学会了规划专业动手加动脑的操作过程，让学生们走出教室、放下电脑，去一砖一瓦的研究建造，去一间一院的走街串巷，跟村民、村官和专家交流，把自己的想法和问题跟老师同学们分享，这种互动式的教学有利于对乡村规划、传统民居建筑以及相关知识的理解和掌握，有利于教学以丰富的形式、高效的方法进行，整个教学活动时间虽短，但效果较好。

再次，村庄规划实践教学活动让同学们实际认识到了少数民族地区城乡规划实践过程中的城乡差距以及文化差异，对那些本来就来自于地州县的学生以及哪些有志向到地州县去工作的学生无意是个非常好的实践机会，通过与当地各级政府的对接，也让学生们了解到地方行政工作的基本内容和主要特点，有利于未来在就业、择业过程中选择更适合的目标。

另外，这样的教学活动也为当地的村庄规划实践工作带来有力的促进作用，毕竟在地州县上的规划部门专业人手不足，难以做到规划普查等基础工作细致缜密、大量高效的成果，而结合高校教学环节正好解决了地方专业部门的部分实际工作需求，达到双赢的效果。因此，这样的教学活动应继续在我校推广和深化，不宜多但要精，而且要有连续性，通过院校与地方的合作，达到教学和服务社会两不误的目的。

主要参考文献

［1］ 宾慧中.中国白族传统民居营造技艺 [M].上海：同济大学出版社，2011：47–71.

［2］ 刘致平.云南一颗印 [J].华中建筑，1996，14（3）：76–82.

［3］ 鹿杉，叶喜.大理白族民居大门探究 [J].西南林学院学报，2008，29（1）：77–80.

［4］ 秦娅，许佳.浅析白族传统民居门窗装饰艺术 [J].华中建筑，2011（03）：159–161.

［5］ 张崇礼.白族建筑与文化 [M].昆明：云南民族出版社，2007：29–143.

Analysis on the Practice Teaching of Village Planning for the Third-grade Short-term Semester of Urban and Rural Planning —— Taking the Investigation and Protection Planning of the Village along the Ancient Road of Dali Chama Road as an Example

Wang Lian   Shi Xuerui   Zheng Xi

Abstract: The development of urban and rural planning under the new era is increasingly demanding changes and enhancements in the areas of urban–rural integration, rural cultural revitalization, and ecological sustainable development. As a regional key university in Yunnan Province, Kunming University of Science and Technology architecture and urban planning combines the actual needs of the protection and development of regional traditional culture in the urban and rural planning undergraduate teaching social practice, and cooperates with local enterprises and institutions to participate in actual planning and design projects. The local government's cultural protection, planning and tourism departments launched an investigation into the traditional Bai village along the Chama Ancient Road in the West District of Dali City. It is used to actually plan the project to promote professional teaching, guide students to return to the people–oriented planning concept and design means, and try to transform the research results into the project practice, and promote the traditional culture protection and inheritance at the local village and town level. The content of the article comes from the visit records and some research results in the teaching and practice work, and introduces the corresponding protection measures and planning methods of the traditional historical villages in the Bai nationality area, in order to awaken people's attention to this culture and history.

Keywords: Urban and Rural Planning, Ancient Tea–horse Road, Bai People's Residence, Traditional Village, Factories and Protection

参数化在场地"竖向综合设计"可视化教学中的应用*

毛 可 龚 镭

摘 要：在实际应用中，"场地设计"贯穿了从规划、景观、建筑方案到施工图设计的整个过程，为提高学生对场地的认识能力，完善"场地设计"理论及实践课程。本文针对高等院校城乡规划专业的"场地设计"课程教学中的"竖向综合设计"难点，从教学适应实际需求出发，运用建筑信息化（BIM）平台，创建一套参数化三维动态模拟系统的课堂教学方法。希望将参数化设计引入教学提供一定的参考。

关键词：参数化，BIM，场地设计，教学改革

1 概述

在实际应用中，"场地设计"贯穿了从规划、景观、建筑方案到施工图设计的整个过程，竖向处理的合理与否直接关系到建筑功能的优劣、建筑造价的多少等关键问题，尤其西南大部分为山地重丘地形，竖向综合设计尤为重要。因此贵州大学建筑与城市规划学院在16版的教学计划中也新开设供全院城乡规划、建筑学专业选修的"场地设计"理论课，并根据城乡规划专业教学计划的要求在小学期设置了"竖向综合设计"实践教学环节。

1.1 教学难点分析

"场地设计"课程大纲中主要内容包括：现状分析、场地调整、场地道路交通组织、停车场设计、竖向综合设计、建筑总平面布置等。在大纲中还提到：场地"竖向综合设计"和"建筑总平面布置"的基本原理和方法是本课程的教学重点，其中"竖向设计"包括道路竖向和场地改造是教学难点，而将道路与场地调整、建筑布置综合设计又是难点中的难点。

1.2 "竖向综合设计"当前教学存在的问题

在传统课程的教学模式上基本还是按照教材配合图片讲解，同时相关的辅助软件如CAD的二次开发也具备一定的三维表达能力，但在与场地、建筑的搭接中依然存在场地综合设计表达不直观、对场地设计的过程及结果缺乏对比、缺乏直观动态效果等问题；使得学生在课堂教学上认知有限。

1.3 参数化设计简介

参数化设计是建筑信息化（BIM）的一个重要思想，尤其参数化修改引擎提供的参数更改技术使用户对设计对象或文档部分做的任何改动都可以自动地在其他相关联的对象里反映出来。参数化设计也叫尺寸驱动，通过数值、公式或逻辑语言来自动改变所有与它相关的尺寸，或直接变化一个数据参数值，从而生成新的同类型模型。通过参数化建模，可以大大提高模型的生成和修改速度，在设计阶段能通过参数调整实现多方案的对比。

2 "竖向综合设计"参数化、可视化教学模块构建

应对以上分析问题分析，教研团队计划由传统二维操作CAD平台，升级为三维建筑信息化（BIM）的Revit平台，并通过一系列模块的构建，以期让学生取

---

* 基金项目：本文曾受到贵州省级本科教学工程项目（项目编号：SJJG201425）："基于建筑信息化模型（BIM）与数字城市技术的城市规划设计课程体系改革"资助。

毛 可：贵州大学建筑与城市规划学院讲师
龚 镭：贵州大学建筑与城市规划学院副教授

图1 地形测量数据生成场地原始地形

得直观效果,提升今后解决实际复杂地形的问题能力。

并且可以通过 Revit 平台,可以将地形测量数据,通过"体量和场地"选项卡导入 Excel 数据文件,快速生成场地模型,辅助学生直观的认知场地。

2.1 道路系统的可视化模块构建

道路系统构建是整个可视化系统构建的难点。因为 Revit 软件平台本身主要是针对建筑设计,没有专门道路的模块。因此将借助于 Revit 软件附带的 Dynamo 及一定的道路设计理论加以构建,同样具有参数化、动态调整可视化优势。

（1）通过计算得到道路中心线控制点坐标

根据道路平面线形及纵断面设计,可在 Excel 中计算得到道路中点各控制桩号三维空间坐标:

	A	B	C	D
1	桩号	X坐标	Y坐标	高程
2	0+000.00	501838.629	2798910.807	576.64
3	0+005.00	501839.259	2798905.847	576.732

图2 道路中心线坐标 .xls

（2）参数化驱动生成三维道路

1）利用 Revit 自身携带的可视化编程软件 Dynamo,以道路中心线控制点坐标 Excel 数据（如图2 中"道路中心线坐标 .xls"）作为驱动,生成三维空间曲线;

2）在 Revit 体量族中,绘制道路标准横断面图（如图2 中:"道路横断面"）;

3）将道路标准横断面图,作为放样（Loft）模块,延第①步生成的空间曲线放样;

4）将 Dynamo 生成的三维道路转化为可被 Revit 使用的族文件。

5）将 Dynamo 生成的三维道路族插入原始地形文件。

通过该过程构建的道路,能与控制点 Excel 数据和道路标准横断面设计实现联动,数据修改道路也会随即调整,学生可以直观感受道路设计的效果,并可随时修改设计。

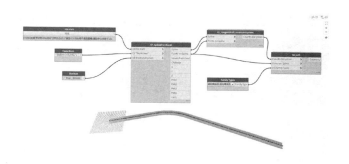

图3 数据驱动生成三维道路族文件

2.2 建筑场地可视化动态模块构建

（1）结合道路设计构建场地

将三维道路导入原始地形,有了主要道路骨架的建立,学生更容易看清道路和周边场地的高差关系。实际应用中,改造场地主要针对改造后满足建筑修建要求、合适的排水系统、经济合理等。改造的形式又可分为平坡式、台阶式和混合式。

以上均可利用 Revit 软件中的"体量与场地"选项卡,当中的"建筑地坪"命令,通过控制标高参数动态化调整场地标高,并随时观察建筑地坪和城市道路的高差关系,以取得优化值。

（2）建筑需求与场地适应构建

结合贵州地貌山地居多,场地设计多以台阶式加以改造,以满足建筑地基要求。两个台的高差,如果正好和建筑层高有良好的相关关系,是山地建筑建设中适应地形时常用的处理方法。

在设计中通过构建"体量模型",来模拟建筑体量及楼层标高划分,学生在设计过程中能够根据场地的相关数据对建筑楼层和场地进行直观分析对比,对建筑物的层高、场地标高加以合理有效的协调。

（3）各场地联系方式构建

场地各台地标高确定后,学生可以利用 Revit 软件

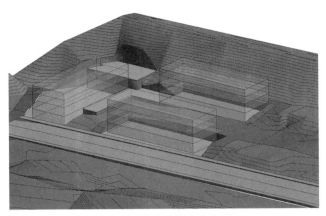

图 4 建筑体量及楼层与场地协

中的"楼梯坡道"选项卡，构建楼梯、坡道和无障碍设施等，将各个台地用合理的方式加以连接，并随时应用"注释"面板——"尺寸标注"选项卡——"高程点"和"高程点坡度"检查连接各台地车行道、人行道、无障碍坡道能否满足规范要求。如不能满足，则需要调整本节（1）、（2）两步中的标高设置，最终实现在经济条件下（主要是控制土石方量）场地、建筑、道路系统统一协调。

3 结论

通过建立以建筑信息化（BIM）为基础的参数化、可视化场地"竖向综合设计"教学平台，以期望给初学"场地设计"这门课的学生，更加直观的认知。更使学生在难点章节、课程综合应用章节，摆脱以往"光说不练"、学了就忘的模式；通过参与式设计教学，自己动手控制各个参数、协调好场地、建筑、道路等的相互关系，为今后解决实际问题打下更加坚实的基础。

主要参考文献

［1］ 吴生海，刘陕南，刘永晓，徐骋.基于 Dynamo 可视化编程建模的 BIM 技术应用与分析 [J]. 工业建筑，2018（02）：35-38.

［2］ 赵毅.建筑学专业"场地设计"课程的教学改革与思考 [J]. 新课程研究（中旬刊），2018（02）：51-53.

［3］ 益埃毕教育组.Revit2016/2017 参数化从入门到精通 [M].北京：机械工业出版社，2017.

Application of Parametrization in Visualization Teaching of Vertical Integrated Design of Site

Mao Ke　Gong Lei

Abstract: In practical application，"site design" runs through the whole process from planning，landscape，architectural plan to construction drawing design. In order to improve students' understanding of the site，the theory and practice course of "site design" is perfected. This paper aims at the "vertical comprehensive design" difficulty in the teaching of "site design" course for architecture majors in colleges and universities. In order to meet the actual needs of teaching，a set of classroom teaching methods of parameterized three-dimensional dynamic simulation system is established by using BIM platform.I hope to introduce parametric design into teaching to provide a certain reference.

Keywords: Parameterization，BIM，Site Design，Teaching Reform

存量语境下控制性详细规划教学改革思考

刘　垚

摘　要：控制性详细规划作为开发建设的规划管理审批依据，在我国城市化飞速发展期起到了无可取代的重要作用，也成为我国规划院校本科教育的重要内容。近年来，面向存量建设的规划转型准备不足，一定程度上影响了控制性详细规划教学的改进提升。控制性详细规划教学在理念上局限于工程技术思维，忽视公共政策属性与利益分配属性；在教学内容上缺乏对存量语境的应对；教学方法以"灌输式"教学为主。本文初步探究了如何在现行的制度框架与课程体系基础上，以问题为导向对控规课程的教学思路、内容、方法进行调整，加入开发控制规则与城市更新的相关内容，使控规教育更能适应社会发展需求与行业变革。

关键词：存量规划，控制性详细规划，开发控制，教学改革

1　引言

1.1　城乡规划面向存量的转型

随着经济社会发展背景与国家政策的变化，对于城乡规划面向存量建设的转型探讨得到较多学者的关注，已经成为城乡规划行业发展、实践需求、学科建设都亟需解决的问题，并且已经形成一定共识[1-4]。存量发展与城市更新作为一项复杂的社会集体行动，涉及多方利益主体以及社会管理的各个领域，其相关研究与实践具有综合性、跨学科的特点。存量语境下规划的挑战来自于不仅要推进集中预设目标的"实施"，还要对分散主体建设行为进行"管制"[5]。有学者提出，存量规划对于现在的规划师来说，是一个没有武器也没有准备的战场[6]，缺少应对存量建设的管理体系、规划编制方法以及相关知识。

1.2　应对存量的开发控制

迈入存量建设时代，制度安排与规则设计的重要性被反复强调。近年来我国发达地区的地方政府为应对实践中出现的问题，频频出台政策文件，以不断"打补丁"的方式完善存量发展（城市更新）管理，但政策的手段不能解决全部的问题，尤其是更新统筹问题、更新容量问题、配套与基础设施支撑问题，更新实施路径需要规划引领与政策管控共同作用[7]。

1.3　控制性详细规划教学

控制性详细规划作为开发建设的规划管理审批依据，在我国城市化飞速发展期起到了无可取代的重要作用，也成为我国规划院校本科教育的重要内容，教学内容与教学方法已经相对成熟，但也存在一些共通的问题。例如控制性详细规划教学重设计轻理论，在目标上强调如何编制控规；教学内容上，偏重于划分地块、确定用地性质、预测控规指标、组织交通等工程技术；在教学方法上，采用"灌输式"的理论教学和"师徒式"的形态设计教学模式[8]。尽管近年来规划院校根据社会实践变化不同程度上调整了控制性详细规划教学，但是控规在我国发展也不过30年，发展转型期宏观政策在不断变化之中，面向存量建设的规划转型准备不足，一定程度上影响了控制性详细规划教学的改进提升。具体体现为控制性详细规划教学在理念上局限于工程技术思维，忽视控规的公共政策属性与利益分配属性；在教学内容上缺乏对存量语境的应对，例如规划管理方式、规划编制办法、技术标准的讲解与探讨；教学方法上亟需由规划编制方法的被动式教授，转变为以问题导向的启发式教学，结

刘　垚：广东工业大学建筑与城乡规划学院讲师

合实际城市开发案例和规划管理的过程，师生共同探索变化中的不变要素——控规的本质特征和内在逻辑。

2 教学思路变革

2.1 规划管理与土地管理相结合，规则讲授与技术论证相结合

规划作为对土地发展活动的引导和管理，需要建立在土地政策界定的范围和基础上。近年来从国家到地方的政策体现出盘活存量建设用地的巨大需求，以建设项目管理为核心的规划管理已经难以应对。自然资源部的成立为规划应对存量的建构提供了更多可能性。在国家机构改革的背景下，控制性详细规划课程教学思路也需要体现规划管理与土地管理相结合。同时，空间设计及其技术论证是城乡规划学科的传统领域，面向存量建设时代，空间设计与规则设计密不可分。因此规划管理与土地管理相结合，规则讲解与技术论证相结合的教学思路是针对实践趋势与现实问题的必然选择。

2.2 基于产权要素，课程围绕土地开发权管制相关内容展开

增量规划时代成长起来的城乡规划编制技术体系和管理制度体系，在理论与实践层面都欠缺对产权这一要素的考量[9]，而存量语境下产权要素不可回避，控规面临的首要问题就是土地开发权的赋予和变动。我国现行制度中通过城市规划和用地政策对土地开发权予以约束与限制，以建设许可权为基础[10]，具体包括土地使用性质与功能用途的许可权、开发强度提高权、空间分割转让权等，决定了相关权利主体在开发中所获得的土地增值收益[11]。面向存量建设的控规课程设计，可以围绕土地用途变更、容积率调整、增值收益分配规则等土地开发权管制相关内容展开。

3 教学内容变革

在我国现行制度背景下，规划、规范和规则是建设项目审批依据的三个基本来源，三者共同构成开发控制管理制度的三大核心体系[12]。以往控规教学重视规划、规范的学习，忽视规则的讲授；指标设定依赖城市设计方法，忽视指标调整的理据探究与技术论证过程，因此存量语境下的控制性详细规划教学应从规划编制、开发控制规则和相关技术规范三个层面，围绕土地开发权管制的相关指标要素进行课程内容安排。

3.1 增加开发控制范畴及其框架体系的内容

大多数国家将发放许可与城市规划联系起来，因此"开发控制"往往被视为"规划控制"[13, 14]，然而实质上开发控制的对象与方式更为多样。应对存量建设的控制性详细规划教学应当将开发控制概念及其范畴作为独立内容进行讲授，加入国内外对比与国际视野。首先，明确我国现行的制度如何将城市规划管理与全面的开发行为衔接起来，近年来为适应城市更新背景下的管控要求而进行的制度建设；其次，讲述开发控制的制度、范式、工具与手段，梳理其范畴与框架体系，在存量建设语境下重点讲述建筑功能转变、综合整治、自主更新的开发控制方式。

3.2 将城市更新单元规划纳入教学内容

控制性详细规划作为开发建设的规划管理审批依据，在原控规的地块指标对更新改造的实际开发失去指导意义的情况下，通过城市更新专项规划进行控规调整，或将城市更新专项规划（城市更新单元规划）的法律效力等同于控制性详细规划是国内一些发达地区普遍采用的方式（图2、图3）。如何通过城市更新专项规划（城市更新单元规划）进行控规调整应该纳入控制性详细规划的教学当中，学习城市更新单元的划定标准、规模、相关规划控制内容，以及如何通过单元规划实现特别发展导向，例如历史风貌保护、产业集聚发展、土地混合利用与综合开发、生态保护。

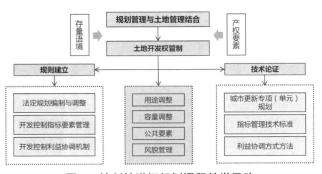

图 1　控制性详细规划课程教学思路

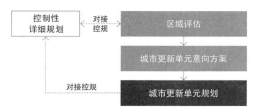

图2 上海市城市更新规划编制流程图
资料来源：唐燕，杨东.城市更新制度建设：广州、深圳、上海三地比较[J].城乡规划，2018（04）：30-40.

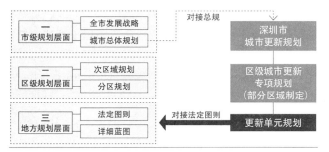

图3 深圳城市更新规划与城市规划体系的关系
资料来源：唐燕，杨东.城市更新制度建设：广州、深圳、上海三地比较[J].城乡规划，2018（04）：30-40.

3.3 加入开发控制指标要素研究内容

城市更新就是不断发现城市土地的最佳用途和开发强度的过程，存量土地的用途转变和容积率提高在实践中带来极大困扰。作为开发控制的技术依据，我国的建设管理技术标准，存在受计划经济思维影响，以服务增量开发为导向的问题，近年来一直处于调整变化的过程中。因此在控规教学中对于规范的讲解与应用不能完全照搬现有技术依据，应采用规范学习与案例分析、实证研究结合，对控制指标调整进行技术论证。

（1）基于土地兼容性评价的用途变更

目前的规划技术条例通常是通过土地使用兼容性管理来控制建筑用途的转变。现行规划管理标准能够分离出明显不兼容的用途（如划分工业和居住用地），但缺乏研究城市中邻里日常活动所带来的负面影响以及进行相应的管控[15]。在城市建成区复杂的社会群体和利益关系中，分离不兼容的用途从而避免矛盾冲突，同时，研究不同类型土地利用相互引发的正面效应十分必要[16]。因此在控规课程中引入土地兼容性评价研究，有助于学生深入理解土地利用分类和用途变更控制的内在逻辑。

（2）容积率调整的技术论证

容积率调整的技术论证是保障开发控制合理合法的主要依据。在目前城市更新项目实践操作中，规划容积率的确定以经济成本与融资收益的平衡为主，虽然可操作性较强，然而难以顾全社会公平、文化传承、环境生态等重要因素。因此需要在控规课程中加入容积率调整的技术论证方法，例如结合生效规划、用地贡献、配建用房、拆迁成本等因素，基于密度分区和基础设施承载力的容积率核算规则。

（3）风貌管控标准

针对开发过程对于历史风貌的破坏，以及传统开发控制规则过分强调土地用途的划分和开发强度控制的反思，开发控制制度发展趋势是加入形态条例，提倡基于地段本身的特色，通过对城市空间形态的控制来创造可预测的良好城乡环境[17]。在控规课程中学习如何将风貌特征与场所建设愿景"转译"为开发控制规则也是适应社会发展的必要环节，例如基于形态调查研究和公众参与建立风貌管理标准，形态的开发控制准则精确至建筑类型、建筑布局、建筑临街面等。

3.4 教授面向多元利益主体的利益协调机制

各种社会利益团体对于城市的发展具有多元的价值标准和利益诉求，他们的要求往往是互相矛盾甚至是互相冲突的。平衡私人财产权与公共利益的方式与途径、嵌入开发控制程序的利益协商程序，应该成为控制性详细规划学习中不可或缺的内容。土地开发权必然受到公权力的限制，土地开发收益也需要在个人财产权利与公共利益之间进行平衡，如何通过开发控制对因土地开发权的改变造成的土地增值、贬值的利益进行还原是控规课程需要学习的重要内容。此外，开发控制程序中如何通过协商主体的确立、协商平台的搭建、协商程序的保障，最大程度上凝聚共识、减少争议，也是控规学习中应该有所认识和了解的。

4 教学方法变革

存量语境下的控规学习，强调与实际项目、规划管理相结合，学习的重点是"为何控"、"控什么"、"如何控"等控规的本质特征和内在逻辑，适宜采用OBE教育理念、翻转教学等方法，以最终目标为起点对课程进行反向设计，变被动的传授式的学习为主动探索性的学习，使课程教学演变为师生共同探索的过程[18]。

4.1 基础理论与案例教学相结合，引导学生解答"为何控"、"控什么"

将国内外开发控制的产生背景、不同国家的开发控制的异同作为理论基础讲述，引导学生从形态设计视角转向开发控制视角，理解空间发展权的界定与配置，控制性详细规划的地位和作用[18]。"控什么"是控规课程的核心内容，教学可采用国内外案例分析方法，结合法规内容，通过案例指标数据累积，引导学生自行总结分析开发控制体系及主要的控制对象和要素。

4.2 基于现状调研与典型建成环境分析进行方案构思与指标生成

面向存量时代的建设要求，控制性详细规划教学需要特别重视现状调研与典型建成环境分析。在方案设计开始前的调研阶段，要求学生使用问卷调查、访谈、通过各种渠道搜集数据并进行空间分析，发现问题并制定改善问题的策略，以此确定控规编制的目标，并贯穿于整个设计过程之中。此外，在前期调研和案例收集阶段，要求每组学生在本市已建成区域挑选地块，进行使用状况分析和指标计算，针对每种类型的用地，至少选择建设强度差异较大，或者相同建设强度，建筑形态有所差别两个地块，测量计算容积率、建筑密度和绿地率等核心指标，使学生在抽象的控制指标与具体的城市空间环境之间建立联系，了解如何通过指标设定实现更好的建成环境。

4.3 课程设计选择"半新半旧"真实项目，结合城市设计对已有控规进行调整

以往控规课程设计案例多选择城市新区，并且案例规模较大，存量语境下的控规课程设计适宜采用接近实际城市开发和规划管理的案例进行教学，设计基地可实际踏勘，规模适度，其中一定要包含历史地段，最好包括城市更新地块。如果案例适宜，可以采用"控制性详细规划调整"这一实际项目中的主流模式，根据前期研究分析成果、城市更新专项规划、城市设计对现有控规做出调整。

4.4 课堂模拟公众参与和规划决策程序，帮助学生理解规划方案背后的价值取向

为了让学生理解城乡规划，尤其是指引开发管理的控制性详细规划，其确认与调整的背后其实是多方利益主体博弈的过程、本质上是不同价值观的交锋与选择，可以邀请在城乡规划设计与管理领域工作的规划师、专家、基层管理人员来到课堂讲授规划方案生成过程中的相关方利益博弈、实际项目的公众参与程序与规划决策程序。还可以采用模拟课堂的形式，例如选择涉及城市更新的控规调整案例，让学生扮演相关利益主体对规划方案进行协商讨论；选择争议性较强的控规调整案例，模拟规划委员会审议过程，学生扮演持不同观点的主体发表意见，投票表决议题是否通过。模拟课堂能够促进学生学会表达观点、倾听意见，认识到个体权利值得尊重和理解、程序正义的重要性[19]。

5 结语

将开发控制与城市更新的相关内容更多引入控制性详细规划课程建设，是对存量语境的应对方式之一，仍然处于初步探索阶段，具有一定的难度与挑战性。本文提出采用规划管理与土地管理相结合，规则讲授与技术论证相结合的思路，基于土地开发权管制，课程内容围绕规划、规范和规则三个层面展开，增加开发控制范畴及其框架体系、城市更新单元规划、开发控制指标要素研究、面向多元利益主体的利益协调机制。教学方法上由规划编制方法的被动式教授，转变为以问题导向的启发式教学（图4）。然而，作为存量语境下控规课程改革的初步思考，还需要解决以下问题：首先，规划编制、开发控制、城市更新是具有独立范畴和内涵的概念，如何将三者的内容进行融合还需进一步探索；其次，如何在有限的学时内加入新增内容，并制定出切实可行的教学计划，各部分的内容占比与讲授方式有待落实；作为课程的基础与支撑，无论是理论讲授案例还是课程设计案例与模拟课堂案例，如何选择适当案例并获取相关的完整资料也是需要解决的问题。

主要参考文献

[1] 邹兵.增量规划、存量规划与政策规划 [J]. 城市规划，

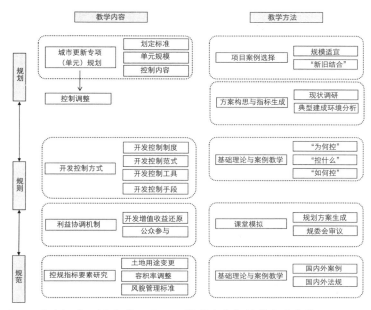

图4 规划、规则和规范三个层面教学内容与教学方法变革

2013（2）：35-37，55.

［2］赵燕菁. 存量规划：理论与实践 [J]. 北京规划建设，2014（04）：153-156.

［3］施卫良. 规划编制要实现从增量到存量与减量规划的转型 [J]. 城市规划，2014，38（11）：21-22.

［4］张波，于姗姗，成亮，廉政. 存量型控制性详细规划编制——以西安浐灞生态区 A 片区控制性详细规划为例 [J]. 规划师，2015，31（05）：43-48.

［5］单皓. 城市更新和规划革新——《深圳市城市更新办法》中的开发控制 [J]. 城市规划，2013，37（01）：79-84.

［6］赵燕菁. 价值创造：面向存量的规划与设计 [J]. 城市环境设计，2016（2）.

［7］缪春胜. 规划引领和政策管控双视角下的更新实施路径探索——以深圳城市更新为例 [A]// 中国城市规划学会，沈阳市人民政府. 规划60年：成就与挑战——2016中国城市规划年会论文集（12规划实施与管理）[C]. 中国城市规划学会，沈阳市人民政府：中国城市规划学会，2016：14.

［8］汪坚强. 转型期控制性详细规划教学改革思考 [J]. 高等建筑教育，2010，19（3）：53-59.

［9］邹兵. 存量发展模式的实践、成效与挑战——深圳城市更新实施的评估及延伸思考 [J]. 城市规划，2017，41（01）：89-94.

［10］林坚，许超诣. 土地发展权、空间管制与规划协同 [J]. 城市规划，2014（1）：26-34.

［11］严若谷. 旧工业用地再开发的增值收益与分配机制 [J]. 甘肃社会科学，2016（04）：251-255.

［12］周劲. 规划·规范·规则：深圳开发控制三大体系的互动关系 [J]. 规划师，2013，29（08）：5-9.

［13］唐子来. 城市开发和规划的作用 [J]. 城市规划汇刊，1991（1）.

［14］王世福. 完善以开发控制为核心的规划体系 [J]. 城市规划汇刊，2004（1）.

［15］王世福，张晓阳，费彦. 城市更新中的管治困境与创新策略思考 [J]. 城乡规划，2018（04）：22-29+40.

［16］王卉. 存量规划背景下的城市用地兼容性的概念辨析和再思考 [J]. 现代城市研究，2018（05）：51-60.

［17］胡垚. 新城市主义视角下的美国区划变革——形态条例的缘起及特征 [J]. 规划师，2014（11）：114-120.

［18］王岱霞. OBE 理念下《控制性详细规划》课程教学改革探索 [J]. 浙江工业大学学报（社会科学版），2018（1）：111-115.

［19］刘晖，梁励韵. 论控制性详细规划教学中的形态、指标和价值观 [J]. 价值工程，2013，32（2）：202-204.

Regulatory Detailed Planning Teaching in the Background of Inventory Planning

Liu Yao

Abstract: As the basis of planning management and approval for development and construction，regulatory detailed planning plays an irreplaceable role in the rapid development of urbanization in China，and has become one of the specialized main courses of urban and rural planning in China. In recent years，insufficient preparation for the planning transformation of inventory construction has affected the improvement and promotion of the teaching of regulatory detailed planning to a certain extent. The teaching of regulatory detailed planning is conceptually confined to engineering technology thinking，ignoring the attributes of public policy and interest distribution；Lack of coping with the context of inventory construction in teaching content；The main teaching method is indoctrination teaching. This paper preliminarily explores the problem–oriented approach how to adjust the teaching ideas，contents and methods of the regulatory detailed planning courses based on the current system framework and curriculum system. The relevant contents of development control rules and urban renewal is added to make the courses of regulatory detailed planning teaching can better meet the needs of social development and profession change.

Keywords: Inventory Planning，Regulatory Detailed Planning，Development Control，Teaching Reform

多维视角下社区规划课程内容及教学改革的探讨[*]

张国武

摘　要：社区规划设计是建筑学和城乡规划专业的核心课程之一，在人才培养过程中有着举足轻重的地位。然而，我国地方院校城乡规划专业社区规划课程教学有着仍将社区规划当作国民经济计划的延续和具体化的惯性，注重物质环境营造而忽视社区形成和发挥作用的社会、经济背景。本文基于系统和发展的视角关注社区社会、经济、空间、文化、制度等多维度的互动和共生，分析当前社区规划课程教学存在的问题，探讨适应社会、经济转型发展要求重构社区规划课程教学内容的必要性，提出在社区规划课程教学中增加相关非设计内容，适时更新设计内容，以及优化组织教学活动的改革建议。

关键词：社区规划，课程，教学，改革

　　社区，作为城市构成的基本单元，在城市管理和城市发展中具有重要的地位和作用。自 1950 年代联合国发布社区发展原则以来[1]，社区建设成为各国政府有计划、有目的地引导社会发展的重要内容，进而成为国家实现现代化必不可少的环节之一。从住区到社区，我国走过了一条独特的发展道路。从 1950 至 1970 年代，我国城镇实行住房福利分配制度，形成了具有自身特色的、以单位制住区为基本组织单元的城镇空间结构模式。自 1980 年代以来，随着社会、经济体制的转型发展，原来由政府和企事业单位承担的社会管理、社会服务职能逐步向社区转移，社区取代单位制住区成为社会管理和社会调控的基本单元，在城镇社会经济发展和居民生活中发挥越来越重要的作用。

　　然而，由于前苏联模式对我国城乡规划专业教学计划及内容的全方位影响，我国城乡规划专业社区规划课程教学理念、内容和方法仍沿袭原先计划经济体制下注重物质环境营造的住区规划设计模式，教学内容的组织忽视对学生逻辑思维的训练，日益显现不能适应新时期社会经济发展对城乡规划专业人才培养需要的弊端。

　　社区规划是城乡规划专业的核心课程之一。社区规划课程教学改革关系到我国城镇社区建设的质量水平。本文尝试对社区规划课程教学内容的改革进行探讨，以期推进我国城乡规划专业教育更好地适应新时期中国特色社会主义市场经济发展要求，对促进我国城镇社区可持续发展具有重要的理论和现实意义。

1　国内外社区规划发展动态

　　国外社区规划从 19 世纪发展至今，经历了三个阶段的理论发展，从最初重视社区景观营造的物质形态规划，到 20 世纪中期强调社区服务功能的实用主义规划，到当代以人为本的新城市主义规划，社区规划理论日趋完善，并产生相应的设计理念，有效指导了欧美社区的规划和发展[2]。

　　新城市主义借用了 1920 年代～1930 年代"邻里单位"的外衣对其规划设计理念进行了根本性的变革。杜安伊与普拉特－兹伊贝克（Duany, A., and Plater-Zyberk, E.）提出了"传统邻里社区发展"（Traditional Neighborhood Development，TND）理论，卡尔索尔普（Calthorpe）提出了"公共交通主导型发展"（Transit-Oriented Development，TOD）理论[3]。这两套社区发

　　*　基金项目：湖南省教育厅创新平台开放基金项目资助（批准号：17K017）。

张国武：湖南城市学院建筑与城市规划学院教授

展模式，成为"新城市主义"社区发展的经典范式[4]。

不论何种社区发展模式，基于规划为经济增长和私人投资营造有利环境条件的认识，欧美社区规划十分注重规划目标和方法与社会、经济体制、管理方法和机构设置的协调，注重规划实施的经济可行性。在城乡规划教育方面，注重城市应用经济学理论和方法在社区规划中的运用，经济可行性分析专题是社区规划设计课程不可缺失的重要组成部分，包括经济可行性分析理论和方法。设计成果不仅要求学生说明方案中各项建设的资金来源，还要求撰写规划设计方案的经济可行性报告，主要内容包括对当地住房市场的分析以及针对个人设计方案的经济分析，如成本核算、经济收益等。

我国在 1980 年代改革开放以前实行高度集中的计划经济体制，城镇住房建设资金由国家承担，建设用地由城市政府无偿划拨，同时，国家根据社会经济发展需要按照行政层级或者相应职称制定严格的住房标准和居住区规划设计规范，城乡规划系统构建了成熟的适应当时社会、经济体制的住区规划设计理论和实践体系，有效指导了我国各地城镇住区建设。各单位在申请到住房建设资金、建设用地的情况下委托国有设计单位编制住区详细规划。设计单位按照强化集体生活的小社会模式，根据相关规范和标准，采用由组团–小区–住区构成的二级或三级结构进行设计，工作的重点是物质环境营造。规划设计工作无需涉及项目定位、需求预测和经济可行性分析等方面内容。

单位制住区由国有施工单位建设，建成的住房由单位根据职工的社会层级以福利形式分配给职工。居民没有选择居住地点、住房类型、产权形式和住区服务的自由，对住区事务也很少参与。这种住区具有显著的单位属性，是单位高度行政化功能的延伸。

1986 年，为了配合城市经济体制改革和社会保障制度建设，民政部首次将社区概念引入城市管理。1998年下半年开始我国城镇停止住房实物分配。城镇居民由"单位人"变成了"社会人"，可以根据自己的消费能力自由选择居住地点、房型、产权形式及其他服务。随着单位住房组织结构的逐步解体，社区作为城镇构成的基本单元，在社会管理、调控和城镇发展中的地位和作用越来越重要。2000 年 11 月中央办公厅和国务院办公厅转发了《民政部关于在全国推进城市社区建设的意见》，

在全国城市推动社区建设工作，使社区这个概念逐步为公众所认知，社区规划日益受到重视。但是，我国现行的城乡规划法律、法规尚未将社区规划纳入城乡规划编制体系，也没有相应的社区规划设计规范[5]。

2 当前我国社区规划教学存在的问题分析

当前我国地方规划院校城乡规划专业虽然大都开设了城市经济学课程，但住区规划、社区规划理论和实践课程教学内容仍是以技术性物质形态规划内容为主（见城市规划原理，2010，P484–553）[6]，没有根据社会、经济的转型发展及时调整、补充相关内容以形成完整的课程体系，存在着不能适应当前社会、经济发展需要的弊端。

2.1 社区规划教学内容与社区发展机制脱节

在社会主义市场经济体制下，我国城镇社区开发、更新和改造主要以商业模式运作，开发利益主体谋求利润最大化，市场在资源配置中起决定性作用，城镇社区开发建设的动力机制发生了深刻的变化。一段时期以来，在大规模快速城镇化过程中各地城镇相继出现了高档住宅项目构成的"富人区"，而一些生活设施和居住环境较差的旧街区成为低收入群体的聚集区，一些城镇还出现了人口及资金流出的"鬼城"和"空城"。这种现象表明社区发展有其自身的、不以人的意志为转移的客观经济规律。

当前城镇社区规划的性质和作用已不再是国民经济计划的延续和具体化。虽然近年来我国地方院校城乡规划专业在偏重物质形态规划的传统内容基础上增设了城市经济学课程，但教学内容常常与社区发展的市场机制脱节，并未涵盖影响甚至决定当前社区发展的社会、经济体制方面的相关内容。社区规划课程教学内容仍是以"见物不见人"的技术性物质空间形态规划为主，教学效果是学生在临近毕业仍然缺乏对社区发展基本经济规律的认识，甚至在毕业设计阶段仍然把社区规划与设计当作艺术创作，不顾经济规律、不考虑规划内容实施的经济可行性和可能性凭空想象、任意发挥，片面追求方案构思的新颖和时髦。所提交的规划设计成果不仅普遍缺乏必要的发展定位、市场预测、需求评估和实施的经济可行性等决定社区规划设计成败关键的非设计内容，而且各部分之间缺乏基本的逻辑关系。

2.2 社区规划课程教学内容与社区组织模式脱节

随着社会经济的转型发展，我国城镇社区分割机制也发生相应变化，社会、经济维度代替原先的行政、体制维度成为主要分割因素[7]。社区居民构成不再是同一单位或者同一系统的"同事"，社区居民由"单位人"变成"社会人"。居民强调个人生活空间的独立性和私密性，彼此之间的关系比较松散，在社区中扮演的角色是以他个人的兴趣、爱好和个人的发展为前提，对行政化组织的"集体生活"缺乏兴趣。调查表明，新建社区邻里之间是"陌生人"社会，与传统住区的"熟人社会"相比较发生了很大变化；即使在原先建设的单位住区，经过住房的市场化运作，邻里关系也随着居民构成的改变而不同程度发生变化。此外，随着交通、信息技术的快速发展和电子商务兴起，居民休闲时间增多，居民购物、休闲娱乐等行为方式发生了较大的变化。

但是，当前社区规划课程围绕住区的用地构成组织教学内容，主要包括住宅及其组群、公共设施、道路交通和公共绿地的功能分布和规划布局，强调"在控制性详细规划的相关指标要求下对住区各项建设做好全面综合安排"，注重工程和技术经济指标的合理性。虽然也考虑居民的需求，但常常将"人"抽象化，较少关注社会、经济转型发展和技术进步带来的社区主体—人口构成及其行为方式的变化，以及物质空间组织形式背后的规划设计理念的实际效果。教学的结果是学生常常无视物质空间组织形式与社区人口构成及其行为方式的统一，认为旨在促进作为单位人的住区居民交往的住宅组团、公共设施布局和开放空间组织模式能同样有效地作用于作为社会人的社区居民，片面追求社区物质构成要素的表现形式。

2.3 社区规划课程教学内容与社区开发模式脱节

我国城镇社区建设通常实行分期、分块开发建设的策略，社区服务设施配套则遵循"谁开发谁配套"的原则，形成了从融资、买地、建造，到卖房、管理都以开发企业为中心的模式。由于我国城镇社区开发建设一度投资风险小，回报率相对较高，对金融资本很有吸引力，因而参与社区建设的开发公司数量众多，规模、实力参差不齐。一个社区通常由多家房地产公司分块独立开发

建设，他们根据对市场的判断而不是简单地听从政府指令进行社区开发建设。

当前社区规划课程教学强调开发地块本身物质空间环境设计的合理性，按照规范配备相应的公共服务设施，设置围墙和独立的出入口，以期方便实行封闭式管理；这些符合上位规划和规范要求的居住地块自成一体，在空间位置上或毗邻而居，但各自为阵地组合在一起形成的社区空间实际上处于隔离状态，导致社区功能缺失，与多元融合的和谐社区建设发展目标背道而驰。当前社区规划课程教学内容仍然按照单位制福利住区模式进行组织，较少考虑其与市场机制下社区开发、建设模式的协调，忽视了对城乡规划专业学生社区意识和社会意识的培养。

3 社区规划教学内容改革的思考

市场经济体制下社区规划设计涉及面广，内容繁多，它所涵盖的问题具有跨学科、多维度的特征，传统基于工科和建筑工程类的住区规划设计课程知识体系已不能涵盖当前社区规划设计所涉及的内容。近年来不少地方院校已将城乡规划专业学制延伸至五年，但仍不太可能在有限的学时里讲授社区发展规划涉及到的所有的理论和原理。社区规划课程教学改革的目标是使课程教学适应社会、经济体制转型发展对城乡规划专业人才培养的需要。加强学生对社区发展动力机制、组织模式和开发模式变化的理解是教学改革的重点，难点是培养学生调查研究、综合分析解决社区发展实际问题的能力。

3.1 增加社区规划教学的非设计内容

在计划经济体制下住区规划是国民经济计划的具体化和延续。除了城镇总体规划和国家有关居住区规范、法规之外，社区规划的主要依据是政府计划部门给定的计划，包括项目投资计划、建设用地计划、建设资金安排等，因而教学的重点是社区物质环境的营造。在当前市场经济体制下，社区规划在符合上位规划、规范要求的前提下，主要的依据是社区的现状条件和社区所处的复杂的市场经济环境条件，包括宏观和微观的经济环境。市场会释放诸多信号，但不会自动提供像计划那样明确的、现成的结论。这就要求规划工作者在收集社区发展

相关资料的基础上进行综合分析和判断，从而对社区的发展定位、市场需求进行合理的评估和预测。着手社区物质环境规划设计之前的这些非设计内容是决定社区规划设计成败的关键。

因此，在现有课程内容的基础上，社区规划教学首先有必要增加城市应用经济学和社会学等相关非设计内容，包括经济发展理论、产业理论、供应和需求理论、区位理论、地租理论、产权理论、社区金融和分割理论等。社区发展规划涉及的经济学、社会学内容繁多，教师应根据城乡规划专业人才培养目标与教学要求，本着"少而精"的原则筛选相关内容讲解，并提供课后阅读文献书目，引导学生自主阅读，培养学生规划的市场经济意识、社会意识和严谨的逻辑思维能力。经过训练的学生应当具备根据用地和区位条件、本地和区域就业岗位的增减、本地已有的住房数量、过去一段时间的销售量以及价格区间分析社区发展趋势，估算所在社区需要的住房数量、类型和项目可能的合理市场份额，进而合理确定本社区发展定位、发展目标的能力。其次，社区规划课程教学需要整合应用经济学和统计学相关基础课程教学内容，使学生具备市场调查、数据处理、统计分析和简单模型建构等方面的基础技能。

3.2 更新社区规划教学的设计内容

社区规划的直接对象是社区物质环境、空间要素，由自然和人工两大要素组成。城乡规划学科关于社区物质环境营造方面已有丰富理论并形成了成熟的方法，包括居住建筑的空间组合、社区道路交通组织、公共设施和开放空间布局等方面。我国城镇传统的单位制住区原则上靠近工作地点，采用多层、高层相结合的组团布局方法，几个组团组成小区或住区，按照国家规范根据千人指标配备相应的公共设施。这种自上而下的方法其背后的规划设计理念是提倡工作、生活一体化，强化单位居民行政化的集体生活，不适合当前住房市场化体制下的社区规划。

随着市场经济体制改革的推进，社区公共服务设施的供应、运营模式发生了很大变化，服务质量和价格水平也有较大差异。另一方面，随着社会、经济和技术的发展，居民休闲、娱乐和购物行为方式发生变化，居民对社区公共设施的需求也发生了转变。交通、

通讯技术的发展使居民不再以距离远近作为选择服务的决定因素。根据人口规模按照千人指标、服务半径在住区内分散布置的封闭、内向型公建配套传统模式逐步被外向、集中化的设施配套模式取代[8]。当前社区规划课程教学需要以科研为支撑，适应社会、经济、技术的发展变化和体制转型要求，及时调整、更新相关的设计内容、理念和方法，包括道路交通组织方式、住宅类型选择、居住建筑的空间组合，公共设施与开放空间的布局等方面。

3.3 根据教学内容重组教学环节

社区规划课程教学需要理论和实践相结合，在实践教学中可以将社区规划设计划分为不同的阶段，在设计任务书中明确每一阶段需要完成的任务和达到的目标，在教学过程中实行过程控制和阶段考核，每一阶段单独计分。只有在完成阶段任务达到目标的情况下才能进行下一阶段的工作，并提供相应的设计依据，避免逾越必要的前期调研、分析论证阶段毫无逻辑地直接着手方案构思和设计，培养学生从事规划工作必备的市场经济意识、社会意识、社区意识和逻辑思维能力。

4 结语

我国在相对较短的时期内经历了从单位制住区到社区发展的过程，有关社区规划的理论研究和实践探索略显滞后，尚未形成成熟的适应当前社会经济体制转型要求的社区规划设计模式，而社会、经济和体制方面的差异决定了我们不能照抄照搬国外社区规划、建设的成熟理论和经验。新时期我国城镇社区发展规划与社会、经济、文化、技术进步有着广泛而密切的联系，社区规划课程教学不应当再拘泥于技术层面偏重物质环境营造的传统内容。当然，社区规划课程教学改革也不只是在传统教学内容基础上简单地增加或者删减某些内容，需要考虑经济、社会和环境等多方面因素对社区发展的影响和关联，研究多种要素在社区空间上的表现形式并加以整合，重构社区规划课程教学内容，根据课程内容优化组织教学活动，以培养学生的市场经济意识、社区意识、社会意识和逻辑思维能力。

本文关于社区规划课程教学改革的分析和探讨无疑是粗浅的。改革社区规划课程教学体系需要城乡规划界

广大同仁的协同努力，加强社区发展动力机制的基础研究，推动社区规划理论体系和实践方法的重构，完善社区规划课程教学体系，提升我国城镇社区规划建设质量和水平，促进社区的可持续发展。

主要参考文献

［1］ 联合国 1955. 经由社区发展实现社会进步 Social Progress Through Community Development，New York，United Nations publication.

［2］ 徐昊，罗燕 . 解读美国社区发展及规划演变 [J]. 城市规划学刊，2009 增 .

［3］ Campbell，S. & Fainstein，S. S. 1997. Readings in Planning Theory，Oxford，Blackwell.

［4］ 李强 2006. 从邻里单位到新城市主义社区——美国社区规划模式变迁探究 [J]. 世界建筑，2006（07）：92-94.

［5］ 赵蔚，赵民 . 从居住区规划到社区规划 [J]. 城市规划汇刊，2002（06）：68-71.

［6］ 吴志强，李德华 . 城市规划原理 [M]. 4 版 . 北京：中国建筑工业出版社，2010.

［7］ 张国武 . 基于住房分市场理论的城市住房规划研究 [J]. 城市规划，2013（04）：12-18.

［8］ 杨国霞，苗田青 . 城市住区公共设施配套规划的调整思路研究 [J]. 城市规划，2013（10）：71-76.

A Study on the Reform of the Multi-Dimensional Framework and Teaching Methods for the Course of Community Planning and Design

Zhang Guowu

Abstract: Community design is an essential part of the curriculum for architecture and urban planning studies. Traditional models of community design are cast in terms of physical design linked to a command economic structure，which were derived from paradigms formulated in a societal context very different from that of today. This paper analyzes the necessities of restructuring the course framework of community planning and design in response to the social and economic transformation in mainland China，and tries to make suggestions of adding non-design elements to the current course framework，and updating the relevant design sections，as well as optimizing training activities correspondingly.

Keywords: Community Planning，Course，Teaching，Reform

"以赛促学、以赛促教"在《城乡道路与交通规划》课程教学中的实践与思考*

程 斌 陈 旭 曾献君

摘 要：《城乡道路与交通规划》课程知识点多，应用性强，为提升课程学习效果，福建工程学院以参加城市交通创新实践竞赛为契机，将竞赛与课程教学相结合，通过"以赛促学"激发学生学习热情，鼓励多样化选题，翔实的调研分析和赛后总结，提升学生解决实际交通问题的能力；通过"以赛促教"，将获奖作品分析嵌入理论课程教学，并加面向竞赛的实践教学环节，成立多专业协同的指导教师团队，提升教师的教学水平，初步达到"以赛促学、以赛促教"的目的，并提出进一步的设想与展望。

关键词：以赛促学，以赛促教，城乡道路与交通规划课程

《城乡道路与交通规划》是城乡规划专业十大核心课程之一，在课程体系中占有重要地位。通过该课程的学习使学生具备城乡道路设计和改善城乡交通问题的初步能力。该课程知识点繁多，与工程实践和社会生活的联系紧密，课程应用性较强，传统的课堂教学模式教法单一，师生互动较少，学生学习兴趣不高，学习效果不佳。我校以参加城市交通创新实践竞赛为契机，将竞赛与课程教学相结合，增加面向竞赛的实践教学环节，激发学生的学习兴趣，培养学生的实践创新能力，提升教师的教学水平，以达到"以赛促学、以赛促教"的目的。

1 交通创新出行竞赛简介

全国高等学校城乡规划学科专业指导委员会自2010年开始举办一年一度的交通出行创新实践竞赛，到目前为止已经成功举办9届。2010、2011年均与法国动态城市基金会共同举办，参与院校和获奖项目数量较少，具有较强的示范意义。2012年开始广泛面向高等学校的城乡规划专业征集选题，参加院校持续增加，至2018年，共有48所院校的104份作品参加比赛，参赛作品的数量和质量均有较大提升。

竞赛选题要求至少满足以下四项中的一项：

（1）从社会公正的角度出发，考虑到各种群体的需要，特别是中低收入或特殊人群的机动性问题（如针对行动不便人群的交通服务）；

（2）从交通出行的角度出发，如何使出行更加安全、舒适和便捷（如多模式交通,信息系统和多方式整合等）；

（3）从交通需求的角度出发，如何满足日益增长的多样化的交通需求（如城市边缘地区灵活的交通服务）；

（4）从环境保护的角度出发，如何更好地支持步行、自行车以及小汽车更高效使用方式（如步行、自行车的行车环境改善，拼车、定制公交的完善）。

2 现有课程教学存在的问题

福建工程学院建筑与城乡规划学院于2017年首次组织学生参加城市交通出行创新竞赛，并结合《城乡道路与交通规划》的课程教学进行参赛辅导。通过参赛，

* 基金项目：国家自然科学基金青年基金项目"土地产权视角的小城镇空间发展动力机制及规划策略研究——基于苏浙闽小城镇案例"（批准号：51708117）、福建自然科学基金项目（2019J01788）；福建省教育厅课题（编号：JAS180285）。

程 斌：福建工程学院讲师
陈 旭：福建工程学院副教授
曾献君：福建工程学院讲师

学生进行了大量的交通调查与研究，培养了学生的实践能力与创新思维，加深了对于城市交通理论的理解与应用，契合我校应用型人才培养的理念。通过参与交通创新出行竞赛主要反映了《城乡道路与交通规划》课程教学中存在的如下问题：

2.1 教学模式陈旧，课堂互动不足

传统的《城乡道路与交通规划》课程教学以课堂讲授为主，往往是老师在讲台上滔滔不绝，学生在台下神游八方，师生互动少，学生被动接受，参与感不强，学习效果不理想。授课教师较重视道路设计和交通规划的基本方法和基本概念讲授，如平面线形要素、超高加宽、视距、最大坡度、最小坡度、道路红线、出行特征、交通需求管理等概念的讲解，忽视了城市交通实践性强，与社会生活联系紧密的特点，我校城乡规划专业学生普遍在数理统计、高等数学方面基础薄弱，对交通流理论、道路线形设计、交通集计模型——四阶段法等部分的内容掌握起来深感困难，学习热情不足。

2.2 教材内容滞后于时代发展

我校《城乡道路与交通规划》课程教材采用的同济大学徐循初老师编著的《城市道路与交通规划》，该教材分上下两册，上册主要介绍道路、交叉口、桥梁和隧道设计的基本方法，内容偏重工程设计；下册主要介绍对外交通规划和城市交通规划，内容偏向交通规划与管理。该教材体系完整，结构合理，难度适中，然而由于编著时间较早（第一版为 2005、2006 年出版），教材的部分内容稍显陈旧，参照的标准和规范均不是现行的设计规范，给课堂教学带来了一定的困扰。

在城市道路和交通领域，各种新理念、新方法、新事物层出不穷，对课堂教学带来了较大的冲击。如海绵城市的理念颠覆了原有的道路铺装材料"密集配，不渗水"的思路、共享单车、共享汽车等共享交通模式改变了传统交通方式的划分标准、信息技术重塑了人们的日常交通出行行为和特征，这些新理念均已突破传统的交通规划技术规范的框架和现有教材的内容，通过参与交通出行竞赛，引导学生接受和思考城市交通领域的新事物、新观念、新举措，充分理解交通的运行特征和本质，才能做到"纸上得来终觉浅，绝知此事要躬行"，做到交

通理论知识的内化与应用，达到更好的教学成效。

3 "以赛促学、以赛促教"在《城乡道路与交通规划》课程教学中的实践

3.1 "以赛促学"—以竞赛为引导，激发学生的学习热情

在《城乡道路与交通规划》课程第一课，介绍交通创新出行竞赛的选题要求和成果提交要求，并告知同学们通过课程的学习，完成一份新颖、翔实、专业并符合竞赛要求的调研报告，优秀报告可参加专职委举办的交通创新出行竞赛。

选题阶段：鼓励同学多关注本地的城市交通改善类新闻，多关注弱势群体（老年人、儿童、孕妇、残障人士等群体）的交通出行和交通需求，这些都可能成为交通创新出行竞赛的选题来源。以 2016 级同学的选题为例，选题包括：福道使用满意度调研、快速路高架桥下停车空间调研、福州"同学号"校园巴士运营模式调研、尤溪洲大桥机非分离改造情况调研、福州大学城共享汽车充电桩调研、大学城外卖交通管理调研等，选题类型多样，涉及停车、儿童出行、慢行交通改善、互联网 + 交通等选题。

现场调研阶段：选择调研区域（老城区、新区、大学城）、选择调研对象（使用者、未使用者、运营方、管理方）、选择恰当的调研方法（实地踏勘获得感性认识、文献调研获得该问题的学术研究现状、问卷调研了解使用者体验、访谈了解运营方与管理方的想法和计划），利用 POI、热力图等大数据了解设施、人群的时空间分布规律。从现场调研的区域选择来看，大部分同学的调研区域集中在大学城，这是因为同学们对大学城比较熟悉，有利于现场调研工作的展开。以 2017 年获奖选题"嗒嗒自驾，驻在何方"为例，调研主题就是福州大学城共享汽车的停车问题。

调研报告撰写与优化阶段：要求言之有物，身临其境，不能做纸上调研，需要带着发现交通项目——优势分析——缺点调研——优化设计的逻辑去完成调研报告，避免大而全，追求研究问题更为具体聚焦，调研更为细致。

赛后反思阶段：邀请获奖同学传授竞赛心得体会，包括选题设计、调研过程中的障碍、团队成员之间的协同与分工、成果版面的颜值提升、提交环节的注意事项，

图1 "嗒嗒用车，驻在何方"作品中期汇报成果

图2 "嗒嗒用车，驻在何方"作品中期汇报成果

通过调查获得的收获和感想。在同学中形成老带新，传、帮、带的良好竞赛氛围。

3.2 "以赛促教"—以竞赛为引导，优化课程教学体系

将竞赛嵌入教学环节，按照培养计划，我校城乡规划专业交通类课程分《城乡道路与交通规划（1）》和《城乡道路与交通规划（2）》，其中《城乡道路与交通规划（2）》课程主要介绍对外交通规划和城市交通规划，课程知识点与交通创新出行竞赛的选题联系较为紧密，理论教学40学时，实践教学24学时。

理论教学阶段：结合课程知识点的讲授，以案例学习的方式在课堂教学中植入获奖选题解读模块，引导学生思考什么样的选题是符合要求的选题，应该从哪些角度切入会比较好？通过课堂提问及课后思考环节，加深同学们对交通理论知识的理解，通过课后查找资料，了解福州在公共交通、慢行交通方面的创新举措，与其他城市相比，处在什么水平。

实践教学阶段：按照交通创新出行竞赛要求以3-4人为小组，选定某一主题进行交通调研，调研报告成果应符合竞赛要求，鼓励同学们在调研过程中进行过程记

录，及时整理调研资料，撰写调研日志。成果完成后进行学院内评优，择优参赛。

竞赛嵌入《城乡道路与交通规划》课程理论教学安排　　　　表1

教学内容	获奖选题解读与分析	课堂提问及课后思考作业
城市公共交通	1. 定制出行，e步解围——西安市碑林区弱势群体出行服务优化及平台化实践 2. 美丽巴士"乡"伴而行——南京江宁区美丽巴士助力乡村振兴模式调研	定制公交、社区微公交适用于哪些区域？对哪些群体的出行有帮助？福州有无类似实践？实施效果如何？
自行车交通	1. 兴起·衰落·再出发—成都中心城区公共自行车的变迁	公共自行车与共享单车在运营方式、用户体验、停车管理等方面有何异同？
城市轨道交通	1. 畅君所达P&R同行——西安市地铁换乘模式现状调研与优化以"桃花潭站"为例	以福州地铁二号线开通为契机，调研现状地铁二号线周边Park+Rail、Bus+Rail、Bike+Rail等交通接驳模式存在的问题，并提出改进方案。
慢行交通	1. "简"让"易"行——"车让人"实践与优化	以福州福道为调研对象，调研福道在城市慢行交通体系中的作用，福道在步行体验、设施提升、应急管理中可以优化的部分。
城市道路交通设施	1. 错时停车，开放共享—重庆渝北区"单位+小区"错时停车系统创新与优化设计	缓解"停车难"的措施有哪些？福州有哪些举措？

教学团队优化：通过参加竞赛，优化了指导教师团队，从原来仅有城乡交通专业教师参与指导，到现在成立了以交通、社会学、地理学、经济学、城乡规划等多专业协同的指导教师团队。多专业教师的配合在指导时，知识体系更为全面，比如在项目优劣势分析时可引入外部性、成本—效益分析等经济学的分析方法。

4 教学成效与思考

4.1 教学成效

（1）初步达到"以赛促学、以赛促教"的目的

我校分别参加了2017年、2018年两届城市交通创

新出行竞赛，分别获佳作奖一项，一等奖一项，取得了一定的成绩。通过将竞赛植入到《城乡道路与交通规划》课程教学中，初步达到了"以赛促学、以赛促教"的目的，学生转变学习态度，从原来的"要我学"转变为"我要学"，有参赛意愿的同学会利用课余时间主动调研，主动发问，学习主动性有较大提升；对老师而言也达到了以赛促教的目的，交通创新出行竞赛的选题较新，需要教师不断学习，不断更新自己的知识体系，学习儿童友好城市、社区生活圈、适老社区等新概念，不断提升自己的理论水平，时时关注各地在城乡交通方面的创新举措，这是竞赛选题的"源头活水"。

（2）实现了课程育人的功能

课程也有育人的功能，通过交通调研，培养了城乡规划学生人本主义的价值观，以盲道调研为例，大部分同学在生活中从没有见过盲人，通过与盲人交谈，设身处地的了解他们的需求，了解作为规划师，我们如何创建更为包容性的城市，从物质空间上最大可能的消除各种障碍，帮助视障群体更好的生活。在调研日志中，A同学写道："在接触盲人群体之后，我们才了解到原来社会对盲人群体的关注度还远远不够。他们因为视力方面的障碍，无法独自出行，造成了社交以及其他方面的需求得不到满足，但他们内心还是很渴望融入社会中。在访谈过程中盲人也很热情地配合我们，跟我们分享他们的生活，我们从而进一步去深入了解盲人群体的出行现状、身体以及心理方面的需求。调研报告完成的过程是随着实地调研进行的，在实地调研访谈过程中不断深入完善报告，也是调研的一种方式。"B同学在调研日志中记录："本以为只是一次调研，可当你真正了解了盲人这个特殊的群体时，却让我为之震撼，原以为像《假如给我三天光明》中的那般阳光开朗的人的只会活在书本中，没想到，现实中与我们接触的盲人他们同样乐观。除了视力上的缺陷，他们与我们正常人无异，也会在周末约上三五好友逛逛公园，有自己的兴趣爱好，甚至有些盲人是小学的音乐教师……他们从不认为自己是异类，需要被关怀被体谅，他们只希望我们能以平等友好的态度对待他们。"通过调研日志可以看出，通过对盲人群体的深度调研，同学们与盲人群体产生了良好的互动，产生了共情和共鸣，他们能够站在盲人群体的视角看

待问题，改变了之前对于盲人的刻板印象，对于异质人群的包容度更高了，实现了课程育人的功能。

4.2 教学思考

进一步整合相关课程，优化课程体系。建议在城市认知实习中增加城市交通设施认知部分的内容，增强学生对城市交通设施与交通空间的感性认识；建议在城乡综合社会调查课程中增加城市交通调查方法与研究方法的讲授，提升学生的研究能力，提升竞赛的成果水平。

进一步加强校企合作，聘请交通管理部门、交通企业的从业人员作为校外导师，可为调研提供一定帮助，并在选题和内容方面给予指导，反过来调研的优化建议可为交通管理部门和企业提供一定的参考。

持续优化教学内容，选题要与时俱进，结合国家的政策背景，如"农村物流最后一公里""乡村巴士"均可纳入乡村振兴的大背景中，交通创新出行成果可进一步深化和细化，参加"挑战杯"等其他学科竞赛，或将竞赛作品改写成学术论文，进一步提升学生的研究能力和学术论文写作水平。

加强"以赛促学、以赛促教"的制度保障，鼓励学生参加学科竞赛，健全学生奖励办法，结合城乡规划专业人才培养目标，将学生竞赛取得的成绩折算成相应的综合素质学分，在奖学金、学生评优评先等活动中予以优先考量。

主要参考文献

[1] 石飞.城市交通出行创新实践竞赛的教学经验与理论认知[C].2014全国高等学校城乡规划学科专业指导委员会年会论文集，北京：中国建筑工业出版社，2014：312-316.

[2] 龚迪嘉.城市道路与交通课程实践手册[M].北京：中国建筑工业出版社，2015.

[3] 高悦尔，欧海锋，边经卫.《城市道路与交通规划》课程教学困境与改革探索——以华侨大学为例[J].福建建筑，2017（4）：118-120.

[4] 高等学校城乡规划学科专业指导委员会.高等学校城乡规划本科指导性专业规范：2013年版[M].北京：中国建筑工业出版社，2013.

Practice and Consideration of "Promoting Learning by Competition" and "Promoting Teaching by Competition" in the Teaching of "Urban and Rural Road and Traffic Planning"

Cheng Bin   Chen Xu   Zeng Xianjun

Abstract: The course of "Urban and Rural Road and Transportation Planning" has many knowledge points and strong applicability. In order to improve the learning effect of the course, Fujian University of Technology takes the opportunity to participate in the urban traffic innovation practice competition, combines the competition with the teaching. Through "Promoting Learning by Competition", Students' enthusiasm for learning is stimulated, students' ability to solve traffic problems are strengthened. Through "Promoting Teaching by Competition", teachers' teaching ability are improved. The purpose of "competition to promote learning, competition to promote teaching" is initially achieved.

Keywords: Promoting Learning by Competition, Promoting Teaching by Competition, The Course of "Urban and Rural Road and Transportation Planning".

基础研究视角下的区域规划课程教学实践创新
—— 兼谈对国土空间规划的影响和意义

张继刚　陈若天　周　波　田丽铃

摘　要：改革开放以来，中国的城市化进程加快，区域发展面临的机遇等促使城乡规划学科中区域规划课程的教育面临挑战。特别是目前，新时代与传统的区域规划略显不同的是，区域规划的可持续发展以及综合性国土空间规划的创新发展，迫切需要借助基础研究及其创新成果的推进。本文简要分析了相关基础研究发展对区域规划的显著促进作用，并进一步提出，在目前我国新时代区域规划发展中，一方面必须主动与相关基础研究的创新与重大突破相结合，从而有力推动我国区域规划的转型和升级，另一方面必须主动与国土空间规划体系相融合，根据不同层次国土空间规划发展对区域规划及其课程教学的影响和需求，从基础研究创新视角，提出区域规划课程教学实践创新的理念与措施。

关键词：基础研究，区域规划，国土空间规划，教学创新

引言

我国《国民经济和社会发展第十三个五年规划纲要》把创新放在了五大新发展理念之首，明确提出"创新是引领发展的第一动力。必须把创新摆在国家发展全局的核心位置，不断推进理论创新、制度创新、科技创新、文化创新等各方面创新，让创新贯穿党和国家一切工作，让创新在全社会蔚然成风"。党的十九大以来，《国家创新驱动发展战略》提出要"强化原始创新，增强源头供给"，进而提出了"加强面向国家战略需求的基础前沿和高技术研究"、"大力支持自由探索的基础研究"以及"建设一批支撑高水平创新的基础设施和平台"的新时代战略发展任务。《十三五规划纲要》明确指出"发挥科技创新在全面创新中的引领作用，加强基础研究，强化原始创新、集成创新和引进消化吸收再创新，着力增强自主创新能力，为经济社会发展提供持久动力"，并着力"提升创新基础能力"。上述方针对基础研究创新做出了战略性的部署。基础研究是人们在对自然和社会现象认识及对其发展规律总结的基础前提条件下，获取新知识、新原理、新规律、新方法的研究。为实现中华民族伟大复兴的中国梦，就必须把科技作为第一生产力，创新作为第一动力，并将基础研究的应用作为推动创新的稳固和持续动力。

1　区域规划的课程特点及其与基础研究创新的关系

1.1　区域规划的课程特点

区域规划是一门综合性极强的理论，涉及了工、农、文、艺术等多学科的内容。区域规划作为城乡规划的一个分支，其内容更是与社会学、地理学、经济学以及城镇体系规划等多方面内容相辅相成、相互交织，综合性和重要性可见一斑。区域规划在国土空间规划体系中具有承上启下的功能，向上承接国家层面的空间规划，向下承接各专项空间规划甚至国土空间详细规划。

张继刚：四川大学建筑与环境学院副教授
陈若天：四川大学建筑与环境学院助学研究生
周　波：四川大学建筑与环境学院教授
田丽铃：四川大学建筑与环境学院助学本科生

1.2 区域规划与基础研究创新的关系

总结起来，基础研究与区域规划的关系就犹如自行车踏板和自行车的关系，基础研究是脚踏板，区域规划是自行车。自行车有一个特点，只要踏板停止不前，自行车就会减速抑或停止。当前我国国土空间规划发展的态势亟需区域规划的强大支撑与区域规划的新时代创新，而区域规划的创新又需要基础研究发展的持续推动。

2 基础研究视角下区域规划课程教学实践创新

2.1 国土空间规划背景下，区域规划理论与教学需要更多关注与之相关联的基础研究创新

基础科学研究是指认识客观现象、揭示客观规律，获取新知识、新原理、新方法的研究活动，它所涵盖的范围深入到各个领域，包括了数学、物理学、化学、天文学、地球科学、生物科学、交叉科学（力学、工程科学、农业生物学、生物医学、信息科学、能源科技、材料科学、空间科学、海洋科学、资源环境与灾害科学）等，除了自然科学外也包含了人文社会科学，如心理学与认知科学、管理科学以及经济学等。在过去传统的区域规划战略研究中，鲜有将对基础性科学纳入到区域规划课程的理论与教学实践创新，随着对规划学科的学科交叉和综合性发展的要求不断提高，为适应国土空间规划发展的更高要求，本文认为区域规划应该将基础性科学的研究纳入到本理论体系创新结构中，发现和归纳基础研究对于推动区域规划创新的机制和关联性规律（图1）。以基础研究奠定良好和稳固的区域规划创新基础，结合区域规划课程的特点，从而有力助推我国区域规划的转型和升级发展，以原始性科学创新为驱动力形成区域规划课程教学实践的创新发展。

2.2 国土空间规划背景下，将基础研究创新的发展和路径指向与区域规划理论与教学实践的内容相结合

区域规划理论与课程具有综合性的特点，其需要坚实的基础理论支撑，而基础性科学研究涉及到的领域与方向都或多或少与区域规划有交叉，因此把基础研究的发展端倪和路径指向与区域规划理论和实践内容相结合，是促进区域规划创新发展的首要工作。

区域规划理论和课程需要根据不同地域和不同时代

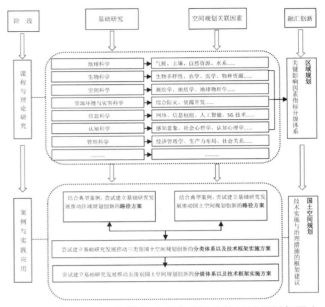

图1 理论层面——相关基础研究发展助推区域规划与国土空间规划创新分析图

的特点，以及基础研究不断发展的认知条件，因地制宜，因时制宜。回顾美国20世纪60—70期间大规模的环境规划的讨论和实践，对比国内目前现状，宏观上具有相似的特点，但与西方不同，中国必须从自身的国情出发，借助和综合应用基础研究的成果，从不同空间层次适应中国的特点，走中国特色的区域规划和国土空间规划的特色路径。

2.3 结合基础研究视野下的区域规划教学，扩大学生视野，增加学生知识储备，培养国土规划通才，为国土空间规划的创新建立超前的人才准备

区域规划教学宜关注与区域规划相关的基础研究创新，并依托课程内容鼓励学生构建起结合基础研究的知识构架，在基础知识体系的背景下拓宽学生的学科视野和强烈的创新意识，增加学生的知识储备，结合生动的区域案例提高在实践中应用与分析的能力，加强信息整合与归纳的综合处理能力，为培养全球性人才或国土规划通才，为国土空间规划的创新建立超前的人才准备。

2.4 区域规划课程创新的实践方式应与国家推动基础研究创新的政策相结合

区域规划是一门实践性很强的课程，除了基础性研究的创新发展，更要在实践方式上实现创新推动。传统的以老师、课本为中心的教学模式无法继续为创新型人才的发展提供充足条件，更好的解决办法是把课堂还给学生，让学生真正成为学习的主体，引导学生走向探究式、主动式和互动式学习，培养学生自发学习、自主探究、自我创新的意识，教师与学生之间互相促进，教学相长，积极参与课程实践的过程，而区域规划的实践过程，必须与方针政策相结合，特别是应与国家推动基础研究创新的政策相结合，在国家推动国土空间规划的总体部署和要求指导下，使实践活动更具依据性和实际意义。

《中共中央国务院关于建立国土空间规划体系并监督实施的若干意见》关于国土空间规划编制工作提到："到2020年，基本建立国土空间规划体系，逐步建立"多规合一"的规划编制审批体系、实施监督体系、法规政策体系和技术标准体系；基本完成市县以上各级国土空间总体规划编制，初步形成全国国土空间开发保护"一张图"。到2025年，健全国土空间规划法规政策和技术标准体系；全面实施国土空间监测预警和绩效考核机制；形成以国土空间规划为基础，以统一用途管制为手段的国土空间开发保护制度。到2035年，全面提升国土空间治理体系和治理能力现代化水平，基本形成生产空间集约高效、生活空间宜居适度、生态空间山清水秀，安全和谐、富有竞争力和可持续发展的国土空间格局。""分级分类建立国土空间规划。国土空间规划是对一定区域国土空间开发保护在空间和时间上作出的安排，包括总体规划、详细规划和相关专项规划。国家、省、市县编制国土空间总体规划，各地结合实际编制乡镇国土空间规划。相关专项规划是指在特定区域（流域）、特定领域，为体现特定功能，对空间开发保护利用作出的专门安排，是涉及空间利用的专项规划。国土空间总体规划是详细规划的依据、相关专项规划的基础；相关专项规划要相互协同，并与详细规划做好衔接。""在市县及以下编制详细规划。详细规划是对具体地块用途和开发建设强度等作出的实施性安排，是开展国土空间开发保护活动、实施国土空间用途管制、核发城乡建设项目规划

许可、进行各项建设等的法定依据。在城镇开发边界内的详细规划，由市县自然资源主管部门组织编制，报同级政府审批；在城镇开发边界外的乡村地区，以一个或几个行政村为单元，由乡镇政府组织编制'多规合一'的实用性村庄规划，作为详细规划，报上一级政府审批。"（《中共中央国务院关于建立国土空间规划体系并监督实施的若干意见》，2019）对国土空间规划的内涵、结构、实践和评价，都明确了具体的要求，对区域规划的学习认知是巨大的机会，同时对进一步的理论创新和技术研发也提出了要求（图2）。

2.5 结合具体区域规划案例应用，将基础研究的成果和区域规划创新相结合，让学生在实践案例的解析中领悟和拓展对国土空间规划与区域规划的认知和思考

结合具体的区域规划案例，建立起相关基础研究的框架性知识体系，将基础研究的成果和区域规划创新相结合，在此基础上让学生通过对案例的解析进行思考，理论与实践并行，进行创新性分析和应用。例如前文通过对基础研究的梳理，分析成都平原区域发展现状，并依托基础研究框架性知识体系对区域规划提出创新性的研究思路和认知，使学生切身感受和领悟基础性研究与区域规划之间密不可分的联系，锻炼学生整体的思维逻

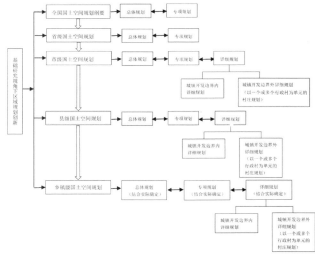

图2　技术层面——相关基础研究发展助推区域规划与国土空间规划创新分析图

辑和创新思考能力，进而建立对国土空间规划与区域规划的跨学科分析认知路径（图3）。

以成都平原区域规划与基础性研究实践相结合为例，简要分析：

（1）地球科学与区域规划：地球科学作为以人类生存环境为主要研究对象的基础性科学，对解决区域可持续发展中面临的资源、环境、灾害等问题至关重要。成都平原地理位置在龙门山隆起褶皱带和龙泉山、雾中山褶断带之间，是一个褶皱、断裂活动强烈，多期复合、规模巨大的构造带，因此城镇安全防灾体系建设必须要有地理灾害科学研究的支撑；同时也包括对成都平原自然资源环境的研究，如成都的水系、气候、土壤等自然条件，对区域的城镇布局结构、人文景观、产业体系式等都有较大的关联与影响。

（2）心理认知科学与区域规划：心理认知科学是揭示认知活动的本质，包括研究人们在城镇环境中的心理活动、行为模式等的基础性科学，在区域规划中"以人为本"是重要的发展要求。对成都平原的人居环境，包括山水林田、道路交通、建筑环境、公服设施、景观环境、人文创新等进行环境心理学、社会行为学、认知地图研究等，能够更好地指导人居环境的塑造，建设更贴近人们生活、符合人们愿景、满足各类人群需求的成都平原特色的"慢生活"和"仙道闲适"的人居环境。

（3）信息科学与区域规划：成都平原打造成创新引领的智慧城镇体系需要信息科学技术的支撑，建设大数据网络体系，加强区域内外的联系与交流，使区域规划实践有别于过去单纯以物质空间实践为主的模式，加强智慧型虚拟空间的研究，将信息科学基础研究作为重要关联，能够扩宽区域规划视野，顺应新时代创新技术理念，使成都平原区域规划发展跨上新的台阶。

上述举例，简要从三个方面阐述了基础性科学与成都平原区域规划发展相结合的重要性，因此要使区域规划理论和教学模式与基础性研究相结合，尚有生物科学、空间科学、管理科学、经济科学、资源环境与灾害科学等更丰富、生动和深入的内容需要融通创新（图3）。

3 重视基础研究推动区域规划创新对国土空间规划实践的深远影响和重要意义。

国土空间规划在国家规划体系中具有基础性作用，

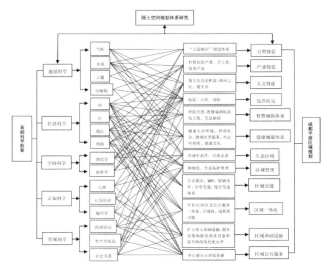

图3 实践层面——基础研究发展助推区域规划创新——以成都平原地域实践应用为例（教学案例）

也是各类保护和开发建设活动的基本依据，它的基础性特点决定了其必须综合利用基础科学研究的支撑。同时，中央提出"整合目前各部门分头编制的各类空间性规划，编制统一的空间规划，实现规划全覆盖，一张（规划）蓝图干到底"（《生态文明体制改革总体方案》，2015年）的改革目标，即"多规合一"，强调了多学科交叉的重要性和必须性，基础性研究正是建立综合性科学、实现"多规合一"和推动国土空间规划实践的重要基础，对国土空间规划实践是有深远影响和重要意义。

4 结论

基础研究本身是各类学科交叉创新和进一步推动实践创新的源泉，笔者希望通过基础研究视角下区域规划教学实践的探索与改革，从规划教育的角度为推动国土空间规划和区域规划的理论创新与实践创新做出准备，并进而有助于培养出更多视野宽阔、基础扎实的国土空间规划和区域规划跨学科人才。

5 进一步的讨论

关注基础研究"从0到1"的突破，并且在理论与教学实践中思考如何将这种相关联的基础研究发展成果突破学科藩篱，具体应用到国土空间规划和区域规划中，从而推动国土空间规划和区域规划理论和课程教学的创新乃至技术创新，任重道远，需要更多的探讨和交流。笔者对《区域规划》教学实践与创新提出的以上拙见供讨论，不当之处请指正。

主要参考文献

［1］《中共中央国务院关于建立国土空间规划体系并监督实施的若干意见》，2019.

［2］李言荣."从0到1"，高校的机遇何在 [J]. 科技传播，2019，11（08）：3.

［3］王前锋，税伟，王武林，刘辉."参与式"教学模式下专业复合型人才培养方法探讨——以"区域分析与规划"精品课程为例 [J]. 成都航空职业技术学院学报，2017，33（03）：26-28.

［4］杜律."区域分析与规划"课程建设改革的思考——以城乡规划专业为例 [J]. 价值工程，2018，37（08）：255-256.

［5］刘桂菊."区域分析与规划"应用型课程教学改革探索 [J]. 当代教育理论与实践，2015，7（12）：66-68.

［6］李中轩，吴国玺."区域分析与区域规划"课程改革的实践与思考 [J]. 地理教育，2015（11）：53-54.

［7］刘红星，刘红蓉.《城市与区域规划》实践教学研究——评《城市与区域规划研究》[J]. 高教探索，2017（07）：135.

［8］张继刚. 可持续发展的潜在基础设施 [C]. 中国城市规划学会，南京市政府. 转型与重构——2011中国城市规划年会论文集 [C]. 2011（09）：495-503.

［9］吕薇. 促进基础研究转化为原始创新能力 [N]. 经济日报，2018-06-14（015）.

［10］康晓昱. 大数据时代城乡规划和智慧城市建设探究 [J]. 建材与装饰，2019（03）：135-136.

［11］周春山，谢文海，吴吉林. 改革开放以来中国区域规划实践与理论回顾与展望 [J]. 地域研究与开发，2017，36（01）：1-6.

［12］马颖忆，刘志峰，张启菊，贾慧娟. 工科城乡规划专业地理类课程整合与内容渗透的思考 [J]. 教育教学论坛，2018（50）：248-249.

［13］高杰. 狠抓基础研究大科学工程建设，促进基础科学发现与技术创新 [J]. 科学通报，2019，64（01）：4-5.

［14］王春杨，孟卫东. 基础研究投入与区域创新空间演进——基于集聚结构与知识溢出视角 [J]. 经济经纬，2019，36（02）：1-8.

［15］梁卓锐. 基于科研投入角度探讨我国基础研究能力不足的原因与突破方向 [J]. 中国管理信息化，2018，21（22）：111-114.

［16］贾卓，陈兴鹏，马振邦，杨永春. 基于任务导向型的城市规划原理实践教学研究——以人文地理与城乡规划专业为例 [J]. 高师理科学刊，2018，38（10）：99-102.

［17］顾康康，陈晓华，储金龙. 美国城市规划专业教育教学特点及其启示——以五所高校为例 [J]. 池州学院学报，2018，32（02）：145-148.

［18］刘敏. 试述基础研究在我国的发展历程 [J]. 科技信息，2011（12）：475-476.

［19］董奇. 应对教育变革重大挑战 创新教育研究资助体系 推动多学科交叉研究 [J]. 中国高等教育，2018（12）：12-14.

［20］张宁，鲁迪. 应用型人才培养中基于PAD的课程教学改革实践——以《区域分析与规划》课程为例 [J]. 平顶山学院学报，2016，31（04）：116-120.

［21］单良艳，张汉飞，吴杨. 中国各地区基础研究创新绩效及发展潜力的评估 [J]. 北京联合大学学报（人文社会科学版），2018，16（04）：34-39.

［22］毛奕晴. 中国区域规划理念的演化与展望 [J]. 现代商业，2017（03）：43-44.

［23］于洋，吴桂虎，钱玥希. 中美高校城市规划教育比较研究 [J]. 高等建筑教育，2018，27（03）：35-41.

Teaching Practice Innovation of Regional Planning Course from the Perspective of Basic Research——Also on the Influence and Significance of Territorial Spatial Planning

Zhang Jigang   Chen Ruotian   Zhou Bo   Tian Liling

Abstract: Since the reform and opening up, China's urbanization process has accelerated, and the opportunities facing regional development have prompted the challenges of regional planning courses in urban and rural planning disciplines. In particular, at present, the new era is slightly different from the traditional regional planning. The sustainable and comprehensive land space planning of regional planning is far-reaching, and it is urgent to rely on basic research and the advancement of its innovation achievements. This paper reviews the significant promotion of relevant basic research development to regional planning since the emergence of regional planning theory and its related characteristics and stage division in different periods, and therefore concludes that in the current development of China's new era regional planning, The parties must take the initiative to combine the innovations and major breakthroughs of relevant basic research to effectively promote the transformation and upgrading of China's regional planning. On the other hand, they must actively integrate with the land space planning system, and further develop the regional space planning from different levels. Based on the perspective of basic research and innovation, combined with the requirements of national space planning, this paper proposes the innovative ideas and measures of teaching reform in regional planning courses, and its long-term impact and practical significance on the planning of national land space.

Keywords: Basic Research, Regional Planning, Territorial Spatial Planning, Teaching Innovation

基于"机制－实施－检验"循环圈层的城市设计课程评图体系建构

武凤文　秦诗雨　杨昌鸣

摘　要：《城市设计》课程是城乡规划专业四年级的学科基础必修课，根据生源特点，该课程进行了一系列的教学体系改革，在评图方面，形成了"机制－实施－检验"的循环圈层体系，此循环圈层评图机制是以学生为核心的，其中评图机制包括自评图、互评图、设计师评图和教师团评图四种评图阶段：自评图是组内学生针对自己组的设计草图及方案，进行自评图；互评图是指各组的同学之间，组内之间进行设计方案草图及成果的互评；设计师评图是请设计师对学生的设计方案及成果评图；在自评图、互评图、设计师评图的基础上，教师团评图是教学组教师对学生设计不同阶段草图进行评图和总结性的评图。通过阶段性评图机制，增进了校企之间的合作，学生了解了实际项目和课程设计之间的差别，提高学生在讲解方案、独立思考及方案设计等方面的能力。

关键词：城市设计，自评图，互评图，设计师评图，教学组评图

《城市设计》是城市规划专业与建筑学专业的桥梁，是城市规划专业的学生从微观设计转向宏观研究的重要纽带，是所有设计课非常重要的连接体，我校在制定培养计划时也不断地对城市设计课程进行改革，采取了一系列的适应本校城乡规划专业生源、地域及师资的特色的教改机制，同时体现新时期新时代特点，体现与时俱进的精神，我们在城市设计课程中引入了"机制－实施－检验"循环圈层的阶段性评图理念，使学生和教师在其中都很受益。

1　概念解读

1.1　"机制－实施－检验"循环圈层理念

"机制－实施－检验"循环圈层包括三个层次：首先教学组在课前制定评图机制；其次在教学过程中实施不同阶段的评图机制；最后每年城市设计结课时教师收集学生对教学的反馈意见、获取学生结课成绩和作业结果来检验此评图体系机制的优劣，第二年在前一年机制的基础上不断更新评图机制的方式和方法，最后获取适合本年度学生特色的最优的评图机制，循环往复形成"机制－实施－检验"的循环圈层理念。

图1　"机制－体验－检验"循环圈层理念

1.2　阶段性评图机制解读

评图机制是我们在教学实践中不断创新而提出的，包括自评图、互评图、设计师评图和教师团评图四种阶段性评图。自评图是组内学生针对自己组的设计草图及方案，进行自评图；互评图是指各组的同学之间，组内之间进行设计方案草图及成果的互评；设计师评图是请设计院的设计师对学生的设计方案及成果评图；在自评

武凤文：北京工业大学建筑与城市规划学院副教授
秦诗雨：北京工业大学园林学院学生
杨昌鸣：北京工业大学建筑与城市规划学院教授

图2 城市设计评图机制构架图

图3 城市设计自评图机制构架图

图、互评图、设计师评图的基础上，教师团评图是教学组教师对学生设计不同阶段草图进行评图和总结性的评图。通过阶段性评图机制，增进了校企之间的合作，学生了解了实际项目和课程设计之间的差别，提高学生在讲解方案、独立思考及方案设计等方面的能力。

2 评图机制实施的全过程

2.1 自评图机制

城市设计课中学生的自评图是学生自己通过认识自己的设计、分析自己的设计方案构思，在自评图的过程中，提高自己的设计水平。自评图是一种自我发展的动力因素，对提高学生方案设计水平很重要，是学生设计水平进步的根本内部动力。辩证唯物主义认为：内因是起关键作用，它决定了外因。因此，我们通过学生设计方案的自评图的机制，通过学生的认同，使设计方案更具有现实意义；自评图没有一个客观的标准，其主观性比较强，每个同学都可以各舒己见，把自己的设计构思和创新思想与同学和老师们交流，在自评的过程中，学生们在讲解的过程中，也会发现自己方案存在的问题，每一次自评都是对学生方案的不断完善和优化，自评图机制贯穿在整个课程的全过程中，在每一个方案阶段，学生针对自己的设计方案草图，进行自评图。

（1）自评图的主要内容

城市设计的自评图机制的教学内容包括四个阶段：课程设计每一个教学机制阶段；每一次方案设计的草图阶段；最后的成果阶段；结课后的自评图阶段。每个阶段的自评图的包括设计理念、设计主题、方案的合理性、方案的可实施性、徒手画的表现技巧和方案的表达等方面的评图。

（2）自评图的机制全过程

充分调动同学们的积极性，每个同学都针对自己的设计方案，从方案的构思开始讲解，原始设计方案的由来；方案的推导过程，理念的形成过程，进行自评图，总结出方案的优缺点，继续发扬方案的优点，优化方案

的局限性，提高设计的水平。

2.2 互评机制

在每一个设计阶段，各设计团队都要展开互评图机制。互评图的机制是把整个班级2人一组分成若干团队，每个团队内的同学之间，团队之间进行不定期、不限时的互评。

（1）互评图的动力机制

为了促进学生们展开互评图，教学组制定互评图的动力机制，首先要做好整体环境的建设，其中包括：硬环境和软环境的建设。这里的硬环境是指多媒体设备、徒手画展示栏、各团队对比榜等；软环境指团队之间的竞争，提供补短板优长板的团队组合精神，创造学生间相互交往环境。使学生们相互学习、竞争、成长，在教学环境从原来的以教师为中心的教学模式向以老师为指导的学生为核心的学习模式转化的环境下，从而，使学生成为课堂教学的核心。

（2）互评图的团队组织模式

团队的组成是互评图成功的关键，团队如何形成呢？团队内如何进行分工，如何选择队长以及队长如何开展小队活动都是非常重要的。下面是我们团队形成的主要模式：一般有以下三种团队形成模式：

1）根据座位形成团队

根据座位形成团队，团队形成后持续到整个课程的结束。按照学生的设计水平、动手能力、语言表达能力等因素，进行团队内分工。这种团队的局限性是优劣不均，不适合新时代的学生特色需求。

2）根据教学单元形成团队

根据教学单元形成团队，按教学单元形成团队，持续的时间短，只在课程设计中的不同教学单元中使用，教学单元完成，团队也随之解散，这种团队形成的模式有三种：

根据设计水平、兴趣点和性格等的情况形成团队，其特点是方案强的同学共同形成一个团队，兴趣点相类

似的同学共同形成一个团队，性格互补或者性格差异的形成一个团队。这样，老师根据不同的要求给他们上课，同时老师也分成不同的团队，因人而异进行教学，使同学们的设计能力提高更快。

第一种：根据爱好相同与否形成团队，其特点兴趣相同设计水平却不尽相同。例如在喜欢历史街区更新改造的，同学根据自己的爱好选择自己喜欢的射击场地，从而充分调动同学的主观能动性，挖掘同学的设计潜力，确保每一位同学的设计水平都有所提高。

第二种：根据设计水平搭配形成团队，这种团队的目的是扩大团队内的差别，让设计水平好的帮助设计水平差的，让学习兴趣浓的培养学习兴趣淡的，发挥同学们之间的团队精神，让学生成为设计的主体，加强了同学们之间的交流，培养学生良好的团队精神，改善了人际关系。

（3）互评图的机制

首先，每个团队的队员在自评图的基础上，对各自负责的设计部分进行讲解；然后，团队内进行互评图，共同讨论，在此基础上，使上课的中心多元化、不再是以教师为中心的教学模式，从而促进学生的独立发展；同时是他们有了很强的团队精神，在此期间，学会了相互帮助、相互激励、相互交流、相互启发，并在团队中寻求发展；与此同时，学生通过各种评图正确认识自我、完善自我；最后，各个团队派代表主讲，同时，有一辩、二辩、三辩准备解释和现场把其他同学不理解的地方用徒手画的形式进行形象的描绘，这样，即锻炼了学生的语言表达能力，又展示了同学们的徒手表达能力。

图 5　学生讲解图　　　图 6　学生互评图

从互评图引导学生逐步走向其他的综合性评图，将评图的结果从单纯自评图到综合的总结评图过渡。

2.3　设计师评图机制

在自评图和互评图的基础上，同学们在每一个设计阶段都要展开设计师评图。设计师评图机制是请校外的同行专家对学生的设计方案草图及成果进行评图。

（1）设计师评图的机制

首先，每个团队把自己的设计成果展示出来，然后，请校外的校外的同行专家对学生的设计方案草图及成果进行评图。最后，根据专家的评图结果，进行最后的修改。

设计师评图结构图：

图 7　设计师评图结构图

（2）特色方案点评

设计师首先对所有团队的方案进行逐个的分析，最后，选出三个具有特色创新方案和问题方案进行剖析，让学生从中发现优点，吸取精华；找到缺点，在今后的

图 4　城市设计互评图机制构架图

（4）互评图的成果

通过互评图从课堂教学的一个机制逐步走向以评图学习为主导的设计课程新型教学模式，将这一评图形式设计为课程模式，并将其推广为师生互评图、师师互评图、专家与学生互评图等相结合的评图体系。

图 8　校外设计师评图　　　图 9　校外专家听学生讲方案

图10　学生与校外专家交流

图11　校外专家给学生讲评方案

图13　学生与校外专家交流

图14　校外专家给学生讲评方案

设计中改正。这样点评的优点是：使学生一目了然，更清晰地从方案中学到设计技能。

（3）所有方案点评

设计师对所有的方案进行逐一的点评，使所有的同学都从中受益，知道自己设计中存在的问题，在今后的设计中，使设计技能提高更快。

（4）设计师评图的成果

通过设计师评图使学生从假题设计过渡到真题设计，从设计师评图当中学到更多的实践经验，在设计方案时会更加从实际出发，少犯从理论到理论的错误，为今后走向工作岗位地下良好的基础。

2.4　教学组评图机制

教学组评图机制是在前几个评图的基础上，对设计进行总结性的评图，这个评图在整个设计过程中是非常重要的，如果学生在每个设计结束后都作教学组评图，那么，他们的设计水平会提高很快。

（1）教学组评图的机制

首先，每个团队把自己的设计的自评图、互评图、设计师评图进行总结；然后，老师把每个团队的设计方案进行总结。最后，由同学们和老师共同对每个设计方案进行总结评图。

（2）特色方案评价

老师和同学们首先对所有的方案进行逐个的总结性的分析；最后，选出一个具有特色方案和有问题方案进行总结性的剖析，让学生从中发现优点，吸取精华；找到缺点，在今后的设计中加以改正。

（3）所有方案评图

老师和同学们对所有的方案进行逐个的总结性点评，使所有的同学都从中受益，知道自己设计中存在的问题，在今后的设计中，使设计技能提高更快。

（4）教学组评图的成果

通过教学组评图使学生在今后的设计中少走弯路，我们把教学组评图的形式推广为师生总结评图、师师总结评图、专家与学生总结评图等相结合的评图体系。这对设计课有很大的好处。

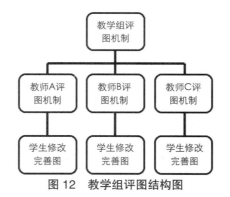
图12　教学组评图结构图

图15　教学效果的检验

2011至2018学生各项指标的成绩汇总

表1

内容 时间	时间控制	沟通能力	手绘效果	方案表达	PPT 制作	图面效果	构图能力
2011 年	61.2	78.3	75.2	79.3	80.3	83.4	85.4
2012 年	78.9	83.1	78.4	80.3	83.5	84.1	86.3
2013 年	80.3	84.3	80.2	82.1	85.6	85.6	87.3
2014 年	88.1	87.3	80.4	83.4	86.5	86.7	86.7
2015 年	83.4	85.3	83.1	85.4	84.5	87.6	87.6
2016 年	85.6	87.3	84.3	83.2	83.4	88.9	88.4
2017 年	87.4	84.5	85.3	84.6	86.7	88.4	88.8
2018 年	82.1	83.2	83.1	85.2	87.8	88.7	89.0

近六年全国高等院校城乡规划专业教育年会获奖情况

表2

获奖名称	获奖等级	奖励部门	本人排序	获奖时间
维·合 – 基于多维激活理论下的陶然亭传统街区设计策略与有机更新	国家级佳作奖	全国高等院校城乡规划专业教育年会	第一	2018 年 9 月
梨园 街区 2.0– 以叙事空间理论为依据的大栅栏西南片区历史街区重塑再生改造计划	国家级三等奖	全国高等院校城乡规划专业教育年会	第一	2017 年 9 月
大剧小场 – 北京天桥留学路片区保护性复兴	国家级佳作奖	全国高等院校城乡规划专业教育年会	第一	2017 年 9 月
基于地域资源条件下的建筑学和城乡规划专业特色化教学体系建构研究与实践	校级一等奖	北京工业大学	第四	2017 年 9 月
"诗意地行走"街道环境改善设计竞赛——光华路"从 CBD 到 COD"方案	市级三等奖	北京市城市规划委员会	第四	2014 年 9 月
"诗意地行走"街道环境改善设计竞赛——煤市街"时空街市"方案	市级一等奖	北京市城市规划委员会	第五	2014 年 9 月
北京市轨道交通站点区域外部空间广场公园的优化设计研究				2013 年 9 月
敢问早市,"路"在何方? ——北京市昌平区振兴路流动集市调查研究	国家级佳作奖	全国高等院校城乡规划专业指导委员会	第四	2014 年 9 月
嫁·接——多元艺术生态社区	国家级佳作奖	全国高等院校城乡规划专业指导委员会	第一	2014 年 9 月
承嬗·离合	国家级三等奖	全国高等院校城乡规划专业指导委员会	第一	2014 年 9 月
演绎隆福	国家级三等奖	全国高等院校城乡规划专业指导委员会	第一	2013 年 9 月
烂缦·会馆	国家级佳作奖	全国高等院校城乡规划专业指导委员会	第一	2013 年 9 月

3 评图机制的效果检验

我们连续六年的评图机制的教学运行，从 2012 年的 90 后（1990 年出生）学生到现在的 95 后（1997 年以后出生）的学生，学生的背景发生很大变化，学生的设计水平，生源都发生了很大的变化，通过六年教学成果的检验，学生的成绩也越来越好，对老师的付出也在不断任课，评教分数也在不断地增加，也在全国城乡规划教育委员会的城市设计作业评优方面获得了一些奖项。

从上表和图可示，六年来教学内容的成绩在不断上升，虽然，也会有小幅下降，但是，这也是"机制 – 实施 – 检验"的循环圈层体系的意义所在，我们再检验中不断改进我们的教学方法，整体趋势是上升趋势。

结语

在"机制 – 实施 – 检验"的循环圈层体系的作用下，教师们在不断更新制定评图机制，在每年城市设计的不同阶段评图中也在不断地实施完善优化，学生的城市设计成果也经得住检验，《城市设计》教学过程中采取四种评图机制：自评图、互评图、设计师评图和教学组评图，增进了学生间的交流，培养了学生理论联系实践的能力，孕育了校外人才培养基地，基于教学改革，近六年学生的评教成绩也在不断提高，对城市设计课程的认可度也越来越高，但是，我们还有很多不足，未来我们还要持续不断地进行教学方法、教学手段、教学模式和教学机制的改革，将进一步提高城市设计课程的教学效果。

主要参考文献

［1］ 陈玉琨.教育评价学 [M]. 1 版.北京：人民教育出版社，1999.

［2］ 豪尔·迦纳.多元智能教与学的策略 [M].北京：中国轻工业出版社，2001：31–34.

The Construction of Map Evaluation System of Urban Design Course based on the Circle of "Mechanism-Implementation-Test"

Wu Fengwen   Qin Shiyu   Yang Changming

Abstract: Urban design is a compulsory subject in the fourth year of urban and rural planning major. According to the characteristics of students, this course has carried out a series of teaching system reforms. In the aspect of map evaluation, a circular circle system of "mechanism-implementation-inspection" has been formed. This circular circle evaluation mechanism is based on students. The evaluation mechanism includes four stages: self-evaluation, mutual evaluation, designer evaluation and teacher group evaluation. Mutual assessment drawing refers to the mutual assessment of design plan draft and results among students of each group and within the group. Designers' evaluation is to ask designers to evaluate students' design schemes and achievements. On the basis of self-evaluation, mutual evaluation and designer evaluation, teachers' group evaluation is the evaluation and summative evaluation of students' sketches in different stages of design. Through the phased plan evaluation mechanism, the cooperation between schools and enterprises has been enhanced. Students have understood the differences between actual projects and course design, and improved their ability in explaining plans, independent thinking and plan design.

Keywords: Urban Design, Self-Evaluation, Mutual Evaluation, Designers' Evaluation, Teachers' Evaluation

基于任务导向型的城市总体规划实践教学改革探索[*]

朱 伟

摘 要：城市总体规划是城乡规划专业的核心专业课，具有较强的综合性和实践性。在我国社会经济发展的新常态下，总规编制趋向于复杂化、时代化和差异化，对高校城乡规划专业学生的培养提出了更高的要求。思考总规教学实践中出现的新情况与新问题，改革教学以培养适应城乡发展需要的总规编制与规划管理人才是当前迫切需要研究的课题。本文以四川农业大学建筑与城乡规划学院总体规划课程的实践教学改革为例，基于任务导向从实践教学目标、实践教学方法、实践教学任务以及实践教学考核等 4 个方面，构建任务完成型的实践教学体系，以期提出有益的实践教学改革思路。

关键词：任务导向，城市总体规划，实践教学

城市总体规划（以下简称总规）是专业指导委员会确定的核心专业课之一，同时也是我国法定规划中居于核心层面的规划，具有很强的综合性和实践性，在城乡规划专业教学体系中处于整体集成和综合检验的地位。2008 年《城乡规划法》的实施，赋予了总规明确的法律地位，强调了总规在区域发展中起着统领全局、协调矛盾的重要作用，是指导城镇体系发展、环境保护、生态保护、重大基础设施建设的法定文件。随着我国新型城镇化的深入推进，城乡建设在经济快速发展过程中发生了巨大的变化，区域发展面临着城市问题、经济问题、环境问题、产业平衡及生态问题等诸多挑战。城乡规划涉及的问题越来越广泛，问题的性质也越来越复杂。在新的发展形势下，根据城乡发展的新形势新需要，思考总规教学实践中出现的新情况与新问题，改革实践教学以培养适应城乡发展需要的专业人才，促进学科健康全面的发展。本文结合四川农业大学（以下简称川农大）建筑与城乡规划学院总规课程的教学实践，围绕总规课程的实践教学目标、实践教学方法、实践教学任务及实践教学考核等 4 个方面构建基于任务导向型的实践教学体系，以期提出有益的实践教学改革思路。

1 实践教学目标

总规在城乡规划专业的课程体系中是城乡规划专业的主干核心课程，是学生从认识建筑和建筑群体转向认识城市的主要节点，是城市规划理论联系实践重要的教学环节。总规课程具有理论性和实践性并重的特点，理论教学是实践教学的基础，实践教学是理论教学的拓展。总规课程的实践教学目标为：通过本课程的教学，不仅要使学生全面掌握城市总体规划编制的内容和办法，基本具备城市总体规划工作阶段所需的调查分析、综合规划、综合表达的知识和能力；而且要培养学生掌握全面、整体的城市规划观念和思想方法，具备认识、分析、研究城市问题的基本能力，学会协调和综合处理城市问题的规划原理和方法。

2 实践教学方法

2.1 体验式教学法

由于总规课程的复杂性，大三的学生总是有点望而却步，为了缓解学生刚刚接触课程时的紧张情绪，设置城市规划展览馆参观体验式教学环节。组织学生参观成都市展

* 基金项目：四川省省级教改项目（JG2018-344），四川农业大学 2017 校级教改课题（X2017011）。

朱 伟：四川农业大学建筑与城乡规划学院讲师

览馆，通过对天府新区总体规划的参观学习，对总体规划有个初步的感官认知。通过沙盘、图文、实物、多媒体等方式让学生实地了解城市建设发展的演变过程。通过体验式教学，让学生有初步的感官认识，熟悉总规的部分内容。

2.2 案例教学法

案例教学是设计类课程广泛采用的教学方法之一。案例库的开发和建设是进行案例教学的有效途径，案例的收集要注重持续性，体现时代性。在总规课程实践中，笔者对课程案例的规划时间、类型、质量、应用等方面进行了规范，效果良好。收集到的案例应标明完成单位的资质等级，按照平原城市、山地城市、滨水城市、交通枢纽城市等类型进行分类，组织小组成员进行质量评价，每个小组推荐最优的案例组建课程案例库，通过学院已经建立的"云平台"、"蓝墨云"、"电子归档系统" 3 个电子信息平台实现数字化资源共享。

在案例教学中介绍国际和国内城市规划优秀案例，拓宽学生视野，使学生具备前瞻性和创新性的城乡规划专业素养。针对典型案例邀请具备实践经验的业内专家为学生开展专题讲座，使学生及时获取行业动态。通过案例教学使学生对城乡规划具有基本的认知，培养学生的读图能力，树立正确的城乡规划执业观和价值观。

2.3 任务导向法

任务导向，源自"任务驱动"，它强调任务的导向和驱动作用。任务导向教学法是在教师所设计的学习任务导向下，通过自主学制学习方法，发挥个体的创造性与积极性，逐步解决任务问题，获取新知识的教学方法[1]。任务作为学习的桥梁，由任务"驱动"完成，任务导向可以激发学生学习的积极性和主动性，从而达到学习的目的。[2]

任务导向法的核心理念就是"以任务为载体，以学生为主体，以教师为调控"，将课堂模拟成具体工作环境的新型教学方法。完整来讲，"任务导向法"是根据课程的具体教学内容作为工作任务；根据学生的数目分成若干个小组，要求每组成员身份与任务相对应；在课前发放任务单和学习单；在课堂中老师首先将其任务分解，便于小组成员对照自己的角色完成自己相应的任务。在此过程中，扮演策划总监的同学应做好任务实施方案，扮演设计师的同学应做好设计绘图成果等；在展示过程

中，由学生代表为其他各组演示讲解其任务完成过程；在评价过程当中，教师与学生都有考核权。

2.4 项目驱动法

长期以来，在总体规划教学中，教师规划选题一般为"真题假做"以此学习总规编制的内容和方法。笔者在课程实践中，利用委托的规划项目，分批组织学生前往乡镇开展实地踏勘、会议座谈、相关规划与政府文件资料的收集等，返校后要求学生整理会议纪要、整理资料清单，多方案比选优化，完成各专项规划，提交全套成果，邀请专家、学者开展模拟汇报与评审，再依据评审意见修改方案。其中如有资料不齐全或不清楚的地方，再到实地收集补充。通过真题假做，增强学生的使命感、责任感，提高实践教学成效。

2.5 互动教学法

总规课程实践教学包括文化、经济、社会、交通、地理、建筑和生态等多学科知识，学生在分析实际问题过程中，会围绕城市效率、城乡公平、生态建设和人居环境等产生争论和困惑。因此，通过读书会、案例赏析等互动式教学，组织学生讨论具有争议性的经典案例，分析文化背景、人口问题、基本公服均等化、产业驱动力、基础设施建设、生态环境保护等规划编制的背景和内容，由授课教师进行总结和点评。

以主题讨论的形式开展互动，讨论主题可以是教师建议的近期城乡规划中的热点问题，如"乡村振兴"、"多规合一"、"特色小镇规划"、"海绵城市"、"城中村改造"、"工业遗产保护"等，也可以是学生在阅读教师推荐的课外参考书、专业杂志、报刊甚至新闻、博客、微信公众号时发现的感兴趣的话题，通过小组课下讨论并以 PPT 形式形成学习心得感受成果，在课堂上进行汇报和分享。通过互动教学能够让学生明确城乡规划应该尊重城乡历史文化规律，减少对城乡发展的负面效应，使学生明确多学科交叉化对总规实践的影响和作用。

3 实践教学任务

习近平同志在党的十九大报告中提出乡村振兴的战略，城市总规这门课程又有了新的内容更新。缩小城乡差距，打破城乡二元结构，落实到总体规划上，主要体

图1 《城市总规》实践任务体系框架

现为其在空间领域上应促进城乡建设和谐发展，而这一职能的实现主要取决于规划对土地等各类空间资源及物质要素的合理配置。结合总规课程问题、特色、目标以及学生的课程反馈，提出《城市总体规划》"3+12"的实践教学任务改革方案。所谓的"3"指的是3个层次的实践任务，即市域城镇体系规划层次、中心城区规划层次、村镇总体规划层次；而"12"指的是12个具体实践任务（图1）。

3.1 第1层次：市域城镇体系规划

市域城镇体系规划在保留原有的"三结构一网络"内容的基础上，以4个主要任务为主线，重点培养学生的认知调研能力、综合协调能力、规划设计的能力。

任务1：市域城镇体系规划。在关注中心城区发展的同时，更加重视市域村庄的生存与发展，把乡村振兴、城乡统筹、和谐发展作为城市总体规划的总目标。安排学生对设计地块进行调研，用无人机将设计地块的高清航拍图纸提取出来，分析城镇的形态、市域的边界、城镇轴线、城镇肌理等；安排学生对城镇的功能、发展战略、人口规模、经济特征及功能分区等进行分析，形成调研实践报告。通过该实践教学任务，增强学生的空间思维能力，是学生掌握城镇功能定位、城镇职能、发展战略和空间布局等基本知识。

任务2：资源环境的保护与利用。安排学生通过调研、访谈、问卷等形式，对市域内生态环境、土地和水资源、能源、自然与历史文化遗产等进行全面的调研与分析，提出保护和利用的综合目标与要求，形成实践报告，使学生熟悉城市资源环境的保护与利用的主要方法。

任务3：市域空间管制。资源环境的保护与利用目标的实现必须落实到市域空间的有效管理上，安排学生利用 Arc GIS 和 CAD 软件，对市域内的空间管制区进行确定，明确市域空间的禁止开发、限制开发、鼓励开发等三个区域，分类提出管制政策。

任务4：市域基本公服均等化配置。城乡统筹发展要求在市域范围内一体化考虑基本公服均等化的配置。安排学生根据基本公服的类型、公服等级体系划分、各村镇的人口规模等要求，利用 Arc GIS 和 CAD 软件，运用路径分析、缓冲分析、人均面域分析、叠加分析等多种方法，用 GIS 对市域基本公服进行均等化配置，改善农村的生产、生活条件。

3.2 第2层次：中心城区规划

任务5：中心城区用地布局规划。按照城市用分类与规划建设用地标准（GB50137-2011），安排学生对中心城区展开土地用地分类与评价，探讨城市土地利用变化的特征与原因，利用 CAD 软件，对城市各类用地进行规划布局，通过该实践任务的完成，是学生掌握城市用地分类标准、用地布局方法等基本知识。

任务6：道路交通规划。排学生采用 Arc GIS 和 CAD 软件对中心城区的快速路、主干道、次干道和支路进行提取，安排学生对道路与城市空间区位的关系、道路与城市规模的关系、道路与城市空间布局的关系进行分析，形成实践报告。

任务7：重要公服设施选址规划。利用 Arc GIS 和 CAD 软件，安排学生对中心城区的重要公共服务设施进行选址规划。随着数字化城市建设的浪潮，不能再用"拍脑袋式"的方法进行公服规划，运用 GIS 将公共服务设施规划用定量的办法，做到科学合理的规划。

任务8：绿地及生态系统规划。安排学生采用 CAD 和 Arc GIS 等软件对城市绿线进行确定，并计算城市绿线所包括的面积、范围线等，形成汇总表格。对中心城区的典型城市公园进行调研，分析城市公园规划设计和建设过程中存在的经验和不足，形成调查报告. 通过完成实践教学任务，使学生掌握生态城市规划的基本内容。

3.3 第3层次：村镇总体规划

相较于传统课程，本门课程专门增加了村镇总体规划这个层次的任务环节。国家近5年来的中央文件都强调要加大对农村、农业的关心，排头兵的就是做好农村的规划，由于我们川农大是农林背景下建立起来的城乡规划专业，所以课题组在做课程设计的时候单独增加了村镇总规这个环节。

任务9：村镇体系规划。查找阅读村庄的上位规划，包括城市、区县、乡镇的总体规划与专项规划。重点阅读与村庄规划相关的文本内容。一来使得学生正确理解上位规划的规划意图与要求；二来使得学生能够学会并收集相关资料的方法与途径。安排学生对比城市总体规划，将村镇的功能、发展战略、人口规模、经济特征及功能分区等进行分析，形成调研实践报告。

任务10：村镇空间管制。安排学生利用 Arc GIS 和CAD 软件，结合土地利用总体规划、上层次规划等规划，对镇域内的空间管制区进行确定，明确市域空间的禁止开发、限制开发、鼓励开发等三个区域，分类提出管制政策。

任务11：村镇产业发展规划。安排学生进行访谈、实地踏勘，摸清村镇经济基本概况、现状产业、村民基本收入、集体收支等情况，科学合理地进行村镇产业发展规划。

任务12：村镇用地布局规划。掌握村庄规划的技术要点，主要采用手绘的方式进行，先构思村庄空间布局结构，而后再进行村庄建设用地安排。主要规划技术要点包括道路等级规划、住宅建设规划、公共服务设施规划、商业服务设施规划、生产设施规划和绿地规划等方面，使学生掌握村镇规划的基本内容。

4 实践教学考核

实践教学考核在实践教育教学过程中有较强的导向作用。建立一套科学有效、便于实施、便于推广的实践教学考核评价体系，既能充分调动学生的学习主动性和积极性，又能促进教师业务水平和教学质量的提升。城乡规划的专业知识结构和实践目标决定了专业实践能力既需要对实践成果的质量进行评价，也需要对实践过程进行评价；既需要对学生个体的专业技能进行考核，也需要对实践小组进行整体评价；既需要对实践成果进行静态评价，也需要动态的、交互性的专业应变评价[3]。实践教学考核包括：

（1）基于任务导向，确立小组学习制度，根据编制成果要求，充分发挥个人主观能动性，小组分工量身定做个人具体学习任务，任务与考核评分挂钩，分等级（优秀、良好、中等、较差、及格）评分。

（2）项目实践过程中，以阶段性辅导方式引导学生开展实践，在项目教学过程中，从项目小组的团队合作和互助精神等方面进行考核；在项目教学后，根据学生提交的实习报告和答辩汇报进行考核，从而提高学生的实习报告撰写能力和合作能力。

（3）实行汇报人随机制度，每个任务采取改变固定汇报人的做法，使学生能够充分展示自己，充分锻炼学生的口头表达能力和语言组织能力。

（4）在互动教学过程中，根据学生的实际表现对学生进行考核；在互动教学结束后，根据学生提交的实习报告和答辩汇报进行考核．通过互动教学考核能增强学生对具体城市规划任务的思辨能力和总结能力。

5 结语

城市总规是城乡规划专业人才培养的重要核心课程之一，围绕市域城镇体系规划、中心城区规划、村镇总体规划等3个层次、12个具体任务确定该课程的实践教学任务，在实践教学任务开展过程中和实践教学任务完成后进行实践教学考核，构建基于任务导向的城市总规课程实践教学体系，为培养适应社会需求，以及具有良好职业素养的复合型专业人才提供了有益的实践探索。在当前新型城镇化浪潮中，农林高校城乡规划专业更应注重自身学科优势，突出村镇规划和生态规划的专业特色，为城乡一体化建设发挥更加积极的作用。

主要参考文献

[1] 郑艳．基于任务导向的校外实践教学项目设计——以社区矫正专业为例 [J]．教育现代化，2017，4（50）：118-120．

[2] 黄嘉欣．任务导向与项目驱动教学法的结合改革探索——以营销策划课程教学创新为案例 [J]．企业导报，2015（13）：98-99．

[3] 荣瑞芬，闫文杰，李京霞，厉重先．实践教学课程考核评价模式探索 [J]．实验技术与管理，2011，28（03）：232-234．

Explore on Task Completion Oriented Practical Teaching of Master Planning

Zhu Wei

Abstract: Master planning is the core professional courses for the urban-rural planning during the undergraduate, which has characteristic of comprehensiveness and practicality. In the new normal state of social and economic development of China, master planning development tend to complication modernization and differentiation, and it puts forward the higher requirements about cultivation of the students majoring in urban-rural planning. Taking many factors into the new situation and new problems in teaching practice, cultivating urban-rural planning development and manager is an urgent need to the subject. This article takes the practice teaching reform of master planning course of college of architecture and urban-rural planning of Sichuan agricultural university as an example, based on the task-oriented approach, a task-completion practical teaching system is constructed from four aspects, practical teaching objectives, practical teaching methods, practical teaching tasks and practical teaching assessment. This article hopes to put forward some useful ideas of practical teaching reform.

Keywords: Task Completion Oriented, Master Planning, Practical Teaching

基于产学模式的城乡规划专业研究生实践教育研究*
—— 以西北大学专业研究生培养模式为例

沈丽娜　李建伟

摘　要：城乡规划是一门集基础性、实践性和综合性于一体的学科，社会对城乡规划专业研究生提出的培养目标是培育专业基础扎实、动手操作熟练和社会交往能力强的复合型人才。本文从城乡规划专业研究生教育中存在的问题研究出发，剖析城乡规划转型期专业研究生教育面临的种种问题，从学科溯源分析城乡规划学科发展中的内在逻辑，从产学培养模式、课程体系建设、理工兼容、增强科研能力等多维递进的培养模式下，提出城乡规划专业研究生实践教育教学策略。

关键词：城乡规划，产学模式，研究生教育，教学改革

　　城乡规划专业经过近二十几年的快速发展，培养了大批优秀的规划工作者。在过去的38年（1978–2017年）间，中国城镇化率提高了40个百分点，在这样快速城镇化进程中，规划实践市场和相关教育科研（学科）蓬勃发展。全国开设城乡规划专业的高等院校共有261所，2017年底全国有甲级资质城市规划编制单位达到419家，城乡规划专业已成为城镇化进程中发展最快的学科。

　　城乡规划学科发展正处于双重转型时期，社会、经济的快速变革和发展使城乡规划面对诸多新问题、新事物，城乡规划是一个综合性学科，其专业知识构成也是综合性的。住建部要求"加快城乡规划改革，积极应对新常态"。这个改革无论是自下而上还是自上而下都是亟需面对的问题，这是因为转型时期社会需求发生了重大的变化，在城市紧缩发展与品质提升的阶段研究生作为规划工作的中坚力量在学校培养阶段及时转型是势在必行的。2017年在城乡规划类学术杂志发表的论文达到18427篇，但是在"产学研"的学科发展大背景下，城乡规划学的众多研究成果大多数为外延式 – 交叉型研究，真正强化本学科核心贡献并不多，从根源的研究生培养教育应进行转型。

1　我校城乡规划专业的特点及方向

　　我校城乡规划专业由地理学背景发展而来，按照《全国高等学校城市规划与设计专业硕士学位研究生教育评估标准（2009年修订）》的相关要求，西北大学全日制硕士专业学位办学思想的总体框架下，培养具备地理科学理论基础和区域科学、城市科学基本学术素养，能应用人文科学的理论与方法，具有较强的创新能力、创业能力和实践能力的应用型城乡规划专门人才。目前城乡规划专业学位研究生要求在学习第二学年到设计单位进行实践学习。近年来城市规划专业毕业生的培养与转型大背景下的需求之间存在一定差距；市场对专业人才的需求尚有一定空间；用人单位认为专业人才培养过程中最应强化的是毕业生的能力（综合能力、方案和表现能力），而非专业基本功训练或专业知识的全面传授，因此亟需进行我校专业硕士研究生培养的转型。

2　转型期研究生教育面临的问题

2.1　培养方案重理论

　　在国家城乡规划转型的大背景下，学科体系和培养

*　基金项目：2017年西北大学研究生课程与教育教学改革项目（YJG17012）；中国建设教育协会教改项目（2013103）；西北大学教改项目（JX17023）。

沈丽娜：西北大学城市与环境学院副教授
李建伟：西北大学城市与环境学院副教授

目标已不能适应当前的发展趋势。原培养方案的教学体系和学科体系的更新与社会需求提升仍存在一定距离，以致许多研究生就业后很难适应新的岗位，需进行较长时间的实际应用技能训练。随着国土空间规划工作的不断推进，对于软件的应用也提出了更高的要求，因此在培养的过程中应适当增加软件应用类课程。

2.2 高品质转型的培养应对

随着城镇化水平的提高，人们对城市空间的需求逐渐从数量的满足提升为质量的需求，目前的教学模式仍以课程讲授为主，教师在讲台上进行城乡规划基本理论讲授，学生在讲台下被动地接受，学生缺乏自主学习的互动性和积极性。在信息高速发展与"互联网+"时代，学生可以获取知识的方式丰富多样，教学过程循序渐进和单向传输难以适应信息时代跳跃式的知识获取。传统的课堂上进行理论知识灌输的方式相对单一，对研究生的培养具有一定的局限性。目前人才培养的模式注重书本的内容，造成了首先是知识结构缺失。研究生社会经济分析能力、文字及口头的表达能力、研究和创新方面的能力缺乏。不能适应职业多样化的实际需求。

2.3 培养过程单一化

城市是开放的、复杂的巨系统，这就要求做城乡规划的人要具备广博的知识和全面的技能，但一个人要想掌握所有的有关城市发展规律和规划城市的知识与技能显然是不现实的，所以就要求未来的规划师掌握更全面的知识，而且整体结构要多样化、个性化与互补。那就要求我们专业教育处理好知识面要求与专门化培养、通才与专才的结合，同时还要注意人才培养的多样化与个性化。此外，开放的系统也就预示着多变的特性，城市规划知识更新周期短，终生学习观念养成与认知能力的培养在规划教育中就显得尤为重要。城乡规划是一门应用学科，在其实践过程中对能力的要求应该说是第一位的，专业教育要加强产学结合的培养。

3 产学研多维递进教学模式

随着城乡规划机构改革和重组，国土空间规划工作日渐丰富，城乡规划学科再次把注意力转回城乡空间。

但这并不是简单的倒退，而是回归到更高层次的"空间+"模式。"空间+"是城乡规划工作的核心内容，围绕城乡发展的空间本体展开多学科理论方法研究，能够为城乡空间发展的规律、布局、优化、管治提供直接或间接的科学指导。未来城乡规划教育的多元化发展是适应当前转型的必然需求，从实践中理解规划"空间+"更需要拓宽研究的视野与方法，因此建立"空间+"视野的产学研多维递进教学模式，如下图：

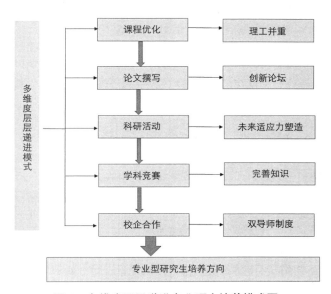

图 1 多维度层层递进专业硕士培养模式图

4 产学研模式下的培养方向

4.1 课程建设体现特色、顺应转型发展

随着城乡规划学科的转型，人们对城市空间的需求也逐渐从城市的不断扩张中提升为质量的提高，城乡规划教育也将顺应城市发展的新要求，学校人才教育培养模式向高品质多元化转变。城乡规划教育将从工程设计领域逐渐向社会、经济、管理以及地理、生态等领域拓展。

为了适应经济社会发展对城乡规划硕士人才培养的要求，结合学校整体要求，以及住房和建设部全国高等院校城乡规划专业评估委员会的反馈意见，对教学计划进行修订，突出学科前沿问题研究，将《城乡规划理论与实践进展》和《城市规划案例评析》作为专业硕士的必修课程，通过《数字城市与城市规划GIS》课程设置，强化城乡规划学研究生空间分析技术的应用能力，要求学生在学习过程中和规划实践活动中结合 GIS 工具、利用最先进信息技术手段来分析和解决本学科的问题，在课程体系内有针对性的弥补学生在空间分析技术方面的不足。

新版教学计划更为强调规划、设计、管理等实践操作能力。选修课为 7 门注重前沿和实践应用的课程，分别为《城市规划管理专题》、《数字城市与城市规划 GIS 专题》、《城市空间结构与模型专题》、《生态城市与城市生态学前沿》、《历史文化遗产保护规划前沿》、《人居环境学前沿》、《城市经济学前沿》。通过《历史文化遗产保护规划》课程设置，使学生掌握历史文化遗产解读的基本方法，以及历史文化保护规划的编制要点、编制和审批程序，为从事城市规划与设计和城市规划管理工作奠定了坚实的基础。

4.2 促进研究论文的撰写，坚持理工融合

为促进研究生之间的学术交流和科研方面的相互竞争和学习，按照"弱化传统考试，重视过程考核"的教学评价体系改革的思路，注重学生理工综合能力的培养，鼓励学生创新思维模式，专门制定了《关于举办西北大学研究生学术月活动的安排意见》，按照该意见，每年举办为期 1-2 天的"研究生科学报告会"。该报告会完全按照国际学术报告会惯例范式组织进行；要求二、三年级每位硕士研究生必须向报告会提交至少一篇学术论文，经由教授和优秀研究生组成的会议学术委员会评审，选择出优秀论文在会议上作学术报告。这一研究生科学报告会是研究生科研能力培养的一种重要形式，其不仅在校内很有影响、深受好评，而且其规模和影响目前已扩展到了本地的兄弟院校。每届研究生科学报告会都有校领导现场指导和兄弟院校同学的观摩及参加。每次科学报告会后，都有多篇论文在各种学术期刊上陆续发表。

在保证全国高等教育城乡规划专业指导委员会确定的核心课程教学的前提下，保持地理学和区域规划方面的教学特色，融合政治、经济、社会、文化、生态等宏观分析思想和方法，实现规划设计思想与规划理论相融合的转变，把物质形态规划融入经济社会发展、生态环境保护和文化传承与整合之中，从国土空间规划、经济地理、土地规划、区域规划、大遗址保护等方面撰写相关论文。

4.3 增加科研活动，提升研究能力

硕士研究生在读期间必须至少参加一项科研课题研究，承担一项城市规划设计项目，并完成相应工作量，由课题负责人对其科研工作进行考核并写出评语。同时，要求研究生围绕区域发展与规划、城乡规划与设计、住房与社区建设规划、城乡发展历史与遗产保护规划、城乡生态环境与基础设施规划、城乡规划管理等学科方向，结合自身专业背景和导师的研究专长，选择研究项目，并以此为基础组织研究生的科学研究与学术交流活动。在此项措施的推动下，硕士研究生参与科研项目与城市规划设计项目的数量明显增加，在教师主持的科研项目与规划设计实践中发挥了越来越重要的作用。学生能在产学结合中很快进入角色，学生毕业后能很快投入到城乡规划及相关专业领域的技术、管理、研究和教学工作，有较强沟通、表达、组织和协调能力，富有社会责任感，并具备良好团队合作意识和自律意识。

4.4 以产学研为突破口，推动多维递进

结合学校和企业各自的优势特点，重点打造与规划设计研究院建立校企实训平台，使学生参与到单位实际的工程项目中，达到"真题真做"提升实践动手能力的培养效果；通过产学研联合培养方式，借助"中国城市规划学会西部之光竞赛"和"全国大学生乡村规划设计竞赛"等，打造产学研交流与合作平台，通过学校、企业、地方项目、国家竞赛等层层递进的多维度教学模式，创新研究生课程教学改革；同时，基于"竞赛嵌入式"教学方法的城乡规划专业人才"创新"能力培养模式，通过组织学生参加全国城乡规划设计竞赛评优活动，有针对性地培养创新意识与创新能力。在校企合作、教学联盟平台和"竞赛嵌入式"的框架下，以专业素质培训为手段，以专业实践能力培养为重点，注重将培养学生的理论分析能力、规划设计能力、实践调查研究能力、创新运用能力贯穿在实践教学环节中，强调从理论到实践、再从实践到理论的交替学习过程，形成了一种拥有多元化培养目标、开设弹性化课程、具备全过程考核体系的研究生培养模式。

5 结语

城乡规划教育质量的高低决定了学生的社会适应程

度及社会价值,决定了学校的社会声誉及可持续发展,决定了城市建设的满意度及品质的提升,产学研的专业研究生教育教学模式顺应转型时期城乡规划的发展特点,注重和实践相结合。进入城镇化的中后期,城乡规划学应关注城市的紧缩发展及品质提升,中国规划师们除了理性的反思,依然不变的是重塑中国城乡规划学科的内核,及时转型适应发展。

主要参考文献

[1] 杨俊宴. 凝核破界——城乡规划学科核心理论的自觉性反思 [J]. 城市规划,2018,42(6):36–46.

[2] 高等学校城乡规划本科指导性委员会. 高等学校城乡规划本科指导性专业规范(2013 版)[M]. 北京:中国建筑工业出版社,2013.

[3] 杨俊宴,史宜. 基于信息化平台的微教学模式探索 [J]. 城市规划,2014(12):53–58.

[4] 王睿,张赫,曾鹏. 城乡规划学科转型背景下 专业型硕士研究生 培养方式的创新与探索——解析天津大学城乡规划学专业型研究生培养方案 [J]. 高等建筑教育,2019,28(2):40–47.

[5] 赵万民,赵民,毛其智,等. 关于"城乡规划学"作为一级学科建设的学术思考 [J]. 城市规划,2010,34(6):46–54.

[6] 覃永晖. 新型城镇化背景下地方高校城乡规划专业实践教学改革探索 [J]. 中国市场,2017(8):194–195.

[7] 邓春凤,龚克,王万民,等. 基于核心能力培养的规划设计类课程教学改革探讨 [J]. 高等建筑教育,2015(6):23–28.

[8] 朱军. 案例教学法在城乡规划专业教学中的应用 研究 [D]. 上海:上海交通大学,2014.

[9] 王世福,车乐,刘铮. 学科属性辨析视角下的城乡规划教学改革思考 [J]. 城市建筑,2017(30):17–20.

[10] 张京祥,赵丹,陈浩,等. 增长主义的终结与中国城市规划的转型 [J]. 城市规划,2013,37(1):45–50.

[11] 张赫,运迎霞,曾鹏,等. 国外城乡规划专业学位研究生教育制度研究 [J]. 高等建筑教育,2015,24(4):46–51.

Research on Production and Learning Practical Education for Urban and Rural Planning Graduate Students —— Take Northwest University as an Example

Shen Lina   Li Jianwei

Abstract: Urban and rural planning is a subject of basic, practical and comprehensive. The goal of training urban and rural planning graduate students is to cultivate compound talents with solid professional foundation, skilled hands-on operation and strong social communication ability. Starting from the subject-based research in the urban and rural planning graduate education specialty, this paper analyses the problems faced by the graduate education of urban and rural planning specialty in the period of transformation, analyses the internal logic of the development of urban and rural planning discipline from the subject source, and puts forward the mode of professional graduate education under the industrial mode, from the mode of Production-Study training, the construction of curriculum system, the compatibility of science and engineering, and the enhancement of scientific research ability. In this paper, the strategies of practical education for graduate students majoring in urban and rural planning are put forward.

Keywords: Urban and Rural Planning, Production-Study Training, Postgraduate Education, Reform in Education

以总图提质训练为核心的存量更新型城市设计教学探索[*]

袁　也

摘　要：存量更新型城市设计是城乡规划专业本科教学中的重要内容。但由于当前网络资源丰富，学生们在设计训练中有较为明显的"拿来主义"倾向。针对此问题，提出强化总图训练的必要性，并对其教学实践进行了探索。首先，基于当前城市设计教学面临的问题和挑战，说明了总图训练在存量更新型城市设计中的重要性；其次，提出应在教学过程强化学生对总图训练的相关意识；然后，从"见图会其旨"、"见图悟其法"、"见图明其构"、"见图应其景"、"见图知其妙"等五个方面归纳了"好的总图"的标准，以明确总图提质的目标；最后，结合具体的教学实践，探索了总图提质训练在城市设计教学过程中的具体安排及训练方法。

关键词：总图提质，存量更新，城市设计教学

1　问题挑战：网络时代对设计教学的冲击

在我国当前提升城市空间品质需求的背景下，城市设计的重要性和关键性得到了进一步强化。而在城乡规划专业的本科教学中，城市设计是非常重要的环节，一方面，它是由低年级建筑设计训走入综合性战略规划训练的必由之路；另一方面，存量更新型城市设计在规划行业中的地位突出，该类设计训练非常必要。然而，在当前网络时代的背景下，城市设计教学面临着一些难以回避的问题，这些问题给城市设计的教学效果带来了挑战：

（1）学生过度依赖电脑手段，前期的设计训练不够。按照李德华先生的观点，设计是"用心、动脑、运笔"的"手－脑－心"一体化训练[1]，最终的目的是塑造以空间手段回应现实问题的能力。尤其是存量更新型城市设计的现状相对复杂，需要在不断梳理现状空间及相关信息的过程中找到设计的出路，这样的训练过程是培养存量规划思维的关键。但目前很多学生在教学训练中过早地开始上机，其设计思维和设计能力难以在教学互动中得到相应的提升。

（2）学生过度依赖网络资源，成果表达中参照的轨迹太明显，设计的原创性大打折扣。现在某宝上有很多卖资料和卖模型的网店，用很低的价格便可买到所需的资料。很多学生在早期方案阶段便开始筹备各种模型，在保留建筑的基础上进行拼凑。但这些拼凑的方案在大多数情况下效果并不好。更重要的是，这种方式对培养学生的创造性思维是有害的，而创造性思维是存量更新型城市设计中形成问题逻辑的关键性思维。

（3）学生过度追求设计"颜值"而忽略设计"品质"。大量的参考资料使得学生们可以从各个渠道获取优质的资源，并找到自己的模仿风格。在这样的背景下，学生们更倾向于拼出"好看"的图，而不是真正"有品"的方案。而存量更新型城市设计训练的核心，就在于对"品"的把控：从最基本的调研基地、提炼问题，到随后的判定愿景、明确定位，再到之后对功能、结构、形态的整体优化和对外部空间与活动场景的细化，直到最后对设计管控体系的凸显，这一序列的训练才是存量更新型城市设计的核心逻辑。

2　应对之道：强化教学中的总图训练及相关意识

要面对上述挑战，就需要在设计教学中强化总图训练

　　*　基金项目：中央高校基本科研业务费（编号：2682019CX54）。

袁　也：西南交通大学建筑设计学院讲师

的重要性,以提升学生对总图质量的重视,借此进行"手 – 脑 – 心"一体的设计训练。因此,在教学过程中,在强化总图训练的同时,培养学生的相应意识也非常关键:

2.1 总图的内容意识

总图尽管在形式上是平面图,但在内容上是城市设计中所构建的一切,是城市设计所有成果的关键环节,决定了设计成果的整体质量。因此,如果在总图设计考虑得比较仔细,则设计成果的质量会大大提升。

2.2 总图的成果意识

城市设计的具体成果一般包括四个部分,均与总图有着紧密的联系。

第一部分:生成总图的基础。主要包括了设计基地的现状环境、资源条件、主要问题及发展定位等内容。这些内容与总图之间有"前因后果"的关系。如果总图的设计到达一定深度,则第一张图的内容也会更加明晰。

第二部分:形成总图的条件。主要包括城市设计的理念、设计策略与手法、设计要素的构建等内容。这些内容是整个设计建构的"来龙去脉"。如果总图的设计到达一定深度,则第二张图的内容可以较为轻易地呈现出来。

第三部分:剖析总图的结构。这部分是城市设计成果中最为常见的内容。该部分主要围绕总图,解析出各项空间要素的系统布局与层次关系,并以抽象图形、局部放大、立剖表现等方式来呈现规划方案的总体特征。这部分内容相当于是总图的"血脉筋肉",如果总图完善,这部分内容的绘制会非常自然。

第四部分:表现总图的细部。这部分是城市设计表现的重点,主要围绕总图的空间序列、细部节点、活动场景和鸟瞰透视等方面进行构建。该部分内容是总图的"精气神形"。如果总图设计到达了一定的质量,每一个空间场景都进行过相应的推敲,自然能够从多个层面展现出城市空间的活力与生命力。

2.3 总图的整合意识

在构思总图的过程中,不能只专注于画出各种好看好玩儿的图,也不能只沉醉于各类空间要素的创造性整合,同时还需要考虑如何体现出特色化的设计主题,如何展现出恰当的设计愿景,如何呈现出清晰的功能形态

与结构关系,以及如何营造出更好的公共活动与场景序列。要综合考虑了上述因素的总图,才能体现出设计成果的品质。

3 标准探讨:怎样才是好的总图

明确总图的重要性是不够的,还需要结合优秀案例,向学生展示高质量总图的特征,让学生明白怎样才是"好的总图",以明确总图提质训练的目标。此举并非要求所有学生都能画出一张好的总图,而希望学生们意识到,好的总图并非就一定好看,而是有共同内涵的。要体现出这些共同内涵,才是高质量总图的基本标准。笔者通过对近几年专指委城市设计作业评优成果(均为存量更新型的城市设计)的分析[2],初步发现,好的总图往往有以下五个特征:

3.1 好的总图,能反映出设计主题

如某获奖作品以"溯根城乡、阡陌织锦"为主题,而在其总图中,可以明显地看到城市元素与乡村元素的交汇,并且在外部空间的组织中,连续、蜿蜒、丰富的步行系统,配合成片而多种肌理的农业用地,强烈地呼应了"阡陌"和"织锦"的主题。又如某获奖作品以"循脉"作为主题,而在其总图中,能明显地看到一条黄色的步行空间贯通了基地所有的活力点,并且该步行空间收放曲折处理巧妙,形成了丰富的空间序列,宛若一条基地的主脉,将整个基地空间进行了活化。因此,好的总图能很好地点题,达到让观者"见图会其旨"的效果。

3.2 好的总图,能体现出设计策略的轨迹

为了训练学生问题导向式的思维方式,很多城市设计成果中均采用了明确的设计策略。而这些策略应该是能运用到方案中,并在总图中体现出来的。如某获奖作品以"集体选择理论"作为设计策略,综合考虑基地现状中各类人群对基地空间的诉求,推导出适宜各类诉求的空间方案,并对这些方案加以整合优化,最后形成了设计的总平面图。另如某获奖作品以"带动共享共生"作为设计策略,依托三个层面的交通空间重建了基地的环境,提升了空间的整体品质。在这些成果中,能够较为清楚地看到设计策略的轨迹,达到让观者"见图悟其法"的效果。

3.3 好的总图，能表达出清晰的结构关系

总图表现的重点并非是精致的建筑形体组合，亦或是丰富的外部空间和景观布局。总图的重点在于表达出各类空间要素之间的整合关系，能够让使用者在其中感知到各类要素的恰到好处，而不是各有特色但却相互冲突。因此，好的总图往往都能呈现出内在的结构关系，各项要素都能在总图中清晰明确、自成体系且相互促进。因此，好的总图能让观者"见图明其构"。

3.4 好的总图，能呈现出明确的设计愿景

总图表现出来的效果应该与规划定位和设计愿景形成较好的呼应。从最基础的层面来看，建筑形态和空间的整体把握应与规划的功能结构相契合，能够让人对总图上的内容形成直观的判断。这里就涉及到城市设计语汇的运用是否熟练，教学中可参考杨俊宴老师的《城市设计语汇》一书[3]。进一步的层次来看，总图的色彩运用和搭配也应该和整体的定位愿景相符合。依托如文化古迹的景区会偏重传统风格的色彩表现，而依托文创产业发展的片区则会偏重现代风格的色系搭配。因此，好的总图能让观者"见图应其景"。

3.5 好的总图，能体现出较为丰富的活动空间与场景序列

尽管总图最终是一张"二维"的平面图，但实际上已包含了"三维"空间的思考。尤其是在设计中，主要人群的公共活动如何在基地中分布，其流线系统如何组织，与之相对应的外部空间场景序列如何塑造，是方案构思过程中最为关键的内容，直接决定了建成环境的空间品质。而在"三维空间"转化为"二维平面"的设计过程中，重要的活动场所应当适当突出，如在边界塑造、铺地形式、景观小品、植物布局等方面都应有相应的表达，形成总图中的"高潮"部分。很多获奖作品的总图中都能体现出这一特点，让观者能够"见图知其妙"。

4 实践之路：课程中的总图教学及训练方法

4.1 总体安排与阶段划分

明确了总图的重要性和总体标准，就需要在课程教学中进行实践。按照西南交通大学城乡规划系目前的教学计划，城市设计课程的周期为8周，前四周（第9-12周）完成现状调查、设计构思和设计方案；后四周（第13-16周）细化方案并在电脑上完善设计成果。笔者以大四下的城市设计竞赛为依托，开展了相应的教学实践。

教学中，要求学生2人一组，在本地自行选择15-30ha的用地，进行存量更新型的城市设计训练。前期教学引导中，我们要求尽量选择有一定历史资源依托的片区，这样的基地比较适合进行存量更新的设计训练。具体教学安排如下：

总体教学安排　　　　表1

日期	周次	学时	教学内容
20180423（星期二）	第9周	4	学生：熟悉课程任务，两人一组，确定设计小组的成员名单 教师：发放设计任务书与教学大纲，介绍课程基本情况；讲解2019年城市设计的主题，并推荐基地，提供作业范例
20180426（星期五）	第9周	4	学生：提交候选基地，分析基地特征与设计的构思方向 教师：协助学生确定基地，并提供现场调查的建议
20180430（星期二）	第10周	4	学生外出调研，对各自的基地进行详细调查
20180505（星期日）	第10周	4	0503五一劳动节放假，0505补0503的课 学生：提交并汇报基地调查情况、现状分析与方案初步构想（PPT文件） 教师：协助各小组梳理基地现状特征和方案设计方向
20180507（星期二）	第11周	4	学生：提交现状分析、方案构思的初步草图，明确基地分析的表达内容与方式（手绘为主） 教师：协助各小组梳理基地现状与设计理念的关系
20180510（星期五）	第11周	4	学生：提交城市设计一草方案（主要的方案理念、设计构思、功能定位与主体结构关系，手绘，1：1000） 教师：对各小组的方案进行讨论，协助深化方案
20180514（星期二）	第12周	4	学生：提交城市设计二草方案（初步总平图，规划结构，主要的设计分析，手绘，1：1000） 教师：协助各小组明确设计方案的进一步深化方向

516

续表

日期	周次	学时	教学内容
20180517（星期五）	第12周	4	学生：提交城市设计三草方案（详细的方案总平图与相关分析图，完整的设计理念与规划定位，明确的功能结构形态关系，较为详细的特色空间表达与场景表达，手绘，1：1000） 教师：对全班的设计方案进行点评
20180521（星期二）	第13周	4	学生：修改并深化设计方案，经老师同意后上机操作 教师：对有问题与疑惑的小组进行个别引导
20180524（星期五）	第13周	4	学生：提交城市设计电子正草方案（总平的CAD方案） 教师：协助学生调整方案，提供建议与优秀范例
20180528（星期二）	第14周	4	学生：提交城市设计的SKP模型 教师：协助学生调整方案，提供建议与优秀范例
20180531（星期五）	第14周	4	学生：提交最终的CAD总平面图和SKP模型，以及相关的分析图与场景图的草案 教师：组织对全班进行评图。同时，提供不同类型和风格的城市设计图纸，为学生制作最终成果提供参考
20180604（星期二）	第15周	4	学生：制作最后的电子成果 教师：对有问题与疑惑的小组进行个别引导
20180607（星期五）	第15周	4	端午节放假
20180611（星期二）	第16周	4	学生：制作最后的电子成果 教师：对有问题与疑惑的小组进行个别引导
20180614（星期五）	第16周	4	学生：提交成果的图纸。 教师：验收成果，并对各小组进行初步评分。

从表1中可知，在8周的城市设计教学实践中，前2周为调研期和方案初步形成期，后2周为成果制作期，中间4周为方案的形成期，这4周也是总图提质训练的时期（即表中的灰色部分）。

4.2 总图提质训练的周期与要求

4周的总图提质训练可分三个阶段，考虑到各个设计小组的进度均有所不同，三个阶段在周期上会有相互

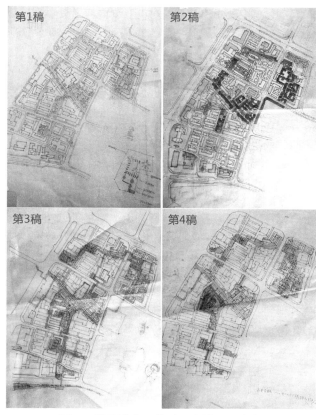

图1 某设计小组前后4次的总图方案

重叠的情况。具体内容及教学要求如下：

（1）深思熟虑，搭建总体框架（第11—12周）

这部分包括三个要求：一是要求各个设计小组明确自己基地的规划愿景、规划目标和规划定位，综合区位信息、调研情况及上位规划的要求，提出对该基地未来发展状况的判断，以明确设计的方向。二是要求各个设计小组在第一个要求的基础上，寻找自己的设计主题、设计理念和设计策略，即通过什么样的方式和方法来实现基地未来的发展蓝图。三是要求各个设计小组在前两个要求的基础上，通过资料查阅和案例学习，进一步明确，如果要实现设计的愿景和蓝图，需要在功能、结构和形态方面做出哪些方面的改善。如需要保留哪些旧功能，植入什么新功能，引入哪些新元素，在此基础上如何重新组织和塑造外部空间体系等。

上述三个要求是设计构思的重要内容，教学中鼓励同学们以文字框架和概念图的方式来表达，形成设计前期的总体框架，明确设计的方向。

（2）手脑并用，重复细化方案（第12–13周）

这一阶段开始较为密集的总图训练，要求设计小组每节课都手绘出一稿总图出来。手绘总图的基本原则有两条：其一、有效重复原则。即每一稿都必须比上一稿有明显的进步，能够较好地回应上一轮的不足。其二、画思结合原则。即画中有思，思中有画。对于总图上每一个画出来的地方，学生都能回答出到底是画的什么，人们会怎样去使用它。如果回答不出来，就鼓励重画或重新设计。在教学互动中，教师主要围绕以下几个方面对学生的总图进行讨论：其一、总图中的功能活动分布、路径游线规划与节点场景设置是否合理，并创造出丰富而完整的外部空间体系？其二、总图的表现如何体现了前期的设计框架，是否明确地呼应了设计主题和规划定位？其三、总图所形成的空间环境是否与城市结构及周边环境相适宜？

在实际的教学实践中，由于不同设计小组的差异性，有的小组3次课就定了方案，但有的小组会画4–5次，持续到两周以上。如某小组以成都市某老街区为基地（图1），力图以提升可步行性为策略，整合街巷网络，形成兼有在地社区服务和对外文旅服务的特色"市井"空间。在设计过程中，笔者多次以上述的教学要求和教学问题与该小组互动，最后形成了相对完整的设计方案。需要强调的是，总图提质训练并非是要学生画出"越来越好看、越来越细致"的图，而是要在画图的过程中，深入构建自己的城市设计内容体系，对于自己想做什么、能做什么、要做什么有一个逐步明晰的过程，这便基本达到了设计教学的目的。该设计小组的同学基本做到了这一点，但也经历了前后4稿的总图训练。

（3）上机操作，完善总图表达（第13–14周）

各设计小组基本确定方案后，便允许上机操作。上机操作前，对学生们进行三方面的提醒：（1）仔细考虑各类空间要素（建筑、车行道路、步行路径、广场、绿地、树丛、水系、其他构筑物……）的类型区分及表达风格，要比较明确后才上机。（2）各项地面要素的层次及色块边界，最好是在手绘方案中明确。（3）总图里各要素的配色体系在电脑上操作调整，不用局限于手绘方案。（4）SKP的建模需要与总图进行互动优化，在完善模型空间的基础上进一步完善总图。

5 结语与展望

笔者刚刚进入规划教育领域一年时间，在设计课方面的经验还非常有限。目前在城市设计课程的总图提质训练中，笔者选取的教学案例多以优秀学生作业和主流项目资料为主，虽然这对提升学生的设计认识和创造性思维有较大的帮助，但由于这些案例并未真正实施，因此无法体现出城市规划的实践性和落地性。在今后的教学中，应引入更多的付诸于实施的建成案例，尤其是世界各地优秀的存量更新案例，从不同的层面对存量更新的规划策略及其实施过程进行讲解，加深学生对规划落地性的认识，让总图提质训练更加"接地气"。

主要参考文献

[1] 同济大学建筑与城市规划学院. 李德华文集 [M]. 上海：同济大学出版社，2016.

[2] 高等学校城乡规划学科专业指导委员会. 2012–2015大学生城市设计课程优秀获奖作业集 [M]. 北京：中国建筑工业出版社，2017.

[3] 杨俊宴. 城市设计语汇 [M]. 沈阳：辽宁科学技术出版社，2017.

Emphasizing the Importance of making a High-quality General Plan in Urban Renewal Design Course

Yuan Ye

Abstract: The urban renewal design is an important program in the design course of urban and rural planning area. However, nowadays, students always prefer to copy good cases from internet than make original design work by themselves. Based on this problem, firstly, this paper explains the key role of general plan training in urban renewal design course, and emphasizes the importance of general plan training. Secondly, in order to clarify the goal of this training, it summarizes the five standards of a high-quality general plan. Finally, this paper discusses the practical methods in teaching the students to make a high-quality general plan.

Keywords: High-Quality General Plan, Urban Renewal, Urban Design Teaching Course

基于多专业平台属性的城市设计混合式教学探讨

唐由海　王靖雯　毕凌岚

摘　要：在线与课堂教学相融合的混合式教学，兼具"教"与"学"双重视角，且利于体现多元教学方向，在高校教学中得到日益重视。城市设计课程具有多专业平台属性，内容复杂、尺度多元。研究尝试引入混合式教学方法，坚持教师为引导，学生为中心，对基于平台属性下的城市设计混合式教学的体系，包括教学目标、基本教学内容和主要教学方法等方面进行了探讨，利用互动式信息技术，提出基于不同专业的模块化和课前、课堂、课后三阶段相衔接的滚动式教学策略，以实现"教"、"学"双向主动，"学"、"习"过程完整，提高城市设计教学效率，响应多专业需求。

关键词：城市设计，混合式教学，多专业平台，教学改革

引言

互联网＋时代，信息技术改变了传统课堂教学的单一模式，极大扩大了学习的时空环境，拓展了教学的受众数量，为教育教学改革提供了更多可能。随着教育信息化的深入，不少高校开始应用互联网信息平台进行在线教学，在一系列鼓励开设在线开放课程的教改政策推动下，当下慕课（MOOC）、云课堂等在线教育平台已经成为热门。

然而单一的在线教育模式也存在着不足，如教师引导不足，师生、生生之间的互动不强，课后回顾及复习少，导致教学效果较差。在此背景下，混合式教学，即结合在线教学和传统教学的优势，"线上"＋"线下"的教学模式应运而生。混合式教学并不是简单的技术混合，而是为学生创造一种真正高度参与性的、个性化的学习体验[1]。由于兼具"教"与"学"两个视角的优点，即发挥教师的主导作用的同时，提高了学生的主体性与创造性，这种教学模式在不同高校及不同学科中受到了越来越多的重视。

城市设计是一门建筑类的综合性学科，是联系城乡规划和建筑学、景观建筑学以及公共艺术专业的桥梁。针对城市设计多专业平台属性，引入混合式教学方式，"线上"方便不同学科的学生根据学科特点自主选择不同模块课程，延伸学习时域，"线下"各专业学生和老师能够于课堂有效沟通、互动学习。混合式教学提供了更广的教学受众、更长的教学学时和更多的教学方向，贯穿于城乡规划、建筑设计和风景园林设计公共艺术设计等学科的各个层面，提高教学效率的同时，促进了城市设计课程与学科平台属性更好结合，利于培养学生认知与分析、表达与合作以及自我学习的综合能力。

1　多专业平台属性的城市设计课程

1.1　城市设计课程的历程与发展

1930年代，沙里宁在美国匡溪艺术学院的建筑与城市设计系，率先提出城市设计教育理念；1940年代，基于北美建筑类学科的教育经验，梁思成先生在清华大学提出过"形体环境"的教学方向，但直到80年代中期，我国高校的城市设计课程才正式开设[2]。1990年代，由于城市规划法规的对城市设计的重视，众多高校的本科建筑类教育开始加入城市设计相关课程，并增设了城市设计研究方向。2000年后，城市设计课程不但是城市规划专业的核心课程之一，也是建筑学、风景园林等建筑类专业本科阶段的重要课程。

经过近40年的快速城市化进程，中国城市面临增量发展向存量发展的阶段性转型，外延式发展被内涵式发展取代。转型时期，关注空间形态、实体形态、社会问题和

唐由海：西南交通大学城乡规划系副教授
王靖雯：西南交通大学城乡规划系研究生
毕凌岚：西南交通大学教务处副处长教授

经济问题的城市设计学科日益受到关注。2015 年的中央城市工作会议，明确提出"加强城市设计"、"全面开展城市设计"，2016 年 2 月中共中央国务院下发了《关于进一步加强城市规划建设管理工作的若干意见》，指出"支持高等学校开设城市设计相关专业，建立和培育城市设计队伍"，2017 年住建部出台《城市设计管理办法》；在此背景下，高等学校的城市设计教育面临又一阶段的加速发展期。

1.2 城市设计的学科属性

城市设计作为综合学科兼备工程科学、社会人文学科和政治经济学科的多重属性，因其所描述的对象复杂多元，呈现的方式鲜活生动，城市设计在建筑类学科中别具魅力，不但融合了多个专业的语言和范式，还形成了自身的语言体系，具有多专业平台性的学科特点。

1980 年代以后，哈佛大学、纽约城市设计学会、华盛顿大学分别以教育讨论会的方式，认为城市设计的学科研究和培养计划具有扩专业、多领域的复杂性；21 世纪初，欧美城市设计课程开始注重时代特征，教学方式与新时期观念、信息和科技水平保持同步，城市设计教育与建筑学、城市规划学、景观建筑学教育联系密切，且呈拓展趋势，日益强调宽口径的学科整合，理性的设计研究和综合的经济社会考虑，建筑、城市规划、景观建筑学等多学科高度融合是城市设计专业的常见情况。

国内高校都已认识到城市设计课程的重要性，城市设计教学体系与方法一直是研究的重点。城市规划教学领域的研究较为丰富，肖哲涛认为城市设计是城市规划专业教育中的重要组成部分，提出城市设计教学改革的目标是创造性思维培养[3]；顿明明在城市规划专业视角内，对城市设计教学进行了存量时代背景的探索[4]，黄瓴基于学生的全过程全体验，提出城市设计的整体性思维[5]。与此同时，来自建筑学和风景园林的城市设计课程教学研究也日益增多，如李建东尝试将城市设计与建筑设计教学课程的融合[6]，培养建筑学教育中的城市视角；朱捷从风景园林专业的视角，提出城市设计通用设计能力培养，以及景观设计创意融入的必要性[7]。综合看来，城市设计课程的综合性和复杂性的属性逐渐被国内高校城市认识，其多专业的平台课程属性也逐渐成为共识。城市设计课程是建筑类、环境类专业的共选课程，建筑学、城乡规划、风景园林、公共艺术等专业均将其作为必修或限选课程。

正是由于城市设计的平台学科属性，涉及专业较多、内容复杂、尺度多元的课程特点，以往以课堂为唯一载体的传统教学模式中，偏重知识点的传授，弱化了城市设计的过程性问题，无法顾及多专业需求问题。混合式教学方式的引入，有利于提供多元城市设计教学方向，提高学生主动性和互动性，提高教学过程的成效。

2 混合式教学的特点

2.1 混合式教学基本特点

混合式教学以信息技术和网络技术搭起课程教学平台，将线上网络教学与线下课堂教学于有效整合，大大降低了教学成本，提高了教学效率。传统教学模式中，老师主宰课堂，以"教"为主；基于信息技术的学习中，以学生自主学习为主，而混合式教学恰好结合两者的优点，学生主体与教学主导和谐统一，学与教兼顾，保证学生学习的顺利进行；学生在混合式教学既可以得到知识的学习，也可以得到能力的培养，实现知能并举，发展学习能力。另外，混合式教学，将扩大受众数量和来源。作为平台属性的城市设计课程，往往受到传统课堂授课模式的时空约束，受众面过窄。混合教学模式，将扩大课程受众群体，推动不同专业、不同背景的同学共同学习、研讨和交流。

2.2 既有研究概况

张其亮，王爱春（2014）探讨了基于混合式教学理论结合翻转课堂教学方式，设计了新型的基于翻转课堂的混合式教学模式并将其运用到教学中。对所设计混合教学模式的应用效果进行了验证和分析[8]；（李逢庆，2016）基于对混合式教学的概念界定，文章将掌握学习理论、首要教学原理、深度学习理论和主动学习理论作为混合式教学的理论基础，构建了 ADDIE 教学设计模型，阐释了混合式课程的教学设计[9]；余胜泉、路秋丽、陈声健（2005）阐述了混合式教学的理论与环境基础，探讨了网络环境下混合式教学的实施模式[10]；王鹊，杨倬（2017）以华师云课堂为例，对基于云课堂的混合式教学模式进行设计[11]。综合看来，现有研究教学设计相关研究多聚焦于混合式学习模式构建、模型应用，对混合式学习过程设计的研究关注不够。

许莹莹以混合式教学和建构学习理论为依据，提出网络环境下建筑设计课程混合式教学模式的方法及思路[12]；刘青通过研究分析 MOOC、SPOC 和混合式三种教学模式，结合混合式教学的实践现状，提出有针对性的创新课堂教学模式[13]。总体而言，建筑类专业如建筑学、风景园林、城市规划等的混合式教学的研究较少。

3　基于混合式的城市设计教学

混合式教学方法引入城市设计课程后，有助于建设基于学科平台属性，尊重不同专业特色，专业间彼此形成共识互通的，建筑学、城乡规划学、风景园林学、公共艺术学等多专业一体的城市设计教学体系，以整合协同、开放包容、特点鲜明的视角为各专业培养知识完备、视野开阔的复合型设计人才。

3.1　主要教学目标

建立在"线上"、"线下"混合式模式基础上的城市设计课程，将达到以下目标：

实现课程完整性。借助混合模式，城市设计课程的预习、提问、评选、回顾、复习等内容，可在线上阶段实现，拓展了课程的时域；课程的各阶段主要教学要求，包括基础知识获取、研究与讨论、评价与反馈等，将能够完整实现。

实现教学互动性。利用媒体视频工具，积极使用终端手段，增强同学们在城市设计教学中的社会临场感、教学临场感和认知临场感。知识不再是单向的传授和吸纳的过程，而成为师生之间互动的过程。

实现教学主动性。强调学生为主的混合教学模式，将更加突出学习的主体性和必要的主动性，即由老师的教为重点，转为学生的学为重点，由单向接受知识，转为多向学习方法，从而活跃学生思维、提高学习效率、促进教学相长。

3.2　基本教学内容与教学方法

（1）基本教学内容

城市设计课程教学内容，不仅包括城市地块（街区）设计、场地设计、建筑群设计、开敞空间设计、城市设计技术管理方面的基本知识，也包括培养和提高同学们提出、分析、讨论和解决实际城市问题的基本能力。根据城市设计不同专业需求，设置不同的教学板块，如城

市设计的基础知识板块，城市设计的历史与理论板块，城市设计的分析与表达板块，城市设计的类型与方法板块，城市设计的前沿与展望等。课程章节内容大体包括：概论；城市设计的基本属性；城市设计的学科属性；城市设计的历史特征；近代以来的城市设计；城市设计的分析方法；城市设计的图纸表达；城市轴线；城市街道；城市广场，城市中心区；城市设计的深度思考等。

（2）主要教学方法

翻转课堂教学法：以学生为主体的翻转课堂方法，将实现混合式教学模式下，更自主、更自由、更有效的学习状态，课堂更有趣、效果更好。教师不再是在讲台上传道式灌输知识，而是传道、授业、解惑多向引导，真正成为学生学习的导师。在此过程中，知识不再是单向的传授和吸纳的过程，而成为师生之间互动的过程。教师根据课程需要来引导学生的知识获取，在课堂进行验证和评价，可以及时了解学生对相应知识的掌握程度和对有关方法运用的熟练程度，利于根据学生实际情况及时调整教学计划，因材施教，学生在课堂上进行围绕课程的互动。

PI 教学法（又称同辈教学法）：以大课堂的形式汇集不同专业（建筑学、城乡规划、风景园林、公共艺术）的学生进行共同教学，围绕方法实践过程中发现的问题分小组进行汇报和课堂讨论，而后进行小组之间的观点交流，教师在该过程中通过点评进行相关知识的补充与拓展。此种方法有利于在宽松氛围中激活思维,拓展眼界。

模拟情景教学法：将教学与研究、实践相结合。城市设计作为城市公共利益的分配行为，涉及规划部门、开发商、建筑师、规划师、商业策划等多方的博弈和活动。线上进行"角色"抽选和特征学习，课堂上进行模拟情景，让学生扮演现实角色:设计师、开发商、规划局、专业学者，指引学生以不同视角对方案进行讨论、争论，引导学生以多视角多立场观察、反思、评判具体的城市设计。

3.3　教学策略

（1）模块化教学

城市设计是多专业平台课程，且城乡规划、建筑学、风景园林和公共艺术等不同专业的培养体系，对于知识、技能和方法的学习重心不同。城市设计课程以基础知识、历史与理论、类型与方法等板块为核心模块，不同专业

学生选择专业模块或拓展模块,如城市节点设计(建筑学、城乡规划专业)、城市街道与广场(建筑学专业)、城市新区设计(城乡规划专业)、城市公共景观设计(风景园林专业)等,即形成核心类、专业类和拓展类等不同模块教学方式,同学们根据专业能够进行分项学习,不但了解城市设计基础理论,理解城市空间的复杂属性,还探索本专业的解决城市问题的路径与方法。本课程在促进多专业平台形成的同时,尊重专业特点,侧重专业能力培养,以期形成特色鲜明、重点突出的模块化教学方式。

（2）滚动式混合教学

课程结合课前教学、课堂教学、课后教学三阶段教学,形成滚动式混合教学模式。

课前教学设计阶段:根据老师布置的预习问题,带着问题思考、自主学习预录视频;厘清相关知识点,记录学习笔记,对不懂的问题进行线上提问,以方便老师课上将问题汇总进行及时解答。

课堂教学设计阶段:老师先针对课前预习的问题进行答疑解惑。然后由小组进行课上的讨论汇报,老师及时针对小组的汇报进行点评和总结,并拓展相关前沿热点及案例,引导同学课后思考探讨。

课后教学设计阶段:课后主要是学生巩固知识点,在线完成作业,展开下阶段预习。作业不只是完成基础性作业(针对课程上已讲知识点),还包括扩展型作业,如前沿或热点问题,需要查阅资料、相互讨论完成。预习工作同时展开,成为新一轮滚动教学的起点。

这种滚动式的教学设计最大的特点是"及时",通过及时的预习、复习、深入学习,最大程度地掌握、巩固和运用相关知识点,促进学生深度学习,化被动为主动,增强学习的热情和兴趣(图1滚动式教学方法示意图)。

3.4 信息技术运用

（1）慕课（MOOC）方式

慕课（MOOC）是信息技术与教育教学深度融合的结果,是"互联网＋教学"的新模式。慕课（MOOC）不仅推动优质教学资源的开放共享,也带来了教与学新型关系和教学组织新型模式,能够在改革教育教学和提高教育教学质量做出贡献。学生可以利用多种终端登录慕课（MOOC）平台进行城市设计线上课程学习、测验、作业、考试、讨论,包括课前和课后阶段。慕课（MOOC）

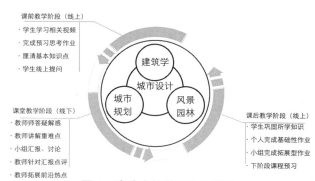

图1 滚动式教学方法示意图

应用,有助于课堂有效组织,各资源要素充分调动,生生、师生互动开展,学生自主式和协作式学习能力提高。

（2）互动媒体

传统模式下,互动只限于课堂上的师生问答方式互动。混合模式下的互动媒体引入,将有效地加强课堂教学中人际互动,以及实现广泛的人机互动,特别是促进学习者之间和学习者与媒体之间的协作和交流。互动媒体强调的是使用者和内容或环境之间有个性特征的写作和深度交互,强调彼此之间的有效反馈和影响。城市设计课程的具有以学生为中心、活动与评价为基础的教学特点。互动媒体将构建了一个多层级的线上＋课堂的教学交互的构成体系,包括课堂实践案例观察、分析问卷调查与访谈、在线咨询与反馈、投票与分析等相结合的方式,推动多元互动模式的形成与完善。互动方式利于深度学习。认知过程的维度分为:记忆、理解、应用、分析、评价和创造六个层次。传统模式下,深层与浅层知识排布不均,学生试图进行知识迁移、做出决策和解决问题等深度学习时,常发现自己孤立无援。基于此,借助互动媒体,以翻转课堂、PI、情景模拟为主要方式的混合式互动教学,一是将原有的教学结构实现颠倒,即浅层的知识学习发生在课前线上阶段,评价、创造类的深层知识在教师指导和帮助的课堂中实现,促进学生高阶思维能力的提升;二是将课堂活跃性角色交给学生,促进深层认识的频发、主动发生。

4 结语

基于混合式教学的城市设计课程,是建立在多专业课程平台认识上,结合慕课线上与线下混合教学方式,运用翻转课堂、PI 教学法和模拟情景教学法，以学生为中心，以学习为主态，以课前教学、课堂教学、课后教学三阶段滚动式教学为基本模式，充分运用信息技术，推动人机与人际互动，实现教、学主动，学、习完整，课程受众广泛、滚动式方式及时性强、有利于提升城市设计课程的影响和实效，促进城市设计平台功能进一步完善。

但也应注意到，混合式教学方式下的城市设计课程，容易因为授课方式多样，教学阶段多重，线上线下形式活泼而影响核心理论和分析方法的传递与掌握，需要课程教学团队形成梯度结构，核心教师起到关键性作用，课程进行精心组织，合理布局并进行阶段总结与反馈。

主要参考文献

［1］ 冯晓英，王瑞雪，吴怡君.国内外混合式教学研究现状述评——基于混合式教学的分析框架 [J].远程教育杂志，2018，36（03）：13-24.

［2］ 高源，马晓甦，孙世界.学生视角的东南大学本科四年级城市设计教学探讨 [J].城市规划，2015，39（10）：44-51.

［3］ 肖哲涛，郝丽君.城市设计课程教学改革 [J].华中建筑，2012，30（11）：179-182.

［4］ 顿明明，王雨村，郑皓，于淼.存量时代背景下城市设计课程教学模式探索 [J].高等建筑教育，2017，26（01）：132-138.

［5］ 黄瓴，许剑峰.城市设计课程"4321"教学模式探讨 [J].高等建筑教育，2008（03）：110-113.

［6］ 李建东，宋亚亭.以文脉设计理念为主线的教学体系探索——城市设计与建筑设计教学课程的融合 [J].中外建筑，2013（08）：54-55.

［7］ 朱捷.从"综合"到"提升"——风景园林专业城市设计课程教学模式探索研究 [J].西部人居环境学刊，2015，30（04）：15-17.

［8］ 张其亮，王爱春.基于"翻转课堂"的新型混合式教学模式研究 [J].现代教育技术，2014，24（04）：27-32.

［9］ 李逢庆.混合式教学的理论基础与教学设计 [J].现代教育技术，2016，26（09）：18-24.

［10］ 余胜泉，路秋丽，陈声健.网络环境下的混合式教学——一种新的教学模式 [J].中国大学教学，2005（10）：50-56.

［11］ 王鹃，杨倬.基于云课堂的混合式教学模式设计——以华师云课堂为例 [J].中国电化教育，2017（04）：85-89+102.

［12］ 许莹莹，蔡华，金奇志，李季，姚斌.网络环境下建筑设计课程混合式教学模式的研究与实践——以桂林理工大学三年级建筑设计课程为例 [J].高等建筑教育，2018，27（03）：111-115.

［13］ 刘青.基于 MOOC 与 SPOC 理论的青岛理工大学中建史混合式培养模式研究 [D].青岛：青岛理工大学，2016.

Discussion on Mixed Teaching of Urban Design based on Attributes of Multi-Professional Platform

Tang Youhai   Wang Jingwen   Bi Linglan

Abstract: Mixed teaching, which combines online teaching with classroom teaching, has the dual perspective of "teaching" and "learning", and is conducive to the embodiment of multiple teaching directions. Urban design course has multi-professional platform attribute, complex content and multi-scale. Try to introduce hybrid teaching method, teachers as the guidance, the students as the center, based on the urban design of platform under the properties of hybrid teaching system, including the teaching goal, the basic teaching content and the main teaching method, etc, are discussed in this paper, the use of interactive information technology, based on the modularization of different professional and three phases before, class, after class cohesion of rolling teaching strategy, in order to realize "teaching" and "learning" two-way initiative, "learning", "learning" process is complete, improve the efficiency of the urban design teaching, demand response.

Keywords: Urban Design, Teaching Reform, Blending Teaching, Multi-Professional Platform

不忘初心·三维一体
—— 城乡规划专业启蒙实践教学探索*

张乘燕

摘　要：从我国当前的设计教育大环境看，设计类专业的思维与审美意识大多始于高等教育的专业实践教学以后，学生此前接受的通常是一般性的美术教育，普遍缺乏设计思维和审美趣味。本文在分析新时代的理性、持续、多元规划需求与规划新生的学情实际基础上，通过借鉴学前儿童的思维与艺术启蒙教育常用方式，结合学科发展调整规划启蒙实践教学内容，探索融合思维构建、审美营造与二代规划技能的三维一体的规划启蒙实践教学，并进一步组织其三维教学模块与教学单元，旨在充分发挥规划启蒙实践教学的头雁效应，培养规划新常态下技艺兼备的复合型规划人才。

关键词：城乡规划，启蒙实践，思维，审美，技能

如今全世界都热衷于谈论脑补与颜值的相关话题，从日常生活到生产生态，从大众社会到专业领域，从技术应用到艺术设计，从来都不乏脑洞大开的思维方式和执着追求的美感营造。设计类专业属于脑洞较大的创造型专业，大多技艺并重，对思维和美感的需求相比较其他专业更为强烈。我国高等教育的设计专业在招生时一般设有美术加试环节，被录取的学生在进入专业学习前通常都具备一定的美术基础，但受制于教学体制和升学制度，学生此前接受的多为一般性的美术通识教育，诸如建筑、景观与城乡规划等各专业所需的设计思维与艺术审美往往始于大学的专业启蒙实践以后。由此可见，基于专业技能的思维与审美培养成为了城乡规划启蒙实践教学的首要内容。

1　启蒙诉求

1.1　时代形势

我国城乡规划行业由增转存，速度放缓，逐步走向持续发展的理性规划，随着规划职能部门的整合，国土空间规划时代全面来临，新时期的空间规划需求更加多元，诸如城市双修、智慧社区、空间微更新等一系列新型规划实践涌现出来，其中以人为本、健康持续、技术创新和地方营造等思想被提到了前所未有的高度。为顺应行业形势的多变，规划教学需做出相应的理性、持续、多元教学回应，即以学生为中心、创新教育、协同持续、尊重传统、关注日常等。规划启蒙实践作为规划核心教学的开端，具有首因效应，是学生建立对规划最鲜明、最牢固第一印象的关键期，深刻影响着学生的后续专业学习与从业发展。就规划启蒙实践教学来说，大一新生作为教学原点主体，其专业兴趣的培养往往比知识积累更重要，这就需要多元地激发学生的学习兴趣，帮助学生主动建立和维系最初的专业热忱与专业探索精神，即专业初心，持续引导学生在未来的学习中不忘初心，始终以饱满的能量面对规划学习，理性地将空间规划往人心里走、往深里想、往实里做，方能树立起积极与持续的城乡规划价值观。

1.2　学情实际

较高年级学生而言，大一新生学习自律性好，专业束缚较小，是规划思维与审美启蒙的最佳时期，但由于刚从教学模式长期固化的中学时代走来，学生仍保持着之前以教师为中心、被动接受知识的指导型学习方式，所受的美术教育也多为一般性的美术技法与造型基础训

*　基金项目：四川农业大学教改项目已结题。

张乘燕：四川农业大学建筑与城乡规划学院讲师

练，这对规划所需的个性与创造性培养都是极为不利的，导致学生设计思维和审美趣味匮乏，多数学生的专业适应性较弱。在一些开放性课题中，相比儿时十万个为什么的好奇心与天马行空的想象，许多大学生常常表现出思维懈怠、缺乏主动探究的兴趣与挑战常规的批判思维，想象力、动手力、创造力均有待提高。因此，现阶段迫切需要多维地系统构建规划实践启蒙教学，引导学生逐渐形成以自身为中心、主动学习知识的探索性学习方式[1]，全面提升学生的规划思维、审美与技能水平。

2 教学调整

随着学科发展与专业细分，2011 年城乡规划学作为一门独立学科从建筑学中剥离出来，为开展更具针对性的规划教育，国内规划主流高校都在尝试下沉规划专业课程，积极探索规划基础教学中的特色构建。由于规划专业的实践应用性较强，传统规划启蒙实践教学中往往会出现重技术不重艺术审美、重结果不重思维过程的倾向（如图 1 所示），致使学生在后续课程设计中思维活跃度低、常常先追问结果、设计推演困难、构图能力不足、审美趣味欠缺等问题。为夯实专业基础教学，尽早培养学生的规划意识，我校依据《高等学校城乡规划本科指导性专业规范》，自 2013 年开始由以往的建筑学启蒙转变为专业针对性更强的规划启蒙。针对存量时代的规划市场需求变化，近几年来我校结合地域资源持续优化规划实践教学内容、突出教学特色，初步形成了融

图 2 从传统规划技能到三维一体的规划启蒙实践教学示意

合思维构建、审美营造与二代规划技能的三维规划启蒙实践教学体系（图 2）。

3 向学前初心学习

从人类思维与艺术发展规律来看，0-6 岁的儿童思维活跃水平呈现出顶峰状态，个人的设计天赋与原动力大多来源于学前阶段的启蒙，6 岁至成人阶段，思维活跃度逐渐降低，艺术创作从自由涂鸦渐渐转向现实表达[2]。大学生与学前儿童虽为不同的人群，但就规划设计与艺术创作的启蒙教育过程而言，二者的过程与目的具有内在一致性。二者都强调以学生为中心、从兴趣和需求出发、在日常生活和经验启发中主动学习，启蒙教育目的都在于培养学生的敏锐观察、主动探知、空间想象与协同创造能力。因此，学前儿童的思维与艺术启蒙教育对规划教学具有一定的借鉴意义，本文将其常用方式（表 1）引入到规划启蒙实践教学中，旨在帮助学生唤回主动观察世界、发现问题、探索未知的学前初心，让学生重新学会用美的"眼睛"看世界，调动身体每个细胞认知城乡空间与规划，鼓励学生形成一定的批判与博弈意识，创造属于自己的个性规划世界。

4 启蒙实践教学模块

4.1 思维构建

无论是专业学习，还是人类的一切发明创造活动，都离不开思维，思维力是一切学习能力的核心。为系统培养规划新生的思维力，本文借鉴学前儿童的思维启蒙方式，从学生的日常生活和五感感知出发，循序渐进地安排各项思维训练实践。考虑到我国学生在入学前已接受大量的文字、行列、顺序和逻辑等左脑训练，规划启蒙阶段则相对注重右脑关于韵律、色彩、

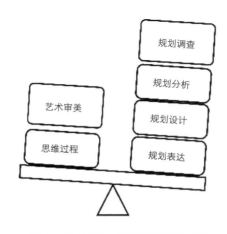

图 1 传统规划启蒙实践教学示意

学前儿童的思维与艺术启蒙教育常用方式一览表　表1

阶段	思维启蒙	艺术启蒙	启蒙能力
0-18M	观察、形象思维	色彩、形状、音乐、味道、质感	感知力
12-18M	因果、形象思维	五感感知	感知力、秩序力、辨别力
15-2Y	记忆、发撒、想象思维	积木与磁力片的构成艺术无规则涂鸦	动手、发现力、创造力
2-3Y	观察、形象、表达想象、创造思维	模拟生活场景空间的积木与磁力建构，有控制涂鸦	语言阅读力、空间想象力
3-4Y	表达、合作、沟通创造思维	生活与大自然中的艺术创作可识别、象征隆涂鸦	语言、表达力想象与创造力
5-6Y	工具、形象、逻辑空间思维	立起来观察、多角度思考收集信息，象征性涂鸦晚期	数感、想象力协同创造力

思维构建实践教学模块一览表　表2

思维训练类型	实践教学模块单元	实践类型	成果形式
观察思维	五感体验、观察日记	认知、表达型	观察日记
形象思维	徒手绘练习、模型制作	表达型	速写图、模型制作
逻辑、想象思维	思维导图、形态重构	分析型、表达型	思维导图、形态重构
工具思维	开放式主题解读、常用软件与网络资源运用	分析型、表达型	汇报PPT主题设计笔记
批判思维	规划热点议题辩论	分析型、表达型	辩题设计笔记
记忆、空间思维	空间印象、空间构成	认知型、表达型	印象地图、空间实体
预判、创新思维	从身边开始设计	认知型、表达型	空间实体

空间、影像、幻想和整体的一系列实践训练，提升学生的思考力和拓展学习的深度与广度，引导学生逐渐形成多元的规划思维方式。此外，创新引入空间观察日记、城乡与城乡规划相关的主题关键词思维导图（图3）和规划热点议题辩论赛实践，让规划新生可以自由联想、开放思维和脑力激荡。在进行思维实践的过程中，不断拉大学生思维张力，由上到下、由左及右，水平思考与垂直思考并行，引导学生形成属于自己的个性化规划立体知识网络，旨在促进其规划创造力的形成，从而构建起特色的规划思维实践教学模块与单元（表2，图4-图6）。

4.2 审美营造

与同为亚洲国家的日本与韩国相比，日本的简洁素雅，韩国的时尚鲜艳，而我国古代优秀的审美传统大抵在历史洪流中被割裂了，现阶段于大众或规划教育而言，审美营造都是十分必要的。美学家蒋勋认为美不仅代表整体思维，也代表细节思维，"真正的美，只有走出去，来到它面前才懂，调动感官去体验，身体才会说话，它可以让人平静，治愈和舒畅"，可见审美有助于提升思维

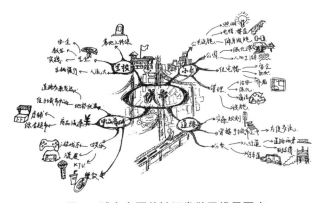

图3　城市主题关键词发散思维导图实

图4　校园空间观察日记实践

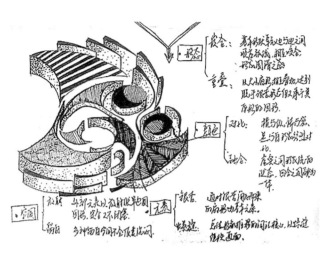

图 5　校园意象要素"银杏叶"形态重构实践

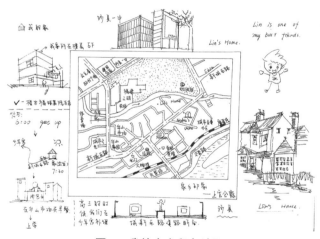

图 6　我的家乡印象地图

图 7　优美空间实景体验实践

（左：川西民居风格的成都太古里；右上：滨水人居典范的麓湖生态城社区；右下：川西北理县的甘堡藏寨石头古堡，成都平原典型的林盘群聚居形态）

审美营造实践教学模块一览表　　　表3

审美能力培养类型	实践教学模块单元	实践类型	成果形式
审美感知、鉴赏力	生活观察	情境式	观察日记
审美感知、鉴赏力	自然观察	情境式	观察日记
审美感知、鉴赏力	民族观察	情境式	速写、观察日记
审美鉴赏、创造力	形式美创造	设计式	平面、立体构成
审美鉴赏、创造力	从身边开始设计	设计、合作、研讨式	空间实体
审美感知、鉴赏力	大师建筑作品赏析	观展式、合作式	设计笔记
审美感知、鉴赏力	城市空间实景体验	观展式、合作式	空间认知报告
审美感知、鉴赏力	乡村空间实景体验	观展式、合作式	空间认知报告

能力，并需要感知美的眼睛与走进美的机会。为此，我校依托地处成都市域和毗邻川西北民族地区的区位优势，充分发挥乡村建设与规划的专业特色，本着就近原则积极拓展注重地域传统的多样化校外实践教学资源（图7），鼓励学生尽量走出去、看世界、体验美，学会用美的眼睛去观察空间情景中自然、生活与民族美。有序组织审美营造的各项实践，以观察日记、大师建筑美赏析、构成练习和情景体验等形式，引导学生进行空间审美体验与创造，形成关注传统与日常、感知体验、形式美创造[3]的规划审美营造实践模块（表3，图8–图10）。

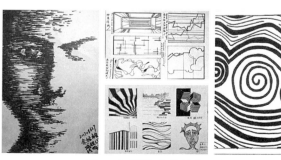

图 8　平面构成美创造实践

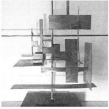

图 9　立体构成美创造实践

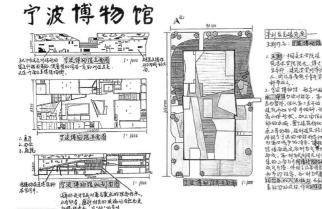

图 10　我喜爱的大师建筑美赏析实践

4.3　二代规划技能

　　为更好地应对理性规划时代的规划技能培养新要求，本文在传统规划技能基础上提出升级版的"二代规划技能培养"模块与实践单元，主要从专业规范、空间测绘对象、空间认知、城乡空间社会调查、规划分析 – 设计 – 表达 – 评价四方面进行了教学补充。新增的空间印象单元，是在调动学生旧有知识或经验积累的基础上，通过印象地图表达实现更深刻的记忆与体验[4]（详见图 6）。初步概念设计环节增加了空间实体搭建实践，目的在于加深学生对材料的尺度、色彩、构造与力学特性认知，加强学生的动手操作能力与团队协同的能力，同时着重培养学生对空间实际问题的分析与设计能力，为

规划技能实践教学模块一览表　　　　表4

传统规划技能	二代规划技能	二代规划技能实践教学模块单元	二代规划技能实践类型	二代规划技能实践成果形式
专业制图	专业规范	规范方案规范抄绘规划常用法规地规范	个人型	抄绘图纸设计笔记
建筑测绘	空间测绘	建筑测绘、道路测绘、周边环境实物测绘	小组型	测绘图纸
	空间印象	家乡印象地图城乡空间印象地图	个人型	空间印象地图
	空间认知	广场、街巷、校园空间认知	个人型	空间认知报告手工模型
空间调查	空间社会调查	城乡空间社会调查工作坊	小组型	微视频设计笔记
概念设计	（分析—设计—表达—评价）	任务—文献—踏勘—案例—场地问题、目标—构思、设计、表达—评价—方案交流	小组型	从身边开始设计空间实体搭建
	规划管理	规划设计方与规划管理方研讨会	小组型	设计笔记

　　后续的专业课程设计奠定基础。考虑规划专业的主要就业去向，创新设置规划管理实践教学环节，引入规划职业角色扮演研讨会，力求形成更生动、更有趣、更贴合实际的规划技能实践教学模块（表4，图11、图12）。

5　教学效果与展望

　　经过引入"三维一体"的城乡规划专业启蒙实践教学体系，我校 2016、2017、2018 级规划专业的学生在

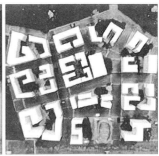

图 11　空间认知模型制作

（左图为壹街区空间模型，右图为西街街巷空间模型）

图12 校园 3m*3*3m 以下的空间实体搭建创造实践
（上两图：sporest 运动休憩空间实体；下两图：一叶子等候空间实体）

各项实践环节中，学习兴趣较浓，参与性与积极性增强，总体上较好地发挥了规划启蒙实践的头雁效应。根据教学满意度与满意率测评，95% 以上的学生对该教学体系表示满意，5% 的学生表示基本满意且希望有更多的线上互动交流学习与走进城乡的机会。教学评价问卷调查反馈显示，多数学生较喜爱观察日记、微视频拍摄、印象地图、热点议题辩论、空间实体建造实践环节，尤其

喜爱走出去观世界的空间兴趣情景体验实践。据后续专业课程老师反映，较往届学生而言，以上三个年级的学生的专业初心更为稳定，在观察、发散、想象、批判思维与审美感知、鉴赏方面有明显进步，思维力与审美力均有所提升。未来，将借助信息时代的新技术与新方法，着力培养学生的创新思维与审美创造，构建颇受当代大学生欢迎的线上 - 线下交互的移动课堂和微学习体系，以培养更符合国土空间规划需求的创新型规划复合人才。

主要参考文献

［1］ 钟声. 城乡规划教育：研究型教学的理论与实践 [J]. 城市规划学刊，2018（01）：109.

［2］ Viktor Lowenfeld. 你的孩子和他的艺术 [M]. 孙吉红，唐斌，译. 杭州：浙江人民美术出版社，2018：70-102.

［3］ 王韬. 初园——《设计初步》课跨专业综合性训练课题初探 [J]. 建筑学报，2016（06）：78.

［4］ 吴晓，王承慧，高源. 城乡规划学"认知 - 实践"类课程的建设初探 *——以本科阶段的教学探索为例 [J]. 城市规划，2018（07）：108.

Remain True to Our Original Aspiration • Three-Dimensional Integration —— Exploration on the Enlightenment Practice Teaching of Urban and Rural Planning Majors

Zhang Chengyan

Abstract: From the current environment of design education in China，the thinking and aesthetic consciousness of design majors mostly begin after the professional practice teaching of tertiary education. Students usually received a general art training previously that leads to a lack of design thinking and aesthetic taste. Based on the analysis of rational，continuous and diverse planning needs in the new era and the situation of urban planning freshman，this paper explores the three-dimensional integrated enlightenment practice teaching with blended thinking construction，aesthetic creation and second-generation planning skills，and further organize the three-dimensional teaching module and unit，which is through learning from the common methods of preschool children's thinking and aesthetic enlightenment teaching while adjusting the content of our teaching with the development of Urban and Rural planning discipline. The aim is to make full effect of the teaching as the head wild goose，and cultivate compound planning talents with both skill and art in new normal.

Keywords: Urban and Rural Planning，Enlightenment Practice，Thinking，Aesthetic，Skill

城乡规划专业三年级建筑设计课程空间形态设计教学研究

严湘琦　陈　娜　刘星宇

摘　要：本文以湖南大学城乡规划专业三年级建筑设计课程为例，针对城市规划专业学培养体系特点，结合城市规划专业相关课程知识，通过引导学生在城市调研的基础之上发现问题，结合城市环境、尺度、文脉等要素来逐步推进建筑设计的深入，培养学生全面、综合解决复杂城市环境下综合性公共建筑的设计能力，探索以城市环境解读为出发点的由外至内的公共建筑设计方法及相应教学新模式。

关键词：城市规划专业特点，城市更新，建筑改扩建，新型教学模式

1　背景

多年来，湖南大学建筑学院的城乡规划专业依托建筑学专业的学科基础发展壮大，一方面城乡规划专业的教学培养计划深受建筑学专业培养体系的影响；另一方面，近年来快速发展的城乡规划学科发展带来了城乡规划专业的教学培养计划具有更为宽泛的延伸，使得城乡规划专业的建筑设计教学必须适应这一要求，进行针对性的调整变化。目前，湖南大学的城乡规划专业在三年级仍然平行建筑学专业开设了建筑设计课程，并作为专业核心课程，由建筑系的教师任课，整体沿用了建筑学专业的教学培养体系，这促使我们尝试在三年级的城乡规划专业建筑设计课程中探索新的适应城乡规划专业特点的建筑设计教学方法。

三年级的建筑设计课程是城乡规划专业学生在本科阶段面临的一个具有高度综合性的课程之一，也是培养学生解决问题、提升综合能力的转折点。而在建筑学培养体系背景下，大致可分为：一年级的形式与认知，二年级的空间与环境，三年级的建构与营造，四年级的技术与综合，五年级的创作与实践共五个阶段。三年级的课程培养目标主要围绕建构与营造来展开，具有技术深入和环境综合的特点。建筑学专业的设计教学更多以建构为切入点来展开，关注材料、构造、结构、空间等要素的综合，这显然难以结合城乡规划专业的知识特点，也造成了实践教学过程中效果不理想，学生设计能力进

图1　建筑学教学体系过程

步缓慢的状况。因此，我们考虑针对城乡规划专业学生城市宏观环境认知全面的特点来组织建筑设计教学，以城市调研为突破口，从城市环境分析解读入手，重点关注城市社会、经济、历史、生活的各个方面，通过中等尺度的城市设计进行项目的总体规划控制，进而形成建筑单体设计的生成逻辑，并深入到空间、场所、建构等层次，最终形成完整的建筑单体设计成果。相对于建筑学专业由内而外的设计方法体系，规划专业更偏向从城市场所、环境认知出发的由外而内的建筑设计方法。

本课程设置的目的是：锻炼设计者对场地环境敏锐的认知能力，掌握调研收集资料的科学方法，了解历史建筑改造和再利用的设计方法，提高处理较复杂环境问题和设计构思及方案表达的能力，最终使学生具备中型建筑方案设计的能力。学生以四到五人一组为基本单位，进行调研讨论及场地总体规划，再以个人展开后续的建筑单体相关设计工作。

2　题目设定

针对城乡规划专业的特点，三年级建筑设计课程选

严湘琦：湖南大学建筑学院助理教授
陈　娜：湖南大学建筑学院助理教授
刘星宇：湖南大学建筑学院研究生

题考虑在于城市老城区内，集商业、居住、办公、文化、休闲等复杂城市功能在此处无限叠加，历史与现实的碰撞、文脉与商业的有机融合、老年人、青年人、儿童在此聚集，呈现出生活丰富多彩的一面，也反应了老城区应有的混合生动[1]，由此也让学生在设计过程中全面、综合的考虑城市与人的问题。

湖南大学城乡规划专业建筑设计课程围绕长沙市城北开福区潘家坪路、幸福桥地块凯雪面粉厂展开，拟结合原有城市工业厂房遗存改扩建城市博物馆。该地段迎合城乡规划专业特征，拥有复杂的城市基底环境和自然历史人文特征（工业遗产、地形变化、滨水环境等）；周边建筑存在多尺度的复合交织关系；空间形态多变，老旧建筑的坡屋顶与新建建筑的平屋顶形成鲜明对比；选题的公共性特征，使得城市社会、历史、人文可导入到学生对建筑的认知和分析中去。整体要求学生从城市整体环境出发，保护、研究和拓展地域文化特征，切合时代发展需求，在用地制约中创造具有特定意味的空间形象及场所氛围，同时满足功能使用要求。

3 教学环节设置

一般来说，传统的建筑学教育组织方式一直延续流水线型模式，课程必须遵循职业技能训练的逻辑来演进，教和学两方面都要按照建筑类型划分去安排固定的秩序。从而导致图纸相似度比率加大，学生的创造力得不到挖掘和体现，最终无法体现城乡规划专业学生的设计特点

通过对传统教学体系的解析，我们可以发现，调研阶段在整个设计过程中占有举足轻重的作用。学生设计概念的切入往往来自于调研过程中对建筑和场地的分析与解读，因此在调研过程中，我们充分发挥城乡规划专业的学生特点，着重考虑城市环境、场地自然要素、空间尺度、建筑质量、形式语言、场所意向等，探索城区记忆，挖掘城区场所特征，从工业遗产保护性再利用的策略、方法、定位等方面分析，从改造利用的功能、空间、结构、材料等方面重点分析；从博物馆的场所环境、功能、空间、结构、材料和建构、光影、空间叙事和空间序列等各角度分析，全面综合的了解场地特征，进而形成推进设计深入的基础。

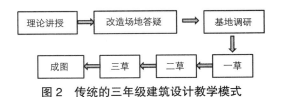

图 2 传统的三年级建筑设计教学模式

3.1 训练方法

城市基底分析；学生通过实地调研，感受场地周边人民生活真实状态，体会街巷民居的建筑形态特征，建立对城市尺度的基本认知，并在下一步设计中形成尺度协同的意识形态。

外部环境认知；场地的高差、建筑的新旧程度、现有材料的使用、周边道路的穿插，引导学生在沉浸式的城市体验中寻求对形态结构的突破口，实现寓教于乐，寓学于乐。

通过采访、口述等方式了解产业、片区需求，对现有商业形态进行分析，实现对未来产业激活规划的精准定位，在此基础上，学生发展个人兴趣专长，拟制博物馆展陈策划书，对现有的功能进行瓦解，植入符合现代化需求的新型产业功能，活化产业结构。

案例分析与模型研究相配合；选取新旧共生博物馆建筑典型案例分析、评论，描述展区流线，评价其展示方式，了解其建筑组群的关联性，通过模型推敲，分析空间与光线营造，从而生成草图模型[2]。

强调来自基地文脉和结构的设计概念生成；引导总体布局与体量分配，以结构原型为切入点，探索曾经不被关注的结构节点，形成各具创造力与创新意识的空间，并结合的博物馆的功能组织，形成完整设计方案。

3.2 设计理论模块搭建

对三年级建筑设计学生来说，面对复杂综合问题，构建基本的知识理论体系是十分重要的，因此，我们在设计课的教学过程中，分阶段插入相关理论课程，帮助学生形成由建筑思维向城市规划思维的转化，由微观控制向宏观控制的转化。授课内容和要点主要集中在以下四点：城市更新历程、城市中工业遗产保护性再利用、场所营造及城市 – 社区 – 建筑的层面中的总平面设计及建构引导的建筑空间生成过程。

任务要求和教学日历 表1

课时	周次	阶段	任务	成果
24	1-3	第一阶段 基地调研 场所认知	通过实地调研，从场地社会、历史、人文等角度出发，搜集基地相关资料，建立对于场地的基本认识 搜索工业遗产改造案例，分析并学习其空间、光线营造手段，评论其现有价值	以四到五个人为小组单元，对基地进行分析，对场地进行规划改造意向，植入产业，构思主题，绘制相关分析图，现状 CAD 底图，现状模型，梳理现状的建筑基本情况（1：500）分析并呈现现状整体空间，重要公共空间场景 成果方式以 PPT 汇报呈现
24	4-5	第二阶段 构思主题 策划剧本	在前期调研的基础上，提取空间建构原型，深入发展空间序列，根据个人理解，构思主题，布置功能，确定流线，制作手工模型进行推敲	在概念设计的基础上，依据前期分析确定的地段性质和发展目标，结合规划地段的基本特征和任务设定，提出规划地段的空间设计概念和空间布局方案 A 地段更新设计平面图 B 设计概念及相关分析图纸 C 地段规划总平面图（1：1000 ~ 1：2000） D 草图模型（1：200） E 相关说明与经济技术指标
24	6-9	第三阶段 建筑形态 群体空间	以类型学的原理进行地段整体设计引导，完善建筑形体和布局形式	A 详细的平面、立面、剖面图（带交通体系，布置家具） B 透视图（三到四个场景节点） C 手工模型（1：200）
32	10-12	第四阶段 构造节点 详图大样	重点探讨结构与细部、材料与节点、建构与场所的关系	A 建筑结构与空间节点 B 景观设计大样及节点 C 建构与材料细部节点 D 建筑总平，各层平面，立面，剖面
8	13-14	第五阶段 设计表达	完成最终的正图绘制	A 设计构思说明（包括主要经济技术指标必要的基地分析及设计构思、功能等等的分析图、主要结构、建构分析图） B 总平面图 1：500 C 各层平面图 立面图 剖面图 1：200 D 局部构造详图 1：20（不少于 2 个） E 效果图：室内外透视各不少于 1 个，局部透视若干，表现形式不限。主要透视不小于 A3 幅面

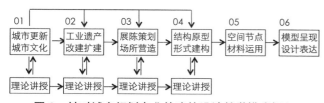

图3 针对城乡规划专业的建筑设计教学模式框架

3.3 设计实践课程的分解

设计实践部分的教学过程包括以调查为主的基地调研和场所认知（3周）、构思主题与策划剧本（2周）、建筑形态与群体空间设计（4周）、构造节点详图大样（2周）、设计表达（3周），整个过程的任务要求和教学日历见表1。

4 教学训练核心

4.1 以城市问题为导向

城市规划的核心是解决场地现存的社会问题，周边居民没有归属感、社区治安较差、群众文化意识较弱等，都是我们在展开课程之前，以调研的形式导入到学生知识体系中一个不可或缺的部分。在这个过程中，最为复杂的不是发现问题，而是发现什么样的问题，教师在实地调研的过程中对于学生的引导和解读显得尤为重要[3]。以城市问题为导向是更新类城市建筑设计的重要内容。

4.2 场所环境引导生成

通过对现场踏勘，帮助学生初步掌握了该区域的城

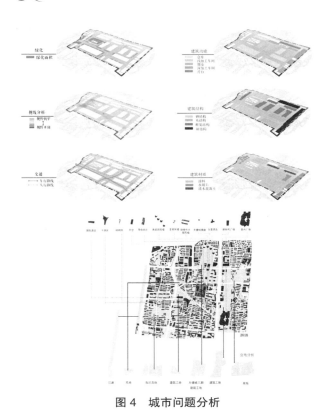

图4 城市问题分析

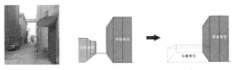

A：拆除7，8，结合9进行改建、建筑博物馆建筑

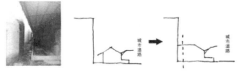

B：10改建为商业餐饮用房，作为博物馆与一侧城市道路的边界

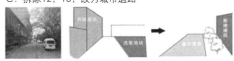

C：拆除12，13，改为城市道路

图5 场所环境分析

市氛围，例如地块道路立面，绿化的配置，建筑尺度，标志性构筑物等，学生采用比较的方法寻求并证明一个稳定而富有张力，能与现场环境融为一体的体量，以此来达到与周边体量的和谐统一。

4.3 体量尺度与空间结构

结构是工程意义上力的传递，也建构了建筑空间的体系与逻辑[4]。我们在这一教学环节中引入空间架构研究，以期以分类细化等方式发现结构潜能，在学生理解和挖掘场地原有结构的基础上，通过尺度和空间等知识体系的介入，引导学生建立起个人独有的空间结构体系，学生在进一步的成果分析中，探寻结构形式进行细化。

4.4 形式语汇的城市文化表达

城市文化以一种看不见的意识形态存在于我们生活的方方面面，它或许只有借助一定的物质媒介才能被人

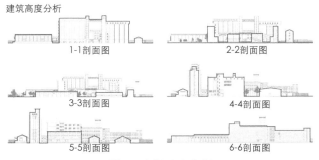

图6 空间尺度分析

们所感知。我们在教学过程中，通过自上而下，由具体到抽象的认知方法，使学生自发地形成对场所城市文化的解读，进而体现在建筑设计中。

图 7　学生成果展示

5　结语

　　在近几年的城乡规划专业建筑三年级建筑设计教学实践中，我们不断探索，努力探究从城乡规划专业的学科背景和培养体系出发，有针对性地设置建筑设计课程教学环节，改进教学方法，从多维度挖掘城乡规划专业学生的建筑设计思维和潜能，培养学生在日常的城市生活中感受空间，发现问题，解决问题的能力。这一尝试初步取得了良好的效果，使城乡规划专业学生依托自己的专业知识背景建立起对综合性建筑设计的方法认知，初步具备了大型复杂公共建筑的整体设计能力，并为今后的城市设计及规划设计打下了基础，我们仍将继续完善和优化这一教学方法，进一步探究将规划建筑相连的建筑设计教学模式。

主要参考文献

［1］［3］叶静婕，李昊，沈葆菊．场所的认知与营造——更新类城市设计教学探索与实践 [C]. 2015 全国建筑教育学术研讨会论文集．北京：中国建筑工业出版社，2015.

［2］蔡永洁，王一，章明．同济建筑设计教案．上海：同济大学出版社，2015.

［4］从日常到非常 [J]. 建筑创造，2017（196）.

Teaching Research on Spatial Form Design of the Third-Grade Architectural Design Course for Urban and Rural Planning Majors

Yan Xiangqi   Chen Na   Liu Xingyu

Abstract: This paper takes the third grade architectural design course of urban and rural planning major of Hunan University as an example, aiming at the characteristics of the training system of urban planning specialty, combining with the relevant curriculum knowledge of urban planning specialty, by guiding students to find problems on the basis of urban investigation, combining with urban environment, scale, context and other elements, to gradually promote the in-depth architectural design and train students to solve problems comprehensively and comprehensively. The design ability of comprehensive public buildings in complex urban environment is explored. The design method of public buildings from outside to inside and the corresponding new teaching mode are explored based on the interpretation of urban environment.

Keywords: Characteristics of Urban Planning Specialty, Urban Renewal, Building Renovation and Expansion, New Teaching Model

2019 中国高等学校城乡规划教育年会
Annual Conference on Education of Urban and Rural Planning in China

协同规划·创新教育 教学方法与技术

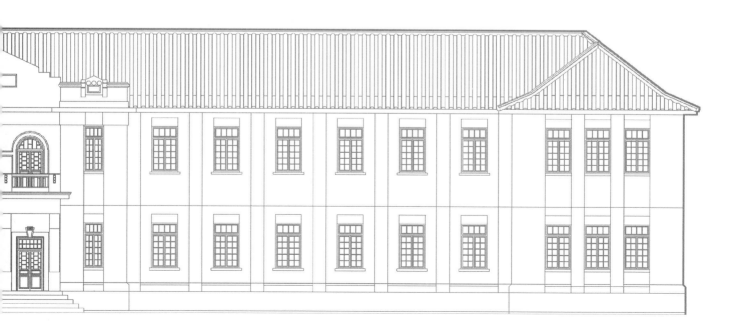

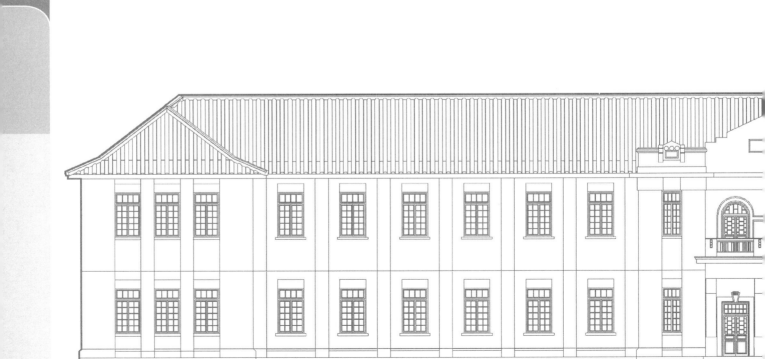

泛在学习 +AI 辅助教学场景下的校园微更新设计思考

庞　磊　戴代新　王昱菲　陶子奇　杨旻昊　潘海啸

摘　要：5G+4K+AI 时代已经来临，对城乡规划教育，以及校园规划设计有广泛而深远的影响。本文结合泛在学习的发展趋势，提出校园规划除关注数字教学平台以外，还应聚焦能够提供课后交往以及学生自我学习的场所，尤其是外部空间。以城乡规划教学和同济大学四平路校区为例，寻找适合学习和交流场所。对校区现有外部空间进行分析，探讨校园规划适应新型学习模式的可能，针对当前的问题提出设计和更新方法。AI 教学，笔者认为共有 4 个阶段：阶段 1，单向的授课，借助多媒体，让计算机替代传统授课，没有反馈、评价；阶段 2，由人工智能辅助进行教学，并且可对教学效果进行评价，中国慕课网已实现；阶段 3，利用人工智能进行海量信息搜索，并实现有效的精准推送，供教师和学生选择；阶段 4，完全自由教学阶段，由"人工智能 + 传统课堂 + 课后在线"一体化整合的理想场景，教师可以放心的交由 AI 进行教学，但保留随时接管或干预的权利。由于目前慕课、网易等教学平台，尚不能提供精准推送，AI 教学属于第 2.5 阶段——由第 2 阶段向第 3 阶段切换的过程中——笔者将其定义为"泛在学习 + AI 辅助"的场景阶段。在 AI 教学 2.5 场景下，规划需要协同，教育更需创新，本文从校园微更新设计角度提出若干初步的建议。

关键词：5G+4K+AI，泛在教育，在线课程，离线模式学习，校园规划，校园建筑，外部空间，慕课 MOOC 教学

1 引言

"泛在学习"即 U–Learning，U 来源于拉丁语 Ubiquitous，指广泛存在、无处不在。每个人基于互联网可在任何地点、任何时刻获取所需的任何信息，并且只要教与学双方愿意，可以约定时间，实现线上沟通，从而交流和学习。由于移动通信技术的进步，"泛在网络"是泛在学习的基础设施。

2019 年 5 月，"5G+4K❶+AI 媒体应用实验室"揭牌❷，"泛在学习"时代开启已具备条件，对城乡规划教学和校园物质空间设计会产生广泛而深远的影响。以城乡规划专业的一门理论课为例，其教学环节可以分为课堂内教学(学生以离线模式为主)和课堂外教学(课后学生自学，线上教学为主)两部分。上课期间一般要求学生是"离线模式"，所以课堂教学实际上是一种"线下教学"。而在线上，即学生和老师都通过接入互联网进行交流，是这门课背后的大部分学生自学时间。传统校园规划并未考虑到这样的教学模式切换。在校园规划及建筑设计中，除了关注教学平台以外，如今还应聚焦能够提供课后交往及学生自我学习的外部空间场所。

在课后的时间里，学生需要应对多线程、多任务模式的学习和工作，90 后、00 后学生的在线学习、协同处理推进的能力很强，且精力充沛。在校园规划过程中，不能仅考虑"智慧教室"和"在线教育课程平台"，课后交流空间的设计及其相应的在线交流模式（基于 5G+4K

---

❶ 5G+4K：是指基于 5G 传输的高清视频（1080P）技术，应用涉及 AI、VR 和 AR（增强实现）等。

❷ 2019 年 5 月，中宣部副部长、中央广播电视总台台长慎海雄，上海市委副书记、市长应勇共同为"5G+4K+AI 媒体应用实验室"揭牌，并宣布 4K 纪录片《而立浦东》开机拍摄。（资料来源：央视新闻网）

庞　磊：同济大学建筑与城市规划学院城市规划系讲师
戴代新：同济大学建筑与城市规划学院景观学系副教授
王昱菲：同济大学建筑与城市规划学院城市规划系本科生
陶子奇：同济大学建筑与城市规划学院城市规划系本科生
杨旻昊：同济大学建筑与城市规划学院城市规划系本科生
潘海啸：同济大学建筑与城市规划学院城市规划系教授

视频讨论和答疑）需引起广泛关注。新时期的城乡规划教学模式和方法的创新，是顺应全球互联网发展大背景的一种体现。教学与校园空间规划设计必须有所应对，以适应该发展趋势。

2 "新工科"教育的新趋势

2.1 好奇心、团队协作、创意突破能力的培养

工程类本科阶段的教育，怎样才能更好地培育优秀的创新者？如何培养"双创人才"，使毕业生具备"创新精神"和"创业能力"？硅谷模式是否可以复制？Tony Wagner（2012）认为以下是创新人才需具备的三个关键素质：①好奇心：养成发现问题，对问题进行抽象、辨别，进而开展系统分析的习惯；②团队协作能力：学会倾听他人意见，向别人，尤其是不同背景和专业的人学习自己不懂或无法一下子通过自学搞懂的东西；③创意联系以及集成思维能力：从多方面、多角度、多学科看问题并能创造性、突破性的构思、解决，提出不同的方案、途径，并落地实施能力。

2.2 专业知识、创新思维、内在驱动力的培养

Amabile（1996）指出创新的三大要素（图1）：①专业知识：创新的起点，关键在于需要多少，什么时候需要，以及如何获取；②创新思维，关于这个要素笔者将论证、思考当前如何结合 AI 进行；③驱动力：实现创新的路径是从 Play（玩乐）到 Passion（激情），再到 Mission（使命）。

Rick Miller（2018）认为，工程师既不能想当然，也不能太保守，应能想前人不敢想，且能排除万难去实现这个想法。工程教育应该从视野培养开始，树立远大目标。为此，学生必须学会用设计思维去提问题、发现问题和定义问题，再用数理、科学和工程技术去探索和迭代解决问题的方案，同时了解人文、商业技能和伦理，从而去推动方案的商业化。

美国 Olin 工学院（Olin College of Engineering）成立于 1997 年，该学院提出了工程师必须具备的五种思维能力：①团队合作思维；②创业者思维；③跨学科思维；④全球思维；⑤伦理道德思维。该学院每一门课程都会从十个维度去评估其有效性：①动手能力；②设计与创造能力；③场景式学习；④批判思维；⑤与实际相结合能力；⑥学科融合；⑦沟通能力；⑧团队合作能力；⑨内在驱动力；⑩自主学习能力。

2.3 校园外部空间现状与需求不匹配的问题

然而目前的教学活动，大部分在学校教室、学院教室或教授工作室内完成，通过面对面教学方式实现，难以完成以上新工科培养目标。在即将到来的 5G+AI 时代，学习行为未必一定面对面进行，因为通过几次授课，教师和学生之间已经可以建构起彼此的信任关系。以城乡规划设计中的创意类教学课程（如设计课）为例，课堂教学以交流探讨为主，学生主要用课外时间完成课程设计作业，并且可以使用手机或电脑等电子信息设备与教师线上互动答疑，这就要求校园提供较多教室内、外的共享空间。

校园中能够承载适应新时期学习行为的室内场所不足。如研讨室、共享教室等室内场所的数量较少，远不能满足高校学生多样化学习和讨论需求。建筑、规划类设计课程的专业教室一般是按班级分配，空间较为充足，但是在教室里发生的活动类型较多，空间受限，不利于某些需要较为安静、开阔环境的学习和思考发生。宿舍虽然是一个较为安静的学习环境，但是目前愿意选择在宿舍学习的学生仍然较少。食堂尽管能够提供数量较多的座椅，但是目前的空间设置、管理安排、灯光照明等基础设施都仅是提供吃饭时的应用场景，不利于学习活动的进行。

灵感往往产生于某个特定放松的瞬间，坐在教室里

图1 创新的三要素：专业知识、创新思维和内在驱动力（Amabile，1996）

的思考反而易受到限制。而校园室外场所提供的自然环境，容易让人达到放松的状态，从而在设计过程中达到"顿悟"。事实上，同学们都深有体会，在教室里做设计构思的效率并不高。

2.4 适宜新时期学习行为的场所条件

创造良好的学习环境要有三个条件：第一是有能够进行信息交流的设备，例如可上网的笔记本电脑或手机，同时可接入无线网络；第二是能够提供充电的设备；第三是能够提供座位，创造出可停留的场所（李振宇，2019）。5G 时代已到来，4K 视频可实时传播，为学习环境提供更加便利的条件，同时在技术上，手机的无线充电功能已满足。所以关键要能找到满足前两个条件的学习交流场所。

3 高校学习空间分类及面向外部空间转移的可能

3.1 功能性学习空间

从教育功能角度而言，学习空间是用来在学术和生活中反思和批判自己的一种空间类型，除了指代物理空间，在很大程度上也指精神空间（Savin-Baden，2008）。根据教育心理学对学习的分类法，学习可被分为正式学习（Formal Learning）与非正式学习（Informal Learning），非正式学习也被称为隐形知识学习（王杰瑞，2018）。

（1）正式学习空间

正式学习往往有规定的教学计划、课程设置、课堂容量、教学时间等，所以反映在学习空间上多是固定教学场地。正式学习空间组成了目前校园内教学场所的主要部分，如公共教学楼、系科楼、科研楼等。

（2）非正式（隐形知识）学习空间

非正式学习具有主动建构性、社会互动性、情境性等特点，不需要专门的教室，不存在鲜明的组织性和制度性（王杰瑞，2018），该类学习空间往往也带有极大的灵活性和异质性，常见的非正式学习空间有教学建筑内经过特殊安排的教室、部分走廊等教室外场所、自习室、室外公共空间等。

一般来说，非正式学习空间为学生提供了在课堂外学习的自由。因此这些非正式空间必须具备的属性是友好、舒适、美观、合理、具有互动性和吸引力。在这些空间里，学生可以自由地单独或共同学习，进行讨论，使学习活动向社会协作和团队合作转变（Raish，Fennewald，2016；Souter 等，2010）。

高校内非正式学习空间正逐渐得到重视。Anggiani 等人（2018）通过问卷调查、摄像记录等方法对 Mercu Buana 大学 Meruya 校区中非正式学习空间里的学习活动进行了研究，他们提出该校区内主要的非正式学习空间形式为公园、建筑物走廊以及中庭。学生选择的理由主要是因为有完整的基础设施，如插座、互联网、桌椅。与在正规教室学习相比，校园公共空间的学习时间更为自由，氛围更加舒适，甚至允许一边吃喝一边学习。

邓敏敏（2016）通过对英国高校学习空间的研究，提出未来学习空间可能的变化要点，一是范围扩大化，学习空间可存在于任意场所；二是空间丰富化，呈现出物理空间和虚拟空间相结合；三是个人定制化，将学生作为设计的出发点，通过设计促进学习活动发生，根据学生的实际情况提供个性化场所。学习空间正在从物质上普通的知识传授场所（如参加会议）、写作或沉思的场所，向交流讨论或思考的新型数字空间转变。因此，不能承载足够数量计算机或移动终端的学习空间被认为是没有为未来做好充分准备（Rotraut Walden，2015）。

3.2 物质性学习空间

从物质环境角度分析，校园内学习空间主要为室内与室外两类空间。

（1）室内学习空间

目前针对室内学习空间研究主要集中于高校教学楼、图书馆中的共享空间。赵博等人（2016）将教学楼分为单一的、单元式学习空间及学科间的共享空间，针对不同类型提出各异的优化手法，同时对应空间模式提出其建构策略。

（2）公共空间中的学习空间

对于学生而言，整个校园都应该是一个潜在的、有效的学习空间。校园的氛围是否适合学习关系到学生对知识、技能的掌握是否卓有成效。刘婕等（2013）已对适宜学习的高校户外空间进行归纳，认为户外学习空间除了具备公共性、方便达到、视觉适应性等共有的特性外，还具有一定的围合度和适宜的尺度，与人性化的设施配备。同时还提出目前户外学习空间的量和质量无法满足广大师生的需求，校园绿地是最受欢迎的户外学习空间，应受到重视。

由此可见，针对教育模式、学习方式的"在线化"及非正式学习对学习空间带来的影响已有较多研究，但大多都仅是较为宽泛地提及对物质空间的影响，并未将校园空间进行细分。而现有细化校园空间分类的研究往往缺少对学习模式的考虑，因此必须着重研究面向在线学习模式的校园外部空间。

4 校园外部空间应对研究——以同济大学四平路校区为例

笔者以同济大学四平路校区为例，寻找适合学习交流的室外空间。结合对高校教育模式、学习空间及在线学习模式的研究，对校区内现有外部空间进行分析，探讨校园外部空间能否适应新型学习模式，并提出在适应过程中的问题及优化方法。

4.1 研究对象描述

（1）研究对象

研究选取同济大学四平路校区内六个具有一定规模的校园外部空间（图2）分别为：国立柱四周草坪、情人坡、三好坞、西南一大草坪、千秋园、医学院前草坪，研究内容包括：节点设计、校园WIFI（i-tongji）信号强度、

植物景观、服务设施等对活动人数影响，以及其中所发生的自习、讨论等学习活动的情况，总结校园外部空间提供非正式学习功能所需要的物质空间条件。

选取的物质条件主要有六类，分别是：a.总体条件，b.节点设计，c.WIFI信号，d.植物景观，e.水体景观，以及f.服务设施。其中：总体条件方面包括：绿地面积、日照条件；节点设计主要是场地铺装；植物景观方面包括：植物种类、景观色彩；服务设施方面包括：座椅数量、卫生设施。

（2）研究方法

研究通过网络问卷调查、实地调研结合的方式进行，主要分为以下3个步骤：①前期调研：对选择的6个校园外部空间的物质条件、活动类型进行统计，并针对在校学生发放网络问卷调研使用情况；②数据分析：研究校园外部空间中非正式学习活动的分布情况与人群偏好的一般规律；③深化改进：依据规律选择适宜非正式学习活动进行的若干场地，对其进一步的分析，提出可能的改进措施。

4.2 非正式学习的需求及场地使用情况分析

（1）非正式学习需求调查

通过分析问卷结果（表1）可以发现在校园外部空间进行的活动中非正式学习（含阅读自习、交流讨论）所占的比例在所统计的活动类型中占比最多（23.5%），这也就意味着目前高校学生对于在校园外部空间进行非正式学习的需求很高。

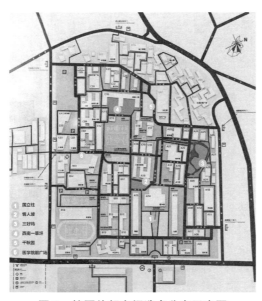

图2 校园外部空间选点分布示意图

校园外部空间使用目的 表1

	响应	
	N	百分比
运动健身	7	4.3%
游览散步	35	21.6%
学习活动	38	23.5%
约会	13	8.0%
休憩	29	17.9%
等候	16	9.9%
途径	13	8.0%
其他	11	6.8%
总计	162	100.0%

（2）校园外部空间使用情况调查

1）学习活动对所研究校园外部空间的偏好

通过选取的校园外部空间上进行不同活动的人群数量，分别将其作为行列变量进行交叉列联制表（表2），关注于发生在校园外部空间中的学习活动行为，希望能够得到发生学习行为对不同校园外部空间的喜好，为进一步探讨校园外部空间的特征属性做铺垫。

从统计的调查结果上来看，三好坞和情人坡上的学习活动发生较多，国立柱附近和千秋园其次。而高于活动期望值的校园外部空间仅有千秋园和情人坡，此外，三好坞的观察频数与期望频数相差不大。通过对几处校园外部空间的感性认知，猜测学习活动多倾向于发生在景观环境相对丰富，绿化面积较大，能够轻松地进行学习交流，并且不用担心相互之间的干扰。

2）学习活动与校园外部空间物质条件的相关性研究

将实地调研得到的学习活动人数与外部空间物质属性进行相关性分析（表3），其中学习活动人数与座椅数量之间的简单相关系数为0.919（p值为0.01），与校园网WIFI信号之间的简单相关系数为0.862（p值为0.027），认为学习活动人数与座椅数量、WIFI信号之间存在较强的正向影响关系，即增加校园外部空间的座椅数量与WIFI信号强度能更为有效地引导非正式学习的发生。

4.3 校园实验外部空间场所选择

由前期研究和调研成果可得，非正式学习正向在线学习这一形式发展，然而当前校园外部空间在数量和质量上远不能满足这一需求，在场所设计、服务设施和通讯设施方面均有较多欠缺，因此选择同济大学四平路校区内景观丰富、学习活动较多的外部空间（三好坞、情人坡、千秋园等）区域，进行实验设计（图3）。

学习活动分别与校园外部空间座椅数量和校园网WIFI信号强弱的相关性　表3

		WIFI 信号	座椅面积
学习活动人数	Pearson 相关性	0.862*	0.919**
	显著性（双侧）	0.027	0.010

*. 在 0.05 水平（双侧）上显著相关。
**. 在 0.01 水平（双侧）上显著相关。

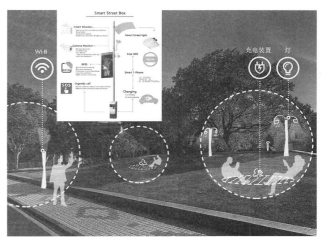

图3　外部空间改造节点——食堂前草坪（从"情人坡"今后发展为"泛在学习"示范基地）

5　结语

从管理学角度出发，战略是通过系统规划来探究未来的手段，可通过调研、分析、预测的方法去预测未来、探索机会和规避风险。野中郁次郎（2019）认为战略更多应关注当下，战略是一种运用叙事解决当前问题的方法，即叙事性战略。而规划师具备叙事性战略能力的培

活动*地点二维交叉列联表节选　　　　　　　　　　　　　表2

		地点						
		国立柱	千秋园	情人坡	三好坞	西南一	医学院草坪	合计
学习活动	计数	19	13	27	44	8	4	115
	期望的计数	23.1	9.1	21.2	44.3	10.9	13.5	115
	活动中的占比	15.2%	15.0%	30.5%	30.5%	6.9%	2.0%	100.0%
	地点中的占比	15.3%	26.5%	23.7%	18.5%	13.6%	11.8%	18.6%
	总数的占比	5.8%	6.6%	4.4%	11.6%	3.1%	0.6%	18.6%

养需要持续关注现实世界的动态，扎根于当下，把握未来。5G+4K+AI 技术为"持续关注现实世界的动态"提供了基础设施平台和信息精准推送的可能。中国高校校园在发展目标引领下，应能够选定战术型节点，启动试验，以点带面。

AI（人工智能）参与到教学中，笔者认为共有 4 个阶段，第 1 阶段，教师借助多媒体视频，让计算机替代传统授课方式，直接由视频进行教学，单向的，没有反馈、评价；第 2 阶段，由人工智能辅助进行教学，并且可以对教学效果进行评价，中国慕课网已实现；第 3 阶段，人工智能帮助教师和学生进行海量信息的搜索，并实现基本有效的精准推送，供教师和学生选择；第 4 阶段，完全自由教学阶段，由"人工智能 + 传统课堂 + 课后在线"一体化整合的理想场景，教师可以放心的交由 AI 进行教学，但保留随时干预的权利。由于慕课、网易、优酷、Youtube 等教学平台，尚不能提供精准推送，目前 AI 教学属于第 2.5 阶段，即由第 2 阶段向第 3 阶段切换的过程中，笔者将其定义为泛在学习 + AI 辅助的场景阶段。

规划需要协同，教育更需创新，在 AI 教学 2.5 场景下，本文思考校园微更新设计，并提出了示范节点设计建议，以期引起更广泛的交流和探讨。

致谢：感谢吴志强院士、李振宇院长在本文写作过程中给予的点拨和启发，感谢彭震伟书记、耿慧志副系主任在城市总体规划 MOOC 课程建设中给予的指导和帮助，感谢周新刚助理教授、李翔博士生关于 GPEAN 网站的交流和探讨！

主要参考文献

[1] Amabile, Teresa. Creativity in Context：Update to the Social Psychology of Creativity. Westview Press. ISBN 978-0813345499. 1996.

[2] Anggiani, M.（Univ. Mercu Buana, Jakarta, Indonesia）；Heryanto, B. A Study of Informal Space on Campus by Looking at Student Preferences IOP Conference Series：Materials Science and Engineering, v 453, p 012029（7 pp.）. 2018.

[3] M. Somerville, et al. The Olin curriculum, Thinking towards the future.IEEE Transon Education, pp. 198–205, 2005.

[4] Raish, V, dan Fennewald, J.. Embedded Managers in Informal Learning Spaces Portal. 2016.

[5] Richard Miller. Remaking Engineering Education for the Innovation Economy. Presentation at HKUST IAS Distinguished Lecture Series，Dec. 12, 2018.

[6] Rotraut, W. Schools for the Future：Design Proposals from Architectural Psychology. London：Springer. 2015.

[7] Savin-Baden, M, McFarland, L & Savin-Baden, J, 'Learning spaces, agency and notions of improvement：what influences thinking and practices about teaching and learning in higher education? An interpretive metaethnography' London Review of Education, vol 6，no. 3，pp. 211–37. 2008.

[8] Tony Wagner, Creating Innovators, the Making of Young People Who Will Change the World, Harvard University. 2012.

[9] 陈婷 ."互联网 + 教育"背景下智慧课堂教学模式设计与应用研究 [D]. 徐州：江苏师范大学，2017.

[10] 陈一明 ."互联网 +"时代课程教学环境与教学模式研究 [J]. 西南师范大学学报（自然科学版），2016，41（03）：228–232.

[11] 城乡规划专业指导委员会 .高等学校城乡规划本科指导性专业规范 .北京：中国建筑工业出版社，2013

[12] 邓敏敏 .英国高校学习空间的建筑设计创新初探 [D]. 2016.

[13] 康叶钦，在线教育的"后 MOOC 时代"——SPOC 解析，清华大学教育研究，2014.2

[14] 刘婕 .广州地区大学校园户外学习空间的布局与设计研究 [D]. 广州：广州大学，2013.

[15] 李振宇 .信息化催生共享建筑学 .中德工业 4.0 创新战略研讨会主题发言 .同济大学，2019-4-2.

[16] 庞磊 .O2O 背景下城乡规划中的计算机辅助设计教学模块式探索，新常态·新规划·新教育——2016 中国高等学校城乡规划教育年会论文集 .北京：中国建筑工业出版社，2016.

[17] 秦楠 ."互联网 +"背景下混合式教学模式建构研究 [D]. 山东师范大学，2017.

[18] 全球规划院校网络组织官网，www.gpean.org.

[19] 饶志华，衣春霞 .浅谈网络时代高校学习共享空间的构

建 [J]. 科技广场，2012（6）.

[20] 孙重锦 . 国内外典型网络教学平台特征研究——基于建构主义视角的比较分析 [D]. 南宁：广西民族大学，2009.

[21] 汪基德，冯莹莹，汪滢，MOOC 热背后的冷思考，教育研究，2014.9

[22] 王杰瑞 . 高校校园公共空间非正式学习场所营造研究 [D]. 合肥：安徽建筑大学，2018.

[23] 吴志强 . 城市规划的数据理性 . 中国科协年会 "大数据与城乡治理" 研讨会（中国城市规划学会承办）发言 . 广州，2015.

[24] 徐葳，贾永政，（美）阿曼多·福克斯，（美）戴维·帕特森 . 从 MOOC 到 SPOC——基于加州大学伯克利分校和清华大学 MOOC 实践的学术对话 [J]. 现代远程教育研究，2014（04）.

[25] 杨贵庆，城乡规划专业指导委员会深圳会议发言，2014.

[26] 野中郁次郎（Nonaka）、竹内弘高（Tadeuchi）.《知识创造公司》(The Knowledge-creation Company：How Japanese Companies Create the Dynamics of Innovation).1995.

[27] 野中郁次郎 . 微信公众号 "清华大学技术创新研究中心" .2019.

[28] 赵博 . 高校公共教学楼的学习空间研究 [D]. 2016.

[29] 中华人民共和国国务院 .《国家教育事业发展 "十三五" 规划》[Z]，2016.

Study on Mico Urban Renewal Design During the Ubiquitous Learning + AI-assisted Teaching Era in Campus

Pang Lei　Dai Daixin　Wang Yufei　Tao Ziqi　Yang Wenhao　Pan Haixiao

Abstract: The 5G+4K+AI era has arrived，and it has a wide and far-reaching impact on the teaching and learning，as well as the planning and design of campus. This paper combines the development trend of U-learning which means "online & offline" integration，and proposes that in the campus planning and architectural design，in addition to focusing on the teaching platform，planners should also focus on the places that can provide after-class communication and students' self-learning places，especially the space outside the classroom. Take urban and rural planning teaching and Tongji University Siping Road Campus as an example to find indoor and outdoor spaces suitable for learning and communication. Analyze the existing external space within the campus to explore the possibility of campus planning adapting to the new learning model，and propose the response and methods of campus planning，design and renovation for current and possible problems. AI（Artificial Intelligence）participates in teaching. The authors believe that there are 4 stages. In the first stage，teachers use multimedia video to let computers replace traditional teaching methods and directly teach by video. No feedback；In the second stage，assisted by artificial intelligence，learning effect can be evaluated. In the third stage，artificial intelligence helps teachers and students to search for massive information and achieve basic and effective accurate push for teachers and students；The fourth stage，the complete free education stage，the ideal scene of integration of "artificial intelligence + traditional classroom + after-class online"，teachers can be handed over to the AI for teaching confidently. Due to the education platforms such as MOOC，NetEase，Youtube，etc.，it is still unable to provide accurate push. At present，AI education belongs to the 2.5th stage，that is，during the process of switching from the second stage to the third stage，the authors define it as "online" and "offline" integration + AI-assisted teaching phase. In the AI teaching 2.5 scenario，planning needs to be coordinated，and education needs innovation. This paper considers campus space planning and design，and puts forward some preliminary suggestions.

Keywords: 5G+4K+AI，U-Learning，Online Course，Offline Study，Campus Plan Campus Architecture，Open Space，Mooc

以教研相长为目标的"D-P-T"模式探讨
—— 以天津大学城乡规划系本科五年级低碳规划课程设计教学实践为例

闫凤英 杨一苇 张小平

摘　要：从探讨现代高校"教"与"研"的理想关系角度出发，以天津大学城乡规划系本科五年级低碳规划课程设计教学为例，提出一种以教研相长为目标的"D-P-T"模式。其中，D 指教学设计，P 即教学实践，T 指教学转化。着重探讨了该模式下，将县域低碳规划技术研究问题诠释、转化为本科生设计课程题目，并促使本科生研究设计成果贡献于科学研究的教研设计流程与实践转化路径，强调了该模式对教学与科研的推动作用，并对实践中呈现的问题与对策进行了反思和总结，以期为今后的城乡规划教学研究工作提供有价值的思路与建议。

关键词：低碳规划，课程设计，教学相长，"D-P-T"模式

1　引言

教学与科研是一对相辅相成的概念，也构成了高校教师的主要职责。论其关系，可以说科研是教学的源头活水，而教学是科研的隐形动力[1]，而目前一种"重科研、轻教学"或是"只教学、不科研"的"失衡"状态又普遍存在于国内重点本科院校之中[2]。美国教育家欧内斯特·博耶（Ernest L. Boyer）在其著作《学术再检视》中，将"学术活动"归结为"发现的学术"、"整合的学术"、"应用的学术"和"教学学术"四种范畴[3]，其中教学学术是一种以研究的姿态，将教学本身作为一个研究领域进行尝试、探索的活动过程，这既是在指出教师理应对教学课程、教学设计以及教学方法不断进行审视与革新。

城乡规划是一门理论与实践并重的学科，设计课的教学环节在规划系本科生培养体系中一直体现着核心的作用，是引导规划学生接触前沿理论并运用于设计实践的重要载体。但是据笔者了解，目前高校中对城乡规划学科的前沿问题展开探索与研究更多地依赖于教师和硕博研究生的科研力量，对本科生研究能力和科研热情的运用稍显不足，同时最新的规划科研理论与方法在本科教学中的体现也有加强。鉴于此，笔者提出"教研相长"型教学方法的探索，尝试在高校的本科教学中探索一套

"科研服务于教学，教学向科研输出成果"的创新模式。科学研究具较强的前瞻性和尖端性，而本科教学则有系统性和稳定性的特点，如何处理好二者的关系，是"教研相长"型教学方法的关键问题。

基于低碳目标的规划技术研究是弥合我国低碳发展重大需求的关键性步骤。低碳规划是结构调整式减排的重要手段，实体空间规划设计经过建设，使得碳排放的形式、数量与强度在一定程度上得以固化，其"锁定效应"使得低碳空间规划对营造低碳的人居环境具有极其重要的意义[4]。可见，参与解决气候变化问题是城乡规划学科的重要职责所在，而探索一套成熟度高、系统性强的低碳规划技术与理论方法体系则是低碳规划研究中的核心问题。

基于以上构思与问题的提出，依托笔者正在主持的国家重点研发计划项目"基于控碳体系的县域城镇规划技术研究"，同时考虑到本科五年级的学生对规划体系中各个层级的方法和内容均有了解，适合作为教研合一具体尝试的对象。选择以天津大学城乡规划系本科五年级

闫凤英：天津大学建筑学院教授
杨一苇：天津大学建筑学院博士研究生
张小平：天津大学建筑学院博士研究生

的低碳设计课程教学实践过程为例,提出以教研相长为目标的"D-P-T"模式,并基于这一模式着重探讨了将县域低碳规划技术研究的科学问题诠释、转化为本科生设计课程题目,并反过来贡献于科学研究的教研设计流程与实践转化路径。

2 教研相长的"D-P-T"模式

2.1 教学目标导向下课程模式的设定

本次教学实践的首要目标是将"基于低碳目标的县域规划技术研究"这一科学问题转化为适合学生研究设计的具体题目,而达成这一目标的本质是运用研究思维进行推衍分析的过程(图1)。

"县域范围"、"低碳目标"和"规划技术"是研究主题中蕴含的三个关键词,围绕关键词可以对问题本身作出进一步的解读:①对于低碳问题,不同尺度与精度意味着不同的关注内容与规划方法,因此有必要将县域范围分解为"宏观县域尺度"、"中观城镇尺度"和"微观片区尺度"三个尺度分别进行探讨;②规划方案碳排放的计量评估和碳排放主导因素的识别,分别对低碳目标的达成起到关键的标识作用;③以低碳为目标的规划方案优化方法体系与低碳规划编制流程是低碳规划技术的核心体现。

基于以上分析,县域低碳规划技术研究的内容主体可以提炼为:基于以排放计量、主因分析和优化措施为主体的低碳评估优化流程,在宏观、中观、微观三级尺度层级下分别对县域总规、城镇总规和片区控规进行低碳优化,并形成适用于县域总规和镇域控规的一套低碳规划编制流程。这样的总结最终导向了研究与设计相结合的课程模式,与分尺度展开基于低碳目标的规划调整优化的题目设计思路。

2.2 以教研相长为目标的"D-P-T"模式的提出

"教研相长"型课程设计教学方法指基于"教学带动科研,科研促进教学,教学科研相长"的指导思想,确定教学与科研发展的目标与任务,重视科研成果向教学内容的转化,促进教学内容的更新。本文基于低碳规划教研实践,将教研相长的具体体现形式概括为"D-P-T"模式。

D(design)即教学设计,是该模式的顶层思路,起统筹、引领作用;P(practice)即教学实践,是该模式的执行部分,能够体现以研促教的具体过程;T(transformation)即教学转化,指将学生工作中的亮点转化为科研成果输出的过程。模式的具体流程见图2。

(1)D部分:教学设计目标下低碳研究问题的分解

"D-P-T"模式中,D部分是要将大内涵的科研问题转化、拆解为适合短周期内完成、可操作性强、研究深度适宜、设计难度可控的小研究问题。可以分为四个步骤,分别是教学实践研究目标的设定、研究目标下整体任务的分解、学生分组与研究题目的确定,以及制定任务书与时间安排表格。

1)教学实践研究目标的设定

对于县域低碳空间规划技术研究而言,一个首要的关键科学问题就是要解决县域不同尺度下总体规划和控制性详细规划的碳排放效应评估问题。基于此,我们将规划碳效应评价视为本次教学实践探讨的要点,选择所依托研发计划项目的示范县之一——浙江省长兴县作为

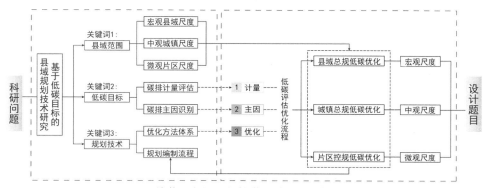

图1 科学研究问题向教学设计题目的推衍过程

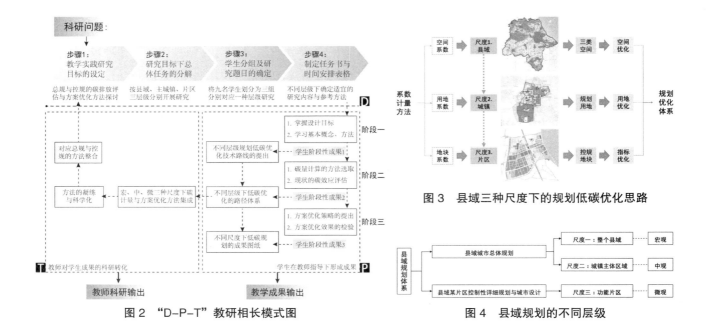

图 2 "D-P-T"教研相长模式图

图 3 县域三种尺度下的规划低碳优化思路

图 4 县域规划的不同层级

研究对象，制定了有效评价其现有总规和控规的方案碳排放效应、发现不同层级下规划调整的重要方向，并提出合理的规划低碳优化策略的教学实践总目标。

2）研究目标下整体任务的分解

结合县域规划体系，将大的研究目标拆分为县域总体规划低碳优化、中心城区总体规划低碳优化，及片区控制性详细规划低碳优化研究三项子内容，针对不同尺度规划在内容上的差异性，探讨不同规划可输入参数下的碳排放定量差异化评估方法，并试图提出不同尺度层级所对应的低碳优化的基本路径与策略体系（图 3）。

3）学生分组及研究题目的确定

对应三种层级下的低碳规划研究目标，我们将教学组的九名同学以三人为一组，分宏观、中观、微观三组分别展开研究实践（图 4）。其中，宏观组对应县域层级的总体规划低碳优化，将题目确定为"基于低碳目标的长兴县县域空间布局优化及调整方案"；中观组对应县域主城镇尺度的总体规划低碳优化，题目拟定为"基于低碳目标的长兴县雉城镇空间布局优化研究及调整方案"；微观组对应城镇片区层级的控制性详细规划低碳优化，选题为"基于低碳目标的长兴县太湖新区空间布局优化研究及调整方案"。

4）制定任务书与时间安排表格

确定学生分组与选题后，我们为为期八周的研究设计教学制定了详细的时间进度表，以明确每一阶段的教学目标与学生的工作任务。"教研相长"型课程设计教学方法的关键是师生双方能够在课前进行充分的准备（教师需要为每堂课的教学准备相关的参考材料，而学生则要认真完成教师布置的文献调研任务），在课堂上进行有效的沟通。因此，时间进度表的制定对教师把握教学工作的有序推进体现出十分重要的作用。表 1 是为本次教学实践制定的具体时间进程安排。

（2）P 部分：以研促教的具体实施环节

P 部分是以学生为主体、教师为主导协同完成研究任务的计划实施过程。根据低碳规划优化的一般思路，将这一过程划分为三个阶段。阶段一主要由教师展开低碳相关知识、理论与方法的教学，学生通过课上和课下的学习、积累相关的研究论点与方法，确定自己的研究思路，并提出小组研究设计的技术路线作为该阶段的标志性成果。阶段二中，学生需要选取适合本层级规划的碳排放计量方法，教师对方法的可靠性进行判断后，由学生进行现状的碳效应评估，并总结出不同层级下低碳优化的路径体系作为阶段二的标志性成果。阶段三，由学生自主完

"教研相长"型课程设计教学的时间与任务安排表　表1

周次	课堂教学	任务目标	授课方式
1	研究背景及任务讲解	进行相关文献的收集与阅读	小组
	分组布置文献调研与方法总结		
	讲解县域低碳规划相关的研究方法	学习并掌握低碳规划研究方法	
	分组开展研究思路构建与研究方法的学习		
2	确定低由总规－控规方面低碳规划的具体内容	初期答辩	大组
	县域碳平衡研究体系与结构搭建思路		
	案例研究		
3	评价初期汇报效果，改进不足点	收集碳计量相关研究数据	小组
	进行中期任务安排		
4	分别进行宏观－中观－微观三个层面碳平衡现状值的计量与评估	三个层面的碳平衡现状计量与评估	小组
	准备PPT进行汇报交流		
5	对县域碳平衡现状分析研究	进行碳平衡优化策略的分析研究	小组
	考虑规划优化的内容与具体策略		
	形成初步的规划优化方案进行小组汇报	初步的规划优化方案	大组
6	长兴县总规现状碳平衡评估与优化方案	中期答辩	小组
	长兴县县域城镇片区控规碳平衡评估与优化方案		
	中期汇报的总结与评价	明确最终成果深度	
7	规划优化方案的改进与深化	形成最终的规划优化方案	小组
	低碳优化方案的碳平衡情景模拟分析		小组
8	成果图纸绘制	终期答辩	小组
	成果汇报		大组

成低碳路径指导下方案优化策略的提出及方案优化效果的检验，最终形成不同尺度下低碳规划优化的成果图纸。

1）阶段一的内容与成果

教学之初，会发现低碳这一主题对大部分学生而言并不算陌生，但是低碳研究所涉及的关键性概念和主要方法都是学生们没有接触过的。因此，首先以组为单位安排学生进行一定量的文献调研工作，包括与研究内容相关的研究背景与研究方法的收集总结，并通过课上定期讨论与点评，加深学生对基础知识的掌握程度。实践中，我们还针对碳排放计量方法、碳效应模拟方法、GIS空间分析技术等关键性问题进行了系统的课堂讲解，这一过程能够有效增强学生们的研究思维与研究能力。

最终，各小组确定了研究的重点方向。其中，宏观组以县域土地布局、产业结构和人口分布为研究要素，探索碳平衡目标下的县域空间布局问题；中观组以不同建设用地的碳排放强度为研究重点，探索基于规划用地碳排放系数的用地优化方法；微观组将建筑碳排放强度转化为用地碳强度，探讨以用地模式与规划指标优化为目标的低碳优化方法。

各组选定的研究问题与方法　表2

组别	研究问题	研究方法
宏观组	县域碳平衡	县域尺度的碳排放计量方法
中观组	用地碳排放	用地尺度的碳排放计量方法
微观组	用地模式与指标	建筑尺度的碳排放计量方法

2）阶段二的内容与成果

阶段二主要体现为碳排放计量方法的确定与现状碳效应的评估。在这一阶段中，宏观组以产业能耗为碳总量计量对象，对县域一产、二产的碳排放情况作出评估，在评估的基础上提出"碳平衡分区"概念，指导县域空间与产业优化；中观尺度关注不同用地类型的碳排放系数，建立了不同用地和碳排放之间的关联关系，使用用地碳排放强度系数法确定现状的碳排放总量，并引入职住空间比率等指标辅助作为规划优化调整重要手段；微观尺度关注地块用地模式与规划控制指标，明确了不同类型建筑的碳排放因子，采用以建筑为主的活动系数法确定控规方案的碳量，并以容积率、建筑密度等控制手段进行方案减排。不同层级下的低碳规划路径体系可见表3。

3）阶段三的内容与成果

宏观、中观、微观三个小组在不同路径下提出具体规划优化策略，基于优化策略形成规划优化方案（图5-图7），并利用碳计量方法再次评估了优化后的方案碳排放水平。评估结果显示，在总规层面通过碳平衡分区、产业结构、空间结构、用地布局等优化调整，使碳排放量比原方案下降20％；在控规层面，通过容积率、建筑高度、建筑密度等各类控制性指标的调整，优化方案较原方案碳排放量下降27％，优化达到了良好的减排效果。

（3）T部分：教学成果向科研的转化输出

T部分是成果转化环节，体现教学成果向科学研究的转化输出作用。此环节中的一项重要工作，是对教学阶段二中，宏观、中观、微观三组提出的碳计量与方案低碳优化方法进行整合、凝练与科学化的过程。经由这

不同层级下低碳规划的路径体系　　　　　　　　　　　　表3

规划层级	学生分组	尺度层级	研究要素	计量方法	减碳概念	推出的新指标	规划调整内容
总规	组1 宏观组	县域整体	土地布局，产业结构，人口分布	基于土地利用的碳排放系数法	碳平衡分区	碳平衡系数	空间类－土地调整
					碳源汇空间布局		非空间类－产业与人口调整
	组2 中观组	主城区	用地空间的碳排放系数	基于规划用地的碳排放系数法	"用地－碳排放"关联框架	职住空间比率	空间类－用地优化
					用地碳排放因子值		非空间类－产业结构优化、效能提升与新能源
控规	组3 微观组	城镇片区	用地模式与指标体系	基于建筑的碳排放系数法	类型建筑碳排放因子	综合容积率	规划控制指标调整
					控规控碳指标体系		

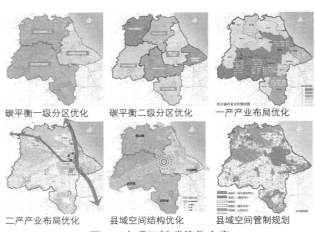

碳平衡一级分区优化　　碳平衡二级分区优化　　一产产业布局优化

二产产业布局优化　　县域空间结构优化　　县域空间管制规划

图5　宏观组低碳优化方案

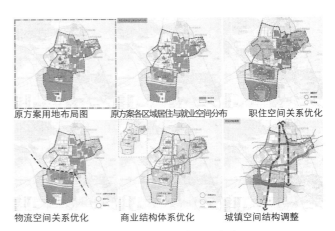

原方案用地布局图　　原方案各区域居住与就业空间分布　　职住空间关系优化

物流空间关系优化　　商业结构体系优化　　城镇空间结构调整

图6　中观组低碳优化方案

方案容积率与建筑高度优化　　　　方案用地优化

方案指标优化　　　　方案空间形态优化

图7　微观组低碳优化方案

一过程，县域低碳规划技术的总体思路与一种操作流程得以被验证。

在此基础之上，学生在研究中提出的一些"亮点"问题，譬如职住平衡比率的低碳内涵、基于系数法的规划方案碳效应评估与优化流程等，也成为教师在后续科研工作中进一步关注和研究的内容。

3　存在的问题与应对

本次教学实践，一方面拓展了学生的专业视野，激发了他们的创新思维，另一方面培养了学生针对具体问题进行文献收集、通过分析研究解决问题的能力。然而，创新性的教学实践中也呈现出不少需要面临与应对的问题。

3.1　对学生不同研究设计心态的应对

学生在面对低碳技术介入规划体系这样一个"新鲜"问题的时候，呈现出两种截然不同的典型心态。一种是积极主动，学习兴趣与探索性较强；另一种是被动谨慎，对以前未接触过的陌生知识持保守的态度，对研究设计的探索性、试错性较弱。

其实，这两种态度并没有好次之分，只是需要不同方向的引导。拿本次教学实践来说，宏观组与微观组的同学在拿到研究目标时，有能力通过资料的收集快速搭建起研究和设计框架，但是他们容易在过程中出现纸面式的完美，细细推敲之下，就暴露出不少问题。这就需

要教师更加仔细地审视他们的研究过程，帮助他们纠正在逻辑和方法上出现的盲点与误区。中观组表现出较强的谨慎态度，对教师的依赖性也较强，这一组学生在较长的时间内都没有充分发挥他们的能动性，取得明确的进展。但是由于教师对这一问题给予了足够的重视，更多地参与到他们的研究与设计过程中，在有滞留的节点上对其施予启发、给予鼓励，最终中观组形成了其他各组没能达到的扎实成果。

3.2　对学生未能将研究分析成果运用于具体设计内容的应对

本次教学课程分"研究"和"设计"两部分内容，而三组同学都不同程度地出现了设计内容没有依托研究分析结果，研究与设计相脱离的情况。

将低碳研究结果作为规划设计的依据是教学的初衷，这一过程也对老师和学生提出了较高的要求。设计与研究相脱离的主要原因有两个，一是学生没有把握研究部分的实际目的、意义，对研究与设计的逻辑衔接关系不明确；二是没有对研究分析结果进行充分提炼，形成有价值的指导性结论。对于这样的情况，教师需要及时向学生指明正确的思维方式和科研态度，引导学生进一步对研究进行提炼、深化，并对成果提出更加明确的要求。

3.3　对时间进程未能按预期进行的应对

本次教学只有短短八周的时间，但不乏出现由于各种原因而无法按照预期计划完成任务的情况，教师在这种时候要做到张弛有度、把握好学生研究设计工作中的关键期。

重要的工作成果总是分阶段产生的，其必要条件是明确的目标与较短的时间。每一组学生的研究历程可能会经历两到三个这样的研究节点，而这些节点是学生形成重要工作成果的关键孕育期。教师在整个教学链条中要掌握好学生工作进程的张弛度，将注意力的重心放在识别出学生的关键期，这种关键期往往在学生已经完成一定的工作内容，而迟迟未能向下推进的时候出现。此时，教师应该在思维、方法上，以建议的形式向学生提供足够的助力，并采用较短的时间周期，紧扣目标任务催生阶段性成果。

4 结语

高校的两项基本职责分别是教学与科研,其二者之间的相互关系是现代大学里最重要的关系。本文提出基于教研相长目标的"D-P-T"模式,让本科生在掌握学科基本知识体系和设计技能的前提下,有机会接触并解决前沿的问题,反过来促进研究,是富有积极意义的教学尝试,实践结果对师生双方都显示出十分积极的推动作用。

历时八周的教学实践也带给我们一些经验,可以为今后的研究教学工作提供建议。一是题目设计时要注意其复杂程度、可操作性和设计难度;二是要阶段性地分配工作任务,控制周期时间,明确阶段成果;三是要把握好指导的尺度,激发不同学生的能力与热情,在最后让大都可以品尝到研究设计果实;四是要及时将教学成果转化为科研素材,让教学的努力结为科研的果实。

主要参考文献

[1] 王建华. 重温"教学与科研相统一"[J]. 教育学报, 2015, 11 (03): 77-86.

[2] 人民日报: 教学与科研如何一碗水端平.http://news.sciencenet.cn/htmlnews/2015/4/317723.shtm?id=317723.

[3] Boyer, Scholarship Reconsidered (Washington, D.C.: The Carnegie Foundation, 1990), 25.

[4] 潘海啸, 汤諹, 吴锦瑜, 卢源, 张仰斐. 中国"低碳城市"的空间规划策略 [J]. 城市规划学刊, 2008 (06): 57.

Discussion on the "D-P-T" Model with the Target of "Teaching Benefits Teachers as well as Students"
——Taking the Undergraduate Fifth Grade Low-Carbon Planning Design Course Teaching Practice of Urban and Rural Planning Department, Tianjin University as an Example

Yan Fengying   Yang Yiwei   Zhang Xiaoping

Abstract: From the perspective of exploring the ideal relationship between "teaching" and "research" in modern universities, taking the undergraduate fifth grade low-carbon planning design course teaching practice of urban and rural planning department, Tianjin University as an example, a "D-P-T" model with the goal of "teaching benefits teachers as well as students" is proposed. Among them, D refers to instructional design, P is teaching practice, and T refers to teaching transformation. Based on this model, the instructional design process of interpreting and transforming the research problem of low carbon planning technology in county area into the topic of undergraduate design course, and the practice transformation path of promoting undergraduate research and design achievements to contribute to scientific research are emphatically discussed in this paper. The role of "D-P-T" model in teaching and research is emphasized, and the problems and countermeasures presented in practice are summarized, in order to provide valuable ideas and suggestions for the future urban and rural planning teaching and research work.

Keywords: Low-Carbon Planning, Curricula Design, Teaching Benefits Teachers as Well as Students, "D-P-T" Model

基于"三明治"教学法的 GIS 课程教学实践探索

袁　满　单卓然

摘　要：以物质空间设计为主导的规划院校在 GIS 课程教学中存在时间少、理论基础薄、实践能力弱、学生积极性低等多项不足，亟需对 GIS 课程教学方法进行改革，以满足大数据时代及国土空间规划时期的思维及能力要求。本论文将"三明治"教学法引入 GIS 课程教学中，阐述 GIS 课程模块优化方式及"三明治"教学方法的应用。教学实践表明，"三明治"教学法的分层教学模式适合于将基础原理与案例实践交互结合进行，通过交互式学习加强学生对 GIS 基础理论的理解，培养空间分析思维能力，应在以物质空间设计为特色的院校 GIS 课程教学中推广。

关键词：GIS，"三明治"教学法，空间分析思维

1　引言

　　近几年来，大数据成为了城市研究及城市规划领域的热点。信息通信、物联网、云计算等技术的快速发展及其在经济社会领域的广泛应用加速改变着人们的生活、工作、休闲及出行方式，必将影响未来城乡规划工作的模式与方法，同时也要求规划师具备更为扎实的数据分析处理思维与能力[1]。地理信息系统（GIS）作为采集、储存、管理、计算及显示地理空间数据的信息系统，已成为分析与处理城乡规划大数据的通用平台，是规划师必须掌握的空间分析工具[2]。目前，国内多数高校的城乡规划专业已开设 GIS 相关课程，一些教师也进行了 GIS 原理及实践课程的创新改革探索，提升了城乡规划专业学生对 GIS 的认知度，但还存在若干不足。

2　GIS 教学困境

　　在部分以建筑学为基础、以物质空间设计为特长的规划专业教学中，存在时间少、理论基础薄、实践能力弱、学生积极性低等问题，学生空间分析思维能力及 GIS 软件实践能力都还较为欠缺。例如，容积率计算、土地适宜性分析、地形坡度分析等模块虽能帮助学生快速了解 GIS 在城乡规划中的应用，但造成了学生只会机械式地依葫芦画瓢，缺失空间思维能力的训练，可能

会降低自身在国土空间规划中的竞争力。因此，亟需对 GIS 课程教学方法进行改革，以满足大数据时代及国土空间规划时期的思维及能力要求。本研究尝试采用将"三明治"教学法引入 GIS 课程教学中，以在有限的教学课时内、不增加学生作业负担的前提下，补充相关学科基础知识，培养学生空间思维模式，提升 GIS 空间分析能力。

3　"三明治"教学法简介

　　在移动互联网时代，传统填鸭式教育模式造成了课堂低头族现象，学生注意力在 15 分钟后逐渐开始下降，讲授内容的吸收率较低。"三明治"教学法是利用快餐食品——三明治来形象地表示一种分层、穿插式教学方法[3]，通过对课堂进行分层阶段组织，变化学习方式，调动学生的学习热情和主动性，使学生在教师的主持下自主地、互动地进行学习，以提高学习效率[4]。"三明治"教学包括头脑风暴法、专家小组法、角色扮演法、学习速度竞赛法等多种教学方法，存在创设情景、教师提问、自主探究、分组讨论、交叉学习、学生汇报、教师总结等多个环节[4]。本教改实践对其进行了一定的改进，应用于 GIS 课堂教学之中。

袁　满：华中科技大学建筑与城市规划学院城市规划系讲师
单卓然：华中科技大学建筑与城市规划学院城市规划系副教授

4 GIS 课程教学体系与"三明治"教学法应用

GIS 是一门多学科交叉所形成的信息技术，涉及地理学、测绘学、计算机图形图像学、数学、统计学等学科基础原理知识，这正是以物质空间设计为主导的建筑类院校学生所缺乏的。"三明治"教学法的分层教学模式非常适合于将基础原理与案例实践交互结合进行，能够通过动手操作加强学生对 GIS 基础理论的理解，培养空间分析思维能力。我们将 GIS 课程内容设置为 GIS 概论、空间数据、坐标系、空间分析与规划应用、课程设计等板块（表 1），

每个板块可以采用多样化的教学方法组织课堂活动。对于每节 45 分钟的课堂，将其划分为 3 个以上的时间段。例如，分为实验操作、理论讲解、讨论总结等环节，像"三明治"一样每隔约 10~15 分钟变化教学模式，始终吸引学生的注意力并积极培养学生的自主思考能力。

4.1 多源数据环境

本次课程不将理论课与实验课单独分开进行，而是让学生全程在 GIS 实验室中与 GIS 软件、数据及应用案例实时交互，形成理论与实践的良性反馈，同时更有利于"三明治"教学法的实施。本次课程在课前给学生提供大量的 GIS 数据，可以贯穿于各个板块的教学，使学生能够通过大量数据的横向对比充分理解掌握教学内容，提高学生整体认知感受，避免陷入只见树木、不见森林的困境。如表 2 所示，这些数据采用了不同的地理尺度（全国、城市）、坐标系统（地理坐标、投影坐标）、数据类型（矢量点、矢量线、矢量面、栅格、txt、excel），并涵盖不同的社会经济属性（兴趣点、土地利用、道路交通、建筑、行政区、河流水系、环境等），使学生能够进行多维度、多角度的空间分析应用，而不拘泥于传统的城乡规划 GIS 分析。

4.2 微助教辅助教学

本次教学采用微助教工具，它是一款课堂互动轻应用工具，教师和学生从微信端即可登陆，具有操作简便、方便实用、趣味性等优势。通过微助教，学生可以用手

GIS课程体系设置　　　　　　　　表1

教学板块	教学内容	教学方法
GIS 概论	3S 概念 GIS 发展与现状 应用领域	头脑风暴法 视频案例法
空间数据	矢量数据 栅格数据 数字高程模型	思考、交流、共享法 归纳分析法 微助教测试
坐标系	地理坐标 投影坐标 坐标转换 常用坐标系	头脑风暴法 归纳分析法 微助教测试
空间分析	空间叠置 地形分析 缓冲区分析 网络分析	角色扮演法 案例法
课程设计	自主选题	头脑风暴法 学习速度竞赛法

课程多源数据示例　　　　　　　　　　　　　　　　　　　　　　　　　　　　表2

数据尺度	数据内容	数据类型	坐标系统
国家	行政区划（国家、省、市、县）、湖泊	矢量面	CGCS2000
	省会、地市、县城、景点	矢量点	CGCS2000
	国界、铁路、公路、河流、经纬线	矢量线	CGCS2000
	城市扩张	栅格	WGS84
	城市统计年鉴	excel	
城市	行政区、土地利用、建筑	矢量面	武汉城市地方坐标系
	道路、地铁线、公交线	矢量线	武汉城市地方坐标系
	Landsat 遥感图	栅格	WGS84
	城市热岛、PM2.5 浓度	栅格	WGS84
	POI	txt	

机在课堂中签到、答题和讨论、虚拟论坛发言、进行小测验。我们在微助教中设置了单选题、判断题、多选题、填空题等题型，用于随堂测试，测试结果如图 1 所示。教师可以根据统计结果对学生学习的全过程进行持续观察，实时调整授课内容及教学方法。10~15 分钟的随堂测试可以设置在"三明治"分层课堂的开始或结束阶段，促进学生积极复习巩固所学知识。此外，微助教所带的位置签到功能可以作为一种辅助的实验工具，帮助学生了解 GPS 技术，体验 GIS 数据获取功能。

图 1　利用微助教评估学生学习效果

4.3　GIS 概论教学

本板块首先采用视频案例法进行教学，通过 15~20 分钟的 GIS 相关科普纪录片，如"地图传奇：当代天地图"，来激发学生对 GIS 的学习兴趣。在视频观看完后，采用头脑风暴的方式启发学生思考 GIS 的概念、发展与现状、应用领域内容。向学生提出"GIS 是什么""GIS 有什么功能""生活中接触了哪些 GIS"等开放性问题，提供一个广泛的思维空间，供学生进行踊跃的回答与讨论。头脑风暴的方式能够促进学生投入到问题的思考之中，同时通过聆听他人的回答对 GIS 产生更多的认识。为了使学生更快地融合理论知识与实践能力，要求学生采用 webGIS"百度地图网站"及移动 GIS"手机百度地图"进行操作，掌握 GIS 的地理空间数据采集、储存、管理、计算及显示等功能。使用百度地图进行 GIS 软件教学能够降低使用门槛，在此基础上进行 ArcGIS 的基础实验，引导学生将专业 GIS 软件与百度地图进行逐一对照。

4.4　空间数据教学

引导学生使用 ArcGIS 浏览、查询表 2 中的各类数据，并提出如下问题："这些数据有什么共性与区别？如何归类？""地理空间数据的特征有哪些？与 excel、txt 等普通属性数据的区别""矢量数据与栅格数据的概念""优点与缺点分别有哪些？""不同类型的数据间能否进行转换"等。随后，学生按照小组进行交流，并将讨论结果分享给其他小组。教师同时采用表格归纳分析法，将上述分散的知识点进行对比，归纳学生小组讨论的结果，使学生可以清晰地掌握抵地理空间数据的特征、矢量数据与栅格数据的特点等原理性内容。此外，可以采用微助教随堂测试来以测促学，使学生更好地掌握重难点内容。

4.5　坐标系教学

地理坐标系是 GIS 进行地理空间数据组织的数学基础，是学生必须掌握的内容。但规划专业学生也往往忽略了这一基础而重要的概念，其习惯使用的 CAD 软件中也并无地理空间坐标系的概念。特别是即将编制的国土空间规划的对象是省、地市全域的国土空间，学生由于未能正确分清坐标系可能在 GIS 分析中会出现一些低级错误。由于传统坐标系教学内容涉及数学、测量学、地图学等基础内容，增大了规划专业学生的理解难度。我们使用头脑风暴教学法，为学生准备地球仪、乒乓球、气球、剪刀、手电筒等道具材料，提出"如何将球面上的图案绘制到平面上？"的问题供学生动手解答。学生在动手、交流、讨论的过程中逐步认识到，只有通过光源投影的方式才能完成球面坐标到平面坐标的转换，自主完成地理坐标系与投影坐标系的概念学习。随后，要求学生利用 ArcGIS 浏览不同坐标系的数据，要求学生自主选择投影方式观察地图的形状，回答"为何中国版图的形状会有所不同？""俄罗斯的国土面积到底有多大？""武汉市与全国 GIS 数据的坐标系有什么区别"等问题，使学生通过实践认知地图投影的概念，并掌握 GIS 中坐标系及投影的应用。教师在其过程中，主要对相关的知识点进行表格式的归纳。

4.6　空间分析教学

此模块是 GIS 课程教学的核心，是培养学生从单一软件工具应用能力向空间思维分析能力转变的关键环节。我们采用角色扮演法与案例法进行教学，提供不同的空间分析案例（表3），学生扮演情景中的角色，以加速学生对 GIS 空间分析的理解，增强学生利用 GIS 进行规划分析的兴趣与信心。例如，选取"伦敦霍乱地图"作为教学案例，首先设置情景：1854 年伦敦爆发严重霍乱，学生扮演 John Sonw 医生，需要通过空间分析证明霍乱是通过饮用水传播的。此案例需要提供基础地形图、公共设施分布图、霍乱病例分布图等地图，全部

案例法与角色扮演法在空间分析教学中的应用示意　表3

案例	分析过程	对应的空间分析思维
伦敦霍乱地图	绘制霍乱点	数据的空间化
	地图叠置	空间叠置分析
	计算居住点与水泵距离	缓冲区分析
唐人街探案	绘制犯罪地点	数据的空间化
	确定罪犯活动路径	网络分析
	识别罪犯活动区域	泰森多边形分析 缓冲区分析

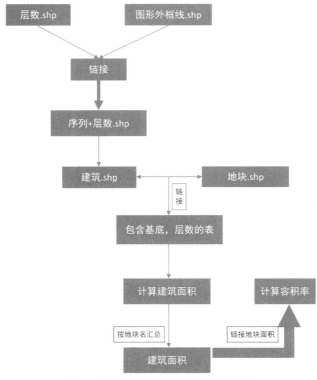

图2　学生绘制的空间分析逻辑框图

采用透明的硫酸纸进行绘制。引导学生在利用地图进行叠置后，计算霍乱点与水泵的距离，发现霍乱病例围绕 Broad Street 水泵的空间现象。角色扮演法及案例法能够快速吸引学生的学习兴趣，将 GIS 空间分析思维与学生日常兴趣爱好相结合，从而掌握其核心原理，而不是停留在简单的软件操作阶段。此过程主要培养学生进行空间叠置分析、缓冲区分析的空间思维能力。在其后进行 ArcGIS 软件进行容积率计算、土地适宜性分析等操作时，要求学生绘制空间分析的逻辑框图，锻炼其空间分析思维能力，避免学生按照操作手册机械地操作 GIS 软件。

4.7　课程设计

GIS 课程设计是本课程教学的重要环节，也作为课程考核的方式之一，可以采取提交设计实验报告或研究论文的形式。课程设计有助于学生综合梳理所学的知识点，需要在课程开始时提供可供选择的方向，由学生自行选择或拓展，并鼓励学生依据其他课程作业（社会调查、交通调查）、城乡规划领域热点、自身感兴趣话题展开空间分析实践。这样由助于学生在课程教学过程中更具备目的性地开展自主学习，提高课程的参与程度。该环节主要考察学生是否具备空间分析思维来认识地理空间现状、演变、问题并提出对策，而不将 GIS 的软件应用效果作为教学目标。

5　教学成果示例

5.1　学术性论文：创意产业与城市环境的互动关系

该研究旨在探究不同创意产业的发展特点和空间分布规律，选取了物质、政策和文化环境 3 类指标，针对不同产业构建了回归模型。首先基于线性回归模型对产业与城市的非空间互动机理进行解读。通过分析 Moran's I 指数，证明产业驱动因素的空间自相关性。进一步进行空间回归分析，根据不同产业类型的空间特征构建 9 组空间滞后模型（SLM）。结果表明：①空间回归模型比线性回归模型具有显著的优势；②政策环境对创意设计、创意传播具有显著的驱动作用；③创意研发产业受空间驱动力影响较小。创新点在于基于发展特点进行了创意产业的分类研究，同时针对不同类型进行了定量的空间分析、提出了政策制定建议。

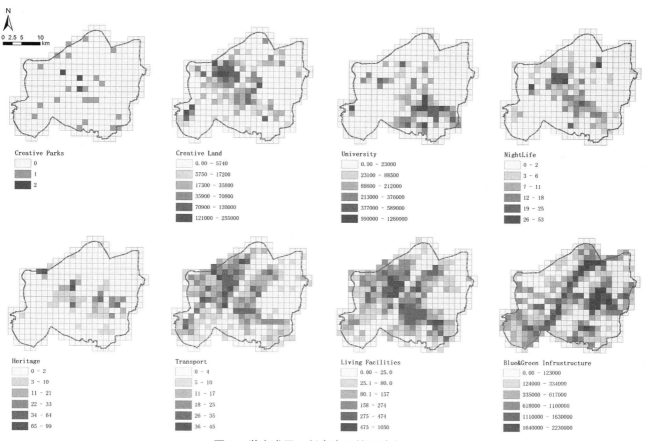

图3　学生成果：创意产业的驱动力分析

5.2　课程设计：新能源汽车充电站布局评价

该设计作业以社会调查课程作业为基础，补充了新能源汽车充电站坐标、性质、规模等数据，建立了一套布局评价指标体系，涵盖机动车交通出行量，居住用地、公共停车场用地、人口密度与人口结构，职住平衡度等方面因子。利用 GIS 空间分析工具对武汉市新能源充电站的布局现状进行综合分析评价，获得充电站布局和各单因子布局的匹配度。

5.3　课程设计：犯罪地理制图

该设计作业从"中国裁判文书网"上收集武汉市近五年所有涉及"两抢一盗"犯罪的刑事判决书资料，提取犯罪案件的类型、犯罪人数、犯罪地点、犯罪日期及时间、涉案金额等具体信息，并利用 GIS 对犯罪活动进

行地理编码，实现地理空间与时间两个维度上的精确定位。基于上述 GIS 空间数据，进行犯罪制图用于分析了武汉市盗抢犯罪时空分布特征，包括以下方面内容：分析盗窃、抢劫、抢夺及所有犯罪案件的数量、密度、犯罪率的空间分布、聚集中心、相对聚集的热点区域、案件分布的连续变化趋势及空间发展方向、各区域犯罪等级划分。

6　总结

从课程设计作业的效果来看，50% 的学生能够运用 GIS 进行地理空间数据的可视化及基础分析，完成土地适宜性评价等实践；30% 的学生已具备地理计算的能力，能够结合社会调查、交通调查等课程的成果开展空间分析实践；20% 的学生在自主探索下已具备较为出色的空

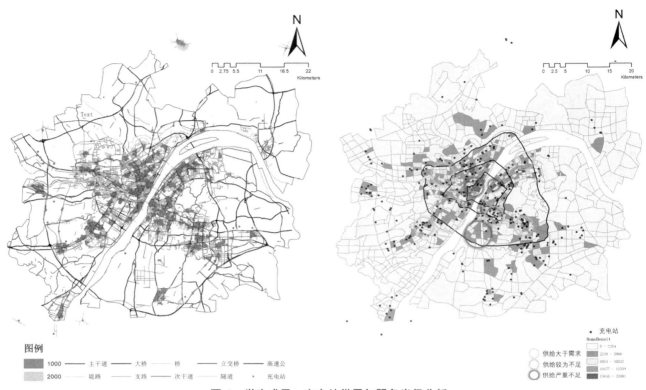

图4 学生成果：充电站供需与服务半径分析

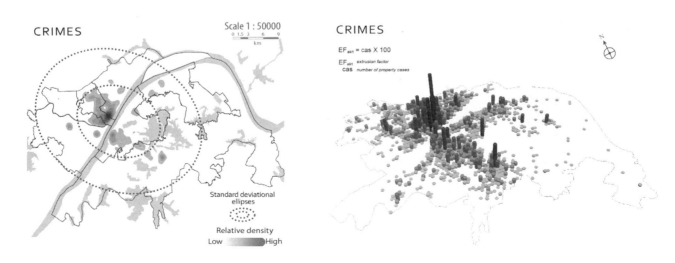

图5 学生成果：武汉市犯罪制图

间分析思维，能够运用 GIS 软件工具来分析地理空间要素或现象的分布及形成机制，撰写学术性论文。总体上，大多学生已具备空间分析思维能力和基本的 GIS 操作技能，达到了 GIS 课程教学的目的。这表明"三明治"教学法能够给 GIS 课程教学带来一定的活力，激发学生的学习自主性与探索欲，有助于学生将 GIS 空间分析思维与其他课程的理论知识（如城市地理学、城市社会学、统计学等）相结合，拓展 GIS 在城乡规划领域中的应用。本教学改革采用"三明治"教学法将学生作为课堂的主角，在有限的教学课时及作业压力下培养学生的 GIS 空间分析思维，适用于以物质空间设计为特色的院校规划专业 GIS 课程教学。

主要参考文献

［1］ 龙瀛，毛其智．城市规划大数据理论与方法 [M].北京：中国建筑工业出版社，2019.

［2］ 李苗裔，王鹏．数据驱动的城市规划新技术：从 GIS 到大数据 [J].国际城市规划，2014，29（6）：58-65.

［3］ 刘京华，文伽，李延红，等．"三明治"教学方法 [J].中国现代教育装备，2009（11x）：7-10.

［4］ 王新伟．"三明治"课堂教学模式让学生不再做"低头族"．教育教学论坛，2017，341（51）：170-172.

Application of Sandwich Teaching Method in GIS Course

Yuan Man   Shan Zhuoran

Abstract: Traditional planning colleges have many shortcomings in the GIS course, such as less time, weak theoretical basis, weak practical ability and low enthusiasm. It is urgent to reform the teaching methods of GIS course in order to meet the requirements of big data and territorial space planning. In this paper, the sandwich teaching method is introduced into the teaching of GIS course, and the optimization method of GIS course module and the application of sandwich teaching method are expounded. Teaching practice shows that the hierarchical teaching mode of sandwich teaching method is suitable for the interaction of basic principles and case practice. Through interactive learning, students' understanding of basic theories of GIS can be strengthened and their ability of spatial analysis can be cultivated. It should be popularized in the teaching of GIS course in traditional planning colleges.

Keywords: GIS, Sandwich Teaching Method, Spatial Analysis.

基于深度认知的城乡规划三年级设计课教学改革实践

苗　力　程　磊　钱　芳

摘　要： 为促进城乡规划专业三年级学生的设计思维从建筑单体转向复杂的城乡规划分析，大连理工大学城乡规划专业教学改革聚焦传统的"城市中心区规划设计"课程，将其更名为"城市空间认知与改造"。通过"现状调研－深度认知－提出问题－多方案比较－改造设计"的教学环节，训练学生运用多种手段深度认知城市空间、自主提出改造更新策略的能力。在城市认知环节，课程设计试图与城乡规划理论选修课"城市阅读"相互配合，通过"资料搜集－实地体验－分析解读"三个步骤，训练学生运用心理地图、对比分析法、空间联系法、层进分析法、数据统计分析法和艺术的经验等方法解读城市空间。经过连续三年的教学实践和调整完善，课程取得了较好的教学效果。

关键词： 城市空间，深度认知，自主设计，城市阅读

三年级是城乡规划专业设计的起步阶段。为了促进学生的思维从建筑单体设计转向复杂的城乡规划分析，本次教学改革聚焦"城市中心区规划设计"课程，将其更名为"城市空间认知与改造"。与理论选修课程"城市阅读"相互融合，该课程设计意在培养学生对于既有城市典型空间的"深度认知"能力和提出改造更新策略的"自主设计"能力。

1 "商业空间认知与改造"课程设置

1.1 课程设置基本情况

"城市空间认知与改造"课程历时 7.5 周，分为"认知"和"改造"两个阶段。第 1 周组织学生对基地进行全面的分析，做好空间认知的准备工作。第 2 周要求学生对基地及周边环境进行现场踏勘、居民访谈，直观了解基地现状和存在的问题。然后利用"城市阅读"课程所学的城市认知方法对基地现状进行分析解读。通过课堂上学生小组汇报的形式交流对基地空间的认知与解读。

从第 3 周开始进入第二阶段的教学。摒弃了教师给学生统一制定设计任务书的通常做法，要求学生基于对所调研基地的个人认知，尝试提出三种不同价值取向的城市空间改造定位，包括开发项目类型、功能和空间安排、经济技术指标制定等。在大量的案例分析过程中，学生逐步建立起城市空间的意识。第 4 周进行一草评图，

教学进度安排表（笔者自制）　表1

阶段	时间	内容	任务要求	分值
空间认知	第 1 周	搜集资料	多方搜集基地相关信息；制定调研计划	30
	第 2 周	体验认知	实地体验；分析解读	
		认知分享	小组 PPT 汇报；分享城市空间认知	
项目计划	第 3 周	自拟计划书	提出基地可能的三个方案；初步拟定计划书	30
		多方案比较	制作三个工具草模；对计划进行横向比较	
	第 4 周	一草评图	三个计划比较；确定一个主体方案	
方案设计	第 4 周	方案设计	调整选定方案计划书；进行方案空间构思，	30
	第 5 周	方案设计	确定计划书；深化方案设计	
	第 6 周	二草评图	推敲改造设计的空间、社会和环境效果	
	第 7 周	方案完善	上机绘图；成果绘制	
成绩评定	第 8 周	总分 100 分（平时成绩 10 分）		

苗　力：大连理工大学建筑与艺术学院城乡规划系副教授
程　磊：大连理工大学建筑与艺术学院城乡规划系助教
钱　芳：大连理工大学建筑与艺术学院城乡规划系副教授

师生共同对每位学生提出的三个方案进行分析比较，最终确定一个最优方案展开深入设计。

1.2 基地选择与特点

本次"空间认知与改造"的对象是大连凤鸣街历史街区。凤鸣街始建于 1930 年代，最初是日本侨民的居住地。街区兴盛之时景象繁荣。在茂盛的树木掩映下分布着颇具实验性的"和式洋风"二层别墅建筑。然而，几经变迁，凤鸣街不断衰落，最终在 2010 年地产开发浪潮的冲击下面临被拆迁的命运。后来在多方力量博弈之下，拆迁停滞。如今该街区处于闲置状态，呈现保留建筑、拆除后空地以及部分拆除产生的断壁残垣并存的局面。2015 年，紧邻凤鸣街北侧现代化大型购物中心恒隆广场建成营业。其巨大的体量、摩登的建筑形态与凤鸣街内小体量、残破的街区风貌形成强烈的矛盾和对比。

凤鸣街上的历史建筑风格以"和式洋风"为主。当时的日本建筑师把在欧洲学到的最新建筑设计理念与日本的建筑传统结合在一起，再加上建筑师们的天才的想象力，多种因素化合创造出了一种全新的建筑风格。"和式洋风"建筑风格不那么纯粹，能看出对欧式建筑的巧妙模仿，但

又保持了东方的含蓄和素雅。日本最著名的建筑师之一古市彻雄在评价大连这一时期的建筑时曾说："大连是当时现代化建筑的试验场，其建筑艺术成就超过日本。"

基地以凤鸣街为中心，扩展至高尔基路以南、胜利路以北地段，囊括周边有居民生活的住区，面积约 14ha。课程要求重点考虑历史街区保护问题及城市和用地周边居民的诉求。根据调研结果确定街区开发定位，根据方案意图确定保留建筑以及利用方式，结合内部功能调整和外部空间景观处理，使城市老街区重现活力。

1.3 课程设置的革新

"城市空间认知与改造"课程在"现状调研 – 提出问题 – 解决问题"的通常思路基础上，加入"深度认知"和"多方案比较"两个环节，形成"现状调研 – 深度认知 – 提出问题 – 多方案比较 – 改造设计"五个步骤，在教学环节、教学内容和教学方法上均有所创新。

"认知环节"强调认知深度。前期认知环节要求学生运用"城市阅读"课程讲授的多方位认知方法，深入理解现状城市空间的形成、历史演变和文化传承等因素，从而获得对城市客观环境的主观认识，为下一阶段的改

凤鸣街北侧恒隆广场购物中心

图 1　凤鸣街位置（左）、内部历史建筑（右下）及北侧紧邻的大型购物中心（右上）

图片来源：Goolge 卫星图 2015

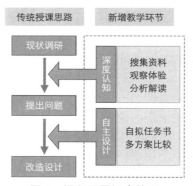

图2　课程设置概念简图
资料来源：笔者自绘

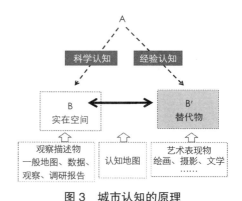

图3　城市认知的原理
资料来源：笔者根据"城市阅读"课程的教学课件改绘

造设计奠定基础。

"改造环节"强调自主设计。此阶段学生需提出三个方案并进行可行性分析。自拟任务书，包括设计定位、项目配置、规模类型、空间效果和经济技术指标等。然后对三个规划策略进行横向比较。最后，在老师的指导下选择其中最为合理的一个方案进行相对深入的改造更新设计。这个阶段对三年级学生来说比较富有挑战性。学生需要查阅大量案例，了解各项技术经济指标所能产生的空间效果。在比较的过程中权衡，最终提出最契合基地的方案计划。

2　城市空间认知的理论、方法与实践

2.1　城市认知的原理

认知就是主体A通过特定方法获得的对实在空间B的认识。特定的方法可以是科学的方法，例如通过实地观察或借助地图、数据等科学信息的描述获得的认知，这种认知结果直接、趋近于真实。另一种方法就是通过替代物获得间接的认知。例如通过摄影、绘画、文学作品获得的对空间的经验认识。这种认知虽然获得的是经过了再加工的间接信息，跟实在空间会存在一定的差异，但正是这种差异会带来认知的艺术性和趣味性。

2.2　城市认知的步骤与方法

城市认知通常遵循"搜集资料 – 实地体验 – 分析解读"这三个步骤。每个环节都有一套方法。本次课程设计鼓励学生运用"城市阅读"课程传授的认知方法从多角度对基地进行深度认知。

（1）搜集资料

全面的信息搜集工作即可为下一步实地体验做好充分准备。信息来源渠道和信息的种类均十分多样，包括有形和无形信息。

有形信息主要包括土地利用、建筑风貌、周边设施和交通状况等。例如，通过资料搜集可知凤鸣街场地周边覆盖着大面积的居住区和商业区。周边商业主要为恒隆广场等，以大卖场、专业市场、时尚商品、特色餐饮购物为主要内容。场地周边建有小学、中学和医院。人们对场地的需求主要为公共活动空间。

无形的信息主要包括历史发展、文化特征和社会舆论。考虑到不同年龄层次的网民会因为当时流行的方式不同而习惯使用不同的网络社交方式，学生们选择了三个使用者年龄层跨度比较大的社交平台，分别是博客、贴吧和微博。发现社会舆论从2009年凤鸣街拆迁开始主要呈现三个方面：随手拍摄记录自己当下的惋惜之情；发表自己对当前凤鸣街环境的看法；抒发自己对凤鸣街将来的展望。也有坚守凤鸣街老宅的"钉子户"在博客上表示凤鸣街的居民保护自己的老宅和记忆的决心。随着时间的冲刷，凤鸣街逐渐淡出人们的视野，在微博上也很少能看到和凤鸣街相关的报道，偶尔有微博提及凤鸣街基本上也都是表示惋惜之情。

（2）实地体验

1）观察记录

观察是认识客观世界最基本的方法。观察的对象主要是空间实体以及在特定路径、特定时间过程中人的行

为。记录包括照片记录和手工记录。例如鉴别场地内现存建筑的位置及风格。鉴定现存建筑的残破程度。

在"和式洋风"的建筑风格下，凤鸣街上每一栋建筑都风格独具，各有千秋：大到屋顶，有平屋面、坡屋面、尖顶屋面；小到节点、线脚，每个细节都神态迥异，精雕细琢，各具特色。单是房屋的门窗都没有一个完全相同的，几乎每户门口都有雨篷，还有常见舷窗、窗间墙等。很多建筑立面是欧洲建筑风格，而在建筑内部又完全是日式风格：玄关、地板、拉门，等等。"和式洋风"❶ 建筑那含蓄的美感，那不为人知的神秘，有一半是树给营造出来的。每个院门口都有一对石砌的门垛，在右手的门垛上都嵌有一块户主的名牌。每个院子里几乎都要栽种松柏，花草树木，假山小径，相映成趣。学生在基地调研时充分注意到这些事项便详细地记录下啦。

2）问卷访谈

学生除了在现场记录所观察到的空间环境的直观体验，也可以对周边居民进行问卷访谈获取间接体验。由于学生受调研次数和停留时间的限制，不能全面了解基地不同时间呈现出的所有状态。因此，对久居此地居民的问卷及访谈，了解他们的意见会成为重要的信息来源和有益的补充。

（3）分析解读

1）心理地图

凯文·林奇在《城市意向》一书中提出心里地图的概念，并指出构成城市心理空间的五要素是路径 Paths、边界 Edges、区域 Districts、节点 Nodes 和地标 Landmarks。学生利用这一原理，对凤鸣街基地周边的主要街巷、空间界限、居住区和商业等的动静分区、道路交叉口和广场以及有特征的地标等代表性空间要素进行了提取和表现。

2）对比分析法

对比之下一目了然，然而对比需要精心设计。例如，学生搜集到凤鸣街拆迁之前典型老建筑的照片，那么到

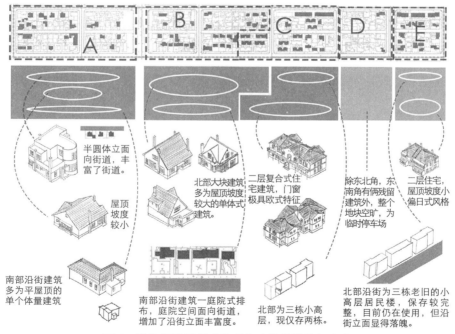

图 4 学生记录的凤鸣街现存建筑的风格与分布
图片来源：建规 2016 学生作业

❶ "和式洋风"建筑是指明治维新时期留学欧美的日本建筑师在中国东北地区设计的建筑。"和式洋风"是融合了日本传统建筑风格和欧洲建筑风格而形成的折衷主义建筑风格。

图5　学生采用心理地图对基地的观察总结
图片来源：建规2016学生黄亚茹课程作业

图6　学生利用GIS软件对基地相关数据进行的分析
图片来源：建规2016学生作业

实地体验的环节，学生就需要在现场认定这一建筑，然后选取同一角度拍摄照片，方便对拆迁前后重要建筑的状态的进行对比。

3）空间联系法

从"图底——联系——场所"的示意图可以看出，在城市街区图底关系的基础上，加上交通流线和景观视线组织，就构成了空间场所。因此，场所就是融入了交通要素和景观的城市空间。交通包括主次干道、人与车等不同层级的交通流。景观则包括轴线、对景、借景等不同的景观营造手法。

4）层进分析法

层进分析法是城市阅读的基本方法之一。阅读的思路是从描述"空间形态"，过渡的到评价"生活效能层"，再到阐释"发展意向层"。伴随着级别的升高，阅读的对象范畴也从物质形态上升到社会生活，最后映射出街区的历史发展。

5）数据统计分析法

数据统计是新兴的城市分析方法。由于精准、直观，符合时代发展趋势，这种分析方法很受学生的青睐。下图是学生通过网络开源数据获取的基地周边15分钟生活圈内餐饮、文体活动等的数量和位置等空间信息。

6）艺术的经验

历史街区因其悠久的历史，往往拥有着各种名人轶事或者以历史街区为题材的艺术作品。有时会被表现为绘画作品、音乐作品，甚至被拍成电影、话剧。这部分认知的获取是间接的，是已经经过他人二次加工的。分析解读这类资料需要些经验的积累。

2.3　最终成果

课程设计交图评分在第7.5周进行。最终每人提交的图纸需至少涵盖调研分析与城市认知、三个项目计划比较、方案设计三个方面的内容。具体分值分配为三个部分各占30%，平时成绩占10%。

受第一阶段"深度认知"的影响，一些同学的最终图纸自然而然地采用了契合凤鸣街历史与文脉的表达方式。例如，采取带有日本浮世绘画风格的图纸风格。

3　教学效果反馈分析

为考察"城市空间认知与改造"课程系列改革措施的教学效果，了解学生对"深度认知"和"自主设计"的理解和接受程度，对建规2016班的学生进行了教学效果问卷调查。回收的32份有效问卷分析结果显示学生普遍认为该课程的教学目的、内容、方法、要求与评价等环节设置较为合理连贯。学生通过该课程设计加深了对城市的了解，初步掌握了多角度观察理解城市的方法，锻炼了城市空间改造设计的能力。

3.1　空间认知不同方法接受程度不同

学生普遍反映对常用的空间认知方法有了不同程度的掌握和运用。其中心理地图、艺术经验由于是间接的分析方法且比较抽象，学生掌握的相对不够充分。在今后的课程拓展中应强化对间接认知手段的训练，使学生掌握更为丰富多样的城市认知方法，加深学生对城市空间的认知和理解。

3.2　自主设计方法接受较好

以往教师发放任务书的方法导致学生们并不是十分了解设计缘由和意图，在课程应用的积极性上也就相对较差。此次改革要求学生自拟任务书，一个地块一个问题多个方案的不同比较，进行思维交流和碰撞，反思和

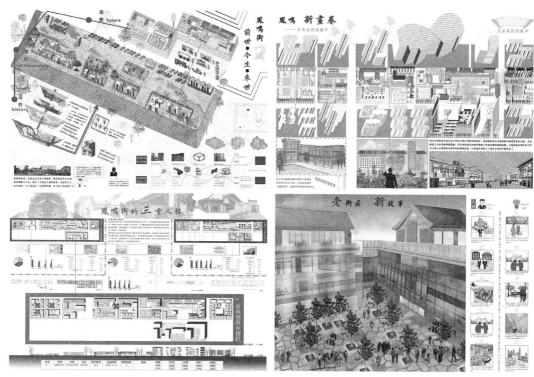

图7 最终图纸案例
图片来源：建规 2016
学生连千慧课程作业

肯定自己在设计过程中的思路，相比于单方案的设计过程，最终成果将更加合理，改造的深度将更加符合改造任务初衷，也更加能够调动学生的积极性。

3.3 不足与展望

认知是抽象的过程，需要教师更为明确的引导。

部分学生反映城市认知对于学生还是比较抽象和难以把握的课题。三年级学生视野拓展不足，很多学生的生活圈局限在大学校园内部，很少有机会接触城市。教师有着丰富的社会经历，是学生在现阶段无法企及的，这些对于学生来讲是了解城市、认知城市的重要信息来源。因此，这就需要在教学过程中，发挥教师的优势，做好学生空间认知的启蒙。强调传授与自主学习结合的方式，引导学生树立正确的规划认知理念。

教学环节较多，节奏比较紧张。

问卷显示一部分学生认为前期调研和认知环节安排两周时间有点过长，使得方案设计阶段比较紧张。另有部分学生认为三个方案比较的环节比较牵扯精力。这种相互

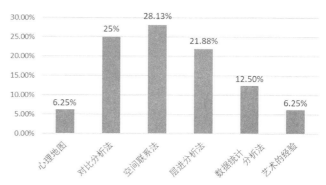

图8 学生对不同空间解读方法的掌握程度
图片来源：笔者自绘

矛盾的观点反映出教学总体时间并不充裕。在 7.5 周的学时内安排"现状调研－深度认知－提出问题－多方案比较－改造设计"五个教学环节，对学生来说是比较紧张的。未来课程安排会更加强调主次、有所取舍，使学生的精力集中在"深度认知"和"自主设计"两个核心环节上。

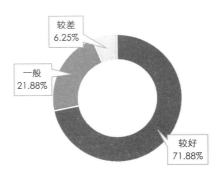

图9 学生对自主设计教学环节的接受程度
图片来源：笔者自绘

4 结语

走进空间、体验空间、理解空间是规划师建立职业素养的基本途径。低年级的规划设计课程仍然以培养学生基础设计能力和审美意识为主，学生凭借对于任务书的理解以及案例分析，设计出了注重形态的设计方案，形体和成果表达在这样的培养体系下是教学重点。一旦

接触到问题复杂、环境多变的项目，往往会因为缺乏对地块的深度认知而导致方案华而不实，解决不了实际问题。因而在大三，就开始培养学生的空间认知能力至关重要。在此基础上发挥规划师应有的想象力，让实用与有趣相结合，创造新的城市空间。因此，基于深度认知的"城市空间与改造"课程的改革尝试很有意义，团队还会根据教学效果持续地对该课程教学进行调整和完善。

主要参考文献

[1] 于辉，董志麟. 大连凤鸣街 [M]. 北京：中国建筑工业出版社，2017：215.
[2] （美）凯文·林奇. 城市意象 [M]. 北京：华夏出版社，2001.
[3] 金广君. 图解城市设计 [M]. 北京：中国建筑工业出版社，2010：47.
[4] 刘堃. 城市空间的层进阅读方法研究 [M]. 北京：中国建筑工业出版社，2010：53.

Teaching Reform Practice of Design Course for Grade Three in Urban and Rural Planning based on Deep Cognition

Miao Li Cheng Lei Qian Fang

Abstract: In order to promote the design thinking of the third-year students majoring in urban and rural planning to change from single building to complex urban and rural planning analysis, the teaching reform of urban and rural planning major in Dalian University of Technology focuses on the traditional "urban central district planning and design" course and renamed it "urban space cognition and transformation". Through the teaching link of "current situation investigation – depth cognition – raising questions – comparison of multiple schemes – renovation design", training students to use various means to deeply understand urban space and independently propose renovation and renewal strategies. In the process of urban cognition, the curriculum design tries to cooperate with the elective course "urban reading" of urban and rural planning theory. Through the three steps of "data collection – field experience – analysis and interpretation", training students to use psychological maps, comparative analysis, spatial connection, stratification analysis, data statistical analysis and artistic experience to interpret urban space. After teaching practice and continuous adjustment for three consecutive sessions of students, the course has achieved good teaching results.
Keywords: Urban Space, Depth Cognition, Independent Design, Urban Reading

基于混合现实技术（MR）的建筑学本科生
空间感知能力提升研究

李苗裔　沈振江　汤宁鋆

摘　要： 混合现实技术发展前景巨大但目前针对混合现实技术在建筑设计教学中对学生小尺度空间感知能力促进的研究较少。我们设计了一个对照实验来探究借助混合现实（MR）技术设备 Hololens 展示设计方案的模式对学生建筑空间感知能力的提升促进作用。在实验中，Hololens 在空间认知中的立面材质、室内空间等方面对学生空间感知能力的助益作用均有更好的表现。随着技术的进步，Hololens 等混合现实设备对学生小尺度空间感知能力的促进将大有助益，这为以后建筑设计教学提供了新思路。

关键词： 空间感知能力，MR 可视化平台，建筑设计，教育改革

1 引言

随着信息技术的发展，各种新兴技术及设备被应用于教育领域，尤其是高等教育领域（Jang Hee Lee and Olga A. Shvetsova，2019）。其中混合现实（Mixed reality，简称 MR）、增强现实（Augmented reality，简称 AR）和虚拟现实（Virtual reality，简称 VR）技术因为其感知性、交互性、沉浸感等特性，可以在教学中提供逼真的教学场景并支持学习交互，因此各种新开发的软件及设备被应用于设计领域，为设计过程提供便利，为设计结果提供更多展示平台，越来越多的城市规划专业教学中尝试利用 MR 技术设备等新兴产品来为设计学习服务。但是作为一名城乡规划专业的学生，在建筑基础知识的学习过程中，更重要的是空间感知能力。尽管建筑设计创作和空间感知能力之间的相互作用机制还未完全厘清，但空间感知能力与建筑设计密切相关（唐任杰，2011），且空间感知能力和建筑设计创作存在正相关关系（Karlins、Schuerhoff、Kaplan and Stringer，1969），这一点是毋庸置疑的。目前 MR 技术在设计教学应用方面相关的研究，目前多集中于三个方面：MR 技术可视化的应用（Benko and Hrvoje，2004）；基于 MR 技术交互性的协同设计（Schaf F M and Assis A C etc.2007；Oyekoya O，Ran S etc.，2013）；MR

技术在设计评审中的应用（Wang X and Dunston P S.，2011）。针对 MR 技术对建筑设计的促进作用还鲜有人研究。作者尝试基于数字福建空间规划大数据研究所研发的 MR 可视化平台对建筑学专业大三本科生进行基于 MR 技术的空间感知能力提升的教学研究，为接下来的教学设计提供了新思路。

2 建筑学专业设计教学改革——借助 MR 技术促进学生空间感知能力提升的探究

传统的建筑设计教学内容一般包括：线条练习、色彩练习、平面构成、空间构成、单一空间设计和空间组合设。前四项内容都是在为学生的建筑设计打基础，培养学生的手绘能力、色彩绘画技巧以及空间感知能力。而且在建筑设计时，学生常通过自身的空间尺度感以及经验常识来判别设计的合理性和美观度。但对于建筑设计基础不同的学生来说，对设计体块和细节的感知存在较大差异，因此会造成一定的设计过程障碍和设计感知失真。在实际的教学过程中，由于线条练习、色彩练习、平面构成、空间构成等的教学内容繁杂，涉及的训练量

李苗裔：福州大学建筑与城市规划学院校聘教授
沈振江：福州大学建筑与城市规划学院教授
汤宁鋆：福州大学建筑与城市规划学院硕士研究生

较大才能达到一定的效果，故花费了学生大量的时间。

在新技术发展的浪潮下，建筑教学中空间感知能力的培养也逐步开始寻求更为有效的训练方法。随着 MR 技术、AR 技术和 VR 技术的发展，以及新型的 MR 可视化平台的开发，为建筑设计教学中空间感知能力的训练提供了新的工具。微软 Hololens 作为目前混合现实技术最为成熟的产品，可以在建筑设计教学中应用。作者通过设计对照实验，对参与学生进行问卷调查等，旨在研究传统图纸模型的方案展现形式与借助 Hololens 的方案展现方式存在什么样的差别，Hololens 对学生的空间认知感是否有提升作用以及促进作用具体体现在哪些方面。为接下来在建筑学本科三年级《数字技术工作营》课中引入先进的 MR 可视化平台，为建筑设计基础教学的开展开拓新思路。如果能够借助 MR 设备来提升学生小尺度的空间感知能力，对建筑设计教学有较大的实践意义。

2.1 研究思路

整个研究分为两个板块，一个是建筑设计方案通常具备的评价要点的建立，为对照实验中涉及空间感知能力的评分条目的细化提供支持。另一个部分为对照实验设计。通过传统图纸、模型以及 Hololens 两种形式来展现建筑设计方案，让受过一定建筑知识教育的规划专业学生从设计的角度对建筑方案进行评价打分，最后基于两种模式的得分与教师评分表的统计结果对比以及学生实验反馈来描述传统图纸模型的方案展现形式与借助 Holoens 的方案展现方式之间的差异。

2.2 教学实验设计

（1）教学方案评价要点

建筑设计方案的评价通常是一个复杂、带有主观色彩且难以量化的意识过程，但在建筑教学中，教师通过方案间的对比以及一些基本必要评价要点来对学生的建筑设计方案进行评价打分。在设计传统图纸模型展示方案与借助 Hololens 眼镜展示方案的对照实验中，我们首先收集建筑设计教学时的建筑设计评分表（通常包含从草图阶段至最终效果图及模型阶段的评分细则），将得分要点进行罗列，整理出最终效果图及模型阶段的评分细则，为下文对照实验评分表的设计提供一定依据。在对建筑设计方案进行评价时，我们根据方案的展现形

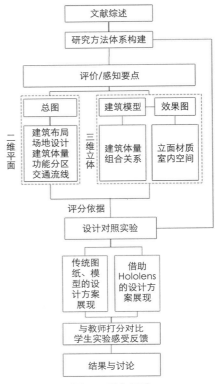

图 1　研究思路

式将建筑设计方案评价分为二维平面和三维立体两个层面。在二维平面上，主要是以总平面图的形式呈现，包含建筑设计布局、场地设计、建筑体量（侧重建筑平面大小与场地的适配）、功能分区以及交通流线五个部分。在三维立体层面，则借助建筑模型和效果图共同呈现。模型评价部分包含了单体建筑体量（侧重建筑的体块尺度是否与相同类型建筑应具有的体量相近）、体块组合关系两个方面，效果图则辅助展现了立面材质的设计构想和室内空间环境的营造。以上的评价要点可概括为图 2。

（2）实验前期准备

为保证结果的可信度，在实验样本的选择上，我们选取了建筑学专业本科三年级学生的如下建筑设计课程作业——单一空间（咖啡厅）和空间序列组合（校园创客中心）两种类型的设计方案任务书，使得建筑设计方案类型多样化，减少实验误差。我们一共收集了图纸、手工模型及 Sketch Up 模型完成度较高的 10 份作业，其中单一空间设计作业 3 份，空间序列组合作业 7 份。

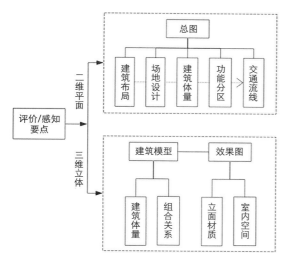

图2　设计方案评价要点

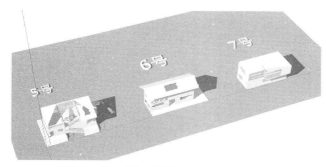

图3　单一空间设计的 Sketch Up 模型

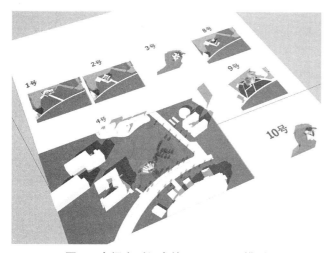

图4　空间序列组合的 Sketch Up 模型

打分的参与者为具有一定建筑设计基础的学生。

为了让建筑设计方案的评价的结果更为合理，将收集的 Sketch Up 模型的建筑环境中相近的部分尽量用统一的材质替换，并对筛选的图纸、模型一一对应并进行编号，隐去身份信息，按照单一空间设计和空间序列组合分类。同一类别的 Sketch Up 模型按顺序放在同一平面上，通过 Unity 软件上传至微软 Hololens 中进行后续的评价，减少因设计要求不同而带来的评分结果偏差。

针对设计方案评价要点，我们对其中的一些方面进行细化，转换成评价细则，列出如表1所示的建筑设计方案评分表。

（3）实验步骤

1）首先进行教师打分。建筑学教师在明确设计任务书要求的情况下，对挑选的1—10号模型进行打分，评分结果与后续的学生评价结果进行对比。分数段设置为四段：1、2、3、4分，对应及格合格、中等一般、良好、优秀四个等级。

2）其次进行传统模式的打分。让参与打分的学生明确任务书的设计要求，对设计方案有预判；将1—10号作业按单一空间和空间序列组合放置，实物模型和图纸一一对应。实验对象基于自身认知及感受，从设计的角度依照上文设计的评分表对设计方案进行独立打分。

3）然后进行 Hololens 模式的打分。为尽量减少上一次实验的影响，保证实验对象的评价结果的客观性，时间间隔一天，弱化上一次的方案以及分数在实验对象心中的印象，再让他们戴上 Hololens 眼镜进行设计方案评价打分。

4）收集实验对象的评分表进行整理统计并与教师的评分结果进行对比分析。最后对实验对象进行访谈，让其描述在实验过程中针对评分表上的细则在不同展示方式时的感受差异并进行记录。

2.3　实验结果及分析

（1）评分表结果统计

因收集的单一空间设计 Sketchup 模型在建筑周围环境上未做处理，仅有建筑单体，与上交图纸模型在完成度上相差过大，故对5-7号模型的"与周围环境的关系"、"道路与停车场"以及"出入口关系"三项不进行评价。

建筑设计方案评分表　　　　表1

模型编号	1号	2号	3号	4号	5号	6号	7号	8号	9号	10号
二维平面 与周围环境的关系										
建筑尺度										
道路与停车场										
出入口关系										
功能分区										
交通流线										
空间组织										
三维立体 建筑体量										
日照与朝向										
体块组合关系										
立面材质										
室内空间										

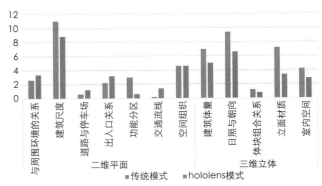

图5　两种模式与教师打分的对比

因为建筑设计方案的评价是带着着主观审美偏好的复杂的思维过程，难以得出一个所谓的标准答案，这为本研究的开展造成了一定的困难。而对建筑设计方案的评价也包含着对设计者创作思维的分析和设计主题的理解，仅凭课业成绩难以一言蔽之，但建筑学教师接受了多年的训练，拥有更为扎实的建筑设计基础知识和空间感知能力，他们对方案的评价也的确能在一定程度上较为客观地反映建筑设计方案在空间处理和体块设计等方面的水平。因此我们认为，若实验对象对建筑设计方案的评分越接近教师打分，则实验对象越能体会建筑设计方案的实际水平。为了更直观地反映实验结果，我们将传统图纸模型展示设计方案的模式（下文简称传统模式）的得分结果、借助Hololens展示设计方案的模式（下文简称Hololens模式）的得分结果分别与教师打分结果求取绝对差值。最后生成如图5所示的柱状图。

总体来看，在三维立体层面，Hololens模式与教师打分的差距小于传统模式，尤其是"立面材质"一栏，差距明显小于传统模式。在二维层面，传统模式除了"功能分区"一项差距明显小于Hololens模式外，则没有展现出较为明显的差别，项目得分差距各有高低。

从数量来看，Hololens模式与教师打分差距较小的数目占比较多，在功能分区、建筑体量、日照与朝向、

体块组合关系、立面材质以室内空间几项上与教师打分的差距均小于传统模式，即实验对象在Hololens的帮助下，对建筑设计方案的认知向教师的空间感知能力接近体现了Hololens对学生在微观空间认知感受及建筑尺度直观感受方面的加强及促进作用。结合评分表的具体项目进行分析，我们可以看出，①在与周围环境的关系、道路与停车场、出入口关系、交通流线上，传统模式与教师打分的差距小于Hololens模式，且"交通流线"这一项得分差距较为明显。表明在交通流线上，传统模式更有助于学生理解建筑空间的流线组织，原因可能是建筑设计方案的图纸提供了交通流线分析图，使得实验对象能直观感受建筑空间的流线组织；②在建筑尺度、功能分区建筑体量、日照与朝向、体块组合关系、立面材质以室内空间几项上，Hololens模式与教师打分差距均少于传统模式，且在功能分区、立面材质两项上，优势较为突出。原因可能是Hololens提供了强大的浸入感使得学生能更好地以一个使用者的角度来感受空间使用的合理情况，并且借助Hololens能提供类似3DMax、Sketchup等三维建模软件的模型效果，能够更好地展现模型材质，从而使得实验对象能更好理解设计者想表达的立面及材料及质感。

基于以上的实验结果，我们可以看出，基于目前的技术水平，学生对于传统模式以及Hololens模式的评价结果存在差别。在感知建筑设计方案与周边环境的整体关系时，传统模式更能使学生在整体上有一个把握。总的来看，在建筑尺度、功能分区、建筑体量、日照与朝向、立面材质以室内空间上，Hololens模式都具有更好的表

现。这一结果表明 Hololens 对学生的空间认知感能力的确存在助益。在小尺度的室内空间感知以及建筑尺度方面，Hololens 模式比传统模式更能帮助到学生建立起更为具象和沉浸感的空间认知感受及建筑尺度记忆。

（2）访谈结果

实验对象多数认为在二维平面类别中的建筑与周围环境的关系、周边道路与停车，交通流线等方面，通过传统模式能够对建筑设计方案有更清晰的认知，更易理解设计者想要表达的场地关系和建筑空间组织关系，但从评分表分析的结果来看，不能够完全支持这个访谈结果，原因可能是样本数目少时造成的误差。但对于三维立体层面的建筑体量、室内空间等，Hololens 模式相较传统模式有其独特的优势，在评分表的统计结果上，也证明了这一点。

3 MR 可视化平台在建筑学专业建筑设计教学中的应用

作者将 MR 可视化平台引入建筑学本科三年级规划数字技术课的教学。首先，先使同学们获得掌握 Hololens 使用以及 Unity 优化模型材质、模型上传的方法。然后让同学们根据建筑设计任务书要求，使用 Sketchup 等三维建模软件建立模型体块并上传。最后利用 MR 可视化平台来观察修改并调整自己的建筑设计模型。最后，与老师一同利用 Hololens 协同观看，进行设计指导及评价。具体授课内容及课时详见下表 2：

学生可以利用 Sketchup 等软件构建三维模型并在 Unity 中优化模型材质，并上传至云端，利用 MR 可视化平台进行可视化观察，并与老师及其他同学进行远程互动探讨并进行设计的优化，同时通过切身的体验强化建筑尺度感知。

图 6 在设计工具中推敲模型

图 7 引擎中优化材质，上传到云端

图 8 可支持远程的互动式协同设计教学

数字技术工作营课程中基于MR可视化平台的教学方案　　　　表2

序号	内容	课时	目的
1	Hololens 基础操作使用讲解	2	理解并掌握混合现实（MR）技术设备 Hololens 的基本原理与操作使用
2	基于 Sketchup 依据设计方案进行建模	8	建筑设计三维建模基本功训练
3	上传 su 模型到 MR 平台并进行模型方案调整	4	利用混合现实（MR）技术设备 Hololens 提升学生对设计方案的空间认知能力
4	基于 Hololens 的师生协同方案讨论	2	尝试借助混合现实（MR）技术设备 Hololens 的互动式教学，改进提升设计教学方法，同时也让学生在混合现实环境下更好的理解老师的教学意图

4 结论及展望

　　混合现技术（MR）实因其虚实结合、实时交互特征，与基于传统图纸模型学习展示的学习模式不同，混合现实技术为教学物体模拟、教学过程体验、教学结果呈现和师生交互方面都提供了新的可能（蔡苏等，2011）。在这种新环境下，教学活动如何设计，学习过程如何交互，以及学习效果如何评价等问题都成为当前行业的研究热点。虽然目前Hololens在环境识别、使用范围、虚实结合度上还存在诸多限制，基于目前开发的技术也只能进行简单的交互，但作为一门新兴的技术，以Hololens为代表的混合现实技术在未来建筑设计教学、室内设计等方面都存在有较大的发展空间。

主要参考文献

［1］ 唐任杰.建筑专业学生空间能力测评及培养研究[D].北京：清华大学，2011.

［2］ Karlins.M，Schuerhoff.C，Kaplan.M.（1969）. Somen fators related to architectural creativity in graduating architecture students.The Journal of General Psychology，81：203–215.

［3］ Benko H，Ishak E W，Feiner S. Collaborative mixed reality visualization of an archaeological excavation[C]// IEEE & Acm International Symposium on Mixed & Augmented Reality. 2004.

［4］ Schaf F M，Assis A C，Pereira C E，et al. COLLABORATIVE LEARNING ENVIRONMENT USING DISTRIBUTED MIXED REALITY EXPERIMENT FOR TEACHING MECHATRONICS[J]. Ifac Proceedings Volumes，2007，40（1）：120–125.

［5］ Oyekoya O，Ran S，Steptoe W，et al. Supporting interoperability and presence awareness in collaborative mixed reality environments[J]. 2013.

［6］ Rogers Y，Scaife M，Gabrielli S，et al. A Conceptual Framework for Mixed Reality Environments：Designing Novel Learning Activities for Young Children[J]. Presence：Teleoperators and Virtual Environments，2002，11（6）：677–686.

［7］ Wang X，Dunston P S . Comparative Effectiveness of Mixed Reality–Based Virtual Environments in Collaborative Design[J]. IEEE Transactions on Systems，Man and Cybernetics，Part C（Applications and Reviews），2011，41（3）：284–296.

［8］ 蔡苏，宋倩，唐瑶.增强现实学习环境的架构与实践[J].中国电化教育，2011（8）：114–119.

Development of Spatial Perception and Digital Technology Support for Undergraduate Students in Urban-Rural Planning based on MR Visualization Platform

Li Miaoyi　　Shen Zhenjiang　　Tang Ningjun

Abstract: The development prospect of mixed reality technology is huge，but at present，there are few researches on the promotion of students' small-scale spatial perception ability in the teaching of architectural design for mixed reality technology. We designed a controlled experiment to explore the role of Hololens in presenting a design approach to the student's architectural spatial perception. In the experiment，Hololens has a better performance in the spatial awareness of the "facade material"，"indoor space" and other aspects of the student's spatial perception ability. With the advancement of technology，mixed reality devices such as Hololens will greatly contribute to the promotion of students' small-scale spatial perception，which provides new ideas for the future of architectural design teaching.

Keywords: Spatial Perception，MR Visualization Platform，Architectural Design，Education Reform

从知识到行动 —— 推进城乡规划方法论教育的思考*

魏广君　李　仂

摘　要：综合性和实践性是城乡规划学科的最重要特征。文章结合教学实践对推进城乡规划方法论教育进行思考，认为在新一轮规划教育改革的背景下，规划教育既要面对现实，也要展望未来，更要创造未来的规划工作。推进城乡规划方法论教育，强调实践、重视能力培养是提升学科科学性的必由之路，也是对应用型人才需求的最好回应。

关键词：方法论，城乡规划教育，城乡规划学科

引言：由四个疑问引发的思考

疑问一，城乡规划专业本科一年级《职业发展与就业指导1》的课堂上，有学生提出疑问："感觉我们专业课程的内容很感性（设计基础、表现基础），如此这样还不如去学法律"。

疑问二，城乡规划专业本科二年级《规划设计（街区）》课堂，校教学督导组专家："听你们专业的课感觉逻辑性较理学院（数学相关专业）差很多。"

疑问三，某设计单位项目负责人："有没有沟通表达能力好，还掌握大数据分析技术的毕业生推荐？"

疑问四，《专业培养方案》编制会议，教师甲："未来国土空间规划是空间规划体系的统领，我们的《城乡规划原理》课（空间规划体系篇章）也随之更新了。"教师乙："《城乡规划管理和法规》课程动态性也很强，自然资源部成立，《中华人民共和国城乡规划法》、《中华人民共和国建筑法》、《中华人民共和国行政许可法》等修订，《城市居住区规划设计标准》（GB50180—2018）、《北京市城乡规划条例》颁布，这段时间里行业更新变化太快，对相关课程内容影响较大。"教师丙："我们规划专业的未来会怎样？培育方案怎么调整，我认为还是应参照《高等学校城乡规划本科指导性专业规范》（2013），加强方法、技术的教育，更注重实践应用。"

相信以上四个"非典型"问题，也会在其他城乡规划专业办学高校发生。我们的专业教育要如何应对？笔者尝试结合教学实践进行探讨。

1　方法论：城乡规划学科科学性的重要支撑

方法论是关于人们认识世界和改造世界的根本方法和理论，是一种思想的方法[1]。对于学习和研究来说，它既是原则性的，也是工具性的。孙施文（2016）认为，城市规划方法论包含两大类：一类是逻辑方面的，强调的是合理性，即建立在城市规划与城市发展相互关系之上的合理性，表现为符合发展规律，顺应发展趋势，预防、减少或消除负面效应；另一类是非逻辑的，强调的是多种思维方法的共存，即城市规划与多元因素共同影响下的城市发展，承认其影响因子复杂性、非线性、多向性的交合可能，表现为多学科理论与方法的交叉、融合[2]。随着社会发展与科学技术进步，规划实践不断拓展，规划学科发展向多极延伸，呈现交叉渗透、综合集群的基本特征[3]。城乡规划方法论体系亦不断拓展、丰富，趋向多元，为多学科知识的综合应用实践创造了有利条件。

具体来看，城乡规划学科作为一门以研究城乡空间经济与社会、生态环境协调发展的复合型、应用型学科，其方法论体系主要包括三个层次：

*　基金项目：2019年大连民族大学学科培育项目"建筑学类"支持。2019年大连民族大学本科教育教学改革研究与实践一般项目编号：YB2019133。

魏广君：大连民族大学建筑学院讲师
李　仂：大连民族大学建筑学院讲师

第一层是最抽象、最高的层次——哲学的方法论，它从存在论、真理论、价值论的角度把我认识世界、改造世界的普世性原则和根本方法，以概念、框架的形式，提供特定的思维模式。如黑格尔的辩证法，有助于建立规划分析的辩证思维，可用于指导城乡关系分析、开发利用与保护分析、效率与公平分析等。又如中国古代哲学方法论中儒学"中庸之道"与道家"反者道之动"，有助于建立人与自然协调发展的思维，以"道法自然"的逻辑优化国土空间[4]。再如实用主义，以"大胆设想、小心求证"的方法逻辑，指导具体的规划设计和城市研究工作等。

第二层次是科学的方法论，主要指对各门具体科学（包括社会科学）提供普遍适用的思维原理和方法，如系统论的系统方法，可用于城市职能分析；信息论方法可用于资源环境承载力评价，控制论方法用于城市交通运行管理等。

第三层次是具体的科学方法论，是推进本学科理论与实践的方法。如盖迪斯提出的"调查—分析—规划"程序方法、凯文·林奇提出的城市意向分析法、梁鹤年先生提出的政策规划与评估方法等。这一层次是城市规划学科自身的方法集合，是建立理论与实践联系的具体原则、实用工具和专业技术，在城乡规划涉及的各个领域发挥作用，或与其他相关学科共用。

虽然城乡规划学科的方法论体系较为丰富，但学科科学性却饱受争议。以城市病为代表的规划失效论使学科的科学性、可信度、大打折扣，由此也产生了对学科合理性和权威性的质疑[5]。正如仇保兴所指出："城市规划像是急匆匆应付城市流行病乱开药方的庸医，而不是殚精竭虑冷静探索的病理学[6]。"面对困难大批学者（吴志强，2005、沈清基，2012、孙施文，2016、彭翀，2018、杨俊宴，2018）提出了应对策略和建议❶。

综合来看，笔者认为，科学的本质是科学的方法，是人类探索自然的利器。正如赫尔岑所言，方法是真理的胚胎，是科学的催生婆❷。城乡规划方法论既是学科科学性的具体体现，也是学科永葆科学性的重要支撑。邹德慈先生指出（2003）："科学的规划方法和科学的规划内容同样重要[7]"。随着学科交叉研究的兴盛繁荣，城乡规划学科的方法论体系将趋向多元，就目前的实际工作来看，任何单一学科的主线都无法贯穿城乡规划的全过程，这是城乡规划学科完善自身理论、建立学科自信的机遇[8]。在以"空间+"（杨俊宴，2018）为核心的理论结构模式下，只有加强学科方法论体系建设，发展自己的规划师语言（逻辑思维）、城乡规划学科才能立足学科之林，面向未来。学科建设如此，专业教育亦是如此。

2 加强城乡规划方法论教育：适应城乡社会发展的选择

作为一门应用学科，城乡规划专业教育与人才培养应适应国家城乡建设发展的需要。2013年全国高等学校城市规划学科专业指导委员会（以下简称专指委）颁布《高等学校城乡规划本科指导性专业规范》（以下简称《规范》），对大学城市规划专业的设置条件、培养目标、教学内容、课程体系等做出了规定，强调实践、重视能力培养，明确专业人才培养应具备城市规划设计基础理论知识与应用实践能力。在此基础之上，众多规划专业院校开启了各自"专业培养方案"的修订工作。与此同时，外部环境的变化尤其是体制变革所带来的行业变迁（空间规划体系重构，法律、规范、条文的重新修订等）也引发了规划工作者的广泛思考，这些将推动规划教育的新一轮改革[9]。杨保军认为：我们的行业进入了一个新时代，我们的学科也要踏上一个新征程。但城乡规划探索人居环境、格物致知的属性没有变，在学科与时俱进、学术包容并蓄的时代，规划教育（办学）仍要突出优势，保持鲜明特色，实现历史传承[10]。石楠也认为，社会需求决定了规划学科的知识体系，价值体系及组织方式。面对社会需求的变化和学科自身发展的特点，我们需要

❶ 参见：吴志强，于泓.城市规划学科的发展方向[J].城市规划学刊，2005，(6)：2-9.沈清基.论城乡规划学学科生命力[J].城市规划学刊，2012（04）：12-21.孙施文.中国城乡规划学科发展的历史与展望[J].城市规划，2016，40（12）：106-112.彭翀，吴宇彤，罗吉，黄亚平.城乡规划的学科领域、研究热点与发展趋势展望[J].城市规划，2018，42（07）：18-24+68.杨俊宴.凝核破界——城乡规划学科核心理论的自觉性反思[J].城市规划，2018，42（06）：36-46.

❷ 引自：张协隆.重视方法论的教育[J].黑龙江高教研究，1984（02）：45-48.

重新审视规划教育的走向❶。

纵观我国的规划教学，在理论基础的建立、方法论的普及上，我们做得还不够，以往我们更注重规划设计，这当然与我国的国情有关，但若没有理论、方法的提高，中国的规划学科走向世界就难以实现，我们与国际同行交流多是个别城市案例、零星问题的介绍，有理论深度和科学方法的成果较少[11]。近年来，北京实验室（龙瀛团队）利用大数据开展的关于中国城市的定量研究成果被国际研究机构（如伦敦大学学院）广泛关注，就体现出"方法"的重要性。

单纯的知识教育不能造就人才，而培养学生的创造能力，教会他们获得新知识、开拓新领域的方法，已成为现代高等教育的基本特征❷。近年来，有众多学者呼吁构建中国本土的城市规划理论，但鲜有人将拓展、延伸、创新规划方法论体系提及高位。诚然理论本身就以认识论和方法论为基础，两者又相互联通，但目前我国规划教育更多的关注于前者，即对知识原理的传授，关于方法论和专题研究仍然较为薄弱❸。表现在学生面对应用实践时，运用专业分析方法能力的欠缺。如《城市设计实践》课程，对场地调研后找不到可用的空间分析方法，直接将理念、理论（或概念）当作方法工具；又如《城乡规划社会调查实践》课程，拟定选题方向后，对制定调查方案捉襟见肘。此外，社会用人单位也对毕业生的规划设计能力、城市研究能力、技术应用能力、协调沟通能力担忧。

随着城乡规划专业范畴不断拓展延伸，规划的方法和技术也成为规划教育变革的重要组成部分[12]。张庭伟、陈秉钊曾在对比中美规划教育情况后指出，方法论这类课程在西方国家城市规划中占有很重的份量，如定量分析方法、研究方法，规划方法等，已成为规划专业的重

要工具与教学内容，意在培育学生的综合分析能力，强调解决问题的逻辑性和结果的可证实性，而中国学生很少注重科学的或规范的国际通用的研究方法❹。虽然，国内一些院校如同济大学、清华大学相继开设的《城市系统工程学》、《城市模型概论》等方法技术类本科生课程，但绝大多数院校对方法论的重视程度依然不足。在硕、博阶段对学生数据、模型、公式等理性计算的关注有所提高，但针对其背后逻辑思维、分析推理能力的培育和训练依然欠缺。黄亚平等（2018）指出，作为规划教育三大板块（知识、技能及价值观）构成的一部分，规划技能教育将更多向遥感、GIS和大数据分析等新技术领域延伸，并加重方法论教育[9]。因此，推进城乡规划方法论教育，强调实践、重视能力培养势必成为城乡规划教育适应社会综合发展的选择，这也是规划教育改革的需要。

3　面向方法论的联动式教学实践

实践性和综合性是城乡规划学科最重要的特征[13]。例如，城市设计是一种设计城市社会空间和物质空间健康发展进程的社会实践[14]。城市社会调查是揭示各种城市社会事物、城市社会现象和城市社会问题真相及其发展变化规律，并寻求改造城市社会的途径和方法，是多学科知识在城市规划中的综合应用[15]。鉴于城市物质空间——社会空间认知的多元合一性（图1），笔者结合教学实践，在参考苏州科技大学[16]、北京大学[17]城乡规划专业相关课程设计的基础上，提出面向方法论的联动教学❺组织形式（表1）。利用《城乡规划社会调查方法》与《城市设计》的实践教学环节，以方法论教育为中心，通过"共学并用"的方式整合教学课堂，并让相关院系的师生也参与进来，强化对学生调查分析能力、逻辑思维能力、设计表现能力、表达协作能力的培养，课程取得了一定成效❻。

❶ 引自：彭震伟，刘奇志，王富海，陈秉钊，石楠，袁锦富，王世福，许槟，赵天宇，相秉军，丁元.面向未来的城乡规划学科建设与人才培养 [J]. 城市规划，2018，42（03）：80-86+94.

❷ 引自：人才培养应注重方法论教育 [J]. 高等工程教育研究，1986（03）：92-93.

❸ 参见：唐子来.不断变革中的城市规划教育 [J]. 国外城市规划，2003（03）：1-3.唐子来认为：城市规划教育逐渐形成3个层面的课程体系，分别是规划理论、规划方法论和专题研究。

❹ 参见：张庭伟.美国城市规划教学的若干特点 [J]. 同济大学学报（自然科学版），1991（01）：102.陈秉钊.谈城市规划专业教育培养方案的修订 [J]. 规划师，2004（04）：10-11.

❺ 参见：李浩，赵万民.改革社会调查课程教学，推动城市规划学科发展 [J]. 规划师，2007（11）：65-67.

❻ 因篇幅所限本文对课程组织的详细情况暂不展开。

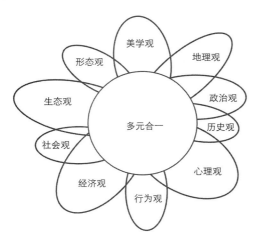

图1 城市空间认知的多元合一

图片来源：刘堃，金广君.当代城市设计实践中的城市空间调研方法论研究 [J]. 城市规划学刊，2011（01）：84-90.

4 城乡规划教育：从知识到行动的必由之路

约翰·弗里德曼曾指出：城市规划专业实践的性质主要体现为多学科知识的综合应用，即"从知识到行动"❶。将这一理解延伸，笔者认为，规划教育本身就是一种规划实践，知识是"源"，行动是"流"，规划教育是实现从知识到行动的必由之路。作为应用型学科，城乡规划教育一方面需适应学科成长的变化，另一方面应满足社会发展的需求，前者阐释了理论、方法和技术，后者展现了价值、素质和能力，这是教育的内涵体现。从哲学层面理解这是认识论、方法论、价值观的统一，是"道、法、术、艺、技"与"真、善、美"的融合，从专业科学层面探究，是城市研究（urban study）、城市规划（urban planning）、城市设计（urban design）理论与实践的贯通❷，是教育的知行合一（图2）。

注重方法论的联动教学组织形式 表1

概念引入	城市设计 + 城市规划社会调查		
理论延伸	书籍：《城市设计》（王建国）、《图解城市设计》（金广君）、《城市意向》（凯文·林奇）、《城市空间设计——社会—空间过程的调查研究》（迈达尼普尔）等。 文献：《当代城市设计实践中的城市空间调研方法论研究》（刘堃等）、《城市设计综合影响评价的评估方法》（刘宛）等		书籍：《社会研究方法》（艾尔·巴比）、《城市社会学》（顾朝林等）、《城市规划社会调查方法》（李和平等）、《城市社会的空间视角》（冯健）等。 文献：《The Growth of the City——An Introduction to a Research Project》（Ernest W.Burgess）等
方法关联	社会—物质空间辨证分析法（物质环境空间分析、环境知觉与人类行为空间分析、地理意义上的空间分析、城市社会空间分析）		
应用培养	调查	分析	表达
能力要点	现场踏勘和资料收集能力。运用观察、访谈、问卷等社会调查方法的能力。与公众互动能力	调查资料整理、分析和归纳能力。运用科学计量方法及专业软件处理和分析数据能力。团队合作能力，协调、讨论、分析、建议能力	运用图表、工作模型、规划设计草图、多媒体演示等手段，以及口头表达分析、结论或意图能力 撰写调查报告的能力，计算机辅助设计技术，运用专业软件绘制及展示规划成果能力
课堂拓展	与环境设计、统计学、社会学、计算机、民族学等相关专业互动		
部分成果作业			

资料来源：作者自绘

❶ 参见：FRIEDMANN John.Planning in the Public Domain：From Knowledge to Action[M]. Princeton University Press，1987.转引自：韦亚平，赵民.推进我国城市规划教育的规范化发展——简论规划教育的知识和技能层次及教学组织 [J]. 城市规划，2008（06）：33-38.

❷ 参见：孙晖，魏广君."摆动式"融合 VS."向心式"趋同：试论我国当前城市规划本科教育的发展模式 [C].//2010 全国高等学校城市规划专业指导委员会年会论文集.大连理工大学，2010：26-32.

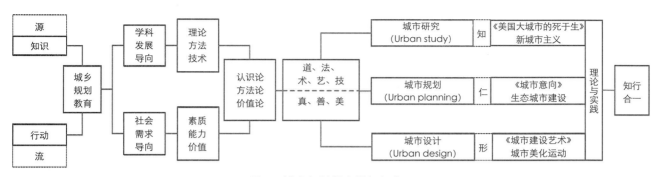

图 2　城乡规划教育是知行合一
资料来源：作者自绘

规划教育既要面对现实，也要展望未来，甚至要创造将来的规划工作（王世福，2018）。推进城乡规划方法论教育是提升学科科学性和保持生命力[18]的必由之路，也是对应用型人才需求的最好回应。笔者关于学科发展、方法论教育、教学组织以及城乡规划教育内涵的思考意在引发更多规划教育工作者对方法论教育的关注，其中观点及教学实践仍不成熟，有待进一步完善，请多指正。

主要参考文献

［1］ 陈嘉明.现代西方哲学方法论讲演录 [M].桂林：广西师范大学出版，2009.

［2］ 孙施文.城市规划哲学 [M].北京：中国建筑工业出版社，1997.

［3］ 彭翀，吴宇彤，罗吉，黄亚平.城乡规划的学科领域、研究热点与发展趋势展望 [J].城市规划，2018，42（07）：18-24+68.

［4］ 庄少勤.新时代的空间规划逻辑 [J].中国土地，2019（01）：4-8.

［5］ 魏广君，董伟.城市规划学科解析——从康德的"三个王国"思想谈起 [J].大连理工大学学报（社会科学版），2011，32（01）：120-124.

［6］ 仇保兴.中国城市化进程中的城市规划变革 [M].上海：同济大学出版社，2005：3-7.

［7］ 邹德慈.论城市规划的科学性 [J].城市规划，2003（02）：77-79.

［8］ 李惟科.城乡规划中的解释——作为城乡规划方法论的完善 [J].城市发展研究，2014，21（04）：43-47+124.

［9］ 黄亚平，林小如.改革开放 40 年中国城乡规划教育发展 [J].规划师，2018，34（10）：19-25.

［10］ 杨保军.体制变革，学科稳进 [J].人类居住，2018（04）：9-11.

［11］ 张庭伟.中美城市建设和规划比较研究 [M].北京：中国建筑工业出版社，2007：337-339.

［12］ 唐子来.不断变革中的城市规划教育 [J].国外城市规划，2003（03）：1-3.

［13］ 罗震东.科学转型视角下的中国城乡规划学科建设元思考 [J].城市规划学刊，2012（02）：54-60.

［14］ 刘宛.城市设计实践的特征 [J].建筑学报，2003（04）：16-20.

［15］ 李和平，李浩.城市规划社会调查方法 [M].北京：中国建筑工业出版社，2004.

［16］ 范凌云，杨新海，王雨村.社会调查与城市规划相关课程联动教学探索 [J].高等建筑教育，2008，17（05）：39-43.

［17］ 汪芳，朱以才.基于交叉学科的地理学类城市规划教学思考——以社会实践调查和规划设计课程为例 [J].城市规划，2010，34（07）：53-61.

［18］ 沈清基.论城乡规划学学科生命力 [J].城市规划学刊，2012（04）：12-21.

From Knowledge to Action——The Discussion on the Methodology of China's Urban and Rural Planning Education

Wei Guangjun   Li Le

Abstract: Comprehensiveness and practicality are the most important characteristicses of the urban and rural planning. Based on the teaching practice this paper discuss the methodology of China's urban and rural planning education. The conclusion is that under the new background of urban and rural planning education reform，urban and rural planning education should not only face the reality，but also look forward to the future，and create the future professional work. We should focus on the education about the methodology of China's urban and rural planning，pay attention to the practice and ability is the only way to improve the scientific nature of disciplines，and also the best response to the social demand for applied talents.

Keywords: Methodology，the Education of Urban and Rural Planning，Teaching Methods，the Discipline of Urban and Rural Planning

有限元软件在城乡规划专业技术类课程中的教学应用*

樊禹江　霍小平　苟树东

摘　要：技术类课程是规划学专业学生实现建筑美学造型所必须掌握的重要课程，针对目前高等院校城乡规划专业技术类课程教学的现状，采用典型有限元软件对其进行教学内容与方法的改革与探索研究，并通过教学实践，结果表明：该方法能够有效提高学生的学习兴趣，获得较好的教学效果，同时增强了学生对于专业知识的综合应用能力。

关键词：技术，城乡规划，有限元，教学改革

1　引言

城乡规划学不仅涉及艺术和技术两大类学科领域。同时，它还包含了社会、经济、历史、文化、生态、环境等多种因素。目前我国各高等院校所采用的规划学专业教育方法与体制均成熟于上世纪[1]，其培养思路与方法几乎完全倾向于学生的方案设计能力等。在这种主导思想下，必然形成"重艺轻技"、"规划为主，技术为辅"等错误观念，忽视技术类课程的重要性往往亦成为必然。同时，技术类课程较为枯燥，无法较好的引起学生的学习兴趣，这也是目前规划学专业技术类课程教学工作中所必须正视的问题。本文拟采用常见的结构计算与分析软件，有效建立规划与技术的桥梁，使枯燥的技术内容可视化、形象化、可操作化，提高学生的学习兴趣，从而使其能够正确掌握技术相关的知识，并帮助学生有效、快速解决实操过程中（如：模型的实体搭建等）所遇到的问题。

2　技术类课程在教学中存在的问题

"全国高等学校规划学专业本科（五年制）教育评估标准"中对"建筑技术"做出了如下要求：了解结构体系在保证规划物的安全性、可靠性、经济性、适用性等方面的重要作用，掌握结构体系与建筑形式间的相互关系，了解在规划设计与建筑、技术等专业进行合作的内容；掌握常用结构体系在各种作用影响下的受力状况及主要结构构造要求；有能力在建筑设计中进行合理的结构选型，有能力对常用结构构件的尺寸进行估算，以满足方案设计的要求[2]。

上述对于规划学专业学生在技术方面的要求，需要依次掌握"力学、构造、结构、选型"等多方面知识。然而，在实际的教学工作中却不可避免的需要面对如下问题：

（1）学生"重艺轻技"先入为主的学习态度，使其从入学开始往往就忽视了有关"数学、力学、技术"等系列课程的学习。

（2）讲授规划学的老师往往没有技术相关专业的背景，这就导致了规划与技术知识无法有机融合[3]。

（3）技术类课程一般"概念多、公式多、系数多、规范多"，显得枯燥乏味；而且，在"小课时多内容"的大学习环境下学生对其更加难以理解。

（4）技术类课程一般较为抽象，且在实际教学过程中无法安排相应的社会实践，仅仅依靠任课教师所搜集到的相关照片来描述必要的概念，这也导致了学生对于某些技术概念无法准确理解，同时也无法建立相应知识点的宏观技术模型。

针对上述前两种问题，目前常采用教师灌输"技术"重要性以改善"重艺轻技"的观念；以课程设计，如"别

---

* 基金项目：中央高校教育教学改革专项（310641171432）。

樊禹江：长安大学建筑学院副教授
霍小平：长安大学建筑学院教授
苟树东：长安大学建筑学院讲师

墅、医院、体育馆"等进行联合培养设计——规划、建筑、技术相结合的方式使学生将规划与技术相融合等方法进行改善。而针对后两者的问题，多采取案例教学或多媒体与板书相结合的教学方式，但授课效果、学生反馈等均未能取得理想效果。

3 有限元软件在技术相关教学中应用

常用有限元软件有结构力学求解器、ANSYS、SAP2000 等，一般用于结构在多因素（如：地震、火灾等）条件下的性能分析，具有计算精度高、建模与结果可视化等优异特点[4]。但如果要深入理解其所包含的丰富内容，则需具备一定的专业知识，因而如何应用好有限元软件于规划类专业结构课程教学之中，使其有效解决问题（3）、（4）就显得尤为必要。

3.1 结构力学求解器在教学中的应用

在了解基本力学概念，如支座形式、荷载形式等，结合数学上微积分理论的基础之上，引入结构力学求解器这一简单有限元软件。应用该软件可使学生快速进行常见平面结构在不同荷载作用下受力、变形的求解，并将其特点以图形的方式表示出来，学生能够直观的了解该种结构的受力特点，同时无需沉溺于枯燥的计算之中。图 1 为平面桁架在竖向荷载作用下的计算过程与结果：

（1）按照选好的坐标系进行节点编码（图 1a）；

（2）单元生成，所有单元在节点连接均为铰接（杆长 3000mm）（图 1b）；

（3）设置支座形式（图 1c）；

（4）施加荷载（图 1d（集中荷载，大小均为 3kN））；

（5）输入材料属性（HRP335 级钢材）；

（6）求解及结果（结构变形）（图 1e）。

由上述过程可以发现，利用结构力学求解器可以使学生方便、简答的完成常见平面结构的受力与变形计算。所得结果亦可清楚地表明该结构的受力与变形特点，而这一过程，无需过多的专业知识，即可使学生通过实际操作、可视化结果加深对于结构受力特点等的理解。

3.2 ANSYS 在教学中的应用

ANSYS 是一种融建筑结构、流体、电场、磁场、声场分析于一体的大型通用有限元分析软件[5]，因而让规划学专业学生掌握并应用不太现实。此时授课教师应主要采用现场演示的方式向学生讲授相关知识，如：高层规划结构在地震作用下的实时变形特点。或利用该软件进行结构不利布置（如：规划平面上质量中心与几何中心不重合）所造成的地震作用下整体结构扭转变形分析等。图 2 为应用 ANSYS 进行某三层框架振型分析所得结果。

a某三层框架模型

b第一振型

c第二振型

d第三振型

图 2 结构振型分析

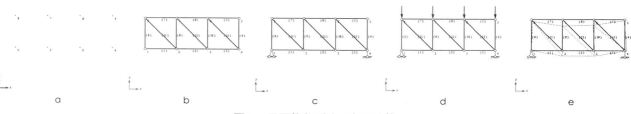

a   b   c   d   e

图 1 平面桁架受力 / 变形计算

利用该软件不但可以获得结构静态受力结果，同时也可以对该结构在地震荷载作用下进行实时分析，从而获得该结构地震实时响应的视频文件。通过这些可视化结果，能够使学生迅速的了解该类型结构在地震等作用下的受力、变形特点，同时增强课堂教学的趣味性，提升学生的学习兴趣。

4 结语

掌握必要的技术知识对于规划专业学生具有非常重要的意义和实用价值，而在实际教学工作中仍存在诸多问题，本文以常用有限元软件为切入点，旨在利用其所形成的可视化结果，用以形象展示原本抽象、艰涩难以理解的技术概念。这一教学方法在实际教学过程中的应用取得了较好的效果，尤其是结构力学求解器的应用能够直接帮助学生理解常见结构的受力特点，解决在实体模型搭建中如何确定受力较大、变形较大部位的问题，从而对整体结构进行优化设计。这种方法能够有效提高学生的学习兴趣，紧密联系理论与实操，同时也有助于

技术类课程的教学，从而为社会培养更多高素质复合应用型规划类人才。

主要参考文献

［1］ 栗达.朝花朝拾-- --天津大学规划学院规划教学体系改革的研究 [D]. 天津：天津大学，2004.

［2］ 中华人民共和国教育部高等教育司.普通高等学校专业目录和专业介绍（2012 年颁布）[M].北京：高等教育出版社，2012.

［3］ 李双蓓，汪灏，韦玉姣.基于应用型人才培养的规划学专业规划力学课程教学改革探索 [J]. 东南大学学报（哲学社会科学版），2013（S2）：162-164.

［4］ 郭华.高层规划结构有限元分析 [D]. 太原：太原理工大学，2004.

［5］ 仇亮.ANSYS 结构分析在土木规划行业中的应用概述 [C].工程三维模型与虚拟现实表现——第二届工程建设计算机应用创新论坛论文集，2009.

The Application of Finite Element Software in the Technical Course of Urban-rural planning

Fan Yujiang Huo Xiaoping Gou Shudong

Abstract: The technical course is an important course that students of urban-rural planning must master in the realization of aesthetic modeling. In view of the current situation of technical teaching in colleges/universities，the typical finite element software is used to reform and explore the teaching contents and methods. And through the teaching practice，the results show that：this method can effectively improve the students' interest in learning，getting better teaching effect，meanwhile enhance the students' comprehensive application ability for professional knowledge.

Keywords: Structural，Urban-Rural Planning，Finite Element，Teaching Reform

基于"公园城市"理念，探讨城市更新设计实践教学

毛 彬 李 军 赵 涛

摘 要： 本文首先阐述"公园城市"理念提出的背景，接着针对我国当前进入城市存量空间优化转型的发展阶段，论述发挥城市更新设计对塑造城市风貌特色，提升城市公共空间品质，以及实现城市可持续发展的重要意义。然后探讨基于"公园城市"理念的城市更新设计实践教学的目标和方法，最后剖析具体设计实践教学案例，旨在培养学生树立绿色协调的发展思想以及掌握解决城市空间问题的可持续性设计方法。

关键词： 公园城市，城市更新，绿色生态，城市空间问题，城市设计实践教学

1 "公园城市"理念的提出

2018 年 2 月习近平总书记视察成都天府新区时强调"突出公园城市特点，把生态价值考虑进去"的重要指示，"公园城市"这个全新的城市规划理念首次出现。随着我国城市化进程的快速发展，公园在内涵、类型、特色、功能等方面不断地丰富与完善，成为城市绿色宜居、和谐生产、生态游憩的空间载体。

"公园城市"是将城市绿地系统和公园体系、公园化的城乡生态格局和风貌特征作为城乡建设发展的基础，通过优化和丰富城市绿地系统和公园体系的布局和内涵，完善城市空间格局、改善城市景观风貌、提升城市品质活力、推动城市发展转型。

"公园城市"的提出，凸显我国城市建设在转型时期理论体系的丰富与创新。在园林城市、生态城市、低碳城市等发展模式的基础上进一步提升绿色发展的内涵和目标，探索以生态优先、绿色发展为导向的城市高质量发展动力提升的新路径，构建协同的生产、生活、生态空间，实现人——城市——自然有机融合、优化和谐的可持续发展途径。

2 城市更新设计的意义

所谓城市更新，主要是解决和优化已建成的且不适应现代社会生活的城市环境空间问题，并为特定的城市区域实现由单纯的物质更新转变为社会、经济、文化和环境的全面提升。

随着我国城镇化水平的迅速提高，城市发展逐步由高速向高质量，由增量向减量的更迭过程，城市建设的重点由以往单一向外扩张转向多元向内更新的新模式，更加注重城市功能结构调整、生活品质提升为目标的存量发展需求。

近年来，城市旧工业区、古旧街巷、滨水区、城中村的更新改造和优化转型契合存量发展这一城市发展的主导方向，通过功能结构、空间环境、风貌特色等方面的保护与更新、转型与发展，带来了城市区域的活力和潜力，进而提升了城市生活品质。

城市更新作为目前我国城市发展的重要目标，要求城市更新中采用城市设计的手法，以及需要运用城市设计理念与策略去促进城市的改造、再生和复兴。

基于"公园城市"理念和城市更新视角的城市设计课程，顺应了当前我国城市的绿色发展目标和存量发展需求。本年度的城市设计实践是基于存量时代的武汉市比较关注的更新改造地区作为城市设计的重点地区，以"公园城市"理念为核心，通过城市更新设计途径，发现与解决城市空间存在的诸如建筑、交通、景观、生态等问题，注重存量空间资源再生利用，融合自然生态和以

毛 彬：武汉大学城市设计学院副教授
李 军：武汉大学城市设计学院教授
赵 涛：武汉大学城市设计学院讲师

人为本，强调风貌整体性和文脉传承性的城市更新设计方法，以塑造特色显著和品质提升的空间环境。

3 "公城市"理念在城市更新设计实践中的实现途径

"公园城市"是以人的全面发展为根本目标的城市建设方向，需要加强在生态环境、公共交通、景观形象、建筑风貌等场所、场地、场景等方面营造，从而提升城市生活品质。

针对本年度以城市更新为视角的城市设计实践，"公园城市"理念的实现途径主要包括以下方面：

（1）保护城市生态基底，增加绿色场地，构建结构性绿色生态空间；有机协调街区周边的山水景观，塑造山水城景融合的城市格局。

（2）加强城市废弃地、闲置地的自然生态修复和景观功能重塑，引导城市片区发展，优化城市空间结构布局。

（3）营造广场、公园等绿色公共空间，成为展示城市文化特色和历史景观风貌，提供休闲游憩和社会交往的场所。

（4）构建多类型和多层级的公园体系（片区公园、街头游园、社区花园等）和绿道系统（道路沿线绿化、滨水绿化），创造街区宜人连贯、城绿融合的绿色网络空间系统。

（5）设置集中绿色开放空间，作为修复更新的可持续的区域，因地制宜地加强绿色生态可持续设计；

（6）注重更新过程中的系统连续性、文化传承性，遵循保护、修复、优化的设计原则，实现"城市双修"的可持续发展。

4 更新设计实践教学目标与教学方法

城市更新设计教学要求学生不仅着眼于建筑群体和公共空间的形体环境营造，具有物质形态空间的设计操作能力，而且需要具备城市问题的系统探究能力。因此，在本课程的教学过程中，做到理论体系与设计实践相结合，通过系统的理论讲授和设计实践，使学生能够根据理论指导自身的设计思维和表达。注重问题式和启发式的教学方式，要求学生深入理解城市设计的基本原理、城市更新的前沿理论和方法，结合设计实践，进行相关

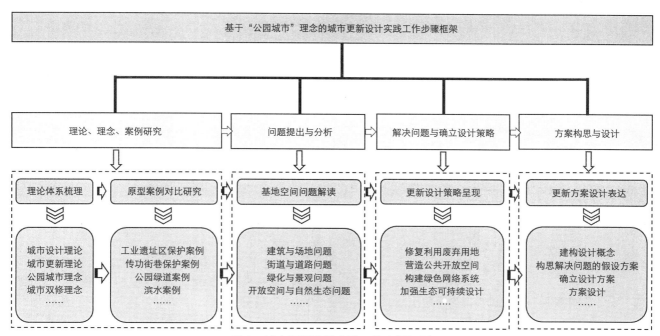

图1 城市更新设计实践工作步骤框图
资料来源：作者自绘

专题讲授和成功案例解析，启发学生基于"公园城市"理念去思考解决城市空间问题的不同视角，给予学生与时俱进的设计思想。

在前期基地深入调研、现状用地分析以及指出城市空间现存问题和将来可能的新问题的基础上，合理选择有问题的区块，根据区块功能不同的定位，明确合理的更新设计策略，提出相应解决问题的设计方案并加以落实。其间，引导学生在对基地现状分析和发现空间环境问题的同时，基于"公园城市"理念去解决城市自然生态空间问题的设计思维和掌握空间生成的设计逻辑（见设计实践工作步骤框图）。

5　设计实践案例与解决问题方法

5.1　设计实践要求

本年度的设计实践要求综合考虑基地的现状条件、环境特征以及城市历史文化，在对地段及街区进行梳理，并尊重已经存在的建筑格局、空间肌理、组织结构的基础上，提出其针对空间问题和解决空间问题的空间设计方案，以及总体形态及形象等方面的整体控制要求。并且，选择重点空间问题的地段及节点诸如重要景观价值和场所意义的公共开放空间，以解决空间问题为目标提出空间详细设计。

设计树立以"公园城市"理念为核心，以城市更新设计为视角，针对区段现状空间问题，提出解决问题的更新设计策略和设计方案并进行方案设计。从建筑、场地、街道、公共空间以及扩展到整个区域的生态修复与形象塑造，包括整合修复和利用废弃地、设计和改善公共空间、构建绿色网络空间系统，以及进行绿色生态可持续设计等。

通过基于"公园城市"理念的城市更新设计实践，培养学生全面地分析区段整体环境空间，在合理地确立功能定位的基础上，把握整体空间结构与形态格局、开放空间与绿地景观体系、慢行道路交通系统以及地域风貌特色。

5.2　设计实践案例——武汉市南岸咀龟山北侧片区

（1）基地简况与现状环境分析

本年度城市设计地块为武汉市长江和汉江交汇的南岸咀龟山北侧地段及街区，北临汉江、东面为长江、西接月

湖、南靠龟山。设计地段区域分布有我国洋务运动时期张之洞汉阳兵工厂和824军工厂、汉阳特种汽车制造厂、第二印染厂、国棉一厂等老工业遗址，以及配建的居住设施。此外，区域内空间环境质量逐渐下降。设计要求通过对主要空间问题的解决以达到对区域空间品质的改善与提升。

现状基地环境分析具体如下：

1）分析片区及街区的自然环境特征、历史人文特色；

2）分析生态环境质量、绿化质量、滨水特征、绿化空间与公共活动场地分布；

3）分析视线廊道、景观特色形成、自然生境修复的可能性；

4）分析已经形成的街区空间形态格局，以及街区建筑功能和质量现状；

5）分析道路等级和交通类型，明确建立车行和步行的路径，以及小汽车停靠场地。

等等。

（2）指出现状空间问题

1）建筑结构老化及功能单一，设施老旧，街道空间品质差；

2）工业厂房空置和荒芜、工业文化逐渐衰落，街区失去活力；

3）人车混行、缺少停车场地；

4）公共设施、公共空间、亲水空间、活动场地不足；

5）街区与周边自然环境（汉江、龟山、月湖）缺乏在景观视线上的有机联系；

6）基地因位于长江与汉江汇合处，汇集大量的雨水径流，其水量和水质影响着基地局部地块，需要从海绵城市理念去研究，进行绿色可持续设计。

等等。

（3）提出解决问题的设计思路、策略与途径

针对城市空间存在的问题，在明确区段功能定位的基础上，提出解决问题的设计思路、设计策略与设计途径，具体如下：

1）注重工业废弃地保护、更新及混合再生利用

□保护具有历史意义的工业建筑（例如张之洞汉阳兵工厂和824军工厂厂房）及其空间格局与风格特征（例如红砖墙面），置换或植入其功能，使其融入现代生活，打造成为新的消费、创意空间，实现街区产业的转型；

□依托老工业建筑及其场所特性，提取"工业记忆"

为设计理念，设置工业艺术博览馆、工业文化体验区，展示工业历史风貌 弘扬汉阳老工业文化遗产；

□结合环境现况及未来发展可行性，注入文化创意特色产业，设置创意设计工坊、艺术家画廊、展览办公设施、商务休闲设施、主题商店、演艺中心、概念旅馆、特色餐厅酒吧，打造综合性文化创意街区，实现街区的活力与复兴。

2）提升老旧住区宜居景观

□清除住区内被占用的公共区域，开辟合理的绿化空间和活动场地；

□适当开发住区闲置区域，扩大绿地占有面积，创造实用美观的绿化景观；

□扩宽原有道路的人行道，在道路两旁设置绿化设施，满足居民活动需要。

3）强调绿色生态化城市更新

A. 创造有序的空间景观格局

□加强街区与周边自然生态和城市公共空间的融合，构建景观价值和场所意义的轴线网络，优化城市空间结构布局；

□加强街区与北面汉江、东面长江、西面月湖、南面龟山在景观视线和步行交通方面的联系，设置轴线序列景观，把握整体山水格局。

B. 修复和优化废弃用地

□梳理基地现状空间，拆除街区内无保留价值和不合理的建筑物、整理乱搭乱建空间、废弃空间，以及闲置空地；

□修复和优化老工厂遗址区，植入公共空间，提升外部环境品质，打造创意产业区域，引导城市片区发展；

C. 设置绿色开放公共空间

□发掘未被充分利用的场地，营建公共空间，创造绿色宜人的游憩、休闲、观景的场所；

□增设广场（核心主题广场、工业遗址广场、滨水音乐广场）、公园（南岸咀江滩公园）、街头游园、社区花园、步行街绿化、微绿地等开敞空间；

□加强公共空间环境设计，设置创意雕塑、小品、摆件、景墙、标识等环境艺术装置，展现旧工业时代的气息，突出场所精神。

D. 构建绿色网络空间系统

□统筹与周边区域（月湖风景区、龟山公园、汉口滨江空间）的互动关联，加强结构性绿色生态空间设计；

□发挥道路沿线绿化、滨水绿道以及多层级绿色空间的共同作用，塑造街区融汇贯连的绿色开放空间网络；

E. 注重绿色生态可持续设计

□修复改善长江、汉江、月湖、龟山的生态环境、创造休闲与文化导向的山水空间，提升山水景观形象；

□结合广场、公园、花园种植蔬果花卉，创造体现食用与美学价值的农业景观，为居民提供良好的生产、休闲、教育的场所，丰富城市绿色景观的艺术层次；

□结合公园、绿色生态廊道作为城市修复更新的可持续的区域，因地制宜地设置雨水花园等海绵绿地，加强雨洪管理；

□适当改造主要道路的人行道成渗透性铺地，加强绿色可持续街道设计；

□结合规划建筑设置屋顶花园，体现绿色生态设计思想。

4）创造便捷舒适的道路交通，打造步行交通与自行车交通的慢行系统

□确定可行的交通系统与交通方式，合理设置小汽车停靠场地；

□结合山体（龟山）、滨水（长江、汉江、月湖）、绿化（南岸咀江滩公园）、广场、步行街、游憩步道、人行道以及地铁站点（武汉轨道交通6号线古琴台站），构建以步行体验为核心的连续的地面和空中步道系统，包括人行漫步道、亲水游步道、登山散步道、空中连廊、过街天桥；

□注重在公共开放空间设置专门提供休闲运动功能的自行车道系统和健康跑道系统，例如休闲骑行道、运动慢跑道；

□设置跨越汉江的步行桥，加强汉江南北两岸滨水空间的步行交通联系；

6 结语

近年来，我国城市建设逐渐步入关注生活品质、凸显空间特色以及追求综合效益的城市存量空间优化转型的发展阶段，城市存量空间的更新需要运用城市设计的手段去创造城市空间的意义和价值。

城市更新设计实践是城市设计课程的重要组成之一，突出以问题为导向，基于"公园城市"理念的城市更新设计实践教学旨在引导学生从城市特色活力、环境

和谐、品质提升等方面寻求多维度的分析与思考，进而掌握解决城市的建筑、交通、景观、生态等空间问题的设计方法。

在城市更新设计中，基于"公园城市"理念，结合功能和空间进行城市修补和生态修复。通过对工业废弃地再生利用，绿色开放公共空间营造、绿色网络空间系统构建，从而促进街区活力和品质提升。

通过本年度城市设计实践，引导学生对于城市问题的综合性可持续思考，以及培养学生树立绿色协调的发展思想。

主要参考文献

［1］ 习近平春节前夕赴四川看望慰问各族干部群众. http：//www.xinhuanet.com//politics/2018-02/13/c_1122415641.htm，2018-02-13.

Based on "Park City" Concept，Discussion on Urban Renewal Design Practice Teaching

Mao Bin　Li Jun　Zhao Tao

Abstract: First of all，this paper sets forth the background of the concept of "Park City". Secondly，in view of entering currently the development stage of urban stock space optimization and transformation in China，the importance of urban renewal design will be expounded on giving to play to shaping urban style and characteristics，improving the quality of urban public space and realizing urban sustainable development. And then，the goal and method of urban renewal design practice teaching based on the concept of "Park City" will be discussed. Finally，the analysis of a specific design practice teaching case aims at cultivating students to establish the idea of green and harmonious development and master sustainable design methods for solving urban space problems.

Keywords: Park City，Urban Renewal，Green Ecology，Urban Space Problem，Urban Design Practice Teaching

"智慧城市"导向的城乡规划专业理工协同教学改革思考

刘　畅　董莉莉　周　蕙

摘　要："智慧城市规划"是"智慧城市"建设的重要内涵之一，国土空间规划是"智慧城市规划"的法定表现形式。面对城乡规划专业面临的新形势、新挑战，本文提出以"智慧城市"需求为导向，面向"多规合一"的学科发展前沿，结合"重庆智慧城市学院建设"和"重庆人工智能＋智慧城市学科群建设"工作基础，协同"理工"两个规划专业教学资源，从"教学理论优化构建"、"教学实践探索"两方面，开展城乡规划专业教学改革的新思路。

关键词：智慧城市，理工协同，教学改革

为顺应"数字化生态"发展要求，城乡规划专业传统教育模式创新势在必行。4月19日，自然资源部国土空间规划局在北京，组织召开了以"智慧规划"为主题的2019年第二期"UP论坛"。会上，自然资源部总规划师庄少勤提出"进入数字化的生态文明新时代，我们要'转脑袋、转身体'，还要'建生态、抓示范'"这一认识，同时也强调了"不适应数字化生态的未来，传统规划师会失业，传统的规划管理者也会失业"这一体会，深刻地为我们指明了当前城乡规划专业发展面临的新形势、新挑战。

1　创新源起与基本路径

1.1　创新源起："智慧城市"

"智慧城市"是城市未来发展的必然趋势。当前我国城市的发展面临诸多问题，智慧城市将使城市的发展达到一个更高的水平，可以促进生产方式的转变，解决城市化发展中的一系列"城市病"问题，使经济社会发展更科学，政府管理更高效，人们生活更美好，极大促进城市和社会的和谐发展。同时，自《重庆市深入推进智慧城市建设总体方案（2015–2020年）》文件出台以来，重庆市智慧城市的建设进入实质性推进阶段，重庆交通大学在重庆市政府的大力支持下，于2018年与上海同济大学签订了共同建设"重庆智慧城市学院"的协议，"智慧城市规划"正是其建设内容的重要组成之一；2019年重庆市教委通过立项我校为承担单位的"人工智能＋智

慧城市学科群"建设方案。这些都要求我们以"智慧城市"建设的实践需求为导向，面向"多规合一"的学科发展前沿，基于"重庆智慧城市学院建设"和"重庆人工智能＋智慧城市学科群建设"工作，整合现有建筑类工科5年制城乡规划专业与地理类4年制人文地理与城乡规划专业资源，突出"跨专业＋跨学科"发展优势，推动"专业培养＋创新创业"、"专业合作＋国际交流"的多元发展，以"智慧城市规划"为主题，重点围绕顶层设计、专业建设、模式创新等方面，开展城乡规划专业理工协同教学改革实践研究，探索面向规划变革的专业创新发展模式。

1.2　基本路径

我校是一所始建于1951年的工科类院校，整合建筑类、地理类各专业专业于2015年创立"建筑与城市规划学院"，目前设有城乡规划相关专业2个，分别为建筑类工科五年制城乡规划专业和地理类理科四年制人文地理与城乡规划专业，建筑类城乡规划专业侧重法定规划设计实践，强调制图能力和空间分析能力；地理类人文地理与城乡规划专业则侧重于数据分析研究。在当前"多规合一"的大背景下，基于现有城乡规划学专业、人文地理与城乡规划专业的办学基础，面向"智慧城市"、

刘　畅：重庆交通大学建筑与城市规划学院讲师
董莉莉：重庆交通大学建筑与城市规划学院教授
周　蕙：重庆交通大学建筑与城市规划学院讲师

"国土空间规划"的新需求,遵循"新工科"建设新理念,迈出培养服务"智慧城市"建设、适应"国土空间规划"发展的理工协同型人才培养方面的第一步。

(1)一方面,以"智慧城市"为导向,系统梳理、总结凝练"智慧城市规划"发展给城乡规划专业带来的新增内涵,完善学科内涵体系,创新提出专业培养方案修订新思路,整合教学资源,构建"国土空间基础信息数据认知和处理能力培养模块"、"国土空间现状'双评价'认知和编制能力培养模块"、"国土空间总体规划编制能力培养模块"、"国土空间专项规划编制能力培养模块"、"国土空间规划详细规划编制能力培养模块"等教学模块。

(2)另一方面,顺应规划变革,以培养适应"国土空间规划"科研、编制、管理等多维度实践需求的高素质应用人才为核心目标,理工规划专业联合开展"智慧城市规划创新实验班"建设探索,在办学理念、课程、师资等方面进行优势互补,为规划专业"人才培养、学科建设、科学研究"三位一体创新能力提升创造条件。

2 专业发展、办学背景与创新思路

2.1 专业发展

现代城市规划无论是在我国还是西方都是一门相对年轻的学科,它起源于土木工程、建筑学、景观园艺、市政卫生学等专业学科领域,具有明显的多学科交叉和社会改良的特征。如果从1952年中国高校院系调整设立城市规划专业算起,我国的城市规划教育已经历了66年。在西方,城市规划教育诞生于工业革命时期,体现了社会和知识阶层对当时暴露出来的种种城市问题的反思和创造更为美好的城市环境的追求。1909年英国利物浦大学设立的一个市政设计系被普遍视为西方现代城市规划教育的开端,迄今百年有余。美国的规划教育起步稍晚于英国,以研究生教育为主,与建筑学、景观园艺等学科联系更为密切,具有相对更强的物质空间设计色彩,纵观其历史,美国规划教育经历了起步、转型、危机和复苏的发展过程。特别是当其在上世纪七八十年代进入危机时,通过培养方式的多元化发展,新的研究方向和学位的产生,如数字技术在城市规划和设计中的应用,城市规划与公共政策(MUP & PP)等,引导美国规划教育走出低谷。当前,我国城乡规划教育也面临近似的挑战,需要我们借鉴美国现代城市规划教育发展经

验,立足我校建筑类与地理类专业联合办学的优势,以重庆市"智慧城市学院"、"人工智能+智慧城市学科群"建设为契机,围绕"智慧城市"发展主题,综合"理论+实践",探索新时期城乡规划专业适宜的"理工协同"教学新范式。

2.2 办学背景

我校是一所具有博士、硕士、学士学位授予权,以工为主,工、管、理、经、文、法等学科协调发展的多科性大学。学校办学历史悠久。1951年11月,邓小平领导的西南军政委员会创建了我校的前身——西南交通专科学校;时任西南军政委员会交通部部长、川藏公路筑路指挥部政委的穰明德任首任校长。1960年8月,成都工学院土木系、武汉水运工程学院水工系和四川冶金学院冶金系并入学校,组建重庆交通学院;同年,学校面向全国招收本科生。1985年,学校成为国家第三批硕士学位授予单位,开始招收硕士研究生。2000年,重庆其他交通类院校并入学校。2006年,学校新增为博士学位授予单位,并更名为重庆交通大学。学校学科专业覆盖面较广,拥有3个一级学科博士点、7个省部级重点学科、13个一级学科硕士点、8个工程硕士专业学位培养领域、51个普通本科专业、28个高职(专科)专业,并具有授予同等学力人员硕士学位、推荐优秀本科生免试攻读硕士学位资格。教学实力较强,教学科研仪器设备总值逾1.98亿元,建成了1个国家级素质教育基地、4门国家级精品课程、3个国家级特色专业、1个国家级人才培养模式创新实验区、1门国家级双语教学示范课程、61个省部级质量工程建设平台。科研创新能力强,拥有国家内河航道整治工程技术研究中心、山区桥梁与隧道工程省部共建国家重点实验室培育基地、交通土建工程材料国家地方联合工程实验室,18个省部级重点科技平台,基础及专业实验室(中心)达30余个。

"交通"是城乡规划专业研究的核心领域之一,以"交通"为特色和基础,筹建并大力发展工学一级学科"城乡规划学",是我校按照"以工为主,工、管、理、经、文、法、艺等多学科协调发展"学科专业定位,凸显"交通+"学科专业特色,构建"建筑规划与地理"专业集群,推动学校学科体系建设和完善的重要举措。办学中注重对学生创新精神和创造能力的培养,使之具有扎实的工

科基础,具备城乡规划、建筑设计、景观设计、地理科学等方面的相关知识,能够胜任城乡规划设计、城乡规划管理工作,具有从事城乡道路交通规划、城市市政工程规划、景观园林系统规划的较强工作能力,能够参与各类城乡规划、城市经营开发、房地产策划等方面工作,培养符合我国城乡发展需求,服务交通运输行业与地方经济社会发展的高素质复合型规划人才。

2.3 "智慧城市"导向的创新思路

采用基于改革导向的"教学理论完善"到"教学实践探索"的"理论+实践"多元综合技术路线。首先在"教学理论完善"阶段,遵循"智慧城市"和"新工科"建设要求,以行业实践需要为导向,重点围绕五个方面的"学生能力培养",理工协同地统筹安排"城乡规划学"、"人文地理与城乡规划"专业资源,探索完善学科内涵体系,创新提出规划专业培养方案修订新思路;最后在"教学实践探索"阶段,通过理工规划专业联合创立"智慧城市规划创新实验班",应用研究中形成的人才培养方案、教学模块,总结凝练教学经验,以期推动规划专业"人才培养、学科建设、科学研究"三位一体创新能力的提升(图1)。

3 理工协同教学改革内容

3.1 教学理论优化建构

"智慧城市规划"导向的学科内涵完善与培养方案修订。新时代规划要求有新的思维:"生态思维",其包括三个维度,即视城乡为生命共同体,注重绿色、安全发展的"有机思维";视各利益相关方为合伙人,注重协同创新、共享发展的"用户思维";视区域为命运共同体,注重多尺度开放、协调发展的"跨界思维"(图2)。新时代规划在运行体系上,呈现"六维驱动",即"数字驱动"、"生态驱动"、"网络驱动"、"社区驱动"、"流量驱动"、"用户驱动"(图3)。"智慧城市规划"是"智慧规划"的重要组成部分,我们应系统梳理、总结凝练"智慧城市规划"的学科内涵,进一步丰富和完善城乡规划专业学科内涵,并完成对应的培养方案修订。

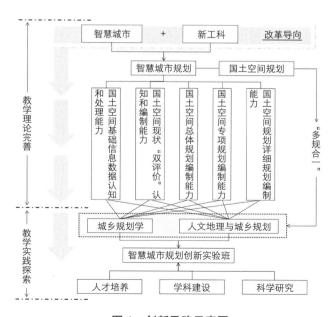

图1 创新思路示意图

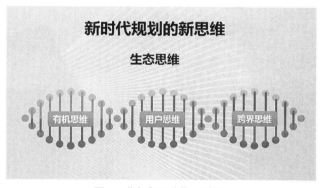

图2 "生态思维"示意图

图3 "六维驱动"示意图

3.2 教学实践探索

建设"智慧城市规划创新实验班",加快适应"国土空间规划"实践要求的人才培养模式探索。"城乡规划"与"国土规划"的整合是"多规合一"的核心内容。过去,工科五年制城乡规划专业更为偏重"城乡规划"和空间建设,理科四年制人文地理与城乡规划专业更为偏重"国土规划"和土地利用;当前构建新时代"国土空间规划"体系,则要求"多规合一",形成完整统一、协调有序的空间规划体系(图4);规划编制要点要求"完善数据资源体系"、"做好'双评价'(国土空间开发适宜性评价、资源环境承载力评价)"、"开展自然资源开发利用分析"、"提供辅助编制工具"。以上一系列的变化,都要求我们突破传统专业壁垒,通过专业交叉、理工协同,遵照"新工科"要求,积极探索适宜"国土空间规划体系"构建实践要求的国土空间规划人才培养模式。

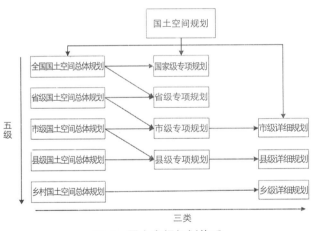

图4 国土空间规划体系

4 结语

我校既是一所具有悠久办学历史的建设系统工科学校,也是一所设立城乡规划专业不久的新学校,在专业建设上有其独有的办学优势,但面对的困难也不少。如何利用自身办学优势资源,加快城乡规划专业办学健康发展,尽快优质通过城乡规划学科专业评估,加速扩大学科和行业影响力正是学校与学院在专业建设中需要重点思考的一系列问题。理工两个规划专业各有优势,在当前"新工科"建设和城乡规划向国土空间规划变革的"多规合一"发展阶段,构建理工交叉的城乡规划专业建设发展模式,有利于保障我校城乡规划相关专业的"新工科"建设与面对规划变革的专业创新发展。

主要参考文献

[1] 冯亚青,阳光.理工协同:新工科教育改革的新探索[J].中国大学教育,2017(9):16-20.

[2] 李大威,杨风暴,王肖霞,蔺素珍.理工协同在复合型人才培养中的作用和实践研究[J].中国电力教育,2014(6):18-20.

[3] 杨风暴,王肖霞,蔺素珍.理工协同型课程多线程内容结构的探索[J].高教论坛,2013(12):60-63.

[4] 王波,甄峰,卢佩莹.美国《科技与未来城市报告》对中国智慧城市建设的启示[J].科技导报,2018,36(18):30-38.

[5] 席广亮,甄峰,罗亚,赵未坤.智慧城市支撑下的"多规合一"技术框架与实现途径探讨[J].科技导报,2018,36(18):63-70.

[6] 杨贵庆.城乡规划学基本概念辨析及学科建设的思考[J].城市规划,2013,37(10):53-59.

[7] 侯丽,赵民.中国城市规划专业教育的回溯与思考[J].城市规划,2013,37(10):60-70.

[8] 侯丽.美国规划教育历程回顾及对中国规划教育的思考[J].城市规划学刊,2012(6):105-111.

[9] 焦以璇,李薇薇.新工科建设形成"北京指南"[N].中国教育报,2017-06-12.

[10] 张大良.新工科建设的六个问题导向[N].光明日报,2017-04-18.

[11] 自然资源部国土空间规划局2019年第二期UP论坛"智慧规划"在京圆满召开[Z].规划中国(微信公众号),2019-4-23.

[12] 规划师带你读图:国土空间规划纲领性文件7章20条都说了些啥[Z].中国城市规划(微信公众号),2019-5-24.

Reflections on the Reform of Science-Engineering Cooperative Teaching in Urban Planning Guided by "Smart City"

Liu Chang   Dong Lili   Zhou Hui

Abstract: "Smart city planning" is one of the important connotations of "smart city" construction, and land space planning is the legal manifestation of "smart city planning". Facing the New Situation and Challenge of Urban and Rural Planning Specialty, this paper puts forward the new thought that the demand-oriented idea of "smart city", facing to "multiple planning integration" frontier of discipline development, combining the Work Foundation of "Chongqing Intelligent City College Construction" and "Chongqing Artificial Intelligence + Intelligent City Subject Group Construction", cooperating with the teaching resources of the two planning specialties of Science and Technology, from "Optimizing the Construction of Teaching Theory" and "Exploring Teaching Practice" to carry out the Teaching Reform of Urban and Rural Planning Specialty.

Keywords: Smart City, Science and Engineering Collaboration, Reform in Education

基于 OBE 理念的城乡规划专业 GIS 课程教学改革探讨*

张新红　李鸿飞　王雅梅

摘　要：地理信息系统作为城乡规划专业的核心课程，在当前教学过程中存在着以教师为中心和学习效果不佳的问题。在评析课程特点和当前教学模式的基础上，本文将 OBE 理念引入 GIS 课程教学，立足提高学生的学习主动性、技术应用能力和创新思维能力，从最终学习成果、教学内容设计、教学方法优化和评价体系构建等 4 个方面提出改革策略。在建立国土空间规划体系的背景下，该策略为城乡规划专业的课程教学改革和人才培养模式革新提供了新思路。

关键词：城乡规划，GIS 课程，教学改革，OBE 理念

1　引言

地理信息系统（Geographic Information System，简称 GIS）作为一种采集、管理、存储、分析、显示与应用地理信息的计算机系统，是分析和处理海量地理数据的通用技术[1]。由于研究对象都为地理空间，GIS 与城乡规划存在着天然的紧密联系，前者是后者进行空间分析、辅助决策和实施管理的技术平台，后者是前者不可缺少的实践应用领域。随着城乡规划管理职责的划转、国土空间规划体系的建立和时空大数据时代的到来，以及国家对客观认识城乡发展规律、科学支持城乡规划的系列要求，GIS 已成为专业城乡规划师的标准工具，GIS 课程在专业培养体系中的重要性愈益凸显。如何通过新型教育模式提高学生学习 GIS 课程的综合效果，已变得越来越迫切。

成果导向教育（Outcome-based Education，简称 OBE）作为一种先进的教育理念，已成为美国、英国、加拿大等国家教育改革的主流理念，而且业已证明是高等工程教育改革的正确方向[2]。OBE 理念强调学生通过教育过程最后所取得的学习成果，在指导我国教学设计、课程体系、学习目标、师资队伍建设等方面取得了良好成效[3]。GIS 是一门理论性和实践性很强的课程，按照 OBE 理念

改革现有教学模式，对于提高城乡规划专业学生的 GIS 应用能力具有重要的推动作用。笔者尝试在兰州理工大学城乡规划专业 GIS 课程教学中导入 OBE 理念，优化教学内容，革新教学方法，由"教师为中心"向"学生为中心"转变，旨在探索符合新时期专业需求的人才培养模式。

2　课程特点与教学模式

2.1　课程特点

地理信息系统（GIS）是集计算机科学、地理科学、测绘学、遥感学、环境科学、空间科学、管理科学等学科为一体的新兴边缘学科[4]，课程理论性和实践性都很强。GIS 课程的理论性内容涉及很多抽象理论知识，比如地理坐标系、投影坐标系、地图投影等空间坐标理论，空间校正、地理配准、数据转换等空间数据处理理论，矢量数据结构、栅格数据结构、空间数据库等空间数据管理理论，以及缓冲区、泰森多边形、几何网络、地统计等空间分析理论等。由于具有庞杂的概念体系和数据模型，如果学生不具备较强的理论基础就很难理解 GIS 软件系统中的各种术语和模型参数，也就无法培养自身的动手能力[5]。正是由于很强的技术性和实践性，使得 GIS 能够广泛应用于各类城乡规划的空间分析研究和后期实施管理。

在城乡规划专业 GIS 课程中，实践性内容贯穿并内

* 基金项目：本文受教育部人文社科研究青年基金项目（14YJCZH212）、甘肃省教育科学规划课题（GS[2018]GHBBK066、GS[2018]GHBBK119）、兰州理工大学 2018 年高教研究项目（B-31）资助。

张新红：兰州理工大学设计学院城乡规划系讲师
李鸿飞：兰州理工大学设计学院城乡规划系副教授
王雅梅：兰州理工大学设计学院城乡规划系讲师

涵于 GIS 的 5 个基本功能之中，即空间数据的采集与编辑、转换与处理、存储与管理、查询与分析、输出与制图。繁多的实践性内容学习是 GIS 课程的重要组成部分，不仅可以加深学生对 GIS 理论知识的认知，而且可重点培养学生进行 GIS 空间分析、辅助决策和实施管理等方面的应用能力。

2.2　教学模式

目前，兰州理工大学城乡规划专业 GIS 课程已由原先的 32 学时调整为 48 学时，增加学时主要用于上机实践操作。课程理论部分主要使用黄杏元、马劲松主编的普通高等教育"十一五"国家级规划教材《地理信息系统概论》和汤国安等主编的 21 世纪高等院校教材《地理信息系统》，内容信息量大且知识面广。鉴于理论知识的抽象性和多学科性，课程讲授主要采用理论讲述和案例分析等方法，教学环节与形式相对比较单一，属于典型的传统教学模式。这种模式强调以教师为中心，学生是被动式学习的听课者，缺乏学习的主动性和创造性，出现了师生间有效交流少、学生反馈教学效果不及时等问题，导致学生学习效果较差和学习兴趣普遍下降，最终导致对课程理论知识的理解不足和基本原理的碎片化认知。

课程实践部分主要使用宋小冬、钮心毅主编的《地理信息系统实习教程》和牟乃夏等主编的《ArcGIS10 地理信息系统教程》，操作案例丰富且专业性强。在实践环节，课程主要基于 ArcGIS 软件完成相关练习。与 CAD 不同，ArcGIS 软件具有严谨的操作流程和庞杂的数据模型，实践操作以软件基础操作和具体应用项目为主，形成了"教师操作示范—学生被动跟随—教师总结重点—学生重复练习"的教学模式。与理论学习部分相比，这种教学模式虽然增强了学生学习的自主性，但依然是以教师为中心，学生很大程度上仍然是"跟随者"，而非"创新者"。

总体而言，本课程的理论知识学习和实践操作学习均强调"教师为中心"的传统教学模式，在很大程度上抑制了学生学习的主观能动性和创新性，不利于理论知识与实践技术的衔接融合，整体上影响了学生的学习效果。

3　OBE 理念下的课程教学改革

OBE 理念认为教学设计与实施的目标是学生通过教育过程最终所获得的学习成果，而教学设计要遵循反向设计原则。所谓反向设计，是指课程设计从顶峰成果反向设计以确定所有迈向顶峰成果的教学的适切性。教学的出发点不是教师想要教什么，而是要达成顶峰成果需要什么[6]。因此，OBE 理念下的 GIS 课程教学改革，需要通过确定最终学习成果、反向设计教学内容与方法、制定多元评价体系等多个环节来实现，以此保证课程教学质量和学生学习效果的提高。

3.1　确定最终学习成果

虽然学术界对学生学习成果有着不同的定义和认知，但归纳其基本要义发现，所谓学习成果是学生学习完成一门课程或一个专业后有能力做什么，是一项具体可测量的目标和结果。最终学习成果（顶峰成果）既是 OBE 的终点，也是其起点，其设计需要按照反向设计的规则，契合毕业要求来构建课程及其基本的知识、能力和素质模块[2]。汪洋、赵万民认为高校城市规划专业 GIS 应用需求一般由基本理论需求、空间信息提取需求、空间信息分析需求和专业编程能力需求组成[5]，这为城乡规划专业高级人才的培养和 GIS 课程的教学改革提供了良好思路。

在借鉴这一思路的基础上，作者结合本校城乡规划专业的培养目标和毕业要求，从知识、能力和素质三个方面确定了 GIS 课程的最终学习成果，即熟悉 GIS 的基础知识与基本原理，正确掌握 GIS 采集、处理、管理、分析和输出空间数据的能力，具备运用 GIS 空间分析技术解决城乡规划问题的综合素质。授课过程中，在注重学生创新意识和发散思维培养的前提下，要将每个教学模块中需要掌握的学习成果告知学生，让其通过课后自学、课堂讲解、慕课微课等方式获得。

3.2　反向设计教学内容

OBE 强调课程与教学设计要从最终学习成果（顶峰成果）反向设计，以确定所有迈向顶峰成果的教学的适切性[7]。因而，传统上依据教材知识逻辑和章节内容设计教学内容的做法，已无法满足学生获得预期学习成果的需要。教师要把课程的基础知识（原理）与技术操作、技术能力与实践应用进行有效串联，重点通过模块化方式安排教学内容。在教学过程中，不仅要求学生要记忆知识、理解原理，更要注重学生对知识的应用和技术的迁移。

依据上文确定的最终学习成果，可将 GIS 课程内容设计为 GIS 概论、空间数据采集与编辑、空间数据转换与处理、空间数据存储与管理、空间数据查询与分析、空间数据输出与制图等 6 个教学模块，每个模块均包括基础知识、技术操作和规划应用三个维度的教学内容（表 1）。

3.3 改革优化教学方法

传统的 GIS 教学以课堂理论讲授和上机实验操作为主导，上机实验操作采用教师示范、学生跟随的学习方式，学生处于被动式、程序化的递进性学习状态，不利于学生科学运用知识、正确求解问题、进行创新思维和团队协同等能力的获得。OBE 强调以学生为中心的教育组织模式，教学主要取决于学生学什么、怎么学、学得如何，核心在于整个教学组织实施和评估都要紧紧围绕促进学生预期学习成果的达成来进行[8]。

为实现 GIS 教学活动从以教师为中心向以学生为中心的转变，教师应根据课程具体内容，将探究式、讨论式、案例式、逆向式、翻转课堂等多种教学方法有机融入到整个教学过程之中。例如，坐标系是 GIS 数据重要的数学基础和各项操作的基本条件，也是城乡规划专业学生不容易掌握的知识点。教学过程中可采用翻转课堂的方式进行，教师告知学生学习内容和知识获取路径，学生通过查阅教材与参考书、观看慕课与微课、检索网络与微信等方式学习，正常上课时间教师通过提问讨论、学生讲授、答疑交流等方式授课，让学生系统掌握坐标系这一基础知识及其应用。同样，部分课程内容的学习也可以采用"逆向式"学习方法，如"网络分析"章节的学习，先通过"基于网络分析的公共服务设施布局优化"实验操作，让学生了解 GIS 网络分析在解决规划问题中的科学性和重要性，进而讲解网络数据集及其构建、网络分析类型等基础知识。

3.4 构建多元评价体系

与传统教学模式相比，OBE 更加注重学习成果的评定，客观的课程评价对课程改革及持续改进有着非常重要的影响。在 OBE 理念指导下，GIS 课程应当构建客观公正的多元化评价体系，在评价过程中注重过程性评价与终结性评价相结合，既要注重学生学习结束时的终结性成绩，也要注重学生在平常学习中的形成性成绩。

就评价标准而言，要改变以往仅仅依据期末考试分数或结课作业成绩为标准的评价体系，紧密结合理论知识学习、课堂上机实习、课后实践作业等常规教学环节，有机融入学生课堂演讲、阶段性实操测试、GIS 解决城乡规划问题的作业评定等多个创新内容，构建反映不同学习阶段学习效果和最终学习效果的综合评价体系。

就评价内容而言，不仅要通过课后作业、上课提问

GIS课程6个教学模块的教学内容 表1

模块名称	基础知识维度	技术操作维度	规划应用维度
GIS 概论	GIS 概念与组成、基本功能、发展与现状和应用领域	ArcMap、ArcCatalog、ArcScene、ArcGlobe、ArctoolBox 的基础操作	借助微信视频展示 GIS 在城乡规划中的应用，进而课堂讨论和提问
空间数据采集与编辑	空间数据特征与分类、坐标系与地图投影、空间数据结构、数据采集方法、空间数据质量	数据属性查看，定义坐标系，Shapefile 文件创建与编辑，遥感影像下载，地物坐标值转点，地理配准与空间校正	借助遥感影像图，采集城市的道路网数据和学校、医院点等公共服务设施数据
空间数据存储与管理	空间数据库的概念与设计、面向对象数据库系统、空间元数据、空间时态数据库	个人地理数据库和文件地理数据库的创建，Geodatabase 智能化操作，Shapefile、遥感影像、表文件导入数据库	建立自己使用的地理数据库，道路网、公共服务设施数据导入要素数据集，遥感影像导入地理数据库
空间数据处理与变换	空间数据的变换、空间数据结构转换、空间数据提取、空间拓扑关系	CAD 数据转 Shapefile，提取特定类型数据，矢量数据和栅格数据的投影变换与结构互转，拓扑创建与编辑	提取城市地形图中的高程点和等高线数据，创建拓扑关系检查修正；与道路网、公共服务设施数据存放到同一个要素数据集中
空间数据查询与分析	空间数据查询、空间分析原理与方法（矢量数据与栅格数据的空间分析、网络分析、三维分析、地统计分析）	空间数据的三种查询，缓冲区分析，泰森多边形，叠置分析；栅格表面分析，密度分析，距离分析，栅格插值，重分类，栅格计算器；几何网络分析，网络数据集的创建与网络分析；三维数据管理，Terrain 和 TIN 表面分析；空间统计分析，空间插值	基于矢量数据的商场选址分析；基于栅格数据的最短路径分析；基于网络分析的公共服务设施优化布局；基于三维表面的填挖方和视域分析；基于 ESDA 的街区人口空间差异分析；基于 IDW 的城市人口分布
空间数据输出与制图	GIS 产品类型、数据可视化、虚拟现实、专题地图制作	动画制作，图表制作，掩膜，制图表达与综合，地图版面设置，添加制图元素	人口密度变化的二维动画制作；鸟瞰城市街区的三维动画制作；城市公共服务设施优化布局专题地图制作

等方式考察学生对理论知识的掌握程度，而且更要通过上机实习、课后实践作业、实操考试等评价学生的 GIS 基础操作能力和创新解决规划问题能力，与确定的最终学习成果进行对比衔接。学院和教学基层组织可根据课程评价结果，及时对 GIS 课程的教学内容与方法进行调整和改革，以便持续改进教学质量。

4 结语

通过教学改革提高城乡规划专业学生的 GIS 应用能力，已成为其适应大数据时代和应对国土空间规划技术需求的迫切之举。OBE 理念强调高等教育要以学生为中心，从专业需求开始反向设计，是一种注重学习成果和创新思维的反向式教学提升过程。作为城乡规划专业的信息技术课和十大核心课之一，引入 OBE 理念进行教学模式改革，一是要结合专业的社会需求和学校的发展定位，从知识、能力和素质三个方面确定课程最终学习成果。二是要遵从反向设计原则，由最终学习成果革新教学内容，进而优化教学方法。三是为了测度学生是否获得最终学习成果，并明确课程"教"与"学"持续改进的目标和方向，需要构建过程性评价与终结性评价相结合的多元评价体系。

囿于研究时间、专业经历以及笔者自身水平的限制，本文只是基于兰州理工大学城乡规划专业 GIS 课程进行的教学反思和改革探讨，还存在着诸多不足之处，有待今后通过更多的高校调研、教学实践、课程评价和持续改进，对 OBE 理念下的 GIS 课程教学改革与再设计予以深入分析。

主要参考文献

[1] 陈述彭，鲁学军，周成虎. 地理信息系统导论 [M]. 北京：科学出版社，2001.

[2] 李志义，朱泓，刘志军，夏远景. 用成果导向教育理念引高等工程教育教学改革 [J]. 高等工程教育研究，2014（2）：29-34.

[3] 吴秋凤，李洪侠，沈杨. 基于 OBE 视角的高等工程类专业教学改革研究 [J]. 教育探索，2016（5）：98-100.

[4] 黄杏元，马劲松. 地理信息系统概论 [M]. 北京：高等教育出版社，2008.

[5] 汪洋，赵万民. 高校城市规划专业 GIS 应用需求与课程设计 [J]. 规划师，2013，29（2）：105-108.

[6] 李志义. 成果导向的教学设计 [J]. 中国大学教学，2015（3）：32-39.

[7] 李志义. 对我国工程教育专业认证十年的回顾与反思之一：我们应该坚持和强化什么 [J]. 中国大学教学，2016（11）：10-16.

[8] 杨定泉. 基于成果导向的教学设计路径 [J]. 郑州航空工业管理学院学报（社会科学版）2018，37（3）：123-128.

Discussion on the Teaching Reform of GIS Curriculum in Urban and Rural Planning Specialty based on OBE Concept

Zhang Xinhong   Li Hongfei   Wang Yamei

Abstract: GIS is the core curriculum of urban and rural planning specialty, it exist several problems in the current teaching process, such as teacher-centered and poor learning effect. On the basis of the analysis of its Curriculum characteristics and current teaching mode, the paper introduced the OBE concept into the teaching of GIS Curriculum, and proposed the teaching reform strategy from the final learning results, teaching content design, teaching method optimization and evaluation system construction, in order to improve the students' learning initiative, technology application ability and innovative thinking ability. In the context of establishing the spatial planning system of national land, this reform strategy provides new ideas for curriculum teaching reform and talent training model innovation for urban and rural planning.

Keywords: Urban and Rural Planning, GIS Curriculum, Teaching Reform, OBE Concept

基于应用型本科院校的建筑历史 5E 教学模式研究*

龚皓锋　钟雪飞　张国武

摘　要：本文通过分析应用型本科院校人才培养目标，结合本校的建筑历史课程教学设置与改革，针对性的确立了建筑历史教学的定位与目标，提出了 5E 教学模式，并讨论了建筑历史课程教学的具体措施，提出教学的新思路，寄望其对于其他院校有所启示与借鉴。

关键词：5E 教学模式，教学改革，人才培养

1　引言

建筑历史是建筑类专业（建筑学、城乡规划）重要的基础理论课程，其教学经过多年发展，基本形成了两种趋势，一是以传统教学为主的历史教育，主要以描述来揭示建筑发展特征和规律，教学目的多在于提高学生的建筑师素养；另一种则以创造性思维培养为主的应用型教育，更关注于建筑历史在建筑设计中的运用。有别于国内顶尖建筑高校，应用型本科院校教学起步较晚，教育资源不易积累，往往在实际操作过程中容易效仿这些高校的教学方式，从而在建筑历史教学的设定上与学校整体办学定位、人才培养目标脱节。如何"量体裁衣"地开展建筑历史课程教学，在应用型高校的建筑类专业课程体系中确立建筑历史的地位，发挥应有的作用，成为笔者关注的重点。

2　应用型本科院校建筑历史课程教学目标设定

作为全国内陆第一所以"城市"命名的大学，湖南城市学院从建校之初就响应国家城市发展战略，确立了培养"实基础、重应用、有特色、高素质"的具有扎实实践能力和创新创业精神的高素质应用型人才培养目标。纵观国内大多数应用型本科院校的人才培养目标，多数关注于学生综合素质和应用能力的培养上，理论教

学如何与实践环节相互配合，落实学校的办学定位，也是业内各专家学者思考的核心问题，在具体教学模式上各有千秋[1]。我校建筑历史课程教学为落实学校的办学定位，采用了建构主义教学模式，引导学生在建筑情境中认识、理解并思考建筑艺术的创作，从而提高综合应用能力。

3　建构主义教学模式（5E）在建筑历史教学中的运用

5E 教学模式是由美国生物科学课程主要研究者 R.Bybee 提出来的一种建构主义教学模式，分别指代 5 个学习环节，参与（Engagement）、探究（Exploration）、解释（Explanation）、详细说明（Elaboration）、评价（Evaluation）[2]。这一模式强调的是"以学生为中心，教师为主导"的教学，学生是教学中感知主体，成为主线，教师是组织者，则为暗线，如图 1 所示。

建筑历史的教学源于参与（Engagement），主、暗线双方均需参与到教学的过程中，彼此认知。学生要在教师引导下，对所授知识点提出问题，教师则应了解学生的兴趣点和思维方式。在传统建筑历史课程教学中，教师容易将研究对象"建筑"优先置于学生兴趣之上，从建筑理性的角度阐述问题。著名建筑物的存在感则以

*　基金项目：湖南省教育厅 2018（436）教学改革研究项目资助（编号 597）。

龚皓锋：湖南城市学院建筑与城市规划学院讲师
钟雪飞：湖南城市学院建筑与城市规划学院讲师
张国武：湖南城市学院建筑与城市规划学院教授

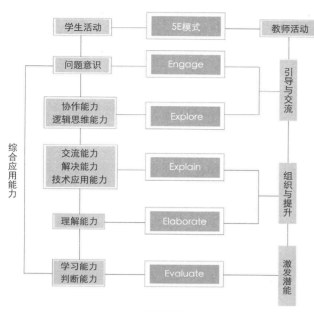

图1　5E教学模式示意图

它们能给人类带来的建筑艺术体验而留于脑海中，这些感性要素对混沌时期的学生要比建筑本身更具魅力，建筑作品深层次的技术、时代背景、经济要素等对学生的兴趣引导更为有利[3]。学生需要在教师引导下建立起问题意识，带着目标参与到教学环节中，完成教学主体的转换情绪。

在参与的前提下，对问题的探究（Exploration）就是一个顺理成章的过程。教师需要有目的引导学生进行分组探究，每个学生对问题的兴趣点是不一致的，甚至有不合理的问题，因此教师在"参与"的前提下，组建出合适的探究小组，对应建筑历史中所需掌握的知识点。这个环节中，要给学生提供自主探求结论的材料或地方古迹资源来加强学生对背景的理解，教师依然起到引导的作用。

"探究"最后需要通过演讲、演示、答疑等方式来进行"问题"的解释（Explanation），即完成建筑历史教学中如何正确认识和理解建筑历史现象的环节。在解释过程中，我们关注的不是小组能否给出完全正确解答，而是在此过程中的知识迁移，并在教学中培养学生对问题的思辨能力[2][5]。"解释"环节需要小组具备交流能力、解决能力以及技术应用能力，这些均与应用型本科院校

的人才培养目标相对应，特别是在技术应用能力上，通过计算机图形技术的应用，建立三维立体映像让说者更具说服力，让听者更具体验感。从教学角度来说，"解释"的环节也正好完成了教学的目的与要求。教师需要在这个环节辅导学生完成能力提升，也对教师提出了更高的要求。

详细说明（Elaboration）是对教学的再一次提升，教师需要前一环节找到合适的切入点，对模糊概念、建筑艺术、创作精髓进行知识梳理，并深度挖掘学生的创新思维和能力。学生在这个环节会得到知识的扩展，看到能力提升的空间，体会到建筑的感性史。

最后是评价（Evaluation）环节，包括了小组反馈、学生互评、教师点评等具体环节，实则又是一次主动参与教学的过程。在此过程中，教师应以激发学生潜能为目标，适时地以鼓励为主给予总结。同时对学生互评中出现的新问题予以引导，自然过渡到下次课的"参与"环节。学生通过互评，可提升问题意识，回到"参与"中，而他人的点评又是对小组学生能力的肯定，提高整体自信。

4　5E 模式下教学手段的革新

在建筑历史5E教学模式应用中，对教师和教学手段也提出了更高的要求。传统建筑院校的建筑历史教学在5E模式中更多的处于"探究"和"解释"的环节。应用型院校在5E模式下，注重对学生的引导和能力的培养，强调在"做"中"学"。在参与环节，将以往文字为主的演示文件，改变成以图为主，文字为辅的文件，或者编辑剪短的影音文件将复杂过程呈现在学习者眼前，主要以激发学生兴趣为主，使学生有一个抽象的感性认识。探究环节，则需要提供给学生较多的网络、媒体、SU等都组合教学资源，环节的发生主要在课后完成，一方面需要学生要针对性地归纳总结所获资源，另外也需要提高逻辑思维能力，同时也增进了师生之间的交流。"解释"、"详细说明"环节主要以讨论为主，学生或老师会利用PPT、CAD、SU、3DMAX等内容，使二维平面的知识或图片，转变成为三维立体的知识或图片，实现可视化体验式教学[1][4]。评价环节则以总结性方式进行引导。在整个5E模式下，教学的互动较多，教学成果也较丰富，相较于理论研究成果丰厚的高尖建筑类院

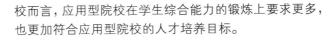

校而言，应用型院校在学生综合能力的锻炼上要求更多，也更加符合应用型院校的人才培养目标。

5 总结

2018 年，国家教育部在新时代全国高等学校本科教育工作会议上，提出了坚持"以本为本"，推进"四个回归"，加快建设高水平本科教育、全面提高人才培养能力的要求[6]。在时代背景下，5E 教学正是适应院校人才培养目标的前提下，重新审定建筑历史课程教学目的，优化教学流程，注重引导学生学习，提高学生综合应用能力，更多元地关注学生个体科学思维能力的培养[7]。

主要参考文献

［1］ 吴磊.应用型本科高校人才培养比较研究 [D].淮北：淮北师范大学，2013.

［2］ 赵呈领，赵文君，蒋志辉.面向 STEM 教育的 5E 探究式教学模式设计 [J].现代教育技术，2018（28）：106–113.

［3］ 王发堂.建筑感性史——建筑史教学内容的研究 [J].同济大学学报（社会科学版），2008（19）：41–47.

［4］ 徐震，顾大治.卓越工程师培养目标下建筑历史教学模式整合创新研究 [J].东南大学学报（哲学社会科学版），2013（12）：149–152.

［5］ 陈薇.意向设计：历史作为一种思维模式 [J].新建筑，1999（2）：60–63.

［6］ 郭亚丽.教育部：坚持以本为本推进四个回归加快建设高水平本科教育 [EB/OL].http://education.news.cn/2018–06/21/c_129898414.htm，2018–06–21.

［7］ 黄欣，陈卓，刘珊珊.基于应用能力培养的建筑史 PBL 教学——独立学院外国古代建筑历史教学模式研究 [J].城市建筑，2017（29）：34–36.

Research on 5E Teaching Mode of Architectural History in Application-Oriented Universities

Gong Haofeng   Zhong Xuefei   Zhang Guowu

Abstract: Based on the analysis of the talent training objectives of application–oriented universities and combining with the teaching setting and reform of architectural history course in our university，this paper proposes a reasonable teaching orientation of architectural history course，establishes the positioning and objectives of architectural history teaching，puts forward the 5E teaching mode，discusses the specific measures of architectural history teaching and proposes new ideas of teaching，Also this article is expected to provide enlightenment and reference for other universities.

Keywords: 5E Teaching Mode，Teaching Reform，Talent Training

基于微信平台的建筑初步课程混合式教学改革初探*

张 静 安 蕾 张 洁

摘 要：针对建筑初步课程学生人数多、课时少、学生学习主动性不强、教学方式单一、师生互动不足等问题。尝试挖掘微信平台移动学习支持功能，构建了基于微信平台的混合式教学模式。借助微信平台提供的微信群功能、微信公众平台资源共享功能、微信小程序雨课堂，进行辅助教学的实践探索。通过平台建立、资源建设、教学设计，改善和优化传统教学中存在的障碍与不足，以期为建筑类专业课程借助微信平台，促进实践教学效果提供借鉴。
关键词：混合式教学，微信平台，建筑初步，雨课堂

随着信息技术的迅速发展，混合式教学受到人们的广泛关注。混合式教学结合了传统教学模式和数字化或网络化辅助教学的优势，既发挥了教师的主导作用，又体现了学习者作为学习过程主体的主动性、积极性和创造性[1]。在教育部"本科教学质量工程"等项目推动下，将网络学习和传统的课堂学习相结合，从而达到弥补单一使用传统课堂或网络课堂的弊端，提高课堂效率的目的，已逐步成为高校课程改革的一个趋势[2]。如何将传统课堂学习与网络学习平台进行有机融合，实现最优化的学习效果，是值得当前教育工作者深入思考的问题。

目前基于移动端的辅助教学类 APP 不断出现，各具特色。微信具备用户数量巨大，交互功能强，使用频率极高，影响力大、跨平台等明显优势。在平台功能上，微信最早提供了微信公众平台和微信群功能，利用微信公众平台可发送图片、语音、视频、图文信息等功能，建设课程辅助学习的订阅号，以达到辅助教学的目的[3]。

伴随信息技术的日新月异发展，17 年 1 月 9 日，微信平台正式上线了微信小程序功能，和 APP 相比，无需安装下载注册认证等繁琐的程序，用户通过微信搜索或扫一扫即可打开使用小程序，具有触手可及、用完即走、占据内存小、操作简单等优点。如"雨课堂"、"问卷星"、"腾

讯文档"等，尤其是雨课堂，它是 2016 年学堂在线与清华大学在线教育办公室共同研发的智慧教学工具[4]，具有良好的辅助教学功能，使得微信的平台优势进一步加强。

《建筑初步》课程是我校城乡规划专业最重要的主干课程之一，是学生专业学习的重要起点，其学习效果对后续专业课程的开展具有直接影响，贯穿整个大学教育的始终。然而，在多年教学实践中发现，传统的教学方式存在学生人数多、课时少、学生学习主动性不强、教学方式单一、师生互动不足等普遍的问题。本文通过建设基于微信公众平台和微信雨课堂的学习资源，将移动教学与课堂教学相结合，设计适应我校建筑初步课程的混合式教学模式，并在本科教学中进行了实践探索。

1 选择教学内容与教学模式

1.1 选择教学模式

城乡规划专业是一门综合性、实践性较强的学科，在建筑初步课程中，既要求学生学习包括艺术，技术，社会等方面的理论知识，又需要学生掌握诸如字体、线条、建筑图纸表达等大量设计表达所需的基本技法。专业词汇较多、概念抽象、实践内容灵活多样。在传统的教学模式下，学生学习主动性难以被激发，翻转教学模式要求学生有较高的自学能力，要投入较多的时间，所以，容易引起学生

* 基金项目：西安工业大学课堂教学改革项目"基于微信公众平台的移动式《建筑初步》课程教学研究与实践"编号（17JGY26）；西安工业大学课堂教学改革项目"翻转课堂在城乡规划导师制实践课程中的应用"编号（17JGY24）。

张 静：西安工业大学讲师
安 蕾：西安工业大学讲师
张 洁：西安工业大学讲师

抵触心理。而混合式教学模式可以兼顾课程难度和学生投入不足的问题，是一种较为适合建筑初步课程的教学模式。

1.2 选择教学内容

建筑初步课程内容分为理论和实践两大部分，内容繁杂，课时紧张，并不适合完全进行混合式教学。首先，大一学生公共课程多，学习时间紧，如果建筑初步课程完全采用混合式教学，势必会过多占用学生时间，容易产生学习抵触心理。其次，建筑初步课程是一门专业入门课程，学生学习前对专业几乎一无所知，所以，将部分内容采用传统课堂教学方式，可以让学生逐渐熟悉专业，逐步适应课程学习方法和节奏。第三，建筑初步课程中理论部分相对稳定，而实践部分因为主观、客观原因，学习起来灵活性很强，每个人在实践的过程中，都会出现各种个性化问题，需要更多的交流、讨论、大量练习，最终形成自己的能力。基于以上三点原因，在 64 个课时之内，我们将实践部分的 40 个课时内容进行混合式教学。

2 建设移动学习资源

当前，微信在大学生群体中基本普及，借助微信平台辅助教学可以大幅度降低平台的建设、推广难度。建立课程配套的微信平台，可以给学生发送图文信息、图片、视频、语音，且可以通过关键词检索查阅。微信公众平台是腾讯公司于 2012 年 8 月推出的一项微信订阅服务，主要针对名人、政府、企业、媒体、草根一族等扩大自身影响力，开展自媒体活动的需要[5]。因微信订阅号主要作为社交工具产生，所以在进行辅助教学时存在不足，比如订阅号每天只可发送一条推送，图片大小有限，数据分析功能不足等等，都限制了微信公众平台在辅助教学应用中的效果。随着信息技术的进步，2016年清华大学"学堂在线"推出的智慧教学工具"雨课堂"不仅很好地解决了这些问题，而且雨课堂通过借助微信平台，实现教师推送教学内容，实时答题，与学生多屏互动等功能，覆盖了课前、课上、课后的每一个教学环节，让课堂互动永不下线[6]。基于微信公众平台和微信雨课堂的优缺点，我们以二者的组合方式建设建筑初步课程学习资源。根据（图1）的构架，以微信公众平台来展示课程相关的重点难点知识点、实践教学操作视频等，将课程预习材料、上课同步 PPT、试卷等功能放在

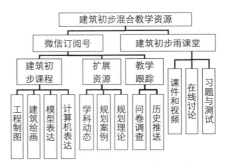

图 1　建筑初步混合教学资源结构图

雨课堂小程序来实现，采取将两者结合的方式，用以满足混合教学模式改革的资源建设需求。通过微信公众平台管理系统，建设并完善"XATU 建筑初步"微信订阅号。将公众号的自定义菜单按照内容分为三个模块。"初步课程"模块包括工程制图、建筑绘画、模型表达、计算机表达四部分；"扩展资源"模块包括学科动态、规划案例、规划理论三部分；"教学跟踪"模块包括问卷调查、历史推送两部分。微信小程序雨课堂具有发布课程电子课件、视频、作业、测试考试、课程讨论等功能，便于学生课前 – 课中 – 课后的每一环节自主灵活学习。

3 微信平台在混合教学模式中的设计与应用

为了更好地发挥微信平台的便捷性、传播性、介入性的优点，从而激发学生学习专业兴趣和主动性，我们设计了基于微信平台的混合式教学模式。将微信群、微信公众平台、微信小程序综合运用按照"课前准备"——"课堂教学"——"课后总结"三个环节（图2），进行课程的辅助教学。

教师课前起引导作用，通过微信雨课堂提前发送后

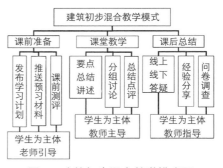

图 2　建筑初步混合教学模式图

续课堂教学的学习计划及预习电子课件，要求线上学习教学资源，学生可以在课件上标注不懂，也可以反馈自己的问题及思考；在课堂教学阶段，教师起主导作用，要求学生针对课程内容的关键知识点及相关问题进行分组讨论；课后总结阶段，教师起到重要的指导作用，通过线上线下答疑反馈、作业点评等方式帮助学生梳理、巩固、提升所学新知识。通过结合传统教学和移动式教学的优势，既体现教师的主导作用，又凸显学生作为学习过程主体的主动性和积极性[7-8]。

3.1 课前准备

首先，教师建立授课班级微信群，用以发布课程信息、发送资料。其次，在授课班级微信群中分享订号"XATU建筑初步"公众号名片，提前将课程所需的主要教学内容整理上线，并对主要内容设置自动回复或关键词检索，整理收集如动画、视频、学科课外知识等拓展资源。再次，教师进入雨课堂创建建筑初步课程，在授课班级微信群中分享课程二维码或邀请码，督促学生进入雨课堂建筑初步课程。学生进入雨课堂后需要做两点准备，第一，在雨课堂班级内对学生进行分组，以便后续展开课堂讨论。第二，老师在雨课堂编辑发布基于 PPT 形式的课前预习资料，雨课堂以插件的形式实现了与 PPT 和微信的无缝连接，便捷、易上手是其最大优势。预习材料可以将图片、视频、学堂在线课程链接统一打包在一份 PPT中，并且学生在预习时还可将不懂的地方标注为"不懂"，以便学生带着问题上课，有效地发挥学生的主观能动性。而老师可同步查看到学生的预习情况，从而在课前掌握学生的预习状况，知道学生的难点，为下一步课上的课程节奏和重点难点讲解做好准备。然后，老师针对下节课重点难点，提出学习要求，引导学生自主学习材料，课前老师再发布一次测试题，用以检查学生学习情况。

3.2 课堂教学

以 2 个课时总时长 90 分钟的教学过程设计为例，按照以下步骤进行：第一步，老师讲述本节课程重点难点（10 分钟），以便学生明确最重要的知识点。第二步，在雨课堂设置习题进行测试，测试结束后围绕知识点对易错问题进行解析与讲授，确保大多数学生在讨论前对知识的掌握达到一定的深度（10-15 分钟）。第三步，

小组讨论（30-35 分钟），每组学生提出 2-3 个问题在各小组之间展开讨论，相互辩论解答。第四步，老师依据现场讨论情况提出新问题，全班现场讨论（15-20 分钟）。课堂讨论同时，在雨课堂讨论区同步发布该问题，让没有时间课堂发言的同学也能以文字的形式在讨论区发表自己的观点，从而保证每位同学的思路紧紧跟随课程进展。第五步，老师总结点评（10 分钟）。整个课堂教学环节中，教师从传统的知识传授者角色转变为学习过程的引导者、合作者，让学生从被动地接受知识转变为主动学习，在教师的引导下，在同学的激发下，不断进行更深层次的探索学习。

3.3 成绩评价及总结

课程结束后，可以通过微信群功能发布实践作业要求及评分标准，通过实践作业完成情况检查学习效果。期末总评成绩由线上成绩 30% + 平时成绩 10% + 实践作业平均成绩 60% 组成。其中线上成绩由雨课堂测验 + 讨论 2 部分组成。这样保证了对学生学习效果的多维度评定，相比较传统的一考定音更加客观全面。

建筑初步课程的实践作业大多为模型和图纸，其特殊性在于，每位同学在完成作业的各个环节都可能有自己独特的处理手法，为了将这些优秀经验及时总结推广，每做完一次作业，都要进行经验的收集、归纳、总结、推广。优秀经验分享的形式有两种，一种是文字可以说清楚的，一种是需要录制现场操作的小视频。文字性的经验可以通过以下过程完成：老师先在微信小程序"腾讯文档"里新建一篇"优秀经验分享"的文档，文档里老师只是建立分享的框架，以便后续同学可以按照一定的逻辑顺序编辑。腾讯文档也是基于微信平台的一款小程序，它可以实现多人同时在线编辑。然后老师将该文档框架发布到班级微信群，邀请完成优秀的同学通过"腾讯文档"进行优秀经验的梳理总结。现场视频录制要按照知识点拆分录制，这样便于后期同学有目的的查看。最后老师对文字和视频进行编辑，将最有价值的经验在微信订阅号发布。这样，就将以前一对一的一言堂式课堂教学变成群策群力的智慧合集。

最后，在期末设计问卷，运用微信小程序"问卷星"进行在线调研，对整个教学模式调查反馈，明确下一步改进的方向。

4 基于微信平台的混合式教学效果

利用微信雨课堂和微信公众平台的后台数据分析功能，对学生课前课中课后数据进行分析，并采用微信小程序"问卷星"进行在线问卷调查，追踪教学效果。从问卷调查的反馈情况可以看到，85% 学生认为混合式教学模式设计合理，98% 的同学认为移动学习资源丰富实用，83% 的同学认为混合式教学效果优于传统课堂，能激发学生学习积极性。100% 的同学对微信雨课堂辅助教学效果满意。但同时也有学生反应课堂小组讨论问题的提出不够精炼和典型，且讨论时间紧张，后续将根据数据统计和问卷调查结果进一步优化教学模式，通过不断的教学反思，取得更好的教学效果。

5 结语

信息技术为教育发展带来了革命性影响，借助微信平台建设建筑初步课程移动学习资源，满足了学生碎片化时间的学习需求。设计适合于移动教学的混合式教学模式，有效地调动了学生的学习主动性和积极性，突破了传统学习的壁垒，拓宽了学习手段与范围，将越来越成为城乡规划相关课程教学中的重要教学手段。但当前我国高校教育领域中微信平台的应用还处于初步探索阶段，研究与实际运用之间还存在较大的差距。希望通过文章中提到的平台构建、资源建设、教学设计，进行一些积极地探索，将教师从知识的传授者、灌输者的角色中解放出来，将更多的精力投入到教学过程设计和启发引导学生的工作中来，从而对进一步提高高校其他课程的教学效果有所启发。

主要参考文献

［1］ 何克抗 . 从 Blending Learning 看教育技术理论的新发展 [J]. 国家教育行政学院学报，2005（9）：37–48，79.

［2］ 赵国栋，原帅 . 混合式学习的学生满意度及影响因素研究——以北京大学教学网为例 [J]. 中国远程教育，2010（6）：32–38.

［3］ 李嘉欣，李晓晶，魏春华，等 . 基于微信公众平台的混合教学模式在医学生物化学课程中的应用 [J]. 高校医学教学研究：电子版，2018，8（1）：40–43.

［4］ 李向明，张成萍，袁博 . 雨课堂应用的实验性研究——联通主义学习理论的精彩诠释 [J]. 现代教育技术，2017，（5）：40–45.

［5］ 柳玉婷 . 微信公众平台在移动学习中的应用研究 [J]. 软件导刊 教育技术，2013，12（10）：91–93.

［6］ 姚洁，王伟力 . 微信雨课堂混合学习模式应用于高校教学的实证研究 [J]. 高教探索，课程与教学，2017，（9）：50–54.

［7］ 柳玉婷 . 微信公众平台在移动学习中的应用研究 [J]. 软件导刊 教育技术，2013（10）：91–93.

［8］ 李嘉欣，李晓晶，魏春华，等 . 基于微信公众平台的混合教学模式在医学生物化学课程中的应用 [J]. 高校医学教学研究：电子版，2018，8（1）：40–43.

Exploration of Blended Teaching Model Reform based on WeChat Platform in Architectural Design Elementary Course

Zhang Jing　An Lei　Zhang Jie

Abstract: In view of the status that there are more students taking the architectural design elementary course, but only fewer class hours, weak enthusiasm for learning, single teaching method and insufficient interaction between teachers and students, etc. This paper tries to explore the support function of WeChat platform in mobile learning, and wish to construct a blended teaching model based on WeChat group, WeChat public platform, and rain classroom. Through the platform establishment, resource construction and teaching design, the obstacles and deficiencies existing in traditional teaching will be improved and optimized, so as to provide reference for architectural professional courses to promote the effect of practical teaching.

Keywords: Blended Teaching Model，WeChat Platform，Architectural Design Elementary Course，Rain Classroom

对城乡规划专业新型教育方法的探讨

朱敏清

摘　要：随着城市化进程的加速，城乡规划工作对新型城镇化战略的有效实施及区域均衡发展的作用越来越突出，2011 年 4 月教育部印发了《学位授予和人才培养学科目录（2011 年）》，将城乡规划学正式提升为一级学科[1-2]，这也对各地高等学校的城乡规划专业培养目标、培养模式和课程体系设置等方面提出了更高的要求和挑战[3-4]。传统的教育中师徒相授的方式已不能满足需求，探索更有效的教学方式，在教与学中达到事半功倍的效果成为我们教学研究的重点。本文从以"教"带"学"的教育体系下探讨城乡规划专业的新型教育模式。

关键词：新型教育模式，"点—轴—网"框架改革理念，三件课，自主学习

1 城乡规划专业传统教育模式的弊端

城乡规划专业旨在培养城市规划学科高级工程技术人才，能在城市规划相关部门部门从事城市规划设计与管理，开展城市道路交通规划、城市市政工程规划、城市生态规划等工作，同时能够参与到城市社会与经济发展规划、区域规划、城市开发等方面的工作中来，并且需要具备城市设计、城市规划等方面的知识储备。在学生掌握基本理论知识的同时，还需要具备主观能动的创新能力。"接受式学习"是长期以来学校教育在现有教育模式下的主导甚至是惟一的方式。教材中心、教师中心、课堂中心是它的精髓。一般教师是将现成的结论性知识整理成学习材料传授给学生们，并非引导学生们重复人类发现、形成有关知识的学习积累的过程。但是主观能动的创新能力对学生各方面能力的培养有着重要的、不可替代的作用，比如学生的系统思考能力、受纳知识能力、演绎推断能力和分析思维能力等。然而，在现有的教育模式下，人的主动性、能动性和独立性被忽略，学生的创造潜能和创新素质没有得到充分的开发和培养，学生的学习被更多的建立在依赖性和受动性的基础之上以及人的客体上，学生的创造力甚至在某种程度上被抹杀。对于传统的单一传授模式，现在教育学已经进行了反思，提出"教"与"学"应该是互动的两个方面。考虑到城乡规划专业的专业特点，我认为在"教"与"学"的关系中，更应该突出"学"的重要性，唤醒学生学习的主体意识，引导学生主动学习，尽可能的摆脱传统教育模式中学生"被训练"、"被教授"、"被培养"的被动地位，同时"教"应该成为一种外在动力，去激励、引导学生的"学"之内在动因[5]。

2 城乡规划专业课程体系改革建设新理念

教学理念是教育改革和发展的灵魂，正确的课程体系建设理念对城乡规划专业课程体系改革至关重要。因此，河北工业大学以促进城乡规划专业毕业生就业和满足社会需求为引线，以提高城乡规划专业学生的知识、能力和素质为主要支撑，提出了城乡规划专业课程体系的"点—轴—网"框架改革理念，即以培养目标为中心点，围绕一个中心点延伸出知识、能力、素质三条轴线，拓展衔接各个课程知识点构建形成联系紧密的课程知识网络[6]。学校以培养适应社会主义现代化建设需要，德、智、体、美全面发展的"厚基础、宽口径、重实践、求创新"的城乡规划学科高素质应用型人才为整个课程体系改革的中心点；以实现培养目标为重点，以提高城乡规划专业学生知识、能力和素质为主要支撑，梳理出城乡规划专业课程体系的三大轴线。使学生的知识、能力、素质形成有机整体，有助于提升学生的专业

朱敏清：河北工业大学 建筑与艺术设计学院正高级工程师

知识应用能力和设计创新能力，培养社会所需的城乡规划专业人才。

3 信息化教育平台——"三件课"

在新型教育模式下，出现了信息化教育平台"三件课"，分别是"翻转课堂、慕课、微课"，其历经十多年的不断发展，给新型教育模式打开了新的篇章。简单地讲，翻转课堂，给学生学习形式带来了一种全新的突破，它对课堂内外的时间进行了重新调整，将学习决定权交到了学生手中；慕课（MOOCS），则是一种教学模式的颠覆，它打破了以课程讲课为主的传统教学模式，是一种大规模的开放网络课程，对于教学模式的推陈出新具有重大意义；微课，主要以视频为载体，按照新课程的标准以及教学实践的要求，对教师在课堂内外教育教学过程中围绕教学环节或某个知识点开展的精彩"教"与"学"活动全过程的记录[7]。"三件课"改变了学生的学习方式，通过现代化技术手段将学生自主学习的兴趣极大地激发了起来，为教师传道授业提供了一种全新的途径，同时也开启了教育改革背景下新型教育模式的新篇章。"三件课"相互之间既有联系也有区别，各有各的特色，在一些应用了"三件课"的高校中取得了不错的成果。这种新型教育模式在如今的教育系统中不断发展，形式多种多样，比如教师可以参与到"三件课"的教学中，搜集资料、制作视频并参加全国比赛；还有一些学校组织开展了慕课、微课教师培训讲座。"三件课"教学模式要求学习者具有较高的学习主动性，由于学生们习惯了传统的"填鸭式"学习，因此在接触"三件课"教学模式的初期可能会不适应。有了这些新的线上教学方式，学生们可以更加灵活地安排自己的学习时间，碎片化的时间也可以被充分利用。此外，从专业整体建设水平上来说，"三件课"也有利于优质的城乡规划专业教育资源的共享化、规模化，对于新时期我国城乡规划专业人才综合素质的提高具有重要意义[8]。

4 实践教学—重塑"教"与"学"的新型教育模式

4.1 利用新型教育模式形成完整的知识构架

结合课程特性与教学现状，以及传统教学方法的优缺点，以社会发展对规划人才培养的需求、调研实践对学生价值观和思维能力的需求，以及新时期学生对知识

多样化的需求为基本出发点，实践教学完善了课程体系和内容；加强了对学生价值观和能力的培养；引入了建构主义理论，建立了建构主义知识观、学习观和师生观"三位一体"的教学观和适应不同教学阶段的教学模式；完善了过程监督和成果评价机制，极大地提高了学生学习的主观能动性和教学成效。从教学内容的设置上，突出课题训练的整体性、连贯性、综合性。格式塔心理学认为，连续的要素更容易被识别和记忆。整合教学内容，以培养目标为中心点，围绕一个中心点延伸出知识、能力、素质三条轴线，拓展衔接各个课程知识点构建形成联系紧密的课程知识网络，利用网络开放课程，以视频为主要载体展开精彩的教与学活动全过程。由浅入深、由表及里进行教学，便于学生形成整体、相互关联的认知链条，提高学生学习兴趣和主观学习能力。

4.2 创新性教学

在学习中，培养学生有意识地多发现问题，提出问题，试用科学的方法解决问题，不放过深入实际，亲身实践的机会，边学习，边实践，使之成为具有全面能力的人才；在教学和科研中，老师利用广阔的平台和空间，提倡以学生为中心、教师为主导的教学模式，形成学生主动学习，教师启发、引导、激励和评价相结合的教育体系；在管理中，要以培养创新型人才为中心，以人为本，建设创新型管理队伍。在教学模式和培养模式上要有一个根本的转变：即由注重知识传授向注重素质培养、智能开发方向转变；由传统的以学科为本位的理论型学术型向以能力为本的应用型职业型方向转变。这就是说创新型教育改革不仅在于教给受教育者新理论、新知识、新技术、新手段，更要突出学生创造力开发，培养创新型思维[9]。

4.3 构建多学科协同创新的城乡规划课程体系

城乡规划学科还处于学科建设的初级时期，构建具有中国特色、独立的城乡规划理论体系，仍然是学科建设的主要目标之一。在课程体系中适当减少必修课程，增加选修课程，通过将课程体系变得更加灵活自主，来使学生的学习自主性提高；在基础课程阶段构建"宽基础＋重特色"的课程体系，并通过多种学科交融的课程体系拓宽学生的知识面，深化研究生对城市多角度、多层次的理解。第一，完善实践教学，调整校内外实习、

专业实习等实习教学环节，形成包括美术实习、城市认知实习、专业实习（一、二、三）、校内实习、校外实习、实践教学、课程设计、毕业设计等在内的多方面、多层次的实践教学体系。第二，增加模块式教学。在限选课程设计上分设建筑设计、城市规划、城市设计、景观设计、旅游规划、房地产开发与管理6个培养模块，模块的设置涉及城乡规划专业就业的6大方向，以适应不同的工作岗位需求，增强专业的特色，挖掘专业深度，利于学生选课的灵活性，真正体现专业的应用性。第三，加强学校与企业、地方、社会的联系，积极开展第二课堂（行业课堂）。通过"校—地""校—企"联合办学的方式，实施学程分段、学业分流，构建企业导师进校园、行业专家进校园的人才分类培养模式，培养一批能适应社会发展需求的应用复合人才[10]。

4.4 以"体验"作为专业认知的重要先导，增强学习趣味性

感性认识是整个认识过程的前导和基础，同时也是最直接最容易令学生产生触动的认识过程。最能引起学生兴趣的活动首先想到的便是游戏，在教学过程中引入游戏元素，不仅能很容易地将学生的学习兴趣激发起来，同时也有利于将学生的想象力和创造力最大限度地发挥出来。在教学过程中可以增加城乡规划主题设计，以小组为单位进行评比，激发学生的学习兴趣和创造能力[5]。

4.5 建立过程监管与成果评价机制

不同于其他以课堂教学为主的课程，探索有效的过程监控与成果评价机制对于调研类实践课程非常重要。经过几轮教学实践，初步形成了教师监督与学生自律相结合的过程监控机制并建立了成果综合评价机制。实践教学过程包括：①教师一周两次集中指导、讲评。②每日E-MAIL提交调研成果，便于教师对调研过程进行跟进、指导和监督。③学生调研出勤与工作量表。成果综合评价机制，由指导教师评定、班内互评和系内公开评定相结合确定最终成绩。个人总成绩由个人成绩（20%）与小组成绩（80%）组成，其中，个人成绩由出勤及分工工作量判定，教师评定占50%，班内互评环节同组成员的打分占50%。通过主题考核，小组之间互评的方式可激发学生的学习热情、锻炼学生的口头表达能力，有效地发挥了学生之间的监督作用，增加了小组之间的竞争、学习和交流机会，有效提高了教学质量。

4.6 对城乡规划专业学生价值观的培养

人文教育不是科技教育的配角，它有自己的独特功能。其中充实精神、完善人格是它最主要的作用。它追求的是给人以美的熏陶，善的教化，情感的撞击等。它可以影响人的世界观，改变人的内在心理结构，从而调整人对生活的态度，塑造作为精神主体的人。城乡规划具有重要公共政策的属性，更是维护社会公正与公平的重要依据。城乡规划专业培养目标是培养适应国家城乡建设发展需要，具备坚实的城乡规划设计基础理论知识与应用实践能力，富有社会责任感、正确的价值观和协同创新能力及综合思维与专业分析能力的高级专门人才。要培养学生作为规划师的基本价值观，比如人文关怀，公平公正等，同时学生要在实践调研中树立正确的出发点和视角。因此也就对教师的教育提出了新的要求：其一，将是否考虑人的尺度与需求的多样化作为审视、调研城市各类空间的规划与设计的标准，将更多的关注点放在对物质空间背后深层次的城市本质属性的探索上。其二，城市基础设施、公共空间、绿地、城市环境等是与市民生存质量密切相关的人性空间，我们应当尽可能的引导学生把目光更多地投向这些方面。其三，在调研过程中，应该将公平公正作为基本价值观贯穿始终，从选题、分析问题到解决问题之中的各个方面，都应该引导学生去更多地关注弱势群体的生存空间，不仅要关注横向维度的代内公平，同时也要考虑纵向维度的代际公平，培养规划师的人文素养。我们不仅要学习优秀的中国传统礼仪文化，同时也要结合开放的西方独立精神中正面积极的部分，形成专业学习的特色。这样可以帮助我们拓展国际视野，扩大知识面，塑造良好的职业形象，从而达到厚积薄发的效果，树立自信心。

5 结语

高等教育是一个社会，一个民族发展的根本动力，高等教育的质量直接决定着一个国家的强盛与否。而城乡规划专业作为国家重视的一级学科，更是维护社会公平公正的依据。教学组成员在课程教学改革研究与探索过程中，进行了课程体系的构建和教学内容的完善，形

成了以"点—轴—网"框架为教育改革理念，以"三件课"为教学手段的教育教学方法，并引入以学生为主体的建构主义的教学观和教学模式，建立了科学有效的过程监控机制和成果评价体制，提高了学生学习的自主性、创新性。规划教育必须深入实践，不断改革和创新人才培养机制，与城市建设的需要和社会的发展相结合，才能真正促进城乡规划专业的发展，确保规划的科学性，既符合当今的教育现状，也有利于培养符合社会主义现代化建设要求的城乡规划人才。通过教学组成员的不断研讨，教学方案也有一些局部调整，其中还有很多不成熟、不完善的地方，需要进一步改善和提高。

主要参考文献

[1] 徐煜辉，孙国春. 重庆大学城乡规划学科教学体系创新与改革探索 [J]. 规划师，2012（9）：11–16.

[2] 高等学校城乡规划学科专业指导委员会. 高等学校城乡规划本科指导性专业规范（2013 版）[M]. 北京：中国建筑工业出版社，2013.

[3] 戴波，刘建东，纪文刚，等. 基于实现矩阵的课程体系及课程教学改革控制模型构建 [J]. 高等工程教育研究，2014.（1）：149–158.

[4] 赵映慧，袁兆华，王杜春，等. 东北农业大学人文地理与城乡规划专业课程体系建设 [J]. 高等理科教育，2013（4）：94–98.

[5] 赵小刚等. 重塑"教"与"学"——以"自主学习"为导向的建筑设计基础教学实践探索 [J]. 高等建筑教育，2014.

[6] 肖少英，任彬彬. 点—轴—网框架下城乡规划专业课程体系建设研究 [J]. 高等建筑教育，2015.

[7] 高薪茹. 新型教育模式"三件课"构筑未来——"虚拟大学城". 艺教视界，2014.

[8] 万亿，等. 新时代城乡规划专业研究生教育方法创新初探 [J]. 高等教育，2019.

[9] 李磊，黄林冲. 创新型大学教育体系构建的研究. 长沙铁道学院学报，2007.

[10] 朱玲玲. 模块化课程体系研究——以商丘师院城乡规划专业为例. 现代交际，2016.

Discussion on New Educational Methods of Urban and Rural Planning Major

Zhu Minqing

Abstract: With the acceleration of urbanization，urban and rural planning plays an increasingly prominent role in the effective implementation of the new urbanization strategy and regional balanced development. In April 2011，the Ministry of Education issued the Catalogue of Academic Degree Granting and Talent Training Disciplines（2011），which formally upgraded urban and rural planning to a first–level discipline[1–2].This also puts forward higher requirements and challenges for the training objectives，training modes and curriculum system of urban and rural planning specialty in Colleges and universities all over the world[3–4]. The traditional way of teaching between teachers and apprentices can not meet the needs. Exploring more effective teaching methods and achieving twice the result with half the effort in teaching and learning has become the focus of our teaching research. Therefore，the author explores the new education mode of urban and rural planning specialty under the education system of "teaching" and "learning".

Keywords: New Education Model，"Point–Axis–Network" Framework Reform Concept，Three Courses，Autonomous Learning

5E 教学法在地方院校城市设计课程中的应用探究*

李　蕊　孔俊婷　许　峰

摘　要：地方院校城市设计课程教学围绕实用工程技术人才培养目标展开，通过 5E 教学法介入，可以实现更优培养目标达成。文章从解析 5E 教学法的内涵出发，分析 5E 教学法与城乡规划教育的对标体系，在剖析城市设计课程 5E 学习环设置方法的基础上，展现城市设计课程教学实践过程中 5E 教学法的应用策略。

关键词：5E 教学法，城市设计课程，地方院校，教学方法

城乡规划教育旨在培养城乡规划人才，出口导向城市规划师、管理者、科研人才等多层次人才培养。对于地方院校城乡规划学生来说，具有较好的专业技能，解决地方急需的规划问题，是人才培养的核心。这就要求学生在毕业后，具有扎实的设计能力，积极的职业素养与追求理想空间的目标追求。通过在城市设计课程中运用 5E 教学方法，能够充分激发学生的学习兴趣，提高课程参与性，使学生充分掌握城市规划工作逻辑与方法。

1　5E 教学法与城乡规划教育

1.1　5E 教学法的内涵

5E 教学法是美国生物学 BSCS 课程教学模式，它基于建构主义教学理论，强调学生的主体性和教学过程中师生的行为协调性，以创造积极课堂，激发学生学习兴趣为目标，具有广泛的应用价值。其教学内涵包含参与（Engagement）、探究（Exploration）、解释（Explanation）、详细阐述（Elaboration）和评价（Evaluation）五个阶段，形成完整的学习环（表 1）。

1.2　5E 教学法与人才培养目标对接

地方高校对于城乡规划人才的培养，指向"厚基础、宽口径、强能力、高素质"的复合型高级规划人才。依循

* 基金项目：河北工业大学教育教学改革研究项目（201703027）。

城市设计课程隶属《城市规划设计》课程模块，2018 年河北工业大学本科优质课程建设项目。

5E教学法内涵		表1
参与	这一环节是 5E 教学模式的起始环节。常用方法为通过创设问题情境"吸引"学生对学习任务产生兴趣，激发学生主动"参与"探究。这一阶段，需要将课程内容和教学目标相联系，构建学生的认知体系	
探究	此阶段，在教师提供必要背景知识的基础上，引导学生进行探究，教师把握探究的进程和深度，注意发现学生的知识基础和问题，引导学生发现、扩展新知	
解释	此阶段，学生将展示探究过程与结果，教师通过概念、过程或方法的讲解，引导学生完善探究，摈弃和纠正学生已有的错误概念，更加深入地理解新的概念。教师对逻辑推理过程的教学对学生掌握概念与应用至关重要	
详细阐述	这一阶段是对概念的应用与实践阶段，在教师的引导下，学生落实概念的应用并扩展概念，获得更多的信息与技能	
评价	综合运用正式与非正式方法进行评价教学成效，鼓励学生的自我评价，积极促进教师的教学反思与改进	

OBE 教育模式对人才的培养，强化人才培养目标体系的建立，实现目标的达成。从培养目标到课程的教学目标的确立，通过 5E 教学法的运用，形成目标体系的良好对接。

其中，城市设计课程教学目标为：

课程目标 1：加强学生概念规划、城市设计等技能技法的训练，丰富和完善学生专业知识。掌握城市设计的基本理论、内容和方法；

课程目标 2：熟悉城市设计的程序及国家相关标准规范；

李　蕊：河北工业大学建筑与艺术设计学院讲师
孔俊婷：河北工业大学建筑与艺术设计学院教授
许　峰：河北工业大学建筑与艺术设计学院讲师

课程目标 3：培养学生创造性思维方式与关注社会的意识、公正处理和共识建构的能力；

课程目标 4：培养学生分析问题和解决实际问题的能力；

课程目标 5：培养学生自主学习的同时应具有团队协作精神，树立职业意识，增强学生对规划设计的工程性、实践性和社会性的认知，培养学生协同创新能力。

5E教学法教学目标体系　　　　表2

5E 教学法	教学阶段目标	课程目标	人才培养目标
参与	激发兴趣	课程目标1、课程目标5	发现、分析及解决问题
探究	研究思维与能力	课程目标1、课程目标3	工程专业基本理论知识、专业发展现状和应用、创新意识
解释	知识理解	课程目标2	专业基本技术与应用
详细阐述	知识应用	课程目标2、课程目标4	设计/开发解决方案、环境和可持续发展意识
评价	教学成效与反思	课程目标5	终身学习

由表 1-2 可见，5E 教学法通过情景营造与师生协同教学，通过"参与——探究——解释——详细阐述——评价"形成完整的学习环，这种学习环的构建可以充分发挥设计类课程的专业特点，对接学生主体目标导向，有利于目标达成，形成知识、素质、技能的质的提升。

2　城市设计课程"5E 学习环"设置

地方院校城乡规划专业学生能力的培养注重于实操能力，强调"发现问题——分析问题——解决问题"能力的实际工程能力。在传统教学过程中，"(案例)模仿——设计"是常见的教学方法，这种教学方法对学生的设计逻辑思维构建和创新意识培养不足，当学生进入职场，面对全新的设计内容可能会陷入设计"入手难"、"落地难"的困境。因此，在教学过程中，通过5E 教学法应用形成"认知——案例逻辑拆解——设计"的过程，可使学生建立城市认知与分析的正确思路，掌握城市设计逻辑与方法，即强调以"城市设计的工作逻辑方法构建"为教学核心。

5E 教学法通过教师搭建设计"骨架"——教学过程设计，推动学生主动设计，促成学生正确的逻辑系统的构建。根据城乡规划学科特点，"参与——探究——解

释——详细阐述——评价"的学习环扩展为多阶段、多层次学习环循环深入的教学模式。整体城市设计课程呈现"2P+5E"过程的学习环系统。

2.1　2P：城市设计课程2 阶段教学过程

在城市规划设计课程中，展开2 阶段学习环模式。即"认知学习环"与"设计学习环"。

Part1 "认知学习环"为城市发展问题研究。此阶段旨在城市设计场地更广的范围内（至少1-2 平方公里），分析城市发展背景、现状、问题，正确认知城市、分析城市，构建城市设计工作中城市分析思维逻辑及工作思路。同时，这一阶段容纳案例借鉴方法，重点在于案例的生成过程，学生通过拆解案例的分析过程及解决问题的思路，指导"认知、发现、分析、总结"城市问题的思路与方法。

Part2 "设计学习环"为城市设计阶段。根据城乡规划专业指导委员会教育年会学生竞赛主题，展开城市设计过程。两个学习环教学过程中，形成任务形式规范化，工作逻辑模式化，每轮学习环自身是完整的5E 教学过程："设置任务（参与）——解题与选题（探究+解释）——设计（详细说明）——评价"，前后环之间，是设计工作前后序列，形成逐步深入的课堂推进。

2.2　5E：教学展开的5E 过程

参与（Engagement）：设计课程的"参与"环节，强调导入设计，核心于设计的意义与价值导向，学生通过此阶段明确城市设计的任务与重要性。激发学生设计的兴趣，引导学生价值观念、职业道德、职业责任感的形成。同时，明确的设计任务与工作逻辑解析，对今后课程的展开至关重要。

探究（Exploration）：通过学生自主选题、解题、分析的过程，逐步掌握设计方法。教师作为课堂的引导者，需要充分尊重学生的设计思维。通过构建设计思路，引导学生逐渐形成设计逻辑。在探究的过程中，案例教学引入应突破"模仿"，而是对案例进行逻辑拆解，解读案例生成的过程。例如，学生对历史街区保护与更新的案例分析过程中，选取宽窄巷子作为典型案例。学生的初步分析多处于"怎么做"的表面形态，而教师需要引导学生思考"为什么这样做"的设计逻辑：教师引导学生梳理案例的"前世今生"——成都商圈定位导向下

的宽窄巷子城市定位，宽窄巷子的历史底蕴与特色，开发过程中的问题与解决策略，在明晰的因果逻辑基础上，进而推导并理解其功能业态与空间形态。

解释：城市设计课程的"解释"环节，表达为"提出理念"，更加强调学生的主体性。教师通过课堂组织组内讲评与集中评图，激发学生表达设计的思路与理念；同时，通过师生互动，以教师的逻辑推理过程为示范，使学生逐渐明晰设计工作逻辑。教师重点关注学生对于关键问题的抓取与归纳能力、基本知识的掌握程度、相关扩展知识的科学合理性、设计理念与思路的可实施性及设计思维的抽象图示表达能力。

详细阐述：根据学科设计周期特点，详细阐述阶段表达为"深化设计"。在设计指导过程中，注重理念的表达、新概念的应用、空间的深化与拓展，以匠人精神深化空间推敲与表达。

评价：构建多维评价体系，自评、互评、教师评价与专家评价等的综合运用。

3 城市设计课程5E教学实践

3.1 认知学习环——城市发展问题研究阶段5E教学实践

此阶段的5E教学关键在于通过教师的引导行为——"了解学生"、"搭建支架"、"价值引领"，创造参与式课堂。

（1）构建参与式课堂——教学引入

教学引入环节，及时掌握学生学情是展开积极课堂的必要环节。在进入城市设计课程之前，进行师生座谈，引导学生评述学习状态及问题。通过教学实践发现，城市设计课程教学对象——规划四年级学生集中反映"城市认知"、"如何设计"、"生涯规划"三个方面的问题：

城市认知：学生具有对城市的基本认知、基本理论和设计方法；学生建立了基本的公平公正、人本、人文、生态设计思维；学生面临从建筑单体向群体、向城市设计的转型，理论联系实际相对较弱；学生对空间形态、尺度把握较弱，对影响城市发展因子关注较少，案例积累较少；

如何设计：如何开始设计、形成理念？如何处理复杂的系统？如何深入设计？

生涯规划：未来的职业选择与相关能力训练？

因此，针对学情特点，接下来的教学应主要解决"解构理论应用方法"、"构建设计思维逻辑"、"引领学生个性化发展"三个方面的问题。

（2）搭建支架——工作逻辑的系统构建

在5E教学法应用过程中，学生是主导，但教师应当是教学过程支架的搭建者，教师应当充分把控学生的设计过程。"支架"应当是达成课程成果目标的工作逻辑与过程。通过教师明确的"支架"展示，学生明白任务的同时，能够形成设计职业工作的逻辑及方法流程。

例如，城市发展问题研究阶段，教师对整体设计流程、设计最终成果和任务节点安排进行框架的搭建。此阶段最终成果为A1图纸3张，包含城市发展背景综合分析、宏观城市系统分析＋案例、场地分析＋案例。为达成此成果，学生可以遵循"选题——预调研——调研——城市分析研究——问题总结——规划策略与典型案例——成果表达"的工作过程展开学习。根据此"支架"，学生自拟工作计划书。教师对于计划书的指导过程，亦是学生系统思维的提升过程。

（3）引领教学内容价值导向——设计选题

城市设计课程设计主题的选取应当具有开放性，通过主题词的提出引发学生关注社会问题与需求。学生对于"主题词"的解读是开放的，教师有意识的引导学生关注"主题"的社会价值性。常用选题包括：城市公共空间、城市更新、历史文化街区、工业遗产保护、社区营建、乡村硬件，在这些选题下，突出学生设计价值的引导，关注人本、传承历史、尊重自然。

3.2 设计学习环——城市设计阶段5E教学实践

（1）"分步走"——城市设计教学阶段控制

将5E教学过程容纳于四步实施：理念结构、空间布局、方案深化、方案表达（图1）；从城市系统、建筑群体、景观环境、导则引入等多方面把控设计方案，使学生设计方案逐步深入。

（2）"张开嘴"——参与式课堂构建

师生互动过程，不仅仅是"设计——改图"的过程，更是思想的交流。教师构建参与式课堂，通过"聆听"、"尊重"、"辨析与引导"、"解析与拓展"的方案，激励学生"张开嘴"去表达设计，引导学生思考设计中的问题与缺陷。好的设计师一定是对生活充满激情与向往的。在表达的过程中，学生以专业的视角提升方案解读与表述能力，以感性的视角强化设计师的责任感、荣誉感与使命

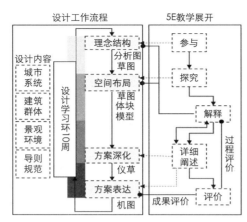

图1　5E教学城市设计教学阶段控制

感，同时锻炼学生的语言表达、逻辑组织能力。

（3）"多动手"——拓展训练

"一对一"是城市设计课程的教学特点，教师对学生小组一对一指导的过程，是帮与带的关系，这就要求教师"多动手"，学生"多动手"。在实践教学过程中发现，教学过程需要教师适当"亲自上手改图"，通过教师方案生成的展现，带学生学会设计。同时，鼓励学生手图表达、模型推敲，根据学生学情跟踪，可适时增加"手图技法"、"成果表现技法"等专题课程。

3.3　多维教学评价体系

课程的教学评价多维展开，重视评价后反思过程。评价过程中，积极实施学生的自评互评过程，促进学生的自我激励，形成良好学习氛围，提高教学效果。在教师评价的基础上，扩展职业视角，聘请专家学者、职业工程师进行评价，扩展学生对于设计的认知与理解。

成绩构成的细化与量化，综合过程成绩、成果成绩（小组成绩与个人成绩）的评定，使之更加科学合理。

4　结语

对于地方院校的学生培养，围绕实用的主题，学生职业知识、技能、素质的培养要"落地了地"、"敢想敢做"。通过5E教学法引入城市设计课堂教学，激励学生主动学习。围绕学生构建工作逻辑与思路的教学基础目标达成，通过循环深化的二阶学习环展开，全面提高学生的综合素养。在教学过程中，学生性格、知识与技能基础皆有不同，如何通过5E教学法推进课堂的活跃度，提高学生尤其是后进学生的参与性，如何进一步提高学生的实操经验积累，将是课程教学实践的改进方向，我们也将砥砺前行。

主要参考文献

［1］翟伶俐.城市设计课程教学改革思考[J].安徽建筑，2018，24（01）：240-242.

［2］孙一歌，焦绪国，孟光伟，周诣，全震.地方院校城市设计课程教学模式思考[J].现代交际，2013（07）：229.

［3］李冰心，洪再生.城市设计课程教学改革初探——以英国爱丁堡城市设计课程为例[J].中国建筑教育，2017（02）：99-104.

Research on The Application of 5E Teaching Method in Urban Design Courses of Local Colleges and Universities

Li Rui　Kong Junting　Xu Feng

Abstract: The teaching of urban design courses in local colleges and universities centers on the objectives of training practical engineering and technical personnel. Through the intervention of 5E teaching method, the training objectives can be better achieved. Based on analyzing the connotation of 5E teaching method, this paper analyzes the matching system of 5E teaching method and urban and rural planning education. On the basis of analyzing the setting method of 5E learning circle of urban design course, the application strategy of 5E teaching method in the teaching practice of urban design course is presented.

Keywords: 5E Teaching Method, Urban Design Course, Local College, Teaching Method

与城乡规划设计课程相结合的数字技术教学与思考

肖 彦 栾 滨 杨 祯

摘　要：信息技术推动下的国土空间高质量发展，对从业人员的设计思维范式、规划知识结构以及多专业的协调能力都提出了不同程度的新要求。数字技术课程作为城市规划、建筑学、风景园林等专业本科教学体系中技术方法类的主要课程之一，应做出相应的调整。通过对教学内容的拓展、教学方法和手段的革新，与设计课程进行整合，以促进教学信息的有效传达，培养学生用多元视角探索并解决空间提升优化过程中复杂问题的能力。

关键词：数字技术，空间规划，多元语境，设计课程

1　引言

　　第四次工业革命使城乡规划领域的思维方法、技术手段逐步向全面数字化、信息化阶段发展。城乡空间规划与建设将从经验判断走向量化分析，并有待提高从方案设计、过程管理，以及实施评价全过程的合理性与科学性，使社会资源利用更高效，服务投放更精确[1]。在十九大关于建设"数字中国、智慧社会"的总体指引下，利用数字化转型，加快推进国土空间规划编制与实施监督，将成为各级自然资源和规划部门现阶段的工作重点。同时，《关于建立国土空间规划体系并监督实施的若干意见》的提出，表明全国即将开启新一轮国土空间规划编制工作。国土空间规划编制过程中，如何利用数字技术提供支撑，如何充分运用云计算、大数据、机器学习等新一代信息技术，实现国土空间规划的科学编制、精细实施，实现国土空间数据集成，提升规划编制的智能分析、规划实施的协同管控与监测能力，亟待深入探究[2]。

　　这些行业与学术新形势，对城乡规划教学与人才培养提出了更高要求。如何顺应当前行业变化趋势，运用以数字技术为代表的先进生产力和生产科技推动人居环境发展和转型，是新时期空间规划的重要科学技术保障，也是城乡规划数字技术课程教学有待深入思考与探讨的重要问题。

2　传统数字技术教学的困境

2.1　专业视野的局限性

　　传统城乡规划学专业数字技术课程往往过于偏重具体的软件操作与数字编程，缺乏面向国土空间规划的跨学科、跨专业视野融合。这种教学视野的局限性导致数字技术教学与城乡规划设计课程教学过程脱节，特别是具体的软件操作教学，更像是针对学生的职业技能培训。面对当前规划转型的机遇和挑战，不仅要求从业者革新固有的思维方式与规划理念，而且要求数字技术教学进行改革，以国土空间规划信息化的全方位视野，采取多元融合的方式在整体层面上培养学生运用数字技术解决未来规划实践中的复杂性问题。

2.2　教学空间的封闭性

　　95 后学生普遍思维活跃、个体意识强，注重自我感受，渴望独立思考、互动交流。传统数字技术教学场所以计算机机房为主，教学空间较为封闭，加之教学内容枯燥、教学手段简单，无法充分调动学生学习积极性。面对数字技术的快速发展，必须使学生成为知识的主动构建方，培养学生学习主动性，才能适应新时期的空间

肖　彦：大连理工大学建筑与艺术学院城乡规划系讲师
栾　滨：大连理工大学建筑与艺术学院城乡规划系讲师
杨　祯：大连理工大学建筑与艺术学院城乡规划系博士研究生

规划信息技术发展。创设宽松自主的学习环境与多元化教学空间，有助于充分发挥学生积极性，使学生成为学习的主动方。而偏重计算机机房，以操作技能讲授为主的数字技术课程，往往影响了学生对课程的兴趣感和参与感，难以真正收到良好的教学效果。

2.3 教学模式的单一性

在以课堂讲授为主导的教学模式下，学生缺乏在设计实践中运用数字技术过程的直接体验与感受，导致学生对数字技术在规划实践的实际应用认知不足，缺乏互动体验。对学生而言，要掌握数字技术课程这样操作性强、知识面广、学科交叉性突出的课程，只依靠以课堂讲课为主的教学模式是有一定难度的。需要突破传统教学教师"灌输式"讲授、学生"被动式"信息接收的教学模式，采取互动参与体验式教学方法，利用多元化的教学手段，培养学生将数字技术概念、软件技术操作及应用融会在一起进行主动学习。

3 面向国土空间规划的数字技术

伴随信息技术的革新、新数据环境的形成及跨学科的研究实践，数字技术逐渐渗透于国土空间规划的全过程当中，在问题分析、方案生成、视觉化表达，以及评估反馈等方面发挥重要作用。

3.1 规划问题的数字化分析

问题分析阶段是依托新数据环境应用数字技术研究成果最为丰硕的阶段。传统的规划设计大多依托 CAD、卫星影像、统计年鉴、地理信息系统等数字化手段。其分析主体以物质空间为主，获取数据以宏观或静态为主，难以满足时空精度需求较高的空间精细化分析，且缺乏对空间行为主体异质化需求的深入发掘。面向国土空间规划的数字技术，在城市调研阶段，建立人口社会、产业经济、国土规划、公共服务、交通体系、市政设施、生态环境、空间形态等方面的数据信息，通过数据分类与量化指标的建立，对城乡空间进行全方位认知[3]。同时，利用多源数据，包括航拍影像图、街景图片、POI 数据、大众点评数据、气候等环境信息、房价房租信息等数据，整合 GIS、空间句法等软件，对城乡空间进行精细刻画与分析。

3.2 规划方案的数字化生成

数字技术的新发展已经表现出其可以覆盖空间规划全过程的能力。生成设计、参数化设计、信息模型、物理环境、生态环境模拟分析等数字技术的运用，与空间规划过程相契合。通过对它们的串联组合应用，对城市空间的结构框架和三维形态进行设计，能够形成完整的空间规划数字化方法体系。我国城镇化进程正在经历"从数量增长到质量提升"的新阶段，数字技术的驱动使城市设计技术方法迈向了跨越式发展阶段。通过构建数字化空间体系、数字化空间逻辑规则，将三维城市空间进行数字孪生[4]。数字化辅助的空间规划在规划全过程建立完整的逻辑框架，较之传统规划设计方法能够有效提高规划方案的科学性和合理性，从而降低主观判断失误所导致的方案失败几率。

3.3 规划成果的数字化表达

在规划方案的成果展示阶段，运用数字技术有助于清晰直观的呈现规划设计意图。运用场景渲染、全息影像等静态数字化表达技术，使规划方案在现实场景的跃动之中交融，使观评者获得身临其境的体验效果；同时，数字化表达过程的动态模拟技术，观评者可以从高空俯瞰视角动态解析规划方案的布局、道路系统、商业分布、居住区等，在生动感知现实场景的特质及其相互作用之后，加深对方案的认识与认同感；此外，交互平台技术的应运而生使得规划设计方案的修改与优化过程变得更加便捷、直观。设计师、业主、市民可以在直观可视化的交互平台中，通过模拟真实场景，进行即时交互的方案交流与修改完善，为实现规划方案的多维评估与公众参与提供了技术保障。

4 数字技术课程教学与设计课程的融合路径

4.1 连续贯通的课程体系

数字技术课程教学的主要教学对象是亟待专业知识储备的低年级本科生，综合性较强。从教学时序上看，传统数字技术课程与设计课教学之间通常存在一定的脱节现象。在部分院校的培养方案中，这两门课程的开课时间分列在不同学期。由于间隔时间过长或内容缺乏衔接，学生的数字技术操作技能已经模糊，无法立刻将所学内容在设计课中学以致用。而新时期的国土空间规划，对从业者的精准化设计能力提出了更高的要求。针对这种情况，需要针对性地对数字技术课程与设计课程进行教学内容与时间上的整合衔接。以"构成设计"、"建筑设计"以及"规划设计"为主干，建立连续贯通的课程体系，将居住区规划、城市设计、乡村规划类设计类课程纳入进来。同时，鼓励数字技术任课教师参与设计课教学，充分发挥课程效率。打通理论与实践环节，使数字技术课内容能够为设计课所用，共同支撑面向新时期空间规划的专业能力培养计划（图1）。

4.2 互动参与的教学方法

长期以来，传统空间信息与数字技术教学都是以介绍软件的命令为主，导致学生对技术操作背后的应用认知不足，且缺乏互动体验。为了改善这种困境，让学生充分了解数字技术在空间规划全过程中的具体应用，需突破传统城市设计教学中教师"灌输式"讲授、学生"被动式"信息接收的教学模式。在授课过程中以学生为教学的主体，授课教师作为教学的引导者，采取互动参与体验式教学方法，利用不同的教学手段，设计多元化教学方案，楔入面向空间规划的新方法、新技术。在教学中，以问题为导向，加入研讨环节，通过阅读自讲式、情境融入式等多元化教

学形式展开互动交流，激发学生思维的创造性。围绕数字技术概论、相关数字技术软件、设备平台以及数字化表现、虚拟现实等主题，通过专题式、案例讲授等互动教学，让学生对数字技术产生全方位了解，将数字技术概念、软件技术操作及应用相互交融，充分调动学生学习积极性。通过创设问题，培养学生查找资料、讨论研究，提出有针对性的解决方案，从而提高学生面向空间规划的信息技术与数字技术分析能力，实现教学效果的最优化。

4.3 复合交叉的教学内容

现阶段的数字技术教学，存在"重操作、轻应用，重讲授、轻实践"的问题，既无法适应面向空间规划的新技术发展需求，也无法适应学生空间规划设计导向下的技术手段需要。新时期的空间规划对数字技术的要求，不再局限于传统的单一技术层面，而是以复合内容建立方法体系[5]；从经验主导转为数据支撑下的现实问题解决主导。面对这种问题，数字技术教学内容必须进行转变，即从以讲授软件操作与命令为主的单一教学内容，逐步转向以讲授数字技术手段与数字化设计方法相结合的教学内容。这就要求任课教师在教学过程中调整教学内容，培养学生运用数字技术手段、对城市重要的公共设施、

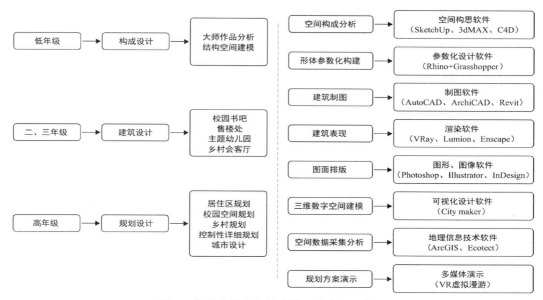

图1 与数字技术相结合的设计类课程体系

图片来源：作者自绘

商业服务设施的运行情况和影响因素进行分析，并对城市物理空间与社会空间进行更为精细和深入的刻画描述与分析模拟，从而真正理解空间背后的发展和运行逻辑，丰富教学内容。这种教学内容的转向，不再聚焦某个软件的操作运用，而是注重培养学生掌握多个软件联合支持下的数字化空间规划设计方法，从而逐步实现将数字技术课程与设计类课程教学结合起来的培养目标。

4.4 开放协同的教学场域

传统数字技术教学场域以计算机机房为中心，教学过程的组织行为受制于场所限制而处于退缩之势。面向城乡规划的转型，应构建开放协同的教学场域，以联合教学、智慧城市与智慧住区、腾讯研究院、百度大数据部科研院所等为依托，形成多元化、跨领域、跨地域的，同新时期国土空间规划需求紧密结合的教学场域[6]。此外，网络拓展亦是建立开放协同教学场域的有效途径。突破实体空间的局限，打破师生之间的固有界限，利用信息化平台整合数字技术课程教学案例、优秀案例，以及历届优秀学生作业等教学资源。同时，精心挑选与国土空间规划背景的相关热点与政策方面内容，引导学生在碎片化的网络海量信息中去粗存精，促进信息技术与数字技术教学资源平台的持续更新与动态管理，全面拓展数字技术教学场域的广度和深度，使学生在学习过程中汲取更多专业知识，建立存量规划语境下城市设计的全局观。

4.5 新数字技术下的精细化设计

面向新时期的国土空间规划，对既有用地现状与性质的精准刻画与设计品质提出了更高的要求。精细化空间规划设计需要先进技术手段的辅助，需要更多的实际运行数据，以及模拟和分析为支撑。因此，应当教学中指导学生进一步运用信息技术与数字技术方法手段，以胜任新时期的城乡建设任务。在传统设计课教学中，学生中普遍只重视规划方案设计结果，忽略方案的产生过程这一问题。与数字技术教学相结合的城乡规划设计课程，应当注重培养学生在方案生成的前期调研阶段，通过获取与分析城市空间数据，深刻认知城市生活方式与空间运行。譬如，利用手机信令数据、百度词频数据、百度热力图、POI兴趣点（Place of Interest）、人口分时活动密度数据等业态新兴数据。通过上述数据的三维

矢量化整合到 GIS 平台，对城市空间及其周边复杂问题进行精细化研究与设计。同时，指导学生掌握新的技术手段，在新数据环境下，结合传统草图分析，运用空间定量分析技术楔入空间规划全过程，通过秩序重构与结构整合，挖掘现有资源，塑造特色空间，从而提高方案的针对性和可操作性，实现空间资源的精细化利用与精细化设计。

5 结语

在十九大精神的指引与推进下，利用数字技术转型、加快推进国土空间规划编制，对城市规划从业人员的职业技能提出了新要求，这也是现阶段城乡规划教育教学工作中面临的重要问题，数字技术教学应以此为导向做出相应的调整与改变。因此，在教学过程中，迫切需要对数字技术课程教学内容与方法上进行整合与提升，将软件操作与设计应用相结合，形成新时期面向空间规划实践的完整教学体系，使数字技术课程教学能够充分适应城乡规划的新形势，适应新挑战，支撑国土空间规划的科学编制，为城市的可持续建设与发展提供科学依据。

主要参考文献

[1] 本报评论员. 国土空间规划"一张蓝图干到底"[N]. 中国自然资源报，2019-05-27（001）.

[2] 龙瀛. 城市科学:利用新数据、新方法和新技术研究"新"城市 [J]. 景观设计学，2019（02）：8-21.

[3] 朱凯. 程序与城序:编码思想延续对我国城市规划的启示 [C]. 中国城市规划学会、杭州市人民政府. 共享与品质——2018中国城市规划年会论文集（05城市规划新技术应用），2018.

[4] 杨俊宴. 全数字化城市设计的理论范式探索 [J]. 国际城市规划，2018（01）：7-21.

[5] 张冬梅，王媛妮. 空间信息与数字技术专业复合创新型人才培养研究 [J]. 教育教学论坛，2016（24）：157-158.

[6] 肖毅强. 纵横结合，学研互动——华南理工大学建筑学院数字技术教学改革探索 [C]. 数字·文化——2017全国建筑院系建筑数字技术教学研讨会暨DADA2017数字建筑国际学术研讨会论文集. 北京：中国建筑工业出版社，2017.

Teaching of Digital Technology Combined with Urban and Rural Planning and Design Course

Xiao Yan   Luan Bin   Yang Zhen

Abstract: The high-quality development of land and space promoted by information technology has put forward new requirements to different degrees on the design thinking paradigm, planning knowledge structure and multi-professional coordination ability of practitioners. As one of the main courses of technology and methods in the undergraduate teaching system of urban planning, architecture, landscape architecture and other majors, digital technology courses should be adjusted accordingly. Through the expansion of teaching content, the innovation of teaching methods and means, it is integrated with the design course to promote the effective transmission of teaching information and cultivate students' ability to explore and solve complex problems in the process of spatial improvement and optimization from multiple perspectives.

Keywords: Digital Technology, Spatial Planning, Multiple Contexts, Design Course

基于导师制的翻转教学模式在城乡规划专业培养中的应用*

安 蕾 王 磊 张 静

摘 要：通过对所在高校城乡规划专业培养和教学运行存在问题的长久观察与深入思考，以解决专业教之惑与学之惑的痛点为突破口，基于导师制工作特点与优势，融入翻转教学理念和模式，找寻出导师制、翻转教学模式、专业辅助培养三者之间的内在关联，通过实践探索和积累形成了具有成效，又有一定特色和创新性的"导师＋翻转"结合模式下的城乡规划专业辅助培育体系设计和实践成果。

关键词：翻转教学，导师制，城乡规划，专业辅助培育

"教育是一个唤起每一个人全部内在潜能的终身过程[1]"，这是古希腊哲学家们所关注的教育意义。溯源中国传统教育思想理念的认识，《周易》"蒙卦"有载："匪我求童蒙，童蒙求我"，教育是源于师生之间的交往，必须开始于"童蒙求我"，不能开始于"我求童蒙"，学生学而不厌，教师诲人不倦，才能志趣相应彼此互动，此为教育本质的揭示。联合国教科文组织在《学会生存》一书中说："未来的学校必须把教育的对象变成自己教育自己的主体，受教育的人必须成为教育他自己的人[2]。所以，古今中外教育教学的核心始终都是在关注学生的学习情感、态度、价值追求，着力点是学生，重心不应只是放在"教"上。

翻转教学就是很好体现上述认识的一种现代教学理念和实践模式，课堂和教师的角色均发生了变化，教师更多的责任与工作应是去理解学生的所思所想、所问所作，引导学生如何去学习、分析、掌握、运用所学。正因如此，翻转教学在国外发达国家已是一种广泛推行的教育实践，同时在国内教育界也日益成为关注、研究和实践的热点之一[3][4][5]。

受翻转教学理念的影响和启发，结合对西安工业大学城乡规划专业培养探索的思考，教研团队尝试将导师制与翻转教学模式相结合，在专业学生培养过程中加以实际应用，取得了较好的成效和较为完整的教研认知成果，以下是具体的介绍和总结。

1 实践对象与问题提出

教学研究实践对象是针对西安工业大学城乡规划本科专业学生培养展开的。

1.1 专业学情介绍

西安工大城乡规划本科专业于 2002 年开设，现为 5 年制，因非 985、211、建筑规划类老八校，目前也未通过专业评估和专业认证，积淀时间较短，虽然实现了一本招生，但生源综合质量一般，并有一定量的调剂学生，学生初始阶段对专业认知度和专业学习主动性并不高。加之，城乡规划专业从原先依托建筑学到现在独立成为一级学科，形成了较为复杂、综合与交叉的专业体系，对学生各方面能力和素质要求较其他专业来说更高一些，也更具自身特色，这些客观上都决定了该专业在学校开展教学和培养的挑战较大，如仅凭有限的专业课堂教学和其他辅助教学环节，达到专业培养计划的目标和社会的人才需要是较为困难的，必须寻求其他力量的支撑和弥补。

* 基金项目：西安工业大学教改项目"翻转课堂在城乡规划导师制实践课程中的应用"（编号 17JGY24）；西安工业大学教改项目"基于微信龚总平台的移动式《建筑初步》课程教学研究与实践"（编号 17JGY26）。

安　蕾：西安工业大学建筑工程学院讲师
王　磊：西安工业大学建筑工程学院讲师
张　静：西安工业大学建筑工程学院讲师

1.2　专业导师制

学生对专业的兴趣、认知和发展需要，仅通过课堂教学及其他相关专业活动的开展是不够的，还需要本科生与专业教师之间建立长期、密切、深入的接触交流，为了破解学生与专业教师课外缺乏必要的专业沟通联系，2013 年开始，学校城乡规划专业自发开始在三年级本科生试行本科生导师制。

导师制通常在 2 或 3 年级开始导师和学生间的双向选择，学生会根据对导师研究方向的喜好、特点以及对导师的认可度选择导师，导师遴选学生的过程可以包含递送简历、面谈、笔试测验等，具体方式由导师个人决定，具有很大自主性。

导师制已运行 6 年，其对学生专业学习和发展起到了一定的帮助，获得了相应的好评，但导师制由于缺乏整体深入的系统思考，加之其义务性，不计工作量，所以工作的开展一般更多的局限于解答学生专业学习、个人成长中面临的问题和困惑，形式上以见面会、交谈聊天、分享专业学习心得等为主，客观上说导师制实际作用和效果的发挥是相当有限的，甚至有些学生认为导师制可有可无，意义不大。因此，必须思考导师制的变革。

1.3　专业培养的痛点 – 教师之惑，学生之惑

（1）教师之惑 – 教的完整但"学"会的不多

传统专业教学和培育呈现出的一个突出现象是什么？知识传递大于思维、能力的传递。表现为在平时的专业教学中，学校城乡规划学专业学生大多看起来还是比较努力的，教师也非常认真的在讲授相关专业课程内容，力求全面完整，避免遗漏教学大纲的知识点，该讲的都讲了，讲得很辛苦，但学生更多的只是"记"住了知识，因为当面对城乡规划各种稍有难度，较为综合复杂的实践课程、设计及实际问题需要专业思考与解答时，就显得非常吃力，所"学"的知识都不知道藏在哪里沉睡了。而且即使是那些平时看起来非常勤奋的学生，也经常会问出令人难以理解的问题，这些问题往往是缺乏思考的发问，作为专业教师，很多老师都说为什么会这样，觉得都讲到了，学生应该会，不应该问这样的问题。为什么老师使自己成为了班上那个唯一学的最好的人呢？问题出在哪里？值得反思！

（2）学生之惑 – 学的挺多但会用的挺少

在对本专业几届毕业班学生进行调查时发现，学生一个普遍的反映是大学五年开设的专业理论课和实践课非常多，以 2018 年培养计划为例，与专业强相关的课程共有 59 门，大多学生感觉什么都学了，但用时又无处下手。这一结果应引起教师重视和思考，寻求如何解决！

1.4　问题聚焦及初步构想

专业培养需要寻求新的有效辅助力量；专业导师制需要有新的变革，发挥更大作用；如何解决教的多却学不会与学的多但会的少，专业师生长期面对的一个突出痛点，成为不能回避的三个问题。

搭建研究团队，借助教研项目支持，尝试需求三者之间的内在关系，并通过"翻转教学"现代教学理念和实践方法的学习启发，结合学校城乡规划专业实际，思考构建基于导师制的翻转教学模式在专业辅助培养中的创新应用思路和实践体系。

梳理一下，通常情况下大学生学习过程是由两个阶段构成：一是"信息传递"阶段，以教师讲授示范单向传递为主，辅以师生之间、学生之间的互动；二是"吸收内化"阶段，现实中一般由学生课后独立完成。由于缺少教师引导、支持和同伴、同学的互助，吸收内化过程往往很困难，会让学生感到挫败、无助，进而逐渐会丧失专业学习的兴趣、动力和获得感。如何帮助学生吸收内化是主要薄弱环节。

对于高等教育而言，教研团队认同：教的真正秘诀应在于"导"，而学的真谛在于"悟"。教应该是传授，更是指引，是启发，是让学生学会思考、认识自己需要什么；而悟是要让学生通过自主思考与觉悟，内化所学，让其成为自己智慧的一部分，从而使自己的认知与思维价值层面得到改变提升。当前专业培养的现实是教有余而导不足，悟不深而学不足。

症结理清，则破解之道就有了方向，以上也是对于问题的核心关注以及思考构想的切入点。

2　问题破解思路与尝试

2.1　联系融合 – "导师 + 翻转"结合模式与学生专业辅助培育

专业培养是一个既定的体系，条条框框较多，面对

一个个充满活力的大学生，其有着先天的不足，不能因人而培育，所以必须要有灵活的，面向学生个体的辅助培育方式和渠道。

专业导师，也是专业教师，可以发挥弥补课堂专业教学及专业教育受时间地点内容等约束的不足之处，有效发挥其灵活性，师生友情密切，可以适时近距离面对面自由的组织操作优势，而翻转教学思想的引入，则又恰恰能解决教师学生的痛点，这是传统教学与培养难以做到的，所以三者的联系与融合自然而然，问题的破解也就自然顺着这个思路延续下去。

2.2 印证筛选－导师制课堂是最好的翻转学习平台

教研团队曾先后分别选择数门专业理论课、实践课以及在导师制课堂中开始实践"翻转式学习"，翻转学习实践方式多样，有"剧本表演"、"角色扮演"、"音乐引导"、"主持 + 观众"等，寻求和了解其对课程及专业培育的帮助效果，但是结果（表1）发现大多数课程，除了导师制课堂、毕业设计指导，师生之间的反馈交流、学生主导、学生深入领悟等都很受限，痛点无法有效解决，特别是超过人数 50–60 人交流就很困难（借助 qq 和微信群也行不通，期间会有很多无用信息，并占用老师很多时间），在雨课堂和学习通等学习平台还没有出现时，1 名老师负责引导 5 个以内的不同水平层次的学生，效果相对能保障，师生都会从中受益，（借助雨课堂和学习通等学习平台的话，引导的学生人数会有较多的提升）这也就凸显出了导师制课堂的翻转效果最佳，自由度最大，能有效担当翻转学习平台。

2.3 实施载体－导师制课堂

"导师 + 翻转"结合模式与学生专业辅助培育的叠加，其实施中心载体根据实践验证应选择：导师制课堂。

导师制课堂，是在专业导师制下的一种团队创新提法和做法。开设导师制课堂，就是想解决本科生深度专业学习和引导"悟"的过程，并以其为抓手解决前述章节所提及的专业痛点问题，培养更深入探讨思考解决问题的能力，就是想对传统既有城乡规划专业培养模式形成有益补充，同时也能最大程度发挥翻转教学模式的效果，以及三者结合形成新的城乡规划专业辅助培育体系。

导师制课堂主导下融入翻转教学、专业辅助培育思路的最大优势在于教可按学生之需供给，学可按学生之思引导。

此外导师制课堂不参与学分与学时的计算，没有考核，其实践课程参与环节等也不列入相应正规课程，所以学生与教师都没有压力，具有最大的自由度和自我革新变化的动力，也最具真实性。

3 实践之果——"导师 + 翻转"结合模式下城乡规划专业辅助培育体系的设计

3.1 核心目标

在导师引导下，通过在导师制翻转教学模式实践中一点点的渗透和推进，给予学生最大的自由，挖掘释放学生的内在潜能，激活学生的学习内力，使学生找到学习的自信与自主；让导师制学生群体不断尝试自己提出问题、设计、讨论总结以至于实践验证自己想要学习的、解决的、掌握的东西。

其培育的最终取向就是让学生变为有深度思考能力、有创新力、实践力的大学生，最终达到不教而教，学而有悟有获的目的。

核心目标实际落实中分解为很多能力目标项，并以此组织完善导师制课堂及培育内容。

翻转教学各应用场景的效果表现　　　　　　表1

课程（场景）名称	课程性质	主要翻转实践方式	翻转效果（☆越多越佳）
中外城市建设史	理论	微课	☆
计算机辅助设计	理论 + 实践	操作实践、演示视频模式	☆☆
区域分析与规划	理论 + 实践	实践、模拟项目组	☆☆☆
导师制课堂	实践、思考、讨论、实践、分享	实践、竞赛、项目等多样	☆☆☆☆
毕业设计指导	实践	综合设计实践、项目化要求	☆☆☆☆

资料来源：作者自制

经过对本专业学生能力目标需求调查后，导师制学生共同确定了独立思考力、逻辑力、思维力、手绘表达力、方案设计力、软件能力、语言表达力、沟通力、身心健康的能力、搜索力、团队协作力、外语学习能力、政策敏感力为主的13项能力目标项。

3.2 基本原则

（1）尊重了解每位学生

导师制面对的主体是一个个富有青春活力的年轻人，个体差异很大。培育首先要做到的是面对面深入了解每一个人，了解其性格特质，才可能因此施教，才能给予肯定和引导。如认真的就不能让他较真，懒散的就要给一些责任，让他担当。

关注学生个体在整个学习过程中内心与情绪的变化，关注其学习感受，让其认识到学不好不是因为学不懂，更多时候是因为情绪影响导致的不想学，所以整个培育学习过程都要做好陪伴——真诚、温暖又耐心的陪伴学生完成培养的整个过程。

（2）以终为始，按需供给

导师制课程的能力目标不同以往教师制定的培养计划和教学大纲，而是由学生和教师共同商讨确定，学生进入导师制团队后，需先绘制毕业蓝图，而毕业蓝图作为该学生本科阶段的"终点"决定了这几年他究竟需要补齐哪些短板和做长哪些优势。

3.3 体系设计与搭建

立足导师制课堂，基于翻转教学理念方法，结合目标指向，开辟专业辅助培养学习第二路径，形成新的学习组织、流程体系。

编班与编组：导师制课程采取的高中低年级混合编班，因为学生本身也有比较重的课业，因此在设计培育计划时尽量结合已有课程资源与之关联深化和整理，将学习的过程融入在每日、每周和每月。对于竞赛与实践，实行编组。

学习日程安排：日课有手绘与英语的每日分享；所有成员轮流值日担任值日班长负责检查手绘英语打卡及每日规划知识分享，每月安排高中低不同年级的同学读书分享会，这个课堂也是师生互动场所，学生汇报由师生及生生讨论相互点评构成。

"导师＋翻转"结合模式下城乡规划专业辅助培育计划方案与组织实施要求（表2）。

3.4 导师制课堂教学组织

针对学习练习类，思维类，分享类内容版块，"课堂"由导师抛出问题，学生各自独立准备及解答，然后圆桌会议形式集中探讨，寻找亮点与不足，分享认识，由学生自主形成此次课堂学习要点及收获成果的思维导图、ppt，上传导师制学习群，形成学习资料电子档案。

对于竞赛类、毕业设计类内容版块，"课堂"目前一般都通过超星学习通实现教学组织全环节，并通过汇报展示、同伴联机学习、角色扮演、复盘反思、头脑风暴等形式翻转教学，形成自主学习。

课前：导师通过学习通预发专项视频、内部资料及要解决的问题，学生准备。

课中：导师导入此次"课堂"任务问题，学生为主体开展讨论、生生互评、导师点评，学生对关键及价值点生成思维导图，形成总结。并根据需要邀请不同年级导师制学生参与，实现传帮带及相互影响的作用。

课后：导师对全过程复盘，与学生线上互动交流并对其困惑点进行详解。

3.5 教研创新效果与成果

（1）效果检测 – 竞赛突破，开花结果

2013年在逐步摸索、总结、完善、应用"导师＋翻转"结合模式下城乡规划专业（辅助）培育体系后，团队所带专业导师制学生在各类竞赛中开始取得突破，成为这一体系培育效果的有力佐证。截至目前，导师制学生作为核心成员获得西部之光竞赛三等奖一项，以及先后3次获得城乡规划专职委举办的全国城乡规划专业社会调查作业竞赛评选三等奖（并成为系专业获此奖项的唯一来源），近年还获得了艾景奖银奖、园冶杯优秀奖以及中国城市规划学会乡村规划委员会组织的全国大学生乡村规划竞赛佳作奖、优秀奖等奖项。以及校级互联网＋比赛奖项、校优秀毕业设计、优秀毕业设计指导老师多次。

（2）效果对比 – 同行之学，变化显现

因学校城乡规划专业导师属于自愿申请性质，不强迫，所以有一部分学生没有参与导师制培育。这在客观上就形成了"导师＋翻转"结合模式下专业辅助培育体系的学生群、非该体系导师制学生群，非导师制学生群。学生的口碑，自我与相互对比评价是最好的效果评测，大家普遍反映基于专业辅助培育体系的学生各方面进步提升更明显，表现在有敏锐的学习觉察力，能自主认识到学习短板和不足，并主动改正；思维、表达、沟通、合作能力等均有不同程度提高；专业排名、考研成功率都相对较高；学生自己也坦言，最大变化是被逐渐点燃了学习的热情，

自信心被激发，已呈现出积极主动学习的精神面貌。

（3）成果积累 – 渐成体系，日益成熟

基于"导师 + 翻转"结合模式下专业辅助培育体系教研思路与成果的形成不是一蹴而就的，是不断摸索，积累，总结的过程，经历了由单纯导师制实践，再到专业培养痛点问题的观察分析，再到后来翻转教学的引入，启发对于三者关联的思考，找寻到突破口，一步一步构

"导师+翻转"结合模式下城乡规划专业辅助培育计划 　　　　表2

培育主题版块	目的	方法类型	实施年级	主要成果或素材	完成人
初心	了解每位导师制学生，因材施教 消除陌生，传递思想，让学生喜欢、信任导师； 知道学生的需求，走进学生	心法	2	初心 初心音频分享 毕业蓝图……	新生 导师
能力的彼岸	让学生明确五年专业学习后自己能力应该到达的地方和高度	心法	2	老师分析总结.mp3 老师分享总结 搜索技巧N	新生 导师
一月一书， 共读一本书	终身学习，以书为师	心法 方法	2-5	街道的美学 外部空间设计 包豪斯理想 交往与空间 金字塔原理 设计的开始……	学生 导师
手绘 + 英语日课	训练表达基本功	技法	2-3		学生
规划思维 培养与分享	规划动态与热点分享； 扩展提升专业视野和思考方法	方法 想法 说法	2-5	思维方法……	学生 导师
社会调查竞赛 互联网 + 比赛	培养学生发现城乡规划问题的敏感性	想法 技法	3	社会调查选题	导师 多年级学生混合
城市设计竞赛； 乡村规划竞赛	培养学生协作分析城乡规划专项问题和方案构思表达能力；实践检验学习不足，差距所在	想法 技法	4-3	解题 解题PPT……	导师 学生
毕业设计	综合性解决城乡空间问题与规划方案独立编制、团队编制的能力	想法 技法 方法	5-4	以项目为载体； 以社会服务为载体； 毕设交流分享会	导师 学生

资料来源：作者自制

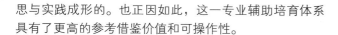

思与实践成形的。也正因如此，这一专业辅助培育体系具有了更高的参考借鉴价值和可操作性。

4 结语

翻转教学的引入解决了专业教之惑学之惑的痛点，导师制为其提供了实施的最佳平台，"导师 + 翻转"结合模式下与专业培育融合形成的专业辅助培育体系，开辟了专业培养的第二路径，实现了教与学的有效转换，为专业教研教改提供了一个新的思路。

主要参考文献

［1］（美）拉塞尔·L·阿克夫，（美）丹尼尔·格林伯.翻转式学习 21 世纪学习的革命 [M].北京：中国人民大学出版社 .2015.

［2］联合国教科文组织国际教育发展委员会；华东师范大学比较教育研究所译.学会生存 教育世界的今天和明天 [M].北京：职工教育出版社 .1989.

［3］党建宁，杨晓宏.互联网思维下的翻转课堂教学模式：价值观瞻与设计创新 [J].电化教育研究,2017,38（11）：108–114.

［4］张世良.系统科学视角下的"翻转课堂"教学模式与策略 [J].系统科学学报，2019（04）：55–59.

［5］乐会进，蔡亮文.促进深度学习的翻转课堂研究：认知负荷理论的视角 [J].教学与管理，2019（12）：92–95.

Application of Flipped Teaching Model Based on Tutorial System in Urban-Rural Planning

An Lei   Wang Lei   Zhang Jing

Abstract: Through professional training in the college of urban—rural planning and teaching operation problems of observation and deep thinking，in order to solve the creating teaching and learning of pain points as the breakthrough. Based on tutorial system characteristics and advantages，turn into the teaching concept and mode，teaching mode，find out the tutorial system and tilt of the intrinsic connection between auxiliary training，through the practice exploration and accumulation formed is effective，and have certain characteristics and innovative "tutor system+ flipped teaching model" professional auxiliary cultivation mode of urban—rural planning combined system design and practical results.

Keywords: Flipped Teaching，Tutorial System，Urban–Rural Planning，Professional Assistance

基于 UE4 引擎与倾斜摄影技术的虚拟仿真空间模型在规划设计教学中的运用

朱　萌　陈锦富　张云彬　王　瑜

摘　要：对设计场地的系统分析是规划设计教学中的关键环节，以往主要教学方式主要依靠文字、照片和地形等静态资料进行。在 UE4 引擎和倾斜摄影技术的帮助下，利用虚拟仿真空间模型已经实现了设计场地的实景、全局、实时地漫游与观察分析。还能将设计方案模型导入至虚拟仿真空间模型中，体现设计方案在场景中的真实视觉效果。同时，该模型可以实现对设计模型的修改、编辑和标记功能，并能在多系统环境多用户端中流畅运行，提高了规划设计教学的效能，下一步在计算机视觉技术的帮助下，虚拟仿真空间模型将能在表现细节和仿真模块上继续发展，成为城乡规划教学的重要辅助工具。

关键词：虚幻引擎 4，倾斜摄影，规划设计教学，虚拟仿真模型

1　背景

在计算机视觉技术、建模技术和 VR 等技术的推动下，虚拟仿真技术迅速成熟起来，教育部于 2017 年推出了 2017–2020 年的示范性虚拟仿真实验教学项目的认定计划，预计将支持 1000 项虚拟仿真实验教学项目[1]。这对与城乡规划、建筑学与风景园林三大专业的设计类课程改进教学环节、改善教学效果、提高评估合理性提供了重要机遇。

2　当前规划设计教学环节中的问题

2.1　在场地感知分析与设计方案教学研讨环节中的主要问题

在规划设计教学中，对与设计场地的现状解读和对设计方案的讨论修改是教学关键环节。在解读现状过程中，传统教学方式是教师带领学生到现场踏勘，现场绘制图纸、记录资料、拍摄照片等了解现场空间环境，回到课堂后再通过整理、完善这些现状资料进一步讨论与分析。这种方式问题在于，设计场地不在本地的条件下，现场踏勘难度较大；其次教师在现场指导调研的时候，很难保证每位同学的教学质量；再次回到课堂后，如果现场记录不够完善，则很难补救。

在设计方案的讨论于修改教学环节中，对场地设计探讨只能通过前期静态资料和回忆场景的方式讨论、修改设计方案；而在对学生方案集中评价中，主要依赖于教师对学生和设计作品的主观印象，缺乏一个相对客观、统一、完善的标准评价场景。

2.2　主流软件在教学中存在的主要问题

为了展示设计场地地形和建筑风貌，多数同学会通过常见软件如 Sketchup、Rhino、ArcMap 等建模。其中 Sketchup 进入中国最早，也是多数城乡规划专业同学最为熟悉的一款开放建模软件。Sketchup 操作简单，功能丰富，经常用在大规模的现状分析中，表现建筑、地形和各种构筑之间的尺度和位置关系，但是很难表示现状场景中丰富的纹理、立面信息，同时现状建模的精细程度完全取决于投入的建模时间，一个较大的场景建模将会耗费大量时间。Mars、lumion 等渲染软件主要用来体现规划设计方案。Rhino 结合 Grasshopper 插件

朱　萌：安徽农业大学林学与园林学院讲师
陈锦富：华中科技大学建筑与城市规划学院教授
张云彬：安徽农业大学林学与园林学院教授
王　瑜：安徽水利水电职业技术学院讲师

是目前应用较广的参数化设计软件，特别适用于构造形体较为复杂的建筑和构筑物，但都较不适用地表达场地现状。ArcMap 是 GIS 类分析软件，通过数据对现状场地的信息注记带来丰富的现状分析功能，但是 ArcMap 是一款地理分析软件，很难直接运用在可视化设计当中，同时主要针对属性信息进行处理，很难对建筑立面等视觉信息进行处理和表达。

总的说来，现有建模与渲染软件更适合表达设计效果，而不能真实客观表现现状，而地理分析软件更适合表现地理信息而无法直观观察。无论是在设计前期表达分析，中期讨论修改，后期集体评价环节中，均缺乏既能全局、客观表达设计场景，又能够实现修改编辑功能的视觉化场景模型。

3 基于 UE4 引擎和倾斜摄影的规划设计教学虚拟仿真模型

3.1 UE4 引擎

UE4 是 Unreal Engine 4 即虚幻引擎 4 的缩写，是由著名游戏公司 EPIC Games 研发的大型 3D 虚拟现实开发引擎，已广泛应用在大型网络游戏、电影和应用软件制作过程中，UE4 涉及到计算机图形学、人工智能、VR 和 AR 技术、多维数据处理等技术，与传统软件不同，其将计算代码封装为编程框架[2]，使用者可根据使用目的直接调用框架搭建相关模型，降低使用者的开发门槛，为大范围使用普及提供基础。在可处理的数据种类方面，UE4 可无缝接入包括 dwg、ma、skp、3ds 等格式的设计相关数据，并支持数据的直接导入导出。其高效的数据处理能力、多用户支持、即时渲染技术、高仿真度的视觉效果以及兼容各类模型系统的强大特性[3][4]，已经在可视化建筑、规划设计和智慧城市系统建构方面显示出巨大潜力。

3.2 倾斜摄影

倾斜摄影技术从出现到目前已逾 20 余年，发展已较为成熟，目前以多轴或固定翼无人机为主要载体，通过一个垂直、四个倾斜、五个不同视角的相机同步采集影像，同时在 LiDAR 等相关设备帮助下同步获得区域全方位的空间地理数据，在通过空三加密、点云匹配、纹理生成等过程生成实景三维全景模型。

与传统手工方式建模相比，倾斜摄影照片建模的主要优势体现在：首先，三维模型由照片生成，所以模型是完全体现场地现状的尺度、纹理等真实情况；其次，建模效率较高，在前期采集照片阶段，可由相关软件编程飞行航线，使无人机自动拍摄场景照片，后期在计算机集群上通过 ContextCapture Center 或类似软件分布运算、自动合成模型，无需额外人工干预；第三，模型中还蕴含地形高程、经纬度等基础地理信息，而精度已经可以达到厘米级的分辨率，利用倾斜摄影的建模技术已经在谷歌地球等软件中广泛运用[5]。

目前利用倾斜摄影照片建模也面临一些挑战，首先因为是利用照片建模，所以相机的焦距成为建筑物细部表达的重要限制，目前大多数由倾斜摄影建模的建筑物上的细部扭曲较大，绿化建模效果不佳，尤其是人、机动车和受绿化遮挡的近地段视觉效果较差；其次，点云匹配运算带来的海量数据，对建模和演示的硬件配置条件要求较高；最后，倾斜照片资料的获取需要专业航拍无人机携带倾斜摄像相机，目前大疆等消费类级别的无人机在专业软件的驱动下也可以进行采集，但是采集效率相比专业采集设备较差。

3.3 工作框架

利用倾斜摄影建模技术和 UE4 引擎，可以建立以设计场地为中心的虚拟仿真空间模型，利用此模型可以实时展示全局场景，使学生可以达到深度观察分析的效果，同时可以将学生的设计模型直接导入至此模型中，便于师生讨论、分析设计方案，真正实现"真题假做"的效果（图 1）。

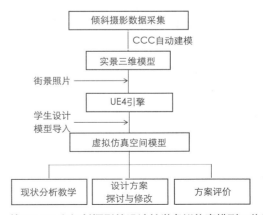

图 1 基于 UE4 和倾斜摄影的设计教学虚拟仿真模型工作框架

图片来源：作者自绘

4 目前已经实现的教学辅助功能与特性

4.1 设计场景的实时观察、测量与自动分析

（1）实时观察功能。在模型中可以方便地对设计地块进行全局观察，由于采用现状照片建模，观察效果达到照片级（图2）；为了解决近地段观察效果较差，通过在 UE4 中融入街景照片，部分解决观察问题。

（2）可视化测量，可将设计现状空间和构筑物的尺度、角度和设计限高直观、精确地显示出来，测量精度达到厘米级效果（图2、图3）。

（3）建筑界面与视廊的自动生成，通过选择起始点位置和长度，可以将自动生成街道两侧建筑界面和建筑天际线（图4）。通过选定观察点和观察距离，便可自动生成视觉廊道结果（图5），省去了以前拼照片的繁杂步骤。还可在设计实践过程中根据需要实时变换观察点，提高了规划设计前期分析的工作效率。

4.2 模型的编辑、修改与实时显示

在设计方案教学过程中，学生和教师可以在教学虚拟仿真模型中对设计方案进行位移、转向、拉伸、变形、缩放、删除等操作，展示不同设计考量下的设计方案在真实场景中的不同效果，真正从使用者角度出发观察设计效果，满足的教学设计需要。更重要的是可以在俯视的虚拟仿真模型和人视角度的全景照片中实时展现"所见即所得"修改效果（图6a、b），增强了模型修改的实用功能。同时还可以包含类似与 Sketchup 类似的操作，通过新建图层，编辑并确定设计区域，将现状照片建模压平，在真实场景中建模。

4.3 多学生方案的评价与汇报展示

通过将学生方案全部导入至模型中，并可以学生学号或姓名编号，还支持插入说明文本、图片注释、场景图片导出等功能，更加方便教师直接对学生方案的比较与评分，在学生集体汇报方案时也更加便利。

4.4 多系统多用户端支持

UE4 引擎具有根据硬件配置水平自动调整模型显示流畅度的重要功能，并在 Windows、OS、Android、iOS 不同的系统环境中具有强大的兼容性，使虚拟仿真

图2　建筑高度和道路宽度可视化测量
图片来源：规划设计教学虚拟仿真模型

图3　建筑限高可视化测量
图片来源：规划设计教学虚拟仿真模型

图4　建筑立面与天际线生成
图片来源：规划设计教学虚拟仿真模型

图5　视廊自动生成
图片来源：规划设计教学虚拟仿真模型

（a）设计方案实时修改过程

（b）及人视角度实时显示

图6

图片来源：规划设计教学虚拟仿真模型

模型除了在高性能台式计算设备以外，在笔记本电脑、平板电脑甚至在智能手机上皆可流畅运行。

目前针对学生使用较多的设备开发了 Win10 电脑版和移动端 Android Pad 版，方便学生在寝室、教室和图书馆等不同场景的教学环境中的使用，使课上教学方便延长至课后教学，满足了多样化的教学手段需要。

5　不足与展望

该模型初步实现了规划设计专业长久以来的"真题假做"模式，通过对现状场景照片的采集、处理、合成等建立了客观、全局设计场景模型，通过该模型可以达到实时、实景的设计体现效果，方便教师和学生的规划设计学习。当前模型的主要不足之处体现在：

（1）近地段和细节观察效果较差。由于照片采集设备的限制，一个理想的虚拟仿真模型，需要从天上和地上两个方面进行采集，但是地面的激光采集设备成本过高[6]，限制了其在教学上应用，一个代替的方法使采用地面全景照片，但是照片毕竟不是模型，无法实现模型的编辑和测量等功能，所以在实际教学运用中还存在限制。

（2）倾斜建模流程复杂，学生尚难掌握。在前期倾斜摄影照片数据采集和模型合成过程中，要用到无人机和专门的建模软件，并且还要利用高性能计算机群分布式计算，这对于当前的规划设计教学来说成本过高。

随着计算机视觉方法与技术的发展，利用相关深度学习相关算法，进行语义矢量重建的大规模场景建模将可以有效地克服细节和近地段观察效果差的问题。同时应看到，当前市场中关于倾斜摄影建模产业已经发展成熟，成本也处于较为透明平稳阶段，可以教学经费等方式购买这原始模型，再通过 UE4 二次开发虚拟仿真相关功能，达到规划设计教学的目的。

党的十九大非常重视"信息化条件下的知识获取方式和传授方式"，并为此开展了国家虚拟仿真实验教学项目和实验中心的申报工作。传统的规划设计实验教学缺乏对于整体环境的数字化感知，利用最新的虚拟仿真技术更有利于城市空间设计、建筑设计、景观设计等设计类课程的开展，真正做到"真题假做"的教学效果。

主要参考文献

［1］　教育部办公厅关于 2017–2020 年开展示范性虚拟仿真实验教学项目建设的通知 [J]. 实验室科学，2017，20（04）：190+196+193+30+216+3+59+106+206+220+80+231.

［2］　张斌，周欣明 . 基于 UE4 引擎的营区规划可视化应用 [J]. 科技传播，2018（7）：70–71.

［3］　朱阅晗，张海翔，马文娟 . 基于虚幻 4 引擎的三维游戏开发实践 [J]. 艺术科技，2015（9）.

［4］　刘向晖，陈天博 . VR 与 UE4 在建筑设计中的实践探索 [J]. 建筑技艺，2016（11）：114–115.

［5］　彭能舜，胡赛花，李珺 . 城市级实景三维模型构建方法及应用前景研究——以长沙市实景三维建模为例 [J]. 资源信息与工程，2018，33（05）：110–112.

［6］　赵维，茅坪，沈凡宇 . 下一代三维图形引擎发展趋势研究 [J]. 系统仿真学报，2017（12）：2935–2944.

Application of Virtual Simulation Space Model based on UE4 Engine and Tilting Photography Technology in Planning and Design Teaching

Zhu Meng   Chen Jinfu   Zhang Yunbin   Wang Yu

Abstract: The systematic analysis of the design site is a key link in the planning and design teaching. In the past, the main teaching methods mainly relied on static data such as text, photos and terrain. With the help of UE4 engine and tilt photography technology, live-action, global, real-time roaming and observation analysis of the design site have been realized using the virtual simulation space model. The design scheme model can also be imported into the virtual simulation space model to reflect the real visual effect of the scheme in the scene. At the same time, the model can realize the modification, editing and marking functions of the design model, and can run smoothly in multi-system and multi-user environment, improving the efficiency of planning and design teaching. For the next step, with the help of computer vision technology, virtual simulation space model will continue to develop in terms of details and simulation modules, and become an important auxiliary tool for urban and rural planning teaching.

Keywords: Unreal Engine 4, Oblique Photography, Planning and Design Teaching, Virtual Simulation Model

2019 中国高等学校城乡规划教育年会
Annual Conference on Education of Urban and Rural Planning in China

协同规划·创新教育 乡村规划课程

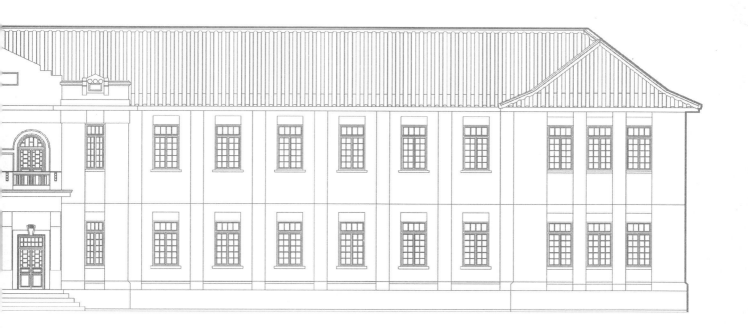

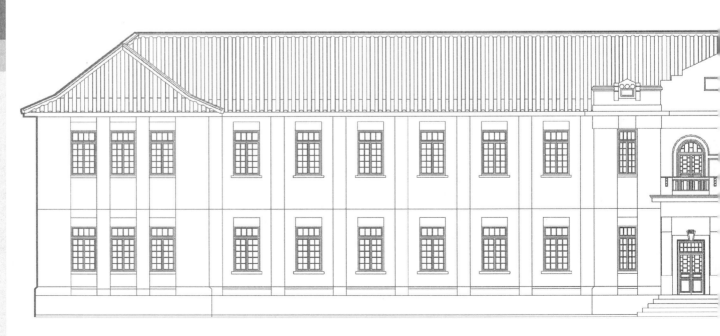

湘西传统村落保护与活化创意设计人才培养与教学模式初探*

章　为　张梦淼　何韶瑶

摘　要：湘西传统村落保护与活化创新人才的培养是当前湘西传统村落发展的迫切之需，本文以湖南大学建筑学院国家艺术基金项目"湘西传统村落保护与活化创意设计人才培养"高级研修班为例，从课程设置、教学目标、教学方式、教学成果、评价机制、教师配置等方面总结了此次教学活动的内容与过程，并得出结论创新人才的培养是全社会的系统工程，需要各学科，各部门的协同合作才能为我国传统村落的传承与发展输送高端创新性技术人才。

关键词：传统村落，创意人才，培养模式

1　缘起

为推进国家乡村振兴战略对高层次创新人才的需求，由国家艺术基金资助，湖南大学建筑学院主办的国家艺术基金项目的"湘西传统村落保护与活化创意设计人才培养"2018年7月至9月开班集中授课。通过湘西传统村落民居保护与活化创新人才的培养，有效促进湘西传统村落保护发展模式的更新，为新时期我国偏远及资源匮乏型传统村落保护与发展的提供前瞻性探索，为我国中西部少数民族地区传统村落保护与活化培养和储备高端创新性技术人才。此次项目面向国内建筑学，城乡规划，艺术设计，生态景观，社会学，旅游学，区域经济等众多相关学科的高校及机构遴选了32名骨干人才，来自湖南、湖北、广东、内蒙古等十多个省。其学历涵盖学士、硕士、博士（图1）。该课程为学员提供高品质的研修培训和创作实践平台，并通过教学汇报展览、宣传推介，总结教学成果。

湘西传统村落的保护与活化是涉及到乡村产业发展，生态维护，文化传承与社会结构重塑等全方位的社会变革。传统村落的保护与活化，其关键在于"理念创新"，其创新能力的基础在于深入与全方位的在地性研究与多学科知识的交叉和融汇，而此方面人才的

图1

培养目前不可能通过传统的学科体系实现，只能是相关从业人员在已有的学科基础上扩展与再提升。[1]湘西传统村落保护与活化创新人才的培养正是呼应当前湘西传统村落发展的务实之需。因此，本项目以传统村落物质文化与非物质文化的保护为前提，结合现代人的审美需求及精神需求，激活当地文化、环境、生产等资源的现代价值属性，保护与活化并举，并对传统乡村新型社区关系进行创新性重塑。通过湘西传统村落民居保护与活化创新人才的培养，将有效促进湘西传统村落保护发展模式的更新，为新时期我国偏远及资源匮乏型传统村落保护与发展的提供前瞻性探索，为我国中西部少数民族地区传统村落保护与活化培养和储备高端创新性技术人才。[2]

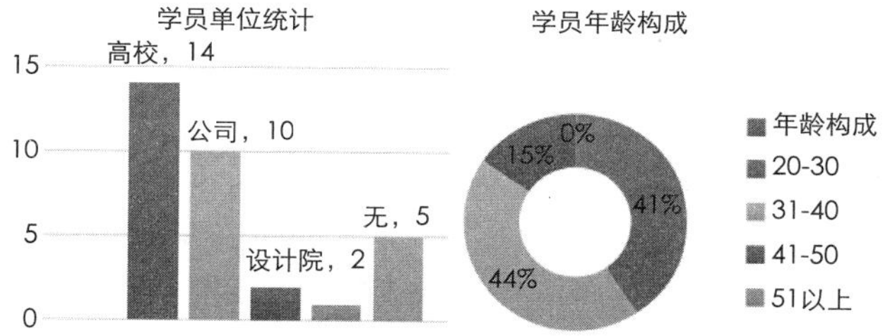

章　为：湖南大学建筑学院助理教授
张梦淼：湖南大学建筑学院博士研究生
何韶瑶：湖南大学建筑学院教授

*　基金项目：2019国家自然科学基金（51978250）。

2 教学组织与模式

2.1 教学内容与目标：理论教学与案例教学相结合

在 5 周约 100 课时集中授课和讨论培训使学员了解我国湘西民族地区社会、经济发展的概况，掌握湘西传统村落与保护与活化的基本理论。（图 2）在此基础上，了解我国传统村落保护发展历程，保护模式及现阶段存在的问题。最后，通过对世界各地传统村落相关创意案例的学习，了解创意产业与文化遗产保护相结合的途径与方式，并通过课堂作业指导学员具体掌握各种不同形式的创意设计方法。内容主要分为：①湘西文化历史发展及传统现状概述。②我国传统村落保护模式与相关法规学习。③创意产业的兴起及在世界范围内的发展历程。④创意产业与文化遗产保护结合的途径及案例讲解。⑤湘西传统村落保护与发展创意策略方法研讨（表 1）。

2.2 教学方式：实地调研与讲授相结合

在 2 周时间内通对物质文化遗产和非物质文化遗产的调查，使学员全面了解湘西传统村落保护与发展的现状以及所具有的资源现状。通过在地性教学，以及召开文化资源研讨会，以传统村落的实际需求（包括实际生活、生产需求，旅游发展需求等）为导向，了解进行在地创意设计的基础。主要形式为拍照，访谈，影像及文字记录以及在地民间工匠教学等。湘西传统村落资源与物质文化遗产调研。（包括传统村落自然生态环境，农业资源调查，传统村落聚落形态空间，民居建筑等）。传统村落非物质文化遗产调查。（村落历史，文化信仰，民风民俗，传统手工艺，民间艺术形式等）（图 3– 图 5）。

2.3 教学成果：多媒介设计成果与表达

在前期调研的基础，使学员亲身体会湘西传统地域

图 2

表1

理论类型	专题课程	讨论课程
美学、哲学	唐孝祥：1. 中国传统村落的文化精神 2. 中国传统聚落环境美学观	1. 开放座谈课程：乡村文化 2. 开放座谈课程：你的故乡及其过去现在及未来 3. 开放座谈课程 —湘西传统建筑解析太平古街考察调研 4. 开放座谈课程 —行走、认知、传播 5. 开放座谈课程 —未来乡村构想
美学、哲学	陈飞虎：城乡规划与建设者的艺术修养	
美学、哲学	肖灿：村落民居的意境营造	
设计方法与实践	罗玲玲：激发创意的方法与设计	
设计方法与实践	陈翚：湖南省传统村落建筑价值评价与适应性保护技术	
设计方法与实践	龙彬：重庆传统民居营建特色解析——兼论渝东南土家苗族传统民居特色的一种研究范式	
规划	王军：乡土社会的变迁及西北乡土建筑的重建	
规划	汤敏：新乡贤与一村一史馆—构建新型乡土信仰网络（乡风文明基础设施）	
规划	李斌：1. 乡村的剧 2. 变乡村的崩溃	调研课程
规划	曾益海：异化与乡建	
规划	徐磊青：社区微更新	
规划	孙君：把农村建设得更像农村	
规划	陈飞虎：生态环境保护与美丽乡村建设	
规划	何韶瑶：大城时代的乡村中国	
规划	肖云：关于传统村落保护与发展的思考	
规划	赵兵：1. 川西的藏羌文化 2. 民居的建筑 3. 规划活化创意	
规划	柳肃：湘西传统村落和民居建筑的特色	
规划	胡鹏飞：乡建实践	
规划	李华东：文化驱动下的乡村振兴	靖港古镇考察调研
规划	王金平：传统村落活化与策划—以山西长岭传统村落为例、传统村落保护与发展	岳麓书院考察调研 浔龙河生态艺术小镇考察调研
建筑	罗劲：释放	
建筑	王小保："新上山下乡"背景下的乡村建设思考	
建筑	卢健松：1. 当代乡村创作特征 2. 当代乡村创作趋势	
建筑	石磊：土、建	
建筑	叶强：青山筑话——设计师主导下的 EPCM 项目实践	
建造	雍振华：1. 传统建筑建造技法 2. 传统建筑的修缮	
建造	邓广：1. 传统木构的现代应用 2. 轻木结构构造	

的文化特征及现实需求，并将前期的理论研究与现实的需求结合起来，以某个选定的传统村落为案例，完成该村落的系列创意活化策略，以及相关的创意设计实践。包括传统建筑改建、旅游规划及细部创意、室内装饰及传统家具创意、庭院种植及园艺小品创意、村落环境及空间创意、儿童装置、村歌、村标志等。聘请专家全程跟进，以研讨会和现场指导的方式辅助村落保护创意策略的制定及相关创意设计实践的完成。创意策略课堂研讨，创意策略文稿制定，实践创意设计指导。学员学习成果见（表2）。

2.4 教学评价：交互式展览与评价

将培训以来的相关调研资料及实践成果汇编成册，形成内容完备的结项资料。举办创意设计实践展览。对培训学员的创意实践以模型、实物、图片、影像的方式进行展出（图6－图8）。

3 启示与总结

我国传统村落历史悠久，文化底蕴深厚，是我国珍贵的历史文化和自然资源遗产，具有十分独特的历史文化价值和科学研究价值等。而传统村落本身属于不可再生的资源，因此，只有专家学者、设计者对其关注和研究才能加强对其的保护。保护好传统村落，使人们真正认识到其价值所在，有利于激发当地村民甚至是全国人民的民族自豪感和自信心，增强全民的爱国热情。传统村落是五千年中华农耕文明的发源地，是所有炎黄子孙共同的文化家园。[3]湖南湘西突出的地理及文化特质可谓是武陵地区多民族文化研究的活化石，湘西文化的物质载体其独树一帜的人文底蕴必将在未来的发展中吸引世人的瞩目。然而，湘西传统村落目前仍面临着经济发

表2
学员作品成果
乡村社区建筑微更新——翁草村空置房再利用更新设计
古丈县墨戎镇翁草村旅游景区导视系统设计
翁草旅游手绘地图
古丈县墨戎镇翁草村创意灯具设计
翁草村的木雕、木作装饰研究及应用
茶鱼饭逅翁草村旅游品牌IP差异化设计活动策划方案
梨花十里，不如你——基于"＋旅游"理念的翁草村溪流景观规划设计
翁草村村落护栏景观设计
乡村品牌营造
融合——湖南省古丈县墨戎镇翁草村公共空间规划策略
湘西古丈县默戎镇翁草村传统村落保护发展规划（2016-2030）
清涧民宿
儿童乐园
乡村保护
翁曹村污水处理
翁草村文娱空间改造
翁草村村口稻田景观——田中的苗家姑娘
翁草村公共空间设计
戊戌园——翁草村儿童环境教育主题乐园设计
翁草村文化休闲中心
翁草村苗哥调研与调整设计
翁草遗产报告
我为翁草写村诗

图3

图4

图5

图6

图7　图8

展水平落后，生态环境恶化，传统建筑维护不善，以及人口迁移带来的空心化等诸多困境。由此层面出发，当前传统村落的保护与发展需要已经超出了任何单一学科的研究范畴，而是以多学科交叉，多研究领域交叉，覆盖建筑学，城乡规划，生态景观，社会学，旅游学，区域经济等众多相关学科。突破学科制约，以宏观的战略视角，以针对性的在地研究为导向，创新性的综合解决传统村落所面临诸多问题是湘西传统村落保护与活化的迫切需要。[4]

设计者素质和责任问题一直是保护与活化内容的重点与难点。现实的需求总是与设计遥相呼应。[5] 设计者作为传统村落保护最重要的参与主体，其主导作用是不可忽视的。因此传统村落创新人才培养在知识经济时代显得格外重要，本次创新人才高级研修班只是这项工作一次有益的尝试，时间和经验都是有限的，为了提高乡村创意人才的质量和数量，创意人才培养不只是高等学校或某一阶段教育的责任，创意人才培养体系是一个庞大的系统，需要提出创新人才培养的新路径。

主要参考文献

［1］雅斯贝尔斯，K.T. 什么是教育 [M]. 邹进，译. 北京：生活・读书・新知三联书，1991：146.

［2］冯骥才主编. 中国传统村落立档调查范本 [M]. 文化艺术出版社，2014.

［3］杨文斌. 国内高校创新人才培养研究述评 [J]. 广东工业大学学报（社会科学版），2012，（5）：76-81.

［4］罗艳霞. 浅谈新农村建设中古村落保护出现的问题 [J]. 山西建筑，2010（36）.

［5］周建明. 中国传统村落——保护与发展 [M]. 北京：中国建筑工业出版社，2014.

A Preliminary Study on the Training and Teaching Model of Innovative Talents for the Protection and Activation of Traditional Villages in Western Hunan

Zhang Wei   Zhang Mengmiao   He Shaoyao

Abstract: The cultivation of innovative talents for the protection and activation of traditional villages in Western Hunan is an urgent demand for the development of traditional villages in Western Hunan at present. This paper takes the advanced seminar of "Talents Training for the Protection and Activation of Creative Design of Traditional Villages in Western Hunan" as an example, which was hosted by the School of Architecture, Hunan University, and funded by the National Art Foundation Project. It investigated the curriculum setting, teaching objectives, teaching methods, as well as the content and process of this teaching activity in terms of teaching achievement, evaluation mechanism and teacher allocation. It is concluded that the cultivation of innovative talents is a systematic project of the whole society. It requires various disciplines and departments to cooperate in order to deliver high-end innovative talents for the inheritance and development of traditional villages in China.

Keywords: Traditional Villages, Innovative Talents, Training Model

基于实践导向的乡村规划工作营教学改革探索

田 阳

摘 要：面对当下乡村振兴的火热开展，对乡村规划人才教育模式的探索更为紧迫。本文基于一次乡村规划教学实践，利用工作营模式架构以实践为导向乡村规划教学理念。整个教学过程分为专题报告、现状调研、规划设计三大阶段，最终形成从理论到实践最终回归设计的教学历程，期望对当前乡村规划教学的困境提出一定的借鉴意义。
关键词：实践导向，乡村规划，教学实践

1 研究背景

党的十九大提出了"乡村振兴"战略，《中共中央国务院关于实施乡村振兴战略的意见》指出，要把人力资本开发放在首要位置，造就更多乡土人才，聚天下人才而用之。2018年中国城市规划学会乡村规划与建设学术委员会共同发布了《共同推进乡村规划建设人才培养行动倡议》，提出实现明日乡村文化、产业、人才、组织、生态之全面振兴的关键在人，需要选准配强乡村建设管理人才。[1] 由此对乡村规划人才教育模式的探索显得更为紧迫。

乡村的规划方法不同于城市，近年来对于乡村规划的诸多教育和实践依然停留在套搬城市规划的一套手法，对于乡村的发展来说无疑是具有破坏性的。乡村规划教学目前尚处于初期探索阶段，而乡村自身又具有高度的复杂性和综合性，因而针对乡村规划的教学组织更需要转变观念、因地制宜，教学实践更需要依托扎实的实地调研、根植于特色地域文化、统筹产业与发展的矛盾。通过不断的教学实践探索找到适合自身地域特色、教学特色的教学模式。

2 基于"实践教学"的课程设计

在乡村振兴计划火热开展、乡村规划人才需求迫切的背景下，我校在近年尝试设置"乡村规划工作营"的实践课题，工作营的展开主要从设计实践入手，希望通过对传统的教学方法的创新，找到针对乡村规划教育的有效方式。

2.1 教学设计

"乡村规划工作营"队员招募面向城乡规划、建筑学本科生三年级、四年级学生，是针对高年级阶段的本科学生，提供一次多专业协作的实践环节。2018年，工作营进行了第一期的尝试，由4名带队老师组织20名同学深入湖南省通道侗族自治县坪坦乡的高布村进行乡村规划的设计实践。

此次工作营将专题调研与设计实践相结合，教学活动采用"1+2+4"模式，即一周课题前期研究、两周现场调研、四周规划设计，工作营教学框架包括：前期准备——现场调研——方案规划3个阶段（图1）。通过将

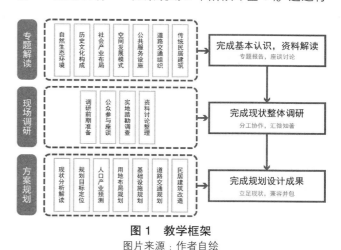

图 1 教学框架
图片来源：作者自绘

田 阳：华北理工大学讲师

调查研究和规划设计有机结合多维度的提升学生的能力培养，包含对当地政策和发展困境的理解能力、结合现状资源发现问题的洞察能力、田野调查中的沟通交流能力以及最为重要的规划设计的空间分析能力等[2]。

2.2 基于"实践教学"的工作营教学组织

（1）前期准备

在工作营项目准备阶段，需要给学生构建此次项目必要的知识背景和工作框架，以"专题报告+座谈讨论"的方式针对后续开展现状调研过程中可能遇到的问题进行分类解读，专题报告基于乡村规划所需要的前期背景知识有针对性的展开，具体专题包括自然生态环境、历史文化构成、社会产业布局、空间发展模式、公共服务设施、道路交通组织、传统民居建筑7个专题，这七大专题也会从现状调研阶段一直贯通到规划设计阶段，作为主线引导整个实践教学过程展开。

（2）现状调研

现状调研乡村规划设计最为重要的基础，可以让同学们基于直观的田野调查，认识当下乡村发展的现状和其面临的发展问题。此次工作营采用分工协作的调研安排，力图达到综合全面覆盖到乡村构成的各个方面。具体包含：调研前期准备、公众参与座谈、实地踏勘调查、资料讨论整理。在实地调研之后，各组将各调研成果作最终汇报，整理成为针对调研村落的基础资料集，供下一阶段"方案规划"共享。

（3）方案规划

结束乡村调研之后，进入第三阶段——方案规划阶段。这一阶段要求各小组分别完成一套完整的乡村规划方案。规划内容包含现状分析、规划目标与定位、人口产业预测、整体用地布局规划、基础设施规划、道路交通规划、民居建筑设计几部分。本阶段的重点是基于现状调研中总结的问题，结合几大专题有针对性的展开规划设计，明确乡村发展的困境，思考城乡发展关系及未来村庄发展的有效路径[3]。

3 教学实践

3.1 项目简介

本次工作营选取的基地是位于湖南省通道侗族自治县坪坦乡的高布村。作为国家历史文化名村，高步具

有典型的传统侗族村落风貌，大面积水稻田按沟渠的划分呈条状分布，构成"农田－渠道－住宅－道路"的侗寨村落布局模式，丰厚的传统文化资源和独特的自然环境特征在当下快速的城镇化建设中面临着极大的威胁。同时该课题与联合国教科文组织世界遗产志愿者（UNESCO World Heritage Centre，World Heritage Volunteers）项目"火塘计划"合作，共同深入高步村展开针对传统村落整体规划与建造技艺的保护研究。

3.2 实践内容

（1）现状调研——分工协作，汇微知著

将20名的学生分为5组，针对前期专题解读的构成进行团队分工踏勘调研，每个小组由1名带队老师和4名组员构成，具体的分工和调研内容如图2所示。调研周期为两周，在调研的初期、中期和结束进行三次汇报交流，最终要求各组将各调研成果汇总，供下一阶段"方案规划"共享。

（2）规划设计——立足现状，兼容并包

第二阶段为为期四周的规划设计实践，在这一过程中鼓励大家利用多维度的分析和设计方法，结合自身的专业视角提出有针对性的规划设计策略。结合对于高布村的相关上位规划解读和发展现状等的分析，提炼高布村的现状问题，比如山水生态格局的破坏、村落空间格局的规划缺失、社会经济发展的衰退、基础设施的不足等。

最终各个小组分别形成针对高布村的规划设计策

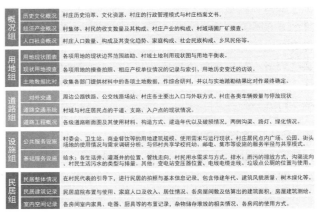

图2 调研分工组织

图片来源：作者自绘

略，这一过程中鼓励学生提出跳脱出传统规划模式的设计策略，通过指导教师的讨论引导，逐步将初步想法合理化、落地化，最终形成各个小组风格迥异的设计思路。例如：有的组依据上位规划要求，以乡愁文化为切入点，建议规避以旅游开发带动乡村发展的传统思路，让乡村回归桃花源式的静谧有序；有的组则认为可以大力建设基于循环经济的产业示范基地，通过绿色经济提升产业附加值提升村庄品质；有的组结合城乡一体化的发展理念，引入生态型老年公寓的概念，希望在带动产业结构转型的同时解决城市和农村共有的老龄化问题。

3.3 教学成果

最终本次"乡村规划工作营"取得了良好的效果，其中规划成果《看得见的山水，守得住的乡愁》在2018年度全国高等院校城乡规划专业大学生乡村规划方案竞赛中获得佳作奖（图3）。更重要的是，工作营的教学成果也成为相关教师课题组进行进一步乡村规划方法研究的基础资料，其中的一些思路与方法对于乡村规划的实践也形成了启发。

4 思考展望

本次工作营只是我校乡村规划教学工作改革的开始，它对于当下的师生而言依然是一项新生事物，在未来针对乡村规划展开的教育工作依然存在非常大的挑战。首先大部分学生甚至指导教师对乡村生活和环境缺少足够认知，因而在进行乡村规划设计时未免会

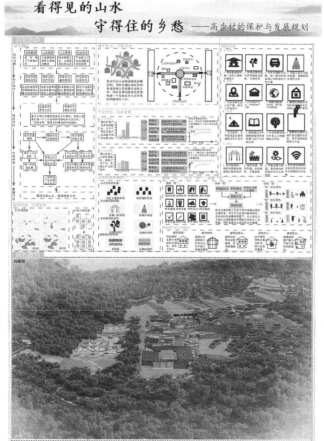

图3 学生获奖作业

照搬照套城市规划的手法，因此对于指导乡村规划教学的教师则需要提出更高的要求，需要大家不断从每一个具体的教学实践中积累对于乡村规划的理论认识和实践经验。其次，乡村规划在未来作为课程开展，其规划对象的选择要求会更为苛刻，所选村庄即要求有适宜的规模和区位，又要求具备较丰富的内涵和典型性，因而存在较大难度[4]。总之，乡村规划教学是一项任重道远的工作，需要在未来的教学过程中不断探索，逐步完善。

主要参考文献

［1］ "城乡规划教育如何适应乡村规划建设人才培养需求"学术笔谈会 [J]. 城市规划学刊，2017（05）：237.1-7.

［2］ 彭琳. 基于"专题研究"为导向的乡村规划教学实践 [J]. 华中建筑，2016（02）：22.

［3］ 张悦. 乡村调查与规划设计的教学实践与思考 [J]. 南方建筑，2009（08）：28.

［4］ 王江波. 乡村振兴背景下村庄规划课程教学改革方法研 [J]. 山西建筑，2018.

Rural Planning Teaching Practice based on Practice Orientation Camp

Tian Yang

Abstract: Under the background of countryside Renaissance, it is more urgent for universities to explore the education mode of urban planning students. This paper is based on a rural planning teaching practice, hoping to construct a practice-oriented rural planning teaching concept. The whole teaching process is divided into three stages : special report, current situation investigation and rural planning. Finally, this teaching practice forms the teaching process of "theory — practice — design", which is expected to provide some reference for the current dilemma of rural planning teaching.

Keywords: Practice Orientation, Rural Planning, Teaching Practice

基于城乡差别认知的乡村规划教学实践*
——深圳大学 2015 级乡村规划设计教学总结

张 艳 辜智慧

摘 要：乡村规划相比城市规划在方式和途径上均存在很大差异。为了避免学生用城市规划的思维去解决乡村问题，深圳大学"乡村规划设计"课程教学团队明确了以"城乡差别"为切入点来开展乡村规划教学实践。结合乡村振兴战略实施的要求，从课程选题、现场调研、方案生成、成果评价等多个环节着手，帮助学生们建立"城乡差别"认知思维，掌握城乡不同的规划理论和方法，并思考城乡统筹发展的意义与内涵。

关键词：城乡差别，乡村规划，教学实践

1 引言

2017 年 10 月习近平总书记在党的十九大报告中提出了战略乡村振兴战略；2018 年 9 月，中共中央、国务院印发了《乡村振兴战略规划（2018 年 –2022 年）》，要求各地区各部门贯彻落实。乡村振兴战略的提出，不仅对未来乡村地区的发展起到引领性的关键作用，也对城乡规划学科的发展产生方向性的重大变化。乡村地区面临着经济、社会、资源、环境、文化等方面的发展挑战，当前社会亟需专门的、具备乡村规划知识体系的乡村规划专业人才。在城乡规划专业本科教学中，需要在教学目标和课程设置等方面进行一系列的调整，以适应这一变化趋势。2018 年下半年，深圳大学城乡规划专业首次将"乡村规划"设计实践环节纳入 2015 级本科生《城市规划与设计》课程，进行了有益的教学尝试。

与城市规划相比，乡村规划的方式和途径有着很大的差异。深圳大学城乡规划学专业的本科生大多为城市生源，较少有在乡村地区长期生活的经历，对乡村的认知多停留在图片和视频上，对乡村问题没有深刻的感悟与理解。在教学过程中，为了避免学生用城市规划的思维去解决乡村问题，教学团队明确了以"城乡差别"为切入点来开展乡村规划教学实践，结合乡村振兴战略实施的要求，从课程选题、现场调研、方案生成、成果评价等多个环节着手，帮助学生们建立"城乡差别"认知思维，掌握城乡不同的规划理论和方法，并思考城乡统筹发展的意义与内涵。

2 "城乡差别"认知的多重维度

我国长期的城乡二元结构造成了乡村发展与城市发展的差距。"城乡差别"不仅体现在物质空间环境上，还体现在生产生活模式、土地产权模式、社会治理模式等诸多方面。这些方面决定了乡村规划在规划理念、规划方法上均无法简单地套用城市规划的模式。不仅如此，不同地域的乡村的差别性也非常之大，沿海发达地区的乡村与内陆较偏远省份的乡村、城市边缘的乡村与传统的农业乡村，在经济发展水平、发展趋势上显著不同，因此，针对不同的乡村案例，需要在充分理解这些差异的基础上，根据不同的地域文化特征、不同的经济发展阶段、不同的产业特色等来进行因地制宜的考虑（表 1）。

首先，在理论层次上帮助学生厘清乡村与城市在资产属性、运作模式上的差异。在土地和资产的性质上，村庄内的土地属于集体所有，村民是村庄的主人；村民

* 基金项目：深圳大学教学改革项目支持。

张 艳：深圳大学建筑与城市规划学院副教授
辜智慧：深圳大学建筑与城市规划学院副教授

的承包责任田、宅基地、公共设施等资产同样属于村集体或个人所有，不同于城市的公有制性质（乔路、李京生，2015）。这决定了乡村的运作模式相比城市而言综合得多，城市建设有着相对明确的专业化分工，而乡村往往呈现出规划、建设、管理、运营四位一体的特征。

再次，针对具体的乡村个案，则在实践层次上鼓励学生从区域关系、空间形态、产业发展、历史文化、生态环境、社会发展等诸多方面进行扎实调研与深入研究，并对比乡村与城市的差异。在此基础上，以乡村振兴战略的四个振兴——产业振兴、生态振兴、文化振兴和人才振兴为目标，将产业、文化、教育、基础设施、生态、经济等进行整体统筹的考虑，体现村庄规划的综合性与全过程性。

3 基于"城乡差别"认知的教学实践

3.1 教学安排

本次乡村规划设计课程面向城乡规划专业本科四年级学生，课程结合实践性规划项目组织施教，将46个学生分为4个教学小组，每个教学小组10–12名学生，2名指导老师。村庄规划的课程放在上半学期，选题原则上要求与下半学期的总体规划课程选题相结合，亦即

在所选择作为总体规划的城镇中选择一个下辖的村庄作为村庄规划课程设计的基地。

各教学小组根据指导老师的实际项目或相关课题，在本科四年级前的暑假期间组织开展1周左右的现场调研（含乡村规划调研及总体规划调研），对村庄进行详细的产业发展、用地建设、历史文化、社会生活等方面的现状调查，为课程设计做准备。

课程设计的时间大约为7周，每周2次课。主要分为两个阶段：前2.5周为现状分析与形成调研报告阶段，后4.5周为村庄规划方案编制阶段（表2）。每个阶段的课程结束后，四组学生集中进行现状汇报与答辩。课程作业成果最后提交了"2018年度全国高等院校城乡规划专业大学生乡村规划方案竞赛"，一共1组同学获得决赛三等奖，3组同学获得初赛优胜奖。

3.2 教学特色

（1）与小城镇总规课程的结合及选题的多样化为"城乡差别"认知奠定基础

在教学设计中，将村庄规划的课程选题与总体规划的课程选题相结合，并将二者的调研进行合并，由此，有助于加强城市与乡村之间的比较，让学生们能够获得

"城乡差别"认知的多重维度 表1

	内容		认知侧重
理论层次	产权模式		乡村土地与资产的性质及其与城市的差异
	运作模式		乡村的运作模式与村庄建设所需要的资金来源；财政补贴的可能性等
实践层次（个案）	区域关系		区位条件；乡村在城镇化过程中的地位
	空间形态	土地使用	村庄用地构成及分布特点；乡村居住空间与生产空间的复合性特征及其与城市的差异
		建筑功能	居民点建筑功能、空间规模、空置情况等
		公共设施	村庄公共服务设施配置情况；与所在城镇在文、教、体、卫等基础公共服务设施上的供给水平比较；居民使用满意度与诉求
		基础设施	村庄水、电、气等配置现状；居民的基础设施配置需求
		景观风貌	村庄景观特色及其与城市的差异；空间优化布局的可能性
	产业发展	产业发展	村域经济及产业现状与特点；与所在城镇产业发展的关系及特征比较
	历史文化	历史遗存	村域历史文化资源的空间分布；在村庄发展历程中的地位与作用
	生态环境	生态环境	村域生态环境资源情况，生态现状及存在问题；村域产业发展与生态环境的关系
	社会发展	生活方式	村庄居民的生活、就业状态与诉求；村民的收入及支出构成
		社会网络	村庄社会结构、社会关系、人口特点等；村庄人口迁移趋势；与所在城镇人口特征的比较

乡村规划教学安排　　　　表2

阶段	周次	主要教学内容
现状调研	暑期一周	村庄环境实地踏勘、居民需求调研
现状分析与形成调研报告（2+0.5周）	1	基础资料整理
	1	现状分析
	2	
	2	现状调研报告
	3	现状调研汇报与答辩
村庄规划设计（4+0.5周）	3	初步规划方案
	4	
	4	
	5	
	5	方案讨论、对比
	6	
	6	
	7	方案表达
	7	村庄规划成果汇报与答辩

对于同一地区的城市与乡村地区在生产、生活、生态方面的发展差异有较为直观的认知对比。

此外，4个教学小组一共选择了6个乡村作为基地，选题的类型较为多样化（表3）。既有位于沿海发达地区的，也有位于中部地区的、西部地区的省份；既有传统的农业乡村，也有位于城乡结合部、在城市空间蔓延的过程已经与城市功能连为一体的城边村；既有尚处于成长扩张过程的，也有发展前景不容乐观、极度收缩的类型。这些不同的选题各具特色，呈现出多种不同的城乡

关系模式，通过不同组之间的交流与碰撞，为学生们更深入地理解"城乡差别"奠定了较好的基础。

（2）深入的现场调研获取"城乡差别"认知体验

现场调研可以给予学生最直观的感受，深化他们对于"城乡差别"的理解。在现场调研的过程中，要求每组学生均需要针对所选择的村庄，进行区域、村域和集中居民点进行三个空间层次的调研：①区域层次。重点调研区位特征、与周边城镇及所属建制镇的产业、交通等关系；②村域层次。重点调研村域产业发展特点、生态资源环境；③集中居民点层次。重点调研人口状况、开发建设状况、历史文化遗存、社会生活习惯等。在对现场进行详细踏勘的基础上，对村干部进行访谈，对村民进行了详细的问卷调查，以了解村庄及村民发展的诉求。基于现状调研的内容，要求每组学生发现村庄发展中的主要问题及可资利用的资源，以及可能的开发利用方式，并撰写现状调研报告。

（3）方案生成过程穿插多个讲座以梳理"城乡差别"认知

乡村规划设计是一门以实践为主体的课程，但实践离不开理论的指导，为了实现理论与实践的有机结合，教学中以专题讲座形式、根据方案设计进度针对性地补

图1　学生在村庄现场进行详细的调研

4个教学小组的6个选题一览　　　　　　　　　　　　　　　　　　表3

	区位	区域经济水平	与城市的关系	主要产业形态	发展趋势
选题一：田饶步村	广东省东莞市横沥镇	较发达	城边村	工业+生态园	稳定型
选题二：水边村	广东省东莞市横沥镇	较发达	城边村	工业	稳定型
选题三：大湖洋村	广东省惠州市良井镇	不发达	城郊村	农业	收缩型
选题四：水源村	湖南省蓝山县新圩镇	不发达	传统农业村	农业	收缩型
选题五：愁里村	湖南省蓝山县新圩镇	不发达	传统农业村	农业	收缩型
选题六：谢村村	广西壮族自治区岑溪县归义镇	不发达	城郊村	农业	成长型

充理论课程的配套学习：

1）在现状调查报告汇报与答辩完成之后，邀请同济大学李京生教授为同学们进行了6学时的《乡村规划》讲座，全面梳理乡村规划的特征、乡村发展的历史以及乡村规划相对于城市规划的差异性。由于同学们已经完成现状调研与调查报告的撰写，因此对于乡村的发展现实已经有了较为直观的认识，讲座的开展不仅引发了同学们在理解乡村发展上的共鸣，也对同学们切入对本组所选择的村庄基地未来发展的定位及具体规划策略提供了指导。

2）在方案一草过程中，教学团队组织了第二次专题讲座《乡村规划设计》，重点讲解乡村规划的主要内容和不同类型乡村规划的路径，一方面为同学们建构乡村规划常规项目的基本框架，另一方面，通过"汕头市潮南区美西村村庄整治规划"、"江苏省宜兴市湖父镇张阳村村庄规划"、"广州白云区太和镇白山村村庄规划"等不同类型规划实践案例的讲解，帮助同学们更具体地了解如何针对不同地域条件、发展状况、发展诉求的乡村规划如何因地制宜地进行考虑。相应的，讲座后要求同学根据本组村庄基地地方发展资源和所面临的主要问题，结合国家乡村振兴战略，以及当地的特色产业、生态条件、历史文化资源条件、新乡贤、产业组织等情况，形成切实可行的发展策划，包括发展理念、发展目标、主导产业的选择及其实施路径、村域层次的产业空间安排等。

3）在方案二草过程中，教学团队组织了第三次专题讲座《乡村人居环境建设与发展》，针对更微观层次的乡村人居环境规划与设计部分比如庄居住空间布局模式、乡村建筑色彩风貌景观、乡土植物的搭配等进行详细的讲解，以配合同学们在集中居民点规划及节点建设等方面进行更细致入微的设计与考虑。

三次专题讲座从宏观逐步到微观，从纲领性、普适性逐步到具体的、个案的考虑，每个讲座环节紧扣同学们方案生成过程的阶段性需求，融入到方案生成过程中，针对性强，相比一般的纯理论课程而言更受同学们欢迎，内容也更容易被理解和吸收，收到了较好的教学效果。

（4）阶段性成果汇报时的组间相互点评以强化"城乡差别"认知

在教学过程中，在多次小组辅导和内部汇报点评之外，安排了三次4个教学小组共同参与的大组阶段性成果汇报，分别为现状调研报告汇报、方案二草成果汇报

图2　现状调研报告汇报和评图阶段的大组成果汇报

和方案终期评图。其中，现状调研报告要求以ppt形式或图纸形式呈现，方案二草成果和方案终期评图要求以4张A1图纸形式呈现。

由于6个基地特征各异，不同的小组提出了"融入城市但保留记忆"、"乡村收缩"、"基于山水环境建设养老产业基地"等非常多样化的发展概念并进行了具体的方案设计。在阶段性汇报的过程中，通过不同组之间的相互点评，促使他们换位思考其他组同学所选择的村庄基地与本组基地的差异性，不仅对本组基地有了更深的理解与认知，进一步强化他们对于"城乡差别"的认知，在此基础上反思所提出的规划方案的可行性与合理性。

4　总结与思考

作为一项新生的事物，乡村规划的教学实践，对于深圳大学的无论是教师还是学生来说，都是一项较为困难的挑战。总体上看，教学团队基于"城乡差别"认知来开展乡村规划教学实践，避免学生们以城市发展的思维先入为主，具有相当的合理性。在半个多学期的教学过程中，既有满满的收获，也留下了一些遗憾与不足待今后改进。

4.1　教学收获

（1）促进学生对城乡统筹发展的思辨

2003年国家提出"统筹城乡发展"的战略，要求建立起促进城乡经济社会发展一体化的制度，尽快在城乡规划、产业布局、基础设施建设、公共服务一体化等方面取得突破，促进公共资源在城乡之间均衡配置、生产要素在城乡之间自由流动，推动城乡经济社会发展融合。但"城乡统筹"并不等同于城乡的无差别化发展。通过本次乡村规划的教学实践，同学们深刻感受到城市与乡村在建设发展上的巨大差异。这深化了同学们对于城乡

关系的认识，也促进了同学们对于城乡统筹发展的思辨。既要尊重乡村的特点，又尽可能地通过城市的发展带动乡村的进步，成为同学们思考乡村规划的一个重要出发点。

（2）深化学生对于"以人为本"的理解

2008年《城乡规划法》第十八条明确提出："村庄规划应当从农村实际出发，尊重村民意愿，体现地方和农村特色"。村民是乡村规划的主人公，也是乡村规划的基本利益主体。只有围绕尊重村民意愿而设计，规划成果才是现实可行的。

两个月的教学中，同学们不仅在调研阶段努力发现和理解村民们发展的诉求，同时在方案阶段设身处地、基于"乡村人"的视角来切实反映村民的诉求并寻求解决方案（图3）。由此，避免了以主观的感受去做规划，切实地深化了对于"以人为本"的理解。

（3）提升学生们对乡村发展多维度的综合分析能力

在教学的过程中，除了关注传统的空间层次上的分析能力，比如对于村庄居住空间布局模式的认识与理解之外，特别强调同学们要加强对于国家宏观产业和生态政策的理解，以及在调研过程中的分析观察及与村民的交流沟通。由此，提升学生们对乡村发展多维度的综合分析能力，避免重物质空间规划、轻经济社会规划，重"点"规划、轻"域"规划。

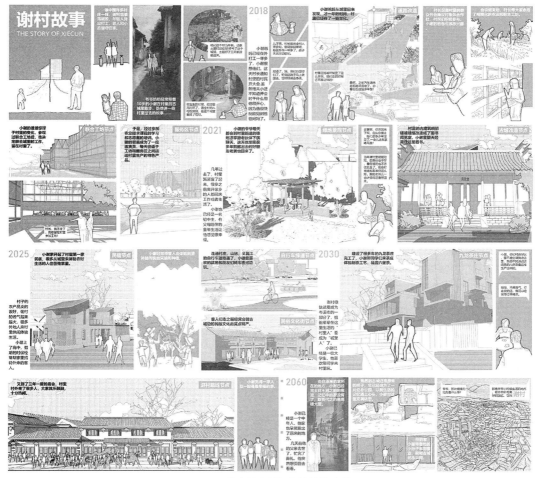

图3 学生绘制的"谢村故事"
资料来源：学生作业成果《此间记忆——岑溪县归义镇谢村村村庄规划》

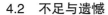

4.2 不足与遗憾

主要有三个方面：①由于整个乡村规划设计教学的时间相对较短，而我们所选择的基地均在外地，在方案形成的过程中，未能到基地现场进一步听取村民的意见，形成更具可操作性的方案。②各小组的最终成果在产业选择上存在一定的同质化倾向，即以发展乡村旅游为主要方向，针对各地乡村发展的特点的更多路径探索仍嫌不足。③我们的教学团队以"城市规划"、"城市设计"专业背景的老师为主，对一些乡村专业知识的了解较为欠缺。比如在村域产业发展方面，有小组提出发展火龙果、百香果、生态水稻等经济性作物的方案，但由于农学的知识相对缺乏，只能停留在概念提出上，具体的策略可行性尚待探讨。

主要参考文献

［1］ 彭琳. 基于"专题研究"为导向的乡村规划教学实践 [J]. 华中建筑，2016（07）：179-182.

［2］ 乔路，李京生. 论乡村规划中的村民意愿 [J]. 城市规划学刊，2015（02）：72-76.

Rural Planning Teaching Practice based on Cognition of Urban-Rural Difference

Zhang Yan   Gu Zhihui

Abstract: There are great differences in the ways and approaches between rural planning and urban planning. In order to avoid using urban planning thinking ways to solve rural problems, our teaching team of "Rural Planning and Design" course have decided to teach with "urban-rural differences" as the starting point. In combination with the requirements of the implementation of the rural revitalization strategy, we have carefully considered the parts of topic selection, on-site investigation, program generation, and evaluation of results in our teaching practice. We tried our best to help students deeply understand the "urban-rural differences", master different planning theories and methods between for urban area and for rural area, and think about the significance and connotation of integrating urban and rural development.

Keywords: Urban-Rural Difference, Rural Planning, Teaching Practice

新时期乡村规划在教学实践中的探索*

陈　倩　翟　辉

摘　要：在新型城镇化持续推进的背景下，新农村建设如火如荼，这对城市规划教育提出了新的任务和要求。认识乡土社会、了解村庄规划编制、学习村庄规划设计成为当务之急。为了增强城市规划专业学生毕业后，对各类社会实践活动的适应能力，昆明理工大学建筑与城规学院城乡规划系对乡村规划教学进行了系统梳理，在传承具有地域特色的教学理念中不断探索，对教学体系进行优化升级，构建由基础课程、拓展课程、深化课程、提高课程四部分组成的乡村规划教学体系。通过教学实践不断总结完善教学方法，提高学生综合素质、协同创新能力，建立"复合应用型"人才以及多层次人才培养的教育机制，积极应对社会对乡村规划人才的需求。

关键词：新型城镇化，乡村规划，教学实践，昆明理工大学

1　引言：在新型城镇化背景下，乡村发展面临机遇与挑战

据联合国数据显示，全球城市人口在 2009 年达到 50.1%，中国的城市化率也于 2011 年达到 51.27%，达到城市化进程的中期阶段。[1] 国家颁布的《国家新型城镇化规划（2014–2020 年）》，规划中表明要合理引导人口流动，有序推进农业转移人口市民化。2017 年，我国城镇化率已达到 58.52%。较 2016 年末提高 1.17% 个百分点。

乡村社会是中国社会发展的重要基石和精神家园。但在城镇化快速发展的今天，乡村社会正经历着现代化和城市化的巨大冲击，出现了乡村人口流失、乡村生产方式的现代化和工业化、乡村传统文化特色和地域环境特色的逐步消失等问题。在这种嬗变过程中，如何积极应对现代化和城市化，如何主动保护乡村传统文化特色？地域景观特色？已成为社会普遍关注的两大命题。

2　乡村规划逐渐受到重视并融入教学

过去，以"城市规划"思维培养的学生，并不了解乡村，没有掌握乡村规划的原理与方法，在编制乡村规划时往往带有明显的"城市化"和"城市规划"的印记。他们会以城市的观点去看待乡村的问题、以城市规划的思维和技术方法去编制乡村规划，未能真正认知乡土社会及其文脉网络，结果所做的规划设计弊大于利，给乡村地区带来不可修复的"破坏"。

在新型城镇化背景下，乡村发展及乡村规划建设已成为近年来城乡规划研究与实践的热点领域。为适应时代发展的需求，各大院校结合所在省市的地域性特征，人才需求特点，以及自身学科优势和基础，都针对乡村规划开设了理论讲授、规划实践、专题研究、特色课程等教学环节，努力培养了解乡村社会、熟悉乡村规划、具备城乡规划设计专业技能的复合型人才。因此，加强乡村规划的研究与教学，不仅是完善城乡规划专业教学体系的需要，更是对乡村未来可持续发展方式的探索与追求。

3　基于地域特色的乡村规划教学建构

昆明理工大学建筑与城规学院成立于 2013 年 6 月，由昆明理工大学原建筑工程学院的建筑学系和城乡规划系组建而成，已有 30 多年的办学历史，是我国西部较早开始建筑教育的学校之一。是云南省唯一通过全国"建筑学"和"城市规划"专业教育评估，拥有建筑

　　*　基金项目：云南省 2018 年高校本科教育教学改革研究项目，基于"互联网"+"新工科"理念的建筑类专业毕业设计教学改革，项目编号：JG2018029。

陈　倩：昆明理工大学建筑与城市规划学院城乡规划系讲师
翟　辉：昆明理工大学建筑与城市规划学院教授

学学士、建筑学和城市规划硕士专业学位授予权的单位。

基于独特的地域和文化资源，昆明理工大学成为云南"乡土建筑"、"乡村聚落"研究的基地，并长期致力于此方面的科研、教学和实践，为乡村规划教学积累了丰富的一手资料和工作经验。

3.1 教学资源的沉淀与积累

教学组成员主持或参与了大量相关科研课题，主要有国家自然科学基金项目"云南民族乡村地区旅游小城镇形态演变过程与机制研究"、"作为方法论的乡土建筑自建体系综合研究"、"西南少数民族贫困地区聚落营造学研究"、"当代民族地区传统乡村聚落空间适应性重构研究"。云南省应用基础研究项目："滇西北传统民居绿色更新理论及建筑设计策略研究"。云南省自然科学基金项目"云南澜沧江流域开发和村寨人居环境保护与改造"。云南省科技计划项目："滇西北高原藏族民居环境更新设计研究"、"澜沧江流域传统聚落与建筑研究"，以及"从地区化出发的云南民族聚落研究"、云南省教育厅科学研究基金项目"滇西北传统聚落空间结构发展演变机制研究"等。

从 20 世纪 80 年代起，学院前辈朱良文先生就积极参与到云南民族研究的热潮中，带领学生调研、绘制出版了《丽江纳西族民居》，将民居研究的视野从建筑单体拓展到了聚落环境和聚落规划层面，为后续研究指明了方向。学院前辈蒋高宸先生则提出了"云南聚落研究提纲"[2]使云南的民族聚落研究向前迈进了一大步。之后又带领学生测绘、调研、收集素材完成了《云南民族住屋文化》、《丽江——美丽的纳西家园：文化奇葩. 山水古城. 建筑乡土》、《中国最具魅力名镇和顺研究丛书》、《云南大理白族建筑》、《建水古城的历史记忆：起源. 功能. 象征》等专著，建立了学科团队在云南地区乡土研究中的核心地位，并培养了一大批乡土研究工作者。这些学者继续传承乡土研究的衣钵，不断将云南乡土研究深化拓展，出版了《云南少数民族住屋——形式与文化研究》（杨大禹，1997）、《云南传统聚落类型学研究》（周绍文，2007）、《族群、社群与乡村聚落营造——以云南少数民族村落为例》（王冬，2013）、《传统村落旅游开发与形态变化》（车震宇，2008）、《滇西北民族聚居地建筑地区性与民族性》（吴艳，2016）、《大理、丽江传统聚落形态及其形成机制研究》（陈倩，2017）等，这

些成果都为乡村规划教学的开展奠定了坚实的基础。

3.2 教学理念的传承与发展

（1）乡村认知

中国是以农耕文明为基础的国家，所以骨子里具有深刻的乡土精神。乡村聚落是人类聚居的一种方式，它有自己独立的生活圈、文化圈和经济圈，在"皇权止于县"的封建社会制度背景下，乡村社会是以乡贤士绅为"领导"，以乡规民约为"制度"进行自治的地区。然而，现代化、工业化、后工业化社会的到来彻底改变了传统的生产、生活方式，没有了乡绅阶层，甚至大量劳动力外出务工，乡村社会还能剩下什么？对于乡村认知，应该让学生树立对于"人及其生活环境"的关注，当下的乡村居民不应该只是固守在偏远土地上的边缘人群，他们也应该享受现代文明的果实；经济发展的红利；科技进步的改变。只有树立了这样的思想意识才能客观分析乡村聚落的保护与发展、活化与更新等问题。

（2）新型城镇化背景下的乡村发展趋势

云南地处中国西部，属于民族地区，据 2016 年全国城镇化率达到 57.35%，云南仅达到 45.03%，低于全国平均水平。[3] 未来 20 年我国的城镇化格局将发生巨大变化，区域差距将持续缩小，真正形成东中西协调发展的格局。其中，东部地区城镇化率预计会达到 77%，中部是 69%，西部地区则在 73% 左右。预计到 2035 年，全国县城和镇的总人口量会达到 3.8 亿人，占全国总城镇人口的比重合计大约是 36%。[4] 根据国际经验和发展趋势来看，流动人口会持续向大城市和县级市两端集中。因此，西部民族地区的城镇化还有巨大的发挥空间，除了被列为国家级历史文化名城、名镇（村）的村落，以及被列入"中国传统村落名录"的村落等"发展型"乡村之外，大部分普通乡村持续衰落是未来发展的必然趋势。

（3）非均衡发展特征下的"乡村振兴"

习近平总书记在十九大报告中指出"乡村振兴的战略"，并把它作为贯彻新发展理念、建设现代化经济体系和实现"两个一百年"奋斗目标的重要保障。随后出台了《乡村振兴战略规划（2018–2022 年）》，强调要把实施乡村振兴战略摆在国家大政方针的优先位置。这意味着乡村土地价值、农村经济、产业的振兴，为城乡融合发展提供了重要的推动力。其核心目的是系统构建人口、

土地、产业等多种要素的关联性研究[5]。

但是，乡村振兴绝不是意味着就地固化农民，未来乡村里面生活的是什么样的人？应该会有很大的变革。随着乡村经济地位的不断提升，城市与乡村之间将会出现资源、资本、人才等方面的相互流动，未来乡村将实现农业人口的减少，人口素质的提高，人均资源的扩大，并通过现代技术和生产力的提升来进一步提高农村资本，与现代城市化进程相互呼应，最终解决农村的"三农"问题。

云南地区的乡村由于社会资源和自然资源的差异，其经济发展存在非均衡性和空间异质性特点。长期以来关注的热点都集中在具有优势资源的传统村落、旅游小镇、特色小镇等"发展型"地区。然而，新型城镇化过程不只有扩张，同时也包含着收缩与衰退的可能。有发展型的乡村，同时也就存在调整型、收缩型、衰退型、重构型的乡村。由于长期受"增长主义"视角的局限，这些处于"逆向发展"的乡村被人为忽视。

在新型城镇化持续推进的宏观背景下，应该认识到只有"发展型"的乡村适合做"增量规划"，其余"逆向发展"的乡村则需要通过"存量规划"或"减量规划"来应对城乡结构的变迁。作为乡村规划教学，不应该把重点只聚焦于"发展型"乡村，同时也应关注调整型、收缩型、衰退型、重构型乡村。只有对这些"逆向发展"的乡村有了精准认识，才能辩证地、客观地分析乡村"保护与发展"的矛盾；才能科学预测各类乡村未来的发展方向；才能实现区域内资源合理配置，功能转型升级，经济协调发展，最终实现乡村、城镇以及区域城镇体系的健康发展。

3.3 教学体系的优化与升级

昆明理工大学建筑与城市规学院实行建筑大类招生，城市规划专业的学生在低年级已经完成了《设计初步1，2》和《建筑设计1，2》的基础设计课程和理论课，三年级开始从建筑设计逐渐过渡规划设计阶段。在人才培养方案拟定的过程中不仅传承学科基础知识积累，综合实践能力的加强，也积极应对时代的变革不断融入新的知识体系和技术训练，把"乡村规划"作为一项重要教学内容不断进行完善。

现阶段的"乡村规划"教学体系，主要由基础课程、拓展课程、深化课程、提高课程四部分组成。基础课程中虽然没有单独罗列关于"乡村"的课程名称，但是都

将"乡村"作为专题在各个课程中进行深化，旨在让学生了解城乡关系，并建立基本的乡村规划设计方法。拓展课程的设置，是让学生加强相关知识储备，不仅了解本专业的内容，更要拓展关于社会学、人类学、经济学、环境行为学、地域文化与历史等领域的知识，为进一步认知乡村奠定基础。深化课程主要是帮助学生了解最新的乡村发展动态，以及新技术新方法在乡村规划中的运用，为后续的实践训练做准备。提高课程主要包括创新实践和以乡村规划为专题的毕业设计，这是在本科学习阶段真正的实操环节，经过前期的知识储备和能力训练，能更好更快地进行实践项目。

4 教学实践探索

4.1 乡村规划

乡村规划教学在三年级下学期开始，是规划专业学

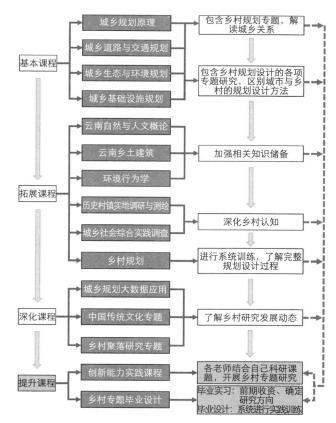

图1 乡村规划教学体系框架图

生第一次真正接触规划类课程设计，对于规划设计过程还未完全理解。教学团队经过多年的实践与探索，通过实地调研、发展战略研究、乡村规划设计等训练。让学生真实体验"收资－整理－提炼－规划设计－总结归纳－成果"等一整套完整的规划设计过程，纠正了以往理论与实践脱节、调研与设计脱节的问题。在8周的时间内，以小组为单位完成一套完整的村庄规划图纸和文本，时间较为紧张，是对学生能力的考验。

随着不同类型教学案例的增加，教学经验的积累，对外教学交流的丰富，该设计课不断补充和完善，并有效提高了学生对专业知识的理解与运用，以及观察问题、分析问题、解决问题的综合能力，为大四的规划设计课程做好了铺垫，使整个培养计划的衔接更加顺畅。

经过几年的积累，结合全国城乡规划专指委和乡村委组织的"2018年度全国高等院校城乡规划专业大学生乡村规划方案竞赛（全国自选基地）"中，我院三年级学生李洁小组的参赛作品"育水渔村，予景于民"获得了三等奖的好成绩。

4.2 创新实践

结合教学组老师的研究课题和工程项目，开展了类型丰富，形式多样的创新实践教学。例如：以文化人类学和民居建构为切入点的景洪村落研究；以聚落空间形态发展演变为主题的元阳哈尼梯田乡村聚落研究；以乡村活化和发展动力机制为主题的滇池沿岸村落研究；基于GIS系统的基诺山乡村空间优化更新研究；以及众多以乡村振兴、特色小镇、美丽县城等工程项目为基础的规划设计实践。这些教学课题的引入都为本科阶段的学生提供了大量的实践机会，引导学生深入思考村镇体系空间格局、传统村落的保护与发展、产业资源的整合与升级、乡村发展的基础与目标、面对未来城镇化发展的趋势，面临的问题和挑战等。使学生真正走出象牙塔，认知并了解现实中的乡土文化和乡村建设。

4.3 联合毕业设计

毕业设计作为检验本科教学质量的重要环节，作为实现本科培养目标的重要手段，一直以来都备受各高校重视。昆明理工大学自2008年起至今大力推进校际、校企等多种类型的联合设计教学改革，改变了传统教学

和设计的线性工作模式，打破各学科、各校、校企之间的壁垒，使所有参与者都能在一个共享平台上协同工作，培养学生建立起多角度思维、整体化评价的概念；拓宽学科应用的口径，提高了毕业生去向的多元化，是建筑大类教育培养"复合应用型"人才的有益探索。

教学主要通过"四个阶段，五个环节"展开。包括：毕业实习、现场调研、初步方案、方案完善四个阶段；以及前期策划包括选题等准备、现场调研收集资料、中期检查或中期工作营交流、毕业答辩及展示、教学总结五个环节。在整套教学体系中，不仅有各校教师的专业指导，还包括行业内专家学者、政府及甲方的积极参与，让整体教学既有理性的基础也有感性的发挥，加强了理论、实践、规划设计方法以及沟通协作等各方面能力的学习和交流，得到学生群体和社会各界专业人士的广泛认可。

其中，以昆明理工大学、西安建筑科技大学、华中科技大学、青岛理工大学组建的三专业四校联合毕业设计联盟，专门以"乡村发展建设"为主题开展毕业设计。通过4年的教学积累，已对西南、西北、华中、华东等地区各种类型的乡村进行了教学研究，对不同地域、不同经济发展水平、不同民族文化背景的乡村进行了深入分

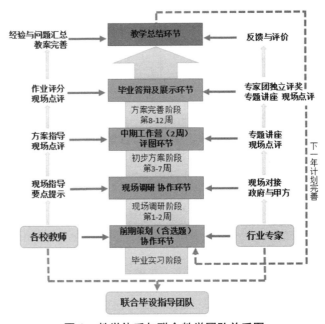

图2　教学体系与联合教学团队关系图

析，积累了关于乡村发展与振兴、保护与活化的不同策略和手段，使学生对乡村建设有了更为积极而全面的认识。

5 小结

近几年，通过开展乡村规划教学的实践，不断完善和健全了相关教学体系，形成了具有地域特色的教学机制。学生在最后的毕业设计环节，已经表现出一些不同以往的研究视角和规划思想，学会真正研究分析乡村社会的生活方式、思考方法、文化传承，真正践行了"为人而设计"、"为乡村居民而规划"的人本主义价值观。

但是，教学中仍然存在问题和不足。例如，学生在现状分析中对于显性的、直观的空间环境比较容易觉察和分析，但对一些隐性的内在问题缺乏洞察力。在资料收集过程中，对于收集途径、寻找手段、收集内容等方面的了解认识不够，积极主动性不足。在案例研究中，数据类的实证分析少，主观分析多，对研究问题的客观性有待提高。在村庄发展战略研究中，对于如何实现规划设计目标，以及深层次的人口结构转型、经济发展趋势、资源环境的有效利用等方面的分析深度不够，视觉过窄，对于其它政治、经济、人文等非专业知识的储备还需加强。

"三农"问题是我们国家社会经济发展的主要问题，"乡村规划"是一个长期的实践，只有保持持续的思考，不断"思变"的心态，才能规划设计出好的成果。"十年树木，百年树人"乡村规划教学的深化和提高需要时间的积累，同时也需要在科技手段日新月异的信息时代，不断更新知识体系，建立"复合应用型"人才以及多层次人才培养的教育机制，积极应对社会对乡村规划人才的需求。

主要参考文献

[1] 罗淳. 中国"城市化"的认识重构与实践再思 [J]. 人口研究，2013，37（5）：3-15.

[2] 蒋高宸. 以村落环境为主轴的广义聚居学研究——云南聚落研究的一份提纲. 云南工业大学学报，1997，13（4）：37-40，50.

[3] 王星然，罗艳. 新型城镇化：云南城镇发展的必由之路 [J]. 经济研究导刊，2016.15：106-110.

[4] 尹稚. 中国城镇化战略研究. 中国新型城镇化理论·政策·实践论坛 [发言稿]. 2018.11.

[5] 龙花楼，张英男，屠爽爽. 论土地整治与乡村振兴 [J]. 地理学报. 2018.73（10）：1837-1849.

An Exploration of Teaching Practice in Rural Planning during a New Period

Chen Qian   Zhai Hui

Abstract: Under the background of the continuous promotion of new urbanization, the construction of new countryside is growing vigorously, which puts forward new tasks and requirements for urban planning education. It is necessary to understand rural society, rural planning and design and to study village planning and design. In order to strengthen students' ability to adapt to all kinds of social practice activities after their graduation, the Institute of Architecture and City Planning, Kunming University of Science and Technology continuously explores in the teaching idea with the regional characteristic, upgrades the teaching system, builds a teaching system composed of four parts, the foundation courses, the expanded courses, the profound courses and the advanced courses. Through teaching practice, the teaching method is constantly summarized and improved, and students' comprehensive quality and collaborative innovation ability are also boosted. The educational mechanism of "compound application-oriented" and multilevel talents training has been established in order to meet the needs rural planning professionals.

Keywords: New Urbanization, Rural Planning, Teaching Practice, Kunming University of Science and Technology

应用型本科院校城乡规划专业课程教学方法的探索*
——以《乡村规划》课程为例

王 波 康志华

摘 要：乡村振兴战略的提出，对城乡规划专业本科教学产生了重大影响。本文研究在基于应用型本科院校的视角，结合笔者的教学实践，分析了当前乡村规划课程中存在的问题，即"三个重视，三个忽视"，提出了在教学理念上应重视产业、生态、文化、人才等四个方面；搭建了基于"专题研究"方法的教学设计内容框架。探讨了在教学方法等方面的探索性内容，并结合教学实践，对典型教学成果进行了解析。

关键词：乡村振兴，应用型本科，城乡规划专业，乡村规划，专题研究，教学方法

1 引言

乡村，自古以来被视为经济落后或欠发达的地区，但近年来随着中央政策往乡村发展的倾斜，并陆续开展了新农村建设、美丽乡村、精准扶贫等系列的乡村发展工作，使得乡村的各种问题得以缓解，尤其是在当前国家乡村振兴政策的助推下，乡村将迎来全面发展的机遇。党的十九大报告提出的乡村振兴战略，紧紧围绕统筹推进"五位一体"总体布局和协调推进"四个全面"战略布局，提出了"产业兴旺、生态宜居、乡风文明、治理有效、生活富裕"的总要求，实质上围绕农村经济、生态文明、文化、政治、社会等层面提出的战略内容，为乡村全面发展迎来了历史机遇[1]。科学理解国家乡村振兴战略的内涵，有助于为乡村振兴战略的规划路径探索提供决策与指导。2018 年 1 月提出了《中共中央 国务院关于实施乡村振兴战略的意见》[2]，标志着乡村进入了全面振兴发展的新时期。乡村振兴战略体现了党中央深刻把握城乡关系变化特征，将对未来乡村地区的发展起到关键性作用。

应用型本科教育是伴随中国高等教育由精英教育走向大众教育而产生的一种教育类型，其培养的是面向生产第一线，能够解决生产技术岗位的实际问题，能开展技术创新的高级专门人才[3]。这一人才培养目标定位决定了应用型本科人才培养模式和课程建设，必须以行业和市场的需求为导向，符合生产一线对人才能力的要求。为了更好地服务社会、服务乡村建设发展，适应学生毕业后工作的实际需求，就必须从应用型本科教育的基本特点出发，对城乡规划专业乡村规划课程的教学目标和课程设置等方面进行一系列的调整，以适应这种发展趋势。

2 当前乡村规划设计课程存在的问题

乡村规划与城市规划的工作内容存在一定差异，尤其是乡村规划教学。由于受传统城市规划思维、方法的影响，抑或受经济、人员和技术等力量的限制，乡村规划课堂教学往往忽视了规划用途与受众的特征，未针对性地解决当地村民的需求，存在脱离乡村发展实际的突出问题，往往导致乡村规划教学无法达到应有的教学目的，存在一些突出性问题。

2.1 重视增量规划，忽视存量规划

在早期，乡村规划设计类课程的开设，其主要背景是新农村建设的需求。随着新型城镇化战略，城市快速扩张，近郊区的很多乡村被纳入城市规划区范围，很多

* 基金项目：四川大学锦城学院 2019 年度教学改革研究项目（2019jcky0029）。

王 波：四川大学锦城学院副教授
康志华：四川大学锦城学院副教授

的自然村被拆迁，并新建了大量的农民集中居住区，农民由原来分散居住的状态变为集中式居住。乡村规划针对的对象主要是农民集中居住区，更关注增量部分的规划，而对现状存量部分的关注度较低。而这种集中居住的模式，在近郊区容易实施，但是在中远郊实施难度较大。

2.2 重视建筑，忽视产业

在早期乡村规划教学环节，更加重视新增建筑的选址，而对于产业部分不够重视，盲目套用常用规划方法，重图纸表现、轻产业研究，将村庄规划简单的理解为通通路、种种树等物质空间规划，最终导致村庄难以可持续发展。以往的村庄规划重图纸表现，轻实际可操作性，使村庄规划成为"一纸空谈"。另外，农村剩余劳动力如何就业，配套设施不完善，空置院落、闲置房屋如何使用，空巢老人、留守儿童如何安置等，都迫切需要行之有效的乡村规划新思路来解决这些问题。而产业部分属于经济问题，在新农村规划时期，普遍没有得到足够重视，在课程中也没有设置专门的环节。

2.3 重视物质空间，忽视人群需求

传统的乡村规划较多关注物质空间的规划建设，而对于乡村里面居住的各类人群，缺乏详细的研究，对于他们的需求也缺少深入的调研。因为上楼是被动的，乡村是被拆迁，乡村是被城镇化。然而千篇一律的拆村并点，模式化的规划模式，却忽视了村民对乡村公共空间需求的变迁[4]。一方面，城市化不断改变着乡村的格局，农民的生活方式受到了较大的影响，乡村各方各面都呈现"城市化"的趋势。另一方面，如今绝大多数中国乡村面临老龄化、空心化等问题，乡村建设应该多关注这些留守人群的身心需求。据调查空心化较为严重的村庄，老年人、儿童的闲暇时间较多，他们渴望与其他人群的交流，而村庄建设往往较为落后，缺少活动空间，导致大多数时间他们只能待在家看电视，娱乐活动及其匮乏，长期的独处会导致一些消极的情绪。

3 立足乡村振兴战略的乡村规划设计课程教学改革实践

3.1 教学理念变革

乡村振兴战略对乡村规划教学理念的变革提出了新要求，更新理念和认识，构建城乡融合一体的教育

体系[5]。从理念上讲，我们希望能够引导学生树立正确的乡村认识观，帮助学生树立区域观念。要理解整个村庄不仅是一个点，而是一个村域观念，并且这个村域要放在市域、县域下面考虑。从教学组织讲，强调理论和教学实践的结合，我们在课程之间的组合以及在教学体系当中的组织阶段和环节设计、教学案例多样化和多层次等方面。在内容推进上，主要体现在四个方面，即产业振兴、生态振兴、文化振兴和人才振兴。例如，实现乡村产业振兴，必须立足于现代农业发展，坚持农业供给侧改革，面向新产业、新业态谋发展，引导人才返乡下乡创业就业，实施农产品加工业提升行动等。

3.2 教学方法革新

（1）教学目标的变化

原本的教学目标是提升学生对乡村居住空间布局模式的认识，提升空间分析和组织能力；现在，转变为对学生多种能力的培养，除了空间分析能力之外，还特别强调对国家宏观产业和生态政策的理解能力，与村民的交流沟通能力和观察能力，以及专题研究能力等。

（2）规划成果要求的变化

早期的乡村规划设计课程的成果要求，主要是居民点空间规划和节点设计；而在调整之后的教学成果主要包括六个组成部分，除了原有的两个部分之外，还增加了现状调研报告、发展策划、村域规划和专题研究等四项内容。

在调研报告部分，要求学生对于所选择的乡村，从区域和本地等多个层面，以及自然、经济、产业、人口、集体组织、社会、生态、建设、文化等多个维度，进行较为深入的调研，总结乡村现状特征，发现乡村发展中的主要问题及可资利用的资源，及其可能的开发利用方式，撰写现状调研报告。调研报告原则上不少于5000字，采用A4竖向版面、图文并茂。

在发展策划部分，要求学生根据地方发展资源和所面临的主要问题，结合国家乡村振兴战略及二十字方针，以及当地的特色产业、生态条件、历史文化资源条件、新乡贤、产业组织等情况，提出适合于当地的发展理念、发展目标和实施策略，包括主导产业的选择及其实施路径的安排，同时要求进行理念解析。

在专题研究部分，在对乡村整体完全把握的情况下选取个人感兴趣的着眼点进行专题研究，研究成果最终

落实到空间上。可选专题方向如：乡村产业、人口变迁、公共空间与公共设施、乡村景观设计、基础设施等等。写作完成一片小论文，专题研究和分析。

（3）教学过程的变化

在整个教学过程中，跟以往最大的变化还是体现在三个方面，一是现场调研和调研报告，二是问卷调查，三是规划设计，四是成绩考核。乡村规划中，认识乡村的发展以及针对性规划，是非常重要的内容，为此我们非常重视乡村的调研。由于教学成果中新增了现状调研报告部分，现状分析不能再像以前那样用几张照片来简单分析一下现状问题，而是要系统地进行前期进场之前的较为全面准备，要列好调研报告的提纲，按照提纲里面要求的内容展开分要素调研，包括调研的地点、内容、收集的资料清单、各种评价表格等。回来之后，要对收集的资料进行系统的梳理，对基地的主要特征和突出问题进行深入分析，最后形成完整的报告。但是在调查中因为教学资源所限，课程可能会有很多经费方面的限制。因此，需要我们结合城市总体规划的市域、县域、中心城区等调查，选择村庄、乡村的点进行调查。在调研的基础上，专门撰写调研报告，第三个阶段才是规划设计。

在问卷调查环节，利用问卷调查的方式使村民积极参与到规划中来，是规划工作者比较常用也是最为主要的一种公众参与形式[7]。进场调研之前，就要求学生首先考虑好想研究什么问题，调查什么内容，需要哪些资料作为支撑，设计好全部的题目。问卷的发放一般在第一次现场踏勘时进行。调研初期发放的优点是可以较早掌握村庄和村民的基本情况，有助于摸清全局。同时，由于在村庄层面进行规划调研时往往缺少十分规范的统计信息和基础资料，因此需要在规划初期通过问卷调查来掌握一些相关基本情况。但是在调研初期进行问卷调查的缺点是，由于尚不了解当地的一些特殊情况，也来不及对未来的规划方案进行初步的设想，因此可能缺少对这些特殊情况进行问题设定，也无法了解村民对一些可能的规划设想的接受程度。同时，设置一些开放性的题目作为访谈时使用，之前就需要列好访谈的人员对象的构成。问卷分析的成果一部分可以纳入现状调研报告中，另一部分，也可以结合专题研究的需要来补发一些问卷。

关于成绩考核方式，在以往单一由乡村空间的设计质量、图面效果来评分的基础上，增加了多项考虑要素，

包括各项基本成果的完成度、质量良好度、团队合作能力等。近年来特别强调学生的团队合作能力提升，具体包括每次分组讨论和汇报的效果，口头表达能力，跟村民、老师、同学、组员的交流沟通能力等。

3.3 基于"专题研究"方法的教学设计

乡村规划设计专题课程是将专题研究教学模式与实践导向相结合，采用"真题假做"的方式，在总规教学实践中加入的独立教学环节，在总规的课题里选择若干个不同类型具有代表性的乡村，研究其在城乡发展过程中因为地区差异所遇到的不同问题[6]。课程单元采用6个教学周展开，整体架构包括课程准备—专题研究—项目设计—成果点评4个阶段。这种与总规相结合的课程组织可以总规全过程的方式帮助学生建立认识乡村发展环境的整体观，通过从整体了解一个地区城乡发展环境，立足于乡村地区的资源条件、从生产方式和社会特征出发来发现乡村发展所面临的具体矛盾和实际问题，进而通过新型城镇化下乡村价值与机遇的再认识来进一步探索乡村未来发展的路径。

（1）专题导向型课题准备

大四下学期学生通过三年级的转型教学以及进入四年级的研究型教学后，在理论与设计上打下一定的基础，已具备一定的分析问题、解决问题的能力。因此在设计课程项目准备阶段，通过给学生构建项目所需知识框架和拓展方向，将乡村规划在设计过程中可能遇到的复杂内容加以拆解。这八个专题包括：生态环境、历史遗存、社会网络、空间模式、公共服务设施、基础设施、发展模式、产业布局与社会治理，使学生可以逐步深入探索乡村规划的工作思路与途径，引领学生自主学习与思考，逐步提升学生解决问题的能力，建立从不同的视角解决矛盾问题的思维基础。八个专题从现状调研阶段一直贯通到方案设计阶段，由此引导整个设计教学过程的进度与深度。

（2）专题导向在现状调研阶段的运用

进入现状调研环节，通过专题研究的深入（表1），让同学们从直观感性的田野调查深入到理性的分析，从中观和宏观角度认识和发现在城镇化的冲击下，不同城乡规划地域环境下，乡村所面临的发展问题，并对其做出深入的研究分析。例如，在调研的过程中，同学们除了对原有的物质空间环境进行深入调查外，还激发了他

现状调研专题一览表　　　　表1

序号	现状调研专题	调查内容
1	乡村生态环境资源与现状研究	了解村域生态环境资源情况，分析生态现状及存在的问题，乡村生存资源条件
2	乡村历史遗存资源与现状研究	分析村域历史文化资源，总结特点和存在问题
3	乡村社会网络特征现状研究	分析乡村社会结构、社会关系、人口结构特点
4	乡村空间模式特征现状研究	分析现状用地构成及分布特点，乡村居住空间与生产空间特点等
5	乡村公共服务设施现状研究	分析乡村公共服务设施及基础设施配置状况
6	乡村基础设施综合现状研究	分析乡村基础设施的建设现状及问题总结
7	乡村发展模式研究	通过类型和案例研究，研究当下实践较为成功的乡村发展模式及其优缺点
8	乡村产业结构及现状研究	了解乡村经济及产业现状与特点

规划专题一览表　　　　表2

序号	规划专题	规划内容
1	乡村生态环境资源规划研究	基于现状调研专题成果，进一步研究生态系统优势资源及与生态旅游结合发展问题，提出具体发展与方案
2	乡村历史遗存资源规划研究	基于保护与发展并重的思路，进一步研究乡村文化遗产保护的内容、特点，以及对可持续发展的影响研究
3	乡村社会网络空间分布研究	基于调研的专题成果，进一步从社会生态角度剖析多样和谐的乡村社会关系与居住聚落的空间形态关系
4	乡村空间模式研究	分析现状用地构成及分布特点，乡村居住空间与生产空间特点等
5	乡村公共服务设施规划研究	基于现状调研的专题成果，从空间形态优化布局加以具体研究，探讨其可行性与可操作性
6	乡村基础设施综合规划研究	分析乡村基础设施的建设现状及问题总结
7	乡村发展模式研究	结合自身资源及现状不同，研究适合自身发展模式
8	乡村产业结构规划研究	基于产业现状及自身资源与特色，研究以经济规划为主线，以产业发展为主导的乡村产业规划及实现途径

们对城中村问题、城镇化冲击下乡村空心化问题、工业生产破坏农村生态环境、历史文化遗产破坏、农民被上楼问题等问题的讨论与思考。规划视野从原本对物质空间的关注转移到对农村社会、经济与生态环境的关注。

（3）专题导向在规划设计阶段的运用

这个环节的专题研究重点是围绕同学在现状调研阶段中遇到的问题展开（表2），通过直指问题的定性与定量分析相结合的专题研究明确乡村规划的类型是城乡增长型、农业稳定型，还是农业萎缩型，然后进一步思考城乡区域的发展关系及不同地域环境下村庄的多元发展路径，不同类型所急需解决的问题及未来的发展方向。

3.4　典型教学成果解析

本文以特色专题为例，来说明在教学改革之后，学生的设计作业成果的变化和出现的一些特色。例如，一组同学认为，基地所在的村子里面，保留的老建筑的建筑色彩比较好，部分新建建筑的色彩比较零乱，传统的乡村建筑色彩风貌景观受到了较大冲击。他们以色彩风貌整治为主题，开展了一系列的研究，内容包括传统乡村民居色彩形式分析、现状建筑色彩的采集、色彩特征的提炼、色彩问题分析、居民色彩感受和意见访谈、色彩设计理念、色彩整治措施等（图1– 图3）。

另一组学生在访谈时发现，不少村民对现状街巷的排水、地面铺装、断头路等现象不满意，因此，在选题时，他们将平原地形下的乡村街巷景观营造作为特色专题。之后，他们详细调研了村里的各种植被死角、错层高差点、陡峭坡地、杂物堆放点、断头巷子、水泥铺装点、硬质高台、坡道等的位置、视线通达情况，选取了其中有代表性的节点，进行细部设计。内容包括街巷断

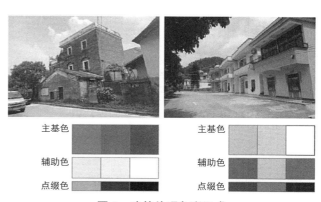

图1　建筑外观色彩组成

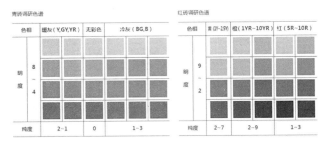

图 2　建筑色彩与材料的色谱分析

彩色墙面

3D彩绘

图 3　建筑风格提升设计设计

面、立面改造设计（图 4）、节点处乡土植物的搭配、尺度控制、上坡仰视视角、下坡俯视视角等。

4　结语

　　目前，应用型本科院校培养的是面向工程一线、工程实践能力强的高层次应用型专门人才，而城乡规划专业方向本身就是一门应用性极强的工程学科，这就决定了与之相对应的人才培养目标和乡村规划课程必须以行业和市场的需求为导向，符合生产一线对人才能力的要求。城乡规划学专业的学生大多没有在乡村地区长期生活的经历，对乡村发展所面临的问题没有很清晰的概念，通过这次乡村规划设计课程试验，学生对乡村问题的认知和理解普遍得到了明显提升。我们计划从教学组织讲，尝试建立理论和教学实践的结合，力求在课程之间的组合以及在教学体系当中的组织阶段和环节设计、教学案例多样化和多层次等方面进行不断的调整与提升，还在继续探索。同时，在教学过程当中，我们希望通过调研、互动来建立同学跟村、农民、农村的实际联系。只有在规划教学环节还需要进行不断的探索，才能够培养更多适应乡村发展需求的应用型专业人才。

主要参考文献

［1］申明锐，张京祥. 新型城镇化背景下的中国乡村转型与复兴 [J]. 城市规划，2015（01）：30–34，63.

［2］中华人民共和国农业农村部. 中共中央 国务院关于实施乡村振兴战略的意见 [R].2018.

［3］赵继锋. 发挥地方院校办学优势培养创新性应用型人才 [J]. 青年与社会·中外教育研究，2012（04）：97–97.

［4］梅耀林，许珊珊，杨浩. 实用性乡村规划的编制思路与实践 [J]. 规划师，2016（01）：119–125.

［5］王江波，苟爱萍. 乡村振兴背景下村庄规划课程教学改革方法研究 [J]. 山西建筑，2018（12）：222–223.

［6］彭琳. 基于"专题研究"为导向的乡村规划教学实践 [J]. 华中建筑，2016（07）：179–182.

［7］李开猛，王锋，李晓军. 村庄规划中全方位村民参与方法研究：来自广州市美丽乡村规划实践 [J]. 2014（09）：34–42.

图 4　村庄街巷立面改造设计

Urban and Rural Planning Major in Applied Undergraduate Colleges Exploration on the Teaching Method of Rural Planning Course

Wang Bo   Kang Zhihua

Abstract: The strategy of Rural Revitalization has exerted a great influence on Undergraduate Teaching of urban and rural planning specialty. Based on the situation of Applied Undergraduate Colleges and universities, this paper analyses the problems existing in the current rural planning curriculum, i.e. "Three Attentions and Three Neglects". It puts forward that we should attach importance to the four aspects of industry, ecology, culture and talents in the teaching concept, and establishes the content framework of teaching design based on the method of "thematic research". This paper probes into the exploratory contents of teaching methods, and combines teaching practice to analyze the typical teaching results.

Keywords: Rural Revitalization, Application-Oriented Undergraduate Course, Urban and Rural Planning Major, Rural Planning, Thematic Research, Teaching Methods

基于"认知－实践－理解"三位一体的村镇规划研究生课程建设*

赵之枫　胡智超　张　建

摘　要：村镇规划是统筹城乡，引导调控乡村地区建设发展的基础。本文以《村镇规划前沿》研究生课程为例，探讨乡村振兴战略和国土空间规划变革背景下乡村规划教育体系中的村镇规划研究生课程建设。提出通过加强"讲授"环节的广度，构建理论基础；拓展"调研"环节的深度，掌握研究方法；创新"研讨"环节的维度，引发深入思考，构建基于"认知－实践－理解"三位一体的村镇规划研究生课程框架。

关键词：村镇规划，研究生课程，乡村地区

随着乡村地区的规划建设逐渐受到各方关注，各个高校城乡规划学科也日益重视乡村规划课程体系的建设。《村镇规划前沿》课程作为一门研究生专业选修课，已持续开设 16 年，选课人数逐年增加，主要面向城乡规划学学术学位和城市规划专业学位研究生。课程教学形式最初以讲授为主。随着课程名称由《小城镇规划建设》改为《村镇规划前沿》，课时由 16 学时改为 32 学时，并拟修订为硕博贯通课程，课程逐渐探索从以讲授为主转变为以讲授为主线，以调研为抓手、以研讨为平台的新型研究生课程架构，培养学生在乡村规划与建设领域的知识积累、认知水平、实践能力和研究方法。

1　村镇规划课程建设的背景

1.1　村镇规划是统筹城市与乡村空间关系，引导调控乡村地区建设发展的基础。

我国是个农业大国，农村人口超过 5 亿，即使未来三十年中国城镇化率超过 70%，仍将有 4 亿多人居住在农村。因此，乡村地区的发展决定着我国城乡整体的发展水平。激活乡村地区的内生动力，为推进农业农村的全面现代化发展明确方向与路径是村镇规划不可替代的作用。我国乡村地区发展具有生产、生活、生态紧密相关的鲜明特色。由于长期以来的城乡二元结构，与集体土地制度紧密相连的居民点呈现出功能多样性、营建渐进性、村民主体性等特征，且与自然环境紧密相连。[1]当前，城乡关系已从分隔走向统筹，要求规划师能以城乡统筹的视野看待城市与乡村。乡村振兴战略的不断推进，更是要求城乡规划领域深刻把握乡村地区发展的特征和规划，以规划引领发展建设。

1.2　国土空间规划变革背景下城乡规划教育体系需要应对包括广大乡村地区的全域空间规划人才培养需求

以往的城市规划教育体系更多的以城市为对象，较少关注乡村地区。[2]《城市规划法》修订为《城乡规划法》后，城乡规划教育领域也逐渐开始关注乡村规划课程体系，增加村镇规划课程，加强对村镇规划理论与实践的教学内容，近年来有了长足发展。当今，构建生态文明背景下，国土空间规划改革对规划师提出更高的要求。城乡规划从过去集中于城市建成地区逐渐扩展到包括乡村地区的全域城乡空间。城乡规划教育体系亟待予以应对。随着党的十九大做出了"实施乡村振兴战略"这一重大决策部署以来，村

---

*　基金项目：本文受到北京工业大学研究生精品课程建设资助（项目编号 CR201918）。

赵之枫：北京工业大学建筑与城市规划学院教授
胡智超：北京工业大学建筑与城市规划学院讲师
张　建：北京工业大学建筑与城市规划学院教授

镇土地结构因土地管理制度的深化改革而日益复杂，各地区村镇居民的民生需求也更具差异化，这对规划人才的培养提出了比以往更高的专业素养与能力要求。

1.3 构建本硕博贯通的培养体系，培育具备综合能力的村镇规划人才，是当前规划教育所面对的共通课题

与相对更加成熟的城市规划课程设置体系相比较，村镇规划人才培养的系统性不强。往往存在着"重知识轻理论"、"重形式轻实施"等问题，导致学生既难以辩证地认清我国农村地区所面临的实际问题，也无从为自己所编制的规划提供有效的实施路径。学生对乡村地区规划的掌握不能仅仅停留在包括图纸设计和文本表达等设计本身，而是应该培养学生对乡村地区的认识和理解，构建面向本科、硕士、博士不同阶段的乡村规划教学体系。本科生需要通过村镇规划设计课程掌握基本的以总体规划为基础的设计知识，掌握相应的设计手段和表达。硕士研究生需要以更宽广的视野了解乡村地区，拓宽学科认知，并掌握相应的研究方法。该领域的博士研究生则需要从更高的视角看待乡村地区，运用科学的研究方法研究乡村地区发展建设的规律和特征。

2 建立"讲授－研讨－实践"相结合的研究生课程教学模式

研究生阶段的教学应改变本科生阶段学生被动接受知识的习惯，培养学生发现问题、分析问题、解决问题的能力。因此，在村镇规划研究生课程中，改变以往单纯以讲授，或调研实践为主的单一教学模式，探索以研讨为核心，将知识讲授、实践探索和研讨提高相结合的教学模式。在通过知识讲授增强知识积累的基础上，以调研形式培养学生发现问题、分析问题的能力，以研讨形式激发学生分析问题、解决问题的思辨能力。以讲授拓展学生的认知内涵，以调研方法的增强提高学生的实践能力，以研讨提升学生的理解水平，构建"认知－实践－理解"三位一体的村镇规划研究生课程（图1）。

2.1 加强"讲授"环节的广度，构建理论基础

在本科阶段村镇规划教育中，与城市总体规划课程相衔接，学生初步了解村镇规划领域人口、土地利用、

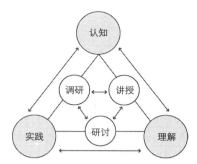

图1 "认知－实践－理解"三位一体合的研究生课程教学模式

空间格局、产业导向、生态保护、历史资源保护等相关知识，按照村镇规划要求绘制规划用地布局、公共设施和基础设施、道路交通、景观格局等设计图纸和文本说明。研究生阶段，应该在此基础上，拓宽学生的视野，以社会学、地理学、经济学、生态学、历史学等多学科视角增加学生对乡村地区发展与规划建设的理论知识。使学生掌握城乡关系的内涵以及新形势下城乡规划理论与方法的变革与发展趋势。

具体内容为包括：1. 新型城镇化与城乡关系。探讨当前城镇化的成就、问题与质量评价，以及新型城镇化的要求等；2. 乡村地区发展。探讨新时期乡村发展面临的突出问题与应对策略；3. 小城镇发展与建设。以镇为核心，探讨小城镇的发展历程和特点及面临的主要问题，以及新型城镇化背景下小城镇的机遇与挑战；4. 农村居民点规划建设。以农村居民点为核心，探讨县域村镇体系，产业空间格局，地理学视角下城乡聚落体系的职能和空间演变；5. 乡村地区制度政策发展与变革。探讨以城乡土地制度为核心的乡村制度和政策发展、变迁与趋势以及社会学视角下的乡村治理与乡村规划建设；6. 乡村地区生态格局与适宜技术。探讨面向生态文明建设的乡村转型与空间重构、生态保护与村庄发展以及相关适宜技术；7. 传统村镇保护更新。探讨文化传承与发展理念下的传统村镇保护更新规划理论与实践；8. 北京郊区、农村和小城镇建设。探讨北京城乡空间格局、乡村建设、发展趋势和热点问题等（表1）。

2.2 拓展"调研"环节的深度，掌握研究方法

针对学生对乡村问题认知的缺失，改变以往以课堂

多学科视角下的《村镇规划前沿》研究生课程内容 表1

序号	主题	讲授内容	学科视角
1	新型城镇化与城乡关系	当前城镇化的成就、问题与质量评价,以及新型城镇化的要求	经济学、管理学
2	乡村地区发展	新时期乡村发展面临的突出问题与应对策略	地理学、管理学
3	小城镇发展与建设	小城镇发展历程、特点与问题,以及新型城镇化背景下小城镇的机遇与挑战	经济学、管理学
4	农村居民点规划建设	县域村镇体系,产业空间格局,地理学视角下城乡聚落体系的职能和空间演变	地理学
5	乡村地区制度政策	以城乡土地制度为核心的乡村制度和政策发展、变迁与趋势以及乡村治理	社会学、管理学
6	乡村地区生态格局与适宜技术	面向生态文明建设的乡村转型与空间重构、生态保护与村庄发展以及适宜技术	生态学
7	传统村镇保护更新	文化传承与发展理念下的传统村镇保护更新规划理论与实践	历史学
8	北京郊区、农村和小城镇建设	北京城乡空间格局、乡村建设、发展趋势和热点问题	综合

教学为主的教学方式,布置分组调研作业,引导学生尝试与本科阶段不同的村镇规划研究方法,包括文献综述、热力图分析等多种调研方法。

作业要求首先通过大量阅读文献,明确调研目标。调研目标和调研对象需有创意,切入点不局限在城乡规划领域,可以拓展到社会学、经济学、地理学等领域。但是要具有专业性,最终的调研目标要落实于城乡规划领域,解决空间规划问题。其次要明确研究方法,要结合调研目标和自身优势,自行设计调研方法。以人为调研重点,从人的行为和需求出发,可以辅以其他研究方法。鼓励专业性的创新。另外,成果表达方不做限制,鼓励多种表达方式和专业性的创新。在调研过程中包括调研前文献阅读、资料准备、制定调研计划,预调研后调整调研计划,以及调研中期汇报等多个环节,通过全过程的引导提高调研质量。

有三组同学选择以人为核心的村镇公共空间进行调查研究,包括村镇老年人户外活动空间研究、传统村落公共空间研究等。在《通州区西集镇公共开放空间居民行为活动研究》中,采用了热力度调研方法。(图2)在《北京市房山区传统村落中公共空间的使用现状及发展研究》中,采用了PSPL调研法,即"公共空间——公共生活调研法",调查村民在公共空间的活动,进行评价因子打分。(图3)

有两组同学选择基于资料整理的村镇空间演变研究,包括《人居环境视角下的传统村落交往空间变迁研究》和《在快速城镇化影响下北京市乡镇建设用地空间演变特征及其影响因素的研究》。通过历史资料的整理,梳理村镇发展的时空变化(图4)。

还有两组同学选择了文献综述的研究方法。通过收集近10年来在《城市规划》《城市规划学刊》等核心期刊上发表的有关村镇规划的论文,从多个角度进行研究分析,完成了《中国村镇空间演化的影响因素研究综述》和《新型城镇化下乡村规划建设的研究进展及展望》(图5、图6)。

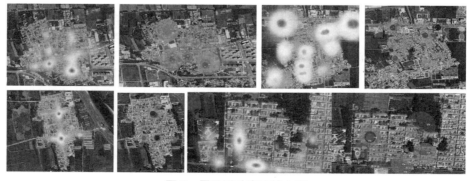

图2 居民活动意愿热力度

图3 村落公共空间调研分析图　　　　　　　　图4 村镇发展的时空变化图

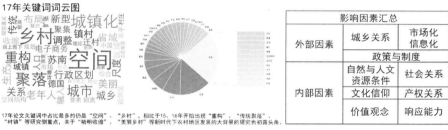

图5 村镇空间演化的影响因素研究

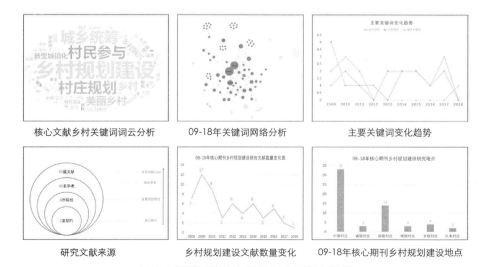

核心文献乡村关键词词云分析　　09-18年关键词网络分析　　　主要关键词变化趋势

研究文献来源　　　　乡村规划建设文献数量变化　　09-18年核心期刊乡村规划建设地点

图6 新型城镇化乡村规划建设研究进展

2.3 创新"研讨"环节的维度，引发深入思考

针对我国乡村规划建设领域尚存在不少争议之处，改变以往只是老师授课或是学生汇报调研实践成果的单向教学方法，引入"研讨"环节，将研讨与讲授、调研活动穿插与融合，明确研讨主题，提供参考书目与文献，并结合调研实践，引导学生深入思考。同时，改变以往只是以教师讲授或学生发言讨论的单一模式，将双方辩论、角色扮演等引入研讨环节，丰富研讨环节形式，从单向改为多维，增加代入感，提升研讨课程的水平，培养学生观察问题、发现问题的思辨能力。

例如，设置"乡村应该发展建设的与城市一样"作为辩论题目。引导学生深入思考城市和乡村的关系。尤其是在城乡一体化背景下，乡村的发展是否要趋同于城市。哪些方面需要一致，哪些方面需要进行差异化发展。再如，以"村庄集体建设用地应该允许入市交易"为题，可以引导学生从农民、专家、政府、城里人等不同的视角探讨宅基地、集体经营性用地的使用方式，增加学生对集体所有制土地以及土地发展权、土地用途管制等方面的认识。

3 结语

实施乡村振兴战略以及国土空间规划改革导向下，乡村地区的发展与规划成为城乡协同发展的重要组成部分，也迫切需要乡村规划教育体系予以积极应对。村镇规划研究生课程，应该作为构建贯穿本科、硕士、博士村镇规划领域人才培养的有力抓手，探索以讲授为基础、调研为方法、研讨为手段的"认知 – 实践 – 理解"三位一体课程框架，不断提高学生在村镇规划领域的综合能力，更好地服务于乡村地区规划建设。

主要参考文献

[1] 赵之枫，王峥，云燕. 基于乡村特点的传统村落发展与营建模式研究 [J]. 西部人居环境学刊，2016，31（02）：11–14.

[2] 许译心，沈亚强. 新型城镇化背景下农村职业教育发展再审视 [J]. 教育与职业，2015（27）：14–18.

Based on the "Cognition-Practice-Understanding" Trinity of Village Planning Graduate Course Construction

Zhao Zhifeng   Hu Zhichao   Zhang Jian

Abstract: Village and town planning is the basis for planning urban and rural areas as a whole，and guiding and regulating the construction and development of rural areas. Taking the postgraduate course "the Frontier of Village and Town Planning" as an example，this paper discusses the postgraduate course construction of village and town planning in the context of rural revitalization strategy and territorial spatial planning reform. The author proposes to construct the postgraduate curriculum framework of village planning based on the trinity of "cognition–practice–understanding" by strengthening the breadth of "teaching" to construct the theoretical basis，by expanding the depth of "research" to master the research methods，and by innovating the dimension of "discussion" to initiate in–depth thinking.

Keywords: Village and Town Planning，Postgraduate Courses，Rural Areas

基于"乡创工作坊"的高校乡村规划实践教学启示*

黄媖露　张家睿　贺建华

摘　要： 乡村振兴，规划先行。基于需求和问题导向的乡村规划，对高校的乡村规划教育提出了新的要求。通过对华侨大学建筑学院"乡创工作坊"的实践教学案例分析，提出了"以乡村为教案，以乡民为老师"的实践教学基本原则，以及"注重过程体验"、"促进不同群体的交流"、"建立系统化的实践教学计划"的乡土教育理念与方法。

关键词： 乡村规划，工作坊，实践教学，创新

1　前言

党的十九大报告提出实施乡村振兴战略，指出乡村振兴战略是解决"三农"问题，全面激活农村发展的重大行动。围绕着乡村振兴规划先行的理念，要求规划与建设同步考虑，以需求和问题为导向，做好统筹与顶层设计，这对高校城乡规划专业的教育实践提出了新的要求和发展目标。与传统的城市规划相比，乡村规划具有更显著的地域差异、社会参与、社区更新的特点，知识体系、组织方式、工作方法、实施过程也不尽相同，对城乡规划教育体系和人才培养模式提出了新的挑战❶。本文以华侨大学建筑学院"乡创工作坊"的组织与运行方式为例，尝试探讨基于国家教学大纲要求下，高校乡村规划实践教学如何适应现代乡村建设需求。

2　当前乡村规划教育现状

现代城乡规划学科是以城乡建成环境为研究对象，以城乡土地利用和城市物质空间规划为学科的核心，结合城乡发展政策、城乡规划理论、城乡建设管理等社会性问题所形成的综合研究内容。"城乡规划"中"城"和"乡"是并列关系而非附属关系，但是长期以来规划教学与实践还是以"城市"或"城镇"为对象❷，专业内涵的完善和在实际教学中的转变仍有很大的差距。随着中国展开大规模的美丽乡村建设、新农村建设、特色小镇规划到近年的乡村振兴，数量庞大且形式各样的村镇规划工作量剧增，乡村建设人才缺口巨大。乡村规划人才培养的成效主要来自学生就业后的综合能力评价。从业内反映来看，乡村规划的不足主要体现在以下几点：①规划师对乡村问题缺乏理解，以物质空间规划为基础的教育体系，容易造成规划师在拿到案子的时候忽视乡村的地域特征和人文精神，造成"千村一面"；②固有的"自上而下"的思维模式训练，使得乡村规划缺乏前期调研、满足于任务书要求和上位规划下的"流水线制图"；③规划师既没有时间也没有精力去进行真正意义上的"参与式规划"，缺乏村民与利益共同体参与的乡村规划注定缺少"落地性"；④乡村规划已从单纯的物质环境提升转向社会经济的综合规划，要求规划师除了专业知识外，更需要跨学科与跨领域的协同合作能力。

*　基金项目：2019年华侨大学创新创业教育改革立项：《新时代乡村建设型人才培养模式研究》；东南沿海生态人居环境福建省高校重点实验室开放研究课题：《基于参与式地理信息系统下传统村落规划设计方法研究》（Z17X0027）。

黄媖露：华侨大学建筑学院讲师
张家睿：广东工业大学讲师
贺建华：华侨大学建筑学院本科生

❶　城市规划学刊编辑部：《"城乡规划教育如何适应乡村规划建设人才培养需求"学术笔谈会》，《城市规划学刊》2017年第5期，第1–13页。

❷　城市规划学刊编辑部：《特约访谈：乡村规划与规划教育（一）》，《城市规划学刊》2013年第3期，第1–6页。

业内对乡村规划的问题反馈，体现了当前高校在乡村规划教育培养中存在的缺失。段德罡指出乡村教育首先要引导学生认识并理解乡村，树立正确的价值观和建构科学的乡村规划理念。王竹则进一步提出具体的操作方法，即将研究生引领到"乡建"领域的前沿与面向国家建设主战场，重点培养学生参与"乡建"的科学研究和解决实际问题的能力❶。针对乡村规划教育培养中存在的种种问题，全国各地的高校也展开了各式各样的教学改革与实践，主要是从两方面入手：首先是完善乡村规划教学，将乡村规划教学内容与原有课程体系进行有机融合。其次是开展形式多样的实践教学。本文所探讨的乡村规划教育正是基于"乡创工作坊"下的一种实践教学方式。

3 "乡创工作坊"的理论基础

1984 年哈佛大学库伯（Kolb）教授构建了体验学习模型 – 体验学习圈（experiential learning cycle）（图1），从哲学、心理学、生理学角度对体验学习做了很多研究，并发表了著名的《体验学习》一书，为体验式教学的理论和实践奠定了基础❷。体验学习可以概括为对实物有计划的感知与系统的社会实践活动，并以此达到丰富学生认知、提高学生思维能力、增强学生社会实践能力以及强调学生人格发展与社会性发展为核心的学习方式与活动❸。

自 20 世纪 90 年代开始，国内展开了体验式教学理念的梳理和介绍，在中小学、高等院校不同的教育阶段都有大量的应用案例，从文献资料来看，其应用领域相当广泛，既有语文、英语、地理学等学科基础教育，也有设计领域、医学护理、思政教育等方面的应用。在建筑学专业，石坚韧等将国际化工作坊体验式教学模式应

用到城市设计的课程中，更好地激发学生的创新思维❹。周红等采用体验式教学，从教学内容的设置、体验方法的选择以及体验过程的组织形式等三方面进行改革，有效提高历史文化遗产保护课程的教学效果❺。成丽等以华侨大学建筑设计基础课程教学改革为例，通过对建筑系一年级新生试行的原生态建筑及环境体验周的教改举措，有助于学生树立正确的人文环境观和地域建筑文化观❻。建筑学专业因学科专业的特殊性，在本科教学过程中将实践能力的培养作为教育的核心内容，体验式教学能够更好地补充传统课堂教学的不足，为课外实践教学提供了基础理论依据。

4 华侨大学建筑学院"乡创工作坊"概况

工作坊（workshop）一词最早出现在教育与心理学的研究领域。1960 年哈普林（Harplin）将工作坊概念引用到都市计划中，成为可以提供各种不同立场、族群的人们思考、探讨、相互交流的方式❼。工作坊随着不同的达成目的与操作方法，产生形式多样的变化。在高校的教学应用中主要以联合教学工作坊为主，即通过长短周期不同的时间设置，以不同院校、不同专业、不同年级、甚至不同国家的学生参与的形式，通过共同调研、思维碰撞、过程反复、成果展示的流程设计，达成某一教学目标或训练目的。华侨大学建筑学院"乡创工作坊"，全称为"乡村创新创业工作坊"，是以培养乡村建设型人才为目标，融合体验式教学理念的工作坊教学模式。其运行方式主要以学生为主导，通过参与各种乡村建设相关的项目、活动，将教学与实践相结合，从而达到强化专业知识基础、提高创新创业素质、完善综合能力培养的教学目的。

❶ 城市规划学刊编辑部：《"城乡规划教育如何适应乡村规划建设人才培养需求"学术笔谈会》，《城市规划学刊》2017年第 5 期，第 1–13 页。

❷ 张家睿：《基于体验式教学的建筑专业低年级实验教学创新》，《实验技术与管理》2014 年第 31 卷第 2 期，第 168–171 页。

❸ 张思明：《体验式教学在实践中的问题与对策》，《教书育人》2004 年第 12 期，第 56–57 页。

❹ 石坚韧、郑四渭、舒永钢：《建构国际化城市设计工作坊体验式教学模式》，《实验室研究与探索》2011 年第 30 卷第 6 期，第 99–103 页。

❺ 周红、郑善文、郭俊明：《〈历史文化遗产保护〉课程"体验式教学"初探》，《内蒙古师范大学学报》2016 年第 29 卷第 9 期，第 142–144 页。

❻ 成丽、方羽珊：《原生态建筑及环境体验式教学方法初探 – 以华侨大学建筑设计基础课程教学改革为例》，《新建筑》2013 年第 4 期，第 114–118 页。

❼ MBA 智库百科：wikl.mbalib.com，2014 年 1 月 2 日。

华侨大学建筑学院"乡创工作坊"成立于2017年7月,参与人数为12–20人,是面向建筑学院低年级学生开放的参与式工作坊。工作坊的组织主要包含三种角色,即"主要参与者"、"引导者"与"项目参与者"。其中学生团队作为"主要参与者"为工作坊组织的主体,其组织架构如图2所示。该组织架构主要有三大特点:①引导者的有力组合,乡村振兴涉及各行各业,基于高校导师与校外导师的组合,从乡村运营、规划、建筑、景观到施工单位,不同学科人才的协同合作,有利于更好的引导学生进行正确的思考。②主要参与者的跨系联盟,来自建筑学院三个系的不同专业学生,打破了以往以单专业发展为主的工作坊模式,进行了专业互补与学科共建,在未来的发展计划中还将招纳跨学院的学生,将营销、金融、文创专长的学生融入工作坊,从而形成人才团队的综合培养。③项目参与者的利益共同体,在工作坊教学实践进阶过程中,项目参与者起着至关重要的作用,通过外接团队与政府、村民及企业等的加入,让学生了解乡村建设需要综合协调与团队合作,学会客观辩证地思考乡村规划的切入点,并进一步提升团队的综合能力。

工作坊自成立至今,已展开形式多样的活动10余场(详见图3),以下本文将结合实际案例对工作坊的运作方式做进一步介绍。基于创新创业教育理念的工作坊实践教学运行主要由三个环节组成,即乡村基础认知、教学实践进阶和教学效果评估。

(1)乡村基础认知

针对乡村规划教育中存在"离乡远"、"不落地"、"综合协调能力弱"等主要问题,"乡创工作坊"针对建筑学院低年级学生,制定乡村知识的普及教育课程。其中主要包含乡村概念认知、乡村风土人情解读、乡村振兴政策分析与乡村振兴案例分享,相对于设计课程强调空间环境设计能力的训练,"乡创工作坊"侧重对乡村的社会、文化、产业面进行知识补充,以帮助学生完成对乡村全方位认识。

工作坊主要采用"场景带入"、"互动参与"两种教学方式。"场景带入"即带学生深入厦门各个乡村,通过现场调研、访谈与讲座学习,培养对乡村的兴趣和热爱。工作坊已在兑山村、澳头村、田洋村等开展短期驻村活动,并成功在集美大社和田洋村举办了两场"乡村公益

沙龙",邀请了来自中国台湾和日本的高校导师与学生和村民进行互动,并针对各个乡村的特点提出切实可行的指导意见。"互动参与"则是通过开展与乡村相关的活动主题策划,调动学生的自主性和积极性,以下将以同安田洋村的微景观大赛为例进行简要说明(图4)。厦门同安田洋村"村民+大学生"微景观设计大赛是由同安区乡村振兴办公室、大同街道主办,田洋村振兴合作社和微隐客企划承办,华侨大学建筑学院和造作青年团队协办的乡村景观设计大赛。工作坊成员从前期调研、大赛场地设计、赛前培训课程、比赛活动直接参与到后勤服务等,全程参与了活动的策划与过程。活动先后受到厦门日报、同安电视台、厦门电视台等的报道,并登上当日头条新闻,成功地将大学生课外教学实践与同安田洋村乡村振兴结合。

(2)实践教学进阶

实践教学是在乡村认知的基础上进行的进阶训练。乡村规划普遍存在实施落地难的问题,究其原因不外乎两大方面,其一是不接地气,即没有建立在利益相关者角度的规划思考;其二是不考虑产业发展,无视村民就业,就规划论规划,容易陷入模式化设计流程。在工作坊的实践教学中主要结合导师的纵、横向课题来展开。中国城乡二元化体制下形成的诸多问题,造成的乡村的复杂性与多样化。教学实践采取基于问题导向的训练方式,即针对每个不同个案,通过现场调研、多方意见访谈提出问题,并结合社会、经济、文化层面的思考,提出解决问题的方式,并将解决方式通过空间环境的设计来进行图纸呈现。在教育实践中主要采用基地共建的形式来进行,以工作坊驻点厦门集美大社为例,华侨大学建筑学院与联发集团共同签署了基地共建协议,以推进"大社计划"落地实施为目标,内容主要围绕基地建设的三大主题内容展开,包含产学研合作、人才培养合作、品牌共建合作等。在接近一年的时间里,工作坊借助建筑学院的实践基地平台,在大社展开了形式多样的教学实践活动,包含了集美大社"怡本楼"修缮设计、集美大社"建业楼"历史建筑测绘、集美大社历史建筑普查、集美大社研学线路规划以及集美大社"公益讲堂"策划等活动。

(3)教学效果评估

设立教学效果评估机制,是对工作坊健康有序运行

的保证。教学效果评估主要包含两个方面，其一是对专业能力的提升和运用情况的体现，主要通过鼓励团队参加乡村相关的学科竞赛、创业大赛、课外实践活动等方式来进行。至今为止，团队共参与各式大赛 10 余项，团队成员获得"2017 年集美大社墙绘比赛一等奖"、"2018 年建筑学院晋江经验社会实践一等奖"与"校级优秀团队奖"、"2018 年厦门市同安区村民 + 大学生微景观设计大赛三等奖"与"乡村振兴奖"、"2018 年华侨大学社区公共空间装饰与美化大赛一等奖等；其二是综合能力水平的评价。主要通过参与项目与活动的反馈意见，以及提交的作品来进行评价。导师团队通过建立过程日志与成果总结的方式，将相关记录进行教学材料编写，探讨如何进一步进行改进与提升，并结合科研课题进行成果发表。从目前的整体成效来看，"乡创工作坊"的运行方式有利于提高学生对乡村的整体认知，树立正确的价值观和设计理念，并进一步提高专业能力和综合能力。

5　基于"乡创工作坊"的实践教学总结

乡村当前的最大问题是"人"的问题，只有做好了乡村未来发展的人才储备，才能根本解决乡村人才短缺的问题；只有培养出心怀"乡愁"的"新乡民"，才能立足乡村，放眼未来。华侨大学建筑学院"乡创工作坊"扎根乡村，通过完善实践教学体系，推动本科乡村规划教学与实践的紧密结合，加强多学科的交叉合作，为培养创村创新创业人才提供平台和桥梁。在近 2 年的实践教学过程中，工作坊遵循的基本原则即"以乡村为教案，以乡民为老师"，提炼出乡村规划教育融入乡土的理念与方法，即注重过程体验、促进不同群体的交流及建立系统化的实践教学计划。本文将"乡创工作坊"作为案例分析，希望能为乡村规划实践教学提供了思路和启发，为乡村振兴尽一份绵薄之力。

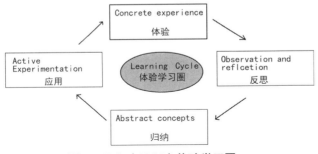

图 1　Kolb（1984）体验学习圈

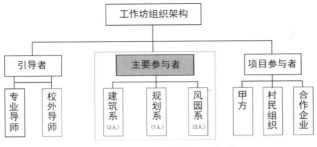

图 2　"乡创工作坊"组织架构

图 3　乡村实践教学

图 4　厦门同安田洋村"村民 + 大学生"微景观设计大赛

The Inspiration of Rural Planning for Practical Teaching in Colleges based on "Rural Innovative Workshop"

Huang Yinglu   Zhang Jiarui   He Jianhua

Abstract: Rural revitalization, planning first. The rural planning based on demand and problem-oriented, puts forward new requirements for urban and rural planning education in Chinese universities. By studying the practical teaching cases of "Rural Innovative Workshop" from Huaqiao University, this paper proposes a teaching principles of "learning from countryside, taking the villagers as teachers", as well as the local educational ideas and methods, including "emphasizing process experience", "promoting communication among different groups" and "establishing systematic practical teaching plans".

Keywords: Rural Planning, Workshops, Practical Teaching, Innovate

面向半城市化地带乡村规划的社会综合调查课程教学探索*
——以福州建平村社会调查课程实践为例

陈 旭 程 斌 曾献君

摘 要：福建工程学院城乡规划专业的教学团队在"城乡规划社会调查"课程中积极探索面向特定规划类型的社会调查教学实践，促进本科学生对半城市化地区乡村的空间发展的认识，更好地掌握社会调查模块在特定规划中的灵活应用。文章首先讨论在半城市化乡村规划中引入社会调查模块的重要性，而后分析此类型规划中引入社会调查的应用场景，之后以福州市建平村的社会调查教学实践为例，探讨教学反馈和教学成果改进等方面内容。研究认为，面向半城市化地带乡村规划的社会调查模式引入，加深了学生对"乡村规划"以及"半城市化地带乡村规划"、"规划可实施性"及"规划方法应用"等内容的理解，促进学生将社会调查成果与空间规划及治理更加紧密地结合起来。
关键词：社会调查，乡村规划，半城市化地带，教学探索

1 引言

社会调查研究是城乡空间规划的前提和基础，是城乡规划工作的重要组成部分。"城乡规划社会调查"是城乡规划专业本科课程体系中的一门重要的专业基础课，在城乡规划课程体系中，承担将规划设计体系和社会科学原理体系两个课程子体系联通起来的任务，目的是让学生通过实地调查、研究分析的理论和实践训练，把学到的"城市经济学"、"城市社会学"等社会科学理论知识应用到规划中，最终成长为具有综合素质的规划师，而非只专长于"形态设计"的"画图匠"[1]。

为探索在"城乡规划社会调查"课程中更好地实现"调查"和"规划"的结合，福建工程学院城乡规划专业的社会调查教学团队开展了面向特定规划类型的社会调查教学实践探索，课程选择将半城市化地带乡村规划为一个重要的规划类型开展针对性的社会调查。半城市化

地带是城市化进程中出现介于城市和乡村之间的一种过渡性地域类型[2]，其发展普遍具有城镇型经济和乡村经济交杂，土地权属多样且空间利用碎片化[3]，以及正规与非正规开发并存且非正规部门普遍发育[4]，同时管理主体多方分治的特征。半城市化地区乡村的发展情景往往较复杂，显著不同于一般的以农业经济和农村土地为主要构成的乡村，更需要相关规划的介入。城乡规划专业本科学生在学习这一特殊类型的乡村规划时具有较大难度。学习难度主要来源于两方面，一方面，乡村规划仍缺乏一套完善系统的方法论，而半城市化地带乡村的情况往往更复杂，难以简单套用城市或乡村规划的常规方法；另一方面，许多同学缺乏半城市化地带乡村的生活经验，对于其中的人地关系不了解，常采用和城市发展无差别的规划方案，忽略了特殊地域类型乡村规划的适用性。

教学团队设计了以福州建平村为例的社会调查实践，着力强化本科学生对半城市化地区乡村的经济、社会及空间发展的认识，从学生反馈和最终教学成果来看

* 基金项目：国家自然科学基金青年基金项目"土地产权视角的小城镇空间发展动力机制及规划策略研究——基于苏浙闽小城镇案例"（批准号：51708117）；国家自然科学青年基金（批准号：41801160）；福建自然科学基金项目（2019J01788）及福建工程学院科研启动项目（批准号：GY-Z17006）课题联合资助。

陈　旭：福建工程学院建筑与城乡规划学院副教授
程　斌：福建工程学院建筑与城乡规划学院讲师
曾献君：福建工程学院建筑与城乡规划学院讲师

收获了较好的效果，在城乡规划社会调查和乡村规划相结合教学体系的探索中取得了新的进展。

2 在半城市化地区乡村规划中引入社会调查的重要性

2.1 补充传统城乡规划调查方法

传统的规划调查方法重视城乡发展定位和土地利用基本情况的调查。通过主要政府部门访谈和上位规划的梳理、了解地方性战略和政策，了解产业经济发展的情况，规划区域的自然禀赋条件和社会发展态势等，总体上更侧重观察自上而下的宏观政策动力机制。

而城乡区域的微观个体，比如特定的群体与组织、特定的经济主体、特定的社区，他们的需求实际上也会强烈地影响产业发展和土地使用情况。尤其是在半城市化地带，城乡空间结构、经济社会组织形式都处于动态重构之中，不同群体之间的博弈关系的影响作用强大。这种自下而上的微观动力机制在传统的城乡规划调研中往往受到忽视的，需要通过关注微观个体行为逻辑的社会调研来进行补充。随着我国城乡发展从增量时代走向存量时代，城乡规划中越来越需要考虑到自下而上的个体、群体与（正规或不正规）经济组织等微观个体的需求，有必要在乡村规划特别是针对半城市化地带乡村规划的教学体系中植入社会调查模块。

2.2 满足行业发展要求

强调半城市化地带乡村规划的社会调研，亦是时代发展的要求。随着城乡规划行业的发展，行业发展逐渐规范，对公众参与的要求日渐提高。2018 年中央一号文件"关于实施乡村振兴战略的意见"提出，"要坚持农民的主体地位"。因此，乡村规划除了要关注城乡土地及空间的利用情况，更要对土地和空间的使用者的情况加以了解。

3 面向半城市化地带乡村规划的社会调查场景

乡村规划中的社会调研是一种具体的场景应用[6]，针对半城市化地带的乡村规划的社会调查又往往有特定的关注主题。只有明晰这一类型的乡村规划的侧重关注主题，才能进一步讨论适用的技术方法。

半城市化地带的乡村规划中的社会调研有若干应用场景，即针对地域内主要的空间利用矛盾需要重点采集公共意见的若干环节。比如：①规划要确定的半城市化地区乡村的发展目标，如在城市发展进程中功能重新定位、公共设施和服务类型的更迭导向等，这些内容需要了解公众需求类型；②半城市化地区通常有较多的非正规经济，如产能落后、环保不达标的小企业。自上而下的地区功能变更和土地腾退将挤压非正规经济的生存空间，原来的弹性社会结构也将受到冲击[5]，有必要通过社会调查了解半城市化地区非正规经济的经济社会效益，评估变化带来的冲击和得失损益，以进行规划应对；③空间发展的一些突出矛盾，如土地利用、拆迁等，需通过社会调研了解不同群体的诉求和意见，为规划提供依据。

在进行社会调查时，首先需要厘清特定半城市化地区发展关注的关键问题，后续的调研和规划方案紧密围绕关键问题。其次要具有公平导向，半城市地带社会群体多元、空间价值的变化大，社会关系网络和主要矛盾处于快速变化之中，要对各个群体的意见进行尽量客观的了解和评价。

4 以建平村为例的半城市化地带乡村社会调查课程探索案例

4.1 课程情况

《城乡社会综合调查实践》课程是《城乡社会综合调查研究》课程的配套实践课程，注重理论联系实践，一般开设于城乡规划专业五年制本科的三年级或四年级的课程中。在 2017–2018 年度"城乡社会综合调查实践"课程开展中，教学团队注重强调学生对社会调查在特定规划中的应用场景和技术调整的掌握。课程安排一组共 8 名同学以福州建平村为调研实践范围，旨在以建平村为拟选对象的半城市化地带乡村规划中，引入社会调查模块，在深入社会调查的基础上提出空间治理方案。

4.2 建平村基本情况和教学实践安排

建平村位于福州市闽侯县上街镇南部，与福州主城区一江之隔，占地 255 公顷。建平村属于城郊村，西侧紧靠福州大学城，境内南侧为福州高新产业开发区的一个园区，距福州西高速互通口 1.4 公里，村内被旗山大道、建平路穿越而过（图 1）。从土地利用现状和空间属

图1　建平村的区位图

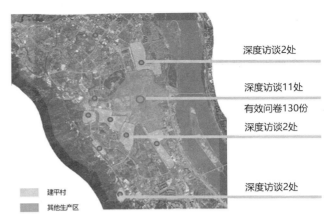

图2　调研地点及情况示意

性来看，建平村既有农村的集体经营性建设用地、宅基地又有纳入福州市高新区、大学城的地块，又有归属乡村从事农林生产的地块，呈现典型的半城市化地带的乡村特征。

实践课程选择以建平村近年来颇受关注和争议的"根雕产业"的空间发展为调研内容。建平村上街镇是"中国根艺之乡"，建平村是上街镇根雕产业集聚的"核心区"，是福州传统根雕技艺重要承载地。20世纪80年代根雕业在建平村"落地生根"；2000年之后根雕业在迅速发展同时也出现了无序扩张的空间乱象，引发相关群体不满；随着建平村纳入福州高新区范围，产业整治力度加大，根雕业发展面临空间约束。在区域发展定位变化背景下，如何看待传统产业——根雕产业的发展，是要强制淘汰，还是通过某种空间配置方式保留这一传统技艺空间载体？这是建平村亟待解决的空间规划问题，也是半城市化地带的镇乡普遍面临的一个针对"传统产

业"的空间治理问题。

以此为选题，该实践课程有方法论和乡村认知的两层次教学目的：①让学生熟练掌握应用社会调查的基本方法，重点理解社会调查方法在乡村规划中的应用场景，并掌握技术重点；②让学生认识到乡村规划的多样性和半城市地区乡村规划的复杂性，通过调查了解半城市化地带乡村发展的突出矛盾及成因，并根据调查情况从空间规划和治理的视角提出解决建议。

教学团队指导学生开展了两轮调查，共历时7天，调研内容、方法及对象都多元化（表1）。

4.3　教学反馈

在特定类型的乡村规划中引入和应用社会调查，是教学团队此次开展社会调查课程的切入点及创新。学生的反馈反映出此次调研实践活动深化了学生对"乡村规划"以及"半城市化地带乡村规划"、"规划方法应用"

调研内容、方法及调研对象　　　　　　　　　　　　　　　　　　　　　表1

调查内容	调查方法	调查对象	获取数据
产业空间分布与发展历程	文献梳理	网络资料、档案馆	建平村历年产业空间分布特征
	现场勘查、访谈	建平村委会、建平村根雕产业从业者	
根雕细分行业发展情况及空间发展差异	半结构性访谈	根雕细分行业从业者	8人访谈录音
	问卷调查		发放问卷100份，有效问卷89份
对根雕产业认识和接受度	半结构化访谈	建平村其他社会群体	6人访谈录音
	问卷调查		发放问卷50份，有效问卷41份
建平村的发展定位	半结构化访谈	镇政府、管委会、建平村村委会	3人访谈录音

等内容的理解。

（1）促进学生对半城市化地带乡村规划中各类社会群体之间的冲突和矛盾的认识。"在调研过程中我们能够非常明显地感受到不同的群体之间存在的矛盾和冲突。在这种情况下，规划时应该以谁的立场为主？我们需要更多思考"规划"的后果，在保证总体方向正确的情况下，也要考虑利益受损方的今后发展方向，尽可能使更多的群体接受"协调"结果。"（ZYW 同学的调研笔记）

（2）促进学生对乡村问题复杂性和乡村规划重要性的认识。同学们体会到"乡村振兴"任重道远，"乡村规划"则是乡村振兴"系统工程"中的重要内容。"经过对矛盾问题相关特征人群的访谈，我们了解乡村问题是很复杂的，我们往往只关注村里一些乱搭建、占用土地的现象严重，觉得可以规划更好的愿景，却忽略了这些现象是有历史成因的，一些不正规经济支撑起了这个地方的发展。乡村规划应要从空间上去配合乡村新旧内在增长动力的更迭"。（小组总结）

（3）使学生对乡村规划和城市规划的重要差异的认识。乡村规划更偏于社会性规划，注重解决社会现实问题，也即重视空间治理和社会治理的结合，方法上也和城市规划有不小差异。"相比于一些城市规划课程中更注重空间布局和功能分区，乡村规划在空间上需要做的工作其实不那么大，而且也许并不需要那么多。我们的规划需要更多听取村民的意见，解决一些实际的问题，比如村民在村规划改变了之后，以后要从事什么，在哪里从事人。我们体会到乡村规划不能套用城市规划的方法，需要扩展很多经济社会知识，比如土地性质和产权归属、村集体的权限以及和镇政府的关系、村里的社会网络等，不了解这些信息就没法做出好的乡村规划"。（CCL 同学调研笔记）

（4）加深学生对半城市化地带乡村发展情景的认识。有同学谈到，"调研中我们感受到，半城市化地带的乡村有两个特点，一是城乡之间的边界在快速变化，城乡空间结构在重构，二是定位和管辖部门也常处于快速的变动中。这导致了对某些社会问题的管理有时会出现断层的现象，政策与导向不太连贯，这对于小企业的影响也是较大的"。（LYT 同学调研日记）关于相应的空间治理设想，有同学谈到，"城市化的进程会给半城市化地带带来很大的改变，环境更好，区域的功能定位提升，大

部分的半城市化地带最终要完成这样的升级，但我们可能也需要为原本这个区块上的就业者和产业谋划一个出路，一种新的空间承载方式"。（ZHL 同学调研日记）

（5）促进学生对在半城市化地带乡村规划中应用社会调查的方法的理解和掌握。"这次调研的村虽然已经纳入城市的范畴，但存在很多问题还是农村的问题。正如课堂上老师所说，城市的职住关系可以在空间上有所分离，住在一个空间里的人，社会网络也许并不紧密；但乡村的社会网络联系很紧密，因此以此为切入点是比较恰当的。具体操作是，围绕突出问题，分析相关的社会网络，再确定网络上的重要节点，而后对节点人或群体进行调研。在乡村这样一个小空间尺度范围的规划里，不通过这样的方法似乎很难短时间充分了解这个乡村。"（小组调研总结）

4.4 教学成果改进

通过深度社会调查，同学对建平村这一典型的半城市化地带乡村的认识加深，开始从不同的群体视角和层次分析问题，所推演出的空间配置方案和综合治理策略也都建立在对现实情况的掌握和深入分析基础上，规划方案的可行性增强。

（1）对空间现象的形成机制的重视程度提高，对规划中的焦点问题呈现多群体视角多层次的深入分析。围绕建平村的根雕产业发展的空间问题，学生对不同的社会群体进行了多方面的调查。学生发现在建平村内的社会群体组成也在较快的变动中，不同社会群体对于根雕产业的了解程度、发展认同度及影响评价不尽相同，比如村民对产业发展总体表现出积极态度；高校师生和高新区人员总体倾向于中立（图3）。

其次，学生通过各群体具体关注问题的调查，了解根雕产业发展中的积极和消极影响，并归纳总结出根雕产业空间发展中最受到各方群体关注和批评的三个问题：空间无序扩张、环境污染及与区域发展定位不符，再深入至细分行业和产业链环节，深入调研和分析这些问题的深层成因（图4）。

（2）对规划可实施性和合理性的重视程度提高，以调研为基础，提出包括空间配置和相关政策在内的半城市化地带乡村发展的综合治理策略。通过调研，调研组同学认识到半城市化地带的规划应包括空间布局调整和

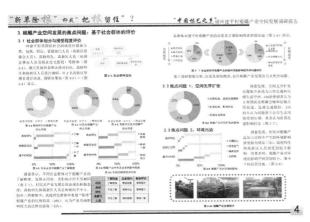

图3 课程成果节选：建平村根雕产业空间发展问题的社会群体调查分析

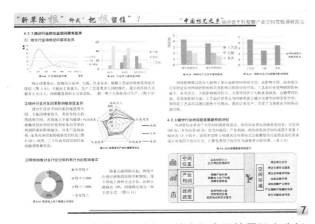

图4 课程成果节选：细分行业的空间发展情景调查分析

图5 课程成果节选：调研结论与空间治理策略

发展治理，而非单一的布局调整。一方面，空间布局的调整要综合多方群体的损益平衡，调研组提出要根据细分行业的差异性采取差异化的空间治理，如：①差异化空间配置方面，大板和家具细分行业的用地大，污染性高，对交通条件要求高，且产品附加值没有工艺品产业高，因此建议外迁出，只保留文化价值的根雕工艺品产业；②空间调整方面，调研组提出要使其产业类型由粗犷的家庭作坊模式向高效规整的工业园区模式转型，目前建平村已无预留产业用地，建议选取上街镇周边交通地段良好，但还未开发建设的晓岐村用地，引入技艺成熟，品质较高经营较好的原建平村根雕产业，打造多元业态的综合园区，形成上街镇根雕品牌效应。另一方面，调研组提出产业引导和资源整合等政策以促进产业升级。

5 结语

在半城市化地带乡村等特定类型规划中引入社会调查，是福建工程学院社会调查教学团队的教学创新。在以建平村为例的社会调查课程教学中，学生认识到半城市化地带乡村发展的复杂性，掌握了在这一特定区域的乡村规划中应用社会调查方法的具体方法，提高了对规划实施的可操作性的重视和理解程度，课程总体获得了较好的成效。未来的课程实践改革可以从两方面着手：一是在不同发展情景的半城市化地带乡村再开展教学实践，以此进一步深化面向此类型乡村规划的社会调查教学中的探索；二是面向不同类型的乡村规划进行引入社会调查的教学探索，与半城市化地带乡村的教学探索形成对比，重点在社会调查的应用场景和技术调整等方面探索差异。

主要参考文献

[1] 范凌云，杨新海，王雨村. 社会调查与城市规划相关课程联动教学探索 [J]. 高等建筑教育，2008，17（5）：39-43.

[2] 马恩朴，李同昇，卫倩茹. 中国半城市化地区乡村聚落空间格局演化机制探索——以西安市南郊大学城康杜村为例 [J]. 地理科学进展，2016，35（7）：816-828.

[3] 赵民，柏巍，韦亚平. "都市区化"条件下的空间发展问

题及规划对策——基于实证研究的若干讨论 [J]. 城市规划学刊, 2008（01）: 37-43.

[4] Fulong W U, Zhigang L I. Social Integration in Transitional Urban China[J]. China Urban Studies, 2013.

[5] 桂华. 要辩证地看待"非正规经济" [J]. 经济研究信息,

2016（06）: 40-42.

[6] 陈晨，颜文涛，耿慧志. 城市总体规划教学中社会调研的应用场景与技术框架 [A]. 福州：中国高等学校城乡规划教育年会论文集 [C]，北京：中国建筑工业出版社，2018.

A Probe of the Social Investigation Course for Rural Planning in the Peri-urban Areas: The Case of Fuzhou Jianping Village Social Investigation Studio

Chen Xu Cheng Bin Zeng Xianjun

Abstract: The teaching team of urban and rural planning specialty of Fujian University of Technology actively explores the teaching practice of Social Investigation oriented to specific planning types in the course of "Urban and Rural Planning Social Investigation". The course promotes undergraduate students' understanding of rural economic, social and spatial development in Peri-urban areas, and better grasps the social investigation module in specific planning. This paper firstly discusses the importance of introducing social investigation module into Peri-urban rural planning, then analyzes the application scenarios and technical points, and then takes the social investigation teaching practice in Jianping Village of Fuzhou City as an example to discuss the curriculum arrangement, teaching feedback and teaching achievement improvement. The study concludes that the introduction of a social survey model for rural planning in Peri-urban areas has deepened students' understanding of rural planning, rural planning in semi-urbanized areas, planning implementability and application of planning methods, and promoted students to tighten up the results of social surveys and spatial paln and governance.

Keywords: Social Investigation, Rural Planning, Peri-urban, Teaching Probe

城乡规划专业新生研讨课乡村规划游戏教学实验*

薛 飞 赵壹瑶 张 建

摘 要：随着我国乡村振兴战略的实施，乡村规划在城乡规划专业教学中的地位越来越重要。但在本科一年级的专业教学中，学生刚刚开始接触专业，大部分生源又来自城市，对乡村和乡村规划方面的知识都比较缺乏。为了"系"好城乡规划专业学生认知进阶的"第一粒扣子"，补充乡村规划在低年级本科专业教学中的不足，结合我校特色的新生研讨课，引入角色扮演游戏的教学方式。通过学生团队分组，任务分配，角色扮演，游戏竞赛和分组自评的环节设计，课程教学效果得到了积极的反馈。不仅为学生补充了乡村规划的知识内容，还激发了学习兴趣，还对多利益相关方协调，团队合作与沟通能力等方面的教学也带来了启发。

关键词：游戏化教学，教学设计，教学实践，大学一年级专业教学

1 背景

随着我国乡村振兴战略的实施，乡村规划在城乡规划专业教学中的地位越来越重要。但是在建筑学背景下的城乡规划专业院系中，大学一年级课程多以《建筑初步》为基础展开专业教育，鲜有涉及乡村规划相关内容。与此同时，大部分生源来自城市，对乡村的了解十分匮乏，再加上乡村规划比较复杂抽象，相关的概念、方法、法规、政策、条文等对一年级学生不太有吸引力。这就导致，教师较难开启一年级学生对乡村规划的理解和启发，教学目标和内容的广度与深度也不易确定，更难以激发学生兴趣和求知欲。为了"系"好城乡规划专业学生认知进阶的"第一粒扣子"，补充乡村规划在低年级本科专业教学中的不足，结合我校特色的《新生研讨课》，引入了乡村主题的角色扮演游戏的教学方式。

1.1 城乡规划专业新生研讨课

《新生研讨课》是我校面向各专业本科一年级新生开设的专业启蒙课程，具有内容广、易理解、重互动、重启发的启蒙教学特点。《城乡规划新生研讨课》的教学内容以城乡规划专业的"专业、学业、就业、职业"为线索，为新入学的本专业学生讲授专业的基本情况，并设计多个互动、研讨、辩论、游戏等环节。教学目标是为新入学的大学生较为全面地介绍本专业的基本情况，为学生们开启学习的大门。

1.2 学情分析

2018级大学一年级学生大多出生于2000年前后，是千禧婴儿和零零后的新一代。生于网络时代的他们，伴随信息技术和移动互联成长，几乎所有学生都在玩手机游戏。在这样的学情背景下，传统方式讲授乡村规划的知识，不利于形成积极的课堂气氛。因此如何设计新的教学方式和方法，激发新时代青年学生主动学习和互动学习的课堂氛围，成为本教学环节的关键问题。

* 基金项目：2018年度北京工业大学"内涵发展定额课程和教材建设优质教学资源立项项目"（012000514118509）；2019年度北京工业大学博士科研启动基金项目（1100005141619014）2019年度北京工业大学"基础研究基金项目"（012000546319507）；2019年度北京工业大学"国际科研合作种子基金"（012000514119003）；2019年度北京市教育委员会科技计划一般项目（KM 201910005006），共同资助。

薛 飞：北京工业大学建筑与城市规划学院规划系讲师
赵壹瑶：北京工业大学助教本科生
张 建：北京工业大学建筑与城市规划学院规划系教授

2　研究前沿与评述

目前，国内有诸多采用游戏方式进行教学尝试的研究，如：陈中（2014）在数字媒体技术专业，以基于游戏化学习的翻转课堂形式来激发学生的学习兴趣，使学生掌握使用镜头语言塑造类型化与个性化人物的教学探索[1]。陈远高（2017）将团队角色扮演的模拟决策游戏引入管理类专业的现代物流与供应链管理课程中，切实提升了学生分析问题和解决问题的能力[2]。雷永林，等（2010）在管理科学与工程专业的离散事件仿真课程上，分别对三种仿真策略：事件调度法、活动扫描法、进程交互法，应用了三次游戏教学法，让学生们应用离散事件仿真的思想和技术来解决实际问题[3]。张志勇，等（2017）在国防教育课中，选择以军事游戏《战地2》为平台构建游戏环境，让学生对国防教育领域的问题进行自主探索和研究，从而实现自身国防知识能力的构建[4, 5]。还有多位研究者展开的游戏教学探索[6, 7]，都对学生理解抽象、激发兴趣、开启自学、引发思考等方面起到了积极作用。

虽然过往研究在多个专业不同年级的大学本科教学中起到了有效的教学效果，但是在城乡规划专业教育中还较少使用游戏的方式开展教学尝试。本实验在前人专业教育研究的基础上，结合游戏教学实验的经验，尝试开展针对低年级城乡规划专业中乡村规划环节的游戏教学实验。引入《山谷之王》（Lords of the Valley）这一游戏，让学生们在游戏过程扮演农民、政府等不同角色，模拟乡村运行更好地理解乡村规划知识。

3　教学方法

3.1　教学游戏介绍

《山谷之王》是一款生态环保主题的乡村角色扮演类游戏，在欧洲多个国家和国内多个环境教育的实验中运用过该游戏。游戏环境背景设定在一个受到意外干旱或洪水影响的山谷中（图1）。这一山谷也模拟了单一汇水面构成的生态系统单元和人类农业生产单元。学生作为玩家分别模拟扮演：①政府、②多组农户、③银行、④水务局、⑤农机公司、⑥环境非政府组织（ENGO）。在每一轮的游戏中，学生们根据自己扮演的角色，在游戏中做出相应的判断和决策。例如：①政府，规划山谷的整体发展，负责收取税款，出售未开发的土地，并投资兴建水利设施

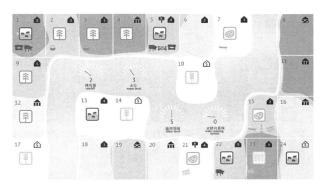

图1　山谷之王游戏界面图（图中地块为可以出售、购买、生产和带来税收的土地）

等；②农民，决定农场的发展方向，通过选择不同的生产类型与设备，实现种植增产和收入增加；③银行，制定合理的贷款发放策略，山谷所有农民都可以通过与银行协商利息获得扩大生产的贷款；④水务局，需要依靠政府投资和非政府组织投资兴建水利设施并维护水利设施；⑤农机公司，需要调整农机价格，出售各种技术的农机；⑥环境非政府组织可以为注重环保的农户提供无息贷款，也可以通过政府对不环保的农户收取罚金，以保护山谷的生态健康。此外，学生们在试图推动山谷发展的过程中面临诸多挑战。如：游戏自动设定的洪水或旱灾、来自本组成员团队合作的挑战、来自政府、银行、水利等多个部间的挑战，以及不可预测的市场因素等。

3.2　教学对象

本课程的教学对象是2018级城乡规划专业班29名同学，其中男生14名女生15名。通过抽签的方式，形成了：①政府组3人、②农户5组，每组3人共15人、③银行组3人、④水务组3人、⑤农机组2人、⑥环境非政府组织3人（图2）。游戏主持人（Organizer）为1名高年级城乡规划本科生助教，游戏观察员（Monitor）为授课老师1人。同学们通过手机连接到游戏网站，在不同组之间口头交涉达成协议后，在手机上执行游戏任务。如：政府组设定价格出售土地、银行组对不同农户组协商利息发放不同额度贷款、农户组购买土地或者农机点选种植类型等。由于游戏说明全部为英文材料，同学们还需要在分组后，利用10分钟的时间对游戏角色和规则进行阅读理解。

图2 学生在教学游戏过程中团队合作与多利益相关方商讨过程照片

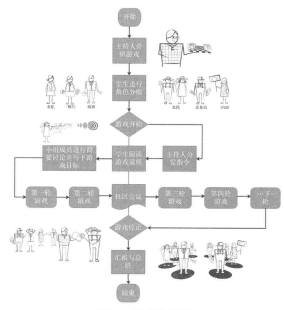

图3 游戏流程图

3.3 教学过程

首先，主持人对游戏规则以PPT形式进行10分钟的介绍说明，之后开始抽签分组。随后为各组同学发放不同职责组的游戏说明，各组同学们根据自己抽取到的角色，阅读相对应的规则和任务说明，之后开始游戏。游戏共计四轮（也可设定增加，每轮模拟一个年份），每轮游戏包括，a）操作阶段，b）结果分析阶段。操作阶段是以游戏进行中各组在不同利益相关方的沟通与协商为主。结果分析阶段是在游戏网络后台对各组操作的结果进行收益计算，最终结果为模拟货币的价格量化指标（€）。此外，c）会议阶段是每两轮，同学们需要根据各组的综合财务状况、环境情况、下一年计划情况，派代表发言对游戏进程、目标实现情况等进行总结，并制定说明下一轮的实施策略。

在本次实验的四轮游戏中，操作耗时分别为：第一轮30分钟、第二轮15分钟、第三轮10分钟、第四轮10分钟，结果分析耗时分别为：5分钟、3分钟、2分钟和2分钟。在每两轮后进行一次社区会议，会议时长为20分钟。最后，四轮游戏结束后，同学从目标的实现情况，实现目标过程中遇到的困难，与组员及其他组织成员间的沟通谈判及合作竞争情况等方面进行讨论交流与反思思考。具体的游戏流程如图3所示。

4 教学结果

4.1 游戏结果

（1）资金结果

通过四轮的游戏，山谷总资产的财务结果如图4所示。游戏开始前的社会总价值为预设的1000€，结束时的总价值为303.62€，亏损696.38€。游戏结束时，盈利的只有农机公司（110€）、农户3（68.1€）和环境非政府组织（30€），亏损最多三组为：水务局（–289.40€）、农户2（–241€）、银行（–155.42€）。由此可见，游戏结束后，整个山谷的经济状况非常不好。

（2）环境结果

该游戏还对因农户种植作物不同和生产方式不同，产生的环境影响和自然灾害情况进行了评估。包括：①生物多样性、②降雨量、③水位、④堤坝等级、⑤水轮转向系统（抗旱灾专用）五项指标，并提供了每轮的总结。结果如图4显示：生物多样性一直保持满分，但发生过严重水灾，潜在的旱灾风险巨大。

4.2 学生反馈结果

在约四个小时的游戏时间中，同学们进行了非常激烈的讨论、协商、虚拟交易，等活动。甚至因为税收过

游戏前后社会财富分析表　　　表1

角色		游戏前资金（€）	游戏后资金（€）	盈利或亏损（€）
	政府	100	35.24	−64.76
	农机公司	0	110	110
	环境非政府组织	100	130	30
	水务局	300	10.6	−289.40
	银行	0	−155.42	−155.42
	农户1	100	15.60	−84.40
	农户2	100	−141	−241
	农户3	100	168.10	68.10
	农户4	100	98	−2
	农户5	100	32.50	−67.50
	总计	1000	303.62	−696.38

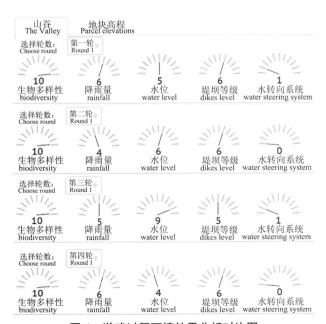

图4　游戏过程环境结果分析对比图

高集体到政府组前"闹事"，因为抵抗高额利率到银行组前激烈争论，这些也没能挽救山谷经济的低迷。游戏的运行也是模拟乡村社会生产、交易、交流、多利益相关方博弈的过程。游戏结束后，同学们总结游戏，感想颇多。其中角色扮演农民、政府等不同角色的学生感想节选如表2所示。

4.3 课程结果

虽然游戏结果不好经济崩盘，山谷经营的失败，但课堂气氛积极同学们4个小时全情投入，课程结果超过预期。首先，实现了教学目标：同学们对乡村的生产、生活、生态有了初步的了解，对农户、政府、银行、基础设施等有了切身的认识。其次，覆盖了教学内容：通过游戏同学们理解了政府主导、农民主体、社会各部门力量发挥经济、生态、科技等多方面要素协同为乡村的生产生活提供运营的机制。此外，同学对游戏的结果有着敏锐的认识，并从游戏策略失误、自身角色定位、作用等方面进行了反思。不仅理解了许多乡村运行的道理，更对于农村和农民有了更深的认识。最后，同学们在扮演多利益相关方的沟通合作中，锻炼了沟通与权衡的综合能力，也激发了大家课后的思考和对专业的思考。该游戏对于乡村规划环节的起步专业教育起到了非常有价值的积极作用。

5　讨论与结论

虽然从游戏的最终结果来看，是山谷整体的失败和财政的巨大赤字。究其原因，就在于各组单纯地从自身利益最大化出发，只考虑短期获利，而不是为了山谷整体做可持续发展的长远规划。游戏过程中，还发生了水务局尝试使用政府初期投资买地炒地，农机公司不搞研发也去抢购土地获利等现实中发生的社会现象。可见青年一代大学生对社会的认知非常敏感，但对长远的、可持续的、具有一定复杂度的规划价值观认知还需要培养和训练。这也是我们乡村规划教学环节的初衷，培养规划专业同学的责任心与大局观，做好自己分内应做之事，立足长远谋发展。在游戏的失败中总结经验与教训，对同学和老师的认知与理解更为深刻。

虽然引入游戏的教学具有很多积极意义，但也需反思这种方法的不足与改进，包括：①对于具体的乡村

表2

游戏角色	感想摘录
农户1	本组亏损的原因是：土地和农机设备价格高昂，政府收税高，所以不停向银行贷款。天灾之后，农民无收成，还不起银行贷款，政府无钱修水坝，最后经济低迷。所以，要实现村落繁荣发展政府需要起到好的调控作用，先让农民富起来，再带动其他组织的发展
农户2	游戏以失败告终由多原因导致：由于缺少基本常识，税率、利率定得过高，以及农民没有选择适宜的土地有好的收成，导致无收入归还贷款，造成一系列不可回的连环破产。其次，各部门间缺少沟通。通过游戏，对人与人间的交流、合作以及生态系统的保护有了更多地思考与认识
农户3	政府、银行一开始出现决策错误，农民没钱发展农业，政府没钱给水利局修缮水利工程，致使后来自然灾害给整个社会体系造成一系列不可挽回的损失。整个活动中，我感触最深的是合理交流非常重要，我们组最后能成为最有钱的一组，是因为3人有明确的分工，到处与各个组织交流获取信息，并且达成合理的交易，在每轮结束后进行信息整合和决策
农户4	在游戏中明白了一些道理：游戏模拟了现实生活中的状态，如果现实社会中的每个部门都奔着自己的利益，以多挣钱为目的做事，即使中途力挽狂澜，也会像最终的游戏结果一样，每个人都精疲力尽却又一无所获。所以社会里的每一个部门都有自己存在的意义，应该肩负起自己的责任
农户5	我们从在自己起始的土地上经营，顺着游戏提供的基础开始，到主动的依据土地海拔高度、受灾概率买卖土地。最开始的时候因为土地和设备价格昂贵，一次一次地向银行贷款和其他组织借钱。但一次突发的洪水使我们亏了大部分钱，处于还完贷款资金紧张的阶段，还要继续承受洪水的损失。后来通过政府和银行的扶助才慢慢赚了一些回来。这一游戏让我真实体会到乡村的情况
政府	反思整个游戏，源头均在政府，刚开始由于不明白游戏运营规律和要求，把土地定价很高，高价卖地企图赚很多钱，游戏中政府有钱没地方花，银行黑心放高利贷，农民全部无力还债，经济崩盘。后来通过协调，政府以超低价放地供农民用地抵债。几轮下来农民危机解除，但是政府财政赤字，银行崩溃。各部门协调需要沟通和让步是这个游戏的真正意义
银行	这个游戏我们最终以失败告终，最初我们缺少基本常识把利率定得过高，导致农民刚开始无法有收入，以至于无法归还贷款，最终导致一系列的连环破产。应该说这个游戏让我初步的接触到了最基本的城乡规划，虽然只是一点点的皮毛，但是发现需要考虑的因素真是太多太多了。当过于注重自己而忽视他人的时候，我们只会产生隔阂，心理藏着一大堆的相互不满，就开始互相针对，以致最后的谁都一无所获。所以只有做到交流，合作，我们才能向着我们共同的目标努力前进
环境保护非政府组织	社会正常的运转，"在其位谋其政"是至关重要的。当我们身处群体之中时，每一个人的抉择都会影响到这个环环相扣群体的最终走向，所以我们应该去考虑自己的行为如何能为群体带来更大的利益，以至回报给自己更大的利益
水务局	作为游戏中水务局的小组，或许旁观者清，我们组看到的问题比政府小组看到的更多。从每一局向政府要资金的困难中我们就发现了其中存在的前期不合理发放和开发用地的错误战略
农机	我所在的农机组应该是最轻松的一组，没有成本，只有利润，几乎永远不会亏损。但是在游戏的过程中，我们也看到了我们对于村庄的重要性：我们能提供更便宜的农具，也能在能力范围内以更高的价格收购农具，为农民提供方便。这个游戏也让我意识到了作为社会一分子对社会经济的重要性

规划工作内容的讲解比较缺失，②对政府条文的介绍和讲解缺失，③村庄规划调研和实践参与的缺失。这些缺失在本课程中尝试通过补充乡村规划案例的讲座予以补充。讲座使用了北京炭厂村的案例，结合《北京市乡村规划设计导致》解读，在课时以外以讲座的形式进行了补充讲解。④由于该游戏由欧洲人编排，也非城乡规划专业的人员参与编排，在未来可以结合规划过程、公共参与、法规条文等自行调整和设计游戏规则，结合我国或地方的特点，设计教学游戏。

在新的时代、新的国际国内形势下，城乡规划教学迎来了新的青年群体。需要解决如何"形成更高水平的人才培养体系"的新要求，进而达到"培养德智体美劳全面发展的社会主义建设者和接班人"的教育目标。"立足基本国情，遵循教育规律，坚持改革创新"[8]成为高校教师重要的工作内容。本次课程实验，只是"乡村规划课程体系建设"中的小尝试，希望有更多的教育工作者关注乡村，投身乡村振兴，为美丽乡村美丽中国提供更好更新的教学支持。

主要参考文献

[1] 陈中. 基于游戏化学习的翻转课堂教学设计与实践[J]. 高

等教育研究学报，2014，37（04）：80-83.

[2] 陈远高. 基于团队角色扮演和竞争性学习的课程教学设计——以现代物流与供应链管理为例 [J]. 大学教育，2017（10）：123-125.

[3] 雷永林，李群，杨峰，等. 离散事件仿真策略的游戏教学法研究与实践 [J]. 高等教育研究学报，2010，33（03）：74-77.

[4] 张志勇，杨威，陶良云，等. 军事游戏在军事理论课程研讨式教学中的应用 [J]. 高等教育研究学报，2015，38（04）：16-19.

[5] 张志勇，李琼彪，苏心，等. 基于军事游戏的探究式国防

教育模式研究 [J]. 大学教育，2017（06）：100-102.

[6] 唐松林，范春香，于晓卉. 复杂论视域中的大学课堂构建 [J]. 高等教育研究，2015，36（10）：71-77.

[7] 郑冰. 后现代主义对大学生职业发展与就业指导课程教学的启示——以网络游戏在课程教学中的应用为例 [J]. 中国大学生就业，2012（18）：37-41.

[8] 习近平. 坚持中国特色社会主义教育发展道路 培养德智体美劳全面发展的社会主义建设者和接班人 [EB/OL]. [2019-5-30]. http：//www.xinhuanet.com//video/2018-09/10/c_129950774.htm.

Teaching Experiment of Rural Simulation Game for Urban Planning Initiation Seminar

Xue Fei   Zhao Yiyao   Zhang Jian

Abstract: With the implementation of Rural Revitalization Strategy, rural planning is becoming more and more important in urban and rural planning major. However, in the first year of professional teaching, students have just started to learn the specialized knowledge. As most of them born and live in cities, students are lack of the rural and rural planning knowledge. In order to give first year students good beginning for the cognitive progress and help them to supplement the rural knowledge, a role simulation game was introduced. The teaching procedure include : team grouping, task assignment, role playing, game competition and group self-assessment. Both the students and teacher received fruitful feedback through the game experiment. The game helped students not only get to know the rural and rural planning, but also stimulated study interest. In addition, the game inspired the multi-stakeholders, teamwork and communication teaching reflection.

Keywords: Game-Based Learning, Teaching Design, Teaching Practice, University First Year Major Teaching

乡村振兴背景下建筑系研学产一体、跨专业联合教学探索 *

刘 勇 魏 秦 许 晶

摘 要：针对现有的乡村规划教学，本研究主要探索如何将研学产一体、跨专业联合的模式应用到设计课程的改革中。通过对上海大学上海美术学院建筑系建筑学专业和城乡规划专业毕业设计的课程改革试验，结合上海大学学科设置与设计实践优势，在以下几个方面进行探索：与学术研究机构的联合，构建与完善学生基于乡村振兴的乡村知识体系；多群体、多专业、多团队深度参与教学的操作路径；多元主体联合评图模式。

关键词：教学改革，研学产，跨专业，建筑系，毕业设计

1 引言

乡村振兴是习近平同志 2017 年 10 月 18 日在党的十九大报告中提出的新时期我国农村工作的基本战略。2018 年初国务院公布了中央一号文件，即《中共中央国务院关于实施乡村振兴战略的意见》。之后，国内的教育界、学术界以及建设领域各部门单位围绕这个题目展开了广泛的研究与实践。

1.1 专业教学

高校教学领域，"城市规划专业"已经于 2011 年改为"城乡规划专业"，相应的关于"乡村规划"领域的教学内容大范围增加，针对乡村的教学内容体系初步成型，同时，针对教学实践，也相应增加了乡村规划设计课程的内容。

1.2 学术研究

学术研究领域，与"乡村振兴"相关的学术机构陆续成立，城乡规划领域最重要的学会——中国城市规划学会也于 2015 年 1 月成立了乡村规划与建设委员会，并陆续举办了系列学术活动和全国高等学校乡村规划设

计竞赛，已在学术界和实践领域建立了广泛的影响力。

1.3 项目实践

建设规划领域的设计机构近几年承接了大量的乡村规划与建设工程项目，对设计人员的知识结构要求也有大的变化，整个行业的重心也从之前"重城市、轻乡村"向"城乡并重"转变。

2 高校建筑系现行乡村规划设计课程教学模式及改革方向探讨

2.1 乡村规划设计现行教学模式

当前传统的乡村规划设计教学模式主要是采用授课式的老师与学生单向沟通的模式，设计课程的流程主要是现状调研、设计教学和评图。这种教学模式带来的问题是学生观察认识乡村现象和问题的视角过于单一，无法真正了解乡村的内生机制，解决问题的思路过于单一。

2.2 乡村规划设计教学模式改革方向探讨

建筑学、城乡规划学既有以空间设计为核心的专业内涵，又具有平台专业属性。这种平台专业属性能将乡村学术研究、乡村专业教学和乡村实践项目有机整合起

* 基金项目：本文为"2019 年上海高校本科重点教改项目：乡村振兴背景下建筑系"研学产一体、跨专业联合"毕业设计探索"成果。

刘 勇：上海大学上海美术学院建筑系副教授
魏 秦：上海大学上海美术学院建筑系副教授
许 晶：上海上大建筑设计有限公司注册规划师

来，又能融入社会学、人文历史学等专业视角和思维协同解决实际问题，从而使乡村规划课程存在依托本专业、拓展外围专业的跨专业联合教学的可能性。

在本次建筑系课程教学中，教学团队拟顺应乡村振兴发展背景，以实践性为导向，依托权威学术机构捕捉乡村振兴的最新动态，优化教学组织方式及教学过程，革新教学成果评价方法，探索紧密对接国家最新导向及社会实际需求的联合毕业设计模式。并尝试建立一套可复制的、以实践性为导向的毕业设计教学模式，形成上海大学建筑系自身的毕业设计课程教学特色。探索工科专业本科教学与社会实际需求、职业要求结合的内容、方法和路径。

3 研学产一体、跨专业联合毕业设计教学概况

3.1 设计题目选择

本次乡村规划设计课程采用真题真做的形式，选择浙江省永康市象珠镇雅吕村历史村落为设计基地，由上海上大建筑设计院提供真实的设计任务书，经乡村学委会专家、任课教师、设计师共同商议，综合考虑教学大纲、乡村振兴趋势、当地村民意愿等因素，共同拟定联合毕业设计任务书纲要，之后各个专业再根据自身特点进行

内容细化。

学生设计课程进度安排与设计单位的实际项目基本保持相似进度。在整个毕业设计周期内，设计单位设计团队保持跟踪并定期就研究问题、设计方案进行讨论。设计团队在此过程中可以随时接受学生的创新想法，学生可以在设计院力量介入下体会项目落地的可实施性。

3.2 教学团队

本次课程教学团队是以建筑系教师为基础的多专业学科教师共同参与的教学团队。主要共同参与专业学科有建筑学、城乡规划、环境艺术、社会学、人类学等专业，主要参与研究机构有中国城市规划学会乡村规划与建设学术委员会、芝英江南文化研究中心等，主要参与的设计单位是上海上大建筑设计院。

3.3 教学流程

课程针对研学产一体、跨专业联合背景下的开题、调研、设计、评图等流程阶段，定制需要参与的不同团队。设计开题阶段，课程组织学生参与各类乡村学术论坛，组织学生与多学科专业教师就乡村各方面问题进行交流。设计调研阶段，组织学生与设计单位设计团队深

本次毕业设计教学团队组成一览 表1

	姓名	工作单位	年龄	专业技术职务	承担工作
主要成员情况	刘勇	上海大学上海美术学院	44	副教授 建筑系系主任	课程总负责人
	魏秦	上海大学上海美术学院	46	副教授	各学校、各专业统筹协调
	栾峰	中国城市规划学会乡村规划与建设学术委员会	46	副教授，学委会秘书长	知识点汇总、终评专家组织、终评作业评价
	肖英	上海大学社会学院	47	教授	社会空间理论讲授、现场调研指导
	张江华	上海大学人类学民俗学研究中心	48	教授	人类民俗学理论讲授，课程指导
	王德怀	上海上大建筑设计院有限公司	67	高级工程师	联合毕业设计基地资料提供、终评作业专家
	袁浩	上海大学社会学院	45	副教授	课程指导
	田伟利	上海大学上海美术学院	48	副教授	学生组织、基地协调
	李荣山	上海大学社会学院	32	副教授	课程指导
	刘坤	上海大学上海美术学院	33	讲师	课程指导
	郝晋伟	上海大学上海美术学院	34	讲师	课程指导
	李峰清	上海大学上海美术学院	34	讲师	课程指导
	景春雨	上海大学文学院	36	讲师	课程指导

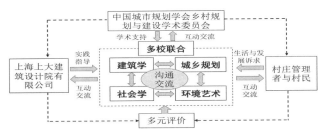

图 1 研学产一体、跨专业联合教学模式图（笔者自绘）

度合作，学生就各自设计方向与乡村各个社会群体沟通调研。设计教学阶段，不同学科专业教师、研究人员对学生分析问题、方案构思等环节进行指导，设计团队全程参与。评图阶段，组织不同相关社会群体集中评图。

4 产学研一体化、跨专业联合教学的模式探索

4.1 乡村振兴战略下的乡村规划知识体系的构建

设计开题阶段，通过与学术机构的联合，帮助学生构建围绕乡村振兴战略的乡村规划知识体系。借助学委会专家力量，可以更精准地把握课程选题方向、内容，让学生对乡村的缘起、历史沿革、发展路径、肌理特征等涉及乡村本源的问题进行系统的知识体系梳理，了解古代乡村"依山而建、傍水而居"等的选址规划理念以及古代乡村"权力不下乡"的宗族管理制度。同时，引导学生对1949年后乡村的土地所有制、土地流转制度以及乡村行政管理体制有全面的认识，对不同条块部门下的乡村建设实践的主要内容及关注的重点有整体的了解。在此阶段，课程组织学生参与"乡村振兴战略下的历史文化村落规划与空间营造"等会议论坛，了解学习当下在乡村研究领域主要关注的课题及研究方向。通过乡村规划与建设学术委员会、上海美术学院建筑系、上

海大学社会学院的专家教授就当下乡村振兴战略中的学术研究课题概况及主要研究方向的介绍，学生对乡村振兴与此次课程选题有更多的理解。

4.2 多群体、多专业、多团队深度参与教学的操作路径

（1）调研阶段

在调研阶段，课程引导学生与多元社会群体沟通交流，系统全面的认识乡村，培养学生多角度认识、分析乡村实际问题的能力。为解决课程教学重知识传授、轻职业能力训练，知识传授与能力训练相割裂的问题，研工作由设计机构设计团队与学生协同开展，让学生了解实际项目中的调研工作，接触学习实际项目所运用的调研方法。

为引导学生关注不同社会群体的诉求，教师团队带领学生结合问卷调查，与乡村政府领导、村民及村中有威望的老人、村镇企业负责人、暂居本村的务工人员等多元社会群体积极沟通交流。结合本村基础资料，引导学生对乡村发展及相关问题有多样且全面的理解，同时鼓励学生对自己感兴趣的现象和问题进行深入研究。例如，一位同学对乡村的公共空间产生兴趣，指导老师在引导学生对乡村公共空间的形成和演变有一个系统认识的基础上，指导学生就设计村落内公共空间的演变、现状及期望对不同的乡村社会群体进行了访谈，详细梳理了村内不同社会群体对公共空间的诉求，该学生将乡村公共空间的形成演变与乡村宗族制度的空间反应作为其设计和论文的主要研究方向。

为了让学生更深入地了解当地乡村的民俗特色和非物质文化遗产，上海大学上海美术学院与上海公共艺术协同中心（PACC）组织了非物质文化遗产传承人群研

图 2 课程学生参加"乡村振兴战略下的历史文化村落规划与空间营造"学术论坛   图 3 设计院设计团队讲解调研工作   图 4 学生对村民访谈

图 8　教师团队与学生沟通　　图 9　社会学教授对乡村问
　　　　交流　　　　　　　　　　　　　　题的解读分析

图 5　雅吕村现状公共空间分布及类型总结
资料来源：学生自绘

图 6　教师团队对乡村解读　　图 7　学生参与体验当地非
　　　　　　　　　　　　　　　　　　　　物质文化技艺

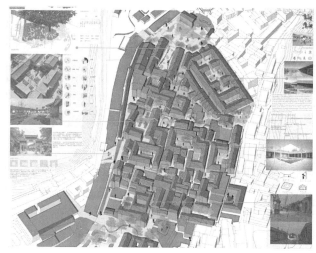

图 10　乡村宗族管理体制与乡村空间肌理的关系
资料来源：学生自绘

修研习培训计划，组织安排学生与当地乡村特色非物质文化传承人进行深入的学习和交流。

（2）课堂设计教学阶段

课程通过多学科、多专业的协同教学，培养学生多角度分析乡村复杂问题的能力和协商沟通的能力。建筑规划专业的学生有一个相对普遍的特点是分析现象和问题时容易从物质空间决定论的角度入手，这种思路相对简单和单一，在分析和解决乡村复杂问题时并不能提供一个相对全面的最优解。建筑规划专业的教师与上海大学社会学院、人文历史学院等不同学科、专业的教师合作，就学生各自的设计方向和问题，从不同专业角度与学生进行探讨交流。

教师团队建立了定期学生沟通交流机制。课程组织定期的网络会议、现场会议，通过学生与参与各方的交流以及各个专业之间的交流，学习专业之外的知识，让学生对乡村复杂问题有更加客观和深刻的认识。例如，在分析乡村空间肌理形成的原因时，社会学院的教师引导学生从乡村宗族管理体制入手，对乡村的祠堂系统进行梳理，从宗族家庭角度来分析同一宗族区域祠堂与周边合院住宅的空间肌理关系。在分析的过程中，学生发现了宗族家庭的社会制度与乡村空间肌理形成的关系，学生对乡村宗族管理体制有了更深刻的理解，对乡村宗族管理体制影响乡村空间肌理的机制有了相对清晰的认识，从而将学生的设计思路从单纯的物质空间系统的转变为以提升乡村活力和解决村民交往需求为出发点的空间提升策略设计。

（3）设计深化阶段

课程通过与设计机构、国外高校联合教学，解决理

图 11 设计单位设计团队对学生设计的指导

图 13 上海大学 – 温特沃斯理工学院联合设计工作营

图 12 学生自主决定的表达形式

资料来源：学生自绘

论知识传授与实践过程脱节的问题。本科阶段的学生对乡村实践项目接触较少，在设计过程中易出现设计思路不明确，对于提出、解决核心问题的逻辑思路的总结能力不强，无法自始至终紧紧抓住核心问题提出设计策略等问题。专业设计团队能够帮助学生更清楚地认识理论向实践转化的过程，传授学生应用规划语言解决实际问题的能力，提升学生对整体规划设计框架的梳理能力，提高学生图纸表达的规范性和美感。在学生明确各自设计方向的前提下，设计单位的设计师与建筑规划专业老师合作，通过共同授课的形式，尽量将实际的工作场景带入教学过程，引导学生就自己的设计方向精准的提出核心概念或核心问题，然后围绕核心概念或核心问题形成以目标导向和问题导向为出发点的逻辑框架体系，在此基础上形成成果体系。设计单位的设计师对学生的图纸表达的规范性提出更高的要求，使学生能了解到实践项目中的标准和规范，同时，结合学生感兴趣的表达方式对学生的成果制作流程进行跟踪指导。与国外高校联合教学，能促进学生之间的灵感交流，使得学生能跳出思维定式来重新审视乡村空间环境。

在设计进展期间，上海美术学院与美国温特沃斯理工学院举行了一次联合设计工作营。温特沃斯理工学院 Jennifer Lee 教授带队一行 12 人来到上海，就他们感兴趣的问题与参与毕业设计的学生进行了深入的交流，随后中美同学进行混合编组。各组利用白天时间在芝英各村中继续开展实地调研走访，晚上则在芝英镇政府的会议室中对白天调研内容进行总结、讨论和分析，碰撞设计思想，交流设计构思。

4.3 多元主体联合评图模式探索

通过组织当地政府领导、村民、高校教师、建筑师、规划师等多方主体联合评图，让学生了解到不同标准下的设计评价，提升学生对乡村规划实践意义的认知。不同的主体对于乡村规划的关注点不同。当地政府关注的是实际项目的落地实施、实施效果的预判以及资金项目的分期实施计划，村民更多的关注乡村环境的变化对于自身的影响，不同学科专业的教师会从各自专业角度对学生思考的问题及应对策略的逻辑合理性进行判断，设计单位设计师关注设计的成果体系的完整性、规范性和创意性。

图14　建筑系、社会学、文学多专业学科教师联合评图

图15　上海交通大学联合中期评图

在具体教学过程中，建筑系教师联合多元主体建立定期的集体评图和教师交流制度，有序评估知识点的掌握和成果转化效果，评估教学过程进展。对于即将进入下一阶段学习和工作的本科生而言，多参与主体的教学评图有利于让学生反思自己的规划策略在行政体系和项目运行体系评价标准下的可行性和科学性。

5　总结

研学产一体、跨专业联合教学模式的主要特色是在专业教师团队的指导下，组织本科生参与到多主体、多学科、多人员所组成的团队之中，通过学生与不同学术机构、学科专业、实践机构的学习与协作，系统提升自身理论知识水平，认识分析问题的能力及实践操作的能力。

关于教育教学模式——探索工程教育教学组织新模式，探索知识体系更新、实践环节培养、本科专业认证的一体化，形成以设计教学为中心的学术研究、专业学习、项目实践三位一体发展。

关于教育教学机制——尝试学科交叉融合，尝试毕业设计的"工工交叉、工文渗透"，推进跨学校、跨学科、跨专业培养工程人才；探索多主体协同育人机制，使学术专家、行业专家以及项目设计师深度介入各个教学环节，尝试建立一套可复制的"学术机构、设计机构与学校协同育人"新模式。

关于教学内容——从学术前沿和现实需求两方面更精准的拟定教学知识体系，既能够对接最新理论，又能够服务落地方案。

关于教学过程——注重教学过程中多方交流机制的建立，强调教学过程的有序、有效管理，强化过程中学生学习、沟通协调能力的培养。

上海大学建筑以乡村规划设计课程教学作为试点，未来将进行更多的多专业、多主体联合教学探索，走一条适合综合性院校的研学产一体、跨专业联合教学的创新道路。

主要参考文献

[1]　刘勇.新时期规划师素质特征及与本科阶段课程设置导向 [C]// 全国高等学校城市规划专业指导委员会，同济大学建筑与城市规划学院.更好的规划教育，更美的城市生活——2010 全国高等学校城市规划专业指导委员会年会论文集.北京：中国建筑工业出版社，2010：17–21.

[2]　刘勇.面向城乡规划专业的 GIS 教学实践和思考 [C]// 全国高等学校城市规划专业指导委员会，深圳大学建筑与城市规划学院.新型城镇化与城乡规划教育——2014 全国高等学校城市规划专业指导委员会年会论文集.北京：中国建筑工业出版社，2014：261–267.

Interdisciplinary Teaching Exploration with the Way of Integration of Production, Teaching and Research under the Background of Rural Revitalization in the Department of Architecture

Liu Yong   Wei Qin   Xu Jing

Abstract: in the view of the existing rural planning education, this study mainly explore how to apply the model of integration of research, education, industry and combination of multiple majors into the reform of design curriculum.Through the curriculum reform experiment of graduation design on Architecture major and Urban planning major in Shanghai Fine Art college of Shanghai University, combined with the advantage of discipline setting and design practice, this paper exploring the follow aspects : combing with academic research institution, the way to building and improving the rural knowledge system based on Rural Revitalization ; the operation path of multi-group, multi-specialty, multi-team deeply participation ; Model of multi-subject joint evaluation.

Keywords: Teaching Refom, Industry-University-Research Cooperation, Multidiscipline, Department of Architecture, Graduation Design

民族高校乡村规划课程体系建设探索与实践*

文晓斐　聂康才　温　军

摘　要：乡村振兴和新型城镇化国家战略的实施，对乡村规划建设人才培养提出了新的需求，空间规划体系的建构更进一步明确了乡村规划的地位。以西南民族大学城乡规划专业为例，梳理了乡村规划相关课程建设和实践教学模式的发展历程，探讨了乡村规划教学中的存在问题。依托学校自身特色和优势资源，思考了新形势下乡村规划建设人才培养定位，探索了"价值观培养 - 基础理论教学 - 调查研究训练 - 综合设计实践"的渐进式乡村规划教学体系，立足地域特点和实际需求，从学科交叉合作、知识体系建构、实践基地培育、教学方法创新等方面探讨了乡村规划教学体系进一步优化的方向和途径。

关键词：乡村规划，教学，课程，体系，民族高校

引言

　　随着国家乡村振兴战略和新型城镇化战略的实施，全国各地的乡村振兴实践迅速展开。在这一城镇化发展的新时期，乡村规划建设人才培养面临新的需求和挑战。2011 年城乡规划学确立为一级学科，由"城市规划"到"城乡规划"学科名称的改变，可见由城乡二元结构到城乡协调发展的理念转换，乡村规划建设的人才培养需求逐渐展现。2017 年中央一号文件明确提出加强乡村规划建设人才培养的要求，同年，中国城市规划学会发布了《共同推进乡村规划建设人才培养行动倡议》，乡村规划建设人才培养成为当前城乡规划专业教育发展的重大课题。

　　在城乡规划专业人才培养体系中，乡村规划的课程设置和教学实践一直处于探索中。与传统的城市规划相比，乡村规划具有更显著的地域差异、文化传承、社会参与等特点，知识体系、组织方式、工作方法、实施过程也不尽相同，这些特征都对现行的城乡规划教学体系和人才培养模式提出了新的挑战[1]。下面以西南民族大学城乡规划专业（后文简称民大规划专业）的课程体系

建设和教学实践为例，分析乡村规划教学中的重点和难点，分析新形势下乡村规划建设人才的培养定位，探索渐进式乡村规划教学体系，结合教学实践分析了乡村规划。立足地域特点和资源特色，结合民族地区文化传承、乡村振兴等实际需求，从学科交叉合作、知识体系建构、实践基地培育、教学方法创新等方面探讨乡村规划教学体系进一步优化的方向和途径。

1　乡村规划相关课程建设的历程

　　西南民族大学从 2002 年开办城市规划本科专业，2013 年更名为城乡规划专业，2016 年通过城乡规划本科专业评估。在办学过程中，乡村规划教学经历了实践尝试、课程建设、体系构建三个阶段。

　　第一阶段，乡村规划教学的实践尝试。办学之初的第一版培养计划即开设有《村镇规划与建设》课程，结合民族地区乡村与城镇规划建设实践教授村镇规划的相关内容；第一届毕业设计尝试北川民族地区的城镇纳入选题，设计踏勘阶段组织学生到北川羌族乡村地区调研民族文化和了解乡土建筑特色。此后，随着教师科研、

　　*　基金项目：西南民族大学 2019 教育教学研究与改革重点项目《机构改革背景下民族高校城乡规划专业实践教学体系改革探索》阶段成果。

文晓斐：西南民族大学城市规划与建筑学院副教授
聂康才：西南民族大学城市规划与建筑学院副教授
温　军：西南民族大学城市规划与建筑学院讲师

学生就业等方面向民族地区发展，教学实践方面与民族地区乡村和城镇的联系逐渐加深。

第二阶段，乡村规划教学的课程建设。2011年城乡规划学确立为一级学科。2013年，民大规划专业更名为城乡规划，并依据《高等学校城乡规划专业本科指导性专业规范》，在满足培养计划规范性和专业性的同时，设置了《民族建筑设计理论与方法》、《中外民居》、《少数民族聚落保护规划》等课程[2]，并将乡村规划设计作为重要课程设计专题安排在四年级第二学期《城乡规划与设计（四）》中。在与此同时，结合暑期社会实践，组织学生开始对民族地区的特色村寨展开测绘和调研工作[3]。

第三阶段，乡村规划教学的体系构建。在执行2013版培养计划的过程中，在课程教学和实践选题方面逐渐加强对乡村，尤其是民族地区乡村的关注力度，同时由教师科研实践逐渐引导学生创新实践向民族地区乡村转移。2016年，民大规划专业通过全国城乡规划专业评估。评估过程中，积极吸取专家建议，逐渐找准自身的办学方向和人才培养定位，对培养计划进行了较大力度的修改完善。2016版的培养计划设置了《民族建筑概论》《中国民居》、《地理学》、《民族聚落保护理论与方法》、《民族地区景观保护与规划管理》等理论课程[3]，加强了《地理信息系统应用》、《城市系统分析方法》等技术性课程，明确把乡村规划设计专题设置为设计系列课程《城乡规划与设计(7)》，鼓励学生在《城乡社会综合调查研究》从民族地区乡村和城镇选题，并设置城乡认识调查、测绘实习等实践课程，其中测绘实习内容为民族地区村寨。自此，从基础理论课程、技术类课程、设计类课程、调查研究和实习实践等五个方面初步搭建起乡村规划教学体系的框架。

2 乡村规划教学的难点和问题

民大规划专业从办学之初至今一直在探索乡村规划教学的体系和方法。在实践中不断尝试，课程构建逐渐明晰，并显示出一定的办学特色。但是在这一过程中，乡村规划由于起步晚，受国家政策、城镇化、乡村演变、文化传承等因素的影响，在规划建设方向上时效性较强，而乡村本身是一个复杂综合完整的社会单元，乡村规划涉及内容可扩展到自然、社会经济、人居环境，基础设施、风貌景观及历史文化资源等各个方面，因此，乡村规划教学体系构建的过程中存在以下一些难点和问题。

（1）对传统城市规划教学方法的不适应性。首先体现在规划理念的差异性。与传统城市规划相较而言，乡村面临的更多是城镇化冲击下的社会问题、更新问题，因此在规划中解决问题的出发点不同，其次体现在规划方法的差异性。相比于城市的集中，乡村地区的分散性特征，及其在土地产权、社会治理与生产生活模式等方面的特点都决定了其在规划技术方法上无法直接套用传统的城市规划教学方法[4]。

（2）所需知识体系的综合性和复杂性。如何符合实际、因地制宜，根据不同的地域文化、不同的生产发展阶段和产业特色来制定相关类型的乡村规划是乡村规划的重点与难点。而村庄规划是综合性及全过程性的规划，没有固定的模式，可谓麻雀虽小五脏俱全，只有通过扎实调研，深入研究，根据不同的地域文化、不同的生产发展阶段、产业特色来进行合理的布局安排和考虑[5]。这一研究过程涉及到学科知识和研究方法具有很强的综合性，关于乡村文化的理解、乡村产业的发展、乡村社会工作的协调等方面，都需要进一步地完善相关知识点，并形成体系，因此要求乡村规划教学首先要构建合理的、多学科交叉的知识体系。

（3）尚无成熟的教学模式可以借鉴。由于城乡规划教育体系中的乡村规划教学尚处于探索阶段，各高校百花齐放，尚未形成成熟的教学框架体系和一套成熟的教学模式可以借鉴，如何找到适合自身地域特色、教学特色的教学组织模式是一项具有挑战性的工作。

3 乡村规划课程体系构建的实践探索

针对乡村规划教学的问题和难题，民大规划专业尝试从地域性和民族性的资源特征入手，依托独特的民族高校办学环境，利用优越的人文与民族学科群专业支撑条件，并利用地处西南多民族地区的资源优势，构建具有自身特色的乡村规划教学体系。

（1）进一步明确乡村规划建设人才培养目标

基于学校"为少数民族和民族地区服务，为国家发展战略服务"的办学宗旨，结合民族高校的生源点和就业分布特点，培养德、智、体、美全面发展，具备扎实的自然科学基础和人文社会科学基础，具有创新能力和应用实践能力的城乡规划专业人才。强调城乡规划专业人才要具备社会责任感、团队精神、创新思维、可持续发展理念以及尊重地方历史文化等方面的素养，要培养为地方区域经济发展和民族地区城乡规划设计服务的应用型专门人才。

（2）在乡村规划相关课程体系中进一步体现特色

2017版培养方案中，在通识必修平台开设有民族理论与民族政策课程，在专业选修课程中设置的民族建筑概论、中国民居、民族聚落保护理论与方法等特色课程等课程逐步开课并规范教学模式。在专业必修课程中，城乡规划与设计系列课程和城乡社会综合调查研究课程均设置有民族地区的选题方向。2016-2018年期间，以汶川羌锋村（羌族）、理县增头村（羌族）、汶川萝卜寨（羌族）等地作为选题的作业，在城乡规划专指委举行的课程作业评比中均有获奖。

（3）在乡村实践环节中进一步突出特色

主要体现在城乡认识调查、写生、测绘实习和城乡规划设计系列课程调研的系统组织上。在培养计划修订中，对应学校实践必修平台中的认知实习和专业课程实习环节，结合城乡规划专业的需求和特点，将城乡认识调查、写生、测绘实习以及城乡规划设计系列课程所需的调研环节进行了梳理，并融入学校统一的课程系统构架（认知实习和专业课程实习）中，建立了城乡规划专业的实践教学体系。课程实践、社会实践的地点和对象选择以西南民族地区的乡村为主，如凉山州彝族地区、阿坝州藏族羌族地区等。此外，将创新创业训练纳入培养计划中，引导乡村选题的研究方向，以响应创新型人才培养的发展战略。

（4）毕业设计环节进一步突出特色

毕业设计作为本科阶段最后的专业综合能力训练和审查，在选题方面具有综合性和复杂性的乡村是较合适的规划研究对象。在民大规划专业的毕业设计环节中，每年都包含有民族地区乡村为对象的选题，引导学生关注民族地区的社会经济发展和城乡建设现状，尝试运用所学专业知识思考民族地区城乡发展问题的解决途径。2017年毕业设计选题对象有理县桃坪羌寨，2018年起开始组织和参与高校联合毕业设计，其中马尔康县藏族村寨为选题对象之一。

4 主要特色课程建设

（1）乡村规划设计课程

民大规划专业的乡村规划设计课程设置在大四第二学期上半段，课内68学时。教学目的主要是培养学生主动观察与分析城镇化背景中的乡村发展演变现象，敏锐涉及乡村发展动态和前沿课题，发掘乡村文化背景，以全面、系统的专业素质去处理乡村问题。课程模块在选题时涵盖面比较宽，设定了两个层次四种类型，两个即区域层次和聚居点层次，区域层次以村落聚居点体系构建、乡村经济与产业发展、乡村交通与设施发展、乡村公共服务发展等为重点内容，聚点层次则以村庄总体格局、空间形态、道路交通、基础设施、公共服务设施、住宅布置、建筑组合等为重点内容。四种类型为新村发展与规划建设、旧村改造与调整规划、历史文化村落发展与保护规划、少数民族特色村寨保护与发展规划[6]。

课程正式开设四年来，从初步尝试到逐渐规范化，选题从最初的老师指定单一对象到多样化，鼓励学生自组团队，结合调研和创新实践自选题目，主动去深入乡村发现问题、分析问题，和老师一起运用专业知识和借助相关方法去寻找解决问题的途径。

（2）民族建筑设计理论与方法

课程设置于大三年级春季学期，是在《建筑设计基础》《公共建筑设计理论与方法》《中外民居》等课程基础上开设的理论选修课程。该课程依托于中国古建筑研究及新地域主义建筑研究，介绍民族建筑设计的相关理论与方法。课程教学目标为培养学生对民族建筑文化的解读能力，以及培养学生对民族建筑文化的认知和设计表达能力。

（3）少数民族传统聚落测绘实习

该实践环节设置在夏季学期实践周内，该课程除了强化相关专业知识和测绘基本技能外，更重要的是培养学生们对优秀传统少数民族聚落的感性认识，增强学生们在历史文化传承上的责任感。在课程建设方面，从组织方式到教学手段和成果展示各阶段进行整合与调整，近几年对省内具有鲜明民族特色的西索民居、色尔古藏寨、木堆藏寨、木卡羌寨、龙溪羌族村等少数民族传统聚落的测绘，并举办了教学成果展。

5 乡村规划教学体系优化的途径思考

民大规划专业2017版的培养计划初步体现了乡村规划建设人才培养的思路和基本构架，但乡村规划类课程体系与教学内容还需要进一步丰富和扩充，在整个课程体系中的地位还有待加强，课程教育教学的思想方法、理论方法和技术方法还有待进一步深化。

（1）进一步完善乡村规划教学的知识体系

乡村规划，除了传统的技术手段以外，关于乡村文化的理解、乡村产业的发展、乡村社会工作的协调等方面，都需要进一步地完善相关知识点，并形成体系。充分利用学校的优势学科资源，加强城乡规划与社会学、地理学、民族学、人类学、旅游学、经济学等学科的交叉，完善乡村规划教育的知识体系。在有条件的情况下可开设乡村规划原理等专业课程。

（2）进一步明确乡村规划相关课程的渐进式逻辑关系

乡村问题与城市问题的差异性决定了乡村认知是理解和认识乡村规划的关键环节，因此在一年级的城乡规划导论课程中即要帮助学生厘清城市和乡村的关系，并通过写生实习对乡村形成感性认识。在随后的城乡认知实习环节中强化乡村认知模块，让学生深入民族地区的乡村进行体验和调查。同时还需要在理论教学和实践环节加强对城乡关系和乡村问题认知方面的教学内容，为四年级的乡村规划设计实践奠定基础。乡村地域差异性大，反映地区在发展条件、分布区位、地理条件、民族文化、历史传统等各个方面，不同地区乡村之间的差异远大于城镇间的差异，面对的实际问题和发展矛盾也各不相同。正是因为差异性大，乡村需要什么样的规划，不能凭空想象，需要建立在扎实社会调查基础上[7]。

（3）进一步充实相关课程的乡村规划模块内容

已开设的城乡基础设施规划、城乡生态与环境规划等课程应增加针对乡村规划的内容模块，比如针对乡村地区的基础设施、乡村地区生态环境保护、乡村地区的社会结构、文化传承等内容。城市经济学、城市社会学、城市地理学、旅游规划概论等课程也应纳入乡村的内容。此外，要掌握好地理信息系统应用等技术类课程，并在测绘、调研等乡村实践中加以运用。

（4）尝试建设稳定深入的乡村规划实践基地

择交通、区位、自然地理、历史人文等各方面条件适宜的民族村寨作为长期稳定的实践教学基地，使学生从一年级的空间训练开始就能够在实地以民族文化为背景进行。可涵盖空间训练、建筑设计、详细规划、城市设计、乡村规划设计、测绘及城乡社会综合调查等实践教学体系中的大部分内容，加强实践教学的系统性和民族高校的专业特色化。同时还可以促进不同年级和不同相关专业教学主体之间的交流互动。此外，对民族地区的乡村振兴也可能产生较好的带动作用和触媒效应。

结语

民族高校城乡规划专业乡村规划教育，应结合自身客观务实的学科特点、发挥毗邻西南少数民族聚居区的地域优势，以科研生产、实践创新和人才培养相结合，积极为西南少数民族地区乡村振兴和文化传承培养乡村规划建设人才。

主要参考文献

[1] "城乡规划教育如何适应乡村规划建设人才培养需求"学术笔谈会[J].城市规划学刊，2017（05）.

[2] 全国高等学校城乡规划专业教育评估《西南民族大学城乡规划专业本科教育评估自评报告》西南民族大学 2016.01.

[3] 《城乡规划专业本科培养方案（2013版）》西南民族大学城市规划与建筑学院 2013.10.

[4] 《城乡规划专业本科培养方案（2016版）》西南民族大学城市规划与建筑学院 2016.10.

[5] 彭琳.基于"专题研究"为导向的乡村规划教学实践[J].华中建筑，2016（07）.

[6] 《城乡规划与设计（7）》教学大纲（2017版）西南民族大学城市规划与建筑学院 2017.10.

[7] 张尚武.从乡村规划教学视角思考城乡规划教育的变革[C].2015年城市规划专业指导委员会年会论文集.北京：中国建筑工业出版社，2015.

Exploration and Practice on the Construction of Rural Planning Curriculum Structure in Ethnic Universities

Wen Xiaofei   Nie Kangcai   Wen Jun

Abstract: The implementation of the national strategy of rural revitalization and new urbanization has put forward new demands for the talents cultivation of rural planning. The construction of the spatial planning system has further clarified the status of rural planning. Taking the urban and rural planning major of Southwest Minzu University as an example, rural planning curriculum structure and practical teaching mode were reviewed, and the existing problems in rural planning teaching were discussed. Based on our university's own characteristics and superior resources, the talents cultivation system of rural planning is repositioned under the new situation, and the progressive rural planning teaching system of "values training–basic theory teaching–research and research training–integrated design practice" is explored. Based on regional characteristics and actual needs, the direction and approach of further optimization of rural planning teaching system are discussed from the aspects of cross–disciplinary cooperation, knowledge system construction, practice base cultivation and teaching method innovation.

Keywords: Rural Planning, Teaching, Curriculum Structure, Ethnic Universities

新形势下乡村规划设计课程的教学探索与实践*
——以西南民族大学城乡规划专业课程教学为例

聂康才　文晓斐　温　军

摘　要：基于国家乡村振兴、新型城镇化、国土空间统筹背景，以西南民族大学城乡规划专业为例，分析介绍了乡村规划设计课程的地位与教学目的，规划设计选题，教学难点判定，教学过程和教学成果设计等几个方面的教学探索与实践内容。指出乡村规划设计课程是城乡规划专业另一类型的人居环境规划设计教学模块。探索了乡村规划设计课程的选题选点、专题讲座、调研分析、问题导向、规划切入、综合方案、成果形式等教学环节的重点、难点和运行组织方法。

关键词：新形势，乡村规划，设计课程，教学

引言　时代需求与课程探索

我国当前的城镇化发展已经进入一个重要的转折时期，从国家层面，已将城镇化和城乡协调发展、乡村振兴提升到前所未有的战略高度；从地方层面，全国各地的乡村振兴实践正在如火如荼地展开。

城乡规划学一级学科设置以来，高等学校城乡规划专业的乡村规划课程教学一直处于探索和发展过程中，乡村规划设计课程的组织运行相较于城市规划设计课程存在一定的难度；同时，受国家政策、城镇化、乡村演变、文化传承等因素的影响，进一步加大了乡村规划设计课程的教学难度。本文以西南民族大学城乡规划专业（后文简称民大规划专业）乡村规划设计课程教学为例，结合民族地区文化传承、乡村振兴等问题，探讨了新形势下课程教学的运行组织方法。

1　乡村规划设计课程的地位与教学目的

民大规划专业的乡村规划设计课程是城乡规划专业另一类型的人居环境规划设计理论方法培养的重要教学

模块，是学生全面构建城市、乡村规划设计能力不可或缺的部分。课程设置在大四第二学期上半段，课内 68 学时。

民大规划专业乡村规划课程模块的教学目的主要是：要求学生了解和熟悉乡村发展及其发展过程中的人居环境问题，培养学生对乡村经济社会发展和乡村人居环境的观察分析能力、对乡村自然社会历史文化环境的理解和尊重态度，并能够运用城乡规划的专业知识和手段对乡村经济社会发展尤其是村庄人居环境建设，建立和培养"生态观、历史观、乡愁观"的价值评判和城乡一体、系统整体、有机关联的分析方法和理念。鼓励学生主动观察与分析城镇化背景中的乡村发展演变现象，敏锐涉及乡村发展动态和前沿课题，发掘乡村文化背景，以全面、系统的专业素质去处理乡村问题。

民大规划专业乡村规划课程模块在选题时涵盖面比较宽，设定了两个层次四种类型，两个即区域层次和聚居点层次，区域层次以村落聚居点体系构建、乡村经济与产业发展、乡村交通与设施发展、乡村公共服务发展

* 基金项目：西南民族大学 2019 教育教学研究与改革重点项目《机构改革背景下民族高校城乡规划专业实践教学体系改革探索》阶段成果。

聂康才：西南民族大学城市规划与建筑学院副教授
文晓斐：西南民族大学城市规划与建筑学院副教授
温　军：西南民族大学城市规划与建筑学院讲师

等为重点内容，聚点层次则以村庄总体格局、空间形态、道路交通、基础设施、公共服务设施、住宅布置、建筑组合等为重点内容。四种类型为新村发展与规划建设、旧村改造与调整规划、历史文化村落发展与保护规划、少数民族特色村寨保护与发展规划。

2 乡村规划设计课程的教学选题

2.1 明确乡村规划的四个选题方向

乡村规划设计部分的选题可分为新村发展与规划建设、旧村改造与调整规划、历史文化（传统）村落发展与保护规划、少数民族特色村寨保护与发展规划四个方向；根据教学科研与形势选取一个选题展开规划设计工作。根据民大规划专业办学特色，我们优先选择民族地区的乡村区域进行实践。

2.2 尽可能涵盖多个乡村规划层次的内容

乡村规划设计课程从规划研究内容上来说涵盖总体研究与发展规划、控制性规划、详细规划、城市设计、保护规划等内容层次。规划范围虽小，但五脏俱全，综合性和系统性同样重要。课程任务在村域层面和聚居点（村庄）层面均作了要求。村域层面要研究经济社会发展、村庄调整布置、公共服务、基础设施布置的问题。村庄层面要研究村庄总平面布置、设施规划、农宅方案，涉及历史文化（传统村落）或民族特色村寨还要求进行保护更新设计。

2.3 规划设计教学组织—协作完成与专题学习

课程设计采取2-3人一组的方式协作完成。针对前述的教学难点，教学组织实施时强化专题学习研究的过程，通过课内教师针对性的讲授与课外学生专题的学习，补充乡村人居环境相关的知识。

3 乡村规划设计课程的教学难点

（1）学生乡村基础知识薄弱，短期掌握难度大

目前民大规划专业的课程体系主要还是以城市（镇）为主导，针对乡村类型的课程设置较少。学生对乡村问题的生疏，乡村规划的知识积累少，乡村问题的小而全，乡村发展与城镇化过程的远期与近期形势，乡村遗产保护的跨学科特征等都课程设计教学实施的难点。

（2）乡村规划的纵向层次跨度大，系统运用难度大

乡村规划课程实际需要完成类似于城市规划中的城镇体系规划（乡村居民点布局规划）、总体规划（村域规划）、详细规划（村庄规划）及基础设施规划等，涵盖了从乡村发展谋出到空间落实（民族地区普遍还涉及保护规划重要内容），麻雀虽小，五脏俱全，这种纵向的多层次规划训练要求学生在短期内能系统性的运用，教学的难度很大。

（3）乡村发展的总体形势变化快，个体差异性显著，规划的切入点把握难

（4）民族地区乡村规划的任务更加多元，民族地区乡村与汉族地区乡村相比，除了经济社会发展，产业振兴等任务外，还有一个重要的历史责任，即文化的传承与保护问题，无形中增加了课程教学内容和要求。

4 乡村规划设计课程教学过程设计

4.1 设计选题与专题讲座

为了使学生能在较短的课程设计时间内获得较完整的乡村规划设计训练，把握好课程设计选题的合理性、代表性和时效性，使课程学习内容更具厚度与广度，理论联系实际，强化课程设计训练的目的性，课程选题特别注意了以下几点：第一，注意时效性与适用性；选题应考虑当前我国乡村地区发展的需要；应结合城乡融合发展，乡村振兴，农村人居环境整治等热点问题。这样选题一方面有利于培养学生紧密联系当前国家地区形势的意识，另一方面也有利于学生为进入规划设计单位积累相应的知识技能。第二，注意地域性与民族性；选题应考虑学校所处的地域，关注西部民族地区乡村；尽量将研究、教学及生产实践紧密结合，既体现人才培养的特色，又要充分考虑学生毕业后的就业能力。

课程选题采取教师推荐和学生自选相结合的方式进行。这种方式主要考虑到两个原因，一是可以结合教师的科研与规划设计工作内容；二是相当部分学生来自民族地区和乡村地区，可结合学生的感性认识和生活经验选点。

针对课程教学重要和难点，课程设计前期设计了若干专题讲座；主要从三个方面进行有关乡村及乡村规划的理论方法的引导。一是认识论专题，包括乡村知识体系与乡村规划理论与实践；乡村认知与乡村发展演化方

面的内容；二是方法论专题，包括逻辑思维方法和技术工作方法。逻辑思维方法主要采用问题导向方法，乡村发展的差异性极大，乡村问题有普遍性的问题，但针对具体乡村时更多的则是具体问题，因此需要具体问题具体分析，以问题为导向切入各自课程设计。技术工作方法主要学习丰富乡村社会调查方法，乡村人居环境调查方法，乡村产业经济调查方法以及遥感技术、地理信息技术等多种方法的综合运用；三是系统论专题；培养学生系统看待乡村人居环境，注意乡村规划上位与上层规划的纵向传递和横向联系，注意乡村问题解决的整体思维，突出问题解决的一揽子方案，丰富发展学生的要素分析与系统分析能力。

4.2 现场调研与问题导向

现场调研要求制定调研计划，并按调研计划通过各种方式到调研现场获取原始资料和搜集一手资料。调研方法主要采用现场踏勘、走访、访谈、座谈、问卷。民大规划专业乡村实践对象主要为川西高原民族地区，山高路险，为提高调研的效率，要求学生在调研之前通过相关网页、知网、卫星图、政府门户及社会关系等渠道尽可能收集资料，并进行初步的区位分析、现状解析、发展研判等前期工作；要求带着问题去调研，加强调研的针对性和目的性。

问题分析是按解决问题的思维过程，寻找出问题所在，并确定问题发生的原因，简而言之，可以认为现实情况与应有的要求、标准、常规、观念、认识等的偏差称为问题。根据解决问题的思维程序，问题分析法的一般步骤是：第一步是确定问题。是不是问题，要看实际状况与要求标准有无偏差；第二步是进一步的分析问题，即把问题分解为各个比较小的问题，区分出紧急、严重性或可能性等问题。然后制订研究这些问题的先后程序；第三步是说明什么是偏差、什么不是偏差、并提出问题；第四步是找出可能导致偏差的各种因素；第五步是从上述各因素中，最后肯定什么是产生偏差的真正原因。

乡村问题往往是相互关联并错综复杂的，学生在问题分析时，既要全面系统，整体考查，又不能平均用力，不分主次，要抓住主要矛盾和当前急需解决的问题进行深入的调研和分析研究，这样才能找准规划的切入点和方案的核心目标。

据此教学过程中我们设定了问题导向方法，主要内容步骤包括：第一，前期信息的多元感知与分析，多类问题的发现与归纳；第二，作为学生个体的兴趣及价值导向-想解决什么问题（发展问题、保护问题、环境问题、文化传承问题）；第三，进行问题选择（切入点确定），解决问题的可能性研判，案例文献及实践的经验借鉴；第四，进行问题导向的技术路线研究与制定（从切入点出发的系统方案）；最后，预估技术路线中关键问题解决的可能性（如建筑技术问题、工程技术问题、农业技术问题等）。

4.3 规划切入与综合方案构思

城乡规划学科专业综合性与空间性特点，要求我们"大处着眼，小处着手"，在全面系统地分析乡村问题的基础上，基于问题导向与目标导向，明确乡村当前面临的主要矛盾和现实机遇，寻找解决问题的途径和方向，确定规划的切入点。结合目前国内的形势，我们大致给学生梳理出了以下几个方面切入点：以产业发展切入，以保护发展切入，以设施发展切入，以建筑设计切入，以创新创意切入，以项目建设切入，以市场投资切入，以环境整治切入，以拆迁并转切入，以其他方式切入。

关于规划切入点的选题上，要因地制宜，要给学生明确切入点是规划方案最初的起点，也是后续工作的脉络，但并不是说除此之外其他问题不用考虑，乡村规划是一个综合性工程，需要提供的是一揽子解决方案，明确规划的切入点，只是规划的开始和发端，有了切入点才能有分析的立足点，由点及线及面，最终形成综合方案。

综合方案构思形成的主要工作内容包括：第一，村落外部环境条件分析；背景分析、村落概况、周边关系与综合条件系列分析；区位图、交通图、流线图、外部重要节点图、外部经济与人文环境图、周边历史文化要素分析图、周边地域性要素分析图、周边事件性要素图、外部自然条件与资源分析图、外部空间关系分析图等。第二，村落内部现状、特征、资源价值分析系列；现状功能与土地使用图、现状道路交通与流线分析图、现状绿地景观分析图、开敞空间分析图、节点分布图、现状建筑分析图（功能类型、尺度、肌理、高度、密度、质量、结构）、现状街道与路径分析图、现状主要界面分析图、现状重要建筑与标志分析图、地块历史性要素分析、地块地域性要素分析、地块历史性文化事件分析、现状建筑与空间特征分析等。第三，规划的基本目标、思路、理念、模式及综合方案，问题导向下的"一揽子"解决方案，物质空间环境，经济社会产业文化，形成方案的过程系列图件（示）。

5 乡村规划设计课程的教学成果设计

课程设计的成果内容与形式是实现课程教学的重要内容之一。学生提交的成果要求应在教学大纲中明确反映。成果设计要反映乡村规划课程教育教学的定位、思路、目标，甚至包括过程。通常的成果形式大致可以分为图版式、图册式两种类型。图版式成果是将全部规划设计内容按照一定逻辑关系组织到若干张 A0 或 A1 图纸中的成果形式。图册式成果则是将规划设计内容装订成 A3 幅面文稿图册的形式。图版式成果多用于学校教学，图册式成果多为规划设计单位采用。图版式成果有利于反映规划设计的思路、理念、步骤、过程；图册式成果则仅需呈现最终技术图纸和文稿，比较重视图纸的规范性、实施性、实用性，过程图和分析图较少。

作为教学实践训练课程，规划设计的思路、理念、步骤、过程的呈现是必要的，因此，本次乡村规划教学实践，我们采取了两种类型成果相结合的方式，即以图版式成果为组织形式，融合规划设计单位图册式技术性图纸内容。图版式组织采用 A0 图版，包括四张图纸，内容框架为：一号图版：规划构思与综合方案制定；技术性核心图纸为村域（村落）（或村庄）综合现状图（1：1000-1：2000）。二号图版为规划构思与综合方案制定；问题导向下的"一揽子"解决方案，包物质空间环境，经济社会产业文化解决方案的形成过程系列图件（示）；技术性核心图纸为村域产业规划图，含产业分区、重点项目、产业设施，比例尺（1：2000-1：5000）。三号图版内容主要为空间结构规划图、综合交通规划图、设施规划图、分区规划图、各类系统分析图、其他必要图纸；技术性核心图纸为村庄布局规划图，比例尺（1：1000-1：2000）。四号图版：村庄设计系列图纸，

意向图、鸟瞰图、大小透视图、建筑整治、景观环境改造等的细部表达相关图件等。技术性核心图纸为村庄规划总平面图，比例尺（1：500-1000）。

结语

城镇化中后期，乡村地区的发展演化与规划设计研究成为城乡规划专业的重要工作领域。乡村规划设计课程是规划专业人才培养中针对乡村地区人居环境的综合性规划实践课程，在极为有限的课程学时的条件下，通过精心组织和设计各个教学环节，较好地完成了乡村规划的基本训练，达到了教学的目的和要求，但是，人才培养更多还是依赖课程体系，乡村规划类课程体系与教学内容还需要进一步丰富和扩充，乡村规划课程设计在整个课程体系中的地位还有待加强，课程教育教学的思想方法、理论方法和技术方法还有待进一步深化。

主要参考文献

［1］ 全国高等学校城乡规划专业教育评估《西南民族大学城乡规划专业本科教育评估自评报告》西南民族大学 2016.01.

［2］ 特约访谈：乡村规划与规划教育（一）[J]. 城市规划学刊，2013（03）：1-6.

［3］ 周立. 乡村振兴战略与中国的百年乡村振兴实践 [J]. 学术前沿，2018，02（7）.

［4］ 乡村振兴战略系列政策将出台重塑城乡关系等成重点. 新浪财经，[2018-1-2].

［5］《城乡规划与设计（四）》教学大纲（2013版）西南民族大学城市规划与建筑学院 2013.10.

［6］ "城乡规划教育如何适应乡村规划建设人才培养需求"学术笔谈会 [J]. 城市规划学刊，2017（05）：1-13.

［7］ 张国霖. 乡村振兴与乡村教育. 基础教育，2018（05）：1.

［8］ 张尚武. 从乡村规划教学视角思考城乡规划教育的变革[C]. 2015 全国高等学校城乡规划学科专业指导委员会年会论文集. 北京：中国建筑工业出版社，2015.

Teaching Exploration on Course of Village Planning and Design in New Situation —— Taking Urban and Rural Planning Course in Southwest Minzu University as an Example

Nie Kangcai   Wen Xiaofei   Wen jun

Abstract: Based on the background of Rural Revitalization policy, new urbanization, national territory planning, this article research into the status and teaching purpose of the rural planning and design course, topics of plans and designs, determines the teaching difficulties, exploration and practice of teaching process and teaching achievement design. To clarify the characteristics of rural planning and design course as another type of teaching module of human settlement environmental planning design for urban and rural planning majors. This paper explores the key points on teaching links organizational, such as select points, special lectures, research and analysis, problem orientation, planning cut in, comprehensive plans entry points and results forms of rural planning and design courses, and provides reference methods for teaching rural planning and design courses in the new situation.

Keywords: New situation, Village Planning and Design, Course, Teaching

乡村规划课程的实践性教学初探
——北京工业大学本科生"村镇规划"课程建设研究

胡智超　张　建　赵之枫

摘　要：本文基于对 2018 年北京工业大学本科生《村镇规划》课程教学过程的回顾与梳理，探索了实践性教学在乡村规划课程体系建设中的运用。文章首先就教学环节安排和课程内容进行了讲解说明，随后详细介绍了教学过程，并展示了 2018 年度课程教学成果。基于对教学过程的反思，文章提出了课程教学存在的突出问题并就其解决对策进行了简要阐述。最后，基于总结与凝练，阐释了课程意义与教学目标。

关键词：乡村规划，实践性教学，规划实施

1 引言

近年来，随着国家对农业农村发展问题的持续关注，乡村规划的重要性逐步得到显现。2017 年中央一号文件明确指出应加强乡村规划建设人才的培养力度，鼓励高等学校开设乡村规划建设、乡村住宅设计等相关专业和课程。为响应中央号召，2017 年 6 月，中国城市规划学会乡村规划与建设学术委员会联合小城镇规划学术委员会共同举办了"乡村规划教育论坛"，发布了《共同推进乡村规划建设人才培养行动倡议》[1]。此后，以同济大学为代表的全国多所高校通过各种方式加强了乡村规划专业的人才培养与课程建设，多校联合毕业设计、村庄规划方案竞赛以及面向实践的教学设计使乡村规划培养模式日趋多元化，围绕乡村规划与设计课程体系的教学探索与模式创新也在不断涌现。彭琳等基于专题研究导向，构建了乡村规划教学的理论体系[2]；金东来从课程建设、理论教学、科研引入以及实践基地建设四个方面探讨了乡村规划教学的改革思路[3]；蔡忠原等以西安建筑科技大学乡村规划教学体系为研究对象，分析了"新常态"下乡村规划专业发展诉求，指出了当前教学中存在的问题和挑战[4]；其他学者也从理论或实践层面对乡村规划教育的改革方向进行了探索[5-6]。

梳理已有研究发现，有关乡村规划教学的理论探讨性成果居多，实践应用性研究相对偏少。而现实经验表明，乡村规划较之于城市规划，更关注规划的可实施性。从 20 世纪初陶行知、晏阳初和梁漱溟等一批文人志士在乡村建设中的实践，到改革开放后 1979 年、1981 年两次全国农村建房工作会议的召开，再到党的十六大以来社会主义新农村建设工作的开展，以及党的十九大对乡村振兴战略的推进实施。面向农村地区实际需求开展规划和建设一直以来就是我国乡村实现发展转型的重要途径。基于乡村发展现状编制符合本地特点、针对性强、便于实施的规划已成为衡量乡村规划工作质量的重要准绳。

乡村规划本科生教学作为乡村规划专业人才培养的重要环节，同样也应秉持对实践性教学的重视。北京工业大学城市规划系自 2018 年秋季学期开始为本科生开设《村镇规划》课，目前已完成一届学生教学。尽管课程开设时间短暂，但是乡村规划专业人才培养的起步却并不晚。截至目前，北京工业大学城市规划系村镇规划团队已完成北京、河北、河南等省市 300 余个村庄规划，培养村镇规划及相关方向研究生 60 余名。大量的规划实践案例为《村镇规划》课程的开设提供了丰富教学素材，也为乡村规划实践性教学模式的形成提供了思路借

胡智超：北京工业大学建筑与城市规划学院讲师
张　建：北京工业大学建筑与城市规划学院教授
赵之枫：北京工业大学建筑与城市规划学院教授

鉴和方法指引。下面，本文将具体介绍 2018 年北京工业大学《村镇规划》课程的教学过程，并结合教学体会谈谈对乡村规划实践性教学模式的思考。

2 教学环节与课程内容

2.1 教学环节

《村镇规划》课程的教学环节从大类上分为理论教学环节和实践教学环节两部分，其中理论教学环节由课堂讲授和案例研究两部分构成，实践教学环节由现场调研、课程汇报和设计答疑三部分构成。课堂讲授是理论教学环节的核心部分，主要通过教师对村镇规划基本概念、发展历程、编制方法等内容的当堂讲解，让学生了解和掌握村镇规划编制的基本理论和方法，为接下来的实践性教学打好基础。案例研究是理论教学环节的另一重要组成部分，其目的主要有两方面，一是通过对优秀村庄规划编制案例的详细讲解，加深学生对村庄规划工作的感性认识，巩固课堂教学的关键知识点学习；二是在实践教学中，针对学生在规划编制中遇到的突出问题，介绍其他优秀规划案例的经验做法，为学生拓宽思路、寻求合适解题方法提供帮助。

现场调研是实践教学环节的核心组成部分，也是整门课程教学成败的关键。我校城市规划系的生源主要来自城市地区，大部分学生对于农村的风土人情和社会文化缺乏了解，因此，现场调研必须达到三层目的：第一，通过初步调研，使学生建立对乡村地区景观风貌、社会经济和乡情文化的基本认知；第二，基于深入调查走访，使学生从规划专业视角梳理本村发展现状，找出村庄规划建设存在的突出问题；第三，针对规划实践过程中遇到的矛盾和问题，基于补充调研寻求解决对策。课程汇报是检验学生规划成果进展与质量的重要环节，本

课程共设置了三次课程汇报，第一次在初次现状调研之后进行，重点审查本科生对村庄发展现状的调查与分析情况；第二次在初步设计完成之后进行，重点审查学生设计方案的可行性和突出问题；第三次在最终设计成果完成后进行，目的是全面审查各组学生设计方案的综合水平。除三次正式汇报外，安排一次专题汇报作为备选，如学生在专题设计中存在问题较多，则增加一次专题汇报。设计答疑是贯穿于课程设计全过程的实践教学环节，主要采用随堂点评的方式进行，由教师在设计课过程中，对学生反映的问题和巡检发现情况进行实时解答。

从课时安排上看，《村镇规划》课程总学时为 64 学时，其中理论教学 20 个学时，实证教学 44 个学时。理论教学与实证教学环节穿插进行，以保证教师对学生设计过程中出现问题的及时反馈。具体课程安排及教学内容详见表 1。

2.2 课程设计任务书

（1）规划背景

本课程设计任务书的编写主要基于三方面背景，从国家层面看，十九大报告中提出的乡村振兴战略和已有的"美丽乡村"创建工作是本次规划的宏观背景；从北京市层面看，《实施乡村振兴战略扎实推进美丽乡村建设专项行动计划（2018–2020 年）》的印发加快了全市村庄规划建设工作的推进，《北京市美丽乡村建设导则》的编制则为新时期村庄规划工作的开展提供了重要依据；从区县层面看，项目所在地朝阳区印发的《朝阳区"美丽乡村"建设项目管理办法（暂行）》为项目编制实施提供了保障。

（2）规划范围

本次规划范围是朝阳区金盏乡的黎各庄村和西村。两个村庄的规划范围详见图 3 所示。

（3）成果要求

本课程设计要求在实地调研的基础上，明确村庄定位和发展方向，划定规划区范围，统筹配置村庄的交通、供水、供电、邮电、商业、绿化等生产和生活服务设施等各项用地布局，按照规划原则和规划目标制定村庄规划。

规划成果由规划说明书（含基础资料汇编）和图纸两大部分组成，所有成果文件采用 A3 幅面装订（图纸

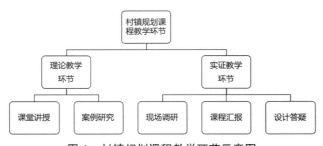

图 1　村镇规划课程教学环节示意图

本科生《村镇规划》课程课时及内容安排
表1

周次	节次	内容	
		理论教学	实践教学
第1周	周一 5-8 节	村镇规划概述（1课时）；小城镇总体规划（1课时）；村庄规划的演变、特点及方法（2课时）	无
	周四 5-8 节	村庄规划的调研方法（1课时）；村庄规划的调研案例（1课时）	布置课程设计作业，解读任务书，向学生介绍已有工作基础（2课时）
第2周	周一 5-8 节	无	第一次现场调研
	周四 5-8 节	村庄规划的类型教学（1课时）；村庄规划公众参与（1课时）；保留型村庄规划的方法与案例（1课时）；北京市美丽乡村规划的政策文件解读（1课时）	无
第3周	周一 5-8 节	无	各组现状调研汇报及教师点评（4课时）
	周四 5-8 节	整治型村庄规划的方法与案例（2课时）	课堂设计及答疑（2课时）
第4周	周一 5-8 节	村庄规划案例分享（2课时）	课堂设计及答疑（2课时）
	周四 5-8 节	村庄公服、交通、文化设施规划（1课时）；市政基础设施规划（1课时）	课堂设计及答疑（2课时）
第5周	周一 5-8 节	村庄整治方法及产业规划案例（2课时）	课堂设计及答疑（2课时）
	周四 5-8 节	无	中期成果汇报:现状、分析、定位、规划思路等（4课时）
第6周	周一 5-8 节	图纸、文本及说明书写作案例（1课时），专题深入设计（1课时）	课堂设计及答疑（2课时）
	周四 5-8 节	无	课堂设计及答疑（2课时）；专题汇报（2课时）（备选）
第7周	周一 5-8 节	针对专题汇报存在问题的案例讲授及补充教学（2课时）（备选）	课堂设计及答疑（4课时）
	周四 5-8 节	无	课堂设计及答疑（4课时）
第8周	周一 5-8 节	无	课堂设计及答疑（4课时）
	周四 5-8 节	无	面向全体师生，进行最终大组汇报（4课时）

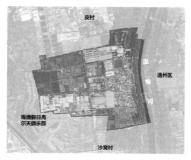

图2 黎各庄村区位图

图3 金盏西村区位图

大于 A3 幅面则折叠为 A3 幅面装订）。规划说明书（含基础资料汇编）及图纸合订为一册。

图纸上应当标注以下内容：项目名称、图名、指北针、比例尺（根据行政辖区范围合理选择比例尺）、图例、绘制时间、规划设计单位、绘图人、审核人、审定人等信息。规划内容包括整治规划和实施规划两部分。

2.3 教学过程及成果

课程在 2018 年秋季学期面向大三学生开设，按照教学计划我们将全班 30 名学生分成 4 组，两组同学以金盏西村为对象进行课程设计，另两组以黎各庄村为对象进行设计。

依照任务书安排，现场调研在第二周正式展开。得益于前期接洽，初次调研效果总体良好。学生通过首次调研建立起了对两个村庄的基本认知，并通过入户调查获得了本地村民的一手访谈资料，了解了村庄建设中存在的突出问题。

第三周我们组织了第一次课程汇报，汇报重点是村庄发展现状，通过课程汇报，我们发现学生在现状调研方面存在着内容缺项、特点总结不到位、基础资料挖掘不够深入等问题，并针对各类问题给学生提出了改进建议。

第四周是方案初步设计阶段，部分学生在本周开展了补充调研；在指导学生随堂设计的同时，我们穿插介绍了不同类型村庄的优秀规划案例，并就村庄发展定位、产业选择和公服设施规划等进行了专题讲授。

在第五周，我们组织了中期汇报，对各组学生的初步设计方案进行了集中点评。并就下一阶段的深化设计提出了具体要求。

第六和第七周是深化设计周，我们就前期设计中出现的共性问题进行了集中讲授，简要讲解了最终成果中文本和说明书的具体写法，并提供了部分参考范本。

第八周为最终成果汇报周，4 组同学都各尽所能，向评审老师全面展示了本组的最终规划设计成果。总体来看，本次《村镇规划》课程教学效果良好，学生的反馈也比较积极。以下是部分学生的设计成果。

3 教学问题与解决对策

尽管本次课程教学总体效果良好，但是仍然存在着

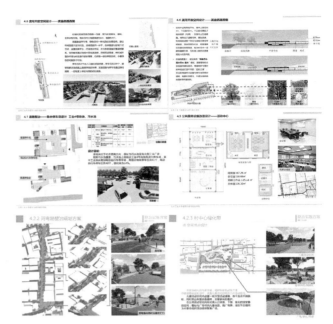

图 4 《村镇规划》课程部分设计成果

一些问题和不足。首先，从教学计划的执行度上看，实际过程与初始安排之间存在一定偏差，这其中既有因适应教学实际做出相应调整的缘故，也有因前期准备不充分或时间难以协调而导致的工作不到位。为避免上述问题，在下一年度的课程教学中应提前谋划、及时与任课老师沟通，统筹协调、合理安排好课程的教学计划。

其次，从教学内容的侧重点上看，本次教学更关注于对市政设施、道路设施、公服设施等物质空间内容的规划和调整，而对于村庄产业发展、历史文化传承和乡风民俗培育等社会经济内容的设计和教学则相对不足。造成这一情况的主要原因与课程设计所选的案例村庄类型有关。黎各庄村和西村都属于生态涵养迁建型村庄，规划远期将被拆除，因此，在实际课程教学和设计过程中，并没有重点关注村庄的产业定位和发展规划；在历史文化传承方面，通过实地走访了解到，两村现存的历史环境要素和非物质文化遗产相对较少，这在一定程度上限制了规划设计的开展。为弥补这一缺憾，在下一年度的课程教学中应注意合理遴选案例村庄类型，保证教学内容的平衡性与完整性。

第三，从教学效果上看，学生与规划主体的交流与互动相对偏少，对于公众参与之于村庄规划编制的重要

性认识不足。尽管课程在初次调研时设计了问卷调查的环节，但是从后期规划成果的完成情况看，除个别组同学以外，大部分同学在后续设计中并没有与村民进行再次沟通，部分方案与村庄实际仍存在较大差距，可实施性差。针对这一问题，在未来教学中可考虑增加村民意见反馈环节，即在方案中期汇报或专题汇报结束后，再次带领学生集中入村，向村民代表汇报方案进展，由村民代表对各组方案提出意见并进行打分，以期通过这一教学过程，强化学生对于公众参与环节的重视。

4 结论与讨论

回顾本次课程教学，理论与实践的有机结合是其最大特点。课程在开设之初就明确了规划的实践导向性，在各个教学环节对实践过程中遇到的突出问题进行了及时反馈，并在后续的理论教学和课程答疑中予以解决，初步建立了以规划实施为导向的乡村规划实践性教学模式。尽管课程建设还存在很多问题和不足，但是我们相信通过各位任课老师的共同努力，能在不久的将来把《村镇规划》课程建设成为一门学生满意的精品课程。

除了传授专业技能以外，本门课程希望实现的另一个目标是向学生传达一种理念，即规划工作必须结合实际、因地制宜。唯有通过实地走访深度了解了规划对象，才能编制出符合本地居民意愿、易于实施的规划。规划师不仅要学会画图，更要明白图纸背后所蕴含的意义。不切实际的方案即使再完美，也不应落地，而作为一名称职的规划师应当明白，规划实施与规划编制同等重要。

主要参考文献

［1］ 本刊编辑部."城乡规划教育如何适应乡村规划建设人才培养需求"学术笔谈会 [J]. 城市规划学刊，2017（05）：2–13.

［2］ 彭琳. 基于"专题研究"为导向的乡村规划教学实践 [J]. 建筑教育，2016（07）：179–182.

［3］ 金东来. 城乡规划人才培养专项性改革研究——面向乡村的城乡规划教学改革 [J]. 辽宁省高等教育学会 2016 年学术年会.

［4］ 蔡忠原. 黄梅，段德罡. 乡村规划教学的传承与实践 [J]. 中国建筑教育，2016（02）：67–72.

［5］ 张悦. 乡村调查与规划设计的教学实践与思考 [J]. 南方建筑，2009（04）：29–31.

［6］ 洪光荣. 创新导向下的乡村规划教学研究 [J]. 产业与科技论坛，2018，17（5）：159–160.

Exploration on Practical Teaching of Rural Planning Course —— Research on the Course Construction of "Village Planning" for Undergraduates of Beijing University of Technology

Hu Zhichao   Zhang Jian   Zhao Zhifeng

Abstract: Based on the review and combing of the teaching process of "Village Planning" for undergraduates of Beijing University of Technology in 2018, this paper explores the application of practical teaching in the construction of rural planning curriculum system. Firstly, the article explains the arrangement of teaching links and the content of courses, then introduces the teaching process in detail, and shows the teaching results of 2018. Based on the reflection on the teaching process, the article puts forward the main problems in the course teaching, and briefly expounds the countermeasures to solve them. Finally, on the basis of summary and conciseness, the significance of curriculum and teaching objectives are explained.

Keywords: Rural Planning, Practical Teaching, Implementation of Planning

乡村振兴时代背景下的乡村规划教学体系研究

曹　迎　张乘燕　张凌青

摘　要：随着乡村振兴战略的全面实施与国土空间规划体系的建立，乡村规划的重要性日益凸显。在此背景下，如何开展乡村规划教学，为学生建立一个完整的乡村规划教学体系，培养能够服务地方乡村规划设计人员，显得尤为重要。本文以认知规律为基础，探索了包含"2+2+1"三个阶段，认知和技能两个教学环节，毕业设计（论文）和校外竞赛两个综合素质培养平台，融入乡村规划的教学组织体系。结果显示，该教学体系能够帮助学生理解和认知乡村，锻炼学生乡村调研和乡村规划设计的专业能力，培养学生的综合表达能力和深入研究的科学素养，为将来从事乡村规划有关的设计与研究工作打下坚实的基础。

关键词：乡村规划，教学体系，认知，技能，科学素养

1　引言

　　随着城乡规划对我国推动城镇化发展和促进城乡统筹的战略意义与日凸显，城乡规划已经成为国家治理体系当中的重要部分。2017 年，党的十九大把乡村振兴战略作为国家战略提到党和政府工作的重要议事日程上，对振兴乡村行动明确了目标任务，提出了具体工作要求。2018 年，国务院《关于建立国土空间规划体系并监督实施的若干意见》中指出将城镇开发边界外的乡村地区，以一个或几个行政村为单元，由乡镇政府组织编制"多规合一"的实用性村庄规划，作为市县及以下编制详细规划内容，纳入国土空间规划体系[1]。乡村规划成为当前新形势下引领乡村振兴和生态文明建设的重要手段。作为高素质人才培养的重要机构，高校如何适应新时代的要求，在现有的教学体系下增加"乡村元素"，系统的构建学生关于乡村认识的知识和技能体系，是目前专业建设的重要任务。

2　教学目标及构想

　　相较于城市，乡村地区有着自身独特的生产、生活方式，传统的乡村更是凝聚和承载着历史的记忆和文脉的传承[2]。运用传统的城市规划的知识和技能进行规划并不能有效解决乡村地区实际问题，因此需建立乡村视角，立足乡村多角度分析现状与资源禀赋，总结发展历史，探寻其存在的问题及解决思路，为乡村建设提供有效建议。为培养学生建立一个完整的乡村规划知识体系构架，以校内学习和校外竞赛为抓手，通过专业基础课、专业课、毕业设计三个教学环节，系统的构建乡村规划设计的教学体系，从认知、技能、素质等方面培养能够服务地方乡村振兴战略的规划设计人员，以期达到如下目标：

　　（1）培养学生对于乡村的感性认知；

　　（2）理解乡村发展的客观规律；

　　（3）锻炼学生乡村调研和乡村规划设计的专业能力；

　　（4）培养学生的综合表达和深入研究素质。

3　教学组织

3.1　体系框架的构建

　　教学组织通过"2+2+1"三个阶段，从认知和技能两个教学环节，毕业设计（论文）和校外竞赛两个综合素质培养平台，将乡村规划融入教学的各个部分，以引导学生构建乡村规划知识体系构架，培养学生乡村规划

曹　迎：四川农业大学教授
张乘燕：四川农业大学讲师
张凌青：四川农业大学讲师

设计能力。专业基础课程以《城乡规划原理》《城市社会学》等课程为主干,培养学生对乡村生产、生活方式的初步认识,掌握乡村发展的客观规律,构建乡村规划原理的知识结构体系。专业课程以《建筑设计》《城乡社会综合调查》《城市总体规划与村镇规划》《历史文化村镇保护与规划》等课程为主干,注重乡村规划设计中乡村民居建筑设计、村镇规划设计、文脉传承等方面的培养,引导学生发散思维,逐步激发设计兴趣,锻炼乡村规划设计的专业能力。以校外竞赛和毕业论文(设计)促进学生综合技能提升,注重小组协作或个人整体方案的设计和综合表达能力培养,培养应用型、创新型的规划设计人员。(图1)

3.2 与原有教学体系的关系

随着时代要求的变化,各类规划的融合,既有的乡村规划编制技术路线、方法理念有了许多新改变,这要求对既有知识体系的及时更新和完善。依托原有的教学体系,调整和补充部分知识点,将乡村规划融入教学体系的各个环节。在课程命名上,增加乡村特色。教学中,在课时分配上增加乡村规划教学学时,补充乡村规划理论知识,开展乡村规划实践教学。

3.3 教学环节

（1）认知环节

乡村规划内容综合性强、实践依赖程度大且技术含量高的规划设计,涉及的学科领域和知识面十分广泛,包括政治、经济、人口、土地、建筑等多方面的内容[3]。专业基础课程设置主要针对大一、大二的低年级学生,开设《城乡规划原理》《城市社会学》等课程。培养学生整体理解"城"与"乡"的概念,建立乡村视角,把握乡村发展脉络,解读乡村空间的结构与特征,掌握乡村规划的构成,从产业、居住、公共空间与设施配置、遗产等方面解析乡村规划的元素与要点,掌握乡村调研的方法与要点,从理论上让学生认知乡村规划,夯实专业基础知识[4]。

（2）技能环节

1）乡村调研课程

城乡社会综合调查课程内容包括调研培训、调研问卷讨论、实地调研、调研报告四个环节。调研培训主要针对资料调查法、访谈法等调查方法以及无人机拍摄等技术手段的学习。调研问卷讨论主要为确定调查内容,针对乡村居民存在普遍阅读能力较差、老龄化程度较高等特点,制定更加简洁、清晰易懂的,以封闭式问题为

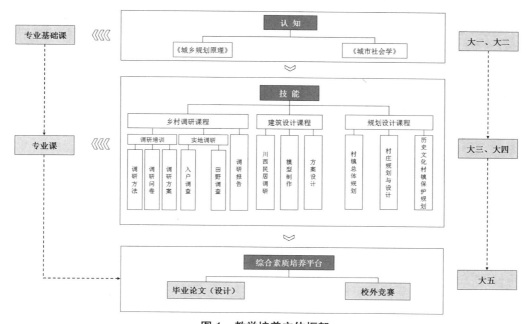

图1 教学培养主体框架

序号	课程名称	教学总学时	乡村规划知识点	分配学时
	教学学时安排			表1
1	《城乡规划原理Ⅰ、Ⅱ》	128	乡村规划原理	28
2	《城市社会学》	32	乡村社会学	4
3	《城乡社会综合调查》	48	乡村调查	24
4	《建筑设计Ⅰ、Ⅱ》	96	川西民居建筑设计	24
5	《城市总体规划与村镇规划Ⅰ、Ⅱ、Ⅲ》	128	村庄规划与设计	48
6	《历史文化村镇保护与规划》	48	传统村落保护与发展规划	8

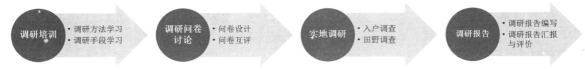

图2 教学环节设计

主的调查问卷。调研方案的教学主要为引导学生根据现有资料的收集与整理，制定调研具体方案以及各项人员安排，培养学生的组织能力。实地调研教学结合地域特点，完成调研报告，进行小组互评与老师点评。培养学生团队协作能力与沟通交流能力。

乡村调研实践教学结合都江堰市精华灌区林盘开发与保护课题，对都江堰精华灌区内的林盘进行调研，对都江堰市精华灌区内共计2694个林盘进行梳理，将其分为三期，有次序、有时序地进行保护与开发。

2）建筑设计课程

建筑是乡村设计的基本内容，也是尺度上较小的单元，便于掌握，教学从建筑设计出发，有利于学生从细节理解乡村营造。建筑设计课程包括川西民居调研、模型制作、方案设计三个环节。教学从川西民居调研引入，通过调研了解川西民居建筑风格、结构、材质、色彩，以及院落空间布局。模型制作包括实体模型与纸质模型，培养学生的动手实践能力，以及对尺度的把握。

建筑方案设计从乡村民居建筑设计入手，聚焦川西民居，培养学生从认知场地，把握文脉，尊重环境的角度出发，学习相关的技术规范，运用建筑设计的基本原理推敲建筑的平面布局与空间形态，用图示语言准确表达设计理念。

图3 调研过程及成果

3）规划设计课程

规划设计是城乡规划专业素养的核心之一，纠正以往以城市角度做乡村规划的思维，培养学生真正立足乡村的规划思维是课程设置的中心。前期的乡村调研为基础，建筑设计为重要内容，主要研究的内容应扩展到自然、社会经济、人居环境、基础设施、风貌景观及历史文化资源等各个方面，以训练村镇总体规划、村庄规划与设计以及历史文化村镇保护规划等，深入研究上述内容。

城市总体规划与村镇规划为专业主干课程。教学包括理论与实践两个部分，理论课程主要让学生认识和掌握我国现行城乡规划体系的具体内容，明确城市总体规划以及村庄规划的设计编制和实施管理，了解各层次规划之间关系、区别、作用和主要内容。实践课程包括现状调查与分析、初步方案构思、总体布局方案设计、专项规划五个环节。通过实践课程学习，使学生掌握协调和综合处理乡村问题的规划方法，并学会以物质形态规划为核心的具体操作村庄规划编制过程的能力，能够确定村庄的性质、规划和发展方向，协调乡镇布局和各项建设而制订的综合部署和具体安排，掌握乡村居住建筑、公共建筑、道路、景观等多方面设计与控制引导策略。达到基本具备乡村规划工作阶段所需的调查分析能力、综合规划能力、综合表达能力的目标，并通过相关工程技术问题的分析与学习，获得工程素质。

我国历史文化悠久，历史小镇、古村落众多，各地的生活习俗、农业生产方式、建筑艺术以及传统建造工艺、社会观念和社会机制等传统的文化也随着乡村的发展过程中演化并传承下来。这些文化传统是乡村社会赖以存在的基础之一，是乡村活化的关键。历史文化村镇保护规划课程围绕乡村遗产，让学生认识和掌握村落保护与发展规划内容，理解遗产保护范围、建设控制地带、环境协调区的概念及控制引导要求，把握文脉传承，激发乡村活化。

城市总体规划与村镇规划与历史文化村镇保护规划课程注重教学与实际项目的结合，课程设计以传统村落四川省通江县泥溪乡梨园（犁辕）坝村规划设计为例，对其进行调研，开展传统村落保护发展规划训练。

3.4 综合素质培养平台

（1）毕业设计（论文）

毕业设计（论文）是城乡规划专业教学的最后环节，是对教学工作的全面检阅，也是学生本科学习知识的系统总结及应用，在整个教学体系中占据重要地位。面对城乡规划转型升级，将乡村规划作为选题方向之一，根

图4　学生课程作业－模型与川西民居建筑设计方案

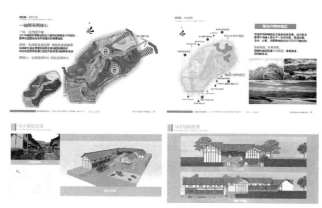

图5　学生课程设计

据不同能力学生制定不同的培养方案。鼓励综合能力较强的学生进行论文撰写，以定性、定量的方式科学研究乡村发展规律，探寻乡村规划的创新点，培养学生继续深入研究的能力。设计类学生的培养，注重锻炼学生知识的综合运用能力，以及方案设计和表达能力，为将来毕业后从事有关的工作打好基础。

（2）校外竞赛

自开展乡村规划教学以来，通过鼓励高年级学生以团队合作的方式积极参与各项专业竞赛，通过竞赛，提高了学生乡村规划编制及理论研究水平，进一步理解乡村规划新内涵，对鼓励大学生参与社会实践活动、全面提升专业素养以及创新设计能力更具有重要意义。组织

聚源镇郭家院子选择度分析图（左） 现状航拍图（右）

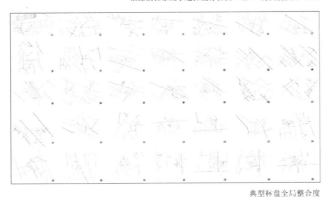
典型林盘全局整合度

图6 学生毕业论文成果

整体鸟瞰

图7 学生毕业设计成果

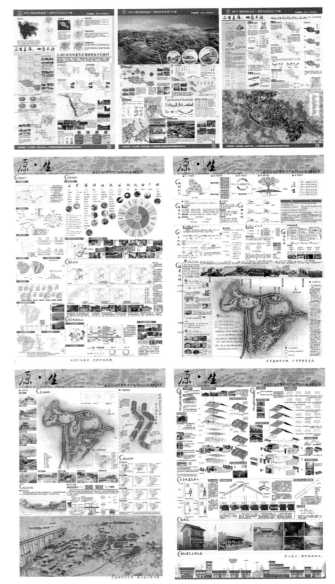
图8 获奖作品

开展校内选拔，推行导师负责制，有效提高学生参与竞赛的积极性与作品质量，并在近几年取得了一定的成果。例如，2017年，在"第四届紫金奖·建筑与环境设计大赛职业组设计"中获得三等奖。2017-2018年连续两个年度，在"全国高等院校大学生乡村规划方案竞赛"中分别获得优胜奖与三等奖。

4 思考与展望

在当前城乡规划行业新形势和就业新要求的背景下，通过强化乡村规划教学，帮助学生理解和认知了乡村，掌握了乡村的客观规律；在实践调研和规划训练中，培养和锻炼学生乡村调研和乡村规划设计的专业能力；通过毕业设计（论文）和校外竞赛的锻炼，全面提升专业素养、创新设计能力以及继续深入研究的能力。

在未来的教学不断探索、不断改进中，探索加强与学校农学专业的联系，加深学生在农业生产、农业科技技术等方面的认知，建立乡村规划与农业生产联合的模式，从而更有力的推动乡村进步与发展。

主要参考文献

[1] 中共中央国务院 关于建立国土空间规划体系并监督实施的若干意见 [EB/OL]. http：//www.gov.cn/zhengce/2019-05/23/content_5394187.htm.

[2] 梁漱溟. 乡村建设理论 [M]. 上海：上海人民出版社，2006.

[3] 张尚武. 乡村规划:特点与难点 [J]. 城市规划，2014(02)：17-21.

[4] 李京生. 乡村规划原理 [M]. 北京：中国建筑工业出版社，2018.11.

Research on the Teaching System of Rural Planning under the Background of Rural Revitalization

Cao Ying   Zhang Chenyan   Zhang Lingqing

Abstract: With the implementation of the rural revitalization strategy and the establishment of the national territory planning system，rural planning has become more and more important. Under the context，the way to teach rural planning，to build a complete knowledge system of rural planning for students，and to train people who can plan and design the rural area is particularly important. Based on the law of cognition，this paper explored the teaching model with three stages of '2+2+1'，two teaching links of cognition and skill，two comprehensive quality platforms of graduation project (thesis) and off-campus competition by integrated into rural planning. The results suggest that understanding and recognizing countryside of students are benefit. Rural research ability and rural planning and design of students are exercised. Comprehensive expressing ability and further research scientific literacy are cultivated. The teaching mode could lay a solid foundation for future research and work related to rural planning.

Keywords: Rural Planning, Teaching Mode, Cognition, Skill, Scientific Literacy

后 记

在即将进行中华人民共和国成立 70 周年举国欢庆之际，湖南大学建筑学院自刘敦桢先生创立建筑组以来正满 90 周年，我们又恰好有幸承办了"2019 中国高等学校城乡规划教育年会"。本次年会召开的背景，是城乡规划专业开启新篇章的特殊时期，是规划纳入国土资源的转折档口，是城乡规划的内涵和外延都有转折性发展的时期，对于规划教育来说，充满了机遇和挑战，学科发展面临对历史的总结和对未来的展望，本次年会对教育及行业的发展都有着引领、探索和指导的重要意义。

本届年会的主题是："协同规划 创新教育"。为了提高城乡规划专业的教学水平，交流教学经验，适应专业发展需要，受教育部高等学校城乡规划学科专业教学指导分委员会委托，湖南大学建筑学院组织了本次年会教学研究论文的征集和整理工作，论文集共收录了来自全国 49 所院校的 117 篇论文，围绕城乡规划的学科建设、理论教学、实践教学、教学方法与技术、乡村规划课程建设五大版块，开展了教学研究与教学探索。

论文集在征集、评审、汇编和出版过程中凝聚了众人之智，承载了城乡规划学界对"协同规划 创新教育"的思考与展望，期待能给城乡规划领域的教学、科研工作带来更多启发，并为城乡规划学科建设提供新思路和新方向。

在此，首先要感谢积极参与投稿的所有老师，是你们的刻苦钻研、潜心探索和长期积累才成就了教学科研的丰硕成果；感谢中国建筑出版传媒有限公司作为协办单位，在本次论文集的校稿、编辑和出版过程中付出的辛勤劳动；同时感谢教育部高等学校城乡规划专业教学指导分委员会的全体委员对所有论文进行的认真评审；此外，还要特别感谢教育部高等学校城乡规划专业教学指导分委员会秘书长——同济大学孙施文教授的全程指导和大力支持。

最后，感谢湖南大学建筑学院的许昊皓、卢健松老师和刘奕村、黄榕、肖语暄、伍艳霞、刘梦寒等同学，为封面设计方案和论文征集所做的大量细致工作。

湖南大学建筑学院
2019 年 9 月